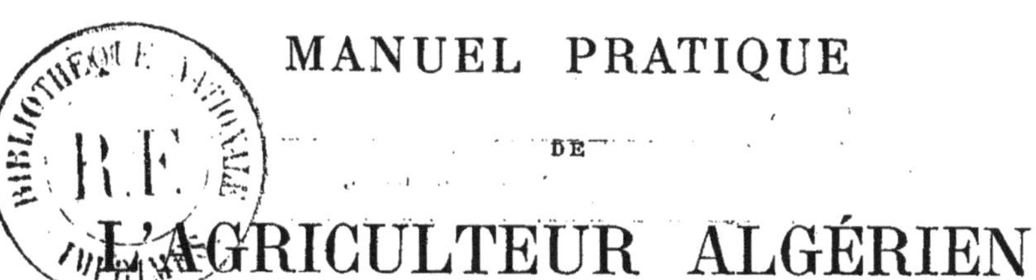

MANUEL PRATIQUE

DE

L'AGRICULTEUR ALGÉRIEN

MACON, PROTAT FRÈRES, IMPRIMEURS.

BIBLIOTHÈQUE D'AGRICULTURE COLONIALE

MANUEL PRATIQUE

DE

L'AGRICULTEUR ALGÉRIEN

Grandes cultures. — Céréales, Vignes, Pâturages
Élevage du bétail
Horticulture. — Arboriculture. — Économie rurale. — Hygiène
Matériel et Constructions agricoles

Suivi d'un

CALENDRIER DU CULTIVATEUR

PAR

M. RIVIÈRE
Ancien Président de la Société
d'agriculture d'Alger,
Directeur du Jardin d'essai.

M. LECQ
Inspecteur de l'Agriculture
en Algérie,
Propriétaire-agriculteur.

PARIS
AUGUSTIN CHALLAMEL, ÉDITEUR
RUE JACOB, 17
Librairie Maritime et Coloniale.

1900

INTRODUCTION

Ce *Manuel pratique*, qui traite de la mise en valeur du sol algérien et de sa colonisation, a été écrit pour ceux qui ne savent pas, pour ceux qui, immigrants, colons, agriculteurs, administrateurs et vulgarisateurs, veulent connaître sous son véritable aspect l'état actuel de l'agriculture en ce pays, ses productions et sa situation économique.

Le praticien y trouvera décrite une agriculture débarrassée des légendes, des théories spéculatives et des plans d'exploitation irréalisables ou empruntés à la culture exotique, tous systèmes qui ont causé et qui causent encore tant de déboires aux colons.

Nous avons rapporté toute la pratique agricole à l'expérience déjà acquise dans les diverses zones climatériques si variables de l'Algérie, en tenant compte de leur état de culture et de leur production, et cela pour bien établir que le climat algérien n'est pas une entité unique, mais qu'il délimite des régions de diverses natures où les procédés agricoles et les méthodes d'exploitation doivent différer et varier avec les conditions que présentent l'orographie et la climatologie.

Il convenait d'autant plus d'insister sur les principes fondamentaux de ces dernières sciences, dont la pratique est tributaire, qu'il fallait établir et bien préciser quelle était la physionomie générale de l'agriculture algérienne, afin de ne pas laisser se perpétuer plus longtemps ces errements tendancieux vers les *cultures dites coloniales*.

Cette erreur excusable au début de la conquête, en raison de l'ignorance où nous nous trouvions des conditions climatériques de l'Algérie, ne saurait être propagée plus longtemps et elle doit être vivement combattue, malgré la résistance de ses quelques partisans actuels, afin de préserver l'immigrant et l'inexpérimenté contre des théories dangereuses.

La pratique culturale, les résultats économiques qui la corroborent et les éléments de la faune et de la flore se rapportant à l'agriculture qui sont consignés dans cet ouvrage, tout démontre — ce que nous avons voulu d'ailleurs bien affirmer — que le régime agricole de l'Algérie, pour la zone marine, est semblable à celui de l'Europe méridionale, la région de l'oranger et de l'olivier donnée comme type, et n'a rien de commun avec celui applicable aux environs des tropiques. Quant aux autres zones, arides ou froides, où l'olivier et la vigne ne peuvent vivre, elles ne constituent guère que de grands pays de parcours sans avenir pour l'agriculture intensive.

La part considérable prise par l'élément indigène, arabe et kabyle, dans la production agricole, sollicitait une étude particulière peut-être plus utile pour l'avenir que pour le présent ; aussi n'avons-nous pas hésité, sans nous préoccuper des opinions en cours, arabophiles ou arabophobes, à analyser le rôle déjà important de l'indigène dans l'exploitation du sol algérien et à signaler le concours efficace qu'il peut prêter à l'agriculteur français.

Malgré l'extension donnée à ce volume, il y a des lacunes forcées dans les détails ; cependant nous ne croyons pas avoir omis une seule des grandes lignes du problème agricole posé depuis longtemps en ce pays. D'autre part, sans hésitation, nous avons éliminé toutes ces théories mal fondées, ces systèmes fantaisistes d'exploitation et démontré l'inanité ou le danger de ces cultures nouvelles toujours prônées depuis plus d'un demi-siècle, mais jamais sanctionnées par la pratique.

Depuis Moll, *Colonisation et agriculture*, 1845, le colon n'avait pour principaux guides agricoles que les deux traités de Millot, à Alger, et Lescure, à Oran, 1887, excellents ouvrages faits sur un programme dressé par le Comice agricole d'Alger et encouragés par le Gouvernement général de l'Algérie.

En tentant aujourd'hui un essai de *mise au point* de l'agriculture algérienne, si diversement envisagée, surtout depuis dix ans, nous avons cru faire une œuvre utile qui permette à l'agriculteur et à l'immigrant de se renseigner immédiatement, en consultant notre exposé méthodique, sur n'importe quelle question intéressant les choses de la terre en ce pays.

Malgré certaines apparences, cet ouvrage n'a pas un caractère didactique ; c'est bien un manuel de simple pratique qui, s'il peut intéresser l'agronome, n'en est pas moins le guide journalier du colon dans ses travaux des champs et dans la conduite de son exploitation.

Et il ne pouvait en être autrement. Chargés l'un et l'autre, en 1887, par le Gouvernement général de l'Algérie d'élaborer un programme pour un Manuel d'Agriculture mis au concours, et ensuite de juger les mérites des auteurs, nous étions déjà fixés sur la somme et la nature des indications utiles à connaître pour le colon.

Ensuite, en dehors de notre pratique déjà longue en ce pays et de nos travaux personnels, nous nous sommes appuyés sur l'expérience des anciens agronomes et agriculteurs, dont beaucoup ont été nos maîtres et nos amis, et nous sommes heureux de trouver ici l'occasion d'adresser un pieux souvenir à tous ces hommes de bien et ces travailleurs infatigables de la première heure en rappelant les noms de de Vialar, Millon, Liautaud, Chabasse, Hardy, Vallier, Gimbert, Van Masseyk, Reverchon, Borgeaud, etc..., sans oublier, en France, de Mirbel, Moll, A. Richard, Decaisne, L'Homme, Rivière père, Naudin, Madinier et tant d'autres personnalités dévouées à l'agriculture algérienne.

Nous avons été aidés dans la publication de ce Manuel par des concours éclairés et nous devons de nombreux renseignements à des agronomes et à des praticiens renommés ; cependant, quelle que soit leur autorité, nous prenons pour nous seuls la responsabilité du texte même et des opinions émises dans cet ouvrage qui ne contient que nos vues personnelles.

Nous adressons ici nos plus vifs remerciements à nos collaborateurs, correspondants et amis dont les noms suivants sont justement appréciés dans le monde agricole :

MM.

Baillache, préparateur-chef au Laboratoire agronomique de Versailles.
Bauguil, professeur d'Agriculture du département de Constantine.
Bonzom, médecin vétérinaire à Alger.
Brémond, vétérinaire, chef du service sanitaire à Oran.
Couput, directeur des bergeries à Alger.
Dugast, directeur de la Station agronomique, Alger.
Flamand, maître de conférences à l'École des sciences, Alger.
Forest, naturaliste à Paris.
Gaucher, docteur, ancien médecin de colonisation, à Tlemcen.
Guy, agronome à Alger.
Kunckel d'Herculaïs, Professeur assistant au Muséum, Paris.
Maupas, conservateur de la bibliothèque nationale à Alger.
Olivier (E.), Directeur de la *Revue des sciences du Bourbonnais*, à Moulins.
Olivier (L.), agriculteur à Rouïba.
Reisser, docteur, président de la Société des apiculteurs algériens à l'Oued-Fodda.
Rivière (G.), directeur du Laboratoire agronomique de Versailles.
Rouanet, agronome à Alger.
Sébastian, ancien directeur de la cave expérimentale de Mascara.
Waldteufel, vétérinaire en premier à l'état-major d'Alger.

D'excellents renseignements nous ont été fournis par les agriculteurs et praticiens distingués dont nous nous empressons de signaler les noms :

MM. Arlès-Dufour, agriculteur à Dély-Ibrahim ; Bastide, agriculteur, ancien Président du Comice agricole de Bel-Abbès ; feu Beugin, ancien président du Comice de Bône ; Bigle, propriétaire à Birmandreïs ; Carrafang, agriculteur à Mascara ; Garbe, directeur des Exploitations de la Compagnie algérienne à Aïn-Régada ; Godard, directeur du domaine de l'Habra ; Pourcher, propriétaire à Malakoff ; Ryf, directeur de la Compagnie Genevoise à Sétif ; Varlet, président du Comice de Boufarik ; Vermeil, professeur d'Agriculture du département d'Oran.

Alger, le 1er octobre 1899.

Ch. Rivière — H. Lecq.

TABLE MÉTHODIQUE DE L'OUVRAGE

CHAPITRE Ier

GÉNÉRALITÉS (P. 1-170).

Situation économique. Importations et exportations. Statistique. Population. Voies de communication. Budget et impôts. Commerce général.

Géographie agricole. Météorologie, climatologie, zones culturales. Prévision du temps. Lithologie et géologie. Phosphates.

Végétation spontanée. Prairies naturelles. Pâturages de chaumes, de parcours, de terres salées, de steppes, etc. Les forêts. L'agriculture arabe, kabyle, saharienne, exotique. Produits agricoles exportés en France.

Populations, races, leur localisation et leurs aptitudes agricoles. Main-d'œuvre. Modes d'exploitation des terres. Faire-valoir direct, par régisseur. Fermage, métayage. Bail emphytéotique. Colonage partiaire. Métayage par khammès, contrat d'enzel. Estimation de la valeur vénale des terres. Dette hypothécaire. Répartition des terres entre les Européens et les indigènes. Considérations générales sur l'agriculture algérienne. Production, exportation et importation des céréales et des huiles.

CHAPITRE II

GRANDE CULTURE ALIMENTAIRE ET FOURRAGÈRE (P. 171-274).

Céréales. Blé, orge, avoine, aire de culture et terrains favorables, semailles. Culture des céréales à Sidi-bel-Abbès et dans la région de Sétif. Sarclage, irrigation, moisson, battage, nettoyage et vente des grains. Prix de revient du blé. Conservation des grains.

Des fourrages en général. Fourrages verts. Plantes fourragères cultivées, betterave, luzerne et luzernières, maïs, sorgho, etc. Ensilage. Plantes alimentaires diverses.

Indications culturales relatives aux régions de Bône, de Constantine, de Sétif, de la Mitidja, d'Orléansville, de Mascara, de Bel-Abbès, et de l'Habra.

CHAPITRE III

PLANTES ÉCONOMIQUES ET INDUSTRIELLES (P. 275-323).

Tannifères, gommifères, tinctoriales, oléagineuses, textiles, odoriférantes, etc.

Tabac. Culture, variétés, qualité des produits, etc.

Plantes à fécule, à sucre, etc.

Acclimatation. Plantes non rustiques, sans valeur économique.

CHAPITRE IV

ARBORICULTURE ET VÉGÉTAUX FRUITIERS (P. 325-398).

Pépinières et vergers. De la greffe. Végétaux fruitiers des régions chaudes et tempérées. Olivier, oranger, caroubier, etc.

Arbres fruitiers à pépins, à noyaux.

Culture des vignes à raisins de table, vignes arabes.

CHAPITRE V

VITICULTURE (P. 399-527).

Vigne à vin, choix du terrain, cépages et boutures, provignage, greffage, plantation, culture, labours, taille, engrais. Prix de revient de la création d'un vignoble, frais annuels. Maladies de la vigne et accidents météorologiques.

Bibliographie viticole.

Vinification. Époque de la vendange. Influence de la température initiale de la cuvée sur la fermentation.

Influence de l'acidité des moûts, dosage de leur acidité totale. Relèvement de leur degré d'acidité.

Transport de la vendange à la cave, foulage, égrappage, influence de la température sur la fermentation.

Refroidissement des moûts, leur aération.

Foulage du marc, décuvage, pressurage, piquette.

Action du froid sur les vins décuvés. Plâtrage, phosphatage, tartrage.

Fabrication des vins blancs, des mistelles, traitement des vins, maladies, accidents et défauts. Tartres et lies. Caves et récipients vinaires. Vinaigre. Asphyxie.

Vente des vins.

Bibliographie vinicole. Statistique viticole.

Phylloxera. Symptômes, moyens de défense.

Reconstitution du vignoble. Culture de la vigne américaine, cépages.

CHAPITRE VI

PRÉPARATION DU SOL (P. 528-611).

Labours, fumures, fabrication et conservation des fumiers.

Emploi des engrais. Principes généraux, causes pouvant influencer leur action en Algérie. Expériences culturales.

Classification des engrais, technique de leur emploi.

Assolements et fumures.

Rôle de la station agronomique. Analyse des terres, des engrais, des vins, des matières diverses, etc.

Instructions pour la prise des échantillons de terre et d'engrais, contrôle des semences et des fourrages, tarif des analyses.

CHAPITRE VII

GÉNIE RURAL (P. 613-678).

Irrigations et installations agricoles. Hydrologie, aménagement des eaux, irrigations, nature des eaux, machines élévatoires, puits artésiens, tableau des principaux barrages réservoirs.

Matériel agricole, charrues, appareils de vendange et de vinification.

Constructions rurales. Frais d'établissement d'une famille de cultivateurs. Plan d'exploitation pour un petit concessionnaire.

CHAPITRE VIII

CHAPITRE IX

CHAPITRE X

CHAPITRE XI

CHAPITRE XII

CHAPITRE XIII

CHAPITRE XIV

MANUEL PRATIQUE

DE

L'AGRICULTEUR ALGÉRIEN

CHAPITRE PREMIER

GÉNÉRALITÉS

Situation économique de l'Algérie.

I

La prise de possession de l'Algérie ne s'est pas faite sans coup férir. Le sol s'est longuement et vaillamment défendu et sa conquête s'est poursuivie *ense et aratro*. La charrue s'est en effet avancée lentement, mais sûrement, à l'ombre de l'épée, et a tracé les assises de la colonisation, purement agricole de prime abord, le commerce et l'industrie ne s'étant développés qu'ensuite.

Les débuts, limités à un périmètre assez restreint, ont été modestes et pleins de difficultés. Il fallait extirper les broussailles et se défendre contre l'hostilité des indigènes. La production se bornait, à peu près, à répondre aux besoins de la consommation locale, concurremment, du reste, avec les arrivages de la métropole. Cette période a été relativement courte, car, dix années après le débarquement des Français à Sidi-Ferruch, l'Algérie versait à l'exportation, entre autres produits : 49 chevaux, 1.400.192 kil. de peaux brutes, 146.997 kil. de laines en masse, 9.310 kil. de corail, 15.761 kil. de tabacs en feuilles, et 3.353 kil. d'huile d'olives; le tout d'une valeur de 3.788.834 francs, contre 54.872.102 francs à l'importation, soit approximativement le 20e de la valeur totale des entrées et des sorties. Le mouvement maritime était assuré par 3.763 navires, d'une jauge de 344.369 tonneaux.

II

Les relations de l'Algérie avec la France, au point de vue commercial, se ressentaient des entraves posées par le régime douanier. Pendant plusieurs années, les deux pays ont été l'un pour l'autre soumis au régime appelé « étranger effectif »; leurs produits avaient, de part et d'autre, à subir les conditions des tarifs. Cet état de choses, modifié en 1835, revisé en 1843, a fait place à une large assimilation. Cette importante amélioration a été réalisée par la loi du 11 janvier 1851. La colonie en a bien vite éprouvé les heureux effets; dès 1852, elle fournissait, à titre de fret, 53.294 moutons, 450.982 hectolitres de blé et d'orge, 1.078.626 kil. de légumes secs, 586.977 kil. de fruits, 346.922 kil. de tabacs dont 54.282 kil. fabriqués, et 291.368 kil. de fourrages. Tous ces envois représentaient 21.554.519 francs ; ce chiffre, rapproché du montant total des importations et des exportations, soit 86.946.560 francs, en formait le 1/4 environ.

La loi du 17 juillet 1867 a fait faire à l'Algérie un nouveau et dernier pas sur le terrain de l'assimilation, en autorisant l'admission en franchise dans la métropole de *tous les produits naturels ou fabriqués dans la colonie*. Toutes les difficultés étaient ainsi levées et l'entrée de la France toute grande ouverte à sa possession du Nord de l'Afrique.

III

Grâce à cette mesure et à la pacification du pays, la colonisation a progressé ; les indigènes sont retournés à leurs troupeaux et à leurs champs et les colons, affranchis de la préoccupation de leur propre défense, ont pu étendre leurs cultures, en suivre chaque jour avec soin le développement et même songer à la constitution d'établissements industriels.

Dans d'aussi favorables conditions, le commerce atteignait, en 1870, un total de 297.146.962 francs, dont 124.456.249 francs propres aux exportations alimentées notamment par 242.096 moutons, 2.476 bêtes bovines, 3.738.997 kil. de légumes secs, 1.505.421 kil. de légumes verts, 1.478.034 kil. de fruits, 1.812.760 kil. de tabacs en feuilles, et 11.353.363 kil. de fourrages. Aussi la flotte, affectée aux échanges, prenait-elle de l'importance : elle comptait à cette date 4.069 navires d'une capacité de 850.662 tonneaux.

L'année suivante, les produits de la vigne s'annonçaient par des envois bien modestes s'élevant encore au chiffre de 1.359 hectolitres.

Cette progression des exportations n'a pas cessé de s'accentuer à l'endroit des cultures algériennes ; elle se résume par 168.835.136 francs sur un total d'échanges de 472.269.777 francs en 1880, et par 261.263.576 francs sur 525.798.061 francs en 1890. Le vignoble y a participé par 19.094 hectolitres de vin pour la première année et par 1.965.069 hectolitres pour la seconde. Tous les produits présentent de sensibles améliorations, sauf les céréales dont le rendement laisse à désirer et semble accuser un appauvrissement du sol ; peut-être pourrait-on faire bénéficier celui-ci des riches gisements de phosphates. En tout cas, la décadence est manifeste ; il y a lieu d'aviser si l'on ne veut pas voir l'Algérie devenir, sous ce rapport, un simple pays de consommation.

IV

En 1895 et 1896, le mouvement commercial s'est élevé à un chiffre dépassant sensiblement un demi-milliard pour chacune de ces années et les envois de la colonie ont eu une valeur supérieure à celle des arrivages ; ainsi, pour 1895, on relève 284.211.618 francs d'exportations contre 255.543.746 francs d'importations ; ces chiffres laissent entrevoir, dans un prochain avenir, le moment où les éléments d'échange de l'Algérie l'emporteront définitivement sur le montant de ses commandes ; elle aura alors atteint la véritable période de prospérité. Ces appréciations sont confirmées par les chiffres ci-après, puisés toujours à bonne source et pris au hasard dans la longue nomenclature des produits reçus et expédiés en 1896. Il faut citer :

1° *A l'importation.*

881 562 kil. de viande ;
2,371,249 kil. de farines ;
16,628,200 kil. de riz ;
10,988,867 kil. de café ;
7,595,875 stères de bois à construire ;

18.679.225 kil. de fonte, fer et acier;
11.691.196 kil. de poterie;
7.883.123 kil. de papiers et cartons;
15.416.255 kil. d'ouvrages en métaux;
174.317 kil. de tabacs fabriqués.

2° *A l'exportation.*

3.916.854 kil. de laines en masse;
4.854.639 kil. de poisson de mer;
12.278.188 kil. de légumes;
14.503.943 kil. de fruits;
3.329.132 kil. de tabacs en feuilles;
8.562.157 kil. de liège;
13.741.516 kil. de fourrages;
383.475.700 kil. de minerais;
7.192.082 kil. de pommes de terre;
3.340.048 hectol. de vins;
18.723 bêtes de somme;
73.426 bêtes de race bovine;
1.180.523 moutons.

Ces trois dernières quantités appartiennent à 1895, les opérations de même nature relevant de 1896 ayant été paralysées par les mesures adoptées à Marseille contre la clavelée.

Ce large mouvement d'affaires a nécessité, en dehors de la marine côtière faisant le trafic entre les ports de l'Algérie, 3.250 navires d'une jauge de 2.118.366 tonneaux, avec une double augmentation de 287 navires et de 201.344 tonnes, comparativement à 1895. Toutes ces opérations justifient l'opinion formulée par MM. Crémieux, Barthélemy-Saint-Hilaire, le docteur Agnély, le général Chanzy, et par tant d'autres sur l'avenir du rôle économique de l'Algérie.

V

L'Algérie, bornée au nord par la Méditerranée, à l'est et à l'ouest par les états limitrophes, la Tunisie et le Maroc, a toute latitude de s'étendre dans le sud; de ce côté elle est en présence du désert. Elle n'a jamais perdu de vue la possibilité d'en tirer parti, soit pour s'ouvrir un chemin vers le Sénégal et les autres possessions françaises de la Côte Occidentale, soit pour lier des relations commerciales avec les peuplades du centre de l'Afrique et ménager ainsi un fructueux placement aux produits de l'industrie française, étoffes, corail, verroterie, mercerie, quincaillerie et sucre, en échange de l'indigo, de l'ivoire, de la poudre d'or, du séné, de la gomme et des dépouilles d'animaux, autruche, lion, chèvre, buffle, etc. Tel était déjà le but de la mission Mircher et de la convention de Gadamès avec le cheikh Othmann et El-Hadj-Ikénouken. Dans le même but, des bureaux de douanes ont été ouverts plus tard à Géryville, Lagouat et Bouçaada. La mesure était prématurée ; elle n'a pas donné de résultat. Il en sera de même, il y a lieu de le craindre, de la récente création de marchés francs à Lalla-Maghnia, Ouargla et El-Abiod.

Ne faudrait-il pas, avant tout, mettre à la raison, réduire à merci, en leur fermant l'accès de Ghad, Ghadamès, Agadès et In-Salah, les écumeurs du pays de la soif, si difficiles à atteindre dans leur vie nomade au milieu des ondulations de cette mer de sable à l'immense étendue ? On y songerait, paraît-il, au Ministère des Colonies, depuis les derniers événements survenus à Tombouctou. Il serait question de créer un corps de méharistes expérimentés, eux-mêmes coureurs du désert, entre les postes du Sud algérien et ceux du Nord du Soudan. Ce lien, entre les deux pays, faciliterait la pénétration du mystérieux Sahara par les Européens et préviendrait de nouveaux méfaits des Touaregs dont de trop nombreux explorateurs sont devenus les victimes depuis 1874, à commencer par Dournaux-Duperré, pour arriver, en 1896, au marquis de Morès et au lieutenant Collot.

Statistique de l'Algérie [1].

TERRES ET CULTURES

Territoire soumis à la domination française.	600.000 kil. carrés (1896)
Superficie du Tell........................	14 millions d'hectares
— des Hauts Plateaux.............	11 millions d'hectares
— détenue par les Européens	1.400.000 hectares
— — indigènes.......	7.800.000 hectares
— du territoire civil...............	12.858.743 hectares (1895).

1. Voir : *l'Algérie*, M. Wahl, 1897 ; *l'Algérie et la Tunisie* P. Leroy-Baulieu, 1897 ; *la Statistique générale de l'Algérie*, publiée par le gouvernement général de l'Algérie.

Étendue consacrée aux *céréales* : 2.800.000 hectares dont 400.000 environ cultivés par des Européens.

Superficie du *vignoble* : 122.000 hect. (1895) produisant 3.769.000 hectolitres (moyenne quinquennale de 1892-97).

Forêts. — Domaniales	1.759.495
— Communales	76.919
Bois surveillés par l'autorité militaire	744.356
Total	2.580.770

dont 305.000 hectares de chênes-liège.

Le produit brut des forêts est d'environ 1 million de francs.

Oliviers. — Le nombre des oliviers greffés est estimé à 4 millions 1/2, qui donneraient en moyenne 500.000 hectolitres d'huile par an, d'après les documents officiels. En Tunisie le nombre des oliviers est estimé à 11 millions donnant en moyenne un produit brut de 20 à 25 millions de francs par an, d'après M. Leroy-Beaulieu.

POPULATION

La population se décompose, d'après le recensement de 1896, ainsi qu'il suit :

Français d'origine ou naturalisés	318.137
Israélites naturalisés	48.763
Indigènes musulmans, sujets français	3.764.076
Marocains ou Tunisiens	17.022
Etrangers de nationalités diverses	211.580
	4.359.578

Dans le territoire civil, comprenant 128.580 kil. carrés, la population présente, par kil. carré, une densité de [30,1], qui approche celle de l'Espagne (35).

ANIMAUX

Chevaux	216.000	(1896), dont	42.000	aux Européens.
Mulets	142.000	—	26.000	—
Anes	275.000	—	»	—
Chameaux	255.000	—	»	—
Bœufs	1.121.000	—	135.000	—
Moutons (nombre variable)	6 à 10 millions		350.000	—
Chèvres	3.545.000			
Porcs	85.000			

VOIES DE COMMUNICATION

Routes et chemins. — Sur 8.729 kil. de chemins de grande communication la moitié est empierrée, l'autre en terrain naturel ou en lacune. On compte en outre :

2.392 kil. de chemins	d'intérêt commun	dont 883	sont empierrés
13.897...............	vicinaux ordinaires	— 2.425	—
1.570...............	ruraux	— 25	—

Au total, l'Algérie possède environ 30.000 kil. de routes et chemins, dont un tiers empierré, et le reste à l'état de projet ou de lacune.

Chemins de fer. — Le développement de la ligne ferrée en exploitation est de 3.300 kil. (près de 2.200 à voie large et 1.100 à 1.150 à voie étroite), donnant une recette totale de 23 à 24 millions de francs. Les garanties d'intérêt supportées par l'État varient entre 22 et 23 millions.

BUDGET ET IMPÔTS

Les recettes annuelles du budget de l'Algérie en progression ont varié de 1891 à 1896 de 40 à 50 millions de francs : pendant la même période quinquennale les dépenses par an ont été de 68.636.777 fr., y compris la garantie d'intérêt des chemins de fer. Le budget algérien, pour les seules dépenses civiles, est en déficit d'environ 30 millions, d'après M. Leroy-Beaulieu.

Les charges des contribuables, au profit de l'État, des départements et des communes, étaient estimées en 1891, par M. Burdeau, à 80 millions environ, dont un peu plus de la moitié, 40.800.000 fr. payée par les indigènes. La quote-part de ces derniers ressort à 11 fr. 50 par tête : elle est de 12 fr. 85 en Tunisie. La quote-part de l'Européen était estimée à 75 fr. En France, cette même quote-part est de 120 fr.

COMMERCE GÉNÉRAL

Pour le commerce général, la moyenne annuelle, de 1890-1896, a été de 514.374.611 francs.

Le produit net de l'octroi de mer a été dans la même période de 7.004.000 fr.

Produit des douanes : 10.707.000 fr. (1894).

Géographie agricole.

Les grands traits de la physionomie topographique de l'Algérie sont généralement mal connus du public qui en est encore le plus souvent à se représenter une Algérie plate, aux plaines immenses brûlées par le soleil, aux rares bouquets de palmiers et aux horizons infinis se perdant dans les mers de sable désertiques. Beaucoup de voyageurs et d'immigrants ne peuvent cacher une certaine surprise mêlée de déception quand ils abordent les côtes et découvrent des arêtes de montagnes se dressant le long de la mer, appuyées à l'horizon sur des crêtes encore plus élevées et souvent couvertes de neige ; leur surprise et leur déception augmentent quand ils pénètrent dans l'intérieur des terres en se dirigeant vers le Sud.

C'est que la réalité ne répond en rien à l'idée d'un pays plat et de relief uniforme ; l'Algérie est, au contraire, très accidentée ; elle possède un système orographique tourmenté, formé de massifs nombreux, puissants dans toutes leurs dimensions, lui donnant un relief d'ensemble qui, s'il est coupé de vallées et de plaines intercalaires assez étendues, se maintient à des altitudes assez élevées.

La notion exacte de l'orographie locale est cependant essentielle en agriculture : le climat est un des facteurs naturels les plus influents de la production et ce climat dépend lui-même très étroitement de la situation géographique et des détails de la configuration.

Il importe donc au premier chef de s'initier à la connaissance des données au moins générales de la géographie physique de l'Algérie pour comprendre les faits agricoles et mettre en évidence les lois de la culture de chaque région.

Rappelons tout d'abord que l'Algérie est située entre le 37° et le 32° de latitude boréale faisant face de l'O. à l'E. à l'Espagne, aux Baléares, à la France, à la Corse, à la Sardaigne et à la Sicile.

Au Nord sa limite naturelle est la Méditerranée sur laquelle elle a un front de mer de 1.100 kilom. Au Sud, elle n'a pas de limites définies et s'étend politiquement au delà du pays des Touaregs jusqu'au Niger et au bassin du lac Tchad.

Le méridien de Paris la traverse à 15 kilom. E. de Cherchell. Elle s'étend à l'Est jusqu'au 7° en Tunisie ; à l'Ouest jusqu'au 5° au Maroc.

Sa surface calculée seulement à la latitude d'El-Goléa (environ 1.000 kilom. de profondeur) est de 66 millions d'hectares : un peu plus que la surface de la France, de la Belgique, de la Hollande et de la Suisse réunies. Mais ce vaste territoire appartient pour les deux tiers environ au climat désertique.

Ainsi placée, l'Algérie est au seuil inférieur de la zone tempérée dont elle est le prolongement en Afrique, en même temps qu'elle touche au seuil supérieur de la zone intertropicale par le Sahara voisin du tropique du Cancer. Cette situation aurait pour effet de doter l'Algérie d'un climat très chaud et d'une agriculture spéciale si l'orographie très accentuée sur toute la surface ne venait modifier l'influence de la latitude. Il en résulte en définitive non pas un climat unique, entité formelle et limitée, mais, au contraire, des régimes climatologiques très différents d'une région à une autre et, par conséquent, un régime agricole assez variable pour créer des zones distinctes.

Afin de donner à nos lecteurs une idée suffisamment précise du relief de l'Algérie, nous nous placerons par la pensée sur les principaux points de la côte et, là, nous tenant tournés vers le Sud nous suivrons à vol d'oiseau le méridien passant par ce lieu depuis la mer jusqu'aux régions sahariennes ; nous noterons les altitudes rencontrées et nous obtiendrons par leur succession une figuration schématique de l'orographie du pays.

Par le méridien de Bône. — Le massif élevé de l'Edough (1008^{m}) domine la rade à droite ; au delà les plaines du lac Fetzara (12^{m}), de la Seybouse et de l'Oued-Kebir d'une superficie d'environ 100.000 hectares. Le sol s'élève peu à peu vers Duvivier, Mondovi, gagnant des hauteurs de 800^{m} : à gauche les montagnes de Soukahras qui atteignent 1200^{m} ; à droite l'épais massif de Guelma et au-dessus le Djebel-Mahouna (1411^{m}). Sur une profondeur de 200 kilom. le pays reste très accidenté, coupé de vallées (la Meskiana, 860^{m} ; Morsott, 696^{m}) et maintenant le relief à des altitudes de 1000 à 1600 (1685^{m} au Dj. Doukane au Sud-Ouest de Tebessa). Dès lors le versant s'abaisse vers le Sud ; les cours d'eau prennent la direction des lacs salés où nous trouvons à peine 9^{m} au-dessus du niveau de la mer et, plus loin, 100^{m} en moyenne dans le Souff et l'Erg oriental.

Par le méridien de Collo-Philippeville. — Les monts des Ouled-Nouars et de la Medjda (695^{m}) se dressent contre la mer ; les vallées du Saf-Saf, de l'Oued-Smendja, de l'Oued-Guebli s'étagent le long d'un massif puissant qui occupe tout le pays d'El-Kantour, Constantine, le Kroubs (598^{m}), les Ouled-Rahmoun, Aïn-Mlila (770^{m}). Quelques dépressions sont occupées par des lacs salés, puis le relief s'accentue à droite aux monts de Batna (1366^{m}), à gauche aux monts de Krenchela (1458^{m}), atteignant des altitudes très élevées et dépassant 2000^{m} dans l'énorme pâté montagneux de l'Aurès. Au delà, et très rapidement, le niveau descend à quelques mètres seulement au-dessus du niveau de la mer et se relève, à une profondeur de 350 kilom. environ, dans les dunes de l'Erg (150^{m}) et la région des Ghourd (*dunes*).

Par le méridien du Golfe de Bougie (3°). — L'arête du littoral est élevée : 1742^{m} aux Beni-Mahmed, 1896^{m} au Takount, 1969^{m} au Tababor, 2004^{m} au Babor. Ces altitudes forment une arête au delà de laquelle sont les immenses plateaux de Sétif (1096^{m}) et de la Medjana (915^{m}) sur une cinquantaine de kilomètres de profondeur : c'est une région de grande production de céréales. Une nouvelle arête se dresse (1740^{m}) et redescend dans la plaine du Hodna entre 500 à 600^{m} d'altitude et la région des Chotts (400^{m}). Elle remonte au delà de Barika (636^{m}) aux Zibans et reprend l'allure décroissante vers les altitudes moyennes du désert (El-Abiod, Ouargla).

Par le méridien de Dellys. — Le long de la mer s'élève d'abord une première arête montagneuse de 800^{m} environ ; après quelques vallées assez larges se dresse l'énorme muraille des montagnes Kabyles (Lalla-Khadidja, 2308^{m}). Au delà de cette masse à affleurements de gneiss et de granit, déchiquetée en mille vallées et en pics innombrables, les vallées de l'Oued-Sahel, et la plaine des Aribs gagnent les monts d'Aumale (le Dirah, 1810^{m}) qui se continuent à des altitudes de 500 à 800^{m} sur 150 kilom. de profondeur, jusqu'aux régions de Bou-Saâda (573^{m}). Plus loin sont les montagnes des Ouled Nayls avec des sommets qui vont jusqu'à 1400^{m} ; puis la région des Dayas[1], des dunes, le Mzab, Berrian (590^{m}), Ghardaïa (550^{m}), Metlili (521^{m}), et le bassin de l'Oued-Mia.

Par le méridien d'Alger. — Le Sahel borde la mer d'un ourlet de 200 à 300^{m} de hauteur moyenne et la sépare de la vaste plaine de la Mitidja qui se développe sur 210.000 hectares. A 40 kilom. commencent

1. *Dayas*, dépressions naturelles où l'eau s'accumule et qui se couvrent d'une abondante végétation spontanée.

la région montagneuse de l'Atlas, les chaînons des Beni-Salah, de Mouzaïa (1600m). Ce massif épais coupé de vallées profondes gagne Médéa (927m) Ben-Chicao (1371m) puis à partir de Boghar s'affaisse vers le Sud, se relève autour de Djelfa (1145m), retrouve les montagnes des Ouled-Nayls et redescend vers le Sahara par Laghouat (750m); au delà c'est la région des dunes aux altitudes moyennes de 300 à 400m (El Goléa, 392m).

Par le méridien de Ténès (1°). — Après une bordure montagneuse d'environ 600m d'altitude et de 30 kilom. environ de profondeur, c'est la plaine de Chéliff et son centre Orléansville (30m). Le relief s'accroît peu à peu et gagne les montagnes de l'Ouarensenis (1996m), celles de Teniet-el-Haâd à gauche (de 1100 à 1800m), celles de Tiaret à droite (1000 à 1200m). Au delà sont les plateaux du Sersou à 800m environ, ridés de quelques hauts sommets et se continuant au delà de 400 kilom. à partir de la mer, vers Brezina et, plus loin, par les plateaux rocheux et chaotiques des Ouled-Sidi-Cheikh et de l'Erg occidental.

Par le méridien de Mostaganem. — La petite chaîne du Dahra borde la mer et enserre les belles plaines de la Mina et du Sig (7m) que ferment les monts des Beni-Chougrane (932m) et les montagnes de Mascara aux pieds desquelles s'étend la plaine d'Eghris. Nous voici sur les Hauts Plateaux entre 700 et 800m, au delà de Saïda (880m); le relief se relève à mesure que l'on va vers le Sud, à Tafaroua, Krafallah, Marhoun sur la droite, le Chott et le Kreider. Ensuite c'est le plateau des Trafi (1200 à 1400m), puis le massif très dense du Djebel-Amour (1700m). Au delà nous retrouvons des plateaux rocheux de 5 à 700m jusqu'en plein désert.

Par le méridien d'Oran. — L'arête du littoral a de 300 à 600m ; elle couronne les plaines de la Sebka à droite d'Oran, du Sig et de l'Habra à gauche. Au delà le pays devient montagneux, passe par des altitudes moyennes de 7 à 800m dans la région de Sidi-Bel-Abbès ; de grandes vallées le coupent créant des plaines intercalaires. Plus loin voici les montagnes de Saïda gagnant le Maroc à droite par des altitudes de 800 à 1200m, avec des pics de 1800m. Les Hauts Plateaux se continuent avec quelques dépressions (les Chotts), par Mécheria (1555m), En-Naâma (1169m), Aïn-Sefra (1090m). Plus loin le Djebel-Amour dresse sa masse compacte avec ses points les plus élevés (Djebel-Mezi 2130m); au delà ce sont à nouveau les hammadas[1] avec leurs altitudes de 5 à 700m.

1. *Hammadas*, plateaux nus au sol durci, entaillés de larges vallées, qui constituent une grande partie du Sahara.

Il résulte suffisamment de ce qui précède que l'Algérie, considérée dans la masse superficielle du Continent Africain, est une contrée essentiellement montagneuse. Elle pourrait être représentée théoriquement par un régime de vastes plateaux assez élevés, tourmentés de rides profondes et supportés au Nord et au Sud par deux systèmes continus de chaînes de montagnes formant arêtes ; ces deux systèmes de direction parallèle au littoral restent parallèles entre eux depuis le Maroc dans leur traversée des provinces d'Oran et d'Alger et se rapprochent dans la province de Constantine pour se souder à leur entrée en Tunisie.

La chaîne du Nord ou *chaîne tellienne* déverse ses eaux dans la Méditerranée. Elle commence au Maroc, au cap Ghir, sur l'Océan Atlantique et va se terminer au cap Bon après avoir occupé une largeur moyenne de 150 kilomètres dans la traversée de toute l'Algérie. En allant de l'Ouest à l'Est elle comprend les massifs de Tlemcen-Sebdou, Bel-Abbès-Ras-el-ma, Mascara-Krafallah, Ouarensenis-Tiaret, Teniet-el-Haâd-Médéa-Boghar, Aumale, Sétif, Constantine, Guelma, Soukahras. Ce réseau principal a des altitudes variant de 500^{m} à des points culminants de 2000^{m}. Il détache des chaînons secondaires qui longent le littoral ou se dressent parallèlement en des arêtes très prononcées comme le massif Kabyle. C'est la chaîne de l'Atlas, l'arête septentrionale des Hauts Plateaux penchée vers la mer. Les montagnes sont couvertes de forêts nombreuses, les vallées sont fertiles, les plaines grasses ; c'est le pays agricole par excellence.

La chaîne méridionale ou *chaîne saharienne* déverse ses eaux dans les dépressions et les cuvettes intermédiaires ou dans les lacs et les sables du versant saharien. Elle est constituée par une suite de chaînes très hautes, orientées uniformément de O. S. O. à E. N. E., d'une épaisseur totale de 150 kilom., parallèles à la chaîne tellienne. Comme elle, elle vient du Maroc, forme les monts supérieurs de Ksell (1200^{m}), le puissant et dense massif du Djebel-Amour et les monts Aurès qui rejoignent la chaîne septentrionale par la soudure Soukahras-Tebessa.

Ces deux arêtes élevées supportent les Hauts Plateaux, immenses plaines ondulées légèrement, d'une altitude moyenne de 800^{m}, contenant des dépressions qui forment des dayas et des grands lacs.

Le versant Sud de la chaîne saharienne s'affaisse vers le désert mais avec une pente très sensible vers l'Est, ressemblant à un plan incliné qui, du Maroc et de 1000^m d'altitude, irait finir à 50^m et aux confins de la Tunisie.

En condensant ces données il est facile d'entrevoir que semblable conformation du sol algérien doit créer des climats très divers et que le pays se compose d'un ensemble de régions agricoles qui auront chacune son climat, sa flore, son agriculture et ses conditions économiques.

Le résultat de cette orographie si particulière, tel que l'a pu dégager une expérience de soixante années, permet de diviser l'Algérie, au point de vue agricole, en quatre régions bien distinctes : régions marine, montagneuse, des Hauts Plateaux et saharienne.

Les régions marine et montagneuse sont d'accès facile; la colonisation s'y est installée dès la conquête procédant par taches d'huile autour des postes d'occupation et à proximité des voies de communication. Rendues salubres par le développement des cultures, elles ont pris un essor rapide, grâce aux routes et aux chemins de fer, aux travaux d'irrigation, au voisinage des centres de consommation ou des ports d'exportation.

Toutes les terres disponibles n'y sont pas encore occupées et c'est là que doit pénétrer abondamment l'émigration française qui y trouvera, sous un climat peu différent du climat métropolitain, de quoi se créer un établissement prospère. La population indigène y est dense et sédentaire ; ses procédés de culture sont encore rudimentaires, mais elle fournit une main-d'œuvre assez précieuse par son abondance et son bon marché.

L'occupation agricole des Hauts Plateaux est moins générale ; encore les régions de Sétif, Bordj-bou-Arreridj, Batna, et, à l'Ouest, quelques régions du Sersou et des Plateaux au sud de Saïda présentent-elles des centres de production européenne assez active. Les rigueurs du climat, l'éloignement de la côte et les difficultés des transports condamnent cette région à une évolution plus laborieuse. L'élevage des bestiaux est son industrie typique.

Les indigènes y sont des pasteurs ; ils y vivent sous la tente et à l'état nomade, se déplaçant suivant la saison pour trouver de l'eau et des pâturages.

Pour entrer plus avant dans la connaissance de la géographie agricole de l'Algérie, nous allons décrire rapidement la physionomie de nos trois provinces en indiquant, pour chaque arrondissement, les caractères qui découlent de sa situation et de ses cultures.

Nous procédons de l'Ouest à l'Est.

PROVINCE D'ORAN

Arrondissement de Tlemcen. — Touchant au Maroc par l'Ouest, il appartient au Tell et aux Hauts Plateaux.

On y distingue deux puissants massifs : les Traras près de la mer, et le massif dit Tlemcenien ; ils entourent par des hauteurs de 800 à 1.800^{m} une vaste plaine de 225.000 hectares à l'altitude moyenne de 300^{m}. D'autres vallées, notamment celle de Lamoricière, y ont un grand développement de terres très fertiles.

Le pays est boisé et possède une basse végétation abondante. Indépendamment des céréales, on y cultive beaucoup les oliviers, les figuiers, les mûriers ; les arbres fruitiers y prospèrent ; il en est de même de la vigne que l'on trouve surtout à Tlemcen, Hennaya, Remchi.

Au delà de Sebdou ce sont les terres à halfa et les grands parcours à végétation spontanée.

Arrondissement de Bel-Abbès. — Il constitue le centre montagneux du département et tient à la zone des Hauts Plateaux dans laquelle il pénètre ; ses montagnes sont assez élevées (de 800 à 1600^{m}) et ses vallées forment de belles plaines à des altitudes de 500 à 650^{m}. C'est le pays de la culture modèle des céréales, le grand centre de la production des blés tendres : on y cultive les mûriers, les arbres fruitiers. L'eau est assez abondante et l'irrigation bien pratiquée. Bel-Abbès, Mercier-Lacombe, les versants du Tessala, la vallée de la Mekerra, Bou-Kanefis sont les centres d'une production très active, où domine une population d'origine espagnole.

La vigne y est cultivée avec fruit à Sidi-Bel-Abbès, Bou-Kanefis, Prudhon, les Trembles, Oued-Imbert, Tessala, Aïn-Trid et Mercier-Lacombe.

Le Sud de l'arrondissement comprend les contrées accidentées du Telagh et de Ras-el-Ma et au delà les plateaux de Seffik, dévalant vers la région des Chotts.

Arrondissement d'Oran. — Il borne les deux précédents et les sépare de la mer. Il se compose d'une arête couverte de forêts (M'sila), puis d'un régime de plaines : plaine du Lac Salé, de la Mleta, que bordent les centres prospères de la Senia, Misserghin, Bou-Tlélis, Lourmel, Er-Rahel. D'Oran à Arzew le bourrelet sahélien s'abaisse dans la région essentiellement viticole de Fleurus, Saint-Cloud, Saint-Louis ; à l'Est sont encore les grandes plaines du Tlélat, du Sig, de l'Habra, aux terrains quelquefois salés, couvertes d'une végétation abondante. On y fait de l'élevage, des orangeries, des cultures industrielles, des céréales : c'est le pays des vastes territoires arrosés par les retenues de grands barrages.

La vigne est représentée dans toutes les parties de l'arrondissement par des vignobles très importants dont quelques-uns, Saint-Cloud, se spécialisent dans la production des vins de primeur.

Au Sud le relief se relève en monticules pierreux, couverts de lavande, de dys et de genêts pour gagner les montagnes de Tlemcen et de Bel-Abbès.

Arrondissement de Mostaganem. — Il appartient au type de la zone marine avec son bourrelet côtier qui forme le massif fertile du Dahra, avec ses vastes plaines argilo-siliceuses de la Mina, de Relizane (les plus chaudes de l'Algérie), propres à l'élevage et aux cultures d'irrigation.

Mostaganem est entourée de jardins superbes et de belles cultures maraîchères ; le Dahra cultive l'olivier, les arbres fruitiers.

La vigne est cultivée dans tout l'arrondissement et surtout à Rivoli, Pélissier, Mazagran, Aboukir, Blad-Touaria, Bouguirat, Aïn-Tédélès, l'Hillil, Bosquet, Cassaigne et Renault.

Au Sud il confine à l'arrondissement montagneux de Mascara.

Arrondissement de Mascara. — L'allure orographique que nous avons définie est ici bien caractérisée. Les montagnes alternent avec des plaines assez vastes à cultures de céréales (Eghris, Traria, Nazereg) s'étageant jusqu'aux altitudes des Hauts Plateaux. Saïda, Frenda, Tiaret marquent les points culminants de l'arête où commencent les Hauts Plateaux, les terres de parcours et les steppes d'halfa.

L'arrondissement cultive la vigne à Mascara, Saïda, Palikao, Aïn-el-Hadjar ; les vins de Mascara ont une renommée de bon aloi. Les céréales, l'élevage et l'exploitation de l'halfa sont les principales industries agricoles.

PROVINCE D'ALGER

Arrondissement d'Orléansville. — Le Dahra que nous avons rencontré le long du littoral de l'arrondissement de Mostaganem se retrouve avec ses mêmes caractères de région d'arboriculture, d'apiculture, de forêts et de vignes. Il couronne la plaine du Chéliff un peu nue, brûlée par le soleil, sujette à des sécheresses qui rendent très irrégulières les récoltes des céréales, mais où l'aménagement des eaux assure sur certains points les avantages de l'irrigation. La plaine produit surtout des céréales, un peu d'élevage. La vigne est cultivée dans le Chéliff, mais principalement dans la région de Ténès.

Au Sud, le pays devient montagneux, assez boisé ; il monte jusqu'aux plateaux de Sersou où se retrouve le bassin supérieur du Chéliff et gagne les montagnes de Djebel-Amour. Cette partie est le pays classique du mouton, le pays d'origine des meilleures races ovines ; il est riche en eaux et en pâturages. Les dépressions se couvrent d'une végétation très dense qui attire les transhumants de l'extrême Sud.

Arrondissement de Miliana. — Sauf dans une partie de la plaine du Chéliff qui appartient à cet arrondissement, le pays est montagneux. Au Nord, c'est le massif du Zaccar où perche Miliana dans un nid de verdure ; au Sud, ce sont les montagnes élevées de Teniet couvertes de forêts. Affreville et le Djendel dans la vallée cultivent la vigne ; Miliana et Hamman-Rhira dans la montagne en obtiennent des vins déjà renommés.

L'arrondissement est en outre grand producteur de céréales ; l'élevage y est pratiqué surtout dans le Sud où se retrouvent les plateaux du Sersou et les conditions les plus favorables à l'industrie pastorale.

Arrondissement d'Alger. — Le long de la mer, dans les sables, la culture des vignes, des légumes et des fruits de primeur occupe une première zone mise en valeur par une population nombreuse de maraîchers originaires, pour le plus grand nombre, des Baléares. Puis dans les collines du Sahel, la vigne règne en souveraine auprès de quelques cultures maraîchères et industrielles, plantes à parfums. Au delà la grasse Mitidja étend sa nappe d'alluvions de 100 kilom. de longueur sur 40 kilom. environ de largeur. C'est là la contrée de la production la plus intensive; les céréales y perdent de leur prépondérance devant la vigne qui envahit plaines et coteaux, les orangeries et les mandarineries, les pépinières industrielles et les cultures sarclées. Après la Mitidja, l'Atlas dresse ses chaînes jusqu'à Médéa, Aumale, créant une zone montagneuse bien caractérisée à laquelle succède au delà de Boghar la zone des Hauts Plateaux.

La partie Sud-Est de l'arrondissement dominée par les monts d'Aumale possède les plaines fertiles des Aribs, la vallée de l'Oued-Sahel, où la vigne et les céréales, les arbres fruitiers et l'élevage donnent d'excellents produits.

Arrondissement de Tizi-Ouzou. — Il comprend la grande Kabylie, ce vaste trapèze montagneux fouillé de vallées encaissées, hérissé de pics énormes, où s'est isolée la population kabyle si différente des autres populations indigènes. Il a une zone maritime dont le centre est Dellys, une zone intermédiaire dont le centre est Tizi-Ouzou avec les plaines des Issers et du Sebaou et la zone chaotique aux pentes dénudées dont les innombrables pitons portent chacun un village qui accroche aux flancs des précipices des coins de culture soignée.

Dans les premières zones on cultive les céréales, l'orge, le bechna, le dari, les oliviers, les figuiers, les fèves, les peupliers, les frênes, le tabac. Sur les contreforts, autour des magnifiques forêts de chênes, s'étagent des vignes et des vergers; plus haut, c'est la région des cèdres et des genévriers.

La population kabyle est excessivement dense; elle se livre à la fabrication de l'huile d'olive, à la culture des figuiers, des vignes grimpant aux arbres, et à l'élevage des mulets et des chèvres. Elle fournit aux colons des plaines environnantes une main-d'œuvre abondante.

PROVINCE DE CONSTANTINE

Arrondissement de Bougie. — Cet arrondissement est formé de massifs montagneux, très denses, couverts de forêts de chênes-liège, et coupés de vallées larges et fertiles qu'occupent des peuplements d'oliviers séculaires. Les huiles d'Akbou et d'El-Kseur sont renommées. Sur les versants disponibles sont cultivés le blé, l'orge, le bechna, les pois chiches, le figuier, et quelques arbres fruitiers qui, dans les vallons encaissés, donnent des produits remarquables. Il s'y élève peu de bestiaux, seulement quelques chèvres et quelques mulets; on y fait de la culture maraîchère, des tabacs, de l'apiculture.

Le régime agricole est celui de la Grande Kabylie, mais avec le bénéfice d'un régime pluviométrique très élevé, et une diminution générale du relief.

La vigne y est prospère à Bougie, Djidjelli, Duquesne, Taher, El-Kseur, Oued-Amizour, Oued-Marsa.

La population indigène est kabyle.

Arrondissement de Sétif. — Il continue le précédent dans la région des Hauts Plateaux. C'est le pays classique des céréales (blé dur), la Beauce d'Afrique; ses plaines élevées, froides, s'étendent à perte de vue. La terre y est fertile, mais souvent stérilisée par la sécheresse; une végétation spontanée de graminées et de légumineuses formant de bons pâturages favorise l'élevage des bestiaux.

Au sud, l'arrondissement se prolonge à travers le Hodna, pays de chevaux renommés. Au delà, c'est la région des Chotts et les montagnes arides des Zibans.

Ce pays présente le prototype de la culture extensive ou pastorale des Hauts Plateaux de l'Algérie.

Arrondissement de Batna. — Il occupe le massif de l'Aurès, pays élevé, au climat rude, appartenant à une population indigène, très dense, qui se livre péniblement à la culture des céréales et à l'élevage d'un peu de bétail. La colonisation européenne a peu pénétré dans ce pays abrupte.

Arrondissement de Philippeville. — C'est un arrondissement littoral, par ses plaines et ses vallées du Zéramna, du Saf-

Saf et de l'Oued-Guebli, et tellien, par ses plateaux montagneux qui gagnent les régions plus élevées de Constantine.

La vigne y a pris une grande place à Philippeville, Jemmapes, Saint-Charles, Gastonville, Robertville.

On y cultive les céréales, l'olivier, le tabac, les arbres fruitiers, les primeurs.

L'élevage du bétail y est assez général ; la végétation herbacée est riche en légumineuses. Les versants sont couverts de belles forêts de chênes-liège jusque vers Collo.

La main-d'œuvre italienne ou kabyle y est abondante.

Arrondissement de Constantine. — Il est le prolongement du précédent vers le Sud, occupant la chaîne qui s'étend jusqu'à Tebessa aux riches bancs de phosphates. Il est formé de vastes plateaux ondulés et d'anciennes dépressions lacustres. Le pays est propice à l'élevage, assez triste d'aspect mais fécond ; il produit des blés réputés, quelques vins, et surtout du bétail.

Arrondissement de Bône. — Il occupe le littoral jusqu'en Tunisie. Après les massifs de l'Edough, ce sont des plaines grasses autour du lac Fetzara, dans la vallée de la Seybouse, qui aboutissent à l'Est au massif montagneux de la Calle.

Elles s'étagent sur les contreforts successifs qui remontent vers Guelma et vers le bassin oriental de la Medjerda, vers Soukahras.

Dans les bas-fonds, il y a une belle végétation où les graminées dominent sur les légumineuses ; on y fait du cheval et du mouton ; dans les vallées, l'olivier est bien cultivé ; la partie montagneuse est riche en forêts.

La vigne y a une grande extension, notamment à Bône, Duzerville, Mondovi, Randon, Morris.

Arrondissement de Guelma. — S'appuyant sur celui de Bône au Nord, et touchant à la frontière tunisienne, situé à la soudure des deux chaînes principales que nous avons décrites venant du Maroc, cet arrondissement est de régime essentiellement montagneux.

La vigne y prospère à Guelma, Heliopolis, Petit, aux Beni-Salah.

Il possède une race bovine particulièrement très estimée ; il cultive les céréales, les arbres fruitiers et toutes les autres plantes du Tell.

Régions sahariennes. — L'agriculture française s'est à peine implantée dans ces régions peu favorables à la vie de la race blanche : les chapitres *régions désertiques* et *agriculture saharienne* traiteront cette question spéciale du Sahara.

Cet examen rapide montre que l'Algérie, au point de vue agricole, doit être décomposée en régions distinctes, séparées par les altitudes et le climat, et dans lesquelles telles cultures ou telles industries agricoles doivent trouver le milieu favorable à leur développement et à leur prospérité : telle est l'étude que comporte le chapitre suivant.

Météorologie, climatologie, zones culturales. Prévision du temps.

Les éléments météorologiques utiles à connaître pour l'agriculteur sont :

1° La température de l'air, 2° l'humidité atmosphérique, 3° le régime des pluies, 4° la direction des vents et 5° la pression barométrique, toutes questions qui, avec la géographie locale, constituent les principaux facteurs d'un climat.

Les trois premiers éléments forment le milieu ambiant dans lequel l'homme des champs se meut et vit : c'est surtout de leur influence que dépendront sa santé ainsi que la vigueur et la richesse des produits de son travail et de son industrie. Avec l'observation régulière et quotidienne des courants et de la pression barométrique, il pourra obtenir des prévisions qui lui permettront, dans le plus grand nombre des cas, de bien régler l'emploi de son temps.

*
* *

Dans le sens de la profondeur, le territoire algérien est enserré entre deux limites caractérisées : la mer, au Nord, avec sa température moyenne et ses vapeurs humides, et le Sahara, au Sud, avec son atmosphère brûlante, sèche et ses brusques écarts thermométriques.

Ce pays, à topographie accidentée, subit donc des influences météoriques constituant un climat particulier et polymorphe dont la dominante, dans l'*ensemble*, se traduit par les grandes lignes suivantes :

Une pluviométrie insuffisante, ou irrégulière, le souffle d'un vent sec et chaud dit *siroco*, une grande insolation estivale et le refroidissement marqué pendant l'hiver des régions hautes, avec une amplitude exagérée des variations thermiques dans une phase diurne.

Quatre grandes zones climatériques et culturales, résultant de la situation géographique du pays, de la configuration et de la constitution orographique de son sol, se présentent dans la simplicité d'un parallélisme presque absolu avec la mer Méditerranée. Ces longues bandes courent assez exactement de l'Est à l'Ouest et s'échelonnent du Nord au Sud dans l'ordre décrit ci-dessous.

Les actions météoriques absolument différentes qu'elles subissent leur imposent une agriculture très variable dans sa nature végétative et économique.

Le territoire de l'Algérie comprend donc quatre grandes divisions climatériques :

1° Une région marine, relativement chaude, humide, située au niveau de la mer ou peu élevée au-dessus ;

2° Une région montagneuse, assez tempérée dans ses parties voisines de la mer et y faisant face, mais froide en s'en écartant et surtout aux dernières altitudes ;

3° Une région de Hauts Plateaux, en général sèche et aride, aux extrêmes marqués, avec une caractéristique de neige et de froids hivernaux ;

4° Une région désertique, dite Saharienne, brûlante, sèche, à pluies fort rares et à constitution tellurique toute particulière.

Nous n'emploierons pas ici, à dessein, et comme terme trop général, la spécification assez usitée de *climat tellien*, appliquée à la plus grande étendue du pays. Par *Tell* on entend tout le territoire cultivable ainsi désigné par les Romains et s'étendant de la mer, en passant par les plaines et les montagnes, aux parties encore fertiles des Hauts Plateaux, le tout formant de vastes contrées soumises à des climatures fort différentes.

1° RÉGION MARINE

Cette région, au niveau de la mer, ou peu élevée au-dessus, est malheureusement peu profonde : elle s'arrête aux faibles altitudes des parties montagneuses et ses surfaces les plus favorables à l'agriculture sont principalement quelques grandes plaines, l'Habra, le Chéliff, la Mitidja et la Seybouse. Cette zone est caractérisée par une pluviométrie assez régulière, donnant le maximum d'eau, de 600 à 700 millimètres en moyenne ; par l'absence des extrêmes thermiques si accusés plus on pénètre vers le Sud, et enfin par l'égalisation de la température à cause de la proximité de la mer qui agit comme régulateur en atténuant l'amplitude des variations atmosphériques. Il en résulte des hivers plus doux et des étés plus tempérés.

On peut la désigner sous le nom de *zone de l'oranger* et elle ne s'arrête réellement qu'à la limite où cesse l'influence de l'atmosphère marine sur les faibles altitudes.

Cette région est le pays de la grande agriculture, de la culture intensive, de l'engraissement du gros bétail, des forts rendements en céréales avec longues pailles, des prairies à hautes herbes, des cultures arrosées pendant l'été, de l'horticulture variée, des orangeries, etc., et surtout des vignobles à grand rendement.

Les minimas moyens d'hiver y sont de + 7° et ceux d'été de + 20°.

Les maximas moyens d'hiver de + 15° et ceux d'été de 29°.

Mais, comme en agriculture les températures extrêmes ont dans bien des cas autant et même plus d'importance que les moyennes, nous devons ajouter qu'il n'est pas un des points du littoral en été où le thermomètre n'atteigne parfois de + 42° à + 45° et même jusqu'à + 48° (Philippeville) et + 50° à Orléansville, tandis qu'en hiver il s'abaisse d'un à trois degrés *au-dessous* du point de congélation.

L'humidité relative est à peu près constante toute l'année et atteint les environs de 73 0/0. Il en résulte, surtout dans la bande essentiellement littorale, un état de saturation presque uniforme d'un bout à l'autre de l'année, saturation qui y rend le séjour si pénible en été.

La pluviométrie annuelle varie de l'Ouest à l'Est. Dans la province d'Oran elle présente un maximum de 500 millimètres et s'élève graduellement jusqu'à un maximum de 1 mètre dans la région de Bougie et de Djidjelli pour redescendre aux environs de 800 millimètres à La Calle. Ces chiffres sont des moyennes, mais ces moyennes sont soumises à des fluctuations considérables. Ainsi, par exemple, à Alger où la moyenne annuelle de pluie est de 776 millimètres, on a constaté un minimum de 432 millimètres en 1866 et un maximum de 1305 millimètres en 1847. On a vu, dans cette même localité, la pluie cesser brusquement le 27 février 1897 pour ne reprendre qu'à l'automne.

Par rapport aux saisons, les pluies vont en général en décroissant de janvier à septembre pour croître de septembre à décembre.

Les vents prédominants en hiver soufflent de l'Ouest, du Nord-Ouest et du Sud-Ouest : en été, de l'Est et du Nord-Est.

La persistance des vents d'Est pendant certains hivers entraîne la sécheresse : la retourne des vents d'Est se manifeste ordinairement en avril.

Cette région marine a une sous-section bien caractérisée et connue sous le nom de *zone littorale*, bande étroite, en contact constant avec la mer, mais perdant son égalité de température plus on s'éloigne de celle-là.

Ce climat essentiellement marin n'a souvent pas plus de 2 kilomètres de profondeur : il est étroitement limité au rivage et aux baies, mais n'existe pas partout, car souvent le rivage est taillé en falaise ou a un relèvement côtier plus ou moins accusé derrière lequel le climat est moins tempéré. Cette mince bande est en partie interrompue par les puissants massifs Kabyliens et Kroumiriens dont les montagnes tombent presque verticalement dans la mer.

Cette action directe de l'atmosphère marine constitue une région où la température est relativement égalisée : les sirocos et les insolations y sont atténués ; les abaissements vers zéro plus rares, et, quand ils se produisent, ils sont beaucoup moins accusés que dans toutes les autres parties de l'Algérie.

Cependant la côte, absolument ouverte aux vents du Nord, est soumise pendant l'hiver à leurs rafales : ces courants ne sont pas dominants, mais ils contrarient pourtant certaines cultures de nature tropicale, sans grande importance d'ailleurs et qui n'ont qu'un caractère horticole.

Cette zone marine est le pays le plus riche : c'est là que se trouvent les plus grands centres habités et les ports d'embarquement où afflue la production de l'intérieur des terres ; c'est aussi le territoire le plus favorable à l'horticulture en général, à celle s'occupant des végétaux exotiques, sans grand intérêt économique jusqu'à ce jour, mais il convient principalement à la culture maraîchère en hiver pour la production de primeurs d'exportation.

Au début de la conquête, avant la pénétration dans l'intérieur du pays, on avait pris cette zone privilégiée comme le type du climat algérien, pensant encore que, plus au Sud, sur les versants de l'Atlas, se rencontreraient des climatures forcément meilleures. Ces erreurs climatologiques avaient motivé tous ces projets chimériques de cultures tropicales qui ont encore des partisans.

2° RÉGION MONTAGNEUSE

Cette région accidentée, coupée par des vallées basses, des ravins profonds, dominée par des pics assez longtemps neigeux, succède parfois assez brusquement aux plaines du littoral : elle est quelquefois peu étendue en largeur et est attachée aux Hauts Plateaux. Toute la Kabylie, ce puissant massif central, appartient à ce climat qui constitue une grande partie de la *zone de l'olivier*, arbre encore prospère aux altitudes recevant des neiges mais n'abordant pas la limite des Hauts Plateaux, même à des hauteurs inférieures à celles qu'il occupe dans le climat montagneux.

Cette région est tempérée tant qu'elle subit encore quelque peu l'influence marine, mais elle devient froide vers les sommets et plus on s'éloigne du rivage.

Les hivers y sont marqués par des neiges à chutes renouvelées, d'une courte durée aux moyennes altitudes mais assez persistantes sur les sommets, à partir de 1500 mètres. Les froids, assez vifs pendant la nuit et le matin, font souvent descendre le thermomètre vers 10° *au-dessous* de zéro : ils sont principalement nuisibles aux végétaux dans leur pousse de printemps, surtout aux environs des Hauts Plateaux.

La pluie est plus réduite que dans la première région : elle varie entre 450 et 500 millimètres, sauf aux grandes altitudes kabyliennes du versant septentrional où elle atteint une tranche de plus d'un mètre de haut (Régions de Bougie et de Fort-National).

La grêle n'y est pas rare dans l'hiver et au printemps, sous forme d'orages. Les vents sont violents et froids quand ils soufflent du Nord ou du Nord-Ouest ou quand ils passent sur les cimes neigeuses.

La chaleur et le siroco y sont un peu plus accusés que dans la zone marine, mais la température nocturne et l'humidité y sont amoindries. Les minimas moyens d'hiver y varient de + 1° à + 6°, et ceux d'été de + 15° à + 18°.

Les maximas moyens d'hiver oscillent entre + 7° à + 15°; ceux d'été entre + 29° et + 39°, et pour quelques points s'élèvent jusqu'à + 36° (Tizi-Ouzou). Dans certaines localités on a observé des minimas extrêmes de — 8° (Médéa) et — 10° (Bel-Abbès), tandis qu'en été on a vu quelquefois le thermomètre monter à + 49° (Tizi-Ouzou).

L'humidité relative varie de 35 0/0 en hiver à 58 0/0 en été : il en résulte que bien que les chaleurs d'été soient plus intenses que sur le littoral, elles y sont cependant bien plus facilement supportables dans un air moins humide.

La répartition moyenne des pluies se montre avec un maximum supérieur à un mètre dans la Kabylie seulement et en diminution du côté de l'Est où la quantité moyenne est de 700 millimètres, chiffre qui dépasse encore de beaucoup les quantités qui tombent dans l'Ouest, lesquelles sont de 500 millimètres environ. La moyenne la plus basse constatée est à Bel-Abbès avec 398 millimètres ; la plus élevée, Taher avec 1153 millimètres.

De juillet à décembre les quantités de pluie tombées suivent une allure descendante assez régulière. De janvier à septembre, au contraire, il se produit généralement une recrudescence très notable pendant les mois de mars et d'avril. On peut justement dire que ce sont ces pluies printanières qui, dans ces dernières années, ont sauvé des situations bien compromises par des sécheresses prolongées.

En hiver, les vents d'Ouest sont les plus fréquents ; en été, ce sont les vents du Nord qui prédominent.

La végétation de la contrée montagneuse est caractérisée par la forêt dans son beau développement de caroubiers, d'oliviers, de chênes et de conifères.

L'arboriculture européenne rencontre dans ces hauteurs certaines localités favorables aux vergers dont les plus renommés sont ceux de Médéa et de Miliana pour le département d'Alger, de Constantine et de son Hamma à l'Est, et de Tlemcen et quelques autres points à l'Ouest.

Les faibles altitudes et les coteaux bien exposés, mais toujours à peu de distance de la mer, conviennent encore à la culture économique de l'oranger qui cependant s'avance à peine jusqu'à Tlemcen trop immédiatement attaché à un plateau steppien, ni dans le haut de la vallée de l'Oued-Sahel : il ne pénètre pas non plus dans la partie supérieure de la Seybouse.

Cette région montagneuse, dans sa plus grande étendue, est propice aux céréales dont les chaumes sont ordinairement courts ; les prairies sont assez bien composées d'herbes plus fines que celles des plaines et offrent de bons parcours pour le gros et le petit bétail qui y trouvent un engraissement économique. La vigne prospère encore aux moyennes altitudes, mais les rendements y sont moins abondants si la qualité du vin est bonne.

Quelques localités, à la limite de la région montagneuse et des Hauts Plateaux, ont une agriculture et une végétation à peu près similaires à celles du centre de la France et peuvent être considérées comme des pays à céréales, tels sont les plateaux de Bel-Abbès, de Médéa, de Sétif, de Constantine, etc.

Les eaux d'irrigation, peu abondantes, sont principalement dans les vallées : elles sont ordinairement captées par des barrages pour l'irrigation de la première zone. Le système d'arrosement des plaines hautes de Constantine, de Sétif, de Bel-Abbès, de Saïda, etc., est très restreint et ne peut servir qu'aux cultures hivernales pour parfaire l'insuffisance des pluies.

3° RÉGION DES HAUTS PLATEAUX

Cette région de vastes plaines, malheureusement trop étendue, à une altitude moyenne de 800 mètres, avec des chaînes montagneuses qui les dominent encore en tous sens et les séparent du désert par un bourrelet, subit cependant en grande partie l'influence du Sahara qui lui imprime son climat sec et aride, aggravé par des actions météoriques extrêmes.

Ouvertes à tous les courants, ces plaines élevées sont balayées l'hiver par des bourrasques de neige, de grêle ou de sable et par des vents froids. Les courants d'été sont desséchants et dominent : les sirocos sont fréquents, surtout dans l'Ouest.

La pluie, assez rare, tombe le plus souvent en averses orageuses quelquefois mêlées de grêle ; la tranche pluviale est aux environs de 400 millimètres, et les précipitations mal réparties avec des interruptions trop prolongées ou manquant au printemps, sont souvent peu favorables aux dernières phases de la végétation.

La neige est assez fréquente et persistante par place dans la limite Nord. Par des temps très clairs, des froids rigoureux ou des rayonnements abaissent le thermomètre entre 10° et 15° *au-dessous* de zéro et il n'est pas rare de rencontrer dans une même journée des écarts absolus de 45°.

Les minimas moyens d'hiver varient entre — 1° à — 2°, et ceux d'été entre + 14° à + 16°.

Les maximas moyens d'hiver entre + 10° à + 12°, et ceux d'été entre + 35° et + 38°.

Il n'est guère de stations des Hauts Plateaux où l'on ne voie chaque été le thermomètre monter à certains jours jusqu'à + 46° et + 48°. En hiver, au contraire, il peut s'abaisser à — 11° (régions de Sétif et de Téniet-el-Haâd), — 12° (Djelfa, Aflou) — 13° (Batna, Géryville) et même à — 14° (El-Aricha).

Sur les Hauts Plateaux l'humidité relative passe de 70 0/0 en hiver à 38 0/0 en été : le pouvoir desséchant de l'air y est donc très grand et l'évaporation très intense.

La moyenne des pluies annuelles est assez exactement de 450 millimètres dans toute l'étendue des Hauts Plateaux ; cependant elle est moindre dans le Sud oranais et va en diminuant du Nord au Sud pour descendre à peine à 400 millimètres sur la lisière saharienne.

Ce résumé météorologique est bien la caractéristique du climat steppien de ces terres hautes. Avec cette pauvreté en pluies et cette faible humidité atmosphérique, l'air y jouit d'une très grande transparence et par suite la radiation calorifique y est très intense. Il résulte de toutes ces actions physiques une évaporation très active et des nuits relativement fraîches qui rendent ce climat moins fatigant qu'on ne pourrait le croire tout d'abord. Sans la fréquence et la durée des sirocos le séjour en été y serait préférable à celui du littoral.

Malgré leur dure climature, ces immenses étendues offrent, temporairement pendant certaines saisons, dans les années pluvieuses et pas trop rigoureuses, un excellent pâturage aux nombreux troupeaux de chèvres et de moutons qui y transhument du Nord à la frontière saharienne et *vice versa*.

Dans ces vastes espaces la forêt est rare : quelques *Conifères* la composent et l'on y voit des bouquets de *Betoum* ou Pistachier de l'Atlas.

Comme revêtement du sol, on remarque, surtout à l'Ouest de l'Algérie, la grande extension de certaines espèces de plantes formant des peuplements très denses : l'halfa, *Stipa tenacissima*, une petite Orge sauvage, *Hordeum murinum*, le chich ou Armoise blanche, *Artemisia herba alba*, puis de grandes plaques d'un gazon très fin et serré composé de nombreuses espèces du genre *Stipa* (*Stipa tortilis*, *parviflora*, *gigantea*, *barbata*, etc.), plantes résistant aux sécheresses prolongées, aux chaleurs extrêmes, aux gelées et aux froids intenses de l'hiver. Dans les dépressions où les terres sont profondes et humides, même salées, le *guetaf* (*Atriplex halymus*) forme d'épais buissons d'aspect glauque dont les jeunes pousses sont très recherchées par les animaux.

Avec ces plantes prédominantes des grands peuplements, une foule de petites herbes de pâturage se développent sous leur protection à l'abri des actions météoriques trop directes (Graminées diverses, luzernes, sainfoins, ononis, etc.).

Les Hauts Plateaux sont donc des pays d'élevage pour le mouton et la chèvre : dans certains endroits on fait aussi l'élevage du cheval. L'indigène y est pasteur, forcément nomade, car le manque d'eau et souvent la stérilité du sol lui interdisent un habitat fixe.

Les sources et les puits sont rares : quand les chotts ne sont pas secs, ils contiennent une eau saumâtre. L'eau relativement douce ne se rencontre que dans les rdirs, sortes de dépressions à fond argileux, conservant plus ou moins longtemps les chutes pluviales.

Cependant quelques points ont des aménagements d'eau qui entretiennent une végétation arborescente fort semblable à celle des pays froids : peupliers, ormes, frênes, robiniers, etc., pour les arbres forestiers, et dans la section des arbres fruitiers on remarque des poiriers, des abricotiers, des cerisiers, etc., quelquefois très développés, mais dont les fructifications de qualité médiocre sont souvent altérées par les intempéries du printemps, gelées tardives ou grêles.

Les cultures du Kreider aux environs de 1000 mètres d'altitude dans l'Ouest oranais et quelques autres de même nature sont des exemples d'efforts administratifs intéressants.

Dans la chaîne saharienne qui sépare les Hauts Plateaux du désert, quelques altitudes et versants abrités, notamment la région des Ksours de l'Ouest, présentent certains points cultivés, ainsi que le massif de l'Aurès à l'Est ; mais généralement ces pays sont pauvres et les habitants sédentaires restent misérables tant que le climat ne permet pas la culture du dattier, même avec des fruits de qualité inférieure.

4° RÉGION DÉSERTIQUE

Ces immensités nues, sèches, arides, à horizon sans fin, aux actions météréo-telluriques en général défavorables à la vie des végétaux, sauf de ceux appartenant à ce centre de vie spéciale, sont soumises à un climat particulier dit *désertique* ou *saharien*, variable dans ses manifestations suivant l'altitude du Sahara français qui, partant de zéro à l'Est, se relève fortement en allant vers l'Ouest. On ne saurait, en effet, comparer la zone de la dépression de l'Oued-Rhir, souvent au-dessous du niveau de la mer, avec la région désertique du Sud oranais qui atteint les Hauts Plateaux, à 1000 mètres environ d'altitude, à la frontière du Maroc.

La caractéristique de la météorologie saharienne est la siccité de l'air, le manque absolu de pluies souvent pendant des années, l'exagération de la chaleur et surtout de l'insolation, la persistance et l'intensité, par saison, de vents arides, desséchants, chauds ou glacés, soufflant en ouragans transportant des matières arénacées et pulvérulentes.

Le siroco fait monter la température à + 50° à l'ombre.

L'hiver y est cependant bien marqué, surtout dans l'Ouest : le thermomètre s'abaisse souvent aux environs de — 6°, et même dans la dépression de l'Oued-Rhir, à l'Est, on constate des froids au-dessous de zéro et de la glace dans des rigoles d'irrigation. Les vents froids et glacés persistent pendant plusieurs jours. Ces actions météoriques sont souvent plus accusées en s'avançant vers les Hamadas où l'on a enregistré jusqu'à — 10°.

Les minimas moyens d'hiver oscillent de + 2° à + 6°, et ceux d'été entre + 22° et + 26°.

Les maximas moyens d'hiver varient entre + 16° à + 18°, et ceux d'été entre + 40° à + 43°. Il n'est pas rare que le thermomètre atteigne en été des chiffres des + 48° (Biskra, Gardaïa) et + 49° (El-Goléa, Hassi-Inifel).

En hiver, au contraire, il peut descendre jusqu'à — 5° (El-Goléa, et — 8° (Laghouat).

A Biskra, le zéro est rarement atteint dans l'oasis, mais le matin la température est souvent persistante vers ce bas degré.

Dans la région saharienne l'humidité relative varie de 60 0/0 en hiver à 28 0/0 en été : elle est donc très inférieure à celle des autres zones. De cette grande siccité de l'air saharien résultent sa grande transparence, sa puissante diathermanéité et son intense pouvoir asséchant.

Les moyennes annuelles de pluie dans le Sahara sont le plus souvent inférieures à 200 millimètres et, dans l'extrême Sud, elles n'atteignent même plus 100 millimètres.

La nature du sol gypseux, argileux, limoneux, sableux, pierreux, etc., se prête peu à la végétation qui est arrosée par des eaux salées, mais celle-ci devient tout à fait impossible dans ces grands espaces recouverts de cailloux brisés ou de sables mouvants comme les Hamadas et les Aregs.

En dehors de la flore désertique, la végétation utilitaire n'est réellement caractérisée que par le dattier dont la réunion en massif forme l'oasis dans les parties arrosées par des eaux artésiennes.

Sous les ombrages des palmiers quelques cultures sont possibles, mais sont à rendement restreint.

Il ne faut pas juger le Sahara sur l'aspect de sa bordure tellienne qui se couvre encore de pâturages dans les années pluvieuses, ni prendre comme type unique de culture les quelques oasis verdoyantes voisines du Tell, avec leur végétation particulière.

Chaque oasis semble avoir une vie propre, liée à des conditions telluriques et météoriques toutes spéciales : celles de la frontière tellienne renferment surtout des cultures qui ne pourraient s'avancer dans le Sahara. Ainsi, pendant que la végétation des *Aurantiacées* est encore possible aux environs de Biskra, elle est nulle et tuée par le froid dans les oasis de l'Oued-Rhir à une latitude et à une altitude beaucoup plus basses.

En général, les oasis, avec leurs irrigations constantes et le peu d'écoulement de leurs eaux, constituent des milieux malsains où le blanc et mêmes certaines races indigènes ne peuvent donner facilement et sans danger la somme de travail nécessaire à la culture.

En résumé, malgré l'ombre discrète des palmiers, aucune culture exotique, productive et relativement riche, n'est possible dans l'oasis parce que la moyenne thermique de l'été y est trop élevée, avec une trop grande siccité de l'air que ne peuvent combattre des irrigations d'eaux saumâtres, à volume forcément restreint.

D'autre part, l'hiver y est trop accusé par ses abaissements *au-dessous* de zéro, qui tuent les orangers à Tougourth et par des périodes de vents glacés qui arrêtent toute végétation.

* * *

D'autres météores aqueux que la pluie et l'humidité intéressent tout particulièrement l'agriculteur : en effet, il lui importe beaucoup de connaître les risques de chutes de grêle auxquelles ses récoltes sont exposées.

Dans l'étendue générale de l'Algérie, elles sont de moins en moins fréquentes du Nord au Sud. En Kabylie et dans le Sahel d'Alger, la grêle tombe sept fois par an. Sur les Hauts Plateaux elle y tombe de trois à cinq fois et en descendant vers le Sahara on ne constate qu'une ou deux chutes annuelles.

Mais ces observations ne concernent que des grêles caractérisées : très souvent les grêlons sont mélangés à de fortes averses. La violence des chutes de grêle est quelquefois assez terrible pour anéantir en quelques instants des champs de céréales et de fourrages ; cependant ces dégâts sont assez localisés.

Sur le littoral la grêle cause de graves préjudices aux cultures maraîchères : elle est à craindre au printemps, dans les premiers jours d'avril pour le vignoble, mais, dans la plupart des cas, la végétation de la vigne n'est pas assez avancée pour en trop souffrir.

La neige persistante est extrêmement rare sur le littoral : elle ne s'y montre même pas tous les ans à l'état de flocons.

Dans la région montagneuse, elle tombe quatre à six fois par an sur les parties voisines d'une altitude de 600 mètres, c'est dire qu'elle recouvre de grandes étendues de terre.

Sur les Hauts Plateaux les chutes de neige se répètent annuellement une dizaine de fois et jusqu'à quinze fois dans les grands massifs montagneux qui les bordent, ainsi que dans la Kabylie. Dans ce dernier massif, aux fortes altitudes, elle est persistante dans des crevasses jusqu'au commencement de l'été.

Sur le versant saharien la fréquence de la neige s'atténue rapidement en descendant vers le Sud où elle est inconnue.

Dans certaines années, la neige a dans les parties hautes de l'Algérie, une durée plus ou moins temporaire, mais toujours nuisible à l'agriculture : elle arrête la végétation des pâturages de transhumance, les recouvre d'une couche variable dans son épaisseur, interdisant ainsi toute nourriture aux nombreux troupeaux de moutons et de chèvres qui, sans abri ni réserve alimentaire, doivent passer les nuits dans ces dures conditions.

Les pouvoirs publics se préoccupent depuis longtemps de cet état de choses si préjudiciable au développement du bétail dans ces immenses parcours impropres à toute autre exploitation.

Si la neige est rare dans le climat marin, ses chutes sont quelquefois constatées dans les grandes plaines : les orangeries de Blida et de Boufarik la reçoivent sans en souffrir.

*
* *

Les résultats de l'année agricole sont intimement liés au régime des vents dominants.

En Algérie, les vents du Sud-Est et du Sud sont secs et chauds.

Les vents du Sud-Ouest n'apportent d'humidité qu'en hiver.

Les vents d'Ouest et du Nord-Ouest sont, au contraire, les grands convoyeurs de nuages, et c'est avec eux que s'établissent les grandes pluies générales.

Les vents du Nord apportent encore de la pluie, mais moins intense et moins étendue : dans l'hiver ils soufflent souvent sur la côte en froides et violentes rafales.

Les vents de Nord-Est et d'Est déterminent en hiver des pluies irrégulières et localisées ; en été, ils apportent des brumes nuageuses très désagréables sur le littoral et qui fondent dans l'intérieur sans laisser tomber une goutte d'eau.

Le vent dit *siroco* est dû à une action météorique assez mal connue : il souffle par périodes de plusieurs jours. Pendant l'été, ce courant, plus ou moins violent, élève la température au degré maximum qui, même sur le littoral atteint encore les environs de $+ 45^{o}$, avec un état hygrométrique très bas. Le siroco est toujours préjudiciable aux cultures en général, mais surtout s'il sévit au moment de la fécondation et de la maturation des céréales, du débourrage de la vigne, de la véraison, etc.

*
* *

Les phénomènes si complexes du refroidissement de l'atmosphère et du sol préoccupent à juste titre le cultivateur.

Les minimas indiqués au cours de ce manuel ont été observés suivant le système officiellement adopté, c'est-à-dire sur des instruments placés à environ 2 mètres de hauteur et recouverts par des toitures, stations ordinairement situées dans des villes ou dans des cours de caserne ou de bordj. Les cultivateurs pensent avec raison que ces conditions spéciales, qui peuvent donner à la science des indications générales, ne sauraient traduire justement les réelles impressions subies par les végétaux et les animaux vivant sur le sol ou près de sa surface. En d'autres termes, ces observations, si précieuses qu'elles soient, ne concordent pas avec celles fournies par des instruments *nus* placés à moins d'un mètre de hauteur au-dessus du sol, milieu moyen dans lequel vivent les végétaux et les animaux.

Dans les Hauts Plateaux notamment, la lecture des instruments *nus* fait enregistrer des chiffres extrêmes, surtout comme froid, puisque on a pu y noter des abaissements à — 17°. Mais c'est surtout le thermomètre enregistreur placé au voisinage du sol qui indique l'intensité et la longue durée nocturne de ces froids.

Il y a des abaissements du degré thermique dans une forme brusque et particulière fort nuisible à la végétation et qui paraissent avoir des origines diverses, soit le refroidissement de la masse de l'air, soit le rayonnement.

Ces réfrigérations par rayonnement nocturne ne sont pas rares et produisent de rapides oscillations de la température surtout au lever du soleil. Mais contrairement à une opinion trop accréditée, ces abaissements n'ont pas lieu seulement à l'aurore et ne sont pas que momentanés. Ces chutes thermiques sont quelquefois de longue durée et se prolongent pendant une dizaine d'heures, c'est-à-dire presque toute la nuit, et ordinairement se manifestent par série.

Sur le littoral même un thermomètre enregistreur placé à 100 millimètres au-dessus du sol indique des froids persistants atteignant jusqu'à — 5°.

7-12 février 1894.

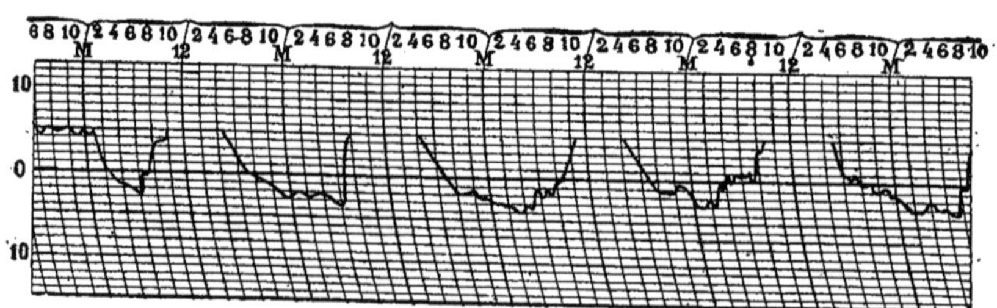

Fig. 2. — Durée d'une série de refroidissements au-dessous de zéro. (Observations enregistrées à 100 millimètres au-dessus du sol.) Jardin d'Essai.

Très souvent ces intenses réfrigérations de la couche inférieure de l'air sont suivies, quand vient le jour, d'un magnifique éclat du ciel et même d'une puissante radiation solaire qui fait brusquement remonter l'inscripteur d'une boule noire d'un actinomètre en une ligne presque verticale s'arrêtant à + 25°.

18-21 décembre 1891.

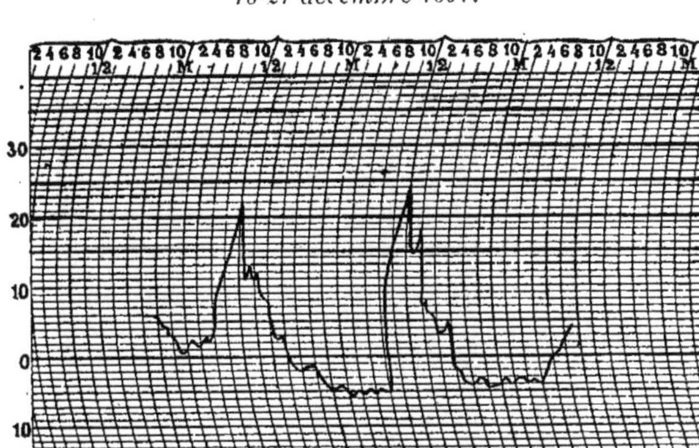

Fig. 3. — Graphique montrant une série d'extrêmes thermiques instantanés suivant les refroidissements au-dessous de 0. Jardin d'Essai.

On comprend la mauvaise influence que de tels écarts exercent sur une végétation en activité, les arrêts de développement et souvent les désorganisations qu'ils engendrent.

Si l'action de tels facteurs est nuisible aux grandes cultures suivant l'époque où elle se produit, les dégâts qu'elle occasionne sont plus sensibles et plus directs encore en horticulture maraîchère principalement : ce sont ces rayonnements qui, sur le littoral en hiver, détruisent brusquement les primeurs, pommes de terre, haricots verts, etc., et augmentent les difficultés d'éducation de certaines plantes des pays tempérés.

Dans la deuxième région climatérique de l'Algérie le vignoble est exposé jusqu'en mai à ces mêmes refroidissements qui, au printemps, détruisent parfois les bourgeons encore tendres de la vigne. Les nuages artificiels atténuent les effets de ces abaissements suivis de ces relèvements trop rapides de la température.

L'intensité de l'insolation directe, encore plus que la chaleur, est préjudiciable à la végétation : cette puissance des rayons solaires, beaucoup plus accusée en dehors de la zone littorale, est cependant, dans cette dernière, assez marquée pour que, pendant l'été, le thermomètre à boule noire d'un actinomètre enregistreur de Richard ait pu marquer + 67° pendant plusieurs heures.

La grande culture qui, dans la période estivale, n'a plus de récoltes pendantes, ne souffre pas de ces extrêmes, mais les cultures spéciales, insuffisamment arrosées, les supportent mal.

Ces insolations intenses et ces périodes de siroco sont des

obstacles aux cultures d'été qui n'auraient pas une alimentation abondante en eaux d'irrigation.

*
* *

Le sol nu se refroidit assez facilement pendant l'hiver dans la première couche de 100 millimètres au-desous du sol, sans jamais présenter, du moins dans les régions tempérées, des abaissements aux environs de zéro, alors même que la surface de la terre a — 3° ou — 4° *au-dessous* du point de congélation.

Le refroidissement du sol à un mètre de profondeur atteint, sur le littoral, un minimum de + 11°.

Les surfaces gazonnées préservent la première couche du sol des oscillations brusques de température.

Ces données géothermiques sont encore peu nombreuses : on les connaît, avec les observations relatives aux variations des instruments *nus* au-dessus du sol, par les expériences faites au Jardin d'Essai d'Alger [1].

*
* *

La pluviométrie des zones marines et montagneuses indique une tranche d'eau en général très suffisante pour l'agriculture ; malheureusement les précipitations pluviales sont souvent mal réparties. Dans bien des années les pluies commencent tardivement et se manifestent par leur chute prolongée et leur abondance extrême qui détrempe les terrains et recule les labours et les semailles. Souvent aussi cette tardivité des pluies fait restreindre les emblavures ou ne laisse pas aux plantes le temps normal et nécessaire à leur végétation avant les chaleurs. Parfois des périodes de sécheresses plus ou moins prolongées laissent en souffrance des cultures dont le début avait été heureux.

L'opportunité de la chute d'eau a plus d'heureux effets que le total des millimètres recueillis annuellement : dans les derniers exercices agricoles 1895-1896 et 1896-1897, ce sont quelques

1. Ch. Rivière, 1888, *Algérie agricole* et *Revue des sciences appliquées*, 1896.

pluies de printemps bien réparties qui ont sauvé des situations culturales fort compromises.

En Algérie, l'estimation de la pluviométrie annuelle relative à l'agriculture doit être établie sur la période comprise entre l'automne d'une année et la fin du printemps de l'autre, c'est-à-dire correspondant à la phase de végétation de la plus grande partie des cultures. Si le total des pluies était calculé du 1er janvier au 31 décembre de l'année grégorienne on s'exposerait, en agriculture, à de véritables erreurs d'appréciation ; il n'y aurait pas concordance avec les récoltes, ce calcul chevauchant sur deux exercices agricoles différents.

La grande agriculture, celle dont les résultats dépendent de la bonne distribution des météores aqueux, ne saurait être conduite avec sagacité par un exploitant qui ne connaîtrait pas la moyenne de l'humidité départie à sa région. Ainsi dans les plateaux de Sétif, de Bel-Abbès et sur quelques autres points où le total des pluies est réduit et où pourtant la culture des céréales est encore possible, on obtient des résultats plus certains en combattant cette infériorité d'arrosement pluvial par des labours de printemps et d'été qui assurent à la terre, en dehors de meilleures conditions physico-chimiques, une plus facile retenue de l'humidité.

* * *

On ne saurait donc appliquer à l'Algérie, prise dans son ensemble, et quel que soit le peu de profondeur de son territoire en avant du Sahara, un terme général spécifiant son climat, tant les actions météoriques sont différentes et particulières dans cette topographie accidentée où se présentent des zones culturales si tranchées.

L'Algérie n'appartient au climat méditerranéen que par sa première et sa seconde zone, jusqu'au point où, par l'altitude, disparaît l'olivier. Or, la végétation normale de cet arbre s'arrête bien avant la ligne des faîtes, c'est-à-dire avant Soukharras, Constantine, Tiaret, Saïda, etc., localités situées à vol d'oiseau à une distance relativement faible de la mer.

Peu après la disparition de l'olivier, dans cette première partie de la région montagneuse, ce territoire accidenté se continue aussitôt par les Hauts Plateaux et les steppes, s'étendant jusqu'aux bords sahariens, vaste pays constituant malheureusement la plus grande partie de l'Algérie, soumis aux dures conditions météoriques décrites ci-dessus et caractérisées par des extrêmes de froid et de chaleur.

La végétation importée dans ce pays est celle des altitudes moyennes du centre de l'Europe, mais cependant elle est moins variée et moins luxuriante à cause du manque de pluie et des rigueurs de l'hiver et de l'été, même dans les meilleures conditions de culture.

L'Algérie, dans sa plus grande partie en profondeur, subit donc l'influence d'un climat continental d'abord, désertique ensuite; ce qui fait que, partant de la mer, *plus on s'avance vers le Sud*, moins les conditions sont favorables à la végétation.

Ainsi, si l'on prend comme exemple une bande en profondeur partant du littoral et allant se terminer même à la pointe nord du lac Tschad, on constatera que les conditions de végétation d'une flore exotique seront satisfaisantes, exclusivement sur le rivage algérien, et ne se rencontreront plus au delà à cause du relèvement immédiat du sol et parce que commence trop tôt le climat désertique.

Il serait donc dangereux, au point de vue agricole et économique, de continuer à prendre comme type du climat algérien la faible bande tempérée du territoire voisin de la mer et d'en conclure que les hivers et les froids réels sont inconnus en Algérie. Le cultivateur doit compter avec ces durs éléments : les régions de Constantine, de Sétif, de Médéa, de Saïda, les altitudes de la Kabylie, et surtout les Hauts Plateaux, ces immenses parcours pour les troupeaux transhumants, sont quelquefois couverts par la neige au point que, faute de pâturage, les animaux meurent tout autant par la faim que par le froid. Les pouvoirs publics étudient depuis longtemps cette question difficile de soustraire pendant l'hiver les troupeaux à ces dures phases atmosphériques par des abris et des réserves fourragères.

PRÉVISION DU TEMPS

La prévision du temps a toujours été un des désiderata les plus vifs de l'agriculture. Malheureusement, dans l'état actuel de nos connaissances, les pronostics météorologiques sont toujours plus ou moins incertains et leurs probabilités ne sauraient s'étendre à des durées de temps de plus de vingt-quatre à quarante-huit heures. Dans ces limites l'agriculteur peut encore en retirer des indications utiles à ses travaux. Il obtiendra ces renseignements par l'observation combinée de la direction du vent et des mouvements du baromètre principalement.

En Algérie, la grande majorité des perturbations atmosphériques débutent avec des vents du Sud accompagnés d'un mouvement barométrique *descendant*. Tant que la baisse se continue, il ne tombe pas d'eau. Lorsque la baisse est arrivée au plus bas, il peut se produire une accalmie plus ou moins longue avec temps indécis, puis tout d'un coup le vent sautera brusquement au Nord, amenant des pluies irrégulières, quelquefois fort intenses.

Dans d'autres cas, le vent ayant d'abord soufflé au Sud et le baromètre baissant, le vent tourne peu à peu au Sud-Ouest, puis à l'Ouest. Pendant la remontée barométrique, on aura en hiver des pluies intenses et très étendues ; en été, des rafales seulement, des nuages de poussière.

Enfin, dans un troisième cas, les vents étant toujours du Sud, avec baisse barométrique, ils passent, pendant la remontée, au Sud-Est, puis à l'Est et au Nord-Est. Ce genre de perturbation n'aura le plus souvent pour conséquence qu'une grande agitation atmosphérique, des vents violents, chassant des brumes sans pluie.

Souvent, sur le littoral, où les variations de l'atmosphère sont plus fréquentes que dans les autres régions, la baisse barométrique coïncide avec un maximum de beau temps caractérisé par le manque de rosée, l'éclairement du ciel, la transparence et le calme de l'air, l'intensité de l'insolation, etc...

Si l'on suit en ces moments-là le graphique d'un baromètre enregistreur, on constate cette intensité du beau temps jusqu'au point minimum de la dépression atmosphérique, puis, dès que la courbe se relève en angle plus ou moins aigu, la perturbation se produit sous une forme ou sous une autre, ordinairement en précipitations pluviales, suivant la direction du vent ou la saison.

La prédominance des courants d'Est pendant l'hiver correspond à une année pauvre en pluies.

Sans rien conclure sur l'influence de la lune en météorologie, bien des changements de temps coïncident, l'hiver seulement, avec les phases de cette planète.

Les halos solaires, lunaires et ceux observés plus rarement autour des grands astres indiquent souvent des perturbations.

Enfin, l'observation du manque de rosée, du sommeil des feuilles de certaines Oxalidées, Mimosées, etc., du retard dans l'épanouissement de certaines Composées (Calendula ou souci), n'est pas sans importance. Souvent le calme de l'air qui précède une perturbation ne permet pas de consulter sûrement l'instrument indicateur du courant régnant. Dans ces cas, le bruit d'un moulin, le sifflet du chemin de fer et surtout le son des cloches annoncent pour une brève échéance la direction de l'onde atmosphérique.

Toutes ces observations réunies, ayant une corrélation avec les indications barométriques et hygrométriques, constituent un ensemble de connaissances suffisant dans bien des cas à la bonne conduite de certaines opérations agricoles.

L'examen journalier de la carte du service météorologique indique aussi les grands mouvements de l'atmosphère en Europe auxquels sont principalement soumises, pour les grandes perturbations, la première et la deuxième zone de l'Algérie.

La possession d'un baromètre *enregistreur* et d'un thermomètre *avertisseur*, instruments d'un prix peu élevé à cette époque, est utile pour prévoir bien des actions météoriques contre lesquelles l'agriculteur peut souvent lutter.

*
* *

On trouvera des renseignements météorologiques détaillés et précis dans le beau travail de M. Thévenet (*Essais sur la climatologie algérienne*, Alger, 1896, in-4°, 118 pages et XLIV planches).

On en trouvera également, au point de vue cultural dans *l'Algérie agricole.*

Un résumé de climatologie algérienne se rencontre aussi dans l'*Horticulture générale de l'Algérie à l'Exposition universelle* de 1889, Ch. Rivière, Alger.

Notre chapitre *Calendrier du Cultivateur* indique, par mois, la situation météorologique des principales régions de l'Algérie.

Lithologie et Géologie.

Les cartes géologiques à grande échelle peuvent être d'un très grand secours pour l'agriculteur, car, si d'une part elles lui permettent de déterminer avec beaucoup de précision *la nature minéralogique*, et par conséquent la composition chimique des roches développées dans une région donnée, elles indiquent d'autre part l'étendue des surfaces où ces roches affleurent, venant imprimer, en général, à la terre végétale qui les recouvre, partie des caractères physiques et chimiques propres à chacune d'elles.

On comprend donc tout le profit que peut tirer l'agriculteur de la connaissance de la géologie détaillée, ou pour mieux dire de la *lithologie* d'une région déterminée ; en s'appuyant sur les données fournies par cette science, et en les complétant par quelques observations locales sur l'état physique des roches, il pourra, dans la plupart des cas, rationnellement choisir les cultures qui répondent le mieux aux conditions physiques et à la composition chimique du sol, et, résoudre souvent aussi le problème de l'alimentation en eaux de son domaine.

Dans cet aperçu très général, nous donnerons d'abord quelques définitions élémentaires, en les appuyant d'exemples empruntés au pays même ; puis, énumérant en un tableau disposé suivant l'ordre chronologique établi, les différents terrains sédimentaires qui affleurent dans le Nord-Africain, nous signalerons, au cours de cette énumération, la *composition lithologique* propre à chacune des assises, en lesquelles se subdivisent ces terrains ;

nous insisterons sur leur importance relative au point de vue agricole, et sur leur extension.

Ces connaissances acquises, nous donnerons une description des types principaux des grandes zones culturales : sahels et basses plaines, grandes vallées, régions montagneuses et Hauts Plateaux.

Nous prendrons pour guide dans cette étude les cartes géologiques suivantes : *La Carte géologique provisoire de l'Algérie au* $\frac{1}{800.000}$, publiée en 1890 par le service géologique de l'Algérie sous la direction de M. A. Pomel, Membre correspondant de l'Institut de France, et de M. J. Pouyanne, Inspecteur général des mines. *La Carte géologique provisoire de la Régence de Tunis au* $\frac{1}{800.000}$, dressée par M. Aubert, ingénieur des mines, publiée par ordre du Gouvernement tunisien en 1892.

On peut citer parmi les plus éminents géologues qui se sont occupés de l'Algérie : Badinsky, Bleicher, Brossard, Coquand, Ficheur, Hardouin, Nicaise, Péron, Pomel, Pouyanne, Rocard, Rolland, Tissot, Thomas, Vatonne, Ville, Welsch; et pour la Tunisie : Aubert, Peron, Le Mesle, Pomel, Rolland, Thomas. Les cartes que nous suivrons dans cette étude résument et complètent les travaux de ces auteurs.

§ I

DÉFINITIONS

On appelle *roches* les minéraux ou les associations de divers minéraux développés en grandes masses à la surface de la Terre, et se maintenant toujours homogènes, exemples :

roches compactes : calcaires, argiles, marnes.
roches cristallines : micaschistes, marbres, granites, basaltes.
roches meubles : sables, arènes.

Les roches sont formées par un seul minéral, ex. : roches calcaires, roches gypseuses, ou bien elles sont dues à l'association d'espèces minérales distinctes, ex. : roches argilo-siliceuses, roches argilo-calcaires, granites, basaltes.

On divise les roches en *roches sédimentaires* et *roches éruptives.*

1° *Roches sédimentaires.*

A. — *Les roches sédimentaires proprement dites*, disposées en strates, en lits, en couches plus ou moins épaisses, souvent très régulières, sont formées de particules élémentaires, dues soit à la désagrégation physique de roches préexistantes sédimentaires ou éruptives, soit à des précipitations chimiques.

Ex. : 1° Les grès à micas formés par les éléments minéraux : quartz et mica, provenant des granites.

2° Les argiles, les craies, formées par précipitation mécanique ou chimique.

Les roches sédimentaires proprement dites sont, en outre, caractérisées par la présence des restes organiques, végétaux ou animaux, appelés *fossiles*.

Les fossiles : ossements, coquilles, empreintes, peuvent être formés soit par les restes animaux ou végétaux conservés eux-mêmes : os, coquilles d'huîtres, tests d'oursins, feuilles ou fruits des dépôts tourbeux ; ou bien n'être que le moulage ou le remplissage, par une substance étrangère, de l'animal ou du végétal : tels les nombreux *moules* de coquilles marines des couches gréseuses et calcaires, les bois silicifiés, les feuilles et les roseaux des dépôts travertineux. En ce cas, le *remplissage*, la *substitution* peut être due, soit à une action purement mécanique, soit à une action chimique lente.

L'étude des *restes fossiles* permet la détermination de l'*âge relatif* du terrain auquel ils appartiennent.

B. — *Roches cristallophylliennes.* — Les roches cristallophylliennes, divisées en strates fines et régulières, mais dont tous les éléments sont cristallisés, se rapprochent, par leur composition, des roches éruptives.

Elles se montrent à la base des formations sédimentaires proprement dites.

Ex. de roches cristallophylliennes : les gneiss, les micaschistes, les chloritoschistes. Elles ne contiennent aucun reste fossile.

2° *Roches éruptives.*

D'une tout autre nature sont les *roches éruptives* ou *roches massives* ; se présentant en *dykes* ou en *filons* ou en *coulées*, elles montrent *tous* ou presque tous leurs éléments cristallisés. Elles sont dues à des épanchements à la surface de la terre, de parties du noyau liquide interne.

Telles sont les *laves* des volcans actuels.

Dans la série des temps géologiques, depuis l'époque de la première consolidation de l'écorce terrestre, des éruptions très nombreuses se sont produites, amenant au jour un grand nombre de roches cristallines très diverses :

les roches éruptives dites *anciennes* :

granites et roches granitoïdes, phorphyres, mélaphyres ;

les roches éruptives dites *récentes* : les liparites, les trachytes, les basaltes, les roches volcaniques actuelles (laves).

Les premières sont antérieures à la période secondaire.

Les secondes appartiennent aux périodes tertiaire, quaternaire et actuelle.

PRINCIPAUX ÉLÉMENTS LITHOLOGIQUES DES FORMATIONS SÉDIMENTAIRES

Roches siliceuses.

Quartz (Silice, SiO^2). Silice cristallisée : se montre en prismes hexagonaux, portant à chaque extrémité une double pyramide à 6 faces. Très dur. Il raye très facilement le verre. Densité : 2,55-2,8. Le quartz, appelé aussi *cristal de roche*, présente un grand nombre de variétés minéralogiques :

Le quartz hyalin, le quartz gras : Massifs cristallophylliens. Alger, Kabylie, Edough.

L'agate (calcédoine, onyx, sardoine, cornaline) ; Marengo, Zurich, Cheraïa, Lourmel.

Le silex (silex des calcaires blancs des niveaux phosphatés) ;

Le silex calcédonieux (silex des couches de la craie, Tebessa) ;

Le jaspe, mélange de quartz et d'argile (îlots éruptifs).

Les *roches siliceuses principales*, formées de ces précédents éléments, sont :

Les *grès* composés de petits grains de quartz roulés, réunis par un ciment qui peut être siliceux, calcaire, argilo-siliceux, argilo-calcaire ou ferrugineux, donnant ainsi diverses variétés de *grès* : Grès du Gontas, de Tlemcen, grès liguriens des forêts de chênes-liège du littoral algérien et tunisien.

On appelle *psammite* un grès contenant des micas alternant en couches avec les grains roulés de quartz.

Lorsque les grains roulés de quartz atteignent de grandes dimensions, à partir de 5 millimètres par exemple, le grès passe à un *poudingue*. (Poudingues des grès à dragées du Sud.)

Si les éléments quartzeux, au lieu de prendre une forme arrondie (roulée), se montrent en fragments présentant des angles vifs, la roche prend le nom de *brèche*. Ex. : brèche tertiaire du cap Matifou[1].

Les *meulières* sont des roches siliceuses, présentant un grand nombre de cavités irrégulières. Elles sont, à la fois, très légères et très dures; elles sont dues à l'infiltration d'eaux siliceuses dans des calcaires. Il n'existe pas de véritables meulières en Algérie ni en Tunisie.

Le *tripoli*, appelé aussi *farine* fossile, est exclusivement composé par une accumulation en nombre considérable d'organismes végétaux ou animaux (environs d'Oran);

Les premiers (végétaux) sont des algues siliceuses (diatomées).

Les seconds (animaux) sont des tests de radiolaires, des spicules d'éponge, etc.

Le *sable* est une roche siliceuse meuble, composée d'éléments roulés : grains de quartz (sable siliceux), mélangés parfois de particules calcaires (sable silico-calcaire), qui devient un sable calcaréo-siliceux si la proportion du calcaire est plus grande que celle du quartz.

Suivant la grosseur des éléments, le sable passe à un *sable grossier*, celui-ci à un *gravier*; ce dernier, la dimension des éléments augmentant encore, passe à des *cailloux* roulés et à des *galets*.

Roches calcaires.

Le *calcaire* (carbonate de chaux anhydre, C O^3, Ca) se présente à l'état pur sous la forme d'un solide à six faces (losanges) appelé rhomboèdre. Densité : 2,72. Dureté faible. Se laisse rayer très facilement par une pointe d'acier. Très facilement attaquable par les acides, *fait effervescence*. La chaleur le décompose en acide carbonique (C O^2) qui se dégage, et en *chaux vive* (pierre à chaux).

Les *roches calcaires* sont très nombreuses. Nous citerons les principales :

Les *cipolins* (calcaires micacés des roches cristallophylliennes, à structure cristalline) (Environs d'Alger, Bab-el-Oued, Fort-National, massif de l'Edough).

Les *marbres* (différemment colorés par les oxydes métalliques, à structure cristalline) (Filfila, Chenoua, Kléber) Zaghouan (Tunisie).

Les *calcaires oolithiques*, formés de grains calcaires agglutinés,

1. Les *Poudingues* et les *Brèches* sont le plus ordinairement formés par la réunion d'éléments appartenant aux roches les plus diverses : Poudingues d'El-Biar formés de pegmatite et de gneiss en cailloux roulés. — Calcaires-brèches des massifs jurassiques et tertiaires, Gorges de Palestro, Dj. Chenoua, marbres de Kléber.

appelés *oolithes,* lorsqu'ils ont la dimension d'œufs de poisson; *pisolithes*, lorsqu'ils atteignent la dimension d'un pois (calcaires des Hauts Plateaux oranais, Mécheria, Aïn-Sefra, et dans le nord, Hammam-Bou-Hadjar);

Le *calcaire lithographique*, roche à grains très fins;

La *craie*, roche formée par l'accumulation de débris fossiles organiques calcaires : foraminifères, débris d'oursins, de mollusques, etc. (Aïn-Beïda, Tebessa);

Les *calcaires grossiers*, à éléments calcaires dominant : coquilles de mollusques, mais comprenant en outre plus ou moins de silice et d'argile (Molasse pliocène des Sahels, Kouba, Birmandreis), etc.;

Les *travertins*, les *tufs* : dépôts calcaires des sources minérales, occupant souvent des surfaces relativement importantes (Miliana, Tlemcen, Hammam-Meskoutine). La carapace calcaire superficielle, d'étendue considérable, si développée sur nombre de formations de l'Algérie et de la Tunisie, appartient à ce groupe.

On désigne sous le nom de *faluns* (roche meuble) des sables friables, très riches en débris coquilliers calcaires utilisés pour l'amendement des terres.

Roches dolomitiques.

On appelle *Dolomie* un carbonate double de chaux et de magnésie (CO^3, Ca Mg), cristallisant sous la même forme que le carbonate de chaux, mais montrant toujours des faces courbes, un éclat opalin, perlé, caractéristique. Sous l'action des acides, l'effervescence se produit lentement; elle n'est point tumultueuse comme dans l'attaque du calcaire.

Sous le nom de *dolomies calcarifères*, on désigne non seulement le minéral précédent, mais toute une série de roches formées de carbonate de chaux et de carbonate de magnésie, mais en proportion très variable (Tlemcen, Saïda, Frenda, Chellala, région des Babors, etc., calcaires du crétacé (turonien) Algérie et Tunisie, terrains cénomaniens (Feriana) (T).

Les *cargneules* sont des calcaires brèchoïdes à éléments de dolomies et de dolomies calcarifères, vacuolaires, d'apparence sub-scoriacée. Elles font lentement effervescence aux acides : de tous les pointements gypseux éruptifs de l'Algérie et de la Tunisie.

Roches argileuses.

Argile. — L'argile, ou mieux les argiles, sont des silicates d'alumine hydratés, dans lesquels les rapports entre la silice, l'alumine et l'eau, sont très variables et caractérisent de nombreuses variétés d'argiles.

L'*argile* forme avec l'eau une pâte, c'est l'argile plastique (argile colloïdale) ; elle est le type de la roche *imperméable*, et cette propriété lui fait jouer un rôle considérable en agriculture (recherches des ressources en eau : sources, puits, aménagement des eaux d'irrigation).

L'argile, très tendre, se laisse facilement rayer par l'ongle. Elle happe fortement à la langue, ne fait pas effervescence aux acides. Sous l'action de la chaleur, son eau d'hydratation et de composition se dégage, donnant naissance à des silicates composés complexes (applications à la fabrication des poteries, des briques).

Le type le plus pur de l'espèce argile est le *kaolin*.

Kaolin ou terre à porcelaine. Densité 2,4 à 2,6 ; est très fusible. L'acide sulfurique bouillant seul l'attaque. Il résulte de la décomposition de silicates alumineux (feldspaths), des roches éruptives : granites, pegmatites, trachytes (Massif d'Alger, de Kabylie, de l'Alma, de l'Edough).

L'*argile plastique* contient plus de silice que le kaolin, forme pâte avec l'eau. Légère, densité : 2,55, elle absorbe l'eau et la retient.

L'argile plastique est souvent colorée par des substances étrangères : en noir par des matières charbonneuses, en rouge foncé et vert par des oxydes métalliques (fer, cuivre).

La *terre glaise* est l'argile plastique commune, elle est impure et contient un peu de sable siliceux et du calcaire. En outre, on y trouve souvent de la *pyrite de fer* (Pyrite blanche, Marcassite), et du *gypse* (sulfate de chaux hydraté) en cristaux, et des débris ligniteux.

Les terres glaises renferment des quantités variables de calcaire (carbonate de chaux).

Marne. On appelle *marne* une argile contenant une proportion de calcaire dépassant 15 à 20 0/0. (Terrains tertiaires et terrains crétacés : dans le Sahel, Dely-Ibrahim, El Biar; dans la petite Kabylie : Haussonvillers. Bassin tertiaire de Médéah, d'Hammam-Rhira, etc. Cap Bon) (T.).

La *marne* fait effervescence aux acides, elle est moins collante que l'argile plastique; son rôle est considérable en agriculture (culture des céréales) ; il est le même, au point de vue de l'hydrologie, que celui de l'argile plastique proprement dite.

Marne calcaire ou calcaire marneux; c'est une marne très riche en calcaire. Effervescence vive. Composition : calcaire et argile.

Limon. Le limon ou lehm est une argile peu plastique, mélangée de sable fin, colorée par des oxydes de fer. Elle contient du calcaire, des sels minéraux et de nombreux débris organiques souvent très réduits. (Alluvion des plaines.)

Le *limon* constitue la *terre végétale.*

On appelle *terreau* un limon riche en débris végétaux et en sels minéraux : sulfates, carbonates, etc. (Bas fonds des vallées.)

Schistes argileux. Roches bien litées, dures, cassantes, à cassure esquilleuse ou bacillaire, formées de matières argileuses et d'éléments cristallins très fins, micas, quartz, contenant peu d'eau. Mouillés, ils dégagent fortement l'odeur de l'argile. Ils donnent, sous l'effet de la décomposition, des terres plus ou moins fortes, suivant la proportion des éléments étrangers qu'elles contiennent. (Terrains crétacés de l'Atlas.)

Roches gypseuses.

Le *gypse* (sulfate de chaux hydraté, $SO^4 Ca + 2 H^2O$), appelé vulgairement *pierre à plâtre*, se raye facilement à l'ongle et présente la faculté de se diviser en plans successifs parallèles (clivages). Il ne fait pas effervescence aux acides.

Chauffé fortement (115°-130°), il perd son eau et donne le *plâtre.*

On connaît différentes variétés de gypse :

Gypse cristallisé : gypse connu sous le nom de *Fer de lance*, jaune de miel, gris ou transparent.

Gypse cristallin (Albâtre gypseux);

Gypse fibreux (bancs puissants des formations crétacées de la chaîne saharienne, terrains crétacés et de la Tunisie : Beja, Feriana.

Le gypse existe cristallisé (cristaux trapézoïens) dans de nombreuses marnes et argiles (marnes sahéliennes, helvétiennes déjà signalées).

Le gypse existe en outre, en Algérie, très développé, en un nombre considérable de pointements, associé à des roches éruptives (pointements gypso-ophytiques), tels les gisements exploités de : Aïn-Nouïssy, de l'Arba, etc., et les *rochers de sel* du Sud, où le gypse est associé au sel gemme.

Roches charbonneuses ou *charbons naturels.*

On sait combien sont considérables les dépôts houillers exploités dans le monde entier.

Dues à l'accumulation d'éléments organiques végétaux, ces formations occupent des surfaces très étendues, et se montrent en alternances avec des roches stériles sur de très grandes épaisseurs.

On divise les *roches charbonneuses* en : *anthracite, houille, lignite et tourbe.*

L'*anthracite* a été signalé près d'Oran au Djebel-Kahar (Montagne des Lions).

Le *lignite*, seul, se montre à de nombreux niveaux en Algérie dans la série sédimentaire (crétacée et tertiaire), mais il n'a donné lieu jusqu'à ce jour qu'à des exploitations très médiocres : Marceau, Bou-Saâda, Smendou, Djebel-Amour, Montagnes des Ksour, et au Djebel-Bou-Hedma en Tunisie.)

PRINCIPAUX MINÉRAUX DES ROCHES CRISTALLINES
(Roches éruptives et cristallophylliennes).

Les éléments principaux des roches cristallines sont les suivants :

Le Quartz.
Les Feldspaths ;
Les Micas blancs. — Les Micas noirs.
Les Bisilicates { Les Pyroxènes. / Les Amphiboles.
Le Péridot

Le Quartz. — Ce minéral précédemment étudié (voir les éléments des roches sédimentaires) existe en filons très développés dans les roches cristallophylliennes et dans les roches de toute la série sédimentaire.

Il constitue un des éléments primordiaux des roches granitoïdes : Granite, Granulite, Pegmatite, Porphyres et Liparites (Pétrosilex anciens et récents).

Ex. : massifs cristallophylliens d'Alger, de Kabylie, de l'Edough; Liparites de Bordj-Menaïel, Cheraïa, Bougie, etc.

Les Feldspaths. — Les Feldspaths constituent une famille de minéraux qui entrent dans la composition de toutes les roches éruptives (à de très rares exceptions près) et de très nombreuses roches cristallophylliennes. Ce sont des silicates anhydres d'Alumine et d'une base qui peut être : la *Potasse*, la *Soude* ou la *Chaux*. Densité variant entre 2.55 et 2.75. Dureté plus faible que celle du quartz : les feldspaths sont rayés par le quartz; ils rayent l'acier. Les plus importants sont :

Feldspath Orthose. — Silicate double d'Alumine et de Potasse ;

Feldspath Oligoclase. — Silicate double d'Alumine, de Soude et de Chaux (soude dominante) ;

Feldspath Labrador. — Silicate double d'Alumine, de Chaux et de Soude (chaux dominante);

Feldspath Anorthite. — Silicate double d'Alumine et de Chaux.

Généralement de couleur claire : blanc, rouge, rosé ; les *Feldspaths* sont caractérisés par leurs *clivages*, c'est-à-dire, par la propriété qu'ils possèdent de se diviser en plans parallèles sous l'influence d'un choc ; et aussi par leurs groupements réguliers (Mâcles). Tous les Feldspaths, par décomposition, sous l'action des agents atmosphériques de l'air, donnent naissance à du *Kaolin*.

Les terrains où dominent les roches cristallines (à Feldspaths) sont riches en alcalis : massifs éruptifs, massifs cristallophylliens déjà cités (Roches : granitoïdes, trachytiques, basaltiques, etc., Gneiss, Micaschistes, etc.)

Les Micas. — Famille de minéraux caractérisés par leur facile clivage, qui permet de les diviser en lamelles excessivement minces, transparentes, très élastiques. Leur élasticité les distingue facilement des gypses, également très clivables, mais non élastiques.

Les micas se montrent en petits cristaux hexagonaux brillants sur les faces de la base.

Densité : 2.70 à 3. Dureté faible.

Ce sont des silicates assez complexes renfermant du Fluor.

Micas blancs, alumino-potassiques (Muscovite).

Micas noirs, ferro-magnésiens (Biotite).

Ils se rencontrent dans un grand nombre de roches cristallines et éruptives : Granites, Trachytes, Gneiss, Micaschistes, et dans quelques roches sédimentaires : Grès micacés (Psammites).

Les Pyroxènes. — Silicates doubles de Magnésie, Chaux et Fer.

Minéraux ordinairement très colorés, vert ou vert noirâtre ; lourds ; densité environ 3. Dureté un peu inférieure à celle des Feldspaths ; sont caractérisés par leurs clivages, leur forme cristalline, prismatique oblique.

Ce sont ; le Diopside (CaO, MgO) SiO^2. — L'Hédenbergite (CaO SiO^2, FeO). — l'Augite (CaO, MgO, FeO, SiO^2).

Ils sont très développés dans les basaltes (Ex. : Aïn-Temouchent, Tafna, Nemours, etc.), et les pyroxénites (massifs cristallophylliens).

Amphiboles. — Silicates doubles de Chaux, de Magnésie et de Fer. La Chaux dominant sur la Magnésie. Clivage et forme caractéristiques. Minéraux ordinairement foncés, entrent dans la composition d'un grand nombre de roches ; lourds : Densité 3. Dureté inférieure à celle des Feldspaths ; ce sont : la Trémolite, l'Actinote, la Hornblende. Dans les roches éruptives : Granites à amphiboles, Diorites ; dans les roches cristallophylliennes : Amphibolites, Bouzaréa, Edough, et gisements ophitiques.

Une variété fibreuse, l'*Asbeste* (Amiante), se rencontre en de nombreux pointements éruptifs dans le Sud de l'Algérie (Oran).

Péridot. — Le Péridot ou *Olivine*, Silicate double de fer et de Magnésie $(MgO, FeO)^2 SiO^2$, est un minéral vert bouteille, granuleux, de densité 3, et d'une dureté égale à celle du quartz; il se montre très développé dans les basaltes, qu'il caractérise (Aïn-Temouchent, Nemours, Tafna).

D'autres minéraux *accessoires* se rencontrent dans les roches cristallines; ce sont : l'Apatite, la Tourmaline, les Grenats, l'Hyacinthe (Zircon), le Fer Oligiste, etc. Ex. : Bouzarea, massif kabyle, Edough.

§ II

Nous allons maintenant caractériser, en suivant l'ordre chronologique établi depuis les plus anciennes jusqu'aux plus récentes, les formations sédimentaires reconnues en Algérie et en Tunisie.

On sait que l'on classe les terrains sédimentaires en quatre groupes : primaire, secondaire, tertiaire et quaternaire, reposant sur un ensemble considérable en puissance, *les roches cristallophylliennes*, (Gneiss, micaschistes, amphibolites et pyroxénites, schistes à séricite, etc.)

Entre les schistes à séricite et les premières couches primaires à fossiles se place un terme intermédiaire, l'*archéen* (sans fossiles).

Pour établir les divisions correspondantes de l'Algérie et de la Tunisie, nous suivrons les *textes explicatifs* des cartes géologiques précédemment citées, en donnant le détail des étages d'après *la Stratigraphie générale* de l'Algérie de M. A. Pomel, et le Texte explicatif de la carte provisoire de la Tunisie de M. l'Ingénieur Aubert.

TABLEAU DES TERRAINS SÉDIMENTAIRES RECONNUS EN ALGÉRIE

Groupe cristallophyllien	Gneiss Micaschistes Cipolins		Schistes des Massifs de Bouzaréa, de la Kabylie, de l'Edough (Bône). Beaucoup de potasse. Pas de chaux. Pas de Phosphate.
Groupe détritique	Schistes grès et conglomérats des Krachna et de Fedj-Kantour.		Mêmes considérations que pour le groupe précédent
Terrains indéterminés	*Paléozoïques ou infrajurassiques*	Schistes et quartzites des Traras Grès dévoniens	En général non cultivé. Quelques forêts
		Schistes d'Oran Poudingues du Djebel-Kahar	Petite région forestière.

Terrain	Groupe	Subdivisions		Observations
Terrain jurassique	*Groupe du Lias*	Inférieur ou Sinémurien Lias moyen ou Liasien Lias supérieur ou Thoarcien		Calcaires compacts, grès massifs, constituent l axes montagneux : Kabylie, Aurès, Bou-Thale Chaînes du Sud.
	Groupe oolithique (Médio-jurassique)	Grande oolithe		Dolomies inférieures de Saïda, Quelqu forêts.
	Groupe oxfordien	Callovo-oxfordien		Grès et marnes intercalées, Aïn-el-Hadjar, Aïn-Nazereg, Saï très bonnes terres de culture (Hassasna).
	Groupe corallien	Calcaires et Dolomies supérieures de Saïda et de Frenda. Grès de Bou-Médine. Dolomies et grès : Franchetti-Charrier. Grès et Poudingues de l'Azeroun Tidjer.		
	Faciès tithonique	Calcaire à Terebratula janitor.		
	Groupe astarto-ptérocerien	Calcaires et Dolomies de Tlemcen		Dolomies supérieures : sud de plaine d'Eghris-Cacherou, su de Sidi-Bel-Abbès.
Terrain crétacé	*Groupe néocomien*	Faune de Berrias à Lamoricière. Néocomien à Bélemnites plates. Grès et Marnes à Toxaster Grès de Daya. Marnes à Scaphites Ivani. Calcaires à Caprotines (Argovien). Couches à Orbitolina (Rhodanien). Marnes aptiennes.		Calcaires marneux en général, gréseu (grès friables) dans le Sud, région de steppes à halfa. Terrains de parcours.
	Groupe de la craie moyenne	Gault ou terrain albien.		Argiles schisteuses et quartzites des terrains forestier (Environs de Miliana. Atlas de Blida).
		Terrain cénomanien. Terrain turonien.		En général, calcaréo-marneux. Sud et province de Constantine, très calcaire. Forêts dans le Tell.
	Groupe sénonien	Etage santonien. Etage campagnien. Etage danien.		Province de Constantine Nord et Sud : calcaires crayeux e marnes calcaires. Zone médiane (Tell) : calcaires marneux (Atlas). Zone littorale : marnes argileuses et quartzites (Chenoua, Cherchel, Tenès).
Terrain éocène	*Groupe suessonien*	Argiles gypso salées et marnes à Silex. Marnes et grès à phosphorites. Calcaires à nummulites Rollandi.	Tebessa. Dyr. Kouif.	Terrains à céréales. Terrains de parcours.
	Terrain à phosphates	Marnes et grès à Ostrea multicostata. Marnes et calcaires marneux de Znaker. Argiles et marnes du Tessala. Grès et calcaires à Echinolampas clypeolus.		
	Groupe parisien	Marnes et conglomérats du Takerrat. Calcaires à alvéolines et nummulites. Grès et poudingues du Tamgout-Haïzer (Kabylie du Djurdjura, très restreint).		
	Groupe ligurien	Marnes et grès à fucoïdes de Tirourda. Argiles d'El-Harouch. Grès de Numidie. Grès (Forêts de l'Est de la région littorale de la Province de Constantine (chêne-liège) et de Tunisie.)		
Terrain miocène	*Groupe tongrien*	Poudingues et grès de Dellys. Poudingues et marnes d'El-Kantara.		
	Groupe cartennien	Grès à Amphiope de Ras-el-Abiod. Poudingues et grès à clypeastres de Ténès. Marnes dures d'Adelia-Miliana (vignobles). Conglomérat caillouteux de Bouïra.		Marnes conchoïdes; région un peu forestière. Quelques cultures, céréales.)
	Groupe helvétien (développement des céréales)	Marnes argiles et grès d'Hamman-Rhira. Calcaires à Mélobesies et clypéastres du Riou. Marnes des Bou-Alouane. Grès du Gontas. Marnes et lignites du Smendou.		Isser, Région d'Hammam-Rhira, Nord d'Orléansville, vallée du Chéliff. Perrégaux, Oued-Mina. (Céréales.)
	Groupe sahélien	Grès micacés des Ghamra. Fausse craie d'Oran et calcaires à mélobésies. Marnes à hélix dentées du polygone de Constantine.		Zône littorale, Vallée du Chéliff, petite Kabylie, environs d'Oran, Mostaganem, Dahra).
Terrain pliocène	*Groupe pliocène inférieur*	Grès des Falaises d'El-Oudja à Oran. Marnes sableuses du Sahel d'Alger (vignobles). Molasse du Sahel d'Alger (vignobles		Terrain des Sahels, coteaux, vignobles très développés Poudingues, graviers, grès. grossiers dominant. Molasse.
	Groupe pliocène supérieur	Marnes et conglomérats de Kouba (vignobles). Marnes à Hipparion d'Oran. Calcaires d'Aïn El-Hadj-Baba. Marnes et poudingues des Zibans. Argiles, sables et graviers d'Aïn-Jourdel.		

Terrain quaternaire	*Sous-groupe ancien* Fertile en général	Atterrissements caillouteux et limoneux, sub-atlantiques. Travertins anciens de Miliana. Plages marines émergées.	Limons (Sétif, productifs), Cailloutis et poudingues : Hauts Plateaux improductifs.
	Sous-groupe récent Fertile en général	Stations mésolithiques à Elephas atlanticus. Limons à Eléphas africanus. Grottes à stations néolithiques. Limons des bords des Sebkhas. Limons à Cardium edule.	
	Dunes	Grandes dunes sahariennes.	(Régions sahariennes où se développe le maximum de végétation)
Formations récentes	Alluvions actuelles.		
	Travertins récents.	Miliana, Tlemcen, etc.	
	Dunes récentes.		
	Plages actuelles, grand Erg, lits des fleuves sahariens.		

Tunisie. — En Tunisie on ne connaît pas de terrain inférieur au Jurassique (Oxfordien Tithonique : Zaghouan) et les terrains qui occupent les plus grandes surfaces sont : le crétacé supérieur (cs), l'Eocène moyen (e^1) et les terrains quaternaires (q_1 q^2). Les terrains miocènes (Cartennien, Helvétien, Sahélien) si développés dans toute la zone littorale et sahélienne de l'Algérie, et auxquels correspondent en très grande partie les régions culturales privilégiées (Sahel d'Alger, Plaine du Chéliff, Perrégaux, Saint-Denis-du-Sig, Environs d'Oran, Médéa, Sidi-Bel-Abbès, etc.) sont très faiblement représentés en Tunisie (Helvétien et Sahélien seulement) (Cap Bon, Bir-Tella). Les terrains pliocènes (pliocène lacustre et marin) atteignent au contraire une grande extension dans le Nord et dans l'Est de la Tunisie, ainsi que les terrains quaternaires (Sousse, Sfax, Kairouan, Gabès, etc.)

Nous avons résumé, en un tableau ci-dessous, les grandes lignes de la géologie tunisienne ainsi que quelques considérations particulières à l'agriculture, **empruntées pour la plupart** à l'*Explication de la carte géologique provisoire de la Tunisie*, par M. F. Aubert, Ingénieur au corps des Mines, déjà cité.

TABLEAU DES TERRAINS SÉDIMENTAIRES RECONNUS EN TUNISIE

Terrain jurassique	*Groupe oxfordien*	Calcaire du Zaghouan (Sources d'alimentation de Tunis). C. de la Zaouia Bou Groubin (Dj. Reças). (Dj. Fkriune, Dj. Kohal, Dj. Djouggar, Dj. Klab, Dj. Aziz).
	Groupe tithonique	Marnes grises et rouges et calcaires compactes du Dj. Bou-Kournin, Dj. Oust, Dj. Zahres. (Equivalent des couches de Berrias ?) Marnes du Dj. Méloussi et calcaires gréseux (Berriasien).

Terrain crétacé

- *Groupe crétacé inférieur* — Terrain très aride — Broussailles sur les parties marneuses
  - *a*) Marnes et grès à A Roubaudianus.
  - *b*) Marnes et calcaires à Scaphites Ivani.
  - *c*) Mârnes et calcaires aptiens.
  - *d*) Calcaires et grès à Ost. Aquila.
- *Groupe crétacé moyen*
  - *Gault ou terrain albien* (Dans le Nord)
    - Marnes fissiles, délitescentes. Calcaires gris, noduleux et en plaquettes. Cargneules (Dj. Chaouach. Sidi-Chouïggi Oued Siliana).
    - Gypse (Béjà, Oued-Zerga) probablement triasiques? Dj. Bou-Kahil, Dj. Daïdi.
  - (Dans le Sud)
    - Grès jaunes et blancs avec gypse et marnes bariolées. (Dj. Oum Ali, Dj. Oum-el-Ogguel).
  - *Cénomanien* — Dans le Sud steppes à alfa, peu de sources, eau médiocre.
    - Marno-calcaire dans le Nord : Marnes grises schisteuses, Calcaires noduleux (Hammam el Lif, Dj. Amar).
    - Dolomies cristallines cariées, sablonneuses avec gypse (centre de la Tunisie : Dj. Bou Selloum, Dj. Chanbi Dj. Bou Hedma. Gafsa, Feriana, Gabès).
    - Marnes grises, schisteuses, calcaires subordonnés (Beccaria) Marnes jaunes du Bou Chebka.
  - *Turonien* | Calcaires corralligènes de Kœdel (Dj. Bou Kournin).
- *Groupe Crétacé supérieur* — En général, terrain très important au point de vue de l'hydrologie générale. Kroumirie, etc. Terrain assez peu fertile; parfois un peu forestier.
  - *Santonien Campanien Danien*
    - Dans le Nord, Marnes et calcaires (Kef) Teboursouk, Degga.
    - Kroumirie — Marnes et calcaires à Inocerames. Calcaires épais (Dj. Masser, Dj. Cabba, Khranguet et Tout).
    - Centre Partie Orientale — Calcaires jaunes ou blancs, et marnes à filonnets de calcite (Environs et Est de Tunis), Dj. Mrabia, D. Djaffa, carrière du Dj. Djelloul, Dj. Daffa Enfida, Dj. Hannikat.
  - Alimentation des Oasis. Eaux d'excellente qualité.
    - Dans le Sud, calcaires blancs, siliceux, avec passage à des grès, silex en bancs, Dj. Semeta, région de Gafsa.
    - Au Sud des Chotts, calcaires puissants blancs et jaunes avec marnes intercalées et argiles sableuses (Dj. Tebaga Matmatas), Ouerghemas.

Terrain tertiaire

- **Groupe éocène** — Eocène inférieur : Rôle hydrologique très important. Les calcaires riches en eaux dans le Nord, peu riches dans le Sud. Terrain très généralement fertile et communiquant cette fertilité à la terre végétale qui le recouvre. Eocène supérieur : assez aride grès et marnes. (Chênes-liège, forêts du littoral.)
  - *Eocène inférieur* (e1)
    - 1. — Marnes et calcaires à silex noirs (Aïn Cherchera Bassin de l'Oued-Ksab, Djebel Bou-Guernous, Sidi-el-Bliéma).
    - 2. — Marnes et *grès phosphatés*, calcaires marneux blanchâtres ou brunâtres à polypiers (Kef, Djebel Skarna, Beja, Od Ksab, Dj. Chaouach, Dj. Haouse, Dj. Fas, Kessira, Medjes-Sfa.
    - 3. — Calcaires subcristallins à petites nummulites et à térébratulines. Calcaires cristallins à mélobésies et à nummulites (Toukabeur, Oued-Ksab, Beja, Mater, Dj. Chilabo Vallée de la Medjerda, Djebel-Belota).
    - 4. — Calcaires grossiers, calcaires cristallins avec larges nummulites à *Ost. Bogharensis*. Marnes et grès, Plateaux du Kef, de la Kessera.
    - 5. — Calcaires jaunes et blancs à *Ost. Bogharensis*, Dj. Haoute, Thala, Dj. Trozza.
  - (e2)
    - Marnes brunes à rognons de calcaires jaunes et grès fins à *Ost Bogharensis* (Medjes-Sfa. Oued- Kebir, Ouled-Aoun. Oued-Ousapha), Ouled Ayar, etc.
  - *Eocène supérieur* (e3)
    - Marnes à fucoïdes et grès glauconieux, Kroumirie, Ghardimaou, etc. Djanggar, etc.).
  - (e4)
    - 1° Calcaires et grès à Ost Clot-Beyi. Calcaires et grès à mélobésies et petites nummulites (Mantor, Dj. Trozza, Aïn-Cherchera, etc., etc.).
    - 2° Grès supérieurs ou grès *numidiens*. Grès et marnes à Ost Clot-Beyi. (M'rassen, Ouchtetas, Kroumirie, presqu'île du cap Bon, Bou-Mourra, Hanmada Souda, etc.)

Dans le Sud de la Régence, l'éocène se réduit à trois termes qui n'appartiennent qu'à l'éocène inférieur (e1).

- **Groupe miocène**
  - *Terrain helvétien*
    - Calcaires blancs rosés à mélobésies, passant à des grès. (Presqu'île du cap Bon, Dj. Courbès).
    - Marnes granuleuses avec gypse et grès grossiers (Dj. Abderrhaman, la Mursa).
  - Parties marneuses terres fortes, fertiles (Cap Bon)
    - Marnes à *Ost Crassissima* et grès grossiers (Cap Bon, Kaïrouan, Cherichera, Dj. El Abiodh).
  - *Terrain sahélien* (terres fertiles)
    - Marnes et argiles bleues de Bir Tella (Porto-Farina), oued-Tindja entre Bizerte et Mateur.

Terrain tertiaire	**Groupe pliocène** rôle hydrologique peu important.	*Pliocène d'eau douce.* Infertile, aride quelques rares forêts Thala (Enfida).	Grès tendres grossiers, Poudingues, argiles et limons (Sud du Kef), vallée de la Medjerdah, Beja, Oued-Zerga, Testour. Limons rouges de l'Oued-Tine, etc., Aïn-Cherichera, Aïn-Trozza. Dans le Sud : argiles rouges gypseuses, grès tendres, poudingues et cailloutis, intercalations gypseuses (Feriana) Tamerza. Dj. Stah, Ras-el-Aioun. Grès massifs à gros grains de silex (Semmouse).
		Pliocène marin. En général terres de bonne qualité (Olivier).	1° Grès argileux rouges blancs à *ostrea lamellosa.* 2° Sables jaunes et marnes intercalées à Pecten Jacobeus. P. Scabellus, etc. Terebratula Ampulla. 3° Grès grossiers friables blanchâtres à ciment argilo-calcaire, à Pectin Jacobeus, Os. lamellosa, de la presqu'île du Cap Bon. Molasses, calcaires argileuses de Porto-Farina équivalentes au terme 3° (Menzel, Djeniel, Bir-Tela, Monastir). Sables et grès tendres à plaquettes d'argiles d'Hammam-Soussa.
Terrain quaternaire	*Groupe quaternaire ancien.* Généralement infertile régions sablonneuses, dunes (culture de l'olivier et essences arborescentes). Limons anciens des grandes vallées très fertiles, infertiles dans les plaines. Eaux de bonne qualité nappes artésiennes du Sud (Nefzaoua Gabès).		Grès et argiles bleues ou rouges à gypse (Guellala, Houmt-Souck, Zarzis, le Djerba, El Djem, Sahel de Sousse. Atterrissements anciens. Limons rouges à galets roulés (Oued-Zerga, Zaghouan, Enfida, Dj. Massouga, Sud de la Tunisie). Cordons littoraux (grès de El-Aouaria). Dunes anciennes. Calcaire d'eau douce (rôle néfaste important dans le régime des eaux), difficulté de défrichement du sol.
	Groupe quaternaire récent Mêmes observations générales que pour le quaternaire ancien. Eaux de bonne qualité en général.		Cordons littoraux (grès grossiers Houmt-Souk), grès calcarifères (Salakta) Hammanet, Enfida, Zarsis. Dunes récentes (plateau de Ahouayas, Dj. Trozza, Dj. Touila, Mefsas, Gafsa Erg oriental, Ouerghemas. Alluvions récentes, limons gris des basses vallées (Atterrissements de la Medjerdah, plaines de Kaïrouan, Soliman). Dépôts gypseux des bords des Chotts, sud de Kaïrouan, Djebel-Nasseur-Allah. Eboulis des pentes. Travertins (Kourbès).

§ III

Possédant des notions sur la nature *lithologique* des roches composant les principaux terrains qui offrent une réelle importance dans le Nord-Africain, au point de vue agricole ; connaissant, d'autre part, l'ordre chronologique de leurs dépôts, la place exacte qu'ils occupent dans la série des terrains comparés à leurs équivalents européens, nous pourrons maintenant étudier rapidement la *lithologie* et la géologie des grandes zones culturales en prenant pour types celles de l'Algérie.

Nous subdiviserons les grandes régions naturelles comme suit :

Région tellienne.	Zone littorale. Basses plaines. Chaîne de l'Atlas et ses promontoires. (Atlas tellien) Plaines hautes du massif Atlantique.

Hauts Plateaux.	Hauts Plateaux proprement dits. Zone des Chotts. Chaîne saharienne (Atlas saharien) et grandes plaines subordonnées.
Sahara.	Hammada (Grands Plateaux). Grandes vallées (oueds sahariens). Les dunes de l'Erg.

Les grandes zones culturales sont toutes comprises dans la région tellienne et atteignent la bordure septentrionale des Hauts Plateaux.

Les Hauts Plateaux proprement dits, la chaîne du Sud, et les vallées sahariennes sont terres de parcours, le pays de l'élevage.

*
* *

La zone du **Sahel**, ou mieux des **Sahels**, comprend une région de collines qui s'étend sur le littoral méditerranéen, alternant avec les massifs les plus septentrionaux (Traras, Kabylie, etc.,) depuis le Maroc jusqu'à la Tunisie; elle présente en général des altitudes faibles ; les types bien caractéristiques de cette zone se montrent aux environs d'Oran et d'Alger. Dans la province d'Oran, depuis Lourmel jusqu'à l'embouchure du Chéliff et un peu au delà, vers l'Est. Dans la province d'Alger, depuis l'Oued-Nador jusqu'au cap Djinet.

Dans ces deux provinces, les formations tertiaires (*miocène* et *pliocène*), constituent la majeure partie des terrains du Sahel d'où le nom de *sahélien* donné à l'un des termes du *miocène* : 1° les *marnes sahéliennes* (miocène supérieur = Étage tortonien des géologues d'Europe) forment en général la base (les coteaux) des collines sahéliennes ; 2° les grès calcaires, très calcaires, pliocènes, se montrent sur les sommets, couronnant, en plateaux, les marnes précédentes.

Exemple : marnes sahéliennes, d'El-Biar, Dely-Ibrahim, Oued-Boudouaou rives droite et gauche, Corso, etc. Porto-Farina, Oued-Tundja en Tunisie, presqu'île du cap Bon.

A El-Biar, les marnes sont couronnées par la *molasse* pliocène, dont le type se montre à Mustapha supérieur, colonne Voirol, Bois de Boulogne, Birmandreis. Cette molasse est formée par des grès calcaires, et des calcaires avec mélobésies du *pliocène inférieur*.

Dans l'Oued-Boudouaou : les grès, les calcaires de la rive gauche, et de la coupe du chemin de fer avant la station de l'Alma (forêt de Reghaïa), reposent sur le sahélien : ces couches appartiennent au *pliocène supérieur*.

Dans la province de Constantine, *les Sahels* se montrent à l'est de Bougie et vers la Calle, Philippeville, Bône. Ils sont constitués par des formations appartenant aux terrains *cristallophylliens* (micaschistes et gneiss), aux terrains *archéens* (schistes, phyllades) et au terrain *ligurien* (grès numidiens), c'est-à-dire partie supérieure du terrain éocène (tertiaire inférieur). C'est par excellence le terrain des forêts de chêne-liège.

A la *Calle*, le Sahel se montre formé de terrain *ligurien* (grès de Numidie) et d'un terrain attribué jusqu'ici au *quaternaire*. De même aux environs de Philippeville, Bône : le *quaternaire*, plaines, dépressions, et terres de transport des coteaux, se montre plus ou moins développé.

Type avec gneiss et micaschistes : — région de l'Edough près Bône; sahel d'Alger, massif de la Bouzaréa (micaschiste, gneiss, schistes, phyllades).

Tous les terrains cristallophylliens et archéens sont traversés par des roches éruptives granitiques. « *Pegmatite*[1] et *granulite*[2]. Exemple : rempart Bab-Azoun, boulevard Bon-Accueil (Mustapha) Fort National, région de Bône.

Les calcaires bleus (Bab-el-Oued) sont inclus dans les micaschistes ; ce sont des *Cipolins*[3].

Sur la *zone littorale* et particulièrement aussi dans la chaîne tellienne se développent des terrains tertiaires *miocènes*, autres que le *sahélien*. Ce sont les deux étages :

1. Pegmatite. Roche formée par l'association des minéraux suivants : Mica noir ferro-magnésien. Mica blanc potassique. Feldspath Orthose potassique. Quartz (Si O^2)

2. Granulite, mêmes éléments que pour la Pegmatite en grains petits et de structure différente.

3. Cipolins, *calcaires* (de l'étage cristallophyllien) *micacés* (mica blanc).

Le *Cartennien* (le plus ancien), de Cartennæ (Ténès en latin) et l'*Helvétien* (au-dessus) (pro parte de l'Helvétien de Suisse).

Le *Cartennien* se montre très développé aux environs de Ténès (poudingues), au Camp-du-Maréchal (grès) ; il présente, d'autre part, un sous-étage de *marnes* conchoïdes occupant d'assez grandes surfaces (type à Matifou) développé dans les provinces d'Oran et d'Alger.

L'*Helvétien*, étage le plus important : *les marnes helvétiennes* sont très développées dans certaines régions voisines du Sahel : Hammam-Rhira, Bou-Medfa, au sud de Perrégaux, entre Mascara et Relizane, etc. ; région de Bel-Abbès, nord de Lamoricière, Tlemcen, Beni-Saf, La Tafna (Oued-el-Hachem, près Zurich, Alger). Ce sont des régions à céréales le plus généralement.

On rencontre d'autre part dans les *sahels* des formations de roches meubles, les *sables* et les *dunes*[1].

Ex. : région sablonneuse de Guyotville, provenant des plages marines quaternaires soulevées qui se désagrègent; même type (Fort-de-l'eau).

Région sablonneuse du bord de la mer. Reghaïa (Aïn-Taya), etc., provenant des sables (pliocène supérieur) désagrégés.

Environs de Mostaganem. Aïn-Nouïssy à l'embouchure du Chéliff. *Là, ce sont de véritables dunes*[2], provenant de la désagrégation des grès calcaires pliocènes (pliocène inférieur), Aboukir.

*
* *

Remarque. — Indépendamment de ces *sahels*, la région littorale comprend, leur faisant suite, des massifs différents comme allure, orographie et composition. Ce sont des sortes de *prolongements* de l'*Atlas* vers le littoral; ils ne se rattachent qu'imparfaitement à la grande chaîne médiane, à savoir pour les plus importants de ces reliefs littoraux :

Dans la province d'Oran : le massif s'étendant à l'ouest du Djebel-Filhaousen depuis la frontière marocaine jusqu'à Nédroma (terrain jurassique dominant, *calcaire*, *dolomie*, quelques *grès* et *marnes*).

1. *Vignobles* des sables.
2. Même type que les DUNES DU SUD.

Le massif des *Traras* : schistes, phyllades, attribués au terrain silurien. Le *Dahra*, depuis l'embouchure du Chéliff à Ténès, est constitué en grande partie par les terrains miocène et pliocène et par le terrain crétacé : crétacé moyen, le gault (lambeaux), schisto-quartziteux, cénomanien (marno-calcaire), et le crétacé supérieur : (argiles, marnes avec bancs de grès quartziteux [1]. C'est aussi à ces formations qu'appartient la chaîne de la Srâ-Kebira et ses contreforts, depuis Villebourg jusqu'auprès de Cherchell.

La *Kabylie*, présente, tout au nord de la voie ferrée d'Alger à Bougie, un grand développement les terrains cristallophylliens (schistes, gneiss, etc.), *les Babors* laissent percer les terrains jurassiques et crétacés. Vers le Nord, de Dellys à Bougie, par Azeffoun, se montre une bande crétacée sur laquelle se développent des îlots de grès numidiens [2] (éocène supérieur) ; à l'est d'Azazga apparaissent à nouveau les grès liguriens (à forêts); ils prennent, vers l'Est, un très grand développement.

Vers Tizi-Ouzou, à l'Est et à l'Ouest, se montrent les terrains tertiaires, et, au fond des grandes dépressions et dans les plaines, le terrain quaternaire (alluvions).

*
* *

Les plaines se subdivisent en plaines basses et hautes plaines.

Plaines basses ou du *littoral*, plaines de l'*Habra*, de la *Macta*, plaine du Chéliff, de la Mitidja, les plaines voisines de Bône (environs du lac Fezzara), etc.

A celles-ci, se rattachent les plaines orientales de la Tunisie (Gabès).

Hautes plaines. Les plaines atteignent au milieu du massif tellien à des altitudes variant de 800^{m} à 1100^{m} : Eghris (Mascara) [3], Aïn-Bessem et Bir-Rabalou, les plateaux du Sétif.

Les basses plaines, composées d'alluvions anciennes, ont

1. Sur lesquelles, région littorale, reposent des terrains tertiaires.
2. Grès liguriens ou numidiens (*éocène supérieur*).
3. La plaine de Sidi-Bel-Abbès peut à certains points de vue être comparée à celle d'Eghris.

ordinairement *sur leur ceinture* des *terrains tertiaires* (miocène et pliocène). La plaine du Chéliff[1] en est un exemple, elle montre une bordure nord (contreforts du Dahra) formée des assises tertiaires miocènes : *cartennien*, *helvétien*, *sahélien*, et aussi *pliocènes*; sur la bordure sud de cette longue plaine, les mêmes terrains tertiaires se relèvent et constituent les premiers contreforts du relief atlantique : environs d'Orléansville, Perrégaux, Relizane, Saint-Denis du Sig, etc.

La dépression de la Sebkha d'Oran se montre avec la même disposition, en général.

Plaine de la Mitidja. — Bordure au Nord : le *sahel* d'Alger; vers l'Ouest, les terrains quaternaires anciens (Marengo à Zurich avant l'oued El-Hachem); au Sud, ce sont : Ameur-El-Aïn, El-Affroun, Mouzaïa, etc... Rivet, Foudouck, l'Alma, ainsi qu'à l'Est, terrains crétacés et tertiaires où s'étalent des bandes et îlots appartenant au *miocène* qui l'entourent jusqu'au bord de la mer.

La composition minéralogique des *alluvions* est naturellement fonction des apports des différents cours d'eau existant aux époques quaternaires ancienne et récente, pendant lesquelles s'est opéré leur dépôt. Elle pourra donc comprendra *tous les éléments* des massifs avoisinants : *les terrains tertiaires et* (*massif de l'Atlas*) *les terrains crétacés*, calcaires marneux et marnes argileuses dominant.

Des roches éruptives vertes voisines des trachytes et des basaltes sont associées à la bande méridionale des terrains tertiaires d'El-Affroun à Marengo.

Plaine d'Eghris (Mascara). — Au Nord, partie mouvementée appartenant aux formations tertiaires (éocène et miocène, suessonien, helvétien, sahélien) ; au Sud, calcaires et dolomies (jurassique supérieur).

Plaine de Aïn-Bessem, Bir-Rabalou. — Au Nord, bandes de *poudingues* (miocène inférieur) ; à l'Est, marnes helvétiennes (miocène moyen) ; au Sud, terrain crétacé cénomanien. Le sénonien (crétacé supérieur) se montre au delà de la bande Nord miocène.

Les plateaux de Sétif, limités au Nord par le crétacé supérieur

1. La plaine du Chélif, dans sa partie haute (Djendel), se rapproche des conditions physiques de la plaine des Aribs et peut lui être comparée.

(sénonien), où les calcaires dominent et, surtout, les terrains éocènes (éocène inférieur) ou SUESSONIENS (A PHOSPHATES). Quelques îlots de crétacé moyen (cénomanien) et inférieur (néocomien), se montrent sur ces plateaux dans la région de Sétif et à l'est jusque vers Soukharras (en largeur maximum de Batna à Duvivier).

Dans toutes ces *Hautes Plaines*, le **terrain suessonien à phosphate** se montre très développé (Soukharras, Dj. Dekma) Bordg-Bou-Areridj, Bordj-Redir, gisements de phosphates avec des îlots plus ou moins considérables de terrains crétacés moyen et inférieur, calcaréo-marneux. La fertilité de ces régions est due aux terrains à phosphates et à la nature des alluvions limoneuses, indépendamment aussi des phosphates. Les îlots crétacés supérieurs y sont calcaires.

Environs de Sidi-Bel-Abbès. — Géographiquement reliées aux plaines du massif tellien, plaine proprement dite et région accidentée cultivée, sont constituées par les terrains tertiaires miocènes où les *marnes helvétiennes* dominent. On y observe aussi un développement des terrains tertiaires, de l'éocène inférieur, *terrains à phosphates*(?) dans la partie occidentale jusqu'au-dessus d'Aïn-Témouchent. (Arlal.)

Dans la partie orientale, développement des marnes helvétiennes (miocènes). Ces terrains s'adossent au Sud à des formations jurassiques (jurassique supérieur, comme pour la plaine d'Eghris : calcaires et dolomies), et, où se montre aussi le terrain crétacé inférieur, calcaire plus ou moins marneux.

Tlemcen. — La grande dépression au nord de la falaise dolomitique de Tlemcen est *helvétienne*, *marneuse*, et fait suite, par *Lamoricière*, à la région de Bel-Abbès.

Au sud de Saïda, depuis Aïn-el-Hadjar, s'étend une région (Hassasna) de très importantes fermes. Elles s'établissent sur les *marnes oxfordiennes* (jurassique moyen) qui se développent au-dessus des dolomies de Saïda. Cette région est très intéressante au point de vue agricole (blé, quelques vignobles) ; elle s'étend jusqu'à *Nazereg* sur les mêmes marnes, et se poursuit, non cultivée encore, à l'Est jusqu'auprès de Tagremaret par Aioun-el-Beranis et Tircine.

Au sud de Teniel-el-Haâd, les hautes plaines avoisinant le Sersou (très cultivées, villages prospères) : blé, céréales, appartiennent aux marnes suessoniennes et helvétiennes, et sont limités au Nord par des terrains gréseux, *éocènes*.

*
* *

Les Hauts Plateaux vrais résultent du remplissage d'immenses dépressions (formées lors des plissements du relief atlantique), à la suite de l'érosion des montagnes du Nord et de la chaîne saharienne. Dans les fonds des cuvettes qui y subsistent se forment actuellement des dépôts d'alluvion gypso-salins qui caractérisent « les chotts ». Les dépôts d'alluvions qui constituent les berges des chotts et où dominent les poudingues, les cailloutis, les graviers, les sables, sont en général *siliceux*. Une épaisse croûte de calcaire travertineux (tuf) (carapace), épaisse de 2 mètres environ, variable d'ailleurs, les rend infertiles ; ce sont des terrains perméables en général. Le sel, gypse, etc., provenant de la dissolution des couches crétacées et aussi du lavage de nombreux gîtes en masse de gypse et des sulfates alcalins imprègnent plus ou moins toutes ces roches.

On comprend donc facilement la raison de la richesse en sels des cuvettes des chotts, et de la salure des eaux de ces bassins fermés où l'évaporation est extrêmement rapide.

La carapace calcaire (tufs, travertins) qui domine les berges, les falaises des Chotts constitue le sol pierreux du Haut Plateau ; c'est sur la faible couche de terre argilo-sableuse qui la recouvre que se développent les immenses *steppes d'alfa*, et, sur les zones déprimées et argileuses, le *chich* (thym).

Pâturages. — La largeur maximum de la zone d'extension des Hauts Plateaux atteint près de 300 kilomètres, du Chott Tigri au Teniet-Sassi (Sud oranais) ; mais elle diminue rapidement à mesure que l'on remonte vers le Nord-Est ; dans l'est de la province de Constantine les trois zones : Tell, Hauts Plateaux et Sahara, passent sans transition de l'une à l'autre. En Tunisie, ce fait s'exagère encore ; c'est dans les provinces d'Oran et d'Alger que les Hauts Plateaux sont le mieux caractérisés. Les Hauts Plateaux de Sétif (Hautes Plaines) peuvent eux aussi être considérés, à certains points de vue, comme *Hauts Plateaux vrais*.

Au Nord de cette zone se montrent dans les provinces d'Oran et d'Alger, à la limite des Hauts Plateaux : Daya, Bedeau, Saïda, Tiaret, Teniet-el-Haâd, Boghari, etc., une région constituée par les terrains secondaires (jurassique et crétacé), sur lesquels se développent, en général, de belles forêts.

*
* *

L'Atlas. La chaîne atlantique présente deux grands alignements : *l'Atlas tellien* et la *chaîne saharienne*; les deux axes orographiques sont peu distants dans la province de Constantine, ils s'éloignent au contraire dans la province d'Alger, et, ce caractère s'accentue encore dans la province d'Oran. Ce qui représente la chaîne atlantique septentrionale de la province de Constantine, ce sont les nombreux îlots des régions de Sétif, Soukharras, (crétacé inférieur, moyen et supérieur).

Dans la province d'Alger l'Atlas se montre au contraire très dense.

Ex. : Région d'Aumale, Atlas de Blida, etc.

Les terrains crétacés dominent dans la chaîne atlantique tellienne; ce sont eux qui y jouent le rôle principal dans les bandes Nord et Sud de cette partie de la chaîne.

Bande Sud : Aumale, Berrouaghia, etc., massif de Zemmora à Tiaret jusqu'à l'Oued-Mina (Relizane).

Bande Nord : Oued-Djer, Miliana, massif de Tènès, Dahra.

Au Nord vers le littoral, le crétacé supérieur y est très développé, il est alors formé d'argiles calcaires avec grès quartzeux.

Dans la province d'Oran (bande Sud), au Sud de Tiaret, et à l'Est vers Chellala (Alger), et à l'Ouest (frontière marocaine), ce sont les calcaires et dolomies jurassiques qui dominent : Saïda, Frenda, Tagremaret, Tlemcen. Ces roches y affectent plutôt la disposition en plateaux.

Tout le massif des Traras, à l'Ouest c'est-à-dire le triangle compris entre Marnia, Nemours et le Maroc, montre les formations jurassiques, calcaires et dolomies très développées ; on y trouve aussi des marnes oxfordiennes; la partie littorale est miocène. Les roches éruptives basaltoïdes y prennent une très grande importance

(Bab-Taza, Bab-Tourmaï, Zendal, Sidi-Brahim). C'est là un véritable sahel.

Les terrains jurassiques se montrent dans la chaîne tellienne, rarement dans les provinces d'Alger et de Constantine, où ils n'y forment que les axes et les sommets des reliefs orographiques : les Babors, Kabylie de Bougie, Kabylie du Djurdjura, Dj. Chenoua.

La deuxième grande chaîne est la *chaîne saharienne* ; elle présente des diversités très grandes de composition. Dans la première moitié orientale, de la Tunisie à Laghouat, s'observent d'importants massifs *crétacés* dont les axes sont jurassiques, le jurassique est très développé vers Bouçâada et dans l'axe du Dj. Bou-Khail. Les terrains crétacés (crétacé inférieur et cénomanien) y occupent de très grandes surfaces et y sont très puissants ; ils sont en général *calcaires* et calcaréo-marneux, mais plus calcaires que marneux.

Dans la région de Tébessa, Khenchela, et tout le Sud-Est de la province de Constantine, domine le crétacé supérieur, *très calcaire.*

Dans ce Sud-Est de la province de Constantine et le Sud, le cénomanien et le sénonien sont calcaires ; le sénonien présente assez d'analogie avec le *calcaire-crayeux* de la Champagne (*calcaire-crayeux* et non *craie.*)

Dans les montagnes des Oulad-Naïls à l'Est, et à l'Ouest de Laghouat, de Djelfa, la même série crétacée s'observe toujours très développée avec *calcaires* et marnes *calcaires dominant.*

Dans l'Ouest, c'est-à-dire vers Aflou dans le Dj. Amour, dans les montagnes des Ksour et proche la frontière marocaine, le *crétacé* qui domine est le néocomien. Il est constitué par *des grès* friables rouges, s'étendant sur 150 kilomètres de large du Nord au Sud, et sur 400 kilomètres, du Nord-Est au Sud-Ouest.

Dans toute cette région et aux environs de Djelfa et de Laghouat, de larges plaines alignées, Nord-Est Sud-Ouest (*quaternaires*), séparent les alignements montagneux des terrains crétacés (gréseux). Les grès rouges, tendres dominent.

Vers le Sud, tout au long de la bordure du Sahara, se montrent des marnes avec gypse (cénomanien), surmontées de puissantes strates de calcaire blanc, compact (turonien), formant une sorte de gigantesque muraille; c'est à travers les défilés ouverts dans ces masses calcaires, que les oueds du Sud pénètrent dans le Sahara.

Dans la province de Constantine, la bordure saharienne (Aurès, Zibans) est constituée par les terrains tertiaires (éocènes).

*
* *

Sahara. — Le Sahara algérien, au Sud des trois provinces, présente deux bassins qui se disposent hydrologiquement ainsi :

1° Le bas Sahara (Sud de la province de Constantine) montre les oueds tributaires des chotts Melrir, Gharsa Djerid etc., et, altitudes négatives, au-dessous du niveau de la mer, en certains points.

2° Le haut Sahara, ou Sahara du Sud oranais dont les oueds sont tributaires du bassin du Niger (?) [question géographique non résolue] et par cela de l'océan Atlantique (?). Altitudes variant entre 900^{m} et 300^{m}.

Le plateau crétacé du Mzab (*sud de la province d'Alger*) sépare les deux Sahara et se prolonge au sud de la région des daïas jusqu'au plateau du Tademaït, sud d'El-Goléa.

Au pied de l'Atlas, des dépôts rouges d'âge *tertiaire* : poudingues, graviers, grès, sables d'abord fortement relevés, puis se développant en longues ondulations, s'étendent jusque vers la dépression du Meguiden. Dans ces terrains érodés ont été creusées de larges gouttières, les grands oueds sahariens : Oued-Seggueur, Oued-Gharbi, Oued-Namous. Recouverts par de puissants dépôts de calcaire tufacé et travertineux, ces *terrains rouges tertiaires* (Terrain des Gour) constituent le substratum des immenses plateaux de *Hammada* si désolés, sans ressources d'aucune sorte; sur *ces terrains* rouges *des Gour* se montrent des successions de bancs de poudingues *quaternaires anciens* à gros éléments; les alluvions anciennes et récentes occupant le fond des vallées et entaillant les niveaux les plus bas de ces poudingues.

Au Sud, à 300 kilomètres de la chaîne saharienne, les terrains tertiaires et quaternaires disparaissent sous les grandes Dunes de l'Erg.

Des *pâturages* très recherchés des pasteurs se rencontrent dans les grands oueds parallèles qui coulent du Nord au Sud. Les plateaux de *Hammada*, entaillés par ces oueds, sont absolument nus et arides ; ce sont les oueds seuls qui sont utilisables pour les troupeaux.

1° Les *Hauts Plateaux* (zone avoisinant les chotts) ; 2° les *montagnes des Ksour* avec, comme subdivision, les grandes plaines parallèles aux alignements montagneux (là où sont bâties les Ksour et où se développent de petites oasis qui s'étendent jusqu'à la lisière saharienne) ; et 3° le *Sahara*, grandes vallées, constituent dans leur ensemble, **le pays du mouton**, la région par excellence des pâturages.

C'est sur les terrains d'alluvions, quaternaire ancien et récent et de formation actuelle, que sont établis les palmeraies et les jardins à culture maraîchère des oasis, dans les vallées ou dans le lit même des oueds. Les cultures sont importantes dans l'Est (Oued-Rir), elles sont très restreintes, au contraire, dans le Sud oranais, où les oasis et les ksour sont à des altitudes de 8 à 900 mètres.

ROCHES ÉRUPTIVES

Les roches éruptives forment sur le littoral de petits îlots de peu d'étendue plus développés dans les provinces d'Oran et de Constantine que dans celle d'Alger.

Dans la province d'Oran, le massif d'Aïn-Temouchent est formé de roches basaltiques en dykes, en coulées, avec scories et pouzzolanes ; on y remarque de nombreux volcans *anciens*.

Les terrains alluvionnaires de cette région comprennent en partie des roches éruptives désagrégées : leur couleur est noire comme à Aïn-Kial, aux Trois Marabouts et aux environs d'Aïn-Temouchent.

C'est à des roches très voisines comme composition qu'appartiennent les îlots éruptifs de la Tafna, de Beni-Saf et du bassin de Nemours.

Au nord de Lourmel émerge tout un massif de roches tertiaires : trachytes, andésites, liparites felspathiques et traces d'appareils volcaniques.

A la frontière marocaine même, se développe un îlot trachytique de

15 k. carrés; le granite ancien se montre aux environs de Nédroma accompagné de granulite.

Indépendamment de ces types, on trouve sur tout le littoral dans le Dahra, vers Perrégaux, des pointements de roches (ophites) avec gypse éruptif souvent exploité, accompagné parfois d'indices de sel gemme.

Dans la province d'Alger, les gypses éruptifs se montrent dans la partie Nord et dans l'Atlas (Chaîne tellienne et chaîne saharienne).

La plaine de la Mitidja est bordée au Sud d'El-Affroun par des roches voisines en apparence des basaltes, mais que leur composition rapproche davantage des trachytes; ces roches affleurent dans la vallée de l'Oued-el-Hachem, à Zurich, à Marceau et au delà.

A Alger même, à l'Agha, à Bouzaréa, percent des roches granitoïdes : pegmatites et granulites que l'on retrouve au cap Matifou.

Dans la région de Bordj-Ménaiel, au cap Djinet-Dellys, se montrent des liparites, siliceuses et felspathiques, des labradorites développées en îlots de faible étendue.

En Kabylie, les pegmatites apparaissent au milieu du massif ancien comme à Bouzaréah et à Matifou.

Dans la province de Constantine, les massifs éruptifs sont plus développés en surface. Le massif ancien de l'Edough laisse percer de nombreux filons de roches granitoïdes : pegmatite, granulite. Au Sud de Bougie, au cap Cavallo, dans la région de Collo et de Milia, au cap de Fer et près de Philippeville, on rencontre des roches granitiques, liparitiques, feldspathiques dont la composition chimique est très variable passant des granites (acides) à des roches trachytiques ou andésitiques (neutres).

Dans le Sud des trois provinces, ce sont exclusivement des roches vertes (ophites) riches en chaux accompagnant des massifs importants de sel gemme et de gypse éruptif, connus sous le nom de *Rochers de sel* (El-Outaya, Rocher de sel de Djelfa).

Ces roches, en forme de boutonnières, apparaissent au milieu des plis formés par l'Atlas saharien.

Certains des gisements de gypse peuvent être utilement exploités pour l'amendement des terres (vignobles), lorsqu'ils sont formés par du gypse meuble naturellement friable.

Toutes ces roches éruptives présentent en général peu d'importance en étendue relativement aux formations sédimentaires, à l'exception du massif d'Aïn-Temouchent.

En Tunisie, les roches éruptives occupent des surfaces plus restreintes encore.

En Kroumirie on a signalé des trachytes au Dj. Haddeda (rhyolithe vitreux), des dolerites au Djebel Ensarine, puis de nombreux îlots de gypse éruptif : (Feranana), Kef-Kadja, El-Bleima, au Dj. Naali, au Dj. Amor, au Dj. Ghorra, au Dj. Sbabil et plus au sud : Dj. Noubba, Dj, Cherichera ; ils présentent les mêmes caractères que les pointements gypso-ophitiques d'Algérie.

BIBLIOGRAPHIE

(Principaux auteurs consultés.)

G. Aubert. — *Note sur la géologie de l'extrême Sud de la Tunisie.* Bull. soc. géologique de France. — 3e série, tome XIX, 1890-91.

G. Aubert. — *Explication de la carte géologique provisoire de la Tunisie.* — 1892.

J. Curie et G.-B.-M. Flamand. — *Étude succincte sur les roches éruptives de l'Algérie.* — (faisant suite à la stratigraphie générale).

H. Lecq. — *Les vins de l'Algérie*, avec carte. — Publication du Gouvernement Général de l'Algérie. — Alger 1895.

R. Marès. — *Notice agronomique sur la Tunisie.*

A. Péron. — *Géologie de l'Algérie.* — Annales des Sciences géologiques. — Paris, 1883.

A. Pomel. — *Une mission scientifique en Tunisie.* — Bulletin de l'École des sciences d'Alger, 1877.

A. Pomel. — *Texte explicatif de la carte géologique provisoire de l'Algérie*, dressée sous la direction de MM. A. Pomel et J. Pouyanne.

J. Pouyanne. — *Géologie de la subdivision de Tlemcen.* — Annales des Mines, 7e série, tome XII, 1877.

G. Rolland. — *Géologie et hydrologie du Sahara algérien.* Imprimerie Nationale. — Paris, 1886.

— *Études sur la géologie de la Tunisie.* — Bulletin soc. géol. de France et C. R. Acad. sciences, 1887-94.

A. Turlin, F. Accardo et G.-B.M. Flamand. — *Le pays du mouton.* — Publication du Gouvernement Général de l'Algérie, Alger, 1893.

Exploration scientifique de la Tunisie. — Imprimerie Nationale. (1891-1896).

Remarque. — Voir aussi la bibliographie spéciale aux *phosphates*, à la suite du paragraphe suivant.

§ IV

LES PHOSPHATES DE L'ALGÉRIE ET DE LA TUNISIE

D'après les travaux de nombreux agronomes on peut, en ne tenant compte que des éléments phosphatés, considérer comme :

Terres très riches, celles qui contiennent plus de 2 p. 1000 d'acide phosphorique ;

Terres riches, celles qui contiennent de 1 à 2 p. 1000 d'acide phosphorique ;

Terres moyennement pourvues, celles qui contiennent de 0,5 à 1 pour 1000 d'acide phosphorique ;

Terres pauvres, celles qui contiennent 0,1 à 0,5 p. 1000 d'acide phosphorique ;

Terres très pauvres, celles qui contiennent au-dessous de 0,1 pour 1000 d'acide phosphorique.

Bien entendu, il ne suffit pas pour qu'une terre soit fertile qu'elle contienne, outre les autres éléments utiles, de l'acide phosphorique en abondance : il faut de plus que cet acide soit assimilable par les plantes, soit par suite de son état moléculaire, soit en raison de la nature du sol. Néanmoins, on peut, en principe, admettre que les terres contenant 1 pour 1000 d'acide phosphorique sont assez riches pour suffire aux besoins des plantes en acide phosphorique, si toutefois les autres éléments fertilisants ne manquent pas.

D'après les analyses faites par M. Dugast, directeur de la Station agronomique d'Alger, et portant sur 306 échantillons de terres arables d'Algérie, les teneurs en acide phosphorique ont été les suivantes :[1]

1. Ces résultats sont rapportés à 1000 grammes de terre desséchée à 100°. Voir aussi les analyses de M. Ladureau. Bulletin du Ministère de l'agriculture, année 1889, n° 1.

Terres contenant plus de 2 p. 1000 d'acide phosphorique			16
»	de 1,5 à 2	»	30
»	de 1 à 1,5	»	88
»	de 0,5 à 1,0	»	131
»	moins de 0,5	»	41

On voit par là qu'en Algérie la proportion de terres pauvres en acide phosphorique l'emporte sur celle des terres suffisamment riches. Heureusement l'Afrique du Nord possède de très importants gisements de phosphates qui lui permettront de pourvoir, non seulement aux besoins de son agriculture, mais aussi d'alimenter un commerce d'exportation considérable.

En Algérie les gisements de matières phosphatées peuvent se classer en trois groupes : les *guanos phosphatés*, les *phosphorites* et les *phosphates de nature sédimentaire* : ce dernier groupe est de beaucoup le plus intéressant.

Guanos phosphatés. — Dans le Tell on trouve çà et là des grottes renfermant des dépôts de guanos phosphatés dus à l'accumulation des déjections de chéiroptères (chauves-souris) et d'oiseaux. Le produit de ces gisements peu nombreux et peu importants, plus ou moins exploités, est employé sur place dans un faible rayon.

Phosphorites. — Les phosphorites sont dues à des dépôts de sources thermo-minérales, dépôts concrétionnés qui ont recouvert l'intérieur de fissures et de poches formées dans des calcaires compacts appartenant le plus généralement au terrain jurassique. Ces gisements sont assez nombreux dans les calcaires jurassiques de l'extrême Ouest de la province d'Oran. Dans la région de Nemours, de Marnia, on trouve les gisements de *Bab-Toumaï* et de *Djebel-Tadjera*, *Djebel-Sfyan* dans les Traras. Leur teneur en phosphate tribasique de chaux varie entre 75 et 80 % : elle atteint parfois 82 %.

A Lamoricière, dans le jurassique supérieur, ces gisements ont une richesse de 75 %.

D'autre part, dans les assises calcaires compactes désignées par les géologues sous le nom de *calcaires à mélobésies*, il existe des gisements analogues, riches, mais semble-t-il, sans grande étendue et appartenant, eux, au terrain tertiaire miocène (Inkermann).

Comme les précédents dépôts, les phosphorites, jusqu'à ce jour, n'ont pas donné lieu en Algérie, à des exploitations bien considérables.

Phosphates de nature sédimentaire. — Les gisements de phosphate de nature sédimentaire ont une bien plus grande importance[1]. Ils occupent, dans tout l'Est de l'Algérie et en Tunisie, de larges bandes où ils présentent une succession de bancs de teneur riche atteignant jusqu'à 3 mètres d'épaisseur. Par leur nature, ils sont facilement exploitables et cela sans grands travaux d'art. Ils appartiennent au terrain tertiaire inférieur éocène, à l'étage suessonien.

Le terrain suessonien se subdivise en partant de la base en marnes grises que recouvre un calcaire crayeux à silex ; au-dessus des calcaires à silex viennent des couches marno-gréseuses. Ces grès se chargent de glauconie (silicate hydraté de fer) avec débris de squales et développement plus ou moins considérable de coprolithes, de phosphates en grains provenant de ces coprolithes et aussi en grande partie de débris d'ossements de grands poissons et sauriens et enfin de petites concrétions phosphatées. Ces éléments constituent le plus souvent presque exclusivement la couche phosphatée.

Les grès phosphatés se reconnaissent d'une façon générale d'abord à leur position relative par rapport aux couches de calcaire à silex ; mais, ce qui les caractérise à l'œil, c'est la présence de dents de squales, et leur teinte gris verdâtre due à la grande proportion de grains de glauconie qu'ils contiennent et qui se détachent en petits points noirs ou verts ; ils contiennent en outre une certaine proportion de matières organiques et dégagent sous le choc du marteau ou au feu une odeur assez caractéristique.

La couche de phosphate mesure jusqu'à 3 mètres d'épaisseur (4 m 50 au Kouif) : en moyenne 1 m 50 à 2 mètres.

Suivant que les coprolithes et les rognons phosphatés sont plus ou moins nombreux dans cette couche, celle-ci est plus ou

1. M. Chateau estime de 150 à 200 millions de tonnes de phosphate titrant de 50 à 70 p. 0/0, la puissance de l'ensemble des gisements exploitables *de l'Algérie* actuellement connus ; cette quantité correspondrait à la consommation actuelle de la France pendant 4 siècles environ.

moins exploitable. Dans la région de Tebessa, au Djebel-Dyr, au Kouif, dans celle de Bordj-Bou-Arreridj, à Bordj-Redir, ces grains phosphatés et les débris de coprolithes constituent exclusivement cette assise.

La teneur en phosphate de chaux varie de même que la nature minéralogique et lithologique des phosphates.

Au Djebel-Dyr, l'assise de grès phosphaté se présente par parties à l'état de sable presque pulvérulent à éléments très fins. Dans la région de Soukharras, au Djebel Dekma (gisements de 35 à 45 °/₀ de phosphate), ce sont non plus des sables agglutinés, mais des calcaires à nodules phosphatés : ce qui explique la moindre teneur en phosphate de chaux de ces derniers gisements. Les nodules phosphatés y sont cimentés par des parties argilo-calcaires.

Au Djebel-Dyr, la teneur moyenne en phosphate de chaux varie le plus ordinairement entre 60 et 66 °/₀ : elle atteint parfois 70 et même 75 °/₀ (voir la description géologique des régions à phosphate de chaux par M. Blayac[1]). A Boghari, elle n'est plus que de 45 °/₀ et descend parfois à 30 °/₀. Ici la zone à phosphate est représentée également par un grès plus ou moins grossier comme au Djebel-Dyr ; mais les grains de phosphate se montrent plus disséminés.

Au Djebel-Dyr, dans la couche d'exploitation, on passe du grès presque exclusivement phosphaté à une couche supérieure où la silice entrant en très grande proportion abaisse la richesse en phosphate.

Les gisements de phosphate les plus importants sont le *Djebel-Dyr*, vaste plateau de 45 à 50 kilomètres de tour, et le *Djebel-Kouif* au nord-est de Tebessa. Au Dyr se rattache le gisement d'*Aïn-Kissa*. Dans la région de Bordj-Bou-Arréridj se trouvent le gisement du *Djebel-Mzeïta* et celui de *Bordj-Redir*. On sait qu'en Tunisie les premiers phosphates riches ont été découverts dans la région de Gafsa[2] sur une longueur de 60 kilomètres à l'ouest de cette ville (*Djebel-Cherb et Rossa*) : d'autre part, plus au Nord,

1. Voir la Bibliographie des phosphates à la fin de ce chapitre.

2. En vue de l'exploitation de ces gisements, Gafsa sera reliée à la mer à Sfax par un chemin de fer de 250 kil. de longueur construit aux frais de la compagnie concessionnaire.

il existe des gisements très importants à Nasser-Allah, à Sidi-Ayet et dans toute la région du Kef.

Nous avons dit que c'est dans le suessonien que se développent les gisements de phosphate. En Algérie, comme en Tunisie, ce terrain est très étendu : il se présente en deux bandes, l'une au Nord, l'autre au Sud (Voir la carte géologique de l'Algérie).

La bande nord du suessonien comprend des étendues considérables de terrains dans la région de Soukharras, au sud de Constantine, à l'est et au nord de Sétif, dans la région de Bordj-Bou-Arréridj (Département de Constantine) et dans celle qui s'étend du sud-est d'Aumale à Boghari et à Berrouaghia (Département d'Alger). On retrouve le suessonien sur le territoire du Sersou, dans la région de Tiaret et de Sidi-Bel-Abbès à Aïn-Temouchent (Département d'Oran).

La bande sud du suessonien comprend les gisements de Tebessa et limite le Sahara : elle forme un îlot considérable au nord-est de l'Aurès et à l'ouest de Biskra et d'autres moins étendus dans la région des Dayas, à l'est de Laghouat. Enfin des lambeaux du terrain suessonien se retrouvent dans le Sahara à mi-chemin de Biskra à Ouargla.

Les gisements de phosphate se sont constitués de la même manière que les sables et les graviers de nos plages s'accumulant sous l'action du remous produit par les vagues au bord des rivages. Ils ont leur origine dans les restes fossiles d'animaux réduits en fragments plus ou moins ténus jusqu'à la dimension de grains de sable (M. E. Ficheur).

Une question intéressante au point de vue agricole et qui est encore à élucider est celle de l'assimilabilité des phosphates algériens de nature sédimentaire. Cette étude a été entreprise par M. Dugast qui en a publié les premiers résultats dans la *Revue générale des sciences pures et appliquées* (n° du 15 octobre 1897).

M. Dugast pose la question : Doit-on employer les phosphates d'Algérie à l'état naturel, sans autre préparation qu'une simple mouture, ou doit-on au préalable les traiter par l'acide sulfurique et les transformer en superphosphates?

D'expériences comparatives très méthodiquement conduites et portant sur des scories de déphosphoration, des superphosphates et des phosphates naturels d'Algérie de nature sédimentaire il résulte que, pour une nature de terre déterminée (terre rouge argilo-siliceuse du Sahel), des accroissements sensibles de récolte ont été obtenus pour le blé et les vesces avec les scories et surtout avec les superphosphates, tandis que les phosphates naturels n'ont pas donné de résultats appréciables.

Sans entendre généraliser la conclusion de ces expériences qui n'ont porté que sur une nature de sol, M. Dugast estime qu'il est prudent de donner aux plantes l'acide phosphorique sous une forme sûrement assimilable immédiatement (3 à 400 kilogrammes de superphosphate par hectare) et de n'employer le phosphate d'Algérie à l'état naturel que comme complément et pour constituer dans le sol une réserve d'acide phosphorique plus ou moins rapidement disponible.

Les résultats obtenus dans ces expériences, à savoir la lente assimilation de l'acide phosphorique des phosphates algériens, conduisent l'auteur à préconiser la transformation sur place des phosphates en superphosphates ; mais celle-ci est subordonnée à la création en Algérie de fabriques d'acide sulfurique, ce dernier produit importé y coûtant 5 fois plus cher qu'en France. Il faut compter 60 à 65 kilog. d'acide à 66° B pour transformer 100 kilog. de phosphate en superphosphate.

Quoi qu'il en soit, il est à recommander de n'employer les phosphates d'Algérie à l'état naturel que finement pulvérisés et de préférence dans les terres riches en matières végétales et pauvres en chaux. On peut aussi pour les rendre plus assimilables les mélanger aux fumiers ou au marc de raisin à sa sortie du pressoir.

Les gisements de phosphates sont exploités au Djebel-Dyr par la Compagnie Crookston, au Kouif par la Cie Jacobsen. La Cie Française a mis en valeur les gisements de Dibba et de la Source, à 8 kilomètres de Kissa.

Les phosphates naturels de Tebessa livrés moulus et en sacs reviennent à 45 fr. la tonne, quai Alger : la teneur est de 60 % de phosphate de chaux.

L'exploitation des phosphates en Algérie est réglementée par le décret du 25 mars 1898, en vertu duquel il est perçu un droit de 50 centimes par tonne de phosphate marchand et prêt pour la vente. Ce droit n'est pas perçu sur les phosphates employés en Algérie.

*
* *

En résumé, l'Algérie et la Tunisie possèdent des gisements de phosphate de chaux d'une importance telle qu'ils peuvent être considérés comme inépuisables, mais qui n'auront de valeur qu'autant que les *phosphates* pourront être, ou utilisés dans la colonie ou exportés.

Il ne faut pas se le dissimuler; la production du Nord de l'Afrique aura à lutter contre celle des États Nord-américains et particulièrement de la Floride dont les phosphates ont une richesse variant de 75 à 83 $^0/_0$, tandis que pour les phosphates algériens cette teneur oscille entre 55 et 73 $^0/_0$. Actuellement, les phosphates américains viennent concurrencer les produits algériens non seulement dans les ports du Nord de l'Europe, mais aussi dans le bassin méditerranéen dont la clientèle, semble-t-il, devrait être monopolisée à notre profit.

Les phosphates de la Floride ont l'avantage d'être plus riches en acide phosphorique et, par suite, préférables pour la fabrication du superphosphate qui est la forme sous laquelle l'acide phosphorique est le plus employé[1]. Par contre l'Algérie et la Tunisie ont l'avantage d'être plus près des grands marchés européens : pour le moment elles bénéficient, même pour les ports du Nord de l'Europe, d'un fret qui, par unité de phosphate et par tonne, est inférieur de 0 fr. 10 au prix de transport des phosphates américains. Mais il est à craindre que cette différence n'aille s'atténuant, grâce au prodigieux développement de la marine marchande aux États-Unis.

Aussi, ainsi que le fait observer avec juste raison M. Grandeau, pour permettre aux phosphates algériens de prendre sur les marchés français et européens la place qui peut et doit leur appartenir, il faut que leur exploitation soit régie par une loi libérale, encourageant l'initiative privée et offrant aux capitaux très considérables qu'exige l'industrie des phosphates une sécurité indispensable à toute grande entreprise.

1. La France consomme annuellement 750 à 800.000 tonnes de superphosphate.

BIBLIOGRAPHIE

M. J. Blayac. — *Description géologique des régions à phosphate de chaux de Tebessa et de Bordj-Bou-Arréridj.* — Extrait des Annales des Mines. — Septembre 1894.

M. J. Blayac. — *Notice sur les terrains à phosphate de chaux de la région de Sidi-Aïssa (Alger)* en collaboration avec M. E. Ficheur. — Extrait des Annales des Mines, septembre 1895.

L. Chateau. — *Les gisements de phosphate de chaux dans les provinces de Constantine et d'Alger.* — Bulletin de la Société des ingénieurs civils de France, 1897.

Dugast. — *Les phosphates de l'Algérie*, Revue générale des sciences pures et appliquées, n° du 15 octobre 1897.

Algérie agricole, *passim*, années 1895-1897

Journal d'agriculture pratique.

E. Ficheur. — *L'origine des phosphates de chaux d'Algérie Tunisie.* — l'Algérie nouvelle, 7 juin 1896.

E. Ficheur. — *Étude géologique sur les terrains à phosphate de chaux de la région de Boghari.* — Annales des Mines, sept. 95.

E. Ficheur. — Voir J. Blayac.

Isman. — *Études des terres de l'arrondissement de Sidi-Bel-Abbès, note 1 — Oran, 1896.*

A. Ladureau. — *L'acide phosphorique et l'agriculture algérienne.* Annales agronomiques. — Mai 1889, Paris.

D. Levat. — *État actuel de la production et de consommation des phosphates.* — Congrès de l'association française pour l'avancement des sciences, Caen, 1894.

D. Levat. — *Étude sur l'industrie des phosphates et des superphosphates.* — Annales des Mines, 1896.

Ph. Thomas. — *Les gisements de phosphate de chaux de la Tunisie.* — Association française pour l'avancement des sciences, congrès de Nancy, 1886.

Ph. Thomas. — *Gisements de phosphate de chaux des Hauts Plateaux de la Tunisie.* — Bulletin de la société géologique de France, 3e série, tome xix, année 1890-91.

Ph. Thomas. — *Les Phosphates de chaux de l'Algérie.* — C. R. Académie des sciences, 1886-1887.

Tissot. — *Notice géologique et minéralogique du département de Constantine.* — Paris, 1878.

Tissot. — *Texte explicatif de la carte géologique du département de Constantine* — Alger, ass. avanc. des sciences, 1881.

Végétation spontanée.
Prairies naturelles. Pâturages de chaume, de parcours, de terres salées, de steppes, etc.

La végétation de l'Algérie, en dehors du Sahara, appartient à la flore du bassin méditerranéen : elle n'en diffère par aucune forme spéciale. On retrouve cette même végétation dans l'Espagne et l'Italie méridionales, en Grèce, etc., et en grande partie sur la côte provençale.

Le voyageur, l'immigrant et le public en général, peu au courant de la géographie botanique, doivent abandonner cette illusion assez commune qui consiste à croire à une Algérie recouverte par une flore intertropicale de Scitaminées, de Palmiers, de Fougères arborescentes, de Bambous. etc.

La végétation des espèces ligneuses, surtout des broussailles qui s'étendent sur de grandes surfaces, est composée principalement par des formes de *Bruyères*, de *Myrthes*, de *Lauriers*, de *Genêts*, etc., par des plantes aphylles, épineuses, à feuilles réduites, dures, coriaces, etc. La teinte en est sombre, monotone, mais non sans harmonie.

Les plantes herbacées revêtent le sol pendant la saison des pluies : elles disparaissent à l'arrivée des chaleurs.

PRAIRIES NATURELLES

Sauf dans les régions steppiennes, désertiques et dans les marais salins, la végétation spontanée qui compose les pâturages a beaucoup d'analogie avec celle de la France et bien plus encore avec celle des environs de Paris, car les espèces méridionales y sont en minorité; mais si cette composition de la prairie naturelle est sensiblement la même que dans la France centrale, elle en diffère absolument par le plus grand développement des plantes.

Dans bon nombre de cas, dans les régions marines et montagneuses, ce n'est pas toujours la végétation formant le bon pâturage qui se signale par sa luxuriante croissance. Les terres argilo-calcaires et riches sont quelquefois envahies par quelques grandes espèces, *Anthemis*, *Chrysanthemum*, *Papaver*, *Chenopodium*, *Polygonum*, *Malva*, *Daucus* ou *Carottes* gigantesques et autres *Ombellifères* fistuleuses, etc., qui laissent peu de place au développement des *Graminées*, des *Légumineuses* et de quelques autres espèces utiles.

La composition de la prairie naturelle varie avec la nature du sol, mais souvent suivant son état sec ou humide.

La prairie en terrain sec est la plus commune en Algérie : dans les bonnes terres, et suivant la pluviométrie de l'année, les plantes sont plus ou moins développées et leur végétation commence à l'automne pour se terminer à la fin du printemps.

Dans les localités humides et marécageuses, où séjournent des eaux non saumâtres, la végétation est constante toute l'année. Après une première coupe abondante d'un foin assez grossier, ces prairies continuent à produire des pousses constamment broutées, précieuse ressource pour l'été.

Feu Boitel, inspecteur général de l'agriculture, que beaucoup d'entre nous ont accompagné dans ses herborisations dans les prairies algériennes, donne d'excellentes indications sur les différentes compositions des fourrages suivant les localités. Il convient de rappeler que ces énumérations n'ont pas un caractère absolu : elles constituent des moyennes, car la composition d'un pâturage est variable et essentiellement soumise aux vicissitudes météorologiques si grandes en Algérie.

Dans une prairie en terre sèche, broutée en hiver et fauchée, située aux environs de Boufarik (Propriété Herran), la composition générale était la suivante : *Graminées* 2/10, *Légumineuses* 7/10.

Graminées. — Paturin commun (Poa trivialis).
Fétuque (Festuca myuros).
Brome mou (Bromus mollis).
Ray-grass (Lolium perenne).
Orge queue de rat (Hordeum murinum).
Chiendent (Cynodon dactylon).

Légumineuses. — Trèfle fraise (Trifolium fragiferum).
Minette maculée (Medicago maculata).
Minette orbiculaire (Medigaco orbicularis).

Puis, quelques autres plantes plutôt nuisibles qu'utiles : *Centaurea calcitrapa*, *Ranunculus acris*, *Geranium molle*, etc.

Dans un autre domaine, Ferme Modèle, dans la Mitidja, aux environs d'Alger, la prairie était formée par moitié de *Graminées* et moitié de *Légumineuses* et d'autres plantes.

Graminées. — Alpiste bleuâtre (Phalaris cœrulescens).
Paturin commun (Poa trivialis).
Brome mou (Bromus mollis).
Brome stérile (Bromus sterilis).
Brize (Briza media).
Avoine des prés (Avena pratensis).

Légumineuses. — Melilot (Melilotus officinalis).
Minette maculée (Medicago maculata).
Trèfle étoilé (Trifolium stellatum).
Orobe filiforme (Orobus canescens).

Puis quelques plantes diverses, *Cichorium intybus*, *Ranunculus acris*, etc.

L'examen des foins de la plaine de la Mitidja, partie orientale, livrés pour la consommation des animaux dans différents établissements à Alger (1896) présente en général la composition suivante :

Graminées. — Fétuque élevée (Festuca elatior).
Alpiste bleuâtre (Phalaris cœrulescens).
Paturin commun (Poa trivialis).
Agrostis commune (Agrostis vulgaris).
Avoine des prés (Avena pratensis).
Avoine stérile (Avena sterilis).

Légumineuses. — Minette orbiculaire (Medicago orbicularis).
Minette maculée (Medicago maculata).
Melilot (Melilotus officinalis).
Trèfle des prés (Trifolium pratense).

Quelques *Vicia*, puis des tiges fistuleuses d'Ombellifères, des Chardons, des Pavots, quelques Crucifères à tiges fort dures, rarement des Joncs.

*
* *

Les prairies humides et marécageuses ont des compositions diverses suivant qu'elles présentent des parties plus ou moins submergées. On y remarque principalement :

Graminées. — Alpiste bleuâtre (Phalaris cœrulescens).
Ray-grass (Lolium perenne).
Agrostis commune (Agrostis vulgaris).
Orge queue de rat (Hordeum murinum).
Gaudinie (Gaudinia fragilis).
Vulpin bulbeux (Alopecurus bulbosus).
Brome mou (Bromus mollis).
Paturin commun (Poa trivialis).
Avoine jaunâtre (Avena flavescens).
Roseau (Arundo phragmites).
Manne de Pologne (Glyceria fluitans).

Légumineuses. — Minette maculée (Medicago maculata).
Luzerne à fruit rond (Medicago sphœrocarpa).
Trèfle blanc (Trifolium repens).
Trèfle des prés (Trifolium pratense).
Mélilot (Melilotus officinalis).
Melilot sillonné (Melilotus sulcata).
Vesce (Vicia sepium).

Puis en trop grandes porportions : *Carex riparia*, *cæspitosa*. *Juncus obtusiflorus*, *acutus*, des Renoncules, des Linaires, des Plantains, des Euphorbes, des Centaurées, des Oseilles, de forts Chrysanthèmes, des *Ombellifères*.., quelquefois même les gros oignons de *Scilles maritimes* et les touffes d'*Asphodèles* occupent inutilement beaucoup de place.

Sur les bords des marécages à eaux courantes, les *Joncs*, les *Scirpus*, les *Typha* et les *Arundo phragmites* poussent en peuplement serré : ces plantes servent plutôt comme litières que comme fourrage. Souvent aussi elles ont des emplois industriels.

Les prairies des régions montagneuses ont des herbes moins

hautes : les *Graminées* dominent dans les endroits humides, mais les *Renoncules* y sont souvent trop abondantes. Dans des localités sèches il y a quelquefois abondance de *Légumineuses*.

PATURAGE DE CHAUME

Le pâturage de chaume, qui est le plus commun, a souvent une composition analogue à celle de certaines prairies naturelles. Il se compose des herbes qui croissent sur un champ de céréales laissé en jachère : les plantes sont broutées en vert, au moins dans la première partie de la saison de pousse, mais dans les années pluvieuses, elles sont fauchées pour être converties en fourrage sec.

Souvent le nombre d'espèces reconnues sur un même champ est très grand ; parfois aussi il est limité à trois ou quatre plantes, quelquefois sans valeur fourragère : comme certaines *Crucifères*, Sinapis, Raphanus ou Ravenelle, etc., ou bien des *Ombellifères*, comme celles du genre *Daucus* ou Carotte à l'état de véritable peuplement exclusif et dense.

Les principales plantes utiles contenues dans ces foins de chaumes, sont :

Graminées. — Agrostis commune (Agrostis vulgaris).
Folle Avoine (Avena sterilis).
Brome (Bromus mollis).
Brome (Bromus macrostachys).
Brome (Bromus divaricatus).
Dactyle pelotonné (Dactylis glomerata).
Orge queue de rat (Hordeum murinum).
Ray-grass (Lolium perenne).
Alpiste bleuâtre (Phalaris cœrulescens).
Alpiste des Canaries (Phalaris canariensis).

Légumineuses. — Trèfle blanc (Trifolium repens).
Minette (Medicago lupulina).
Sainfoin flexueux (Hedysarum flexuosum).

Puis une foule de plantes inutiles : des Chardons, des Mauves, des Anthèmis, des Chrysanthèmes, des Euphorbes, des Labiées, des Carottes et autres grandes Ombellifères, etc. Dans certains cas, cette végétation de haute taille, mais sans valeur au point de vue fourrager en vert comme en sec, forme plus de la moitié du peuplement herbacé.

Souvent, suivant la nature des terres, les Graminées composent pour les trois quarts le foin de chaume : *Folle avoine*, *Bromes* et *Orge queue de rat*. Ce fourrage a, à peu près, la valeur nutritive de la paille, mais les épis de ces Graminées ont des inconvénients pour le bétail si ces plantes ont été coupées à un état de maturité trop avancé.

Quelquefois la *Folle avoine* envahit les champs et y domine comme si elle y était réellement l'objet d'une culture bien suivie : ce fourrage vert est très précieux à cause de sa puissance végétative.

Dans la culture arabe, le foin de chaume est moins développé : la terre sans engrais et peu profondément labourée ne donne pas une grande vigueur à la végétation spontanée ; dans ces champs-là les Liliacées dominent : Scilles, Glayeuls, etc...

Les foins de plaine, et en général tous ceux d'Algérie, n'ont ni la finesse, ni la couleur, ni la bonne composition des foins du Centre de la France. Les grosses tiges des Carduacées, des Ombellifères, des grandes Graminées, etc., leur donnent un aspect grossier, mais ces foins sont ordinairement bien desséchés, sans poussières ni moisissures. Ces dernières qualités les font rechercher par le bétail algérien beaucoup moins délicat que celui de la Métropole. Certaines années, quand, par suite de la sécheresse, il y a pénurie en France, ces fourrages sont exportés en quantité considérable.

Le rendement à l'hectare d'une prairie est fort variable comme poids : il oscille en moyenne entre 25 et 30 quintaux. Ordinairement on ne tient pas assez compte de la composition du fourrage.

La véritable culture de la prairie naturelle est peu connue. Le labourage d'été, la fumure et l'ensemencement de Graminées et de Légumineuses communes à la région seraient d'excellentes opérations, ainsi que l'enlèvement des mauvaises herbes vivaces ou dangereuses; enfin l'irrigation vernale plutôt qu'hivernale, quand elle est possible, assurerait un rendement meilleur sans nuire à la qualité du fourrage.

Ce pâturage de chaume, à grand rendement dans les bonnes terres à céréales, ne saurait être prolongé au delà de deux ans à cause de l'extension rapide qu'y prennent les végétaux vivaces et même ligneux.

D'autre part, l'irrigation régulière y ferait développer une végétation de marais, Carex, Joncs, hautes et dures Graminées, etc.

PATURAGES DE BROUSSAILLES, DE PARCOURS, DE TERRES SALÉES, DE STEPPES, ETC.

Dans les zones marines et montagneuses on désigne sous le nom de *broussaille* toute cette végétation ligneuse composée d'espèces buissonnantes plus étalées et arrondies que hautes qui s'étend de la mer à la limite nord des Hauts Plateaux. Cette broussaille est plus ou moins dense : entre chaque touffe se rencontrent souvent des espaces gazonnés quelquefois assez étendus.

Elle est ordinairement formée par les végétaux suivants dont quelques jeunes pousses sont broutées par certains animaux :

Lentisque. — Chêne-vert. — Genévriers oxycèdre et de Phénicie. — Myrthe commun. — Arbousier. — Phillyrea. — Genêts ordinairement épineux. — Cystes. — Alaterne. — Jujubier. — Rhus. — Palmier nain. — Bruyères. — Bois-puant. — Atriplex ou Guettaf. — Lavande. — Globulaire, etc., etc.

La végétation herbacée communément rencontrée dans les clairières de ces broussailles comprend les principales espèces suivantes :

Parmi les *Graminées*, une grande plante appelée *Dyss* (Ampelodesmos tenax), puis une petite à panicule jaune dorée (Lamarchia aurea), et un peu partout la *Folle Avoine* et l'*Avoine jaunâtre*. Puis des gazons composés d'*Orges queue de rat et marine*, de *Bromes* divers, quelquefois de *Stipa*, etc.

Par place, quelques grandes *Ombellifères*, Férule, Cachrys, Smyrnium, etc., et un peu partout la *Valériane* rouge, l'*Immortelle* jaune, le *Réséda* blanc, etc...

Sur les buissons courent des plantes grimpantes, *Clématites*,

Lierre, *Ronce*, etc., toute végétation en résumé peu profitable au bétail, en dehors des quelques tapis de petites *Graminées*, *Composées*, *Légumineuses*, etc., qui constituent dans les clairières d'excellents pâturages.

*
* *

Dans les plaines et dans les terres plus ou moins sèches ou salées, une flore particulière domine : *Tamarix*, *Laurier-rose*, une belle *Graminée* à épis cylindriques, soyeux et argentés (*Imperata cylindrica*), puis une autre *Graminée* longue et grêle (*Andropogon hirtum*) ; dans les bas-fonds et dans les mares, le *Roseau* commun, les *Typha*, les *Joncs*, etc...

Les grandes plaines salées, bien caractérisées par des eaux saumâtres et des efflorescences sodiques, laissent croître des *Tamarix*, des *Atriplex* et autres *Chénopodées*, des *Salsolacées*, des *Passerines*, etc. ; le mouton se plaît dans ces parcours.

Sur les Hauts Plateaux et dans les steppes, au voisinage des chotts ou des sebkas, quand le degré de salure du sol n'est pas exagéré, on retrouve des *Chénopodées*, des *Salsolacées*, puis des grands peuplements presque exclusivement composés d'*Armoise* blanche ou chieh (*Artemisia herba-alba*), les mers d'*Halfa* (*Stipa tenacissima*), de grandes plaques de faux Halfa (*Lygeum spartum*) etc., etc.

Cependant entre les touffes de l'Halfa et à leur abri poussent de petites herbes très variées qui constituent un bon pâturage, mais de peu de durée.

Quant à la flore désertique de la frontière saharienne, elle présente peu de plantes annuelles, mais beaucoup de végétaux buissonnants à racines très profondes. Les jeunes pousses de ces végétaux, périodiquement broutées, ne peuvent être considérées que comme une ressource très temporaire dont profitent cependant les troupeaux transhumants.

Dans les oasis, le *Chiendent* est un fourrage précieux par ses feuilles et ses racines.

Voir le chapitre *Plantes vénéneuses*, *nuisibles*, etc.

Pour compléter ces indications générales, consulter les flores algériennes, mais principalement celle de Julien vétérinaire, à

Constantine, et surtout *Herbages et Prairies naturelles*, de Boitel Paris 1893. L'auteur a consacré à cette question algérienne un excellent chapitre.

Les forêts

La superficie du territoire forestier, véritables bois ou étendues broussailleuses, est évaluée à 3.250.000 hectares dont 2.000.000 appartenant au climat méditerranéen et le restant aux [Hauts Plateaux et versants sahariens, d'après le service des Forêts.

M. Leroy-Beaulieu réduit l'étendue des forêts à 2.580.000 hectares.

Les principales essences qui forment ces forêts sont, pour les zones marines et montagneuses :

Le Caroubier, utilitaire par ses siliques ;
L'Olivier sauvage pouvant être greffé ;
Le Micocoulier ;
Les Pins maritime, pinier et d'Halep ;
Le Chêne-liège, recherché pour son écorce ;
Le Chêne-Kermès ;
Le Thuya ;
Le Lentisque.

Dans les forêts des plaines et des ravins humides on remarque :

Les deux Frênes, arbres fourragers en Kabylie ;
Les Peupliers, blanc et noir ;
L'Orme ;
L'Aulne ;
Le Saule blanc ;

Aux altitudes de la région montagneuse on trouve, en outre du Thuya, du Micocoulier et du Pin d'Halep :

Le Chêne-vert ;
Le Chêne-zeen ;
Le Chêne-afarès ;
Le Cèdre ;
Ces deux derniers, avec l'If, aux altitudes accusées.
Dans les Hauts Plateaux on note :
Le Genévrier de Phénicie ;
— macrocarpe ;
— oxycèdre ;

Le Pistachier de l'Atlas;

Le Pin d'Halep est l'arborescent qui a l'aire d'extension la plus large : on le trouve depuis le rivage jusqu'à la limite saharienne où il vit avec le Chêne-vert et le Genévrier de Phénicie.

Le Chêne-liège végète bien entre 200 et 1.000 mètres.

Le Châtaignier aime les altitudes du climat marin : il est localisé dans l'Est.

Ces deux dernières essences sont calcituges.

*
* *

Pour l'exploitation on distingue :

1° Les forêts sans Chênes-liège ;

2° — de Chênes-liège.

La première division fournit des bois d'industrie, de chauffage, du charbon, des écorces à tan, etc...

La deuxième division, la plus importante, comprend principalement les Chênes-liège dont les peuplements s'étendent sur environ 450.000 hectares en comprenant les forêts particulières. Les forêts sont exploitées par des particuliers et par l'État qui consacre actuellement des sommes importantes au démasclage.

*
* *

Dans les années de sécheresse ou d'invasion de sauterelles et dans les périodes de froid ou de neige, certaines forêts sont ouvertes au pâturage du grand bétail, sauf du chameau, et, dans beaucoup de cas, elles contribuent largement à atténuer la mortalité des troupeaux.

On trouvera au chapitre *Végétation spontanée*, la nomenclature des principaux végétaux formant la broussaille.

L'Agriculture arabe.

L'Arabe est cultivateur et pasteur; mais, selon la région qu'il habite, il s'adonne plus spécialement à l'une ou à l'autre de ces deux branches d'exploitation, sans se désintéresser entièrement de l'une d'elles.

Pris comme individualité, le véritable Arabe est un piètre travailleur de la terre : il ne la cultive que pour ne pas mourir de faim, et ses besoins sont si restreints, qu'ils lui permettent de vivre, à peu de chose près, des seuls produits naturels du sol, produits pourtant bien maigres et peu variés.

Suivant la région, l'Arabe habite la tente ou le gourbi, avec sa famille et son bétail.

Sa charrue est façonnée grossièrement dans une branche d'arbre à l'aide d'une simple hachette. Au moyen de cordes de palmier, de quelques débris de paillassons et de vieux burnous, il attelle à cette charrue un cheval, un mulet, un bœuf, un bourricot, un chameau, quelquefois même sa femme, et c'est avec cet appareil rudimentaire qu'il gratte la terre pour y semer des céréales en hiver, du bechna et du maïs au printemps sur les terres exceptionnellement fraîches.

Le grain est semé avant le labourage qui l'enterre en partie.

Le rendement d'un travail aussi primitif est, on le conçoit, inférieur à celui qu'obtient le colon européen.

Sur des terres plus propices, l'Arabe cultive des fèves, des pois-chiches, des melons, des pastèques, des citrouilles. Au bord des rivières il a quelques vergers où il plante des figuiers, des grenadiers, des figuiers de Barbarie, ainsi que quelques végétaux légumiers; la culture du coton est rare, et l'arachide ne se rencontre que dans quelques terres légères.

Dans les champs, se promène un troupeau de bœufs, vaches, chèvres, boucs, moutons, brebis, gardé par un enfant. Tous ces animaux vivent dans la plus complète promiscuité; ils mangent ce qu'ils trouvent, boivent quand ils peuvent, sont maigres en été, gras au printemps, se multiplient et se croisent à leur gré et enfin sont exposés à toutes les intempéries.

Aucune réserve de fourrage n'étant faite, quand viennent les périodes sèches, les animaux maigrissent ou meurent de faim, et l'Arabe, résigné, attend qu'Allah lui envoie la pluie qui fera germer les céréales et pousser les herbes de la prairie!

Un seul animal cependant est relativement soigné : c'est le cheval.

Quant à la plupart des objets dont il peut avoir besoin, l'Arabe les fabrique lui-même sous sa tente ou dans son gourbi : toiles pour la tente, tissus formés de poils de chameau et de chèvre ou d'un mélange de bourre de laine et de palmier nain, burnous noirs et blancs et haïcks de laine confectionnés par les femmes avec la toison des moutons; sacs de laine pour les graines; ustensiles de cuisine en terre argileuse, œuvre des femmes de la tribu; moulins provenant des régions où se trouve la pierre meulière; selles, cuirs, etc. Ses besoins, très restreints, sont généralement satisfaits par les industries familiales; il est même des tribus où les femmes sont très habiles à tisser de fort jolis tapis, seul luxe des intérieurs indigènes, avec des laines filées et teintes par elles-mêmes.

Très différents des Arabes, les *Maures* et les *Coulouglis*[1], qui se confondent actuellement en une seule race, ont en général peu d'aptitudes pour l'agriculture; ils préfèrent la culture des jardins et des vergers. On peut trouver dans ces races de bons jardiniers auxiliaires. Quelques propriétaires ont même conservé des traditions de principes horticoles qui sont consignés chez les auteurs arabes des siècles précédents. Au début de la conquête, les jardins étaient nombreux aux environs d'Alger et dans les ravins du Sahel; ils étaient complantés d'arbres fruitiers greffés, de vignes et surtout d'orangers. La floriculture, peu variée, comprenait principalement des espèces odoriférantes, jasmins et roses musquées.

Les environs de Tlemcen, avec leurs belles irrigations, ceux de Médéah, de Bougie, de Constantine avec son Hamma bien arrosé, etc., renfermaient de nombreux vergers, des vignes, des plantes potagères et quelques fleurs.

*
* *

L'Arabe est grand cultivateur de céréales, en même temps qu'il possède la presque totalité des effectifs ovins et les huit dixièmes de l'effectif bovin de la colonie; sur les Hauts Plateaux, il est surtout pasteur, mais cultive encore d'assez grandes étendues de blé et d'orge jusque dans les pays à transhumance.

1. Croisements de Turcs et de femmes du pays.

Mais, quelle que soit la région, ses procédés routiniers sont les mêmes. Il cultive la région du Tell comme ses ancêtres cultivaient la steppe asiatique : il se refuse à pratiquer les labours profonds et les fumures abondantes sans lesquelles, les espaces cultivés se restreignant de plus en plus, l'insuffisance des récoltes s'accentue, amenant le retour périodique de grandes famines. Ses prairies, assez fournies au printemps, ne sont pas fauchées pour assurer la nourriture du bétail pendant l'été et l'automne ; l'insuffisance de l'alimentation, l'ignorance des soins élémentaires d'hygiène, l'abandon des animaux aux instincts génésiques favorisent le développement des épizooties et diminuent l'endurance native des troupeaux qui sont souvent décimés par la mortalité.

*
* *

Peut-on demander une autre agriculture à l'Arabe et peut-on espérer une modification prochaine de ses procédés culturaux?

Il faut d'abord reconnaître que l'agronomie actuelle de l'indigène, fataliste, imprévoyante, assurément discutable, est la résultante des conditions particulières de milieu où il s'est trouvé depuis longtemps.

Contre l'inclémence du climat, contre les incertitudes d'une pluviométrie toujours irrégulière, contre les longues sécheresses et les périodes d'années malheureuses, qui sont de tradition dans l'Afrique du Nord, l'Arabe a été et est encore désarmé. N'ayant rien à attendre du Beylick, que des impôts à payer, influencé par le goût nomade de ses ancêtres, souvent entraîné par l'esprit de conquête ou menacé à son tour par ses vainqueurs, l'Arabe n'a pas pu se créer une agriculture stable et perfectionnée : il s'en est reposé forcément sur les éléments, sur la nature elle-même, demandant à la terre strictement ce qu'elle pouvait lui fournir avec le minimum d'efforts de culture, utilisant ce qu'elle lui donnait spontanément, se résignant pour le surplus à la volonté de Dieu.

Dans le palmier nain, il a trouvé un bourgeon central qui représente un petit chou palmiste servant à sa nourriture, des feuilles qu'il transforme en cordes, en litière, en revêtement pour le gourbi, qu'il emploie à la confection de la vannerie usuelle.

Les grandes touffes du dyss lui fournissent, au printemps, par leurs jeunes feuilles, une nourriture facile pour le gros bétail et, par leurs feuilles sèches, la couverture de chaume des gourbis.

Les branches du jujubier épineux ou les haies de cactus servent à confectionner une barrière infranchissable autour de l'habitation de la famille et du parc où est le bétail ; leur bourrelet d'épines les protège contre les animaux malfaisants et les maraudeurs.

Les rejets des lauriers-roses et des lentisques font d'excellente vannerie et les grosses souches de la *Férule*, respectées scrupuleusement par la charrue de bois, donnent des hampes qui servent à allumer le feu ou à faire des cages légères pour le transport de la volaille et des fruits.

La broussaille offre un fourrage de broutilles assez abondant et, dans les clairières plus ou moins vastes, le revêtement du sol est assez herbacé et touffu pour fournir un pacage. Puis cette broussaille elle-même est le seul combustible disponible pour passer les durs moments de l'hiver et faire cuire quelques maigres aliments. Au milieu de cette végétation sous-frutescente se trouvent quelques plantes, Borraginées, Composées, Polygonées, Chénopodées, etc., dont les bourgeons et les inflorescences pour certaines espèces sont avidement recherchés pour être mangés crus ou cuits. Les indigènes comptent tellement sur cette ressource alimentaire des champs qu'ils s'inquiètent de la disparition des artichauts sauvages qui recouvraient autrefois de grandes étendues dans les régions montagneuses de l'Est et où ils étaient, par places, l'unique végétation spontanée; ils disent que dans les temps de disette, alors que la pluie manque, quand l'herbe n'a pas poussé et que la récolte des céréales est compromise, les cœurs d'artichauts étaient pour eux une précieuse ressource et que leurs animaux se nourrissaient aussi des feuilles encore jeunes de cette plante. En outre, dans ces pays à grandes surfaces mamelonnées et nues, la hampe sèche de ces Carduacées était un combustible unique et, partant, fort apprécié.

On pourrait multiplier ces exemples et les appliquer jusqu'aux matières tinctoriales et tannifères nécessaires aux petites industries indigènes, aux ingrédients de leur pharmacopée, etc. ; on trouverait toujours l'Arabe ayant à sa disposition, par les productions naturelles qui l'entourent et sans grands efforts culturaux ou industriels, toutes les matières nécessaires à la simplicité de son alimentation et à la rusticité de sa vie.

Cela expliquerait, avec l'imprévoyance et le fatalisme qui sont le résultat du passé autant que du dogme principal de leur religion, peut-être de leur philosophie, pourquoi les Arabes restent fidèles à des mœurs agricoles que n'a pu sensiblement modifier le voisinage de l'agriculture européenne. Cette situation résulterait autant de l'influence prépondérante du milieu que du manque d'aptitudes de la race. Actuellement, l'Arabe ne peut plus descendre, comme autrefois, dans les riches pâturages; la colonisation a envahi le Tell, défait la collectivité des propriétés de parcours. Le petit lopin de terre qui lui reste est dur à cultiver, car les ressources manquent. Trouver trois ou quatre morceaux de bois pour soutenir la tente, ou réparer le gourbi ou la charrue est une grosse préoccupation, car la forêt est éloignée et gardée par l'État et l'Européen fait payer les quelques perches de saule qu'on lui demande. Faire du jardinage pour contribuer à la frugale alimentation de chaque jour n'est guère praticable pour la majorité, le moindre arrosement étant impossible : les femmes passent la plus grande partie de leur temps à aller chercher au loin, dans un mince filet d'eau coulant entre les lauriers-roses, le liquide indispensable aux besoins de la vie des gens et des bêtes; deux fois par jour, ces malheureuses créatures accomplissent cette dure corvée, par tous les temps, pliant sous le poids d'outres fort lourdes.

Mais cette situation n'a pas sa cause unique dans l'origine ethnique des indigènes, qu'ils appartiennent à une seule race ou à plusieurs; et on peut se demander si l'influence du milieu n'a pas dominé les origines et si ce même indigène n'est pas quelquefois un cultivateur passable quand les facteurs naturels du milieu lui permettent de le devenir.

Il serait injuste et excessif en effet, quels que soient l'état misérable et même les défauts de la plus grande partie de la population indigène, de prétendre qu'elle n'a aucune disposition pour une meilleure agriculture quand elle se trouve dans une contrée relativement favorable.

L'Arabe, malgré l'état d'indivision, de luttes intestines et de guerre avec les envahisseurs, n'en a pas moins planté de l'Est à l'Ouest ces magnifiques forêts d'oliviers séculaires dont nous recueillons les récoltes; il a créé ces belles orangeries arrosées de la plaine et de la montagne où se trouvent des variétés encore renommées et que nous n'avons pas remplacées. Enfin, pénétrant jusque dans le désert, il a constitué ces oasis productives, avec des dattiers de choix, bien entretenues sous un climat de feu par une irrigation empruntée à la nappe jaillissante qu'il va chercher, avec des moyens primitifs, jusque dans les profondeurs de la terre. Dans ces oasis, le sédentaire, issu de l'union d'Arabes ou de Kabyles avec les nègres soudaniens, est souvent un patient jardinier, pratiquant habilement l'irrigation et menant à bien quelques petites cultures au milieu de difficultés climatériques de toutes sortes.

On ne peut pas méconnaître non plus que, dans la région montagneuse, l'indigène est le principal, sinon le seul éleveur du gros bétail; c'est à lui que le colon achète les animaux pour l'engraissement ou pour les besoins de sa ferme; c'est lui qui produit ce fonds annuel de 1.150.000 têtes de gros bétail qui, avec les chevaux, les mulets et les ânes, représente une valeur mobile d'au moins 50 millions de francs. Dans les Hauts Plateaux, où la colonisation européenne s'implante plus difficilement, l'actif des Arabes nomades avec leurs troupeaux transhumants, composés de 15 à 16 millions de têtes de moutons, chèvres, chevaux, ânes, chameaux, atteint encore annuellement une valeur mobile, comme alimentation et trafic, de plus de 100 millions. Si l'on analyse aussi la situation générale de ses principales récoltes établie brutalement par les statistiques officielles, on trouve que l'indigène produit annuellement 15 à 16 millions de quintaux de céréales représentant une valeur de près de 200 millions de francs, quand les Européens récoltent à peine 3 millions de quintaux.

Le maïs, le bechna, les fèves, les farineux divers, les caroubes, les figues, etc., peuvent être estimés à 6 millions de francs.

Enfin l'huile d'olive, qui est une grande base de l'alimentation des populations algériennes, représente une part de 25 millions de francs à l'actif de la production indigène.

La fourniture de l'halfa, du palmier nain, les produits accessoires de la petite culture... forment un chiffre encore très important, difficile à évaluer.

Il ne faudrait pas oublier la main-d'œuvre indigène; bien qu'insuffisante dans beaucoup de cas, elle est une ressource précieuse pour les exploitations agricoles des Européens; elle peut être estimée à une valeur annuelle de 35 à 40 millions de francs.

L'indigène, qui est la masse comme population, est donc aussi la masse comme production en dehors de la viticulture à laquelle il reste étranger, et son contingent, bien qu'obtenu par des moyens rudimentaires, n'en est pas moins à apprécier.

Notre agronomie n'a pas modifié l'économie rurale de l'Arabe. Il connaissait toutes nos céréales, il cultivait toutes nos plantes alimentaires et possédait des races de bétail particulières qu'une certaine école, assurément exclusive, voudrait voir conserver intactes comme représentant les meilleures qualités possibles. Mais l'Arabe n'a rien changé à ses pratiques agricoles qui reposent sur une série d'observations dont les conclusions, inadmissibles pour l'Européen, ne sont pas sans avoir une certaine logique. Il pense que, quelle que soit la profondeur du labour, c'est la pluie seule qui fait la récolte, qu'il est donc inutile de dépenser du temps et de l'argent à des travaux pénibles et que, somme toute, dans les mauvaises années, il ne perd que la semence. Sa charrue rudimentaire pourrait être sérieusement perfectionnée et les forgerons indigènes le feraient, si les khammès et les fellah voulaient changer leur mode de labourage. Quelques-uns de nos agronomes pensent même que cette charrue serait parfaite, si seulement on la construisait avec des matériaux plus résistants. Mais d'autres pensent aussi qu'en labourant profondément, l'Arabe épuiserait les ressources fertilisantes du sous-sol qui ne servent que dans les années pluvieuses et qui seraient inutilement absorbées par une végétation insuffisante dans les périodes sèches.

Son antique assolement biennal, jachère et céréale, est encore celui qui est suivi par la majorité des agriculteurs européens, dans les régions à grandes productions de grains où la restitution au sol par des engrais de ferme ou chimiques est malheureusement trop coûteuse et souvent impossible.

Il faut bien dire encore que si, dans certaines zones, on pourrait imposer à l'Arabe sédentaire des principes agricoles autres, avec quelque chance d'améliorer sa condition générale, il ne serait pas sage de changer les procédés de culture des nomades des Hauts Plateaux et des pays où la transhumance est une nécessité inéluctable, et où la propriété, pour ne pas devenir un désert, doit rester *collective*. En effet, dans les steppes sèches, la principale ressource des troupeaux réside précisément dans l'existence de ces plantes spontanées, vivaces et fortement enracinées dans le sol qui seraient détruites à tout jamais par le labour profond d'une charrue perfectionnée. Toute cette végétation sous-frutescente, si utile au bétail dans les bonnes années, son unique ressource dans les mauvaises, est simplement coupée à la hache au ras du sol par les indigènes dans les champs qu'ils destinent à une culture temporaire : leur labour n'a été qu'un véritable binage et quand la récolte est enlevée, l'ancienne végétation reparaît plus vigoureuse.

Dans ces pays, il faut donc renoncer à tous les procédés de culture intensive exigeante en fumure et en travaux du sol. Dans ces mêmes pays, les approvisionnements de fourrage sont bien difficiles; l'herbe pousse dans la région des dayas, entre les touffes d'halfa et de guettaf, mais ce n'est qu'à l'état de pâturage, de gazonnement plus ou moins dru n'ayant jamais assez de hauteur et de densité pour être fauché; de là la nécessité de suivre les pâturages dans leur végétation variable, suivant les zones et suivant les saisons.

Il y a là des conditions générales qu'il est impossible de modifier.

Une agronomie particulière aux pays arabes ne paraît donc pas pouvoir être appliquée tant que subsisteront, telles que nous les voyons aujourd'hui, ces conditions générales du milieu et de l'état social des indigènes. La grande agriculture, livrée aux caprices et aux incertitudes de la pluviométrie, convient moins aux climats de la Méditerranée méridionale que les systèmes culturaux reposant sur l'eau d'irrigation, tels que ceux des Ksour, des Oasis, des Huertas de l'Andalousie. On le constate d'ailleurs de façon assez démonstrative en Algérie, dans toutes les régions, même celles des steppes, où l'irrigation, quoique partielle, donne des résultats moyens; l'indigène n'y est pas malheureux.

Ailleurs, l'existence de l'indigène est assez difficile en ce qu'elle est trop sous la dépendance absolue de la sécheresse que rien n'essaie d'atténuer. Son état pourrait cependant s'améliorer par le développement des cultures intensives et industrielles chez les Européens, obligés de recourir à l'Arabe comme auxiliaire périodique ou à demeure, sinon comme khammès ou locataire temporaire.

L'Agriculture kabyle.

Presque toujours monogame, sobre par nécessité mais d'un estomac capable des plus grands excès, lorsqu'ils ne lui coûtent rien, le Kabyle, comme tous les montagnards, aime par-dessus tout ce sol qu'il a défendu avec tant d'énergie contre tous les conquérants de l'Afrique du Nord.

Tandis que l'Arabe du Tell a de vastes espaces à labourer, que le nomade parcourt avec ses troupeaux des centaines de kilomètres pendant l'année, lui ne possède qu'un lopin de terre, souvent même un seul arbre, parfois même seulement une branche d'un olivier poussé sur un terrain dont un autre est propriétaire.

Mais ce lopin de terre, cet arbre, forme l'héritage de ses pères et dans un cas d'absolue nécessité il préfère, plutôt que de le vendre, le donner en gage en *rahnia*, c'est-à-dire contracter un emprunt à un taux absolument usuraire et qui le ruine à jamais.

Il tâche d'augmenter tous les jours ses ressources en labourant les moindres parcelles de ses montagnes, en plantant des oliviers, surtout des figuiers sur les pentes les plus abruptes, en mettant en culture les fonds de vallées qui n'étaient avant notre conquête que le *Blat Ed-Barroud* (le terrain des combats). Rendu industrieux par le besoin, il est devenu commerçant habile, allant échanger dans toute l'Algérie les produits de son industrie, de ses cultures contre les denrées qui lui font défaut ; il part au loin louer ses bras pour les travaux de la moisson, la culture de la vigne ; très âpre au gain, tous les métiers lui sont bons, pourvu qu'ils soient productifs.

La femme kabyle, supérieure à la femme arabe, au moral et au physique (sans parler bien entendu des femmes de l'aristocratie arabe, des familles de grande tente) occupe par cela même dans la maison une place moins effacée.

Beaucoup plus travailleuse que la femme arabe, elle est aussi plus expansive.

En dehors de ses travaux journaliers qui consistent à soigner le bétail, à moudre le grain, à préparer les aliments, à aller chercher l'eau et le bois, enfin à tisser dans certaines régions des burnous ou des couvertures, la femme kabyle aide son mari dans une partie de ses opérations culturales ; elle s'occupe du jardin lorsque la famille a le bonheur d'en posséder un ; elle aide au sarclage des céréales, au ramassage des olives et des figues. Rien n'est aussi curieux que de voir ces bandes de femmes aux vêtements bariolés, courbées en deux, armées d'une piochette et s'avançant en ligne dans les céréales auxquelles elles donnent un vrai binage, ou de les voir, accroupies sur leurs talons, ramasser les olives que les hommes viennent de gauler.

*
* *

Le Kabyle emploie pour ses labours un araire qu'il n'a pas modifié depuis l'occupation romaine.

Cet instrument, quelque primitif qu'il soit, remue la terre à une dizaine de centimètres, recouvre suffisamment la semence et a surtout une immense qualité à ses yeux : il est très bon marché et de fabrication facile. Puis, grâce à la longueur du joug qui permet aux bœufs de prendre les positions les plus diverses autour de l'age, le laboureur peut travailler dans les pentes les plus raides et s'approcher jusqu'au pied des arbres qu'il cultive.

Le Kabyle qui soigne bien ses bêtes, qui vit avec elles, les fait coucher sous le même toit que lui, parle constamment à ses bœufs pendant le labour.

Il est fâcheux qu'il n'ait pas la même douceur ni les mêmes ménagements pour les bêtes qui ne lui appartiennent pas et qu'il conduit comme journalier !

Chaque charrue est ordinairement suivie d'un homme ou deux,

qui, armés de pioche, brisent les mottes et finissent d'enterrer le grain.

Le propriétaire ne s'en rapporte d'habitude qu'à lui-même du soin de répandre la semence. Il ne confie cette opération à son khammès que lorsqu'il ne peut faire autrement.

La moisson se fait à la faucille et le dépiquage aux pieds des mulets ou des bœufs, sur une aire, dont le sol bien battu a été recouvert d'un enduit fait avec de la bouse de vache délayée.

Bechna, fèves, maïs, se plantent de la même façon, reçoivent les mêmes soins ; l'époque seule des semailles diffère. Les céréales et les fèves se sèment à l'automne et pendant l'hiver, le bechna et le maïs au printemps.

Les Kabyles sarclent leurs champs avec grand soin ; le sarclage se fait de bonne heure en montagne dans les champs fumés qui entourent le village. Dans les plaines où la végétation se développe vigoureusement, cette opération ne se fait que lorsque l'herbe verte est déjà assez forte pour fournir une nourriture abondante aux animaux, la récolte dût-elle en souffrir un peu, ce que les Kabyles ne pensent du reste pas, surtout lorsqu'il est possibles d'arroser le champ. Ces irrigations se font dans les vallées avec beaucoup de soin et d'intelligence au moyen des eaux qui descendent au printemps dans tous les oued de la montagne.

Les Kabyles utilisent encore avec beaucoup de soin les eaux dont ils peuvent disposer pour faire du jardinage. Ils cultivent les piments, les oignons, les aulx, les fèves, les navets, les melons, les pastèques, les courges, les tomates, faisant succéder ces plantes les unes aux autres, et n'ayant jamais, si l'altitude le permet, un coin inoccupé dans leurs jardins.

Une famille arrive à cultiver tous les légumes verts dont elle a besoin sur un jardin de très faible étendue, de 12 mètres sur 24, qui lui suffit amplement. Souvent ce jardin contient un grand nombre de ruches.

Le Kabyle n'emploie guère pour ses labours que des bœufs. Ces animaux qu'il élève en nombre toujours insuffisant sont plus petits que les bœufs de Guelma mais évidemment de même race ; c'est du reste sur le marché du Kroubs que leurs maquignons vont acheter tous les ans les animaux qu'ils importent pendant l'été.

Ces bœufs sont engraissés dès la fin des labours; les plus beaux sont vendus à Alger pour la boucherie pendant l'hiver, les plus petits sont abattus et débités sur les marchés du pays.

La viande, immédiatement après l'abatage, est coupée en menus morceaux, puis attachée en chapelet au moyen d'un brin de jonc; filet, poumon, culotte, suif ou intestins, tout est mélangé et chacun emporte un peu de tout; seuls les pieds et la tête se vendent à part en même temps que la peau.

Les instruments du boucher sont des plus simples : une hachette et un couteau suffisent à tout.

Le mulet est la véritable monture du Kabyle; il l'emploie, avec l'âne, à faire tous ses transports ; il va acheter l'un et l'autre en pays arabe et préfère souvent son mulet à sa femme qui est d'un prix moins élevé; aussi en prend-il soin avec autant d'amour qu'un Arabe du Sud en mettrait à soigner une jument de pur sang.

Mais il lui impose en même temps comme charge tout ce qu'il peut porter, lui fait faire les courses les plus longues; il veut en retirer l'intérêt de son argent, amortir le capital payé.

Quant à l'âne, c'est, comme en pays arabe, le souffre-douleur, le malheureux qui doit beaucoup travailler et peu manger.

Si le Kabyle cultive avec tant de soin la moindre parcelle de ses terres arables, s'il se livre avec succès à l'engraissement du bétail, il ne faut pas oublier que c'est à l'arboriculture seule qu'il doit de pouvoir vivre dans ses montagnes.

Les feuilles de l'orme, du micocoulier, les rameaux qu'il coupe sur ses oliviers au moment de la taille sont soigneusement ramassés par lui et donnés en vert à son bétail. La feuille de figuier est séchée et sert de fourrage pendant l'hiver; le frêne constitue de véritables prairies aériennes de très grand produit et de haute valeur.

La caroube vient remplacer l'orge dans la ration des bœufs et des mulets; si le gland doux est réservé pour la nourriture des hommes, les autres variétés entrent dans l'alimentation du bétail. C'est enfin à deux arbres de haute qualité, l'olivier et le figuier, qu'il demande une partie de sa nourriture et presque tous les produits qu'il va échanger au loin contre les céréales qui lui font défaut. Aussi greffe-t-il tous les ans une plus grande quantité d'oliviers sauvages et développe-t-il surtout avec rapidité ses plantations de figuiers.

Supprimez ces deux arbres et vous réduisez la population de plus des deux tiers. C'est d'ailleurs en les menaçant de couper leurs oliviers que leurs ennemis successifs sont venus à bout de ces populations si belliqueuses.

L'on se rend du reste bien exactement compte de l'influence que peuvent avoir ces arbres sur le peuplement d'un pays en comparant entre elles diverses régions de la Kabylie. Dans les communes de Fort-National, du Djurdjura, terre classique de l'olivier et du figuier, l'on trouve un habitant et demi à deux habitants par hectare.

Dans les communes de Collo, de Tababort, il faut de 2 à 3 hectares pour nourrir un habitant.

Le figuier demande plus de soins que l'olivier; sa culture exige des façons plus fréquentes; sa cueillette ne peut se faire en une seule fois, mais c'est un arbre qui produit beaucoup, est en rapport au bout de très peu d'années, et peut donner des fruits jusqu'à 1100 ou 1200^{m} d'altitude, tandis que l'olivier ne peut guère dépasser 800 mètres.

Aussi les Kabyles plantent-ils surtout des figuiers et les cultivent-ils avec beaucoup de soin.

Un premier labour est donné dans le courant de janvier ou de février; les autres suivent pendant tout le printemps et sont même continués jusqu'en juin.

La taille se pratique pendant l'hiver; puis, avec le développement de la végétation, viennent les opérations de la caprification qui consistent à attacher sur les figuiers des chapelets de *doukkar* pour assurer une récolte abondante.

Les premières figues mûres, les figues-fleurs, se mangent fraîches.

La cueillette des fruits à conserver vient plus tard et dure à peu près trois mois. Les fruits ramassés au fur et à mesure de leur complète maturité sont étendus au soleil, sur des claies que l'on empile tous les soirs les unes sur les autres et que l'on met à l'abri du moindre orage en les rentrant ou en les couvrant de morceaux de liège ou de paillassons. Ces claies sont mises à nouveau au soleil tous les matins et les figues retournées une à une.

Quelques tribus font une espèce de pain en pressant fortement avec des vis en bois et dans des moules ronds ces figues partagées par le milieu; mais la plupart se contentent, surtout maintenant, d'apporter leurs figues sèches dans les ports où elles sont vendues à des négociants qui les mettent, après triage, dans des couffes en palmier nain de 30 à 35 kil. chacune et qui les expédient en France.

Les Kabyles reproduisent le figuier par boutures et par drageons; ils préfèrent comme plus rapide, le second de ces procédés.

L'olivier, moins soigné que le figuier, reçoit au maximum un labour au printemps ; on le taille pendant la cueillette.

Les Kabyles emploient différents procédés pour la taille.

Dans certaines tribus, ils rabattent tous les cinq ou six ans leurs oliviers sur les branches de cinq à six centimètres de diamètre, exactement comme les frênes qu'ils taillent pour leur faire donner du jeune bois. S'ils perdent ainsi une première récolte, ils obtiennent par contre une abondante frondaison et estiment, tout compte fait, qu'ils ont bénéfice à traiter leurs arbres de la sorte.

Cette taille donne de mauvais résultats dans les régions sèches, à végétation peu rapide. On se contente alors d'ôter le bois mort, de supprimer les gourmands qui poussent sur le tronc ou les branches maîtresses, de couper les rameaux que l'on ne peut atteindre pour la récolte.

Les Kabyles augmentent tous les ans, comme ils le font pour le figuier, le nombre d'oliviers qu'ils possèdent, mais ils ne font pas de plantations nouvelles dont le produit se fait trop longtemps attendre; ils se contentent de greffer les sauvageons qu'ils possèdent. Il en résulte que ce sont les parties les plus pauvres de la Kabylie qui se transforment ainsi à l'heure actuelle, car dans les régions riches, presque tous les oléastres sont greffés depuis longtemps déjà.

La cueillette des olives se fait en gaulant les arbres (*Dazouei*) ou en ramassant les fruits à la main (*Dachèréou*), en les trayant comme disent les Kabyles.

Même dans les familles riches les femmes participent au ramassage qui s'opère, surtout les premiers jours, aussi gaiement que la vendange chez nous. Les gens pauvres qui ne peuvent recueillir chez eux leur production d'huile, vont ramasser chez les gros propriétaires. Le paiement se fait toujours en nature et la part des ramasseurs varie du tiers au cinquième selon que la récolte a lieu à la main ou en gaulant, selon la région et l'abondance des fruits.

Une femme gagne de 8 à 10 mesures d'olives dans son mois et comme la cueillette dure à peu près deux mois, cela fait une soixantaine de litres d'huile qui vaut cinquante centimes le litre et représente un salaire bien faible, mais la provision d'huile est assurée pour l'année et c'est là l'essentiel. Du reste, les travailleurs en prennent largement à leur aise. Ils ne commencent guère avant 9 heures 1/2 ou 10 heures, ils rentrent chez eux vers 4 heures et l'on peut dire que les langues de leurs femmes marchent au moins autant que leurs doigts.

Les olives récoltées sont étendues en couches minces sur un sol bien battu où elles restent jusqu'au mois de mars, d'avril ou de mai. C'est au printemps, lorsqu'elles ont rendu toute leur eau de végétation et que la chaleur du soleil rend l'extraction de l'huile plus facile, que les Kabyles les portent au moulin. Elles sont alors chomées et l'huile a pris un goût fort qui plaît aux indigènes, parce qu'il faut en manger moins, disent-ils, mais qui en diminue considérablement la valeur marchande pour l'exportation.

Chaque village possède un ou plusieurs moulins où l'huile est extraite à façon ; le fabricant prend pour son travail les huiles de 2e pressée. Les grignons ou marcs servent comme combustible et pour l'éclairage.

Les usines européennes achètent leurs olives aux Kabyles; elles n'acceptent que les olives fraîches qui seules permettent de faire des huiles fines. Les indigènes se sont très vite soumis à cette règle parce que l'olive fraîche est plus lourde et d'un plus gros volume et qu'ils ont intérêt à la livrer ainsi. Ils retirent un prix plus élevé des olives qu'ils vendent que de celles qu'ils triturent eux-mêmes. Malgré tout, ils fabriquent toujours ce qui est nécessaire à leur provision annuelle, même lorsqu'ils se trouvent à proximité d'usines françaises; ils trouvent les huiles fabriquées par nous sans goût. L'huile leur est indispensable ; elle remplace chez eux le beurre et la graisse qu'ils ne produisent qu'en très petite quantité. Elle leur sert à préparer presque tous leurs aliments, couscouss, beignets, fritures. Les travailleurs se contentent d'habitude pour leur repas de midi, de galette trempée dans l'huile ou bien encore de *tizemmit*, c'est-à-dire de farine d'orge délayée crue dans un peu d'huile et qu'ils mangent sans autre addition qu'un peu de sel.

L'orge, le blé servent à préparer le couscouss et une galette sans levain qu'ils font simplement griller sur un plateau en terre et qui remplace chez eux le pain (*aaroum*).

La farine de gland doux chez les montagnards, la farine de féverolle, celle du maïs, du bechna sont mélangées par les familles pauvres à la farine d'orge et servent aux mêmes usages.

Les fèves vertes, le maïs à l'état laiteux sont considérés comme de véritables friandises, ce dernier surtout, lorsque les épis ramassés avant maturité complète ont été légèrement grillés.

Les principaux condiments sont le piment doux, le piment fort, l'oignon et l'ail.

Quant aux fruits, à l'exception des olives, des figues et de quelques oranges recueillies dans certaines vallées bien abritées, ils sont généralement d'assez maigre valeur : les pommes, les poires, les pêches, les abricots, les grenades qu'ils récoltent dans leurs jardins appartiennent à des variétés très ordinaires. Il en est de même de leurs noix.

On voit sur plusieurs points des plantations de châtaigniers remontant à 10 ou 15 ans, qui commencent à donner des fruits. Il y a là une indication précieuse à suivre. Ces plantations ont été généralement faites par les communes autour de bâtiments leur appartenant. Le service forestier du département de Constantine a, lui aussi, distribué un assez grand nombre de jeunes châtaigniers depuis quelques années.

L'Agriculture Saharienne.

La seule région véritablement saharienne qui s'avance le plus au Nord est située dans la partie orientale de l'Algérie, au sud de la province de Constantine : c'est le pays de l'Oued-Rhir, vaste étendue à relief peu accentué et à hydrologie particulièrement favorable à la culture des oasis.

Le climat désertique limite forcément le nombre des végétaux cultivables. Une seule plante se plaît dans ces dures conditions météoro-telluriques : c'est le Dattier. Son groupement constitue l'oasis et sous son ombrage végètent quelques maigres cultures.

Les entreprises agricoles de MM. Fau et Fourreau et de M. Rolland ont attiré l'attention sur ces exploitations sahariennes. On en a exagéré l'importance et l'avenir, en ce sens que les résultats obtenus sont locaux et ne sauraient s'étendre à une autre région aussi propice que celle de l'Oued-Rhir. A part une autre méthode de création et de conduite de l'oasis, on n'a pu introduire dans ces milieux une culture nouvelle.

Chaque oasis a sa vie propre suivant sa constitution qui diffère selon qu'elle est tellienne, désertique ou soudanienne et qu'elle est à des altitudes faibles ou fortes.

Dans l'Oued-Rhir, surtout dans les grandes dépressions, la végétation est quelquefois contrariée par l'excès de la salure du sol ou des eaux artésiennes; dans le Souf, l'eau plus douce et la terre plus légère permettent la venue plus facile de plantes légumières et du tabac; à Ouargla, les puits ordinaires fournissent des arrosements nuisibles aux plantes, mais les sondages profonds, vers 60 mètres, donnent une eau presque potable. Enfin, en remontant vers l'Ouest où nous entrons encore peu dans le véritable Sahara, l'altitude marquée crée de dures conditions climatériques pour les oasis.

Les oasis voisines du Tell, de Biskra et de ses environs, ne sauraient être prises comme exemple de végétation typique. Si la *datte* n'y atteint pas encore une qualité parfaite, on trouve par contre, sous les palmiers, quelques arbres fruitiers, des figuiers, des abricotiers, des oliviers, des caroubiers et même des orangers. Mais ces mêmes *Aurantiacées*, à l'état buissonnant plutôt qu'arborescent, disparaissent entièrement plus on s'avance dans l'oued-Rhir, car elles périssent à Tougourth où le froid atteint parfois —7°.

L'oasis ne peut vivre que par l'irrigation régulière ordinairement obtenue par des puits artésiens creusés par la sonde ou par la main des puisatiers indigènes de la corporation des Rtass. On rencontre ces nappes à une profondeur variant en moyenne entre 60 et 100 mètres. Quelle que soit l'importance du débit, cependant limité, l'eau est toujours insuffisante pour arroser en plein, et suivant les nécessités, toutes les cultures intercalaires.

Cette rareté et par conséquent cette cherté des eaux d'irrigation ne permettent pas de donner une bien grande extension aux cultures secondaires; aussi la *Luzerne*, dans les localités où cette Légumineuse peut vivre, n'est-elle plus, pour ces raisons, suffisamment économique. Cette pénurie de moyens d'arrosements, en dehors d'autres difficultés climatériques d'ordres très complexes, rendra difficile sinon impossible l'exploitation du *Cotonnier* préconisée bien à tort dans les oasis et même sans l'abri de ces dernières. Dans ces régions sans pluie, croire au *Cotonnier*, vivant sans arrosements réguliers, c'est une simple utopie!

La multiplication de centres culturaux ne saurait d'ailleurs se produire sans danger, car leur avenir ne paraîtrait pas bien assuré, en raison de la diminution du volume des eaux artésiennes par des forages trop nombreux. Actuellement, par le creusement des puits dans les fonds inférieurs de l'Oued-Rhir, la région de Tougourth (alt. 60 m.) voit ses eaux ascendantes abaisser leur niveau et leur débit.

L'oasis est en lutte constante contre les éléments météoriques : la défense contre l'ensablement est une préoccupation permanente ainsi que l'entretien des sources profondes. Mais la fixation des dunes est une opération difficile et les végétaux signalés pour leur assurer une plus grande stabilité, *Tamarix* et *Drinn*, paraissent avoir une action insuffisante. Les relèvements de limon battu, les murailles en pisé, les fossés souvent curés, etc., constituent aussi des moyens de protection temporaire.

L'oasis est quelquefois formée de Dattiers de choix, excellentes variétés connues depuis longtemps par les Arabes et plantées exclusivement par eux depuis quelques années pour suffire aux besoins de l'exportation vers le Nord.

A l'ombre des Palmiers, quelques cultures restreintes de *Henné*, quelques plantes légumières ou utiles à l'alimentation de l'homme et du bétail constituent une sorte d'horticulture simple, souvent bien conduite et absolument appropriée à de tels milieux. L'arboriculture limite ses espèces au figuier, à l'abricotier, au grenadier, quelquefois à la vigne.

La culture se fait en planches un peu profondes ou entourées d'une relevée de terre battue pour maintenir l'eau d'irrigation : elle se borne, à des céréales, blé, orge, sorgho, à des oignons, des piments, des aubergines, des fèves, quelquefois à des gombo, etc..

En résumé, le principe cultural qui régit dans l'oasis l'exploitation du sol fait rentrer celle-ci dans le domaine de l'horticulture, et l'indigène sédentaire n'est qu'un jardinier opérant sur des surfaces très réduites et avec des moyens d'action limités par l'ombre du Dattier et la quantité d'eau d'arrosage disponible.

La condition du bétail est dure dans le Sahara : le cheval, le chameau, et l'âne y sont considérés comme des animaux de transport.

L'élevage du chameau et de l'autruche a préoccupé quelques Européens, mais les difficultés d'assurer en plein désert une nourriture régulière et abondante à ces animaux gloutons n'a pu être surmontée.

Les emplacements convenables à ce genre d'élevage se trouveraient plus facilement sur la lisière saharienne, dans les parties arrosées.

La zootechnie exotique n'a donné jusqu'à ce jour aucune indication pratique.

* * *

Quand le succès des forages artésiens de l'Oued-Rhir a permis la régénération rapide de certaines oasis en dépérissement et la création de toutes pièces de quelques autres, on a pensé que l'eau seule, si saumâtre qu'elle fût, était le principal élément nécessaire à toute végétation, et que, puisque le palmier se développait dans une atmosphère de feu, les cultures les plus variées pourraient prospérer sous son ombrage, si l'arrosement était assuré.

On vit naître alors tous ces projets, non encore abandonnés, de culture du *Cotonnier*, du *Cacaoyer*, de l'*Ananas*, etc., et même des légumes et des primeurs pour l'alimentation des Halles de Paris pendant l'hiver.

C'était oublier que la plupart de ces végétaux, sinon tous, ne peuvent résister au milieu désertique caractérisé par des abaissements à glace pendant la nuit et par des vents brûlants et des insolations intenses pendant le jour.

L'introduction de plantes exotiques est là sans avenir, et comme indication générale, il convient de rappeler que le *Bananier* ne peut vivre dans de telles stations. Tout projet de culture tropicale doit donc être exclu de l'exploitation rationnelle de l'oasis.

Une question économique se pose pour le cultivateur, maintenant que quelques oasis vont être reliées au Tell par des voies ferrées. Seront-elles des centres d'exportation ou d'importation ?

Elles ont peu à offrir au commerce européen, mais, au contraire, si elles doivent être considérées comme des étapes dans notre marche en avant vers le Soudan, elles peuvent devenir des points de ravitaillement et même d'exportation vers le Sud.

La production de bonnes dattes, sèches ou molles, sera encore de longtemps le seul élément de trafic : or les bons emplacements pour la création de nouvelles oasis sont rares et peu à la portée de simples colonisateurs. Les intérêts collectifs peuvent seuls entreprendre de telles exploitations et en attendre les résultats à échéance éloignée.

Les oasis en général, et surtout celles de l'Oued-Rhir, sont malsaines par leurs eaux stagnantes, par leur atmosphère ambiante caractérisée par la siccité extrême, les vents brûlants, les insolations comme les froids, le manque de nourriture verte et d'eau potable : la malaria, l'anémie, les maux d'yeux, etc., y règnent à l'état permanent.

Ni les Arabes, ni les Berbères ne résistent dans de telles conditions. Les sédentaires sont des *Rouaras*, métis de nègres, à peau plus ou moins foncée, provenant d'anciens esclaves mêlés peu à peu aux Berbères, mais où le sang blanc n'a pas dominé.

L'Européen n'a donc pas sa place indiquée dans ce milieu paludique dû aux irrigations pratiquées pendant les chaleurs estivales de ces contrées torridiennes où l'extension de notre race blanche n'a aucun avenir.

Une politique prudente et sage pourrait-elle amener dans notre Sahara du Nord, comme main-d'œuvre et peuplement, ces races robustes de nègres soudaniens ? Cette immigration changerait de face la question économique de ces contrées où le Français ne peut avoir qu'une action dirigeante.

*
* *

Les rapports des Sociétés d'exploitation de l'Oued-Rhir et du Sud algérien sont les documents les plus pratiques à consulter sur l'état agricole de ces régions.

L'agriculture exotique.

Au début de la conquête, alors que l'on n'avait que des données très imparfaites sur l'ensemble de la climatologie de la Régence Barbaresque, surtout de l'intérieur de son territoire, beaucoup d'agronomes et d'écrivains la considéraient comme une contrée torride, une terre coloniale égale aux Antilles et pouvant produire aisément toutes les riches denrées exotiques si recherchées.

Aux premiers jours de l'occupation française, des essais de cultures coloniales furent entrepris et ils se prolongèrent d'insuccès en insuccès pendant une longue période qui, pour quelques théoriciens, n'a pas pris fin, tant la véritable climatologie algérienne s'appliquant à l'agriculture est encore mal connue.

Dès 1830, *Maurice Allard*, dans une brochure célèbre, conseille la culture du *Caféier*.

En 1831, *Montagne* préconise la culture de la *Canne à sucre* et d'autres plantes des pays chauds.

Loiseleur-Deslonchamps, agronome distingué, rapporteur en 1832 des projets culturaux de la *Société coloniale d'Alger de 1831*, est partisan des cultures tropicales. Cet auteur pensait que l'on retrouverait en Algérie le *sucre* perdu avec Saint-Domingue ; il croyait aussi que le *café* qui avait fait la fortune de nos colonies serait également une cause de prospérité pour les colons de l'Algérie. Il émettait cette hérésie climatologique, professée encore longtemps après lui, et peut-être encore de nos jours, que pour le *café*, les montagnes lui semblaient préférables aux plaines des bords de la mer où la température lui paraissait trop élevée pendant l'été. Il ne savait pas encore que plus on s'éloigne du rivage méditerranéen plus l'hiver est dur et que des gelées sensibles, souvent très accusées, se produisent à la lisière même de l'étroite zone du littoral.

L'autorité de Loiseleur-Deslonchamps fit que la commission spéciale composée d'agronomes de mérite subit l'influence de son rapporteur entraîné vers l'exoticité en matière de cultures économiques à appliquer à l'Algérie.

C'est alors que l'on vit toutes ces tentatives infructueuses de cultures intertropicales longtemps renouvelées et dont les insuccès furent soigneusement atténués devant l'opinion publique : elles portaient sur le *Café*, la *Canne à sucre*, le *Cacao*, le *Poivre*, la *Cannelle*, la *Vanille*, le *Coton*, le *Manioc*, le *Quinquina*, le *Nopal à cochenilles*.....

De Mirbel, de l'Institut, en 1838, consulté officiellement par le gouvernement sur les cultures à entreprendre en Algérie, remit avec une sage modération les choses au point, sans cependant détruire entièrement les espérances d'une école qui a encore ses partisans dans l'*acclimatation*, « cette douce chimère » et qui voit dans l'exoticité des ressources utilitaires.

Une simple indication prouve que ces théories si contraires à la véritable climatologie du pays sont encore dans l'esprit de beaucoup. En effet, quand tout dernièrement les droits de douane furent relevés sur les produits coloniaux à leur entrée en Algérie, quelques écrivains firent renaître cette ancienne question de l'implantation des cultures tropicales sur notre territoire.

Si l'on prend en considération les points principaux de la météorologie et de la climatologie de l'Algérie sur lesquels nous avons insisté à dessein, on verra que, sans exception aucune, les plantes des *climats chauds* vivent difficilement, même avec des moyens artificiels, dans les localités les plus favorisées du littoral, et que les plantes des *climats tempérés chauds* elles-mêmes ne peuvent sortir de cette zone étroite du littoral sans être détruites par les froids de l'hiver.

L'erreur climatologique des partisans de ces cultures, au début de la conquête, résidait dans cette fausse théorie qui attribuait aux versants de l'Atlas, à l'intérieur des terres et aux régions du Sud, une climature d'autant plus favorable aux végétaux d'origine intertropicale que l'on s'éloignait davantage de la mer.

Cette erreur ne saurait résister aujourd'hui aux études qui ont déterminé les véritables zones culturales de l'Algérie.

En effet, la climatologie enseigne, appuyée par la pratique, que, partant du littoral, plus on s'enfonce vers les basses latitudes de l'intérieur, plus les conditions sont défavorables à la vie des plantes originaires des climats tempérés humides et aux rendements économiques de celles qui résistent dans ces milieux spéciaux. Ces végétaux y sont détruits par des froids à glace, de terribles insolations et des vents brûlants.

Si l'on analyse le résultat donné par chaque essai des principales plantes des régions chaudes et tempérées, on voit que leur rôle économique n'a même pu être établi tant leur résistance a été nulle ou faible dans des conditions cependant particulièrement propices et s'éloignant beaucoup de la pratique courante.

Voici comment se comportent ces espèces :

Le *Caféier* ne peut être élevé qu'en serre dans le jeune âge : il n'a jamais passé un hiver sans abri.

Le *Cacaoyer*, le *Poivrier*, le *Vanillier*, le *Cocotier*, etc. périssent dans une serre insuffisamment chauffée, c'est-à-dire où la température s'abaisse vers + 12°.

Le *Manioc* pourrit aux premières pluies froides de l'hiver.

La *Canne à sucre*, plus résistante, ne franchit pas les plaines littorales où son degré saccharimétrique est encore insuffisant : souvent cette plante souffre du froid jusque vers sa souche et l'on a vu, dans les plaines de l'Habra, de grands essais de plantation détruits par la gelée en 1876.

Le *Quinquina* craint les extrêmes de chaleur et de froid : la jeune plante ne résiste ni au moindre siroco ni à des abaissements vers + 10°.

Le *Nopal* et la *Cochenille* craignent les vents glacés et surtout les grêles et les gelées blanches.

Le *Cotonnier*, assez robuste, n'a pourtant jamais donné de résultats économiques : il passe difficilement d'un hiver à l'autre et sa fructification annuelle est souvent compromise par des pluies automnales et des froids précoces.

Parmi les végétaux producteurs de *Caoutchouc*, il n'y a, dans les espèces à latex abondant, que certains *Ficus* arborescents qui poussent bien sur le littoral, mais l'analyse n'y révèle que des traces insignifiantes d'un mauvais caoutchouc. Les *Isonandra* ou *Gutta-percha* exigent la serre et une température ne descendant jamais au-dessous de + 15° pendant l'hiver.

Parmi les formes tropicales, le *Bananier* seul a une végétation relativement satisfaisante sur les parties les plus abritées du rivage et dans des conditions exceptionnelles de milieu ; cependant les *bananeries* y sont encore exposées à des dégâts périodiques causés par les intempéries.

Ni l'*Arbre à pain*, ni le *Manguier* ne réussissent sur aucun point, et les vergers composés d'*Anones*, de *Goyaviers*, d'*Avocatiers*, etc., appartiennent à l'horticulture pratiquée dans les milieux les plus favorables du climat marin.

La zootechnie n'a rien trouvé dans l'exoticité. Le *Zébu* qui se plaît dans les régions humides n'a donné jusqu'à ce jour que des résultats incertains et limités.

Les *Alpacas* et les *Lamas*, comme bêtes de somme, n'ont ni la rusticité ni la tempérance du vulgaire bourricot.

La sériciculture avec les *Bombyx* du chêne, de l'ailante, du ricin, a présenté des difficultés insurmontables d'éducation des vers et de dévidage des cocons.

L'Algérie n'offre donc, dans aucune de ses zones, des localités propices à n'importe quelle production de l'agriculture exotique dite *coloniale*. La Tunisie ne fait pas exception à cette règle générale qui peut s'appliquer à toute l'Afrique du Nord.

Produits agricoles algériens exportés en France.

Il nous a semblé utile de consigner ici, en une analyse rapide et succincte, la diversité et l'importance numérique des produits que l'Algérie vend tous les ans à la France.

Il faut bien reconnaître qu'il y a, entre le climat des provinces méridionales de la Métropole et celui de la plus grande partie du Tell algérien, une similitude étroite qui a pour conséquence la production de récoltes similaires. Cette situation semble avoir déçu certains esprits qui ne voyaient dans la colonie nouvelle qu'un acheteur pour l'industrie nationale ; elle a même créé certains mouvements d'opinion plutôt défavorables quand, au fur et à mesure de la mise en culture du sol, on s'aperçut que ce sol jetait sur le marché métropolitain des denrées de même nature que celles obtenues dans la Mère-Patrie. De là à considérer les producteurs algériens comme des concurrents, il n'y avait qu'un pas ; il fut souvent franchi.

Cependant si nous examinons avec attention les statistiques de la douane française et particulièrement le chapitre des importations, nous établirons ce premier point que la production intérieure ne suffit pas à la consommation locale et que la France est tributaire de l'étranger pour la plupart des marchandises qui sont d'origine agricole. Il y a donc une insuffisance, variable suivant les années, mais constante en fait, qui l'oblige à recourir à autrui pour acheter les matières nécessaires, soit à son alimentation, soit à ses industries.

N'est-il donc pas de souveraine justice que l'Algérie soit considérée non pas comme un concurrent, mais comme un auxiliaire qui apporte sa contribution de marchandises au même titre que l'Allemagne, la République Argentine et l'Australie ? Avec, toutefois, cette circonstance favorable que l'Algérie est, elle aussi, une terre française conquise successivement par les armes et les charrues françaises et qui, entrée dans la famille, coopère autant qu'elle le peut à la prospérité et à la grandeur de la nation.

C'est pour démontrer, chiffres en mains, ce point très important, que nous avons relevé d'après le *Tableau général du commerce et de la navigation de la France en 1896*, la nature des marchandises d'origine culturale achetées par la France à l'étranger ; pour chacune d'elles nous donnons l'importation totale, les quantités fournies par l'Algérie et la Tunisie, et les quantités vendues par les autres principaux fournisseurs.

Notre relevé indique donc l'importance du débouché métropolitain pour chaque produit : cette notion a un grand intérêt pour les pays nouveaux qui peuvent dès lors s'adonner à telle ou telle production dont l'écoulement est assuré dans la mère patrie.

Il indique quels sont les fournisseurs habituels de la France ; notion non moins précieuse que la précédente puisqu'elle enseigne où sont les concurrents à évincer, les exemples à suivre, les procédés à étudier.

Les amis de l'Algérie et de la Tunisie y trouveront une

démonstration mathématique du travail accompli par les colons et de l'œuvre qui reste encore à parachever.

S'ils considèrent que ces pays n'ont atteint qu'une partie du développement agricole dont ils sont susceptibles, s'ils supputent la force latente de production qui attend encore, sur des espaces immenses, les capitaux et les bras français, ils en concluront que l'avenir, s'il est bien compris, peut accroître les chiffres d'aujourd'hui et augmenter considérablement le rôle de l'Afrique française du Nord dans les importations de la France, au seul détriment des producteurs étrangers.

Enfin les colons pour lesquels ce livre est fait y puiseront, avec des indications précises sur les besoins réels de la métropole, le sentiment qu'ils peuvent travailler en sécurité, ne se préoccupant que de perfectionner leurs produits et de leur mériter une a veur croissante de la part de la France.

ANIMAUX ET LEURS PRODUITS

Chevaux entiers : 3.266 têtes.
Algérie, 2.598 ; Tunisie, 67.
Angleterre, 203 ; Espagne, 143 ; Belgique, 86 ; etc.

chevaux hongres : 21.218 têtes.
L'Algérie et la Tunisie n'en fournissent pas.
Angleterre, 4.163 ; Autriche, 3.860 ; Belgique, 3.101 ; Espagne, 2.117. Italie, 1.997 ; Danemark, 1.307 ; Russie, 1.296 ; etc.

Juments : 6.964 têtes.
L'Algérie et la Tunisie n'en fournissent pas.
Angleterre, 1.780 ; Autriche, 1.659 ; Russie, 1.046 ; Espagne, Italie, etc.

Poulains : 2.473 têtes.
L'Algérie et la Tunisie n'en fournissent pas.
Espagne, 1.480 ; Belgique, 584 ; Italie, 269 ; etc.

Mules et mulets : 1.686 têtes.
Algérie, 398 ; Tunisie, 5.
Italie, 514 ; Zone franche (pays de Gex et Savoie), 446 ; Espagne, 223 ; etc.

Anes et ânesses : 4.403 têtes.
Algérie, 1.743.
Italie, 2.060 ; etc.

Bœufs : 53.846 têtes sur pied.

Algérie, 27.406.

Italie, 6.694 ; Espagne, 6.077 ; République Argentine, 4.650 ; Canada, 2.942 ; autres colonies ; etc.

Vaches : 16.087 têtes sur pied.

Algérie, 215.

Pays-Bas, 8.428 ; Zone franche, 3.791 ; Suisse, 2.095 ; etc.

Taureaux : 2.960 têtes.

L'Algérie et la Tunisie n'en fournissent pas.

Pays-Bas, 1.801 ; Canada, 681 ; autres colonies, 32 ; etc.

Bouvillons et taurillons : 1.417.

Algérie, 13.

Pays-Bas, 685 ; Belgique, 206 ; Espagne, 194 ; République Argentine, 148 ; etc.

Génisses : 4.722.

L'Algérie et la Tunisie n'en fournissent pas.

Pays-Bas, 4.144 ; Zone franche, 380 ; etc.

Veaux : 15.741 têtes sur pied.

L'Algérie et la Tunisie n'en fournissent pas.

Zone franche, 5.361 ; Pays-Bas, 5.125 ; Suisse, 4.612 ; autres colonies, 4 ; etc.

Béliers, brebis et moutons : 1.363.753 têtes sur pied.

Algérie, 758.343.

Autriche, 158.227 ; Espagne, 134.688 ; Allemagne, 117.241 ; République Argentine, 114.116 ; Russie, 26.309 ; Italie, 22.703 ; Zone franche, autres colonies, etc.

Agneaux : 2.509 têtes sur pied.

L'Algérie et la Tunisie n'en fournissent pas.

Espagne, 1.177 ; Italie, 531 ; Zone franche, 555 ; etc.

Boucs et chèvres : 821 têtes sur pied.

L'Algérie et la Tunisie n'en fournissent pas.

Zone franche, 326 ; Espagne, 245 ; etc.

Chevreaux : 685 têtes sur pied.

L'Algérie et la Tunisie n'en fournissent pas.

Espagne, 464 ; Zone franche, 212 ; etc.

Porcs : 79.042 têtes sur pied.

L'Algérie et la Tunisie n'en fournissent pas.

Pays-Bas, 49.306 ; Espagne, 11.715 ; Italie, 10.921 ; Belgique, 3.340 ; etc.

Cochons de lait : 12.086 têtes sur pied.

L'Algérie et la Tunisie n'en fournissent pas.

Espagne, 6.224 ; Zone franche, 4.661 ; Pays-Bas, 1.147 ; etc.

Volailles vivantes : 3.322.697 kil.

L'Algérie et la Tunisie n'en fournissent pas.

Italie, 1.408.177 ; Russie, 800.924 ; Turquie, 680.315 ; Belgique, 364.847 ; Allemagne, 24.224 ; etc.

Pigeons vivants : 2.049.006 kil.

Algérie, 92.

Belgique, 1.272.230 ; Italie, 760.442 ; Angleterre, 5.604 ; Espagne, 5.777.

Abeilles en ruches : 561 ruches.

L'Algérie et la Tunisie n'en fournissent pas.

Italie, 342 ; Belgique, 115 ; Suisse, 52 ; etc.

Viandes fraîches de mouton : 2.599.785 kil.

L'Algérie et la Tunisie n'en fournissent pas.

République Argentine, 1.198.075 ; Australie, 231.262 ; Autriche, 178.115 ; Italie, 82.183 ; Belgique, 72.878 ; Angleterre, 36.433 ; etc.

Viandes fraîches de porc : 4. 035.296 kil.

L'Algérie et la Tunisie n'en fournissent pas.

Belgique, 3.983.741 ; Italie, 45.766 ; Australie, 2.145 ; Pays-Bas, etc.

Viandes fraîches de bœuf et autres : 2.663.337 kil.

Algérie, 2.265.

Suisse, 1.264.798 ; Belgique, 694.784 ; République Argentine, 296.394 ; Australie, 192.456 ; Allemagne, 76.772 ; Pays-Bas, 54.515, Italie, 50.450 ; etc.

Viandes salées de porc : 7.161. 327 kil.

Algérie, 6.854.

Angleterre, 2.500.769 ; Belgique, 2.056.158 ; États-Unis, 1.577.517 ; Allemagne, 925.398 ; etc.

Viandes salées de bœuf et autres : 600.157 kil.

L'Algérie et la Tunisie n'en fournissent pas.

États-Unis, 211.537 ; République Argentine, 168.397 ; Pays-Bas, 100.215 ; Angleterre, 50.485 ; Allemagne, 37.315 ; etc.

Volailles mortes : 1.640.286 kil.

Algérie, 7.

Italie, 1.231.557 ; Belgique, 195.900 ; Autriche, 102.952 ; Allemagne, 80.399 ; etc.

Pigeons morts : 44.862 kil.

L'Algérie et la Tunisie n'en fournissent pas.

Italie, 37.465 ; etc.

Boyaux frais ou salés : 1.244.497 kil.

Algérie, 26.141 ; Tunisie, 618.

Etats-Unis, 609.359 ; Belgique, 210.080 ; Allemagne, 146.124 ; Angleterre, 89.898 ; Suisse, 77.315 ; Danemark, 12.145 ; etc.

Peaux grandes : 45.551.415 kil.

Algérie, 295.222.

Uruguay, 6.891.708 ; Brésil, 6.608.597 ; République Argentine, 4.206.265 ; États-Unis, 4.277 502 ; Belgique, 3.247.836 ; Danemark, 624.998 ; Maroc, 801.900 ; Chili, 1.029.567 ; Pérou, 976.922 ; Angleterre, 3.146.133 ; Allemagne, 2.168.796 ; Pays-Bas, 1.389.348 ; Suisse, 1.418.027 ; Indes Anglaises, 3.088.199 ; Chine, 1.954.969 ; Suède, Norwège, Italie, Turquie, Australie, Mexique, Malte, Japon, Colombie, Venezuela, Madagascar, Indo-Chine, Nouvelle-Calédonie, Martinique, etc.

Peaux grandes de moutons ou ovins : 1.345. 353 kil.

Algérie, 173.761.

Allemagne, 242.260 ; Suisse, 161.606 ; Espagne, 130.531 ; Belgique, 124,602 ; Russie, 78.860 ; Angleterre, 76.813 ; Suède, Australie, Zone franche, Colonies et Protectorats, etc.

Peaux d'agneaux : 579.293 kil.

Algérie, 27.584 ; Tunisie, 2.237.

Espagne, 377.016 ; Turquie, 54.664 ; Angleterre, 49.726 ; Allemagne, 20.804 ; etc.

Peaux de chevreaux : 2.393.504 kil.

L'Algérie et la Tunisie n'en fournissent pas.

Turquie, 406.591 ; Italie, 396.969 ; Espagne, 366.529 ; Autriche, 206.372 ; Allemagne, 195.037 ; République Argentine, 331.287 ; Angleterre, 118.430 ; etc.

Autres peaux : 12. 003.224 kil.

Algérie, 934. 139 ; Tunisie, 144.070.

Allemagne, 1.845.115 ; Turquie, 1.349.475 ; Maroc, 1.122,611 ; États-Unis, 1.102.542 ; Russie, 1.432.808 ; Angleterre, 846.819 ; Norwège, Pays-Bas, Belgique, Suisse, Espagne, Autriche, Italie, Tripolitaine, Indes Anglaises, Chine, Chili, etc.

Laines en masse : 261.898.510 kil.

Algérie, 4.258.204 ; Tunisie, 215.316.

République Argentine, 109.751.125 ; Australie, 54.328.033 ; Angleterre, 37. 699. 963 ; Uruguay, 16.094.270 ; Espagne, 14.597.323 ; Turquie, 6.909.540 ; Russie, 3.750.597 ; Italie, 2.614.792 ; Maroc, 1.666.920 ; Indes Anglaises, 1.170.430 ; Chili, 1.093.724 ; Allemagne, Pays-Bas, Possessions anglaises de l'Afrique occidentale, Pays d'Asie, États-Unis, Guatémala, etc.

La France achète en outre 9 millions de kil. de **laines teintes, pei-**

gnées et cardées, à l'Angleterre, l'Allemagne, la Belgique, la Russie, l'Espagne, l'Italie, etc.

Crins bruts : 943.744 kil.

Algérie, 17.254.

Belgique, 283.545; République Argentine, 275.522; Angleterre, 115.232; Espagne, États-Unis, Uruguay, etc.

Soies en cocons : 1.395.091 kil.

L'Algérie et la Tunisie n'en fournissent pas.

Italie, 602.835; Turquie, 563.142; Russie, 196.508; Espagne, Autriche, Grèce, Roumanie, Chine, etc.

La France achète en outre 5 millions de kil. de **soies grèges** en Chine, Japon, Turquie, Italie, Angleterre, Suisse, Espagne, Indes Anglaises et 6 millions de kil. de **soies ouvrées ou en bourre** aux mêmes pays.

Suifs : 28.852.165 kil.

Algérie, 53.131.

États-Unis, 15.560.629 ; Angleterre, 2.237.595 ; République Argentine, 8.885.205 ; Allemagne, Belgique, Suisse, Italie, Chine, Uruguay, Nouvelle-Calédonie, etc.

La France importe en outre 24 millions de kil. de **saindoux et graisses animales** venant des États-Unis, Angleterre, Belgique, Italie, Pays-Bas, Turquie, Saint-Thomas.

Cire brute : 572.018 kil.

Algérie, 49.115; Tunisie, 30.615.

Maroc, 121.603 ; Haïti, 81.559 ; Turquie, 36.141 ; Saint-Thomas, 19.740 ; Angleterre, 27.121 ; Pays-Bas, Belgique, Italie, etc.

Œufs de volaille : 13.583.115 kil.

Algérie, 3.284 ; Tunisie, 22.208.

Italie, 6.775.833 ; Belgique, 3.144.509 ; Turquie, 1.338.815 ; Russie, 1.016.711 ; Allemagne, Pays-Bas, Autriche, Madagascar, etc.

Lait frais : 1.500.000 kil.

L'Algérie et la Tunisie n'en fournissent pas.

L'importation provient d'Allemagne, Belgique et Suisse.

Fromages de Gruyère : 11.179.528 kil.

Algérie, 59.

Suisse, 9.559.256 ; Zone franche, 1.519.547 ; Allemagne, etc.

Autres fromages : 9.802.308 kil.

Algérie, 4.908.

Pays-Bas, 6.093.640; Italie, 2.410.321 ; Allemagne, 528.842; Angleterre, Belgique, Suisse, Zone franche, etc.

Beurre frais ou fondu : 5.856.023 kil.

L'Algérie et la Tunisie n'en fournissent pas.
Belgique, 3.851.936 ; Italie, 1.534.027 ; Pays-Bas, Allemagne, Suisse, etc.

Beurre salé : 727.170 kil.
Tunisie, 15.429.
Italie, 493.541 ; Angleterre, 115.444 ; Pays-Bas, Belgique, etc.

Miel : 728.996 kil.
L'Algérie et la Tunisie n'en fournissent pas.
Possessions espagnoles d'Amérique 361.887 ; Chili, 215.752 ; Belgique, Espagne, Italie, Turquie, etc.

Oreillons : 7.855.009 kil.
Algérie, 49.043.
Belgique, 4.920.219 ; Allemagne, 1.351.349 ; Angleterre, 327.248 ; Suisse, 281.037 ; Italie, 275.453 ; Espagne, Autriche, Égypte, Zone franche, États-Unis, Madagascar, etc.

Autres dépouilles : 6.159.411 kil.
Algérie, 23.760.
Belgique, 5.409.146 ; Danemark, Allemagne, Italie, etc.

Os et sabots de bétail : 35.362.034 kil.
Algérie, 1.401.657.
République Argentine, 9.581.107 ; Indes Anglaises, 7.308.161 ; Angleterre, 3.615.343 ; Espagne, 3.237.179 ; États-Unis, 1.077.254 ; Turquie, 1.499.790 ; Uruguay, 1.014.712 ; Belgique, 1.211.857 ; Allemagne, Suisse, Italie, Brésil, etc.

Cornes de bétail brutes : 7.897.045 kil.
L'Algérie et la Tunisie n'en fournissent pas.
Angleterre, 2.002.217 ; Indes Anglaises, 1.338.684 ; Belgique, Turquie, États-Unis, Brésil, Uruguay, République Argentine, Chili, etc.

PRODUITS VÉGÉTAUX

Céréales. FROMENT : 8.923.344 quintaux métriques.
Algérie, 538.887 ; Tunisie, 488.789.
Russie, 5.079.991 ; Roumanie, 1.492.024 ; Turquie, 800.150 ; Belgique, 158.370 ; Indes Anglaises, 212.273 ; États-Unis, 35.800 ; République Argentine, 72.239 ; Zone franche, 29.216 ; Italie, 8.536.

AVOINE : 2.158.058 q. m.
Algérie, 759.751 ; Tunisie, 13.403.

Russie, 1.107.107 ; États-Unis, 354.003 ; Turquie, 216.705 , Suède, 73.658 ; Pays-Bas, Belgique, Espagne, etc.

ORGE : 1.752.931 q. m.

Algérie, 741.036 ; Tunisie, 125.871.

Russie, 509.989 ; Roumanie, 216.497 ; Turquie, 60.320 ; États-Unis, 20.259 ; Pays-Bas, Autriche, Belgique, etc.

SEIGLE : 26.531 q. m.

L'Algérie et la Tunisie n'en fournissent pas.

Belgique, Allemagne, Russie, Roumanie, Turquie, etc.

MAÏS : 3.656.903 q. m.

Algérie, 1.189 ; Tunisie, 6.306.

République Argentine, 1.311.419 ; États-Unis, 1.268.821 ; Roumanie, 849.806 ; Russie, 109.291 ; Uruguay, 37.028 ; Belgique, Italie, etc.

Farines. FROMENT : 228.693 q. m.

Algérie, 42.408.

Autriche, 125.167 ; Zone franche, 48.187 ; Russie, Italie, Turquie, États-Unis, etc.

MAÏS : 5.484 q. m.

Algérie, 6.

Italie, 5.142 ; Allemagne, Angleterre, République Argentine, etc.

SEMOULES : 677.628 kil.

Algérie, 11.535.

Italie, 236.682 ; Zone franche, 282.167 ; Suisse, 80.996 ; Allemagne, Turquie, etc.

Fèves décortiquées ou brisées : 959 kil.

Tunisie, 386.

Belgique, 427 ; autres pays étrangers, 146.

Fèves en graines : 38.782.104 kil.

Algérie, 2.119.131 ; Tunisie, 936.790 kil.

Égypte, 29.891.481 ; Italie, 1.672.455 ; Autriche, 926.570 ; Russie, 725.542 ; Maroc, 568.475 ; Allemagne, 438.918 ; etc.

Fèves en farine : 10.690 kil.

L'Algérie et la Tunisie n'en fournissent pas.

C'est la Belgique qui fournit la totalité de l'importation.

Pois pointus secs : 8.883.545 kil.

Algérie, 504.322 ; Tunisie, 258.445.

Turquie, 5.762.823 ; Maroc, 1.285.068 ; Indes Anglaises, 550.160 ; Grèce, 454.507 ; Italie, Espagne, Russie, etc.

Légumes secs autres que les pois pointus : 44.185.840 kil.

Algérie, 98.074 ; Tunisie, 20.018.

Autriche, 12.410.306; Roumanie, 10.066.258; Allemagne, 7.321.716; Russie, 4.367.096; Turquie, 2.605.816; Pays-Bas, 1.792.539; Angleterre, 1.169.371; Chili, République Argentine, États-Unis, Égypte, Grèce, Italie, Espagne, Suisse, etc.

Dari, millet, alpiste : 10.187.156 kil.

Algérie, 62.994; Tunisie, 8.041.

Turquie, 7.922.102; République Argentine, 851.445; Russie, 407.845; Allemagne, 265.502; Pays-Bas, 117.144; Roumanie, 329.429; Autriche, Italie, Maroc, États-Unis, Sénégal, etc.

Pommes de terre : 37.696.610 kil.

Algérie, 7.197.108 kil., comme primeurs.

Belgique, 24.613.974; Espagne, 2.395.332; Italie, 2.251.638; Allemagne, 694.627; Zone franche, 103.304; Angleterre, 184.712; Pays-Bas, Suisse, Portugal, Possessions anglaises de la Méditerranée, etc.

Citrons, oranges et leurs variétés : 60.464.021 kil.

Algérie, 2.939.681.

Espagne, 55.425.127; Italie, 2.064.141; Angleterre, 1.290.277; Turquie, 490.770; etc.

Mandarines et chinois : 2.980.791 kil.

Algérie, 372.138; Tunisie, 5.144.

Espagne, 2.461.698; Italie, 138.663.

Caroubes : 21.266.605 kil.

Algérie, 1.403.328.

Turquie, 18.812.147; Italie, 391.531; Grèce, 403.285; autres pays, 256.314.

Raisins et fruits forcés : 20.627 kil.

L'Algérie et la Tunisie n'en fournissent pas.

Belgique, 15.809; Pays-Bas, 4.183; etc.

Raisins de table ordinaires : 3.576.795 kil.

Algérie, 1.919.947; Tunisie, 564.

Espagne, 1.591.075; Italie, 47.608; autres pays, 18.341.

Raisins de vendange : 608.322 kil.

Algérie, 74.611.

Espagne, 402.703; Italie, 94.914; etc.

Marcs de raisins et moûts : 446.626 kil.

Algérie, 35.189.

Italie, 331.111; Espagne, 58.839; etc.

Fruits frais de table. — POMMES ET POIRES : 2.082,137 kil.

L'Algérie et la Tunisie n'en fournissent pas.

Belgique, 901.796; Italie, 495.207; Zone franche, 305.067; Espagne 193.759; Allemagne, 123.435; etc.

Autres fruits : 4.396.679 kil.

Algérie, 685.638.

Espagne, 2.674.682 ; Belgique, 315.076 ; Italie, 330.248 ; Angleterre, 245.337 ; Allemagne, Indes Anglaises, Colonies et Protectorats, etc.

Fruits secs de table. — FIGUES : 13.557.803 kil.

Algérie, 3.956.568 ; Tunisie, 27.

Italie, 3.889.000 ; Portugal, 1.838.794 ; Espagne, 1.681.356 ; Turquie, 1.953.900 ; Allemagne, Pays-Bas, etc.

RAISINS : 5.060.024 kil.

Algérie, 1.396 ; Tunisie, 104.

Espagne, 2.755.151 ; Grèce, 985.937 ; Turquie, 778.655 ; Allemagne, 224.211 ; Angleterre, 179.464 ; Pays-Bas, Belgique, etc.

AMANDES EN COQUES ET NOISETTES : 2.625.783 kil.

Algérie, 7.976 ; Tunisie, 1.773.

Espagne, 1.380.878 ; Italie, 666.851 ; Turquie, 471.316 ; etc.

AMANDES SANS COQUES : 3.887.828 kil.

Algérie, 22.850 ; Tunisie, 693.

Espagne, 2.387.081 ; Turquie, 749.329 ; Italie, 667.872 ; etc.

NOIX : 450.698 kil.

Algérie, 4.700.

Belgique, 328.357 ; Turquie, 38.208 ; Allemagne, 26.000 ; Italie, Roumanie, etc.

PRUNEAUX ET PRUNES : 541.012 kil.

Algérie, 1.991.

Allemagne, 201.719 ; Autriche, 167.972 ; États-Unis, 133.034 ; Roumanie, Angleterre, Martinique, etc.

PISTACHES : 38.441 kil.

L'Algérie et la Tunisie n'en fournissent pas.

Italie, 19.003 ; Turquie, 18.567 ; etc.

AUTRES FRUITS SECS : 1.716,749 kil.

Algérie, 1.005.957 ; Tunisie, 120.095.

États-Unis, 168.619 ; Angleterre, 162.013 ; Égypte, 157.166 ; etc.

Cornichons et olives confites : 772.980 kil.

Algérie, 161.961.

Espagne, 384.545 ; Grèce, 189.105 ; etc.

Anis vert : 1.948.983 kil.

Algérie, 162 ; Tunisie, 1.584.

Turquie, 1.233.371 ; Espagne, 256.611 ; Russie, 2.303.366 ; Italie, Grèce, etc.

Raisins secs de distillerie : 30.470,247 kil.

Algérie, 5.168 ; Tunisie, 53.450.

Grèce, 22.050.284 ; Turquie, 6.449.432 ; Angleterre, 1.288.461 ; Espagne, 491.103 ; etc.

Figues sèches de distillerie : 627.627 kil.

Algérie, 621.627.

Turquie, 5.840 ; etc.

Dattes : 8.320 kil.

Algérie, 8.318.

La France achète en outre 86.875.459 kil. **d'amandes de coco ou coprah** et 20.153.280 kil. **d'amandes de palmiste** aux pays asiatiques et océaniques.

L'Algérie et la Tunisie ne fournissent pas ces deux produits.

Autres graines que coprah et palmistes : 32.777.960 kil.

Algérie, 31.208.

Établissements français de l'Afrique occidentale, 59.494 ; Indes Anglaises, 25.034.719 ; Russie, 4.061.832 ; Angleterre, Allemagne, Espagne, Italie, Turquie, États-Unis, Vénézuéla, etc.

Graines à ensemencer : 6.529.432. kil.

Algérie, 31.908 ; Tunisie, 70.912.

Allemagne, 2.690.901 ; Angleterre, 1.369.120 ; Russie, 615.265 ; Turquie, 677.531 ; Pays-Bas, Belgique, Autriche, États-Unis, etc.

Graines de betteraves : 2.879.092 kil.

Algérie, 206.

Allemagne, 2.689.114 ; Belgique, 126.072 ; Russie, etc.

Graines de luzerne et de trèfle : 234.136 kil.

L'Algérie et la Tunisie n'en fournissent pas.

Les vendeurs sont : Allemagne, Russie, Belgique, Espagne, Autriche, Italie, Turquie.

Tabacs en feuilles : 25.327.552 kil.

Algérie, 2.652.191 ; Tunisie, 6.587.

États-Unis, 12.965.836 ; Allemagne, 2.587.325 ; Turquie, 1.229.965 ; Russie, 1.380.994 ; Brésil, 888.602 ; Belgique, 665.858 ; Italie, 524.287 ; Indes Anglaises, 217.564 ; Pays-Bas, 321.432 ; Autriche, 327.757 ; Philippines, 167.534. Plus, 515.614 kil. de **cigares** de Suisse, Cuba, Malte, Pays-Bas, Mexique, Indes Anglaises, Allemagne et 332.445 kil. de **cigarettes** dont *250.442 d'Algérie.*

La France achète encore 508.868 kil. de **tabacs manufacturés** dont *196.366 kil. à l'Algérie;* le reste provient de Belgique, Pays-Bas, Suisse, États-Unis, Allemagne, Angleterre.

Huile d'olives : 27.147.420 kil.

Algérie, 1.704.572 ; Tunisie, 6.240.935.

Italie, 13.277.347 ; Espagne, 5.481.908 ; Turquie, 283.225 ; Grèce, 118.933 ; Portugal, 27.130 ; etc.

Huile de palme : 21.288.625 kil.

L'Algérie et la Tunisie n'en produisent pas et ne peuvent en produire.

Établissements français, et possessions anglaises de l'Afrique occidentale, Angleterre et Belgique de provenance coloniale ; Sénégal.

Huile de ricin : 33.462 kil.

Algérie, 120.

Indes hollandaises, 14.720 ; Belgique, 12.338 ; Italie, 5.684 ; etc.

Huile de lin : 557.791 kil.

L'Algérie et la Tunisie n'en fournissent pas.

Belgique, 359.771 ; Angleterre, 167.894 ; Pays-Bas, etc.

Huile de coton : 26.948.958 kil.

L'Algérie et la Tunisie n'en produisent pas.

États-Unis, 21.148.004 ; Angleterre, 5.666.419 ; Italie, 93.702 ; Pays-Bas, Belgique, etc.

Huile de sésame : 35.792 kil.

Algérie, 17.840 ; Tunisie, 102.

Italie, 9.870 ; Allemagne, 6.887 ; etc.

Huile d'arachide : 103.604 kil.

L'Algérie et la Tunisie n'en produisent pas.

Angleterre, 63.921 ; Pays-Bas, 32.712 ; Madagascar, 374 ; etc.

Huile de colza : 237.681 kil.

Tunisie, 6.240.

Belgique, 183.405 ; Angleterre, 38.674 ; etc.

Huile de roses : 4.120 kil.

L'Algérie et la Tunisie n'en fournissent pas.

Turquie, 1.549 ; Guyane française, 2.000 ; Allemagne, 460 ; etc.

Huile de géranium rosat : 12.866 kil. (macérations).

L'Algérie et la Tunisie n'en fournissent pas.

Réunion, 12.676.

Autres huiles volatiles ou essences : 248.436 kil.

Algérie, 36.670 kil. (géranium principalement).

Italie, 49.564 ; Angleterre, 30.850 ; Allemagne, 26.229 ; États-Unis, 10.840 ; Espagne, 16.162 ; Autriche, 13.364 ; Colonies et autres pays, 10.886.

Sucs d'aloès : 35.011 kil.

Algérie, 102.

Angleterre, 31.611 ; Indes Anglaises, États-Unis, etc.

Racines de réglisse : 2.105.569 kil.

Algérie, 104.

Espagne, 1.114.507 ; Turquie, 873.282 ; Russie, 71.674 ; Italie, Grèce, etc.

Autres racines : 1.616.533 kil.

Algérie, 71.375.

Italie, 640.230; Angleterre, 139.059; Russie, 86.613; Indes Anglaises, 88.831; États-Unis, 88.414; Mexique, 80.886; etc.

Herbes, fleurs et feuilles : 1.422.769 kil.

Algérie, 143.272; Tunisie, 30.407.

Italie, 269.681; Autriche, 228.319; Belgique, 162.244; Allemagne, 103.885; Angleterre, Grèce, Maroc, Indes Anglaises, etc.

Écorces de citrons, oranges et variétés : 229.961 kil.

Algérie, 653; Tunisie, 2.129 kil.

États-Unis, 63.045; Haïti, 66.250; Italie, 28.374; Espagne, Tripolitaine, République Argentine, etc.

Écorces autres que quinquina : 57.423 kil.

Algérie, 7.757.

Belgique, 21.818; Allemagne, 16.806; Angleterre, etc.

Fruits médicinaux : 1. 215.924 kil.

Algérie, 24.367; Tunisie, 403.500 kil.

Turquie, 170.032; Maroc, 104.000; Allemagne, 100.544; Angleterre, Espagne, Italie, Grèce, Égypte, Indes Anglaises, Sénégal, Indo-Chine.

Coton : 167.976.277 kil.

L'Algérie et la Tunisie n'en produisent pas.

États-Unis, 117.500.412; Indes Anglaises, 18.126.765; Égypte, 15.900.465; Angleterre, 7.914.080; Allemagne, 2.220.789; Turquie, 1.981.929; Pérou, 1.034.291; Haïti, Belgique, Suisse, Espagne, Italie.

Lin brut : 423.819 kil., vendus par la Belgique.

Lin teillé : 81. 271.885 kil., vendus par la Russie, la Belgique, l'Allemagne et les Pays-Bas.

En outre la France achète 43.571 kil. de **lin peigné** et 6.480.824 kil. de **lin en étoupes** aux mêmes nations que dessus.

L'Algérie et la Tunisie ne fournissent pas de lin sous aucune forme.

Chanvre broyé ou teillé : 17.588.631 kil.

Algérie, 30.600.

Italie, 11.709.468; Russie, 1.506.114; Angleterre, 1.586.090; Allemagne, 1.667.529; Belgique, Turquie, etc.

Végétaux filamenteux non dénommés : 16.157.059 kil.

Algérie, 7.988.988 (crin végétal, principalement).

Madagascar, 997.814; Angleterre, 3.072.918; Philippines, 903.497; Belgique, 524.377; Allemagne, Possessions anglaises de l'Afrique occidentale, États-Unis, Mexique, etc.

Joncs, roseaux et sparte : 6.481.460 kil.

Algérie, 3.392.470 ; Tunisie, 587.672.

Espagne, 548.093; Indes Anglaises, 658,651 ; Chine, 498.882; Japon, 287.735; Pays-Bas, Belgique, Italie, etc.

Garance : 201.315 kil.

Algérie, 509.

Russie, 95.145 ; Pays-Bas, 82.334; Allemagne, 11.111 ; Angleterre, 9.849 ; etc.

Curcuma racine : 398.775 kil.

Indes Anglaises, 329.869; Indes françaises, 6.600; etc.

Curcuma en poudre : 3.770 kil. venant des Indes Anglaises.

L'Algérie et la Tunisie ne produisent pas de curcuma.

Écorces à tan : 7.259.118 kil.

Algérie, 4.414.545.

Espagne, 1.340.539; Belgique, 1.002.997 ; Zone franche, 331.900; Angleterre, Allemagne, Italie, Australie, Guadeloupe, etc.

Safran : 81.861 kil.

L'Algérie et la Tunisie n'en fournissent pas.

Espagne, 76.500; Angleterre, Turquie, etc.

Autres teintures et tanneries : 750.764 kil.

Algérie, 10.726; Tunisie, 88.676.

Tripolitaine, 215.904; Égypte, 158.360; Turquie, 176.459 ; Angleterre, Espagne, Italie, Chili, etc.

Légumes frais : 17.912.373 kil.

Algérie, 11.044.638 kil. comme primeurs.

Italie, 1.698.480; Belgique, 1.808.672; Espagne, 1.424.861 ; Égypte, 1.248.925 ; Turquie, 405.804; etc.

Légumes salés ou confits : 1.064.024 kil.

Algérie, 22.381.

Angleterre, 877.241 ; Allemagne, 107.591 ; Italie, 24.964; etc.

Fourrages : 13.312.109 kil.

Algérie, 1.459.298.

Belgique, 3.812.393; Italie, 3.321.310; Allemagne, 2.815.208; République Argentine, 634.998; Espagne, 404.071 ; Zone franche, 540.793; Russie, Angleterre, Suisse, Uruguay, Canada, etc.

Paille de millet à balai : 998.623 kil.

Algérie, 60.650.

Italie, 936.432 ; etc.

Son : 43.600.120 kil.

Algérie, 2.990.567.

Uruguay, 9.002.775; Italie, 4.966.718 ; Belgique, 3.277.568; République Argentine, 24.021.045; Turquie, 2.650.175; Roumanie, 1.509.445; Angleterre, 1.873.936 ; etc.

VINS ET SPIRITUEUX

Vins ordinaires en fûts : 9.214.168 hectolitres.

Algérie, 3.136.669; Tunisie, 86.846.

Espagne, 5.723.653; Turquie, 86.197; Grèce, 85.585; Italie, 65.664; Autriche, 10.978; Zone franche, 8.281; Allemagne, 5.601; Suisse, 2.063; autres pays étrangers, 8.281; autres colonies françaises, 213.

Vins ordinaires en bouteilles : 7.687 hectolitres.

Algérie, 915.

Italie, 3.216; Allemagne, 1.142; Espagne, 788; Angleterre, 681; Suisse, 460; autres pays étrangers, 742; autres colonies françaises, 27.

Vins de liqueurs en fûts : 446.719 hectolitres.

Algérie, 68.156; Tunisie, 1.224.

Espagne, 238.989; Turquie, 99.186; Grèce, 15.088; Italie, 8.766; Portugal, 7.527; Suisse, 4.297; Angleterre, 3.034; autres pays étrangers, 442; autres colonies françaises, 10.

Vins de liqueurs en bouteilles : 2.973 hectolitres.

L'Algérie et la Tunisie n'en fournissent pas.

Italie, 1.561; Espagne, 793; Portugal, 192; Suisse, 152; Angleterre, 135; autres pays étrangers, 140; autres colonies françaises, 58.

L'ensemble des vins étrangers achetés par la France représente une valeur numéraire de *218 millions de francs*; la valeur des vins achetés par la France à l'Algérie, s'approche de *50 millions de francs.*

Vinaigre : 716 hectotitres.

L'Algérie et la Tunisie n'en fournissent pas.

Espagne, 257; Angleterre, 41; Allemagne, 85; autres pays, 54.

Eaux-de-vie de vin : 11.737 hectolitres d'alcool pur.

Algérie, 10.316 hectolitres.

Espagne, 537; Italie, 239; Égypte, 323; autres pays, 282; autres colonies, 40.

Eaux-de-vie autres : 8.725 hectolitres d'alcool pur.

Algérie, 493; Tunisie 138.

Angleterre, 1.829; Pays-Bas, 1.627; Autriche, 1.041; Allemagne, 990; Italie, 649; Suisse, 546.

Alcools : 23.768 hectolitres d'alcool pur.

Algérie, 1.083; Tunisie, 1.

Autriche, 11.901; Allemagne, 8.106; Norwège, 181; Danemark, 582; Espagne, 666; autres pays, 1.248.

Comme on le voit par l'énumération que nous avons donnée, la marge pour la production algérienne est grande par sa diversité et son importance. Sans apporter la moindre entrave à la production métropolitaine, l'Algérie et la Tunisie peuvent entrer en ligne et prétendre au rôle de fournisseurs de la France au même titre que les nations étrangères ; elles y arrivent déjà pour certaines marchandises et la valeur de leur contribution augmentera avec l'expansion de la colonisation et le développement de leurs cultures.

La population.

Les races. — Leur localisation. — Leurs aptitudes agricoles.

Quand nos armées de 1830 ont conquis l'Algérie, le pays se trouvait occupé par une population indigène assez dense, composée de races différentes : les unes avaient le caractère incontestable des autochtones, habitants naturels et séculaires, les autres étaient venues de l'Est depuis le VIIe siècle, entraînées par les conquérants arabes.

Nous prîmes Alger et, pendant soixante-huit ans, nous avons amené dans le pays des contingents nationaux originaires de toutes nos provinces métropolitaines.

Pendant le même temps et à mesure que notre domination s'affirmait, de nombreux immigrants, appelés par les similitudes des climats et les espérances d'établissement prospère, venaient des diverses contrées d'Europe et principalement du bassin de la Méditerranée.

De sorte que la population actuelle de l'Algérie, considérée dans son ensemble, présente un cosmopolitisme accusé avec une grande diversité d'éléments non encore fusionnés entre eux et ayant conservé le caractère et les aptitudes qui leur sont propres.

Il n'entre pas dans le cadre de cet ouvrage, bien que cette étude puisse être pleine d'intérêt, de relater par le détail l'histoire et les conditions d'établissement de ce peuplement varié ni de rechercher la part que, dans le présent et dans l'avenir, chacun de ces éléments peut apporter dans la prospérité générale du pays.

Nous nous contenterons de montrer comment est composée la population actuelle de l'Algérie, comment chaque race s'est localisée ou diffusée dans les trois provinces ; nous examinerons ensuite les aptitudes agricoles de chacune d'elles pour expliquer comment est assurée la main-d'œuvre de nos exploitations culturales.

Population totale. — D'après le dernier dénombrement de 1896, la population totale de l'Algérie, déduction faite de l'armée, est de 4.359.578 âmes. (Voir le tableau de la population p. 6.)

En cinq ans, de 1891 à 1896, la population totale civile a augmenté de 238.245 habitants. Mais il faut remarquer que cette augmentation est surtout l'œuvre de l'élément musulman qui, à lui seul, a gagné près de 200.000 unités. Au recensement de 1856, on comptait 2.307.540 musulmans sujets français ; quarante ans après, ils sont 1.435.910 de plus grâce à la disparition des guerres de tribu à tribu et grâce aussi aux mesures prises pour enrayer, en territoire indigène, les maladies épidémiques et la mortalité par suite de famine qui décimaient une population très prolifique.

Pendant la même période de cinq ans, l'élément français a augmenté 44.842 unités soit par l'immigration, soit par les naturalisations d'étrangers.

Si on envisage la population au point de vue de la profession, on constate que 80 0/0 du chiffre total appartiennent à l'agriculture, propriétaires cultivant exclusivement leurs terres, fermiers, métayers, colons, horticulteurs, pépiniéristes, maraîchers, bûcherons, charbonniers, indigènes vivant exclusivement du bétail et de la terre.

Cette proportion élevée provient de ce que la population musulmane, qui représente 86 0/0 de la population totale, est essentiellement et uniquement une population agricole : Arabes et Kabyles vivent de la terre et possèdent la plus grande partie du sol, du littoral aux confins du désert.

Quant à la population européenne représentée par 530.000 unités environ, on peut la répartir ainsi :

65 0/0 dans l'agriculture ; 10 0/0 dans les administrations

publiques ; 13 0/0 dans le commerce et les transports ; 8 0/0 dans l'industrie et 4 0/0 dans les professions libérales.

Les Français. — Ils étaient 5.485 en 1836 ; 92.750 en 1856 ; ils sont aujourd'hui 318.137.

Sur ce nombre on estime que les deux tiers sont nés en Algérie et un tiers né en France. Ces derniers proviennent des départements suivants que nous inscrivons dans l'ordre d'importance des contingents qu'ils ont fournis :

Corse, Bouches-du-Rhône, Seine, Gard, Hérault, Pyrénées-Orientales, Rhône, Isère, Meurthe-et-Moselle, Drôme, Haute-Garonne, Vaucluse, Var, Ardèche, Aveyron, Tarn, Hautes-Pyrénées, Aude, Ariège, Basses-Pyrénées, Territoire de Belfort, Saône-et-Loire, Lot-et-Garonne, Gironde, Haute-Saône, Hautes-Alpes, Jura, Gers, Dordogne, Loire, Vosges, Doubs, Alpes-Maritimes, Basses-Alpes, Côte-d'Or, Lozère, Savoie, Nord ; les autres départements fournissent individuellement moins de 1 0/0 des Algériens nés en France.

Les Français sont disséminés dans toute la colonie, depuis les rives de la Méditerranée jusqu'aux points les plus avancés de l'Extrême Sud. Ceux qui s'adonnent à l'agriculture sont nombreux, soit qu'ils aient été installés par l'État comme attributaires de lots de colonisation, soit qu'ils aient acquis à l'État ou aux particuliers les terres qu'ils cultivent aujourd'hui ; dans la zone méditerranéenne, ils sont les vrais propriétaires fonciers qui ont transformé le sol inculte et marécageux en belles exploitations ; la majorité des vignobles leur appartiennent ; ils manifestent partout un esprit ouvert aux initiatives et aux progrès, sont instruits et laissent bien loin derrière eux la timidité routinière du paysan français.

Leur éloge n'est d'ailleurs plus à faire ; on n'a qu'à regarder le chemin parcouru depuis 1830 en tenant compte que la conquête dura quarante ans encore avant que l'hostilité des indigènes ait désarmé ; on n'a qu'à supputer l'étendue des surfaces conquises sur la broussaille ou le marais en n'oubliant pas que cette agriculture, aujourd'hui puissante, s'est créée sans plan, au hasard des expériences et des tentatives, en butte à des fléaux et à des intempéries difficiles à conjurer.

L'histoire des premières périodes de la colonisation est pleine des noms de pionniers audacieux qui révélèrent une ténacité et une intelligence remarquables ; beaucoup succombèrent à la tâche, vaincus par la terre, tués par les balles, ruinés par l'insuccès ; d'autres résistèrent au prix d'une admirable énergie, faisant souche féconde, créant une race qui n'a plus à connaître les difficultés d'autrefois, mais bénéficie de cette adaptation au milieu et, bien que turbulente et d'allures vives et impétueuses par excès de sève, propage éminemment l'esprit national et montre que le Français est un excellent colonisateur.

Les musulmans sujets français. — Les 3.764.076 musulmans qui vivent en Algérie sont répartis dans toute l'étendue des trois provinces en groupements plus ou moins denses ; les deux tiers habitent les communes mixtes où ils constituent la majorité de la population ; les autres sont répandus dans les villes et autour des principales agglomérations.

Nous avons constaté plus haut l'accroissement si rapide de la population musulmane ; cet accroissement dû à la tranquillité des tribus et à notre intervention en matière d'hygiène et d'épidémies suit une progression constante qui se chiffre par une plus-value de 10 0/0 tous les cinq ans.

Au point de vue agricole, comme à d'autres points de vue, il y a lieu de séparer les indigènes en deux races très différentes par leurs origines, leur état social et leurs aptitudes.

Les plus nombreux sont les Arabes, descendants des conquérants qui, venus de l'Arabie, s'emparèrent du pays et en occupèrent les principaux points à la suite d'invasions successives.

L'*Arabe* est par nature un pasteur nomade, cultivant à peine pour ses besoins très restreints, traînant à sa suite sa famille et ses troupeaux partout où il trouve des pâturages assurés, mais conservant toujours, même lorsqu'il se fixe à demeure dans une contrée, ses mœurs indolentes, son caractère fataliste et son indifférence pour la terre qui le nourrit. Il reste paresseux, enfermé dans sa routine séculaire ; les exemples qu'il a sous les yeux n'ont rien modifié à ses procédés culturaux si primitifs. On ne peut même pas dire qu'il élève des bestiaux : plus exactement il laisse ses animaux se reproduire confiant au hasard les croisements et à Dieu le soin de leur fournir de la nourriture. Il est réfractaire à nos idées de progrès et aux tentatives d'améliorations, même quand il s'agit de ses intérêts immédiats. Mauvais agriculteur, à notre sens, souvent victime de son inertie et de son inexpérience, il est aussi souvent un mauvais ouvrier agricole, demandant une surveillance rigoureuse et ne fournissant qu'une faible somme de travail. Le seul avantage qu'il faille lui attribuer c'est qu'il a pour lui le nombre et que pour des travaux pressants, comme la moisson ou la vendange, il peut, à condition d'être bien conduit, fournir des équipes nombreuses enlevant vite la besogne ; son travail étant médiocre est, par suite, peu rétribué.

Le *Kabyle* est d'origine berbère ; c'est l'ancien habitant du pays qui a reculé devant les conquérants si nombreux qui, depuis les temps les plus éloignés, se sont jetés sur les provinces africaines ; nous le trouvons aujourd'hui cantonné dans une splendide région comprise entre Dellys et les hautes montagnes du Djurdjura et dans quelques autres îlots montagneux de l'Algérie.

Le Kabyle est foncièrement agriculteur ; il aime la terre, s'attache à ses cultures et vit non plus sous la tente ou le gourbi sommaire de l'Arabe, mais dans des maisons, dans des villages où la vie publique, les droits et les mœurs sont réglés par des institutions d'essence démocratique très curieuses et par des traditions scrupuleusement observées.

La propriété, en territoire kabyle, est surtout personnelle et très morcelée ; aussi ce montagnard déploie-t-il une grande intelligence et une activité constante à fertiliser son lopin de terre. C'est aussi qu'il est industrieux, intelligent, s'assimilant avec facilité les notions qui touchent à ses intérêts.

Comme ouvrier agricole, le Kabyle donne un concours plus précieux que l'Arabe ; son endurance est plus grande et son amour du gain en fait un travailleur assez énergique, bien acclimaté et bravant les intempéries. Il est capable de se dévouer à ses maîtres, comme il peut se perfectionner assez pour faire un excellent colon partiaire travaillant, selon un usage assez répandu, pour le cinquième du produit de la terre.

Les Espagnols. — A peine la France avait-elle conquis Alger que les Espagnols des provinces de Murcie, Alicante, Alméria, Valence, Carthagène et ceux des îles Baléares émigraient en masse vers les contrées littorales de l'Algérie. En 1832, on les trouvait installés dans la banlieue d'Alger où l'État leur concédait des terrains qu'ils s'empressaient de mettre en culture : en 1845, ils étaient déjà 25.000. C'étaient des défricheurs, des terrassiers, des charbonniers, des maraîchers vivant de peu et se contentant d'un salaire infime, offrant aux colons français la seule main-d'œuvre qui fut possible pendant les premières années. La province d'Oran, si près de leur pays avec lequel elle a des relations quotidiennes, bénéficia vite de cette émigration de paysans sobres, durs à la peine, à demi acclimatés ; quand les Hauts Plateaux furent accessibles, les Espagnols gagnèrent la région des halfas et fournirent aux exploitants des ouvriers supportant vaillamment un climat excessif et un travail pénible et peu salarié. Quand florissait la culture du tabac les Espagnols affermèrent les terres et contribuèrent au développement de cette culture ; un peu partout, ils fournirent en grand nombre des fermiers, des vignerons, des maraîchers ; leurs femmes et leurs filles composèrent la domesticité des villes et des campagnes, le personnel des industries du tabac, etc.

En 1876, les Espagnols étaient déjà 92.510 en Algérie ; ils sont actuellement près de 160.000, sans compter ceux qui viennent au moment des grands travaux des récoltes et qui s'en retournent après dans leur pays.

Les Espagnols sont très nombreux dans la province d'Oran ; les deux tiers de leurs nationaux appartiennent à cette province et dans certaines villes ils sont sensiblement plus nombreux que les Français. Cinquante mille environ vivent dans la province d'Alger, la Mitidja et le Sahel ; quelques milliers seulement habitent la province de Constantine.

L'Espagnol est un excellent ouvrier agricole ; le Mahonnais n'a pas son pareil pour le maniement de la pioche, de la pelle ou de la charrue. L'Espagnol est courageux et consciencieux et aime bien travailler à la tâche, surtout pour les défrichements, les défoncements et les plantations : il excelle dans les cultures maraîchères.

On peut aussi l'employer comme fermier ou comme colon partiaire ; l'agriculture très avancée et très prospère de la province d'Oran est une démonstration du rôle considérable joué par l'Espagnol dans la colonisation algérienne.

Les Israélites indigènes. — L'agriculture est absolument étrangère à l'élément israélite qui ne fournit pas un seul ouvrier agricole et à peine quelques propriétaires fonciers, exploitant par eux-mêmes.

Les Italiens. — Le voisinage de l'Italie a amené une émigration assez importante d'Italiens dans la province de Constantine et la Tunisie. Ils étaient 9.472 en 1856 en Algérie et sont actuellement 35.268, originaires, pour la plupart, de la Sardaigne, du Piémont, de la Sicile et des environs de Naples. Mais ces derniers sont plus particulièrement pêcheurs et vivent sur le littoral, retournant dans leur pays dès qu'ils ont amassé un petit pécule.

Au point de vue agricole, l'Italien n'a pas la valeur de l'Espagnol ; cependant il est assez ardent au travail, accepte un salaire peu élevé, est frugal comme l'Espagnol, et, comme lui, très prolifique, ce qui est appréciable pour le fermage des terres.

Le recensement de 1896 accuse sur celui de 1891 une diminution du nombre des Italiens ; elle a pour causes la nouvelle loi sur la pêche maritime qui a obligé beaucoup d'Italiens employés sur les côtes algériennes à se naturaliser et aussi un mouvement d'émigration plus prononcé vers la Tunisie.

Les Tunisiens et les Marocains. — Par les frontières occidentales ont émigré en Algérie quelques Marocains de même que sont venus quelques Tunisiens par les frontières de l'Est. Les uns et les autres ne sont pas nombreux sauf au moment des récoltes et des grands travaux quand ils arrivent par bandes louer leurs services.

Les Arabes tunisiens sont assez travailleurs, mais ne valent pas les Kabyles. Les Marocains ont plus d'énergie et plus d'endurance ; ils demandent une grande surveillance dans leur travail tout de force brutale.

Les Anglo-Maltais. — Les Maltais, en dehors de quelques chevriers et vachers, s'adonnent de préférence au commerce ; la population agricole en compte très peu.

Les étrangers. — Les représentants des autres nations européennes sont peu nombreux en Algérie et disséminés dans les trois provinces. Les Suisses, vers Sétif, ont fondé des colonies prospères : leurs ouvriers agricoles sont laborieux et intelligents. Les émigrés prussiens de 1846 et 1853 ont eu de la peine à s'acclimater et n'ont pas fait souche abondante; leurs descendants, pour la plupart naturalisés, sont de bons et solides agriculteurs.

La Main-d'œuvre agricole en Algérie.

Si la race arabe possédait de meilleures aptitudes pour les travaux agricoles, il n'y aurait jamais à se préoccuper en Algérie de la main-d'œuvre en raison de la progression croissante de cet élément de la population. Mais l'Arabe ne travaille, en principe, que lorsqu'il a besoin, quand sa récolte est mauvaise ou que l'achat de denrées, de vêtements ou d'une femme lui est nécessaire; telle tribu qui, à certaine époque fournit 50 et 100 travailleurs, n'en fournit plus un seul si les temps sont prospères. Il faut donc prendre des dispositions longtemps à l'avance et s'assurer le nombre d'ouvriers nécessaires, quand on doit faire effectuer par les indigènes un travail quelconque.

Le prix de la journée de l'ouvrier indigène varie suivant la saison, les localités et la nature des travaux.

En été, il est de 1 fr. 25 à 1 fr. 50 dans l'intérieur, de 1 fr. 50 à 2 fr. sur le littoral.

Les faucilleurs à la journée sont payés de 2 fr. 25 à 2 fr. 50; les faucheurs et moissonneurs à la faulx, bien plus rares, reçoivent de 3 fr. 50 à 4 fr.

Au mois, un ouvrier indigène est payé de 35 à 40 fr. sans nourriture. S'il est nourri, on lui donne un kilo de pain par jour et par mois deux litres d'huile et quelques kilogrammes de figues sèches et de semoule; en raison des prescriptions coraniques l'indigène ne peut accepter notre mode d'alimentation. Les petits bergers sont payés de 15 à 25 fr. par mois sans nourriture ou de 8 à 15 fr. avec nourriture; on leur retient toujours la moitié de leurs mensualités jusqu'à la fin de leur engagement en garantie de leur bon gardiennage.

Quand l'ouvrier indigène est un peu initié aux travaux de culture, ses émoluments atteignent de 40 à 50 fr. par mois. Il faut choisir de préférence les ouvriers mariés et exiger qu'ils installent leur famille sur un terrain qu'on leur abandonne au voisinage de l'exploitation.

Parfois et en certains points trop limités, les femmes indigènes, arabes ou kabyles, s'emploient volontiers pour certains travaux de cueillette ou autres qui ne nécessitent pas un déplacement lointain et une grande force. Elles gagnent de 0 fr. 50 à 1 fr. par jour. Quelques-unes s'emploient comme servantes dans les fermes; elles gagnent de 8 à 12 fr. par mois et sont nourries. En leur assurant le respect des Européens et des Arabes et en les traitant un peu sévèrement on obtient d'elles d'excellents services.

En général, la main-d'œuvre féminine, européenne et indigène, est rare : la femme ne s'intéresse guère aux travaux des champs et de la ferme, et, par cela même rend impossibles certaines cultures et productions accessoires.

Il existe dans l'intérieur un usage auquel on peut recourir en cas d'urgence d'un travail facile; c'est la *touïza* (invitation). On fait savoir à tous les indigènes voisins qu'on les *invite* à venir donner un coup de main pendant un jour. Ils arrivent en foule, la touïza ne se refusant jamais et constituant une sorte d'engagement moral. On nourrit les invités; mais on peut rapidement, grâce à leur concours, expédier en vingt-quatre heures une récolte, une moisson, un sarclage qui auraient périclité. La nourriture revient à 50 ou 60 centimes par tête.

L'ouvrier européen se paie plus cher que l'indigène en raison de la qualité même de son travail et le prix de sa journée augmente à mesure qu'on s'éloigne du littoral.

A la journée et sans nourriture, l'ouvrier espagnol ou italien gagne ordinairement de 2 fr. 50 à 3 fr. avec, pendant l'hiver, un travail de neuf heures coupé par un arrêt d'une heure, de onze heures à midi. Pendant l'été, le prix de la journée atteint jusqu'à 4 fr. mais pour un travail de treize heures interrompu par un arrêt de deux heures au milieu du jour et d'un quart d'heure à huit heures du matin et à quatre heures du soir. Dans le département de Constantine, la main-d'œuvre européenne est généralement plus chère que dans les autres provinces.

L'ouvrier français, quand on peut trouver à l'embaucher, obtient une journée plus payée que les autres Européens.

Au mois, l'Espagnol et l'Italien sont payés de 30 à 60 fr. suivant l'emploi et suivant les aptitudes qu'on leur a reconnues. Les ouvriers français, tailleurs de vigne, vignerons, cavistes, horticulteurs, laitiers, obtiennent un gage plus élevé. L'engagement au mois ou à l'année comprend le plus souvent la nourriture de l'ouvrier : cette nourriture est estimée de 1 fr. 50 à 2 fr. par homme.

Les prix ci-dessus ne s'appliquent qu'aux ouvriers agricoles ; les ouvriers d'art, forgerons, maréchaux, serruriers, maçons, menuisiers dont le concours est souvent nécessaire dans les exploitations sont payés, quand ils sont appelés du dehors, au prix de la journée dans les villes et défrayés de leur voyage aller et retour. Pour des travaux de longue haleine, il est préférable de traiter à la tâche en prenant pour base les prix adoptés par les communes ou les administrations.

En Tunisie, les conditions du travail agricole sont à peu près les mêmes qu'en Algérie ; cependant les Italiens s'y mettent en concurrence avec les indigènes et s'y contentent d'un salaire peu élevé. Les ouvriers des villes exerçant des métiers spéciaux sont bien payés ; les ouvriers des champs européens gagnent de 2 à 2 fr. 50 ; les arabes, de 1 fr. 25 à 1 fr. 50, sans nourriture. Les Arabes tunisiens, les nègres du Soudan, du Fezzan et du Touat y sont faciles à recruter ; sous une direction attentive, ils travaillent fort bien et constituent une main-d'œuvre avantageuse.

Des modes d'exploitation des terres.

Au moment de la conquête, l'agriculture en Algérie avait une organisation des plus sommaires. En dehors de la Kabylie où de tout temps les indigènes ont pratiqué une culture plutôt intensive, le pays n'avait pas une sécurité assez constante et les Arabes, aux mains de la féodalité des chefs militaires et des puissants du jour, ne possédaient pas la terre de façon assez personnelle pour que des établissements durables eûssent pu être créés. Aux environs des villes et dans les plaines on trouvait bien de grands domaines, des *haouch* qui étaient cultivés par des familles esclaves ou par les tribus voisines condamnées aux corvées nécessaires. Mais la plupart des Arabes vivaient dans les montagnes où ils se trouvaient plus en sûreté et où le climat était plus sain ; ils descendaient en armes faire les semailles, remontaient dans leurs campements pour revenir au moment des moissons. Grâce à ce régime, la culture, incertaine du lendemain, avait cessé d'être céréalifère pour devenir presque exclusivement pastorale; les tribus se disputaient les pâturages et seules les familles des chefs militaires ou maraboutiques pouvaient posséder des biens et les exploiter avec l'espoir de jouir des récoltes. La constitution de la propriété n'existait pas; la terre restait morte c'est-à-dire n'appartenait à personne jusqu'au jour où le premier occupant — ou le plus fort — en prenait possession par le défrichement ou l'irrigation; ou bien elle appartenait à l'État, au Beylick en propre et à titre absolu.

On comprend que, en raison de cette situation, nous n'ayons rien trouvé de bien défini dans les mœurs des indigènes en ce qui concerne les modes d'exploitation de la terre; on comprend aussi que, après la conquête et à mesure que s'étendait le périmètre livré à la colonisation, nous ayons introduit les modes pratiqués en France, en les adaptant pour certains aux exigences de la main-d'œuvre du pays.

Nous rencontrons, en effet, la pratique des modes suivants :

1° Le faire-valoir direct et personnel;

2° Le faire-valoir par régisseur ou gérant;

3° Le fermage à bail;

4° Le métayage;

5° Le bail emphytéotique;

6° Le colonage tertiaire;

7° Et enfin le métayage par *khammès* indigène.

Le faire-valoir direct.

Il n'est assurément pas, moralement et financièrement parlant, de meilleur mode de cultiver que celui qui met aux mains du propriétaire la direction personnelle de sa propre exploitation agricole. L'œil du maître, dit le vieux proverbe, engraisse le cheval et rien n'est productif et utile comme de présider soi-même aux travaux, les surveiller, améliorer la valeur foncière des terres et employer intelligence et activité, en bon père de famille, à augmenter ses revenus, le bien-être et l'avoir des siens. Ces considérations ont assurément guidé le législateur quand il a stipulé pour les attributaires des concessions gratuites en Algérie, le régime de la présence obligatoire; en écartant les spéculateurs, ce régime escomptait — ce qui fut universellement vérifié — qu'il faut connaître la terre pour l'aimer et qu'il faut l'aimer pour la féconder.

L'absentéisme a créé en grande partie les misères de l'Irlande et sa scission morale avec l'Angleterre ; il sévit cruellement en Italie, en Roumanie, en Hongrie où il est une des causes principales de crises agricoles intenses.

En Algérie, le faire-valoir direct est très usité dans la moyenne et la petite propriété et bien des colons lui doivent, sinon la richesse, du moins une aisance relative.

Mais ce mode d'exploitation si rationnel et si profitable n'est pas possible pour tout le monde, car il demande non seulement des connaissances et des aptitudes agricoles, mais aussi il exige la présence du propriétaire sur ses terres, présence assidue et à peu près constante.

Aussi les propriétaires occupés ailleurs ou bien insuffisamment préparés au rôle de cultivateur lui préfèrent-ils le mode suivant.

Le faire-valoir par régisseur.

Dans ce cas, le régisseur ou gérant est l'âme de l'exploitation et doit, pour rendre les services qu'on attend de lui, être honnête, instruit, expérimenté et actif. Si le gérant est malhonnête, il ruine le propriétaire en s'enrichissant lui-même ; s'il n'est qu'ignorant, il ruine le propriétaire et la terre. S'il est habile et de bonne foi, la terre sera maintenue en bon état de prospérité tout en fournissant à son possesseur une rente raisonnable.

En Algérie on trouve facilement de bons régisseurs parmi les anciens élèves des Écoles d'agriculture; en leur donnant un appointement fixe et un intérêt sur les bénéfices de l'exploitation on fait d'eux d'excellents mandataires.

La gérance n'est en somme qu'un faire-valoir direct dans lequel le propriétaire est remplacé par le régisseur, lequel exerce son action personnelle sur la direction des cultures et des travaux.

Le fermage.

Le fermage est pratiqué dans la moyenne et la grande propriété.

Le fermier est simplement un locataire du sol qui l'exploite à ses risques et périls, en payant une location annuelle pendant une période déterminée. Le prix de la location est réglé par semestre et d'avance, moyennant quoi le locataire jouit de tous les produits du sol loué.

La durée du bail, quand le fermier est sérieux, doit être la plus longue possible : un fermier n'améliore pas les terres qu'on lui a louées si son passage y est éphémère ; d'autre part, il ne peut qu'à cette condition y entreprendre des assolements et des fertilisations convenables.

Le montant de la location doit être déterminé avec prudence ; le plus sage est de l'établir sur une moyenne de dix années consécutives de récoltes. Il ne faut pas oublier, en Algérie, que l'irrégularité des saisons, du régime des pluies et des périodes sèches ou pluvieuses ne peuvent assurer chaque année une récolte moyenne. C'est le pays des vaches grasses et des vaches maigres ; tout calcul du rendement du sol doit donc porter sur une période assez longue, à moins qu'il ne s'agisse de propriétés où une irrigation largement assurée est le gage d'une bonne moyenne annuelle.

En dehors de cette donnée indispensable, la valeur de la location doit être déterminée par l'état des terres au moment du bail et la nature des cultures qui y existent.

Les baux à ferme doivent être écrits sous seing privé ou devant notaire ; ils sont soumis à l'enregistrement dans les trois mois.

Leur rédaction est une chose assez délicate parce qu'elle doit, tout en consacrant les droits du bailleur et du preneur, prévoir certains cas qui provoqueraient ultérieurement des litiges.

Ainsi le propriétaire doit délivrer au fermier l'immeuble rural avec ses accessoires et lui en garantir la jouissance : il faut donc que le bail contienne un inventaire du matériel et un état des lieux. Le fermier doit cultiver selon les règles agricoles en usage, garnir l'immeuble des ustensiles aratoires nécessaires, le peupler d'un nombre déterminé de têtes de bétail, ne pas exporter paille et fourrages, les transformer sur place en fumier réservé aux terres louées, exécuter les réparations locatives et rendre en fin de bail l'immeuble dans l'état où il l'a reçu. Toutes les conditions de culture, d'assolement, de jachère, d'attribution de récoltes pendantes au moment de la cessation du bail, d'indemnités au fermier en cas d'améliorations capitales, doivent être explicitement développées dans l'acte.

Le choix d'un fermier importe beaucoup en Algérie ; il doit aller de préférence à des Européens. cultivateurs de profession, ayant des aptitudes réelles, honorablement connus, entourés de leur famille et possédant quelques avances. Ainsi on peut être assuré de la rentrée régulière des fermages pendant toute la durée du bail.

En Algérie, l'entrée en bail se fait à la Saint-Michel, le 29 septembre et les récoltes pendantes appartiennent au fermier entrant. Les Français et surtout les Espagnols font d'excellents fermiers.

Le métayage.

C'est une association entre le propriétaire et le cultivateur ou métayer. Le propriétaire fournit le capital foncier qui est la terre et le capital d'exploitation qui est la somme d'argent nécessaire aux travaux ; le métayer fournit la main-d'œuvre. Les produits sont partagés entre l'un et l'autre. Le métayage constitue une association parfaite du capital et du travail.

Il est très pratiqué en Algérie où beaucoup de cultivateurs ne possèdant pas les moyens, les réserves et le capital nécessaires, peuvent, au moyen d'une association semblable avec le propriétaire du sol, travailler et assurer leur existence. Dans la province d'Oran, les métayers espagnols sont très nombreux dans la grande culture et dans les vignobles, et ils réussissent généralement. Dans la province d'Alger et dans celle de Constantine, on trouve aussi des métayers français ou espagnols.

Le contrat de métayage se prête à des conditions très variées suivant que le cheptel est fourni par le propriétaire ou le métayer, qu'il est possédé en commun ou partagé en animaux de travail et animaux de rente appartenant à l'un ou à l'autre, ou encore suivant que les semences et le matériel sont fournis et avancés par l'un ou l'autre des traitants.

Toutes ces conditions doivent être stipulées explicitement; le plus souvent en Algérie le propriétaire fait toutes les avances pour la culture et même pour l'alimentation du personnel et le paiement des auxiliaires. Les avances sont prélevées sur le bénéfice avant tout règlement de compte; le métayer donne son travail et son industrie. Cependant dans quelques contrées le propriétaire supporte la moitié des frais de la moisson, ou la moitié des frais d'entretien du matériel, ou la moitié de la nourriture des bêtes de travail.

Ces différences dans les obligations respectives du propriétaire et du métayer font rarement varier les conditions du partage des produits : le principe est le partage par moitiés égales du rendement et du croît, après prélèvement des avances du propriétaire.

Le contrat de métayage, pour être avantageux aussi bien pour la terre que pour le traitant, doit avoir une durée assez longue; le métayer sentant sa position fixe et la rémunération de son travail assurée, s'intéresse davantage aux améliorations du sol et aux progrès des procédés de culture ; il est l'associé du propriétaire dans les risques et les gains de l'entreprise et cette situation morale contribue à l'inciter au travail. Le propriétaire exerce une surveillance plus attentive ; la rente du fermage est fixe, celle du métayage peut augmenter avec le genre des cultures et la somme d'industrie qui est mise en œuvre.

Pour les vignes le contrat de métayage le plus habituel est le suivant. Les frais de défoncement sont supportés par moitié par le propriétaire et le métayer qui a entièrement à sa charge les frais de plantation, de culture et de main-d'œuvre.

Le cheptel vivant ou mort, propriété du métayer, est entretenu par lui.

Le propriétaire fait les constructions, achète le matériel vinaire entretenu et réparé aux frais du métayer.

Les engrais et amendements, les soufres et autres produits utiles sont achetés à frais communs.

Le produit brut est partagé par moitié : la durée du contrat est ordinairement de 9 ans.

Quand il s'agit de vigne en plein rapport, voici les conventions d'usage :

Les frais de culture, de main-d'œuvre, d'entretien du cheptel mort, propriété du métayer, sont entièrement à sa charge. Les frais de nourriture des animaux qui appartiennent au métayer sont partagés par moitié.

Le propriétaire livre la cave et le matériel que le métayer doit entretenir.

Les frais de fumure, d'achats de produits utiles sont supportés pour les 3/5 par le propriétaire et pour les 2/5 par le métayer. C'est dans la même proportion que l'on partage le produit brut.

Bien entendu ces conventions sont susceptibles de varier suivant les circonstances et les localités. Dans l'un et l'autre cas, le propriétaire conserve la haute direction de l'exploitation.

Le métayage, au point de vue général, facilite en Algérie l'installation de cultivateurs chargés de famille qui font souche de colons acclimatés et laborieux dont la diffusion augmente le périmètre de la culture européenne.

Le bail emphytéotique.

L'emphytéose (d'un mot grec qui signifie plantation) est un contrat par lequel un propriétaire concède pour de longues années la jouissance d'un immeuble rural avec ou sans paiement d'une rente annuelle, mais avec, pour le preneur, la charge d'exécuter à ses frais défrichements, plantations, constructions ou tous autres travaux ayant pour but l'amélioration du fonds. A l'expiration de l'emphytéose, le propriétaire rentre dans son bien et bénéficie de l'état où l'a conduit le locataire.

On a souvent usé de ce mode d'exploitation du sol en Algérie, notamment pour la plantation des vignes, et pour celle des oliviers ; on le trouve pratiqué communément en Kabylie et dans la région de Tlemcen.

En principe, le bail emphytéotique ne doi tpas avoir une durée moindre que vingt ans et plus longue que quatre-vingt-dix-neuf ans ou trois générations. Mais, dans la pratique, les conventions particulières adoptent une durée autre : ainsi pour la plantation des vignes on traite parfois pour sept années faisant le calcul que la vigne produisant dès la quatrième année, l'emphytéote aura quatre récoltes de vin pour s'indemniser de son travail. Dans ce cas le propriétaire fournit les plants et détermine les conditions de défoncement du terrain, de plantation de boutures, de travaux annuels, de fumure et de taille, en un mot tout ce qui constitue l'établissement rationnel de la vigne ; la troisième année, il fait construire les caves.

Pour les oliviers l'emphytéose, en territoire indigène, dure de vingt-cinq à trente ans et le preneur du sol a le droit de faire des cultures intercalaires. Certains contrats se font pour des olivettes à greffer : le bail dure alors dix ans. On traite aussi de la même façon pour la plantation des figuiers.

Il arrive souvent qu'à l'expiration de l'emphytéose et quelquefois avant, le bail est transformé en contrat de métayage.

Le colonage tertiaire.

C'est une sorte de métayage avec cette double particularité qu'il ne se fait que pour un an et que le preneur de la terre se contente du tiers des produits.

Le propriétaire livre le sol, le colon fournit les attelages, les semences. Deux tiers des récoltes sont pour celui-ci, un tiers pour celui-là.

Ce système présente l'avantage pour le propriétaire ignorant de la culture ou occupé ailleurs, quand il manque de fermiers, de ne pas perdre une année de rente et de faire cultiver sa terre sans risques, ni avances, ni dépenses.

Par contre, il n'est pas fait pour améliorer le fonds, car le locataire ne traitant qu'à l'année ne se préoccupe pas du lendemain, use et abuse du sol pour en tirer le plus grand profit.

Le colonage tertiaire ne peut être qu'un mode transitoire qui permet d'attendre, en obtenant une rente raisonnable, un meilleur système d'exploitation.

Les Arabes s'offrent souvent comme colons tertiaires, pour cultiver les terres de leurs voisins ; ils y trouvent l'emploi de leurs bœufs et une recette qui, même avec les rendements si infimes de leur culture, constitue pour eux un bénéfice apprécié.

Le métayage par khammès.

Le mot *khammès* dérive du mot arabe khamça qui signifie cinq ; il est appliqué à un métayer indigène, qui travaille pour être payé avec le cinquième de la récolte.

Ce mode d'exploitation de la terre est très usité dans toute l'Algérie et la Tunisie et rend de grands services dans la culture extensive, surtout en ce qu'il assure sans dépenses la main-d'œuvre de la terre pendant toute l'année.

Voici les conditions générales faites au khammès :

L'indigène arrive fin septembre sur la propriété ; il y établit son gourbi et reçoit l'attribution d'un lopin de terre, nommé *azela* d'une surface représentant la semaille d'un double décalitre d'orge et de fèves, lopin qu'il laboure à son gré, dont il est seul usufruitier pour la récolte et qu'il faut toujours lui donner en bonne terre pour assurer ainsi la présence de sa famille pendant tout le temps du contrat.

Le khammès reçoit en outre, quand il est nouveau venu, une avance de 40 à 80 fr. Le plus souvent il demande davantage sous prétexte de dettes anciennes ou d'achats à faire de vivres, femme, habillements ; mais l'usage est constant de ne pas dépasser la somme ci-dessus. La loi indigène, les khanoun qui ont réglé la matière prescrivent en outre que le khammès doit recevoir un double décalitre de grains par semaine pour chaque fraction de trois personnes de sa famille, un mouton ou une chèvre aux grandes fêtes religieuses et de temps en temps un peu de menue monnaie à titre d'avance et qui est remboursable sur l'aire à la récolte. Il faut se garder de faire au khammès des avances exagérées parce que, dans ce cas, si au moment des battages il voit que la récolte sera faible et qu'il ne pourra rembourser les avances, il déserte l'exploitation. D'ailleurs on peut lui faire faire quelques journées pour la ferme en ce qui concerne la main-d'œuvre due par lui et conserver le montant de ce travail si l'on a à craindre une désertion. Ce dernier cas est assez rare, surtout quand les usages indigènes sont scrupuleusement respectés et parce que le khammès traité avec justice, gagnant sa nourriture et celle de sa famille, s'attache volontiers à ses maîtres et les sert quelquefois de père en fils.

Une fois installé, le khammès reçoit une paire de bœufs de travail qu'il nourrit et loge et dont il est responsable jusqu'à la fin de la saison des labours coïncidant généralement avec la récolte des fèves sèches. Dans les exploitations pourvues de constructions suffisantes, les bœufs des khammès sont logés dans des étables sous la responsabilité des khammès qui se partagent la surveillance ; cette installation est préférable tant au point de vue de la sécurité que de la conservation du fumier.

Le khammès, en échange de ce qui précède, doit labourer, semer, sarcler, moissonner, faire les meules et les recouvrir. En dehors de ces travaux obligatoires, il peut être employé à la ferme, mais est payé séparément au prix de la localité. Les femmes et les enfants s'occupent des animaux, traient les vaches, nettoient les écuries, font les sarclages sans avoir droit à une rétribution quelconque.

Au moment de la moisson, le propriétaire doit fournir à ses khammès autant de moissonneurs qu'il a de fois deux charrues. Ces moissonneurs qu'on appelle *megat'ha* sont payés avec huit doubles décalitres d'orge et huit doubles décalitres de blé ; ils sarclent, moissonnent et font les meules avec les khammès et, si leurs femmes sarclent, on leur abandonne le glanage.

Si le propriétaire veut enrôler des moissonneurs étrangers à prix d'argent, il le fait à ses frais et les khammès donnent seulement un coup de main pour les transports.

Quand les battages sont terminés, sur l'aire, on fait le partage des grains. Les pailles sont la propriété du maître du sol ; un cinquième de la récolte brute des blés, orges, avoines, vesces est attribué au khammès ; mais l'avoine qui n'est pas consommée par les indigènes est échangée contre la même valeur d'orge, de blé ou remboursée en argent. Pour les pois chiches qui ont demandé deux labours et un binage, la part du khammès est d'un quart de la récolte brute ; pour les bechna ou sorgho, elle est d'un tiers.

Les glanages, quand ils ne sont pas abandonnés aux femmes des megat'ha, sont partagés par moitié.

Pour les cultures sarclées et maraîchères, le khammès a droit à la moitié de la récolte qui doit être livrée toute manipulée et définitive.

Au moment du partage, on retient au khammès le montant des avances en argent qu'il a reçues en se conformant strictement à la loi arabe.

On voit des familles de khammès s'attacher au propriétaire, lui manifester une grande confiance et ne pas opposer de l'inertie à telle ou telle innovation qu'on leur a bien fait comprendre et dont une expérience à la portée de leur intelligence leur a bien montré l'utilité. Ils sont de bons serviteurs et ont le précieux avantage d'assurer sur place une main-d'œuvre qui, si elle n'est pas de première qualité, est peu coûteuse, active, perfectible et en tous cas, continue et abondante.

Le contrat d'enzel.

En outre des modes d'exploitation que nous venons de passer en revue, il en est un, spécial à la Tunisie, sur lequel nous dirons quelques mots : c'est le contrat d'*enzel*. Dans la législation musulmane, l'enzel est une location à durée infinie, un bail illimité ; d'après la nouvelle loi foncière tunisienne, l'enzeliste devient propriétaire du fonds moyennant une rente annuelle fixe et perpétuelle. Ce contrat est usité pour la mise en valeur de biens de mainmorte, biens *habous*, pour lesquels la loi n'autorise pas l'achat au comptant. Les biens tenus en enzel se transmettent avec la même facilité que les autres, la rente suit la terre dans les mains nouvelles et le nouvel acquéreur prend simplement la place du cédant vis-à-vis des bénéficiaires de la rente.

Il y a à Tunis une Administration des biens habous avec laquelle doivent être passés les contrats et discutées les conditions de l'enzel.

Ce mode a surtout pour avantage d'éviter l'immobilisation de capitaux dans l'achat du fonds et de permettre leur utilisation à la culture immédiate [1].

1. Pour les contrats en usage chez les Kabyles voir : *la Kabylie et les coutumes kabyles* par Hanoteau et Letourneux, Lib. Challamel, Paris.

Estimation de la valeur vénale des terres. — Dette hypothécaire. — Répartition des terres entre les Européens et les Indigènes.

« En Algérie, écrivait en 1855 Jules Duval, les terres en pleine campagne coûtent de 10 à 15 francs l'hectare si elles ne sont ni défrichées, ni irrigables ; défrichées, il faut payer le prix du défrichement, environ une centaine de francs ; irrigables, elles atteignent une valeur plus élevée. Cependant on peut compter acheter un *corps de ferme* avec une partie notable de terres irrigables au prix de 100 fr. l'hectare. » L'auteur en concluait que l'acquisition par achat de terres libérées était préférable à l'acquisition par concession gratuite toujours grevée de charges souvent très onéreuses.

Depuis cette époque, grâce au développement économique du pays, ces prix ont subi un accroissement considérable.

Si l'on ne peut songer à donner des indications précises sur la valeur des terres, valeur qui varie non seulement suivant les régions, mais encore, pour une même région, d'après les circonstances (situation, fertilité, état des travaux de mise en culture, salubrité, etc)., il est possible néanmoins d'établir quelques règles pouvant guider l'acheteur.

En principe, la valeur vénale d'une terre peut être estimée d'après le prix de location. De même que le prêt d'un capital argent donne droit à un intérêt variant de 5 à 6, 7, 8 pour 100, suivant le taux d'intérêt en cours et les risques auxquels le capital engagé est exposé, de même la location d'une terre motive un fermage ou loyer variable suivant le parti que peut tirer de la terre celui qui l'exploite et les chances que court le propriétaire d'être payé.

Dans les meilleures conditions, là où les risques de non payement sont réduits au minimum, quand on est assuré que le domaine sera exploité en bon père de famille, l'argent affecté à l'achat des terres est placé au denier 20, c'est-à-dire qu'il rapporte 5 0/0[1]. Dans ce cas, pour déterminer la valeur vénale du

1. En France le taux ordinaire des bons placements en terres à revenus réguliers est de 2 1/2 0/0.

sol, il suffit de multiplier par 20 le montant du fermage. Un domaine loué 30 francs l'hectare vaut donc 600 francs l'hectare.

Mais dans bien des cas il est impossible de trouver des locataires remplissant régulièrement leurs engagements et alors le prix du fermage, exagéré en raison des risques courus, à supposer qu'il soit sincère, ne peut plus être pris comme base d'évaluation de la valeur vénale du sol qui se trouve bien au-dessous du chiffre théorique.

On peut encore déterminer approximativement la valeur vénale d'une terre par la connaissance du revenu net moyen calculé pour une période de 10 ans au minimum et que l'on multiplie par 20. Une ferme à cultures variées qui donnerait un revenu annuel net de toutes charges de 3.000 francs vaudrait 60.000 francs. Mais ce mode d'estimation ne peut plus être appliqué quand il s'agit de cultures spéciales qui, comme la vigne, sont exposées à des risques spéciaux. En effet, en capitalisant au denier 20 pour des vignes d'un rendement net moyen de 500 fr. par hectare, revenu facilement obtenu, parfois même dépassé, on arriverait à une estimation de 10.000 francs par hectare. Or, les vignobles créés dans les meilleures conditions, en pays non phylloxéré, ne sauraient être vendus, avec leur matériel complet, plus de 4.000 francs l'hectare, prix de revient maximum de ces vignobles amenés à la période de plein rendement et pourvus de tout l'outillage vinaire nécessaire.

En fait, dans les expertises judiciaires, dans la région d'Alger, où le phylloxéra est inconnu, l'estimation des vignes varie actuellement entre 1.000 et 1.800 francs l'hectare.

Même pour les cultures courantes, le prix de la valeur vénale des terres, calculé comme il est indiqué ci-dessus, est encore un maximum quand on s'éloigne des anciens centres de colonisation.

Dans certains cas, l'importance des charges hypothécaires qui pèsent sur un domaine permet d'en déterminer la valeur approximativement, car malheureusement bien des terres sont grevées au maximum. Parfois même l'hypothèque est supérieure à la valeur de la terre.

Dans un rayon de 25 à 30 kilomètres autour des grands centres de population, les terres arables les plus fertiles, à récoltes régulières, bien desservies par des routes en bon état ou des chemins de fer, et situées dans des régions salubres valent de 300 à 900 francs l'hectare suivant leur éloignement. Au delà, leur valeur descend à 200 francs et même en dessous, si elles sont éloignées des routes. Les terres irrigables, lorsqu'elles ne peuvent être arrosées qu'au moyen d'eau obtenue à titre onéreux, n'ont souvent pas une valeur sensiblement supérieure à celle des terres sèches, sauf quand elles sont favorables aux cultures arbustives ou maraîchères. Ces dernières terres, quand elles sont alimentées par des nappes souterraines ou des sources, atteignent facilement le prix de 1.000 à 2.000 francs l'hectare ; dans les situations les plus privilégiées, favorables aux cultures maraîchères, les prix sont décuplés.

Notons aussi que des terres arables, irrigables par les eaux de barrage, mais épuisées par la culture au mépris des lois de la restitution, envahies par les plantes parasites, liserons, chiendent, cypérus, roseaux, voient parfois leur valeur vénale tomber au dessous de celle des terres sèches voisines.

Les plantations d'oliviers produisant en moyenne un revenu de 75 à 200 francs par hectare pour les terres non arrosées peuvent être estimées de 1.000 à 3.000 francs l'hectare suivant les cas. Ce prix augmente si les irrigations assurent un revenu plus élevé et plus régulier. Les orangeries en production valent de 6 à 8.000 fr. l'hectare.

« En Tunisie, d'après M. Leroy-Beaulieu, le prix du sol pour des terres variant de 150 à 200 hectares jusqu'à 4 ou 500 peut être estimé à 80 et 120 francs l'hectare, pour un terrain nu, à défricher en partie. Les grands domaines incultes et éloignés se vendent 50 à 60 francs l'hectare : mais les lots convenablement assortis, placés près des voies de communication, peuvent prétendre à 100, 150 et 200 francs, sinon davantage » D'après le même économiste, on peut encore trouver dans un rayon de 25 kil. de Tunis des terres nues et embroussaillées à 150 ou 200 francs l'hectare.

Au lieu d'éparpiller ses ressources sur de grandes étendues de terre à bon marché, le colon français immigrant qui vient s'installer en Algérie ou en Tunisie pour y faire de la culture, s'il veut réunir la plus grande somme de chances de succès, doit rechercher avant tout les terres les plus fertiles, les plus profondes, seraient-elles les plus chères. Si elles sont bien desservies par des routes ou par un chemin de fer, si les facilités de mise en valeur sont grandes, si la sécurité des personnes et des biens est assurée, si la salubrité est bonne et le climat favorable, il aura vite fait de regagner ses débours, fussent-ils de quelques centaines de francs de plus à l'hectare. En tout cas, dans son estimation, s'il entre dans un domaine dont la mise en valeur a été commencée, il ne devra considérer que les dépenses productives qui ont été faites et ne tenir aucun compte de celles inutiles ou de luxe.

DETTE HYPOTHÉCAIRE [1]

Les hypothèques conventionnelles inscrites au 1er juillet 1895 se répartissaient ainsi :

	GREVANT LA PROPRIÉTÉ URBAINE.	GREVANT LA PROPRIÉTÉ RURALE.
Département d'Alger........	68.829.792	134.292.811
— d'Oran.........	86·622.501	126.954.834
— de Constantine	137.064.605	154.749.481
	292.516.898	415.997.126

Les hypothèques judiciaires atteignent le chiffre de 90 millions environ.

Il existe en outre des hypothèques pour la somme de 34 millions de francs grevant à la fois les propriétés urbaines et rurales du département d'Oran.

En résumé, le total de la dette hypothécaire inscrite s'élève à la somme de 832.514.024 francs.

La dette chirographaire ne peut être évaluée.

RÉPARTITION DES TERRES ENTRE LES EUROPÉENS ET LES INDIGÈNES

La population rurale européenne est estimée à environ 200.000 individus : ce chiffre, dans ces dernières années, au lieu

1. Au 1er octobre 1892, le montant de la dette hypothécaire *conventionnelle* était de 419.993.584 francs, grevant à peu près également la propriété bâtie (214.282.740 fr.) et la propriété non bâtie (205.710.844 fr.). Voir *la France en Algérie*, par Vignon, p. 276.

de s'accroître, tend au contraire à diminuer, si l'on s'en rapporte aux statistiques officielles. Cette population possède environ 1.400.000 hectares dans les régions les plus fertiles, mais n'en cultive guère plus de la moitié (voir la Statistique générale de l'Algérie publiée par le Gouvernement général (1897), pages 194 et suivantes). Le rapport de la population européenne à la superficie qu'elle possède est de 1 tête par 7 hectares[1].

Chez l'indigène, la proportion des terres qu'il cultive s'élève à peine à trois millions d'hectares sur 7 millions qu'il détient : mais il faut observer que ces terres sont en général de qualité moindre, qu'une partie n'est guère susceptible d'être cultivée et qu'une autre doit être réservée au bétail presque exclusivement entre les mains de l'indigène. Toutefois, si l'on rapproche le chiffre de la population agricole indigène de la superficie des terres qu'elle possède, on voit que l'on ne compte guère plus de deux hectares par tête.

De ces données officielles, si elles sont exactes, il y aurait à déduire bien des conclusions d'ordre politique et administratif : mais estimant qu'elles ne rentrent pas dans le cadre de cet ouvrage, nous nous bornerons à faire remarquer que si l'agriculture indigène arrive à nourrir une si nombreuse population, ce n'est guère par la perfection de ses procédés agricoles et l'intensité de sa culture, mais c'est grâce à l'extrême sobriété de cette population qui satisfait à peine à ses besoins les plus impérieux.

Considérations générales sur l'agriculture algérienne.

Il est un principe d'évidence : dans tous les temps et sous toutes les latitudes, c'est le climat surtout qui imprime à l'économie rurale d'un pays son caractère spécial, détermine les espèces de plantes qui y sont cultivables et impose les pratiques agricoles à appliquer. Par les conditions météorologiques auxquelles elle

1. D'après la statistique décennale agricole de la France en 1892, la superficie cultivée dans la métropole était de 44 millions d'hectares pour une population agricole de 6.663.000 individus (cultivateurs et ouvriers agricoles.)

est soumise et, par suite, par la nature même de son agriculture, l'Algérie n'est que le prolongement de la France et plus spécialement de la Provence pour sa région marine caractérisée par l'olivier.

L'Algérie n'a donc et ne peut pas avoir des cultures spéciales : les plantes qui forment la base de son agriculture sont les mêmes que celles exploitées dans les diverses régions de l'Europe. Si l'Algérie dans son ensemble emprunte à l'agriculture du Nord de l'Europe les mêmes céréales, fourrages et bétail, elle prend également, et pour sa partie tempérée seulement, les arborescents utilitaires de l'Europe méridionale, de la Provence, mais surtout de l'Espagne et de l'Italie du Sud.

C'est seulement par leur importance que se différencient des nôtres ces cultures, qui sont séculaires dans ces pays où elles ont été attentivement suivies et étudiées par des agronomes dont nous ne connaissons pas assez les travaux. On sait en effet que les grandes orangeries des plaines de l'Andalousie et de la côte méditerranéenne font une sérieuse concurrence à l'Algérie qui ne fournit annuellement à la métropole que 3.300.000 oranges, mandarines et citrons, tandis que l'Espagne lui envoie 58 millions de ces fruits. De même, la production de l'olivier en Algérie est insuffisante pour affranchir la France du tribut de 10 millions de francs qu'elle paye à l'Italie pour ses huiles d'olive. Enfin le caroubier greffé et amélioré n'occupe que des surfaces restreintes, ne permettant à l'Algérie que de livrer à la France 1.400.000 kil. de caroubes sur les 19 millions de kil. qu'elle achète annuellement au dehors. On voit par ces chiffres quelle extension il faudrait donner à ces cultures pour suffire aux besoins de la métropole.

Les quelques tentatives de cultures tropicales qui ont été faites depuis des siècles dans des régions du bassin méditerranéen plus tempérées encore que l'Algérie n'ont jamais donné de résultats économiques, et si la canne à sucre a été exploitée pendant quelques années sous le ciel si clément de la côte andalouse, d'Alméria à Gibraltar, c'est moins en raison de la moyenne de ses rendements que grâce à la protection douanière qui la mettait à l'abri de la concurrence des sucres étrangers. Actuellement, la *canne* a cédé la place à la *betterave* plus facilement cultivable dans presque toute la péninsule ibérique.

La culture du coton n'a pas mieux résisté aux conditions désavantageuses du climat et aux exigences économiques, ni sur les continents méridionaux, ni dans les grandes îles du bassin méditerranéen, sous une latitude égale ou même plus basse que celle de la côte algérienne.

Dans la Méditerranée, mais ne faisant pas partie du climat de ce bassin, la Basse Égypte a pu conserver la culture de la *canne à sucre* et celle du *coton*. La latitude de cette contrée, sa faible altitude, les conditions climatériques particulières à la vallée du Nil avec ses merveilleuses irrigations permettent exceptionnellement la culture de ces deux plantes précieuses à la limite géographique de leur exploitation économique.

Les quelques plaines basses du littoral algérien, appartenant véritablement au climat tempéré, ne peuvent bénéficier d'irrigations assez abondantes en tout temps, surtout en été, ni disposer d'une main-d'œuvre nombreuse à salaire minime, conditions sans lesquelles les produits agricoles destinés à la grande industrie ne sauraient s'obtenir dans des conditions avantageuses.

L'exiguïté du périmètre arrosable et surtout l'insuffisance ou le manque d'eau pendant l'été limitent l'extension des cultures estivales si communes en Europe.

En dehors du coton, la culture des textiles exotiques, tels que le Jute et la Ramie, a été entravée par le climat et par les conditions économiques. Les autres plantes filifères, celles des pays du Nord, n'ont pas trouvé en Algérie où elles sont déjà en dehors de leur véritable zone culturale, un milieu favorable au développement de leur culture, privées qu'elles étaient de l'eau d'irrigation ou de pluie nécessaire à leur végétation, même dans la période printanière. En effet, le lin pour filasse, souvent sous l'influence de la sécheresse, n'a pas une élongation suffisante, et le chanvre ne peut recevoir, comme dans les plaines de l'Italie du Nord, les abondantes irrigations qui lui sont indispensables. De là l'absence de ces deux plantes textiles dans nos cultures, malgré des essais réitérés.

En ce qui concerne les plantes fourragères, notre agriculture n'a rien emprunté à l'exoticité. Nous cultivons comme en Europe le maïs fourrager, le sorgho, la luzerne et la betterave, avec cette différence cependant que ces plantes ne donnent ici un rendement tout à fait satisfaisant que par l'irrigation de printemps et d'été : ce ne sont pas, pour la plupart, des plantes de végétation hivernale.

En dehors des textiles, les autres cultures industrielles se sont heurtées à des difficultés économiques insurmontables : les plantes tinctoriales n'ont pu tenir devant les progrès de la chimie, et les végétaux oléifères, à part l'olivier, n'ont pu supporter la concurrence des huiles minérales ni des produits oléagineux, que l'Asie méridionale déverse si facilement en Europe depuis la construction du canal de Suez.

Les végétaux de grande culture sont donc communs à l'Algérie et à l'Europe : mêmes céréales, mêmes fourrages, et aussi mêmes plantes alimentaires de moyenne culture. Comme dans l'Europe méridionale, les principales cultures arbustives sont l'olivier, l'oranger et la vigne, mais limitées en Algérie seulement aux zones marines et montagneuses, sans pouvoir s'étendre dans l'intérieur du pays, dans les Hauts Plateaux, à cause des extrêmes de température.

Fatalement et malgré l'intérêt économique qu'il y aurait à ce qu'il en fût autrement, l'Algérie produit les mêmes denrées que la France, vins, céréales, bétail, etc., et sauf pour quelques cultures qu'elle possède du reste en commun avec l'Italie et l'Espagne elle est entraînée à faire concurrence aux producteurs français sur leur propre marché.

Au début de l'occupation française, l'Algérie, mal connue au point de vue de son climat, était considérée comme un pays à cultures coloniales, et c'est dans cet esprit que le gouvernement encouragea la plantation du coton, de la canne à sucre, de l'arbre à thé, du caféier, etc. Si elles avaient réussi, ces cultures, toutes différentes de celles de la métropole, auraient trouvé sur le marché de cette dernière un débouché illimité, sans faire la concurrence à la production nationale. Mais c'était vouloir forcer la nature : l'on reconnut bientôt que ce rôle de colonie tropicale ne convenait pas à l'Algérie et qu'il fallait abandonner cette idée qui continue néanmoins à hanter le cerveau de quelques rêveurs.

Grâce au régime douanier commun à la France et à l'Algérie, cette dernière ne peut guère trouver à l'étranger des débouchés, ceux-ci étant tous fermés par les tarifs actuels de douane. Par la force même des choses, c'est donc sur le marché français que les agriculteurs algériens sont amenés à jeter l'excédent de leur production en céréales, en vins et en bétail.

Certaines années, les marchés sont encombrés, et la concurrence provoque des rivalités que, dans l'intérêt de l'agriculture algérienne et des relations cordiales qui doivent exister entre la métropole et sa colonie, il importe de prévenir dans la mesure du possible.

Ce résultat pourra être atteint, en partie du moins, en dirigeant l'agriculture algérienne vers la production des denrées que la métropole tire de son sol en quantité insuffisante et qu'elle est obligée de demander à l'étranger. La France peut trouver en Algérie les quantités de blés durs et partie des orges qui lui sont nécessaires pour la fabrication des semoules et de la bière et qu'elle va chercher au dehors. Grâce aux méthodes perfectionnées de vinification qu'ils appliquent, les viticulteurs de la colonie peuvent produire les types de vins alcooliques et colorés que le commerce demande à l'Espagne, particulièrement dans les années où les vignes de la métropole mûrissent imparfaitement leurs fruits ou sont éprouvées par les maladies ou les intempéries.

Pour le tabac, la France est aussi tributaire des pays étrangers auxquels elle achète annuellement plus de 15 millions de kilogrammes de ce produit à l'état brut. En améliorant sa culture, surtout en choisissant plus judicieusement les terrains à planter, l'Algérie pourrait, si elle y était aidée par la Régie, livrer, en outre des 3 millions de kilogrammes en moyenne qui lui sont achetés annuellement, certains types de tabac demandés au dehors et contribuer dans une plus large proportion encore à affranchir la métropole du tribut qu'elle paye à la production étrangère.

On a vu plus haut dans quelle mesure la France continentale, pour l'huile d'olive, les caroubes et les oranges, s'approvisionne dans les pays voisins.

L'objectif de l'agriculteur algérien, pour atténuer les inconvénients qu'entraîne la similitude de production de la métropole et de l'Algérie doit donc être de chercher à produire surtout les denrées ou plutôt les qualités de denrées qui font défaut à la mère patrie. Le producteur algérien y trouvera son intérêt matériel, et il est du devoir du gouvernement de l'encourager dans cette voie pour assurer l'harmonie des rapports commerciaux de la France et de sa colonie.

*
* *

Le régime des pluies imprime un cachet particulier à l'économie agricole de l'Algérie. A une saison pluvieuse, favorable au développement des plantes herbacées, céréales et fourrages, succède une saison sèche au cours de laquelle est suspendue la végétation de toutes les plantes qui par la puissance de leurs racines ne peuvent pas, comme les cultures arborescentes, puiser dans les profondeurs du sous-sol les éléments minéraux et l'eau qui leur sont nécessaires.

Dans les pays à été sec comme l'Algérie, l'aménagement des eaux d'hiver en vue de satisfaire aux besoins des cultures pendant la période privée de pluie a une influence prépondérante. Aussi doit-on chercher à étendre autant qu'il est possible le périmètre des terres arrosables en utilisant les eaux courantes. Là où l'irrigation n'est pas réalisable, toutes les pratiques culturales doivent tendre à emmagasiner dans le sous-sol la plus grande quantité d'eau qu'il est possible, à l'en imprégner profondément sans la laisser ruisseler à la surface et à constituer ainsi des réserves qui, protégées ensuite par l'ameublissement superficiel du sol contre les causes de déperdition, seront utilisées par la plante pendant la saison sèche.

Enfin, comme ce sont les cultures arborescentes qui sont les plus aptes à utiliser les ressources en eau du sous-sol, ce sont elles qui sont le mieux appropriées au climat de l'Algérie et donnent les récoltes les plus assurées et les plus régulières.

Là où l'agriculteur peut par l'irrigation réduire au minimum ses risques, là où dominent les cultures arbustives dont la récolte est moins compromise par la sécheresse, il y a le plus souvent intérêt à recourir au système de culture désigné sous le nom de *culture intensive*, qui, par la perfection des procédés agricoles et l'emploi des matières fertilisantes, assure, sur une surface donnée, le produit brut le plus élevé. Les cultures maraîchères arrosées, la vigne, les cultures fruitières sont dans ce cas.

Dans d'autres milieux au contraire où les risques sont plus

grands et où la réussite de la récolte dépend beaucoup moins de la volonté de l'homme et des sacrifices auxquels il consent que du temps qu'il fera, le bas prix de la terre, la rareté des matières fertilisantes et de la main-d'œuvre imposent le système de la *culture extensive*, qui, s'étendant sur de plus grandes surfaces, demande le plus aux forces productives naturelles en imposant à l'homme le moins de sacrifices. C'est la culture extensive qui normalement doit dominer partout où, par suite de circonstances indépendantes de l'homme, un rendement suffisant n'est jamais assuré. C'est le système de culture adopté le plus généralement pour les céréales et les fourrages non arrosés.

Toutefois, on remarquera que dans ces milieux où la réussite de la récolte dépend beaucoup plus du temps que de l'agriculteur, l'action de celui-ci n'est jamais complètement paralysée. S'il ne peut rien sur les conditions climatériques, il peut du moins, par son art, conjurer en partie les effets de la sécheresse, même dans les régions les plus déshéritées. C'est là le rôle d'une *agriculture progressive* qui, par l'application sage et prudente de procédés culturaux bien appropriés et compatibles avec une exploitation rémunératrice du sol, vient en aide aux forces productives de la nature.

On distingue, en Algérie, la culture indigène, aux procédés immuables et nettement extensive, et la culture européenne, intensive parfois, presque toujours progressive. Chez l'indigène, l'objectif unique est de produire, en dépensant le moins en argent ou en travail, de la matière alimentaire en quantité suffisante pour ses besoins. Les cours et les prix de vente ne l'intéressent que pour la partie de sa récolte qu'il est obligé de transformer en argent pour le règlement de ses impôts et pour faire face aux modiques dépenses qu'entraînent son habillement et son entretien.

L'Européen ne saurait, on le conçoit aisément, vivre de la vie des indigènes. Ses besoins sont plus variés et plus impérieux, et pour y satisfaire il est obligé de recourir à une culture plus perfectionnée et plus rémunératrice. Il ne peut, sauf dans des cas particuliers, soutenir la concurrence des indigènes dans les diverses branches de l'agriculture exploitées par ceux-ci. Il ne produit des céréales dans des conditions avantageuses que dans les terres exceptionnellement fertiles, et quant au bétail, au lieu de l'élever, il préfère le recevoir de l'indigène, pour l'engraisser et le préparer à la vente sur les marchés des grands centres de l'Algérie ou de la Métropole. Dans toutes les branches de la production agricole, dans lesquelles il se trouve en concurrence avec l'indigène, c'est surtout par son esprit industrieux et prévoyant que le colon peut réussir. C'est par des approvisionnement en grains et en fourrages que l'agriculture européenne se montre supérieure à celle des indigènes exposée à toutes les vicissitudes du climat.

Par la force des choses, ce sont les cultures d'un caractère industriel et particulièrement celle de la vigne qui tendent de plus en plus à absorber l'activité et les capitaux des cultivateurs européens. On constate en effet que plus du dixième des terres possédées par eux sont consacrées à ces cultures et que cette proportion tend encore à s'élever.

N'étaient les risques que courent les entreprises agricoles, basées sur la monoculture, ce développement des cultures industrielles, qui nécessitent une main-d'œuvre considérable, fournie en grande partie par les indigènes, aurait au point de vue économique les conséquences les plus heureuses. Outre qu'elles mettent en contact avec l'élément européen les populations indigènes, qui dans nos fermes apprennent à mieux cultiver leurs champs, la culture européenne et principalement la vigne fournissent des salaires pour une somme qui s'élève annuellement à environ 35 à 40 millions de francs et qui peut être considérée comme l'équivalent de la rente que paient aux anciens possesseurs du sol les terres prélevées par la colonisation.

En Algérie, ce sont les céréales qui, par l'importance des terres qui leur sont consacrées, forment la base de l'agriculture. Année moyenne, 2.800.000 hectares sont semés en céréales, et comme c'est l'assolement biennal, céréale et jachère fourragère, qui est en principe suivi, ce serait environ 5 millions d'hectares qui seraient affectés à la production des grains. Mais trop souvent la même terre porte une céréale deux années de suite.

La moyenne de la production des céréales a été la suivante :

De 1880-85	15.426.000	quintaux
1885-90	14.038.000	—
1890-95	16.782.000	—

Avec un minimum de 13.339.000 quintaux en 1893[1] et un maximum de 20.178.000 en 1894.

Non seulement l'Algérie produit suffisamment de grains pour nourrir ses 4.429.000 habitants (y compris la population comptée à part, c'est-à-dire l'armée, etc.) et son bétail, mais ses exportations de grains l'emportent sur les importations, ainsi que le montre le tableau ci-contre dans lequel les quantités de farines ont été remplacées par les quantités de grains correspondantes, pour permettre les comparaisons.

1. En 1867, par l'effet de conditions météorologiques particulières, le rendement des céréales tomba à 4.851.000 hectolitres.

ALGÉRIE

			IMPORTATIONS					EXPORTATIONS				
		UNITÉS	1892	1893	1894	1895	1896	1892	1893	1894	1895	1896
Céréales	Froment	Quintaux	52,278	154,509	71,982	12,005	23,829	794,435	329,391	958,891	1.094,844	457,021
	Maïs	»	5,006	41,519	21,512	220	16,158	2,815	22	1,521	15,598	1,869
	Orge	»	65,883	239,239	357,415	12,177	65,024	764,426	388,761	708,908	1.055,810	509,083
	Avoine	»	278	141	247	240	685	204,758	400,553	614,353	660,584	810,432
	Farines — Quantités de grains correspondantes	»	161,621	191,463	179,546	92,751	207,852	34,528	10,668	28,307	123,820	39,967
	Totaux		285,066	626,871	630,702	117,393	313,548	1.800,962	1.129,395	2.311,980	2.950,656	1.818,372

On voit que dans ces dernières années les importations de grains ont varié entre 117.000 quintaux et 630.000, tandis que les exportations ont oscillé entre 1.129.000 quintaux et près de 3 millions[1].

C'est grâce à l'étendue considérable des terres qui leur sont consacrées plus que par l'importance du rendement à l'hectare que les céréales atteignent les quantités ci-dessus. En effet, les statistiques officielles évaluent pour les campagnes 1893-1894 et 1894-1895 le produit à l'hectare ainsi qu'il suit :

		Indigènes.	Européens.
		Quintaux.	
Année 1894-95.	blé tendre....	4,98	7,82
	blé dur	4,94	6,18
	orge....... ..	5,20	7,79
Année 1893-94.	blé tendre....	5,67	9,36
	blé dur	6 »	8,32
	orge.........	7,90	10,20

Cette infériorité du rendement de la culture indigène n'a pas pour cause unique, ainsi qu'on l'admet généralement, le mode de culture employé. Il faut reconnaître aussi que l'Européen a sur l'indigène l'avantage de détenir les meilleures terres, la colonisation s'étant implantée, comme il est naturel, dans les régions les plus fertiles, laissant les autres aux indigènes. En outre, on doit remarquer que l'accroissement des récoltes chez l'Européen est obtenu souvent par des labours plus profonds, aux dépens des réserves de matières fertilisantes que la culture indigène avait ménagées et dont elle n'avait pas tiré profit : aussi cette supériorité des rendements ne peut être maintenue dans la culture européenne que par l'application du principe de la restitution.

Par le tableau ci-dessous, qui donne le mouvement commercial des huiles et matières grasses entre la France et l'Algérie, on voit que la colonie, malgré sa production annuelle moyenne de 500.000 hectolitres d'huile d'olives, ne suffit pas toujours à ses besoins pour ce dernier produit, et qu'en tout cas, chaque année,

1. Ces chiffres sont à rapprocher de celui de l'*annone*, dîme fournie à Rome par l'Afrique romaine et évaluée à environ 1 million 1/2 d'hectolitres.

elle importe des quantités considérables d'huiles de graines grasses. Si d'autre part on songe qu'annuellement la France demande à l'étranger 17 à 18 millions de kilogrammes d'huile d'olive, sur lesquels la Tunisie en fournit 2 à 3 millions, on peut se rendre compte de l'importance des débouchés offerts à la production de l'huile d'olive soit pour la consommation locale, soit pour l'approvisionnement de la métropole.

ALGÉRIE

	UNITÉS	IMPORTATIONS 1892	1893	1894	1895	1896	EXPORTATIONS 1892	1893	1894	1895	1896
	kilog.										
Fruits et graines oléagineuses ...	»	936,500	947,854	897,625	1.049,226	1.251,111	»	»	»	»	»
Graines de lin.....	»	»	»	»	»	»	383,997	790,859	587,519	779,619	1.188,372
Huiles. d'olives..............	»	1.265,278	1.430,228	1.471,271	1.383,103	1,051,877	3.399,207	835,734	1.120,467	1.654,581	1.899,539
Huiles. de graines grasses. ...	»	5.833,383	6.635,311	6.088,433	5.822,157	7.595,875	9,992	»	»	»	»
Total des huiles.......		7,098.661	8.065,539	7.559,704	7.205,260	8.647,752	3.409,199				

Quant à la vigne, elle fournit au commerce extérieur plus de 3 millions d'hectolitres de vin représentant sur place une valeur d'environ 45 millions de francs. Pour l'Algérie, cet arbuste a été la plante colonisatrice par excellence ; c'est peut-être au sort de la viticulture que désormais se trouve intimement lié l'avenir de la colonisation.

*
* *

Une immense région, comprenant environ la moitié de l'Algérie exploitable et formée des Hauts Plateaux, des steppes et de la lisière saharienne, n'est pas susceptible d'être cultivée. Par la force même des choses, l'indigène y est nomade, et ses troupeaux sont soumis au régime de la transhumance. L'agriculture y est réduite à la forme pastorale, car le climat, l'insuffisance des pluies et souvent l'aridité du sol ne permettent aucune culture.

En dehors de quelques améliorations de détail, aucune modification profonde ne paraît pouvoir être apportée à l'état de choses actuel. La colonisation, et par conséquent la constitution de la propriété individuelle, en entravant la transhumance par l'occupation des meilleurs terrains et des points d'eau, serait de nature à provoquer un trouble profond dans le fonctionnement rationnel du système pastoral.

Ce système, malgré la simplicité du mode d'exploitation appliqué à ces vastes étendues, comporte cependant un résultat économique des plus importants ; en effet ces troupeaux de moutons, de chèvres, de chameaux font vivre les populations indigènes, en leur fournissant, outre la viande et le lait pour leur nourriture, les poils, la laine et le cuir nécessaires à la confection de leurs vêtements et de leurs tentes ; de plus ils créent des produits d'exportation, contribuent au commerce général et satisfont aux besoins de la consommation sur place dans la mesure de 100 millions de francs environ, consistant en viande, laine, peaux, etc. Or, ce résultat considérable est dû simplement à cette agriculture pastorale qui n'a exigé de l'État, ni des colonisateurs, des sacrifices et des frais de premier établissement comme ceux nécessités par la vigne, qui produit annuellement environ 45 millions de francs, mais après avoir coûté 300 à 400 millions pour sa plantation et sa mise en valeur, en dehors des frais annuels d'entretien.

Le gros bétail est exclu de cette région des Hauts Plateaux : il ne pourrait y vivre. La chèvre et le mouton composent seuls les troupeaux qui paissent dans ces vastes étendues.

La chèvre, représentée par 3.545.000 têtes, sert à l'alimentation de l'indigène et ne constitue pas un produit d'exportation.

Le mouton, au contraire, est une bête d'exportation très recherchée. Peut-on augmenter l'effectif ovin qui oscille entre 6 et 10 millions de têtes, suivant les rigueurs de certaines années? Tel est le problème posé depuis un demi-siècle et resté insoluble pendant que l'Australie et la Plata devenaient rapidement les grands fournisseurs de laine et de viande dans le monde entier.

Si, en ce qui concerne les procédés d'amélioration applicables à notre élevage, on peut hésiter dans certains cas entre le croisement et la sélection ou entre la production exclusive de la viande, et celle combinée de la viande et de la laine, il est difficile d'admettre, comme quelques-uns l'ont fait, que l'influence de l'homme est assez puissante pour changer la nature du revêtement végétal du sol. En d'autres termes, la restauration des pâturages ou plutôt leur création avec une flore nouvelle et la formation naturelle de prairies créées par simple épandage de graines importées d'une contrée exotique quelconque sont présentées comme une opération dont on laisse entrevoir la possibilité et l'utilité.

On ne saurait trop combattre la mise à exécution de ces projets chimériques dans de tels milieux caractérisés par une extrême inclémence climatérique.

En supposant que l'on puisse trouver une plante fourragère, herbacée ou ligneuse, autre que celles qui sont spontanées dans ces régions et par conséquent adaptées à ce milieu, sa propagation ne pourrait être que le résultat d'une culture, c'est-à-dire d'un travail préalable du sol sur des millions d'hectares. Il n'existe pas, en effet, au monde une naturalisation générale d'espèces utilitaires poussant dans l'inculture, surtout sous un climat exceptionnellement rigoureux. Ces faits de subspontanéité n'ont même jamais été observés dans n'importe quel pays de bonne culture, sous un climat favorable. D'ailleurs, quelle que soit la rusticité d'une espèce exotique, s'il faut des labours et des soins culturaux pour la faire vivre, c'est vouloir substituer à la simple exploitation du sol et de ses produits naturels une mise en valeur avec toutes les avances et tous les aléas qu'elle comporte, sans être certain de voir le rendement couvrir les frais de l'opération.

L'agriculture intensive et la colonisation n'ont donc pas à intervenir dans ces régions à système d'exploitation tout particulier. Des mesures administratives prudentes sont seules à y appliquer pour maintenir les résultats économiques actuels et peut-être pour les développer. Parmi les améliorations toujours à l'état de projets on a proposé l'établissement de points d'eau, d'abris contre la rigueur des hivers et des approvisionnements de fourrages. Dans la pratique, ces dispositions sont difficilement réalisables, car il faut éviter que ces points d'eau stagnante, créés artificiellement, ne deviennent des foyers d'infection épizootique pour les troupeaux; d'autre part, l'usage d'abris et la création de réserves fourragères sur certains points se concilient mal avec le régime de la transhumance. Ajoutons que l'agglomération sur un même point de nombreux troupeaux facilite la propagation des épidémies et c'est exceptionnellement que dans certaines régions les fourrages sont fauchables et permettent la constitution de réserves.

*
* *

Si l'on envisage la question agricole de l'Algérie dans son ensemble, le problème à résoudre ne réside donc pas dans l'introduction d'espèces nouvelles animales ou végétales, de plantes d'origine tropicale qui ne peuvent trouver sous notre climat des conditions favorables d'existence. Cet ordre de faits relève plutôt de l'horticulture et de l'acclimatation, arts qui présentent plus d'intérêt que d'importance économique.

Les projets *d'enseignement colonial* sont, par suite, non seulement chimériques mais dangereux : la culture des espèces végétales que vise cette *agriculture coloniale* est sans application pratique pour l'Algérie, et leur mauvaise tenue sous ce climat ne permet pas d'en tirer la moindre indication intéressante pour nos colonies intertropicales.

Le véritable objectif de l'agriculture algérienne est d'abord de produire économiquement des céréales, du fourrage, de la viande, du vin et de l'huile. Elle aura, en outre, encore longtemps à résoudre ce difficile problème de faire vivre l'indigène les années de mauvaise récolte. Les cultures alimentaires spéciales autres que les céréales, en supposant que l'on pût en indiquer de facilement praticables, ne sauraient conjurer les disettes périodiques coïncidant avec un état météorique tout particulier et contre lequel l'homme est impuissant. C'est par le développement de l'agriculture européenne, sous sa forme intensive utilisant l'indigène dans la plus large mesure, qu'il est possible d'améliorer le sort de ce dernier et de le soustraire à ces famines qui exigent périodiquement de l'État des secours en argent. C'est grâce aux salaires qu'il reçoit de l'agriculture européenne que le Kabyle peut vivre, sans trop souffrir, les années de disette, sur un sol trop exigu pour le nourrir.

Quant au bétail, son augmentation, surtout celle du gros, est intimement liée aux ressources fourragères qui ne peuvent s'accroître que par l'irrigation. Sans stabulation pendant la longue période d'été, l'exportation du gros bétail, comme l'approvisionnement des marchés, sera toujours réduite. Quelques localités essentiellement agricoles, comme la région de Sétif par exemple, ont obtenu des résultats intéressants avec quelques races perfectionnées : mais ordinairement l'élevage est entre les mains des indigènes de la région montagneuse, où les troupeaux soumis aux hasards des conditions climatériques n'arrivent pas à dépasser un certain effectif. En tenant compte de l'appoint fourni par les arrivages passant par les frontières de la Tunisie et du Maroc, on peut estimer à 27.000 têtes environ l'exportation annuelle des bovins sur le marché de la métropole.

*
* *

Les indications générales qui précèdent ont démontré que l'agriculture algérienne du littoral au désert, était, dans ses grandes lignes, similaire à celle de l'Europe septentrionale : mêmes céréales, fourrages et bétail; seule une bande de territoire bordant la mer, relativement peu étendue en profondeur et partant du rivage pour atteindre des altitudes accusées appartient au climat méditerranéen, caractérisé par l'olivier. Même dans cette zone les plantes de grande culture des pays septentrionaux constituent encore la base de la production. L'autre partie du territoire, s'étendant de la lisière Nord des Hauts Plateaux jusque dans le Sahara, est soumise au régime pastoral et comprend la région des oasis.

Il importe au plus haut point de saisir cette distinction bien tranchée entre les zones *de culture* et celles fort étendues soumises forcément au *régime pastoral*, à l'exploitation par les troupeaux : cette distinction permet de tracer la limite de la sphère d'action de la colonisation européenne et, d'autre part, elle permet de dissiper une erreur géographique et économique trop répandue.

On croit trop généralement que dans le Sud, au delà de la limite Nord des Hauts Plateaux, c'est-à-dire à environ 100 kilomètres du rivage, il existe de grandes étendues de terres arables, susceptibles de culture, pouvant devenir un champ d'action pour la colonisation européenne et où même on pourrait refouler la population indigène ou importer les noirs provenant des savanes soudanaises.

Il y a dans cette croyance une grave erreur. La comparaison de nos immenses étendues du Sud algérien avec les contrées de l'Ouest américain ne saurait tenir même devant un examen superficiel. Les grandes régions du Far West sont formées de bonnes terres, d'une fertilité vierge, où la colonisation européenne a pu s'implanter, favorisée par un climat similaire à celui que quitte l'immigrant, originaire des mêmes latitudes. On ne peut donc comparer la marche de la colonisation dans ces deux pays si diversement dotés par la nature : ce serait à la fois une hérésie et une injustice que de conclure en cette circonstance à l'infériorité de la France en matière de colonisation.

Quand on sera pénétré de l'importance primordiale que présentent les conditions climatériques qui limitent les diverses régions agricoles et déterminent leur régime cultural, on sera amené à se demander dans quelle mesure la culture européenne peut s'étendre de ce côté et si le refoulement des indigènes sur les Hauts Plateaux impropres à une culture intensive ne serait pas de nature à nuire à l'élevage et à compromettre ses résultats relativement considérables dans ces contrées.

Quant à refouler entièrement l'indigène dans le désert même, ainsi qu'on le propose périodiquement, pensant que sa sobriété, ses faibles besoins et sa constitution physique s'allieraient facilement avec l'exiguïté des ressources naturelles de ces climats déshérités, outre que ce serait méconnaître les véritables intérêts de la colonisation européenne, ce serait commettre une erreur climatologique des plus graves. L'Arabe n'est pas mieux constitué que l'Européen pour supporter impunément les rigueurs et l'insalubrité du milieu désertique.

Faire remonter plus au Nord les races noires du Soudan pour remplacer les Arabes du Haut Tell, ce serait aussi se lancer dans des tentatives inféconde d'acclimatement et d'adaptation au milieu, tout en jetant une profonde perturbation dans la seule méthode rationnelle d'exploitation de ces pays soumis au régime pastoral.

Si l'on pouvait créer une autre agriculture saharienne plus riche, étendre les oasis et en créer de nouvelles pour jalonner la route sur le centre africain, c'est plutôt dans ce cas que les races noires pourraient être utilisées. Les *Rouaras* de l'Oued Rhir en sont déjà un exemple.

*
* *

En dehors de quelques exploitations soumises au régime de la culture intensive, la faiblesse des rendements signalée dans les statistiques officielles par rapport à l'étendue des terres emblavées est due, en dehors des irrégularités climatériques, à l'état constitutif du sol, naturellement ou accidentellement pauvre en certains éléments de fertilité.

La partie tellienne de l'Algérie, la seule propice à un système de culture rationnelle et même intensive sur beaucoup de points, ne jouit qu'imparfaitement des prérogatives que l'on s'est plu à lui attribuer. Les résultats obtenus, et ils sont réels et importants, sont avant tout dus à l'énergie et au travail des générations de cultivateurs qui se sont succédé. La légende du *grenier de Rome* et des *terres vierges* n'a jamais concordé avec les faibles récoltes ni avec les disettes périodiques qui sont la tradition agricole de l'Afrique du Nord.

Ce fameux *grenier* n'a aucun sens économique pour notre époque, et, quant à ce sol *vierge*, l'histoire nous apprend qu'il avait été violé par des occupations successives et que, bien avant l'ère chrétienne jusqu'à notre conquête, ses réserves de principes fertilisants avaient été exploitées à outrance, selon un mode de culture extensif, abusif et ruineux.

Sauf dans la courte période de l'occupation romaine, pendant laquelle une agriculture rationnelle paraît avoir été pratiquée, sans que l'on puisse cependant affirmer que le principe de la *restitution* ait été appliqué, la terre africaine a été soumise à un système d'épuisement continu.

A la différence du colon néerlandais ou américain, qui, aux Indes ou dans l'Amérique du Nord, a bénéficié du capital considérable constitué par les matières fertilisantes que les siècles y avaient accumulées, capital susceptible d'être rapidement transformé en argent et de rembourser les premières avances, le colon européen a dû, dans l'Afrique du Nord, prendre au dehors la plus grande partie des capitaux nécessaires à la mise en valeur du sol et recourir dans une large mesure à l'emprunt[1].

Comme on le verra dans un autre chapitre, la teneur des terres de l'Algérie en éléments fertilisants est quelquefois assez faible dans certaines régions. On constate en général la pauvreté en acide phosphorique et parfois aussi celle en azote, en potasse et en chaux.

Dans certaines régions quelquefois assez étendues, l'excès de salure du sol et la nature des eaux séléniteuses et magnésiennes se montrent nuisibles à la végétation des principales espèces de plantes en usage dans les cultures.

En dépit de la légende et de ses partisans, l'Algérie est un pays où le praticien doit pour réussir dépenser la plus grande somme d'activité et d'intelligence en s'attachant à appliquer les meilleures méthodes culturales, celles qui sont le mieux appro-

1. Voir *Dette hypothécaire*.

priées au milieu et susceptibles de donner les rendements les plus élevés. Il en est ainsi parce que l'agriculture du Nord de l'Afrique qui n'est qu'une extension de celle de l'Europe se développe à la lisière méridionale de l'aire géographique occupée par celle-ci, sans pouvoir néanmoins prendre le caractère de l'agriculture tropicale.

Sur cette lisière climatérique, les lois de l'agriculture européenne doivent nécessairemont subir de nombreuses modifications que l'agronomie algérienne a pour mission de déterminer en nous fixant particulièrement sur la nature des espèces animales ou végétales d'obtention économique dans ce pays ainsi que sur les méthodes culturales susceptibles d'améliorer le sol physiquement et chimiquement par l'effet mécanique des instruments et par l'action fertilisante des engrais et amendements, bases de la *restitution*.

Telle est la situation devant laquelle se trouve en Algérie l'agronomie française. Les résultats acquis, l'importance considérable qu'ont prise certaines branches de la production agricole dans le commerce général indiquent la voie à suivre ainsi que les améliorations à réaliser. Ils comportent aussi un enseignement dicté par la prudence : c'est que l'agriculture algérienne doit plus que toute autre craindre les fausses théories, rejeter les idées purement spéculatives et se méfier des méthodes culturales que la pratique n'a pas largement sanctionnées.

CHAPITRE II

GRANDE CULTURE ALIMENTAIRE ET FOURRAGÈRE

Céréales.

BLÉ.

Les blés cultivés en Algérie se rattachent à deux types bien distincts : les blés *tendres* et les blés *durs*.

Les premiers, comme l'indique leur nom, ont un grain tendre dont la cassure est blanche ; l'intérieur est rempli de farine riche en amidon, facilement séparable de l'écorce ; la tige est creuse et l'épi est tantôt garni, tantôt dépourvu de barbes. Ce sont les blés tendres qui sont exclusivement cultivés dans les pays septentrionaux, tandis que les blés durs sont par excellence ceux des pays secs et chauds, ceux notamment du bassin méditerranéen dont cependant quelques stations sont favorables à la culture du blé tendre.

Dans les blés durs, le grain, d'aspect vitreux, est plus allongé, à cassure cornée ; la farine, plus riche en gluten, ne se distingue pas de l'écorce. L'épi, toujours muni de barbes, s'égrène moins facilement que celui des blés tendres ; il se défend mieux contre les déprédations des oiseaux et surtout des fourmis ; il redoute moins les brouillards, est moins sujets à la verse, à la rouille et à l'échaudage. La paille est pleine. Poids de l'hectolitre : 80 à 83 kil., et même 85 kil.

Tous les blés cultivés en Algérie, tendres ou durs, sont des blés d'automne, c'est-à-dire qu'ils sont semés à l'automne ou au commencement de l'hiver.

Les deux principales variétés de blés tendres cultivées en Algérie sont la *tuzelle de Provence*, connue aussi sous le nom de « tuzelle de Bel-Abbès », variété sans barbe, qui est, avec un autre blé blanc barbu, cultivée presque exclusivement dans la région de Sidi-Bel-Abbès; dans le département d'Alger, particulièrement dans la Mitidja, la variété cultivée est connue sous le nom de *blé de Mahon* : c'est un blé à barbes qui réussit très bien.

Les blés tendres sont exclusivement cultivés par les Européens; les indigènes ne produisent que des blés durs dont les variétés sont mal définies.

C'est surtout dans la province de Constantine et particulièrement sur les plateaux de Sétif que sont produits les plus beaux blés durs. D'après M. Schwartz de Sétif, les variétés sont au nombre d'une douzaine, dont les principales sont les suivantes : Mahmoudi, Hedba, Tounsi, Hadjet, Belyouni, Mohamed Ben-Bachir, Richi, Adjini.

Les variétés de blés durs sont mal définies, et souvent les mêmes sortes sont désignées sous des noms différents. Un ingénieur agronome distingué, M. Perruchot, qui a étudié les caractères des blés durs d'Algérie, particulièrement dans la région de Sétif, présente comme les plus intéressantes les variétés suivantes :

1. Le *Mahmoudi* mérite d'occuper le premier rang parmi les variétés de blés durs. Ses tiges sont grosses, longues, peu feuillues à la base : elles constituent une paille grossière qui n'est bien acceptée du bétail qu'après avoir été broyée : opération que l'on pratique du reste toujours pour toute paille de blé dur. Son épi est gros, long, assez serré, légèrement aplati, à section presque carrée : il a des glumes blanches et des barbes très noires.

Le grain du Mahmoudi est en général gros, bien nourri, ovale : il est clair et d'aspect corné comme celui de tous les blés durs. Par la mouture, il fournit une très bonne semoule, qui n'est guère surpassée que par celle du Mohamed Ben-Bachir.

Le Mahmoudi réussit bien dans les terrains irrigués et donne encore de belles récoltes dans les terres des coteaux.

2. Le *Mohamed Ben-Bachir* fournit une paille grossière comme celle de la variété précédente. Son épi est gros, serré, un peu aplati, à section rectangulaire : ses glumes sont légèrement violacées, à barbes noirâtres. Son grain est long, bien nourri, très clair : il

donne la meilleure semoule, comme le Mahmoudi, le Mohamed Ben-Bachir réussit bien dans les terres irriguées : il donne également d'excellents résultats dans les sols forts et argilo-calcaires de la région nord de Sétif.

3. Le *Tounsi* a une tige longue et plus fine que celle des variétés précédentes : sa paille est moins grossière. Il présente un épi gros et court, aplati, très serré; les glumes, d'un rouge-violacé, portent des barbes noirâtres. Il donne un grain long, bien plein, plus serré que celui du Mohamed Ben-Bachir. Pour faire de la farine, le Tounsi occupe le premier rang parmi les blés durs.

Cette variété est très rustique et réussit bien dans les terrains secs.

4. Le *Hadjet* est un blé à paille blanche; ses tiges sont garnies de feuilles à la base et rappellent celles de l'orge. Son épi est long, à section carrée ; les épillets sont très peu serrés ; les glumes et les barbes sont blanches.

Le grain de Hached est rond, court, rouge foncé, presque mitadiné.

Il convient pour être mélangé aux autres blés durs, afin d'obtenir une farine plus blanche : il est moins estimé que les autres variétés de blé dur.

5. Le *Hedba* a des tiges généralement très feuillues à la base. Son épi est gros, long, à section carrée ; ses glumes sont blanches, à barbes légèrement noirâtres. Son grain est rond, bien plein; il convient surtout pour faire de la semoule.

6. Le *Kahla* (en arabe noir) possède un épi noir violacé, long, à section carrée; ses glumes et les barbes qu'elles portent sont d'un noir intense. Son grain est long, foncé et très lourd. C'est un blé à farine plutôt qu'à semoule.

Ces trois dernières variétés : Hached, Hedba et Kahla, sont très rustiques : elles viennent relativement bien dans les terres de coteaux, souvent peu fertiles.

Les variétés les plus estimées tant pour leur rendement que pour la qualité de leur grain sont : le Mahmoudi, l'Adjini, le Mohamed Ben-Bachir, le Richi et le Tounsi. Selon leur aptitude à fournir de la farine ou de la semoule on peut grouper les blés durs ainsi qu'il suit :

1. Blés à farine : *Tunsi*, *Hached*, *Kahla*.

2. Blés à semoule : *Mohamed Ben-Bachir*, *Mahmoudi*, *Hebda*.

Ces blés sont presque toujours semés en mélange. Il vaudrait mieux les cultiver séparément. Non seulement on obtiendrait une récolte uniforme, plus facile à vendre, mais on pourrait en outre mieux apprécier leurs rendements d'après les natures du sol et déterminer d'une façon plus précise leur résistance soit aux influences atmosphériques : sécheresse, siroco, gelée, soit aux maladies cryptogamiques : rouille, charbon, etc.

Dans la région de Sétif, M. Perruchot a aussi étudié une variété de blé dur originaire de l'Aurès, le *Nab-el-bel* (dent de chameau), qui paraissait réussir.

Ses caractères sont les suivants : l'épi est gros, de longueur moyenne, légèrement aplati. Les épillets sont assez serrés; les glumes sont blanches et sont pourvues de barbes très longues, blanches et noires. Le grain est très allongé, gros, clair et d'aspect corné. Il donne de la semoule, mais la proportion de son doit être considérable car il est très allongé et sa surface extérieure est relativement grande.

Dans l'Aurès, il existe d'autres variétés de blé intéressantes. Citons entre autres le *Medeba* et le *Terdouni*.

Le *Medeba* a un épi aplati latéralement, de grosseur et de largeur moyennes. Les épillets sont serrés : ils portent des glumes blanches pourvues de longues barbes également blanches.

Le grain est presque rond, bien nourri, clair et corné intérieurement : c'est un blé à semoule.

Le *Terdouni* présente un épi court, à section carrée, courbé à l'extrémité. Les épillets sont assez serrés ; ses glumes sont blanches : elles portent de longues barbes blanches, fréquemment noires à la base.

Le grain est court, rond, opaque intérieurement : il fournit de la semoule.

Le blé dur présente sur le blé tendre l'avantage d'être plus résistant à la rouille, à la verse et de craindre moins l'échaudage. Il ne s'égrène pas, s'il n'est pas moissonné à temps. Aussi peut-on affirmer que les blés durs sont en général mieux appropriés au climat et au sol de l'Algérie que les blés tendres.

Rendements industriels. Voici, d'après M. A. Girard, quelle est la composition de la Tuzelle de Sidi-Bel-Abbès comparée à celle d'un blé blanc barbu de la Mitidja (blé de Mahon).

	Bel-Abbès	Mitidja
Gluten sec.......	8.39	11.36
Amidon.........	72.40	69.33

Le regretté membre de l'Institut en conclut que le blé de Sidi-Bel-Abbès se rapproche des meilleurs blés français, tandis que le blé de la Mitidja a de grandes analogies avec celui de la Mer Noire.

Les blés blancs de la Mitidja donnent en moyenne 68 0/0 de farine de 1re qualité et 4 0/0 de seconde; pour les Tuzelles de Bel-Abbès, les rendements sont respectivement de 73 0/0 et 3 0/0; quelquefois on arrive à 78 0/0 en première et seconde qualité.

Au point de vue marchand, le blé blanc de Sidi-Bel-Abbès bénéficie d'une plus-value de 0.75 à 1 fr. par 100 kil. sur les autres blés blancs d'Algérie.

Quant au blé dur, le rendement en farine est de 78 à 80 0/0 pour les sortes ordinaires et de 85 0/0 pour les qualités supérieures.

Les beaux blés durs se vendent au même prix que les blés tendres; il n'y a que les qualités inférieures qui subissent, par rapport au blé tendre, une dépréciation de 2 à 3 fr. par quintal.

En résumé, nous possédons pour les blés tendres des variétés qui ont fait leurs preuves en Algérie, qui donnent des produits très estimés par la minoterie et qui sont bien appropriées au climat et au sol du pays. Il en est de même pour les blés durs qui ne le cèdent en rien à aucune des variétés cultivées dans le bassin méditerranéen. Aussi, sans s'interdire l'essai de variétés nouvelles, le colon doit avant tout s'attacher à conserver dans toute leur pureté les variétés locales et procéder lui-même à une sélection méthodique de ses semences.

« Avant d'importer dans sa ferme de nouvelles variétés, dit M. Risler, le savant directeur de l'Institut agronomique, il faut commencer par tirer le meilleur parti possible de celles que l'on a l'habitude d'y cultiver. Il faut chercher à les améliorer par la sélection, en choisissant non pas seulement les plus beaux grains, mais les grains provenant des plus beaux épis, et des plantes qui ont à la fois le plus de beaux épis et une paille assez forte pour les porter sans être exposée à la verse. C'est la méthode la plus sûre et la plus économique pour se procurer de bons sements. »

« Ce qu'il y a de mieux, c'est de faire son choix sur les plantes encore debout avant la moisson et de donner la préférence à celles qui sont bien saines, avec deux ou trois tiges aussi égales que possible, à paille forte, surmontées d'épis longs et bien remplis. Sinon, on peut encore arriver à d'excellents résultats en faisant couper sur le blé en javelle ou déjà lié en gerbes, par des femmes ou des enfants intelligents, les plus beaux épis, puis en les faisant battre ou égrener à part et semer dans un jardin ou un bon coin de terre. En choisissant ainsi chaque année de quoi faire une dizaine de litres, on aura assez l'année suivante pour ensemencer un hectare, et, en continuant avec persévérance cette méthode de sélection, on sera certain d'obtenir les blés les mieux adaptés au sol et au climat de l'ensemble de la ferme. »

Les semences employées doivent toujours être bien triées, de manière à éliminer les petites graines; à l'inverse de ce que font les indigènes, il ne faut semer que des grains bien formés et bien nourris. Dans les blés durs comme dans les blés tendres il faut éliminer ceux qui sont mitadinés (moitié tendres, moitié durs). Grâce à ces soins, il sera le plus souvent inutile de renouveler la semence en la prenant dehors.

Les quantités de semence employées à l'hectare sont en moyenne de 100 kil. : on emploie d'autant plus de semences que les semailles sont plus tardives et que la terre est moins fertile. On observe, dans la Mitidja, que dans les sols épuisés, il faut semer plus dru que quand ils étaient vierges,

En Algérie, la production moyenne[1], de 1884 à 1893, a été de :

Blé tendre	1.243.778 q. m.
Blé dur	5.166.101 q. m.

Si on considère séparement la culture européenne et la culture

1. En France, la superficie moyenne ensemencée en blé est de 7 millions d'hectares produisant année courante 81 millions de quintaux de blé, qui, au prix de 20 fr. le quintal, représentent une valeur de 1.600 millions de francs chiffre auquel il faut ajouter la valeur de la paille.

indigène on voit que les rendements, pendant cette période décennale, sont représentés par les moyennes suivantes :

		Superficie cultivée : hectares	Quantité récoltée : (qtx. mét.)	Rendement à l'hectare : (qtx. mét.)
Blés tendres	Culture européenne.	126.649	926.298	7.32
	Culture indigène....	62.296	326.480	5.18
Blés durs	Culture européenne.	124.433	823.738	6.62
	Culture indigène....	952.092	4.340.034	4.56

ORGE

L'orge est cultivée en Algérie sur une superficie qui de 1884 à 1893, a été en moyenne de 1.426.889 hectares produisant une moyenne annuelle de 8.793.858 quintaux métriques.

En considérant séparément la culture européenne et la culture indigène on trouve, pour cette période décennale, les moyennes suivantes :

	Superficie cultivée : hectares	Quantité récoltée : (qtx. mét.)	Rendement à l'hectare : (qtx. mét.)
Culture européenne....	120.027	1.041.313	8.68
Culture indigène.......	1.306.762	7.753.044	5.94

Si les superficies cultivées restent sensiblement les mêmes chaque année et oscillent entre 1.300.000 hectares en 1887, et 1.535.000 hectares en 1884, les rendements sont plus variables : c'est ainsi qu'en 1888 la récolte totale n'a été que de 6.900.000 quintaux, tandis que, dans cette même période décennale, elle a atteint un maximum de 11.400.000 quintaux en 1884.

L'orge sert en Algérie à l'alimentation de l'indigène et du bétail : elle constitue un important article d'exportation, car la brasserie des régions du Nord en achète des quantités considérables.

Au point de vue de la fabrication de la bière il faut tenir compte avant tout de la grosseur des grains qui doivent être également développés, de leur poids et de leur couleur. Le grain d'orge doit être bien rempli, plutôt court, à écorce fine, et lourd, car plus l'orge est lourde plus elle est riche en substances utiles : la couleur doit être aussi claire que possible, d'un jaune paille. Si l'on casse un grain, l'amande est farineuse, demi-farineuse ou vitreuse : les orges à cassure farineuse sont les plus estimées des brasseurs. Il faut en outre, pour que, au maltage, la germination ait lieu dans les meilleures conditions et que le rendement en malt atteigne son maximum, que les grains soient tous de même consistance, que des grains à cassure vitreuse ne soient pas mélangés à des grains à cassure plus blanche. De plus, ils doivent être régulièrement ébarbés, mais pas trop cependant : si l'amande était mise à nu, le grain pourrirait au lieu de germer et il en résulterait un déchet dans le rendement et une dépréciation du malt.

L'orge résiste mieux que le blé à la sécheresse et produit plus régulièrement que lui ; elle exige plus encore que le blé une terre riche, bien travaillée et bien ressuyée. La variété cultivée est celle d'hiver ; on la sème en même temps que le blé, mais plutôt après dans la Mitidja. Les variétés dites de printemps, qui ne sont semées en France qu'à la fin de l'hiver, ne réussissent pas en Algérie.

On sème l'orge sous labour comme le blé chez les indigènes, et on peut, comme pour le blé, confier la semence au sol sec, avant les pluies, quand le terrain a été bien préparé par une jachère cultivée.

La quantité de semence employée à l'hectare est de 1 1/2 à 2 hectolitres épandus à la volée. Il faut semer d'autant plus dru que la semaille est plus tardive et le sol plus pauvre, parce que dans ces conditions l'orge talle peu. Les semailles d'orge doivent être faites aussi hâtivement que possible : en tous cas, elles doivent être terminées pour le 15 janvier.

L'orge pèse de 60 à 65 kil. par hectolitre, quelquefois plus.

On a essayé sans succès d'introduire en Algérie certaines variétés d'orge plus particulièrement estimées des malteurs, telles que l'orge Chevalier ; celle-ci plus sujette à l'échaudage s'égrène trop facilement. Telles qu'elles sont, nos orges sont très recherchées par la brasserie.

Quand l'orge est battue à la machine, il faut que celle-ci soit bien réglée pour éviter que les grains ne soient froissés ou trop fortement ébarbés, sinon après le trempage ces graines altérées moisissent ou pourrissent, et le rendement en malt se trouve réduit et le produit est de qualité inférieure.

AVOINE

L'avoine est cultivée en Algérie presque exclusivement par les Européens, qui l'emploient parfois à l'alimentation des chevaux de préférence à l'orge; mais cette céréale est produite surtout en vue de l'exportation.

L'étendue de terres ensemencées d'avoine, de 1884 à 1893, a été en moyenne de 45.642 hectares produisant une récolte moyenne de 469.762 hectolitres.

La répartition entre les cultivateurs européens et les cultivateurs indigènes est établie, pour cette période décennale, par les moyennes suivantes :

	Superficie cultivée : hectares	Quantité récoltée : (qtx. mét.)	Rendement à l'hectare : (qtx. mét.)
Culture européenne......	43.402	451.033	10.48
Culture indigène.........	2.239	18.729	8.36

L'avoine est des trois principales céréales la plus rustique, la plus résistante à la sécheresse; elle vient très bien sur les défrichements récents et tire le meilleur parti des ressources alimentaires contenues dans le sol; elle est moins exigeante que le blé et l'orge au point de vue de la bonne préparation du sol, et elle se défend bien contre les herbes adventices. Sa paille, plus tendre, et ses balles ont une plus grande valeur fourragère. Bien qu'il soit préférable de la semer tôt, c'est la céréale qui supporte le mieux les semailles tardives; cependant celles-ci ne doivent pas être faites au delà de janvier.

La quantité de semence à employer est d'un quintal à un quintal et demi; si le terrain est sale et susceptible d'être envahi par les mauvaises herbes, il faut semer plus dru pour étouffer celles-ci.

L'avoine doit être moissonnée avant maturité trop avancée, sinon elle s'égrènerait; elle se bat facilement

Le rendement moyen de l'avoine dans les bonnes terres est de 13 à 15 quintaux.

Voici pour une ferme de la Mitidja, exploitée dans les conditions les plus courantes, le compte de culture de l'avoine par hectare :

Labour, hersage et ensemencement.......	30 »
Semence : 1 quintal à 15 fr..............	15 »
Moisson (se fait à moitié moins de frais que celle du blé)........................	12 50
Battage au rouleau, transport au marché d'Alger (distance 30 kilom.)...........	18 75
Loyer de la terre.......................	40 »
Dépenses :	116.25
Produit : 13 à 15 quintaux à 15 fr., soit un produit brut de.....................	195 à 225 »
Dépenses à déduire.....................	116 25
Bénéfice net de....	78.75 à 108.75

AIRE DE CULTURE DES CÉRÉALES EN ALGÉRIE, TERRAINS FAVORABLES

Les céréales sont cultivées dans tout le Tell, dans lequel il faut comprendre la région de Sétif et l'Aurès, et en général dans toutes les régions qui reçoivent en moyenne annuellement une tranche d'eau de 350 m/m au minimum. Dans les Hauts Plateaux proprement dits, les céréales ne sont guère cultivées, pas plus que dans le Sahara, sauf dans les oasis où, à la faveur des irrigations, on les récolte sur de petites étendues sous le couvert des palmiers.

En Algérie, le climat est en général plus favorable à la production des blés durs qu'à celle des blés tendres, qui viennent surtout bien sous les climats plus tempérés. Les blés blancs importés des régions tempérées ont une tendance à prendre la consistance des blés durs et à produire des grains mitadinés, moitié tendres, moitié durs ; de même les blés durs peuvent se mitadiner. Néanmoins dans certaines régions telles que les plaines de la Mitidja, du Chéliff, le plateau de Sidi Bel-Abbès, etc., on récolte d'excellents blés tendres.

Les terrains les plus favorables aux céréales sont les terres d'alluvions profondes conservant bien l'humidité du sous-sol, de manière à pouvoir fournir l'eau à la plante au fur et à mesure de ses besoins, surtout pendant la période de la végétation pendant laquelle il ne pleut plus. Les terres argilo-calcaires ou silico-argileuses et les terres argileuses, quand celles-ci ont été bien travaillées, sont particulièrement bonnes pour la culture des céréales. Il en est de même des terres riches en matières organiques dans lesquelles la plante se défend bien mieux contre la sécheresse. Les terrains fortement calcaires ou sablonneux ne sont pas favorables à la culture des céréales, à moins qu'ils ne soient irrigables. Certains terrains sablonneux naturellement frais donnent cependant de belles récoltes de céréales.

Le blé n'aime pas les terres creuses, celles récemment défrichées pour lesquelles il faut préférer l'avoine.

Parmi les éléments nécessaires à la constitution des céréales, azote, potasse, acide phosphorique, c'est ce dernier qui fait le plus souvent défaut : aussi est-il parfois avantageux de le restituer au sol sous forme de superphosphate ou de scories de déphosphoration, de préférence aux phosphates naturels trop lentement assimilables.

D'après M. Dugast, l'acide phosphorique assimilable développe le système radiculaire du blé qui peut dès lors utiliser d'une manière plus parfaite les ressources naturelles du sol et résister davantage à la sécheresse. Dans les terres riches en acide phosphorique assimilable, le tallage des céréales se fait mieux.

SEMAILLES DES CÉRÉALES

Les semailles des céréales commencent en automne, aux premières pluies, c'est-à-dire en octobre ou en novembre. Quelquefois les pluies sont très tardives et comme il faut attendre, dans les régions où l'on n'a pas recours aux labours préparatoires, que le sol soit assez détrempé pour pouvoir être entamé par la charrue, il arrive alors que l'on dispose de très peu de temps pour semer : aussi les semences sont-elles souvent confiées à des terres mal préparées.

Pour semer, l'indigène délimite d'un trait de charrue des rectangles de 30 mètres de longueur environ sur 4 mètres de largeur. Il répand la semence à la volée sur un de ces rectangles en la projetant sur le sol, puis il laboure. Ensuite il sème le rectangle voisin et continue ainsi jusqu'au bout du champ. Les grosses pierres, les touffes de palmiers nains, de jujubiers et même les artichauts sauvages ne sont pas enlevés : la charrue tourne autour de ces obstacles. Un laboureur indigène ensemence et laboure par jour une vingtaine d'ares. La semence, avant d'être mise en terre, ne reçoit aucune préparation.

Les indigènes comptent par charrue les surfaces ensemencées. Une charrue — un laboureur et deux bœufs — laboure dans la saison 10 à 12 hectares de céréales, dont la moitié est semée en blé, l'autre moitié en orge.

Les cultivateurs européens font aussi leurs semailles à la volée; le semoir mécanique aurait bien l'avantage d'enterrer à une profondeur uniforme la semence dont une moins grande quantité serait nécessaire vu sa meilleure répartition, mais son emploi n'est guère possible dans des terres presque toujours insuffisamment préparées.

Dès que l'on estime que la période des pluies est commencée, on fait dans les cultures européennes un premier labour aussi profond que possible; on ne sème guère qu'en novembre, en donnant une seconde façon superficielle au scarificateur. Quand les conditions climatériques sont favorables, ce sont les semailles les plus hâtives qui offrent les meilleurs résultats.

Doit-on semer sur labour ou sous labour? A cette question nous n'hésitons pas à répondre qu'en Algérie la semence doit être enterrée par un labour fait par un instrument spécial tel que le scarificateur.

Pour végéter dans les meilleures conditions, toute graine ne doit pas être trop enterrée, car elle a besoin d'absorber l'oxygène de l'air. D'autre part, comme il lui faut une certaine quantité d'eau pour germer, elle ne doit pas être déposée trop à la surface du sol, qui le plus souvent est trop sèche.

En principe, le semis doit être, pour une semence déterminée, d'autant moins profond que le climat est plus humide et les pluies plus fréquentes et que le sol plus argileux a moins de tendance à se dessécher.

En France, dans les pays de grande culture, les céréales sont toujours semées sur labour et enterrées par un hersage à une faible profondeur (3 à 4 centim. environ). On comprend en effet que, quand la plante germe et se développe dans le sol à l'obscurité, c'est aux dépens des matériaux accumulés dans la graine que se forme la tigelle qui doit percer le sol. Aussitôt que la première feuille voit le jour, celle-ci peut absorber l'acide carbonique de l'air et s'assimiler les éléments minéraux du sol. Si la semence était enterrée trop profondément, avec les seules réserves de la graine, elle ne pourrait arriver à produire une tigelle assez longue pour atteindre la surface du sol.

D'après diverses expériences faites en France, c'est entre 3 et 9 centimètres de profondeur que la graine se trouve dans les meilleures conditions pour donner naissance à une plante vigoureuse.

Chez les indigènes la céréale est répandue sur le sol et enterrée par un labour superficiel; par suite la graine se trouve placée à une plus grande profondeur que par un simple hersage; ce labour ne dépasse guère de 8 à 10 centim. A cette profondeur la graine se trouve dans une couche de terre plus fraîche et elle est mieux abritée contre la dessiccation du sol superficiel.

En Algérie, le soleil est encore parfois très ardent au moment des semailles, les pluies ne tombent qu'à des intervalles plus ou moins longs ; aussi la graine semée à la surface subirait les alternatives d'humidité et de sécheresse par lesquelles passe la couche superficielle du sol et en serait fort éprouvée. Dans ces conditions la pratique des indigènes, qui est celle qu'une longue expérience a fait adopter, est-elle préférable.

En Algérie et en Tunisie les céréales doivent être enterrées par un labour superficiel fait au moyen de charrues légères, de polysocs, ou de scarificateurs ou de cultivateurs, à une profondeur de 7 à 8 centim.

Après le labour on fait parfois passer la herse pour niveler le sol ou on traîne transversalement au labour un madrier garni d'épines de jujubier (planchage). Ce planchage tasse légèrement la terre et la divise. On passe ensuite le rouleau, quand la terre est sèche, dans les cultures européennes. Il ne faut pas que le hersage soit trop énergique et ameublisse trop la surface du sol, car les pluies torrentielles de l'hiver auraient pour effet, en détrempant ce sol trop pulvérisé, de le plaquer surtout dans les terres silico-argileuses et de former une croûte qui gênerait le développement de la plante. Il est préférable que la terre reste un peu motteuse, car les mottes au printemps se déliteront sous l'influence d'un léger hersage et rechausseront la plante.

Il sera nécessaire de faire écouler les eaux stagnantes qui pourraient, à la suite des pluies, séjourner sur les semis. Pour cela, avec une charrue, de préférence à double versoir, on ouvre des rigoles de déversement suivant la pente pour mener l'eau hors du champ.

Au printemps, sous l'action des vents violents, la surface du sol s'est durcie ; il s'est formé une croûte imperméable à l'air, qui se fendille. Il serait nécessaire de biner le sol entre les plantes afin de l'aérer et, en l'ameublissant à la surface, de retarder l'évaporation des réserves d'eau contenues dans le sous-sol. C'est surtout dans cette circonstance que le binage vaudrait un arrosage. Dans les semis en ligne ce binage se fait mécaniquement au moyen de la houe à céréales. Cette pratique n'est pas réalisable en Algérie, le semoir en lignes n'étant pas employé. Néanmoins on peut par le hersage au printemps, quand la terre est suffisamment ressuyée, briser la croûte qui s'est formée, et obtenir ainsi en partie les bons effets du binage et favoriser le tallage de la plante. C'est quand le sol n'est pas encore recouvert par la céréale qu'il faut le protéger contre une dessiccation trop rapide; plus tard la céréale formera couverture et soustraira le sol à l'action desséchante du vent et de l'insolation directe.

Pour ce hersage il faut dans les terres fortes employer des herses puissantes et de préférence celles dont l'effet se rapproche le plus de celui des houes, telles que les herses roulantes. On roule au Crooskill après le hersage. Le hersage doit être fait de préférence par un temps sombre, autant que possible à la veille d'une pluie : si le soleil est ardent, on détruit toujours un certain nombre de jeunes plantes, ce qui peut être utile si la céréale pousse trop drue. Si l'on ne peut herser, le roulage est à conseiller dans la plupart des cas.

CULTURE DES CÉRÉALES A SIDI-BEL-ABBÈS

En Algérie, c'est dans la région de Sidi-Bel-Abbès que la culture des céréales est faite avec le plus de soin. L'assolement pratiqué est le suivant : 1re année, jachère cultivée; 2e année, céréales.

Dans le courant de l'hiver, aussitôt après les semailles, les terres qui, à la dernière récolte, étaient en céréales reçoivent un premier labour aussi profond que peut le faire la charrue attelée de 4 bêtes (20 centim. au minimum). Les labours suivants sont faits avec une charrue attelée de deux bêtes seulement. Le second labour est donné en mars ou avril à une profondeur égale à celle du 1er et le 3e en été est superficiel ainsi que le 4e qui sert à enterrer la semence.

Ces façons préparatoires sont parfaitement appropriées au climat de l'Algérie et c'est grâce à elles que la culture des céréales dans la région de Bel-Abbès est plus prospère que partout ailleurs. Pendant l'année de jachère le sol est aéré et subit l'action du soleil et du gel, la nitrification se produit : grâce à son ameublissement il absorbe, sans en rien perdre, toute l'eau du ciel qui, au lieu de ruisseler à la surface pour gagner les oueds, s'emmagasine dans le sous-sol et s'y conserve en grande partie grâce aux nombreuses façons culturales qui s'opposent à son évaporation. L'utilité des réserves d'eau dans le sous-sol est d'autant plus grande que la céréale, au cours de sa végétation, ne reçoit souvent qu'une quantité d'eau de pluie qui serait insuffisante pour son développement[1] ; quelquefois même il arrive que pendant tout le cours de sa végétation il ne pleut pas et cependant, dans les bonnes terres préparées comme il est indiqué ci-dessus, la récolte, sans être abondante sans doute, est assurée. Ajoutons que ces labours ont pour effet de détruire les mauvaises herbes qui infesteraient les céréales.

Comme la terre n'est semée que tous les deux ans, la céréale bénéficie de la fertilité acquise par la terre grâce aux labours exécutés pendant l'année de jachère et, outre l'eau de pluie

1. Il ne tombe annuellement à Sidi-Bel-Abbès que 400 millim. d'eau en moyenne.

qu'elle reçoit directement, elle profite de celle tombée l'hiver précédent et conservée en grande partie dans le sous-sol. C'est pour cette raison que les labours de déchaumage, difficiles du reste à exécuter après la moisson, sont loin de produire les effets de la jachère.

Dans les terres préparées comme il est décrit ci-dessus, la céréale est semée de préférence à la première pluie un peu abondante; parfois cependant, quand on a de grandes étendues à ensemencer, on n'attend pas la pluie et dans certaines terres plus fraîches on sème à sec; l'humidité conservée dans le sous-sol et les rosées suffisent pour assurer la germination.

D'après le système de culture suivi à Sidi-Bel-Abbès, une terre ne produit une récolte que tous les deux ans : les frais de production se trouvent donc grevés d'un double loyer, soit de 20 à 25 francs, le prix moyen des terres étant de 400 à 500 francs. Par contre le rendement moyen en blé est de 10 à 12 quintaux, soit une augmentation de 2 à 4 quintaux sur le rendement que donnerait la même terre si la céréale était, suivant la méthode ordinaire, semée sur un ou deux labours exécutés quelque temps avant l'ensemencement.

Remarquons que ce système de culture permet d'employer les attelages toute l'année sans perte de temps et qu'en outre la récolte, plus ou moins satisfaisante, suivant que les pluies sont plus ou moins abondantes et plus ou moins bien réparties, est toujours assurée. Ajoutons enfin que dans bien des fermes, où les terres sont plus riches ou plus récemment défrichées, ces rendements sont largement dépassés.

La culture des céréales sur jachère cultivée ne peut être pratiquée que là où la terre est relativement à bon marché; car si le loyer de la terre est élevé, il grève trop les frais de production pour qu'on puisse se contenter d'une récolte tous les deux ans ; ce dernier cas est exceptionnel en Algérie.

Aussi estimons-nous qu'il y aurait intérêt à voir se généraliser, partout où il est possible, le système de culture en usage à Sidi-Bel-Abbès. C'est par l'amélioration des procédés culturaux, bien plus que par tout autre moyen, qu'il sera possible de rendre la culture des céréales rémunératrice et d'assurer la régularité des récoltes.

CULTURE DES CÉRÉALES DANS LA RÉGION DE SÉTIF

Les Hauts Plateaux de la région de Sétif présentent des étendues considérables de terres labourables affectées à la culture des céréales et particulièrement à la production du blé dur et de l'orge. C'est presque exclusivement un pays de culture arabe : néanmoins on y rencontre d'importantes exploitations agricoles européennes à céréales et à bétail.

Un praticien distingué, M. Ryf, directeur de la Compagnie genevoise des colonies suisses de Sétif, a cherché à dégager les principes agronomiques qui doivent régir cette région à culture extensive. Depuis plus de *vingt ans* il se livre dans les champs d'expériences du Comice agricole de Sétif à des essais comparatifs très habilement conduits et du plus haut intérêt et dont les résultats sont trop importants pour ne pas être signalés ici.

La région de Sétif est soumise à un régime pluvial assez irrégulier. La moyenne annuelle des pluies qui est de 450 ^{mm}, serait largement suffisante, si les chutes pluviales se produisaient à propos. Dans ces terres, 300 ^{mm} d'eau bien répartis peuvent assurer de forts rendements en blé et en orge tandis que 600 ^{mm} mal distribués ne donnent qu'une récolte médiocre ou mauvaise.

Préparation du sol. — Dans la culture des céréales ce sont les façons culturales et la bonne préparation des semences qui donnent de beaucoup les résultats les plus avantageux.

D'après M. Ryf, les céréales dans la région de Sétif ne devraient jamais être semées que sur jachère cultivée, c'est-à-dire sur une terre ayant reçu au printemps un labour suivi si possible d'une façon d'été. Ainsi le sol se trouve nettoyé des mauvaises herbes et il s'enrichit spontanément par l'absorption de l'azote de l'air au point de porter de belles récoltes sans autre apport artificiel de matières fertilisantes. Par l'assolement biennal (jachère cultivée et céréale), c'est-à-dire en ensemençant une année sur deux, on produit autant et même plus qu'en semant céréale sur céréale sans interruption et sans laisser reposer le sol.

Bien entendu il faut que les labours préparatoires soient bien faits pour donner de bons résultats. Quand le labour de printemps est fait de bonne heure, la terre s'enherbe rapidement : une seconde façon est nécessaire en été pour détruire cette végétation adventice.

En résumé, d'après l'agronome précité, ce sont les procédés culturaux en usage à Sidi-bel-Abbès qui devraient être suivis à Sétif pour la préparation du sol. La pratique régulière de la jachère cultivée et l'entretien d'un bétail nombreux et bien nourri sont les plus sûrs moyens d'obtenir des résultats économiques avantageux, sans ruiner la terre, au point de vue de sa fertilité.

Choix et préparation des semences. — D'après M. Ryf, les espèces de céréales cultivées dans la région sont précieuses par leur rusticité et leur résistance sans égale contre les différentes intempéries qui caractérisent le climat de la région. « Ce serait, dit-il, un grand tort de vouloir les mettre de côté et de les remplacer par d'autres qui font beaucoup parler d'elles et qui, dans certains pays, peuvent donner d'excellents résultats. »

« Nous ne voudrions décourager personne de faire quelques expériences avec certaines espèces exotiques, mais nous engageons tout le monde à être prudent et à ne faire ces essais que sur une faible échelle. Des expériences faites depuis un grand nombre d'années nous permettent d'affirmer hautement que nous avons dans le pays tout ce qu'il faut pour obtenir des résultats très satisfaisants. »

Ces sages conseils sont aussi ceux que donne la Société d'agriculture de Constantine en rendant compte des résultats obtenus dans ses champs d'expériences [1].

Pour le choix des semences M. Ryf recommande particulièrement l'emploi du trieur, ou la séparation des grains lourds des plus légers en plongeant la semence dans de l'eau fortement salée.

Il faudrait aussi recourir à la sélection en ramassant à la main les plus beaux épis d'un champ avant la moisson : pratique qui n'est pas inconnue des indigènes dans certaines régions. « On aurait, dit le même auteur, grand intérêt à réserver une pièce

1. Société d'agriculture de Constantine : bulletin de l'année 1897.

spéciale, très bien travaillée, ensemencée avec le meilleur grain, pour la production des semences de l'année suivante. Ces grains devraient être battus aux pieds des animaux, car la batteuse endommage souvent une certaine proportion des plus beaux grains au détriment de leur faculté germinative. La dépense pour ces cultures spéciales n'est rien à côté des avantages obtenus. N'oublions pas qu'avec une semence très belle on obtient pour le même travail et dans une même terre 10, 15, 20 0/0 plus de récolte qu'avec une semence ordinaire et ce grain vaudra 1, 2, et même 3 francs de plus par quintal. »

Le sulfatage des semences est une précaution indispensable. La dose à employer est de 2 à 2 kil. 1/2 de sulfate de cuivre dissous dans 100 litres d'eau. 100 litres de solution suffisent pour traiter 16 à 18 quintaux de semences qu'il faut employer sans retard.

L'emploi du semoir à rayons qui économise un quart de semence et en outre augmente le rendement est à recommander. Son prix d'achat serait le plus souvent gagné par l'économie réalisée sur les 100 premiers hectares ensemencés. Ajoutons que le grain est mieux soustrait aux déprédations des oiseaux. D'après de nombreuses expériences la meilleure profondeur pour les semences de blé et d'orge est de 5 à 10 centimètres.

La saison la plus favorable aux semailles est du 15 octobre au 15 novembre.

Les céréales sont parfois soumises à l'irrigation : mais ces irrigations ont souvent pour but de suppléer à une insuffisance regrettable des façons culturales. Dans les terres bien préparées, les céréales peuvent se passer d'arrosages : mais sur de mauvais labours comme ceux que font d'ordinaire les indigènes, une ou deux irrigations peuvent donner d'excellents résultats.

Pour les régions où les chutes pluviales sont insuffisantes pour une culture rémunératrice des céréales, M. Ryf préconise un système de culture très rationnel, bien appliqué à la climatologie locale et qu'il expose en ces termes dans un rapport sur les résultats obtenus dans le champ d'expériences du Comice agricole de Sétif (année 1898).

« Le danger que fait courir la sécheresse à nos récoltes même sur labour de printemps, au moins dans la partie la plus déshéritée de notre région, nous a amené à étudier de plus près la culture des céréales à grand écartement afin de permettre les binages. Dans notre milieu un binage vaut un arrosage. Toutes nos expériences nous autorisent à affirmer la véracité de ce proverbe méridional. Des expériences poursuivies depuis de longues années viennent donner raison à ce principe. Le système de culture que nous préconisons consiste à semer au semoir deux lignes de céréales espacées de 20 centimètres, séparées par des vides de 70 à 80 centimètres. Cet espace de 70 à 80 centimètres est entretenu propre et meuble par un ou deux binages exécutés en mars, avril et mai. Cette grande surface de terre inculte et propre assure aux doubles lignes d'à côté l'humidité nécessaire qu'un espace plus restreint n'aurait pu leur procurer. Après la moisson ces doubles lignes sont labourées et l'espace de 70 à 80 centimètres qui était resté en jachère binée est ensemencé à son tour par une double ligne. C'est l'assolement biennal comme avec le labour de printemps ordinaire. Une moitié de terrain produit, l'autre reste en jachère. Mais au lieu d'avoir la moitié en jachère d'un côté et l'autre moitié en culture d'un autre côté, la jachère se trouve entre les doubles lignes de céréales et contribue à assurer l'humidité nécessaire à ces dernières. Nous sommes entièrement convaincu que dans ces conditions aucune sécheresse ne compromettrait la récolte. Il y aurait évidemment plus ou moins, mais ce système assurerait toujours une récolte bonne ou au moins moyenne. Avec des semoirs qui se transforment en houes bineuses, le travail ainsi fait ne coûte pas plus que par la méthode ordinaire. Des calculs très exacts nous permettent de l'affirmer. »

Dans la régon de Sétif pour les labours c'est la charrue Fondeur qui est employée et est le plus recommandable. Le Cultivateur canadien est très en vogue. C'est un instrument parfait pour faire les déchaumages et repasser les labours de printemps.

SARCLAGE DES CÉRÉALES

Avec les céréales se développent de nombreuses plantes parasites telles que Crucifères, bourraches, chardons, coquelicots, folle avoine, doucette, mauves, beaucoup de petites Liliacées, etc., qu'il faut détruire par le sarclage à la main. En Kabylie, ce travail se fait dès que la plante sort de terre, au moyen d'une petite pioche à manche court que la femme indigène manie aussi bien que l'homme et avec laquelle elle donne parfois un véritable binage. Plus tard on enlève l'herbe à la main. Le sarclage est considéré par les Kabyles comme ayant une grande importance. Il est aussi pratiqué dans les cultures européennes; il doit se faire le plus tôt possible avant que la céréale n'ait commencé à monter.

MOISSON DES CÉRÉALES

La moisson se fait à des époques différentes suivant l'altitude; il y a une différence d'un mois environ entre les régions où les céréales mûrissent le plus tôt et celles où leur maturité est la plus tardive.

Le plus souvent la moisson se fait à la faucille : dans ce cas, il faut généralement 8 à 12 journées pour récolter un hectare; à la faucille, la paille est coupée trop haut par les indigènes tandis qu'à la faulx, elle est coupée au ras du sol. A la faulx, un bon ouvrier peut couper un hectare de blé en 2 journées 1/2; mais à la faucille, la perte de grain est moindre qu'à la faulx; de plus, l'emploi de la faucille nécessite moins d'apprentissage que la faulx; aussi la faucille est-elle préférée à cette dernière.

Dans la province d'Oran ce sont les Espagnols et les Marocains qui font la moisson, le plus souvent à forfait, à raison de 18 à 25 francs l'hectare, suivant que la récolte est plus ou moins épaisse. Avec la moissonneuse-lieuse le cultivateur est plus indépendant et moins à la merci de la main-d'œuvre; avec cet instrument on peut couper et lier 4 hectares de blé par jour et faire la moisson à meilleur marché qu'à bras, mais à la condition que l'outil soit bien mené, bien surveillé, entretenu et réparé à temps, de manière à en prolonger l'usage. L'emploi de la main-d'œuvre a cependant ses avantages; comme elle est très abondante on peut à volonté augmenter le nombre des moissonneurs et mener le travail aussi rapidement qu'il est nécessaire. Avec les machines, leur nombre étant nécessairement limité, la moisson dure plus longtemps; de plus, on a toujours à redouter les accidents qui mettent l'instrument hors de service, surtout dans les régions où l'on ne dispose pas à proximité d'un atelier de réparations. Dans les parties basses de la Mitidja les dérayures que l'on est obligé de tracer pour l'écoulement des eaux pluviales gênent la marche de l'outil.

BATTAGE DES CÉRÉALES

Le battage se fait aussitôt que les céréales sont mises en meules, de façon à éviter les pertes que causeraient les parasites, insectes et petits mammifères, et à pouvoir profiter autant que possible des cours avantageux qui souvent marquent le début de la campagne.

Les céréales sont dépiquées ou battues au rouleau ou à la machine.

Les indigènes battent leurs grains en étalant les gerbes sur une aire et en faisant tourner sur celle-ci en cercle, des chevaux, mulets ou bœufs; le piétinement sépare le grain de l'épi et brise la paille qui, au point de vue alimentaire, n'en a que plus de valeur. Le dépiquage ne peut se faire qu'en plein air et en plein soleil. Il faut que le temps soit bien sec ainsi que le grain pour que le rendement soit satisfaisant. Sur une aire de 15 à 20 mètres de rayon on dispose les gerbes par rangées concentriques, les épis tournés vers le centre; on fait piétiner les javelles au pas d'abord, puis au trot et enfin au galop en retournant de temps en temps la paille; le dépiquage terminé, on met de côté la paille brisée et d'un autre côté le grain mélangé de menue paille. Le dépiquage dans ces conditions revient à 0 fr. 70 pour l'orge et à 0 fr. 80 pour le blé par hectolitre.

Un perfectionnement apporté au procédé ci-dessus consiste à faire passer sur les javelles un rouleau conique en pierre attelé de 2 chevaux ou mulets; ce rouleau long de 90 centimètres a un diamètre de 48 centimètres au gros bout et 35 centimètres au petit bout. Le lit d'épis à battre ne doit pas dépasser 15 centimètres d'épaisseur. Plus le temps est sec, plus grand est le rendement. On peut battre dans le même temps plus d'avoine et d'orge que de blé.

Le prix de revient des battages est pour le blé de 1 franc environ le quintal, grain rendu en magasin et paille mise en meules.

Dans les grandes exploitations on est obligé de recourir à la machine à battre qui permet d'obtenir le blé battu à un prix de revient de 0 fr. 80 pour des machines à grand travail et à un prix un peu moindre pour l'orge et l'avoine, dont la paille est plus tendre et le grain plus facile à séparer.

Rendements. 2 hommes et 3 chevaux battent 15 hectolitres de blé par jour; avec un rouleau de 1 m. 20 de longueur, 6 hommes et 2 chevaux peuvent battre 25 hectolitres par jour.

Les machines à battre à grand travail font jusqu'à 300 hectolitres par jour. Des entrepreneurs de battage battent au quintal à forfait à raison de 1 fr. 25 le blé et 1 franc l'orge; ces prix sont variables suivant le rendement et la proportion de grain et de paille. Dans la Mitidja on paie d'ordinaire 1 fr. 50 par quintal de blé.

Mise en meule de la paille. C'est la paille qui fournit au bétail la plus grande masse de fourrages. On la conserve en meules que l'on couvre de dyss.

Dans le département d'Oran, la paille convenablement broyée est entassée en meules rectangulaires dont l'un des petits côtés fait face aux vents dominants de l'Ouest. Les petits côtés de la meule sont montés droits; les grands côtés forment deux surfaces convexes se rejoignant au sommet de la meule. En montant la meule on tasse bien la paille; puis, après avoir laissé à la masse le temps de s'affaisser, on recouvre la meule d'un enduit de 2 centimètres d'épaisseur de terre glaise mélangée de paille broyée. Cet enduit suffit pour conserver la paille dans les meilleures conditions; on bouche les crevasses et les trous qui peuvent se produire dans l'enduit protecteur. La paille peut ainsi être conservée en parfait état pendant plusieurs années. Cette façon d'opérer est spéciale à la province d'Oran et à la plus grande partie de la Kabylie ; il serait à souhaiter, vu les bons résultats qu'elle donne, que cette pratique se généralisât.

IRRIGATION DES CÉRÉALES

Dans les plaines irriguées du département d'Oran, on pratique l'arrosage des céréales. A l'automne, en septembre-octobre, on irrigue le terrain assez abondamment pour qu'on puisse le labourer et pour qu'il reste frais jusqu'à ce que le régime des pluies d'hiver soit établi. Le semis se fait aussitôt après le labour. On peut, dans ce cas, enterrer la semence à la herse. Quant aux irrigations suivantes, elles sont réglées d'après la répartition et l'abondance des pluies d'hiver et de façon à donner à la céréale toute l'eau nécessaire à sa végétation[1].

NETTOYAGE ET VENTE DES GRAINS

Le nettoyage des grains se fait chez les indigènes et dans les petites exploitations européennes en projetant en l'air le grain mélangé de courte paille ; le grain plus lourd retombe sur l'aire tandis que la paille est emportée au dehors par le vent. Lorsque le vent est favorable on arrive par ce moyen à un résultat satisfaisant; mais dans les exploitations de quelque importance, il est nécessaire d'employer le tarare ou ventilateur. Cet appareil ne sépare pas du blé les grains de même forme et de même poids.

Quand on veut préparer du grain pour semence, il sera utile pour enlever les mauvaises graines de recourir à l'emploi du trieur mécanique. Cet instrument est formé d'un cylindre légèrement incliné, percé par séries de trous de formes différentes et creusé d'alvéoles qui laissent tomber ou recueillent toutes les impuretés suivant la forme et la grosseur de celles-ci. (Trieur Marot, Pernollet, etc.)

Vente. Quand le grain est prêt pour la vente, le mieux est de

1. Ce sont les Espagnols qui ont introduit dans la culture européenne de l'Oranie la pratique des irrigations d'hiver appliquées aux céréales. Dans la plaine d'Almansa, en Espagne, les terres à céréales reçoivent deux arrosages par an : l'un à l'automne, au moment des semailles, l'autre au printemps quand le blé est en herbe. (Irrigations du Midi de l'Espagne par M. Aymard.) C'est cette pratique qui a été introduite dans l'Oranie : la quantité d'eau employée est de 1.500 à 2.000 mètres cubes par hectare pour deux arrosages.

s'en débarrasser au plus tôt. Si on doit le conserver, après l'avoir fait sécher sur l'aire, on le rentre en magasin où on l'étend par couches de 25 à 40 centimètres d'épaisseur. De temps en temps il sera nécessaire de remuer le tas à la pelle.

On peut aussi conserver le grain en silo; à défaut d'installations spéciales on peut se servir de cuves-amphores pour emmagasiner le grain qui ne doit être mis en silo que bien sec.

Les conditions de la vente et de la livraison des céréales, sauf conventions contraires, sont réglées par les usages commerciaux.

Voici les principales dispositions du règlement adopté sur la place d'Alger :

Les céréales se vendent au quintal métrique, net de toile. Néanmoins on accorde 650 grammes de tare par sac d'un poids même inférieur et la tare réelle pour tous sacs dépassant ce poids.

Les livraisons s'effectuent :

1° En magasins chez le vendeur; 2° à quai en débarquement; 3° en transbordement; 4° par charrettes; 5° par wagons.

Chacun de ces modes de livraison est l'objet de conventions spéciales réglant les obligations du vendeur et de l'acheteur.

Pour établir le poids des quantités livrées, l'acheteur désigne cinq sacs par cent sacs qui sont pesés un à un par le peseur public; le poids moyen des pesées faites sert à établir le poids total des quantités livrées. Les frais de pesage sont supportés par moitié par l'acheteur et le vendeur.

Si un poids minimum à l'hectolitre avait été garanti et n'était pas atteint, la constatation régulière en serait faite par l'agent assermenté du poids public.

Le mesurage est fait au moyen des chevalets en usage à Marseille.

Les grains ne doivent pas donner au criblage un déchet de plus de 2 1/2 p. 100; pour les fèveroles le déchet est porté à 5 p. 100.

Dans un marché portant sur une quantité suivie du mot *environ*, le livrancier peut livrer 5 0/0 en plus ou en moins; cette tolérance est portée à 10 0/0 quand il s'agit du chargement entier d'un navire.

La marchandise vendue disponible doit être livrée dans les 48 heures qui suivent la signature du marché.

PRIX DE REVIENT DE LA CULTURE DU BLÉ

Les terres cultivées par l'indigène, souvent non défrichées, sont d'une valeur moindre que celles détenues par les Européens et en général de qualité inférieure; d'autre part, les travaux de culture sont plus sommaires : il en résulte un rendement plus faible.

Pour la culture indigène le rendement du blé peut être établi par hectare de la manière suivante :

Rente du sol	10 fr.
Labour	15
Semences	20
Moisson	20
Battage	8
Frais divers	5
	78 fr.

Le rendement de 4 quintaux et demi donne par hectare une recette de $4\ 1/2 \times 20 = 90$ fr.

Il reste pour l'indigène un bénéfice net de 12 fr. par hectare, sur lequel il lui faut prélever l'impôt *achour* ou dixième du rendement de la récolte. Il faut compter en outre la paille et les chaumes.

Chez le cultivateur européen le compte de culture peut s'établir ainsi qu'il suit :

Rente de la terre	30 fr.
Un ou deux labours	25 à 40
Semences	25
Moisson	20
Battage	12 à 15
Frais divers	15
	127 à 145 fr.

Le rendement est de 8 à 10 quintaux de blé à 20 fr., soit 160 à 200 fr. de recette.

Sur la dépense maximum de 145 fr. le produit net est de 15 à 55 fr. par hectare.

Voici, pour une ferme de la Mitidja, le prix de revient de la culture du blé faite dans les conditions ordinaires :

Loyer de la terre	40
1 labour, 1 hersage, semailles[1]	31,50
Semence 90 kgs. à 23 francs	20,70
Moisson	25
Battage au rouleau et transport à Alger (30 kilom.) sur le marché à raison de 1 fr. 50 le quintal métrique pour 8 quintaux	12
	129,20

Produit brut : 8 quintaux à 22 fr.	176
Frais à déduire	129,20
Produit net par hectare	46,80

Il faut en outre compter la valeur de la paille qui peut être estimée à 1 fr. 50 le quintal. Dans les années humides le poids de la paille atteint 3 fois le poids du grain : dans les années sèches il lui est quelquefois à peine supérieur. En moyenne on peut compter pour le poids de la paille deux fois le poids du grain.

*
* *

En résumé, la culture des céréales en Algérie et en Tunisie est susceptible de grands progrès : parmi les plus profitables il faut mettre en toute première ligne l'amélioration des façons culturales ; c'est par une meilleure préparation du sol que l'on parviendra à assurer la récolte dans tous les cas et à augmenter le rendement tout en bonifiant la qualité. En outre, le cultivateur ne doit pas négliger d'améliorer par sélection les semences qu'il emploie ; il doit enfin, dans la limite de ses moyens, restituer au sol les principes fertilisants que lui enlève chaque récolte.

1. Les frais de labour, de hersage et de semailles se décomposent ainsi :

3 journées de laboureur à 3 fr.	9
3 journées de conducteur à 1 fr. 50	4.50
18 journées de bœuf (6 bœufs par charrue)	18
	31.50

Conservation des grains.

La conservation des grains exige, en Algérie, des soins tout particuliers, spécialement pour les mettre à l'abri des dommages causés par les insectes, des charançons surtout.

Les indigènes se servent de silos pour emmagasiner leurs grains. Pour les établir ils cherchent un terrain élevé, à l'abri des inondations de l'hiver. Ils y pratiquent un trou circulaire de 2 à 3 mètres de diamètre au fond sur 4 à 5 mètres de profondeur. En haut le silo est fermé par un goulot de 80 centimètres environ d'ouverture, de sorte que le silo a la forme d'une bouteille.

Avant de le remplir, les indigènes font dans le silo un feu de paille ou de broussailles afin de l'assécher. Puis ils garnissent le fond et les parois du silo de nattes en palmier et d'une couche de paille bien sèche d'une épaisseur de 15 centimètres : le grain bien séché au soleil est mis dans le silo et tassé avec les pieds de manière qu'il ne reste aucun vide. Quand le silo est plein jusqu'au goulot, on recouvre les grains d'une natte et de paille et avec de la terre argileuse bien pétrie on lute l'ouverture : on recouvre le tout de pierres plates reliées avec de la terre grasse et on met par-dessus de la terre ordinaire pour cacher la place du silo.

Voici quels sont en Espagne, d'après un praticien, les principes qui doivent régler l'établissement et le régime du silo :

« Pour la construction des silos, il est nécessaire que la terre soit ferme, un peu élevée, de qualité calcaire et nullement grossière, sableuse ou schisteuse.

« Avant d'y introduire le blé, le silo doit être laissé ouvert pendant trois ou quatre jours de grand soleil pour que son humidité s'évapore et que le silo soit sec.

« Il convient que le blé soit ensilé chaud, nullement humide et qu'il provienne autant que possible des meilleurs sols.

« D'abord on recouvre bien le fond d'une couche de paille, puis, à mesure qu'on jette le grain, on double également les parois avec de la paille menue, sur l'épaisseur de quatre doigts, pour empêcher que le grain soit en contact avec la terre. On achève de remplir jusqu'à la margelle inférieure, en recouvrant le dessus du grain d'un peu de paille, on ferme avec la dalle en pierre plate, et on remplit de terre la cavité au-dessus, laquelle s'ouvre au niveau du sol et porte le nom de *caldera* (chaudière), jusqu'à ce qu'elle soit bien recouverte et que la terre forme même un tas au-dessus pour que les eaux s'écoulent et ne s'infiltrent pas.

« Au bout d'un ou de deux ans, par un temps serein et chaud, il faut retirer le grain, l'aérer ensuite et le pelleter au soleil, ordinairement pendant une journée entière, en séparer la paille ainsi que le grain qui est devenu humide avec elle, balayer bien le silo, y jeter de la paille nouvelle, comme dans la première opération, et avoir soin d'y introduire le blé avant que la fraîcheur de la nuit ne l'ait refroidi ».

Pour se conserver en silo ou ailleurs, les grains doivent être dans un certain état de siccité et contenir au maximum 16 0/0 d'eau, à l'analyse chimique : la teneur optima est de 7 à 10 0/0.

Il ne faut pas que les silos donnent accès à l'humidité, ni à l'air atmosphérique. Dans certains terrains, les silos, sans qu'il soit nécessaire de les garnir d'un revêtement intérieur, répondent à ces conditions. Dans d'autres cas, il est nécessaire de parfaire l'imperméabilité du sol par un revêtement intérieur. La maçonnerie de briques liées au mortier de chaux hydraulique et rejointoyées au ciment, en raison de la porosité des briques, ne donne pas une sécurité absolue ; il faut recourir au système d'amphores dont l'usage est devenu courant en Algérie pour la conservation du vin et qui peuvent être hermétiquement closes.

Il est nécessaire que le silo soit établi souterrainement pour assurer au grain une température constante et relativement basse.

Dans de telles conditions la conservation du grain est absolue, c'est-à-dire sans déchet, ni dépréciation[1].

Le silo de réserve jouait autrefois, dans l'économie rurale de l'indigène, un rôle considérable, constituant de véritables greniers d'abondance, qui, remplis dans les bonnes années, assuraient aux populations les grains d'alimentation et d'ensemencement en temps de disette. Dans les régions à disettes périodiques, le silo de réserve est une nécessité imposée par les conditions cli-

1. Voir : *la Conservation des grains par l'ensilage*, par Doyère. Paris, Guillaumin, 1862; le *Rapport sur les opérations des sociétés indigènes de prévoyance*, impr. Giralt, Alger, 1897.

matériques : c'est une institution de prévoyance, d'autant plus intéressante et digne d'être encouragée, qu'elle est la seule acceptée par tous et entrée depuis des siècles dans les mœurs des indigènes que l'on représente comme insouciants du lendemain. Et cependant le silo de réserve, s'il n'a pas été supprimé officiellement, l'a été en fait, bien que beaucoup d'économistes et avec eux de nombreux notables indigènes estiment que cette institution était au contraire à développer en l'organisant dans de meilleures conditions et en profitant des dernières données de la science et du génie rural.

Dans son rapport fait au nom de la commission chargée d'examiner le projet de loi ayant pour objet *la reconnaissance comme établissements d'utilité publique des sociétés de prévoyance et de prêts mutuels des communes mixtes de l'Algérie*, M. Ch. Bourlier, député, s'exprimait ainsi :

« La suppression du silo de réserve a pour conséquence immédiate d'intéresser moins directement les indigènes à l'existence et au développement de la société de prévoyance. L'indigène qui verse sa cotisation en argent ne la considère bientôt plus que comme une sorte d'impôt. Comme il ne sait pas lire, il ne peut se tenir ni être tenu au courant du mouvement d'affaires de la caisse, et il est fort disposé à croire que l'argent qu'il verse sert à tout autre chose qu'au prêt ou au secours. Le silo, au contraire, a l'avantage, pour des populations peu éclairées, d'être tangible. Il est placé sous les yeux de tous. Il ne peut être ouvert, rempli ou vidé sans que la masse des intéressés en soit informée. On sait ce qu'il contient, ce qu'il délivre : on connaît les emprunteurs. Il présente, en outre, un autre avantage. L'indigène qui verse sa cotisation ou celui qui rembourse sa dette n'hésite pas, si l'année est abondante, à ajouter quelques mesures de plus en don, à titre d'aumône. Aujourd'hui qu'il est facile de construire des silos absolument étanches, nous estimons que les sociétés ont, pour longtemps encore, un réel intérêt à avoir des silos partout où ils sont dans les mœurs locales. »

L'utilité des sociétés de prévoyance est incontestable ; mais, au point de vue agricole, ces institutions ne peuvent rendre les services du silo de réserve. Pour verser par exemple 25 francs à la caisse de la société de prévoyance, l'indigène, au moment de la récolte, c'est-à-dire quand les grains sont au plus bas prix, doit transporter sur le marché plus ou moins proche et non sans frais, deux quintaux d'orge par exemple. Sans compter que la somme d'argent produite par la vente risque fort d'être dépensée et de ne pas parvenir jusqu'à la caisse de prévoyance. Au moment des ensemencements les prix auront augmenté sensiblement, d'un quart au moins, ce qui se produit normalement chaque année. Ce n'est plus 2 quintaux, mais seulement 1 quintal 1/2, quelquefois beaucoup moins, si l'intermédiaire exploite une situation critique, que l'indigène pourra acheter avec ses 25 francs. Ajoutez à cela que l'orge achetée n'aura pas, au point de vue cultural, la même valeur que celle conservée en silo, celle-ci présentant toutes garanties comme grain de semence bien approprié à la région.

En outre, le grain en silo est à l'abri de l'incendie et des causes de destruction dues aux insectes, tels que le charançon : il garde sa vertu germinative comme par les meilleurs procédés de conservation. Par suite il constitue le gage le plus sûr et le plus considérable sur lequel pourrait être assis, chez les indigènes, le crédit agricole.

Dans les fermes où l'on dispose d'un matériel vinaire tels que foudres et cuves fermées, amphores en ciment, etc., on peut utiliser temporairement du moins ces récipients pour la conservation des grains.

Dans ces silos ou cuves hermétiquement fermées les grains se conservent parfaitement à l'abri des attaques des insectes qui ne sauraient vivre dans l'atmosphère d'acide carbonique qui se dégage des grains.

Quand les grains sont entassés dans des greniers ordinaires et qu'ils sont envahis par les insectes, particulièrement par les charançons, voici comment on procède pour arrêter le mal. Le tas est couvert d'une bâche imperméable dont les bords sont étendus à plat sur le sol et fixés au moyen de madriers. On lute le pourtour de la bâche avec de l'argile pétrie, puis, au moyen d'un entonnoir, on verse sur le grain et au travers de la bâche du sulfure de carbone à raison de 1 kilog par 50 quintaux. Au bout de deux jours les vapeurs de ce liquide ont tué tous les insectes.

Il faut se garder, quand on manie le sulfure de carbone,

d'en approcher avec du feu, pipe ou cigarette. On s'exposerait à de dangereuses explosions.

Les grains traités au sulfure de carbone ne perdent rien de leur valeur alimentaire : mais il faut éviter de les employer comme semences, leur faculté germinatrice pouvant s'en trouver altérée.

Des fourrages en général.

DANS LES PLAINES ET LES COTEAUX DU CLIMAT MARIN

On distingue les fourrages en deux sortes : les fourrages *de prairies naturelles* et ceux de *chaumes*. Les premiers proviennent soit de prairies en terrain marécageux, constamment humide et donnant de l'herbe toute l'année, aussi bien en été qu'en hiver, soit plutôt de prairies en terre saine mais qui, naturellement fraîche, ne produit néanmoins qu'une seule coupe et est complètement desséchée en été. Les prairies marécageuses ne donneraient qu'un foin de qualité médiocre; aussi les utilise-t-on plutôt comme pâturages qui sont d'autant plus précieux que partout ailleurs les herbes sont brûlées par le soleil et se garde-t-on de les assainir malgré leur insalubrité. Souvent cependant la première coupe est transformée en foin. Les prairies en terre saine sont au contraire fauchées pour la production du foin. Quant aux *foins de chaumes*, ce sont ceux qui sont récoltés sur les terres qui, l'année précédente, étaient cultivées en céréales et qui s'enherbent spontanément. Ce revêtement herbacé, si la terre est laissée en jachère plusieurs années de suite, devient de moins en moins abondant au point de ne plus permettre que le parcours, et le fourrage y perd comme qualité : pour le revivifier il faut un nouveau labour. (Voir la composition des fourrages au chapitre : *Végétation spontanée.*)

En principe, les terrains destinés à la production du fourrage doivent être interdits aux animaux dès les premières pluies. Néanmoins dans toute la zone marine, dans les grandes plaines notamment, la prairie naturelle est livrée aux bestiaux jusqu'aux premiers jours de janvier, en évitant toujours de les y tenir quand le sol est détrempé par la pluie. A partir de janvier les animaux sont exclus des champs afin de laisser les herbes prendre tout leur développement au moment de leur plus grande végétation. Pendant les trois mois de pacage, jusqu'en janvier, on peut nourrir dans la Mitidja, dans les situations les plus favorables, jusqu'à trois bêtes bovines par hectare et réaliser ainsi un certain bénéfice estimé par quelques-uns à 30 francs par tête.

Les hivers pluvieux sont favorables à la production du fourrage : mais ce sont surtout les pluies de printemps qui produisent bon effet. Dans la Mitidja, une pluie prolongée, survenant quinze jours ou trois semaines avant le fauchage, assure une abondante récolte là où les apparences étaient jusque là plutôt mauvaises.

En vue du fauchage soit à la faulx, soit à la machine, il est bon de niveler le sol, au moyen de la herse et du rouleau avant le développement de l'herbe.

Quand l'année est sèche l'arrosement d'hiver ou de printemps, quand il est possible, assure la végétation du pré.

L'extirpation des plantes nuisibles, des vivaces surtout, est une opération facile et peu coûteuse : quand elle est bien faite elle n'est plus à renouveler avant plusieurs années. On peut aussi avantageusement modifier le caractère palustre de la végétation par l'assainissement hivernal des terres que l'on assure par de simples rigoles à ciel ouvert entraînant les eaux stagnantes : ce procédé est moins coûteux que le drainage.

Époque de la fauchaison. — Les principes alibiles des végétaux qui servent à la nutrition des animaux sont plus ou moins facilement assimilables suivant leur état : plus un végétal avance en âge, moins ses principes constituants sont digestibles. Ainsi que le fait observer M. Sanson, il résulte de nombreuses expériences que les divers genres d'animaux assimilent toujours une plus forte proportion de la matière sèche des jeunes graminées ou légumineuses que des mêmes plantes arrivées à la maturité ou l'ayant dépassée.

Le fourrage le plus nourrissant est celui que l'on récolte avant le développement complet des plantes et le durcissement des tiges. C'est au moment où les Graminées et les Légumineuses montrent leurs organes de fructification qu'il faut les faucher pour obtenir le maximum de richesse nutitrive. En attendant plus tard on aura un rendement plus considérable, mais aux dépens de la valeur alimentaire. Il en résulte que, s'il peut y avoir avantage à faucher un peu plus tardivement les foins destinés à la vente, il y aura intérêt à couper plus hâtivement ceux que l'on réserve aux animaux de la ferme et l'on aura ainsi un meilleur pacage pour le bétail.

En général, en Algérie, on a tendance à attendre trop tard pour la fauchaison des fourrages qui contiennent souvent des tiges ligneuses de plantes diverses et sans valeur nutritive et des Légumineuses dépouillées de leurs folioles.

Suivant l'année, l'époque de la fauchaison varie entre le 15 avril et le 15 mai dans les plaines du climat marin : les travaux de fanage sont souvent contrariés par les pluies qui font reculer ou interrompre les travaux de fauchage, ce qui nuit à la qualité du foin.

Dans la partie orientale de la Mitidja c'est surtout de la faulx dont on se sert pour couper les fourrages. Les machines sont plutôt employées dans la partie occidentale : mais elles sont difficilement utilisables pour les herbages grossiers, pour les herbes couchées ou molles, surtout dans les terres mal nivelées.

Le fauchage seul à la faulx donné à forfait à un Kabyle se paie 9 à 10 francs l'hectare.

Une faucheuse attelée de deux chevaux fait facilement 4 hectares par jour : ce qui représente une dépense de 4 francs environ par hectare.

La luzerne coupée à la faulx coûte en moyenne 6 francs l'hectare : un Kabyle fait ce travail en deux jours. Avec la faucheuse ce travail coûte 3 fr. 50 environ.

Le fanage se fait aux frais du propriétaire. Le râteau mécanique ramasse plusieurs lignes de fauche ou andains[1] que l'on laisse sécher pendant cinq à six jours suivant le temps. S'il a plu, on retourne le fourrage, puis quand la dessiccation est jugée suffisante, on procède à la mise en meulons.

Ces petits meulons restent dix à douze jours en place avant d'être mis en meules de 20 à 25 quintaux.

L'ensemble des travaux, fauchage, fanage et mise en meules de 25 quintaux revient à environ 25 francs dans les bonnes

1. On appelle *andain* la ligne de fauche en longueur et en largeur faite par un instrument à main ou mécanique.

années. Quand le foin est mouillé, ce qui arrive quelquefois, le prix de revient est un peu plus élevé et le fourrage est moins estimé.

Dans la plaine du Chéliff, où l'air est plus sec, on peut, dès le lendemain de la fauchaison, mettre, au moyen du râteau à cheval, le foin en doubles andains et, au bout de deux ou trois jours suivant le temps, en former des meulons.

On met quelquefois avant complète dessiccation le fourrage en meules pour lui faire subir une fermentation analogue à celle qui se produit par l'ensilage. Mais c'est là une opération délicate pour la réussite de laquelle il faut une certaine habileté.

Les meules doivent être installées à proximité de la ferme pour faciliter le service des écuries et des étables et de préférence du côté d'où le vent souffle le moins souvent. Grâce à cette précaution les bâtiments de la ferme seront moins exposés en cas d'incendie des meules.

On doit asseoir les meules sur un sol sec, et, s'il est nécessaire, en détourner les eaux pluviales par des rigoles. Quand le fourrage s'est tassé et que la meule est rassise, on la couvre ordinairement de dyss.

La meule, de forme rectangulaire, doit être orientée de façon à présenter l'un de ses petits côtés au vent d'ouest qui est à la fois le plus violent et celui qui chasse la pluie avec plus de force. C'est de l'autre côté, à l'est, que l'on entame la meule au moyen du couteau à fourrage.

Le bottelage se paie ordinairement 0 fr. 50 par 100 kilos : la botte pèse de 47 à 50 kilos. Les liens sont en cordes de crin végétal : il faut trois liens pour une botte et le cordage revient à 5 centimes.

Le botteleur est payé à raison de 15 centimes par botte.

Le bottelage à la machine à presser coûte 1 fr. les 100 kilos., chaque botte doit avoir ce poids bien que l'on fasse aussi des bottes de 50 kilos. Le lien en fil de fer est compris dans ce prix.

Le bottelage est souvent fait la nuit : les bottes sont plus lourdes pour la vente et le fourrage se brise moins.

Aux environs d'Alger, dans un rayon de 30 kilomètres, le transport de 35 quintaux de fourrage, charge normale d'un chariot à quatre roues, se fait à raison de 1 fr. par kilomètre. Les animaux d'attelage sont ordinairement nourris avec le foin du vendeur.

Les prix de vente des fourrages sont très variables. Dans la dernière période décennale ils ont oscillé, dans la région d'Alger, entre 4 fr. 50 et 9 francs, rendus sur place. Les prix à forfait, pour fournitures pendant l'année, suivant les besoins, étaient basés sur la même estimation, 5 francs, prix minimum, et 10 francs, prix maximum.

C'est au moment des foins, avant qu'ils ne soient mis en meules, que le fourrage est le meilleur marché : c'est à cette époque qu'il sera toujours pour l'acheteur plus avantageux de traiter.

Les fourrages de prairies naturelles sont recherchés par les administrations publiques, militaires, civiles et particulières qui les préfèrent aux foins de chaumes. Ces derniers, quelquefois de très bonne qualité, sont cependant rejetés à cause de leur perte en poids dans les magasins ou dans les meules, causée par les déchets dus à la chute des inflorescences et des graines surtout pour certaines espèces de plantes, les légumineuses principalement.

Les fourrages de chaumes, moins appréciés par le commerce, sont ordinairement conservés pour les usages de la ferme : leur valeur alimentaire est plus grande que celle des foins de prairie naturelle.

L'État, pour le service de l'armée, est le principal acheteur de fourrages algériens. Notons que les commissions de réception refusent les foins dont la mauvaise composition se signale tout d'abord par les plantes suivantes : asphodèles, feuilles de scilles, faux chardons bleus (Eryngium), chardons jaunes (Kentrophyllum, Scolymus, etc.), et, en général, tous les chardons, notamment les Galactites si communs, les grandes Ombellifères à tiges fistuleuses, les carottes principalement, les renoncules à fleurs jaunes, les Inula ou aulnées, quelques Crucifères à tiges dures, la folle avoine avec ses épillets trop mûrs, coriaces et pointus, dangereux pour la bouche du bétail, puis les herbes palustres : Joncs, Carex et Cyperus, etc. (Voir le chapitre : *Végétaux vénéneux, nuisibles*, etc.)

Les administrations refusent également les fourrages constitués avec une plante unique ou seulement additionnés de quelques herbes inutiles. Les foins des coteaux ou ceux récoltés à leur base, sur les parties encore déclives, sont particulièrement recherchés.

Dans les terres plus ou moins salées des plaines basses de la province d'Oran il faut exclure du bon fourrage les Salsola et les Passerines. Dans les Plateaux quelques *Stipa*, à végétation trop avancée, présentent des épillets trop coriaces et piquants, assez dangereux pour le bétail : certaines orges sauvages offrent les mêmes inconvénients.

En dehors de ces réserves au sujet de la composition des fourrages, par son cahier des charges, l'État exige que le foin soit suffisamment ressuyé, en parfait état de conservation, exempt d'humidité et d'altération quelconque et constitue ainsi pour les chevaux et les mulets une nourriture saine et substantielle.

Le foin doit présenter la meilleure qualité de la récolte locale, dans un rayon de 150 kilom. de la place de la livraison, être exempt de poussière, de graines et d'herbes non nutritives ou malfaisantes. Les plantes de marais précédemment signalées sont sévèrement exclues.

Tout mélange intentionnel soit de qualités, soit de provenances différentes est formellement interdit : le fourrage doit être livré tel qu'il a été récolté.

Les administrations privées adoptent la même réglementation.

Le prix d'adjudication accepté par l'État sert de base pour toutes les transactions concernant la vente des fourrages, soit en une seule livraison, soit pour le courant de l'année.

Les fourrages verts, provenant de la culture de céréales avec vesces ou de coupes de folle avoine et de trèfles naturels que l'Intendance achète pour les mélanger à la nourriture des animaux en avril, ne proviennent que des environs immédiats du lieu de consommation.

Les prairies naturelles peuvent durer longtemps : on en connaît qui, composées de bonnes espèces de plantes, sont exploitées depuis plus de vingt ans : mais souvent on constate avec regret que l'extirpation des plantes nuisibles est négligée et que de mauvaises herbes, de vivaces même, exigent, au moment du bottelage, un triage sérieux.

La prairie n'est d'ordinaire fumée que par les déjections des animaux pendant le pacage : l'insuffisance et la cherté du fumier de ferme rendent difficile cette fumure en couverture qui est parfois pratiquée à raison de 25.000 kil. de fumier, même sur les pâturages de chaumes. Dans ce dernier cas, le pâturage de chaumes constitue une tête d'assolement suivie en 2e et 3e année d'une culture de blé, puis d'avoine.

Les engrais chimiques paraissent pouvoir être employés plus facilement et à moindres frais, notamment les scories de déphosphoration finement moulues recommandées pour les terres fortes, acides ou pauvres en chaux. On peut ainsi favoriser le développement des Légumineuses et des Graminées. La dose à employer est de 600 à 800 kil. de scories par hectare. En dehors de leur teneur en acide phosphorique, les scories contiennent une grande quantité de chaux. La fumure en couverture, en février, au nitrate de soude à raison de 200 kilos, active la végétation des herbes de la prairie.

FOURRAGES VERTS

On cultive aussi en vue de la production du fourrage l'orge ou l'avoine soit seule, soit mélangée à la vesce (*Vicia sativa*).

L'orge ou l'avoine semée seule en terre fumée pour fourrage, en novembre, plus tôt même, si les pluies sont hâtives, donne d'abord une nourriture verte utilisée pour les animaux d'espèce bovine : avec cet élément le lait est peu riche en crème. Le nombre de coupes est de deux : l'une, la plus abondante, en février ; l'autre, en fin avril ou commencement de mai.

Le plus souvent on mélange l'avoine ou l'orge à la vesce : la céréale sert de support à cette dernière plante qui a tendance à se coucher sur le sol et à pourrir : la terre est fumée à raison de 80 mc de fumier par hectare.

Le mélange avoine et vesces donne parfois un rendement considérable qui peut aller jusqu'à 100 quintaux de fourrage sec, mais qui plus normalement est de 40 à 50 quintaux.

On sème à l'hectare 80 kilos de vesces et 30 kilos d'avoine ou d'orge.

Pour que ce fourrage donne un rendement satisfaisant il faut un temps tout à fait favorable. Si l'année est sèche, la vesce se développe mal ; si le printemps est trop pluvieux, elle se développe vigoureusement, mais le pied pourrit et les pétioles se détachent. Le fanage est difficile.

Le fauchage a lieu quand la vesce est en fleurs, au commencement de mai.

Ce fourrage est considéré comme revenant à un prix assez élevé, à cause de la cherté de la semence de vesces parfois de qualité médiocre. On lui fait le reproche d'être difficile à faner dans de bonnes conditions.

Le champ cultivé en vesces et avoine est labouré aussitôt que fauché et l'on peut, l'hiver suivant, semer une céréale dans de bonnes conditions.

Les fourrages verts sont demandés au printemps par les chefs de corps de cavalerie.

La *Luzerne* verte, mélangée aux céréales, n'est pas proscrite par l'administration militaire comme le croient et le répètent beaucoup d'agriculteurs. On dit à tort que la luzerne agace les dents des chevaux, cause des troubles et que, par cela même, les vétérinaires la refusent pour l'alimentation en vert.

Bien au contraire, la luzerne, comme les trèfles de culture artificielle, est recherchée par la cavalerie, mais ces cultures manquent ou sont rares dans le rayon où ces fourrages verts pourraient être livrés en bon état. Bien conduites, aux environs des villes qui ont des garnisons de cavalerie, ces cultures seraient productives pour l'agriculteur, car bien souvent le manque de vert ne permet pas de donner cette alimentation pendant le mois d'avril tout entier.

La ration de vert est de 10 kilos par jour : on peut juger ainsi de l'importance de la fourniture pour assurer le service quotidien d'un gros effectif, comme celui des casernes d'Alger et de Mustapha, par exemple, qui varie entre 1.000 et 1.200 chevaux et mulets.

Avant la livraison des fourrages en vert, et une fois le prix admis, un vétérinaire militaire va examiner sur place l'état et la nature des plantes qui doivent composer la fourniture.

Plantes fourragères cultivées.

Les cultures de plantes fourragères à grand rendement, et surtout la production de matières herbacées vertes pendant la saison chaude ne sont pas encore nettement précisées : elles sont d'ailleurs limitées au périmètre des irrigations à fonctionnement d'été, c'est dire qu'elles seront toujours restreintes, car elles exigent en même temps une bonne qualité de sol et l'orographie les confine dans la zone marine.

En dehors des plantes connues comme le *Maïs* et les *Sorghos*, l'exoticité ne nous a rien fourni jusqu'à ce jour, sauf peut-être une certaine *Canne à sucre vivace* qui remplacerait aisément les *grandes Graminées annuelles*, mais sur le littoral seulement.

La Luzerne reste encore, dans son véritable milieu de culture, avec de l'arrosement d'été, la meilleure plante fourragère.

Les autres Légumineuses, les *Vesces* et les *Gesses*, donnent quelques résultats dans les hivers pluvieux, nuls en périodes sèches, et la plupart de ces plantes ont le grand défaut, quand elles poussent, de traîner sur le sol.

Les plantes fourragères des terrains secs sont encore à trouver et ce ne sont pas les espèces australiennes qui ont résolu ce problème (Anthistiria, Chenopodium, etc.).

Quant aux arbustes fourragers, *Tagasaste* et certains *Acacia australiens*, les frais de plantation et la coupe peu économique des brindilles constitueraient une opération en dehors de la pratique.

Deux divisions sont donc à établir dans le choix des plantes fourragères suivant leur destination :

1° La culture des plantes en terrains secs.

2° La culture des plantes fourragères en terrains arrosés, ordinairement à grand rendement, à consommer en vert ou à ensiler.

Betterave. — *Beta vulgaris.* Cette plante à grosse racine charnue, de la famille des *Chénopodées*, a de très nombreuses variétés.

L'agriculteur algérien a toujours recherché des plantes fourragères à grand rendement ; actuellement, en culture intensive au plus haut degré, aux environs des grands centres, on essaie en terre sèche certaines variétés de *Betterave*. Cette culture formerait une excellente tête d'assolement dans les bonnes plaines de la zone marine et pourrait être une solide base de l'alimentation des bœufs et des moutons.

Des essais intéressants ont été faits dans diverses exploitations; ils n'ont pas toujours donné, il est vrai, des résultats bien concluants, soit que les agriculteurs aient été mal servis par le temps, soit qu'ils aient manqué d'expérience dans une culture absolument nouvelle dans ce pays, où l'on ignore généralement, il faut bien l'avouer, la pratique des bonnes façons culturales.

Après quatre années d'essais dans la Mitidja quelques excellents praticiens, comme MM. Olivier et Saliba, se sont arrêtés au mode de culture suivant :

Mettre la *Betterave* après une culture de *Vesce* et *Avoine* mélangées, faite sur 35.000 kil. de fumier enfoui à l'automne. Ce fourrage, récolté en mai, permet de faire au printemps un labour de 25 à 30 cent. de profondeur. Aux premières pluies, sitôt que la terre est bonne à labourer et que les mauvaises herbes ont germé en grande partie, on donne deux façons au scarificateur en croisant, et quelques jours après, un labour de 15 à 18 cent. Ces façons laissent la terre propre, exempte de mottes, ce qui est très important, et bien préparée pour l'époque favorable aux semailles. Dans la seconde quinzaine de novembre, ou plutôt quand le temps le permet (quelquefois on est forcé de ne semer qu'en février, ne pouvant le faire avant à cause des pluies persistantes), on donne en croisant deux coups de scarificateur suivis d'un roulage au Crosskill pour bien asseoir le terrain, et l'on sème.

Le semis se fait en place avec les semoirs Derome, Smyth ou Robillard dont les socs sont disposés à 0 m. 45, en employant 18 kil. de graines à l'hectare. On sème très superficiellement.

Le semoir à betteraves et engrais[1] est employé pour distribuer en même temps 200 kil. de superphosphate de chaux et 50 kil.

1. On peut conseiller aussi la fumure en plein, avec 250 kil. de nitrate de soude et 500 kil. de scories de déphosphoration. Si la potasse manquait, ce qui est assez rare dans la plupart des terres, on ajouterait à l'engrais 300 kil. de chlorure de potassium.

de nitrate de soude à l'hectare : ces engrais mis à la disposition de la jeune plante lui assurent une grande vigueur. (Faire le mélange au moment de s'en servir.)

Quand la plante a trois feuilles, on bine à la houe à cheval ou à la main. Quand elle a quatre feuilles, on met en paquets à la binette et on démarie à la main ; une quinzaine de jours environ après on donne un deuxième binage à la houe. Un troisième binage n'est généralement pas indispensable.

Sur la ligne, la distance laissée entre les plants est de 20 à 25 cent.

Comme variété de Betterave, on donne maintenant la préférence à la *Jaune Tankard* et à la *Mammouth*. Il faut observer que la *Tankard* est à plus grand rendement mais semble moins résistante à la sécheresse que la *Mammouth*.

Les rendements sont très variables, depuis 10.000 kilos en 1897 où le semis n'a pu être fait qu'en février par suite des pluies continuelles auxquelles a succédé une sécheresse prolongée, jusqu'à 70.000 kilos en 1896 en terre sèche et 160.000 kilos à l'irrigation : dans ce dernier cas le poids des feuilles était de 35.000 kilos.

En terre sèche on peut normalement compter sur un rendement moyen de 45.000 kilos. à l'hectare : ces chiffres se rapportent à des terres d'alluvion profondes et riches de la Mitidja[1].

La récolte peut commencer à partir de fin mai et se continuer jusqu'à fin octobre : elle se fait au fur et à mesure des besoins, la betterave se conservant en terre mieux qu'en silo.

Les betteraves nettoyées sont passées au coupe-racines et distribuées aux bœufs à raison de 20 kil. par tête.

Dans les années de sécheresse on se trouve bien de mélanger une corbeille de betteraves contre deux corbeilles de paille hachée qu'on donne aux bœufs après 48 heures de fermentation. Ce mélange constitue une excellente nourriture.

Les frais de culture exigés pour un hectare de betteraves, sans irrigation, se décomposent ainsi dans la ferme Olivier et Saliba, région de la Réghaïa, plaine de la Mitidja :

1. Dans la propriété dite « Chapeau de gendarme », près Bône, M. Saliba a obtenu une moyenne de 50.000 kilogr. sur 20 hectares ensemencés.

Travail des bêtes et main-d'œuvre pour préparation du sol jusqu'aux semailles inclusivement .... 130 fr.

Achat des graines (18 kil.), démariage, binage à la main, arrachage, nettoyage, réduction en cossettes.... 275

Fumure 100

Location du terrain 40

La culture rationnelle de la betterave en bonne terre impose donc une dépense de 500 fr. environ.

Dans les expériences faites au Jardin d'Essai d'Alger sur le rendement de plusieurs variétés de Betterave de cultures irriguées, la richesse en sucre des variétés ci-dessus indiquées a été ainsi précisée par M. Bernou, pharmacien militaire[1] :

Maximum en sucre évalué en sucre interverti pour 100 de jus.

Mammouth rouge.......................... 15.260

Tankard 15.173

*
* *

Quelques cultivateurs pensent que le *semis* d'automne en terre sèche a beaucoup d'inconvénients et n'assure pas toujours une récolte rémunératrice.

Le repiquage de printemps de semis bien faits en février est la méthode qui convient le mieux pour la culture irriguée, car dans les terres sales, qui sont en majorité, le semis sur place est compromis dans les désherbages.

La culture irriguée assure la récolte, en augmente le poids dans une proportion considérable et ne nuit pas à la richesse en sucre.

La culture de la Betterave est plus difficile dans les Hauts

1. Consulter les études de M. Bernou sur la Betterave, 1883 et 1887. *Algérie agricole*. Les mêmes variétés cultivées à la ferme Olivier et Saliba ont donné 8,10 0/0 de sucre pour la Tankard et 5,60 0/0 pour la Mammouth. Une variété sucrière donnait 10,80 0/0.

M. Deherain recommande le semis en lignes serrées des betteraves fourragères que l'on cultive d'ordinaire à trop grand écartement. Les variétés dites demi-sucrières telles que les *collets verts* ou *roses* sont à recommander comme résistant mieux à la sécheresse, parce qu'elles sont pivotantes.

(Voir le compte rendu de la *Société nationale d'agriculture*, séance du 2 mars 1898).

Plateaux ; les semis d'automne ne résistent pas au froid, mais le semis de premier printemps, mars-avril, permet à la plante d'être constituée avant les sécheresses.

La Betterave, quoique encore peu cultivée, a déjà des ennemis. Ses feuilles sont attaquées par des cryptogames dont les principaux sont l'*Œdomyces leproides*, Saccardo, décrit par M. Trabut, et le *Peronospora Schachtii* trouvé à Alger par M. Rivière en 1880.

Les racines sont rongées au collet par différents insectes et dans les terres fortes et humides elles sont perforées par diverses larves.

Quelques agriculteurs doutent du rendement économique des plantes racines et tuberculeuses comme la betterave et la pomme de terre, même dans les plaines basses et à terres relativement fraîches. En terre sèche, dans les parties hautes de la province de Constantine, la culture de la Betterave a été abondonnée à cause de ses rendements insuffisants.

Brome de Schrader. — *Bromus Schraderi. Graminée vivace*, originaire de l'Amérique du Sud. Plante fourragère intéressante pour l'Algérie mais dans les parties arrosées seulement. Elle fait des touffes de 0 m. 50 à 0 m. 60 de haut, donne plusieurs coupes de feuilles tendres et est à végétation constante.

Les animaux recherchent ce fourrage vert. Semis facile, à la volée, comme pour les céréales.

Cette Graminée, très fixée au sol, supporte la suppression forcée des irrigations d'été : la végétation reparaît au premier arrosement ou dès les pluies de l'automne.

Cannes à sucre. — *Saccharum officinarum.* Ces grandes *Graminées vivaces*, originaires de l'Inde, peuvent être utilisées comme plantes fourragères dans toute la zone littorale de l'Algérie soumises à l'irrigation : les zones désertiques ne leur conviennent point.

Le type des grosses cannes est la *Canne blonde.*

Une variété dite *Petite Canne verte de l'Inde* a été introduite par le Jardin d'Essai d'Alger : elle est, au point de vue fourrager, supérieure aux autres variétés.

Sa végétation est haute, touffue et très compacte, supportant de nombreuses coupes successives, mais il ne faut pas attendre la formation du chaume.

Plantation en terres riches : bouturage des tiges ou éclats de souche en lignes écartées de 0.80 cent., chaque plant étant distant de 0.60 cent. On plante ordinairement sur un des côtés du sillon d'irrigation fait à la charrue. Fumures azotées, nitrate de soude en couverture après la coupe, mais avant l'irrigation subséquente.

Avec des irrigations régulières le rendement en feuilles est considérable : on peut estimer les coupes estivales à 250.000 ou 300.000 kilos de feuilles vertes dont le déchet en eau est très réduit.

Végétation estivale, souche très vivace pendant 6 à 8 ans. Fourrage de bonne composition appété du gros bétail principalement.

Cette utilisation fourragère de la Canne à sucre avait été faite non sans succès par feu Maréchal, un très intelligent cultivateur de Thiers, en Kabylie.

Ici se place une remarque générale.

La pérennité de la plante étant avant tout une condition économique de la plus haute importance, en ce sens que la culture n'exige pas tous les ans des frais de premier établissement, les *Saccharum vivaces*, de nature supérieure aux sorghos, l'emportent dans certains cas sur ces derniers qui sont *annuels* et de qualité alimentaire *moindre*.

Carotte. — *Daucus carota*. Cette *Ombellifère* cultivée pour sa racine exige des sols riches et légers. Les terres compactes, argileuses, inondées pendant l'hiver ou trop sèches au printemps, ne lui conviennent point.

Semis aux premières pluies d'automne sur un sol profondément labouré, meuble, propre et bien fumé. Semis en ligne ou au semoir mécanique. Binage entre les lignes.

Dans les terres arrosées le semis peut être tardif et la récolte peut se prolonger jusqu'aux chaleurs.

La variété *blanche à collet vert* s'est bien comportée dans les expériences faites à Sétif.

On cultive ordinairement la *jaune* et la *violette*, cette dernière devient très grosse.

La Carotte convient à tous les animaux, aux chevaux principalement.

Cette racine a un rendement inférieur à celui de la Betterave et, comme cette dernière, elle a en Algérie tous les défauts inhérents aux racines et aux tubercules fourragers et alimentaires qui exigent une culture intensive sur des terres de choix.

Choux fourragers. — Les choux nains ne paraissent pas donner dans la zone littorale un rendement suffisant pour la nourriture du bétail, pour l'entretien des vacheries notamment aux environs des villes.

Les grandes races fourragères sont, dans ce cas, plus indiquées à cause des récoltes successives de leur feuillage et de leurs ramifications feuillues.

Le chou *Cavalier* est le type de ces races, cependant il convient de lui préférer en Algérie les trois variétés suivantes : *chou moellier blanc*, *rouge* et le *chou mille têtes*.

Chou moellier blanc et rouge. Plantes à grande végétation, bisannuelle par des coupes méthodiques.

Semis en septembre. Repiquage en novembre et décembre à 0 m. 80 en tous sens. Disposition du terrain pour l'irrigation. Binages et buttages.

La tige moellière, très riche en chair, coupée par tranches, est avidement recherchée par les animaux.

Chou mille têtes, même traitement cultural que pour le précédent. Cette race est plus intéressante pour l'éleveur de bétail par l'abondance de son feuillage. Le sectionnement de la base de la touffe donne lieu à un départ de végétation rampant sur le sol, à grandes ramifications feuillues qui peuvent être marcottées et même bouturées.

Si ces choux étaient soumis à une coupe méthodique favorisant le départ des ramifications, si leur culture était suivie et entretenue par l'irrigation et la fumure, l'hectare donnerait annuellement et successivement plus de 100.000 kilos de feuilles et de tiges médullaires, nourriture verte, non aqueuse et riche en matières nutritives.

Les pousses tendres des extrémités constituent un légume apprécié.

Consulter : Ch. Rivière, choux fourragers, *Algérie agricole*, *1890*.

Consoude rugueuse du Caucase. — *Symphytum asperrimum*. Cette *Borraginée*, nouvelle en agriculture, est vivace et à tiges rameuses hérissées de poils rudes.

Dans les terres sèches son rendement est nul. Dans les terres fortes, humides ou arrosées, elle végète bien et donne plusieurs coupes, mais dans ces conditions la Luzerne est un fourrage plus précieux.

Plantation très coûteuse par achats d'éclats de souche. Rendement insuffisant. Nourriture peu recherchée par les animaux.

Fénugrec. — *Trigonella fœnum græcum*. Cette *Légumineuse*, que l'on rencontre à l'état subspontané en Algérie, est une plante à tige droite, à fleurs jaunâtres, à grains irréguliers, à odeur aromatique très accentuée et caractéristique : elle provoque l'engraissement.

Cette culture du bassin méditerranéen, abandonnée puis reprise, produit en résumé un fourrage très médiocre, difficilement accepté par les animaux à cause de son arome particulier : de plus, il est tellement excitant qu'il doit être donné en mélange.

On peut le semer à l'automne à raison de 20 kilos à l'hectare, seulement dans les parties tempérées, car il est sensible aux gelées.

Ce *foin-grec* ne paraît pas avoir une place assez marquée dans les cultures fourragères pour retenir l'attention du cultivateur.

Fèverolle. — *Faba vulgaris equina*. Cette *Légumineuse* n'est qu'une forme de la Fève ordinaire dont elle diffère par des siliques plus petites portées sur de nombreuses ramifications.

La fèverolle est loin d'être une plante des terres sèches et médiocres ; bien au contraire elle ne donne des résultats que dans les alluvions et les terres argilo-calcaires profondes. Elle est avide d'acide phosphorique et de potasse.

Semis d'hiver, en lignes écartées de 0 m. 60 pour la récolte des fruits. Binage, buttage et écimage.

Dans les régions à pluies régulières, la fèverolle, au point de vue fourrager, peut être associée à l'avoine et à l'orge.

Le puceron noir (*Aphis fabæ*), dans les printemps secs, est fort nuisible à cette plante qui souffre également de l'Anguillule dans les périodes humides.

On récolte au printemps, au moment où les gousses brunissent et avant qu'elles ne s'entr'ouvrent : on étend, on laisse sécher, puis on bat. Les débris sont mêlés au fourrage des animaux.

La récolte en graine varie entre 20 et 25 hect. : en fourrage vert, 25.000 kil. ; fané, c'est un foin noir et grossier.

Sa haute teneur en protéine fait rechercher la graine de féverolle pour l'alimentation des vaches laitières, mais il ne faut pas la donner en excès.

Figuier de Barbarie. — *Opuntia Ficus indica.* Grande *Cactée* de l'Amérique centrale, mais remontant vers le Nord sur les plateaux du Mexique et jusque dans la Floride. Son aire de végétation est très étendue puisque cette plante se rencontre à l'état subspontané au Cap, en Australie, dans le bassin méditerranéen et notamment en Algérie et en Tunisie.

Cette plante, presque arborescente, atteint plusieurs mètres de hauteur et, quelquefois, un gros diamètre à sa base qui présente souvent un tronc unique et court, ne tardant pas à se ramifier fortement.

Ces ramifications sont composées d'articles ou raquettes, organes crassulants, succulents, de forme comprimée et aplatie, qui, au point de vue de l'alimentation du bétail, offrent un grand intérêt.

Ces raquettes sont épineuses; mais il y a une variété *inerme* ou presque inerme employée depuis longtemps pour la nourriture des animaux, dans l'été principalement, quand l'alimentation verte vient à manquer ou dans les années pauvres en fourrages.

On reproche à la raquette sa pauvreté en matières nutritives; cependant sa composition chimique se rapproche sensiblement de celle de la carotte ordinaire d'après les analyses de M. G. Rivière.

Coupées par morceaux à la machine, ces raquettes, additionnées de son, ou mieux de caroubes broyées en légère fermentation, constituent une nourriture engraissante et appétissante pour le gros bétail et pour les vaches laitières en particulier. — 70 kilos raquettes, 20 kilos caroubes, 10 kilos grains ou tourteaux.

M. Couput, directeur de la Bergerie nationale de Mondjebeur, recommande une pratique employée par ses parents et par lui-même pendant un grand nombre d'années (environ 50 ans) qui consistait à entretenir les bœufs, les vaches laitières, les chèvres, etc., avec des tronçons de raquettes d'Opuntia et de la paille hachée : 75 kilos de raquettes mêlés à 75 kilos de paille équivalent à 100 kilos de bon foin.

La raquette contient beaucoup d'eau de végétation, 93 °/o environ, c'est pourquoi son mélange avec les autres éléments précités s'impose pour constituer une nourriture assez complète et toujours supérieure à celle dont peut disposer le cultivateur en saison sèche ou dans les années de disette.

Cependant sa composition chimique n'est pas nulle au point de vue nutritif comme on l'a prétendu. M. Fégueux en a donné l'intéressante analyse suivante :

Albumine	0,40	pour cent
Sucre	0,56	—
Gomme	0,78	—
Résine verte (résine et chlorophylle)	0,28	—
Cire jaune cassante	0,34	—
Matières huileuses	0,13	—
Cire blanche particulière	0,01	—
Caoutchouc	0,15	—
Tanin	0,16	—
Cellulose	1,60	—
Acide oxalique avec traces d'acide malique	0,37	—
Acide pectique	0,38	—
Sels	1,34	—
Eau	93,50	—

Voici d'après M. Dugast, directeur de la Station agronomique d'Alger, la composition des raquettes de Figuier de Barbarie comparée à celle du Chou moellier et de la Betterave fourragère.

Poids moyen d'une raquette 0 kil. 900 gr.

	Raquettes.	Chou moellier.	Betterave fourragère.
Eau	92.20	90.32	88.00
Matière sèche	7.80	9.67	12.00
Matières protéiques brutes	0.63	0.90	1.10
» grasses brutes	0.16	0.10	0.10
» hydrocarbonées	4.54	6.27	9.10
Cellulose brute	1.06	1.53	0.90
Cendres (CO^2 déduit)	1.41	0.86	0.80
	7.80	9.67	12.00

L'utilisation du Figuier de Barbarie a vivement préoccupé le Gouvernement tunisien et, en 1894, M. P. Bourde, Directeur de l'Agriculture, a publié des travaux intéressants sur ce sujet.

Il pensait qu'à l'emploi de la raquette trop chargée d'eau, il convenait mieux de substituer le *fruit* dit *Figue* de Barbarie, beaucoup plus riche en principes alimentaires puisque, d'après les tables de Wolf, on pouvait le classer, comme équivalent nutritif, entre le *Topinambour* et la *Carotte*.

Topinambour	290
Figue de Barbarie	304
Carotte	434

Cependant les analyses de M. Bertainchand, Directeur du laboratoire de Tunis, accusent une richesse moindre.

La critique que l'on doit faire de l'emploi des fruits repose sur la difficulté de les récolter : ils sont épineux, souvent haut perchés, et par cela même leur cueillette exige une main-d'œuvre considérable. D'autre part la maturité a lieu dans une période estivale variant entre 40 et 60 jours. On estimerait cette production à 20.000 kilos à l'hectare.

La culture de l'Opuntia n'est pas difficile. Le bouturage par raquette est des plus simples : on laisse la raquette se ressuyer pendant quelques jours. Plantation de printemps, même d'été. Pour faire une haie, planter en ligne chaque bouture à une distance de 0 m.80.

En massif compact et régulier, il faut adopter un écartement raisonné de 2 mètres au moins dans les bonnes terres, plus serré dans les sols maigres. Par la suite on éclaircit suivant les cas.

Si cette *Cactée* résiste dans les terrains secs et rocailleux et supporte aisément les grandes sécheresses, il convient de ne pas oublier que dans les bonnes terres, sa végétation est rapide, ses rendements abondants et qu'elle ne dédaigne ni les soins, ni les arrosements, ni les fumures.

La végétation de l'Opuntia est satisfaisante dans toute la région de l'Olivier, moindre dans ses dernières limites élevées et dans les oasis telliennes, mais nulle dans le désert.

Consulter l'*Algérie agricole*, MM. Madinier, Rivière, Dauzon, les rapports de M. Bourde. (Gouvernement tunisien.)

Galéga officinal. — *Galega officinalis.* Cette jolie *Légumineuse* à fleurs bleu pâle, à l'état subspontané sur quelques rares points de l'Algérie, est à souche vivace : elle résiste dans des terrains de médiocre qualité, mais bien travaillés et supporte de légers froids et la sécheresse. Cependant dans ces conditions sa végétation est maigre, chlorotique, son rendement très inférieur et, d'autre part, les tiges deviennent dures et plaisent peu au bétail.

En Algérie, le Galéga peut être compris dans la composition d'une prairie, mais sans constituer une culture homogène.

On sème en automne dans les parties tempérées. La germination est très incertaine et les graines exigent une stratification préalable.

En résumé, plante moins intéressante qu'on ne le pense généralement.

Gesses. — *Lathyrus* (Légumineuses). Djilbena des Arabes. Les Gesses, fortement préconisées pour les terrains secs, ont donné bien des déboires dans nos hivers peu pluvieux : leur consommation n'est pas sans danger pour l'homme et les animaux quand elles sont à graines[1].

Le défaut cultural des espèces à grande végétation est de traîner sur le sol et de s'enchevêtrer, de sorte qu'il n'y a de vert que les sommités, les autres feuilles sont pourries. D'autre part, leur coupe présente de grandes difficultés.

Jarosse ou **Jaraude.** — *Lathyrus sativus.* Cette *Légumineuse* annuelle est cultivée en Kabylie pour son grain, qui n'est pas sans danger (Lathyrisme), plutôt que comme fourrage.

On la sème en février, et même en terrain médiocre, si le printemps est pluvieux, la végétation herbacée et rampante est assez abondante. A l'état vert on peut couper en avril-mai. Les tiges fraîches sont moins vénéneuses que les graines.

En résumé, fourrage très suspect, à éliminer des cultures.

Lathyrus cicera. Cette plante est également suspecte.

Lathyrus tingitanus. Cette plante fourragère, conseillée depuis environ 25 ans, a été envoyée des Canaries sous le nom de *Chi-*

1. Voir le Lathyrisme, cours de thérapeutique du Dr A. Bourlier. Alger, Lib. Jourdan, 1882.

charraca. On s'est aperçu un jour qu'elle poussait à l'état sauvage dans les haies de la Bouzaréah près d'Alger.

On la préconise encore comme fourrage : elle a tous les défauts des grandes *Gesses* traînantes et exige un bon sol dans la région des pluies régulières.

Lathyrus sylvestris. Cette espèce, originaire de la Hongrie, est vivace et à grand développement : ses racines s'enfoncent profondément dans le sol et ce n'est qu'à la 2e ou à la 3e année que sa résistance est assurée.

Ce Lathyrus a tous les défauts des végétations traînantes et enchevêtrées.

Le prix de vente de la graine est très cher[1].

Gymnothrix latifolia. — Grande *Graminée vivace*, de la nature des Cannes à sucre, originaire de Montevideo. Multiplication facile par semis ou par éclats de souche. La plante forme de fortes touffes produisant de longues feuilles assez tendres, très recherchées par les bestiaux. Plante exigeant la terre fraîche ou l'irrigation et, dans ces conditions, pouvant donner, en plusieurs coupes, un grand rendement : elle mériterait d'être cultivée dans certains cas dans la zone marine.

LUZERNE ET LUZERNIÈRE

La Luzerne, *Médicago sativa* (Légumineuse), est, de toutes les plantes fourragères cultivées en Algérie, celle qui donne les plus hauts produits nets. Grâce à sa puissante racine pivotante, elle va puiser, dans les profondeurs du sol, les éléments nécessaires à sa végétation qui commence lorsque la température dépasse 8 degrés, pour ne s'arrêter qu'avec la dessiccation du terrain qui la porte ou avec les premières gelées.

Il y a donc intérêt à lui réserver de préférence les terres pro-

1. D'après M. Ryf, le *Lathyrus sylvestris*, comme la Consoude du Caucase et la Persicaire, plantes fourragères autour desquelles on a fait tant de bruit et auxquelles on a décerné tant d'éloges depuis une dizaine d'années, ne fait rien de bon dans la région du Sétif en terrain ordinaire non irrigué. « Nous ne conseillons donc à personne, ajoute-t-il, de dépenser de l'argent pour ces trois fourrages. »

fondes, perméables et fraîches ou que l'on peut arroser, sans perdre de vue qu'elle ne peut vivre sur un terrain marécageux ou s'égouttant mal, tandis que, même sur des terres sèches, son produit est encore relativement considérable.

Jeune et jusqu'à la première coupe, la luzerne est une plante délicate; aussi doit-on la confier à un terrain riche bien défoncé et surtout parfaitement nettoyé. Il ne faut pas la fumer directement pour éviter l'envahissement du sol par l'herbe et parce que le fumier, surtout si on la sème à l'automne, n'est pas suffisamment décomposé pour que la jeune plante en puisse immédiatement profiter. Le mieux est de la faire précéder d'une plante sarclée ou d'une céréale bien fumée, ce qui lui permet de trouver, dès sa naissance, une nourriture abondante et bien assimilable.

Semailles. Le semis peut se faire à l'automne ou au printemps dans la région où les gelées ne sont pas à craindre.

Dans toute la partie littorale, il y a intérêt, lorsque le sol est bien préparé et si l'herbe n'y pousse pas trop vigoureusement l'hiver, à faire ces semis dès les premières pluies d'automne.

Là où les gelées sont à craindre, les semis d'automne ne sont pratiqués que si les pluies tombées de bonne heure permettent d'épandre la graine, dans les premiers jours d'octobre, sur une terre encore chaude et qui assure une végétation rapide.

La luzerne est alors assez forte fin décembre pour n'avoir rien à craindre des gelées si fréquentes sur les Hauts Plateaux en janvier et février. Les semis en lignes sont dans ce cas particulièrement utiles parce qu'ils permettent, pendant son sommeil hivernal, de sarcler énergiquement et à bon marché la jeune luzernière.

Si le sol n'est pas suffisamment préparé pour faire la plantation en automne ou si l'on a à craindre de trop fortes gelées ou l'envahissement du champ par une végétation spontanée trop puissante, il vaut mieux ne faire les semis qu'au printemps et y procéder dès que les gelées sont finies. Le plus tôt sera le meilleur; car le gros aléa que présentent les semis de printemps, c'est qu'ils peuvent être pris, en terre non irriguées, par la sécheresse, avant que la luzerne ne soit assez forte pour y résister.

Quelle que soit l'époque des semailles, tous les travaux de défoncement doivent être faits un certain temps à l'avance, pour que le sol ait pu se tasser un peu. On en entretient la propreté au moyen de légères cultures données par le scarificateur ou la houe à cheval.

Il faut 20 kilos de graine à l'hectare lorsque l'on emploie le semoir, 25 si l'on sème à la main.

La bonne graine de luzerne est lourde, glissant bien dans la main, d'un beau blond, elle doit surtout être exempte de *Cuscute*. Il faut peu la couvrir; il suffit de passer un léger rouleau dans les terres légères ou de donner un hersage avec un fagot d'épines dans les terres fortes; une bonne pluie survenant dans les 24 heures qui suivent le semis l'enterre même suffisamment.

Une dernière recommandation au sujet des semis de luzerne.

Ne jamais, à moins de nécessité absolue, les arroser à l'eau courante avant que la graine ne soit sortie, sous peine de voir l'eau entraîner celle-ci et la réunir par paquet.

Si l'on est absolument obligé de recourir à l'irrigation pour faire lever une luzernière, ce qui peut arriver parfois mais bien rarement pour des semis de printemps seulement et lorsque la pluie a fait complètement défaut, il est indispensable de renouveler les arrosages, assez fréquemment pour empêcher absolument la formation de la croûte jusqu'au moment où les plantes ont atteint 7 à 8 centimètres de hauteur.

En dehors de l'irrigation il n'y a plus qu'à protéger la luzerne contre l'envahissement de l'herbe, ce qui est beaucoup plus facile pour les semis de printemps que pour les semis d'automne.

La chose est toujours aisée dans les semis en lignes : ces dernières étant espacées de 25 centimètres, la houe peut faire un excellent travail, mais pour les semis à la volée il faut absolument, si l'herbe tend à dominer, faire faire des sarclages à la main jusqu'à la première coupe.

A partir de ce moment la luzernière est sauvée. Il n'y a plus en dehors de l'irrigation, lorsqu'elle est possible, qu'à la défendre par des cultures annuelles contre l'envahissement de l'herbe ou de la mousse.

De forts hersages, ou des labours faits au scarificateur dans les champs semés à la volée, à la charrue arabe dans les champs semés en ligne, en augmentent beaucoup la durée et le rendement; L'on profite de ces façons pour répandre les engrais qui doivent apporter la potasse, la chaux, les acides sulfurique et phosphorique qui pourraient faire défaut au sol.

Un plâtrage tous les ans (300 kilos), les cendres, les composts fortement mélangés de chaux conviennent très bien à cette plante ; quant aux engrais azotés, ils ne sont utiles que pendant les deux premières années, la luzerne puisant dans l'atmosphère l'azote qui lui est nécessaire. On sait que la luzerne, comme beaucoup d'autres Légumineuses, a ses racines couvertes de nombreuses nodosités abritant les microbes qui fixent l'azote atmosphérique et en permettent l'assimilation par la plante.

Irrigations. La luzerne en grande culture peut être arrosée soit par infiltration soit par submersion.

L'irrigation par infiltration use moins d'eau ; elle donne de bons résultats dans les sols légers, perméables, mais les nombreuses rigoles que l'on est obligé de faire demandent beaucoup de soins pour leur établissement et leur entretien. Elles sont aussi une gêne lorsque l'on fauche à la machine et pour les chariots qui emportent le fourrage. Il faut enfin y renoncer si les eaux dont on se sert sont souvent sales, les rigoles se colmatant alors ne laissent plus pénétrer l'eau dans le sol avant d'avoir été énergiquement curées.

L'irrigation par submersion demande moins d'entretien mais plus d'eau.

Il faut proportionner la grandeur des planches à irriguer au volume d'eau dont on dispose et à la nature du sol ; les faire d'autant plus petites que ce dernier est plus perméable et que le volume d'eau à employer à la fois est moins élevé.

La luzerne se consomme en vert, fanée ou ensilée.

Verte c'est une nourriture très riche, convenant bien à toutes les bêtes mais qui, donnée sans précaution, peut amener la météorisation. On évite presque sûrement ce danger en la mélangeant à de la paille hachée ou en ne la donnant qu'après une ration de feuilles ou de fourrage sec.

Comme fourrage sec, quoiqu'un peu échauffant, c'est une nourriture assez riche pour amener rapidement à un état de graisse avancée les animaux qui en font usage, ou pour leur permettre un travail énergique.

Mais il faut pour cela qu'elle ait été récoltée dans de bonnes conditions.

Il y a avantage à la couper plus tôt que l'on ne le fait d'habitude, dès que les boutons commencent à s'ouvrir : la tige est ainsi moins dure et les feuilles y restent mieux attachées. Ces fauches hâtives ne font du reste rien perdre puisque la végétation repart immédiatement.

Il est indispensable ensuite de donner tous ses soins au fanage qui doit être rapidement mené et fait pour ainsi dire à l'abri du soleil. Brûlée par ce dernier la feuille se dessèche et tombe ; mise en petits meulons sans précaution, comme c'est une plante à tige tendre et lourde, elle se tasse et fermente. Pour éviter cet inconvénient il faut employer le procédé suivant qui réussit toujours, surtout sous les climats très secs.

Mettre en tas de 30 à 60 kilos la luzerne dès qu'elle est fauchée ; la laisser ainsi un jour ou deux jusqu'à ce qu'elle commence à s'échauffer ; ouvrir alors les tas, les laisser 3 ou 4 heures à l'air et les mettre ensuite 3 ou 4 ensemble, mais en ayant grand soin de ne pas tasser l'herbe avec la fourche, encore moins avec les pieds, éviter par conséquent de monter sur le tas.

Au bout de deux ou trois jours la dessiccation est d'habitude complète lorsque le temps a été sec. Dans le cas contraire, on éventre à nouveau les tas le soir, on leur laisse prendre l'air la nuit, et le lendemain matin, dès que la rosée est ressuyée, on les met en gros meulons ou en meules. En employant ce procédé la luzerne sèche à l'abri du soleil et la feuille reste bien attachée à la tige, surtout s'il y a eu un petit commencement de fermentation qui jaunit bien un peu le fourrage mais qui le rend plus souple et ne lui enlève aucune de ses qualités.

Il y a d'autant plus d'intérêt à conserver la feuille qu'il y aurait, paraît-il, dans 100 kilos de luzerne sèche, 52 kilos de tiges et 48 kilos de feuilles, et que ces dernières, avec 14 0/0 d'eau, dosent 29.2 0/0 de matières azotées tandis que les tiges dans les mêmes conditions n'en contiennent que 16.2 0/0. La feuille représente donc 48 0/0 du produit total et 60 à 65 0/0 de l'élément le plus utile donné par la récolte.

Nous avons dit, en recommandant de donner à la luzerne tous les soins qui lui sont utiles, qu'elle nous payait largement de nos débours : son produit est en effet remarquable.

Dans la zone littorale, sur de bonnes terres sans irrigation, le luzerne donne au moins l'équivalent de 100 quintaux de fourrage sec en trois coupes, l'une à l'automne, les deux autres au printemps, et le pâturage qu'elle fournit l'été a une valeur d'autant plus grande que le vert est plus rare à cette époque. Certains agriculteurs préfèrent même, tant cette nourriture rafraîchissante est chose précieuse pour leurs animaux, faire pâturer leurs luzernières en automne; ils ne font alors que les deux coupes du printemps.

Cette coupe d'automne devient si aléatoire sur les Hauts Plateaux à cause des gelées qu'il vaut souvent mieux la faire pâturer.

Quand l'irrigation est possible en Algérie la luzerne donne en 7 ou 8 coupes 70.000 à 80.000 kilos d'herbe verte produisant 18.000 à 20.000 kilos de foin sec.

Parasites. La Cuscute, le plus grand ennemi de la luzerne, peut être amenée par le fumier, mais c'est généralement en employant des graines de luzerne mal décuscutées que l'on introduit ce terrible parasite qui s'appelle dans certains pays cheveux de Vénus, à cause de l'entrelacement de ses fils qui le font ressembler à une perruque.

Il faut, dès que l'on en voit une tache, détruire cette plante qui s'attache à la luzerne, vit à ses dépens et la fait mourir, et en enlever jusqu'au dernier filament.

Quant aux parasites qui s'attaquent à la feuille de cette Légumineuse tels que, la *Cantharide marginée*, la *Colapse noire*, certaines chenilles, il faut absolument, si l'on veut en empêcher la reproduction, faucher la luzerne envahie au ras du sol, avant que ces parasites n'aient terminé leur évolution, dut-on, pour cela, perdre une coupe.

Une dernière recommandation en terminant.

La luzerne effrite le terrain; aussi faut-il, avant d'en semer à nouveau sur le même champ, attendre un temps égal au double du nombre d'années qu'a duré la luzernière précédente.

Elle laisse par contre le sol dans un état de richesse absolument remarquable.

M. de Gasparin estime que les racines et autres débris dosent en moyenne 0,95 d'azote pour 100 et que ces débris arrivent dans le Midi, au poids total de 30.000 kilos par hectare. C'est donc

285 kilos d'azote qu'une luzernière laisse dans un champ après l'avoir occupé pendant une dizaine d'années.

Maïs. — *Zea maïs.* Cette grande *Graminée* annuelle de l'Amérique du Sud constitue la production fourragère la plus estimée pour la consommation en vert et pour l'ensilage.

Sa culture est estivale, mais elle n'est possible que par l'irrigation.

Terres riches, bien travaillées et fumées, car la plante est épuisante : arrosements réguliers. Semis drus et successifs par parcelles pour prolonger jusqu'à l'automne la récolte en vert. Travaux à la charrue pour chaussage et rigoles d'irrigation.

Couper les tiges au moment de la floraison, époque de leur plus grande richesse en matières saccharines.

Au point de vue fourrager, il faut choisir les variétés à grand développement, *Dent de cheval* ou de *Caragua* qui atteignent entre 2 m. 50 et 3 mètres ; dans de bonnes cultures elles donnent en Algérie dans les environs de 80.000 à 100.000 kilos de matières herbacées vertes.

Le Maïs *Perle*, qui est plus petit et talle beaucoup, est une race qui, étant irriguée, produit la plus grande quantité de feuilles. Sont également recommandables les Maïs *Sucrin d'Amérique*, *Improved King*, très hâtif, etc.

La culture du Maïs fourrager est indiquée dans les grandes plaines d'Oran, abondamment pourvues d'irrigations estivales.

Dans certains cas, on peut préférer au Maïs les différents Sorghos, et à ces deux derniers, dans les régions tempérées, les Graminées à souche *vivace*, comme les *Cannes à sucre.*

Mélilot blanc. — *Melilotus alba.* — *Légumineuse* de l'Europe et de l'Asie, connue sous le nom de *Trèfle de Sibérie*, remarquable par sa grande taille, qui atteint plus de 2 mètres, et par sa puissante végétation en Algérie dans les terres profondes et arrosées.

La racine très pivotante de cette plante lui permet de résister dans des terrains secs : elle pourrait donc être employée dans la composition des prairies.

Ce *Mélilot* supporte des coupes successives quand il est arrosé. Dans les années sèches, avec de l'arrosement, il peut être considéré comme un fourrage à développement très rapide. Il est bisannuel et quelquefois vivace : son rendement est considérable.

La fleur est odorante, comme toute la plante d'ailleurs, mais cet arome disparaît en séchant.

Les animaux acceptent fort bien ce fourrage abondant, très tendre avant sa floraison.

Quelques expérimentateurs ont également conseillé la culture du *Melilotus speciosa* d'Algérie, Mélilot de grande taille, mais il est annuel, ses graines ne sont pas dans le commerce et sa végétation peu connue.

Moutarde blanche. — *Sinapis alba*. Cette *Crucifère*, peu employée en Algérie, se plaît dans tous les terrains quand les hivers sont pluvieux.

Semis d'automne sur un labour léger, quelquefois sur un simple hersage. Semis à la volée, environ 10 kilos à l'hectare.

Coupée en vert, avant l'apparition de l'inflorescence, la moutarde convient à tout le bétail, notamment aux vaches laitières.

La *Moutarde noire*, *Sinapis nigra*, est également fourragère, mais elle exige des terres plus riches et fraîches.

On ne cultive pas ces espèces, comme en Europe, pour la graine.

Navets et raves. — *Brassica napus et rapa*. Leuft des Arabes. — Parmi les variétés nombreuses de ces *Crucifères*, on cultive en Algérie un gros navet rustique mangé par les Arabes et utile chez les Européens pour la nourriture des bestiaux. Cependant toutes les variétés à grosses racines réussissent bien dans des terres convenables, c'est-à-dire légères et bien labourées, meubles à la surface, condition essentielle pour faciliter la germination de la graine très ténue.

Culture essentiellement hivernale. Semis à la volée en septembre, très dru, léger hersage pour enterrer la graine. Semer quand on prévoit la pluie.

Dépiquer ou éclaircir au premier binage si la plante est spécialement cultivée pour racines : dans le cas contraire laisser pousser dru et couper en vert dès que les boutons à fleurs se montrent.

Les oiseaux sont très friands des graines et des jeunes pousses au moment du semis. Quelques insectes percent les feuilles.

Pour avoir de grosses racines, il vaut mieux semer en lignes écartées de 25 à 30 centimètres et conserver à peu près les mêmes distances dans la ligne : les instruments attelés facilitent ce travail.

Récoltes successives au fur et à mesure des besoins jusqu'à la floraison qui a lieu à la fin de l'hiver : il convient alors d'arracher de suite les racines qui resteraient et les emmagasiner ou les ensiler.

Ces *Crucifères* constituent une précieuse alimentation pour l'hiver ; leur culture sarclée prépare une terre pour le tabac ou pour une plante légumière ; elles aiment les terres riches en azote et en potasse.

Les racines un peu excitantes, coupées par petits morceaux, doivent être données modérement aux bestiaux au début, ou additionnées de paille ou de foin sec haché ; plus tard on augmente la dose jusqu'à discrétion : elles entrent dans la composition des pâtées ou bouillies cuites pour les porcs ou les vaches.

Le rendement en racines est dans les environs de 200 quintaux à l'hectare.

Persicaire de Sakhalin. — *Polygonum Sakhalinense*. — *Polygonée* nouvellement conseillée, et à tort, comme plante fourragère dans les terrains secs en France et en Algérie.

Rhizome très traçant, émettant des tiges fistuleuses et dures, qui, fraîches ou sèches, sont peu appréciées par le bétail.

En Algérie, les sols de qualité passable ne conviennent pas à cette plante : elle se plaît dans les terres fraîches ou arrosées. Sa plantation est très coûteuse par rhizome ; son rendement n'est apparent que la seconde ou la troisième année de mise en place et sa multiplication par semis exige bien du temps avant de former un plant.

Sainfoin d'Espagne ou Sulla. — *Hedysarum coronarium*. Sulla des Arabes. Thasoulla des Kabyles. — Cette très ancienne *Légumineuse*, spontanée dans le bassin méditerranéen, décrite par les agronomes maures, a été tour à tour exaltée comme fourrage merveilleux, puis abandonnée à cause de ses difficultés culturales et de ses rendements capricieux : c'est une plante à retour périodique dans notre agriculture.

Souche bisannuelle à racine pivotante, à tiges dressées, hautes de 0 m. 60 centim. à 1 mètre environ, velues, à fleurs magnifiques, en grappe, diversement colorées de rose et de rouge.

Cette plante forme une touffe plus ou moins dense, poussant ordinairement isolée ou en petits groupements dans les terrains forts, marneux, argilo-calcaires, argileux et schisteux, sur les côteaux, les talus, les éboulis, etc...

Les animaux n'y touchent guère à l'état frais. Sec ou ensilé, ce *Sainfoin* est un bon fourrage, mais il y a une perte considérable en eau de végétation. Le séchage ou le fanage sont peu faciles : les feuilles se détachent et quand la plante est forte il ne reste en grande partie que des tiges souvent assez dures.

Les inconvénients de la culture du Sulla sont nombreux : cherté des graines, germination difficile, occupation du sol pendant deux ans pour une seule coupe très réduite si les hivers ont été secs. Les terrains moyens, légers, pierreux, sableux et siliceux ne sont pas à la convenance de ce *Sainfoin*, qui, en réalité, est une plante à végétation capricieuse suivant les régions et, par cela même, occasionnant des insuccès inexplicables chez de bons cultivateurs. Le froid des Hauts Plateaux ne lui convient pas.

Pour faciliter la germination de la graine, il faut avoir recours à diverses préparations : ébouillantage, décorticage, stratification, etc. Le semis doit se faire sur terrain de choix et profond, en raie, mécaniquement et être suffisamment recouvert. Coupe avant la floraison. Rendement variable : on l'estime à 580 quintaux vert à l'hectare et à 114 quintaux sec.

Feu Knill, des Amouchas près Sétif, a publié deux études sur cette plante. M. Grandeau en a donné des analyses [1].

Soja Pois de Chine. — *Soja hispida.* — Cette *Légumineuse*, de culture nouvelle, à forme de haricot nain, et à variétés nombreuses, atteint environ 0 m. 80 de hauteur dans des terres de qualité passable, mais dans des pays tempérés et à pluie d'été.

Plantation en lignes distantes d'environ 0 m. 40 à 0 m. 60, avec écartement variable des plants, suivant les terrains et l'arrosement.

Plantation de premier printemps, récolte tardive d'automne comme graine.

1. M. Ryf à Sétif même n'a pu faire prospérer le *Sulla* à fleur rouge qu'au moyen de binages répétés. Malheureusement les binages sont une dépense trop élevée pour une culture annuelle, au moins dans la plupart des cas.

La plante arrosée se développe bien, mais fructifie mal : en terrain plus ou moins sec la végétation est maigre et nulle au point de vue fourrager.

Le Soja, comme fourrage, est une plante des terres arrosées et, dans ce cas, peut être avantageusement remplacé par d'autres cultures.

Cette Légumineuse, à fructification souvent restreinte, est très riche en principes nutritifs : sa graine contient environ 35 0/0 de matières protéiques et 18 0/0 d'huile.

Voici sa composition chimique d'après une analyse faite au laboratoire de M. Olivier-Lecq :

Humidité (à 100-110 degrés)	8.15	
Essence volatile à 125 »	3.12	
Matières protéiques	37.13	
Matières organiques non azotées	27.60	
Matières grasses	19.70	
Sels solubles dans l'eau	2.93	4.30
Sels insolubles	1.37	
	100.00	

Pour l'alimentation humaine, la graine de Soja n'offre aucun intérêt à côté de nos nombreuses variétés de haricots et de fèves de culture facile et rapide ; cette plante est sans avenir dans la culture indigène[1].

Sorghos. — *Sorghum Halepense*, *saccharatum*, etc... Ces grandes Graminées ont, comme plantes fourragères, une valeur alimentaire certainement inférieure à celle du maïs, mais elles se signalent tout aussi bien par l'abondance de leur production que par une grande rusticité sans exiger des terres trop riches et une grande humidité.

Par l'irrigation, certaines espèces, par un tallage très accusé, donnent trois ou quatre coupes successives dont la totalisation est voisine de 200 quintaux.

Ce fourrage doit être utilisé en vert, mais *mûr* ; sec, il est mauvais. Il doit toujours être employé avec prudence en raison de quelques accidents inexpliqués qui se produisent et qui ne

1. Voir le Soja hispida par H. Lecq. *Bulletin de la Société des agriculteurs du Nord*, année 1881.

paraissent pas être dus à la météorisation. Au contraire, le *Sorgho* coupé en vert, de culture arrosée, à feuilles plus tendres, ne présenterait pas ces mêmes inconvénients.

Sorgho d'Halep. Sorghum halepense. Doura des Arabes. Tadkampte des Kabyles. Cette plante *vivace*, très répandue dans le Nord de l'Afrique, affectionne les terrains profonds et frais : elle pousse en touffe et se reconnaît à la blancheur de la nervure médiane de sa feuille et à ses épillets violacés, en panache.

Son rhizome profond et rampant rend cette plante envahissante et dangereuse pour les cultures. Dans les bonnes terres arrosées, il convient de lui préférer d'autres végétaux, d'autres *Sorghos* mêmes. En terrain sec, sa végétation très résistante est cependant restreinte et son produit coriace et coupant est de mauvaise nature alimentaire.

Ce *Sorgho* sauvage, qui exige d'ailleurs plusieurs années pour former son rhizome, ne paraît pas être une plante recommandable en agriculture et serait remplacé avantageusement, dans toutes les parties tempérées, par la petite *Canne à sucre* de l'Inde.

Sorgho sucré. Sorghum saccharatum. Le *Sorgho sucré* hâtif, du Minnesota, est une forte plante annuelle, atteignant 2 mètres, très touffue, repoussant aisément du pied jusqu'au commencement de l'hiver et constituant, par cela même, un fourrage vert très abondant, mais en bonne terre et avec de l'eau. Sa tige contient une sève sucrée et fermentescible qui donne une certaine saveur au fourrage avec lequel elle est mélangée. Ce Sorgho se comporte bien à l'ensilage. Semis dru, avec bon hersage subséquent : l'irrigation décuple le rendement. (Voir *Sorghos alimentaires.*)

Les Sorghos des Arabes. *Bechna* ou *Doura*, variétés à graines blanches ou noires du *Sorghum vulgare*, si polymorphes, principalement cultivés pour la graine, peuvent servir comme plantes fourragères, mais ordinairement semés en terrain sec et à une époque où les pluies sont rares, ces fourrages sont de mauvaise qualité. Il faut leur préférer le *Sorgho sucré* et le *gros* du Sénégal. (Voir *Cannes à sucre fourragères*, souches *vivaces*, conseillées de préférence aux grandes Graminées annuelles dans les terres arrosées au littoral.)

Consulter Madinier, *Algérie agricole*, 1888. « Différentes études sur les Sorghos ».

Tagasaste. — Cytise prolifère. *Cytisus proliferus.* Arbrisseau de la famille des *Légumineuses*, originaire des Canaries où ses rameaux verts sont employés pour la nourriture des chèvres et des vaches.

Cette plante, connue en Algérie depuis 25 ans et préconisée par période, n'a aucun caractère économique : elle exige de bonnes terres ; le semis sur place est impossible et la plantation doit être faite au moyen de jeunes sujets élevés en pot. Dans ces conditions l'établissement d'une plantation de ces arbrisseaux fourragers reviendrait beaucoup plus cher que celui d'un hectare de vignes jusqu'à la 4e feuille.

La coupe des ramilles est toujours très dispendieuse.

Séché, le *Tagasaste* est coriace et ses ramilles deviennent dures comme des fils de fer : elles ne seraient d'ailleurs pas sans danger, dans l'alimentation des animaux, puisqu'elles accusent une certaine toxicité, quoique faible.

Cette plante, fort belle dans sa floraison, ne se plaît que dans les parties tempérées : elle craint les terres fortes et humides, mais ne résiste pas dans les sols de mauvaise qualité et secs. A éliminer des cultures utilitaires.

Teosinte. — *Reana* ou *Euchlæna luxurians.* Grande *Graminée annuelle*, originaire du Guatemala, c'est dire qu'elle exige des contrées chaudes pour se développer économiquement.

Elle est de la nature des grands *Maïs* et des *Coix*, mais elle ne peut prospérer que dans des terres riches avec beaucoup d'eau : elle supporte une ou deux coupes.

Cette plante, étudiée depuis une vingtaine d'années au Jardin d'Essai d'Alger, y est simplement annuelle et non bisannuelle ou vivace comme on le croit encore généralement ; elle ne fructifie pas et dépérit dès les premiers froids de l'hiver.

Le prix de la graine est fort cher et sa germination difficile.

Cette culture avait été essayée en grand, sans résultat, il y a une quinzaine d'années, sur les bords du Mazafran (Coléa), à la ferme aux Autruches, pour la nourriture de ces oiseaux.

Trèfles. — *Trifolium.* Ce genre des *Légumineuses* renferme beaucoup d'espèces annuelles ou vivaces, très employées dans l'agriculture des pays tempérés à pluies d'été. Ces plantes exigent en outre des bonnes terres bien fumées, des profonds labours, mais surtout des sols frais : c'est cette dernière considération qui empêche l'extension de la culture du Trèfle en Algérie.

Les *Trifolium pratense*, *hybridum*, *incarnatum*, quoique semés en automne dans les parties tempérées, résistent mal aux hivers secs et craignent fortement les insolations du printemps. L'irrigation peut leur venir en aide, mais alors la culture de la Luzerne est de beaucoup préférable, comme rendement et économie, à celle du Trèfle.

On a cité le Trèfle de Pannonie, *Trifolium pannonicum*, à végétation vivace, parmi les fourrages d'avenir en ce pays, sans dire ses exigences pour la terre profonde et de bonne qualité et la difficulté de sa culture pendant la première année.

Cependant, parmi les Trèfles, comme culture temporaire de saison hivernale, avec de l'irrigation, l'espèce suivante, le Bersin d'Égypte, n'est pas sans intérêt dans toutes les régions où le froid n'est pas à craindre.

Trèfle d'Alexandrie. Trifolium alexandrinum. Cette *Légumineuse*, connue en Égypte sous le nom de *Bersin*, est cultivée dans toutes les terres bien arrosées par le Nil : dans ces conditions, elle donne trois coupes d'un bon fourrage quelquefois haut de 60 à 70 cent.

Ce trèfle est de culture *hivernale* : il fleurit et disparaît dès les premières chaleurs.

Ce fourrage, déjà signalé par Moll pour l'Algérie dès 1845, mérite d'attirer l'attention de l'agriculture des régions chaudes, des plaines du littoral principalement, peut-être des oasis. La plante craint le froid et exige de l'irrigation.

Dans les années sèches elle peut rendre, dans les régions arrosées, les plus grands services. On la sème en septembre à raison d'environ 25 kil. à l'hectare. Au Jardin d'Essai d'Alger on obtient trois coupes de ce trèfle et il y graine parfaitement : les mêmes résultats seraient acquis dans les plaines du Chéliff et de l'Habra où l'arrosement d'hiver est possible.

Il se traite au fanage comme les autres trèfles, mais il convient mieux de le faire consommer en vert. Son rendement à l'hectare est considérable. Plante à bien étudier.

Vesces. — *Vicia* (Légumineuses). Le genre *Vicia* renferme beaucoup d'espèces essayées comme fourragères : elles sont annuelles ou vivaces, mais beaucoup ont le défaut d'être grimpantes ou traînantes. Il faut alors les associer à une culture de végétaux à tiges rigides comme les céréales, mais alors, suivant l'humidité ou la sécheresse de l'année, les *vesces* sont plus ou moins étouffées ou ne se développent que tardivement.

Les Vesces sont des plantes rustiques, résistant dans des terres de qualité médiocre et calcaires : il faut savoir choisir le sol et le milieu à leur convenance pour avoir des rendements suffisants qui sont en grande partie sous la dépendance de la pluviométrie de la saison.

Vicia sativa. La Vesce cultivée est une plante annuelle, à associer à l'orge ou à l'avoine qui lui servent de soutien ; elle est coupée en vert dans le courant de l'hiver.

On sème, sur simple labour : 80 kil. *Vesce*, 40 kil. avoine. Sarcler avant le départ de la grande végétation.

On fauche quand la Vesce fleurit.

Le fourrage est ordinairement consommé en vert, mais il faut craindre son ingestion par le bétail aussitôt la coupe : le ressuyage pendant quelques heures est utile.

Le fourrage sec est de bonne conservation. Un hectare, quand il n'est pas envahi par les mauvaises herbes, donne dans les années pluvieuses 4.000 kilos secs, mais de qualité bien supérieure à nos fourrages grossiers des prairies naturelles

Vicia sepium. Même culture que le *Vicia sativa* : elle semble craindre davantage la sécheresse.

Vicia villosa. La Vesce velue est annuelle et originaire de Russie : elle préoccupe fortement l'agriculture depuis quelques années, mais elle a les défauts de ces espèces vigoureuses à tiges grimpantes ou rampantes. Semée sur un terrain profond et meuble, elle lance, dans les années pluvieuses, des tiges d'une grande longueur qui s'enchevêtrent et dont les feuilles inférieures pourrissent.

Dans les terres sans profondeur et dans les régions sèches, le rendement de ce fourrage est peu satisfaisant, à moins que le sol n'ait été bien travaillé et fumé. Les animaux ont une certaine répugnance pour ce fourrage pubescent.

Le prix de vente de la graine est très cher.

L'ensilage

L'ensilage du fourrage, c'est-à-dire la concentration d'herbes fraîches dans une fosse a pour but de conserver pendant toute l'année, aux éléments entassés, un état tout particulier de fraîcheur. On obtient ainsi, à volonté, une fermentation plus ou moins limitée qui constitue un ensilage *doux* ou *acide*, suivant que l'on arrête cette fermentation au moment où elle est encore *alcoolique*.

L'ensilage offre de très grands avantages en Algérie, pourtant à la condition d'employer des procédés simples et peu coûteux.

La mise en silo permet d'utiliser des herbes grossières qui, nées spontanément, eussent été absolument impropres à la nourriture du bétail avant d'avoir subi la transformation causée par la fermentation. Cette pratique assure aux animaux, pendant le plus fort des chaleurs, une nourriture tonique et rafraîchissante et, abritant les récoltes contre le vol et l'incendie, elle permet de les conserver dans les champs où on les a recueillies. En outre, ces produits ensilés peuvent être mangés sur place par les troupeaux, d'où une économie sérieuse sur le prix de revient de ces fourrages qui ne sont plus grevés d'un transport coûteux.

Plusieurs méthodes ont été préconisées pour la construction des silos, mais il convient de ne signaler que les plus économiques, celles qui n'exigent pas un capital de premier établissement.

Le procédé le plus simple consiste à creuser des fosses, à les remplir d'herbe et à couvrir le tout avec la terre extraite du silo.

Pour obtenir un ensilage parfait, deux choses sont indispensables :

1° Charger la masse d'un poids suffisant pour empêcher l'introduction de l'air et maintenir la fermentation dans les limites voulues,

2° Préserver d'un excès d'humidité, qui les ferait pourrir, les herbes ainsi traitées.

Il est facile d'obtenir le poids nécessaire en mettant une couche de terre plus ou moins épaisse sur la masse ensilée ; il est aussi très aisé de se garantir de l'humidité.

Il suffit, dans un terrain légèrement en pente et à sous-sol perméable, d'entourer le silo d'une petite rigole permettant aux eaux pluviales de s'écouler. Sur un sol très plat et peu perméable il est possible de savoir si le silo peut s'établir sans courir de risques et jusqu'à quelle profondeur il faut le creuser : il suffit pour cela de faire plusieurs trous d'un mètre carré environ à des profondeurs différentes et de les laisser passer ainsi l'hiver ; les cuvettes dans lesquelles l'eau a disparu un ou deux jours après la pluie indiquent la limite où le sol offre toutes les garanties nécessaires à la bonne conservation des matières que l'on compte lui confier. Les indigènes du reste connaissent parfaitement les terrains qui peuvent convenir à cet usage, la longue expérience qu'ils ont acquise en ensilant depuis des siècles leurs céréales est un sûr garant de la façon dont ils sauront choisir les terres propres à bien conserver leurs fourrages.

Voici la manière de procéder la plus économique pour établir un silo :

Lorsque la quantité d'herbe à récolter est peu importante, il faut de toute nécessité creuser la fosse à main d'homme, la profondeur peut dans ce cas aller jusqu'à 2 mètres, la largeur varier de 2 à 3 mètres, la longueur devant être proportionnée à la quantité d'herbe à conserver.

Si les champs sont vastes, il est plus économique de remplacer la pioche par la charrue, Lorsque le pays est accidenté, il y a avantage à choisir une bande de 30 à 50 mètres de large sise entre deux fortes dépressions de terrain ou des ravins. On laboure sur une largeur de 4 mètres l'espace compris entre ces deux ravins dont la pente offre aux bœufs une entrée et une sortie faciles, même lorsque le silo a atteint une assez grande profondeur. Ces ravins servent en même temps à assainir la fosse. Si la configuration du sol ne permet pas de s'établir dans des conditions aussi favorables, il est nécessaire de laisser à chaque extrémité du silo un terre-plein en talus qui assure un chemin aux animaux pendant qu'ils travaillent ; jusqu'à la profondeur voulue, on enlève ensuite à la pioche les terres que la charrue n'a pu attaquer aux deux bouts du silo.

L'emplacement déterminé, on creuse la fosse par une succession de labour jusqu'à ce qu'elle ait atteint la profondeur désirée, la charrue agissant sur une moitié de sa largeur pendant que les hommes enlèvent le labour précédemment fait sur l'autre moitié. Les bœufs passent ensuite du côté où étaient les pelleteurs qui déblaient les dernières terres remuées.

Lorsque le gros de l'œuvre est fini, les talus se terminent à la main et sont bien régularisés pour que le tassement de l'herbe soit plus facile. Le fruit de ces talus ne doit pas excéder, lorsque cela est possible, 25 cent. par mètre. Les dimensions les plus commodes comme largeur sont 3 mètres dans les silos creusés à la main, 4 mètres dans les silos faits à la charrue; la profondeur peut varier de 1 à 2 mètres et la longueur est déterminée par la quantité d'herbe à ensiler.

Pour faire le calcul des dimensions à donner à un silo il faut faire entrer en ligne de compte non seulement la quantité d'herbe à récolter, mais encore et surtout les ressources en matériel et en personnel qui existent sur l'exploitation, dût-on faire plusieurs fosses au lieu d'une seule.

Un grand silo doit être rempli en 5 ou 6 jours au plus ; un silo de 35 à 40 mètres cubes en 2 ou 3 journées ; c'est au cultivateur à bien se rendre compte de ce qu'il peut couper et porter dans ce laps de temps.

Voici sur quelles bases on peut établir ce calcul :

Le mètre cube d'herbe fermentée et tassée pèse de 425 à 500 kil. et représente à peu près 800 à 1.000 kil. d'herbes vertes ; sachant combien il peut transporter de quintaux en un jour, l'agriculteur peut facilement établir les dimensions qu'il doit donner à ses fosses pour les remplir dans le délai voulu.

L'herbe à point et le silo terminé, il ne reste plus qu'à le remplir ; la rapidité de cette opération étant une condition essentielle de succès, il faut réunir tous les moyens dont on peut disposer pour couper et amener l'herbe au silo. Cette herbe doit être apportée toute verte au fur et à mesure qu'elle est fauchée et déposée en lits réguliers et bien tassés : il est bon, lorsque cela est possible, de saupoudrer chaque couche avec du sel qui doit être répandu à raison de 3 kil. pour 1.000 kil. d'herbe verte. Le tassement s'obtient en piétinant d'une façon énergique l'herbe apportée si le silo est petit, et en faisant passer dessus les chariots ou les bêtes de somme qui sont employés à le remplir lorsque le silo est assez grand. Si l'on veut appliquer ce dernier moyen qui est de beaucoup le plus économique, il faut remplir immédiatement les extrémités du silo pour faire avec l'herbe un talus qui permette aux bêtes d'y descendre et d'en remonter. Les bords surtout doivent être soigneusement tassés et salés, c'est la partie la plus sujette à s'altérer.

Quand le silo est rempli, on continue à élever le fourrage en meule à une hauteur au moins égale à la profondeur de la fosse ; les parements de cette meule doivent être montés bien d'aplomb, pour en permettre le tassement facile et son affaissement rapide sous l'effet d'une fermentation régulière qui attaque les tissus des végétaux ainsi comprimés.

Si le tassement n'a pas été énergique, si les herbes sont grossières ou un peu sèches et que la masse soit restée très élastique, on peut élever le fourrage au-dessus du sol de deux fois la profondeur de la fosse, lorsque la largeur de celle-ci est suffisante pour assurer la stabilité de la meule ainsi faite. La fermentation finie, les denrées ensilées auront éprouvé un affaissement suffisant pour que l'herbe ne dépasse guère le niveau du sol, ce qui du reste n'offrirait aucun inconvénient. C'est même là une pratique fort bonne parce qu'elle permet d'emmagasiner une plus grande quantité de matières avec les mêmes frais de premier établissement, le cube du silo étant augmenté sans dépense de toute la place occupée par les fourrages qui restent en élévation. Il suffit, pour que la conservation soit parfaite, que la masse tout entière soit abritée par la terre extraite de la fosse.

Pour obtenir une fermentation régulière, l'herbe doit être verte et ensilée au fur et à mesure du fauchage ; si pourtant il reste un peu de fourrage coupé de la veille, on peut l'employer sans crainte, mais il est bon alors de commencer par ces herbes, et cela dès le matin sans attendre que la rosée ait disparu, ce qui est du reste parfaitement inutile.

Une pluie même ne doit pas arrêter le remplissage d'un silo commencé à moins que le sol profondément détrempé n'empêche les charrois d'une façon absolue. La règle importante à observer, il convient de le rappeler, c'est que le cultivateur proportionne la grandeur de ses fosses au moyen dont il peut disposer, car il ne faut pas oublier qu'un petit silo doit être rempli en 2 ou 3 jours au plus, et, que la limite maximum est de 5 à 6 jours, pour une grande fosse à condition de travailler tous les jours et sans interruption à son remplissage.

Le silo plein, l'herbe montée en meule au-dessus du sol, il reste à charger cette herbe. C'est là une opération qui doit se commencer immédiatement après la fin des transports et qu'il faut terminer le plus vite possible.

Mais la plupart du temps il sera fort difficile de charger un silo du premier coup sans risquer de voir la meule perdre son aplomb, aussi devra-t-on employer la méthode suivante :

Après avoir planté deux piquets dans l'alignement de chacun des côtés du silo, et à 2 mètres à peu près de chacun des angles pour bien savoir quand le chargement sera commencé, quel est exactement l'emplacement de la fosse, on fait répandre sur le tas d'herbe qui a été légèrement bombé en le terminant, une couche de terre de 20 à 25 cent. Le lendemain le tassement est déjà considérable ; une partie de la terre provenant du déblai est alors jetée autour du silo contre l'herbe en meule et le surplus sert à augmenter la charge jusqu'à ce que la couche atteigne 0 m. 40 d'épaisseur sur toute la face supérieure. Le silo peut alors ainsi rester quelque temps ; au bout de 12 ou 15 jours la fermentation est dans son plein, le tassement presque terminé, une partie de la terre formant bourrelet peut être prise et rejetée sur le silo sans craindre pour la stabilité de la masse. La couverture en terre doit alors avoir 0 m. 50 à 0 m. 60 et être légèrement bombée pour permettre aux eaux pluviales de s'écouler rapidement ; il ne faut pas oublier que cette couche de terre a besoin d'être d'autant plus épaisse que l'herbe était moins fine, moins verte et par conséquent plus difficile à tasser. Dans certains cas, il convient d'augmenter la pression en chargeant la couverture de quelques grosses pierres, plates si possible. En résumé, soit couche de terre, soit addition de pierres, il faut que la couverture du silo représente au moins un poids de 500 kil. par mètre carré. Le silo est à ce moment complètement terminé, l'herbe peut s'y conserver plusieurs années et le cultivateur n'a plus qu'un soin à prendre : boucher, quand il s'en présente, ce qui a lieu surtout dans les premiers temps, les crevasses qui se produisent dans la couverture.

Lorsque l'herbe a déjà perdu une partie de son eau de végétation au moment de l'ensilage ou lorsque la maturité en est fort avancée, le fourrage prend dans le silo une teinte un peu brune ; au contraire, l'herbe tendre et parfaitement tassée dès les premiers temps garde une teinte feuille morte.

L'ensilage brun a une odeur alcoolique prononcée mais moins franchement peut-être que l'ensilage vert, qui y joint aussi un goût aigrelet fort appétissant pour le bétail. Il semble pourtant, d'après les essais faits à Mondjebeur, par M. Couput, sur des bœufs et sur des moutons, que les animaux profitent mieux de l'ensilage brun lorsqu'il fait la base de leur nourriture et que l'ensilage vert au contraire, donné seulement par moitié avec du fourrage sec, réveille l'appétit de la bête, facilite la digestion et agit, en quelque sorte, comme nourriture et comme condiment.

La dernière précaution à prendre est de ne découvrir qu'une petite partie du silo lorsque l'on veut en distribuer le contenu aux animaux : une tranche d'un mètre sur la largeur de la fosse est largement suffisante. On coupe à même tous les jours avec une lame de faulx, une bêche aiguisée ou mieux encore avec un couteau à fourrage, la quantité d'herbe nécessaire pour les 24 heures ; il ne faut surtout pas extraire de la fosse l'ensilage plusieurs jours avant de le faire consommer, car, dans ce cas, ces herbes encore humides fermentent à nouveau et perdent leurs qualités ; mais on peut sans inconvénient laisser sans la charger la portion entamée et qui fournit chaque jour la nourriture du bétail.

*
* *

La fosse en maçonnerie semble inutile et est coûteuse ; ses parois sont des causes de fermentation putride et, quand elle est vide, elle exhale une odeur nauséabonde. D'autre part, elle force le cultivateur à apporter sa récolte toujours à la même place, occasionnant souvent des charrois coûteux, suivant les assolements, surtout quand on opère sur de grandes étendues.

*
* *

L'ensilage des herbes fraîches a surtout le grand avantage de rendre comestibles et alimentaires une foule de végétaux qui, à l'état frais, sont absolument refusés par le bétail, tels que les *Chrysanthèmes*, *Soucis*, *Coquelicots*, *Mauves*, *Chardons* épineux, *Crucifères* à tiges dures, *Ombellifères* à tiges fistuleuses, des *Chénopodées*, des *Polygonées*, des tiges ligneuses des végétaux sous-frutescents, etc., etc.

Par la fermentation tous ces organismes s'amollissent, se transforment, les principes âcres et aromatiques sont attaqués, le sucre tout formé dans les plantes produit de l'alcool et de l'acide, l'amidon et la cellulose sont convertis en glucose, les matières non azotées (fécule et cellulose) disparaissent alors et le produit de l'ensilage, sous un volume moindre, est plus riche en principes azotés.

On peut ensiler toutes les plantes herbacées, les racines et les tubercules, les céréales coupées en vert, les maïs et sorghos fourragers, les luzernes, et puis les betteraves et les pommes de terre. Cependant, quelques cultivateurs pensent que l'ensilage n'est plus économique s'il est le produit d'une culture.

Plantes alimentaires.

En dehors des céréales et des plantes légumières, quelques végétaux de grande culture mais plus restreinte sont à indiquer. Parmi les principaux il faut citer le *Maïs* et le *Sorgho* surtout qui a un emploi alimentaire chez les indigènes de certaines parties de l'Algérie. D'autres espèces également énumérées n'ont aucun avenir en ce pays pour l'alimentation de l'homme et des animaux, tels sont le Riz, l'Arachide, le Topinambour, etc.

Alpiste. — Millet long. *Phalaris canariensis*, Berraka des Arabes, Ibni absis des Kabyles. Cette *Graminée* annuelle, originaire des Canaries, s'est naturalisée dans le bassin méditerranéen et, quelquefois, elle envahit les céréales en Algérie. Plante droite, à thyrse roide malgré le développement de son inflorescence en panache : elle exige des terres riches et humides et ne vit avec les céréales que dans ces conditions.

On a plusieurs fois proposé sa culture.

Actuellement on ne récolte sa graine qu'accidentellement par le vannage du blé; elle est très nutritive et recherchée pour l'alimentation des oiseaux.

Arachide. — Cacahuete. *Arachis hypogœa.* Cette *Légumineuse* du Brésil, mais cultivée dans beaucoup de pays intratropicaux et notamment sur la côte occidentale de l'Afrique, s'est répandue sur certains points du littoral chaud de la Méditerranée.

Sa culture est peu étendue en Algérie : elle y est même fort rare ou n'occupe qu'une très petite place dans les jardins maraîchers aux environs des villes du littoral. Les indigènes de La Calle en sèment encore dans leurs sols sablonneux, et l'on en retrouve quelques traces dans certaines oasis.

Cette production n'est d'ailleurs pas économique sous un climat où les pluies d'été manquent et où les terres compactes ou trop sèches dominent.

L'*Arachide* est une plante annuelle, de petite taille, recherchée pour sa graine oléagineuse qui mûrit sous terre.

Terre légère, sableuse mais riche, soumise à l'irrigation. Semis en lignes aux premiers jours d'avril, en petits poquets, comme pour les pois et haricots. Sarclages et binages.

On emploie environ 100 kil. de graines pour semence. On récolte, en terrain irrigué, de 5 à 700 kil., chiffre minime comparé à celui des pays chauds.

L'arrachage à la main est dispendieux en Algérie.

La graine d'arachide a un goût de noisette et d'amande : elle est alimentaire puisque sa farine contient de 30 à 32 0/0 de matières azotées.

Les Espagnols font griller cette graine.

Cette Légumineuse est en Algérie sans intérêt économique : elle est restreinte à quelques jardins maraîchers et n'a aucune place dans la grande production des végétaux oléagineux.

Maïs. — *Zea maïs*, Djebar des Arabes. Cette grande *Graminée* traitée au point de vue du grain, est la meilleure culture estivale des plaines irriguées. Sans l'aide de l'arrosement constant en terres ordinaires son rendement en grains est insuffisant pour payer les frais généraux que cette plante nécessite.

Cependant la culture en terrain sec est assez répandue : elle n'y est pas toujours rémunératrice car, naturellement, le maïs exige des bonnes terres, fraîches, très meubles et une région encore soumise au climat marin et des pluies printanières.

Terre profondément labourée, bonne fumure riche en azote, en potasse ou phosphate de chaux. Semis en mars pour le littoral ou, dans les autres régions, quand les gelées de printemps ne sont plus à redouter.

Pour faciliter la germination du maïs on laisse tremper la semence pendant 24 heures : on emploie 20 kil. de semence à l'hectare.

Semis avec les instruments, en lignes écartées de 0 m. 60 pour faciliter le binage ; dans les lignes 2 ou 3 grains dans de petits poquets distants de 12 à 15 cent.

Dans les terres arrosées, mêmes procédés ; cependant l'écartement sera plus grand pour faciliter le buttage, le sarclage et le passage de la rigole d'irrigation. Toutes ces façons peuvent se faire avec les instruments attelés, alors l'écartement des lignes sera de 0 m.75 et les plants distants de 0 m.15 à 0 m.20.

Dans les cultures arrosées, à grand développement, le maïs pousse des rameaux latéraux : les supprimer successivement et les donner en nourriture aux animaux qui en sont très friands.

Laisser la floraison s'accomplir librement et n'enlever les panicules mâles qui sont au-dessus de l'épi femelle que quand elles commencent à sécher et que la fécondation est terminée ; à ce moment, les filaments ou pistils sont noirs et se dessèchent. Cet écimage est encore un bon aliment pour le bétail, après avoir constaté cependant qu'il ne contient pas d'*ergots*.

La maturité de l'épi, qui a lieu ordinairement en août, se reconnaît à la dessiccation des spathes et à l'état consistant des grains qui ne sont plus laiteux.

On cueille les épis et on les sèche.

Égrenage à la main ou à l'égrenoir mécanique.

Le rendement en grain n'est pas exagéré en Algérie : il varie entre 15 et 20 quintaux pour les terres arrosées, mais les déchets de la culture sont profitables au bétail.

On ne peut pas obtenir, même dans les plaines chaudes et arrosées, deux récoltes de grain sur le même terrain.

Le prix du maïs varie entre 17 et 20 fr. le quintal. L'hectare donne environ 130 fr. de bénéfice net.

Industriellement, la féculerie et la fabrication de liquides alcooliques n'ont rien à tirer du maïs en Algérie, ni de son grain ni de ses tiges.

L'utilisation économique de cette Graminée paraît être plutôt adaptée à l'entretien du bétail de la ferme ; le chiffre de son exportation est très faible.

Comme pour toutes les cultures d'été, forcément arrosées et sarclées, le maïs impose l'emploi d'une main-d'œuvre constante, condition qui limite son extension.

La variété *Quarantain* est hâtive ; le maïs *Caragua* est productif dans les plaines chaudes.

Maladies : un ergot analogue à celui du seigle qui est dangereux pour l'homme. Un ver *Sesamia nonagrioides* qui détruit les tiges.

Millet ou **Panis**. — *Panicum italicum*. Sous le nom de Millet et de *Mil* on confond beaucoup de Graminées et, dans certains cas, on applique ces noms à des Sorghos.

Le Millet d'Italie, *Panicum italicum*, est une plante cultivée en Europe, comme fourrage et comme grain. Cette graine est recherchée pour l'engraissement de la volaille : on en fait aussi des galettes, des gruaux et des pâtes, mais cette alimentation est, pour l'homme, inférieure aux autres céréales.

Après le Maïs et le Sorgho, le Millet ne peut guère trouver d'emploi fructueux en Algérie.

Patate. — *Batatas edulis*. Cette *Convolvulacée*, à tiges rampantes et à souche volumineuse, originaire des parties chaudes de l'Amérique du Sud, s'est répandue sur tout le littoral méditerranéen : cependant la décroissance de cette culture devant la pomme de terre est manifeste.

La Patate est principalement cultivée aux environs d'Alger et figure sur les marchés de cette ville aux prix de 6 à 10 fr. les 100 kil.

Sa culture n'est possible que dans un sol meuble, de bonne qualité, abondamment fumé et soumis à des irrigations d'été :

c'est cette dernière considération qui réduit l'extension de ces plantations, de nature absolument horticole.

Labour ou piochage peu profond pour ne pas faciliter l'enfoncement du tubercule.

La plantation se fait par boutures enracinées et non par tubercules.

En janvier ou février, on enterre sur légère couche des tubercules qui émettent des tiges : il en faut 200 kil. pour faire le plant destiné à un hectare. Fin avril on plante ces boutures auxquelles on a laissé un peu du tubercule mère : la distance entre chaque plant est de 40 à 45 cent. Si le sol est insuffisamment frais par l'absence de pluies, une légère et préalable irrigation est nécessaire pour faciliter l'enracinement rapide de la bouture.

Binages et arrosages suivant les besoins. On prévoit, en terres perméables, six arrosements pendant la végétation estivale.

La coupe des tiges vertes, pour éviter le trop grand enchevêtrement et constituer une récolte fourragère non nuisible au tubercule, doit être faite méthodiquement : il faut toujours laisser au moins, 1 m. 50 de longueur sur chaque tige de la souche.

On fauche entièrement les tiges une quinzaine de jours avant la récolte, en octobre.

Ne pas blesser les tubercules à l'arrachage, les conserver en lieu sec, dans des couches de sable. La bonne conservation est souvent une difficulté.

L'hectare produit de 10.000 à 20.000 kil. de tubercules.

Il y a plusieurs variétés de Patates : *la Rose de Malaga* est productive et fine de goût, mais la *Blanche ronde* est un bon type à cultiver à cause de sa forme de facile extraction.

La coupe des tiges donne un fourrage vert ou sec très abondant qui équivaut comme valeur alimentaire au triple de son poids en foin sec.

Le tubercule est riche en matières saccharifères : on donnait même tout dernièrement le mauvais conseil de cultiver cette plante pour faire du sucre.

En résumé, la culture de la Patate est chère et son tubercule, moins nutritif que celui des pommes de terre, n'est que très difficilement accepté par les masses à cause de son goût douceâtre et écœurant.

Pommes de terres.— *Voir l'article spécial aux cultures maraîchères.*

Riz. — *Oryza sativa.* Cette *Graminée* annuelle dont la culture tend à disparaître du bassin méditerranéen n'a jamais pu s'établir en Algérie comme elle l'a fait en Italie. Bien plus que dans le Midi de la France, on a à craindre en Algérie la création même temporaire de ces véritables marais nécessaires à la culture, mais nuisibles à la santé publique, surtout dans les pays de malaria. D'autre part, le manque d'eau courante et abondante a rendu à peu près impossible la production économique de cette précieuse céréale très riche en fécule.

Le riz, si cultivé dans l'Inde, en Chine et au Japon, a un grand nombre de variétés dont les grains de couleurs et de qualités différentes ont des usages divers.

On avait pensé, se basant sur son nom de riz *sec* ou de *montagne*, pouvoir utiliser en Algérie cette variété qui n'a pas besoin pour se développer d'une submersion constante. Les essais ont été absolument infructueux, tout comme en Provence, car cette variété qui peut en effet se passer de l'irrigation permanente, n'est productive que dans les pays à *pluies d'été*. L'hiver algérien n'a pas une somme de chaleur assez élevée pour permettre à ce riz de vivre en cette saison pluvieuse.

Sarrasin, Blé noir. — *Polygonum fagopyrum.* Cette *Polygonée* de la Mandchourie, très cultivée dans certaines régions de la France, n'a donné en Algérie que des résultats peu économiques. On avait pensé que sa rapide végétation permettrait de conjurer les disettes périodiques, mais cette plante s'est montrée dans bien des cas trop inférieure au *Bechna* qui est beaucoup moins exigeant sur la nature du sol et craint moins les écarts météoriques du printemps.

Évidemment la graine du sarrasin rendrait des services dans les années pauvres en récolte de céréales, mais il ne faut pas oublier que la disette des grains coïncide avec les printemps secs, périodes pendant lesquelles le sarrasin ne se développerait point.

Sorghos. — *Sorghum* (Holcus) *vulgare, cernuum, saccharatum*, etc... Le Sorgho ordinaire, *Sorghum vulgare*, a de nombreuses variétés.

Bechna ou Sorgho doura des Arabes (graines noires). Dra, des Arabes (graines blanches). On l'appelle aussi Mil, grand *Millet*, *Doura*, *blé de Guinée*, etc.

Cette grande *Graminée* appartient principalement à l'agriculture arabe où elle constitue une précieuse ressource comme culture d'été et récolte alimentaire pour graines.

Le Sorgho exige des terres de bonne qualité et bien préparées à la surface, mais cette plante rustique se contente de peu d'humidité. Quelques pluies d'avril et de mai assurent sa végétation tout à fait satisfaisante quand elle est entretenue par des orages de juin.

Culture kabyle et des pays montagneux, des plateaux frais de l'Ouest comme de l'Est, elle est souvent préférée à celle des céréales. Quand ces dernières n'ont pas réussi en pays arabe, le Sorgho devient l'unique ressource des populations.

Semis en avril, levée rapide : floraison en juillet, très prolongée et sujette à quelques accidents, charbon, attaques des insectes ou des oiseaux.

Au moment de la maturité de l'épi, en août, les oiseaux font de tels dégâts à ces cultures que le gardiennage devient une charge onéreuse que les indigènes seuls peuvent supporter.

Dépiquage au moyen des animaux ou du rouleau.

Le rendement est fort variable : on l'estime entre 12 et 18 quintaux en saison convenable. Le grain doit être bien séché et attentivement surveillé au silo ou au grenier.

Le Sorgho blanc, ou *Bechna* sert à faire la galette et le couscoussou des classes aisées en Kabylie : en arrière-saison, ce grain atteint le prix du blé.

Le Sorgho noir, ou *dra*, moins estimé, constitue la galette du pauvre : ce grain est donné aux animaux de travail.

Pour la nourriture des volailles ces graines sont un précieux aliment, soit broyées, soit en pâtée.

Les tiges sèches ou à moitié vertes, ou les repousses du pied à l'automne, sont livrées aux animaux : quelques accidents indéterminés sont la suite de cette ingestion.

La culture directe du Sorgho pour graines n'est pas toujours à conseiller à l'Européen ; cependant en pays arabe ou kabyle l'association avec l'indigène pourrait permettre l'exploitation de certaines parcelles.

Sorgho sucré. — *Sorghum saccharatum.* La culture du Sorgho sucré hâtif du Minnoseta conviendrait mieux chez l'Européen, comme production abondante de graines, mais alors dans des sols de meilleure qualité, profondément labourés et bien fumés : la fructification en serait particulièrement abondante avec quëlques rrigations. Cependant la lutte contre les oiseaux deviendrait incessante, assujettissante et onéreuse.

Dans beaucoup de pays tempérés on cultive ce Sorgho comme plante saccharifère à cause de l'abondance de la sève sucrée contenue dans ses tiges. Les États-Unis ont accordé à cette culture une importance considérable.

En Algérie, il y a une quarantaine d'années, un Sorgho sucré de la Chine a été traité au point du vue de la production du sucre et de l'alcool : il y a même été l'objet d'un engouement particulier mais il a procuré de réelles déceptions. L'abâtardissement rapide de la plante paraît avoir été une des causes des insuccès auxquelles sont venus s'ajouter l'extension et le perfectionnement de la culture de la betterave en Europe.

Une variété ou une espèce à panicule recourbée, *Sorghum cernuum*, quelquefois cultivée, a un grain gros et blanc : c'est une plante de valeur, à production abondante et qui rendrait des services pour l'engraissement de certains animaux.

*
* *

Les Sorghos, comme toutes les Graminées à grand développement, le maïs pris comme exemple, absorbent une grande quantité d'azote, puis de la potasse et des phosphates quand ils fournissent de la graine. Les graines sont riches en amidon, environ 70 0/0, et en matières azotées, environ 10 0/0.

Dans les sols riches et légers, dans les expositions soumises aux vapeurs marines on remarque souvent chez ces Graminées une grande végétation malgré l'absence des pluies.

Les tiges de Sorgho sont attaquées par un ver (Sesamia nonagrioïdes).

La bibliographie indique que la culture en grand de cette plante a été conseillée pour la fabrication de liquides fermentescibles, vins, bières et cidre de Sorgho, etc. (Madinier, Alphandéry, Trottier).

Topinambour. — *Helianthus tuberosus*. Cette *Composée* vivace, originaire du Brésil et de l'Amérique du Nord, figure toujours parmi les plantes dont la culture est conseillée en Algérie, d'après cette base absolument fausse, que cette plante aime les terrains secs et y est productive.

Comme aspect, le Topinambour est une sorte de *soleil* ou *tournesol*, plus petit dans toutes ses parties : il produit en abondance sur ses racines de petits tubercules très comestibles à goût de châtaigne ou de fonds d'artichauts.

Ses fanes vertes et ses tubercules un peu aqueux sont recherchés par les animaux et contribuent à leur rapide engraissement tout en paraissant ne pas agir sur la lactation des vaches et des chèvres.

Sur bonne terre légère et sur profond labour, dans des lignes espacées de 0 m. 50, on plante les tubercules selon la méthode employée pour les pommes de terre. Binages.

Plantation en février, mars ; récolte en automne.

Les racines ont envahi le terrain dès la seconde année : on peut donc les arracher, même à la charrue, il en restera toujours assez pour assurer la reproduction subséquente.

La production à l'hectare est fort variable ; elle dépend de la fraîcheur du sol ; elle est en Algérie, de 10 à 25.000 kil. : les fanes sèches, en terrains arrosés, produisent environ 4.000 kil.

Cette plante absorbe beaucoup d'azote et de potasse. On avait conseillé sa culture en vue de la fabrication de l'alcool : on en tire 6 à 8 0/0 du poids des tubercules. Rien à faire dans ce sens.

La culture productive du *Topinambour* en terrain sec, dans un pays sans pluie d'été, est une légende : des résultats ne peuvent être obtenus qu'en bonne terre et avec de l'*irrigation*. Dans ce cas, les pommes de terre à grands rendements donnent des récoltes et des résultats plus assurés.

L'emploi des tubercules non mûrs et mal conservés ne serait pas sans danger pour les animaux : dans tous les cas le *Topinambour* ne doit pas constituer une nourriture exclusive.

Indications culturales suivant les régions.

Les méthodes de culture employées dans les exploitations sont variables suivant les régions.

Les indications générales qui suivent ont été établies d'après le programme des bonnes cultures européennes. On a pris comme type, ne pouvant faire ici une topographie agricole complète, les principaux centres culturaux des plaines basses et ceux des altitudes.

Quoique datant de 1878-1879, le meilleur travail encore à consulter sur les régions culturales c'est *La Topographie agricole de l'Algérie*, ouvrage publié par le Comice agricole d'Alger auquel nous avons collaboré [1].

RÉGION DE BÔNE.

Le territoire agricole comprend une série de plaines plus ou moins ondulées, peu élevées au-dessus de la mer : ce sont les plaines de la Seybouse, de la Meboudja, du Fetzara, etc.

Le climat y est essentiellement marin. La pluviométrie accuse à Bône 738 ^{mm} et à La Calle 860 ^{mm}

Ces plaines sont fertiles, mais quelques parties sont encore marécageuses et par conséquent malsaines. La température élevée avait motivé autrefois sur le littoral des essais de culture du cotonnier.

Les montagnes des environs et leurs contreforts qui encadrent les plaines sont couvertes d'une belle végétation forestière et de parcours herbeux favorables à l'entretien du bétail.

Les céréales, les fourrages, les tabacs, la culture des arbres fruitiers et de l'olivier, l'engraissement du gros bétail sont les indices d'une agriculture prospère.

La région possède, depuis longtemps, de très beaux vignobles

1. Les matériaux déjà réunis vont nous permettre de représenter sous peu ce travail complet et mis au point.

dont quelques-uns très importants ont été créés il y a plus de 40 ans. La viticulture y a pris depuis une quinzaine d'années une très grande importance, mais actuellement elle est fortement entravée par une invasion phylloxérique très intense. Dans ces terres, profondes et fraîches, la reconstitution par la vigne américaine sera possible.

Malgré les cours d'eau qui sillonnent les plaines, l'irrigation y est encore relativement peu développée.

Le port de Bône, bien outillé, est un centre important d'exportation de produits agricoles, de minerais et de phosphates : il est relié à Constantine par Guelma, avec embranchement sur la Tunisie et Tébessa. La petite ligne ferrée de Mokta-el-Hadid dessert la région de l'Ouest.

Céréales.

Avoine : semis en novembre et décembre. — 110 kil. de semence à l'hectare. — Récolte fin mai, juin.

Bechna : semis fin mars et 1re quinzaine avril. — 30 kil. de semence à l'hectare. — Récolte en août : très peu cultivé dans la région.

Blé dur : semis en novembre et décembre. — 100 kil. de semence à l'hectare. — Récolte en juillet.

Blé tendre : semis en novembre et décembre. — 110 kil. de semence à l'hectare. — Récolte en juillet.

Orge : semis en novembre et décembre. — 110 kil. de semence à l'hectare. — Récolte en juin : l'orge et le blé semés en janvier donnent le plus souvent un faible rendement en grains sauf quand le printemps est pluvieux.

Maïs : semis en mars et avril. — 30 kil. de semence à l'hectare. — Récolte en juillet.

Sorgho Dra : semis du 15 mars au 15 mai. — 30 kil. de semence à l'hectare. — Récolte en août.

Sorgho du Minesota : semis du 15 mars au 15 mai. — 30 kil. de semence à l'hectare. — Récolte en août.

Cultures fourragères et industrielles.

Betteraves : semis en octobre ou février. — 25 kil. de semence à l'hectare. — Récolte en avril ou juillet : culture pour l'alimentation des animaux.

Luzerne : semis en octobre et novembre ou janvier. — 25 kil. de semence à l'hectare.

Moutarde : semis en octobre. — 15 kil. de semence à l'hectare. — Récolte en décembre : fauchée en vert.

Orge en vert : semis en octobre ou novembre. — 120 kil. de semence à l'hectare. — Récolte en février ou mars.

Vesces : semis en décembre. — 85 kil. de semence à l'hectare mélangés avec 40 kil. avoine. — Récolte en mai comme fourrage.

Les **Sulla** et **Sainfoin de malte** ont donné de mauvais résultats.

Lin : semis en novembre. — 160 kil. de semence à l'hectare. — Récolte fin mai.

Tabac : semis en novembre. — Repiquage en mars-avril. — Récolte en juin-juillet.

Plantes diverses.

Choufleurs : semis en août. — repiquage en octobre-novembre. — Récolte en janvier-mars : culture maraîchère irriguée.

Fèves : semis en décembre. — 120 kil. de semence à l'hectare. — Récolte fin mai.

Haricots : semis en mars-avril. — 115 kil. de semence à l'hectare. — Récolte juin-juillet.

Melons : semis en mars-avril. — Récolte juin-juillet.

Patates : semis en janvier. — Repiquage en avril. — Récolte fin septembre : culture maraîchère irriguée.

Petits pois : semis en octobre et février. — 250 kil. de semence à l'hectare. — Récolte en janvier ou fin mai.

Pois chiches : semis en mars. — 110 kil. de semence à l'hectare. — Récolte fin juin.

Pommes de terre : semis en octobre et février. — 1.500 kil. de semence à l'hectare — Récolte février et fin juin.

Tomates : semis en février-mars. — Récolte août-septembre : culture maraîchère irriguée.

Topinambours : plantation février-mars. — Récolte en septembre : culture maraîchère irriguée.

Vignes : plantation en février-mars.

Labours : octobre-novembre-décembre.

» d'été : rarement pratiqués.

» d'ensemencement : octobre-novembre-décembre-janvier-février-mars.

Sarclages : mars-avril.

Battages : juin-juillet.
Vente de grains : juillet et août.

Animaux.

Agnelage : octobre et novembre, mars et avril.
Naissance des chèvres : mars-avril.
» **des porcs** : époques très variables, généralement octobre-novembre-avril-mars.
» **des poulains** : février-mars-avril.
» **des veaux** : janvier-février-mars.

RÉGION DE CONSTANTINE.

Cette région appartient, dans la plus grande partie de son territoire agricole orienté au Nord, au climat de la zone montagneuse : les espaces qui s'avancent sur le secteur Sud dépendent déjà des Hauts Plateaux et ne peuvent convenir qu'à l'élevage.

Le centre cultivable de ce pays à surface ondulée est situé à une altitude variant de 500 à 800 mètres. Constantine est à 660 mètres, Oued-Zenati entre 7 et 800 et les terres de parcours ont une altitude supérieure à 1.000 mètres (Batna 1.045).

Ce pays est froid pendant l'hiver : il y gèle, les neiges y sont fréquentes et persistent parfois pendant plusieurs jours. La pluviométrie est généralement suffisante dans la région Nord (663^{mm}) mais plus réduite vers le Sud où elle n'arrive pas à 400^{mm} malgré les chutes abondantes de neige.

Dans les vallées et les dépressions les terres sont ordinairement de bonne qualité et conviennent aux céréales, aux prairies artificielles, aux arbres fruitiers, à l'olivier, à l'engraissement du bétail et à la laiterie. La vigne y souffre des intempéries quand elle est située au-dessus de 600 mètres. Ces vallées sont arrosées, mais l'irrigation y est cependant limitée.

Les parties hautes et mamelonnées sont privées d'arbres et la végétation herbacée y est maigre : le sol y est de qualité inférieure, quelquefois pierreux, retenant peu l'humidité.

Dans ce pays à grands parcours, l'Arabe seul cultive les

céréales, mais il se livre principalement à l'élevage du cheval, du mouton et du bœuf, car, dans les années normales, le pays est salubre et le pâturage est composé d'herbes fines et nutritives.

Cette région est bien desservie par des routes et notamment par des chemins de fer se dirigeant en tous sens. Deux lignes aboutissent aux ports de Philippeville et de Bône ; d'autres vont à l'Ouest sur Sétif-Alger ; à l'Est sur la Tunisie, vers le sud à Tébessa et à Biskra.

Céréales.

Avoine : semis en novembre-janvier. — 90 à 100 kil. de semence à l'hectare. — Récolte du 5 au 30 juin : on en fait peu.

Bechna : semis en avril-mai-juin. — 40 à 60 litres de semence à l'hectare. — Récolte en août-septembre : culture arabe dans les jardins.

Blé dur : semis en octobre-janvier. — 80 à 120 litres de semence à l'hectare. — Récolte fin juin-15 juillet : culture principale.

Blé tendre : semis en octobre-janvier. — 80 à 120 litres de semence à l'hectare. — Récolte fin juin-15 juillet : cette culture devient importante mais ne réussit pas partout.

Orge : semis en octobre-décembre. — 100 à 150 litres de semence à l'hectare. — Récolte en juin : culture principale.

Maïs : semis en avril-mai-juin. 80 à 140 litres de semence à l'hectare. — Récolte en août-septembre-octobre : culture assez répandue dans les parties basses mais seulement pour le vert.

Cultures fourragères et industrielles.

Betteraves : culture peu pratiquée à cause de ses faibles rendements.

Luzerne : semis en mars-avril-mai. — 25 à 30 kil. de semence à l'hectare. — Récolte en juin-juillet-août : culture en terre irriguée seulement.

Moutarde : semis en octobre et avril. — 15 à 20 kil. de semence à l'hectare. — Récolte en mars-avril-mai : culture peu répandue.

Orge en vert : semis en octobre-novembre-décembre. — 160 à 200 litres de semence à l'hectare. — Récolte en mars-avril-mai : peu cultivée.

Sainfoin : semis de novembre à fin février. — 5 à 600 litres de semence à l'hectare. — Récolte en mars-avril-mai : culture malheureusement peu pratiquée.

Vesces : semis d'octobre à fin février. — 100 à 120 litres de semence à l'hectare. — Récolte en avril-mai-juin : culture trop négligée.

Plantes diverses.

Choux : semis en janvier-février-mars. — 4 à 5 kil. de semence à l'hectare. — Récolte de juillet à novembre : culture maraîchère,

Fèves : semis d'octobre à fin février. — 150 à 200 litres de semence à l'hectare. — Récolte en mai-juin : culture arabe.

Haricots : semis en mars-avril-mai. — 150 à 200 litres de semence à l'hectare. — Récolte en mai-juin-juillet : culture de jardin.

Lentilles : semis d'octobre à fin février. — 70 à 80 litres de semence à l'hectare. — Récolte en mai-juin-juillet : culture de jardin.

Melons : semis en avril-mai-juin. — 15 à 20 litres de semence à l'hectare. Récolte de juillet à septembre : culture de jardin.

Navets : semis d'octobre à mars. — 5 à 10 litres de semence à l'hectare. — Récolte de décembre à mai : culture de jardin.

Petits pois : semis de novembre à fin avril. — 150 à 200 litres de semence à l'hectare. — Récolte avril à juillet : culture de jardin.

Pois chiches : semis de janvier à mars. — 100 à 200 litres de semence à l'hectare. — Récolte juin-juillet : culture arabe.

Pommes de terre : Plantation en mars-avril-mai. — 900 à 1.200 kil. de semence à l'hectare. — Récolte de juillet à décembre : culture maraîchère.

Tomates : semis en mars-avril-mai. — 6 à 8 kil. de semence à l'hectare. — Récolte en juillet-août-septembre : culture maraîchère.

Topinambours : plantation en mars-avril. — 800 à 1.000 kil. de semence à l'hectare. — Récolte en octobre-novembre : peu cultivés.

Vignes : débourrage fin mars et premiers jours avril, suivant la saison et cépages, maturité courant septembre.

Labours d'été : de février à juin.

» **d'ensemencement** : du 1er octobre au 15 février.

Sarclage : printemps-avril-mai : mais peu pratiqué. On échardonne quelquefois.

Battage : variable, mais ordinairement de juillet à août, se fait surtout aux pieds des bêtes.

Vente de grains : aussitôt les battages terminés.

Nota. — Suivant les usages de la région, les quantités de graines de semence ou de récolte ont été désignées par litres ou par kilogrammes.

Animaux.

Agnelage : printemps et automne plus particulièrement.

Naissance des chèvres : printemps et automne.

Naissance des porcs : toute l'année.
» **des poulains** : avril-mai (juin, poulains tardifs).
» **des veaux** : plus particulièrement mars-avril-mai-juin.

RÉGION DE SÉTIF.

La région de Sétif appartient à la zone des Hauts Plateaux : elle est située entre 1.000 et 1.100 mètres d'altitude. Son climat, très chaud pendant l'été, est froid pendant l'hiver : la neige est fréquente et les abaissements de température à — 10° se constatent quelquefois. Les gelées de printemps sont nuisibles à la végétation.

La quantité de pluie est parfois insuffisante pour les besoins de la culture. Les prairies naturelles, assez bien composées dans les dépressions du pays, sont de peu de durée. Les terres conviennent aux céréales, les épis sont beaux, souvent la paille est courte.

L'irrigation très réduite est cependant bien aménagée et sagement utilisée.

La viticulture et l'arboriculture n'ont aucun avenir dans cette région à cause des gelées tardives et des grêles printanières. Le *Mourvèdre* est le plant préféré parce qu'il débourre tard : sa maturité est plus régulière que celle du *Carignan*.

Le bétail a une taille élevée; son engraissement s'obtient facilement et les races du pays ont été améliorées par des croisements avec des reproducteurs français et étrangers. Pour le mouton on a employé le *mérinos* et pour les bovins, les races *Schwiz* et de *Fribourg*.

La région de Sétif peut être citée comme le meilleur exemple de la culture progressive et intensive en Algérie : elle doit cette heureuse situation, malgré les difficultés réelles du milieu, aux efforts de quelques agriculteurs d'un grand mérite, à feu Schwarz et à M. Ryf, un habile praticien doublé d'un sage expérimentateur.

Les pays qui entourent la région de Sétif ne présentent pas les mêmes éléments de prospérité agricole.

Céréales.

Avoine : On en fait très peu : culture sans importance. Semis d'hiver. — Récolte entre le 15-30 juin. Cette céréale donne très peu dans les terres de cette région.

Blé dur : semis du 1er octobre au 15 mars, mais l'époque la plus favorable est celle du 15 octobre au 15 novembre. — 50 à 100 kil. de semence à l'hectare. — Récolte du 20 juin au 31 juillet : c'est de beaucoup la culture la plus importante.

Blé tendre : semis du 1er octobre au 15 mars. — 50 à 100 kil. de semence à l'hectare. — Récolte du 20 au 30 juin : on en fait peu.

Orge : semis du 1er octobre au 31 janvier. — 60 à 100 kil. de semence à l'hectare. — Récolte du 1er au 15 juin : céréale dominant dans les terres maigres.

Maïs : semis en avril et mai. — 50 à 60 kil. de semence à l'hectare. — Récolte en août et septembre : on fait très peu de maïs et seulement en terrain irrigable.

Cultures fourragères et industrielles.

Betteraves : semis en mars et avril. — Récolte en novembre, décembre et janvier : on fait peu de betteraves et seulement en terrain arrosable.

Luzerne : semis en mars et avril. — 25 à 30 kil. de semence à l'hectare. — Récolte en avril et octobre en terre sèche : on fait peu de luzerne et seulement en terrain arrosable.

Orge en vert : semis en octobre. — 150 à 200 kil. de semence à l'hectare. — Récolte du 15 mars au 1er mai : ne donne des résultats satisfaisants qu'avec des engrais.

Sainfoin : semis en novembre et mars. — 2 à 3 hectolitres de semence à l'hectare. — Récolte en mai et septembre : on en cultive très peu.

Vesces : semis en octobre et mars. — 100 à 150 kil. de semence à l'hectare. — Récolte en mai et septembre : on en fait peu ; fourrage généralement associé à l'avoine.

Plantes diverses.

Choufleurs : semis en septembre et mai. — 1 à 2 kil. de semence à l'hectare. — Récolte en mars ou juin : culture maraîchère réussissant assez bien.

Fèves : semis en novembre ou mars. — 100 à 120 kil. de semence à l'hectare. — Récolte en juin : on n'en fait qu'en culture maraîchère.

Haricots : semis en avril, mai, juin. — 100 à 120 kil. de semence à l'hectare. — Récolte en juillet ou octobre ; en culture maraîchère seulement; les gelées tardives sont à craindre.

Lentilles : semis en novembre ou mars. — 50 à 60 kil. de semence à l'hectare. — Récolte en juin : on en fait peu.

Melons : semis en avril ou mai. — Récolte en août et octobre : en culture maraîchère seulement.

Navets : semis en juin ou août. — 5 à 10 kil. de semence à l'hectare. — Récolte en novembre ou février : se font souvent après les céréales en grande culture.

Petits pois : semis en janvier ou avril. — 20 à 25 kil. de semence à l'hectare. — Récolte en mai ou septembre : en culture maraîchère seulement.

Pois chiches : semis en novembre ou mars. — 20 à 30 kil. de semence à l'hectare. — Récolte en juin : on en fait très peu.

Pommes de terre : semis en avril, mai, juin. — 1.000 à 1.200 kil. de semence à l'hectare. — Récolte en octobre et novembre : la pomme de terre réussit bien à l'irrigation et sa culture est assez étendue.

Tomates : semis en mars ou mai. — Récolte en août ou octobre : en culture maraîchère seulement.

Topinambours : semis en mars ou mai. — 800 à 1.000 kil. de semence à l'hectare. — Récolte d'octobre à mars : on en fait très peu quoique le topinambour vienne très bien et sans irrigation.

Vignes : Le débourrage a lieu fin avril ou commencement mai, la floraison du 1er au 15 juin, et la vendange du 20 septembre à fin octobre.

Labours de printemps : de mars à la fin juin.
» **d'été** : de fin juin à fin septembre.
» **d'ensemencement** : de fin août à fin décembre.

Sarclages : en mars, avril, mai.

Battages : en août et septembre.

Vente des grains : d'août à fin décembre.

Animaux.

Agnelage : printemps et commencement de l'hiver.

Naissance des chèvres : printemps et commencement de l'hiver.
» **des porcs** : toute l'année.
» **des poulains** : au printemps, avril ou juin.
» **des veaux** : » , mai ou juin.

RÉGION DE LA MITIDJA.

La Mitidja est une plaine fertile, en forme de grand golfe ouvert au Nord-Est sur le bord de la mer, et se terminant en demi-cercle vers les monts élevés du Zaccar (1580^{m}) à l'Ouest.

A environ 50 kilomètres d'Alger, cette plaine est limitée à l'Est par les premiers contreforts du puissant massif de la Kabylie. De ces montagnes sortent des oueds dont quelques-uns déversent leurs eaux toute l'année vers la mer.

Au Nord, la plaine, sur la plus grande partie de sa longueur, est séparée de la mer par un bourrelet montagneux de faible altitude, « Le Sahel » qui est un pays à vignobles.

Le niveau de la Mitidja est variable : cette plaine part de zéro sur le littoral Est pour s'élever à 58 mètres à Boufarik et à 260 mètres à Blida. Elle est sous l'influence du climat marin : sa température, relativement modérée en été, subit cependant des abaissements au-dessous de zéro pendant l'hiver.

Tous les oueds descendant des montagnes sont utilisés pour l'irrigation qui ne s'étend encore que sur des surfaces restreintes : les puits artésiens et les norias surtout contribuent au système irrigatoire de la région. Un grand barrage, le Hamiz, qui contient 13 millions de mètres cubes d'eau, dessert à l'Est d'Alger une grande zone irrigable toute l'année.

Des routes et des voies ferrées à grandes et à petites sections sillonnent la plaine en tous sens.

Cette région est certainement la plus productive de toute l'Algérie et la plus importante par sa situation, son climat et surtout par les efforts et les sacrifices faits pour la mise en valeur du sol : elle comprend, à côté de la grande exploitation agricole, toutes les autres cultures du caractère le plus intensif, orangeries, olivettes, vignes, plantes industrielles et maraîchères, etc., etc.....

Céréales.

Avoine : semis en janvier. — 110 kil. de semence à l'hectare. — Récolte en juin.

Blé dur : semis en décembre. — 90 à 100 kil. de semence à l'hectare. — Récolte en juin.

Blé tendre : semis en décembre. — 90 à 100 kil. de semence à l'hectare. — Récolte en juin.

Orge : semis en janvier. — 100 à 110 kil. de semence à l'hectare. — Récolte jusqu'en juin.

Maïs : semis en avril. — 55 kil. de semence à l'hectare. — Récolte en juin.

Cultures fourragères et industrielles.

Luzerne : semis en novembre et avril. — 25 kil. de semence à l'hectare. —Récolte toute l'année sauf l'hiver.

Orge en vert : semis en octobre. — 120 kil. de semence à l'hectare. — Récolte 1re coupe en décembre et janvier.

Vesces : semis en octobre-novembre. — 100 kil. de semence à l'hectare. — Récolte au printemps.

Lin : semis en novembre. — 80 à 90 kil. de semence à l'hectare. — Récolte mai-juin.

Tabac : semis en novembre et janvier
Récolte août-septembre.

Plantes diverses.

Choufleurs : semis de mai à septembre. — Culture maraîchère.
Récolte septembre à mai.

Fèves : semis en octobre-novembre. — 70 kil. de semence à l'hectare.
Récolte avril-mai.

Haricots : semis février à mars. —
Récolte juin-juillet-août.

Melons : semis mars-avril. —
Récolte juillet-août.

Navets : semis en toutes saisons, sauf trois mois d'hiver.

Patates : bouturage en mars. — Plantation en mai. — Récolte d'automne.

Petits pois : semis de août à février.

Pois chiches : semis en mars.

Pommes de terre : plantation en février-mars.

Tomates : semis en mars-avril.

Oignons : semis en août. — Repiquage en octobre. — Récolte en mars.

Choux : semis en août. — Repiquage en septembre. — Récolte en novembre.

Ail : semis en novembre.

Vignes : débourrage fin mars. — Vendange fin août et courant septembre.

Labours : automne.
» **d'été** : juillet-août.
» **d'ensemencement** : octobre à décembre.
Sarclages : avril.
Battages : juillet.
Vente des grains : à la récolte.

Animaux.

Agnelage : janvier à mars.
Naissance des chèvres : janvier à mars.
» **des porcs** : »
» **des poulains** : avril-mai.
» **des veaux** : novembre à janvier.

RÉGION D'ORLÉANSVILLE.

Cette région est située dans la partie basse et occidentale de la plaine du Chéliff. Orléansville est à 30 mètres d'altitude. Le caractère météorologique de cette contrée est l'insuffisance des pluies et l'exagération thermique en été : la température y descend l'hiver *au-dessous* de zéro.

Les terres sont bonnes, profondes, mais l'eau d'irrigation est encore insuffisante, même l'hiver, pour assurer les récoltes normales de cette saison.

On se préoccupe d'étendre le système irrigatoire de cette région, tout au moins pour suffire aux exigences des cultures hivernales.

L'agriculture de ce pays est particulièrement difficile en raison de l'état météorologique qui limite les récoltes et la nature des plantes à cultiver : les disettes de fourrage et de pâturage ne permettent pas tous les ans un élevage économique du bétail.

Céréales.

Avoine : semis 15 novembre à 15 janvier. — 60 à 70 kil. de semence à l'hectare. — Récolte entre le 5 mai et le 5 juin.
Blé dur : semis 15 novembre au 15 décembre. — 65 à 75 kil. de semence à l'hectare. — Récolte entre le 10-25 juin.

Blé tendre : semis du 15 novembre au 20 décembre. — 65 à 70 kil. semence à l'hectare. — Récolte courant juin.

Orge : semis en novembre — 65 à 70 kil. de semence à l'hectare. — Récolte entre le 10-20 mai.

Maïs : semis fin février. — 40 à 50 kil. de semence à l'hectare. — Récolte fin juillet et commencement août.

Cultures fourragères et industrielles.

Luzerne : semis en novembre ou février. — 10 à 20 kil. de semence à l'hectare. — 4 et 5 coupes.

Orge en vert : semis en octobre sur terrain arrosé. — 70 à 80 kil. de semence à l'hectare. — 1re coupe en janvier-février.

Lin : semis en novembre. — 50 kil. de semence à l'hectare. Récolte courant mai.

Plantes diverses.

Fèves : semis en novembre. — 80 kil. de semence à l'hectare. — Récolte en mai.

Haricots : semis 1er-20 février. — 50 kil. de semence à l'hectare. — Récolte en mai.

Lentilles : semis 1er-20 février. — 30 kil. de semence à l'hectare. — Récolte en mai.

Pois chiches : semis 1er-20 février. — 50 kil. de semence à l'hectare. — Récolte en mai.

Pommes de terre : semis 1er-20 février. — 800 kil. de semence à l'hectare. — Récolte fin mai commencement juin.

Melons : semis 1er-20 mars. — Récolte juillet et août.

Tomates : semis 1er-20 septembre, en terre irriguée. — Récolte fin décembre et courant janvier.

Vignes : le débourrage a lieu fin février ou commencement de mars.

Labours d'ensemencement : du 1er novembre au 15 janvier.

» **de printemps** : du 1er février au 1er avril.

Sarclages : en février.

Battages : en juin-juillet.

Vente des grains : en juillet-août.

Animaux.

Agnelage : de novembre à mars.

Naissance des chèvres : de février à avril.

Naissance des poulains : de février à mai.
» **des veaux** : de février à mai.

RÉGION DE MASCARA.

Le territoire agricole de cette région comprend principalement la grande plaine d'Eghris prolongée par celle de Traria, la vallée de Charrier aux Eaux-Chaudes et la vallée de Nazereg à Saïda. La ville de Mascara est située à 585 mètres d'altitude sur un des versants des monts Beni Chougran : elle domine la plaine d'Eghris (500 mètres)

Ce territoire appartient au climat de la région montagneuse encore caractérisée par l'olivier et le caroubier, mais sa partie méridionale, vers les Hauts Plateaux, est exposée à des gelées et à des grêles nuisibles à la vigne. Dans la plaine d'Eghris formée de terres fertiles la vigne est exposée aux gelées de printemps. Le total de la pluie y est de 553^{mm}.

Les terres sont ordinairement de bonne qualité : l'eau d'irrigation est rare. Dans la partie nord de la plaine d'Eghris sur une étendue de 12 kilomètres de l'Ouest à l'Est, et de 5 kilomètres du Nord au Sud (la ferme Carrafang occupe le centre de ce territoire), une nappe d'eau abondante existe à une profondeur moyenne de 4 mètres.

Le vignoble de Mascara jouit depuis longtemps d'une réputation méritée, mais malheureusement il est en pleine crise phylloxérique et la nature calcaire de son sol présente de réelles difficultés pour la reconstitution en plants américains.

Les céréales, l'élevage, un peu la culture de l'olivier qui monte jusqu'à Aïn-el-Hadjar, et au périmètre du secteur sud l'exploitation de l'Halfa, sont les principales ressources de cette région. Vers le Sud la culture européenne s'étend jusqu'à la plaine fertile des Maaliffs.

La main-d'œuvre est presque entièrement fournie par les Espagnols et les Marocains.

Ce pays est desservi par la ligne à petite section des Hauts Plateaux, de Saïda à Arzew, qui s'embranche à Perrégaux sur le chemin de fer P.-L.-M. d'Oran à Alger.

Céréales.

Avoine : semis en novembre et décembre. — 80 kil. de semence à l'hectare. — Récolte dans la 1re quinzaine de juin.

Béchna : semis en avril. — 100 kil. de semence à l'hectare. — Récolte en fin juillet.

Blé dur : semis du 15 octobre à fin novembre. — 80 à 85 kil. de semence à l'hectare. — Récolte fin juin.

Blé tendre : semis d'octobre à novembre. — 80 à 85 kil. de semence à l'hectare. — Récolte fin juin.

Orge : semis du 15 novembre à fin décembre. — 90 à 100 kil. de semence à l'hectare. — Récolte 10 à 15 jours avant la moisson du blé tendre qui précède de quelques jours celle du blé dur.

Maïs : semis en mars-avril. — 200 kil. de semence à l'hectare. — Récolte en août. On sème aussi en juillet-août les terres irriguées pour récolter en octobre.

Cultures fourragères et industrielles.

Betteraves : semis en février-mars. — 20 kil. de semence à l'hectare. — Récolte en octobre : réussit très bien, demande à être cultivée dans les terres irriguées.

Luzerne : semis en mars après les gelées, ou septembre avec de l'orge qui est coupée verte en avril. — 25 kil. de semence à l'hectare. — Récolte d'avril à octobre : sept à huit coupes à l'année.

Orge en vert : semis en septembre. — 100 à 120 kil. de semence à l'hectare. — Récolte en mars et avril.

Sainfoin : semis en décembre. — 100 à 120 kil. de semence à l'hectare. Récolte en avril et mai.

Vesces : semis en octobre et décembre. — 80 kil. de semence à l'hectare. — Récolte en avril et mai : mélangées par proportions égales avec orge ou avoine font un très bon fourrage (60 kil. de vesces et 60 kil. d'avoine.)

Trèfles : semis de novembre à janvier. — 25 à 30 kil. de semence à l'hectare. — Récolte en avril et mai. On mélange d'ordinaire le trèfle au sainfoin ou aux féverolles.

Tabac : semis en février et mars. — 12 à 15.000 plants à l'hectare. — Récolte fin juillet : culture faite principalement par les Arabes dans les terres irrigables.

Plantes diverses.

Choufleurs : semis en février. — Repiquage en avril. — Récolte en novembre.

Fèves : semis en novembre-décembre. — 200 à 250 kil. de semence à l'hectare. — Récolte en mai.

Gesses : semis en novembre-décembre. — 80 kil. de semence à l'hectare. — Récolte en mai.

Haricots : semis en mars. — 50 kil. de semence à l'hectare. — Récolte en juin : culture faite en ligne.

Lentilles : semis en mars. — 100 kil. de semence à l'hectare. — Récolte en juin : culture faite en ligne.

Melons : semis en avril. — 30 à 35 kil. de semence à l'hectare. — Récolte en juillet.

Petits pois : semis en janvier. — 50 kil. de semence à l'hectare. — Récolte en avril et mai : culture en ligne.

Pois chiches : semis en décembre. — 50 à 60 kil. de semence à l'hectare. — Récolte en mai-juin : culture en ligne.

Pommes de terre : semis en mars et en août. — 1.000 à 1.500 kil. de semence à l'hectare. — Récoltes en juin et novembre : culture en ligne.

Tomates : semis en novembre-décembre. — Repiquage en février. — Récolte en août.

Topinambours : Plantation en mars. — 1.000 à 1.200 kil. de semence à l'hectare. — Récolte en juin : plusieurs essais ont été faits ; bonne réussite : culture pas très répandue.

Vignes : le débourrage a lieu en avril.

Labours préparatoires : janvier et février.
» avril-mai, juillet-août.
» **d'ensemencement** : octobre-novembre-décembre.

Sarclages : mars.

Battages : juin-juillet.

Vente des grains : juillet-août.

Animaux.

Agnelage : 1re époque mai.
2e époque septembre.

Naissance des chèvres : 1re époque mai.
2e époque septembre.

Ces deux époques sont données pour les troupeaux bien soignés. — Chez les Arabes, les brebis ne produisent qu'une fois par an, à l'automne.

Naissance des porcs : en tout temps.
» **des poulains** : avril.
» **des veaux** : avril et mai.

RÉGION DE BEL-ABBÈS.

Cette plaine haute appartient, comme celle de Mascara, au climat de la région montagneuse : elle diffère cependant de cette dernière par son altitude inférieure (475 mètres) et par l'exiguïté de ses pluies (environ 400^{mm}).

Les terres, de bonne qualité, sont parfois peu profondes.

Les céréales principalement, puis le bétail, l'olivier, les arbres fruitiers et l'industrie de l'Halfa constituent les ressources du pays.

Le vignoble y aurait pris un grand développement sans l'invasion lente mais progressive du phylloxera. La nature calcaire du sol se prête peu à la reconstitution par le plant américain.

L'irrigation est assez rare et limitée.

La plus grande partie de la main-d'œuvre est fournie par les Espagnols et les Marocains.

Ce pays, céréalifère par excellence, doit, comme la région de Sétif, à l'Est, ses résultats véritablement remarquables à ses labours préparatoires de printemps, successifs et profonds. Cependant le principe de la *restitution* n'y est pas encore assez appliqué pour permettre plus longtemps et avec avantage cette exploitation intensive du sol sur les mêmes emplacements.

L'insuffisance des pluies, surtout leur manque absolu au printemps, dans certaines années, compromet parfois presque complètement les récoltes (années 1881 et 1897).

Ce territoire est relié à la ligne d'Oran à Alger par une voie ferrée joignant Ras-el-ma et Bel-Abbès à Sainte-Barbe du Tlélat.

Céréales.

Avoine : semis en octobre-décembre. — 80 à 120 kil. de semence à l'hectare. — Récolte fin mai.

Béchna : semis en avril. — 25 kil. de semence à l'hectare. — Récolte en août-septembre.

Blé dur : semis en octobre-décembre. — 80 à 100 kil. de semence à l'hectare — Récolte en juin.

Blé tendre : semis en octobre-décembre. — 80 à 100 kil. de semence à l'hectare. — Récolte en juin.

Orge : semis en octobre-décembre. — 80 à 100 kil. de semence à l'hectare. — Récolte en mai.

Maïs : semis en avril, après les gelées de printemps. — 14 à 20 kil. de semence à l'hectare en lignes et 40 à 50 kil. à la volée. — Récolte en août. Lorsque les terres étaient neuves on mettait 1/3 en moins de semences pour toutes les céréales.

Cultures fourragères et industrielles.

Betteraves : semis en avril en irrigation. — 8 à 10 kil. de semence à l'hectare à la volée. — Récolte en septembre.

Luzerne : semis au printemps ou à l'automne. — 20 à 25 kil. de semence à l'hectare. — Récolte tout l'été.

Moutarde : semis en automne. — 12 kil. de semence à l'hectare. — Récolte en avril.

Orge en vert : semis avec arrosage fin août. — En sec aux premières pluies. — 100 kil. de semence à l'hectare. — Récolte en mars-avril.

Sainfoin : semis aux premières pluies. — 130 kil. de semence à l'hectare. — Récolte en mars-avril.

Vesces : semis aux premières pluies. — 80 kil. de semence à l'hectare. — Récolte en avril-mai : avec 20 ou 25 kil. d'avoine mêlés aux Vesces.

Trèfles : semis aux premières pluies. — 15 à 20 kil. de semence à l'hectare. — Récolte en mars-avril.

Maïs : à l'arrosage semis en avril. — 70 à 100 kil. de semence à l'hectare. — Récolte en août.

Les Betteraves, Luzernes et Orges en vert exigent de l'irrigation, cette dernière céréale bien fumée peut encore donner en terrain sec.

Tabac : semis en automne. — Mise en place en avril-mai. — — Récolte en août et septembre : serait à conseiller en sec au Tessalah et régions similaires ; à l'arrosage a fait la richesse de Bel-Abbès. Abandonné avec le retrait des magasins de la Régie.

Lin : semis en janvier sur sol bien préparé. — 25 à 30 kil. de semence à l'hectare. Récolte courant juin : culture abandonnée dans l'arrondissement.

Plantes diverses.

Choufleurs : semis sur couches de mars à mai. — Récolte en automne.

Fèves : semis aux premières pluies. — 120 à 160 kil. de semence à l'hectare. — Récolte mars en vert, mai pour grains secs.

Gesses : semis en février-mars. — 100 à 160 kil. de semence à l'hectare. — Récolte en juillet.

Haricots : semis en avril-mai, après les gelées. — 100 à 120 kil. de semence à l'hectare. — Récolte en août : éviter les gelées de printemps.

Lentilles : semis en automne, premières pluies. — 75 kil. de semence à l'hectare. — Récolte avril-mai.

Melons : semis en avril-mai. — Récolte en août-septembre.

Navets : semis en automne et au printemps. — ? Récolte de janvier à mars.

Petits pois : semis en mars. — 80 kil. de semence à l'hectare pour fourrage, la moitié pour grains. — Récolte en juin.

Pois chiches : semis en février-mars. — 80 kil. de semence à l'hectare. — Récolte en juin.

Pommes de terre : 1re culture : avril-mai ; 2e, août. — 800 à 1.000 kil. de semence à l'hectare. — Récolte septembre et décembre ; à l'arrosage seulement. Les gelées de l'hiver et du printemps et la sécheresse de l'été forcent à ne planter la pomme de terre qu'aux époques indiquées ci-dessus.

Tomates : semis en hiver, transplantation avril-mai. — Récolte tout l'été.

Vignes : Taille en automne-hiver. — Labours en hiver. — Binages au printemps et en été. — Débourrage commencement avril, vendange du 1er septembre au 15 octobre.

Labours préparatoires : 15 décembre au 15 mai : 1 labour à 4 bêtes, un deuxième labour à 2 bêtes.

» **d'été** : 15 juin au 15 août : 1 labour à 2 bêtes.

» **d'ensemencement** : du 1er octobre à fin décembre : 1 labour à 2 bêtes.

Sarclages : février-mars,

Battages : juin-juillet-août.

Vente de grains : de préférence après le battage, c'est l'époque qui donne la meilleure moyenne pour la culture ; en dehors d'elle il s'agit de spéculation.

Animaux.

Agnelage : novembre et décembre, quelquefois au printemps ; l'époque varie suivant que l'on fait l'élevage ou l'agneau de lait pour une ville de consommation.

Naissance des chèvres : novembre et décembre, quelquefois au printemps ; l'époque varie suivant que l'on fait l'élevage ou le chevreau de lait pour une ville de consommation.

Naissance des porcs : mars, mais en réalité toute l'année.

» **des poulains** : mars.

» **des veaux** : printemps.

RÉGION DE L'HABRA.

Cette région appartient aux plaines basses du département d'Oran : elle présente les mêmes conditions agricoles que celles du Sig et de la Macta qui y sont contiguës.

La plus grande partie de territoire est arrosée par les réserves d'eau des grands barrages : celui de l'Habra qui contient 30 millions de mètres cubes, et celui du Sig contenant 16 millions de mètres cubes. On peut dire que cette région a le plus beau système d'irrigation de toute l'Algérie.

L'arrosement d'été n'est cependant assuré, dans certaines années, que dans le voisinage des barrages. Ces plaines sont chaudes, humides, cependant l'hiver la température y descend accidentellement *au-dessous de zéro* : des essais de *Cannes à sucre* y ont péri par le froid.

Les terres sont de bonnes qualités, cependant la culture y est quelquefois contrariée, dans certaines parcelles, par l'excès de salure du sol et des eaux.

Les orangeries et les olivettes de création récente y sont prospères, la vigne s'y comporte bien et la facilité des irrigations permet l'entretien du bétail.

Ces grandes plaines, situées non loin d'Oran, d'Arzew et de Mostaganem, ports d'embarquement, sont en outre desservies par des chemins de fer et des routes.

Le domaine de l'Habra, situé dans la plaine de ce nom, s'étend sur 24.000 hectares en grande partie irrigués.

Céréales.

Avoine : semis en novembre-décembre. — 120 kil. de semence à l'hectare. — Récolte en mai.

Béchna : semis en mai. — 25 à 30 kil. de semence à l'hectare. — Récolte en juillet.

Blé dur : semis en novembre. — 100 kil. de semence à l'hectare. — Récolte en juin.

Blé tendre : semis commencement novembre. — 100 kil. de semence à l'hectare. — Récolte en juin.

Orge : semis de novembre à janvier. — 100 kil. de semence à l'hectare. — Récolte fin mai.

Maïs : semis en avril-mai. — 25 kil. de semence à l'hectare pour culture en billons, semis en poquets. — Récolte août-septembre.

Cultures fourragères et industrielles.

Betteraves : semis en février-mars. — 5 à 10 kil. de semence à l'hectare. — Récolte en octobre.

Luzerne : semis en décembre-janvier. — 20 à 25 kil. de semence à l'hectare. — Récolte à partir d'avril.

Moutarde : semis en mars. — 10 à 15 kil. de semence à l'hectare. — Récolte comme fourrage deux mois après le semis.

Orge en vert : semis en septembre-octobre. — 150 kil. de semence à l'hectare. — Récolte janvier-février.

Sainfoin : semis de fin octobre à janvier. — 120 kil. de semence à l'hectare. — Récolte en avril-mai.

Vesces : semis pour le vert en octobre; pour graines en décembre. — 150 à 200 kil. de semence à l'hectare. — Récolte en mai.

Trèfles : semis de fin octobre à janvier. — 10 à 20 kil. de semence à l'hectare. — Récolte mai-juin.

Lin : semis en février. — 50 kil de semence à l'hectare au semoir et 120 kil. à la volée. — Récolte mai-juin.

Tabac : semis fin février-mars. — 1 litre de semence à l'are. — Récolte fin août-septembre.

Plantes diverses.

Choufleurs : semis en août. — Récolte en janvier-février.
Fèves : semis en octobre. — 150 kil. de semence à l'hectare. — Récolte en mai.
Gesses : semis pour le vert en octobre, pour graines en décembre. — 150 kil. de semence à l'hectare. — Récolte en mai.
Haricots : semis en mars. — 150 kil. de semence à l'hectare. — Récolte en juin-juillet.
Lentilles : semis commencement février. — 150 kil. de semence à l'hectare. — Récolte en mai.
Melons : semis en avril-mai. — 3 à 4 kil. de semence à l'hectare. — Récolte fin juin-juillet.
Navets : semis en octobre. — 2 à 4 kil. de semence à l'hectare. — Récolte en janvier.
Pastèques : semis en mars-avril. — 3 à 4 kil. de semence à l'hectare. — Récolte fin juin-juillet.
Patates : Plantation en mai. — Récolte en octobre-novembre.
Petits pois : semis en décembre en billons ou poquets. — 35 à 40 kil. de semence à l'hectare. — Récolte en mars-avril.
Pois chiches : semis en février. — 150 kil. de semence à l'hectare. — Récolte en juillet.
Pommes de terre : semis en août et février. — 1.200 kil. de semence à l'hectare. — Récolte en décembre-janvier et juin.
Tomates : semis en novembre-décembre. — 500 gr. semence à l'hectare. — Récolte en mai-juin.
Topinambours : semis en août et janvier-février. — 1.200 kil. de tubercules à l'hectare. — Récolte en janvier.
Vignes : le débourrage a lieu en avril.
Labours de printemps : en mars et avril.
» **d'été** : en juillet et août.
» **d'ensemencement** : d'octobre à janvier.
Sarclages : janvier-février.
Battages : juin-juillet.
Vente des grains : juin-juillet.

Animaux.

Agnelage : octobre-novembre-janvier.

Naissance des chèvres : octobre-novembre.

» **des porcs** : octobre-novembre et mai-juin : les porcs peuvent donner trois portées; *deux* sont assurées.

» **des poulains** : janvier-février.

» **des veaux** : janvier février.

CHAPITRE III

PLANTES ÉCONOMIQUES ET INDUSTRIELLES

Plantes tannifères et gommifères.

Les matières tannifères sont extraites des écorces de plusieurs arbres forestiers de la végétation spontanée de l'Algérie : elles ne sont pas le produit d'une culture ni même d'un aménagement, c'est une simple exploitation, souvent abusive, d'éléments commerciaux fournis par la nature et principalement recueillis par les indigènes.

Parmi les végétaux forestiers, les *Chênes*, notamment, fournissent la plus grande partie des écorces à tan, dont le commerce d'exploitation s'est élevé à 1.075.852 francs en 1896.

Depuis 40 ans on prédit le rôle économique des *Eucalyptus* et des *Acacia* australiens pour la production des matières tannifères. Jusqu'à ce jour la culture et la récolte de ces forestiers exotiques n'ont rien donné et ne paraissent pas devoir entrer dans le domaine des choses pratiques.

La même observation s'applique aux végétaux gommifères cultivés, car l'exploitation des *Gommiers* spontanés est en dehors de la frontière algérienne : les *Acacia arabica*, *vera*, *catechu*, *procera*, *Lebbeck*, etc., ont une végétation délicate dans les meilleures parties de l'Algérie.

Dans ce cas, comme dans beaucoup d'autres, on peut poser, comme principe absolu, que les produits de ces cultures lutteront toujours désavantageusement contre ceux fournis par la nature et que l'homme n'a pas eu à constituer, mais seulement à récolter.

Acacia tannifères et gommifères. — *Acacia pycnantha*, *leiophylla*, *decurrens*, etc... Ces *Acacia* appartiennent au groupe australien, d'ailleurs le plus rustique en Algérie. Ils y fournissent des arbustes d'une croissance assez rapide dans le jeune âge et qui sont actuellement employés dans certains boisements à cause de leur résistance à la sécheresse. Ils ne sortent pas de la zone moyenne de l'olivier.

Acacia pycnantha, arbuste ne craignant pas les sols médiocres. Son écorce, peu épaisse, contient cependant de 28 à 40 0/0 de tanin. Sa gomme est brune.

Acacia leiophylla, arbuste également très rustique. Écorce riche en tanin, 30 0/0.

Acacia cyanophylla est une espèce voisine, de même nature.

Acacia decurrens est un petit arbre, mais moins rustique en Algérie que les précédents : en Australie il est fort recherché pour sa grande richesse en tanin.

Les *Acacia* se sèment en pot ou en pleine terre : leur plantation à demeure, à racines nues, cause de nombreux déchets.

M. le Dr Bourlier, à la Reghaïa, près d'Alger, a créé une importante exploitation de ces arbres : il en obtiendrait des écorces titrant 30 et 40 0/0 de tanin. Il récolte également de la gomme arabique qui est pour lui une production *physiologique* et non *pathologique* qu'il provoque à volonté. Nous donnons ces renseignements sous toutes réserves en attendant la publication des chiffres promis par cet habile expérimentateur.

(Consulter Bourlier. Société d'acclimatation de France et l'Algérie agricole, 1894).

Canaigre. — *Rumex hymenosepalus.* Cette *Polygonée* des vallées et des terrains bas du Mexique, de l'Arizona, du Texas et de la Californie, est une sorte de grande *Oseille* dont la souche tuberculeuse, comme celle d'un petit dahlia, renfermerait une grande proportion de matières tanniques.

M. le Ministre d'Angleterre au Mexique a signalé tout dernièrement à son gouvernement l'intérêt que présenterait la mise en culture de cette plante jusqu'alors exploitée à l'état sauvage, et les agents consulaires de la France l'ont recommandée également à l'attention du gouvernement, insistant fortement sur son introduction en Algérie. Elle est étudiée depuis plusieurs années au Jardin botanique de Berlin.

Cette plante est de culture hivernale : la végétation disparaît dès les premières chaleurs. La récolte des racines pourrait se faire tous les deux ou trois ans. Un hectare donnerait 7 à 10 tonnes de tubercules secs, et le rendement, argent brut, serait d'environ 1.300 francs ?

M. Trabut, à la station botanique de Rouïba, s'est fait le propagandiste de cette plante. Cependant on manque encore, en Algérie tout au moins, de renseignements positifs sur la culture, le rendement, la composition, le mode de préparation et les débouchés du nouveau produit. La question est loin d'être résolue ! Jusqu'à présent la plante est exploitée à l'état sauvage en Amérique, mais quel sera son prix de revient en Algérie quand on aura appliqué au produit les frais de culture, loyer du sol, etc. ?

Les matières tanniques extraites des tubercules de la Canaigre conviendraient tout particulièrement pour le tannage de certaines peaux et pour la préparation des cuirs de fantaisie.

Chênes. — *Quercus*. Ces *Cupulifères* sont, en Algérie, les principales sources de matières tannifères.

Chêne-vert, *Quercus ilex*, espèce la plus répandue avec sa forme. *Q. ballota*.

Chêne-liège, *Quercus suber*, espèce caractérisant la zone des schistes cristallins et des grès nummulitiques de l'Est de l'Algérie, notamment.

Chêne-zeen, *Quercus Mirbeckii*, espèce des forêts du littoral, surtout de la province de Constantine, dans les ravins frais principalement : son écorce contient 12 à 14 0/0 de tanin.

Chêne-afarès, *Quercus castanæfolia*, espèce à feuilles de châtaignier, poussant aux altitudes accusées.

Chêne-kermès, *Quercus coccifera*, espèce fournissant des racines à tan très estimées et principalement exploitées dans la province d'Oran.

Chêne Velani, *Quercus ægilops*. Ce grand chêne de l'Orient produit les glands connus dans l'industrie du tannage et de la teinture sous le nom de *Valonée*. Ce bel arbre existe en Algérie, comme dans le Midi de la France, mais il ne conviendrait qu'aux boisements faits par l'État, un particulier ne pouvant attendre 40 ans une récolte passable.

Dividivi. — *Coulteria*, *Cæsalpinia*, *Acacia*, etc., etc. On désigne sous ce nom des fruits ou gousses de certaines *Légumineuses* recherchées pour le tannage ou la teinture.

On avait d'abord pensé au *Coulteria tinctoria* du Mexique, plante à aire de végétation réduite en Algérie, au *Cæsalpinia coriaria*, qui est le véritable *Dividivi*, mais qui exige une grande somme de chaleur, et à l'*Acacia nilotica*, limité à quelques points de la zone désertique.

En ce moment on signale principalement quelques *Acacia* australiens comme plantes tannifères. En général ces cultures arborescentes exigent de grands frais de premier établissement et plusieurs années d'attente avant la moindre récolte.

Lentisque. — *Pistacia lentiscus.* Cet arbuste, quelquefois un arbre, de la famille des *Térébinthacées*, forme une grande partie de la broussaille du Tell, aussi bien dans les mauvaises terres que dans les bonnes.

Son feuillage persistant, toujours vert, ses feuilles pennées sans impaire terminale, ses fleurs en petites grappes et ses petits fruits globuleux, rouges, puis noirs, font aisément reconnaître cette plante qui exige des défrichements si coûteux.

Le Lentisque ne produit pas en Algérie, comme dans les îles de l'Orient, le mastic de Chio.

Le chimiste Lauras, il y a une cinquantaine d'années, avait retiré des feuilles et des jeunes rameaux une poudre noire formant une teinture solide. L'industrie n'a pu utiliser cette matière tinctoriale et le Lentisque reste une plante sans emploi industriel, mais qui rend quelques services pour la vannerie et le chauffage des fours.

Sumac des corroyeurs. — *Rhus coriaria.* Ce petit arbrisseau de la famille des *Térébinthacées*, assez répandu dans le bassin méditerranéen et dans l'Afrique du Nord, se signale dans la broussaille par ses feuilles imparipennées, ovales et fortement dentées en scie, tomenteuses en dessous, et par ses inflorescences velues en thyrses.

Les feuilles desséchées et pulvérisées de cette plante ont été très recherchées pour le tannage des cuirs : cette matière tannante est connue sous le nom de *Sumac* et contiendrait environ 30 0/0 de tanin.

En Espagne et en Sicile où cette plante est cultivée, elle

serait l'objet d'un rendement rémunérateur dans les plus mauvaises terres, sèches et calcaires. Cependant, depuis 50 ans que cette culture est conseillée en Algérie, les quelques essais tentés ne paraissent pas avoir donné des résultats bien pratiques.

Cet arbrisseau se reproduit facilement par drageons; il est prudent de n'effeuiller qu'à la troisième année.

Le Sumac n'est pas assez répandu dans la broussaille pour suffire à une exploitation de quelque importance.

Sumac à cinq feuilles. — *Rhus pentaphylla*. Le *Tezera* des Arabes est un arbuste, souvent assez fort, très rameux et épineux. Son fruit, gros comme un pois, est jaunâtre ou rougeâtre.

Les Marocains emploient son écorce pour teindre en rouge et préparer des cuirs très estimés, mais l'industrie européenne n'a jamais voulu utiliser ce produit.

La plante est assez commune dans l'ouest de l'Algérie.

Tamarix. — *Tamarix articulata*, Takahout des Arabes. Cette *Tamariscinée*, des régions du Sud et du Sahara, est une espèce rustique sur le littoral : elle résiste sur les dunes, se multiplie facilement de boutures et constitue rapidement un bel arbuste.

Les Marocains emploieraient au tannage des peaux les galles ou loupes (Ouled Tarfa) dues à l'action d'un insecte sur les branches de la plante. En introduisant cette espèce intéressante on n'a pas importé l'insecte, ce qui fait que ces *Tamarix* offrent moins d'intérêt au point de vue de leur utilisation industrielle.

Plantes et matières tinctoriales.

La culture des plantes tinctoriales, plusieurs fois essayée en Algérie, sans succès d'ailleurs, n'a pu résister aux rapides progrès de la chimie industrielle.

Le *Henné* seul est cultivé dans le Sud par les indigènes et sert à des usages locaux.

L'agriculture algérienne n'a donc rien à attendre de la production des matières colorantes d'origines végétales ou animales énumérées ci-dessous à titre de simples indications tout à fait rétrospectives.

Carthame ou Safran bâtard. — *Carthamus tinctorius.* La *Carthame* est une grande plante annuelle de culture estivale. Cette *Composée* est originaire de l'Afrique orientale et est répandue dans l'Inde et l'Égypte.

L'Algérie a tenté cette culture peu rémunératrice il y a une quarantaine d'années : elle n'est pas à reprendre.

La teinture, passant du jaune au rouge ponceau, est tirée des fleurs.

Cochenille. — *Coccus cacti.* Hémiptère du Mexique, producteur d'une couleur écarlate longtemps recherchée par l'industrie tinctoriale, vivant sur le genre *Opuntia* mais principalement sur l'*Opuntia coccinellifera.*

L'éducation de la Cochenille et, préalablement, la culture du *Nopal* sur lequel on élevait l'insecte, ont été préconisées au début même de la conquête. On avait pensé, à tort, que la *Cochenille* pourrait vivre sur le *Figuier de Barbarie* ordinaire.

La récolte de la Cochenille n'a jamais donné de résultats en Algérie : le froid, la grêle, les oiseaux et la cherté de la main-d'œuvre constituaient des conditions d'infériorité bien marquées.

Puis est venu le traitement industriel des dérivés de la houille qui a supprimé la *Cochenille* comme la *Garance.*

Question sans intérêt à l'époque actuelle (*Algérie agricole.* Bibliographie, 1896).

Garance. — *Rubia tinctorum.* Cette plante tinctoriale, vivace, de la famille des *Rubiacées*, qui a fait la prospérité de certaines contrées du Midi, des plaines du Rhône notamment, n'a pu résister, comme tous les autres végétaux tinctoriaux, aux découvertes des couleurs issues du charbon de terre.

La *Garance* ne se plaît que dans les bonnes terres, bien meubles, saines et arrosées l'été : elle exige une main-d'œuvre nombreuse, car elle constitue une culture sarclée des plus soignées et un arrachage dispendieux : c'est dire les difficultés qu'elle a rencontrées en Algérie dans la première phase d'essais.

Quand on a voulu reprendre cette culture, il était beaucoup trop tard, car elle périclitait déjà en Europe.

Cette plante occupait le sol pendant deux ans quand elle était multipliée par racines et trois ans quand elle provenait de semis.

C'est de la racine, souvent longue de 50 cent. que l'on retire la matière colorante par le broyage dans un moulin, puis par d'autres procédés extractifs.

Question sans intérêt à l'heure actuelle.

Henné. — *Lawsonia alba.* Petit arbrisseau de la famille des *Lythrariacées* cultivé dans toutes les parties chaudes de l'Orient, dans l'Inde, en Égypte, en Tunisie. En Algérie, il appartient principalement aux cultures sahariennes et est employé par les femmes et les enfants à teindre en rouge acajou leurs cheveux, les extrémités de leurs mains et de leurs pieds et aussi comme remède.

L'usage du *Henné* se répand en France également pour teindre les cheveux, mais rien n'indique que la culture européenne ait à intervenir dans cette production.

Les feuilles seules sont utilisées.

L'industrie lyonnaise avait essayé d'employer le *Henné* pour la teinture des soies après la découverte d'une couleur noire extraite de cette plante par le chimiste Tabourin, mais le prix de revient en était trop élevé.

On dit qu'un hectare peut produire une quinzaine de quintaux métriques de feuilles sèches de *Henné*.

Indigotier, Indigo. — *Indigofera anil*, *argentea*, *tinctoria*, etc... Plantes arbustives de la famille des *Légumineuses* originaires des contrées chaudes du globe, autrefois cultivées pour l'extraction d'une matière colorante bleue.

Leur culture a été préconisée en Algérie aux premiers temps de la conquête : les résultats économiques ont été nuls. Dernièrement elle a été conseillée pour la Tunisie.

Rien à espérer avec ces plantes tinctoriales dans toute l'Afrique du Nord. Tous les bleus d'origine minérale découverts par la chimie moderne ont pris facilement la place de ces couleurs végétales qui ne peuvent plus être produites, pour des usages locaux, que dans certains milieux de culture où la main-d'œuvre est abondante et se contente de salaires minimes.

Kermès. — *Chermes ilicis.* Cet insecte, sorte de Cochenille, vit sur la jeune végétation d'un petit Chêne, *Quercus coccifera*, très commun dans certaines broussailles. On tire de cet insecte une sorte de teinture autrefois employée en industrie et en pharmacie, mais fort peu recherchée aujourd'hui. Question sans intérêt maintenant.

Safran. — *Crocus sativus.* Petite plante bulbeuse de la famille des *Iridées*, originaire de l'Ouest et du Midi de la France. On recherche les stigmates des fleurs qui contiennent une matière colorante jaune : le safran est également employé pour la coloration de certains aliments auxquels il donne une saveur particulière et des propriétés excitantes.

Cette culture a été tentée plusieurs fois sans grands résultats dans les plaines algériennes. Le *Safran* veut un sol riche mais peu compact ; il craint l'eau stagnante pendant l'hiver et la trop grande sécheresse pendant l'été.

Sa culture est facile, mais les frais de premier établissement en sont très élevés, car il faut compter sur 100.000 à 500.000 bulbes à l'hectare, suivant l'écartement adopté.

La plantation doit être renouvelée tous les 3 ou 4 ans.

D'autre part, la cueillette et les diverses manipulations exigent une main-d'œuvre considérable de femmes et d'enfants fort rare à rencontrer en Algérie. Le succès de la culture du *Safran* ne repose que sur le bas prix des salaires.

Au point de vue tinctorial le *Safran* est maintenant délaissé.

Plantes oléagineuses.

La culture de ces végétaux a été abandonnée en Algérie à la suite de l'emploi du pétrole et de l'ouverture du canal de Suez qui a déversé sur le marché de Marseille une grande quantité de graines oléagineuses provenant de l'Extrême-Orient.

La récolte du *Lin* pour graines se réduit de plus en plus et il ne reste qu'une plante véritablement oléifère digne du plus grand intérêt, c'est l'Olivier.

Arganier ou **Argan.** — *Argania sideroxylon.* L'Arganier est un petit arbre de la famille des *Sapotées*, originaire du Maroc, poussant dans les terrains arides et donnant une huile assez appréciée.

La plantation de cet arbre a été bien des fois conseillée en Algérie, cependant il ne saurait y avoir, à côté de l'Olivier, le moindre rôle économique.

L'Arganier pousse très lentement, s'élève mal, est fortement épineux, etc. ; à poids égal, ses fruits contiennent un quart d'huile en moins que les olives.

Cameline. — *Myagrum sativum. Crucifère* d'hiver essayée en Algérie sans résultat. Culture facile, mais craignant les sécheresses. Le rendement en graines est de 12 à 20 hectolitres à l'hectare.

Cinq kilos de graines suffisent pour l'ensemencement à la volée d'un hectare.

Colza. — *Brassica oleracea campestris.* La culture hivernale de cette *Crucifère* herbacée avait donné de bons rendements, mais l'huile a été difficilement placée à Marseille : les produits de l'Inde défient toute concurrence.

Sur bonne terre très bien préparée et meuble, dans les années humides, on a récolté plus de 30 hectolitres de graines à l'hectare, mais dans les printemps secs le rendement était très réduit.

Au moment des semailles et de la maturité, les oiseaux ont occasionné autrefois de grands dégâts dans ces tentatives de culture.

Lin. — Voir aux *Plantes textiles.*

Madie du Chili. — *Madia sativa.* La culture hivernale de cette *Composée* a été abandonnée en Algérie.

On y a récolté plus de 2.000 kil. de graines à l'hectare, ou environ 250 à 260 kil. d'huile, à goût particulier.

La plante a une odeur forte, peu agréable ; 15 kil. de graines sont nécessaires pour ensemencer un hectare, à la volée et sur terre bien préparée.

Plante très rustique, pouvant être ensilée.

Olivier. — Voir à l'article spécial.

Pavot Blanc. — *Papaver somniferum.* Plante annuelle essayée autrefois en Algérie, sans résultat économique. Les capsules incisées laissent couler un suc laiteux qui est l'*opium.*

Les têtes ou capsules donnent environ six quintaux à l'hectare produisant 40 0/0 d'huile, connue sous le nom d'*œillette*, très estimée et recherchée dans les pays du Nord à l'égal de l'huile d'olive.

Cette culture est lucrative, par l'opium, dans l'Orient et dans l'Inde, mais les essais ont été assez négatifs en Algérie pour ne plus laisser aucun doute sur leur inutilité.

Ricin. — Les espèces cultivées pour la graine sont : *Ricin commun*, à petites graines, *Ricin rouge*, à graines plus grosses. Ces deux espèces sont arborescentes.

Plantation en bonne terre, arrosée. Écartement, 2 m. 50 en tous sens. Ces espèces craignent le froid et ne conviennent qu'aux plaines littorales.

Production à l'hectare : 3.000 kilos environ de graines non décortiquées ou 125 à 150 litres d'huile.

Marché Marseille. Ricin pharmaceutique, 85 fr. les 100 kil. en estagnon.

Ricin en fût, suivant pression, 50 à 65 fr.

Cette *Euphorbiacée* ne fait pas partie des cultures algériennes : les essais n'en ont pas été heureux pour le culivateur et l'usinier.

(Pour renseignements complets, voir *Algérie agricole*, 1897, page 19.)

Soleil ou **Tournesol.** — *Helianthus annuus*. Cette grande *Composée* du Pérou est cultivée dans certaines parties de l'Europe, en Russie notamment.

Cette haute plante, herbacée et annuelle ne donne des résultats que dans les bonnes terres fraîches ou arrosées ou dans les régions soumises à des pluies d'été : elle n'est donc pas indiquée pour l'Algérie.

Son action asséchante dans les terrains marécageux est bien connue.

Ses graines sont employées pour la nourriture des volailles ou converties en huile comestible et industrielle. Culture sans avenir dans ce pays.

Sésame. — *Sesamum indicum*. Plante herbacée, annuelle, de la famille des *Sésamées*, démembrée des *Bignoniacées*, originaire des Indes orientales, recherchée pour sa graine produisant une huile comestible excellente mais inférieure à celle de l'olive.

On la cultivait autrefois dans le bassin méditerranéen, mais les essais faits en Algérie n'ont pas été encourageants. Cette plante réclame des terres riches et, comme elle est de culture estivale, elle exige des irrigations régulières pendant sa courte période de végétation.

Le siroco lui est préjudiciable, surtout au moment de la maturité des fruits ou capsules qui, sous son action desséchante, éclatent brusquement, laissant tomber une grande partie des graines.

La région de Madras, principalement, où la main-d'œuvre indienne est à bon marché, fournit l'huile de Sésame qui est employée dans les usines de Marseille.

(Société d'agriculture d'Alger, 1874. Rapport, Ch. Rivière).

Plantes textiles

L'Algérie ne produit pas de matières véritablement textiles : la culture des végétaux filifères y rencontre de sérieuses difficultés créées par l'insuffisance de l'eau, l'insalubrité des rouissages et la cherté de la main-d'œuvre industrielle.

Le *Palmier nain* et l'*Halfa* ne peuvent être considérés que comme des plantes d'exploitation fournies par la nature sans le secours de l'homme. La première disparaîtra forcément par les défrichements et la seconde serait bien vite épuisée si elle n'était soumise à une surveillance spéciale.

Les principaux textiles sont énumérés ci-dessous. Il ne faut y ajouter que pour mémoire et parce qu'ils ont été conseillés dans les cultures algériennes, les plantes suivantes dont il faudrait considérer les essais mêmes comme de véritables utopies. En effet, rien à obtenir de toute cette végétation empruntée à l'exoticité.

Dans les Palmiers, *Corypha umbraculifera* ou Talipot, *Arenga saccharifera*, *Borassus flabelliformis*, *Chamœrops exelsa*, etc.

Dans les Pandanées, qui ne peuvent même pas passer l'hiver à l'air libre, rejeter toutes les espèces, y compris les *Pandanus utilis*, *moschatus*, *spiralis*, *odoratissimus*, etc., et dans d'autres familles, les *Sanseviera*, les *Bromelia*, le *Lagetta lintearia*, les *Musa* quels qu'ils soient, les *Abutilon* et autres *Malvacées* exotiques ou indigènes, les *Urticées* exotiques, etc.

Agave, faux aloë, Chanvre Sésal, Pite, etc. *Agave americana*, *mexicana*, *Salmiana*, *Ixtly*, *Fourcroya*, etc. (Amaryllidées).

Le genre *Agave*, connu en Algérie sous le faux nom d'*Aloë*, est représenté dans les cultures horticoles par beaucoup d'espèces, très rustiques, résistant principalement à la chaleur et aux longues sécheresses. On a toujours pensé que certaines d'entre elles pourraient avoir un rôle économique en Algérie, comme production de matière fibreuse et que les versants sahariens et le désert lui-même étaient des régions à leur convenance : cela est douteux et n'est pas encore établi par des expériences pratiques.

On peut aussi avoir des doutes sur le résultat économique de ces opérations de longue durée qui ne paraissent pas devoir être entreprises par des particuliers.

Agave americana, ou faux aloë. Cette grande plante herbacée s'est naturalisée dans tout le bassin méditerranéen : elle est très répandue en Algérie où elle remonte à des altitudes où le froid sévit, mais elle craint les Hauts Plateaux et ne paraît pas se plaire beaucoup dans le désert.

On n'a pu retirer de sa hampe un liquide utilisable, comme au Mexique.

Quelques ouvriers isolés procèdent manuellement, par périodes, à l'extraction des fibres contenues dans les feuilles de cette plante pour en faire des mèches de fouet principalement. Les peuplements naturels de cet *Agave* ne seraient pas suffisants pour alimenter une véritable industrie.

Agave Mexicana. Plante de même nature, moins naturalisée. Meilleure qualité de fibres.

Agave Salmiana. Plante à grand développement, moins de rusticité que les précédentes.

Agave Ixtly ou Chanvre Sésal du Mexique. On paraît confondre sous ce nom différentes plantes très filifères et recherchées par leurs qualités textiles. Ce groupe paraît moins rustique en Algérie que les espèces précédentes.

Le genre *Foucroya*, qui fournit le *Pite*, se développe assez bien sur le littoral, mais dès qu'il en sort, il est sensible au froid.

M. Vandenbergh a publié plusieurs études sur les Agave textiles en Algérie dans le *Bulletin de la Société commerciale de Paris*. Consulter aussi MM. Michotte et Weber (*Société nationale d'acclimatation de France*.)

Alfa ou Halfa. — Sparte. *Stipa tenacissima*. Halfa des Arabes. Ari des Kabyles.

Cette *Graminée* vivace forme de fortes touffes, largement cespiteuses mais non rampantes, formées de feuilles hautes de 0 m. 50 à 0 m. 80. Ces feuilles sont enroulées, glabres, coriaces, pointues et très tenaces à cause de leurs fibres parallèles ; c'est ce caractère fibreux qui fait rechercher cette plante spontanée par diverses industries.

L'Halfa est très répandu en Algérie, principalement sur les Hauts Plateaux, dans le climat steppien : son peuplement le plus important est le plateau de l'Ouest, dans la province d'Oran. On rencontre cette Graminée fortement fixée dans les sols calcaires ou calcaires siliceux à l'exclusion des sols purement siliceux ou argileux, dans le terrain jurassique, le crétacé, etc.

Dans les dépressions à fonds argileux, humides ou inondées l'hiver, l'Halfa disparaît et est remplacé par une plante d'aspect à peu près analogue, le *Sennara*, *Faux Halfa* ou *Albardine* (Lygeum spartum).

L'exploitation de l'Halfa, par arrachage de feuilles, a été réglementée (voir *Législation*). Quoi qu'il en soit, cette plante ne paraît pas pouvoir subir une exploitation régulière et même vivre au contact de l'homme.

Cette *Graminée* fibreuse est employée par la vannerie en ce qui concerne les brins de choix, mais la récolte ordinaire est destinée à la fabrication d'une pâte à papier dont l'Angleterre a le monopole. Le port d'Oran est le principal centre d'exportation de ce produit.

On avait pensé pouvoir cultiver l'Halfa dans d'autres terrains et sous d'autres climats, soit par éclat de touffe, soit par semis. La plante se prête difficilement à une culture méthodique d'ordre économique, et si on laissait dépérir les peuplements naturels de l'Algérie par une exploitation abusive, ils ne se régénéreraient jamais.

L'exportation de l'Halfa, sur laquelle on avait fondé de grandes espérances, paraît avoir atteint son maximum d'importance. Elle se chiffre par 685.000 quintaux pour l'année 1893 et par 819.000 quintaux pour l'année 1894. Le cours du quintal d'Halfa à papier varie actuellement entre 7 et 8 fr. au port d'embarquement.

Le manque d'eau dans les régions de l'Halfa et d'autres considérations n'ont jamais permis d'entreprendre économiquement sur place la fabrication de la pâte à papier, obtenue maintenant à l'aide de tant de matières premières, du bois notamment.

(Consulter. *Végétation de l'Halfa*, 1872, M. Ch. Rivière, M. Trabut et surtout M. Mathieu, *Rapport de mission.*)

Bananiers textiles. — *Musa* divers, *Abaca*, etc. On avait cru autrefois que les Bananiers comestibles, après avoir produit leurs fruits, pouvaient encore donner, par des moyens mécaniques, la matière fibreuse qu'ils renferment dans leur stipe. Ces fibres sont de qualité et de rendement insuffisants, et le procédé économique d'extraction est à trouver.

L'*Abaca* ou *Chanvre de Manille*, *Musa textilis*, *troglodytarum*, etc., quoique résistant sur le littoral, ne saurait y constituer une culture rémunératrice en raison de ses exigences comme sol, fumure, eau, etc... La région désertique ne convient pas aux *Musacées*.

La zone de végétation des Bananiers étant étroitement limitée, ces plantes n'ont aucune place parmi les productions de matières fibreuses : il n'y a aucun doute à ce sujet.

Chanvre. — *Cannabis sativa*. Cette *Cannabinée* annuelle et monoïque, c'est-à-dire à pieds mâles ou femelles, a été l'objet de plusieurs tentatives de culture en Algérie : dans les essais le *Chanvre géant de l'Inde* s'est bien signalé par son développement mais tous les chanvres rencontrent dans notre agriculture des conditions peu favorables. En effet, cette plante est de culture estivale, c'est-à-dire réclame des irrigations constantes et ne donne des résultats que dans des bons sols, bien préparés : elle craint les vents. D'autre part, la difficulté du rouissage et les dangers de celui-ci dans les pays chauds constituent des obstacles insurmontables au traitement industriel de cette plante textile. Les rouissages mécaniques et à sec ou les bains chimiques préconisés ne sont pas applicables dans la pratique.

Les indigènes cultivent quelques pieds de Chanvre, principalement pour composer le *Haschisch* ou le Kyf.

Le Chanvre pour filasse se sème très dru ; pour la récolte de la graine le semis doit être plus clair, mais en Algérie il est très difficile de récolter cette graine du Chanvre dite *Chènevis* : les oiseaux en sont très friands et dévastent les cultures.

Cotonnier. — Coton. *Gossypium herbaceum*, *arboreum*, *barbadense*, etc. Le Cotonnier appartient à la famille des *Malvacées* et est originaire des contrées intertropicales. Ce genre renferme une variété infinie d'espèces et de formes annuelles, vivaces et arborescentes.

Les espèces annuelles principalement ont été cultivées en Algérie : les vivaces et les arborescentes y passent difficilement l'hiver.

Les indigènes récoltaient le coton bien avant la conquête et, au début de l'occupation, le gouvernement français préconisa cette culture qui fut successivement abandonnée, puis reprise sans succès.

Le *Sea-Island*, qui peut prospérer en dehors des tropiques, avait particulièrement attiré l'attention des cultivateurs algériens, ainsi que d'autres variétés réussissant bien en Égypte.

Pendant peu d'années, cette culture a eu une certaine vogue et quelques centres de la province d'Oran paraissent lui avoir dû une prospérité très fugace. En effet, la culture du Cotonnier fut abandonnée dès la fin de la guerre américaine de sécession et quand le Gouvernement de l'Algérie supprima ses encouragements sous forme de prix et de primes.

L'insuccès de la culture du Cotonnier en Algérie réside dans des causes complexes d'ordre climatérique et économique. Les territoires arrosés sont trop peu étendus et les pluies prématurées d'automne altèrent fortement la qualité de la matière cotonneuse qui s'échappe de la capsule entr'ouverte. D'autre part, le loyer de la terre est élevé, la main-d'œuvre chère et insuffisante et le nombre de capsules trop restreint dans certains cas.

Pour réduire les frais culturaux et augmenter l'aire de végétation de cette plante, on a signalé à plusieurs reprises des variétés poussant en terrain *sec* et sans *arrosement*.

Tout dernièrement encore on prônait dans les mêmes conditions culturales la végétation et le rendement d'une variété égyptienne dite *Cotonnier hâtif abassi*, plante non sans mérite mais qui, comme tous les Cotonniers, exige un bon sol, des fumures et de l'eau.

La culture des Cotonniers *longue-soie* impose l'emploi de l'irrigation ; ceux dits *courte-soie* se récoltent quelquefois sans eau, mais très souvent leur récolte est nulle.

La culture pratique du Cotonnier sans eau est une utopie en ce pays.

Une plantation de Cotonniers est exigeante : bons labours, dérayures, binages, écimages, irrigations périodiques, fumures abondantes en éléments azotés ; la cueillette est successive et doit être surveillée.

Les cotons des groupes *longue-soie* et *courte-soie* récoltés en Algérie, dans de bonnes conditions, avaient de réelles qualités, mais les cultivateurs n'ont pu supporter l'abaissement des cours. Actuellement les prix de vente sont encore inférieurs à cause de l'extension de cette culture dans le monde entier, et le bassin méditerranéen, en dehors de l'Égypte arrosée, ne paraît plus avoir une place indiquée pour concourir à cette production.

Si le coton se récolte encore en très petites quantités dans certaines oasis, il convient de constater que son rendement ne correspond pas avec les exigences économiques de cette grande question industrielle et que, dans les milieux désertiques, l'exiguïté des eaux d'irrigation ne permettra jamais une récolte abondante et rémunératrice. Actuellement, la culture du Cotonnier est entièrement abandonnée en Algérie et il n'en reste plus aucune trace dans l'Oranie : elle n'est d'ailleurs pas à reprendre [1].

Dyss. — *Arundo festucoides.* Cette grande *Graminée* très vivace dont les peuplements sont assez importants dans certaines broussailles et sur les coteaux sert aux Arabes pour différents usages, notamment pour la couverture de gourbis, de hangars, pour la fabrication d'articles de vannerie, etc...

En hiver et au printemps les feuilles jeunes et tendres fournissent un aliment aux bestiaux ; dans l'été elles sont dures, mais souvent les troupeaux n'ont pas d'autre ressource.

Le *Dyss* a toujours été préconisé comme matière première pour pâte à papier. Les essais de fabrication n'ont pas été heureux et, d'autre part, la plante ne paraîtrait pas devoir résister longtemps à une exploitation régulière.

Toute tentative de culture ne serait pas avantageuse car il faudrait au moins 10 ans à ce végétal pour constituer une touffe moyenne telle qu'on la rencontre en terrain sec.

1. Sur la culture du Cotonnier en Algérie, consulter Vallier, *Société d'agriculture* d'*Alger*, *Algérie agricole*, etc.

Jute ou **Corète**. — *Corchorus capsularis*. Cette *Tiliacée* annuelle, connue sous le nom de Jute, est principalement cultivée dans l'Inde où elle a pris une grande extension, à la suite des besoins de l'industrie anglaise qui a presque le monopole de l'emploi de cette matière fibreuse pour des confections communes et grossières, toiles d'emballage, sacs, cordages, etc.

Les essais ont démontré que dans les plaines chaudes et arrosées de l'Algérie, cette plante semée drue, en bonne terre, riche et légère, se développait parfaitement et atteignait dans l'espace de 5 mois environ une hauteur moyenne de 1 m. 50 à 1 m. 60.

Sans irrigation, aucune végétation satisfaisante n'est possible.

La préparation de la filasse en Algérie rencontrerait les mêmes difficultés industrielles signalées pour le Lin et le Chanvre.

Comme culture économique, rapidité de développement, rendement et qualité de fibres, la culture du *Lin arrosé* serait préférable à celle du Jute.

Dans les oasis, les Arabes cultivent quelquefois les *Corchorus* comme plante légumière ; ils en mangent les jeunes pousses et les feuilles tendres.

Lin. — *Linum usitatissimum*. Ktenne des Arabes. Le Lin cultivé est une plante annuelle de la famille des *Linées*. Au point de vue utilitaire elle se présente sous deux races : le *Lin d'Italie* cultivé pour la graine et le *Lin de Riga*, produisant la filasse si recherchée par l'industrie.

Le Lin appartient aux cultures hivernales des terres propres.

Semis à la volée, 85 litres par hectare, de fin octobre à décembre au plus tard, sur très bonne terre, peu compacte, propre, très bien travaillée et surtout bien ameublie à la surface pour faciliter la germination régulière, sarclages renouvelés surtout après fumure. Floraison vers la fin de mars.

Le Lin pour graines se contente de terres de qualité moindre et son rendement n'est pas entièrement subordonné à la tranche d'eau tombée. Récolte en mai dès que les capsules commencent à jaunir. Coupe ou arrachage rapides pour éviter l'action dévastatrice des fourmis et la perte de graines par ouverture des capsules. Culture épuisante ne pouvant revenir sur le même terrain que tous les 7 à 8 ans.

La culture du Lin pour graines avait constitué autrefois, avant l'ouverture du Canal de Suez, une des meilleures et faciles cultures de l'Algérie, car le prix des 100 kil. variait entre 35 et 36 fr. Aujourd'hui les cours sont entre 22 et 24 fr.

La récolte en bonne terre est de 10 à 12 quintaux par hectare : il faut prévoir un rendement très inférieur dans les sols maigres et épuisés.

Le Lin pour filasse doit être semé beaucoup plus épais et être bien sarclé en temps opportun : les printemps pluvieux sont favorables au bon développement de la tige. Dans les régions sèches, mais à irrigation établie, l'arrosement périodique assure un Lin de bonne venue. En le traitant dans ces conditions, un semis de janvier à mai produirait des tiges d'une bonne hauteur et, en supposant l'obtention d'une qualité de fibre ordinaire, cette matière textile serait encore supérieure à celle que donneraient certaines plantes filifères exotiques, le *Jute* notamment.

Le Lin pour filasse s'arrache un peu avant la maturité de la graine quand elle passe du blanc au brun : mise en manoques et les manoques disposées en quilles. On bat les extrémités florales, puis on procède au rouissage.

Ici se révèle la difficulté : l'eau courante manque, l'eau stagnante est bientôt corrompue et le milieu devient dangereux pour l'homme et les animaux.

Les procédés mécaniques pour teiller le Lin sans le rouir, ou le rouissage concentré, au moyen de bains chimiques, n'ont donné aucun résultat.

De grands et stériles efforts ont été tentés vers 1860 dans le département de Constantine pour introduire le teillage du Lin en Algérie : ils ont été repris de 1870 à 1880 dans le département d'Alger, mais sans succès. Le manque d'eau, la cherté de la main-d'œuvre et la mauvaise influence de certaines années sèches sur la qualité de la fibre ont fait échouer toutes ces industries.

Le Lin est quelquefois attaqué par des pucerons et par la cuscute, mais il redoute surtout la gelée et la grêle au moment de la floraison.

Lin de la Nouvelle-Zélande. — *Phormium tenax.* Cette *Liliacée* vivace a de grandes feuilles qui produisent une matière textile de plus en plus recherchée dans l'industrie des tissus où elle a pris une importance considérable.

La culture du *Phormium* a été conseillée en Algérie depuis fort longtemps, mais on n'a jamais eu aucune indication pratique sur les frais d'établissement et sur le rendement d'une telle plantation.

Ce végétal, qui ne pourrait être soumis à une première coupe qu'au bout de 5 ou 6 ans de plantation, n'en supporterait une seconde qu'après 2 ou 3 ans d'intervalle.

D'autre part, l'irrigation en été est absolument nécessaire à cette végétation peu active qui craint l'humidité stagnante de l'hiver.

Cette plante n'a qu'une place dans les jardins et n'est appelée à aucun rôle utilitaire.

Ketmie à feuilles de chanvre. — *Hibiscus cannabinus.* Cette grande *Malvacée* annuelle de toutes les bonnes terres de l'Afrique et de l'Asie voisines des tropiques prend également en Algérie, dans les parties basses, chaudes et arrosées, un développement de tige remarquable, d'environ 3 mètres.

Sa végétation est essentiellement estivale.

Ses fibres corticales sont très résistantes, mais le rouissage et le décorticage compliquent les difficultés économiques. D'autre part, cette matière textile ne pourrait être employée qu'à des usages grossiers.

Parmi les textiles exotiques, cette plante figurerait au premier rang des végétaux intéressant la zone chaude algérienne, toutes considérations économiques réservées.

Semis dru, en bonne terre, fumée, avec arrosement décadaire. On cultive cette Malvacée en Égypte où elle donne 3.000 kil. de fibres nettes à l'hectare, mais elle est principalement employée brute, à des usages directs, pour empaqueter le coton, faire des liens, etc.

Mauves ou **Malvacées indigènes.** — Quelques grandes *Malvacées*, spontanées en Algérie et en Tunisie, à grand développement, contiennent des filaments textiles mais sans valeur économique.

Elles ne sont pas assez abondantes à l'état sauvage et sont trop rameuses pour constituer une exploitation industrielle.

Leur culture est sans intérêt : tels sont les *Althæa narbonensis*, *Lavatera arborea*, etc.

Palmier nain. — *Chamærops humilis.* Le *Palmier nain* est le seul représentant naturel de la famille des *Palmiers* en Algérie, car le *Dattier* ne peut y être considéré que comme une plante d'importation très ancienne.

Ses peuplements très serrés, jusque dans la partie montagneuse, ne sont pas l'indice d'une mauvaise terre, mais ils ont nécessité à la colonisation des défrichements coûteux.

Cependant cette plante naine n'est pas absolument inutile et son exploitation a donné lieu à une industrie spéciale qui consiste à retirer de ses feuilles dures et coriaces une matière fibreuse très estimée sous le nom de *crin végétal.*

100 kil. de feuilles vertes donnent 40 kil. de filasse sèche. Ce travail de défibration est souvent manuel : les machines à défibrer sont encore imparfaites.

Les cordes de crin végétal se vendent entre 8 et 10 fr. les 100 kil. aux environs des villes : économiques comme achat, elles ont peu de durée dans les usages extérieurs.

Cette filasse est recherchée et l'Algérie ne peut suffire à la demande. On s'est même préoccupé de savoir si la culture de ce Palmier ne pourrait être entreprise : ce serait une opération très mauvaise, sinon impossible, en raison du soin et du temps exigés par cette plante pour atteindre le moment de son exploitation.

Ramie. — La Ramie a toujours attiré l'attention de l'agriculture algérienne : c'est une plante à fibres soyeuses et résistantes.

Ces *Urticées* sont représentées par deux espèces principales : *Urtica nivea* et *U. tenacissima* (Bœhmeria).

La première est connue sous le nom de *China-Grass* ou Ortie de Chine : elle est recherchée par l'industrie anglaise. Sa végétation est satisfaisante à toutes les altitudes jusqu'au désert, mais l'irrigation constante s'impose.

Dans les plaines une bonne culture produit environ 400.000 tiges vertes du poids approximatif de 20 à 25.000 kil. par coupe. Trois coupes annuelles en *vert* sont facilement obtenues.

L'espèce *Urtica tenacissima* est moins robuste que la précédente en dehors des parties chaudes.

On traite la Ramie en *vert* ou en *sec* : les avis sont partagés. Le traitement en *sec* exige une maturité plus parfaite de la tige : dans ce cas deux récoltes sont seulement obtenues, ce qui est insuffisant pour le cultivateur.

Malgré de nombreuses inventions, le manque de machines ou de systèmes pratiques pour défibrer, décortiqueuses ou procédés chimiques, n'a pas permis à cette plante de prendre une place dans l'industrie des textiles en Europe.

La culture de cette Urticée est des plus faciles : plantation par rhizomes sur un sol de très bonne nature profondément défoncé. Le semis obtenu en pépinières donne un bon plant à l'âge de 2 ans.

Valeur alimentaire douteuse pour la nourriture du bétail.

La belle fibre de cette ortie est préparée à la main par les Chinois qui ne vendent à l'industrie anglaise que les qualités inférieures.

Économiquement, ce textile est jusqu'à ce jour sans avenir en Algérie : son rendement, avec les procédés actuels, ne suffit pas aux dépenses nécessitées par le produit avant son entrée en filature, et, d'autre part, le nombre des coupes annuelles est trop réduit.

M. Rivière établit ainsi le rendement industriel de la Ramie récoltée en Algérie :

100 kil. tiges vertes feuillées donnent : 52 kil. tiges vertes effeuillées.

52 kil. tiges vertes effeuillées donnent : 10 kil. 40 gr. tiges sèches.

10 kil. 40 gr. tiges sèches donnent : 2 kil. 08 gr. lanières fibreuses mécaniques.

2 kil. 08 gr. lanières fibreuses donnent : 1 kil. 600 gr. de fibres bien désagrégées.

1 kil. 600 gr. fibres bien désagrégées donnent : 1 kil. 120 gr. de filasse dégommée et blanchie.

1 kil. 120 gr. filasse blanchie donnent { 0 kil. 700 gr. de peignée en long brin.
0 k. 400 de peignée en blousses ou étoupes.
0 kil. 020 gr. de déchets ou évaporation.

Consulter les ouvrages de M. Michotte, ingénieur, Paris. La Ramie devant la Société d'agriculture et le Comice agricole d'Alger. Ch. Rivière, 1888, *Algérie agricole*.

Plantes diverses.

Coriandre. — *Coriandrum sativum* (Ombellifères). Debecha, Kosbor des Arabes. Khemoun des Kabyles.

Plante annuelle dont les graines, à odeur très pénétrante sont vendues sur les marchés indigènes et servent de condiment aromatique.

Semis en février, récolte en août.

Cette plante n'est cultivée que sur de petites étendues.

Plante cultivée dans le bassin méditerranéen, même dans le Midi de la France.

Géranium. — Le Géranium rosat (*Pelargonium capitatum*) est cultivé en Algérie, surtout dans le Sahel, depuis Matifou jusqu'à Cherchell et dans les plaines basses du littoral où les abaissements de température ne sont pas très accentués : on le cultive aussi en Tunisie.

De la feuille du Géranium on extrait par distillation l'essence de Géranium, produit pour lequel l'Algérie est en concurrence avec l'Espagne, l'Orient, l'Ile-Bourbon et les Philippines.

Les sols qui conviennent au Géranium sont ceux qui sont profonds, riches et frais : cette plante s'accommode des terrains sablonneux comme des terres fortes à la condition que celles-ci ne soient pas humides en hiver. Le mieux est de défoncer le sol avant la plantation ; il faut tout au moins lui donner un labour de 0 m. 25 de profondeur.

On multiplie le Géranium par boutures de bois d'un an coupées sous un œil. Dans les terres irrigables on peut planter toute l'année ; dans ce cas on donne un arrosage le lendemain de la plantation et huit jours après pour assurer la reprise ; on enterre la bouture sur une longueur de quatre yeux, mais le mieux est de planter à l'automne des boutures enracinées.

En terre sèche, là où l'on n'a pas à craindre les froids de l'hiver, on peut planter à l'automne : généralement les plantations se font en hiver. Au printemps on a moins à redouter le froid, mais la reprise est moins assurée dans le cas où il ne pleut pas.

Il est préférable de préparer les plants en pépinière.

Le Géranium se plante en lignes ou en carrés : la distance entre les pieds est d'autant plus grande que la terre est plus fertile. Les lignes sont distantes de 0 m. 50 à 0 m. 60 dans les sols sablonneux et de 0 m. 80 dans les terres fortes : sur la ligne la distance des plants varie de 0 m. 35 à 0 m. 40.

La première coupe de feuilles se fait généralement trois mois après la plantation : mais cette première coupe est peu abondante : on la pratique surtout pour former les pieds.

Pour les plantations faites à l'automne la première coupe de feuilles a lieu au commencement du printemps qui suit l'année de la plantation.

En terre sèche on fait deux coupes par an dont la première en avril.

En terre arrosable sur le littoral on est assuré de trois coupes.

La quantité de feuilles recueillies par coupe est très variable suivant l'année et la nature du sol : on peut cependant admettre un chiffre moyen de 100 quintaux. La richesse des feuilles en essence est aussi variable, dans les mêmes conditions.

Dans les terres sablonneuses on compte qu'il faut 10 à 12 quintaux de feuilles pour donner un litre d'essence en avril, 8 à 10 quintaux en juillet et 12 à 16 en octobre.

En terre sèche le rendement total par hectare est de 30 kil. d'essence en moyenne : mais pendant les premières années de la plantation et dans les bonnes terres cette quantité peut aller jusqu'à 40-50 et même 60 kil. à l'hectare ; ce dernier chiffre de rendement est très rarement atteint. Dans les terres sablo-argileuses de Fort-de-l'Eau, en irriguant, on obtient 36 kilos par hectare et par an.

Les travaux d'exploitation du Géranium consistent à tailler les pieds, à biner le sol, à l'arroser quand on dispose d'eau d'irrigation et à distiller les feuilles.

Les plantations de Géranium durent de 4 à 5 ans dans les sables et de 7 à 8 ans dans les terres fortes. Par des fumures on prolonge la vie économique de la plante.

Pour distiller le Géranium on se sert d'ordinaire d'alambics d'une capacité de 1.200 litres dans lesquels on introduit 450 à 500 kil. de feuilles. On chauffe à la vapeur et doucement au début. Chaque chauffe dure deux heures au bout desquelles on considère la feuille comme épuisée.

Une chauffe donne en avril 250 gr. d'essence et en juin 750 gr. Au printemps la feuille plus abondante, il est vrai, est en effet beaucoup plus aqueuse qu'en été.

Le prix de vente de l'essence de Géranium est actuellement de 35 fr. le kilogramme : il est fortement en baisse depuis quelques années. Il faut observer que les essences produites par la plantation en coteaux en raison de leur finesse jouissent d'une plus-value de 5 à 6 fr. par kil.

Les frais par coupe et par hectare, distillation comprise, s'élèvent à environ 150 fr. à Fort-de-l'Eau pour des plantations arrosées (500 mètres cubes d'eau par hectare)[1].

Houblon. — *Humulus lupulus.* Grande *Urticée* vivace, à tiges volubiles, dont les inflorescences contiennent un principe amer, la *Lupuline*, utilisée pour la fabrication de la bière.

Le *Houblon* est cultivé dans tous les pays tempérés-froids, mais les régions méridionales, avec leur été sec, ne conviennent point à cette plante qui a été essayée en Algérie à plusieurs reprises.

Après 1870, les émigrants alsaciens-lorrains avaient tenté cette culture, mais sans succès, dans les petites plaines et vallées de la Kabylie où l'on pensait bien à tort trouver plus de fraîcheur estivale que dans les autres parties du pays.

Savonnier. — Arbre à savon. *Sapindus marginatus ? saponaria ?* etc. Le *Savonnier*, du moins l'espèce, la variété ou la forme du Jardin d'Essai d'Alger, est un arborescent réellement économique par ses fruits nombreux contenant une matière saponifère recherchée pour divers usages.

Ce très bel arbre se plaît dans les terres fraîches et profondes du littoral et des plaines basses seulement.

Multiplication par graines, mais mieux par boutures, qui assurent la propagation du véritable type.

Bouturage au printemps, en plein air, bois de 2 ans, de 0 m. 30 à 0 m. 40 de longueur.

Plantation des boutures de 2 ans, à racines nues. Écartement des arbres, 8 à 10 mètres.

1. La culture du géranium n'est guère épuisante, si on a soin de restituer comme fumure au sol les tiges après distillation.

Quand l'arbre est âgé, plantation en motte : arrosements d'été pendant les premières années. L'irrigation augmente considérablement son rendement.

De jeunes arbres, de 10 ans d'âge, peuvent donner de 15 à 25 kil. de fruits par an estimés entre 1 fr. et 1 fr. 25 le kilo : la production ne suffit pas à l'usage local.

Depuis 30 ans cet arbre est recommandé par M. Rivière, au Jardin d'Essai, qui a fait figurer à l'Exposition universelle de 1889 et à Lyon en 1894, différents produits chimiques retirés de ses fruits.

MM. G. Rivière et Baillache, au Laboratoire agronomique de Versailles, ont, en 1888, extrait des fruits plus de 70 °/₀ d'une matière savonneuse dite *Saponine* : leurs expériences ont continué dans ces derniers temps.

Voici, d'après ces chimistes distingués, la composition de la *pulpe* du fruit du *Sapindus*, type cultivé au Jardin d'Essai d'Alger.

	Pulpe	
	Séchée dans le vide	Séchée à l'air
Eau		14.00
Acide volatil (acide formique)		0.25
Substance grasse	1.75	1.50
Sucre (Saccharose)	6.50	5.55
Gomme	4.25	3.65
Cellulose	11.00	9.40
Saponine	72.50	62.20
Matières extractives indéterminées	4.00	3.45
	100.00	100.00

L'amande contient de l'amidon et de l'huile.

Sorgho à balais. — Les variétés de Sorghos sont nombreuses : celles destinées à la confection des balais présentent également plusieurs races.

Cette culture a été essayée à plusieurs reprises dans diverses parties de l'Algérie et notamment aux environs de Philippeville. Actuellement, elle est reprise près de Mateur en Tunisie et son utilisation y est l'objet d'une industrie locale.

La variété cultivée, qui donne de beaux produits, est le *Sorgho à balais demi-rouge de Provence.*

On sème sur bon labour dans des terres ordinaires et fraîches, si possible.

Le semis a lieu du 15 avril au 15 mai au plus tard, en ligne et au semoir comme pour la betterave : la distance entre les lignes est de 0 m. 80 et chaque plant dans la ligne est espacé de 0 m. 30 à 0 m. 40.

Sarclage et buttage : enlèvement des feuilles de la base, si on en a l'emploi.

Le rendement se traduit par 12 à 15 quintaux de paille et, théoriquement, par 30 quintaux de graines, mais beaucoup moins à cause des moineaux contre lesquels la lutte est presque impossible.

En Tunisie, les conditions économiques, au moins dans la région de Mateur, sont meilleures qu'en Algérie, et la récolte de la plante ainsi que la confection du balai s'obtiennent facilement par une main-d'œuvre suffisante.

La fabrique de balais peut payer la paille de Sorgho à raison de 25 fr. le quintal.

Le balai se vend en Tunisie 0 fr. 60.

Le prix de revient s'établit ainsi pour 100 balais : Manches, 11 fr. le 100. En France ils ne valent que 6 fr. 50. Ficelle, 1 fr. 50. Paille, à raison de 800 gr. par balai, soit 20 fr. le 100. Façon, 7 fr. 50 le 100 pour balai type américain. Chaque balai revient à environ 37 cent. et est revendu 0 fr. 60 ; il faut défalquer de ce dernier chiffre les remises de vente.

La consommation locale ne suffirait pas à absorber la fabrication : on entre alors en lutte avec l'Italie et le Midi de la France dont les prix sont inférieurs.

Pour la culture du *Sorgho à balais*, comme pour celle des autres Sorghos, on se trouve en présence d'une dégénérescence du type qui force à renouveler tous les ans la semence que l'on fait venir de France. On attribue cette variation aux hybridations faites par le Béchna et le Sorgho d'Halep.

Les différentes races de Sorgho à balais sont ou françaises ou italiennes : elles varient par la blancheur ou la finesse de la panicule.

Avant d'entreprendre cette culture, le cultivateur agira prudemment en établissant d'abord ses prix de revient de fabrication et en s'assurant des débouchés à l'exportation : il fera mieux en ne cultivant que sur commande ferme.

La culture en elle-même n'est pas des plus avantageuses : elle exige de la main-d'œuvre pour la récolte, le séchage, l'égrenage, etc., et il ne faut pas compter sur la graine comme sous-produit.

Tabac.

Étendues cultivées. Régions de culture. Quantités de tabacs produites.

On cultive annuellement, en Algérie, 5 à 6.000 hectares en tabac. A lui seul le département d'Alger compte environ de 4 à 5.000 hectares de culture répartis entre la plaine de la Mitidja, les versants du Sahel et de l'Atlas, la plaine des Issers, la Kabylie et la partie élevée de la plaine du Chéliff en descendant jusqu'à Affreville (Djendel).

Dans le département de Constantine, les cultures de tabac s'étendent sur une superficie d'environ 1.000 hectares circonscrits par le périmètre d'un triangle ayant pour sommets Bône, La Calle et Duvivier.

Dans le département d'Oran, les terrains trop riches en chlorures ne se prêtent pas en général à la culture du Tabac qui y a été abandonnée, après quelques essais, sauf sur certains points, où elle est pratiquée par les indigènes.

La quantité de tabacs produite annuellement par l'Algérie peut être estimée à 5-6 millions de kilogrammes.

Variétés de Tabac cultivées. Qualité des produits.

Les diverses variétés de tabac cultivées peuvent être réparties en deux groupes : les Tabacs à feuilles larges et les Tabacs à feuilles étroites. En Algérie, les variétés que l'on plante le plus communément sont des hybrides des précédentes : mais on constate que ce sont les variétés à feuilles étroites qui tendent à dominer. Celles-ci ont moins à redouter le dommage causé par le vent.

Nos variétés de tabac d'Algérie sont mal définies : le Tabac dit de Chebli ne répond pas à un type caractérisé.

Les premières graines importées en Algérie ont été tirées du Paraguay et du Palatinat; mais, par suite de transformations de ces dernières variétés, on ne retrouve plus les types originaires [1].

Du reste la variété de tabac cultivée n'a ici qu'une influence secondaire sur la qualité du produit. En principe les meilleurs Tabacs sont ceux qui brûlent le mieux; sans doute les variétés à feuilles larges étant à la fois peu ligneuses et légères présentent, toutes choses égales d'ailleurs, au plus haut degré cette propriété d'être combustible ; mais la nature du sol a sur la combustibilité du Tabac une bien plus grande action que la variété du Tabac cultivé. On peut dire que nos divers Tabacs algériens se distinguent les uns des autres d'après les régions qui les produisent. C'est le sol qui donne au produit son cachet spécial : la façon dont, suivant les régions, on cultive et on prépare le Tabac a cependant aussi son influence.

Il faut ajouter que l'irrigation quand elle est exagérée augmente le rendement en poids du Tabac au préjudice de la qualité surtout dans les sols pauvres.

Dans la plaine de la Mitidja on divise les Tabacs produits en deux catégories : ceux de la Mitidja occidentale et ceux de la Mitidja orientale. Les Tabacs de cette dernière région sont en général supérieurs à ceux de la première, où l'irrigation est pratiquée dans une plus large mesure.

La Mitidja orientale, à l'est de l'Oued-Smar, comprend les territoires du Fondouck, de l'Arbatâche, de l'Alma, du Corso, de Belle-Fontaine, de Rouïba, de la Réghaïa, de la Rassauta et toute la pointe du Cap.

Tous ces Tabacs sont produits sans irrigation, sauf à Fort-de-l'Eau.

1. Avant notre occupation les variétés cultivées dans les États Barbaresques étaient originaires du Levant et pouvaient se rapporter au type désigné sous le nom de *Samsoun*, à petit rendement, mais de qualité supérieure à tout ce que nous avons importé jusqu'à présent. Tels étaient les *Arbi* de Bône, les *Khachnas* d'Alger que leur faible rendement a fait abandonner pour des types de qualité moindre, mais de production plus abondante, types mal définis et connus sous le nom de *tabacs colons*.

Le tabac dit de Khachna, sous lequel on dénomme les produits de cette région, est produit par les tribus du massif du Bou-Zegza.

Les tabacs algériens sont en général moyennement riches en nicotine : leur teneur varie de 2 à 4 °/₀.

Terrains propres à la culture du Tabac. Engrais.

Le Tabac se plaît surtout dans les terres légères, riches et neuves. Il aime la « vieille graisse » telle que celle des terrains nouvellement défrichés. Le fumier de mouton est à préférer.

Il faut éviter les sols contenant plus de 1 p. 1000 de chlorure, car dans ces terres le Tabac est incombustible.

Les sols calcaires, en général pauvres en matières organiques, donnent de mauvais Tabacs.

La combustibilité d'un Tabac est en relation avec la présence du carbonate de potasse dans les cendres. Les cendres des Tabacs combustibles contiennent beaucoup de carbonate de potasse 1,5 °/₀ au moins, tandis que celles des Tabacs non combustibles n'en contiennent que très peu.

Les sols sans potasse donnent des Tabacs qui ne brûlent pas. Aussi l'apport de potasse, sauf celui sous forme de chlorure de potassium, dans les sols dépourvus de cet élément, a pour effet d'améliorer la valeur du Tabac.

Le Tabac vient très bien dans les terres de gneiss, les schistes micacés, sols riches en potasse et pauvres en chaux.

Il faut aussi pour le Tabac que la terre soit riche en azote assimilable. Il faut remarquer toutefois que l'azote en surabondance élève la proportion de nicotine.

Il en résulte que les engrais à employer sont, en dehors du fumier de ferme dont l'usage est le plus fréquent, ceux contenant de la potasse et de l'azote tels que le carbonate, le sulfate de potasse et le nitrate de potasse. Il faut éviter ceux contenant ces éléments sous la forme de chlorures.

Au point de vue de l'épuisement du sol, le Tabac en Algérie ne prend guère à la terre par hectare que les principes fertilisants correspondant à 5.000 kil. de fumier de ferme. Mais il faut incorporer au sol une quantité de fumier beaucoup plus considérable, 5 à 6 fois plus élevée, pour que la plante puisse, pendant la courte période de sa végétation, absorber la quantité de principes utiles, nécessaires à son développement.

Dans le Pas-de-Calais, on cite des cultures de Tabac qui sont renouvelées chaque année sur le même terrain et qui produisent des récoltes régulières de 2.400 kil. de tabac par hectare avec un apport annuel de 10 à 12.000 kil. de fumier de ferme.

Le Tabac vient aussi très bien après un fourrage cultivé (luzerne, sainfoin, etc.) ou un engrais vert qui rompu par la charrue laisse dans le sol une quantité de matières organiques assimilables par les plants.

Préparation des plants. Pépinière.

Il faut dès l'automne préparer le terrain pour le semis : on calcule la superficie de la pépinière à raison de 40 mètres carrés par hectare à planter. Chaque mètre carré donne environ 1.000 plants.

Le terrain de la pépinière doit être meuble, abondamment pourvu de fumier bien décomposé, bien abrité contre les vents du Nord et de l'Ouest. Comme la graine de tabac est très fine on la mélange intimement avec une matière divisante, par exemple du sable fin ou de la cendre tamisée et on répand régulièrement le mélange sur la surface du sol.

La quantité de semence à employer est de 1 gramme par mètre carré de couche. La graine doit être enterrée très légèrement. Il suffit, avant de semer, de ratisser la terre, puis de la tasser légèrement après avoir semé.

Le semis doit se faire dans le courant de novembre.

Il faut que les plants de Tabac soient suffisamment développés dès la fin de février pour que l'on puisse planter de bonne heure. Les plantations hâtives sont celles qui donnent les meilleurs résultats au point de vue du développement des feuilles et du rendement.

S'il est nécessaire, pour hâter le développement des plants, on emploie des couches demi-chaudes faites au moyen de fumier frais entassé sur une épaisseur de 30 cent. et recouvert de 15 cent. de bonne terre, légère et bien divisée que l'on peut recueillir au pied des broussailles anciennes.

Les couches doivent être protégées par un lit d'épines de jujubier ou d'acacia. On enlève les mauvaises herbes qui se développent au milieu des plants et on entretient la fraîcheur du sol par de fréquents arrosages, si c'est nécessaire. Il faut abriter les jeunes plants contre la gelée blanche au moyen de paillassons.

Il n'est pas inutile de diviser les couches en planches de 1 m. 20 à 1 m. 50 de largeur séparées par un sentier : on facilite ainsi les travaux de sarclage et d'arrosage.

Préparation du sol. Plantation.

Les terrains à planter en Tabac sont préparés par 2 ou 3 labours suivis chacun d'un hersage [1]. Le sol doit être profondément ameubli. Il faut éviter de procéder à la plantation quand il est encore mouillé. Il est préférable d'attendre que la terre soit bien ressuyée, quitte à arroser les plants pour en assurer la reprise.

Le jeune plant peut être recouvert d'une poignée d'herbes pour le protéger contre l'insolation directe.

Il est à recommander de planter de bonne heure.

Pour les coteaux, la fin de février ou le commencement de mars est la meilleure époque. Dans la plaine, là où la terre ne se réchauffe pas vite, il faut retarder la plantation jusqu'au commencement d'avril. Les effets fâcheux de la gelée ne sont guère à redouter, car le plant un peu développé résiste assez bien : les feuilles de la périphérie peuvent être détruites par la gelée sans grand inconvénient. Par une plantation hâtive on obtient un rendement plus considérable.

Avant d'arracher les plants de la pépinière il est bon de les arroser pour que la terre s'attache aux racines. Les jeunes plants pourvus de 3 ou 4 feuilles sont repiqués au plantoir ou au moyen d'une petite binette. Il faut avoir soin d'enfoncer la racine du jeune plant bien verticalement et sans la coucher, car la racine du Tabac est pivotante.

1. On pratique en général trois labours. Par le premier, profond de 15 cent., on enterre en janvier le fumier, on fait un second labour en février, puis du 20 mars au 20 avril, dans la région de la Réghaïa, on plante après le 3e labour en orientant les lignes dans la direction du vent dominant.

On plante en moyenne 35.000 plants de tabac à l'hectare. La distance entre les plants varie suivant leur développement présumé. Les distances les plus usuelles sont celles de 65, 70 ou 80 cent. entre les lignes et de 40, 45 ou 50 cent. sur la ligne.

En Kabylie, M. Zurcher recommande la plantation à 1 mètre, 1 m. 10 entre les rangs et 50 cent. sur le rang ; ce qui permet les binages à cheval, au lieu du binage à la main, 8 à 10 journées d'hommes suffisent pour planter 1 hectare.

Il faut prendre soin de bien serrer la terre contre le plant au moment de la plantation, mais sans la tasser.

Écimage.

Quand les plants ont une dizaine de feuilles, on écime, c'est-à-dire on enlève les boutons terminaux et les inflorescences. Il faut écimer le plus tôt possible avant que les feuilles du haut de la plante n'aient eu le temps de durcir et d'arrêter leur développement ; l'écimage a pour effet de favoriser l'accroissement des feuilles conservées et de leur faire prendre ces grandes dimensions que recherche la régie.

Les feuilles du bord de la plante ou feuilles de terre n'ont que peu de valeur. En France, la régie exige leur enlèvement pour éviter la fraude ; en Algérie, où la culture est libre, on peut les laisser sécher sur place.

L'écimage provoque la sortie de bourgeons aux aisselles des feuilles. Si l'on veut obtenir des feuilles présentant le plus haut degré de développement, il importe de supprimer les bourgeons latéraux à mesure qu'ils paraissent.

L'irrigation des cultures de tabac doit être très modérée, si l'on veut obtenir des produits de bonne qualité. Il faut surtout éviter les eaux chargées en chlorures, car on diminuerait la combustibilité du produit.

Les Tabacs obtenus de terre sèche sont en général de qualité supérieure.

Cueillette.

Lorsque le Tabac est mûr, il exhale une odeur très forte. La feuille devient cassante, transparente et marbrée, gommeuse au toucher, on procède alors à la cueillette.

Le procédé de cueillette, qui consiste à couper les plantes de terre pour les suspendre telles quelles sous un hangar, est abandonné.

Les feuilles sont cueillies une à une quand elles sont sèches de rosée ou de pluie et enfilées en guirlandes, on les met ensuite en tas dans de la paille. On laisse la masse devenir moite et exhaler une certaine quantité d'eau. D'ordinaire le Tabac est ainsi laissé en tas pendant 24 à 48 heures.

La fermentation doit être arrêtée quand la masse donne une sensation de chaleur ; alors les feuilles prennent une teinte jaune clair.

Les guirlandes de feuilles sont alors pendues à l'abri de la lumière dans des hangars couverts en dyss[1]. Là, la dessiccation doit s'opérer lentement.

Les feuilles de tabac sont ensuite réunies en manoques, c'est-à-dire en poignées d'un kilogramme environ, plus souvent de 750 à 800 grammes ; on classe les feuilles en trois catégories. Les feuilles du haut donnent la première qualité, les feuilles moyennes la qualité ordinaire et celles du bas la qualité inférieure.

Valeur marchande[2].

La valeur marchande des Tabacs se détermine par leur degré de combustibilité. Celui-ci peut s'apprécier facilement par un

1. On compte en moyenne 600 mètres cubes de hangar par hectare.

2. En Tunisie, voici, d'après M. Pensa, ingénieur agricole, le prix de revient de la culture d'un hectare de Tabac :

Amortissement de la dépense engagée pour la construction d'un séchoir	40 fr.
Frais d'entretien	5
Paillassons, abris pour semis	7
Ficelles de suspension	8
Loyer de la terre	12
Ameublissement (3 labours et hersage à 10 fr. l'un)	30
Fumures (60 mètres cubes à 1 fr. l'unité, dont les 2/3 à la charge de la recette)	40
Frais de transport et de vente	10
Frais divers	7.50
	159.50

Comme bénéfices bruts on peut compter sur 800 kil. à 60 fr. les 100 kil., ce qui donne 480 fr. En prenant l'exploitation par Khammès qui est la plus essai sommaire. On présente à la flamme d'une bougie, par le bord, un morceau de feuille du Tabac à essayer. Il s'enflamme ; on éteint la flamme et on observe comment se comportent les points restés en ignition. Quand le tabac est très combustible les points en ignition gardent le feu un certain temps et même celui-ci se propage lentement sur la feuille comme il ferait sur un morceau d'amadou, à un degré moindre cependant. Quand le Tâbac est peu combustible, dès qu'on a soufflé la flamme, il ne reste pas de points en ignition et les parties de la feuille touchées par le feu donnent une cendre noire, tandis que dans les Tabacs combustibles la cendre est grise et même blanche.

Entre ces deux types de tabac combustible et de tabac incombustible il existe tous les types intermédiaires.

Le Tabac se paie en raison de son degré de combustibilité.

La Régie achète chaque année à l'Algérie à peu près la moitié des tabacs qu'elle produit, soit 3.000.000 kil. [1].

La moitié de cette quantité est employée à la fabrication des tabacs de zones et de troupes. Le surplus sert à la fabrication du tabac ordinaire.

Le prix d'achat varie chaque année suivant la qualité.

En 1891 le prix moyen d'achat a été de	64 fr.	le quintal.
1892	61 fr.	—
1893	58 fr. 50	—
1894	57 fr. 65	—
1895	55 fr. 65	—
1896	56 fr. 40	—
1897	58 fr. 15	—

On observe que les années d'abondantes récoltes sont aussi les meilleures au point de vue de la qualité [2].

économique, le propriétaire a un bénéfice net de 80 fr. 50 par hectare. Ajoutons que la culture du Tabac est monopolisée en Tunisie et n'est faite qu'en terre sèche.

(Voir *Revue des cultures coloniales*, 5 mars 1898.)

1. Les achats totaux de la Régie française ont été en 1896 les suivants :

Tabacs indigènes en feuilles	26.000.000 kil.	
— exotiques	—	14.000.000 kil.

Le prix de vente moyen du tabac fabriqué est de 1.000 fr. le quintal. Les recettes de la Régie s'élèvent annuellement à plus de 375 millions de francs.

2. Voici les prix de vente obtenus de 1889 à 1897 par un important

Le rendement des terres sèches est de 8 à 15 quintaux, celui des terres arrosées de 15 à 25 quintaux. Le produit brut varie de 700 à 1.200 francs.

Les quantités de tabac mises en œuvre en Algérie peuvent être évaluées à 4 millions de kilos se décomposant ainsi :

Tabacs indigènes............	2.500.000 kil.
— exotiques importés....	1.500.000 kil.

Ces derniers proviennent surtout d'Allemagne, d'Autriche-Hongrie, du Levant, des deux Amériques et des Philippines.

La quantité de tabac importé de l'étranger pourrait être réduite d'un tiers au moins et même de moitié, par l'extension de la production du tabac indigène. Pour l'autre moitié nous resterions tributaires de l'étranger, car cette moitié est formée de qualités de tabacs qui nous font défaut (tabacs pour capes et intérieur de cigares).

Les pays d'exportation de nos tabacs ouvrés sont la Belgique, la Suisse, l'Allemagne, l'Angleterre et surtout les colonies françaises.

Les droits d'entrée en Algérie sont les suivants :

Tabacs en feuilles	50 fr.	les 100 kilos nets.
Tabacs à fumer, à priser et à mâcher,	150 fr.	—
Cigares et cigarettes	250 fr.	—

Sans doute l'administration des tabacs pourrait sensiblement augmenter l'importance de ses achats et payer mieux les qualités supérieures. Ce serait là un des encouragements les plus efficaces qui pourraient être donnés à la culture du tabac indigène et à la production des bonnes sortes.

Parmi les insectes, le plus nuisible à la culture des tabacs est la noctuelle des moissons *Noctua segetum*, appelée aussi ver gris, doud par les indigènes, qui, à l'état de larve, vit au pied de la plante et y creuse une galerie. Le ver gris coupe au pied les jeunes plants de tabac; plus tard il creuse une galerie dans la

producteur de l'Est de la Mitidja livrant au commerce le plus souvent.

1889	76 fr. les 100 kilogr.	1894	62 fr. les 100 kilogr.
1890	76	1895	51) vente à l'administration.
1891	75	1896	55
1892	80	1897	65
1893	60		

moelle de la tige jusqu'à une hauteur de quelques centimètres au dessus du niveau du sol; la tige ainsi rongée à sa base ne présente plus une résistance suffisante au vent qui l'abat. La *Noctua segetum* est polyphage; cet insecte cause souvent aussi de grands dommages à la culture de la betterave.

Pour faire la chasse au ver gris on examine les plants de tabac un à un. Lorsqu'on aperçoit une plante présentant une feuille de la base légèrement flétrie, on fouille au pied et on trouve, à une profondeur de 1 à 2 cent., l'insecte immobile roulé en boule.

On cite encore, comme attaquant le tabac, la *Noctua saucia* et la *Noctua brassica*, noctuelle du chou, la *Lita nicotiana* (microlepidoptère).

La courtillère cause parfois quelques ravages aux plantations de tabac; mais c'est surtout sur le bord des canaux d'irrigation là où la terre se maintient fraîche.

Les sauterelles (*Acridium peregrinum*) soit à l'état de larve, soit sous la forme ailée détruisent les cultures de tabac.

Les tabacs en feuilles conservés dans les magasins sont parfois envahis par la larve d'un coléoptère, le *Lasioderma semicornæ* qui perfore les feuilles et les réduit en poussière [1].

D'après M. Charpentier, Directeur du service des tabacs en Algérie, à l'obligeance de qui nous avons eu recours pour cette étude, l'exportation des tabacs fabriqués d'Algérie (tabacs à fumer et cigarettes) accuse une progression constante; elle a été :

En 1889 de	91.000	kilogrammes.	1894	414.000
1890	240.000	—	1895	874.000
1891	308.000	—	1896	714.000
1892	396.000	—	1897	742.000
1893	494.000	—		

* * *

En terminant faisons observer que le Tabac cultivé en tête d'assolement laisse une terre bien fumée et propre pour la culture de céréales qui suit.

1. Voir la détermination et la description des ennemis du tabac par Olivier (Nancy).

Sur les défrichements on sème d'abord de l'avoine, puis on plante le Tabac que l'on fait suivre d'un blé.

Le succès de cette culture dépend avant tout de la qualité du sol, de sa richesse en matières fertilisantes rapidement assimilables et de sa bonne préparation par des labours profonds. Le fumier bien décomposé et surtout celui de moutons est le meilleur des engrais : les fumures vertes, d'un usage traditionnel dans les pays de culture de tabac, sont aussi à recommander.

Pour la culture des tabacs les Européens emploient des métayers indigènes. Le propriétaire du sol fournit la terre, le fumier, fait les labours et livre le séchoir. L'indigène se charge de la préparation des plants, de la plantation, des binages et de toute la manipulation et de la préparation des produits pour la vente. Le produit brut se partage par moitié entre l'indigène et le propriétaire qui se réserve le soin de faire la vente lui-même.

Bibliographie : *La culture des tabacs en Tunisie*, par C. Pensa dans *Revue des cultures coloniales*, 5 mars 1898.

Plantes à fécule et saccharifères.

A diverses époques, l'industrie algérienne a recherché, dans certains végétaux sauvages ou cultivés, les matières amylacées et saccharines qui pouvaient être facilement transformées en sucre et en alcool.

A l'état spontané ou subspontané, la flore du pays ne fournit que trois plantes ayant ces éléments : Deux de ces végétaux sont décidément sans intérêt économique : l'*Asphodèle* et la *Scille maritime*. L'autre, le *Caroubier*, n'a pas encore été l'objet d'expériences positives pour déterminer si, en dehors de l'alimentation du bétail, la caroube peut avoir un emploi industriel en France ou en Algérie.

Asphodèle. — *Asphodelus ramosus* . Cette *Liliacée* à racines tubériformes est très répandue en Algérie dans tous les terrains de parcours, mais elle tend à disparaître par l'extension de la culture européenne. L'exploitation de cette plante, pour en tirer de l'alcool par distillation, a été tentée plusieurs fois sans succès.

Cet alcool a une odeur répugnante qui l'a fait exclure de la consommation. Le docteur Badoil, à Alger, a essayé, par divers procédés, de supprimer le goût désagréable et les principes malfaisants de cet alcool. (L'*Asphodèle*, Dr Badoil, Paris 1883.)

Enfin au Laboratoire agronomique de Versailles MM. G. Rivière et Baillache, ont obtenu — *d'emblée* — par la défécation, la stérilisation et l'ensemencement des moûts par une levure cultivée de l'alcool éthylique bon goût (Académie des sciences, novembre 1895).

L'épuisement rapide des peuplements d'*Asphodèles* et diverses considérations ne permettent plus de comprendre cette plante parmi les ressources naturelles économiquement utilisables.

Scille maritime. — *Scilla maritima.* Cette *Liliacée* se présente sous la forme d'un très gros oignon sortant presque de terre et très répandu dans les champs en territoire indigène. Traité par les procédés de MM. Rivière et Baillache indiqués ci-dessus pour l'Asphodèle, ce gros buble fournit un alcool bon goût exempt de principes dangereux. Cependant, au point de vue économique, les même réserves s'imposent comme pour l'*Asphodèle.*

Caroubier. — *Ceratonia siliqua.* Ce grand arborescent, de la famille des *Légumineuses*, s'il se rencontre à l'état subspontané est, dans certains cas, entretenu et planté par l'homme.

Ses siliques seules sont utilisables : elles n'ont été employées jusqu'à ce jour en Algérie que pour la nourriture du bétail, mais elles paraissent avoir d'autres usages dans l'industrie européenne.

On trouvera à l'article *Caroubier* des renseignements complets sur cet arbre précieux, mais il convient de rappeler ici la grande richesse saccharine des *Caroubes* provenant de certains arbres.

100 kilos de siliques sèches, sans leurs graines, donnent 40 kilos de sucre total.

Saccharose	21.46
Glucose	19.62

qui peuvent se convertir en plus de 20 litres d'alcool absolu, c'est-à-dire en une quarantaine de litres d'alcool à 50°.

L'alcool de Caroubes a une odeur aromatique particulière paraissant due à une fermentation accidentelle avant le traitement des siliques quand elles sont en tas.

*
* *

Parmi les plantes saccharifères cultivées figurent la *Betterave*, la *Canne à sucre* et le *Sorgho sucré*.

Au point de vue de la fabrication du sucre et de l'alcool, ces végétaux qui ont été assez sérieusement expérimentés n'ont jamais donné des résultats assez satisfaisants pour engager les cultivateurs et les industriels à les exploiter. On doit se souvenir des insuccès du *Sorgho sucré* en Algérie, il y a quelque 40 ans, à une époque où l'alcool avait une valeur réelle.

Actuellement la législation spéciale appliquée à l'alcool ne permet plus la distillation économique des matières amylacées ou sucrées de n'importe quelle culture. En général les sols chlorurés et ceux soumis à des irrigations d'eaux saumâtres ne conviennent point aux végétaux saccharifères.

Betterave industrielle. — Jusqu'à présent, la *Betterave* n'a été cultivée en Algérie que comme plante fourragère. La question s'est posée de savoir s'il ne serait pas avantageux de produire de la *Betterave* du type industriel pour la fabrication de l'alcool et surtout pour celle du sucre. D'après les analyses ci-dessous la *Betterave à sucre* cultivée en Algérie en terre sèche ou arrosée s'est montrée, dans certains cas, d'une richesse égale, sinon supérieure, à celle mise en œuvre dans les sucreries de France [1]. Aussi a-t-on pensé, à diverses époques, que l'Algérie pourraît avantageusement se livrer à la fabrication du sucre.

On objecte cependant que si la fabrication du sucre de betteraves venait à s'implanter en Algérie, les produits de la colonie seraient soumis au profit du Trésor aux mêmes droits fiscaux que ceux qui grèvent les sucres indigènes français et que les sucres d'origine algérienne seraient en outre, comme les sucres importés, frappés du droit d'octroi de mer de 15 francs pour les sucres bruts et de 20 francs pour les sucres raffinés, en vertu du principe que les produits algériens similaires à ceux frappés de l'octroi de mer doivent être grevés des mêmes droits que ceux-ci.

1. La richesse moyenne de la *Betterave à sucre* est en France de 15 % de sucre. On obtient en France un sac de sucre par 1.000 kil. de betteraves traitées, en Allemagne un sac par 892 kil.

La sucrerie algérienne, ne bénéficiant, au point de vue fiscal, d'aucun avantage sur la sucrerie de la France, pourrait-elle soutenir la concurrence de cette dernière? Il ne faut pas oublier en effet que les sucreries de la France se sont placées dans des régions admirablement desservies par les routes, les chemins de fer, les canaux et à proximité des mines de charbon[1], des usines métallurgiques et des grands ateliers de construction et qu'en outre le salaire de l'ouvrier industriel, en général d'une grande habileté professionnelle, y est plutôt moins élevé qu'en Algérie.

La culture de la *Betterave industrielle* est à peu près la même que celle indiquée pour la *Betterave fourragère* ; cependant elle exige d'abord un choix spécial des variétés et une plantation plus serrée sur un terrain mieux préparé.

Quelques auteurs prétendent que les engrais phosphatés et potassiques sont sans influence sur la richesse en sucre et que les éléments azotés (nitrate de soude) sont les seuls efficaces.

Les analyses de *Betteraves sucrières* récoltées en Algérie sont assez nombreuses pour donner des indications générales, non sans valeur.

En 1883, dans ses analyses, M. Bernou (*Algérie agricole* 1883) avait trouvé dans 10 variétés de *Betteraves sucrières* une richesse saccharine variant de 10.124 à 19.225 °/₀ de jus (saccharose.)

La culture de quelques petites *Betteraves sucrières* (Vilmorin) aurait donné environ 32.000 kilos de racines à l'hectare : les analyses feraient ressortir le rendement en sucre de 3.050 à 4.050 kilos. (Expériences de M. R. Trottier à Hussein-Dey, 1893 et 1894.)

La quantité de chlorures dans certaines terres et l'élévation de la température au moment de l'arrachage sont de nature à créer de sérieuses difficultés pour la fabrication du sucre, aussi plusieurs industriels préconisent-ils plutôt la distillation de la betterave.

Canne à sucre. — *Saccharum officinarum.* Les principales variétés essayées en Algérie depuis un grand nombre d'années appar-

1. La quantité de charbon nécessaire pour travailler 1.000 kil. de betteraves est évaluée en moyenne à 133 kil. Dans le Nord de la France le charbon coûte de 11 à 13 fr. la tonne rendue à l'usine. Ce prix serait triple en Algérie.

tiennent aux grosses espèces connues et cultivées dans la zone intertropicale : *Canne à sucre grosse blonde*, *d'Otaïti violette* et *rubanée violette*.

Cette culture ne peut être que limitée à la zone littorale, dans les terres riches des plaines soumises à des irrigations estivales très régulières. Cependant, même dans ces conditions la *Canne* y a souffert parfois des abaissements au-dessous de zéro et ce sont ces refroidissements qui, dans certains cas, ont profondément altéré sa végétation dans les plaines d'Oran comme dans la Mitidja orientale.

Dans les parties abritées du littoral, les plantations de *Cannes* en terres riches, non salées, bien fumées et soumises à une irrigation décadaire pendant l'été, présentent, au bout d'une année de bouturage, une belle végétation : l'année suivante, la touffe est en plein développement et fournit de belles cannes de 1^{m} 70 environ de haut. La pousse se montre au printemps et l'évolution végétative est terminée dans le courant de février suivant l'époque de la maturité relative qui se produit en saison hivernale, c'est-à-dire dans la période où la chaleur atteint son minimum.

La teneur en sucre des *Cannes* obtenues au jardin d'Essai d'Alger s'établit ainsi :

Sucre total : 10 à 12 % suivant les années : la quantité de glucose est très faible.

Le poids brut des Cannes récoltées à l'hectare et le rendement en matières sucrées sont souvent insuffisants pour faire face aux dépenses de la culture et de la fabrication du sucre et de l'alcool, ainsi que l'ont démontré de sérieuses tentatives d'utilisation industrielle. On sait d'ailleurs que la culture de la *Canne*, qui avait été prospère sur toute la côte Est de l'Andalousie d'Alméria à Gibraltar, y a disparu depuis une quinzaine d'années et a été remplacée avantageusement par la *Betterave* sur divers points de l'Espagne,

Dans notre chapitre *Plantes fourragères cultivées*, nous avons donné des indications générales sur la culture de la *Canne* au point de vue fourrager, indications qui s'appliquent également à la *Canne* traitée comme production sucrière.

Cette grande *Graminée* est attaquée en Algérie par le même

insecte qui fait parfois tant de mal aux Maïs et aux Sorghos (*Sesamia nonagrioides.*)

Dans l'*Algérie agricole*, on trouvera des renseignements bibliographiques sur les essais faits en Algérie.

Le *Manuel pratique des cultures tropicales* de Sagot et Raoul, ainsi que le *Petit traité d'agriculture tropicale* de Nichols et Raoul contiennent d'excellentes indications de culture pratique de la *Canne à sucre.*

Sorgho sucré. — *Sorghum saccharatum.* Nous avons donné des notions générales sur ce végétal aux paragraphes « *Plantes fourragères et alimentaires* . »

Traité au point de vue sucrier, ce *Sorgho* doit être l'objet d'une culture soignée exigeant tout d'abord un sol particulièrement riche, alluvionnaire, abondamment fumé, avec labours profonds, hersages répétés, dispositions pour l'irrigation estivale, etc.

A partir de la fin d'avril, jusqu'à la fin de mai pour la région marine, semis au semoir mécanique en lignes écartées de 0,75 ou 0,80, avec une distance de 0,30 cent. entre chaque plant.

On emploie 3 kil. de semences à l'hectare. Binages intercalaires avec des instruments attelés, puis léger buttage quand le plant a dépassé un mètre de hauteur. Irrigation tous les 10 jours pendant l'été, par rigole et non en plein.

Couper les tiges au moment de la maturité des panicules, mais faire la coupe suivant les besoins de la distillation.

Le poids brut des tiges avec leurs feuilles est estimé à 80.000 kilos à l'hectare dans une bonne culture.

En Algérie l'ensemble des analyses faites en cultures expérimentales permet d'établir ainsi la moyenne de la teneur en sucre du *Sorgho sucré.*

Saccharose........................ 12 °/₀
Glucose........................... 2 °/₀

La proportion de sucre cristallisable peut être évaluée à 7 °/₀.

Nous avons dit que la dégénérescence rapide de la variété *à sucre* avait déjà été en Algérie une cause d'insuccès pour la culture de ce Sorgho. Les sols chlorurés et les irrigations avec des eaux même légèrement saumâtres diminuent la quantité de sucre cristallisable.

M. R. Trottier, propriétaire à la Réghaïa s'est particulièrement occupé de cette question pendant ces dernières années.

Acclimatation. Plantes non rustiques ou sans valeur économique.

Un grand nombre de végétaux, originaires de régions diverses, ont été proposés à plusieurs reprises pour prendre place parmi les cultures utilitaires en Algérie. Malgré des expériences souvent répétées qui concluent à leur rejet, on voit reparaître périodiquement les mêmes indications, officielles ou officieuses, qui jettent le trouble dans le programme cultural des nouveaux venus. Il convient donc, sans pouvoir énumérer ici toutes les plantes préconisées, de signaler brièvement la situation en ce pays des principales espèces qui sont sans rusticité et sans valeur économique :

Arbres à cires, à laques, à vernis, etc. — On désigne sous ces noms plusieurs végétaux appartenant à des familles différentes et provenant de régions tempérées et chaudes.

Rhus vernicifera, *succedanea*, etc., de la Chine et du Japon, arbustes résistant dans nos deux premières zones : leur rendement industriel a toujours été nul.

Certains Palmiers des Andes, *Ceroxylon*, exsudent une matière cireuse. Le *Ceroxylon andicola*, de la Nouvelle-Grenade, et le C. *australe* des altitudes de l'île Juan Fernandez ne se plaisent guère sous le climat algérien.

Il en est de même du *Myrica cerifera*, ce *cirier* de la famille des *Myricacées*, quoique cette plante ait son habitat naturel dans l'Amérique du Nord.

Arbre à suif. — *Croton sebiferum* (Stillingia). Cet arborescent, de la famille des *Euphorbiacées*, originaire de la Chine et du Japon, est rustique dans toute la zone de l'oranger et même de l'olivier.

Les graines très nombreuses, de la grosseur d'un petit pois, de maturité hivernale, sont blanches et recouvertes d'une matière sébacée qui est le *suif végétal* : ce produit n'a aucune utilité industrielle pour nous.

Le bois de cet arbre est beau, mais, même à l'état sec, il contient des principes dangereux.

Arbre à vernis. — *Eleococca vernicifera.* Euphorbiacée arborescente produisant en Chine une graine oléifère, sorte de noix de laquelle on extrait un mastic, un vernis, une laque, etc., toutes matières employées à divers usages.

La culture de cette plante a été tentée en Algérie à plusieurs reprises mais sans succès : le climat de l'hiver ne lui convient point.

Boldo. — *Peumus Boldus.* Cet arborescent, de la famille des *Laurinées*, originaire du Chili, à feuilles persistantes, est assez rustique pour prospérer dans la zone de l'oranger.

Ses fruits sont aromatiques et ses feuilles, employées comme stimulantes et digestives, sont prescrites dans certaines maladies du foie.

L'abondance de cette espèce dans les forêts chiliennes et l'usage restreint de ses produits n'imposent nullement sa culture en Algérie.

Cacaoyer. — Cacao. *Theobroma cacao.* Ce petit arbre, de la famille des *Byttenériacées* (Malvacées), appartient aux cultures essentiellement équatoriales, aux terres riches et aux régions baignées par les vapeurs les plus chaudes.

Si cette plante très délicate est citée ici, c'est qu'elle a été indiquée comme culture intercalaire dans les oasis. Elle n'y a aucun avenir, pas plus dans le sud que sur le littoral tempéré de l'Algérie et de la Tunisie. L'horticulture, même avec tous ses artifices, ne peut y faire vivre ce végétal très sensible à tous les extrêmes de température.

Caféier. — *Coffea*, de la famille des *Rubiacées.* Cette plante, au point de vue économique, ne sort guère des régions intertropicales.

Il y a deux types principaux de Caféiers avec leurs variétés : *Coffea Arabica* et *C. Liberica*, l'un originaire de l'Abyssinie, l'autre de la côte occidentale d'Afrique.

Toutes les tentatives faites pour implanter le café en Algérie sont restées stériles et, même dans les parties spécialement choisies, la plante n'a pas résisté aux intempéries de l'hiver et de l'été, craignant aussi bien le froid que le siroco.

Même au Jardin d'Essai d'Alger, avec des moyens horticoles très perfectionnés, la végétation de cette plante y est insuffisante et ne peut supporter l'air libre pendant la saison d'hiver. (Rapport au gouverneur général, Ch. Rivière, 1890, *Algérie agricole*).

Camphrier. — *Laurus Cinnamomum, camphora*, arbre de la famille des *Laurinées*, originaire de la Chine, du Japon, de Formose, etc.

Cet arborescent toujours vert, assez commun dans les parties chaudes du bassin méditerranéen, est rustique sur le littoral algérien jusque dans ses parties montagneuses, même jusque dans la région des gelées de — 3 et 4.

On avait pensé bien à tort qu'il pouvait être planté en Algérie pour en obtenir du *Camphre* à bon marché, mais, d'après des expériences récentes faites au Jardin d'Essai d'Alger, il résulterait que, sous notre climat, ni les feuilles, ni le bois malgré l'odeur prononcée qu'ils en ont, ne contiennent que des traces de *Camphre*. Les analyses ont été confirmées par feu Aimé Girard, de l'Institut.

Le *Camphrier* n'a donc aucun rôle économique en Algérie où il doit être considéré comme un bel arbre d'ornement. (Société nationale d'agriculture de France, Ch. Rivière.)

Il aime les terrains profonds, frais, mais craint l'eau stagnante pendant l'hiver : il est également rustique dans les terres profondes et sèches quand il a été soigné au début de la plantation. Bois sans valeur.

Carambolier. — *Averrhoa acida*, de la famille des *Oxalidées* originaire de l'Inde, n'est pas un arbre fruitier rustique en Algérie.

Coca. — *Erythroxylon coca*. Cet arbrisseau du Pérou, producteur de la Cocaïne, est une *Erythroxylée* dont la culture a été tentée en Algérie : le climat ne paraît pas lui convenir, car la plante ne supporte pas des abaissements à zéro.

Cocos, Cocotier, — *Cocos nucifera*. Ce grand *Palmier* des Iles intertropicales qui produit la *noix de Coco* si recherchée dans l'alimentation et pour divers usages industriels n'a aucune place indiquée en Algérie. On avait pensé l'implanter dans les plaines chaudes d'Oran, dans le sud algérien et tunisien, etc., mais il convient de se rappeler que ce Palmier exige un habitat tout particulier et que nos climats lui sont absolument contraires. Même en horticulture de luxe sa culture est en Algérie, sur le littoral, des plus difficiles.

Quelques autres *Cocotiers*, à petits fruits, originaires du Brésil et de l'Amérique du Sud, se comportent bien, sur le littoral seulement. Fruits passables qu'il faut attendre pendant une douzaine d'années.

Igname. — *Dioscorea batatas.* Cette *Dioscorée* fortement tuberculeuse a été longtemps considérée parmi les ressources alimentaires à développer utilement en Algérie pour l'homme et les animaux.

Les *Ignames* ne se plaisent que dans les climats très chauds.

L'*Igname de Chine*, originaire d'une contrée tempérée et presque froide, convient mieux à notre pays, mais, malgré la substance féculente des tubercules, cette plante ne constitue pas une culture pratique. En effet, les tubercules s'enfoncent très profondément dans le sol et exigent une extraction difficile et coûteuse. D'autre part, ils pourrissent facilement et se conservent mal pendant l'hiver.

Les tubercules arrondis du groupe des *Dioscorea alata* sont préférables mais, sous notre climat, leur culture très dispendieuse fait qu'ils n'ont pas la valeur économique de la pomme de terre.

Jaborandi. Pilocarpe. Pilocarpine. — *Pilocarpus pinnatifidus.* Arbrisseau de la famille des *Rutacées-Diosmées*, originaire du Brésil et s'étendant en dehors du tropique. On a extrait de ses feuilles et de son écorce un alcaloïde, *Pilocarpine* qui, il y a quelque vingt-cinq ans, avait été préconisé pour le traitement de la rage.

A cette époque, la culture de cette plante fut conseillée en Algérie. Ce végétal existe depuis longtemps au Jardin d'Essai d'Alger où quelques pieds ont péri pendant l'hiver 1891. Néanmoins, dans les parties très tempérées, il peut vivre, mais quant à payer les frais de culture par son alcaloïde — s'il en contient en Algérie — aucune expérience d'ordre économique ne s'est encore prononcée à ce sujet.

Pilocarpus simplex est de même origine avec des propriétés semblables.

Kat. — Khat ou Kafia des Arabes. *Celastrus edulis.* Cet arbrisseau, du groupe des *Celastrinées*, est originaire de l'Arabie. Les indigènes prétendent que ses feuilles ont des propriétés stimulantes, toniques et réconfortantes : elles auraient ainsi quelque analogie avec la *Coca* et le *Maté*.

Cet arbrisseau vient assez bien dans la zone littorale. Les infusions de feuilles n'ont pas donné les effets attendus et les recherches de M. Bernou, chimiste, n'ont pas encore fait découvrir la *Khatine* dans les plantes cultivées en Algérie.

Kola. — Noix de Kola. *Sterculia acuminata.* Arbre du groupe des *Sterculiacées*, originaire de l'Afrique occidentale entre le 5° lat. sud et le 10° lat. nord.

La noix est recherchée à cause de ses propriétés reconstituantes dues à la grande proportion de caféine qu'elle contient, avec de la théine, de la théobromine, etc.

La culture de cette plante a été essayée sans succès en Algérie : elle n'y résiste même pas dans une serre si elle est insuffisamment chauffée.

Manioc. — *Manihot utilissima*, Pohl. *Euphorbiacée* de l'Amérique méridionale, connue sous le nom de *Cassave* ou plante à *tapioca*.

Cette plante a de nombreuses variétés alimentaires. On retire de leurs racines fortement tubériformes une abondante quantité de fécule exigeant une préparation spéciale à cause des principes vénéneux plus ou moins accusés qu'elles contiennent.

Plusieurs fois essayé dans le bassin méditerranéen, en Algérie, et tout dernièrement en Tunisie, ce genre de plantes s'est toujours signalé par des échecs dus à une végétation insuffisante sous un climat peu à sa convenance.

D'ailleurs, le Manioc, avec sa faible valeur nutritive incomparable au blé, équivalente à peine à celle de la *pomme de terre*, ne saurait trouver un emploi dans notre agriculture rationnelle : sa place n'est pas, au point de vue cultural et économique, dans l'Afrique du Nord.

Manguier. — Mangue. *Mangifera indica.* Arbre de la famille des *Anacardiacées*, originaire de l'Asie méridionale.

La *Mangue* est réputée comme le meilleur fruit connu entre les tropiques ; malheureusement, malgré tous les efforts, cette plante ne résiste pas au climat algérien : c'est un fait bien acquis.

On a essayé inutilement le semis de cet arbre, et même, pendant ces dernières années, le Jardin d'Essai d'Alger a fait enraciner à la Martinique de très beaux sujets, qui greffés, puis transportés avec beaucoup de soins, sont bien arrivés à Alger, mais, après quelques mois de séjour, ils ont présenté des signes de dépérissement.

Maté. — Thé du Paraguay. *Ilex paraguayensis*. Cette *Ilicinée* est un arbrisseau dont les feuilles qui contiennent de la *Caféine* ont des propriétés toniques et fortifiantes : elles donnent lieu à un commerce assez considérable dans l'Amérique du Sud.

Les essais de culture de ce Houx exotique n'ont pas réussi en Algérie, la plante y craignant le froid et la sécheresse.

Nopal. — *Opuntia coccinellifera*. Le Nopal à la cochenille est originaire du Mexique : c'est la meilleure espèce pour l'éducation de l'insecte.

Cette *Cactée* est résistante dans les parties tempérées de l'Algérie : ses articles épais, charnus et peu épineux constitueraient une excellente nourriture pour le bétail si l'*Opuntia inermis*, plus rustique et de plus grand développement, ne donnait un rendement beaucoup plus abondant (voir Cochenille et Figuier de Barbarie).

Poivrier. — *Piper nigrum*. Liane de la famille des *Pipéracées*, originaire de Malabar et cultivée dans tout l'Extrême-Orient, dans les pays chauds et humides.

On avait conseillé cette culture dans les plaines chaudes de l'Algérie où l'arrosement était assuré. Rien à faire avec cette plante délicate, ni sur le littoral, ni dans le sud.

Quinquina. — *Cinchona officinalis*, *calisaya*, *succirubra*... Arbres de la famille des *Rubiacées*, originaires des montagnes des Andes du Pérou, de la Bolivie, etc., exigeant un climat spécial ni chaud ni froid. On avait pensé que ces précieux végétaux pourraient être cultivés en Algérie, mais tous les essais plusieurs fois répétés ont été infructueux et sont assez concluants pour faire admettre sans réserves que le Nord de l'Afrique ne peut convenir à ces plantes.

En horticulture même ces végétaux sont très délicats et, dans le jeune âge, succombent au moindre siroco comme à la plus légère gelée.

Des plantations industrielles de ces arbres ont été entreprises sur diverses parties du globe et ont produit un tel abaissement du prix des écorces que, dans certains cas, l'opération culturale est devenue rapidement mauvaise.

On avait pensé que le genre *Remijia* conviendrait mieux au climat algérien : il s'y est montré encore moins rustique que le *Cinchona*.

(Rapport au gouverneur, Ch. Rivière, 1884, *Algérie agricole*.)

Thé. — *Thea chinensis*, de la famille des *Ternstrœmiacées*, petit arbrisseau de 2 à 3 mètres, voisin des *Camellia*, originaire de la Chine, du Japon et de l'Inde septentrionale.

Malgré de nombreux essais, dont le plus sérieux a été fait par le Dr Liautaud dans les montagnes de l'Atlas, cette plante n'a pas résisté à l'aridité atmosphérique du climat algérien.

On a essayé la culture du *Thé* par semis ou par greffe sur le *Camellia Sasanqua* sans aucun succès dans les gorges de la Chiffa.

Cette question est assez connue actuellement pour conclure que cette plante n'a aucun avenir dans l'Afrique du Nord.

(Voir Liautaud, 1883, *Algérie agricole*.)

Tubercules exotiques. — Les tubercules dits exotiques, empruntés principalement aux régions tropicales, ne peuvent vivre que sous le climat du littoral : ils y sont sans rôle économique.

Le groupe des *Aroïdées*, *Caladium edule* ou *Taro*, pris comme type, craint le froid et l'humidité de l'hiver : ces *Gouets* comestibles n'ont qu'une certaine richesse en fécule, puis il faut les débarrasser de leurs principes âcres et nuisibles.

Les *Maranta* ou *Arrow-root* et les *Gingembres* ne sont ni assez rustiques, ni assez productifs.

Vanille. — *Vanilla aromatica*. Orchidée grimpante originaire des régions chaudes et absolument rebelle au climat du Nord de l'Afrique, craignant tout autant l'été que l'hiver.

On avait pensé l'introduire à l'île Djerba, dans le golfe de Gabès : c'était une hérésie culturale.

CHAPITRE IV

ARBORICULTURE ET VÉGÉTAUX FRUITIERS

Pépinières et vergers.

La pépinière, en Algérie, comprend deux divisions : celle destinée à la multiplication des végétaux robustes, pouvant être élevés en pleine terre dans toutes les zones;

celle destinée surtout à la multiplication des espèces des pays chauds et tempérés et ne pouvant être utilement créée que sur le littoral.

1° La pépinière, pour les semis et les bouturages de pleine terre, doit être relativement peu étendue, clôturée et établie sur un terrain cultivé depuis longtemps.

Le sol doit être de bonne qualité, bien travaillé à sa surface, mais peu profondément défoncé afin d'atténuer l'élongation en pivot des racines.

La surface se divise en planches de 3 ou 4 mètres de longueur, sur un mètre de large, séparées par des sentiers de 0 m. 50.

La planche, en contre-bas de 0 m. 10 environ, permet ainsi l'arrosement facile, même à l'eau courante. La terre doit en être bien amendée par des additions de terreaux de feuilles, de broussailles, de fumier de ferme parfaitement décomposé, etc...

Le semis et le repiquage des jeunes plants se font en ligne parallèles tracées à des distances variables suivant les cas.

L'arrosement d'été est indispensable soit à l'arrosoir, soit à l'eau courante.

Mêmes dispositions et observations pour le bouturage.

2° La pépinière établie pour la propagation des végétaux relativement délicats exige, même sur le littoral, une exposition abritée. Les semis seront faits plutôt en pots et en terrines qu'en pleine terre : un petit matériel d'abris et de châssis est nécessaire. Dans certains cas, quand le plant de semis abrité est bien constitué, on peut le repiquer en pleine terre, avec des précautions contre le froid : on avance ainsi son développement.

Certains bouturages de plantes délicates dans le jeune âge, mais rustiques à l'état adulte, ne peuvent être obtenus qu'en serre ou sous châssis.

*
* *

Le verger se divise également en deux sections, celui qui est composé avec des arbres fruitiers dits indigènes et pouvant bien vivre dans toutes les zones surtout celles les moins chaudes ; celui qui est formé avec des espèces exotiques ne pouvant vivre en dehors de la zone marine et quelquefois même que sur le littoral exclusivement.

1° Les fruitiers des pays froids craignent la sécheresse : la plupart exigent un sol profond et frais. Les arbres à noyaux réclament même l'irrigation modérée, sauf l'amandier.

Le sol du verger ne doit pas conserver des eaux stagnantes : si le sous-sol est imperméable, il sera drainé.

L'écartement raisonné des arbres est une condition essentielle pour assurer la longue conservation du verger qui, en Algérie, surtout dans les endroits peu aérés, a une tendance à l'envahissement par les parasites.

2° Les fruitiers exotiques ne pouvant vivre que dans la zone tempérée exigent des conditions particulières de végétation.

Les terrains forts et à eaux stagnantes sont à éviter : l'irrigation estivale, régulièrement répartie, est une condition qui s'impose.

L'écartement des arbres suivant les espèces doit être largement établi, car les insectes sont plus à craindre dans les plantations de végétaux à feuilles persistantes et ordinairement situées dans des localités basses.

Des arbres ou brise-vents sont indispensables contre les courants atmosphériques chauds ou froids et contre ceux de la mer. Le clôturage hermétique est utile.

L'orangerie, l'olivette, la bananerie, etc., sont créées suivant des dispositions particulières indiquées aux chapitres spéciaux concernant le traitement cultural de ces végétaux.

*
* *

On a demandé à l'arboriculture algérienne des fruits *hâtifs*. La question reste à résoudre, cependant on se trouve en présence de difficultés réelles : les arbres fruitiers, en général, ne donnent pas des résultats absolument satisfaisants dans beaucoup de localités, et dans celles où leur végétation est meilleure, aux altitudes, par exemple, la précocité des fruits est insuffisante pour les faire considérer comme primeurs d'exportation.

Le Pêcher qui paraît le mieux se prêter à la hâtiveté de la fructification n'a pas donné jusqu'ici les résultats espérés.

De la greffe.

La greffe est une opération connue dès la plus haute antiquité. C'est assurément l'un des plus importants procédés de multiplication des végétaux dicotylédonés.

Grâce à elle, il a été possible de reconstituer l'ancien vignoble détruit par le phylloxéra et de conserver à travers les siècles toutes les variétés fruitières que nous possédons et qui ne sauraient être reproduites par aucun autre mode de multiplication.

Elle a pour but de souder un végétal, auquel on a donné le nom de *greffon*, à un autre végétal, qu'on a appelé *sujet* ou *porte-greffe*, et qui lui sert de support tout en lui fournissant une partie des éléments nécessaires à son alimentation.

Quoique influencé dans une certaine mesure par le sujet, le greffon conservera la plupart de ses caractères propres. C'est ce qui permettra au greffeur de changer à sa guise les fruits, les fleurs, les feuilles, le bois et même le port général d'un végétal.

Si la greffe a de nombreux avantages, elle a aussi quelques inconvénients, et le principal est celui qui a pour effet d'abréger la vie des arbres.

Il est assez difficile de poser des règles absolues en ce qui concerne le greffage, mais on peut dire que la soudure entre deux individus est d'autant plus assurée que l'analogie spécifique entre le sujet et le greffon est plus grande.

Les espèces et à plus forte raison les genres dont on veut tenter la greffe doivent donc toujours appartenir à la même famille, quoiqu'il soit impossible de rien préjuger sur la réussite de l'opération. Pour ne citer qu'un seul exemple relativement à la sympathie ou à l'antipathie qui peut exister de genre à genre, nous rappellerons que le Poirier (Pyrus) se greffe parfaitement sur le Cognassier (Cydonia), sur l'Épine blanche (Cratægus oxyacantha), sur le Néflier commun (Mespylus germanica), sur le Sorbier (Sorbus), et sur le Cotoneaster, tandis qu'il refuse absolument de se souder au Pommier (Malus) qui appartient cependant à un genre très voisin.

Quoiqu'il soit démontré que toutes les régions de l'écorce (Liber) peuvent concourir à la soudure du sujet et du greffon, il n'en demeure pas moins certain que le principal rôle doit être attribué à la couche génératrice.

La reprise de la greffe, comme on dit vulgairement, et son avenir sont liés à l'assise du cambium. Sans sa participation au tissu cicatriciel il n'y a pas de greffes durables.

L'époque du greffage varie naturellement suivant les climats et les plantes qu'on se propose de greffer.

Règle générale, c'est pendant que la sève est en mouvement qu'il faut opérer, mais c'est plus particulièrement au printemps et à l'automne, que le succès est le plus assuré, parce que, à ces deux époques, le liquide séveux est moins actif que pendant l'été.

Outils et accessoires employés pour greffer.

Les principaux outils nécessaires employés pour exécuter les différentes greffes sont : le greffoir, le couteau à greffer, la serpette, la scie à main ou égohïne, le sécateur, la gouge à greffer et les coins en bois durs ou en fer. Nous nous dispenserons d'insister sur ces divers instruments que tout le monde connaît.

Les accessoires sont : les liens ou ligatures et les mastics.

Les meilleurs liens sont ceux qui ne subissent pas exagérément les influences de la sécheresse et de l'humidité et qui offrent en outre une certaine élasticité afin de permettre l'accroissement en diamètre des parties ligaturées.

Nous signalerons les plus employés qui sont : la laine filée, la tille ou liber du tilleul et le raphia qu'on trouve aujourd'hui dans le commerce sous forme de longues lanières. Sauf la laine, ces liens doivent être mouillés avant d'être utilisés.

Quant aux engluements ils sont de plusieurs sortes, mais les plus faciles à employer sont certainement ceux qui s'appliquent à froid. Parmi ceux-ci, le mastic de M. Lhomme-Lefort a acquis une réputation universelle.

Principales greffes.

Les espèces de greffes sont très nombreuses, aussi ne nous proposons-nous dans ce chapitre que de décrire la manière dont on exécute celles qui sont le plus en usage.

GREFFES EN APPROCHE.

Greffe en approche en placage.

La greffe en approche en placage consiste dans la soudure de deux arbres ou de deux branches d'arbres ensemble. Pour l'exécuter on enlève une lanière d'écorce et même une partie d'aubier de même dimension sur le greffon (fig. 1) et sur le sujet (fig. 2) et on rapproche ensuite les parties décortiquées afin de mettre en contact leurs couches génératrices. On ligature ensuite et on enduit de mastic si on le juge nécessaire.

On peut prendre une bonne idée de cette greffe par la (figure 3).

Quand la soudure est opérée, on *sèvre* le greffon au-dessous de la jonction en A et on supprime la tête du sujet en B si celle-ci n'a plus d'utilité. Mais quand il s'agit de remplacer une branche de charpente absente, on laisse naturellement persister la tête du sujet et on maintient le greffon dans la direction qu'il doit occuper.

Il faut surveiller la ligature afin de parer à l'étranglement de la greffe.

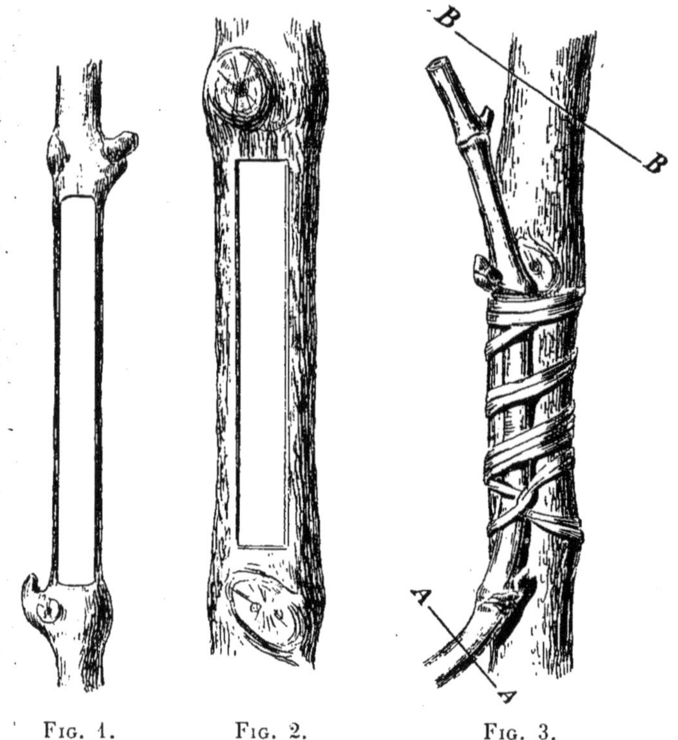

Fig. 1. Fig. 2. Fig. 3.

Greffe en approche en incrustation

Pour éviter la proéminence disgracieuse qu'offre la soudure dans la greffe en placage, on emploie souvent la greffe en approche en incrustation qui consiste à faire sur le sujet et avec une gouge, une rainure suffisamment profonde pour qu'il soit possible d'y noyer en quelque sorte le greffon, auquel on a préalablement enlevé l'écorce sur la face qui doit être incrustée.

Les autres soins sont les mêmes que ceux indiqués précédemment.

Au lieu d'un rameau le greffon pourra être un bourgeon, il suffira alors d'enlever légèrement l'épiderme avant de l'incruster dans le sujet.

Cette dernière greffe s'exécute naturellement pendant la végétation et plus particulièrement dans le courant de juin.

Greffes par rameaux détachés.

Les greffes par rameaux détachés sont d'un usage extrêmement fréquent, ce sont d'ailleurs les plus nombreuses et les plus faciles à exécuter.

Le sujet sera un arbre, un arbuste ou une simple branche; quant au greffon, ce sera toujours une portion de rameau ou de bourgeon de 10 cent. environ de longueur. S'il est ligneux il devra être parfaitement aoûté et porter un certain nombre d'yeux bien constitués.

Quoique pouvant s'exécuter quelquefois à l'automne, c'est plus généralement au printemps qu'on effectue les greffes par rameaux détachés; aussi, afin de posséder à cette dernière époque des rameaux-greffons dont les yeux ne soient pas encore entrés en végétation, prend-on la précaution de les détacher dans le courant de l'hiver et de les conserver sous terre dans une petite fosse creusée au pied d'un mur orienté au nord.

Nous rappellerons ici que ce sera toujours sur des branches ayant porté des fruits qu'il faudra prélever les rameaux-greffons et pas ailleurs. Faire autrement, c'est s'exposer à posséder dans l'avenir des arbres stériles ou peu fertiles.

Greffe en couronne.

Cette greffe est facile à faire; on commence par supprimer la tête du sujet — qui pourra être un arbre entier ou simplement une branche — suivant un plan perpendiculaire à l'axe. Comme c'est avec une scie que s'effectue cette première opération il faudra ensuite parer la plaie avec une serpette afin d'enlever les bavures. Puis, aux endroits où l'on se propose de placer les greffons, qui pourront être au nombre de 2, 3, 4 ou 5, suivant la grosseur du sujet, on fendra l'écorce de haut en bas avec la pointe de la serpette, sur une longueur d'environ 5 à 6 cent., afin d'en éviter la brusque rupture qui ne manquerait pas de se produire en provoquant des esquilles. Puis, avec un petit coin en buis ou avec la spatule du greffoir, on écarte légèrement l'écorce de l'aubier, dans la longueur des incisions, en vue d'introduire plus facilement les greffons. Ceux-ci ont été d'ailleurs préalablement préparés.

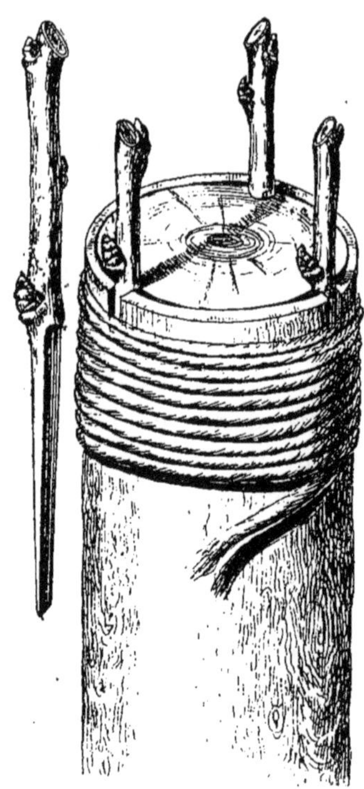
Fig. 4 et 5.

Cette préparation des greffons consiste à tailler en bec de flûte ou en biseau allongé des rameaux de 10 cent. environ de longueur auxquels on laisse trois ou quatre yeux. On s'arrange de façon à ce que le biseau commence environ à la moitié du greffon et du côté opposé à un œil. C'est à cet endroit qu'on ménagera un petit épaulement qui s'appliquera sur la troncature du sujet lorsque le greffon sera en place (fig. 4).

On ligature, puis on englue toutes les plaies sans oublier celles des greffons (fig. 5).

Suivant la grosseur des sujets on pourra placer 2, 3 ou 4 greffons, mais après la reprise il faudra se souvenir qu'on ne devra en laisser subsister qu'un seul.

Cette espèce de greffe a l'avantage sur la greffe en fente, que nous allons étudier, de ne pas obliger à fendre le sujet, ce qui occasionne quelquefois sa mort.

C'est plus particulièrement au printemps qu'on l'exécute.

Greffe en fente.

La greffe en fente peut être simple ou double, simple quand on pose un seul greffon sur le sujet, double quand on en applique deux : cela dépend du diamètre de celui-ci.

Pour exécuter cette greffe on ampute la tête du sujet horizontalement et on pare la coupe. Puis, à l'aide d'un couteau à greffer, ou simplement d'une serpette, on fend le sujet verticalement suivant un diamètre, et sans se préoccuper de la moëlle, sur une longueur de 5 à 6 cent., et, tout en maintenant les lèvres de la plaie écartées à l'aide d'un petit coin, on introduit le greffon, préalablement préparé, par la partie supérieure de la plaie en prenant soin, en le logeant, de faire coïncider son écorce avec celle du sujet. On retire alors le petit coin avec précaution, on ligature et on englue *toutes* les plaies.

Toutefois, comme il arrive souvent que l'écorce du sujet est plus épaisse que celle du greffon, on ignore, lorsque la greffe est achevée, si les couches génératrices du sujet et du greffon coïncident entre elles. Pour en être assuré il suffit, avant de ligaturer, de frapper légèrement sur la partie supérieure du greffon, afin de la faire tant soit peu rentrer en dedans et d'obliger sa partie inférieure à ressortir d'autant. On englue ensuite.

De cette façon on est certain qu'à l'intersection des écorces du sujet et du greffon il y a au moins un point de contact.

Comme celui de la greffe en couronne le greffon de la greffe en fente possède une longueur d'environ 10 cent., mais, au lieu de le tailler en bec de flûte allongé, on lui donne la forme d'un biseau triangulaire allant en s'amincissant vers son extrémité, autrement dit, d'une lame de couteau dont le dos de la lame représente l'écorce.

En outre, afin d'offrir plus d'assise au greffon, on commence le biseau à la hauteur d'un œil et on ménage un petit épaulement de chaque côté de celui-ci. Lorsque la greffe est logée, ce petit épaulement s'applique directement sur la troncature du sujet.

Greffe en fente double.

La greffe en fente double ne diffère de la greffe en fente simple que par le nombre de greffons : deux au lieu d'un seul.

On l'emploie quand le sujet est relativement fort. Dans ce cas on place un greffon aux deux extrémités de la fente, c'est-à-dire du même diamètre (fig. 6).

Nous n'oublierons pas de rappeler que, l'année suivante, quand on sera assuré de la reprise des deux greffons, il ne faudra en conserver qu'un seul, le plus vigoureux, et supprimer l'autre. Car ces deux greffons, ne pouvant jamais se souder, vivraient côte à côte comme deux ennemis. Un simple coup de vent, quand ils seraient chargés de fruits, pourrait les séparer en éclatant le sujet.

La greffe en fente s'exécute généralement au printemps lors de la montée de la sève.

Fig. 6.

Greffe en fente anglaise compliquée.

La greffe anglaise est aujourd'hui très employée par les vignerons pour la reconstitution du vignoble, et c'est pour cette raison que nous nous proposons d'y insister, car c'est elle qui procure le plus grand nombre de reprises.

Pour exécuter convenablement cette sorte de greffe il est indispensable que le sujet et le greffon soient d'un même diamètre afin que les coupes d'assemblage coïncident parfaitement.

Que le sujet soit une bouture, enracinée ou non, peu importe, on le taille obliquement et le plus près possible d'un nœud, en ayant soin que la coupe ne soit pas par trop allongée. C'est d'un seul coup qu'il faut l'exécuter et avec un greffoir bien tranchant afin d'éviter les bavures.

Ensuite, en plaçant verticalement la lame du greffoir sur la section même, on pratique une fente longitudinale à peine profonde de 1 cent. et on termine en ouvrant légèrement cette petite fente pour permettre l'introduction de la languette du greffon (fig. 7-A).

En ce qui concerne le greffon, on le taillera exactement de la même façon que le sujet, sans se préoccuper du nombre d'yeux qu'il porte, quoique un ou deux suffisent dans tous les cas (fig. 7-B).

Il ne reste plus pour achever cette greffe qu'à assembler les deux parties : ce qui s'obtient en introduisant la languette du greffon dans la fente du sujet jusqu'au point où les deux coupes coïncident entre elles.

Il n'est pas inutile que cette dernière opération offre un peu de résistance, car c'est une garantie que l'assemblage est plus parfait.

On maintient cette greffe par une ligature et on évite les mastics. (fig. 8).

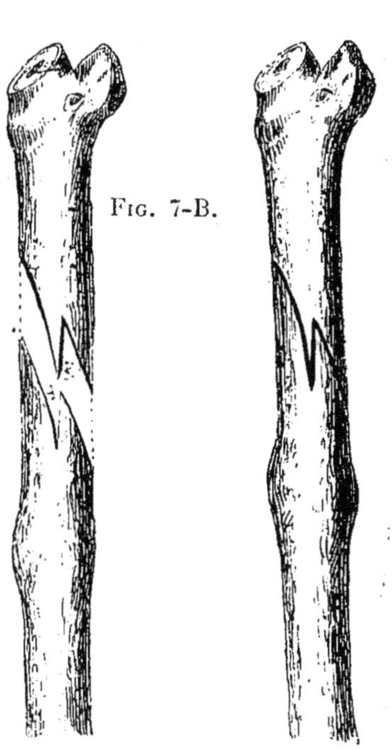

Fig. 7-B.

Fig. 7-A. Fig. 8.

Greffes d'yeux ou écussons

Nous ne nous occuperons ici que de la greffe en écusson et plus particulièrement de celle faite par inoculation, parce que c'est elle qui est le plus généralement employée, aussi bien par les pépiniéristes que par les amateurs.

Dans la greffe en écusson, le greffon est réduit à un simple petit lambeau d'écorce pourvu d'un œil qu'on inocule entièrement sous les écorces du sujet qui ont été préalablement fendues et soulevées.

Elle est dite à œil poussant quand elle est exécutée au printemps et à œil dormant quand elle est faite au déclin de la sève. Dans ce dernier cas l'œil ne se développe que l'année suivante.

Le sujet ne sera pas trop âgé et son écorce sera lisse et unie sur une certaine étendue afin de permettre d'inoculer un ou plusieurs greffons.

Il sera toujours en sève au moment du greffage.

Quant aux rameaux sur lesquels on lèvera les écussons, ils seront bien aoûtés et seront déjà ligneux si on opère à l'automne, puis, comme les yeux de la base sont toujours un peu grêles tandis que ceux du sommet sont incomplètement constitués, ce sera vers le milieu du rameau qu'il faudra faire son choix.

La levée de l'écusson est une opération délicate. Pour y procéder convenablement il suffit de délimiter d'abord la ongueur de l'écusson en pratiquant sur le rameau-greffon à 15^{mm} au-dessus de l'œil et à 15^{mm} au-dessous des incisions transversales tranchant l'écorce jusqu'à l'aubier, ensuite avec la lame du greffoir placée un peu obliquement au-dessus de l'incision supérieure, de détacher l'écusson en la faisant glisser jusqu'à l'incision inférieure. On fait en sorte que le lambeau d'écorce qui constitue l'écusson possède toujours une *mince* couche d'aubier. Car tout écusson qui est évidé, c'est-à-dire qui ne possède pas son *germe* ou sa *racine*, est infailliblement voué à périr. Dans la pratique on dit qu'il a été éborgné.

Fig. 9.

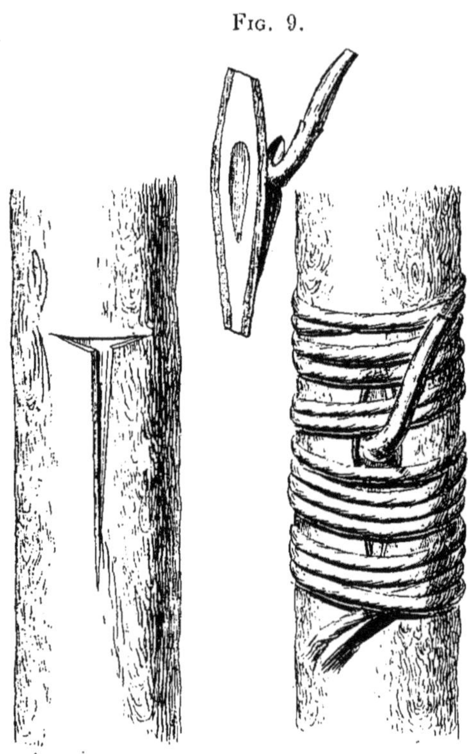

Fig. 10. Fig. 11.

Quand on opère au printemps, les yeux des rameaux-greffons ne portent naturellement pas de feuilles à leur base, mais il n'en est pas de même quand on greffe dans le courant du mois d'août; aussi, en vue de faciliter la reprise des écussons, a-t-on coutume à cette époque de rabattre ces feuilles sur le pétiole afin d'éviter la transpiration.

Ce petit pétiole sert en outre à manier l'écusson pour permettre son insertion et à indiquer plus tard si la greffe est soudée. En effet, quand ce pétiole se dessèche sans tomber, c'est que l'opération est à recommencer. Mais si, au contraire, il se détache facilement, c'est que la soudure est effectuée.

L'écusson ainsi préparé (fig. 9), on pratique sur le sujet deux incisions en forme de T (fig. 10). Puis, avec la spatule du greffoir, on soulève les écorces qui seules ont été fendues et on insère l'écusson qu'on maintient par son petit pétiole. On tranche la partie supérieure de l'écusson si celle-ci n'a pas complètement disparu dans la plaie et on rabat les lèvres du sujet.

Il suffit de lier ensuite (fig. 11). Les engluements sont inutiles.

En Algérie, il convient de bien protéger la greffe contre les vents desséchants : on l'entoure ordinairement d'une forte couche de matière terreuse ou glaiseuse et même de chiffons, pour les gros arbres surtout, orangers, oliviers, caroubiers, etc.

Dans les années sèches on entretient la végétation du sujet par des irrigations, quand elles sont possibles.

On trouvera, à la description de chaque espèce, l'indication du mode de greffage à employer.

Végétaux fruitiers des régions chaudes et tempérées.

La partie basse de la zone essentiellement littorale est la seule région convenant à cette arboriculture toute particulière qui craint les extrêmes de température, mais principalement les abaissements vers zéro. Cette arboriculture spéciale est donc confinée dans cette première zone allant du rivage jusqu'au pied des montagnes encore soumises à l'influence du climat marin, mais le voisinage immédiat de la mer est le milieu le plus favorable au complet développement de quelques espèces délicates qui n'ont aucun avenir dans les parties désertiques.

Cependant l'*Oranger*, le *Caroubier* et l'*Olivier*, surtout cette dernière espèce, s'avancent plus ou moins dans la région montagneuse.

On ne décrira ici que les espèces les plus connues.

Consulter sur cette question : Arbres fruitiers exotiques. Pfrimmer, Alger, 1896. Végétaux alimentaires, Ch. Rivière, *Algérie agricole*, 1895-1896-1897.

Ananas. — *Ananassa sativa*, Bromeliacée de l'Amérique centrale cultivée avec succès dans les serres de l'Europe. Aucune partie du territoire algérien n'est favorable à l'obtention de ce fruit.

Toutes les tentatives horticoles ont échoué à l'air libre. Rien à tenter dans les parties désertiques.

Anone. — *Anona cherimolia*, *cinerea*, *muricata*, etc. Petits arbres de la famille des *Anonacées*, cultivés dans toutes les régions chaudes du globe.

En Algérie, ces arbres fruitiers ont de 4 à 5 mètres de haut. Le fruit est assez volumineux : la chair en est blanche, très fondante, sucrée, d'une saveur délicate et se mange à la cuillère comme une véritable crème. Maturité hivernale.

Multiplication par semis. Greffe en fente, sur jeune bois, au premier printemps, des variétés reconnues améliorées.

Terrains de bonne qualité, frais et profonds.

L'*Anona cherimolia* est l'espèce la plus rustique : elle a beaucoup de variétés.

Avocatier. — *Persea gratissima*. Arbre de la famille des *Laurinées*, originaire de l'Amérique tropicale, répandu dans tous les pays chauds. En Algérie, il atteint jusqu'à 10 mètres de hauteur et, dans certains cas, se charge de nombreux fruits dits *Poire d'avocat* ou *Beurre végétal*. Cette poire a une chair fondante et une saveur rappelant celle de la noisette et de la pistache réunies. Maturité hivernale.

Multiplication par semis.

Terre fraîche, non humide l'hiver, arrosements d'été.

La variété *Persea gratissima rubra* doit être principalement cultivée.

Bananiers. — *Musa*. Plantes herbacées, vivaces, de la famille des *Musacées*, cultivées dans tous les pays tropicaux et recherchées pour leurs fruits.

Les environs du 37° latitude nord, c'est-à-dire la côte algérienne paraît être, dans le bassin méditerranéen, le dernier point de la culture relativement économique du Bananier.

La zone de bonne culture de cette plante est très restreinte en Algérie, comme en Tunisie : elle est absolument confinée au voisinage immédiat de la mer, dans les parties les plus abritées, et ne peut s'étendre dans l'intérieur des terres ni aborder les oasis.

Deux Bananiers comestibles sont seuls à indiquer :

Musa sapientum, ou Bananier à petits fruits, appelés *Figues-*

Bananes, variété la plus fructifère, la meilleure et par conséquent la plus recherchée.

Musa paradisiaca, ou Bananier d'Adam, à gros fruits connus sous le nom de *Bananes cochons*. Ce fruit est beaucoup moins délicat que celui de l'espèce précédente : cru, il est souvent imparfait ; cuit ou frit, il est apprécié par les Arabes et les Maltais.

Cette espèce est peu fructifère et alors son rendement n'est pas rémunérateur.

Le Bananier de la Chine, *Musa sinensis*, est peu rustique.

En résumé, le seul Bananier à cultiver est le *Musa sapientum*, producteur de la *Figue-Banane*. Cependant on vient de trouver au Jardin d'Essai d'Alger une nouvelle Banane, dite du *Hamma*, dont le fruit parfumé et acidule est absolument délicieux et bien supérieur à toutes les autres variétés connues en Algérie. Il est certain que quand cette race sera multipliée elle sera plantée exclusivement.

Un régime, issu de bonne culture, peut avoir de 100 à 150 fruits. Chaque fruit est estimé 5 centimes sur la plante, dans la saison d'hiver.

La maturité complète du régime s'obtient ordinairement, pour la dernière période, dans une chambre obscure, chaude et sèche. Mûri dans ces conditions, le fruit est meilleur, mais il ne faut pas couper le régime trop vert.

La culture du Bananier n'est pas difficile. On plante deux ou trois sujets de taille moyenne l'un à côté de l'autre, pour former touffe.

La meilleure distance à observer entre chaque touffe est de 3 mètres en tous sens dans les très bonnes terres. Une bananerie vit 5 ans.

Les dépenses de création et d'entretien d'une bananerie sont très élevées, ce qui a limité jusqu'à ce jour l'extension de ces plantations ; en effet, cette plante exige un sol de première qualité, des fumures abondantes et de copieuses irrigations en été. La protection du régime pendant l'hiver s'impose à l'aide d'une toile grossière ou d'une couverture quelconque afin d'éviter l'action de la grêle sur les fruits.

Les *Bananiers* cultivés pour leurs fibres, *Musa textilis* et autres, sont sans intérêt.

Carolinea macrocarpa. — Petit arbre de la famille des *Sterculiacées-Bombacées*, originaire du Brésil, assez rustique sur le littoral. Gros fruit contenant des graines grosses comme des châtaignes dont elles ont le goût. Aucun rôle économique.

Cerisier de Cayenne (Voir *Eugenia*).

Casimiroa edulis. — Sapote blanco des Espagnols, Istact Zapot des Mexicains. Arbre de la famille des *Rutacées*, originaire du Mexique et de l'Amérique centrale.

Son fruit ressemble à une grosse pêche aplatie ou à une cherimoye ; la chair est crémeuse, parfumée, sucrée, en même temps amère, à saveur étrange.

Fructification abondante en juillet : fruits ordinairement mal faits.

Arbre très vigoureux remontant jusque dans la partie montagneuse peu élevée : région de l'Oranger et de l'Olivier.

Multiplication par semis et aussi par greffe quand on rencontre une bonne variété.

Chayotte. — *Sechium edule.* Cucurbitacée vivace de l'Amérique centrale et du Mexique, produisant à la fin de l'automne un fruit souvent un peu plus gros que le poing. Introduite depuis très longtemps en Algérie, cette plante, malgré bien des efforts, n'a pu prendre place dans la culture potagère. M. Hédiard, négociant en produits coloniaux, à Paris, a été depuis plus de 30 ans, sans grand succès, le principal propagandiste de ce légume.

Tout dernièrement on a exhumé, comme une nouveauté, cette très vieille plante.

La *Chayotte* ne sort pas du littoral : elle craint le froid, l'humidité et la grêle. Elle exige une bonne terre, bien fumée, beaucoup d'eau. La culture rampante ne lui convient point, mais elle se prête admirablement à couvrir rapidement des tonnelles d'où pendent de gros fruits ; la plantation se fait au printemps.

Il y a quelque 30 ans, on nourrissait les cochons avec la *Chayotte*, car elle n'a jamais pu prendre place dans l'alimentation populaire : c'est d'ailleurs un légume assez fade et quelque peu indigeste.

Longtemps le troupeau d'autruches du Jardin d'Essai, de 1870 à 1880, a été nourri avec ce fruit pendant l'hiver.

Dattier. — *Phœnix dactylifera. Nekla* des Arabes. La datte, *Tamar.* Le Dattier est un Palmier de haute taille : il est, en Algérie, le seul représentant fructifère de cette grande famille. Son aire de bonne végétation est le Sud algérien et tunisien, la zone désertique exclusivement et surtout celle qui s'éloigne du Tell et de la mer.

Le Dattier est dioïque : en d'autres termes, chaque sexe est sur un pied différent.

La datte est une drupe allongée avec un noyau central. La pulpe diffère à l'infini suivant les variétés, comme développement, consistance, richesse saccharine et goût : elle est molle ou ferme, transparente, mielleuse ou sèche.

Ces fruits, dont on connaît une centaine de variétés, d'autres disent deux cents, se divisent en trois grandes classes dont les principaux types sont :

1° Les dattes charnues, transparentes, sucrées et délicates représentées par le *Deglet-nour*, fruits de luxe recherchés pour l'exportation.

2° Les dattes molles, mielleuses, sirupeuses, etc., ont pour type le *Rhars*, fruits de consommation locale, conservés agglomérés dans des peaux de boucs et vendus sur les marchés sahariens.

3° Les dattes sèches, à pulpe plus ou moins épaisse, dure et farineuse, de bonne conservation, recherchées par les caravanes : le type est le *Degla-Beïda.*

Entre ces types, il y a une foule de variétés intermédiaires, précoces et tardives.

Le rôle alimentaire de la datte dans le Sahara n'est plus à démontrer : l'industrie européenne tire de ce fruit un alcool ou eau-de-vie de dattes de très bon goût, mais, à ce point de vue, aucune extension pratique n'est à donner à ce produit qui ne peut rivaliser avec le bon marché des alcools de fabrication.

Le semis du Dattier ne reproduisant pas ordinairement la variété recherchée, les Sahariens multiplient le Dattier par *Djebar*, c'est-à-dire par gros bourgeon ou rejeton éclaté du pied mère, d'un pied *femelle* déterminé, bien entendu. On plante ces Djebars au printemps et ils s'enracinent immédiatement dans le sol chaud, à l'aide de l'irrigation. L'écartement entre chaque pied est de 6 à 8 mètres.

Le Dattier commence à produire à partir de 6 à 8 ans.

La fécondation artificielle est en usage : des pieds mâles sont donc indispensables dans une plantation.

L'irrigation abondante et assurée est une condition indispensable pour la culture du Dattier : la fumure serait bien acceptée si elle pouvait être pratiquée dans ces milieux.

La datte mûrit en automne.

La récolte d'un Dattier peut être estimée à 4 fr. par pied, moyenne prise sur plusieurs années, car la fructification n'est abondante que périodiquement : cette estimation s'applique à de beaux palmiers de bonne race.

Quelques variétés précoces peuvent s'avancer vers le littoral, dans la plaine du Chéliff notamment ; quelques-unes même arrivent à une maturité relative en Espagne et sur quelques rares points du littoral Sud-Est de la France, mais, en *dehors du Sahara* le Dattier n'a plus aucun rôle économique.

Le Dattier appartient à une agriculture spéciale, dite saharienne. Sa plantation ou son groupement en oasis exige de grandes ressources financières, car ces créations doivent être précédées de forages de puits artésiens.

Le milieu de végétation du Palmier n'offre pas des conditions favorables d'habitat à l'Européen peu fait pour ces durs climats.

Le Dattier, en outre de son rapport direct par ses régimes, permet la culture intercalaire sous son ombrage : sans l'effet protecteur de ses palmes l'insolation empêcherait toute végétation dans le Sahara : la culture et la vie cessent avec le Palmier.

Des oasis créées de toutes pièces par des Sociétés françaises existent déjà dans l'Oued-Rhir au Sud de Biskra. MM. Fau et Foureau à Biskra, et M. Rolland à Paris, ont publié d'intéressants documents sur cette question.

Eugenia. — Arbrisseaux et arbustes de la famille des *Myrtacées.*

E. Ugni du Chili, petit fruit parfumé, saveur fraîche et aromatique. Arbuste vigoureux.

E. jambos ou *Jambosa vulgaris*, des Indes orientales, belle plante portant des fruits gros comme des œufs de pigeon, jaunâtres, un peu secs, parfum de rose.

Le fruit est appelé Jambolin ou Jamrose.

E. malaccensis, poire de cire, arbuste délicat.

E. guaviju, fruit gros comme une petite noisette, à pulpe rafraîchissante et parfumée. Plante très rustique.

E. Michelii ou *uniflora*. Cerisier de Cayenne, originaire du Brésil. Fruit côtelé et rouge vif comme une petite tomate, chair ferme, épaisse, saveur rafraîchissante et acidule.

Petit arbre rustique dans les expositions ensoleillées ; très beau en fleurs et en fruits.

Tous les *Eugenia* craignent les terres fortes et trop humides.

Figuier de Barbarie. — *Opuntia ficus-indica.* Cette grande *Cactée* décrite aux espèces alimentaires pour le bétail, pousse sub-spontanément en Algérie jusque vers les parties froides des Hauts Plateaux, sans les aborder. On la retrouve dans les oasis telliennes.

Son fruit, très apprécié par les Arabes et les populations méditerranéennes, mûrit principalement en plein été, *juillet* et *août.* Malgré son revêtement épineux et le nombre considérable de pépins disséminés dans sa pulpe, il est recherché pour sa fraîcheur et la finesse de son sucre.

On retire de ce fruit un alcool délicat, mais non rémunérateur, parce que la cueillette en est chère et qu'il est difficile de se procurer ces *figues* en quantité et en une seule fois.

M. Balland a trouvé 128 grammes de sucre par litre de jus.

Le Figuier de Barbarie est représenté par plusieurs espèces : il y a des variétés jaunes et rouges.

Goyaviers. — *Psidium.* Genre de la famille des *Myrtacées*, arbres ou arbrisseaux de la zone intra et extratropicale de l'Amérique du Sud principalement.

Psidium pyriferum ou Goyavier ordinaire, est un petit arbre, de 4 à 5 mètres de haut, à cime ronde, sur tronc court, produisant en abondance des fruits de la grosseur d'une petite poire, à pellicule jaune : la chair est rougeâtre, parfumée, avec un léger arrière-goût de térébenthine.

Fructification abondante du mois d'octobre à décembre.

Plante rustique de la première zone de l'oranger, mais craignant cependant le froid dans le jeune âge.

L'arrosement assure la fructification en terrain maigre et léger.

Le *Psidium pomiferum* ne diffère de la plante précédente que par la forme du fruit.

Psidium Catleyanum, arbrisseau originaire de l'Amérique du Sud, très rustique en Algérie, jusque dans les parties montagneuses, se couvrant chaque année de fruits pyriformes de la grosseur d'un œuf de pigeon.

Psidium sinense, petit arbrisseau de la Chine, très rustique en Algérie, mais y restant à l'état de petit buisson.

Les fruits sont de la grosseur d'une petite prune et d'un rouge vineux, mais beaucoup plus aromatisés que ceux de l'espèce précédente.

Tous ces Goyaviers se multiplient de semis ; les terres trop fortes ne leur conviennent point et leur résistance à la sécheresse est assez marquée.

Grenadier. — *Punica granatum*, Myrtacées.

Roumman des Arabes. Tarroumant des Kabyles.

Arbrisseau à feuilles caduques, originaire de l'Orient, produisant pendant l'automne des fruits quelquefois très gros et dont la graine est entourée d'une pulpe visqueuse, rose, douce, acidule et parfois un peu aigre.

Le *Grenadier* est très robuste : il résiste dans les expositions ensoleillées, mais à sol profond : la fraîcheur et l'arrosement lui conviennent également.

L'espèce sauvage, épineuse, sert à faire des haies, facilement taillées.

La multiplication par boutures de bon bois s'obtient aisément en février-mars.

Il y a des variétés *douces*, *acides*, *demi-aigres*, etc. : on conserve les fruits en hiver en lieu sec.

Les belles grenades demi-douces sont recherchées par le commerce de l'exportation.

Jamelongue. — *Sizygium jambolanum*. Bel arbre de la famille des *Myrtacées*, originaire des Indes orientales.

Très rustique et à grande végétation sur le littoral, il se charge d'une abondante fructification semblable à celle de l'olivier.

Les fruits ont en effet la forme de belles olives et sont très juteux mais n'ont pas une grande saveur. A classer dans les inutilités.

Terres profondes et fraîches. Multiplication par semis.

Litchi. — *Euphoria* ou *Nephelium Litchi.* Petit arbre de la famille des *Sapindacées*, originaire de la Chine méridionale et des îles Philippines, très apprécié pour son fruit exquis.

Sa culture difficile n'a pas encore été bien précisée en Algérie : les semis sont délicats, le bouturage incertain, l'éducation dans le jeune âge entourée d'obstacles. En résumé, le climat du Nord de l'Afrique ne semble pas convenir à cette plante.

Longanier-Longan. — *Euphoria* ou *Nephelium longanum.* Arbre de la même famille que le précédent, originaire de l'Inde et de la Chine du Sud.

Son fruit est de qualité inférieure au *Litchi.*

Cette plante est robuste sur le littoral, mais sa fructification ne se signale pas par une saveur agréable.

Machilus glaucescens. — *Faux Avocatier.* Grand arbre de la famille des *Laurinées*, originaire des Indes orientales, beaucoup plus rustique que l'Avocatier et se chargeant d'une fructification abondante.

Son fruit mûrit en juillet : il est en forme de poire, est un peu plus petit que celui du véritable *Avocat* et il lui est inférieur comme qualité.

Multiplication par semis.

Cet arbre peut s'étendre dans toute la région moyenne de l'oranger.

Néflier du Japon ou **Bibassier.** — *Eriobotrya japonica*, Pomacées. Ce petit arbre à feuilles persistantes, originaire de la Chine et du Japon, est une espèce des plus rustiques en Algérie. Elle fructifie bien depuis le littoral jusqu'à la dernière limite de l'oranger où elle ne craint que les froids de printemps.

Son milieu de végétation le plus favorable est la partie moyenne de la région montagneuse peu éloignée de la mer.

Peu difficile sur le choix du terrain, les sols frais et non compacts, sans humidité hivernale, sont à sa convenance.

La floraison a lieu en hiver.

La fructification se produit fin mars et courant avril et mai : fruits dorés, de la grosseur d'une prune, quelquefois un peu allongés, recherchés pour leur chair juteuse, rafraîchissante, sucrée et acidule, mais ayant l'inconvénient de renfermer de nombreux et gros pépins qui réduisent de moitié le volume de la matière pulpeuse.

Dans ces dernières années on a obtenu des variétés à gros fruits, quelquefois comme des œufs de pigeons : on les a fixées par la greffe.

La culture du Bibassier est des plus faciles : semis par pépins, très écarté, en planche bien fumée et arrosée : en deux ans on obtient un bon plant à mettre à racines nues ou en motte à demeure fixe. Après un an on peut le greffer avec une variété de choix. Les gros arbres se plantent en motte.

On greffe aussi le Bibassier sur Cognassier : il donnerait, sur ce sujet, plus rapidement des fruits, mais exigerait un terrain plus frais.

Le greffage sur Franc, en écusson, sur bois de 2 ans, se fait principalement en mars et avril. On greffe aussi en fente à la même époque.

Un arbre de 5 ans commence à fructifier abondamment.

La fumure, le binage et l'arrosement augmentent les rendements dans des proportions considérables.

Les fruits sont très recherchés au printemps, surtout les primeurs : leur expédition au loin exige des soins minutieux d'emballage.

Avec le Bibassier on fait d'excellentes confitures : avec les noyaux, une liqueur à goût d'amandes amères.

A bonne maturité, par fermentation, on peut obtenir de ces fruits une sorte de cidre de peu de conservation mais fort cher. Aucune utilisation pratique dans cette voie.

Papayer- papaye. — *Carica papaya*. Petit arbre à bois mou, de la famille des *Papayées-Bixacées*, originaire des contrées chaudes de l'Inde et de l'Amérique centrale.

Son fruit est de la grosseur d'un petit melon, mais en Algérie sa saveur n'est pas toujours agréable.

Cette plante, très peu rustique dans nos meilleures terres et expositions, passe difficilement les hivers, même avec des abris.

Elle résiste quelquefois sur la côte orientale de la Tunisie, au Sud de Sousse.

Elle se multiplie de graines, exige beaucoup d'eau et alors son développement est très rapide.

Le *Carica candinamarcencis* est plus rustique, mais sa fructification est tardive. Aucun avenir.

Pistachier. — *Pistacia vera*, Anacardiacées. La culture de ce petit arbre de l'Orient a toujours été conseillée en Algérie. On s'en est préoccupé à plusieurs reprises sans jamais obtenir des résultats bien satisfaisants.

Son fruit, la Pistache, est recherchée par la confiserie qui tire cette amande de diverses parties de l'Orient.

Le Pistachier est rustique dans tous les terrains, mais il n'est vraiment beau et ne donne de fructifications réelles que dans de bons sols, légers, sans dédaigner une certaine fraîcheur. Les expositions chaudes lui conviennent, aussi la côte orientale de la Tunisie est-elle une région où cette plante est relativement prospère.

Cet arbre est dioïque, c'est-à-dire ayant des fleurs mâles ou femelles sur des pieds différents : il convient donc, dans une plantation, d'avoir quelques sujets mâles ou quelques branches de ces derniers greffées sur des pieds femelles.

Le semis est facile, mais la végétation en est lente et le sujet souvent mal formé ; d'autre part, comme la distinction des sexes n'est possible qu'entre la sixième et la huitième année, il convient de planter les sujets à demeure quand ils ont un bon développement, puis de les greffer l'année suivante, en été, en écusson à œil dormant, opération assez délicate. La greffe en flûte réussit souvent mieux, au printemps, sur des sujets plus forts.

On a conseillé la greffe sur le Lentisque, *Pistacia lentiscus*, de nos broussailles, sur le *Bétoum*, grand arbre des Hauts Plateaux, *Pistacia atlantica*, mais ces indications ne sont que théoriques.

Dans le Midi de la France on grefferait le Pistachier comestible sur le *Pistacia terebinthus*.

La maturité de la Pistache a lieu en automne : après la cueillette les fruits sont séchés à l'ombre, en lieu sec.

En résumé, une grande plantation de Pistachiers ne serait à conseiller qu'avec beaucoup de prudence, après une bonne étude préalable de la région et des moyens d'avoir des plants greffés avec d'excellentes variétés.

Le Pistachier soigné ne fructifie qu'au bout de dix ans de plantation.

La conversion de la broussaille de Lentisques en un verger de Pistachiers est une utopie.

Plaqueminiers. — *Diospyros costata*, *Mazeli*, *Kaki*, *pubescens*, etc... Les Plaqueminiers du Japon principalement sont recommandables par leur rusticité, la beauté de leur feuillage, leur bonne tenue et leur abondante fructification.

Plaqueminier à côtes. *Dyospyros costata*. Cette espèce est la plus recherchée à cause de ses qualités réunies : elle constitue un arbrisseau très fructifère dans tous les terrains et donnant des fruits dans le jeune âge. Ses fruits sont gros, d'un beau rouge orangé, à côtes plus ou moins marquées *sans pépins* : la chair en est juteuse, parfumée et rappelant les marmelades d'abricots ; ils sont détestables par leur astringence quand ils n'ont pas une maturité parfaite.

Maturité d'octobre à décembre : cueillir mûr, laisser blétir sur la tablette en lieu sec. On prolonge la conservation par le séjour de ces fruits dans une petite armoire dans laquelle on laisse débouché un *petit* flacon de bon alcool.

Ce Plaqueminier est rustique et très vigoureux depuis le littoral jusque dans les montagnes et les parties froides et sèches : il craint cependant quelques points des Hauts Plateaux et le climat du désert.

On le greffe en écusson, juin-juillet, et en fente, en mars, sur le *Diospyros lotus* qui vient parfaitement de semis.

Cette bonne espèce a été introduite en Algérie par M. Rivière en 1869.

Plaqueminier de Mazel. — *Diospyros Mazeli.* Cet arbre a beaucoup de rapport avec le précédent, son fruit a les mêmes qualités, mais il n'a pas de côtes et contient quelquefois des graines.

Quelques autres *Plaqueminiers* de même origine se rapprochent de ces deux types qui doivent être considérés, jusqu'à ce jour, comme les meilleurs. Cependant quelques auteurs préconisent les *Diospyros coronaria*, *lycopersicon*, etc., auxquels on peut reprocher leur goût de fleur d'oranger.

Un *Diospyros Shim-Maru* est conseillé pour le séchage.

Les anciennes espèces *Diospyros Kaki* et *pubescens* n'ont plus d'intérêt.

Toutes les espèces de races japonaises ont une rusticité égale à celle du *D. costata* qui peut être pris comme type de culture.

Sapotillier-Sapote. — *Achras sapota.* Petit arbre de la famille des *Sapotées*, originaire de l'Amérique intertropicale, mais très délicat dans le jeune âge en Algérie. Cependant, dans les parties chaudes, et avec une bonne culture, il donne quelques fruits délicieux qu'il faut manger bien mûrs.

Terres peu compactes, fraîches ou arrosées.

Multiplication par semis et sous abris.

Des espèces des Andes et de l'Australie pourraient présenter plus de rusticité.

Wampi des Chinois. — *Cookia punctata.* Petit arbre de la famille des *Aurantiacées*, originaire de la Chine et des Moluques.

Il produit des grappes de fruits de la grosseur d'une noix, sortes de petites oranges de couleur jaune et translucide.

Maturité vers la fin de l'été.

Multiplication de graines ou par marcotte : ce dernier moyen est plus rapide.

Caroubier. Ceratonia siliqua.

Ce bel arbre, de la famille des *Légumineuses-Césalpiniées*, originaire de l'Arabie, est répandu depuis fort longtemps dans tout le bassin méditerranéen où le rôle éminemment utilitaire de ses fruits l'a toujours fait remarquer, mais pas assez rechercher. En Algérie il n'a pas encore été apprécié à sa juste valeur par la colonisation européenne.

L'arbre cultivé ou planté par l'homme, ou sauvage mais cultivé par lui, ne diffère que par sa végétation plus régulière, son tronc droit, plus haut, sa tête mieux établie, et par l'absence de toutes ramifications basilaires ou branches gourmandes : les fruits résultant de la greffe ou de la culture sont également plus développés qu'à l'état naturel.

Le Caroubier est dioïque, c'est-à-dire à sexes séparés ou portant des fleurs mâles ou des fleurs femelles sur des pieds différents. Il est rarement polygame ou réunissant les deux sexes sur un même pied, ou disposés sur des branches diverses. Ces observations sont à retenir dans la pratique afin d'introduire dans une plantation un certain nombre de pieds mâles.

La floraison a lieu en hiver : elle naît sur le vieux bois seulement, sur la partie nue des branches et dans l'aisselle des feuilles. Les fleurs mâles et femelles ont la forme d'une petite grappe rigide ou épi ordinairement droit.

Les feuilles sont persistantes, coriaces, peu appréciées par le bétail.

Le bois, *Carouge*, est estimé en ébénisterie, malheureusement il est rare d'en trouver une bille saine.

Cet arbre est des plus résistants grâce à son système radiculaire très puissant par ses racines pivotantes. Pour ainsi dire, il ne réclame guère de soins de culture dès qu'il est fixé au sol : il se plaît dans presque toutes les terres, principalement dans celles qui sont argilo-calcaires.

Le littoral, mais surtout la partie montagneuse, sont les meilleurs habitats économiques de cet arbre précieux : il n'aborde pas les Hauts Plateaux ni les steppes, mais se retrouve en petit nombre dans certaines oasis voisines du Tell.

La seule production du Caroubier réside dans son fruit : c'est une gousse longue, comprimée, arquée, pendante, à valves épaisses, pulpeuses, contenant en abondance des matières sucrées. L'emploi de la Caroube s'impose pour la nourriture économique du bétail à l'étable, à tel point que si ce fruit était plus abondant, les méthodes d'engraissement seraient plus faciles à appliquer et les disettes périodiques moins sensibles dans les fermes.

Culture. Le Caroubier ne s'obtient pas de bouture.

Le semis se fait en planche, en février-mars, avec des graines stratrifiéés pour faciliter leur germination.

La racine pivotante du plant étant souvent un obstacle à la bonne reprise de l'arbre adulte lors de sa transplantation, il convient de repiquer le plant de 2 ans pour assurer l'établissement d'un meilleur système radiculaire.

On élève le plant en pépinière pour le placer ensuite à demeure fixe : le moindre écartement doit être de 10 mètres.

La meilleure époque de transplantation est comprise entre janvier et fin mars : elle a lieu en motte ou à racines nues. Ce dernier mode est incertain ou exige des précautions spéciales.

La reprise du Caroubier est quelquefois capricieuse ou demande des soins se résumant par un arrosement immédiat après la plantation qui ne doit être faite que par un temps calme.

On pratique la greffe en pied, en tête sur de jeunes sujets ou sur de vieilles branches.

A œil poussant en mai-juin, à œil dormant fin mars-avril.

La greffe en couronne s'applique sur des arbres de certaines dimensions en février ou mars et en octobre ou novembre.

La greffe en fente se fait au premier printemps, au moment de la végétation.

Le Caroubier est cité parmi les végétaux à croissance lente et par cela même il a été quelque peu délaissé dans ces trente dernières années, période pendant laquelle on avait considéré bien à tort l'*Eucalyptus* comme le seul arbre capable de donner des résultats immédiats. On n'a recueilli, avec ce dernier arborescent, que des désillusions et surtout le regret d'avoir perdu beaucoup de temps et d'argent.

L'éducation du Caroubier dans le jeune âge est assez longue, mais quand l'arbre est formé, c'est-à-dire au moment de la plantation à demeure, sa végétation est suffisamment rapide.

Ses productions fruitières sont déjà très appréciables à partir de la sixième année et l'on connaît des sujets âgés de 15 à 20 ans produisant annuellement 300 kil. de siliques.

Des Caroubes de la région de Bougie atteignent jusqu'à 25 cent. de longueur, et quelques variétés d'Espagne dépassent cette dimension : ce sont ces beaux types qui doivent être choisis comme greffons.

La Caroube se récolte à la fin de l'été : il faut l'étendre à l'ombre ou à mi-ombre, la retourner de temps à autre, la mettre en tas quand elle est bien sèche, puis procéder à quelques pelletages afin d'éviter la fermentation due à la richesse de ses matières saccharines et aussi pour empêcher les ravages des insectes.

En effet, une Phycide, *Myelois ceratoniæ*, vit dans les fruits et les désorganise : les fourmis sont également friandes des exsudats sucrés des siliques.

La composition chimique des caroubes des environs de Bougie a été déterminée ainsi par MM. Rivière et Baillache au laboratoire agronomique de Versailles.

ÉLÉMENTS DOSÉS	CAROUBES sèches sans graines	CAROUBES sèches avec graines	CAROUBES fraîches avec graines
Eau 0/0	1.40	1.00	13.00
Matières azotées	2.10	2.50	2.20
Azote corresp.	(0.332)	(0.40)	(0.35)
Saccharose	21.46	19.00	16.69
Glucose	19.62	17.00	14.94
Amidon	4.60	9.60	8.43
Cellulose	19.50	23.40	20.58
Matières grasses	0.25	0.50	0.44
Matières extractives indéterminées	31.07	27.00	23.74

Le premier élément qui frapppe tout d'abord l'esprit dans cette analyse, c'est la quantité totale de sucre contenue dans 100 kil. de fruits (41 0/0), dont on peut faire au moins 20 litres d'alcool absolu, mais cet alcool a un goût particulier que certaines méthodes pourraient peut-être atténuer.

Par erreur, on a dit que les Caroubes récoltées dans la Mitidja contenaient peu ou pas de sucre.

La Caroube, pour la nourriture des animaux, doit être grossièrement concassée, mais assez cependant pour atteindre par léger écrasement les graines dont la digestion est ainsi facilitée.

L'emploi de la Caroube convient pour les animaux d'engraissement avec addition de matières azotées et surtout pour les bêtes de trait et de labour pendant le temps des efforts à produire. La Caroube paraît être un élément de digestibilité facilitant l'assimilation des fourrages médiocres et grossiers, des albuminoïdes et modérant le travail de la désassimilation.

En Tunisie, M. Paulard s'est fait l'ardent propagandiste de la culture du Caroubier.

Maladies. Le Caroubier est un arbre doué d'une rusticité extrême, cependant il est sujet à des atteintes de parasitisme. La plus redoutable est celle du pou blanc ou cochenille blanche, *Aspidiotus ceratoniæ*, qui se développe très rapidement pendant les années sèches et dans les localités peu aérées, envahissant les feuilles et surtout les jeunes fruits qu'il atrophie.

Les taches vertes, puis brunâtres remarquées sur les feuilles sont dues à un champignon parasite : *Septoria carrubi*.

Sur les gros arbres, aucune pulvérisation antiparasitaire n'est pratique : il convient d'émonder fortement à l'automne suivant et d'entretenir la vitalité de la souche en labourant ses environs et en y retenant les eaux pluviales.

Le *gâte-bois*, *Cossus ligniperda*, sous la forme de grosse larve creuse des galeries dans le tronc et les branches.

En 1878, MM. Bonzom, Delamotte et Rivière ont signalé les précieux avantages de cet arbre en Algérie.

Voir leur travail très complet sur cette question.

(Du Caroubier et de la Caroube, Plantation et greffage, nourriture des animaux domestiques, etc. etc. Renou, 1878, Paris.)

Olivier.

L'Olivier, considéré par les anciens comme un arbre de très haute valeur, a été importé par les Phéniciens, puis par les Grecs et les Romains, dans toutes leurs colonies méditerranéennes. Aussi peut-on suivre, dans presque tous les pays d'Europe où il est cultivé, la marche de son introduction.

Il n'en est pas de même dans l'Afrique du Nord, et il est très difficile d'établir d'une façon certaine si les Phéniciens l'ont trouvé, dans cette contrée, à l'état spontané ou s'ils l'y ont apporté en même temps que les procédés propres à extraire l'huile de son fruit.

Ce que nous pouvons constater en tout cas, et c'est là le plus intéressant pour nous, c'est que l'olivier se reproduit à l'état sauvage dans toutes les forêts, dans toutes les broussailles de l'Algérie, lorsque le sol et l'altitude lui permettent de vivre ; il s'y développe avec vigueur et occupe dans la colonie de très vastes espaces dont nous pouvons encore augmenter considérablement l'étendue.

Il se plaît en effet dans presque toutes les terres ; seuls, les terrains marécageux lui sont absolument contraires, mais il est plus difficile sous le rapport du climat. Il craint le froid, redoute la chaleur excessive et ne donne réellement des produits abondants que dans les régions à température modérée. La limite extrême de la végétation de cet arbre nous est donnée comme altitude par l'apparition renouvelée de froids atteignant 6 à 7 degrés au-dessous de zéro. Il ne faut guère le planter, si l'on veut en tirer des produits certains, là où le thermomètre descend au-dessous de moins de 3 ou 4 degrés. Comme chaleur il ne doit pas avoir non plus à supporter d'une façon ordinaire des températures dépassant 40°.

Les bourgeons commencent à paraître en Algérie en mars ou avril avec une température moyenne de 12°, les boutons avec 15° de chaleur moyenne et un total de 750° ; les fleurs s'épanouissent en avril ou mai avec 1.300° et une température moyenne de 18 à 19°. Il faut 700° de plus, soit 2.000, avec une moyenne journalière de 21 à 22° pour que les fruits commencent à nouer. La maturité est complète avec 4.550° depuis l'apparition du bouton ou 5.300° depuis le départ de la végétation.

On comprend en examinant ces chiffres pourquoi l'olivier vit si bien dans toute la zone littorale et dans une assez grande partie de la région tellienne, pourquoi ses récoltes deviennent aléatoires à une altitude qui dépasse 7 à 800 mètres, pourquoi il ne donne plus de fruit lorsqu'il s'éloigne trop de la mer. Son véritable habitat est limité au sud par une ligne passant à une distance du littoral qui varie de 80 à 100 kilomètres au maximum.

L'on peut estimer à 7 ou 8.000.000 d'hectares la zone comprise entre cette ligne, la mer, les frontières du Maroc et celles de la Tunisie. Si nous déduisons de cette surface les sommets d'une altitude trop élevée pour l'olivier, les parties trop sèches pour que cet arbre donne des récoltes suffisamment rémunératrices, les terrains plats, humides, à sous-sol imperméable, les terres occupées par des forêts de chênes-liège ou de pins, par des plantations de figuiers, de vignes ou d'autres cultures à rendement élevé, il restera encore un minimum de 2.000.000 hectares qu'il est possible de consacrer utilement à la culture de l'olivier.

Toutes ces terres ne donneraient évidemment pas, si on les transformait en olivettes, des produits également rémunérateurs ; aussi devra-t-on choisir d'abord celles qui, comme la plaine du Chéliff, pourront être irriguées pendant l'hiver. En substituant aux cultures annuelles que l'on y fait actuellement des cultures arbustives dont on pourrait assurer la réussite par trois ou quatre irrigations au moment où les eaux sont le plus abondantes, on transformerait ces régions et on permettrait à une nombreuse population européenne d'y vivre et d'y prospérer.

Nous pourrions obtenir un résultat analogue en greffant les 300.000 hectares d'oliviers sauvages que nous pouvons mettre en rapport presque sans frais.

Il suffit généralement d'une dizaine d'années et d'une mise de fonds relativement peu considérable pour obtenir de ces sauvageons par la greffe des récoltes élevées, pour décupler, et même parfois centupler, la valeur du fonds lui-même.

La création d'une olivette peut donc se faire de deux façons bien différentes. Ou bien, profitant des richesses accumulées dans le sol par la nature et par le temps, on transformera en arbres de haut produit des broussailles, des forêts aujourd'hui sans valeur, ou bien, choisissant un sol, une exposition convenable, on créera cette olivette de toutes pièces en y plantant de jeunes sujets.

Nous allons, pour répondre à ces deux cas bien différents, indiquer d'une part les meilleurs procédés à employer pour mettre en valeur un peuplement d'oliviers sauvages, d'autre part comment on peut obtenir en pépinière les sujets destinés à former une olivette et préciser la meilleure époque pour transplanter ceux-ci, le sol et l'exposition qui leur conviennent le mieux. Puis nous parlerons des labours, des fumures, de la taille, des moyens à employer pour récolter les fruits, pour les transformer en une huile fine et bien épurée. Nous dirons enfin un mot de quelques-unes des maladies de l'olivier, nous indiquerons ses parasites les plus connus, en même temps que les moyens qui nous permettent de lutter contre eux.

Olivette sauvage. Il ne peut être question, lorsqu'il s'agit de transformer par la greffe un peuplement d'oliviers sauvages, de choisir le terrain ou l'exposition la plus favorable. Il faut greffer ces arbres sur le sol où ils se trouvent, mais les procédés à employer peuvent être tout différents selon la fertilité de ce sol, la grosseur des sujets à greffer, la densité du peuplement, sa nature, l'éloignement plus ou moins grand d'un centre important de consommation.

Lorsque les arbres sont assez forts pour que la fabrication des fagots ou du charbon rembourse à peu près les frais de défrichement, il faut immédiatement procéder à cette opération.

Il suffit, dans le cas contraire, de débroussailler le sol sur 2 mètres carrés, au pied de chaque arbre. Il s'agit en effet, et avant tout, de réduire autant que possible les frais de premier établissement d'une plantation dont les produits ne doivent commencer à entrer sérieusement en ligne qu'au bout d'un certain nombre d'années.

Ces opérations préliminaires terminées et les arbres nettoyés, on les greffe le printemps suivant.

On voit dans certaines régions recéper à un mètre du sol de gros oliviers sauvages sur lesquels on met en couronne une vingtaine de greffons. On ne saurait trop s'élever contre un procédé aussi barbare, aussi peu rationnel, qui n'a pu être imaginé que par des greffeurs à qui l'on abandonnait le bois coupé en paiement de leur travail. Lorsque l'on a affaire à des arbres tout venus, c'est en effet toujours sur les branches maîtresses, en recépant celles-ci de 50 cent. à 1 mètre du tronc, qu'il faut placer les greffes. L'opération est ainsi plus facile, les greffes sont à une hauteur suffisante pour n'avoir rien à craindre des troupeaux, mais surtout et avant tout on a, en quelques années seulement, un arbre complètement fait et de haut rapport; puis, en plaçant les greffes en couronne tous les 5 à 6 cent., la section de la branche est assez promptement recouverte par la base des greffes qui se soudent entre elles ; il y a une abondante frondaison qui rétablit rapidement l'équilibre entre les branches et les racines, et plus tard, lorsqu'on supprime une partie de ces greffes pour donner de l'air et de la lumière aux autres, la plaie faite à l'arbre au moment du greffage n'existe plus.

Des arbres ainsi traités commencent à donner, dès la quatrième année, une quantité de fruits suffisante pour laisser un léger bénéfice net qui s'augmente rapidement jusqu'à la dix ou douzième année, époque où ils sont en pleine production.

Si l'on a affaire au contraire à des broussailles peu élevées, mangées par les bêtes, à vilaine écorce, le plus simple est de les rabattre à 15 ou 20 cent. du sol ; on greffe ensuite en couronne si le sujet le permet, ou l'année suivante, en écusson, sur les plus beaux rejets poussés.

Les olivettes traitées de la sorte sont bien établies, mais elles ne donnent de fruits que vers 5 ou 6 ans et leur production n'est complète que vers la vingtième année dans les bonnes terres, vers la trentième année dans les terres de moindre valeur. Toutefois la récolte suffit dès la sixième année pour payer les frais annuels et permettre de défricher peu à peu le sol de l'olivette tout entier : à partir de la dixième année le produit qui croît rapidement est déjà très rémunérateur.

Création d'une olivette. Si nous n'avons pu choisir la nature du sol lorsqu'il s'est agi de transformer par la greffe un peuplement d'oliviers sauvages, nous ne devons pas oublier par contre, lorsque nous voulons planter une olivette, que c'est là une opération culturale de longue haleine, occasionnant toujours des dépenses relativement élevées, et qu'il ne faut l'entreprendre que si l'on peut réunir toutes les conditions favorables. Nous choisirons donc pour faire une plantation d'oliviers un terrain assez léger, faiblement incliné, s'égouttant bien l'hiver, si c'est en plaine, conservant une certaine humidité pendant l'été, bien aéré, bien ensoleillé ; en coteau tous les terrains sont bons pourvu qu'ils ne se dessèchent pas trop l'été et que leur orientation soit telle que le soleil, dans les pays à gelées tardives, ne vienne pas frapper brusquement les branches alors qu'il est déjà chaud et élevé sur l'horizon.

Les plantations se font en quinconce ou en ligne. Chacun de ces deux genres de plantation offre des avantages et des inconvénients.

Dans la plantation en quinconce, les arbres occupent mieux le terrain et c'est la méthode qu'il faut préférer lorsque les oliviers doivent être seuls cultivés. On pratique la plantation en ligne dans les terres riches où l'on veut faire des cultures intercalaires ; elle facilite la bonne marche des instruments attelés.

La préparation du sol consiste à creuser des trous d'au moins 1 mètre de côté. On peut, dans les terrains argileux et humides, faire, au lieu de trous, des tranchées qui, orientées dans le sens de la plus grande pente, permettent au terrain de s'égoutter plus rapidement. Les précautions à prendre au moment de la plantation sont les mêmes que pour tous les arbres fruitiers, mais il faut absolument, pour obtenir un résultat rapide, n'employer que des sujets ayant atteint déjà une certaine taille ; une longue expérience nous autorise à être absolument formel à cet égard. L'une des causes les plus fréquentes des insuccès constatés consiste dans le choix d'arbres trop jeunes, trop peu développés : on ne saurait croire combien se trouvent alors augmentés les frais de premier établissement de l'olivette. Les sujets à mettre en place doivent avoir au minimum 5 à 6 cent. de diamètre et une hauteur de 1 m. 50 à 2 mètres.

Mais, pour avoir des sujets pareils à un prix raisonnable, il faut les produire soi-même et, par conséquent, créer une pépinière. La première chose à faire est donc de se procurer des plants robustes et bien établis.

L'olivier peut se propager :

Par semis ;

Par éclats ;

Par marcottes et drageons ;

Par boutures de différentes formes ou grosseurs ;

Par l'emploi des oliviers sauvages arrachés dans les broussailles.

Les sujets les mieux établis, qui résistent le plus à la pourriture dans les terrains humides en même temps que grâce à un système radiculaire bien supérieur ils donnent des récoltes les plus abondantes dans les terrains secs, sont ceux que l'on s'est procurés en greffant de tout jeunes sauvageons obtenus de semis ou pris dans les broussailles.

Semis. — Malheureusement il est difficile de rencontrer partout des oliviers sauvages, jeunes, vigoureux et sans blessures, et, comme l'on craint d'attendre trop longtemps si l'on se décide à semer les noyaux, on prend des souches au bois dur, serré, plus ou moins blessé, qui ne donnent jamais des sujets aussi bien établis. Il vaut mieux recourir au semis ; on retrouve rapidement le temps que l'on a cru perdre d'abord. Mais pour avoir des semis bien garnis il est indispensable de préparer les semences. Le noyau renferme en effet une certaine quantité d'huile qui empêche l'humidité de pénétrer jusqu'à l'amande, et, plantés sans préparation, ces noyaux ne germent que l'année suivante et souvent même pas du tout. L'on fait dans certains pays, pour éviter cet inconvénient, manger des olives à la volaille, on ramasse ensuite dans le poulailler les noyaux qui en passant dans l'estomac des animaux qui les ont absorbés ont été débarrassés de l'huile qu'ils contenaient.

Le procédé suivant, *la stratification*, est beaucoup plus rapide en même temps que bien plus certain.

On ramasse des olives, sauvages de préférence, courant décembre, alors qu'elles sont bien mûres ; on a grand soin de les étendre en couches minces pour les empêcher de s'échauffer, puis au bout de quelques jours on les frotte entre deux briques pour les dépulper complètement, on les laisse ensuite macérer 24 heures dans une lessive légèrement alcaline.

On place alors dans une cave à température égale, dans une chambre, ou, mieux encore, dans une serre froide, ces noyaux mélangés à trois ou quatre fois leur volume de sable que l'on maintient humide jusqu'à la fin de mars. Il faut avoir soin que le vase qui contient ces noyaux soit percé de trous pour assurer un égouttement parfait du sable qui doit être toujours humide, jamais noyé.

Traités de cette façon, mis en place fin mars, ces noyaux germent en avril ou mai, au plus tard dans le courant d'août. Les semis se font en lignes distantes de 20 à 25 cent. et en mettant les noyaux dans la ligne tous les 2 ou 3 cent.

Il ne faut pas les enterrer au delà de 4 à 5 cent. et le mieux est de les recouvrir avec un mélange de sable et de terreau. Il est indispensable ensuite de bien pailler le semis, de donner des arrosages fréquents et de bien sarcler la première année. L'on peut, dès la seconde année, transplanter les sujets les plus forts, les autres sont bons à mettre en pépinière l'année suivante. On établit celle-ci sur un terrain riche, bien défoncé, en espaçant les lignes de 0 m. 70 et en laissant sur la ligne un intervalle de 0 m. 60 entre chaque plant.

Après les soins à donner pendant la première année, sarclage, arrosage, binage, il faut se préoccuper de la greffe qui se pratique lorsque la tige est assez forte pour supporter un écusson ; il faut faire cette opération le plus tôt possible, l'olivier ayant un tronc plus lisse et un développement plus rapide que l'oléastre. On greffe en écusson, à 10 ou 15 cent. au-dessus de terre ; si cette greffe ne réussit pas, on a ainsi la place pour recommencer l'année suivante un peu plus près du collet. Il est indispensable de tuteurer les jeunes pousses, sous peine de les voir cassées par le vent. Il faut enfin éviter de monter la tige trop vite si l'on ne veut avoir des troncs grêles et qui ont beaucoup de mal à supporter une tête bien fournie lorsqu'on les a mis en place.

Propagation par souquet. — La méthode de propagation par souquet a, comme le procédé par bouture, l'avantage de supprimer la greffe ; mais elle offre par contre des sujets moins bien établis et beaucoup plus enclins à la carie que ceux que l'on obtient par le semis.

Voici comment on procède pour multiplier l'olivier de cette façon :

On détache avec une scie pendant l'hiver, alors que la sève est complètement arrêtée, quelques-unes des loupes qui se développent sur le tronc des vieux oliviers ; on nettoie comme il faut, avec un instrument tranchant, les parties dépouvues d'écorce et on conserve les éclats ainsi traités dans du sable frais à l'abri des gelées. On les met en place en mars, au moment où la végétation va partir, dans des tranchées de 30 cent. de profondeur, que l'on ne remplit qu'à moitié dans les premiers temps. Au bout de quelques mois on conserve seulement la plus belle pousse et on comble complètement la fosse. Les plants sont transportés en pépinière ou en place au bout de deux ans.

C'est le mode qui est employé de préférence en Tunisie. Les indigènes de la Régence plantent ces souquets directement en place. Aussi sont-ils obligés d'arroser ce plant, les premières années, 3 ou 4 fois par été, à raison de 40 litres d'eau par irrigation.

Ils placent les souquets au fond d'un trou de 50 cent. qu'ils ne remplissent que peu à peu, au fur et à mesure que la tige devient plus forte.

Propagation par rejetons. Ce mode de propagation est surtout employé dans les olivettes qui ont été atteintes par la gelée.

On recèpe les troncs au ras du sol, quelquefois même au ras du collet. On conserve la première année tous les bourgeons, quelle qu'en soit la quantité. L'année suivante on ne garde que les 5 ou 6 plus beaux et on les chausse aussi haut que possible ; ils émettent bientôt des racines en nombre suffisant pour être enlevés de la souche mère et mis en place au bout de 2 ou 3 ans. On laisse le rejet le mieux placé qui remplace l'arbre recépé.

Propagation par bouture. L'emploi de la bouture permet aussi de se procurer partout et toujours le nombre de sujets que l'on désire avoir. Il a l'avantage de supprimer la greffe, mais il donne des plants dont le système radiculaire est moins bien établi que celui des sujets obtenus de semis.

Nous allons décrire les différents procédés de bouturage employés et donner en même temps les avantages et les inconvénients de chacun d'eux.

Le procédé le plus usité consiste à choisir, au moment de la taille, des boutures en bois bien sain, à écorce lisse, de 1 cent. 1/2 à 2 cent. de diamètre et de 30 à 35 cent. de long.

On les plante à 7 ou 8 cent. l'une de l'autre dans des lignes espacées de 40 à 50 cent., on bine, on sarcle, on arrose et l'on met en pépinière, l'année suivante, les plants qui se sont enracinés.

Il est un autre procédé qui donne des résultats beaucoup plus rapides.

A la taille des arbres qui se fait pendant l'hiver, on ménage les branches droites, à écorce lisse, de 5 à 8 cent. de diamètre. On les coupe fin mars au moment où la végétation va partir et on les plante immédiatement en place.

Les uns laissent ces plançons sortir de 1 m. 50 au-dessus du sol. On a ainsi, lorsqu'on peut disposer de l'irrigation, des sujets rapidement formés.

D'autres les coupent au ras du sol. Dans certaines régions, on les plante encore très fortement inclinés ; dans d'autres, on les fend sur toute leur longueur, on les couche au fond d'une rigole de 20 cent. de profondeur que l'on ne recouvre qu'à moitié la première année.

Il y a avantage, lorsqu'on veut procéder de cette façon, à laisser sur le plançon les ramilles qu'il porte et que l'on coupe simplement à 10 ou 12 cent. au-dessus de terre. Ces ramilles trouvent leur nourriture dans le plançon, puis peu à peu des radicelles se développent à la naissance de chacune d'elles, surtout si on a le soin de faire avec un couteau une plaie en V à la naissance de chaque brindille. On enlève au bout de deux ans ces boutures, on les sépare en autant de tronçons qu'il y a de ramilles enracinées et on les met en pépinière.

Quel que soit le mode de reproduction choisi, la pépinière doit être installée sur un terrain bien défoncé, riche, naturellement frais ou, mieux encore, irrigable l'été.

On obtient ainsi, et beaucoup plus rapidement, de plus beaux sujets. Il suffit, si l'on doit ensuite planter ces arbres en terre sèche, de les priver d'irrigation pendant la dernière année. Les tissus de la plante se durcissent ainsi suffisamment pour que l'on puisse la transplanter sans aucun inconvénient.

On procède à cette opération en octobre ou novembre dans les terrains secs, en mars dans les terrains frais ou irrigués et l'on traite l'olivette comme un verger quelconque.

Greffe. On semble attacher une telle importance à la greffe de cet arbre que l'on pourrait croire que cette simple opération exige des pratiques spéciales. Cette opinion n'est nullement motivée et les indications générales données au chapitre *Greffe* s'appliquent tout aussi bien à l'olivier qu'aux autres arbres sans présenter des difficultés particulières à l'espèce.

Les principales greffes en usage sont :

1° La greffe en écusson, en pied, sur les jeunes sujets de semis de 3 ou 4 ans ou sur des sauvageons de la grosseur du doigt; elle se pratique au printemps au moment de la montée de la sève;

2° La greffe en fente simple ou double suivant la force du sujet ou des branches : elle se fait en février-mars, avant le départ de la végétation. On lui préfère cependant la *greffe en couronne*, dès que le diamètre du sujet le permet, car elle évite la fente du bois qui est souvent une cause d'insuccès;

3° La greffe en couronne sur des branches d'une certaine dimension ou sur de gros arbres dont les principales ramifications sont rabattues de manière à constituer par la suite une bonne charpente au sujet régénéré. On applique, suivant les cas, plusieurs greffons. On opère au printemps ou avant l'automne, mais la première de ces époques est la plus favorable.

Pour pratiquer avec succès la greffe en pleine campagne, choisir, autant que cela se peut, une période de temps calme et couvert : tout abri artificiel pour protéger temporairement la greffe contre le hâle, les vents desséchants et l'insolation est à employer. Il faut surveiller le fendillement de l'enduit ou de l'onguent sur les gros rabattages principalement, pour éviter la dessiccation des greffons.

Culture. Certaines personnes font des cultures intercalaires sous les oliviers, d'autres considèrent cette méthode comme absolument mauvaise; tout dépend du terrain, de sa richesse, des engrais dont on peut disposer.

Il ne faut pas que ces cultures empêchent de donner à l'olivier les façons annuelles qui lui sont nécessaires ni qu'elles viennent, dans un terrain sec, absorber, l'été, le peu d'humidité qui reste dans le sol ; il ne faut pas oublier, enfin, que si l'olivier végète sur les terrains les plus pauvres, il ne donne de riches produits qu'à condition de trouver une nourriture suffisante dans le sol qui le porte.

Il faudra donc remplacer par des engrais les éléments pris au sol par ces récoltes dérobées.

Tous les engrais sont bons pour l'olivier, tourteaux, composts, chiffons de laine, débris de cornes, résidus d'usines, surtout ceux que donne la fabrication de l'huile, engrais de ferme, tout lui convient et l'on estime que 200 kil. de fumier de ferme ou l'équivalent sont nécessaires pour maintenir à son maximum de production un arbre qui donne de 250 à 300 kil. de fruits tous les 2 ans. Il faut répandre cette fumure l'année où l'arbre fait du bois, il donne ainsi beaucoup plus de fruits l'année suivante.

Lorsqu'on ne fait pas de cultures intercalaires il faut labourer le sol au moins deux fois par an ou mieux lui donner un bon labour immédiatement après la récolte et remuer ensuite la surface 2 ou 3 fois dans le cours de l'été de façon à la tenir bien meuble et à empêcher l'évaporation.

Dans les terres que l'on peut irriguer pendant l'hiver ou le printemps, la récolte se trouve très largement augmentée ; cette récolte est au moins doublée lorsqu'on peut donner quelques irrigations l'été.

Il nous reste à parler d'une dernière opération qui a une influence considérable sur la récolte de l'olivier, il s'agit de la taille.

Taille. Cet arbre ne donne de fruits que sur les brindilles poussées l'année précédente ; il faut donc lui faire produire toujours une frondaison nouvelle et abondante.

D'un autre côté, les fruits ne nouent que sur les branches bien aérées, bien ensoleillées.

C'est en se basant sur ces deux principes que l'on arrive à tailler les oliviers d'une façon rationnelle. Il faut supprimer tout le vieux bois, tous les drageons qui poussent à l'intérieur de l'arbre, en bien évider le milieu, ne pas hésiter à le rajeunir de temps en temps en supprimant même les grosses branches où la sève ne circule plus librement. Il faut enfin maintenir toujours l'équilibre entre la frondaison de l'arbre et la puissance de production du sol. Mieux vaut un arbre moyen et se mettant bien à fruits tous les 2 ans qu'un gros arbre incapable de fournir une récolte.

Récolte des fruits. La cueillette se fait en enlevant les olives à la main, en les trayant, comme disent les Kabyles, ou bien encore en faisant tomber les fruits à coups de gaule. Le premier de ces procédés est de beaucoup le meilleur, on ne brise aucun rameau et la récolte de l'année suivante est bien supérieure.

Quand on est forcé de faire gauler ces arbres, ce qui est quelquefois rendu nécessaire par les usages du pays ou par le volume même de ces arbres, il ne faut jamais les laisser gauler avant que le soleil n'ait, surtout les jours de gelée, rendu aux branches leur souplesse et leur élasticité ; sinon, tous les jeunes rameaux sont brisés et la récolte perdue pour plusieurs années. Il faut aussi exiger que les batteurs frappent ces branches de côté, ou en les prenant en dessous, et jamais directement.

On évite ainsi que la gaule frappe l'aisselle des jeunes pousses qu'elle brise et détache du coup. Il faut aussi tenir la main à ce que ces gaules ne soient pas trop lourdes ; enfin la récolte ne doit commencer que lorsque les fruits se détachent bien sous le coup, c'est-à-dire quand la maturité est à peu près complète.

Maladies. L'olivier est attaqué dans toutes ses parties par de nombreux parasites animaux et végétaux.

Beaucoup de *Kermès* et de *Cochenilles* vivent sur ses feuilles, à l'aisselle des pétioles, sur les jeunes rameaux et sur le bois : ils provoquent et entretiennent par leur abondante sécrétion (miellat) cette redoutable affection connue sous les noms de *Noir* ou *Fumagine*. Les feuilles, les rameaux et les fruits sont plus ou moins recouverts de cette couche noirâtre qui, dans certaines années, compromet la récolte des olives.

Les indigènes se rappellent que dans des périodes sèches et chaudes, la *Fumagine*, se développant au moment de la floraison, annihile entièrement la fructification. On a signalé en outre des régions où les arbres ont beaucoup souffert de ce parasitisme désigné par les Arabes : *El menn, El Djaiah* .

Pou de l'olivier. — Cette *Cochenille*, *Lecanium oleæ*, est assez grosse et vit principalement à la face inférieure de la feuille et sur les jeunes rameaux. Sous l'effet de sa multiplication rapide, la sève de l'arbre est fortement épuisée par des succions réitérées.

Mouche de l'olive ou Keiroun, *Dacus oleæ*. Cette petite mouche, qui s'attaque principalement à l'olive, peut être considérée comme l'insecte le plus nuisible à l'olivier. Les femelles pondent un œuf dans chaque fruit dont l'intérieur est bientôt désorganisé par les larves : souvent l'olive tombe par terre contenant des larves avant leur transformation.

Pour réduire le nombre des insectes, il faut ramasser les olives atteintes et les enfouir profondément ; il faut aussi, quand l'invasion est intense, récolter prématurément les fruits et en faire de l'huile avant la transformation de la larve en mouche.

Scolyte de l'olivier ou Neiroun. Ce petit coléoptère, *Phlœtrips oleæ*, est noirâtre : ses larves creusent des galeries dans les jeunes rameaux, désorganisent les jeunes pousses et coupent les bourgeons ; il attaque également le vieux bois.

Brûler toutes les branches jeunes ou vieilles, provenant des tailles.

Teignes. Deux Tinéides, sous forme de petites chenilles, attaquent les bourgeons et les fruits : *Tinea oleella* et *T. olivella*.

Ramasser, pour les brûler, tous les débris provenant de ces dégâts [1].

Traitement. Les moyens de combattre directement et économiquement ces affections parasitaires sur des grands arbres et

1. On trouvera au chapitre *Insectologie agricole* des renseignements entomologiques plus détaillés.

dans des olivettes étendues sont ordinairement peu pratiques et assez limités.

En général, les seuls procédés efficaces à employer consistent dans l'application de bons principes culturaux :

1° Soumettre à une taille sévère toutes les parties contaminées des branches; supprimer les vieux organes et faciliter par des rabattages judicieux l'émission de jeunes et vigoureux rameaux ; aérer la tête de l'arbre en évidant son intérieur;

2° Labours d'automne et de printemps; retenue au pied de chaque arbre des eaux pluviales de l'hiver et des orages dans les olivettes non irriguées, fumures azotées au printemps, etc... ;

3° Destruction par le feu de toutes les brindilles sèches, des feuilles et des olives tombées au pied de l'arbre, car tous ces organes contiennent généralement les moyens de reproduction des parasites;

4° Sur des petits arbres on peut avoir recours au flambage des écorces, aux pulvérisations insecticides sur les feuilles et les jeunes rameaux (voir *Insecticides*) ;

Contre les oiseaux, notamment les grives et les étourneaux qui s'abattent en véritables bandes sur les olivettes au moment de la maturité du fruit, il n'y a guère que la chasse constante au fusil qui modère les déprédations de ces ravageurs.

Variétés d'Oliviers

Les Oliviers présentent en Algérie un grand nombre de variétés et de races qui paraissent avoir leurs similaires sur certains points du bassin méditerranéen où elles sont connues sous des noms différents.

Nous donnons ci-dessous les principales variétés du massif kabyle que l'on rencontre également sous des dénominations diverses dans toute l'Algérie, en faisant observer qu'il y en a encore beaucoup d'autres très intéressantes. Feu Nicolas, Inspecteur de l'agriculture, avait réuni une collection de variétés dites « indigènes » afin de les déterminer.

Le Jardin d'Essai d'Alger possède une belle collection d'Oliviers, mais ces arbres se plaisent peu dans cette localité. Des doubles de cette collection ont été donnés dernièrement à des établissements publics et à des agriculteurs.

Chemellal. Olive ronde restant presque blanche jusqu'à la maturité ; huile fine, mais la production n'est abondante que si les arbres sont irrigués. Arbre devenant très gros.

Beni-Abbès. Olive ronde, légèrement allongée, variant comme rendement de 15 à 20 litres au quintal ; huile très fine. Arbre devenant très grand, résistant bien en terres sèches, et produisant beaucoup avec de l'arrosement.

Zéradj, des Beni-Aïdel. Olive très grosse, ronde, un peu allongée, donnant un rendement élevé en huile de 16 à 25 litres au quintal ; huile grasse, mais forte. Arbre restant petit.

Agrariz. Olive ronde, un peu moins grosse que le *Zéradj*, petit noyau, donnant autant d'huile que cette dernière variété, mais ayant un goût encore plus fort. Petit arbre.

Aïmel. Olive allongée, très précoce, mûrissant en septembre, produisant abondamment une huile fine et jaune. Le fruit est souvent caduc.

Téfahi (*pomme*). Olive à forme de petite pomme ; n'est bonne que pour la conserve ; fruits très beaux, peu abondants, sans huile.

Bou-Icker. Olive aussi grosse que le *Zéradj*, à gros noyau, donne peu d'huile, mais bonne pour la conserve.

Azernick. Olive moins grosse que le *Zéradj*, plus grosse que le *Chemellal* et le *Beni-Abbès*, produisant assez d'huile, mais moins fine que celle de cette dernière variété. Olive pour la conserve. Arbre peu fructifère.

Fabrication de l'huile d'olives.

De quelque façon que les olives aient été récoltées, elles doivent être portées au moulin dans les 3 ou 4 jours qui suivent le ramassage et avant qu'elles n'aient fermenté. Sinon les huiles prennent un goût de rance qui en diminue considérablement la valeur et par conséquent celle des fruits.

Lorsque l'on possède une usine, il faut prendre, si l'on veut faire de l'huile réellement fine, les précautions suivantes :

Les olives doivent être apportées tous les jours sur un terrain bien battu ou sous un hangar où on les étend en couche mince pour empêcher qu'elles ne s'échauffent ; au bout de 2 ou 3 jours, lorsque le pédoncule commence à se dessécher, on les rentre pendant 3 ou 4 jours dans un local à température aussi régulière que possible; l'huile sort d'autant mieux que l'olive est arrivée à une température plus élevée, mais il ne faut jamais, pour faire de bonnes huiles, que cette température dépasse 15 à 20°

La première opération pour fabriquer l'huile consiste à empâter les olives ; on les porte pour ce faire dans un bassin dans lequel tournent 2 meules verticales qui écrasent les olives et les réduisent en pâte fine et bien homogène.

Cette pâte, mise dans des paniers spéciaux appelés escourtins, est portée sous la presse qui en extrait l'eau et l'huile que contiennent les olives.

Ces deux liquides qui sortent mélangés sont recueillis dans des bidons que l'on vide dans des récipients de 200 à 300 litres dans lesquels ils se séparent à cause de leur différence de densité. L'huile plus légère vient à la surface, l'eau reste dans la partie inférieure avec les morges les plus épaisses. On transvase l'huile dans d'autres récipients où elle continue à s'éclaircir et l'on jette l'eau et les morges dans des bassins à siphons appelés *enfers* dans lesquels l'huile, dégagée des morges par la fermentation qui s'établit dans ces fosses, monte à la surface tandis que l'eau plus lourde s'écoule par le siphon.

Les premières huiles sorties de la presse sont seules cotées comme huiles fines. Les huiles de seconde pression, que l'on obtient en portant sous la presse les grignons malaxés dans le tournant avec une certaine quantité d'eau chaude, sont des huiles de deuxième qualité. Les huiles d'*enfers* leur sont encore inférieures.

Les grignons ou tourteaux, même après cette seconde pression, contiennent encore une assez grande quantité d'huile que l'on en retire avec des moulins à ressence ou au moyen du sulfure de carbone.

Toutes les huiles doivent être épurées avant d'être livrées à la consommation.

On peut employer, pour les huiles à brûler, l'acide sulfurique qui brûle tous les corps restés en suspension. Pour les autres, le procédé le plus simple consiste à laisser reposer l'huile dans de grandes piles en fer blanc où elle s'éclaircit peu à peu. Mais c'est là un procédé assez long et qui a l'inconvénient de laisser trop longtemps l'huile en contact avec les morges, ce qui lui donne un goût fort et désagréable.

Pour avoir des huiles réellement fines et brillantes, il faut les filtrer dès qu'elles commencent à s'éclaircir. L'un des procédés les plus simples et des meilleurs consiste à faire passer l'huile sur une couche de coton cardé maintenue sur une grille formant le fond d'un récipient dans lequel on la vide. On peut encore précipiter les matières que l'huile contient en suspension en la traitant par le jus de citron ou le tanin [1].

Considérations générales sur l'Olivier.

La véritable situation économique de l'Olivier en Algérie est peu connue, il convient de la préciser.

La culture de ce précieux oléifère est presque entièrement entre les mains des indigènes, des Kabyles principalement qui, tous les ans, étendent leurs plantations avec des sujets greffés.

Les Européens greffent les *oléastres* et plantent aussi, mais dans des proportions beaucoup moindres. Actuellement, les indigènes fabriquent au moins les *deux tiers* de l'huile d'olives produite dans le pays et commencent à se servir des moyens de fabrication plus perfectionnés employés par les Européens : ces derniers créent également de nouvelles usines alimentées presque exclusivement par les olives achetées aux indigènes.

On estime la production annuelle de l'huile d'olives en Algérie à environ 500.000 hectolitres, mais pour expliquer la faiblesse de son chiffre d'exportation il convient de rappeler que cette huile est un aliment de première nécessité pour toutes les populations musulmanes sans exception. Cette dernière considération, non sans importance, laisserait entrevoir pour l'avenir des débouchés assurés dans le Sud et à l'extrême limite de nos possessions sahariennes voisines du Soudan central.

Ce commerce d'*exportation* est très limité : en effet, sur environ 500.000 hectolitres d'huile d'olives fabriquée annuelle-

1. Consulter l'étude complète de M. Conput sur l'Olivier, *Algérie agricole*, 1897 et 1898.

ment en Algérie, on n'a enregistré à l'*exportation*, dans la période de 1893 à 1896 inclus que 1.100.000 kilogr. à 1.900.000 kilogr. représentant une valeur assez réduite variant entre 800.000 et 1.500.000 fr. environ.

Par contre la consommation européenne des villes, principalement, demande à l'*importation* des huiles d'olives de France : en 1896, il en a été introduit 1.051.877 kilogr.

En outre, les beurres non compris, l'entrée des matières grasses et des huiles de graines est en progression constante : ces dernières jouissent d'une certaine faveur à cause de leur bas prix et de leur goût assez neutre. En 1896, on en a importé 7.596.875 kilogr.

Depuis l'augmentation de ces importations la valeur de l'huile d'olives, même de celle fabriquée par les indigènes, a subi pendant ces dix dernières années une diminution progressive que l'on peut estimer à plus d'un *tiers*, soit environ 30 cent. par litre : en d'autres termes, le prix du litre qui était couramment de 90 cent. est coté actuellement 60 cent.

Cette dépréciation des cours paraît représenter annuellement une perte en argent d'environ 15 millions de francs presque exclusivement supportée par la population indigène.

Nous avons vu au chapitre *Considérations générales sur l'agriculture*, pages 160 et 161, que la France était tributaire de l'étranger pour l'huile d'olives pour environ 18 millions de kilos et quelquefois plus : en effet, l'Italie en fournit la presque totalité, la Tunisie n'étant pas *constamment* un pays d'exportation de ce produit, puisqu'en 1896 cette exportation y a été nulle.

Les droits d'entrée proposés sur les graines oléagineuses venant de l'étranger seraient-ils de nature à relever les prix de l'huile d'olives, à prévenir une chute plus accentuée des cours et à faciliter la culture des plantes oléifères en Algérie ? Ces questions sont complexes. Pour obtenir dans ce sens un résultat efficace il faudrait établir un droit de douane assez élevé, mais alors préjudiciable à la consommation et à l'industrie. D'autre part, le choix des espèces oléagineuses est limité en Algérie et nous avons vu que les graines de coton, de sésame, d'arachide, etc., ne pouvaient y être économiquement obtenues. On en serait réduit à la culture du colza et du pavot, mais limitée à la zone marine, et peu prospère dans les années pauvres en pluie et à printemps sec.

Le bassin méditerranéen n'a plus le monopole de la production de l'huile d'olives car depuis quelques années l'olivier transplanté dans différentes régions du globe, aux Etats-Unis notamment, y donne d'abondantes fructifications utilisées pour la fabrication d'une huile de bonne qualité.

(Voir le chapitre *Agriculture kabyle*, pages 100-102).

Orangers, Citronniers, Mandariniers, Cédratiers, etc.

Toutes ces *Aurantiacées* sont limitées à la région encore soumise à l'influence, même éloignée, du climat marin. Elles sont prospères depuis le littoral jusque dans la partie montagneuse ne dépassant guère 500 mètres d'altitude, mais n'abordant pas le voisinage des Hauts Plateaux. On les retrouve sans grande vigueur et à rendement insuffisant dans les oasis telliennes et basses.

Le voisinage immédiat de la mer, les parties peu élevées chaudes, mal aérées ne sont pas à leur convenance : elles s'y couvrent d'insectes. Le froid vers zéro, quelquefois au-dessous et des neiges passagères n'altèrent pas les *Aurantiacées* bien formées, cependant des gelées répétées au-dessous de 4° leur sont nuisibles.

Il y a de fort belles orangeries au pied de l'Atlas, à Blida, à l'Arba, à Boufarik, etc., dans le département d'Alger. Dans la Kabylie, aux altitudes peu accusées, les orangeries de Toudja, aux environs de Bougie, et celles d'Ali-Chériff, près d'Akbou, sont à signaler.

Dans ces dernières années ces plantations se sont développées dans les plaines d'Oran, dans l'Habra notamment, bien desservies par un système d'irrigation.

On comprend, sous le nom général d'orangerie, un groupement, une plantation régulière d'*Aurantiacées* composée spécialement avec des Orangers, auxquels sont annexés d'autres congénères. Cependant les Mandariniers et les Citronniers, etc., sont plantés séparément, avec juste raison, car ils exigent des dispositions et des soins qui diffèrent quelquefois, quoique les principes culturaux aient les mêmes bases : aussi ceux décrits ci-dessous pour l'*Oranger*, pris pour type, s'appliquent-ils aux autres *Aurantiacées* en général.

Oranger à fruit doux. — *Citrus aurantium.* — *Sol.* L'Oranger est un végétal rustique ; les sols compacts, argileux et trop humides pendant l'hiver lui sont défavorables ; et la condition indispensable à son développement et à sa fructification réside dans l'arrosement d'été.

Les terres argilo-calcaires des plaines, les éboulis de montagne et les schistes reposant sur des fonds perméables sont des milieux très favorables à la culture des *Aurantiacées*.

Multiplication. La multiplication de l'Oranger s'obtient par *greffe* ou par *franc*.

Le meilleur porte-greffe est le *Bigaradier*, puis le *Franc* qui produit plus tardivement.

Pour obtenir ces porte-greffes il faut constituer des plants au moyen de semis élevés ensuite en pépinière.

Les semis de graines de Bigarades et d'Oranges douces se font en planches, en février. Semis peu serrés pour permettre l'obtention d'un plant bien établi.

Les plants âgés de 2 ans sont repiqués en pépinière : l'écartement entre chaque plant est de 80 cent. environ. Ils y séjournent 3 ou 4 ans et, après avoir été greffés dès la deuxième année, ils sont enlevés en motte pour être placés à demeure fixe.

Les *francs de pied*, non greffés, peuvent être plantés plus tôt puisqu'ils n'ont pas à subir l'opération du greffage.

Plantation. La plantation à racines nues réussit rarement : elle n'est employée que pour les très gros arbres. Pour les jeunes sujets et les moyens l'enlèvement en motte est indispensable.

Le sol doit être parfaitement défoncé ; l'arbre planté dans une cuvette.

L'arrosement s'impose immédiatement après la plantation : il doit être renouvelé toutes les semaines.

Une bonne opération préalable à appliquer aux Orangers à transplanter consiste dans leur effeuillement presque complet qui a pour but d'atténuer la transpiration de l'arbre.

La meilleure époque de transplantation des *Aurantiacées* est comprise entre janvier et avril (voir Soins *à donner aux végétaux transplantés*).

La distance à observer entre chaque Oranger est de 5, 6 et 7 mètres en tous sens, moins pour les Citronniers et les Mandariniers.

Soins à donner, arrosements, fumures. — Entretien de la cuvette au pied des jeunes arbres. Labour des espaces intercalaires. Arrosements tous les 8 jours. On estime le volume d'eau nécessaire à une jeune orangerie, en arrosement en cuvette, à environ 300 ou 450 mètres cubes par hectare. Pour les arbres âgés il faut prévoir entre 400 et 500 mètres, mais les arrosements sont moins fréquents.

Fumure en hiver.

La fumure préférable est celle au fumier de ferme bien consommé auquel on ajoute, dans les cas de chlorose ou de dépérissement, des doses variables de nitrate de soude, de potasse et d'acide phosphorique.

Taille. — Les jeunes sujets doivent être taillés en gobelet : supprimer tous bourgeons se développant sur le porte-greffe.

Sur les arbres âgés, appliquer le rabattage, la suppression des branches malades ou mortes, en un mot faciliter l'aération et le départ de branches de remplacement.

La meilleure époque pour ces opérations est de janvier à fin février.

Greffe. — Les jeunes sujets en pépinière sont greffés en écusson, fin mars-avril. On peut recommencer en août.

La greffe en fente s'applique principalement aux arbres formés ou aux grosses branches : elle réussit rarement, à cause de la gomme qui se forme autour du greffon. Il vaut mieux greffer en écusson sur de jeunes branches issues d'un rabattage préalable.

Choix des variétés d'Orangers. — La variation naturelle de cette ancienne plante par la culture et le semis, ainsi que la création de races dans des milieux différents, ont produit forcément des formes nombreuses dont les fruits de choix principalement ont été fixés par la greffe.

Quelques types sont à indiquer parmi une nomenclature botanique et horticole très compliquée.

Orange franche de Blida, terme très vague s'appliquant à de nombreuses variations ;

Orange du Brésil, *de Malte*, *du Portugal*, etc.

Dans les fruits à pulpe rouge ou *Oranges sanguines* figurent celle du *Portugal*, très rouge, et celle de *Malte*, incomplètement *sanguine*.

Les orangeries de Toudja, derrière Bougie, possèdent de très belles variétés de *Franc de Pied* qu'il conviendrait de fixer.

Mais avant toute considération, quels que soient leur nom et leur origine, les variétés que l'on doit fixer et multiplier par la greffe sont celles dont le fruit est beau, juteux, suffisamment sucré et acidule, à peau fine et dorée et qui est issu d'un arbre fertile.

Même observation pour la propagation de toutes les autres *Aurantiacées*.

Sujet greffé et *Franc de pied*. — Une confusion assez généralisée dans l'esprit des cultivateurs impose la précision absolue de ces deux moyens de reproduction des *Aurantiacées*, Orangers, Citronniers, Mandariniers, etc.

L'*Oranger* est pris ici comme exemple principal.

1° *Sujet greffé*. La greffe reproduit exactement la variété que l'on veut fixer sur un sujet, qu'il soit *Bigaradier*, *Citronnier*, *Oranger*, *Franc de pied*, etc.

Le choix du porte-greffe dépendant du climat et du terrain, il importe de donner la préférence à l'un de ces sujets qui, dans le plus grand nombre de cas, est le *Bigaradier*.

2° *Franc* ou *Franc de pied*. On appelle ordinairement ainsi le produit du semis de l'*Orange douce*, mais, comme tous les sujets issus de graines ce produit est variable à l'infini. Si l'on obtient quelquefois des individus de choix, dans le plus grand nombre des cas on rencontre des qualités inférieures, c'est-à-dire des arbres peu fertiles armés de grandes épines, des petits fruits, des mauvaises saveurs, etc.

Le terme *Franc de pied* peut s'appliquer aussi aux semis des autres *Aurantiacées* dont la reproduction par semence est peu usitée.

En plantant un *Franc de pied* non greffé, on ne sait donc pas ce que l'on fait et l'on ne connaît pas la valeur de la fructification subséquente qui se montre ordinairement tardive sur les végétaux *francs*.

Ainsi, dans une plantation de *Francs*, il peut y avoir de bons sujets, de passables, même de mauvais, en un mot, la fructification n'est pas homogène.

Cependant, si dans le hasard d'un semis de *Franc*, on rencontrait un fruit de choix — les variétés se sont faites et fixées ainsi — il faudrait greffer cette obtention, soit sur un *Franc*, soit sur un *Bigaradier*, suivant les convenances.

En résumé, le semis d'*Oranger doux* qui constitue le *Franc*, reproduit rarement la variété dont il est originaire, et très souvent même il donne naissance à des qualités inférieures à celles recherchées, presque toujours caractérisées par de longues épines.

Création d'une orangerie. — Le bon établissement d'une orangerie exige les conditions indiquées plus haut, comme climat, nature de sol et ressource en eau. En outre, des abris contre les vents dominants sont indispensables. On les obtient par des lignes d'arbres appelées *brise-vents*. On a préconisé les Eucalyptus, mais ils sont trop asséchants et doivent être plantés sur plusieurs lignes, puis les Casuarina, les Lauriers, etc. Cependant l'arbre le plus rustique et qui constitue le meilleur rideau protecteur est encore le *Cyprès horizontal* ou le *pyramidal*; ce dernier, malgré son aspect un peu funèbre, convient encore le mieux.

L'établissement d'un hectare d'orangerie est souvent une opération coûteuse : les avis sont partagés sur les dépenses qu'il exige en dehors du prix d'achat de la terre, des dispositions de l'irrigation et des frais généraux. Voici cependant quelques chiffres fondamentaux :

1° Achat ou éducation de 300 orangers formés rendus sur place, à 4 fr. chacun	1.200 fr.
2° Défoncement et labours préalables	150
3° Trois cents trous à 0.75 chacun	225
4° Plantation, arrosements, binages, fumures et entretien pendant 4 ans	1.000

On peut réduire très sensiblement ces frais par la culture intercalaire, le maraîchage, particulièrement aux environs des villes. Pendant 6 ans l'orangerie peut être louée à un prix peu élevé sans doute, mais à condition que les Orangers, qui s'accommodent de la culture maraîchère, soient soignées par le fermier.

A partir de 6 ans, la culture intercalaire n'est plus guère à conseiller.

Rapport. — Le rendement argent d'une orangerie est fort variable. Les chiffres qui ont été cités jusqu'à ce jour sont bien exagérés. Le revenu net et moyen d'un hectare paraît être entre 600 et 1.000 fr.

La cueillette des fleurs doit être prudemment faite : elle n'est pas toujours à conseiller pour les Orangers fructifères. Le prix du kilo est variable : de 0,60 à 1,20.

Les fleurs du Bigaradier sont beaucoup plus appréciées.

L'époque de la maturité varie entre fin novembre et avril : les fruits de la dernière période sont plus estimés comme saveur. L'Orange se conserve mieux que la Mandarine.

*
* *

Bergamotier. — *Citrus bergamia.* Les fruits sont en forme de poire, non comestibles, très acides, ayant un parfum très prononcé.

La parfumerie en retire des essences connues sous le nom de Bergamote et Mellerose.

Cet arbre est peu cultivé en Algérie : il y est rustique dans toute la zone des *Aurantiacées.*

Peut se multiplier par bouture : la greffe sur Bigaradier convient mieux.

Bigaradier. — *Citrus bigaradia.* Le Bigaradier est un arbre très rustique, vigoureux, droit, possédant dans tous ses organes, fleurs, fruits, écorces et feuilles, un parfum accentué mais délicat.

Comme rusticité et franche végétation, le Bigaradier est le type des Aurantiacées de nos régions ; aussi doit-on le préférer comme porte-greffe à tous les autres sujets pour greffer les diverses variétés.

Les fleurs très odorantes recherchées par l'industrie des parfums servent à fabriquer l'*essence de fleurs d'orangers* et le *Néroli* ; les feuilles sont également distillées et les fruits, non comestibles et connus sous le nom d'*Oranges amères*, sont employés sous différentes formes et préparations dans la composition de certains apéritifs et sirops.

Les fruits dits *Chinois* proviennent des petits Bigaradiers de Chine, à feuilles de myrte et à feuilles de saule.

Cédratier. — *Citrus medica.* Les Cédrats ne sont pas des fruits alimentaires de consommation directe : quelques-uns servent à faire des compotes ou des confiseries. Ils sont remarquables par leurs formes originales et quelquefois par leur volume.

Les Cédratiers sont de moins en moins cultivés en Algérie. Pendant quelques années cette culture avait été développée dans la Corse pour fournir la confiserie anglaise, puis brusquement une dépréciation s'est produite sur les prix.

Ces arbrisseaux se multiplient par bouturage, mais le sujet est mal formé s'il est élevé en haute tige : on peut le greffer sur les autres grandes Aurantiacées, mais principalement sur le *Bigaradier.*

Citronnier. — *Citrus limonium.* Le Citronnier est une *Aurantiacée* rustique en Algérie, beaucoup moins exigeante que les autres espèces sur la nature du sol : il est très fertile.

Le Citron est un fruit recherché et apprécié, mais il n'est pas encore assez répandu. Chaque colon de la zone de l'oranger devrait en posséder plusieurs pieds autour de son habitation tant ce fruit est sain et utile dans les périodes chaudes et fiévreuses.

A l'extrême limite de la zone de l'oranger, il doit être planté dans les expositions les plus abritées des courants froids.

On a dit que le Citron algérien était moins estimé à cause de son peu d'acidité. Cette infériorité apparente s'explique par une confusion regrettable faite entre les *Limettiers* ou *Citrons doux* et les *Limoniers à fruits acides.*

Il y a des variétés *remontantes* en fleurs et en fruits dans toutes les saisons.

Les deux meilleures variétés sont les *Citrons* de *Palerme* et de *Naples*, à peau fine, dorée, à pulpe très juteuse et acide, avec peu ou point de pépins.

Le Citronnier se greffe sur *Citronnier franc* ou mieux sur *Bigaradier.*

Même culture que pour les autres *Aurantiacées.*

Mandarinier. — *Citrus nobilis* ou *deliciosa.* Le Mandarinier reste toujours à l'état de petit arbrisseau. Son éducation et sa culture sont semblables à celles de l'Oranger. On le greffe également sur Bigaradier basse tige ou haute tige. On prétend que la greffe sur Citronnier et Cédratier, qui avancerait la fructification, abaisserait la qualité du fruit.

La plantation à 5 ou 6 mètres en tous sens est une bonne disposition : si elle était trop serrée elle faciliterait l'invasion des pucerons et des Kermès qui recouvrent les feuilles et les fruits en dépréciant ces derniers. On néglige trop les pulvérisations insecticides si faciles à appliquer sur ces petits arbrisseaux et qui permettraient de récolter des fruits intacts.

Jusqu'à ce jour, une mandarinerie donne à l'hectare un revenu supérieur à celui d'une orangerie : on l'estime entre 800 et 1.200 fr. pour les bonnes marques, cependant les prix ont une tendance à fléchir.

La mandarine est de moins longue conservation que l'orange : sa fructification est moins prolongée.

Pamplemoussier. — Pamplemousse, Chadec, *Citrus decumana*. Bel arbrisseau à grandes fleurs blanches mais moins rustique que l'Oranger.

Les fruits sont très gros, déprimés et d'une belle couleur jaune. Dans l'Inde ils contiennent une pulpe acidule et un peu sucrée, mais en Algérie ces qualités sont moindres et par conséquent peu utilisables.

Maladies des orangers

Le parasitisme des *Aurantiacées* se constate principalement dans les localités basses, mal aérées, dans les plantations trop serrées, dans les sols mal drainés ou trop secs, en un mot dans toute station défavorable à la nature de la plante. Par contre, les milieux élevés, soumis à des courants réguliers, où le froid s'accentue pendant l'hiver sans descendre jusqu'à la forte gelée, même avec de légères chutes de neige, ainsi que les terrains sains, présentent, pour les orangers, les meilleures conditions de résistance contre les insectes et les cryptogames.

Les insectes les plus nuisibles à ces arbres appartiennent à l'ordre des Hémiptères : *Coccus*, *Chermes*, *Lecanium*, *Aspidiotus* etc., qui envahissent les feuilles, les rameaux et les fruits.

A leur maturité les oranges, les mandarines et les citrons de l'Algérie sont souvent recouverts de petits points noirs, de coques de matières floconneuses, etc., qui ne sont que des insectes morts ou vivants : ces altérations déprécient la valeur des fruits. Les petites coques noires, ovalaires, souvent très nombreuses, adhérentes aux fruits des *Aurantiacées*, sont dues à une cochenille, *Parlatoria zizyphi*.

Les mandarines principalement ont en plus des petites taches jaunes ou vertes dues a la piqûre d'un insecte (*Ceratitis citriperda*).

La *fumagine*, *morfée* ou *maladie du noir*, ainsi que nous l'avons décrit ailleurs, n'est que la conséquence de la présence des insectes.

Les pulvérisations permettent maintenant de lutter économiquement et avec avantage contre ces parasites par l'emploi de divers insecticides dont on trouvera les compositions dans un article spécial (voir *Insecticides*).

Sur les Aurantiacées, tant qu'elles ne sont pas en végétation, on peut agir avec de fortes doses, mais pour obtenir un résultat efficace, il faut pratiquer deux ou trois pulvérisations successives à quelques jours d'intervalle.

La taille des branches sèches et au besoin le rabattage raisonné peuvent revivifier les sujets en souffrance.

On a remarqué, depuis quelques années, le dépérissement de certains pieds d'Oranger, quelquefois d'un groupement : les arbres devenaient chlorotiques, la végétation s'atténuait et les feuilles tombaient.

En 1874, les orangeries de Blida ont été très éprouvées par ce mal qui semble être une affection cryptogamique des racines également constatée en Espagne et dans d'autres régions. (*Algérie agricole*, 1890. Rapport au Gouverneur, Ch. Rivière.)

Le remède à appliquer consiste dans le chaulage du pied, l'arrosement au sulfate de fer, la suppression des fumiers de ferme et des matières animales, l'emploi des engrais chimiques, la modération de l'irrigation et le drainage hivernal.

Bibliographie. — La bibliographie de l'Oranger en Algérie est très pauvre. Consulter *Horticulture générale*, 1889. Ch. Rivière. Les *Orangers*, de Noter, Paris, 1896.

Comme traités spéciaux et généralités, Risso et Poitteau, Gallesio, puis la remarquable étude publiée par le gouvernement italien : *Stude botanici sugli agrumi*, etc., par O. Penzig, Rome, 1887, mais qui ne traite la question qu'au point de vue purement scientifique. Les maladies y sont bien décrites avec de magnifiques planches.

Arbres fruitiers dits indigènes

On entend ordinairement sous ce nom toutes les espèces fruitières communément cultivées en Europe. Elles se divisent en deux grandes classes : *végétaux fruitiers à pépins et à noyaux*.

L'aire de leur culture relativement satisfaisante est la partie montagneuse, la Kabylie notamment, puis quelques centres frais et arrosés aux altitudes : Médéa, Miliana, Constantine, Saïda, Tlemcen, etc.

En général, les fruitiers à *noyaux* se comportent mieux que ceux à *pépins*, surtout sur le littoral qui n'est pas le milieu favorable de végétation de ce dernier groupe.

Arbres fruitiers à pépins

Les fruitiers à pépins d'Europe ne donnent en Algérie que des résultats relativement satisfaisants comme fructification ; leur végétation est limitée aux parties montagneuses encore soumises à l'influence du climat marin. Le massif montagneux kabyle paraît mieux leur convenir, mais sur les Hauts Plateaux certains arbres, quoique beaux, y sont peu fructifères.

En général, la qualité des fruits à pépins est assez médiocre.

Châtaignier. — *Castanea vulgaris*. Cupulifères. Le Châtaignier est un grand arbre à beau feuillage recherché pour ses fruits : il paraît se plaire principalement dans les parties du nord du bassin méditerranéen. En effet, on ne le retrouve que très localisé sur un seul point de l'Afrique du Nord, dans la forêt de l'Edough, près de Bône; encore n'y est-il que de végétation passable.

La plantation du Châtaignier a été l'objet de plusieurs tentatives en Algérie depuis une cinquantaine d'années. Un peuplement important en avait été fait il y a environ 35 ans par M. Laval dans le petit Atlas aux environs de Blida.

Il y avait autrefois de gros Châtaigniers aux environs d'Alger, mais ils étaient peu verdoyants et les fruits petits et de mauvaise qualité.

Le *Marron* est le fruit plein d'une variété du Châtaignier ordinaire : ce marron n'a pas les cloisons intérieures de la châtaigne. Certaines localités, en France et en Italie, sont réputées pour l'excellence de leurs fruits.

Le Châtaignier est exigeant comme habitat, sol et climatologie. Il veut l'altitude au-dessus de 800 mètres en Algérie ; des terres profondes, exemptes de calcaire, granitiques, schisteuses, silico-argileuses ; il craint l'insolation, et le siroco est nuisible à sa fructification.

Le Châtaignier se fait de semis. A l'âge de 3 ou 4 ans on le greffe en fente anglaise avec une bonne variété.

Il faut attendre une quinzaine d'années avant la première récolte appréciable : ce n'est donc plus une culture coloniale mais bien administrative, dépendant du service des Forêts, qui a pour longtemps encore d'autres occupations plus sérieuses en Algérie, notamment la mise en valeur du Chêne-liège. Différentes communes de Kabylie, depuis une dizaine d'années, reprennent les essais antérieurs de plantation de cet arbre.

Cognassier. — *Cydonia vulgaris.* Rosacées-Pomacées. Le Cognassier est un petit arbre robuste dans tous les terrains, mais préférant les sols profonds et humides où ses fruits sont plus gros mais moins parfumés. Dans les jardins il ne craint pas l'irrigation.

Le bouturage se fait facilement en janvier; il sert de porte-greffe aux autres variétés et à diverses *Pomacées*.

Le Cognassier se plante dans tout le courant de l'hiver. Il est rustique partout, depuis le littoral jusque dans les Hauts Plateaux, mais il ne s'y avance pas car il craint les froids du printemps.

La région montagneuse du climat marin convient mieux aux diverses espèces ou variétés de Cognassiers.

Les variétés du *Cydonia vulgaris* se distinguent par la forme de leurs fruits longs ou ronds, ou à surface lisse ou cotonneuse.

Le Coing de Chine est un fruit énorme, très odorant, à chair sèche, excellent pour confiture.

Le Coing du Portugal, est également un bon fruit, odorant, jaune luisant.

Figuier. — *Ficus carica.* Artocarpées. Le Figuier est un arbre rustique répandu dans presque toute l'Algérie et dans tous les terrains : on le rencontre sur les coteaux arides et pierreux comme dans les bonnes terres des vallées où il supporte bien l'irrigation. Dans l'Oued-Sahel il est arrosé comme les oliviers et il y constitue de véritables arbres bien formés.

S'il résiste aux grandes sécheresses, c'est grâce au puissant développement de ses racines rampantes qui vont chercher l'humidité au loin et dans les couches profondes. Dans les milieux secs il est plus long à se constituer et à fructifier.

La végétation et la fructification rapides ne s'obtiennent donc que dans les terres profondes, de bonne qualité et à fond frais.

L'aire de développement la plus favorable à cet arbre est certainement la Kabylie, les ravins comme les montagnes élevées, mais jusqu'à l'extrême limite du climat marin ; il craint le voisinage des Hauts Plateaux et leurs froids accentués et répétés. Peu fructifère dans les oasis.

La multiplication du Figuier est des plus faciles par le bouturage en tronçons de 40 cent. de long pris sur des bois de 2 ans ; la meilleure époque pour bouturer est février-mars. Dans les bonnes terres on obtient, l'année même, des jets ayant au moins 1 m. 50 de haut et que l'on peut planter à demeure dès l'année suivante.

Les éclats de souche sont également un bon moyen de reproduction.

On peut greffer en fente en pied, entre deux terres, en février-mars.

Le Figuier se plante à racines nues en hiver, à 8-10 mètres de distance.

La taille est simple : enlèvement du bois mort et des rejets de la base.

Les soins du sol consistent en légers labours ou binages. Les engrais phosphatés et potassiques épandus de janvier à mars augmentent la vigueur et la fructification de l'arbre.

Les Figuiers présentent deux types de fructification. Les figues de printemps ou Bakour (précoce) et les figues ordinaires d'automne.

Certains Figuiers dits *bifères* donnent des figues de printemps et d'automne : ces fructifications naissent sur des bois différents, l'un de 2 ans, l'autre de l'année.

En Kabylie, on pratique la caprification par divers moyens, ordinairement en suspendant au Figuier cultivé des figues du Figuier sauvage contenant des *Cynips* qui vont dans les figues comestibles déposer leurs œufs et y produire ainsi une irritation qui provoque le grossissement et la maturité du fruit.

Les variétés de Figues sont nombreuses : *Bakour blanc*, *Blanche de Beaucaire*, *Bonafous*, *Cierda*, *Cœur des dames*, *Col de signora*, *de Jérusalem*, *Grosse blanche*, *Grosse capucine*, etc.

Le séchage des figues est, en Kabylie, l'objet d'une industrie : les meilleures sortes sont exportées. Les qualités ordinaires servent à la nourriture de l'indigène ou sont envoyées sur les marchés du Sud.

On a essayé à plusieurs reprises d'introduire en Algérie les variétés de Smyrne.

Beaucoup de cochenilles attaquent le Figuier qui, par conséquent, est envahi par le *noir* : les pulvérisations insecticides sont indiquées.

(Voir le chapitre *Agriculture kabyle.*)

Framboisier. — *Rubus Idæus*. Rosacées. Le Framboisier est un petit arbuste à tiges bisannuelles : on le multiplie par drageons en hiver. Sa plantation doit être renouvelée tous les 3 ou 4 ans.

Son milieu de végétation le plus favorable est limité à la région montagneuse et aux ravins frais et ombragés. Sur les Hauts Plateaux il craint la chaleur des étés.

Cette plante n'offre pas un grand intérêt.

Groseillier. — *Ribes rubrum*. Ribesaciées. Le Groseillier rouge ou commun est un petit arbrisseau touffu ayant beaucoup de variétés recherchées pour l'acidité de leurs fruits.

Dans les pays chauds ces fruits devraient être produits en plus grande abondance, car ils servent à la fabrication de confitures et de sirops utiles aux malades, mais que l'industrie chimique fournit de préférence.

L'aire de culture est la région montagneuse élevée, les ravins frais et arrosés. Médéa est renommé pour ses groseilles. Multiplication facile par drageons.

Le Groseillier à maquereau, *Ribes grossularia*, se comporte moins bien que le Groseillier rouge : il en est de même du *Cassis*, *Ribes nigrum*, dont la culture est sans intérêt à cause des difficultés climatériques dues à l'élévation de la chaleur.

Mûrier blanc. — *Morus alba.* Morées. Cet arbre, de la Chine, est principalement connu par son rôle dans la sériciculture.

Ses fruits sont nombreux et recherchés par les Arabes sur les routes où le mûrier a été planté.

Les mûriers se multiplient par semis, bouture et greffe.

Les mûriers Lou et Moretti sont appréciés pour leurs feuilles.

Tous ces arbres à feuilles caduques résistent bien depuis le littoral jusqu'aux Hauts Plateaux, mais la région montagneuse semble mieux leur convenir.

Ils se plantent à racines nues de décembre à mars.

Mûrier noir. — *Morus nigra.* Morées. Cet arbre, de l'Asie occidentale, est très rustique dans la région montagneuse. Ses fruits sont gros, rouge-noir, sucrés, contenant un jus très foncé employé pour la coloration de certains liquides et sirops.

Les volailles recherchent ses fruits.

Ce mûrier se greffe au printemps sur franc, en écusson.

Mûrier rouge. — *Morus rubra.* Morées. Ce Mûrier, de l'Amérique du Nord, est un grand arbre en Algérie dans la partie montagneuse. Son fruit, assez gros, est sucré et a une belle couleur.

Ce mûrier se greffe au printemps en écusson et sur franc.

Noyer. — *Juglans regia.* Juglandées. L'aire de bonne végétation du Noyer se limite aux parties montagneuses, aux localités fraîches, fréquentées par des pluies tardives, aux terres profondes, calcaires ou argilo-calcaires. La fructification de cet arbre est, en Algérie, insuffisante.

On le plante à racines nues pendant tout l'hiver. Rien à attendre de cet arbre au point de vue économique.

Noisetier. — *Corylus avellana.* Cupulifères. Cet arbrisseau en se plaît qu'aux altitudes dans les ravins ombragés et frais, et dans les terres légères.

On le multiplie par marcottes ou par éclats de pied, ces derniers plantés en hiver.

Sa fructification laisse à désirer comme rendement et comme qualité de fruit.

Poirier. — *Pyrus communis*. Rosacées-Pomacées. La végétation du Pommier est satisfaisante aux altitudes dans les terres argilo-calcaires, silico-argileuses, profondes et fraîches ; mais la fructification laisse toujours à désirer comme rendement en fruit et surtout comme qualité. Les montagnes de la Kabylie, les ravins frais et les expositions les moins ensoleillées sont à sa convenance.

Plantation à racines nues pendant tout l'hiver, jusqu'au 15 mars.

On greffe le Poirier sur *Cognassier* dans les bons terrains, en écusson juin-juillet et en fente février-mars : la fructification est alors plus rapidement obtenue.

En terrain sec, aride, de mauvaise qualité mais peu compact et profond, on greffe sur le *Franc* qui a une racine pivotante : l'arbre est plus vigoureux, mais sa fructification est retardée et ses fruits plus petits.

Le Poirier supporte mal la taille : il faut le conduire en *plein vent*, supprimer le bois mort, les gourmands, et équilibrer la végétation.

Les variétés hâtives sont seules à choisir : les tardives sont exposées aux attaques des insectes et à tous les accidents de l'été.

Les principales variétés sont :

Beurré de Mérode, *Roux Carcas*, *Coloré de juillet*, *Citron des Carmes*, *Bon chrétien Williams*, *Beurré d'Amanlis*, *Beurré Millet*, *etc.*

Les Poiriers sont sujets à des fendillements chancreux à traiter par la *Bouillie bordelaise* appliquée au pinceau pendant l'hiver après grattage des plaies.

Pommier. — *Malus communis*. Rosacées-Pomacées. A part quelques très rares exceptions, le Pommier se comporte fort mal en Algérie où ses fruits sont de qualité inférieure.

Comme pour le Poirier, les régions montagneuses et les ravins frais les moins fréquentés par le soleil sont les localités les plus favorables à sa végétation quand la terre y est d'excellente qualité, argilo-calcaire principalement.

Plantation à racines nues pendant tout l'hiver jusqu'au 15 mars.

On greffe le Pommier sur *franc*, en écusson en juin-juillet, et en fente, en février-mars.

Pas de taille. Élever l'arbre en plein vent : favoriser la forme en gobelet.

Les principales variétés à cultiver sont : *Api gros, Calville d'été*, *Rambour d'été*, *Reine des reinettes*, *Reinettes de Caux*, *des Carmes*, *du Canada*, *Caroline-Augusta*.

Dans les terres profondes, fraîches et peu compactes, le *Calville blanc* a donné de beaux fruits.

En Algérie, le Pommier est fortement attaqué par le *Puceron lanigère* qu'il faut combattre par des pulvérisations insecticides répétées sur tout l'arbre, sans oublier son collet.

Arbres fruitiers à noyaux

L'aire de bonne végétation et de fructification des arbres à fruits à noyaux est limitée à la région montagneuse à l'exclusion des Hauts Plateaux et du désert.

On doit choisir de préférence toutes les variétés hâtives.

En général, la taille est mal supportée par ces arbres : elle provoque ordinairement la gomme. L'émondage seul est à pratiquer.

Le semis des noyaux est facile : il faut cependant conserver ces derniers en stratification jusqu'au moment de la mise en terre, en février.

Abricotier. — *Armeniaca vulgaris.* Rosacées-Amygdalées. L'Abricotier, peu exigeant sur la qualité du sol, aime cependant les terres profondes et peu humides.

Son aire de bonne végétation est comprise entre le littoral et les Hauts Plateaux : les ravins frais de la Kabylie lui conviennent. Il redoute les Hauts Plateaux, mais redescend vers le Sahara. Dans les oasis il est fort développé comme arbre, mais il y produit de très petits fruits qui, séchés, sont très recherchés sur les marchés du Sud.

Pour les terres fortes on greffe sur *Prunier*; pour les terrains secs, dans les régions chaudes, sur *Amandier*. On peut greffer sur *Franc* et sur *Mirobolan*. Taille simple : faciliter le développement en gobelet sur tronc peu élevé.

Planter à racines nues de décembre à fin février.

Greffer en fente, en mars. En écusson, en juillet.

L'Abricotier est sujet à la gomme.

Choisir des variétés hâtives dont les principales sont :

Précoce d'El-Biar (Jardin d'Essai).

Musqué d'Alger

Commun du lac (Jardin d'Essai).

Abricotier-Pêche

Royal

Gros commun de Beaugé rouge hâtif

Précoce d'Espéren.

Amandier. — *Amygdalus communis.* Louz des Arabes. Rosacées-Amygdalées. L'Amandier est un arbre rustique des lieux secs et arides. Il est représenté par deux formes principales : amandes à coques tendres et à coques dures. Les amandes amères sont peu recherchées.

Les sols rocailleux, délités, caillouteux, argilo-calcaires ou calcaires, les alluvions sablonneuses ou siliceuses, conviennent à l'Amandier qui, par contre, craint les terrains sans profondeur, compacts, argileux, froids et humides où il contracte la gomme et la chlorose.

L'exposition ensoleillée, abritée des courants froids du printemps, assure la fructification délicate des Amandiers à coque tendre.

Le semis sur place est une mauvaise opération.

Plantation à racines nues des jeunes arbres de novembre à fin décembre. Ecartement de 6 à 8 mètres. Labours. Émondage discret.

Greffe sur *franc* ou Amandiers de semis, fin mars, ou sur *Prunier* pour terrains forts et frais.

L'aire de fructification normale est comprise entre le littoral et les Hauts Plateaux.

Des pucerons attaquent les jeunes bourgeons : pulvérisations insecticides. Le pourridié atteint les racines des jeunes arbres dans les terrains humides. Rien à faire.

Les principales variétés à cultiver sont :

Amandier Princesse à coque tendre, produit pour l'exportation en primeur.

Amandier à coque demi-dure.

Cerisier. — *Cerasus vulgaris.* Rosacées-Amygdalées. Le Cerisier est rustique dans tous les terrains, mais craint les localités basses, chaudes et sèches : les plateaux et les coteaux à terres argilo-calcaires peu compactes et profondes lui conviennent.

Son aire de végétation est la partie montagneuse.

Plantation de décembre à fin février, en jeunes sujets à racines nues. Quand on a planté un arbre bien formé, éviter la taille qui provoque la maladie de la gomme. Quelques arrosements d'été, si le terrain n'est pas naturellement frais, conviennent au Cerisier.

On greffe en écusson, en juillet, ou en fente, en mars, sur *franc* ou sur *Sainte-Lucie.*

Cet arbre paraît se plaire particulièrement aux environs de Constantine, Médéa, Miliana, Tlemcen, etc., où il y constitue de très beaux vergers.

Les variétés précoces sont : *Anglaise hâtive*, *Bigarreau hâtif*, *Napoléon*, *Ellon*, *Griotte précoce* de *King*, *Guigne noire*, *Chachi.*

Une variété très précoce, dite *Bigarreau de Tixeraïn*, a été introduite au Jardin d'Essai d'Alger.

Pêcher. — *Persica vulgaris.* Rosacées-Amygdalées. Le Pêcher est, en Algérie, un arbre à rapide végétation mais à courte durée.

Les terres profondes, sèches, alluvionnaires-légères, argilo-calcaires, les éboulis des montagnes, etc., sont à sa convenance, mais ses racines redoutent l'humidité de l'hiver, tout en ne craignant pas quelques arrosements d'été.

Son aire de bonne fructification est la partie montagneuse et les ravins frais.

Le Pêcher craint les grands vents; d'autre part, il ne supporte pas l'espalier comme en France : c'est un arbre de plein vent.

On multiplie le Pêcher par noyaux pris dans les régions où la race se propage par ce moyen.

On greffe sur *Amandier* dans les terrains secs et calcaires. Dans les bons terrains on greffe sur *Prunier mirobolan*.

La greffe en fente se fait dans la première quinzaine de mars, l'écusson, en juillet.

La plantation à racines nues a lieu de novembre à fin janvier.

La taille doit être sobrement pratiquée.

Les principales variétés hâtives sont :

Mignonne hâtive, *Grosse mignonne*.

Belle de Malte, *Belle d'Algérie* (Jardin d'Essai).

Belle du Hamma (Jardin d'Essai).

Dans les variétés hâtives américaines se remarquent *Amsden*, *Précoce Alexander*, *Early Béatrix*, mais ce sont des fruits mous, de transport difficile et qui, en Algérie, ne se signalent pas par une hâtiveté marquée, car leur maturité ne se constate pas avant fin juin ou premiers jours de juillet dans les régions chaudes.

Le Pêcher souffre beaucoup de la *cloque des feuilles* due à un champignon (*Taphrina deformans*). Traitement à la bouillie bordelaise au début de la maladie. Pour le *noir*, pulvérisation à l'eau de tabac, car cette maladie est due à certains insectes. Employer aussi les insecticides connus.

Prunier. — *Prunus domestica*. Rosacées-Amygdalées. Le Prunier est un arbre rustique dans les ravins frais, en terre profonde et un peu compacte ; il craint le sol siliceux, les localités chaudes et basses. Son aire favorable de végétation est la région montagneuse.

Dans le Hamma de Constantine, en terrains arrosés, les indigènes ont planté depuis longtemps de très beaux vergers avec une variété de *Reine-Claude* qui donne de bons fruits.

Plantation à racines nues de jeunes arbres de fin décembre à fin février. Pas de taille qui provoque la maladie de la gomme.

On greffe le Prunier sur *franc* ou sur *Amandier* en écusson, en juillet ; en fente, dans la première quinzaine de mars.

Les principales variétés précoces sont :

Quetsch d'Alsace, *Reine-Claude violette*, *Ordinaire*, *Hâtive de Bavay*, *Washington*, *Mirabelle*, etc.

On a parlé de la culture du *Prunier d'Agen* pour pruneaux

d'exportation. Il convient de se rappeler que les beaux produits de cette région subissent une grande dépréciation par les arrivages d'Amérique et que, d'autre part, on ne sait pas encore comment ces variétés à pruneaux se comporteraient en Algérie et si elles y seraient rémunératrices : le séchage des fruits à l'air libre ne s'opère pas toujours facilement en ce pays.

Culture des vignes à raisins de table

RAISINS PRÉCOCES

La précocité du raisin est subordonnée à la variété d'abord, ensuite à l'exposition.

La culture des vignes, comme production de primeurs d'exportation, est limitée exclusivement au littoral, aux bords immédiats du rivage. L'obtention des raisins relativement précoces pour la consommation locale des centres algériens est possible dans l'intérieur du pays, suivant le choix de la variété et de l'exposition ; mais en dehors du littoral cette culture ne peut plus avoir l'exportation pour but.

Le *Chasselas de Fontainebleau* a toujours été considéré comme la variété la plus hâtive. Cependant Pulliat, le célèbre ampélographe, conseillait pour l'Algérie plusieurs cépages dont nous ne retiendrons que quelques-uns.

Raisins blancs

Madeleine angevine, bonne pour l'exportation.

Précoce de Malingre, voyageant mal.

Agostenga ou *Vert précoce de Madère*, ne supportant pas l'emballage.

Madeleine royale, à classer dans les secondes maturités, mais supportant bien l'emballage.

Lignan blanc, connu sous le nom de *Madeleine blanche*. Pulliat le recommandait comme digne de toute attention.

Raisins noirs

Les raisins noirs n'ont pas encore grand intérêt comme fruits d'exportation, cependant ils peuvent avoir quelques succès sur les marchés locaux.

Gamay hâtif Dormoy, voyageant facilement.

Portugais bleu, pourrait être un fruit d'exportation, mais on n'a aucune expérience algérienne sur ce plant.

Valteliner précoce, trop petit raisin.

Noir de Glady (Semis Besson).

* * *

On trouve au Jardin d'Essai d'Alger une belle collection de vignes.

* * *

La culture des vignes précoces se fait principalement aux environs d'Alger et à l'ouest, au bord de la mer, dans des terrains sablonneux ou sur les coteaux en terres rouges colorées par le fer.

5.000 pieds à l'hectare, plantés en lignes écartées de 2 mètres, et à 1 mètre dans le rang.

Souche basse en gobelet, 5 ou 6 porteurs taillés à un œil, quelquefois à deux.

La fructification se constate bien marquée dès la quatrième année.

Cette viticulture spéciale des rivages ne peut réussir qu'avec des abris orientés du Nord au Sud, hauts de 1 m. 50 à 1 m. 60, constitués par un clayonnage de roseaux secs ou de broussailles. En général ils doivent être orientés pour combattre les vents dominants.

La maturité relative des *Chasselas* a lieu à Guyotville, aux environs d'Alger, dans les premiers jours de juillet.

Le rendement est en moyenne de 50 quintaux par hectare.

La valeur marchande du raisin dépend de son parfait état de présentation, aussi la culture de ces vignes doit être très soignée. La grappe ne doit pas toucher le sol : on creuse au-dessous un petit fossé, on la maintient à l'aide de fourchines, elle est abritée contre l'insolation pour éviter le fendillement ; les grains détériorés sont enlevés, etc. La cueillette se fait avec soin pour conserver la *fleur* de la grappe.

L'emballage exige de grandes précautions : il se fait dans des petites caisses ou paniers de colis postaux de 3 à 5 kilos. On examine les grappes, et tous grains endommagés sont enlevés. Les plus belles grappes sont déposées au *fond* du récipient qui doit constituer la face à *ouvrir* : le tout suffisamment tassé, avec un lit de rognures de papiers.

Les prix de vente sont très variables : ils dépendent de la précocité de la maturation dans le pays même et surtout dans les pays de concurrence.

Ces prix varient entre 30 et 50 francs les 100 kilos pris sur place : il faut y ajouter l'emballage et le transport jusqu'au marché d'exportation. La saison d'expédition est plus ou moins prolongée et elle a une tendance marquée à se réduire. La cueillette et l'emballage exigent une nombreuse main-d'œuvre, de femmes principalement.

La fumure des vignes précoces s'impose dans les terrains légers et secs : nitrate de soude et scories de déphosphoration.

L'incision annulaire du sarment avance la maturité, augmente le volume de la grappe et la richesse saccharimétrique du grain. Ainsi, des grappes de sarments incisés ont donné 150 grammes de sucre de plus que ceux non incisés, à poids égal, bien entendu.

Le développement de la culture des cépages hâtifs dans le Midi de la France impose, en Algérie, la recherche de variétés plus précoces ainsi que l'emploi de moyens culturaux perfectionnés.

Vignes arabes

Les cépages dits « indigènes » sont en général assez mal dénommés : dans tous les cas ils ont de nombreuses synonymies. Quelques-uns paraissent appartenir à des variétés connues sous d'autres noms dans le bassin méditerranéen.

Leur végétation est ordinairement très vigoureuse, et dans le plus grand nombre des cas les grappes et les grains ont de fortes dimensions. A l'état cultural chez les indigènes, ces vignes, à grand développement, s'enroulent dans les arbres et, par cela même, sont difficilement traitées contre les maladies cryptogamiques dont elles craignent les atteintes.

La plupart de ces raisins sont de maturité tardive, aussi avait-on pensé, il y a quelques années, à cultiver quelques-uns de ces cépages indigènes pour en obtenir une fructification se prolongeant fort tard dans l'arrière-saison. Mais l'extension de la culture de la vigne en serre en Belgique et même en France, le bas prix et la beauté de ces produits de forcerie et, d'autre part, la perfection des procédés de conservation des raisins ont rendu moins pratique la réalisation de ces projets de viticulture arabe.

Cependant, puisque l'importation des raisins est interdite en Algérie, quelques cultures restreintes de ces vignes à fructification tardive pourraient tenter quelques viticulteurs des régions bien placées aux altitudes moyennes ; un certain écoulement sur les marchés des grands centres du pays serait probable.

Ordinairement, les vignes indigènes aiment les terres fertiles et profondes, craignent les tailles courtes et exigent même les longs bras, sur fil de fer, en cordon, en treille, etc. L'incision annulaire évite souvent la coulure et aide au développement de la grappe. Ces gros raisins de maturité tardive craignent l'humidité, les grandes pluies et la grêle, aussi quelques abris protecteurs seraient à employer pour conserver toute la fraîcheur de la grappe. En général, ces raisins tardifs sont de qualité moyenne, à pulpe épaisse, peu juteuse et à pépins nombreux et assez gros, mais il y a quelques bonnes exceptions.

On verra par l'essai de nomenclature établi ci-dessous la difficulté de désigner exactement les cépages dits « indigènes ». En effet, les noms recueillis dans des pays différents, exprimés soit en berbère, soit en arabe, ne donnent que des indications vagues s'appliquant souvent à des variétés diverses suivant les localités.

En pays berbère, on trouve, par exemple des dénominations, synonymiques mêmes, qui ont trait à la couleur, à la dimension et à la forme du grain, etc.

Amellal (blanc). *Aberkan* et *Berquen* (noir). *Taberkante* (La noire). *Aberkan Amokran* (gros noir). *Tizourin* (raisin), etc.

En arabe, *Aneb* (raisin) comme *Tizourin* (raisin), en kabyle, précède certaines qualifications.

Les époques de maturité des raisins peuvent varier plus ou moins, suivant les milieux et les expositions, cependant elles conservent généralement l'ordre relatif indiqué ci-dessous.

Raisins blancs

Adari blanc de Tlemcen, très grosse grappe et gros grain, maturité de 3e époque. Ce raisin peut être considéré comme un des plus beaux du groupe des vignes arabes.

Aïne-Amokrane (Gros œil), variété plus connue sous le nom de Plant de Dellys, maturité de 5e époque, Kabylie. On peut en obtenir un bon vin blanc.

Aïne-el-Bouma (Œil de chouette), maturité de 4e époque. Ouest de l'Algérie.

Aïne-el-Kelb (Œil de chien), maturité de 3e époque. Bon raisin de table et de fabrication d'un vin blanc. Très répandu en Kabylie et dans l'ouest de l'Algérie.

Akkacha (La Perle). Bon raisin de bonne conservation. Maturité de 6e époque, même sur le littoral où on le trouve encore sur le sarment dans le courant de janvier.

Amellal gros, maturité de 5e époque. Kabylie.

Amellal petit, mûrit un peu plus tôt.

Aneb-el-Cadi (Raisin du juge). Kabylie, paraît être l'*Akkacha*.

Aneb-el-Mgerbi, maturité de 4e époque, assez répandu dans toute l'Algérie.

Bezzoul-el-Adra (Seins de la Vierge), est connu aussi sous le nom de *Cherchali blanc*. Maturité de 3e époque.

Bezzoul-el-Kelba (Téton de la chienne), a bien de la ressemblance avec le *Cornichon blanc* ou *Doigt-de-dame*. Maturité de 6e époque en Kabylie : automnale sur le littoral. Ce raisin porte des noms différents en Espagne, en Italie, au Maroc et dans l'Orient.

Chaouch ou *Parc de Versailles*. Variété douteuse. Belle vigne, belle grappe, mais cépage sujet à la coulure s'il n'est pas l'objet d'une culture très attentive. Maturité de 4e époque.

Courchi, de Tlemcen, considéré dans cette localité comme un des plus beaux et meilleurs raisins. Maturité de 3e époque.

El-Bordj-Abiod (Raisin du fort), maturité de 4e époque. Ouest de l'Algérie.

El-Melouki (Raisin des rois), de Mascara, maturité de 3e époque.

El-Millah (raisin de cette localité), maturité de 3e époque. Est de l'Algérie.

El-Rerbi (Raisin de l'ouest).

Farrana (Vigne de jardin), Blanzy à Mascara, Tizigzaouin en Kabylie. Le meilleur cépage pour raisin de table et pour la fabrication d'un vin blanc. Maturité de 3e époque.

Ferrani (Raisin de l'Oasis), cépage du sud, a quelque ressemblance avec le Mayorquin. Maturité de 5e époque.

Gandoul, *Taamalet* (Raisin de chacal), de Mascara et l'Ouest de l'Algérie. Maturité de 3e époque.

Hasseroum-el-Abiod. Haute Kabylie. La maturité de ce petit raisin est de 2e époque.

Kabouya (Raisin citrouille blanc), de Mascara. Maturité de 3e époque.

Karem-el-Abiod (Raisin blanc généreux). Est de l'Algérie. Maturité de 2e époque sur le littoral.

Karmeya-Labiod, de Mascara. Maturité de 4e époque.

Kelalou-el-Gat (Testicule de chat), de Médéa. Maturité de 2e époque.

Liada ou *Liadia*. Cette variété kabyle paraît être le *Passeretta Bianca* des Italiens. Bon raisin de table ; on en fait un vin estimé. Maturité de 2e époque.

Oul-Bouzegueur (Cœur de bœuf), de Tizi-Ouzou. Maturité de 4e époque.

Souabâ-el-Hadja (Les doigts de la pèlerine etc.), grains allongés à forme de doigt. Maturité de 5e époque.

Taaferrant Takaroud blanc, de Fort-National. Maturité de 3e époque.

Tizourin bou Aferara blanc, de Fort-National. Maturité de 3e époque.

Tizourin ou Mellal, de Fort-National. Maturité de 3e époque.

Tourahen, de Fort-National, se rapprochant du Trebbiano,

cultivé en Algérie sous le nom d'*Ugni blanc*. Maturité de 3e époque.

Zizet-el-Begra (Pis de vache), maturité de 4e époque. Est de l'Algérie.

Zizet-el-Maza-el-Abiod (Pis de chèvre blanc). Cette variété, douteuse comme origine indigène, est répandue dans toute l'Algérie.

Raisins noirs et rouges.

Abercan-Amokran, de Tizi-Ouzou, serait voisin de l'*Aïn-Amokrane-el-Ahmar*, suivant Pulliat, mais de maturité plus hâtive (fin août), couleur noire.

Ahmar-bou-Amor (rouge d'Amor). Forte grappe, gros grain à pulpe peu délicate ; maturité de 4e époque. Ce raisin, de bonne conservation, se trouve dans toute l'Algérie.

Aïnab ou *Aneb-de-Labhar* (Raisin de Labhar), de Tlemcen, grande grappe, grains moyens, couleur noire. Maturité de 4e époque.

Aïnab ou *Aneb-Turki* (Raisin turc), de Mascara, grande grappe, grains déprimés, couleur noire. Maturité de 3e époque. Un des beaux raisins du groupe des vignes arabes, assez répandu en Algérie, et, paraît-il. dans tout l'Ouest.

Aïne-Amokrane-el-Ahmar (Gros œil rouge). Maturité de 4e époque.

Aïne-Zitoun (Œil, Olive), c'est le *Pooumestre rouge* de Sicile à fruits oléiformes. Maturité de 7e époque, se conservant bien sur le sarment dans les localités saines.

Beni-Abbès-Lekhal, de la Kabylie centrale. Maturité de 6e époque.

Beni-Misserah, de la Mitidja. Maturité de 5e époque, se trouve sur les marchés d'Alger, de Boufarik et de Blida.

Ben-Salem (Fils du Sauveur). Maturité de 4e époque aux environs d'Alger.

Bezzoul-el-Khadem Kabyle (Téton de la négresse), a beaucoup de rapport avec le *Malaga rouge*, *Olivette rouge*, etc. Maturité de 5e époque en Kabylie.

Cherchali rouge, Raisin de Cherchell ou *Bezzoul-el-Khadem*

(Gros téton de la négresse). Très grosse grappe, grains oblongs, couleur très foncée. Maturité de 4e époque

Darkaïa noir d'Egypte et de Tunisie, ou raisin de Jérusalem. Très belle espèce de l'Est de l'Algérie. Maturité de 3e époque.

Droukane. Raisin d'Egypte, de Tunisie, de Tripolitaine, etc. Grosse grappe à fruits gros et ovoïdes. Ce beau raisin est de maturité de 3e époque.

El-Rerbi-el-Ahmar. Raisin de l'Ouest, paraît être le Ribier du Maroc. On le connaît plutôt en Algérie sous le nom de *Plant de Dellys*. Ce beau raisin est de maturité de 3e époque.

Galb-el-Ferroudj. (Cœur de poulet)
— *Serdouk* (— de coq) } variétés peu intéressantes.
— *Their* (— d'oiseau)

Galb-el-Tsour (Cœur de bœuf) ou *Amokran* en Kabylie. Très beau raisin de 4e époque.

Grillah, du département de Constantine. Maturité de 5e époque.

Ahmar-el-Hab (Raisin à grains rouges), paraît être le *Marocain*. Très beau raisin de table cultivé à Tlemcen et au Maroc. Maturité de 3e époque.

Hasseroum-Lekhal, se trouve en Kabylie, en Tunisie et au Maroc. Variété à rejeter.

Soultaniesch d'Eski-Baba (Vieux père). Très beau raisin. Maturité de 2e époque.

Tabarkante Echcheurk (La noire d'Orient) : c'est le *Mauro nero Egitto*. Peu intéressant.

Tabarkante Kabyle (La noire). Raisin de Fort-National vendu sur les marchés d'Alger. Maturité de 4e époque.

Tizourin (raisin en Kabyle) ou *Berquen* (noir), de Fort-National. Maturité de 2e époque.

Vigne ou *raisin de la Kasba*, Algérie centrale, cépage connu aussi sous le nom de *Vigne de Dellys*, maturité de 3e époque.

Zizet-el-Maaza-El-Ahmar (Pis de chèvre rouge). Beau raisin vendu sur le marché d'Alger. Maturité de 3e époque.

*
* *

Consulter la monographie de M. Leroux[1] : *Cépages indigènes*, tirage à part de son *Traité de la vigne*, etc. Blida, 1894. L'auteur a donné une analyse chimique de chaque cépage.

Les notes de Pulliat, *Vignes indigènes de l'Algérie*, *Algérie agricole*, 1894, contiennent également quelques indications.

On peut consulter aussi *Cépages orientaux* de M. Guillon, Paris, 1896.

Raisins secs.

Le séchage des raisins est pratiqué seulement par quelques tribus kabyles.

A différentes reprises, des viticulteurs européens ont tenté sans succès cette utilisation des raisins pour l'exportation : la trop grande humidité du littoral paraît s'opposer au parfait séchage de ces fruits sans l'aide d'appareils spéciaux.

Les raisins ordinairement employés à cet usage proviennent des variétés suivantes : *Vigne de Malaga*, *de Smyrne*, *Corinthe sans pépins*, *blanc et rouge*. On trouve ces vignes en Algérie, mais leur culture ne semble pas y être bien déterminée pour la production des fruits secs.

Reverchon et Millot ont écrit sur ce sujet. (Société d'Agriculture d'Alger).

M. de Loverdo a conseillé la culture de ces vignes pour les parties chaudes de l'Algérie. (Société d'acclimatation de France 1896).

CHAPITRE V

VITICULTURE

Culture de la vigne à vin.[1]

CONSIDÉRATIONS GÉNÉRALES

La vigne réussit partout dans la région tellienne du Nord de l'Afrique : aussi bien sur les coteaux qui bordent la mer qu'aux limites Nord des Hauts Plateaux la maturité de ses fruits est tous les ans assurée. Elle s'avance même dans le Sahara, où, dans les oasis, elle croît à l'ombre des palmiers. Mais il ne s'ensuit pas que l'on puisse partout cultiver la vigne avec profit en vue de la production du vin, la seule qui nous préoccupe dans cette étude.

Dans les conditions économiques actuelles du marché des vins, les entreprises viticoles ne peuvent réussir que dans les régions où l'on est assuré à la fois de la régularité et de l'abondance des récoltes. Sans doute il faut en outre que le vin produit soit de qualité marchande et possède le degré alcoolique et la coloration que réclame le commerce ; mais un tel vin, grâce aux procédés modernes de vinification, peut s'obtenir partout. On peut, dans toutes les conditions, faire des vins d'excellente qualité et de bonne tenue : toute la question est de les produire à bon marché.

Aussi pour la création de nouveaux vignobles, on doit tout d'abord *éviter les régions exposées aux gelées de printemps et*

1. Cette étude n'est qu'un exposé très sommaire des procédés culturaux que la pratique a démontrés les mieux appropriés à la viticulture algérienne en vue de la production rémunératrice du vin.

Pour toutes les questions viticoles d'ordre général, nous renvoyons le lecteur aux traités spéciaux de viticulture. (Voir Bibliographie).

celles où les orages de grêle sont à redouter. Les régions de l'Algérie où ces accidents météorologiques sont à craindre sont bien connues et, grâce à l'expérience acquise, il ne peut y avoir de surprises de ce côté. Du reste, les territoires éprouvés par la gelée et la grêle sont très circonscrits et la place ne manque pas, il s'en faut, pour créer des vignobles où les risques de ce genre puissent être considérés comme négligeables.

Le principal objectif étant de produire beaucoup, il faut ensuite choisir *les terres les plus riches et les cépages les plus fertiles.* Sans doute, dans les coteaux, le vin sera le plus ordinairement de qualité un peu supérieure, mais la production sera souvent moindre.

Comme le commerce ne paie jamais au maximun les vins de coteaux plus d'un quart plus cher que les vins de plaine bien faits, l'exploitation des vignobles de plaine dont le rendement est le plus souvent double, quelquefois triple de celui des vignes de coteaux, sera toujours beaucoup plus avantageuse.

On peut donc poser en principe que pour la création de nouveaux vignobles il faut avant tout *rechercher les terres les plus fertiles dans les régions non exposées aux accidents dus à la grêle et à la gelée.* Dans ces terres, un vigneron habile arrivera toujours à produire en abondance un vin parfaitement marchand. Toutefois, comme la question des transports a d'autant plus d'importance que le produit, sous un même poids, a une valeur commerciale moindre, il faut choisir l'emplacement du vignoble à proximité des débouchés. En règle générale, la distance du vignoble à la gare ou au port le plus proche doit permettre aux attelages d'aller et venir au moins une fois dans la même journée.

Toutes ces conditions avantageuses étant réunies, il faut compter qu'il faudra au moins une dizaine d'années pour reconstituer le capital immobilisé dans la création d'un vignoble, en supposant que la moyenne des cours des vins dans ces dernières années se maintienne et que le vignoble soit cultivé de manière à produire le maximum de rendement.

Si les frais d'exploitation, y compris l'intérêt et l'amortissement du capital, s'élèvent à 600 fr. par hectare, il faut produire au moins 50 hectol. de vin à 12 fr. pour couvrir ses avances :

si ce rendement est dépassé ou si le prix de vente est plus élevé, le surplus constitue un bénéfice net. Quoi qu'il en soit, il est prudent de se mettre dans des conditions telles que le rendement brut ne s'abaisse jamais au-dessous du chiffre ci-dessus.

S'il en est ainsi on peut être certain de mener à bien une entreprise viticole, mais, comme on l'a dit plus haut, il faut pour cela pouvoir disposer d'une dizaine d'années au moins pendant lesquelles les récoltes soient assurées. Dans les vignobles bien menés, les maladies telles que le mildew, l'anthracnose, l'oïdium, les accidents météorologiques tels que la sécheresse et le siroco n'ont pas assez de gravité pour fausser les calculs précédents. Il n'en est pas de même de l'invasion phylloxérique ; dans les régions contaminées et dans celles qui les circonscrivent, l'avenir n'est pas suffisamment assuré.

Dans les régions encore indemnes nettement séparées des foyers d'infection par de vastes territoires sans vignes, tels que ceux qui s'étendent entre le département d'Alger et les centres phylloxériques des provinces d'Oran et de Constantine, on peut compter au moins sur dix ans de répit, à partir de la découverte d'une première tache. L'expérience acquise en Algérie démontre que, *quand la surveillance est active et efficace, que les travaux de défense sont bien conduits et que les intéressés savent s'entendre pour soutenir la lutte*, il faut au moins dix ans pour que les dommages causés par le phylloxéra commencent à prendre une certaine importance et que l'infection influe sur les rendements. Ajoutons que si le vignoble a été créé dans des terres fertiles de plaine, on pourra tenter avec succès la reconstitution ; ainsi on tirera toujours parti des constructions et du matériel qui, autrement, deviendraient des non-valeurs.

En résumé, à ceux qui nous posent la question :

Doit-on planter encore de la vigne française en Algérie ?

nous n'hésitons pas à répondre affirmativement s'ils se trouvent dans les conditions favorables indiquées ci-dessus qui leur permettront de lutter même contre une baisse possible du prix du vin. Quant à ceux qui ne réunissent pas entre leurs mains, en faveur de leur entreprise viticole, toutes ces circonstances avantageuses, *à ceux qui plantent en terrains à faible rendement*, *à ceux surtout qui sont plus ou moins directement exposés à l'invasion phylloxérique*, ils pourront peut-être faire quand même une heureuse opération : mais c'est là affaire de hasard et non placement de père de famille.

*
* *

Au premier printemps, avant même l'éclosion des bourgeons de la vigne, la sève se trouve poussée de bas en haut par une force considérable : cette pression est évaluée à une hauteur d'eau de plusieurs mètres, 7, d'après la célèbre expérience de Hales. Vient-on à pratiquer une lésion sur le cep, la sève s'en écoule avec abondance : c'est ce phénomène que l'on appelle les *pleurs*. Plus tard quand les feuilles sont développées, elles transpirent et alors absorbent la plus grande partie de ce liquide.

Les premiers bourgeons qui contiennent déjà avant leur éclosion des grappes de fleurs se forment et se développent grâce aux matériaux que la plante a accumulés et mis en réserve dans ses tissus au cours de la végétation de l'année précédente. L'importance de ces réserves a donc une influence sur le premier développement de la vigne, partant sur la récolte.

Plus tard, quand la vigne est pourvue de ses organes foliacés, ceux-ci, grâce à l'active transpiration dont ils sont le siège et qui fait circuler dans les tissus de la plante les matériaux empruntés au sol, grâce aux propriétés de la chlorophylle des feuilles qui élabore les principes empruntés au sol et à l'air, donnent naissance à des produits tels que : amidon, glucose, matières albuminoïdes, etc., qui concourrent au développement de la plante et aussi à la formation des fruits.

L'objectif du vigneron doit donc être de favoriser par tous les moyens ce travail d'élaboration des feuilles. Les bonnes façons culturales, le travail rationnel du sol, l'emploi des engrais, les arrosages, les binages, etc., qui assurent une végétation régulière de la vigne, répondent à ce but et assurent une récolte plus abondante et de meilleure qualité. Par contre les organes foliacés de la plante viennent-ils à être en partie détruits par des parasites tels que l'altise ou le mildew, ce travail d'élaboration est suspendu, au grand préjudice de la quantité et de la qualité de la récolte. De même si le siroco survient, il y a encore arrêt dans le travail de la plante, et la vendange, bien loin d'être avancée, s'en trouve retardée.

CHOIX DU TERRAIN

Pour la vigne il faut avant tout, en vue de la production abondante que l'on doit rechercher, choisir un sol *fertile* et *profond*. Les types de terrains les plus favorables sont ceux de nature alluvionnaire à base d'argile tels que les terrains argilo-calcaires ou argilo-sablonneux qui sont sans doute difficiles à travailler, exigent pour les façons culturales. de puissants attelages, mais qui bien ameublis à la surface conservent admirablement en été, dans les profondeurs du sous-sol, la fraîcheur nécessaire pour une végétation vigoureuse de la vigne. Dans un pareil milieu la vigne se défend victorieusement contre le siroco qui peut sans doute diminuer l'importance de la récolte, mais ne compromet jamais celle-ci. Parmi les terrains répondant aux conditions ci-dessus, il faut éviter cependant les terrains salés, car la vigne y dépérit rapidement, et ceux qui seraient infestés d'une maladie spéciale à la vigne et à certains arbres : le pourridié.

Préparation du sol. Le terrain doit au préalable être défriché, c'est-à-dire expurgé des broussailles, lentisques, palmiers nains, jujubiers, etc., qui le recouvrent. Il doit ensuite être ameubli à une profondeur de 50 cent. environ. Fait à la main, ce travail est très onéreux : aussi en plaine est-il préférable de défoncer au moyen d'animaux ou mieux à la vapeur. Dans ce dernier cas le prix de revient à l'hectare est de 250 à 300 fr.

Le défoncement peut aussi être exécuté au moyen d'une charrue défonceuse, actionnée par un manège. Il existe plusieurs systèmes de ces charrues à treuil qui avec deux hommes et 6 chevaux ou mulets permettent dans les terrains faciles de défoncer à 50 cent. de profondeur, 8 à 10 ares par jour, soit 1 hectare en 10 ou 12 jours. Ce travail peut se faire en été : dans ce cas il est à recommander de donner au printemps une façon superficielle qui, en ameublissant la partie supérieure du sol, empêche celui-ci de se durcir sous l'action du soleil. Le défoncement d'un hectare dans ces conditiens coûte à peu près autant que celui fait par la charrue à vapeur.

Le défoncement doit toujours être fait pendant la saison sèche, de mai à septembre, afin que l'action du soleil puisse s'exercer sur les mottes soulevées et détruire les plantes vivaces telles que le chiendent. Le défoncement du sol, s'il n'est pas toujours indispensable, est toujours avantageux et toujours largement rémunéré par une mise à fruit plus hâtive et une production plus abondante ; aussi ne doit-on jamais manquer de le pratiquer.

Aux premières pluies, les mottes laissées par le défoncement se délitent et quelques hersages suffisent pour préparer le sol en vue de la plantation.

CÉPAGES. CHOIX DES BOUTURES

Il existe en Algérie un nombre considérable de variétés de vignes, mais il n'y en a guère qu'une dizaine qui aient contribué à la constitution du vignoble algérien et qui soient à recommander pour la production rémunératrice du vin.

En première ligne il faut citer le Carignan qui, bien que sensible aux maladies, est, quand il est soigné, le plant capable de produire dans toutes les régions de l'Algérie sans exception, le plus abondamment et le plus régulièrement, un excellent vin présentant toutes les qualités recherchées par le commerce. Dans certaines régions, telles que celle de Rouïba, ce plant est employé exclusivement et se substitue à tous les autres dans les vignobles de création récente. Viennent ensuite le Mourvèdre, le Morastel, le Cinsault, l'Œillade, les Hybrides Bouschet, l'Alicante et l'Aramon.

Pour les vins blancs ce sont surtout la Clairette, l'Ugni blanc et le Ferana qui fournissent des vins de qualité supérieure ; mais ils sont relativement peu productifs. Aussi a-t-on avantage à faire le vin blanc avec des raisins de plants rouges, tels que Cinsault, Œillade, Aramon, Alicante, etc.

Quant aux plants fins, ils ne peuvent avoir qu'une place restreinte dans un pays de production de vins de grande consommation. Pour les vins fins la plus-value de faible importance du reste ne compense pas le déficit de leur rendement toujours faible.

On trouvera la description des plants dans les ouvrages d'ampélographie ; nous noterons seulement les particularités suivantes.

Carignan. Appelé aussi quelquefois Plant d'Espagne, Bois Dur à cause de la résistance plus grande qu'il offre à la section par sécateur ou par serpe. Les sarments érigés au début de la végétation ne tardent pas à s'étaler sous le poids des grappes, laissant celles-ci exposées au soleil. Chez les jeunes plants les nouvelles pousses se décollent facilement sous l'action du vent ; aussi est-il bon de rogner les sarments quelque temps avant la floraison et de les rattacher ensuite. Ce plant est d'une productivité très hâtive. Le rognage des sarments, au moment de la floraison donne dans les terres fertiles une production abondante de grappillons. Ce plant est tout particulièrement sensible à l'oïdium, à l'anthracnose et au mildew ; mais ces maladies peuvent être victorieusement combattues. Plus exigeant que les autres au point de vue des soins culturaux, le Carignan est le plant qui paie le plus largement les sacrifices que l'on fait pour les façons données à la terre, les engrais appliqués et les traitements anticryptogamiques. Bien des viticulteurs algériens doivent à ce plant le succès de leurs entreprises viticoles.

Mourvèdre ou Espar appelé aussi *Mataro* et *Balzac.* Est longtemps à se mettre à fruit et à donner son plein rendement. Mais il est robuste et peu atteint par les maladies. Son port érigé permet de circuler plus longtemps dans le vignoble avec les instruments attelés. Il débourre tardivement ; aussi est-il moins exposé à souffrir des gelées blanches. Sa production est régulière, mais toujours sensiblement inférieure à celle du Carignan planté dans les mêmes conditions. Dans les plantations de Mourvèdre on observe, surtout au cours des années de forte insolation, de nombreux cas de l'accident souvent mortel connu sous le nom de *folletage.*

Morastel. Très voisin du précédent, il possède à peu près les mêmes caractères.

Cinsault. Ce plant est souvent confondu avec l'Œillade, avec lequel il a d'ailleurs de grandes analogies. Il résiste bien au siroco, est rustique, donne un raisin excellent pour la table et pour la fabrication du vin qui est très bouqueté. Il est très employé pour la production des vins blancs.

Œillade. Produit souvent moins que le Cinsault dont elle a les caractères généraux ; elle lui est aussi inférieure pour la qualité des produits. Comme le Cinsault ce plant est employé à la fabrication des vins blancs, son fruit ne donnant pas beaucoup de couleur quand il est employé à la production de vin rouge.

Hybrides Bouschet. Cultivés pour l'intensité de coloration du vin qu'ils produisent, ces plants sont assez rustiques, ils craignent cependant un peu le siroco. Les raisins, quand ils sont mûrs, manquent de l'acidité nécessaire pour développer la couleur vive du vin. Aussi est-il recommandable, à défaut de plâtre dont l'emploi n'est guère en faveur, de remonter l'acidité des moûts par addition d'acide tartrique avant la fermentation. L'engouement peut-être excessif pour ces plants et particulièrement pour l'Alicante Bouschet tend à diminuer.

Alicante. Ce plant est excellent pour la fabrication des vins blancs ; autrefois, avant l'application des nouvelles méthodes de vinification, quand on le faisait en rouge, il donnait un vin incomplètement fermenté, instable et d'une couleur passant rapidement au jaune. La réfrigération et l'acidification des moûts permettent d'atténuer les défauts de ce plant qui, bien que sujet au mildew, est très productif, se met très tôt à fruit, mais vieillit vite.

Aramon. L'Aramon donne un vin peu coloré et relativement peu alcoolique ; il ne doit être cultivé que pour la préparation des vins blancs ou dans les vignobles où dominent les plants à vin alcoolique et coloré dont le mélange relève la qualité au point de vue commercial. Ce plant est très sensible au siroco, il exige des terres profondes, fertiles et fraîches.

Remarquons qu'en Algérie l'Aramon donne des rendements moins considérables que dans le Midi de la France ; mais son vin est plus alcoolique ; il est fin et frais ; aussi est-il préférable pour la consommation directe.

Clairette. La Clairette est un cépage robuste, mais cependant sujet à l'anthracnose. La coulure est à craindre : on la taille en coursons comme l'*Ugni blanc*.

Ferana. Ce plant doit être taillé à long bois, comme l'*Aïn-Kelb*, pour produire régulièrement. Il est sujet à l'oïdium et au mildew.

Quant aux plants fins du Bordelais et de la Bourgogne, ils ne peuvent avoir qu'une place restreinte dans un pays de production de vin de grande consommation. Ils donnent des vins de qualité sans doute un peu supérieure à celle des vins courants ; mais le déficit que l'on constate dans leur rendement n'est guère compensé, loin de là, par la plus-value du produit.

BOUTURES

C'est toujours par segmentation qu'on multiplie la vigne pour la création des vignobles : la bouture reproduit les caractères spéciaux de la souche mère. Aussi doit-on prendre les sarments employés comme boutures sur des souches saines, *fructifères* et vigoureuses, et rejeter les sarments portant des traces d'anthracnose et de maladies cryptogamiques.

Les boutures doivent être prises sur place dans les vignobles voisins, car en important des sarments pris au dehors, on court toujours le risque d'introduire dans la région quelque maladie nouvelle. Particulièrement, dans les régions indemnes de phylloxéra, il faut bien se garder d'aller chercher au loin des sarments, ceux-ci fussent-ils tirés d'un vignoble déclaré indemne par les experts chargés de la surveillance des vignes.

CONSERVATION DES BOUTURES

Si l'on prend les boutures sur place, on peut ne les couper qu'au moment de l'emploi ; si on doit les conserver quelque temps, il faut, aussitôt après la taille, les mettre à l'abri de la dessiccation comme de la pourriture. Pour cela le mieux est de les réunir par paquets de 50 ou de 100 et de les enterrer complètement dans un tas de sable ou de gravier fin de rivière, ou même dans un sol perméable où l'eau ne séjourne pas. Aussitôt coupés les sarments doivent être soustraits à l'action du soleil et mis en jauge. C'est le plus souvent faute de ces soins élémentaires que l'on constate des manquants dans les plantations nouvelles.

La bouture simple formée d'un fragment de sarment bien aoûté est celle à préférer : la bouture est coupée au-dessous d'un œil ; c'est en ce point que se formeront la plupart des racines.

Dans les terres défoncées et de la nature indiquée ci-dessus, la bouture doit être enterrée à une profondeur de 30 cent, pas davantage. La plantation se fait au pal; on se sert de cet instrument pour faire un trou dans lequel on introduit la bouture. Il faut bien tasser la terre tout autour, car, pour assurer la reprise de la bouture, il faut que la terre adhère bien à celle-ci, sans qu'il y ait des creux. On s'assure que le tassement est suffisant, quand, en tirant sur la bouture, il faut faire un certain effort pour l'arracher.

La reprise des boutures pour les variétés employées en Algérie est presque toujours certaine. La meilleure époque pour la plantation est de janvier à avril. Il sera toujours prudent, dans les terres bien ressuyées, qui s'égouttent bien, de planter de préférence plus tôt que plus tard; car, pour que la reprise soit bien assurée, il faut qu'après la plantation il tombe encore quelques pluies abondantes qui complètent le travail de tassement de la terre autour de la bouture. Lorsque après la plantation il ne pleut plus, la proportion de boutures réussies est moins élevée.

C'est toujours la plantation immédiate en plein champ que l'on pratique : cependant au lieu de la mise en place directe on a recours parfois au bouturage en pépinière. On peut en effet avoir besoin de plants enracinés pour remplacer les manquants de la plantation.

Pour faire des plants enracinés en pépinière, on choisit un terrain léger, bien ressuyé, qu'on ameublit profondément et qu'on fume abondamment avec du fumier décomposé. On place les boutures verticalement dans de petits fossés à parois verticales, à une distance de 15 à 20 cent. sur la ligne; ces rangées de boutures sont distantes de 50 cent. Les plants sont enterrés à 30 cent. de profondeur et le sol bien tassé au pied.

Au cours de la végétation on soufre et on sulfate les jeunes boutures; on les arrose si c'est possible; en tous cas il faut leur donner plusieurs binages à la houe à main.

Les boutures enracinées doivent être employées à la fin de l'année; on les plante à trou sur une couche de terre mélangée de terreau. Quand elles ont été bien faites, arrachées avec toutes leurs racines et transplantées avec soin, elles donnent des souches qui se mettent à fruit un an plus tôt. La plantation des boutures enracinées, en raison des soins et des travaux qu'elle exige, n'est jamais faite que sur des étendues restreintes, en vue de combler les vides que présentent toujours les plantations nouvelles ou pour multiplier certains cépages reprenant plus difficilement par bouture.

PROVIGNAGE

Dans les plantations nouvelles les vides peuvent être comblés après la première année au moyen d'autres boutures mises à la place de celles qui ont manqué. Plus tard il vaut mieux se servir de plants enracinés. Quand la vigne a atteint tout son développement on peut combler les vides par le provignage. Pour cela, au moment de la taille, on conserve sur la souche voisine du manquant un sarment de longueur suffisante que l'on enterre à une profondeur de 30 cent. et que l'on fait émerger du sol au point où il y a un vide à combler. L'extrémité taillée à deux yeux est fixée sur un tuteur. On supprime sur le sarment les bourgeons intermédiaires entre la souche-mère et le point où il pénètre dans le sol. Le provin est sevré, c'est-à-dire séparé du pied-mère à la seconde année.

Il vaut mieux dans les terrains humides provigner au printemps qu'en hiver par crainte de la pourriture.

Certains vignerons provignent en couchant au fond de la fosse la souche toute entière et en faisant émerger des sarments sur les points à garnir. Lorsque le provin est destiné à remplacer une souche voisine, on ramène l'un des sarments à l'endroit même qu'occupait le pied-mère. Cette manière de provigner est inférieure à la première et donne des souches moins vigoureuses.

GREFFAGE

Le greffage n'est guère employé en Algérie que pour remplacer une espèce de vigne peu productive par une espèce plus fertile ou meilleure, ou pour rajeunir une plantation dans laquelle des souches sont devenues plus ou moins stériles.

Pour greffer, on déchausse le pied de la souche que l'on scie par une section horizontale de 2 à 3 cent. au-dessous du niveau du sol. La surface de la section étant rafraîchie à la serpe, on fend la souche en deux au moyen d'un ciseau ou d'une serpe. On choisit un greffon que l'on taille en lame de couteau au-dessous d'un œil et on l'insère dans la fente de manière à faire coïncider les écorces du sujet et du greffon. On place le plus souvent deux greffons sur le même sujet : si tous deux réussissent, l'un d'eux est supprimé à la taille d'hiver.

Si le sujet est de faibles dimensions, il est nécessaire de ligaturer la greffe ; en tous cas on mastique les bords de la fente et la section de la souche avec de l'argile pétrie et on recouvre la greffe de terre meuble en ne laissant émerger qu'un bourgeon.

On greffe au réveil de la végétation en mars, avril, quelquefois même en mai ; il vaut mieux greffer plus tôt que plus tard ; il faut observer que la végétation du greffon doit être moins avancée que celle du sujet. Pour retarder le départ de la sève chez les greffons, on les conserve en terre comme les boutures. Si l'on greffe avant la première pousse, c'est-à-dire au commencement de mars, on peut conserver sans les tailler les souches sur lesquelles on doit prendre des greffes, et ne couper celles-ci qu'au moment de s'en servir.

Lorsqu'il s'agit de greffer de la vigne française sur de la vigne américaine, pour assurer la reprise dans ce cas plus difficile, on emploie des modes de greffage spéciaux et particulièrement la greffe en fente anglaise (p. 334).

DISPOSITION DE LA PLANTATION

La disposition la plus avantageuse, celle qui facilite le plus les travaux de culture en permettant de croiser les labours, est la plantation en carré à une distance qui ne doit pas être inférieure à 1 m. 75 et que l'on peut porter à 2 mètres pour les plants les plus vigoureux tels que l'Aramon.

La plantation *en quinconce* est plus avantageuse encore, au point de vue du croisement des labours mais elle est plus difficile à bien faire.

Le mode de plantation connu sous le nom de *chaintre* ne s'est pas répandu en Algérie. Il exige, au point de vue de la taille et de la culture, des soins spéciaux et une expérience particulière, ce qui en restreint l'extension.

La plantation en lignes, celle dans laquelle les ceps sont plus espacés dans un sens que dans l'autre, rend plus facile le transport des engrais, permet de prolonger le temps des labours si l'on ne relève pas les sarments, de provigner plus aisément ; mais les racines de la vigne sont moins uniformément réparties sur toute l'étendue du sol.

Il importe de grouper les cépages de même nature, au lieu de les mélanger. Certains plants sont plus sujets aux maladies et par suite ont besoin de soins spéciaux. De plus, la maturité des fruits variant selon les cépages, le groupement des plants de même nature facilite les travaux de la cueillette.

Soins culturaux

Au cours du printemps et de l'été qui suivent la plantation, il faut, au moyen de houes ou de scarificateurs, donner autant de façons qu'il est nécessaire pour détruire les herbes et surtout maintenir bien meuble la surface de la terre en vue de la conservation de l'humidité emmagasinée dans le sous-sol. De plus, il faut briser à la houe à main au premier printemps le sol tout autour de la bouture afin de bien l'ameublir jusqu'à une profondeur de 10 centimètres environ.

TAILLE

Le principe de la taille est le suivant : *la vigne porte ses fruits sur les rameaux ou bourgeons de l'année issus des yeux fixés au bois qui s'est développé au cours de la végétation précédente.*

Les bourgeons d'une même souche présentent, au point de vue de la fertilité, des différences notables : ceux qui naissent sur le vieux bois d'yeux plus ou moins rudimentaires ne portent pas de grappes ; on les appelle des *gourmands.* Au contraire, les yeux insérés sur les sarments développés l'année précédente et qui sont mieux formés contiennent, pour la plupart, des grappes qui apparaîtront au printemps et donneront naissance à des bourgeons fructifères.

Si l'on considère les yeux d'un même sarment, tous ne sont pas également fructifères. Ceux qui se trouvent à l'empattement du sarment sur le vieux bois (bourrillons) sont stériles chez certains cépages et fertiles chez d'autres, par exemple chez l'Aramon. On sait, en effet, que quand la gelée détruit les jeunes pousses de l'Aramon, le bourrillon qui se développe ensuite assure un certain rendement. Les yeux placés plus haut sur le sarment sont d'autant mieux formés et par suite plus fertiles que l'on s'éloigne davantage de la base. En conséquence, plus on taille long, plus on aura de grappes bien développées.

Certains cépages réclament la taille longue pour produire : tels la plupart de nos cépages indigènes. D'autres, tels que les cépages originaires du Midi et qui sont ceux que nous cultivons (Carignan, Mourvèdre etc.), portent dès la base des sarments des yeux assez fructifères pour que ceux-ci suffisent à assurer une récolte abondante. Aussi peut-on les tailler courts. Remarquons que ces cépages présentent dès la base de leurs sarments des entre-nœuds très courts portant des yeux bien développés : ce que l'on n'observe pas normalement dans les plants qui exigent la taille longue.

D'après M. Ravaz de Montpellier, toutes les causes qui ralentissent l'arrivée de l'eau dans les bourgeons en voie de développement favorisent le développement normal des jeunes grappes. Dans les sols secs, le développement des grappes au printemps est meilleur qu'en sol humide. Quand, par une cause quelconque (section partielle des racines, destruction des radicelles par le phylloxéra, etc.), l'afflux de l'eau dans le bourgeon en développement se trouve diminué, la fertilité augmente. Un excès de sève au moment de la sortie des bourgeons fait avorter les grappes qu'emporte une végétation trop exubérante.

Lorsque la charpente de la souche a un grand développement et présente des bras plus ou moins noueux, qui portent les longs bois sur lesquels se développent les bourgeons, ceux-ci sont plus fertiles à cause des difficultés que rencontre la sève pour y affluer. C'est pour la même raison que le provin, le pisse vin, le chaintre présentent plus de grappes. L'incision annulaire agit dans le même sens.

Mais il ne suffit pas que les apparences soient favorables, qu'il y ait une belle sortie de raisins, comme disent les vignerons : il faut, pour que la récolte soit satisfaisante, que ces grappes arrivent à former des grains de raisins bien développés ; pour cela, il faut que ceux-ci soient nourris par un flux abondant de sève. Mais les mêmes causes qui favorisent la sortie de grappes bien constituées peuvent faire obstacle à leur développement ultérieur. En effet la sève circule moins aisément dans la souche quand elle présente une charpente développée, à bras noueux plus ou moins recouverts de cicatrices, et arrive difficilement au travers du long bois jusqu'à la grappe en voie de développement.

D'après l'auteur précité, les tailles à longs bois diminuent la résistance de la vigne à la sécheresse que les vignes taillées à coursons et à souche basse redoutent moins. Aussi, dans les pays à sols secs, comme le Midi de la France et l'Algérie, la taille à un ou deux yeux est-elle à préférer en principe, bien entendu, pour les plants qui s'en accommodent.

La taille longue, sauf pour les cépages qui la réclament impérieusement et sans laquelle ils sont improductifs, ne doit être appliquée à nos plants vulgaires que dans les sols très fertiles, bien travaillés, frais ou arrosables. Sinon elle donnerait à brève échéance des résultats inférieurs à ceux de la taille ordinaire.

En résumé, la taille à longs bois tant préconisée en Algérie, malgré les frais considérables d'échalassement et de palissage qu'elle entraîne, ne doit être appliquée en principe qu'aux cépages qui ne sont productifs que taillés à longs bois. Quant aux autres cépages qui sont ceux que nous cultivons couramment (Mourvèdre, Hybrides Bouschet, Carignan, etc.), la taille qui leur est le mieux appliquée en Algérie est dans les conditions normales, la taille *à coursons*. Ce n'est que là où le sol est particulièrement fertile, frais ou susceptible d'être arrosé, que la taille longue pourrait donner une production plus abondante, mais encore à la condition qu'une culture soignée et une application raisonnée de matières fertilisantes assurent l'abondante alimentation des grappes. En d'autres termes, la perfection des procédés culturaux et la fertilité du sol doivent être en rapport avec le système de taille adopté.

En Algérie, la forme donnée d'ordinaire à la souche est celle d'un *gobelet*. La souche supporte 5 à 8 bras rayonnant autour d'un centre commun ; chacun de ces bras est *porteur* d'un bout de sarment taillé à deux yeux appelé *courson*.

Les vignes à vin communément cultivées en Algérie telles que Carignan, Mourvèdre, Morastel, Cinsault, Œillade, Hybrides Bouschet, Alicante, Aramon, Clairette et Ugni blanc peuvent être taillées à coursons à un ou deux yeux francs ; mais l'Aïn-Kelb, le Ferana et en général les plants indigènes sont improductifs s'ils ne sont pas taillés à longs bois.

La première année, lors de la plantation de la bouture, on laisse hors du sol un ou deux yeux qui donneront naissance à un ou plusieurs sarments. A la première taille d'hiver on choisit parmi les sarments développés celui qui s'insère sur la bouture à la hauteur à laquelle on veut sur la souche faire partir les bras qui formeront le gobelet et on le taille à son empattement sur la bouture. On supprime tous les autres sarments. A la taille de la seconde année on laisse deux ou trois coursons symétriquement placés. A la troisième année on fait bifurquer les deux ou trois bras déjà formés : on a ainsi six bras. On pourra, la quatrième année, faire encore bifurquer un ou deux bras de façon à en augmenter le nombre tout en le proportionnant à la vigueur de la souche. La charpente est alors formée : désormais, chaque hiver, il suffira de conserver sur chaque bras un courson taillé à un ou deux yeux et convenablement choisi.

Pour former un courson il faut de préférence choisir un sarment de vigueur moyenne, bien aoûté, ayant une direction rayonnante du centre à l'extérieur et se rapprochant d'autant plus de la verticale que le port particulier du cépage est plus étalé.

Tout sarment supprimé complètement doit être taillé sur l'empattement sans trop raser le vieux bois, afin d'avoir une plaie d'une section aussi réduite que possible. Les sarments taillés en courson doivent être coupés à la hauteur du nœud immédiatement supérieur à l'œil conservé, de manière à conserver la cloison ligneuse qui, au niveau de chaque bourgeon, forme diaphragme et préserve l'intérieur du courson de la pénétration de l'eau.

La taille de la vigne se fait de décembre à fin février ou commencement de mars; il est bon de ne faire procéder à ce travail que quand la terre est suffisamment ressuyée pour que le piétinement des hommes ne gâche pas la terre, ce qui provoquerait la formation de mottes difficiles plus tard à briser. Il vaut mieux tailler tard que prématurément : non seulement on retarde la pousse et on est moins exposé aux effets des gelées printanières, mais les ceps taillés tardivement végètent plus vigoureusement.

TAILLE EN VERT. L'*épamprage* ou *ébourgeonnement* consiste dans la suppression au cours de la végétation de rameaux non fructifères qui se sont développés sur la souche et qui ne sont pas utiles pour la taille de l'hiver. Cette opération doit se faire dès la sortie de ces bourgeons : elle est recommandable pour les jeunes vignes dont on forme la charpente et pour les cépages qui, comme le Petit-Bouschet, émettent souvent quantité de rameaux infertiles issus de la souche. Dans ce dernier cas, l'ébourgeonnage rend plus facile et plus rapide la taille de l'hiver suivant. Dans le cas où la charpente d'une souche est à rectifier, il faut prendre soin de ménager les bourgeons qui peuvent servir à cet effet.

Le *rognage* ou *pincement* consiste à enlever avec l'ongle l'extrémité d'un sarment pour empêcher son trop grand développement. Cette opération est quelquefois rendue nécessaire au début de la végétation pour empêcher les dégâts causés surtout dans les plantations de Carignans par les vents qui abattent les sarments encore tendres et trop rapidement développés. Le pincement doit être fait de préférence quelques jours avant la floraison : dans les plantations de Carignan à végétation vigoureuse, il provoque la formation d'un nombre considérable de grappillons qui augmentent parfois la vendange dans une forte proportion. On pince aussi pour diminuer les chances de coulure, par exemple pour la Clairette.

Rattachage des sarments. Au cours de la végétation les rameaux, au lieu d'être fixés à des échalas, rampent sur le sol ; même pour les cépages à port érigé, le poids des grappes ne tarde pas à étaler les pampres : alors les fruits se trouvent exposés à l'insolation directe et la circulation dans les vignes devient difficile et fatigante pour les ouvriers. Aussi est-il nécessaire de rattacher ensemble les sarments. Pour cela on forme deux poignées des rameaux que l'on attache, en les croisant, l'une à l'autre au moyen d'un lien quelconque, raphia ou autre. Les rameaux de la vigne forment berceau au-dessus des fruits, les abritent bien de leur ombre protectrice contre l'insolation directe : grâce à cette circonstance et à la facilité qu'a l'air de circuler, les raisins, en cas de siroco, se trouvent à l'abri des accidents de grillage qui parfois ne sont pas sans importance.

Ajoutons à cela que les divers travaux de culture, binages, soufrages, sulfatages et cueillette de la vendange se trouvent facilités par ce relèvement des sarments : aussi la pratique du rattachage tend-elle à se généraliser de plus en plus dans les centres viticoles avancés et est-elle à recommander.

D'essais comparatifs faits par M. Müntz[1], il résulte que les raisins mûris à l'ombre ont une richesse en sucre égale à celle des raisins mûris au soleil et en même temps un degré d'acidité plus élevé; ce qui est à considérer dans les pays chauds où, au point de vue de la bonne fermentation, les raisins n'ont pas le plus souvent une quantité suffisante de principes acides.

Le rattachage des sarments doit se faire au commencement de juin, aussitôt que la floraison est terminée et qu'il devient difficile de circuler dans la vigne avec les instruments attelés sans porter préjudice aux souches.

Labours de la vigne.

Les diverses façons appliquées en Algérie au sol de la vigne ont surtout pour but, outre la destruction des herbes, de retenir l'eau pluviale en l'emmagasinant dans le sous-sol, puis d'empêcher sa déperdition sous l'action solaire pendant la période sèche de l'année.

La première façon à appliquer est un labour donné à une certaine profondeur, 15 centimètres environ; au moyen de la charrue on amasse la terre au milieu de l'interligne, et comme

1.

MOUTS DE RAISINS.	MURIS AU SOLEIL	MURIS A L'OMBRE.
glucose par 100 gr.	17 gr. 96	17 gr. 96
acidité par litre	4 gr. 96	5 gr. 66.

la charrue ne peut travailler sur la ligne des souches, on déchausse celles-ci à la pioche. Ce labour doit être plus profond que les suivants : c'est grâce à lui que le sol est aéré, et, en outre, plus la couche de terre remuée sera épaisse, mieux, en été, la fraîcheur du sous-sol se conservera. C'est à tort que l'on redoute de détruire les racines superficielles de la vigne, car dans les pays à étés secs, comme l'Algérie et la Tunisie, celles-ci ont peu de développement et ne jouent qu'un rôle secondaire. Nous avons vu même dans certains vignobles, lors de ce premier labour, faire suivre la charrue par une fouilleuse sans que ce labour profond portât préjudice au système radiculaire de la vigne. Dans certains vignobles on fait piocher à la main la raie de déchaussage sur la ligne des souches.

En général ce labour est effectué à la fin de l'hiver, après la taille ; il faut pour cela attendre que la terre soit bien ressuyée de façon à ne pas faire des mottes qui, séchant au soleil, seraient ensuite très difficiles à briser. Dans certains vignobles on croise ce labour.

Le second labour a pour but de rechausser la vigne ; il est donné, comme ceux qui le suivent, à une profondeur moindre que le premier. On l'exécute souvent en traçant un trait de charrue de chaque côté de la rangée de souches et en travaillant l'interligne avec la houe ou le scarificateur. On parfait à la main le rechaussage des souches.

Ces deux premiers labours se font lorsque la vigne n'a pas encore poussé et que les bourgeons sont à peine développés.

Plus tard les sarments en s'étalant sur le sol gêneraient la circulation des instruments attelés ; aussi faut-il les relever et *pendant tout l'été* exécuter dans la vigne autant de binages qu'il sera nécessaire pour entretenir en parfait état d'ameublissement la couche superficielle du sol Un orage vient-il à tasser la terre, celle-ci commence-t-elle à se crevasser, il faut passer la houe et multiplier les binages jusqu'à la veille de la vendange et ne pas oublier l'adage si vrai : « Un binage vaut un arrosage ». Le secret des vignerons qui atteignent et dépassent même le rendement moyen de 100 hectolitres de vin à l'hectare est là : c'est en ménageant par l'ameublissement superficiel du sol les réserves d'eau toujours suffisantes emmagasinées dans le sous-sol que l'on assure une végétation régulière de la vigne, le développement du raisin et sa maturité dans les meilleures conditions. Ajoutons qu'ainsi cultivée la vigne se défend admirablement contre le siroco et donne chaque année régulièrement une abondante récolte.

Arrosages. Lorsque on a de l'eau à sa disposition il ne faut pas négliger les irrigations qui, combinées avec de bonnes façons culturales, donnent les meilleurs résultats. Autant il faut condamner la pratique des vignerons qui labourent à peine leurs vignes et qui, en été, arrosent pour suppléer aux façons culturales insuffisantes, autant il faut louer ceux qui, par quelques irrigations données à temps, savent obvier aux inconvénients de la sécheresse de notre climat. Ainsi on arrive a augmenter notablement le rendement sans abaisser sensiblement le degré du vin, car, grâce à sa végétation régulière et continue, la vigne peut élaborer une plus grande quantité de principes sucrés.

En Algérie on peut donner une première irrigation lorsque le raisin commence à tourner. On fait alors circuler l'eau dans des rigoles parallèles aux rangées de vigne de manière à arroser par infiltration. Un deuxième arrosage est donné quinze jours environ avant la vendange : chaque arrosage doit être suivi d'un binage. Dans les terres telles que celles que nous recommandons pour la culture de la vigne, il suffit de 500 mètres cubes d'eau environ pour arroser un hectare de vignes : le second arrosage demande un peu moins d'eau. On peut même employer jusqu'à 1500 mètres cubes par hectare en 1 ou 2 irrigations. Faite dans ces conditions l'irrigation amène un accroissement de récolte qui compense largement les frais supplémentaires qu'elle exige.

Dans les régions où la tranche d'eau annuelle est faible, il y a grand intérêt à suppléer par des irrigations d'hiver à l'insuffisance pluviométrique et à augmenter ainsi artificiellement les réserves d'eau du sous-sol.

A l'époque du débourrement pour ne pas provoquer l'avortement des grappes, et à l'époque de la floraison pour éviter la coulure, il faut s'abstenir d'arroser. (M. Ravaz).

Engrais.

Pour maintenir le rendement de la vigne il est nécessaire de restituer au sol les éléments fertilisants qui lui sont enlevés par chaque récolte. En principe il faut ne planter la vigne que dans les terres riches ayant en réserve de grandes quantités d'azote, de potasse et d'acide phosphorique, car l'apport de ces principes sous forme d'engrais coûte cher. Il faudra néanmoins y recourir dès que le rendement du vignoble aura tendance à faiblir.

Une récolte abondante de vin (80 à 100 hectolitres) enlève au sol 50 à 60 kgr. d'azote, 10 à 20 kgr. d'acide phosphorique et 40 à 50 kgr. de potasse. Il faut restituer ces éléments sous une forme quelconque, fumier de ferme, tourteaux de graines oléagineuses, sésame sulfuré, sang desséché, nitrate, etc.

Le fumier de ferme est employé à la dose de 30 à 45.000 kgr. par hectare pour trois ans. Pour enfouir le fumier on le met dans une cuvette creusée au pied de chaque souche s'il est encore un peu pailleux, ou bien on l'épand sur toute la vigne s'il est bien décomposé et on l'enterre par un labour. Dans ce dernier cas l'effet de la fumure est moins rapide.

A défaut de fumier qui souvent est l'engrais que l'on peut acheter au meilleur marché, surtout chez les indigènes qui n'en font pas usage pour eux-mêmes, on a recours aux engrais chimiques d'un emploi plus délicat.

En général la potasse se trouve en quantité suffisante dans les terres d'alluvions ; quant à l'acide phosphorique, bien que la vigne soit peu exigeante en cet élément, il sera utile d'en apporter au sol ; mais c'est surtout à la restitution de l'azote qu'il faudra veiller.

C'est sous la forme de nitrate de soude que l'azote minéralisé peut être acheté au meilleur marché ; mais il faut observer que l'efficacité de cet engrais est subordonnée à des circonstances atmosphériques impossibles à prévoir. Il faut qu'après son épandage il pleuve suffisamment pour le dissoudre et l'entraîner dans le sous-sol au niveau et au contact des racines ; il ne faut pas qu'il pleuve trop, car alors l'engrais peut être dissous et enlevé par les eaux de pluie. D'autre part, s'il ne pleuvait pas du tout, le nitrate ne produirait aucun effet et, l'hiver suivant, il serait entraîné en pure perte par les eaux météoriques.

C'est en février ou mars qu'il sera le plus souvent possible d'épandre le nitrate de soude : dans les vignes arrosées on est plus assuré d'en tirer le meilleur parti.

Le nitrate de soude s'emploie à la dose de 300 kgr. par hectare, ce qui représente une dépense d'environ 75 francs par hectare.

L'azote peut aussi être employé sous la forme organique, tel qu'il se trouve dans les tourteaux, le sang desséché ; dans ce cas, il met un certain temps à se nitrifier et la récolte suivante retrouve une partie de l'azote qui ne s'est pas transformé en nitrate. La perte par l'entraînement des eaux est beaucoup moins à craindre.

Le tourteau de sésame sulfuré s'emploie à la dose de 500 gr. par souche et par an. En outre de l'azote, il contient de l'acide phosphorique et de la potasse.

Quand on se propose de restituer simplement au moyen d'engrais chimiques les divers éléments enlevés par la vendange, on peut recourir à l'une des formules suivantes :

1re formule :	nitrate de soude	300	kgr. par hectare
	sulfate de potasse	100	— —
	superphosphate de chaux	100	— —

Le prix approximatif de cet engrais est de 110 francs par hectare.

2e formule :	sulfate d'ammoniaque	250	kgr. par hectare
	sulfate de potasse	100	— —
	superphosphate de chaux	100	— —

Le prix de cet engrais serait d'environ 115 francs par hectare. On répand ces matières à la volée et on les enterre par un labour.

Dans les terres riches en matières organiques et pauvres en chaux on peut aussi employer la chaux ou le plâtre qui rendent assimilable l'azote contenu dans le sol. Les scories de déphosphoration qui, outre l'acide phosphorique, contiennent 35 à 40 p. 100 de chaux, donnent aussi de bons résultats dans les mêmes conditions.

Ajoutons que dans certains vignobles les sarments sont, au commencement de novembre, avant que les feuilles ne soient tombées et emportées par le vent, coupés sur place au sécateur ou au moyen de cisailles en menus morceaux pour être enterrés par le labour. Outre que l'on restitue au sol la plus grande part des éléments absorbés par la vigne, on conserve ainsi une quantité notable de matières organiques qui contribuent à l'ameublissement du sol. La décomposition des sarments demande deux ans pour être complète. Cette pratique n'est pas à recommander, quand la vigne a été envahie par l'anthracnose.

PRIX DE REVIENT DE LA CRÉATION D'UN VIGNOBLE

Les dépenses qu'entraîne la création d'un vignoble en plaine d'une superficie de 25 hectares au moins peuvent s'établir ainsi qu'il suit, calculées pour un hectare.

Défoncement à la charrue, hersage	350	fr.
Achat des plants, plantation	50	»
Frais de culture pendant les trois premières années	900	»
Construction de cave	500	»
Matériel vinaire de toute sorte	1000	»
	2800	

FRAIS ANNUELS DE CULTURE D'UN VIGNOBLE

(Fumures non comprises)

Entretien et amortissement du cheptel vivant ou mort.	60	fr.
Travaux de taille, d'ébourgeonnage, etc.	30	»
Labours, binages, façons diverses	80	»
Soufrages	25	»
Destruction des altises	25	»
Sulfatage contre l'anthracnose et le mildew	30	»
Frais de vendange	50	»
Frais généraux	60	»
Soit par hectare	360	»

Pour établir le prix de revient de l'exploitation d'un vignoble il faudrait ajouter aux frais de culture l'intérêt à 5 p. 100 et l'amortissement du capital de création : environ 240 fr. par hectare. Soit en tout 550 à 600 francs.

Ce prix de revient varie dans une certaine mesure, mais il est rare qu'on puisse l'abaisser sensiblement. Le produit brut au contraire peut être considérablement augmenté par des soins culturaux bien appropriés et l'emploi des engrais. Dans les vignobles créés et exploités dans les conditions indiquées ci-dessus le produit brut l'emporte toujours sur les frais d'exploitation, même les années de vente à bas prix. Un bénéfice est toujours assuré et il est plus élevé que celui donné par toutes autres cultures.

MALADIES DE LA VIGNE[1]

L'anthracnose ou maladie du charbon est caractérisée par des taches noires ulcérées qui se développent sur toutes les parties vertes de la vigne. Les rameaux de l'année sont attaqués dès leur premier développement, déformés, noircis comme s'ils avaient été brûlés par le feu : ils présentent des chancres rongeants plus ou moins profonds qui arrêtent leur croissance et les rendent cassants. Le bois aoûté est à l'abri de l'infection. Sur les feuilles on voit les pétioles tordus, creusés d'ulcères noirs : le limbe est criblé de trous (d'où le nom de *variole de la vigne* donné dans certains pays à l'anthracnose) ; les vrilles, les pédoncules des grappes sont aussi déformés et tordus comme les pétioles des feuilles. Quand le mal se montre au moment de la sortie des jeunes grappes, celles-ci sont détruites et brûlées, même avant la floraison ; si les grains de raisins sont formés, ils sont plus ou moins profondément rongés par les chancres et présentent quelque analogie avec les grains de raisins altérés par la grêle.

Le champignon parasite, cause de la maladie, se perpétue par le mycélium qui se conserve à l'état latent d'une année à l'autre dans le bois de la souche et se manifeste au printemps.

La maladie se développe sous l'action combinée de l'humidité et de la chaleur ; mais l'influence de l'humidité est prépondérante. Les pluies fréquentes au début de la végétation, les rosées abon-

1. Voir les *Maladies de la vigne* par M. P. Viala. C. Coulet, Montpellier, 1893.

dantes, les brouillards intenses favorisent l'extension du mal, qu'arrêtent les vents du Sud s'ils soufflent avec quelque persistance.

Toutes les variétés de vignes ne souffrent pas également de l'anthracnose : les plus éprouvées sont d'abord le Carignan, l'Alicante-Bouschet et la Clairette, puis l'Alicante ou Grenache, le Cinsault, l'Œillade, les Muscats, etc. Variétés résistantes : Petit-Bouschet, Espar ou Mourvèdre, Chasselas.

Pour combattre l'anthracnose on détruit le mycelium du champignon qui reste vivant dans les chancres de la souche. Pour cela avant le départ de la végétation et le plus tard possible on badigeonne les souches et les porteurs (vieux bois et bois de l'année) avec la solution suivante :

Sur 50 kilogr. de sulfate de fer (vitriol vert) on verse 2 litres d'acide sulfurique à 53° Baumé : puis on fait dissoudre dans 100 litres d'eau chaude en agitant avec un bâton dans un récipient en bois. La solution est appliquée tiède au moyen d'un pinceau en palmier nain. Avoir soin de bien imbiber toute la souche en faisant pénétrer la solution dans toutes les crevasses que présente le bois.

Ce traitement peut être appliqué quand les bourgeons ont déjà grossi, mais ne sont pas encore éclos ; il n'y a aucun dommage à redouter ; au contraire le départ de la végétation s'en trouve retardé de 8 jours au moins, ce qui est avantageux quand on a à craindre les effets de la gelée blanche.

On peut encore employer une autre solution tout aussi efficace : on verse très lentement dans 100 litres d'eau froide 10 kilogr. d'acide sulfurique à 53° B. Ne pas faire l'inverse en versant l'eau sur l'acide sulfurique.

Cette solution peut être appliquée au pulvérisateur, ce qui permet un travail plus rapide. Dans ce cas il faut préférer les appareils à récipient en verre qui ne sont pas attaqués par les produits ci-dessus.

On peut encore, au cours de la végétation, employer contre l'anthracnose un traitement curatif, moins efficace toutefois que le traitement préventif. Il consiste à saupoudrer la vigne au moyen d'un mélange de chaux et de soufre appliqué sur tout le cep et sur les grappes. On commence l'application dès que les sarments ont 8 à 10 cent. de longueur et on répète l'opération tous les 15 jours en ajoutant au soufre des quantités plus considérables de chaux. Au début on emploie 1/5 de chaux et on finit par 3/5.

En Algérie l'anthracnose peut toujours se combattre efficacement par le traitement *préventif* indiqué ci-dessus. Quand la vigne a été fortement envahie et que le milieu est favorable au développement du mal, on n'obtient pas toujours dès la première année une cure radicale; mais au bout de quelques années de traitement, les dommages causés par l'anthracnose deviennent insignifiants. En bonne culture on doit chaque année traiter préventivement contre l'anthracnose les plants les plus sensibles, tels que les Carignans.

Bien des viticulteurs font chaque année deux badigeonnages à quelques jours d'intervalle, afin d'avoir plus de chance de toucher avec la solution toutes les parties de la souche recélant des germes de maladie.

Peronospora de la vigne. Cette maladie, connue aussi sous le nom de *mildew* (mildiou), a fait son apparition en Algérie en 1880; elle est due au développement d'un champignon parasite, le *Peronospora viticola.* Elle attaque tous les organes verts de la vigne. Sur les feuilles elle forme à la page inférieure des efflorescences blanchâtres semblables à du sucre en poudre. Ces efflorescences se détachent facilement, et au point correspondant de la page supérieure de la feuille apparaissent des taches, jaunâtres d'abord, brunes ensuite. Les feuilles tombent prématurément et jonchent le sol.

Cette maladie ne doit pas être confondue avec l'*Erineum* qui a pour effet de gaufrer les feuilles.

Le mildew s'observe sur les extrémités des rameaux herbacés non encore aoûtés et sur les grappes depuis leur sortie jusqu'à la veraison. Les grains de raisins quand ils sont noués sont attaqués (rot gris, rot brun). Quand le mal se montre au moment de la floraison, il provoque la coulure générale, ce qui se présente souvent alors que le mal n'est pas apparent sur la feuille.

Le mildew se montre de très bonne heure, souvent avant la floraison, dans les derniers jours du mois d'avril; le mal se développe sous l'action combinée de la chaleur et de l'humidité. Les vents secs et chauds (siroco) enraient complètement la maladie et leur action équivaut à un traitement.

Les plants les plus attaqués par le mildew sont le Grenache ou Alicante, le Carignan, le Chasselas, les Muscats, l'Espar ou Mourvèdre, le Morastel, le Cinsault, l'Œillade.

Sont moins attaqués le Cabernet, le Sauvignon, le Sémillon, la Syrah, le Petit-Bouschet et l'Aramon.

Sont plus résistants l'Ugni blanc et la Clairette et la plupart des cépages américains.

Le mildew ne se développe que par les temps de rosées abondantes, de brouillards et de pluies orageuses et lorsque la température atteint au moins 20 à 25° C. Lorsque les nuits sont froides, à une température au-dessous de 14°, d'après M. Viala, bien que la rosée soit abondante, le mal ne s'étend pas. Après les pluies orageuses, quand l'atmosphère est tiède et humide, l'invasion du mildew prend un caractère foudroyant et en quelques jours dépouille les vignes de leurs feuilles.

Lorsque la vigne souffre du mildew la maturité du raisin se fait irrégulièrement et le fruit est peu sucré : les vins sont peu alcooliques, peu colorés, se dépouillent mal et sont d'une conservation plus difficile.

Le remède contre le mildew consiste dans l'application sur tous les organes verts de la vigne d'une solution cuivreuse. En Algérie où il ne pleut pas en été et où on a peu à se préoccuper de l'adhérence aux feuilles de la solution employée, on doit donner la préférence à la bouillie bordelaise qui présente sur les autres préparations l'avantage d'être meilleur marché et tout en étant aussi énergique que les plus efficaces, de ne causer aucun accident de brûlure.

La formule à employer est la suivante :

Sulfate de cuivre	2 kilog.
Chaux vive	1 kilog.
Eau totale........................	100 litres.

Voici comment on opère : dans un fût en bois dont on a enlevé un des fonds et dans lequel on a versé 100 litres d'eau, on fixe un petit panier en osier dans lequel on met les 2 kilog. de sulfate de cuivre (vitriol bleu) et que l'on immerge à fleur de l'eau. Quand le sulfate de cuivre est dissous, on prépare d'autre part une bouillie claire contenant 1 kilog. de chaux vive et on verse doucement, en tamisant, cette bouillie dans la solution de sulfate de cuivre en même temps qu'on agite celle-ci au moyen d'un bâton. On obtient ainsi une bouillie d'un beau bleu, qui, au repos, laisse un dépôt abondant. Chaque fois que l'on charge le pulvérisateur, il faut avoir soin d'agiter.

Quand la bouillie est faite et qu'on la laisse déposer, il faut s'assurer que le liquide clair qui surnage n'est plus bleu : s'il est encore bleu c'est qu'il contient du sulfate de cuivre non décomposé et dans ce cas il faut ajouter un supplément de chaux. Quand la quantité de chaux n'est pas suffisante pour neutraliser tout le sulfate de cuivre, il se produit des brûlures sur les feuilles.

On peut aussi employer contre le mildew une solution au sulfate de cuivre, l'eau céleste, la bouillie bourguignonne, la bouillie au saccharate de cuivre, le verdet, les poudres cupriques et un grand nombre d'autres compositions aux sels de cuivre que l'on trouve toutes préparées dans le commerce. Elles ne sont pas supérieures, pour l'Algérie du moins, à la bouillie bordelaise et coûtent souvent beaucoup plus cher.

Il arrive quelquefois que les sulfates de cuivre sont falsifiés par une addition d'autres sulfates à bon marché, tels que le sulfate de fer, le sulfate de zinc. Si on verse quelques gouttes d'eau de chaux ou un peu d'alcali dans une solution de sulfate de cuivre, on obtient un liquide d'un beau bleu limpide si le sulfate de cuivre est pur. S'il y a addition de sulfate de fer, il se forme un dépôt bleu trouble ; si c'est du sulfate de zinc qui a été ajouté frauduleusement, le dépôt est blanc sale. L'addition d'autres sels sans valeur est plus difficile à reconnaître ; aussi le viticulteur ne doit-il faire aucun achat de sulfate de cuivre sans se faire garantir par écrit le tant pour cent de sulfate de cuivre pur existant dans le produit vendu et faire vérifier le titre dans un laboratoire d'analyses chimiques.

Le traitement du mildew doit se faire préventivement avant même toute apparition du mal. En Algérie et en Tunisie il faut faire la première application de bouillie bordelaise quand les mannes sont sorties, avant la floraison et en cherchant à asperger celles-ci autant que possible. Un second traitement est nécessaire au moment de la floraison ou peu de temps après parce que les nouvelles pousses n'ont pas subi le traitement préventif. Trois semaines environ après, vers le commencement ou la mi-juin, on fera une troisième application de bouillie. Ces trois traitements suffisent le plus souvent ; on doit dans tous les cas les appliquer et s'il est nécessaire les compléter par un quatrième à la fin juin ou au commencement de juillet.

Il faut 5 à 600 litres de bouillie pour traiter un hectare de vigne dans son plein développement.

Oïdium. — *L'oïdium* est une maladie causée par un petit champignon parasite qui revêt les feuilles et toutes les parties vertes de la vigne d'un léger duvet grisâtre terne qui exhale une odeur rappelant celle du poisson pourri. L'oïdium se montre sur les deux faces de la feuille à la fois et quelquefois sur les fleurs ; sur les fruits il se développe jusqu'à la véraison.

Quand le grain de raisin noué vient à être attaqué par l'oïdium, la pellicule se durcit et si le fruit continue à se développer, la peau éclate et le grain se fend jusqu'à laisser voir les pépins. Le grain crevé sèche ou pourrit suivant l'état hygrométrique de l'air.

Cépages très attaqués : Muscats, Chasselas, Frankenthal, Clairette, Carignan, Ugni blanc, Cinsault, Œillade.

Cépages peu atteints : Aramon, Alicante, Espar, Morastel, Petit-Bouschet.

Cépages très peu atteints : Isabelle et le plus grand nombre des cépages américains.

L'oïdium se développe lentement, mais progressivement depuis l'éclosion des bourgeons jusqu'à la floraison ; le champignon végète à partir de 12° et le développement du mal est rapide quand la température moyenne atteint 20° avec maxima entre 25 et 30°.

L'oïdium continue à se développer, mais lentement, jusqu'à 40° ; à 45°, température atteinte lors des sirocos violents, il est détruit.

Bien qu'une température chaude et humide à la fois soit particulièrement favorable au développement de l'oïdium, l'influence de l'humidité est secondaire. En Algérie et en Tunisie on constate souvent une invasion violente fin juin, quelque temps avant la véraison ; mais il est toujours possible de la combattre efficacement.

On traite l'oïdium par l'application de soufre. D'après les

observations de M. Marès, de Montpellier, à une température variant dans la journée entre 32 et 35° et s'abaissant la nuit à 20° la désorganisation du champignon, déjà appréciable au bout de 24 heures, est complète au bout de 4 à 5 jours. Lorsque la température ne dépasse pas 25°, il faut 7 jours pour que le soufrage produise son plein effet. Si le thermomètre monte à 42° l'oïdium est détruit en deux jours, mais alors si on soufre par cette température, on risque de griller les feuilles et les raisins. Il faut éviter de soufrer par les très fortes chaleurs.

Le soufre appliqué sur les vignes dégage une très faible quantité d'acide sulfureux qui tue le champignon ; le soufre agit par contact et par la formation directe de vapeurs.

Époque des soufrages. Un premier soufrage est nécessaire quand les rameaux ont une dizaine de centimètres de longueur. Le deuxième est appliqué au moment de la floraison ; enfin un troisième est presque toujours nécessaire quelque temps avant la véraison. Si la pluie survient après l'application du soufre, l'opération est à recommencer.

Quand on fait le dernier soufrage de juin il faut, pour éviter le grillage, ne pas opérer par une chaleur trop forte, employer de faibles quantités de soufre que l'on applique de préférence avec les soufreuses connues sous le nom de *torpilles*. Un soufrage trop abondant aurait en outre pour effet d'introduire dans les cuves à fermentation une certaine quantité de soufre qui pourrait altérer le goût du vin.

On emploie pour soufrer la vigne la fleur de soufre ; celle-ci est souvent mélangée frauduleusement de soufre trituré qui a une valeur marchande moindre. Un soufre doit se payer en raison de sa pureté et de sa finesse.

Le soufre d'Apt est un mélange naturel de 20 p. 100 de soufre et de 80 p. 100 de plâtre ; avec ce soufre le grillage est moins à craindre lors du dernier traitement.

Black-rot de la vigne. Cette maladie n'a pas été jusqu'à présent constatée en Algérie ; il importe cependant d'en donner les caractères parce que, dès sa première apparition, on pourra tenter, avant toute extension, d'éteindre les premiers foyers d'infection.

Les feuilles de la vigne atteinte par le black-rot sont criblées de petites taches fauves à contours nets et se détachant sur le fond vert de la feuille. Si on examine attentivement ces taches, même à l'œil nu, on les voit parsemées de petits points noirs présentant l'apparence de fins grains de poudre. Les grains de raisins se flétrissent et prennent la couleur et l'aspect de petits pruneaux recouverts de petites granulations semblables à celles constatées sur les feuilles.

Cette maladie fait souvent de grands ravages dans les régions à orages d'été. En Algérie, où les pluies d'été sont tout à fait exceptionnelles, il semble que ce mal soit moins redoutable.

Le remède à appliquer est le même que contre le mildew. Au cas où un foyer d'infection viendrait à être constaté en Algérie, il y aurait lieu d'appliquer à la vigne des sulfatages énergiques et multipliés pour empêcher la propagation du mal.

La bouillie bordelaise à 2 % au minimum de sulfate de cuivre doit être appliquée abondamment et les traitements seront fréquemment renouvelés. La Commission supérieure du Black-Rot recommande d'enlever les feuilles tachées, dès leur apparition, et de détruire radicalement par des labours précoces d'automne ou par le feu, tous les organes quelconques altérés, feuilles, grappes, vrilles, tombés sur le sol ou restés adhérents aux ceps ou à leurs supports.

Pourridié. Le pourridié est une maladie caractérisée par la pourriture des racines due au développement d'un champignon parasite, le *Dermatophora necatrix*. Les caractères extérieurs de la maladie présentent quelque analogie avec ceux de l'invasion phylloxérique. Les rameaux sont rabougris et ramifiés ; la souche pousse en tête de chou ; les feuilles restent petites, profondément incisées. Vertes au début du mal, elles jaunissent plus tard. Le mal s'étend en rond comme le phylloxéra.

Le mycélium du champignon forme à la surface des racines un revêtement blanc floconneux que l'examen microscopique seul peut permettre de différencier d'autres moisissures analogues comme aspect.

Le pourridié se développe surtout dans les terrains en cuvette où l'eau s'accumule par suite de l'imperméabilité du sous-sol et entretient une humidité excessive.

Le pourridié, qu'il faut bien se garder de confondre avec le mal phylloxérique, fait périr les souches atteintes ; son développement ne peut être enrayé par aucun procédé de traitement. On peut seulement recommander d'empêcher ou de prévenir la propagation de la maladie.

Le drainage est un excellent moyen préventif de protection, le seul à recommander.

Dans les vignobles où l'on constate les premières traces de la maladie, il faut arracher les souches atteintes avant qu'elles ne soient mortes, extraire autant que possible tous les débris des racines, les rassembler dans le trou d'arrachage et les brûler avec un peu de bois sec. Il faut en outre sacrifier quelques rangées de souches sur le pourtour de la tache et, bien que leur aspect soit normal, les brûler comme les ceps de la tache elle-même.

On conseille aussi l'emploi du sulfure de carbone à la dose de 200 gr. par mètre carré. Bien entendu à cette dose on détruit la vigne elle-même.

Ne pas replanter de vignes pendant plusieurs années sur le terrain infesté.

Chlorose. La chlorose est une maladie qui attaque assez rarement les vignes françaises cultivées en terrains peu calcaires, elle est fréquente sur les vignes américaines en sols calcaires. Le traitement consiste à badigeonner avec une solution de sulfate de fer à 30 p. 100 les souches au moment de la taille, en appliquant le liquide surtout sur les sections fraîches. Le succès est plus assuré à la fin de l'automne et au commencement de l'hiver et quand on opère avant les grandes pluies.

Folletage. Souvent au cours de l'été, dans les vignes jusque là d'une végétation vigoureuse, on voit tout à coup par-ci par-là certaines souches isolées perdre leurs feuilles complètement et sécher avec les raisins qu'elles portaient. Quelquefois, ce n'est qu'un côté de la souche qui présente cet accident que l'on observe surtout dans les plantations de Mourvèdre, particulièrement dans les sols riches et profonds. On explique cet accident par une transpiration exagérée de la vigne qui évapore par les feuilles plus d'eau qu'il n'en arrive par les racines. Le folletage ou apoplexie serait le résultat d'une rupture de l'équilibre entre l'absorption de l'eau par les racines et l'évaporation par les feuilles. Par contre certains ampélographes rapportent cet accident à une cause parasitaire. On ne connaît aucun remède à ce mal : on a conseillé de supprimer, dès le premier début du mal, par un pincement énergique, une partie des organes foliacés, de tailler court ou de recéper. Si la partie souterraine est encore saine, la souche pourra se reconstituer. Dans le cas contraire le remplacement par provignage sera préférable.

Accidents Météorologiques.

GELÉES DE PRINTEMPS

Au printemps les jeunes pousses de la vigne sont parfois détruites par la gelée. On distingue la *gelée noire* ou *gelée à glace* qui est causée par un refroidissement général de l'atmosphère et la *gelée blanche* due au rayonnement nocturne : ce sont les gelées blanches qui sont en Algérie de beaucoup les plus fréquentes.

Au sujet des gelées blanches on peut poser en principe les faits d'observation suivants, d'ailleurs expliqués par la science : les vignobles envahis par les mauvaises herbes sont plus sujets à souffrir de la gelée ; il en est de même des vignes dont la terre a été fraîchement remuée : aussi doit-on, autant que possible, ne pas labourer pendant la période où les gelées blanches sont à redouter. Les vignes placées dans les bas-fonds souffrent en général plus de la gelée blanche que les vignes en coteaux ou élevées. Quand le sol est saturé d'humidité, lorsque, par exemple, il vient d'être irrigué, les vignes se trouvent protégées contre la gelée blanche. Enfin lorsque le dégel a lieu lentement, ce qui arrive quand les bourgeons ne sont pas frappés directement par les rayons du soleil, à son lever, les dommages de la gelée sont considérablement atténués et souvent sans importance.

Sur le littoral algérien et dans les plaines basses, les gelées blanches ne sont plus à redouter après le 10 mai, terme extrême de ces accidents météorologiques.

Les moyens préventifs pour se garantir contre les accidents dus à la gelée sont les suivants :

a) Taille en deux temps ; on laisse subsister jusqu'au départ de la végétation les sarments principaux qui seront taillés en coursons et on abat tous les autres. Au printemps, on parachève la taille le plus tard possible.

b) Protection de la vigne contre la gelée d'abord, contre le dégel trop rapide ensuite par la production de nuages artificiels. Ceux-ci ne sont cependant efficaces que quand l'abaissement de température n'est pas inférieur à 4° C. au-dessous de zéro.

c) Irrigation abondante ou mieux submersion des vignes pendant la période des gelées : il faut maintenir au-dessus du sol une couche de quelques centimètres d'eau pendant la nuit et jusqu'après le lever du soleil. Remarquons toutefois que si le sol était simplement frais, au lieu d'être humide, la gelée serait favorisée au lieu d'être conjurée.

d) Saupoudrage des jeunes pousses avec des matières pulvérulentes, telles que plâtre, chaux. Sulfatage des souches pour retarder le départ de la végétation.

Taille des vignes gelées. Quand les vignes sont gelées que doit-on faire ?

Les uns conseillent de ne *jamais rien retailler*, quelle qu'ait été l'action de la gelée. Si c'est le premier bourgeon seulement qui est gelé, dit-on, c'est le second qui se développera et donnera du fruit : s'ils sont gelés tous les deux ils se dessècheront et l'œil dormant ou œil borgne partira ; le vigneron dans aucun cas n'a à intervenir.

D'autres estiment, et nous pensons comme eux, que quand la gelée survient lorsque les nouvelles pousses sont déjà très développées, il faut les tailler deux ou trois jours après la gelée sur le nœud le plus rapproché du courson, afin de faciliter le développement du nouveau bourillon ou œil borgne qui est déjà apparent à ce moment. La taille en vert permet d'obtenir une petite récolte qui peut compenser en partie les frais de culture et en tous cas elle donne sûrement de beaux bois pour la taille suivante.

Quant à la taille sur le vieux bois elle a peu de partisans, car elle provoque un épanchement de sève qui affaiblit la souche.

Quoi qu'il en soit et dans tous les cas, comme sur les vignes gelées il se développe beaucoup de gourmands qui ne sont pas fructifères, il faudra, par un ébourgeonnement soigné, faire tomber tous ceux qui ne sont pas utiles pour la taille à appliquer l'année suivante.

GRÊLE

Quand les rameaux encore tendres sont hâchés par la grêle, ils se rabougrissent et ne donnent qu'une végétation chétive, incapable de constituer de bons bois pour asseoir la taille de l'hiver suivant. Aussi doit-on tailler immédiatement en vert, à un ou deux yeux, comme on ferait pour les vignes gelées et comme si on pratiquait la taille ordinaire sur des sarments aoûtés.

L'assurance contre la grêle est en général peu avantageuse pour le vigneron ; les régions éprouvées par ces accidents météorologiques sont bien connues et souvent parfaitement délimitées ; aussi, comme ce ne sont que les viticulteurs exposés qui s'assurent, les primes à payer sont nécessairement très élevées.

Qu'il s'agisse de vignes gelées ou grêlées, il est indispensable de pratiquer les sulfatages et les soufrages ordinaires et de donner au vignoble tous les soins utiles afin de relever autant que possible sa végétation.

BIBLIOGRAPHIE

Guide pratique du vigneron algérien, par MM. Borgeaud et Barbier (viticulture et vinification). — Comice agricole d'Alger, 1886.

Manuel de viticulture à l'usage des immigrants en Algérie, rédigé par les soins de la Société d'agriculture d'Alger. Imprimerie Fontana, Alger, 1885.

La Viticulture algérienne, par M. Bertrand. Imprimerie Giralt, Alger, 1889.

Traité pratique sur la vigne et le vin en Algérie et en Tunisie, par M. Leroux. Imprimerie Mauguin, Blidah.

Cours complet de viticulture, par G. Foex, directeur de l'École nationale d'agriculture de Montpellier. Camille Coulet, libraire-éditeur, Montpellier, 1891.

Les Maladies de la vigne, par P. Viala. C. Coulet, Montpellier.

Recherches expérimentales sur la culture et l'exploitation des vignes, par M. Müntz, professeur et directeur des laboratoires de l'Institut National agronomique. — Annales de la science agronomique, librairie Berger-Levrault, Paris, 1893.

VINIFICATION

Les progrès de la viniculture algérienne sont de date récente, et ce n'est guère que depuis une douzaine d'années que les vignerons de la colonie sont en possession d'une méthode pratique et sûre de vinification. Pendant longtemps, on avait pu douter de l'avenir de la viticulture dans le Nord de l'Afrique. On avait bien reconnu que la vigne était assurément la plante qui s'adaptait le mieux au climat de ce pays, que sa végétation exubérante était peu influencée par les maladies cryptogamiques et qu'elle donnait, plus régulièrement que toute autre culture, des fruits en abondance, dont la beauté rappelait la légende biblique. Mais quand il s'agissait de transformer ces magnifiques vendanges en vin, les insuccès étaient nombreux et décourageants, malgré la science et l'habileté qu'apportaient dans les opérations de la vinification des hommes souvent d'une grande compétence.

Les meilleurs procédés de fabrication, tels que ceux en usage dans le Bordelais ou la Bourgogne, se trouvaient en défaut; tantôt on réussissait, tantôt on manquait son vin, sans savoir pourquoi. Tel vigneron qui se croyait en possession d'une bonne méthode de vinification, la voyait en défaut certaines années et, après tant d'échecs et devant tant de risques, on pouvait se demander si, avec nos magnifiques raisins, on parviendrait jamais à faire d'une manière régulière un vin susceptible de se conserver et d'entrer dans la consommation courante.

Cette fâcheuse situation s'est heureusement modifiée depuis le jour où l'on est parvenu à établir les bases d'une méthode de vinification appropriée aux conditions de milieu particulières à l'Algérie et applicable en pays chaud.

L'objectif du vigneron en pays chaud est d'*arriver du premier coup à une réduction complète du sucre contenu dans le moût de raisin par une fermentation alcoolique régulière.* Dans ces conditions, le vin toujours riche en alcool et ne contenant plus de sucre fermentescible, sera à l'abri de toute altération ultérieure, même si, comme cela se présente souvent, il survient à l'automne des relèvements de température causés par le siroco, circonstances préjudiciables aux vins encore doux et, par suite, accessibles aux ferments de mauvaise nature.

Une première question se pose :

QUELLE EST, EN ALGÉRIE, L'ÉPOQUE LA PLUS FAVORABLE POUR LA VENDANGE ?

Avant maturité, le raisin possède une acidité excessive, qui va s'atténuant petit à petit jusqu'au point de devenir à peine perceptible au palais, quand le raisin est mûr. Au fur et à mesure que l'acidité du raisin diminue, sa saveur sucrée augmente. Il faut choisir pour la vendange l'époque où ces deux principes, *acidité et sucre*, se trouvent dans le raisin en juste proportion.

Une cueillette trop hâtive donnerait un vin trop acide, surtout au lendemain du décuvage, et pas assez alcoolique. En vendangeant trop tard, le vin sera plus alcoolique, mais il manquera de fraîcheur, c'est-à-dire ne donnera pas à la dégustation cette sensation agréable et rafraîchissante due à la présence d'une juste proportion de principes acides en rapport avec les autres éléments constitutifs du vin.

Une certaine acidité du moût est favorable à une bonne fermentation alcoolique : c'est une considération dont le vigneron doit tenir le plus grand compte, surtout s'il n'est pas outillé pour assurer, par des moyens artificiels, la régularité de la fermentation. En vendangeant un peu plus tôt, mais à maturité cependant, grâce à cette acidité, la fermentation se fera toujours dans de meilleures conditions : elle sera complète et donnera un vin bien réduit, solide, d'un degré alcoolique et d'une coloration un peu moindres, mais très estimé par le consommateur. Au point de vue marchand, il aura peut-être un peu moins de valeur ; mais il vaudra toujours mieux subir cet inconvénient que de s'exposer à produire un vin douceâtre, sujet à s'altérer par suite de fermentation défectueuse.

Si l'on cueille très mûr, le raisin, surtout s'il est déjà flétri, est très riche en sucre, mais pauvre en principes acides, circonstances défavorables à une fermentation régulière. Par suite du manque d'équilibre entre les principes sucrés et les principes acides, la vinification présentera plus d'aléas que dans le cas précédent. Il faudra remédier au défaut d'acidité ou par des moyens artificiels, tels que aération ou plutôt refroidissement des moûts en fermentation, favoriser l'évolution du ferment. La vinification des raisins très mûrs est donc particulièrement difficile en pays chaud et elle ne peut être menée avec succès que par des vignerons habiles et bien outillés.

Quand le raisin est bon à manger, que le pinceau est coloré, que la densité du moût atteint environ 10° à l'aéromètre Beaumé, que les grappillons commencent à noircir, l'époque favorable à la vendange est arrivée.

Ainsi que le fait très justement observer Cazalis-Allut, c'est lorsque le fruit est arrivé à ce point de maturité qu'il contient les éléments qui doivent constituer un produit de bonne qualité ; car on obtient alors des vins d'une couleur prononcée et brillante, qui se dépouillent promptement de leur lie et possèdent, au plus haut degré, la saveur vineuse et le parfum que l'on recherche dans les vins de table. Lorsque la maturité est plus avancée et que la peau commence à s'altérer, il n'y a plus, sans doute, équilibre parfait entre les parties constituantes des moûts provenant de ces raisins, car ils ne produisent dans cet état, à moins qu'on n'ait recours à certains artifices de fabrication, que des vins doux d'une couleur fausse, lents à se dépouiller, fermentant fréquemment, sans saveur aucune, ni parfum. Le vin qui, au décuvage, a une légère verdeur [1], s'améliore toujours en vieillissant, il conserve sa couleur brillante ; celui qui, au contraire, a de la liqueur, est exposé à mal tourner. L'acidité donne de la fraîcheur au vin, favorise le développement du bouquet et maintient en solution la couleur. Les vins qui manquent d'acidité sont le plus souvent plats, sans couleur vive et instables, susceptibles de s'altérer au contact de l'air.

Lorsque le moût ne possède pas l'acidité nécessaire pour assu-

1. On dit d'un vin qu'il est *vert* ou *acide*, quand au lieu de la sensation agréable que fait éprouver la dégustation d'un vin *frais*, c'est une impression pénible que l'on ressent : les dents sont agacées par l'excès d'acidité. La verdeur, c'est la fraîcheur à l'excès.

rer une fermentation régulière, on peut, à défaut de moyens de réfrigération, l'additionner de certains principes acides, tels que acide tartrique, plâtre, phosphate, etc.

Lorsque le raisin a été altéré, soit par le siroco, soit par la pourriture, c'est au moment même de la cueillette, au fur et à mesure que les grappes sont coupées, qu'il faut faire enlever les grains séchés ou gâtés. Ce triage doit toujours être fait et il est largement rémunéré par la plus-value du vin produit.

INFLUENCE DE LA TEMPÉRATURE INITIALE DE LA VENDANGE SUR LA FERMENTATION.

La cueillette du raisin doit, autant que possible, surtout si on ne possède pas les moyens de réfrigérer les moûts en fermentation, se faire *aux heures les plus fraîches de la journée.*

Si la vendange pouvait se faire la nuit [1], le raisin serait mis en cuve à une température basse, sauf quand le siroco souffle, et cela suffirait le plus souvent, dans les pays chauds comme l'Algérie, pour assurer, sans autre artifice, la fermentation normale des moûts.

Les raisins encore suspendus à la vigne ont une température à peu près égale à celle de l'air ambiant; avant d'être réchauffés par le soleil, ils ont souvent une température sensiblement inférieure à 20° C., tandis que, dans la journée, cette température atteint souvent et dépasse même 35°.

Il faut donc, là où l'on ne peut réfrigérer les moûts, cueillir autant que possible le raisin pendant le frais, au grand matin et le soir. Quant au raisin cueilli pendant les heures chaudes de la journée, il faut le conserver jusqu'au lendemain matin avant de l'écraser et le tenir exposé en plein air au rayonnement nocturne, dans des paniers en roseau.

Quand le siroco vient à souffler, si l'on ne dispose pas de réfri-

1. Dans la région de Bougie, un grand propriétaire a résolu le problème en faisant faire la vendange la nuit. Les ouvriers sont éclairés au moyen de la lampe Seigle qui brûle des huiles lourdes de goudron et permet de lire un journal à 40 mètres de distance. (Voir *Algérie agricole*, n° du 15 octobre 1896.)

gérants, il faut suspendre la vendange, car le vin fait dans ces conditions serait fatalement défectueux.

L'action néfaste du siroco est due à cette circonstance que les raisins étant mis en cuve à une température élevée, le maximum de chaleur nuisible au développement du ferment est rapidement atteint. Elle ne s'exerce pas sur les cuvées, quand les raisins sont froids.

On sait que la fermentation d'un moût de richesse moyenne augmente de 15° C. environ la température initiale de la vendange. Si donc on parvient à encuver le moût à une température inférieure à 25°, on n'atteindra pas la température de 40°, au delà de laquelle la fermentation alcoolique devient languissante ou s'arrête. Pour les moûts qui ne marquent pas plus de 10°5 à 11° au glucomètre, la fermentation complète peut, d'après M. Dugast, être obtenue sans réfrigération si la vendange est cueillie à une température inférieure à 25°[1]. Il sera néanmoins prudent, lorsque la température sera près d'atteindre son maximum, de ranimer l'activité des ferments par quelques soutirages à la cuve.

Pour conduire rationnellement la vinification, le vigneron doit savoir mesurer la richesse saccharine d'un moût et son degré d'acidité ; il devra, en outre, au moyen du thermomètre, suivre les variations de la température au cours de la fermentation.

Pour déterminer la richesse en sucre d'un moût, on se sert de divers appareils flotteurs qui s'enfoncent d'autant moins dans le liquide que celui-ci est plus sucré, c'est-à-dire plus dense.

Le glucomètre du Dr Guyot marque 0 dans l'eau pure ou dans le vin fait et indique à la fois la richesse en sucre exprimée en

1. Voici les températures maxima que M. Müntz a constatées dans des foudres de 375 hectolitres de capacité remplis avec du raisin à une température variable :

Température initiale moyenne de la vendange.	Température maxima de la fermentation.
20°4	35°75
22°1	36°
24°7	37°
25°2	39°
26°	39°5

kilogrammes par hectolitre, le degré de liqueur ou degré Beaumé, et le titre alcoolique du vin qui sera obtenu par la fermentation complète du moût. Ce dernier chiffre ne peut être qu'approximatif.

INFLUENCE DE L'ACIDITÉ DES MOÛTS SUR LA FERMENTATION

Les moûts d'une composition normale, susceptibles de fermenter dans de bonnes conditions et de donner un vin ayant toutes ses qualités, doivent posséder une certaine réaction acide. On apprécie l'acidité totale d'un moût en la comparant à celle que possède la solution d'une certain nombre de grammes d'acide sulfurique dans un litre d'eau.

On dit par exemple d'un moût qu'il a par litre une acidité totale de 5 gr. exprimée en acide sulfurique s'il a la même réaction acide que 5 gr. d'acide sulfurique dissous dans un litre d'eau pure.

On peut de la même façon exprimer en acide tartrique l'acidité totale d'un moût.

Si l'on connaît l'acidité totale d'un moût en acide sulfurique, il est facile de l'exprimer en acide tartrique en se servant de la formule ci-dessous :

$$T = 1,530 \ S$$

(T = Acidité exprimée en acide tartrique ; S = Acidité expr. en acide sulfurique).

Inversement l'acidité en acide sulfurique, connaissant l'acidité en acide tartrique, s'obtient par la formule suivante :

$$S = 0,653 \ T.$$

Le moût de raisin pour bien fermenter doit avoir par litre une acidité totale de 6 gr. à 6 gr. 50 exprimée en acide sulfurique ou une acidité de 10 gr. exprimée en acide tartrique : en d'autres termes, il doit présenter la même réaction acide que 6 gr. d'acide sulfurique ou 10 gr. d'acide tartrique dissous dans un litre d'eau. Cette teneur suffit pour les cépages courants tels que Carignan et Mourvèdre : elle est un minimum pour les hybrides Bouschet.

DOSAGE DE L'ACIDITÉ TOTALE DES MOÛTS.

Emploi de la liqueur alcaline titrée. On se sert d'une solution alcaline titrée telle que un litre de cette solution soit exactement saturé par 10 gr. d'acide sulfurique. Pour doser l'acidité du moût, on prélève, au moyen d'une pipette graduée, 10 cent. cubes de moût clair que l'on recueille dans un verre à fond plat et mince, posé sur une feuille de papier blanc. On ajoute un peu d'eau de pluie (50 cent. cubes environ) et quelques gouttes d'une solution alcoolique de phtaléine de phénol.

D'autre part, avec une burette graduée on verse goutte à goutte dans le verre et en agitant constamment la solution alcaline ci-dessus jusqu'à ce qu'on aperçoive dans le moût une teinte rose persistante ; on s'arrête alors.

Le nombre de cent. cubes de liqueur alcaline employés donne l'acidité totale du moût exprimée en acide sulfurique. Si on a employé 4 cent. cubes, 6 dixièmes de liqueur alcaline pour saturer les 10 cent. cubes de moût, c'est qu'un litre du moût essayé contient une quantité d'acides équivalente à 4 gr. 6 d'acide sulfurique [1].

Emploi des papiers alcalins. On peut aussi, mais avec moins de précision, se servir de petits morceaux de papiers alcalins contenant une quantité d'alcali déterminée et correspondant à une certaine quantité d'acide. On mesure 10 cent. cubes de moût dans lesquels on plonge ces morceaux de papier l'un après l'autre en les comptant jusqu'à ce que le dernier ne rougisse plus. Alors l'acide du moût a été saturé et le moût est d'autant plus acide qu'il a fallu employer un plus grand nombre de papiers alcalins pour le saturer. Connaissant le nombre de papiers employés, au moyen d'un tableau dressé à cet effet, par une simple lecture on obtient le degré d'acidité exprimée en acide sulfurique.

Ce procédé est dû à M. Bringuier, chimiste à Béziers, inventeur de l'appareil connu sous le nom d'*acidimètre Bringuier.*

Les procédés ci-dessus peuvent être employés pour mesurer l'acidité du vin fait. Il faut pour cela chasser au préalable l'acide carbonique en chauffant très légèrement le vin et en l'agitant vivement.

1. La maison Salleron, 24, rue Pavée-au-Marais, à Paris, livre pour 10 fr. un tube acidimétrique avec liqueur titrée et accessoires qui permet d'apprécier très rapidement et très simplement le degré d'acidité des moûts.

RELÈVEMENT DU DEGRÉ D'ACIDITÉ DES MOÛTS

Dans les pays chauds, à l'inverse de ce qui se passe dans les pays du Nord, on n'a presque jamais à craindre que, faute de maturité, les moûts soient trop acides ; au contraire, le degré d'acidité n'est guère convenable pour une bonne fermentation qu'au début de la vendange ; il ne tarde pas à devenir insuffisant.

Nous avons vu que le moût non fermenté devait avoir une acidité totale égale à 10 gr. par litre (exprimée en acide tartrique)[1]. Au fur et à mesure que la maturité des raisins s'avance et s'exagère, l'acidité naturelle diminue. Il faut la doser de temps à autre pour voir si on ne s'écarte pas trop du degré voulu.

Pour corriger le défaut d'acidité des moûts, on pourrait employer l'acide tartrique ; mais celui-ci étant très cher, et les doses à employer pour ramener le moût au degré voulu étant considérables, il est préférable de surveiller la maturité du raisin de façon à vendanger quand le moût est encore assez acide pour que la fermentation marche bien et pour que le vin ait le brillant et la solidité désirables.

Quand on est obligé d'employer l'acide tartrique pour des raisins très mûrs, la dose pratique est de 7 à 800 gr. par 1.000 kilogr. de vendange ; on force la dose pour les raisins d'hybrides Bouschet. Au début de la vendange, on ajoute des quantités d'acide tartrique faibles, par ex. 30 gr. par hectolitre de vin à produire. Puis plus tard, au fur et à mesure que la maturité s'exagère, on augmente la dose qui peut être élevée progressivement jusqu'à 150 et 200 gr. d'acide par hectolitre de vin à soutirer. Mais le mieux est de suivre les indications de l'acidimètre. L'acide dissous dans un peu d'eau est projeté sur le raisin au fur et à mesure du foulage avant fermentation et non après.

Dans les pays méridionaux, ainsi que le fait observer avec raison M. Müntz, il ne faut pas craindre de faire la vendange

1. D'après M. Roos le taux d'acidité doit au minimum être de 8 gr. d'acide tartrique par litre de moût pour l'Aramon, le Carignan et les autres cépages pour vins courants, 10 gr. d'acide tartrique pour les hybrides Bouschet et 12 gr. pour le Jacquez.

avec une acidité un peu forte qui est loin de nuire à la qualité des vins. Si la maturité est dépassée, on gagne il est vrai de la richesse alcoolique et de la couleur, mais on y perd au point de vue de la bonne tenue des vins, si l'on ne remonte pas artificiellement l'acidité des moûts. D'ailleurs cette acidité un peu forte du début ne persiste pas ; ce qui la diminue surtout, c'est la précipitation du tartre. Tel moût qui possède 6 gr. 5 d'acidité totale exprimée en acide sulfurique donne un vin qui, quatre mois après la vendange, ne donne plus que 3 gr. 85 d'acidité.

On peut encore obvier à l'insuffisance de l'acidité d'un moût par la pratique du plâtrage.

TRANSPORT DE LA VENDANGE A LA CAVE

Le transport de la vendange à la cave se fait au moyen de charrettes ou de chariots. Les paniers ou comportes doivent être élevés au-dessus de l'ouverture des cuves à fermentation.

Pour monter la vendange la rampe d'accès est préférable à toute machine élévatoire, telle que treuils, palans, chaînes à godets, etc. Avec la rampe on est plus assuré de pouvoir rentrer régulièrement le raisin, tandis qu'avec un appareil élévateur le moindre accident peut obliger à suspendre tous les travaux de cueillette et de vinification. Même en plaine l'établissement de la rampe peut se faire à bon marché avec les déblais des fondations de la cave, les terres extraites des fossés rendus nécessaires pour l'écoulement des eaux, etc.

FOULAGE

Avant d'être projetés dans la cuve pour y fermenter les raisins doivent être écrasés ou foulés. Si l'on discute au sujet de l'opportunité d'aérer les moûts au cours de la fermentation, tout le monde est d'accord sur l'utilité de les exposer à l'action de l'oxygène de l'air avant la fermentation, c'est-à-dire au moment du foulage.

L'écrasage aux pieds sur une claire-voie disposée au-dessus de la cuve est à recommander pour les petites exploitations, à la condition, bien entendu, que cette opération soit faite avec toute la propreté désirable. Par le foulage aux pieds la vendange est bien mieux aérée que par l'emploi du fouloir.

Les vignerons originaires d'Espagne restent fidèles à la pratique du foulage aux pieds. Voici du reste avec quel soin dans la Péninsule est conduite cette opération.

Au-dessus de la cuve à remplir on juxtapose des madriers sur lesquels la vendange est étalée. Des hommes chaussés d'espadrilles foulent le raisin qu'on laisse égoutter quelque temps. Le marc est ensuite réuni en tas sur le bord du plancher afin de permettre le foulage d'autre vendange fraîche. Après avoir été exposé à l'action oxydante de l'air le marc est de nouveau étalé sur le plancher, foulé avec soin ; puis on soulève quelques madriers pour le précipiter au fond de la cuve [1].

Au sujet de l'aération des moûts, Pasteur s'exprime ainsi : « Laisse-t-on le moût exposé au contact de l'air en grande sur- « face pendant plusieurs heures, ou l'agite-t-on avec de l'air, la « fermentation du moût est incomparablement plus active que « celle du moût non aéré et la différence varie avec l'intensité de « l'aération.... L'aération du moût à des degrés divers se pré- « sente donc comme un des moyens les plus propres à influer sur « la durée et l'achèvement complet de la fermentation. »

Lorsqu'on se sert de fouloir mécanique, au lieu de faire tomber directement la vendange écrasée dans la cuve, il est préférable de la faire glisser sur un plan incliné de quelques mètres de longueur de façon à ce que sur le parcours le moût ait le temps d'absorber une certaine quantité d'oxygène.

On peut aussi, avant le départ de la fermentation, laisser couler le moût à l'air libre par le clapet du bas de la cuve ou du foudre et remonter avec la pompe le moût ainsi aéré.

Le fouloir mécanique se compose en principe de deux cylindres, à cannelures héliçoïdales, dont on peut faire varier à volonté la distance et entre lesquels la vendange est entraînée et écrasée. Il faut prendre soin de bien régler l'instrument pour que l'écrasage soit aussi parfait que possible tout en prenant garde de serrer trop fort et d'offenser les pépins et les rafles.

1. Voir *Notes sur les mœurs et l'agriculture de l'Andalousie*, par L. Bastide, Sidi-Bel-Abbès, 1894.

ÉGRAPPAGE

C'est au moment du foulage que l'on procède dans certains vignobles à l'égrappage, c'est-à-dire à la séparation des rafles qui sont mises à part et non mélangées au moût mis à fermenter.

En Algérie et en Tunisie l'égrappage est une pratique discutée ou tout au moins considérée en général comme n'offrant pas des avantages assez grands pour compenser le supplément de travail et de frais qu'elle exige.

Certains auteurs sont d'avis que, dans tous les pays méridionaux et, en général, dans tous les pays chauds où les raisins trop riches en sucre manquent d'acidité, l'égrappage n'est pas à recommander [1]. Néanmoins, en Algérie, des viticulteurs distingués se montrent partisans de cette pratique. D'après M. X. Bordet, le vin fait avec le raisin égrappé est moins exposé à contracter le goût de terroir ; il se fait plus vite et est bon à boire dès le mois d'octobre.

D'après M. Bouffard, l'enlèvement de la rafle permettrait d'obtenir un vin plus alcoolique. La rafle représentant environ 4 p. 100 de la vendange et contenant environ 80 p. 100 d'eau, cette eau, en se mélangeant par diffusion au vin, fait abaisser de quelques dixièmes de degrés le titre alcoolique du vin que donnerait le raisin s'il était égrappé.

Remarquons qu'en Algérie les rafles, sauf pour quelques cépages, tels que l'Aramon, sont en partie sèches au moment de la vendange et que, par suite, elles doivent céder bien peu de leur eau et de leurs principes chimiques au moût auquel elles se trouvent mélangées. Elles constituent le plus souvent une matière inerte incapable d'influer en bien ou en mal sur la qualité du vin. Si l'on redoute le goût de terroir on peut, au lieu d'égrapper,

1. Sur 4 kilogr. de grappes, la rafle contient 1 gr. de tannin ; les pépins 1 gr. 5 et la pellicule 1 gr. 6.

D'après M. Roos, dans le Carignan la grappe présente les proportions suivantes de rafle et de grains de raisin : rafle 3, grains 97 p. 100.

La composition d'un grain de Carignan d'un poids de 2 gr. 58 est la suivante : pulpe 89,40, peau 7,60, pépins 3,00. Les 89,40 p. 100 de pulpe représentent 83 litres de moût par 100 kilogr. de grain.

diminuer la durée du cuvage. Toutefois, dans le cas de vendange altérée par le siroco, l'égrappage permet de séparer les grains secs.

En résumé, si les vins de consommation directe peuvent tirer quelque bénéfice de l'égrappage, cet avantage nous paraît moins démontré pour les vins de coupage. L'égrappage présente cependant certains avantages indirects : il permet d'aérer le moût au moment du foulage et d'encuver une plus grande quantité de vendange dans des récipients d'une capacité donnée; il rend moins pénible le foulage du chapeau. Mais le pressurage est plus difficile; en effet les rafles dans le gâteau de marc non égrappé forment drain et facilitent l'égouttement sous l'action de la pression.

INFLUENCE DE LA TEMPÉRATURE SUR LA FERMENTATION

On sait que la transformation d'un moût en vin est due à un microorganisme désigné sous le nom de ferment ou de levure, qui préexiste sur la peau du raisin au moment de la maturité, et qui vit et se multiplie en décomposant le sucre du moût en deux produits principaux, d'une part, l'alcool et, d'autre part, l'acide carbonique qui se dégage.

Ce dédoublement du sucre en alcool et en acide carbonique est accompagné, comme la plupart des phénomènes chimiques, d'un dégagement de chaleur d'autant plus considérable que le moût est plus riche en sucre [1]. D'autre part, la multiplication du ferment s'arrête dès que la température s'élève au delà d'une certaine limite ou dès que le titre alcoolique atteint un certain degré, de sorte que la fermentation est un phénomène susceptible de se limiter lui-même.

En tenant compte des pertes de chaleur dues au dégagement d'acide carbonique, à l'évaporation et au rayonnement, l'élévation

1. D'après Pasteur, 100 gr. de glucose donnent par fermentation :

alcool	46 gr. 56
acide carbonique	48 gr. 36
glycérine	3 gr. 25
acide succinique	0 gr. 61
glucose utilisé par le ferment pour se constituer ou entrant dans la composition de produits mal définis	1 gr. 26
	100

de la température produite par la fermentation et qui est d'autant plus grande que celle-ci est plus rapide, est, en fait, dans une cuve de grandeur normale, de 15° C. environ.

« Comme tous les êtres vivants, dit M. Gayon, les levures alcooliques ne peuvent impunément supporter une température trop élevée. Bien avant d'être complètement tuées — ce qui exigerait 70° pour certaines espèces — elles commencent à souffrir vers 40°, dans ce milieu spécial où l'action toxique de l'alcool et la privation d'oxygène s'ajoutent à l'action de la chaleur : elles cessent alors de se multiplier ; elles vieillissent ; elles sont comme paralysées et deviennent incapables de continuer leur action sur le sucre restant. »

A notre avis, cette paralysie de la levure se produit surtout dans un moût pas assez acide et insuffisamment aéré, sous l'action prolongée d'une température élevée : en d'autres termes, le ferment est moins éprouvé par l'action passagère d'une température élevée, que par celle d'une température même moins haute, mais ayant plus de durée [1]. Il peut être plus aisément revivifié dans le premier cas que dans le second.

Remarquons que, si le milieu est acide, toutes choses égales d'ailleurs, la résistance du ferment sera plus grande : il en est de même, si la teneur alcoolique est moindre.

A QUELLE TEMPÉRATURE DOIT-ON MAINTENIR LE MOUT EN FERMENTATION POUR OBTENIR LE MEILLEUR VIN ?

D'après M. Müntz, pour faire fermenter un moût de vin dans les meilleures conditions et obtenir une réduction complète du sucre, avec le titre alcoolique le plus élevé, il faut que la température ne dépasse pas 37 à 38°.

D'après d'autres œnologues, les vins sont d'autant meilleurs qu'ils ont fermenté à plus basse température. M. Dessoliers conseille de maintenir les cuvées à une température de 20 à 30° C.

D'après certains praticiens, parmi lesquels il faut citer **M. Brame de Fouka**, comme faisant autorité en la matière, on doit laisser la température s'élever au maximum, l'observer

1. Voir la *Vinification en pays chauds*, par M. H. Dessoliers.

d'heure en heure et, lorsqu'elle est stationnaire, il faut *immédiatement et sans retard* refroidir le moût. Dans ces conditions, il n'est pas rare de voir les cuvées atteindre et dépasser 45° : c'est alors seulement, quand elles ont atteint leur maximum de température, qu'on les passe au réfrigérant.

A l'appui de cette dernière méthode, on peut faire observer que tant que la température s'élève, c'est qu'il y a du sucre qui se décompose : ce qui suppose que le ferment est actif et, par suite, que le milieu ne lui est pas défavorable.

Dès que la température reste stationnaire, si le moût est encore sucré, c'est que le ferment est arrêté dans son travail de dédoublement du sucre, parce qu'il ne se trouve plus dans un milieu qui lui convient. C'est alors, et *sans attendre que le ferment subisse l'action nocive de l'élévation de la température*, action d'autant plus dangereuse que le moût est moins acide et plus alcoolique, qu'il faut procéder à la réfrigération du moût.

La méthode qui consiste à laisser le moût s'élever à la température maxima et à le refroidir immédiatement alors, a l'avantage de donner des vins ayant certaines qualités marchandes que ne possèdent qu'à un degré moindre les vins ayant fermenté à basse température. Sous l'action de l'élévation de la température, ce moût acquiert une plus grande puissance dissolvante pour la matière colorante et les principes contenus dans le marc : il s'ensuit que le vin obtenu dans ces conditions a plus de couleur et d'extrait.

Par les fermentations à plus basse température, on obtient sans doute un vin plus délicat, plus fin, mais ayant moins de qualité comme vin de coupage.

En général, c'est quand le moût atteint la température de 33-34° C. que l'on commence à le réfrigérer.

CONDUITE DE LA FERMENTATION AU POINT DE VUE DE LA TEMPÉRATURE

Comme nous l'avons vu, l'objectif du vigneron en pays chaud doit être d'obtenir du premier coup, par une fermentation sans arrêt, un vin complètement réduit, c'est-à-dire ne contenant plus de matières fermentescibles.

Si la grosse fermentation s'arrête avant la disparition complète du sucre, la fermentation lente qui suit, si le milieu est suffisamment acide, pourra transformer le reste du sucre et le vin s'achèvera dans de bonnes conditions. Si, au contraire, le milieu est insuffisamment acide, les mauvais ferments peuvent prendre le dessus sur les ferments alcooliques et produire les accidents désignés sous le nom de *maladies du vin*.

Pour assurer à la fermentation d'un moût une heureuse terminaison, les moyens sont multiples : nous allons en faire une énumération rapide.

1er Moyen. — Si la quantité de vin à produire est peu considérable et que le vin ne marque pas plus de 10°5 à 11° au glucomètre, on peut toujours s'arranger de manière à encuver à une température moyenne inférieure à 25°. D'après M. Dugast, la fermentation de ce moût peut s'achever sans le secours de la réfrigération, surtout si ce moût présente un degré d'acidité convenable et favorable au développement du ferment.

Pour avoir des raisins frais, on peut user de divers moyens : 1° les cueillir pendant les heures fraîches de la journée, le matin et le soir, en suspendant toute vendange pendant les journées de siroco ; 2° les exposer dans des paniers en roseau au rayonnement nocturne, après les avoir légèrement humectés d'eau ; 3° les plonger dans de l'eau fraîche pendant quelques minutes pour les laisser ensuite s'égoutter à l'air ; pour faciliter l'égouttement il faut, dans ce cas, employer des paniers en roseau et lentisque.

Ce dernier procédé permet, en outre, de laver les raisins souvent souillés le long des chemins d'une épaisse couche de poussière ou recouverts de soufre quand le dernier soufrage a été fait tardivement.

2e Moyen. — On peut faire fermenter en petite cuve. Au cours de la fermentation, une certaine quantité de chaleur se dégage par rayonnement : cette perte est proportionnelle à la surface extérieure de la cuve et surtout à sa surface libre : elle varie suivant la nature, la conductibilité et l'épaisseur de la paroi, métal, bois, pierres ou ciment.

On sait qu'en petites futailles, la fermentation des moûts se termine toujours bien ; il en est de même dans les cuves de peu de profondeur. C'est que, dans ces conditions, le rayonnement est assez considérable pour empêcher toute élévation excessive de la température.

Pour chaque nature de matériaux, on peut déterminer quelle doit être la capacité maxima des cuves ou plutôt le développement de leur paroi extérieure et de leur surface libre, pour que le rayonnement empêche toute élévation excessive de température et pour qu'ainsi la fermentation se finisse bien.

Les cuves métalliques sont à recommander : grâce à la très faible épaisseur de leurs parois (3 millim.) et à leur conductibilité le moût en fermentation perd par rayonnement la chaleur dégagée par les phénomènes chimiques de la transformation du sucre. La paroi extérieure de ces cuves peut en outre être refroidie en l'enveloppant d'une chemise en tissu léger bien appliquée sur la paroi et qu'on maintient humectée d'eau. L'évaporation de cette eau, surtout si la cuve est exposée à un courant d'air, provoque un abaissement très sensible de température.

On donne à ces cuves une forme cylindrique et une capacité de 125 hectolitres environ correspondant à une hauteur de 3 mètres et un diamètre de 2 m. 30[1]. Elles sont en tôle ; auparavant on croyait nécessaire de les revêtir à l'intérieur d'une sorte d'émail de peur d'altération causée par le contact du fer. On a reconnu depuis qu'il suffit de bien décaper la paroi et de la frotter légèrement d'un corps gras, de paraffine de préférence.

Ces cuves reviennent à un prix peu élevé, 3 fr. environ par hectolitre. Très bonnes pour la fermentation, elles ne peuvent guère servir à la conservation du vin.

3e Moyen. — Dans les exploitations de quelque importance, on préfère refroidir les moûts en fermentation au moyen de l'eau. Dès les premiers temps du développement du vignoble algérien, on avait préconisé l'usage de la glace : mais ce procédé était coûteux et introduisait une certaine quantité d'eau dans le moût. On eut recours aussi aux cuves à double paroi, avec circulation d'eau ou d'air entre les deux parois, ou à serpentin intérieur dans lequel on faisait passer un courant d'eau froide, etc.

Ces moyens qui nécessitent des quantités d'eau considérables

1. Cuve Toutée de Tunisie.

hors de proportion avec celles dont on dispose communément, ne donnèrent que des résultats insuffisants, car le moût de vendange, surtout quand il n'est pas égrappé, constitue une masse mauvaise conductrice de la chaleur et dont les diverses parties se mélangent peu.

Le problème de la réfrigération ne fut pratiquement résolu que quand, au lieu de chercher à agir sur le moût dans la cuve elle-même, on reconnut qu'il fallait le refroidir EN DEHORS *en fractionnant sa masse de façon à vaincre les résistances dues à sa faible conductibilité.* Ce résultat fut obtenu par l'emploi du réfrigérant de brasserie que l'un de nous préconisa dès 1884 et que M. Brame de Fouka, ancien brasseur, appliqua sur nos conseils vers cette époque avec succès [1].

Le principe du réfrigérant est celui-ci. On fait couler en lame mince le liquide à refroidir dans un sens déterminé par exemple de haut en bas, puis on fait glisser sur lui, en sens inverse, le liquide refroidisseur réduit lui-même en tranche mince. Pour qu'il n'y ait pas mélange des deux liquides on les sépare par une plaque de très faible épaisseur d'un métal conducteur tel que le cuivre. Si les débits sont bien réglés, il y a échange presque intégral des températures entre le liquide à refroidir et celui employé pour refroidir.

Par exemple et théoriquement, si on a d'une part 100 hectol. de moût à 45° et d'autre part 100 hectolitres d'eau à 23°, on peut, par l'usage des réfrigérants et par une seule opération, échanger les deux températures entre les deux masses, amener le moût à 23° et l'eau à 45°. En pratique, l'échange n'est pas absolument intégral : il s'en faut de quelques degrés.

Revenons à notre moût en fermentation et suivons l'élévation de la température, le thermomètre en main [2]. Lorsque celle-ci atteint 33 à 34° on fait passer le moût au réfrigérant : le moût refroidi est recueilli au sortir de l'appareil dans un récipient d'où

1. Voir : *Nouvelle méthode de vinification*, par P. Brame (*Bulletin de la Société d'Agriculture d'Alger*, n° 108, année 1893) et *Algérie agricole*, n° du 15 juin 1894.

2. La température des moûts est prise facilement dans les cuves au moyen soit du thermomètre sonde à maxima de Dujardin, soit du thermomètre à cadran de Richard.

il est remonté avec la pompe à la partie supérieure de la cuve ou du foudre. On laisse tomber le jet de liquide sur une planchette pour le diviser en nappe : on peut aussi adapter un tourniquet hydraulique à l'extrémité du tuyau de refoulement de la pompe. Sans cette précaution, le moût refroidi se frayerait un passage dans le marc et ce serait toujours le même moût qui passerait dans le réfrigérant.

L'opération doit être continuée pendant un temps plus ou moins long, selon la capacité de la cuve et la puissance de réfrigération de l'appareil employé. Pour des cuves de contenances courantes, il faudra plusieurs heures pour abaisser la température du moût, car celui-ci se réchauffe sans cesse sous l'action de la fermentation alors très active. Il est facile de déterminer, pour chaque cave et pour des cuves d'une capacité donnée, le temps pendant lequel on devra faire passer le moût d'une cuvée au réfrigérant pour que, abandonnée ensuite à elle-même jusqu'à fermentation complète, elle ne dépasse plus la température de 37 à 38°, au-dessous de laquelle, le moût, de l'avis du plus grand nombre des œnologues, doit être maintenu.

Au lieu de remonter le moût immédiatement sur le marc, à la sortie du réfrigérant, on peut le recevoir dans une citerne assez grande pour contenir toute la partie liquide de la cuvée. Ainsi on n'est pas obligé de surveiller l'opération qui peut se faire toute seule, même pendant les temps de repos des ouvriers : en outre, l'action réfrigérante de l'eau est mieux utilisée que si l'on remonte le moût au fur et à mesure qu'il passe sur l'appareil. On laisse donc couler toute la masse du moût dans la citerne, mais, comme le marc qui reste dans la cuve est chaud, on repasse sur lui une partie du liquide refroidi, par exemple la moitié, qui retombe aussitôt de nouveau dans la citerne, après avoir passé au réfrigérant. Enfin, le tout est repris et remis dans la cuve. Dans la plupart des cas, si l'eau de réfrigération est à la température ordinaire des puits du littoral 20-22°, une seule opération aura suffi pour que la température du moût n'atteigne plus désormais un degré dangereux.

Remarquons qu'en opérant comme M. Brame, c'est-à-dire en laissant monter le moût à son maximum de température, pour le refroidir alors sans plus tarder, l'action réfrigérante de l'eau est utilisée à son maximum.

Dans certaines caves, on pratique la réfrigération d'une manière simple et peu coûteuse, en faisant passer le moût dans un long tuyau en cuivre à paroi mince, noyé dans une rigole où l'on fait circuler un courant d'eau dans le sens inverse à celui suivi par le moût dans le tuyau en cuivre. A l'extrémité, une pompe reprend le moût et le rejette refroidi sur le marc. Ce procédé exige une quantité d'eau supérieure à celle employée par le réfrigérant.

Contrairement à l'opinion générale, la réfrigération des moûts n'exige pas un volume d'eau considérable. Il suffit de disposer chaque jour d'une quantité d'eau froide égale à la vendange cueillie journellement. L'eau de pluie qui tombe sur les toits des bâtiments d'exploitation et recueillie dans une citerne suffit, même par les années les moins pluvieuses, pour alimenter les réfrigérants. La même eau peut, en effet, toujours servir, à la condition d'être refroidie, ce qui peut être obtenu en l'exposant au rayonnement nocturne dans des bassins peu profonds et à grande surface, ou en la renvoyant dans le puits, ou mieux, en se servant, comme dans les pays industriels, de *bâtiments de graduation* formés soit de fascines ou de fagots de sarments, soit de plateaux superposés.

Dans les appareils dits bâtiments de graduation, l'eau chaude est élevée à une certaine hauteur, 6 à 7 mètres, dans un bassin à fond plat placé bien horizontalement et percé d'un grand nombre de petits trous. Au-dessous de ce bassin, se trouvent, espacés de 50 centimètres environ, une série d'autres bassins identiques au premier ou des lits de fascines ou de sarments ; en bas, enfin, se trouve un bassin réservoir dans lequel on recueille l'eau tombée en pluie du haut du bâtiment de graduation.

L'eau chaude amenée dans le réservoir supérieur tombe en pluie sur le premier bassin ou le premier lit de sarments situé au-dessous, puis sur le second, sur le troisième, etc. Dans cette chute, l'eau, réduite en gouttelettes, s'évapore en partie et la partie d'eau évaporée refroidit celle qui reste à l'état liquide.

D'après les expériences de M. Wohlhüter[1], par un ciel clair et

1. Notice sur la réfrigération des moûts du Domaine d'Adélia (1897).

un peu de vent et 27° de température ambiante (température normale au moment de la vendange), on peut ramener, au moyen de ces appareils, à 15° de l'eau à 32° en la faisant passer une seule fois dans l'appareil.

Ces bâtiments de graduation peuvent être établis à peu de frais au moyen de fascines ou de fagots de sarments par les viticulteurs eux-mêmes. De nombreuses installations faites dans ces conditions fonctionnent parfaitement. Le bassin réservoir du bas doit être assez élevé pour que l'eau rafraîchie puisse, par simple différence de niveau, alimenter le réfrigérant.

4e moyen. — On peut, enfin, pratiquer la réfrigération sans eau, en opérant sur le moût lui-même avant fermentation. Nous avons vu, en effet, d'une part, que la fermentation élevait la température de la cuvée de 15° environ, et, d'autre part, que cette élévation de température n'était dangereuse que si elle porait le moût encore riche en sucre à une température de 40° environ. On peut, en faisant débuter la fermentation à une température suffisamment basse, éviter l'écueil en question. Un refroidissement suffisant du moût peut être obtenu en le faisant passer directement avant toute fermentation sur l'appareil évaporateur. Remarquons que l'abaissement de température devra être d'autant plus grand que le moût sera plus riche en sucre.

Le raisin étant foulé, le moût qui s'en écoule naturellement est refroidi par évaporation, rejeté sur le marc qu'il refroidit à son tour, puis repassé à nouveau sur l'appareil évaporateur jusqu'à ce qu'on ait abaissé la température de la masse sensiblement au-dessous de 25° ; alors on peut laisser le moût fermenter et l'abandonner à lui-même, sans craindre une élévation excessive de la température avant réduction presque complète du sucre.

Quand on veut refroidir du moût, il faut de préférence employer un appareil évaporateur à plateaux en tôle : les fagots s'imbiberaient d'une certaine quantité de moût qui ne tarderait pas à s'altérer.

En résumé, par ce procédé, on évapore une certaine quantité d'eau contenue dans le moût pour refroidir celui-ci. A la rigueur, on pourrait la remplacer à la cuve, mais cette concentration du moût est parfois avantageuse, car elle permet d'obtenir des vins plus alcooliques et, par suite, plus riches en couleur : vins demandés certaines années, quand la maturité est incomplète dans les vignobles des régions tempérées ou que ceux-ci sont éprouvés par les maladies. Cette concentration peut aussi rendre des services pour la fabrication des mistelles.

La concentration artificielle des moûts est plus avantageuse que celle obtenue naturellement en laissant les raisins se *passeriller* sur la souche après maturité. Dans ces raisins, les principes acides ont disparu en partie et ne sont plus en proportion convenable pour une bonne fermentation. De plus, le déchet causé par les insectes, les oiseaux, les chacals, les vols et les intempéries est considérable.

Une élévation excessive de la température pourrait aussi être évitée en empêchant par un léger mutage la fermentation d'être trop active et en la ralentissant dès qu'elle s'est déclarée. En faisant durer celle-ci plus longtemps on permet à la chaleur produite par les réactions chimiques de se dégager sans élever sensiblement la température de la masse. L'emploi de l'acide sulfureux ne peut être qu'avantageux pour les vins blancs; pour les vins rouges, d'après M. Roos, la décoloration du moût par l'acide sulfureux ne serait que momentanée; en outre le mutage à 1 1/2 à 2 gr. de soufre par hectolitre de moût constitue, d'après M. Degrully, le meilleur traitement préventif de la casse.

Si, en employant ces divers moyens, on peut maintenir les moûts à une température favorable à une bonne fermentation, il ne faut pas oublier que celle-ci est, en outre, assurée par un degré suffisant d'acidité du moût. Lorsque le temps se maintient très chaud au moment de la vendange, si on ne dispose pas de moyens suffisants pour réfrigérer les moûts, il faut au moins leur donner une forte acidité qui rende le milieu plus favorable au ferment alcoolique et permette à celui-ci de résister davantage à l'envahissement des bactéries. A défaut d'acide tartrique, on mélange à la vendange une notable proportion de grappillons encore verts. C'est grâce à ce moyen que M. Müntz affirme n'avoir eu, par certaines années chaudes, ni vin cassé ou tourné, ni fermentation mannitique.

On se rappelle encore les dommages considérables que la maladie mannitique causa en 1893 aux vignerons algériens. Cette maladie ne se développe dans les cuvées que quand la température s'élève au delà de 38° C. et quand, par suite d'un excès de maturité, l'acidité du moût est insuffisante, le ferment mannitique ne pouvant se développer dans un moût contenant par litre plus de 6 gr. 5 d'acidité exprimée en acide sulfurique. Il s'ensuit que, pour éviter la production de vins mannités, il suffit de faire fermenter à une température inférieure à 38° C. et de veiller à ce que le moût contienne le taux d'acidité indiqué ci-dessus.

AÉRATION DES MOÛTS.

Dans son ouvrage « *Études sur le vin* », Pasteur appelle l'attention sur l'importance de l'aération des moûts. « J'ai constaté, dit-il, que lorsque le moût est exposé au contact de l'air en grande surface pendant plusieurs heures ou agité avec de l'air, sa fermentation est incomparablement plus active que celle du même moût non aéré. Il est digne d'attention que l'aération peut produire des effets aussi sensibles, *alors même qu'on l'effectue pendant la fermentation*, lorsque le liquide est déjà chargé d'acide carbonique et de levure alcoolique. »

Au moment de la mise en cuve du raisin, il est à recommander, au lieu de précipiter celui-ci immédiatement dans la cuve, de lui faire parcourir un certain trajet du fouloir à la cuve, pour qu'il puisse prendre le contact de l'air. On arrive au même résultat par l'emploi de l'égrappoir, ou par le soutirage à l'air libre du moût que l'on remonte au-dessus du marc.

Distribué largement à la vendange avant le départ de la fermentation, l'air, ainsi que le fait judicieusement observer M. Roos, ne peut produire que de bons effets.

« Une fois la fermentation commencée, il faut agir plus prudemment. Donné avec ménagement, l'oxygène entretient la vie du ferment vinique et lui permet de travailler avec une activité convenable : il oxyde légèrement la matière colorante et lui communique aussi une plus grande facilité de dissolution, sans modifier aucunement la teinte. Si l'oxydation est poussée trop loin, si surtout la température est excessive, la matière colorante vieillit, jaunit et perd beaucoup de sa fixité en solution. Il faut donc aérer les moûts en fermentation avec modération. »

L'aération du moût, à défaut de réfrigération, doit être pratiquée dès que l'activité de la fermentation faiblit, ce que l'on peut reconnaître à la marche de la température. Si celle-ci, au lieu de continuer à monter, reste stationnaire, c'est que les levures cessent de se multiplier ; il faut alors les revivifier en aérant le moût. Pour cela, on ouvre le robinet du bas de la cuve, et on fait tomber le moût, soit sur une planchette pour le diviser en nappe, soit sur la paroi extérieure d'un réfrigérant pour le réduire en lame mince et augmenter son contact avec l'air. Ce moût aéré et légèrement refroidi par cette aération est remonté avec la pompe, en l'éparpillant sur toute la surface du marc. Ce repompage est continué jusqu'à ce que la presque totalité du moût liquide ait été exposée à l'influence de l'air. Ainsi revivifié, le ferment reprend toute son activité et, de cette façon, on obtient un vin parfaitement réduit qui, sans cette opération, aurait risqué de rester douceâtre.

Remarquons que cette aération doit être faite aussitôt que la température reste stationnaire et avant que la levure n'ait subi l'action prolongée de la chaleur; sinon le soutirage à l'air libre serait impuissant à revivifier le ferment et il serait nécessaire d'y ajouter une certaine quantité de moût en pleine fermentation. L'addition d'acide tartrique pourra être, dans ce cas, un adjuvant utile.

Notons que l'aération du moût en fermentation entraîne une déperdition d'alcool : mais, à défaut d'un moyen de réfrigération, il vaut mieux subir cette perte que de s'exposer à faire un vin dont la fermentation serait incomplète.

CONCLUSIONS.

I. — Le ferment alcoolique perdant son activité aux températures de 40-45°, il faut maintenir les moûts en fermentation au-dessous de cette limite. Néanmoins, il faut remarquer que le ferment alcoolique se montre d'autant plus résistant à l'action nocive de la chaleur que le milieu dans lequel il se trouve est plus acide et moins alcoolique.

La température optima, celle à laquelle le ferment vinique présente son maximum de vitalité, peut être fixée à 28-32° C.

En Algérie et, en général, dans tous les pays chauds, il est nécessaire, pour obtenir une fermentation complète des moûts, gage certain de la bonne conservation des vins, de ne pas laisser le moût atteindre la température à laquelle le ferment est sinon tué, du moins paralysé.

II. — Lorsque le moût ne marque pas plus de 10°5 à 11° au glucomètre, on peut en assurer la fermentation complète sans atteindre la limite dangereuse, si, lors de la mise en cuve, le raisin a une température inférieure à 25°. Dans ces conditions, si on favorise l'activité du ferment par quelques soutirages à la cuve, et surtout si ce moût est suffisamment acide, on peut, sans réfrigération, obtenir une réduction complète du sucre.

III. — On peut encore assurer la fermentation complète du moût par l'emploi de récipients qui, par leur volume réduit ou la nature de leurs parois, peuvent laisser perdre, par rayonnement, une partie de la chaleur dégagée par la fermentation. Dans les petites cuves en bois ou en maçonnerie, peu profondes, à surface libre considérable, dans les récipients métalliques à parois très conductrices de la chaleur, la fermentation s'achève toujours complètement. Il ne faut pas, néanmoins, négliger les adjuvants d'une bonne fermentation : l'acidification des moûts et leur aération modérée.

IV. — Si l'on veut, dans les grandes exploitations, assurer la régularité des travaux de la vendange, il faut recourir à la réfrigération artificielle des moûts, soit au cours de la fermentation, soit avant toute fermentation.

Pratiquement, on laisse la température s'élever à 33-34° et on passe alors tout le moût liquide au réfrigérant, en rafraîchissant le marc en l'arrosant de moût refroidi. Cette seule opération suffit pour assurer une heureuse terminaison de la fermentation.

La quantité d'eau fraîche dont il faut pouvoir disposer pour pratiquer la réfrigération doit être égale au moins au volume de moût à refroidir chaque jour. La même eau peut toujours servir à la condition d'être rafraîchie.

V. — On peut aussi pratiquer la réfrigération sans eau, en agissant sur le moût avant fermentation et en le faisant passer sur un appareil évaporateur. Par évaporation d'une faible quantité de l'eau contenue dans le moût, on peut abaisser assez la température de celui-ci pour que, désormais, au cours de la fermentation, il ne puisse atteindre une température dangereuse pour le ferment alcoolique. Cet abaissement initial de la température devra être d'autant plus accentué que le moût sera plus sucré.

VI. — Enfin, toutes les fois que l'on constatera un ralentissement de la fermentation daus un moût encore sucré, *si l'on ne peut réfrigérer*, on rendra de l'activité au ferment par l'aération. Celle-ci produit les meilleurs effets à la condition d'être modérée.

De ces conclusions, il est aisé de dégager la méthode de vinification à suivre suivant les cas.

Là où l'on ne peut réfrigérer, particulièrement dans les petites exploitations, il faut ne mettre en cuve que des raisins aussi frais que possible, en tout cas, à une température inférieure à 25°. Pour cela, il faut vendanger de préférence le matin et le soir, ou bien exposer le raisin dans des paniers en roseaux au rayonnement nocturne, ou le plonger dans de l'eau fraîche, pendant quelques minutes, pour le laisser ensuite s'égoutter et se ressuyer dans un courant d'air. En temps de siroco, la cueillette devra être suspendue. Les cuves à fermentation devront être de dimensions réduites autant que possible. Le moût devra présenter un degré d'acidité suffisant. Si on laissait le raisin atteindre un degré de maturite avancé, il serait prudent d'additionner le moût d'une certaine quantité d'acide tartrique variant de 30 à 200 gr. par hectolitre et d'autant plus considérable que la cueillette sera plus tardive. A défaut d'acide tartrique, on peut ajouter à la vendange une certaine quantité de grappillons verts. Enfin, dans le cas où la fermentation deviendrait languissante avant la réduction complète du sucre, il faudrait recourir à l'aération.

Dans les grands domaines, la réfrigération artificielle est le seul moyen d'assurer, à la fois, la régularité des travaux de vendange et la fermentation complète des cuvées. Si l'on a de l'eau à sa disposition, les moûts en fermentation seront refroidis de manière à ne pas dépasser la température maxima de 38°. Si l'on n'a pas d'eau, il faut agir sur le moût, le refroidir avant toute fermentation au moyen d'un appareil évaporateur en le ramenant à une température inférieure à 25° C. et par un léger mutage, modérer la rapidité de la fermentation. Dans l'un, comme dans l'autre cas, il sera nécessaire de veiller à ce que la fermentation soit favorisée par un degré d'acidité suffisant des moûts.

FOULAGE DU MARC

Au cours de la fermentation le marc remonte à la surface de la cuve et forme *le chapeau* : celui-ci est d'autant plus épais que la cuve est plus profonde.

Pour que l'acide carbonique puisse se dégager facilement, il faut que la profondeur de la cuve atteigne tout au plus son diamètre. La forme cubique est la plus avantageuse si la cuve est faite en pierres.

Pour faciliter la sortie du gaz dans les cuves de grande profondeur, on peut plonger dans le marc quelques gros bambous évidés à l'intérieur et portant sur leurs parois des fentes longitudinales ; grâce à cette précaution, le marc a moins de tendance à remonter.

Dans les cuves ouvertes, on doit tenir le chapeau immergé [1]. Pour cela, quand la cuve est remplie de moût foulé jusqu'à 25 ou 30 centim. du bord, on soutire une partie du moût liquide afin d'abaisser le niveau dans la cuve et, au moyen de chaînes ou de crampons de fer, on fixe au-dessus une claire-voie ; on reverse ensuite par-dessus le moût soutiré. On doit toujours s'arranger de façon à ce que la cuve ne soit jamais pleine au cours de la fermentation, mais présente un certain vide qu'occupe l'acide carbonique ; celui-ci préserve le marc du contact de l'air et de l'aigrissement qui en résulterait.

Quand on fait cuver dans des foudres, le foulage des marcs n'est guère facile ; on y supplée en tirant le moût du foudre par le bas et en le remontant à l'aide de la pompe dans le même foudre et en l'éparpillant sur le marc.

Quand on fait cuver dans des cuves ouvertes sans tenir le chapeau immergé, si l'on procède au foulage du marc, il faut le

1. M. Trottier recommande de disposer au fond de la cuve un lit de sarments bien lavés de 0.10 d'épaisseur, puis de remplir la cuve de vendange comme d'ordinaire. Le moût étant soutiré on cale le marc au fond de la cuve et on remet dans la cuve le moût que l'on avait retiré. On laisse ensuite la fermentation se faire comme d'ordinaire.

répéter souvent, trois fois par jour au moins ; en tous cas, il ne faut procéder à cette opération qu'après s'être assuré que le marc qui surnage n'a aucune odeur d'aigre.

Les cuves ouvertes dans lesquelles le chapeau n'est pas tenu submergé doivent être recouvertes de planches qui placées simplement à côté les unes des autres suffisent pour que le matelas d'acide carbonique qui isole le chapeau ne soit pas enlevé par les courants d'air et pour que le moût soit préservé de toute altération par la piqûre.

DÉCUVAGE

La fin de la fermentation se reconnaît facilement. Le moût a perdu son goût sucré ; le glucomètre marque zéro ; ce qui se produit le plus souvent au bout de trois ou quatre jours. On procède alors au décuvage, c'est-à-dire à la séparation de vin de son marc.

Si on laisse plus longtemps le vin au contact du marc, on obtient un produit pouvant avoir plus de couleur et de corps, mais moins fin ; en outre, le goût de terroir est plus accusé que quand on décuve sans retard.

D'après M. Roos, pour une vendange saine devant donner un vin de 10° la durée de la cuvaison doit d'ordinaire être de 5 jours, on l'augmente d'un jour ou deux si le vin doit dépasser notablement 10°. Si la vendange est altérée, il faut réduire la durée de la cuvaison, et même séparer de suite le moût du marc, c'est-à-dire vinifier en blanc.

PRESSURAGE

Quand on a soutiré le *vin de goutte* par le robinet du bas, il reste dans la cuve le marc imprégné de vin. D'une cuve de 100 hectolitres on retirera en moyenne de 65 à 75 hectolitres de vin de goutte ; le rendement varie avec la nature du cépage et surtout avec l'état du raisin plus ou moins juteux selon les années.

Le vin étant soutiré, le marc est porté au pressoir ; on en tire alors le vin dit *de presse*, en général plus âpre et plus riche en tanin que le vin de goutte. On mélange d'ordinaire ces deux vins, à moins que le vin de goutte ne doive être consommé à bref délai ; dans ce cas, on doit conserver celui-ci pur et ne pas lui mélanger le vin de presse.

Si le raisin, lors de la mise en cuve, n'a pas été bien foulé et si des grains sont restés entiers et n'ont subi qu'imparfaitement la fermentation, il se pourra que le vin de presse contienne une certaine quantité de sucre. Encore doux, il provoquerait donc une nouvelle fermentation dans le vin auquel on l'ajouterait ; si l'on tient à voir celui-ci s'éclaircir promptement, il ne faudra donc pas lui mélanger le vin de presse.

Avec les meilleurs pressoirs à vis, après pressurage, le marc contient encore au minimum 50 0/0 de son poids en vin.

La production d'un hectolitre de vin laisse comme déchet, année moyenne, environ 15 à 20 kil. de marc pressé qui contiennent encore de 7 à 10 litres de vin qui se trouvent perdus quand le marc est jeté.

Si l'on tient compte des défectuosités du matériel vinaire dans un grand nombre de caves, de la proportion considérable de marc que donne la vendange certaines années, il n'est pas exagéré d'estimer de 350 à 450 mille hectolitres le vin ou moût qui reste dans les marcs pressés et qu'on ne peut retirer que par la distillation ou la fabrication des piquettes. Cette quantité de vin représente au minimum une valeur de 3 à 4 millions de francs qu'il s'agit de récupérer dans la plus large mesure possible.

Par la distillation on retire couramment, de 100 kil. de marc pressé, un nombre de litres d'alcool pur un peu supérieur à la moitié du degré du vin fourni par ce marc.

Sous le régime fiscal actuel de l'Algérie, les viticulteurs de la colonie ne bénéficiant pas du privilège accordé aux bouilleurs de cru de la métropole, la distillation des marcs est peu pratiquée. Il est souvent plus avantageux de les employer à la fabrication des piquettes.

FABRICATION DES PIQUETTES

Nous avons vu que le marc, après avoir subi au pressoir une pression qui ne doit pas excéder 3 à 4 kilog par centimètre carré de surface, renfermait encore une quantité considérable de vin que l'on peut extraire par l'arrosage ou le lavage méthodique.

Arrosage[1]. Le marc en sortant du pressoir est désagrégé et introduit aussitôt dans des cuves cylindriques où on le tasse par le piétinement en l'arrosant de 5 0/0 d'eau pour favoriser le tassement. Lorsque la cuve est pleine, on arrose le marc avec de l'eau qu'on répartit uniformément à sa surface, en mettant environ 12 litres d'eau tous les quarts d'heure pour une cuve de 80 hectolitres.

« L'eau ainsi amenée à la surface, dit M. Müntz, chasse devant « elle le vin contenu dans le marc sans, pour ainsi dire, s'y « mélanger, et les premiers liquides qui s'écoulent au bas de la « cuve sont en réalité du vin sans mélange d'eau. Ce n'est qu'au « bout d'un certain temps que les liquides coulent plus faibles « et vont s'affaiblissant. On arrête l'opération lorsque les liquides « qui s'écoulent ne contiennent plus que moins de 1 0/0 d'alcool, « ce qui arrive au bout du 4e jour. On recueille séparément les « liquides de divers degrés alcooliques. Les plus concentrés sont « mis en réserve pour la consommation ou la distillation, et les « autres sont employés à l'arrosage d'une autre cuve remplie de « marc sur laquelle on verse ces piquettes par ordre décroissant « de richesse alcoolique, et ensuite de l'eau pour achever le « déplacement. Les piquettes fortes sont ainsi toujours mises à « part, et les piquettes faibles vont s'enrichissant graduellement « par leur passage sur de nouveaux marcs. »

Par ce procédé on obtient des piquettes de degrés différents, mais dont le degré moyen n'est pas inférieur à 8°, le vin de goutte marquant 11° 1/2.

Le marc épuisé est ensuite ensilé après avoir été mélangé de 1.5 0/0 de son poids de sel.

Au lieu d'asperger le moût d'une façon intermittente au moyen d'un arrosoir, on peut se servir d'un tourniquet hydraulique qui fonctionne d'une façon continue et automatique.

Lavage méthodique. Ce procédé de fabrication des piquettes

1. Voir *Annales Agronomiques*, t. XX. Nouvelles études sur l'utilisation des marcs de vendange par M. Müntz, professeur à l'Institut national agronomique.

est employé en Algérie depuis une dizaine d'années et donne les meilleurs résultats.

On construit une série de cinq cuves en pierres, ou mieux en sidéro-ciment, communiquant entre elles et pourvues d'un faux fond constitué par une claie de bois sur laquelle repose le marc. La capacité de chacune de ces cuves est calculée à raison de 23 litres par hectolitre de vin produit dans la journée.

Les cinq cuves communiquent entre elles comme l'indique la figure ci-dessous.

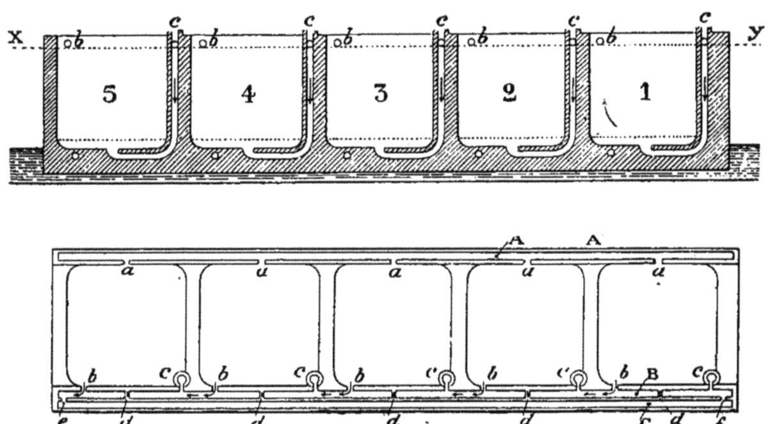

Deux rigoles A et B longent les cuves à la partie supérieure, l'une en avant, l'autre en arrière des cuves ; des coupures *a* font communiquer chaque cuve avec la rigole A et des coupures *b* avec la rigole B.

Aux points *d* la rigole B est barrée ; en outre, elle communique par les tubes *c* avec la partie inférieure de chaque cuve. Une troisième rigole C relie les extrémités *e* et *f* de la rigole B.

Voici comment on conduit le lavage des marcs ; le premier jour on remplit la cuve n° 1 de marc pressé et bien désagrégé en le tassant avec soin par couches ; puis, par le tube C, on fait arriver l'eau peu à peu. Cette eau imbibe le marc en remontant de bas en haut dans la cuve ; cette sorte de piston liquide constitué par un courant d'eau ascendant déplace le vin qui imprègne le marc.

Le lendemain on remplit la cuve n° 2 ; on continue à faire

arriver de l'eau par l'orifice C de la cuve n° 1. Si on a soin de fermer l'orifice *a* et d'ouvrir l'orifice *b*, le liquide de la cuve n° 1 se rendra dans la cuve n° 2 suivant les flèches du plan. On opère de même les jours suivants en remplissant successivement les cuves n°s 3, 4 et 5 et en introduisant toujours l'eau par l'orifice *a* de la cuve n° 1. Le 5e jour, on retire, par l'orifice *a* de la cuve n° 4, la piquette riche produite par les quatre lavages des jours précédents en versant dans la cuve n° 1 une dernière charge d'eau.

Le marc de la cuve n° 1 étant épuisé, on continue le lavage des autres cuves en commençant désormais par la cuve n° 2 et on retire le marc de la cuve n° 1, qui devient ainsi prête à recevoir, le 6e jour, un nouveau chargement et ainsi de suite. Pour faire revenir l'eau de la cuve n° 5 à la cuve n° 1, on la fait passer par la rigole C.

Le débit de l'eau doit être réglé de façon que le niveau monte dans chaque cuve de 8 à 10 centimètres à l'heure au maximum.

Le lavage méthodique des marcs, au moyen de cuves spéciales, présente l'avantage de se faire automatiquement et d'une façon continue; il donne des piquettes qui ont à peu près la même richesse alcoolique que le vin; les autres éléments, acidité, extrait, sauf les cendres, sont en proportions moindres.

Les piquettes ainsi fabriquées peuvent donner par la distillation des eaux-de-vie de première qualité ; elles peuvent aussi être vendues en nature, mais à la condition de l'être sous leur véritable nom. La vente, sous le nom de vin, de piquettes même additionnées de vin naturel est illicite et expose les délinquants aux poursuites prévues par la loi du 27 mars 1851 [1].

ACTION DU FROID SUR LES VINS DÉCUVÉS

Soutirages. Quand le vin a été décuvé, il faut le soustraire à l'action directe de l'air et, d'autre part, le tenir à une température aussi basse et aussi constante que possible.

Au décuvage le vin est encore chaud ; mais sa température ne tarde pas à s'équilibrer avec la température ambiante. Ce

1. Voir la loi du 6 avril 1897 *sur la fabrication, la circulation et la vente des vins artificiels*.

refroidissement du vin a pour effet d'empêcher le développement des organismes de maladie qui se trouvent toujours en abondance dans le vin : il précipite l'excès de tartre qui s'était dissous à la faveur de l'échauffement du moût ; ce tartre, en se cristallisant et en tombant au fond du vase vinaire, entraîne tous les corps organisés et organiques et les ferments qui troublaient la limpidité du vin.

Il arrive certaines années, en Algérie, que les mois qui suivent la vendange sont encore très chauds et que le siroco souffle fréquemment : dans ces conditions, le vin reste louche, ne se dépouille pas et par suite reste exposé à l'action des ferments de mauvaise nature.

Le vigneron doit donc chercher à refroidir son vin aussi rapidement que possible en ouvrant les ouvertures de sa cave quand la température extérieure est favorable et en les fermant pendant les heures chaudes ou quand un vent chaud vient à souffler.

Une fois que le vin s'est éclairci et a été soutiré et séparé des organismes qui menaçaient son existence, il est à l'abri de toute altération.

Ce premier soutirage doit être fait aussitôt que possible.

Dans les vins dont la fermentation s'est faite dans de bonnes conditions, surtout dans ceux réfrigérés, la clarification commence presque aussitôt après le décuvage. Trois semaines après on constatera souvent que le vin est sinon limpide, au moins suffisamment clair pour que l'on puisse le soutirer et le séparer des grosses lies qui sont extrêmement putrescibles et mélangées de germes de maladies.

Dans les pays chauds, cette première décantation doit se faire au plus tôt pour éviter que le siroco ne vienne à nouveau troubler le liquide en faisant remonter dans la masse les ferments qui s'étaient déposés sous l'action du premier refroidissement et ne fasse perdre le bénéfice de l'action salutaire du premier froid.

Le vin soutiré par un beau temps est logé dans des fûts légèrement soufrés (à 1 ou 2 gr. de soufre par hectolitre de capacité) même lorsqu'il s'agit de vins rouges dont le brillant est ainsi augmenté.

Ce premier soutirage sera suivi d'un autre lorsque le vin aura subi davantage le froid de l'hiver et aussitôt qu'il sera reconnu limpide. Le deuxième soutirage se fait le plus souvent en décembre ou en janvier. Si le vin doit être conservé, un troisième soutirage est indispensable en mars.

Pour les soutirages, il faut, autant que possible, choisir un temps frais, sec et vif, temps qui est caractérisé par une hauteur barométrique élevée.

Le soutirage fait, il faut tenir constamment bien pleins les fûts et procéder à *l'ouillage* avec un vin parfaitement sain. Pour ouiller, on se sert d'un entonnoir dont la douille est assez longue pour plonger dans le vin : en versant dans l'entonnoir on peut faire déverser au dehors les végétaux cryptogamiques et particulièrement les *fleurs* qui ont pu se former à la surface du vin.

L'ouillage doit être plus fréquent après le décuvage que plus tard.

Le fût plein est bouché avec un bouchon en liège ou un tampon d'ouate.

PLATRAGE

On sait qu'aux termes de l'art. 3 de la loi du 12 juillet 1891 tendant à réprimer la fraude dans la vente des vins, il est défendu de mettre en vente, de vendre ou de livrer des vins plâtrés contenant plus de 2 grammes de sulfate de potasse ou de soude par litre.

Les vins naturels peuvent, sans avoir été plâtrés, contenir de 0 gr. 2 à 0 gr. 6 de sulfate de potasse : le laboratoire municipal de la Ville de Paris ne considère comme non plâtrés que les vins contenant moins de 1 gramme de sulfate de potasse par litre. Au delà de cette quantité ils sont considérés comme ayant été additionnés de plâtre.

Remarquons que la loi, en limitant seulement à 2 gr. la quantité de sulfate de potasse par litre qu'un vin plâtré pourra contenir en y comprenant la dose qui y préexiste déjà naturellement, n'autorise nullement le vendeur à livrer comme non plâtré un vin qui renferme 1 à 2 gr. de sulfate de potasse s'il a été entendu avec l'acheteur que le vin ne serait pas plâtré. Il peut être en effet toujours convenu que le vendeur renoncera à la tolérance inscrite dans la loi.

Le plâtrage, naguère permis à raison de 4 gr. de sulfate de potasse par litre, a rendu de grands services aux vignerons méridionaux. En effet cette pratique relève le titre acidémétrique du moût ; par suite, elle rend la fermentation plus régulière, donne des vins d'une coloration plus vive et plus intense, et assure le dépouillement rapide du vin ainsi que sa conservation : le vin y gagne en solidité et est moins sujet aux altérations de toutes sortes.

Dans les vignobles où l'on pratique le plâtrage de toute la vendange, la dose de plâtre à employer, pour ne pas dépasser la limite fixée par la loi, est de 1 kil. 800 grammes de plâtre par 1.000 kil. de vendange, ou 250 grammes de plâtre par hectolitre de vin produit [1]. Il vaut même mieux rester un peu au-dessous de cette dose pour tenir compte de la quantité de sulfate de potasse qui existe naturellement dans le vin et qui le plus souvent atteint 0 gr. 2 à 0 gr. 3 par litre[2].

Si dans la cave tous les vins doivent être mélangés de façon à faire un type unique, le mieux est de plâtrer à plus forte dose, même à 4 grammes les raisins dont la fermentation sera plus difficile en raison de la richesse du moût en sucre ou ceux, comme les hybrides Bouschet, dont la coloration a besoin d'être avivée en relevant l'acidité du moût ou enfin ceux qui par suite d'invasion du mildew ou de l'altise, ou par suite de la pourriture ne se présentent pas dans un état normal. Les autres raisins ne seront pas plâtrés du tout, de manière que l'ensemble de la cave, une fois les coupages terminés, ne dépasse pas la limite réglementaire.

Le plâtre qu'il faut choisir aussi pur que possible est appliqué en poudre, uniformément, sur le raisin au fur et à mesure de son passage au fouloir.

Le dosage du sulfate de potasse est facile. Veut-on savoir si un vin a été plâtré et contient plus de 1 gr. de sulfate de

1. 1,28 de plâtre correspond à 1 de sulfate de potasse.
0,78 de sulfate de potasse correspond à 1 de plâtre.

2. On a conseillé de remplacer le plâtre par l'*acide sulfurique pur* qui serait employé à la dose de 4 à 5 litres par 100 hectolitres de vin à produire. Cette quantité d'acide correspondrait à 1 gr. 15 à 1 gr. 45 de sulfate de potasse par litre, dans le vin. — La loi du 11 janvier 1891 interdit l'addition directe d'une quantité quelconque d'acide sulfurique dans le vin et prohibe la circulation et la vente des vins ainsi falsifiés.

potasse, on mesure 50 centim. cubes de vin auxquels on ajoute 10 centim. cubes d'une dissolution acide de chlorure de baryum titrée de telle façon que ces 10 centim. cubes précipitent à l'état de sulfate de baryte un gramme de sulfate. Après cette addition, on sépare sur un filtre de papier le précipité formé et dans le vin clair qui a traversé le filtre on ajoute quelques gouttes de la dissolution de chlorure de baryum. Si le vin contient moins de 1 gr. de sulfate de potasse, il reste clair ; sinon il se trouble à nouveau.

Le vin étant plâtré, veut-on savoir s'il l'est à plus de 2 grammes : au lieu d'ajouter 10 centim. cubes de la dissolution titrée de chlorure de baryum, on en ajoute 20 centim. cubes et on procède comme pour le cas précédent.

PHOSPHATAGE ET TARTRAGE

Pour remplacer le plâtre on a proposé l'emploi du phosphate acide de chaux. Celui-ci s'applique comme le plâtre et à des doses variables et pouvant atteindre 200 à 250 grammes pour la quantité de raisin devant produire 1 hectolitre de vin. Les effets du phosphatage sont inférieurs à ceux du plâtrage.

Nous avons dit plus haut que l'acide tartrique pouvait être employé pur pour relever l'acidité des moûts avant fermentation. On peut combiner l'usage de l'acide tartrique et du plâtre, de manière à introduire une moins grande quantité de ce dernier dans le moût. Dans ce cas, on conseille d'employer pour 1.000 kilog. de vendange, 1 kilo de plâtre (pouvant donner 1 gr. de sulfate de potasse par litre), et 350 à 700 gr. d'acide tartrique.

FABRICATION DES VINS BLANCS

La plupart des vins blancs se font en Algérie avec des raisins rouges à jus incolore que l'on fait fermenter en les séparant du marc. Les raisins sont passés au fouloir, celui-ci ayant été réglé de façon à ne pas trop serrer les pellicules, et pendant tout le temps de l'encuvage on laisse couler le liquide par le robinet du bas de la cuve ou du foudre. Ce moût blanc est passé sur une grille qui retient les grains et les pellicules qui seraient entraînés.

Le liquide obtenu ainsi par simple égouttement est à peu près incolore.

Quand on veut obtenir une plus grande quantité de moût on doit presser les raisins aussitôt qu'ils sont cueillis ; il faut arrêter la pression quand le moût sort avec une certaine coloration ; mais, même alors, le moût est plus coloré que dans le cas précédent.

Pour obtenir un vin incolore, il faut procéder au débourbage, c'est-à-dire à la séparation des éléments solides, débris de râfles, de pellicules, etc., que le moût contient en suspension. Ce débourbage se fait par simple décantation en empêchant la fermentation de s'établir avant que le moût ne se soit éclairci par simple repos.

Voici une manière simple de faire le débourbage : on mute énergiquement un foudre en y brûlant du soufre à raison de 1 kilo de soufre par 100 hectolitres de capacité ; ce soufre est introduit par la porte du bas et brûlé sur une tuile creuse.

Le moût recueilli, soit par simple égouttage, au sortir du foudre ou de la cuve, soit par pression est envoyé dans le foudre soufré, en l'introduisant par la porte du haut et en brisant le jet liquide sur une planchette de manière à le réduire en gouttelettes. Le moût se charge d'acide sulfureux qui empêche la fermentation pendant un certain temps [1]. Le dépôt se forme et au bout de 24 heures environ, on décante le liquide clair qu'on aère énergiquement pour en chasser l'acide sulfureux si la dose a été exces-

1. M. Roos conseille de brûler le soufre dans un vase sur lequel on renverse une futaille défoncée. Avec une pompe dont le tuyau d'aspiration est relié à la futaille et le tuyau de refoulement à la cuve, on envoie le gaz barboter dans le moût à débourber. La quantité d'acide sulfureux nécessaire et suffisante pour un bon débourbage est de 0 gr. 10 par litre, correspondant à 5 gr. de soufre brûlé par hectolitre. (Voir *Progrès agricole* du 16 avril 1898.)

D'après M. Bouffard, il faut 0 gr. 310 d'acide sulfureux pour stériliser un litre de moût; pour le décolorer et retarder sa fermentation pendant trois jours, il suffit de 0 gr. 077.

Pour muter dans un demi-muid, on brûle deux mèches soufrées ; chaque mèche pesant 37 grammes (dont 32 de soufre et 5 de mèche) donne 64 gr. d'acide sulfureux. Les deux mèches produisent 128 gr. d'acide sulfureux; soit, pour un fût de 550 litres, 0 gr. 232 par litre de capacité.

sive ; on peut pour cela faire passer le moût sur un réfrigérant à l'extérieur. Cette aération énergique contribue à la décoloration du moût qui est ensuite recueilli dans une cuve où il fermente.

Le moût blanc qui a été muté a une fermentation très lente ; aussi sa température s'élève peu et sa réfrigération n'est pas indispensable.

Quand la fermentation du vin blanc est terminée, 3 semaines environ après son achèvement, on fait un premier soutirage en fût méché à raison de 2 gr. de soufre brûlé par hectolitre de capacité : on prend soin de faciliter la dissolution de l'acide sulfureux en projetant le jet liquide sur une planchette disposée à l'intérieur du fût. Un second soutirage sera fait dans le courant de l'hiver, en janvier et un troisième en mars. Quand après le premier soutirage le vin tarde à s'éclaircir on peut ajouter 20 gr. de tanin par hectolitre : si cela ne suffit pas on colle au sang frais à la dose de 2 ou 3 centilitres par hectolitre ou à la colle de poisson, à la dose de 2 gr. par hectolitre (MM. Roos et Chabert).

Il se peut, malgré les précautions indiquées ci-dessus, surtout si le moût employé à la confection du vin blanc a été soumis à une pression assez énergique, que le vin soit un peu coloré en rose.

On peut décolorer un vin ayant une teinte rosée en le faisant fermenter avec du moût de *raisin blanc* dans la proportion d'un tiers environ.

Quand la teinte est faible, il suffit de mécher pour la faire disparaître; mais il ne faut pas abuser de l'acide sulfureux qui communique au vin un goût désagréable. Quand la coloration est plus intense, il faut recourir à un collage énergique et filtrer ensuite.

On peut aussi décolorer au noir animal que l'on emploie à des doses variables de 50 à 200 gr. par hectolitre. Pour déterminer la dose exacte nécessaire et ne pas la dépasser, ce qui serait préjudiciable au vin, on procède par tâtonnements et par essais préalables portant sur de petites quantités. Le noir animal pour la décoloration des vins doit être préparé spécialement à cet effet ; on le trouve ainsi dans le commerce.

Le noir est versé dans les tonneaux à la dose voulue ; on

fouette énergiquement et on laisse reposer. On peut aussi filtrer sur le noir à plusieurs reprises jusqu'à blanchiment complet.

Le noir sature l'acidité du vin ; il sera bon d'ajouter au vin décoloré une petite proportion d'acide tartrique [1].

FABRICATION DES MISTELLES

La mistelle est un moût dont on empêche la fermentation par addition d'alcool.

Voici comment on prépare la mistelle. Celle-ci se fait le plus souvent au moyen de raisins noirs : pour obtenir un moût aussi blanc que possible, on ne passe pas le raisin au fouloir, mais on l'apporte sur une claie où on l'écrase en le foulant avec les pieds.

La quantité de raisin mise sur la claie est réglée exactement à deux quintaux : on continue le foulage jusqu'à ce qu'on ait extrait, année moyenne, un volume de 83 litres de moût de goutte. Dans ces 83 litres on ajoute 17 litres d'alcool à 95° et on brasse énergiquement.

Le marc foulé étant enlevé, on apporte sur la claie une nouvelle quantité de 2 quintaux de raisins que l'on traite comme précédemment ; on ajoute les 17 litres d'alcool, on brasse et on ajoute ce second hectolitre de mistelle au premier ; et ainsi de suite.

1. Une nouvelle méthode de fabrication des vins blancs avec des raisins rouges a été proposée par MM. Bouffard et Semichon. Elle est basée sur la précipitation de la matière colorante des moûts sous l'action d'une aération énergique.

Cette méthode peut se résumer ainsi qu'il suit :

1° Extraire le jus à l'aide d'appareils donnant un foulage modéré sans briser les parties vertes de la grappe. (Ce rendement en jus doit être de 50 à 60 0/0.)

2° Aérer le moût en y faisant barboter de l'air. Cette aération se pratique en faisant couler le moût dans une comporte et en réglant le débit de telle façon que la crépine de la pompe aspirante et foulante qui doit renvoyer le moût dans la cuve à fermentation ne soit pas complètement plongée dans le liquide. La pompe aspirera de l'air, et si le tuyau de refoulement a 10 à 12 mètres de longueur l'aération est suffisante. Si cette aération était exagérée, on pourrait provoquer le brunissement du vin blanc.

3° Le moût décoloré, prêt à fermenter, est débourbé.

4° La fermentation est conduite comme d'ordinaire et la matière colorante se dépose dans les lies. (Voir *Progrès agricole* du 16 janvier 1898.)

Les marcs après foulage contiennent encore une certaine quantité de moût et toute la matière colorante; ils sont employés à faire des seconds vins.

Les mistelles de raisins blancs ont une plus grande valeur commerciale.

Les alcools employés en Algérie à la fabrication des mistelles sont exempts de droits ; mais ils sont pris en charge en France par l'acheteur,

Le plus souvent ce sont les acheteurs qui fabriquent eux-mêmes les mistelles; ils achètent sur pied le raisin, et le viticulteur met à leur disposition sa cave et son matériel.

L'opération du mutage se fait sous la surveillance de la régie qui envoie sur place un de ses agents aux frais de l'intéressé (11 à 12 fr. par jour).

Les mistelles les plus estimées sont celles qui ont le plus de liqueur, c'est-à-dire de sucre. On peut, avant l'addition d'alcool, concentrer les moûts en les faisant passer sur le réfrigérant évaporateur.

Pour le régime fiscal relatif à la fabrication des mistelles en franchise, voir Législation.

Les viticulteurs qui, pour la fabrication des mistelles, veulent muter sans payer les droits sur l'alcool peuvent, par une demande adressée au Préfet, faire admettre leur chai au bénéfice d'entrepôt. Avant de commencer leurs opérations, ils doivent, quinze jours à l'avance, en informer par lettre recommandée le Directeur ou le Sous-Directeur des contributions directes, en indiquant la date et le lieu précis de l'opération du mutage. La déclaration faite, l'administration délègue un de ses employés pour assister au mutage.

Les mistelles ne peuvent être consommées à l'intérieur de l'Algérie; elles doivent être exportées et circulent sous le couvert d'un acquit à caution.

TRAITEMENT DES VINS

Collage. — Dans certains cas, par exemple quand on veut mettre les vins en bouteilles, il peut être utile de les coller, c'est-à-dire de les débarrasser des impuretés qui, maintenues en suspension, les troublent, même légèrement.

Pour coller au blanc d œuf on bat en neige deux à trois blancs d'œufs frais en y ajoutant 1/2 litre de vin et 30 gr. de sel de cuisine. Cette dose est suffisante pour un hectolitre de vin. On la mélange au vin à coller en remuant énergiquement la masse avec un bâton.

Pour les vins blancs on ajoute par hectolitre 10 à 12 grammes d'œnotanin que l'on fait dissoudre dans le vin 24 heures avant le collage.

On peut encore employer la colle de poisson à raison de 4 à 5 grammes par hectolitre pour le vin blanc.

Pour le vin rouge on emploie 20 gr. de gélatine par bordelaise.

Filtrage. Quand la fermentation a été bien conduite, les vins s'éclaircissent d'eux-mêmes sans qu'il soit nécessaire de recourir au filtrage. Si cependant on constatait aux premiers froids de novembre qu'ils sont restés louches, il faudrait procéder au filtrage *sans plus tarder*, de façon à séparer au plus tôt le vin des ferments nuisibles qu'il pourrait tenir en suspension.

Parmi les filtres les uns permettent de traiter les vins à l'abri de l'air; les autres au contact de l'air; les premiers sont préférables.

Vinage. Le vinage est pratiqué pour remonter de 1 à 2 degrés le litre alcoolique d'un vin : cette addition d'alcool à des vins titrant naturellement 10 à 11° est utile quand les vins doivent être expédiés à destination des pays tropicaux.

Dans la colonie, l'addition d'alcool au vin est seulement possible pour les produits à destination de l'Étranger ou des colonies françaises, pourvu que cette opération qui se pratique en franchise des *droits* d'octroi de mer et de consommation ait lieu sous la surveillance de la douane, dans les ports spécialement désignés à cet effet. Le vinage pratiqué ailleurs et autrement que ci-dessus, même au moyen d'alcools libérés des droits est interdit en Algérie (loi du 24 juillet 1894).

Chauffage ou Pasteurisation. Un autre moyen d'assurer la conservation de vins est de les chauffer ou pasteuriser, opération qui permet d'arrêter le développement des germes de maladies capables d'altérer les vins.

La température de pasteurisation varie avec la teneur alcoolique et le degré d'acidité des vins traités. Un vin faible en alcool et en acides doit être chauffé à 65° ; un vin de composition moyenne à 60° ; enfin un vin riche peut être stérilisé à 55°.

Il faut éviter les températures supérieures pour ne pas donner au vin un goût de cuit. La pasteurisation doit être faite en vases clos. Pour éviter le goût de chaudière il est préférable de filtrer les vins, s'ils ne sont pas limpides, avant de les chauffer.

Un vin pasteurisé peut voyager sous toutes les latitudes sans être exposé à se piquer, à tourner et à contracter l'une des nombreuses maladies dues à la présence des ferments nuisibles.

Salage des vins. La loi du 11 juillet 1891 tolère la présence d'un gramme de chlorure de sodium (sel marin) par litre. Néanmoins est autorisée l'entrée en France des vins salés d'origine algérienne, lorsque la salure n'excède pas 1 gr. 75 par litre et que le sel n'a pas été incorporé par voie d'addition réelle ou artificielle [1].

Sucrage. Le sucrage ou addition de sucre qui doit être du sucre blanc cristallisé est employé pour corriger un défaut de maturité, défaut qui n'est guère à craindre en Algérie. Avant la loi de 1897 sur les vins artificiels on pouvait aussi employer le sucrage pour la fabrication des *seconds vins* au moyen de marcs cuvés ou de marcs frais dont une partie du moût a été extraite pour la fabrication des vins blancs.

Il faut 1 kil. 700 de sucre pour produire 1° d'alcool par hectolitre de vin. Le sucre est ajouté au moment de la mise en cuve, après avoir été interverti, ce qui s'obtient en faisant bouillir pendant une heure le sucre dissous dans le minimum d'eau possible additionnée d'acide tartrique (1 à 2 °/₀ du poids du sucre).

Les vins destinés au sucrage bénéficient d'un dégrèvement de droits.

Substances diverses. Il est interdit d'introduire dans le vin de la glycérine, des colorants artificiels même inoffensifs, du chlorure de baryum en vue du déplâtrage, de la saccharine, de l'alun,

1. Dans les terrains salés du département d'Oran, là surtout où la vigne présente de graves dépérissements dus à l'excès de sel, les vins contiennent une proportion de chlorure anormale et dépassant 1 gr. Cette proportion pourrait encore être augmentée dans le cas de mouillage à la cuve au moyen d'eaux chargées de sels, comme il en existe beaucoup dans la province de l'Ouest.

des acides sulfurique, nitrique, chlorhydrique, salicylique, borique, etc. Est autorisée l'addition de sucre, de phosphate de chaux, d'acide tartrique, de tanin, etc.

MALADIES DES VINS — ACCIDENTS ET DÉFAUTS

Piqûre ou acescence. Maladie des vins qui cause l'oxydation de l'alcool et sa transformation en acide acétique par suite du développement d'un organisme, le *mycoderma aceti* ou vulgairement la mère du vinaigre. Ce mycoderme ne peut vivre et se multiplier qu'au contact de l'air. Cette maladie transforme le vin en vinaigre et se reconnaît à l'odorat et au goût.

La piqûre apparaît surtout dans les tonneaux en vidange, dans les vins faibles et dans les marcs qui restent exposés à l'air.

Pour empêcher la piqûre de se développer, il faut tenir les fûts bien pleins et pour cela les ouiller fréquemment afin d'éviter le contact du vin et de l'air.

Quand un vin est piqué, mais ne contient pas plus de 1 gr. d'acide acétique par litre, on peut corriger ce défaut par l'emploi du tartrate neutre de potasse[1].

Il faut doser l'acidité due à l'acide acétique et n'employer que la quantité de tartrate nécessaire pour neutraliser cet acide. Après l'addition du tartrate et un bon mélange, on laisse reposer quelques jours, on colle et on soutire dans un fût soufré. On doit consommer le vin le plus vite possible, car le mal ne tarderait pas à reparaître.

La piqûre peut être arrêtée par le chauffage qu'il faut appliquer tout au début du mal.

Quand le vin piqué est destiné à être distillé, avant de le mettre dans la chaudière, il faut, par une addition de 50 gr. de chaux vive réduite en bouillie par hectolitre, saturer l'acidité. Le lait de chaux est bien mélangé avec le vin; on laisse reposer et

1. Il faut 3 gr. 77 de tartrate neutre de potasse pour éliminer 1 gr. d'acide acétique par litre. Dans la pratique on détermine la quantité de tartrate à ajouter par tâtonnement. On peut aussi employer la potasse caustique, mais ce procédé est plus délicat. Si l'on a recours au carbonate de potasse la dose est 1 g. 15 de carbonate sec par litre et par gramme d'acide acétique à éliminer.

le lendemain on décante le vin pour le séparer de son dépôt calcaire ; on le distille de suite.

Fleurs du vin. Au contact de l'air, le vin, surtout celui qui est peu alcoolique, et les piquettes se recouvrent d'une moisissure blanchâtre due au développement d'un champignon, le *Mycoderma vini* qui détruit l'alcool du vin et donne au vin le goût d'évent. Pour éviter ce développement, il suffit de tenir les fûts soigneusement ouillés et de les soustraire ainsi à l'action de l'air. Quand on ne peut éviter d'avoir les fûts en vidange, il faut brûler un bout de mèche soufrée pour transformer en acide sulfureux l'oxygène contenu dans le vide du fût et qui favoriserait le développement du *Mycoderma aceti* et du *Mycoderma vini.*

Vin à odeur d'œufs pourris. Les vendanges qui ont été tardivement soufrées donnent parfois un vin qui a l'odeur d'œufs pourris due à une certaine quantité d'acide sulfhydrique. Cet inconvénient peut être évité par le lavage des raisins. On peut aussi débarrasser le vin de ce mauvais goût s'il s'agit de vin rouge, en l'aérant énergiquement par plusieurs soutirages, et s'il s'agit de vin blanc en le transvasant dans des fûts fortement méchés : si on a produit de l'acide sulfureux en quantité suffisante, une seule opération peut faire disparaître le mauvais goût ; si non, il faut recommencer l'opération quelques jours après. Quant à l'acide sulfureux en excès on peut le faire disparaître ensuite par des soutirages[1].

Goût de soufre. Ce goût qui est contracté par suite d'un entonnage dans des fûts trop méchés disparaît en soutirant à l'air, de façon à faire dégager l'acide sulfureux en dissolution dans le vin.

Goût de moisi. Le vin entonné dans un fût moisi contracte le même goût. Pour corriger ce défaut, on doit soutirer dans un fût bien franc, coller, puis soutirer à nouveau. On verse alors 500 gr. d'huile d'olive fraîche, de très bon goût, par hectolitre de vin ; on agite pendant quelques minutes pour bien mélanger et on recommence ce brassage tous les jours pendant une semaine.

1. On peut aussi, d'après M. Gayon, ajouter au vin une petite quantité de sulfate de cuivre. Il faut préalablement au moyen d'une solution à 5 p. 100 de sulfate de cuivre déterminer par tâtonnement la dose minima à employer. On opère pour cela sur plusieurs échantillons de vin auxquels on ajoute des doses croissantes de la solution jusqu'à ce que l'on obtienne l'effet voulu.

L'huile enlève le goût de moisi ; on la sépare du vin en faisant le plein au moyen d'un entonnoir à tube plongeant et en versant du vin jusqu'à ce que toute l'huile soit chassée par la bonde. Il est prudent de se rendre compte du résultat final de l'opération par un essai préalable sur quelques litres de vin.

Maladie mannitique. La maladie mannitique ne se développe que quand la température de la cuvée s'élève au delà de 38° C et quand, par suite d'un excès de maturité, l'acidité du moût est insuffisante, le ferment mannitique ne pouvant se développer dans un moût qui contient plus de 6 gr. 5 d'acidité par litre exprimée en acide sulfurique.

Pour éviter la production de vins mannités, il suffit de faire fermenter à une température inférieure à 38° C et de veiller à ce que le moût contienne le taux d'acidité indiqué ci-dessus.

Vin blanc noircissant. Verser, par hectolitre de vin, 100 gr. de tanin à l'alcool dissous dans de l'eau chaude. Brasser, puis aérer énergiquement le vin en le transvasant ; 48 heures après, coller à 100 gr. de gélatine par hectolitre. Au bout de quelques jours, quand le dépôt est formé, soutirer.

Vin plombé. On dit que le vin se plombe quand sa couleur rouge devient noirâtre au contact de l'air. On remédie à cet accident par une addition d'acide tartrique dont on détermine la quantité par tâtonnements. On prend, par exemple, 6 bouteilles d'un litre du vin à traiter ; on ajoute 1 gr. d'acide tartrique dans la 1re, 2 gr. dans la 2e, 3 gr. dans la 3e et ainsi de suite. On bouche, on agite et on laisse reposer une semaine.

Puis on verse dans 6 assiettes blanches un peu de chaque échantillon et on laisse exposé à l'air quelques heures. La dose d'acide tartrique à employer est la dose minima qui suffit pour rendre fixe la coloration du vin.

On procède de même pour le vin blanc qui se plombe ; on peut aussi ajouter 5 à 8 gr. de tanin par hectolitre.

Vin blanc qui rougit. Le vin blanc fait avec du moût de raisins rouges peut reprendre une coloration rosée ; on la fait disparaître par le méchage. Si cela ne suffit pas, on colle énergiquement. On peut aussi, comme nous l'avons vu, recourir à l'emploi du noir animal.

TARTRES ET LIES

Détartrage des récipients vinaires. Le vin tient en dissolution une certaine quantité de tartre formé en moyenne de 50 à 80 0/0 de bitartrate de potasse auquel se trouvent mélangés 5 à 10 0/0 de tartrate de chaux. Le tartre se dissout en quantité d'autant plus grande que le vin est à une température plus élevée et qu'il est moins alcoolique. A 40° C. un litre de vin de 10° 5 d'alcool contient 7 gr. de bitartrate de potasse et un litre d'eau 11 gr. 30 ; à 15° c. le vin n'en contient plus que 2 gr. 5 et l'eau 4 gr. 5.

Au fur et à mesure que le vin se refroidit, il laisse déposer le tartre sous forme de cristaux. La formation de ces cristaux est favorisée par les rugosités du bois des foudres où le dépôt est plus abondant que dans les cuves en pierres.

On estime qu'un foudre rend en moyenne de 200 à 300 gr. de tartre brut par hectolitre de contenance. Ce tartre adhérant fortement au bois, on est obligé de se servir d'une sorte de hachette pour l'en détacher. Quand se fait le détartrage des foudres, il faut veiller à ce que l'ouvrier n'entaille pas le bois. On détartre d'ordinaire tous les deux ans.

Le plâtrage diminue le dépôt de tartre ; l'acide tartrique additionné au moût augmente au contraire ce dépôt.

Appréciation de la valeur d'un tartre. Pour la vente du tartre il est indispensable de se rendre compte de la valeur vénale de ce produit qui, suivant sa composition, peut varier dans de très larges limites.

L'analyse peut être faite par la station agronomique à laquelle il suffit d'envoyer par la poste un échantillon moyen de 25 à 50 gr. On peut aussi faire approximativement l'essai soi-même. On pèse 10 gr. de tartre ; on les pulvérise bien et on les met dans une casserole contenant un litre d'eau. On fait bouillir pendant dix minutes et on retire du feu. On laisse les impuretés se déposer pendant 3 ou 4 minutes, puis on décante dans un vase à fond plat dans lequel le liquide reste au repos pendant 24 heures. La crème de tartre se forme au fond du vase, on jette l'eau, on fait sécher les cristaux et on les pèse. On obtient ainsi la proportion de crème de tartre contenue dans 100 parties de tartre brut.

C'est ce procédé dit « à la casserole » qu'emploient les courtiers et négociants.

La vente des tartres se fait au degré de rendement, c'est-à-dire suivant l'unité de rendement en crème de tartre ou bitartrate de potasse. Les bulletins commerciaux donnent les cours qui sont variables.

Ce produit n'est pas une quantité négligeable ; on estime qu'il représente pour une bonne part l'intérêt du capital affecté à l'achat de la futaille. M. Dugast estime à 2 millions de francs la valeur des tartres et lies produits annuellement en Algérie.

Lies. Indépendamment du tartre qui s'attache aux parois des récipients vinaires, il y a les lies qui se précipitent au fond. Après le premier soutirage qui, comme nous l'avons vu, doit être fait le plus tôt possible, on recueille les lies dans des demi-muids fortement méchés où on les laisse se reposer. Au moyen d'un siphon on décante et on recueille le liquide clair qui surnage et le résidu est mis dans des sacs en toile résistante que l'on porte sous le pressoir pour les soumettre à une pression lente. La lie est ensuite exposée au soleil dans un endroit non humide pour être séchée. Cette dessiccation est rapide à l'automne et s'obtient facilement sans qu'on ait à craindre la moisissure, cause de dépréciation.

Les lies sont vendues, d'après leur richesse en bitartrate, au degré de rendement, degré que l'on détermine par le procédé à la casserole en opérant sur 25 gr. de lie sèche, bien pulvérisée.

La richesse des lies en crème de tartre peut varier du simple au triple, selon que le vin a été fait normalement ou additionné à la cuve d'acide tartrique. Il y a donc intérêt pour le vendeur à se rendre compte de leur valeur avant de traiter avec un acheteur.

Tartre d'alambic. Quand on distille le marc on peut en retirer du tartre dit tartre d'alambic. Quand la chauffe est terminée, c'est-à-dire quand la distillation est achevée, on fait arriver dans la chaudière l'eau chaude du serpentin, on la fait bouillir quelques minutes et on la retire. Cette eau a dissous la plus grande partie du tartre retenu dans le marc ; on concentre la dissolution et on la laisse refroidir pour faire cristalliser le tartre. On peut retirer ainsi du marc de fortes quantités de tartre.

CAVES ET RÉCIPIENTS VINAIRES

Celliers. La température de l'air ambiant dans les cuveries a une influence peu marquée sur les cuvées en fermentation. Les parois des foudres et des cuves sont si peu conductrices de la chaleur, et leur surface extérieure est si réduite par rapport au volume de la masse en fermentation que l'air ambiant peut s'échauffer ou se refroidir sans influer sensiblement sur la température du moût. Aussi ne suffit-il pas d'isoler, même à grands frais, le bâtiment des influences extérieures ou de le refroidir mécaniquement par injection d'air frais pour que la fermentation ait lieu à basse température : il faudra le plus souvent user de moyens plus puissants et agir directement sur la vendange ou sur le moût pour en régler la température de fermentation.

Quand le siroco vient à souffler pendant la vendange, ce qui est considéré à juste titre par les vignerons comme une circonstance fâcheuse, si les fermentations marchent mal, c'est beaucoup moins parce que la température de la cuverie s'élève que parce que le raisin étant encuvé très chaud, le moût, par suite de la fermentation, atteint plus rapidement le degré de température dangereux pour le ferment.

Dans les cuves ouvertes, il y a, par la surface libre du chapeau, une certaine déperdition de chaleur due à l'évaporation et au rayonnement, et cette déperdition est d'autant plus grande que la différence entre la température ambiante et celle du moût est plus accentuée.

Dans les cuveries il importe de faciliter par tous les moyens l'évacuation de l'excès de chaleur dû à la fermentation et aussi de l'énorme quantité d'acide carbonique qui se forme pendant la fermentation. Aussi ces bâtiments doivent-ils être spacieux, à larges ouvertures bien orientées, pour permettre le renouvellement facile et rapide de l'air qui, à l'extérieur, sauf en temps de siroco, est toujours à une température inférieure à celle que l'on constate dans les cuveries en activité.

Les caves difficiles à aérer telles que celles construites souterrainement ou creusées dans le roc sont défectueuses au point de vue des fermentations : facilement échauffées par la fermentation, elles sont très lentes à se refroidir. Elles sont au contraire excellentes pour la conservation du vin qui doit autant que possible être soustrait aux variations de la température extérieure.

A l'inverse de ce qui se passe dans les cuveries où c'est le moût qui élève la température de l'air ambiant, le vin prend la température de la cave, et dans les pays chauds, il importe, pour sa bonne conservation, que cette température soit aussi basse et aussi constante que possible.

Dans le cas où c'est le même bâtiment qui sert à la fois de cuverie pour la fermentation des moûts et de cave pour la conservation des vins comme cela se présente le plus souvent en Algérie et en Tunisie, il importe que ce bâtiment puisse, au moment de la vendange, être largement ouvert et ventilé ; puis plus tard, quand le vin est fait, qu'il puisse être hermétiquement clos afin de soustraire celui-ci aux influences extérieures et particulièrement à l'action du siroco qui en troublerait ou en retarderait la clarification.

Les dimensions d'un cellier doivent être en harmonie avec l'importance et le rendement du vignoble. Si l'on plante progressivement, il faut, pour la construction du chai, établir un plan d'ensemble qui permette de s'agrandir au fur et à mesure des besoins. Dès que la vendange est arrivée à maturité, il faut que l'installation et l'outillage permettent de la rentrer dans un délai maximum de trois semaines. Sinon, outre qu'il n'est plus cueilli au point de maturité le plus favorable à une bonne vinification, le raisin est exposé à de multiples causes de perte et d'altération, pourriture s'il vient à pleuvoir, dessiccation si le siroco souffle, vol, déprédations par les insectes, les oiseaux, etc.

Si l'outillage doit être suffisant pour aller vite, il n'est pas indispensable de recourir à l'usage des moteurs mécaniques sauf dans les très grands domaines. En Algérie et en Tunisie, la main-d'œuvre est abondante et à bon marché ; aussi doit-on la préférer à ces machines compliquées qui peuvent, au moment du travail, être mises hors de service par un accident et qui, ne travaillant que pendant quelques semaines, exigent des frais d'entretien pendant toute l'année. Pour éviter tout chômage, il faut n'employer que des instruments rustiques et solides tels que le sont la plupart des pressoirs, fouloirs, égrappoirs et pompes en usage dans les caves.

La cave doit être placée à proximité des chemins et de l'eau et occuper autant que possible le centre géométrique du vignoble. Le grand axe doit être orienté de l'Ouest à l'Est, les grandes ouvertures placées au Nord et à l'Est, la brise de mer et les vents d'Est dominant au moment des vendanges.

A la face Sud on établit la rampe d'accès dont les talus sont plantés afin de mieux abriter le bâtiment.

Enfin une place doit être ménagée pour le pressoir qui doit occuper le centre géométrique de l'emplacement réservé aux cuves, de manière à réduire au minimum le transport des marcs.

Fûts neufs. Les fûts neufs avant d'être mis en usage ont besoin d'être rendus étanches et affranchis.

Pour faire gonfler les pores du bois, on remplit les fûts de vapeur d'eau au moyen de l'étuveuse ; à défaut de vapeur on emploie par 100 hectolitres de capacité 20 kilogs de chaux vive en pierres que l'on arrose de 40 à 50 litres d'eau bouillante de manière à produire le plus de vapeur possible. Boucher pendant la production des vapeurs, mais pas trop hermétiquement par crainte d'un excès de pression. Au bout de 36 heures laver à l'eau aiguisée d'acide sulfurique, essuyer et mécher fortement (1 kil. de soufre environ).

Pour affranchir la petite futaille quand elle est neuve, on la rince avec de l'eau chaude dans laquelle on a fait dissoudre 1 kil. de sel de cuisine par hectolitre d'eau. On laisse cette eau dans le fût jusqu'au lendemain et on rince à grande eau. Le fût égoutté et séché est ensuite soufré.

Si on a peu d'eau bouillante à sa disposition on verse par la bonde 5 à 10 litres de cette eau ; on bouche et on promène l'eau sur toute la surface interne du fût en le roulant. On jette l'eau chargée des principes qu'elle a dissous et on recommence l'opération jusqu'à ce que l'eau sorte claire. On rince à l'eau froide, on égoutte et on mèche.

Conservation des fûts. Pour conserver les fûts en bon état, il faut, quand on vient de les vider, les laver à l'intérieur en brossant énergiquement les parois. S'il s'agit de petites futailles, on enlève avec la chaîne les dépôts qui se sont formés. On rince à grande eau, on essuie ou on laisse égoutter et on mèche fortement, puis on bouche.

Traitement des fûts moisis. Si l'odeur de moisi est faible, on peut l'enlever par un rinçage à l'eau additionnée de 10 p. 100 en poids d'acide sulfurique. On peut remplacer l'acide sulfurique par le bisulfite de chaux à raison de 60 gr. par 5 litres d'eau bouillante. Dans ce dernier cas, après avoir laissé écouler l'eau, on rince avec de l'eau salée à raison de 250 gr. de sel marin par 5 litres d'eau.

Nous signalerons la recette suivante indiquée par la *Revue de Viticulture* :

On enlève un des fonds du tonneau et on détache tout le tartre ou la lie qui l'incruste de manière à mettre le bois à nu. Cela fait on replace le fonds et on serre les cercles. Le fût doit être bien sec à l'intérieur et bien étanche. On prend alors un petit récipient en terre ou en verre analogue à ceux qu'on place dans les cages à oiseaux pour leur donner à boire. Ce petit vase est suspendu au centre du tonneau, sur une sorte de plateau de balance.

Cela fait on introduit dans ce vase de l'acide azotique ou nitrique à dose de 20 à 25 centimètres cubes et 20 à 25 grammes de rognures de cuivre et on place le tout, comme il a été dit, au centre du tonneau. L'acide nitrique qui doit être concentré réagit sur le cuivre et produit d'abondantes vapeurs rouges d'acide hypoazotique. Quand le tonneau est rempli de ces vapeurs, ce qui a lieu quand elles sortent par la bonde, on ferme la bonde et on laisse le tout ainsi pendant six à sept heures. Au bout de ce temps les vapeurs intenses ont détruit violemment tous les tissus des moisissures et ont fait disparaître jusqu'à l'odeur même de moisi. On lave ensuite avec un peu d'eau de cendres ou de chaux, puis à grande eau. La dépense est de quelques centimes par tonneau. L'opération est très efficace et enlève aussi tout autre mauvais goût.

Tonneaux aigris. Laver avec de l'eau de chaux (1 kilog. de chaux par 10 litres d'eau).

Dérougissement des fûts. Pour la fabrication des vins blancs il faut autant que possible se servir de futailles n'ayant jamais contenu que du vin blanc. Si on est obligé de se servir de fûts rouges, il faut procéder au dérougissement. Après avoir détartré avec soin, on imbibe les parois d'une solution de 1 kilog. d'acide chlorhydrique dans 20 litres d'eau ; on laisse digérer quelque temps, puis on fait écouler la solution. Si elle est fortement colorée on recommence l'opération jusqu'à ce que le liquide soit clair. On lave ensuite à l'eau chaude.

On peut encore se servir du procédé indiqué pour l'affranchissement des fûts neufs au moyen de la chaux et que l'on complète ainsi qu'il suit. Quand les vapeurs sont assez condensées pour permettre d'entrer dans le foudre, un homme badigeonne tout l'intérieur avec de l'eau de chaux. On renouvelle le badigeonnage avec une solution de 2 kilogr. de soude ordinaire ou de 3 kilogr. de carbonate de soude (cristaux de soude) dans 20 litres d'eau. On lave, on brosse, on rince et on mèche. On peut alors se servir de ce fût pour loger des vins blancs.

Préparation des cuves. Les cuves en maçonnerie sont souvent recouvertes intérieurement de carreaux en verre ou en faïence. Ceux-ci doivent être posés avec soin de façon à ce qu'il ne reste aucun vide derrière eux, ce qui est assez difficile à obtenir. Aussi vaut-il mieux recouvrir l'intérieur de la cuve d'un simple revêtement bien fait en ciment de première qualité. Le ciment à prise lente, moins calcaire que le ciment prompt est à préférer à celui-ci.

Quand on se sert d'une cuve en ciment pour y faire fermenter du moût pour la première fois, il est nécessaire de silicatiser les parois, sinon le ciment serait attaqué par les acides du vin et celui-ci serait altéré.

Pour cela on badigeonne à trois ou quatre reprises l'intérieur de la cuve avec une solution de silicate de potasse à 25 0/0 pour la première jusqu'à 50 0/0 pour les opérations suivantes. Après chaque badigeonnage, dès qu'il est sec, on lave à grande eau et le lendemain on fait un autre badigeonnage. Chaque année à la vendange il sera bon de laver l'intérieur des cuves en ciment avec une solution d'acide sulfurique à 5 litres par hectolitre et de la rincer ensuite à l'eau pure. Les cuves en bois sont, après détartrage, préparées de la même façon. Au lieu de ce badigeondage au silicate dont l'efficacité est contestée, M. Bouffard propose de recouvrir les parois de la cuve en ciment d'une couche de paraffine. Cette opération doit être renouvelée à la veille de chaque vendange, après grattage de l'ancien enduit.

Caves. Quant aux caves, il sera bon de badigeonner les murs à l'intérieur à la chaux additionnée de sulfate de cuivre à raison de 10 parties de sulfate de cuivre pour 100 parties de chaux. Ce badigeon est préparé de la même façon que la bouillie bordelaise.

Si la cave est envahie par les mouches à vinaigre, on les détruit en brûlant du soufre après avoir fermé toutes les ouvertures.

Terminons en insistant sur ce point que tout le matériel vinaire, comportes, fûts, cuves, pompes, tuyaux, fouloirs, pressoirs, etc., doit être d'une propreté absolue et exempt de tout germe nuisible. C'est une condition nécessaire pour obtenir des vins solides, à l'abri de toute altération.

Précautions à prendre pour éviter l'asphyxie. Pendant la fermentation il se produit une quantité énorme d'acide carbonique qui, plus lourd que l'air, s'accumule dans les parties basses du cellier et remplit non seulement les cuves et citernes qui s'ouvrent à la surface du sol, mais en outre recouvre le sol jusqu'à une certaine hauteur. Aussi le matin, avant d'entrer dans le cellier, doit-on l'aérer énergiquement et ne descendre dans les cuves et citernes, même quand elles sont vides et que du moût n'y a pas encore fermenté, sans y avoir au préalable introduit une bougie allumée. Si la bougie s'éteint, il faut bien se garder d'y pénétrer sans avoir renouvelé l'air.

Quand la cuve est ouverte, avec un drap de lit déployé et tenu à chaque bout par deux hommes, on chasse l'acide carbonique de la cuve en manœuvrant ce drap au-dessus de la cuve comme dans le saut à la couverture. On peut agir de même avec un parapluie que l'on introduit fermé à l'intérieur de la cuve où on l'ouvre. On le relève ensuite jusqu'à l'ouverture de la cuve et on en chasse l'acide carbonique simplement en le fermant. On répète l'opération jusqu'à ce que l'air soit suffisamment renouvelé. Il ne faut faire fouler aux pieds le marc dans les cuves que si celui-ci est assez relevé pour que la tête de l'ouvrier émerge au-dessus des bords et en tous cas il est nécessaire qu'un compagnon surveille l'opération et reste au dehors pour porter secours, le cas échéant. Lorsque le niveau du marc est trop bas, il faut enfoncer le chapeau avec des bâtons fouleurs maniés par plusieurs hommes restant en dehors de la cuve.

Lorsque, après le décuvage, on veut extraire le marc d'un foudre ou d'une cuve, on y fait entrer par la porte du bas un homme qui pousse le marc au dehors. Avant de pénétrer dans le foudre ou dans la cuve, il faut toujours dégager du dehors la porte du bas et tirer assez de marc pour établir un courant d'air entre cette porte et l'ouverture supérieure par laquelle la vendange a été entonnée. L'acide carbonique s'écoule par la porte du bas en vertu de sa densité.

Si un accident se produit et si un homme tombe asphyxié dans une cuve, il faut agir avec sang-froid et prudence, sinon, comme cela arrive trop souvent, le sauveteur sacrifie sa vie en pure perte. On peut tout d'abord, au moyen de la pompe dont le tuyau est dirigé sur le visage de l'homme asphyxié, lui envoyer de l'air en abondance. Pendant ce temps on prépare les moyens de sauvetage ; on aère la cuve par l'un des moyens indiqués et on fait descendre un ou deux hommes attachés par une corde tenue à l'extérieur de façon à pouvoir les retirer au cas où ils seraient eux-mêmes surpris par l'asphyxie.

Quant à l'homme asphyxié, en attendant l'arrivée du médecin qu'il faut toujours appeler quand cela est possible, il faut le déshabiller complètement, l'exposer au grand air en le couchant sur le dos, la poitrine et la tête un peu relevées. D'après le Dr Cazalis, on fait sur la poitrine et sur le visage des aspersions d'eau vinaigrée froide : au bout de trois à quatre minutes on essuie le corps avec des serviettes chaudes et on met le malade dans un lit bien chaud pendant deux ou trois minutes, après quoi on recommence les aspersions ; cette précaution est nécessaire car le corps deviendrait insensible aux impressions de l'eau froide.

A l'aide d'un tuyau de caoutchouc de pulvérisateur, roseau, tuyau de pipe, on insufflera de l'air dans les poumons par la bouche, ou mieux, par l'une des deux narines en bouchant l'autre pour empêcher l'air de sortir et en fermant, avec l'autre main, la bouche du patient. On placera à différentes reprises sur l'abdomen des serviettes trempées d'eau froide que l'on remplacera toutes les deux ou trois minutes par des linges chauds. On fera avaler de l'eau froide légèrement vinaigrée ; on fera des frictions sur toutes les parties du corps avec un linge trempé dans l'eau-de-vie. On excitera la plante des pieds et le trajet de la colonne vertébrale avec une brosse en crin.

On promènera sous le nez du patient uue mèche soufrée allumée ; on administrera un lavement à l'eau vinaigrée. Quand l'asphyxié sera rappelé à la vie, on lui administrera un peu de vin chaud.

FABRICATION DU VINAIGRE DE VIN

Le vinaigre n'est pas difficile à fabriquer ; cependant, pour obtenir un produit de bonne qualité, il faut tenir compte de quelques principes généraux que nous trouvons très bien résumés dans une brochure publiée par M. le Dr Loir, de Tunis.

« 1° Mêler au vin qu'on veut transformer en vinaigre, un tiers de vinaigre déjà fait afin d'avoir un liquide contenant de l'acide acétique et constituant un milieu particulièrement favorable au développement du *Mycoderma aceti*.

« 2° Porter ce mélange à une température de 55° afin de le stériliser complètement et de détruire tous les germes qui pourraient plus tard contrarier l'existence du *Mycoderma*.

« 3° Mettre ce mélange dans des cuves plates, afin qu'elles soient faciles à nettoyer, et ouvertes afin que le *mycoderma* soit au contact de l'air qui lui est nécessaire.

« 4° Ensemencer ce mélange de *Mycoderma aceti* en déposant à sa surface des morceaux d'une mère jeune et fraîche ;

« 5° Tenir ce mélange ensemencé à une température de 21 à 25 degrés.

« Si on opère ainsi on peut être assuré qu'on fabriquera du bon vinaigre avec une certitude toute scientifique. »

Le vinaigre fabriqué, il faut le conserver ; il faut le préserver des anguillules qui le rendent impropre à la consommation et des effets funestes du *Mycoderma aceti* lui-même qui, après avoir été utile en favorisant l'acétification, devient nuisible en s'attaquant aux principes éthérés et aromatiques du vinaigre.

Pour préserver le vinaigre, on a employé plusieurs moyens ; un seul donne de bons résultats.

« Il y a, dit le Dr Loir, un moyen préventif sûr d'empêcher

ces maladies, c'est toujours le même. Il consiste à chauffer le vinaigre qui vient d'être fabriqué à 55°. Toutes les transformations internes qu'il peut subir provenant toujours de l'action de quelque microbe, il faut le stériliser. La température de 55° tue tous les êtres vivants qu'il contient, anguillules et mycodermas. On le colle ensuite, opération facilitée au plus haut degré par la stérilisation. Dès lors sa limpidité et sa couleur seront celles des vieux et bons vinaigres, c'est-à-dire parfaits. Et si on le tient bien bouché pour lui éviter toute occasion d'être ensemencé de germes à nouveau, il sera inaltérable.

« Ce chauffage peut se faire soit au moyen d'appareils analogues à ceux qu'on emploie ordinairement pour le chauffage du vin, soit en chauffant le vinaigre dans des bouteilles préalablement ficelées. »

Pour la consommation de famille, on peut, dans un tonneau en bois dont les fonds sont percés de trous dans leur partie supérieure pour faciliter l'accès de l'air, introduire une petite quantité de bon vinaigre préalablement chauffé à 55° ; le lendemain on ajoute du vin dont on ramène le titre alcoolique à 8° et que l'on verse au moyen d'un entonnoir en verre placé à demeure et dont la tige est assez longue pour plonger jusqu'au fond du tonneau.

Un mois après, par la canelle en bois du bas, on peut soutirer un cinquième environ du liquide transformé en vinaigre et le remplacer par autant de vin à 8°, et ainsi de suite tous les quinze jours.

L'emploi d'un entonnoir à long tube est indispensable pour ne pas agiter la surface du liquide.

VENTE DES VINS

Une assemblée générale de viticulteurs, négociants et courtiers en vins a adopté, en 1889, un règlement des usages commerciaux de la circonscription d'Alger pour les transactions vinicoles *qui ne font pas l'objet d'une convention particulière.*

Ce règlement stipule la plupart des dispositions suivantes : Les vins rouges ou blancs secs, se vendent à l'hectolitre représenté par 100 kilogrammes nets. Les blancs doux se vendent à l'hectolitre.

Les livraisons s'effectuent en principe :

1° A la propriété du vendeur, entonnage et chargement à ses frais ;

2° Dans le cas où il existerait un contrat et que ce contrat porterait l'expression *en gare*, ces mots signifieraient : en gare la plus proche du vendeur et sur wagon.

3° Chez l'acheteur :

a : à son quai, pour les vins qui arrivent par mer ;

b : à sa gare, pour ceux qui arrivent par chemin de fer ;

c : à quai ou à domicile, pour ceux qui arrivent par voiture.

En cas de contestation tous les frais occasionnés par les opérations utiles pour la constatation du poids sont supportés moitié par le vendeur, moitié par l'acheteur, si la différence provient d'un accident. Si, au contraire, l'origine de la contestation est occasionnée par une évaluation inexacte du poids, soit à l'arrivée, soit au départ, les frais occasionnés par la vérification seront supportés par celles des deux parties dont les prétentions s'écartent le plus de la vérité.

La futaille vide doit être rendue par l'acheteur et prise par le vendeur, au point spécifié de la livraison.

Le vin doit être agréé au moment de la vente, tous risques restant à la charge de l'acheteur quant à la qualité, et le vendeur garantissant seulement le degré alcoolique conforme à celui d'un échantillon cacheté, remis aux mains de l'acheteur et du vendeur.

L'acheteur indique au vendeur le moment où il doit soutirer et la qualité du vin qui doit être employé aux ouillages.

Les ouillages sont hebdomadaires. Le vin consommé par les ouillages est payé par l'acheteur.

Le vendeur, dans ces conditions, est tenu de se conformer aux instructions de l'acheteur jusqu'à fin mars. A partir de cette époque tous soins et frais sont à la charge ds l'acheteur.

Le tarif du courtage est de 5 0/0 payable à raison de 2 1/2 0/0 par le vendeur et de 2, 1/2 0/0 par l'acheteur. Comme le courtage est dû en principe même si l'acheteur ne remplit pas ses engagements, il est prudent de spécifier que le prix du courtage ne sera payé qu'après paiement intégral de la marchandise par l'acheteur ; cette condition doit être acceptée et signée par le courtier lui-même.

Si la quantité déterminée par le marché est suivie du mot *environ*, le vendeur peut livrer 5 0/0 en plus ou 5 p. 0/0 en moins quand le vin est en foudres et 10 0/0 en plus s'il s'agit d'une récolte pendante.

Dans le cas de vente au degré d'alcool, si la vente a lieu au décuvage, il faut tenir compte de la quantité de sucre non décomposée et qui, après fermentation complète, peut encore élever de 1 à 2° le titre alcoolique définitif du vin.

Disons en terminant que, assez couramment, le marché se fait avec versement, à titres d'arrhes, d'un quart au moins de la valeur de la récolte et qu'un délai est fixé pour l'enlèvement du vin avec stipulation d'une indemnité en cas de retard.

BIBLIOGRAPHIE

Observations pratiques sur la vinification en Algérie, par Bordet. Imprimerie Jourdan, 1882, Alger.

Vinification en pays chauds, par H. Dessoliers. Imprimerie Fontana, Alger, 1894.

La vinification et la viticulture en Algérie, par J. Rouanet. A. Challamel, éditeur, Paris, 1898.

Industrie vinicole méridionale, par M. Roos, directeur de la Station œnologique de l'Hérault. Imprimerie Coulet, Montpellier, 1898.

Les vins de l'Algérie, avec carte, par Lecq. Publication du Gouvernement général, Alger, 1895.

Etat actuel de la vinification en Algérie et en Tunisie, par M. Dugast, directeur de la Station agronomique d'Alger. — Revue générale des sciences, 28 février 1895.

La température des fermentations en Algérie, par M. Dugast. Annales de la science agronomique (1893).

La maturité des raisins en Algérie, par MM. Dugast et Poussat. Annales précitées, 1893.

Traité pratique de l'art de faire le vin, par le Dr Cazalis. Imprimerie Coulet, Montpellier, 1890.

Procédés modernes de vinification, par P. Coste Floret. Imprimerie Coulet, Montpellier, 1894.

Vinification des vins blancs, par P. Coste Floret. Imprimerie Coulet, Montpellier, 1895.

Les Celliers. — Construction et matériel vinicole, par MM. Ferrouillat et Charvet. Librairie Coulet, Montpellier, 1896.

Traité de la vigne et de ses produits, par MM. Portes et Ruyssen. Octave Doin, éditeur, Paris, 1886.

Manuel pratique de vinification, par Rougier. Librairie Coulet, Montpellier, 1889.

STATISTIQUE VITICOLE

PRODUCTION ET COMMERCE

ANNÉES	ÉTENDUES hectares	RENDEMENT hectolitres	EXPORTATIONS DES VINS hectolitres	IMPORTATIONS hectolitres
1875	16.044	196.313	4.829	409.428
76	16.723	222.425	4.382	425.974
77	17.128	265.173	4.121	371.038
78	17.614	338.220	3.106	346.051
79	19.994	351.525	10.755	280.082
1880	23.724	432.580	19.094	256.251
81	30.241	588.549	18.719	286.778
82	39.766	681.335	18.092	357.010
83	46.286	821.584	125.076	215.544
84	56.006	890.899	149.886	157.458
1885	70.886	967.825	326.866	265.936
86	79.049	1.667.958	461.670	230.268
87	87.759	1.903.011	795.402	149.448
88	103.408	2.761.178	1.323.405	132.392
89	106.351	3.579.639	1.642.551	113.491
1890	110.042	2.331.686	1.965.069	111.764
91	109.807	3.649.589	2.047.285	112.382
92	111.877	3.002.078	2.793.098	98.464
93	116.392	3.772.778	1.871.281	97.302
94	121.983	3.560.927	2.285.213	56.355
1895	122.186	4.131.814	2.946.121	»
96	»	4.504.371	3.232.082	»
97	125.769	4.373.277	3.673.256	47.807

Le Phylloxéra.

En 1863, un mal jusqu'alors inconnu fit son apparition sur le territoire de Pujault, petite commune de l'arrondissement d'Uzès, dans le département du Gard. Ce mal mystérieux se manifestait par de curieux symptômes. De-ci de-là, quelques ceps présentaient des signes de dépérissement progressif ; ils devenaient le centre d'une tache qui allait s'élargissant, à la façon d'une tache d'huile. Plusieurs taches, en devenant confluentes, ne tardaient pas à englober de vastes vignobles. Des vignes jusqu'alors très prospères succombaient irrémissiblement.

En 1868, les vignes d'Avignon, Nîmes, Tarascon, Arles, étaient déjà détruites, lorsqu'une délégation de la Société d'agriculture de l'Hérault qui comptait dans son sein Planchon, le savant botaniste, découvrit enfin le *phylloxéra* cause de ces cruels désastres.

Peu de temps avant on avait signalé, près de Bordeaux, un dépérissement qui fut reconnu d'origine phylloxérique.

Vers 1870, la Provence et le Languedoc étaient ravagés. Depuis lors, presque tout l'ancien vignoble a succombé ; son dernier représentant — la Champagne — est aujourd'hui gravement atteint sur plusieurs points.

La présence du phylloxéra à Tlemcen et à Sidi-bel-Abbès (Algérie) date de 1885. Les foyers d'Oran et de Philippeville furent découverts l'année suivante, puis vint le tour de Mascara, de Saïda, et, enfin, en ces derniers temps, celui de Saint-Cloud (Oran), des environs de Bône et de nombreux autres points de la province de Constantine.

Nous ne suivrons pas la marche envahissante du fléau à travers les pays étrangers, un pareil exposé serait sans intérêt et dépasserait le cadre de cette étude ; qu'il nous suffise de dire que tous les pays où l'on cultive la vigne européenne (V. Vinifera), y compris l'Australie et le Cap de Bonne Espérance, subissent l'invasion du parasite.

Nous devons l'introduction du phylloxéra en France et sa diffusion dans le monde aux collectionneurs, aux amateurs de cépages exotiques, à la facilité et à la rapidité des communications réalisées par la vapeur.

Le *Phylloxera vastatrix* présente une certaine analogie avec le puceron, comme lui il appartient au groupe des *hémiptères* : il en diffère cependant à certains égards, car il pond des œufs tandis que le puceron donne naissance à un petit vivant ; en d'autres termes, il est ovipare, tandis que le puceron est vivipare.

Le phylloxéra ne possède pas d'organes broyeurs comme l'altise, mais un suçoir presque aussi long que le corps et avec lequel il traverse l'écorce de la racine et aspire la sève.

L'éclosion du phylloxéra a lieu 8 jours après la ponte de l'œuf et quand la température du sol est d'au moins 10° C. Au bout de 12 à 15 jours, période pendant laquelle l'insecte subit 3 mues, celui-ci est adulte et susceptible de se reproduire et de pondre quotidiennement, pendant 40 à 50 jours, 3 à 6 œufs féconds, bien que la mère n'ait pas été elle-même fécondée par un mâle (parthénogénèse).

L'hiver étant très court en Algérie, surtout sur le littoral, la période de reproduction des phylloxéras est sensiblement plus longue qu'en France.

Dans les vignes françaises ce sont les racines qui constituent l'habitat du phylloxéra ; dans les vignes américaines c'est sur les feuilles que vit *de préférence* le parasite.

Dans le courant de l'été et même à l'automne, certaines de ces vierges mères, après une quatrième, puis une cinquième mue, se transforment en insectes ailés.

Le phylloxéra ailé, fondateur de colonies nouvelles, pond sans fécondation préalable un petit nombre d'œufs qu'il dépose sur les vignes encore indemnes. De ces œufs naissent des insectes sans ailes, dépourvus de suçoir ou rostre et de tube digestif, mais de sexes différents ; on les appelle *sexués*. Mâle et femelle sont incapables de faire le moindre mal à la vigne ; ils vivent à peine quelques jours. Après l'accouplement, la femelle fécondée pond, sous les exfoliations de l'écorce, un œuf unique, l'*œuf d'hiver*, qui n'éclot, d'après l'opinion généralement admise, qu'au printemps suivant et donne naissance à une femelle *aptère agame* — gallicole ou radicicole suivant les circonstances. — En cinq ou six mois, la postérité dérivée de cet insecte minuscule est représentée par une trentaine de millions d'individus. Cette prodigieuse multiplication montre combien le phylloxéra est redoutable.

Voilà, en résumé, le cycle biologique complet du destructeur de nos vignobles.

La forme *aptère agame rostrée*, seule funeste pour la vigne française, jouit d'une grande élasticité d'adaptation puisque nous la voyons devenir presque exclusivement radicicole et souterraine sur les cépages du groupe *Vitis Vinifera*, et, au contraire, presque entièrement gallicole et aérienne sur les *cépages américains*.

Les racines tendres des vignes européennes sont, pour les *aptères agames rostrés*, un véritable lieu de prédilection, tandis qu'ils montrent une préférence marquée pour les feuilles de la plupart des vignes du Nouveau-Monde ; un bien petit nombre en effet se hasarde à visiter leurs racines dures et coriaces (Rupestris et Riparia).

SYMPTÔMES DE L'INVASION PHYLLOXÉRIQUE

Voici les caractères qui permettent de reconnaître la présence du phylloxéra dans une vigne :

Tout au début, dans une vigne récemment envahie, rien dans la végétation extérieure ne révèle la présence du parasite.

Les sarments, les feuilles et le raisin ne présentent pas la moindre altération et se développent normalement comme dans une vigne saine. Toutefois, au cours de l'été, surtout au commencement, en fouillant minutieusement au pied des souches, on peut rencontrer à peu de profondeur des radicelles d'un aspect très anormal qui éveillent toujours l'attention des vignerons habitués à observer des racines de plantes saines. Ces radicelles, au lieu d'être cylindriques et grêles sur toute leur longueur, présentent çà et là des *renflements* ou *nodosités*, de formes très variables, mais souvent recourbées en crochets. Ce qui frappe surtout, c'est la couleur de ces nodosités qui est différente de celle de racines saines et varie du jaune vif au brun foncé. Ces nodosités causées par la piqûre du phylloxera ne se montrent jamais sur les racines de vignes exemptes de ce parasite.

A la surface des racines, et particulièrement dans les sinus des nodosités, on peut, par un examen attentif, apercevoir de petits insectes ayant assez l'apparence de pucerons de couleur jaunâtre. Vus à la loupe, ils présentent une forme ovale, bombée, six pattes, et, sur la tête deux petites cornes ou antennes. Ce sont des phylloxéras. Leurs dimensions sont très réduites. Les plus gros mesurent environ 3/4 de millimètre de longueur sur 1/2 millimètre de largeur.

Lorsque l'invasion est plus ancienne la végétation aérienne de la vigne dénote par place un état de souffrance. Quoique les souches infestées portent encore des feuilles vertes d'un aspect normal et même du raisin, les sarments n'atteignent pas leur longueur habituelle. Sur les racines on rencontre encore les renflements signalés et les insectes décrits plus haut.

Enfin, plus tard, les symptômes de maladies sont plus nets encore. Les sarments restent courts et grêles : parfois même la pousse est nulle. Si l'on fouille au pied des souches, on reconnaît que le chevelu des racines a complètement disparu et de plus les racines grêles sont très rares. Souvent les grosses racines se terminent brusquement, présentant une surface bosselée et crevassée. Si elles sont encore vivantes, elles sont parfois couvertes comme d'une poussière jaunâtre formée par des colonies innombrables de phylloxéras.

Remarquons toutefois qu'un vignoble n'est jamais uniformément attaqué par le phylloxéra. Si le mal est déjà ancien, les vignes envahies présentent des *taches*. Ce sont des points d'attaque de dimensions variables à contours plus ou moins circulaires, au centre desquels on trouve des ceps morts ou dans un état de complet dépérissement. Autour de ces ceps s'étend une ceinture d'autres ceps rabougris, et cette ceinture est elle-même entourée d'une autre zone de souches moins malades. En d'autres termes, la végétation va toujours s'améliorant du centre de la tache à sa circonférence, pour reprendre au delà son aspect normal. Du centre au pourtour du point d'attaque, il y a une gamme croissante de végétation formant une cuvette dont le point le plus bas correspond aux ceps morts de la tache. Ces cuvettes, formées par la dépression des parties aériennes de la vigne, son faciles à reconnaître surtout si, placé sur une éminence, o domine le vignoble.

La tache phylloxérique présente encore cette particularit qu'elle n'a pas des dimensions invariables. Elle va au contrair s'étendant sans cesse d'année en année par ses bords à la façor de la *tache d'huile* sur le papier, suivant la juste et pittoresqu expression de M. Gaston Bazille. Le mal part d'un point central rayonne et s'étend tout autour.

Bien que les caractères présentés par la végétation aérienn de la vigne facilitent la découverte des taches phylloxériques, i faudrait bien se garder de les considérer comme des symptôme sûrs permettant d'affirmer la présence du mal. Ils pourraient facilement induire en erreur, et une erreur, en jetant un fausse alarme, aurait, au point de vue économique, les conséquences les plus fâcheuses. Par les années pluvieuses, l'excè d'humidité du sous-sol, et, dans les vignes mal entretenues l'envahissement du chiendent et du liseron provoquent parfoi l'apparition de taches analogues à celles dues au phylloxéra. Certaines maladies telles que le pourridié et le cottis présentent auss les mêmes symptômes extérieurs.

Aussi, avant d'affirmer qu'un vignoble est phylloxéré, doit-or rechercher soit les nodosités caractéristiques, soit l'insecte lui-même, non pas sur les racines des souches mortes qui occupen le centre de la tache et qu'il a déjà délaissées, mais sur les racine des souches encore vivantes du pourtour de la tache.

Voici comment on procède pour la recherche du phylloxéra.

Les souches suspectes, doivent être déchaussées de manière à mettre à nu une partie de leurs racines superficielles. On examine attentivement s'il n'y a pas sur les radicelles des nodosités analogues à celles décrites plus haut. A défaut de nodosités, on sépare délicatement par une section au couteau plusieurs fragments de racine que l'on saisit par un bout et sur toute la longueur desquels on recherche à l'œil nu, mais de préférence à la loupe, les insectes mentionnés ci-dessus.

Pour bien voir, il n'est pas inutile de recommander de se tourner du côté de la lumière et de laisser tomber les rayons solaires sur la racine que l'on observe.

Le brin de racine, après avoir été examiné, doit être rejeté au pied même de la souche dont il a été détaché. Cette précaution est nécessaire pour éviter la propagation de la maladie dont le cep suspect pourrait être atteint.

Cela fait, la souche est rechaussée de telle sorte qu'elle n'a aucunement à souffrir de cette inspection ; puis on passe à un autre pied de vigne, pour lequel on opère de même.

Si l'on se trouve dans le voisinage des foyers phylloxériques anciens ou nouveaux, il est nécessaire d'examiner non seulement les ceps présentant une apparence suspecte, mais tous les pieds, quel que soit l'aspect plus ou moins satisfaisant de la végétation aérienne.

MOYENS DE DÉFENSE CONTRE LE PHYLLOXÉRA

La loi du 21 mars 1883 *sur les mesures à prendre contre l'invasion et la propagation du phylloxéra en Algérie* dérive de la convention internationale signée à Berne le 3 novembre 1881.

L'introduction et la circulation en Algérie des matières susceptibles de véhiculer le phylloxéra sont rigoureusement interdites. Lorsque la présence de l'insecte est constatée, on applique aussitôt le traitement dit *d'extinction*. Ce traitement consiste en l'incinération sur place des ceps contaminés, coupés rez terre, et l'application à haute dose du sulfure de carbone dont les vapeurs vont atteindre et asphyxier les phylloxéras établis sur les racines.

Ce traitement serait radical si l'extinction pouvait avoir lieu avant l'apparition des phylloxéras ailés qui essaiment et fondent au loin des colonies nouvelles.

Malheureusement une vigne ne donne des signes extérieurs de dépérissement qu'après un certain temps d'attaque ; ce qui revient à dire que, lorsqu'on découvre un nouveau foyer, on peut être assuré qu'il a déjà donné naissance à un plus ou moins grand nombre d'insectes ailés propagateurs du mal.

Quand un pays se trouve au début de la période d'invasion, il est très avantageux d'entreprendre les traitements d'extinction qui retardent pendant de longues années la marche envahissante de l'ennemi et empêchent le fléau de prendre un caractère foudroyant.

En dehors des traitements d'extinction, il existe trois moyens de lutte reconnus efficaces par la Commission Supérieure du phylloxéra, savoir : *la submersion*, *l'emploi du sulfo-carbonate de potassium*, et *l'emploi du sulfure de carbone.*

La submersion a donné des résultats excellents dans le Midi de la France, mais son application sera fort réduite en Algérie, à cause de la rareté de l'eau. Pour submerger efficacement, il faut, non seulement, avoir de l'eau d'irrigation en quantité suffisante, mais encore des terrains bien nivelés, ni trop perméables, ni trop imperméables, entourés de levées de terre ou bourrelets de façon à maintenir l'hiver, pendant une quarantaine de jours, une couche liquide uniforme de 25 centimètres d'épaisseur environ. Si, au lieu de submerger en hiver, on pratique la submersion à l'automne, on peut réduire la durée de celle-ci et obtenir avec une dépense d'eau moindre d'aussi bons résultats

Théoriquement, pour recouvrir un sol horizontal d'une épaisseur de 25 centimètres, il est nécessaire d'y amener 2.500 mètres cubes d'eau ; en tenant compte des pertes par absorption, par évaporation, etc., on peut admettre qu'un hectare exige en moyenne de 10.000 à 15.000 mètres cubes.

Le sulfocarbonate de potassium proposé par Dumas en 1874 est plus coûteux et moins efficace que le sulfure de carbone ; en outre, il exige beaucoup d'eau.

Le sulfocarbonate dilué est versé dans des cuvettes creusées autour des souches à l'aide de la pioche. Il faut 50 à 60 grammes de sulfocarbonate par mètre carré, et 15 à 20 litres d'eau, suivant la perméabilité du sol, ce qui représente une dépense totale par hectare de 500 à 600 kilog. de sulfocarbonate et 150 à 200 mètres cubes d'eau.

Le prix de revient de ce traitement atteint facilement 500 fr. par hectare.

Dans l'état actuel de nos connaissances, le sulfure de carbone, proposé, en 1872, par le baron Thénard, est certainement l'insecticide le plus pratique et le plus puissant.

Le sulfure de carbone peut être distribué dans le sol après émulsion dans l'eau (procédé Fafeur) — titre de la solution 5 à 8 décigrammes par litre —, ou bien, en nature, avec la charrue sulfureuse ou le pal. C'est ce dernier instrument qui permet d'obtenir les meilleurs résultats.

Tous les sols ne sont malheureusement pas favorables à l'action du sulfure de carbone. C'est seulement dans les terres riches, profondes, de moyenne consistance, ni trop humides, ni sèches à l'excès, qu'il donne une préservation suffisante lorsqu'on l'applique judicieusement.

On enfonce verticalement la tige du pal dans le sol jusqu'à 25 centimètres environ de profondeur. Chaque coup de piston laisse écouler une quantité déterminée de sulfure de carbone. Sitôt le pal retiré, le trou doit être bouché par un tassage énergique.

La diffusion des vapeurs du sulfure, dans le sol, se fait d'autant mieux que le nombre de trous est plus grand. Plus ils sont multipliés, moins la dose est forte sur chaque point, mieux cela vaut. On augmente les trous suivant la compacité du sol. Leur nombre varie généralement entre 25.000 et 40.000 à l'hectare.

Le traitement s'applique à la surface tout entière, à chaque mètre carré, et sans tenir compte du nombre de pieds que la plantation peut contenir, car il s'agit *d'imprégner toutes les parties du sol dans lesquelles se développent les racines, d'une substance toxique capable d'atteindre uniformément les insectes et d'en débarrasser le végétal sans l'altérer.*

Dès l'apparition des premiers signes de dépérissement, il faut se persuader que toute la vigne est envahie ; que le mal soit apparent ou non, on doit la traiter en entier, pour éteindre — comme l'a dit le regretté M. Jaussan, l'éminent viticulteur Bitterois — non seulement l'incendie visible, mais encore toutes les étincelles disséminées qui couvent sous la cendre et vont le propager.

Il est indispensable de traiter, *tous les ans*, sans s'inquiéter des souches disparues ou arrachées, car la dose modérée de sulfure de carbone que peut supporter la vigne sans périr est insuffisante pour détruire tous les phylloxéras présents. Il faut donc se résigner à lutter périodiquement contre le ravageur à la reproduction si rapide. Ceci revient à dire qu'une vigne protégée à l'aide du sulfure est toujours une vigne malade, plus ou moins en proie aux attaques des colonies souterraines. La moindre négligence, une application défectueuse, etc., peuvent compromettre la défense.

Voici maintenant les dépenses qu'entraîne la sulfuration :

Pour traiter un hectare il faut :

250 kilog. de sulfure à 45 fr. environ, rendu sur place	112 fr. 50
15 à 20 journées de travail suivant la résistance du sol	60 fr. 00
	172 fr. 50

En outre, il y a lieu de tenir compte de l'amortissement du matériel, pals, etc., et des frais supplémentaires de fumure. On peut admettre sans exagération que la défense d'un hectare revient à 300 fr. par an. (Voir dans les *Comptes rendus des travaux du Service du phylloxéra*, années 1888 et 1889, les instructions pratiques rédigées par MM. Marion, Couanon et Gastine sur les traitements par le sulfure de carbone).

Les sables et particulièrement les sables marins constituent un milieu défavorable à la multiplication du phylloxéra. La vigne résiste d'autant plus longtemps que le terrain est plus sableux : mais pour compter sur une immunité absolue il faut que les sables contiennent plus de 60 % de silice.

Dans certains sables fertiles tels que ceux des environs de la Calle, de la côte entre Alger et Sidi-Ferruch, des environs de Mostaganem, la vigne, si elle ne bénéficiait pas d'une immunité absolue, présenterait au moins une certaine résistance à l'action du phylloxéra.

La reconstitution du vignoble algérien.

La crise phylloxérique qui sévissait naguère en France avec tant d'intensité provoqua le développement rapide du vignoble de l'Algérie qui, indemne du mal, était appelée à fournir à la métropole les vins qui lui manquaient et que celle-ci était obligée de demander à l'étranger. Pendant ces 20 dernières années, grâce à ces circonstances économiques et culturales favorables, il se planta plus de 100.000 hectares de vignes. Le mouvement d'accroissement fut surtout rapide pendant la période de 1880 à 1888 ; mais les années suivantes, par suite de la constatation de taches phylloxériques sur plusieurs points de l'Algérie, ce mouvement d'accroissement se ralentit sans cependant s'arrêter complètement.

Un administrateur à larges vues, doublé d'un agronome éminent, qui avait entrevu le rôle économique considérable que la viticulture devait jouer dans l'Afrique du Nord, si elle parvenait à se tenir à l'abri des atteintes du phylloxéra, M. E. Tisserand, alors Directeur de l'Agriculture, provoqua en 1883 le vote, par les Chambres, de la loi du 21 mars *sur les mesures à prendre contre l'invasion et la propagation du phylloxéra en Algérie.* Dans un pays indemne du phylloxéra, étant donné les conditions économiques du marché des vins, la vigne devait devenir la plante colonisatrice par excellence, appeler en masse les émigrants et les capitaux, et dans ces circonstances, tout en devenant l'un des pays agricoles les plus riches, l'Algérie parviendrait à affranchir la métropole du tribut qu'elle payait au marché étranger des vins. Les événements réalisèrent en partie ces conceptions et, en fait, grâce à la vigne, la colonisation se développa rapidement : en quelques années elle prospéra plus qu'elle n'avait fait pendant les 50 années qui avaient précédé.

La loi du 21 mars 1883 donnait à l'Algérie les moyens de lutter contre le phylloxéra, s'il venait à être découvert dans la colonie. Tandis qu'en France, le fléau, inconnu au début dans sa nature et dans ses moyens de propagation avait pu envahir le vignoble presque entièrement, sans rencontrer le moindre obstacle, il était possible en Algérie, grâce à l'expérience acquise en France, sinon d'éteindre le mal quand on le constaterait, du moins de l'empêcher de s'étendre rapidement en affectant comme en France une allure presque foudroyante. Le système de défense consistait à soumettre les vignobles à une surveillance rigoureuse, de manière à constater la présence du phylloxéra dès ses premières manifestations plus ou moins apparentes et, faisant la part du feu, de détruire radicalement les vignes contaminées : ne pouvant espérer éteindre le fléau, l'objectif était de le circonscrire.

En fait ce système de défense donna les meilleurs résultats partout où il fut rigoureusement appliqué. Il fut en défaut au contraire là où la surveillance ne fut pas suffisante.

Dans l'arrondissement de Tlemcen où le phylloxéra fut constaté au commencement de juillet 1885, grâce à l'application rigoureuse de la loi du 21 mars 1883, la production vinicole n'a pas été atteinte : toutefois la grande dissémination des taches rend la surveillance moins efficace et la défense de plus en plus difficile. Dans l'arrondissement de Sidi-Bel-Abbès, reconnu phylloxéré en août 1885, la situation est à peu près la même. Mais par contre le très considérable vignoble de l'arrondissement d'Oran, sauvegardé pendant 11 ans de l'invasion phylloxérique par le traitement efficace du foyer de Karguentah, découvert en 1886, se trouve de nouveau très gravement menacé par le foyer d'infection énorme constaté trop tardivement dans la partie Est de l'arrondissement et s'étendant sur les territoires de Sainte-Léonie, Kléber, Renan, Arzew, Saint-Leu, Damesme et Saint-Cloud.

Là le mal est tellement ancien, bien qu'il n'ait été constaté officiellement qu'en avril 1897 et s'étend sur de telles surfaces que la lutte est considérée comme pratiquement impossible. En août 1898 on estimait à plus de 2.000 hectares la surface des vignes contaminées à détruire. La situation est aussi critique à Mascara où le vignoble, comme du reste à Saïda, est contaminé sur toutes ses parties. Cette situation déplorable est due, il faut bien le reconnaître, à un défaut de surveillance aggravé sans doute par l'inexpérience de certains des experts. Seul dans le département d'Oran, l'arrondissement de Mostaganem est réputé indemne.

Dans le département de Constantine la situation est tout aussi grave. L'arrondissement de Philippeville peut être considéré comme entièrement contaminé. De là le fléau, faute de surveillance efficace, a débordé au delà de Jemmapes dans l'important vignoble de l'arrondissement de Bône qui se trouve gravement contaminé sur un grand nombre de points (Bône, Duzerville, Mondovi, Randon, Morris), et dans l'arrondissement de Guelma (Héliopolis, Kellermann, Guelaat-Bou-Sba, Petit). L'arrondissement de Constantine est atteint au Col des Oliviers et à Condé-Smendou. Dans la province de l'Est il ne reste que les vignobles de Bougie, de Soukarrhas et de Djidjelli d'importance secondaire qui puissent être considérés comme indemnes.

Entre les deux départements extrêmes, celui d'Alger, heureusement séparé des foyers d'infection phylloxérique par de grandes étendues de terres dépourvues de vignes n'a pas été jusqu'ici l'objet d'aucune constatation fâcheuse. Il importe au plus haut point qu'il garde cette situation privilégiée par une rigoureuse application de la loi du 21 mars 1883 et que, instruit par l'expérience, il exerce une surveillance incessante et efficace sur ses vignobles.

Pour les centres gravement envahis par le phylloxéra la question de la reconstitution par les vignes américaines a déjà été posée : elle a été résolue en faveur de la région de Philippeville par l'autorisation de cultiver les plants exotiques. Il est assez difficile de prévoir l'avenir qui est réservé en Algérie à la viticulture américaniste et de préciser l'importance de l'évolution qu'elle entraînera dans les conditions économiques de la production du vin. Tant que l'Algérie était indemne du phylloxéra les entreprises viticoles se poursuivaient dans les conditions les plus favorables et les plus faciles. Les capitaux affluaient avec les immigrants. La vigne française s'accommodait de tous les terrains : sans greffage préalable elle produisait directement, même dans les terres de coteaux plus ou moins fertiles, plus ou moins calcaires, des récoltes plus ou moins abondantes, sans doute, mais toujours suffisantes pour rémunérer le travail des vignerons même les moins habiles.

La vigne américaine est moins accommodante : elle ne produit un vin potable qu'après avoir été soumise au greffage, opération délicate, et encore n'accepte-t-elle pas indifféremment tous les greffons. Tous les sols ne lui conviennent pas et dans les terrains trop calcaires elle dépérit. La question de l'adaptation de l'espèce de vigne à la nature du sol, celle de l'affinité du porte-greffe et du greffon encore incomplètement élucidées exposent le viticulteur à des erreurs faciles et toute erreur compromet gravement le succès de l'entreprise. Avec la vigne américaine le vigneron voit encore augmenter les frais de premier établissement, ceux du traitement des maladies et des accidents, enfin ceux de culture et de fumure.

Ajoutons que sur certains points la reconstitution nécessitera le déplacement de l'assiette du vignoble actuel dont les terres peu fertiles ou trop calcaires ne conviendraient pas au plant américain. Ce déplacement rendra en partie inutilisables les premières installations créées à grands frais.

Dans certaines régions de l'Algérie plus particulièrement atteintes par le phylloxéra, la substitution des plants américains aux plants français s'impose si l'on ne veut pas y renoncer complètement à la culture de la vigne. Dans quelques situations privilégiées la vigne américaine pourra, entre les mains de vignerons expérimentés, donner des résultats satisfaisants. Pour ceux que l'œuvre de la reconstitution n'effraie pas malgré les difficultés culturales et économiques et les grands sacrifices qu'elle entraîne, nous croyons devoir faire un exposé sommaire de l'état actuel de la question de la reconstitution américaniste en France, espérant ainsi faire bénéficier l'Algérie de l'expérience si chèrement acquise par les viticulteurs métropolitains.

Culture de la vigne américaine.

Les cépages américains.

Les vignes *européennes* appartiennent à une seule espèce dénommée botaniquement *Vitis Vinifera*. Chacun des divers types de cette espèce possède à peu près les mêmes aptitudes ; leurs facultés d'adaptation au sol sont à peine différentes, et ce n'est, en somme, que par l'époque du débourrement et de la maturité que se détermine leur *habitat* au point de vue viticole.

En Amérique, au contraire, on trouve au moins dix-huit espèces de vignes, non seulement fort différentes les unes des autres, mais surtout différentes du *Vitis Vinifera*.

Des dissemblances morphologiques et physiologiques notables, font que chacune de ces espèces possède des aptitudes particulières marquées, en ce qui concerne l'adaptation au sol, la reprise au bouturage, l'affinité avec les greffons des vignes françaises, la résistance au phylloxéra, c'est-à-dire, en résumé, la valeur culturale pour la reconstitution des vignobles.

Planchon a classé les espèces américaines en deux sections principales :

1° Les *Muscadinia*.

2° Les *Euvites*.

La section des *Muscadinia* comprend deux formes principales : *Vitis rotundifolia* et *Vitis Munsoniana*.

Leurs caractères botaniques, notamment les rameaux à écorce adhérente parsemée de lenticelles et sans diaphragmes, les rapprochent des *Ampelopsis* connus sous le nom vulgaire de *vignes vierges*.

Elles offrent par conséquent des différences anatomo-physiologiques si importantes que toutes les tentatives de greffage avec nos vignes d'Europe ont échoué. La reprise au bouturage étant aussi fort difficile, ces cépages ne nous intéressent nullement au point de vue cultural.

La section des *Euvites*, ou vraies vignes, se subdivise en six séries, parmi lesquelles on trouve un petit nombre de formes présentant un réel intérêt. Nous nous occuperons spécialement de ces formes. Voici d'abord le tableau de la classification des *Euvites* tel qu'il a été établi par Planchon.

EUVITES...	1° Labruscæ....	Vitis Labrusca (Linné).
	2° Labruscoïdeæ.	Vitis Californica (Bentham).
		Vitis Caribæa (de Candolle).
		Vitis Coriacea (Suttleworth).
		Vitis Candicans (Engelmann).
	3° Æstivales....	Vitis Linsecomii (Buckley).
		Vitis Bicolor (Leconte).
		Vitis Æstivalis (Michaux).
	4° Cinarescentes.	Vitis Berliandieri (Planchon).
		Vitis Cordifolia (Michaux).
		Vitis Cinerea (Engelmann).
	5° Rupestres....	Vitis Rupestris (Scheele).
		Vitis Monticola (Buckley).
		Vitis Arizonica (Engelmann).
	6° Ripariæ......	Vitis Riparia (Michaux).
		Vitis Rubra (Michaux).

Le maximum de résistance, c'est-à-dire l'immunité absolue vis-à-vis du phylloxéra étant représenté par le chiffre *20*, nous donnerons les notes suivantes à chacun de ces types, excepté : *Bicolor*, *Cariboea* et *Coriacea* sans intérêt pour le but que nous poursuivons :

Vitis Labrusca (Isabelle),..................	5.00
Vitis Californica..........................	4.00
Vitis Candicans (Mustang)..................	13.00
Vitis Linsecomii	10.00
Vitis Æstivalis (sauvage). (Jacquez, Herbemont, Cunningham).........................	14,00
Vitis Berliandieri.........................	19.00
Vitis Cordifolia	19.50
Vitis Cinerea	15.00
Vitis Monticola	18.00
Vitis Rupestris (Martin)...................	19.50
Vitis Arizonica............................	18.50
Vitis Riparia (Gloire).....................	19.00

Diverses hypothèses ont été formulées pour expliquer la résistance des vignes américaines au phylloxéra. Beaucoup de praticiens pensaient que cette résistance évidente était due à une plus grande vigueur naturelle et surtout à la propriété d'émettre de nouvelles racines au fur et à mesure que l'insecte exerçait ses ravages. Mais un examen attentif des faits démontra bientôt que ces vues hypothétiques étaient inexactes.

Nous possédons des cépages français comme l'*Aramon* et le *Grenache*, dont la puissance végétative est remarquable, et qui, néanmoins, succombent pendant que le chétif *Yorck Madeïra* (hybride de *V. Labrusca* et *V. Æstivalis*) résiste convenablement dans les régions tempérées et en terres caillouteuses, argilo-siliceuses, assez fraîches où il se plaît.

Il est plus rationnel d'admettre que la résistance est due à une aptitude spéciale des tissus acquise par la sélection naturelle en présence du phylloxéra.

Comme l'indique le tableau précédent, la résistance absolue (20) n'existe pas scientifiquement parlant, mais, au point de vue pratique, elle est largement atteinte par certaines formes telles que : *V. Riparia*, *V. Rupestris*, *V. Berliandieri*, *V. Cordifolia*, *V. Monticola*. Les rares phylloxéras aptères qui semblent s'égarer sur leur système radiculaire n'y provoquent pas des lésions susceptibles de blesser sérieusement les tissus et de porter atteinte à la vitalité du cep.

Sous l'empire de ces remarques et des circonstances, on ne tarda pas à reconnaître, en France, que la plantation des vignes américaines était le plus sûr moyen de reconstituer des vignobles capables de résister aux attaques du phylloxéra, et on s'empressa d'utiliser ces cépages exotiques, suivant leur nature, comme *porte-greffes* de nos plants indigènes. Mais ce ne fut qu'après de longs tâtonnements et souvent de cruelles déceptions que l'on arriva à déterminer, parmi ces nombreuses espèces américaines, les plants ayant quelque valeur au point de vue de la reconstitution.

L'emploi comme producteurs directs des vignes américaines alors connues était évidemment le moyen qui se présentait comme étant le plus commode pour reconstituer; malheureusement celles de leurs formes qui donnaient des fruits à gros grains assez abondants, produisaient des vins d'un goût étrange qualifié de *foxé*. — Foxy, en anglais, exprime une odeur de renard, un goût sauvage et détestable.

Ce goût *foxé* est surtout très accentué chez les diverses formes du *Vitis Labrusca* dont la résistance au phylloxéra (5) est d'ailleurs bien faible dès que leur adaptation au milieu laisse à désirer. A la vérité elles ne se défendaient convenablement que dans les terres sableuses et siliceuses, fraîches, ou même les *Vitis vinifera* jouissaient d'une immunité suffisante.

Deux hybrides de *V. Labrusca* et de *V. Riparia*, le *Taylor* et le *Vialla*, ont eu un moment de vogue comme porte-greffes, le premier à cause de sa résistance au calcaire sensiblement supérieur à celle de *V. Riparia* et *V. Rupestris*, le second pour sa grande facilité de reprise au bouturage et au greffage. Mais à la suite de nombreux cas de dépérissement qu'explique leur médiocre résistance au phylloxéra, on finit par les délaisser dans les régions méridionales.

Un hybride complexe (*V. Labrusca*, *V. Vinifera*, *V. Riparia*), l'*Othello* fut propagé au début des plantations américaines avec un entrain que ne justifiaient pas ses qualités culturales. Ce cépage présenta une faible résistance au phylloxéra (6). Sa maturité est précoce et sa fertilité peut dépasser 100 hectolitres à l'hectare dans les bons fonds, mais son vin est imprégné de l'arrière-goût foxé et acerbe du *V. Labrusca* ou de ses générateurs.

L'*Othello* ne se chlorose pas dans les sols renfermant 45 p. 100 de calcaire ; par contre, il est assez sensible au mildiou, au black-rot et aux fortes chaleurs qui grillent ses fleurs et ses fruits. Le soufrage le défeuille.

Les *Vitis æstivalis*, vignes à petits grains d'un goût assez franc, renferment des formes pures très souvent mélangées à l'état sauvage, avec *Vitis Bicolor* et *Vitis Linsecomii*. Il est assez difficile cependant de se mettre d'accord sur ce qu'on est convenu d'appeler les « formes pures ». Il existe beaucoup de formes sauvages — semis de hasard — mais ce n'est pas du tout la même chose. Un type dérivé, le *Jacquez*, souleva jadis un furieux engouement aujourd'hui bien apaisé. Son proche parent l'*Herbemont* partagea un moment les faveurs du public.

Le *Jacquez* et l'*Herbemont* sont des hybrides complexes qui présentent des points de ressemblance avec *V. Vinifera*, *V. Æstivalis*, *V. Cinerea*. Le faciès de l'*Herbemont* rappelle davantage le *Cinerea*, tandis que celui du *Jacquez*, se rapproche beaucoup plus du *Vinifera*.

Le *Jacquez* supporte mieux le calcaire que le *Riparia* et le *Rupestris*. Il mûrit mal ses fruits en dehors de la région méridionale et donne une maigre récolte d'un vin commun, plat, caractérisé par une couleur violacée intense qui manque de fixité et rend difficile son entrée dans la consommation. Sa note de résistance au phylloxéra ne dépasse pas 13 ; elle varie beaucoup suivant qu'il est greffé ou non greffé. Dans les terres non calcaires le *Jacquez* franc de pied végète admirablement. Notons cependant qu'à Philippeville il s'est montré très inférieur au *Riparia* et au *Rupestris* au point de vue de la reconstitution. Ses feuilles et ses raisins sont particulièrement sensibles au mildew et à l'anthracnose, mais assez résistantes au black-rot.

L'*Herbemont* se chlorose rapidement dans les terres calcaires, là où *Riparia* et *Rupestris* réussissent à se maintenir, mais il est réfractaire au mildew et assez résistant au black-rot, ce qui le rend précieux pour l'hybridation en vue d'obtenir des producteurs directs résistant à ces redoutables cryptogames.

Le vin un peu clair de l'*Herbemont* n'est pas dépourvu de qualités. Sa fertilité est faible ainsi que sa résistance au phylloxéra (12) ce qui rend sa culture dangereuse en dehors des terres silico-argileuses ou siliceuses, meubles, fertiles et fraîches dans lesquelles il paraît se plaire.

Le *Jacquez* n° 1 (10) et l'*Herbemont d'Aurelle* (4) venus de semis en Algérie ont, comme le *Saint-Sauveur* (4), une résistance absolument insuffisante pour jouer un rôle quelconque dans la reconstitution.

Un hybride complexe de *V. Riparia*, *V. Candicans*, etc., le *Solonis*, avait fixé l'attention à cause de son adaptation relative aux terrains assez calcaires, compactes, humides et même légèrement salés. On abandonne aujourd'hui ce porte-greffe dont la résistance au phylloxéra est inférieure à celle du *Jacquez* (13) surtout dans les terrains secs.

*
* *

Dans les contrées sèches et chaudes, l'action destructive du phylloxéra s'exerce avec une vigueur extrême, car l'influence du milieu la favorise au plus haut degré. La ponte des radicicoles ne s'arrête que lorsque la température du sol descend au-dessous de 10 à 11 degrés, c'est-à-dire qu'elle dure dans le Midi, et particulièrement en Algérie, deux fois plus de temps qu'en Bourgogne et en Champagne [1].

Des conditions climatériques différentes influent inégalement sur l'énergie et la durée du développement biologique de l'insecte ; elles expliquent pourquoi — la nature du sol étant identique — tel cépage résiste suffisamment dans les contrées tempérées ou froides pendant qu'il dépérit et succombe dans les pays secs et chauds. A ce point de vue l'*Yorck-Madeïra*, le *Jacquez*, l'*Herbemont*, le *Solonis*, et, en première ligne le *Vialla* et l'*Othello* signalés dans les pages précédentes, nous fournissent les meilleurs exemples.

Laissons donc dans l'oubli tous ces producteurs directs venus d'Amérique, car aucun d'entre eux ne répond à nos besoins et à nos goûts. D'ailleurs, pour conserver à nos vins ce cachet d'ori-

1. Les observations géothermiques faites au Jardin d'Essai d'Alger démontrent que la température du sol à *un* mètre de profondeur atteint rarement un minimum de 11° ou 12°; encore ce minimum est-il très passager.

gine qui fait leur grande supériorité et que le commerce et les consommateurs du monde entier apprécient, nous devons forcément utiliser les cépages américains comme porte-greffes de nos cépages les plus distingués, et, choisis dans ce but, parmi les formes hautement résistantes au phylloxéra.

Sous ce rapport nous savons que celles dont il vient d'être question ne répondent pas aux exigences, d'autant plus que le greffage réduit toujours un peu la vigueur du porte-greffe, sa résistance à l'insecte et au calcaire.

En ce qui concerne la qualité des vins on admet généralement que le greffage n'a aucune influence fâcheuse.

Les plus fins gourmets, les meilleurs dégustateurs semblent s'entendre pour proclamer que les vins provenant de vignes françaises (*Pinot*, *Cabernet*, *Carignan*, etc.), greffées sur pieds américains ont les mêmes propriétés — qualités ou défauts — que ceux produits par les cépages français non greffés, et présentent tous les caractères du cru : cependant des avis contraires sont émis par des gens autorisés qui font remarquer avec juste raison que les vignes américaines greffées étant cultivées de préférence dans les terres fertiles de plaine, l'abondance des produits n'est pas sans avoir quelque influence sur la qualité.

De tout cela, il résulte que nous devons employer comme porte-greffes les espèces qui se font remarquer par leur grande résistance au phylloxéra en tenant compte de leurs propriétés spéciales d'*adaptation* au sol et d'*affinité* avec le greffon.

Puisque nous venons d'écrire les mots adaptation et affinité donnons leur signification.

L'*adaptation* (*ad*, *aptare* : approprier à) exprime les facultés de relation entre le cépage porte-greffe et le sol ; conséquemment, le degré d'adaptation d'un cépage sert à déterminer la valeur culturale de telle ou telle nature de terrain par rapport à lui.

L'*affinité* (*affinis* : voisin, contigu) est l'aptitude plus ou moins grande que possède un cépage de pouvoir être greffé sur un autre et *vice versa*. Le degré d'affinité est une conséquence de certaines analogies dans la nature intime des tissus et dans les lois de croissance des deux cépages unis par la greffe. Pour le praticien, le degré d'affinité indique la façon plus ou moins favorable dont un porte-greffe nourrit son greffon.

Le patrimoine de l'observation et de l'expérience qui grandit chaque jour, nous fournit quelques renseignements utiles sur l'affinité. Par exemple, nous savons que le *Carignan* et le *Grenache* sont moins difficiles sur le choix du porte-greffe que le *Mourvèdre*.

Parmi les espèces américaines précitées figurant au tableau (p.506) nous devons choisir comme porte-greffes celles qui présente une grande résistance au phylloxéra, une reprise au bouturage facile, et, en même temps, des propriétés d'adaptation suffisantes à l'égard d'une nature de sol déterminée. Deux types seulement, parmi les formes dites pures, répondant à ces desiderata : *Vitis Riparia* et *Vitis Rupestris*.

Le *Riparia* a une souche vigoureuse avec un tronc moyen. Ses sarments grêles portent des feuilles d'un vert foncé à cinq lobes avec des dents aiguës. Racines traçantes, ramifiées, longues, minces et dures, insensibles aux piqûres du phylloxéra. La note de résistance est 19.50. Grappe ou plutôt grappillon à petits grains sphériques d'un noir violacé et d'un goût acerbe. Reprise facile au bouturage et au greffage. Se chlorose dans les sols qui renferment plus de 16 à 18 °/₀ de calcaire ; redoute les milieux très secs, peu fertiles, ainsi que l'excès d'humidité. C'est le porte-greffe par excellence des terrains argilo-siliceux rougeâtres ou siliceux profonds et frais ; les terrains où la sécheresse est à craindre, les sols compacts et durs ne lui conviennent pas. Ses nombreuses formes ont des aptitudes différentes, et c'est avec raison que M. Millardet et le Dr Despetis recommandèrent, dès le début, le sélectionnement des divers types offerts aux viticulteurs.

Les *Riparias* peuvent être classés en deux groupes principaux :

1° *Riparias tomenteux* ;

2° *Riparias glabres*.

Les premiers portent sur les rameaux et les nervures de la face inférieure des feuilles un tomentum (*tomentum* : duvet) à poils courts ; les seconds sont glabres (lat. *glaber*), c'est-à-dire sans poils.

Dans les *Riparias tomenteux* on distingue :

1° Les *Riparias tomenteux* à grandes feuilles ;

2° Les *Riparias tomenteux* à petites feuilles ;

Les *Riparias glabres* se subdivisent en :

1° *Riparias glabres* à feuilles lobées ;

2° *Riparias glabres* à feuilles entières comprenant aussi des types à petites et à grandes feuilles, etc.

Sans entrer plus avant dans tous les sectionnements botaniques que comporte l'étude de ces variétés, nous retiendrons simplement leurs formes les plus recommandables — au point de vue cultural — ces formes sont, sans contredit, le *Riparia gloire de Montpellier* et le *Riparia grand glabre*.

Le *Riparia Gloire* supporte un peu plus de calcaire que les autres *Riparias*, sans dépasser cependant 20 °/ₒ

C'est une variété très robuste dont le tronc se développe mieux, ce qui réduit l'étranglement ou bourrelet apparent au point greffé. Les sarments étalés, longs, de couleur noisette clair, portent de grandes feuilles épaisses avec lobes indiqués par une longue dent ; pétiole teinté de rouge vineux. La face supérieure des feuilles est vert foncé luisant ; la face inférieure vert clair avec poils raides sur les nervures.

Le *Riparia Gloire* nourrit bien les greffes de *Carignan*, *Grenache*, *Aramon*, *Alicante-Bouschet*, moins bien celles de *Mourvèdre*, et répond par une plus large production aux cultures soignées et aux abondantes fumures. Porte-greffe de premier ordre dans les terres meubles, profondes, fraîches et fertiles de nature siliceuse, argilo-siliceuses, silico-argileuses ou faiblement calcaires.

Le *Riparia Grand Glabre* se distingue par ses sarments d'une teinte pourpre à l'état herbacé, plus foncé que celle du *R. Gloire*. Les feuilles sont plus petites et cordiformes. Beaucoup de praticiens lui accordent la préférence pour la culture en coteaux.

Comme le *Riparia*, le *Vitis Rupestris* renferme nombre de variétés que l'on peut classer en deux groupes :

1° *Rupestris à petites feuilles* et à port buissonnant ;

2° *Rupestris à plus grandes feuilles*, à port buissonnant, mais à ramifications moins nombreuses.

D'une façon générale, la feuille du *Rupestris* est petite, plus large que longue, entière, pliée en gouttière ; à distance elle est très caractéristique par sa ressemblance avec la feuille de l'Orme. Souche vigoureuse. Grappe petite portant des petits grains d'un noir violacé, jus fortement coloré en rouge et d'un goût franc. Racines longues, grêles et très dures.

Dans le premier groupe se trouvent les meilleures formes : *Rupestris Martin*, *Rupestris Ganzin*. Dans le second groupe : les *Rupestris à feuilles métalliques*, *Rupestris Fortworth*.

Les racines pivotantes de ces *Rupestris* résistent supérieurement au phylloxéra. Ils acceptent facilement la greffe des cépages européens, quoique plus durs que les *Riparia*, et donnent un bourrelet insignifiant au point de soudure.

Les *Rupestris* craignent l'humidité, ils sont très sensibles au pourridié et ils se chlorosent facilement; on exagère en disant qu'ils recherchent les terrains *secs* (*In medio virtus*). Leur place est indiquée dans les terrains caillouteux, maigres, peu calcaires ou à calcaire dur et compact, comme celle du *Riparia* est dans les fonds riches, fertiles et très faiblement calcaires.

On reproche aux *Rupestris* de porter des greffes moins fructifères que celles des *Riparia*. Ce reproche est justifié, mais cette infériorité tend à diminuer avec l'âge; en outre, le tronc des *Rupestris* se développant mieux que celui des *Riparia*, il existe entre le porte-greffe et le greffon une liaison plus intime qui se traduira certainement par une plus grande longévité.

Le *Rupestris Martin*, aux jeunes pousses luisantes, ne porte que des fleurs mâles coniques assez grosses, et relativement nombreuses pour un *Rupestris*; c'est le type le plus recommandable actuellement, car ses greffes semblent plus fructifères que celles des *Rupestris Forthworth*, *R. à feuilles métalliques* et surtout du *R. Ganzin*, difficile au bouturage et à la greffe. Sa grande rusticité le rend précieux pour les coteaux schisteux, siliceux ou argilo-siliceux peu compacts, caillouteux et faiblement calcaires. Sa résistance à l'action chlorosante du carbonate de chaux est comparable à celle du *Riparia gloire* et elle devient supérieure avec l'âge, ce qui le place en tête de tous les *Rupestris*.

Ces diverses formes de *Rupestris* ont été introduites à Philippeville où le *Rupestris métallique* et le *R. Ganzin* sont pour le moment préférés par les viticulteurs pour les terrains de coteaux. Dans les terrains en plaine, c'est le *Riparia gloire* qui l'emporte sur le *R. grand glabre*.

On a beaucoup prôné le *Rupestris du Lot*, abusivement dénommé *Monticola*, et il jouit encore d'une certaine faveur. C'est un hybride naturel très vigoureux dérivant des *V. Riparia*,

V. Labrusca, et peut-être *V. Vinifera*. Sa note de résistance au phylloxéra ne dépasse pas 15, ce qui rendrait sa culture fort aléatoire dans les pays secs et chauds, comme l'Algérie, particulièrement favorables au développement excessif de l'insecte parasite. Il se comporte bien dans les terres silico-calcaires et dans les marnes calcaires arénacées dosant 40 °/₀ de carbonate de chaux au maximum.

Ce rapide exposé prouve que les deux formes pures *V. Riparia* et *V. Rupestris*, sont seules pratiquement utilisables pour les terrains non calcaires de l'Algérie ; mais en raison de leurs faibles propriétés calcicoles elles ne permettent pas de reconstituer les vignobles dans lesquels la proportion de carbonate de chaux friable dépasse 18 à 20 p. 100. Cependant, parmi les dix-huit espèces d'*Euvitis* qui figurent au tableau (p. 505), il existe des types susceptibles de s'adapter aux terrains les plus calcaires et doués d'une bonne résistance contre le phylloxéra; nous citerons : *V. Berliandieri* et *V. Monticola*. Malheureusement ces remarquables porte-greffes reprennent trop difficilement de bouture.

Monticola et *Berliandieri* sont des plantes à développement lent, mais elles conservent l'aspect de la meilleure santé dans les terres sèches, chaudes et blanchâtres, la première avec 50 °/₀ de calcaire, la seconde avec plus de 60 °/₀. Le *Berlandieri* porte des greffes très fertiles.

Toutefois, s'il était impossible d'utiliser directement d'aussi précieuses qualités, on pouvait espérer qu'il serait permis de les mettre en valeur « indirectement » à l'aide de l'hybridation artificielle, soit avec les autres espèces américaines, soit avec les cépages français.

*
* *

Comme il existe de grands écarts entre les époques de floraison des vignes américaines et françaises il est indispensable d'avoir recours à certains expédients pour hâter ou retarder la floraison de l'un des deux conjoints suivant le cas.

Voici les époques de floraison des principaux types, d'après les observations faites sur les collections de l'École d'agriculture de Montpellier : elles devront peu varier avec celles que l'on constatera dans la moyenne du vignoble algérien.

V. Riparia, du 24 avril au 19 mai.
V. Rupestris, du 15 mai au 21 mai.
V. Berlandieri, du 18 juin au 25 juin.
V. Cinerea, du 19 juin au 25 juin.
V. Monticola, du 15 mai au 25 mai.
V. Æstivalis, du 30 mai au 10 juin.
V. Labrusca, du 17 mai au 1er juin.
V. Vinifera (Aramon), 24 mai au 7 juin.
V. Vinifera (Chasselas), 20 mai au 3 juin.

Nous ne nous attarderons pas à décrire les méthodes pratiques d'hybridation de la vigne qui intéressent peu le viticulteur, qui ne demande qu'à connaître les bons hybrides. Les pages suivantes vont être consacrées à leur étude. Bien entendu nous n'avons pas la prétention de passer en revue les milliers d'hybrides actuellement proposés de divers côtés, nous parlerons seulement des plus intéressants.

Par l'hybridation on a surtout cherché à produire des porte-greffes pour les pays calcaires où le *Rupestris* et le *Riparia* ne réussissent pas. Pour la viticulture nord-africaine cette question n'offre pour le moment qu'un intérêt secondaire, car c'est en général dans les terres très peu calcaires ou même pauvres en chaux que sont établis nos grands vignobles.

Même à Mascara où il existe quelques croupes calcaires de fertilité médiocre plantées en vigne, il sera plus avantageux de poursuivre l'œuvre de la reconstitution dans des sols plus profonds et plus riches que ceux du vignoble actuel et où il n'y aura pas à redouter l'influence fâcheuse d'un excès de calcaire.

Néanmoins il est intéressant de signaler les hybrides qui, à l'heure actuelle, sont les plus recommandés en France, tout en faisant observer que si les *Riparia* et les *Rupestris* semblent prospérer à Philippeville, région en général pauvre en chaux, le premier essai de culture des hybrides est encore à faire en Algérie.

L'exposé ci-après a uniquement pour but de faire connaître quel est en France l'état actuel de la question des hybrides appropriés à la reconstitution en terrains calcaires.

*
* *

On désigne les hybrides par le nom des deux générateurs reliés à l'aide du signe × (croix de Saint-André), véritable schéma de la reproduction sexuelle dioïque ou union entrecroisée.

Exemple : *Aramon* × *Rupestris* représente le produit de l'*Aramon* fécondé par le *Rupestris*; la graine, d'où est sorti le nouvel hybride ainsi dénommé, provenait de l'*Aramon*. *Rupestris* × *Aramon* exprimerait le contraire.

Pour simplifier ces énumérations qu'une série de croisements entre hybrides complexes rendrait longues et fastidieuses, on remplace les noms par un chiffre; ainsi : *13.205* de Couderc est un produit de *Bourrisquou* × *Rupestris* fécondé par *Calcicola* (ancien *V. Monticola*).

Tout d'abord, il faut distinguer les hybrides *Américo-américains* des *Franco-américains*.

Les *Américo-américains*, surtout lorsqu'ils proviennent du croisement de types tels que : *Riparia*, *Rupestris*, *Berlandieri*, *Cordifolia*, *Calcicola* offrent *a priori*, des garanties de résistance au phylloxéra plus grandes que les *Franco-américains*, car les deux générateurs sont eux-mêmes fortement réfractaires au parasite.

La résistance des hybrides *Franco-américains* est naturellement plus douteuse; elle est sujette à controverse, et une longue expérience, appuyée sur des observations minutieuses, permettra seule de formuler un avis sur chacun d'eux.

Parmi les *Américo-américains* nous distinguerons actuellement les porte-greffes suivants que nous désignerons sous les annotation d'usage tout en regrettant que celles-ci, sous leur forme cabalistique, semblent inventées pour embrouiller la numération des hybrides et favoriser ainsi les spéculations des marchands peu consciencieux :

3.306 et *3.309* de M. Couderc, *101*[14] de Millardet qui sont des hybrides *Riparia* × *Rupestris*. — *157-11* de Couderc, hybride *Berlandieri* de la Sorres × *Riparia-Gloire*. — 554-5 de Couderc, hybride de *Riparia-Rupestris* × *Æstivalis-Calcicola* (*Monticola*). — 106[8] *Riparia* × *Cordifolia-Rupestris* de Millardet. — *1616* *Solonis* × *Riparia* de Couderc.

Parmi les *Franco-américains* nous retiendrons : ***404 Carignan*** × ***Rupestris***. — ***1202*** *Mourvèdre* × *Rupestris*. — ***601*** et ***603*** *Bourrisquou* × *Rupestris* de Couderc. — *Aramon* × *Rupestris Ganzin* nos 1 et 2. — *Colombeau* × *Rupestris Martin* dit *Gamay Couderc*. — 41B *Chasselas* × *Berlandieri* de Millardet.

*
* *

Hybrides Américo-Américains. ***3.306*** et ***3.309*** *Riparia* × *Rupestris* de Couderc sont des porte-greffes remarquables, insensibles aux atteintes du phylloxéra, supérieurs au *Riparia Gloire* du moins pour la résistance à la chlorose si redoutable dans les vignobles français ; le ***101***[14] de Millardet participe à leurs qualités.

3.306 est sensiblement plus résistant à l'action chlorosante du calcaire que ***3.309***. L'un et l'autre craignent assez la sécheresse. — ***101***[14] peut être considéré comme ayant une adaptation intermédiaire. Ces trois hybrides sont d'une grande rusticité et très faciles au bouturage et au greffage. Au point de vue de la fructification, le ***3.309*** égale le *Riparia Gloire*. — ***3.306*** aime les terres marneuses, fraîches et même un peu humides. — ***3.309*** se plaît dans les sols caillouteux moins frais ; il est préférable à son frère. — ***101***[14] convient aux terres argilo-calcaires un peu fortes. — Ils portent également bien les greffes de *Carignan*, de *Grenache* dans des milieux riches à 36 p. 100 de calcaire. Avec l'*Aramon*, plus épuisant, il serait imprudent de dépasser 35 p. 100.

157-11 de Couderc est un hybride *Berlandieri* × *Riparia* très résistant à la chlorose calcaire et de reprise au bouturage facile. Donne des greffes remarquablement fructifères avec nos cépages français.

554-5 de Couderc hybride d'*Æstivalis* × *Monticola* croisé avec *Riparia* × *Rupestris*. Résistance de premier ordre à la chlorose et au phylloxéra. Sa reprise au bouturage et au greffage est bonne.

106[8] de Millardet et Grasset est issu du croisement *Riparia* avec *Cordifolia* × *Rupestris*. Ce cépage vigoureux a une excellente tenue dans les sols arides et secs où il est supérieur au ***101***[14] ; il accepte la greffe sans difficulté, reprend bien de bouture et fructifie régulièrement.

1.616 de Couderc, hybride de *Solonis* et de *Riparia*, plus résistant que le *Solonis*, se comporte bien dans les sables inertes, dans les terres fraîches et légèrement salées jadis réservées à ce dernier. Il craint la sécheresse, porte des greffes très fertiles et peut être avantageusement utilisé, dans le voisinage des marais saumâtres, sur les plages du littoral qui, à défaut de pluies, bénéficient des vents marins saturés d'humidité.

*
* *

Passons maintenant en revue les hybrides *Franco-Américains* que nous avons cités.

404 Carignan × Rupestris de Couderc présente une très haute résistance au calcaire. Il résiste bien à la sécheresse. Ce cépage paraît supérieur au *1.202*. Tronc vigoureux grossissant rapidement, port buissonnant et érigé. Ses nombreux raisins à petits grains blancs rosés sont caractéristiques. Excellent porte-greffe reprenant facilement au bouturage et au greffage, il ne semble pas craindre les attaques du phylloxéra.

1.202. Mourvèdre × Rupestris de Couderc est, sans contredit, un des plus accommodants parmi les *Franco-Américains* connus jusqu'à ce jour. Il se développe vigoureux et vert dans les terrains les plus variés. On le voit superbe dans les alluvions profondes et fraîches des vallées de l'Aude et de l'Hérault, dans les sols argilo-calcaires compacts du Bas-Languedoc, dans les calcaires magnésiens, siliceux et assez secs (Lias) du Var, dans les marnes oxfordiennes (Jurassique) de la Côte-d'Or et même dans les marnes oolithiques et les terrains crétacés de la Charente, dont la teneur en calcaire atteint souvent 60 p. 100 dans le sol et 70 p. 100 dans le sous-sol. Ce cépage reprend facilement de bouture, se greffe bien, et semble mériter largement les préférences qu'on lui témoigne de tous côtés. Malgré l'élasticité de son adaptation, on prévoit cependant qu'il donnera les meilleurs résultats dans les marnes profondes, dans les argilo-calcaires frais.

Le *1.202*, franc de pied, est très fructifère ; il porte sur chacun de ses pampres 6 à 7 raisins à grains ronds, très petits, de saveur neutre. Les feuilles sont généralement de forme arrondie, petites, serrées sur le sarment; face supérieure luisante, dentelure très régulière.

601 et *603* de Couderc sont des hybrides du *Bourrisquou* et du *Rupestris*. Leur vigueur et leur résistance à la chlorose paraissent un peu inférieures à celles de *1.202* — surtout *603* — mais *601* s'adapte bien aux terres argilo-calcaires, compactes, et *603* ne craint pas les terres sèches. Ces deux cépages végètent admirablement jusqu'à ce jour dans des terres blanchâtres renfermant 40 °/₀ de calcaire.

L'*Aramon×Rupestris* Ganzin n° *1* affectionne les terres argilo-calcaires compactes, à sous-sol marneux ou imperméable ; il supporte mieux l'action néfaste du calcaire que son frère n° *2*, et, sous ce rapport, se rapproche du *Taylor-Narbonne*. On le voit vigoureux et vert dans des alluvions dosant 55 °/₀ de carbonate de chaux, ainsi que dans des argilo-calcaires dont la richesse en calcaire oscille entre 50 et 55 °/₀. On l'a trouvé légèrement jaune dans un sol à 47 °/₀ avec un sous-sol à 80 °/₀.

L'*Aramon×Rupestris* n° *2* pourrait jouer un rôle utile dans les sables inertes à sous-sol tufacé.

3.103. *Gamay* Couderc doit être tenu en suspicion à cause des nombreux phylloxéras qu'il héberge sur ses racines. M. Couderc affirme sa résistance avec preuves à l'appui : en effet le système radiculaire puissant de cet hybride très vigoureux ne paraît pas encore compromis par les tubérosités qu'il porte. Tous les *Gamay* Couderc que nous avons pu observer étaient très beaux, après 9, 10 et 14 ans de greffe, et ne le cédaient en rien soit au *Rupestris du Lot*, soit au *Riparia Gloire*, soit au *3.306* *Riparia×Rupestris* plantés côte à côte.

Le *3.103*, greffé sur *Aramon*, paraît indiqué dans les marnes calcaires et les terres argilo-calcaires compactes assez fraîches en été. On doit le réserver pour ces sortes de sols et surtout pour les alluvions siliceuses, les plages légèrement salées où vient le *Solonis*, peu fertiles, passablement calcaires, à 40 et 45 p. 100. — *41*B *Chasselas×Berlandieri* de Millardet se comporte bien dans les sols crayeux pas trop secs. En dehors de ces terrains spéciaux d'autres cépages plus vigoureux devront lui être préférés quoique sa fructification soit satisfaisante.

Comme on le voit, la liste des cépages que nous considérons

comme intéressants n'est pas longue ; elle suffit néanmoins aux besoins de la reconstitution en terrain calcaire et renferme les porte-greffes les plus méritants sur la valeur desquels une assez longue expérience nous a fixés.

En résumé le *Riparia Gloire* reste toujours un porte-greffe de premier ordre pour les alluvions profondes argilo-siliceuses, les terres fertiles meubles et fraîches, dans lesquelles la proportion de carbonate de chaux ne va pas au delà de 18 à 19 °/₀. Il ne se plairait pas au contraire dans une terre sèche ou compacte dans laquelle ses racines minces ne pourraient pénétrer. Le *Rupestris* Martin s'adapte bien aux terrains caillouteux maigres et peu calcaires. Ce sont ces plants *R. Gloire* de Montpellier et *Rupestris* qui sont employés avec succès à Philippeville où la reconstitution en plants américains *greffés* occupe actuellement une superficie de 300 hectares environ [1]. Mais ces deux types américains seraient distancés *dans les terres calcaires* par leurs hybrides (*Riparia*×*Rupestris*) *3.306* et *3.309* de Couderc et *101* [14] de Millardet qui possèdent des facultés d'adaptation plus étendues, En effet ces cépages rustiques supportent jusqu'à 35 et 36 °/₀ de calcaire.

Remarquons en terminant qu'il ne faut voir, dans ce qui précède, que des indications générales, ne constituant nullement des règles fixes applicables à tous les milieux.

La composition intime du sol, sa nature physique, le climat, le plus ou moins d'affinité du greffon avec le porte-greffe, sont des facteurs importants qui augmentent ou diminuent dans une large mesure les phénomènes chlorotiques. Ainsi, par exemple : le *Rupestris du Lot*, jaunissant et rabougri dans les terres calcaires blanchâtres des environs de Mèze (Hérault) qui dosent à peine 40 °/₀ de carbonate de chaux, est superbe de vigueur et de verdeur, à quelques kilomètres plus loin, dans des marnes calcaires riches à plus de 52 °/₀. Ce cas suggestif n'est certes pas exceptionnel. — *41*[B] et *554-5* sont comparables à *157-11* dans les terrains crayeux, mais lui sont nettement inférieurs dans les alluvions très calcaires assez sèches. — *1.202* se comporte

1. On compte en outre 6 à 700 hectares de vignes américaines non greffées.

mieux que *157-11* dans les marnes et les argilo-calcaires un peu fraîches. En terrains secs, *404* l'emporte sur *1.202*.

Dans son rapport à la *Société des viticulteurs de France*, en date du 12 mars 1898, M. Ravaz donnait les conclusions suivantes :

« I. Les cépages dont la résistance phylloxérique me paraît dans tous les cas suffisante sont : *V. Rupestris*, *V. Riparia*, *V. Berlandieri*, *Riparia-Rupestris*, *Riparia-Cordifolia*, *Cordifolia-Rupestris*, *Rupestris-Cinerea*, *Riparia-Berlandieri*, *Rupestris-Berlandieri*, *Taylor-Narbonne*, *etc.*

« La résistance phylloxérique des franco-américains connus est inférieure à celle des précédents. Il est par suite prudent de ne les cultiver que dans les sols où le phylloxéra a une action peu active, quoique leur grande vigueur leur permette de mieux résister aux attaques de l'insecte.

« II. Les sols non chlorosants ne présentent pas de grandes difficultés d'adaptation. La dureté et la compacité du sol cependant s'opposent à la bonne réussite du *Riparia*. Ici on devra préférer les cépages à grosses racines.

Rupestris-Cinerea, *Cordifolia-Rupestris*, *Riparia-Cordifolia*.

« III. Les terrains calcaires peuvent être tous reconstitués avec :

Riparia-Rupestris.

Rupestris du Lot.

Taylor-Narbonne.

Riparia-Berlandieri.

Rupestris-Berlandieri.

Berlandieri.

« Et dans quelques cas spéciaux, avec certains franco-américains. L'important pour réussir dans les sols calcaires très chlorosants est de n'employer que de très beaux plants, bien racinés et bien soudés, et par une fumure abondante, de les faire développer rigoureusement la première année. »

Il faut conclure que l'expérimentation basée sur la *plantation directe* est seule capable de donner une certitude absolue, infaillible sur la valeur culturale du cépage porte-greffe par rapport au sol et au greffon.

Comme on l'a vu dans le cours de cette étude très résumée, si le choix des variétés pures ou hybrides appropriées aux diverses natures de terrain et adaptées aux différents climats, ainsi que les procédés culturaux à leur appliquer sont encore loin d'être précisés en France, ils sont à peine indiqués par l'expérimentation en Algérie. Chaque jour pouvant apporter de profondes modifications dans cette viticulture américaniste toute moderne, on ne devra rechercher dans le présent chapitre que le simple exposé des connaissances actuelles.

*
* *

Les plantations peuvent êtres faites en *boutures*, en *racinés* et en *greffes-boutures racinées*.

Il est préférable de planter directement en plein champ les boutures du porte-greffe judicieusement choisi, mais en ayant soin d'élever en pépinière une certaine quantité de boutures et de boutures-greffées destinées à remplacer les pieds manquants.

Certains viticulteurs de la Métropole plantent des racinés à l'automne et les greffent au printemps suivant. Ce procédé donne généralement une bonne reprise.

Pendant l'été, les jeunes plantiers doivent recevoir de nombreuses façons culturales afin que la terre soit purgée de mauvaises herbes et maintenue en bon état d'aération et de fraîcheur.

L'Algérie traverse une longue période de sécheresse qui s'étend ordinairement de mai à octobre. Ce n'est que par le travail complet du sol que l'on peut conserver dans le sous-sol l'humidité indispensable à la bonne venue des jeunes pousses. Un binage bien fait, dit un vieil adage, vaut un arrosage.

Plusieurs instruments aratoires permettent d'exécuter les binages d'été dans les meilleures conditions.

En effectuant les diverses opérations culturales, il faut éviter d'ébranler les jeunes pieds qui commencent à s'enraciner. On les protège en plantant à côté de chacun d'eux un petit piquet ou tuteur. Ce piquet est surtout indispensable à l'extrémité des lignes où les ceps sont plus exposés à être heurtés au moment des tournées.

Greffage. Le greffage est aujourd'hui une opération courante. Greffer tel ou tel porte-greffe américain avec un plant indigène paraît tout simple maintenant, et les ouvriers greffeurs habiles sont très nombreux en France.

La greffe dite en *fente pleine* est généralement adoptée dans tout le Midi.

Le greffage a lieu un an après la plantation, en réservant pour une autre année les pieds trop faibles. Il ne doit pas être entrepris trop longtemps avant le moment où le réveil de la végétation permet la soudure des tissus mis en contact. La condition première d'un bon greffage réside dans la rapidité de la cicatrisation.

On commence par déchausser les ceps. Un afflux séveux trop fluide et trop abondant est nuisible à une bonne et prompte soudure ; aussi, lorsqu'on opère un peu tard, au moment des pleurs abondants de la vigne, il faut avoir soin de décapiter les sujets quelques jours avant la mise en place du greffon ; dans ce cas, l'ouvrier doit rafraîchir la coupe du pied avant de le fendre pour y introduire le greffon.

Cette section transversale doit être faite à 2 cent. environ au-dessus du niveau du sol. On fend le pied suivant le plus grand diamètre, et jusqu'à une profondeur de 2 ou 3 cent., au moyen d'une serpette ou d'un couteau à greffer. On introduit aussitôt dans la fente un greffon d'un diamètre correspondant.

Le greffon est coupé habituellement à trois bourgeons. Le mérithalle inférieur est taillé en forme de lame de couteau, de manière que les deux biseaux convergent à partir de l'œil inférieur vers le bas et en même temps se rapprochent du côté qui leur est opposé. Les deux biseaux ne doivent pas avoir la même obliquité par rapport à l'axe, de façon à éviter de mettre à nu la moelle des deux côtés. On obtient ainsi une lame de bois continue qui offre plus de solidité (Foëx).

Le greffon est enfoncé verticalement dans la fente maintenue ouverte par la pointe du greffoir en ayant soin d'obtenir le contact entre les écorces et les couches génératrices (liber) des deux sujets, car la soudure ne peut se produire qu'en cette région spéciale. Le bois n'est pour rien dans la formation du tissu cicatriciel.

Dès que le greffon est bien en place sur le porte-greffe, on ligature avec précaution à l'aide d'un lien en *raphia*. Immédiatement après, on comble les trous de déchaussement et on butte avec la terre la plus fine.

La butte, large de 45 cent. à la base, doit recouvrir complètement l'œil supérieur du greffon même après tassement. On évite ainsi la dessiccation du greffon avant soudure et l'ébranlement provoqué par les vents. Un ouvrier suffit pour servir trois greffeurs en couvrant les pieds et en les marquant par des roseaux.

Certains viticulteurs préfèrent mettre en place des racinés-greffés venus en pépinière, afin d'éviter les incertitudes du greffage et d'obtenir des vignes plus régulières.

La plantation à la fourchette ou au pal avec boutures ou avec racinés-greffés dont toutes les racines ont été taillées ras de la tige, revient par hectare dans le Midi aux prix suivants :

Tracé au rayonneur	10 fr.
Préparation des sujets	20
Plantation	45 fr.
10 journées à 3 fr. 50 pour buttage et travail du pied	35 fr.
Total	110 fr.

Lorqu'on plante à trous, il faut compter 75 à 90 fr. en plus suivant le nombre de ceps à l'hectare.

Les racinés-greffés sont cotés aujourd'hui 160 à 170 fr. le mille. Leur prix d'achat s'élève à 610 fr. environ par hectare. A ce prix, les pépiniéristes les plus honorables livrent dans le Midi de la France des sujets de choix et garantissent la reprise.

Quand on pratique le greffage sur place, les dépenses se répartissent ainsi :

Achat de boutures de choix, à 30 fr. le mille	114 »
Greffage sur place, à 2 fr. 50 le cent	95 »
Travaux complémentaires du greffage, achat et pose de roseaux, nettoyage des rejetons, buttage, suppression des racines françaises, environ	200 »
	409 »

En admettant une reprise de 85 %, il faudra, l'année suivante, environ 570 pieds de racinés-greffés pour remplacer les manquants.

570 pieds à 160 fr.	91 20
Mise en place de ces pieds isolés à 10 fr. le cent	57 »
Total général	557 20

Le greffage sur place donne une économie d'une cinquantaine de francs par hectare. Mais il faut considérer que la plantation des greffés-racinés a été faite une année avant, et, qu'en les adoptant, le propriétaire gagne du temps et économise les cultures à donner au jeune plantier pendant l'année qui précède le greffage. En outre, on possède une vigne plus régulière.

Le greffage entraîne assurément des modifications importantes dans l'évolution biologique du végétal.

Le *Mourvèdre*, le *Carignan*, l'*Aramon* greffés produisent certainement des raisins de *Mourvèdre*, de *Carignan* et d'*Aramon*, mais ces raisins sont plus ou moins sensiblement modifiés — en bien ou en mal — suivant le porte-greffe. *A priori*, il semble que les hybrides franco-américains doivent donner de meilleurs produits que les types américains sauvages.

Les remarquables études de MM. G. Rivière et G. Baillache sur la poire de Jodoigne greffée sur poirier franc et sur cognassier cultivés en milieu exactement semblable, ont démontré que les fruits de la greffe sur cognassier sont plus riches en sucre. Le poids du fruit, la densité du moût, l'acidité varient avec la nature du porte-greffe. Donc les porte-greffes jouent un rôle important, et il y a lieu de les étudier, sous ce rapport, afin de connaître leur valeur intrinsèque au point de vue de la qualité et de la quantité des produits.

Lorsque la soudure de la greffe est complète, c'est-à-dire vers fin juillet, on procède à l'ablation des rejets émis par le porte-greffe et des racines qui se sont développées sur le greffon.

Cette opération doit être faite le plus tôt possible et avec beaucoup de soin, car la présence de ces rejets ou racines met la plante dans de mauvaises conditions de nutrition et amène l'affranchissement des conjoints.

Aussitôt après, on rebutte légèrement. Au mois de septembre, on renouvelle l'examen du point de greffe et la suppression des rejets ou racines s'il y a lieu, puis on coupe la ligature de raphia de façon à laisser les tissus tendres de la soudure se durcir sous l'influence de l'air et du soleil.

C'est surtout pendant son jeune âge qu'il est bon de mettre le plant à l'abri des ruptures occasionnées par le vent ou les heurts, en l'attachant à un piquet à l'aide d'un lien d'osier ou de raphia.

Travaux culturaux dans le midi de la France. — Le premier labour doit atteindre 15 à 20 cent. de profondeur. On ouvre le sol en suivant d'abord les diagonales (le galis), puis on continue par le travail des grands interlignes (l'ample) en ramenant la terre au milieu de l'interligne. — Il s'agit ici d'une plantation en carré ou en quinconce. — Si le temps le permet, on croise par un labour perpendiculaire, ce qui donne un total de 16 raies pour les vignes à 1 m. 50, savoir : 3 raies dans chaque diagonale = 6 raies, et 5 raies dans chaque grand interligne = 10 raies — total *16 raies.*

Si les intempéries retardent les travaux, on trace simplement dans chaque *ample* les 2 raies les plus rapprochées du pied et on complète ensuite la culture sans risquer d'abîmer les bourgeons.

La façon en *sellette* peut aussi s'exécuter à bras. Dans ce cas, l'ouvrier suit les diagonales des carrés en piochant de manière à obtenir un relief élevé. Il déchausse les souches et accumule la terre en billon dans l'interligne.

Les labours d'été sont des labours de binage. On se borne à travailler les grands interlignes, en diminuant le nombre de raies au fur et à mesure de la croissance de la végétation.

On donne un premier binage pour détruire les herbes adventices nées à la suite des dernières pluies d'hiver et rompre la croûte formée à la surface du sol. En Algérie, suivant les régions, ce binage se pratiquera en avril ou au commencement de mai. Cette façon s'exécute à 10 cent. environ de profondeur en nivelant le sol et en comblant les déchaussements du labour d'hiver.

Les binages qui succèdent au précédent sont tout à fait superficiels. On les renouvelle aussi souvent que possible jusqu'à ce que la végétation des ceps s'oppose à l'introduction des instruments attelés.

Pour ces binages légers on emploie des houes vigneronnes ou des scarificateurs.

Les conditions favorables à l'exécution des travaux culturaux sont : 1° Une terre bien ressuyée — ni trop humide, ni trop sèche — s'ameublissant facilement sans faire corps. 2° Un temps sec et chaud qui provoque le dessèchement rapide des mauvaises herbes. D'une façon générale, on évite de travailler la terre pendant les gelées ou les grandes chaleurs et au moment de la floraison.

Le prix de revient des travaux culturaux est assez variable suivant l'époque et les milieux ; il atteint dans le Midi de la France ordinairement 250 fr. environ par hectare en comptant la journée d'un fort cheval à 4 fr. et celle du laboureur à 3 fr. 50, soit 7 fr. 50 pour la journée de labourage.

Voici le décompte :

Labours à la charrue, 2 façons complètes, 16 journées à 7 fr. 50	120	fr.
Déchaussement soigné à bras d'homme (trinque ou rabassié), à 6 fr. les mille ceps	24	»
Un binage croisé à la gratteuse, 5 journées	37	50
Un binage croisé à la gratteuse, 4 journées	30	»
Un binage croisé à la gratteuse, 3 journées	21	50
Travail du bord des vignes, 3 journées à 3 fr. 50	10	50
Total...	243	50

Si on cultive entièrement à la main, il faut donner 4 façons. Chaque façon représente 25 journées d'ouvrier, soit 100 journées à 3 fr. = *300*.

Après l'invasion phylloxérique, au moment de la reconstitution, les viticulteurs méridionaux pensèrent que l'intervalle entre les ceps devait être augmenté à cause de l'avidité et de la vigueur excessive du porte-greffe américain. On plantait jadis à 1 m. 50, on planta à 1 m. 75 et même à 2 mètres. Depuis lors, l'expérience a montré que l'écartement de 1 m. 60, pour la plantation en carré, répond à toutes les exigences, surtout avec les cépages à port érigé tels que *Clairette*, *Picquepoul*, *Mourvèdre*, *Terret*, *Carignan*. Les plants à port étalé comme les *Muscats*, le *Cinsaut* et notamment les vigoureux *Aramon*, peuvent supporter un écartement supérieur — 1 m.70 ou 1 m. 75 — suivant la fertilité du milieu.

La taille du cépage greffé n'exige point de méthode particulière et la fumure des plants américains, qui doit être beaucoup plus abondante que pour la vigne française, pourra être basée sur les données indiquées au chapitre « **Culture de la vigne à vin.** »

CHAPITRE VI

PRÉPARATION DU SOL

Labours, assolements, fumures, etc.

Défrichements. — Certaines régions des zones marines et montagneuses sont encore recouvertes, dans les bonnes terres ordinairement, par une végétation de broussailles quelquefois denses et luxuriantes : les espèces ligneuses qui la composent sont principalement des Lentisques, des Jujubiers, des Alaternes, des Bruyères, des Genêts épineux, des Cystes, de petits Chênes, etc. Quelquefois, suivant les régions, les Lentisques ou les Jujubiers ou les Rhus à cinq feuilles dominent.

Cette puissante végétation est toujours l'indice d'un bon sol profond, argilo ou silico-calcaire, mais l'extirpation de ces arbustes est souvent très coûteuse : elle ne peut se faire qu'à la main. Aux environs des centres, la vente du bois, des souches et du charbon paie une partie de la dépense qui grève l'hectare d'une somme de 200 fr. environ, car il faut que ce travail soit bien exécuté pour empêcher les repousses.

D'autres fois, le revêtement du sol est composé à peu près exclusivement par un peuplement de touffes de Palmiers nains, fortement implantées dans une terre assez compacte grâce à un faisceau de racines résistantes.

La charrue à vapeur pourrait, en même temps qu'elle défonce le sol, en opérer le défrichement quand le revêtement est exclusivement composé de Palmiers nains. Mais, dans ce cas comme les souches ne sont que soulevées sans être entamées, et retournées, il faut ensuite à la pioche les désagréger, sinon elles repousseraient. Quand il s'agit de souches d'espèces ligneuses, il faut avant le passage de la charrue les extirper. Le défrichement préalable des touffes de Palmiers nains est aussi préférable.

Lorsque tout le sol est recouvert de Palmiers nains, les frais de défrichement ne s'élèvent pas à moins de 250 à 350 fr. par hectare, suivant la densité des touffes.

Quand les champs sont envahis par les gros oignons de Scilles ou les touffes d'Asphodèles, ces plantes ne résistent pas à l'action des bonnes charrues actuelles : ces bulbes ou ces racines sont coupés ou retournés par les instruments actionnés par de forts attelages. Il en est de même pour cette broussaille chétive, quoique dense, composée d'Halophytes des terrains salés de la province d'Oran notamment. Cependant l'extirpation du Guetaf (*Atriplex halymus*) exige la pioche.

Les Espagnols, les Marocains et les Kabyles excellent dans ces travaux de défrichement et de confection du charbon qui en dérive.

Les prix de débroussaillement et de défrichement varient donc suivant la densité du peuplement, selon qu'il peut être fait à la main ou à la machine.

Défrichement ne veut pas dire défoncement : le dessouchement ne serait qu'un défoncement partiel.

M. Leroux, dans son *Traité pratique de la vigne*, Blidah, 1894, donne d'excellentes indications sur le prix de revient des différents systèmes de défrichement et de défoncement exécutés à la main ou par les instruments attelés ou mus par la vapeur.

Désalage du sol. Quelques parties du territoire algérien, notamment dans la province d'Oran et dans les Hauts Plateaux, présentent, en dehors des sebkas, d'assez grands espaces où la salure du sol empêche toute végétation autre que celles des *Halophytes* ; encore ces derniers sont-ils souvent très réduits comme nombre et développement.

Cet état particulier du sol est dû au déversement pendant l'hiver des eaux salées de certains oueds ou à la quantité de sels contenus dans les couches inférieures de la terre : souvent les deux causes sont réunies.

Avant de prendre une décision au sujet des moyens d'amélioration de ces terrains, l'analyse chimique doit d'abord révéler la nature et la quantité de sels qu'ils renferment à diverses profondeurs.

L'écoulement des eaux hivernales, le drainage, les fossés profonds, etc., sont indiqués quand la pente du terrain le permet, mais ce sont des opérations ordinairement fort coûteuses et de nature à améliorer seulement le pâturage dans les terrains peu chargés en sel.

Quand on possède des eaux d'irrigation non saumâtres, cas très rare dans ces régions, les irrigations, complétées par des fossés d'égouttement, peuvent modifier avantageusement la surface du sol à lacondition que sa couche inférieure ne contienne pas de sel, sans quoi tous les travaux exécutés le seraient inutilement, car la capillarité ramènerait constamment à la surface du champ des efflorescences salines.

On a conseillé de planter ces terrains salants avec des *Chénopodées* australiennes (*Salt-Bush*) pouvant servir au pâturage : opération chère et incertaine.

Dans les régions sahariennes, en dehors du Dattier, quelques autres cultures, d'ailleurs bien maigres, vivent sans prospérer dans ces terrains et avec des eaux fortement chargées de chlorure de sodium, de magnésium, de potassium, de sulfate de chaux, de magnésie, de soude, etc.; on ne connaît aucun moyen d'action pour changer la nature de ces milieux.

Labours

Les labours en changeant les surfaces en contact avec l'air atmosphérique, augmentent la porosité du sol au sein duquel, au contact de l'air, se produisent les réactions complexes qui préparent les aliments de la plante et les rendent assimilables [1]. Dans un sol bien ameubli la plante peut plus aisément étendre ses racines dans tous les sens et puiser sa nourriture dans un plus grand cube de terre. En outre les eaux pluviales au lieu de ruisseler à la surface du sol dur et compact en la dégradant, ou de saturer la couche superficielle d'une humidité stagnante et nuisible, descendent dans le sous-sol, s'y emmagasinent et con-

1. Les terres en jachère labourée, sous l'action de l'air et de l'humidité, s'enrichissent spontanément en azote nitrique assimilable dans une proportion qui, d'après M. Dehérain, suffirait, sauf les déperditions, à la production de 30 à 40 hectolitres de blé par hectare, si les autres éléments fertilisants ne font pas défaut : c'est ce qui explique et justifie la pratique de la jachère cultivée. (*Annales agronomiques*, t. XXIII).

stituent des réserves d'eau qui, plus tard, pendant la saison sèche, remonteront par capillarité et alimenteront la plante au fur et à mesure de ses besoins. Ce sont ces réserves d'eau que le cultivateur doit constituer d'abord aussi abondantes que possible et ensuite conserver et aménager par des binages répétés.

Il semblerait donc au premier abord que l'on ne peut jamais cultiver trop profondément ni trop soigneusement un champ à emblaver.

Nous allons voir pourtant que si les labours sont un des facteurs les plus importants de la réussite des récoltes, il faut, lorsque l'on veut étudier au point de vue pratique et économique la profondeur à leur donner, faire entrer en ligne de compte toute une série d'éléments divers et parfois tout à fait opposés, tels que la nature du sol, les conditions climatologiques et économiques de la région où l'on se trouve, la fertilité du champ cultivé, sa puissance de production, la quantité d'engrais dont on peut disposer et leur prix de revient.

Il y a deux sortes de labours :

1° Les labours profonds ou de défoncement qui, chaque fois que le sous-sol le permet, devraient faire partie, comme le défrichement et l'épierrement, de la mise en valeur du sol ;

2° Les labours annuels qui doivent être payés par la récolte pendante, ou tout au moins par la série de récoltes comprises dans la rotation adoptée. Ces derniers labours ne sont faits à la charrue que lorsqu'il s'agit de retourner le sol, les autres façons se donnent d'une manière bien plus économique au moyen de la herse, du scarificateur et de la houe à cheval.

Pour que la préparation d'un champ soit parfaite il faut que le sol ait été complètement retourné, qu'il soit partout remué à une profondeur égale, qu'aucune plante n'ait échappé au soc, que toutes les grosses mottes aient disparu, qu'il reste en un mot dans un état d'ameublissement complet. En Algérie plus que partout ailleurs, le parfait ameublissement de la surface du sol à l'état de véritable pulvérisation, si possible, s'impose absolument. C'est de cette couche superficielle et pulvérulente que dépendent tous les phénomènes de capillarité qui fournissent à la plante le maximum d'éléments humides contenus dans la terre. « L'eau est la première condition de fertilité ». (Dehérain.)

Il est très difficile d'obtenir un travail parfait par un seul travail et avec un unique instrument attelé.

Les instruments attelés que nous possédons pour donner les façons nécessaires pour l'ameublissement d'un champ sont :

1 — La charrue qui coupe verticalement et horizontalement une bande de terre qu'elle retourne en la renversant dans le sillon précédemment ouvert.

Dans une bonne charrue le soc doit *couper par dessous toute la tranche remuée* pour ne laisser aucune racine pivotante.

2 — Le scarificateur qui avec une série de coutres ameublit le sol sans le retourner et peut pénétrer jusqu'à 25 et 30 cent. dans des terres légères ou bien labourées.

3 — Le cultivateur et les houes qui permettent de donner une culture légère et qui au moyen de socs coupent les herbes à quelques centimètres de profondeur.

4 — Le rouleau qui écrase les mottes et sert aussi à tasser le champ après les semailles dans certaines terres légères pour en diminuer la porosité nuisible à la germination.

Un sol léger très siliceux peut en tout temps recevoir les façons ; un sol compact, argileux, surtout lorsqu'il contient une certaine quantité de magnésie, ce qui se constate dans bien des cas en Algérie, ne peut au contraire se travailler que bien ressuyé, ou sec et alors à grand renfort de bêtes.

L'emploi d'un instrument quelconque dans un sol trop humide ne fait que pétrir la terre et la mettre en mauvais état ; en effet, la charrue ne retourne alors que de grandes bandes lisses, d'une terre pâteuse, difficile à ameublir par la suite ; si, pressé par le temps, on se décide, avant que le champ ne soit complètement ressuyé, à y passer la herse, le rouleau ou le scarificateur, la terre se met en boules, l'on fait de la brique et il faut souvent 2 ou 3 ans de bonnes cultures pour remettre le sol en état.

Quant, au contraire, on a à travailler un sol dur, plus ou moins sec, ce qui est le propre des labours d'été dans les terres argileuses, l'attelage doit faire un effort beaucoup plus considérable et la terre retournée au lieu de se bien effriter reste en partie en grosses mottes ; mais ces mottes, après avoir été brûlées par le soleil, fusent aux premières pluies et se désagrègent facilement par le passage de la herse.

Dans le cas où cet instrument serait insuffisant l'emploi du rouleau, du Crosskill de préférence, est indiqué, mais son usage ne convient qu'aux terres bien ressuyées. Sur un champ humide il pétrit la surface, l'empâte et forme une croûte dure et très difficile à ameublir ensuite. Il faut donc éviter absolument le passage du rouleau sur un terrain humide et assez mouillé pour coller.

Le meilleur moment pour labourer un champ est donc celui où le sol encore frais est déjà bien égoutté. La charrue entre facilement et le terrain, à moins d'être bien argileux, s'effrite assez pour qu'il suffise d'un simple coup de herse, après la charrue, pour briser les mottes et mettre le champ en état de recevoir la semence.

Quelquefois même dans les sols très légers un simple labour suffit, la semence tombe ainsi dans les raies laissées par la charrue et se trouve mieux enterrée.

Dans les terrains argileux les meilleurs labours sont ceux faits au printemps, puis ceux donnés en été, coûtant plus cher il est vrai, mais bien difficiles à éviter, car l'on risque, si l'automne est pluvieux, de ne pouvoir plus mettre en culture les champs trop mouillés.

Quand on a, par de bons labours de printemps ou d'été, retourné le sol destiné à l'emblavure, on pratique au moment de semer une façon au scarificateur au lieu d'employer à nouveau la charrue : on prépare ainsi, avec le même attelage, une surface 3 ou 4 fois plus considérable.

On ne saurait trop recommander, sur un sol bien préparé, les ensemencements au semoir : ils sont beaucoup plus réguliers, permettent d'économiser jusqu'aux 2/5 de la semence, et lorsqu'ils sont faits en ligne livrent passage à la houe à cheval.

On peut aussi, au grand avantage des céréales, donner un ou deux binages qui augmentent sérieusement la récolte en chaussant ces plantes, en assurant la propreté du champ et en empêchant, par l'ameublissement de la surface, l'évaporation de l'eau contenue dans le sol. Dans les régions où le climat, la quantité d'eau annuelle, la possibilité de se procurer à prix avantageux d'abondants engrais et les conditions économiques dans lesquelles on se trouve permettent une culture intensive, il y a toujours avantage, à moins d'avoir un *sous-sol* de mauvaise nature, à faire des labours de 20 à 25 cent. tout au moins, et à pousser ces labours tous les 3 ou 4 ans à 30 ou 35 cent. de profondeur.

Le labour profond et bien exécuté, il convient de ne point l'oublier, ne représente qu'une faible partie des avances faites à la terre, fortement compensées par l'augmentation et la régularité du rendement.

La culture des céréales est lucrative dans de telles conditions, surtout si l'on sait et si l'on peut, par un assolement intelligent, assurer la propreté du sol, tout en lui maintenant sa fertilité (voir *Assolements*).

Malheureusement, la réunion de conditions pareilles ne constitue encore que la très rare exception en Algérie, même dans la zone marine et semble ne pas devoir se rencontrer facilement en dehors.

La condition *économique* de la majeure partie des colons est telle qu'ils sont dans l'impossibilité d'acheter les animaux nécessaires à la production abondante d'engrais. D'un autre côté, le peu de fumier obtenu est employé au jardin ou à quelques cultures riches et les céréales sont presque toujours semées sans engrais. C'est là la caractéristique de presque toutes les exploitations agricoles de l'Algérie.

Peut-on, dans de telles conditions, espérer retirer exclusivement par de profonds labours une longue série de belles récoltes en faisant fond seulement sur les richesses accumulées dans le sol? Le croire serait une utopie. Les champs ensemencés d'une façon continue finiront par arriver à un tel degré d'épuisement que, quelle que soit la perfection des cultures, les dépenses dépasseront les rendements; nous avons vu que les meilleures terres céréalifères, Bel-Abbès, par exemple, atteignaient presque le terme extrême de la production sans restitution. La petite région de Sétif, avec ses bons labours, conservera plus longtemps la moyenne de ses rendements grâce à l'association du bétail à sa culture intensive, mais réduite encore pour longtemps à de faibles surfaces.

Les labours profonds augmentent les actions physico-chimiques du sol, cela est indéniable, et mettent à la disposition des nouvelles cultures les réserves du sous-sol en principes fertilisants que la charrue arabe n'avait pu attaquer. Mais ces réserves sont elles-mêmes destinées à disparaître bientôt.

M. Grandeau pense même que ce serait une erreur colossale d'attribuer à ces réserves fertilisantes du sous-sol — quand elles existent — la valeur vénale des substances fertilisantes de même richesse en principes nutritifs que nous donnons au sol sous forme de fumures complémentaires.

Est-ce à dire que les récoltes de céréales sans fumier sont impossibles ?

S'il fallait admettre à la lettre cet axiome ce serait condamner la presque totalité de nos terres à l'inculture, notamment en territoire arabe, où, malgré la faiblesse du rendement, la production du grain s'y chiffre néanmoins tous les ans par une valeur en argent très élevée.

En culture indigène rien n'est à changer pour le moment à l'état de choses actuel; mais l'Européen qui donnera un bon travail à son sol et fera concorder avec sa puissance de production la variété et l'alternance des récoltes pourra, au début, avec les céréales dont le bénéfice si léger qu'il soit est certain, transformer peu à peu son mode d'exploitation et produire des engrais en quantité suffisante pour arriver, non à supprimer, mais à restreindre la jachère.

En attendant, seuls les labours de printemps permettent, en agriculture progressive, de retirer de la jachère tous les résultats possibles.

La puissance de production du sol est due en effet en grande partie à la faculté qu'ont les terres remuées de rendre assimilable l'azote organique qu'elles contiennent et de fixer celui qu'elles empruntent à l'atmosphère ou ce qu'elles reçoivent par les pluies, et cette quantité d'azote est d'autant plus grande que le contact entre l'air et les molécules de ce sol est plus complet, plus prolongé et cela avec un degré d'humidité donné.

Le labour vernal assure de plus la propreté du champ et permet d'employer pour les semailles des scarificateurs à grand travail ; on peut ainsi faire 3 ou 4 fois plus de besogne et finir les ensemencements de bonne heure, ce qui a une importance capitale en Algérie, où l'on peut dire qu'à de très rares exceptions près, les premières semailles sont celles qui donnent les plus hauts produits. L'année de jachère n'est du reste pas complètement perdue car l'on peut faire pâturer sur les terres qui y sont soumises jusqu'au moment du labour.

L'expérience est aujourd'hui absolument concluante; une terre soumise à la culture biennale, avec labours de printemps, donne, avec beaucoup moins de frais, un produit plus élevé que lorsque l'on s'acharne à l'ensemencer sans engrais, tous les ans, ou même deux ans sur trois. On ne saurait donc trop insister pour recommander, dans les parties telliennes qui s'y prêtent, ces labours de printemps qui permettent à nos champs de s'enrichir d'une quantité d'azote assimilable relativement considérable, de retenir les premières pluies d'automne et de faciliter l'ameublissement progressif de la surface du sol qui crée aux bactéries nitrifiantes un milieu favorable, tout cela avec une dépense bien inférieure à celle occasionnée par le simple apport sur le champ d'un engrais équivalent.

*
* *

Il nous reste à étudier la préparation du sol dans une dernière région de l'Algérie, la plus vaste, celle connue sous le nom de Pays à transhumance.

Dès que nous entrons dans la région des Hauts Plateaux et des steppes, le climat change brusquement : on constate une irrégularité très grande dans la répartition des chutes de pluie et dans l'importance de la tranche d'eau qui tombe annuellement ; on se trouve en face d'aléas climatériques tels qu'ils priment toutes les autres données du problème cultural.

Dans ces conditions, pour faire prédominer le rendement sur les frais de culture, il ne reste qu'un seul moyen, c'est de diminuer dans la mesure du possible tous les frais et travaux.

Il faut, en effet, semer quelquefois 2 ou 3 ans pour avoir une récolte satisfaisante, et, quelle que soit l'augmentation de gain due à un labour meilleur elle ne rembourse que bien difficilement les dépenses supplémentaires faites pour ces deux ou trois labours dont un seul a été productif. Le revenu brut a bien augmenté, mais le revenu net a diminué.

Nous avons pu suivre cette expérience à la Bergerie nationale de Mondjebeur près Boghari, où l'emploi des fumiers et de l'irrigation permettait seul d'avoir des récoltes régulières et lucratives.

Sur les parties du domaine trop éloignées pour que l'on y pût porter des fumiers, ou bien situées en dehors de la zone irrigable, les cultures les plus soignées donnaient bien comme quantité des résultats supérieurs à ceux obtenus par les indigènes, mais en additionnant le produit et les dépenses de 3 ou 4 années, les résultats pécuniaires étaient certainement moins bons avec la charrue française qu'avec la charrue arabe.

Le métayage seul avec le Khammès permet une culture relativement productive dans la région des steppes en réduisant au minimum possible les dépenses faites.

Mais il y a encore un motif bien plus puissant pour ne pas encourager les labours profonds, dans cette région des steppes où les quelques plantes vivaces qui donnent un peu de nourriture aux animaux pendant la saison sèche doivent être avant tout l'objet de notre sollicitude.

Les Arabes se contentent lorsqu'ils ensemencent un champ de couper ces plantes à la hachette au-dessus du collet et comme ils ne leur causent aucun dommage avec leur charrue légère, ces plantes poussent après l'enlèvement des céréales sans avoir nui sensiblement au rendement de ces dernières.

Un bon labour à la charrue française, tout en étant insuffisant pour assurer une récolte dans les années pauvres en pluie, aurait détruit au contraire et pour de longues années cette végétation spontanée si utile et qui a mis des siècles pour occuper le sol, de sorte qu'après l'enlèvement des récoltes — souvent illusoires — les troupeaux se trouveraient en présence d'espaces dénudés absolument désertiques à tout jamais. Ajoutons que la destruction de ces plantes vivaces aurait pour conséquence la dénudation des terrains déclives sous l'action des eaux pluviales.

Nous résumerons nos conseils de la façon suivante.

1 — Dans la zone à pluie régulière ou dans les terres arrosées les labours doivent être d'autant plus profonds que l'on dispose de terrains plus riches et d'engrais plus abondants.

2 — L'augmentation de fertilité due au mélange d'un sous-sol encore vierge à la couche arable déjà épuisée doit être employée avant tout à établir un assolement producteur de fumier, parce

que cette augmentation factice de fertilité disparaît avec les premières récoltes.

3 — Dans la majeure partie des terres à céréales situées sur les Hauts Plateaux telliens, là où les conditions économiques et culturales sont telles que l'on ne peut disposer d'engrais abondants et à bon marché, il faut faire de la culture extensive basée sur un assolement biennal et les labours de printemps.

4 — Dans les pays à steppes, où se pratique la transhumance, il faut par le métayage arabe avec le Khammès diminuer les frais dans toute la mesure du possible : c'est le seul moyen de lutter contre les aléas du climat. Il faut enfin et avant tout, par des labours légers, incapables de détruire la végétation vivace et sous-frutescente qui revêt le sol, conserver aux troupeaux ces plantes si précieuses qui contribuent à leur nourriture pendant les périodes de disette.

*
* *

On a beaucoup discuté sur la convenance d'engager les Arabes à labourer plus profondément et à se servir de charrues perfectionnées.

Le labour profond ne s'impose pas partout, surtout dans les Hauts Plateaux et dans beaucoup de régions où la terre arable est peu épaisse et où, dans d'autres cas, le sous-sol est pierreux ou de mauvaise nature. Il est même à éviter dans les terres chargées de sels divers où une trop grande capillarité des couches supérieures ferait constamment remonter à la surface des efflorescences nuisibles à la végétation.

Quelques agronomes pensent même que les indigènes habitant les Hauts Plateaux font preuve d'une certaine logique en ne rendant perméable que la couche de terre qui peut être imbibée par les pluies rares et irrégulières dévolues à ces espaces, et en reconnaissant que dans certaines terres salées l'augmentation de l'action capillaire par le labour profond devient nuisible aux cultures.

Pour labourer plus profondément, il ne suffirait pas de perfectionner l'instrument : il faudrait lui fournir une traction suffisante que refuse l'état économique de l'indigène et du pays qu'il occupe généralement.

A plusieurs reprises on a voulu modifier la charrue arabe, mais les agronomes français qui vivent avec l'indigène ont pensé que sans rien changer à l'instrument ni à son fonctionnement, on pouvait le mieux construire et remplacer en partie le bois par le fer augmentant ainsi sa force, sans nuire à sa légèreté. Ce système a été mis en pratique avec succès depuis quelques années sur les grands domaines de la Compagnie algérienne où M. Stieldorff, le très distingué directeur de cette Compagnie, aidé de M. Garbe, l'habile chef des exploitations agricoles, prend toutes mesures utiles pour perfectionner progressivement et avec prudence les pratiques séculaires des indigènes.

Notons aussi que MM. Sas et Ryf avaient été les précurseurs autorisés de ces sages aménagements.

*
* *

Nos labours, il faut le reconnaître, s'opèrent généralement dans de mauvaises conditions. A une longue période de sécheresse et d'active insolation qui a durci et cuit le sol, succèdent souvent tardivement et brusquement des pluies torrentielles qui pétrissent la terre et séjournent à la surface en ne la détrempant que superficiellement. Cette eau ne lui profite pas : elle est plus ou moins rapidement évaporée, ou alors elle crée une croûte boueuse impossible à travailler.

Les labours sont alors retardés dans ces hivers pluvieux au point que l'ensemencement ne peut avoir lieu qu'en janvier, quelquefois plus tard. On a vu de ces précipitations pluviales assez intenses dans la première partie de l'hiver pour faire reculer indéfiniment les travaux du sol. Ainsi, dans la région marine, le dernier trimestre de l'année 1886 a donné 581 mill. d'eau ; celui de 1893 en a fourni 518 mill. et celui de 1896 en a déversé 576 mill., sur une moyenne annuelle de 700 millimètres.

Quelquefois au contraire, sous l'effet de la sécheresse persistante, le sol reste tellement durci en hiver que les instruments ne peuvent l'entamer : les pluies sont tardives ou insuffisantes, et généralement absorbées dans ces années-là par une grande insolation et des vents desséchants. Ainsi pendant le dernier trimestre 1880, la pluie n'a fourni que 131 millimètres ; celui de

1891, 167 mill. grâce à novembre qui avait donné 104 mill., enfin en 1897, octobre et novembre n'avaient déversé que 90 mill. dont 31 mill. seulement pour novembre.

Cette diversité des phases dans l'état météorique de la saison normale des labours restreint forcément la surface des emblavures, et dans ces années-là la préparation du sol est généralement fort mauvaise.

Cette préparation insuffisante de la terre et la tardivité des semailles sont les principales causes de l'affaiblissement des rendements et de l'accentuation des disettes.

On ne saurait donc trop insister, au risque de se répéter indéfiniment, sur la nécessité absolue des labours de printemps qui emmagasinent les premières pluies, permettent de suite l'ameublissement rapide du sol par des façons légères en rendant possibles les semailles en temps opportun.

Si l'on s'est rendu un compte exact des difficultés météoriques extrêmes de sécheresse et d'humidité qui marquent le temps des labours d'automne, en même temps que du matériel insuffisant dont dispose le colon pour agir vite, on reconnaîtra notre insistance justifiée pour conseiller les façons préalables qui doivent faire partie de la pratique agricole des Européens exploitant principalement dans les zones à pluies réduites.

*
* *

Pour les cultures spéciales, la vigne, le verger, le jardinage, etc., on prépare le sol de différentes manières.

En terrain plat ou peu accidenté les instruments mus par la vapeur exécutent un bon défoncement à 50 ou 60 cent. environ de profondeur (voir *Viticulture*). Des industriels établis dans les grands centres disposent d'un excellent matériel et se chargent à forfait de ces sortes de travaux dont les prix varient suivant la nature du sol.

A défaut de la vapeur on peut se servir de charrues à manège, mais, en raison de l'éloignement des ateliers de réparation, l'agriculteur peut encore défoncer profondément à l'aide de bons animaux de travail et de deux fortes charrues dont une *fouilleuse*. Cette dernière passant dans la raie de la première charrue a l'avantage de déchirer le sous-sol et de le soulever sans le ramener à la surface.

Dans les parties par trop déclives le défoncement se fait à la pioche plate ou au crochet dans les terres de nature argileuse : les Espagnols excellent dans ce genre de travail qui coûte environ 600 fr. l'hectare pour une profondeur de 60 à 70 centimètres.

Dans son exécution il convient de veiller à ce que la couche de terre arable soit toujours maintenue à la surface du champ si le sous-sol est de qualité inférieure, pierreux, glaiseux, tufeux, etc.

Le défoncement à la pioche est employé pour le verger dont les arbres sont rapprochés ; pour les Orangers, les Oliviers, les Caroubiers, etc., dont les distances sont éloignées, on plante dans de grands trous de 1 m. 50 au carré sur 1 de profondeur, dans des terres préalablement bien travaillées.

Pour le jardinage, sur bon labour et hersage, un léger piochage ameublit la surface du sol qui doit être pulvérulente en raison de l'état herbacé des végétaux relativement délicats qui lui sont confiés.

Actuellement, la petite culture possède un grand nombre d'instruments attelés, de petite dimension, exigeant peu de force, qui permettent de donner au sol des façons renouvelées et économiques.

* * *

Les terres de la petite culture, comme de la grande, celles compactes ou argilo-calcaires qui se durcissent rapidement au soleil ne doivent jamais être travaillées quand elles sont mouillées, humides et collantes. Leur bon ameublissement deviendrait une réelle difficulté pour longtemps et la récolte pendante en souffrirait.

* * *

Les actions météoriques particulièrement exagérées dans certaines saisons, partout en Algérie, notamment dans les Hauts Plateaux et les parties désertiques, créent des conditions défavorables à la production et à l'entretien des éléments fertilisants du sol. Le travail de la terre et le parfait ameublissement de sa surface, aidés par une fumure organique, peuvent seuls conjurer les graves effets des divers actes du temps.

Dans un sol bien travaillé les actions physiques sont plus actives, celles de la capillarité principalement ; dans le sol additionné d'un engrais organique, l'évaporation est moins grande et les relations intimes entre l'air et la terre sont ainsi facilitées.

Ajoutons que les terres riches en matières organiques, en humus, absorbent deux fois plus d'eau qu'une terre ordinaire et la retiennent mieux ; de plus, dans un sol bien fumé, la plante a besoin d'absorber 2 et 3 fois moins d'eau qu'une plante en terrain non fumé, pour parvenir à son entier développement.

La terre *remuée* renferme une plus grande quantité d'eau que la terre *tassée*.

Emmagasiner l'eau, régler le jeu de la capillarité par la pulvérulence du sol, reconstituer si possible la couche humique par des fumures organiques, créer un milieu favorable à la vie des bactéries nitrifiantes, etc., telles sont les difficultés réelles que doit résoudre l'agriculture algérienne.

L'humidité est le principal élément de vitalité pour les plantes, pour les jeunes cultures principalement. S'il faut par capillarité la mettre à la disposition des végétaux, il convient d'autre part d'atténuer son évaporation provoquée par le fendillement superficiel du sol.

Si nous avons insisté sur le rôle des labours d'été, sur l'utilité d'emmagasiner dans le sous-sol la plus grande quantité d'eau possible, nous attachons une égale importance à la pratique des binages d'été. Les binages en effet, en ameublissant la couche superficielle du sol, modèrent l'évaporation de l'eau contenue dans le sous-sol, évaporation qui au contraire est très rapide quand la surface du sol se tasse et se fendille profondément. En divisant les couches superficielles du sol, en détruisant leur adhérence avec les couches plus profondes, on rompt leur continuité, on détruit leur homogénéité et on augmente la capacité des vides existant entre les molécules de terre ; ainsi on modère l'effet de la capillarité qui tend à élever à la surface du sol où elle s'évapore, l'eau du sous-sol. La terre remuée forme couverture et joue le rôle des paillis que les horticulteurs disposent au pied des arbres pour empêcher la prompte évaporation de l'eau d'arrosage : en outre l'action de la chaleur sur les couches inférieures du sol et sur les racines des plantes s'en trouve modérée. Les avantages du binage se trouvent résumés par cet adage méridional « *un binage vaut un arrosage* » adage surtout vrai en Algérie, et dans tous les pays à longues périodes sèches.

Ainsi que le fait observer avec juste raison M. Ryf, même dans les régions les moins favorisées au point de vue des chutes pluviales, telles que celle de Sétif, les cultures sarclées, fèves, pois, lentilles, vesces, etc., ne manqueraient jamais, du fait de la sècheresse, si par des binages on leur assurait l'humidité nécessaire. Ces cultures seraient d'un grand secours pour les indigènes, surtout les années de disette causées par une pluviométrie défectueuse, et pourraient assurer leur alimentation.

La surface de la terre algérienne est aussi soumise à des actions météoriques intenses dont souffrent les cultures d'été principalement. La couche arable de 30 cent. d'épaisseur s'échauffe sous l'effet de l'insolation jusqu'à + 29 et 31° pendant plusieurs jours et cet échauffement coïncide parfois avec une actinométrie intense. La boule noire du thermomètre enregistreur Richard indique souvent + 63° pendant plusieurs heures. (Jardin d'Essai, juillet 1898.)

Si l'on ajoute à toutes ces actions celle d'une perturbation atmosphérique complexe, mal déterminée, toujours néfaste, désignée sous le nom de *siroco*, on comprendra l'aide intelligente que doit apporter le laboureur à *la vie de la terre*.

*
* *

L'insuffisance des rendements pour l'agriculture européenne et l'arrêt colonisateur qui pourrait en être la conséquence pour l'élément français, a engagé la Chambre d'agriculture de Tunis à rechercher les moyens de remédier à ce fâcheux état de choses. Cette honorable association a pensé, semble-t-il, que tout le problème résidait dans la *Fumure du sol* d'où découleraient des systèmes culturaux. Un programme contenant une remarquable exposition du sujet a été formulé et un grand prix sera décerné à l'auteur de la meilleure étude sur cette question agricole des plus importantes.

Nous pensons que le problème posé, si intéressant qu'il soit, ne comporte pas à lui seul la solution des difficultés actuelles rencontrées par l'agriculture progressive. La fumure organique — si on peut l'obtenir économiquement — n'est qu'une partie du problème. Le Nord de l'Afrique, par son climat spécial, a une *agrologie* particulière due à des combinaisons et à des réactions très complexes qui se produisent dans la terre : elles sont encore indéterminées.

On ne connaît pas suffisamment la composition de ce sol et on ignore les phénomènes physico-chimiques qui se passent à sa surface et dans sa profondeur arable sous l'effet d'une climature exagérée par des insolations, des sécheresses prolongées et des rayonnements accentués.

Les effets d'hydroscopie, de capillarité, de nitrification, etc., résultant des labours superficiels, profonds, simples ou répétés, les modifications apportées au sol par les eaux pluviales et d'irrigation, l'utile addition du fumier, des engrais minéraux, l'action nuisible des eaux sélénito-magnésiennes, les effets météoriques dus à la réfrigération à glace de la couche d'air inférieure, ceux si défavorables de la raréfaction de l'humidité par le *siroco*, l'état physiologique des végétaux au milieu de ces conditions météréo-telluriques, etc., sont des questions primordiales tellement peu connues que nous n'avons pas hésité à solliciter du Gouvernement général de l'Algérie la mise au concours d'un travail spécial d'*agrologie algérienne* qui déterminerait bien la biologie intime de notre sol.

Fabrication et conservation des fumiers.

L'un des plus grands progrès à réaliser dans l'économie rurale de l'Algérie consiste dans une meilleure préparation des fumiers. Ceux-ci, au sortir de l'écurie ou de l'étable, sont le plus souvent laissés étalés en petits tas à l'air et au soleil qui, les desséchant et les brûlant, leur font perdre la plus grande partie de leur valeur fertilisante.

L'objectif du cultivateur doit être de maintenir le fumier autant que possible à l'abri de l'air et constamment humide, puis de ne pas laisser entraîner par les eaux de pluie le purin qui en découle.

Pour cela on emploie un dispositif désigné sous le nom de plate-forme à fumier ou encore la fosse à fumier[1].

Plate-forme à fumier. Au niveau du sol, ou mieux un peu au-dessous, on établit une aire plane que l'on rend imperméable et assez résistante pour supporter le poids des chariots. Si la terre est argileuse, il suffira de faire un bon pavage : sinon on damera fortement le sol sur lequel on étendra une couche de pierres cassées (caillasse) que l'on pilonnera et que l'on recouvrira ensuite d'une épaisse couche de béton gras hydraulique. On donne à la plate-forme une certaine pente vers une rigole centrale ou latérale qui amène le purin dans une fosse spéciale peu profonde aménagée à côté de la plate-forme, « la fosse à purin ».

La plate-forme doit avoir une surface de 8 mètres carrés par tête de gros bétail ou par groupe d'animaux de petit bétail pesant ensemble 500 kilos de poids vif.

On estime que dans une ferme la quantité de fumier produit est le double du poids des fourrages et pailles employés.

Le fumier est transporté directement de l'écurie sur la plate-forme où il est étalé en couches régulières et tassé. Le tas est monté jusqu'à une hauteur de 2 mètres : les parois sont dressées bien verticales.

Au fur et à mesure que le fumier est apporté sur la plate-forme on prend soin de le bien tasser, en le foulant ou en y faisant séjourner les animaux de temps en temps si c'est possible.

Mais il faut surtout et avant tout le tenir humide en l'arrosant régulièrement de temps à autre avec le purin de la fosse à purin, ou même avec de l'eau, si le purin n'est pas en quantité suffisante. La répartition du liquide sur le tas se fait au moyen de gouttières en bois ou en métal. Le purin est élevé à l'aide d'une pompe à purin dont il existe divers modèles. La pompe *Fauler* se recommande par sa simplicité et sa rusticité.

Dans un fumier ainsi soigné on ne voit pas se développer une moisissure blanchâtre connue sous le nom de *blanc du fumier* qui cause une importante déperdition d'azote. Dans un fumier

1. Dans le *Journal de l'Agriculture*, n° du 12 mars 1898, M. A. Hérisson, professeur à l'Institut agronomique, décrit, avec indication du prix de revient, un type de fosse à fumier très pratique et bien approprié au climat méridional.

bien tassé et bien arrosé, il s'établit une fermentation lente, qui dégage de l'acide carbonique qui empêche toute déperdition d'ammoniaque.

Le mieux serait évidemment d'abriter le tas de fumier contre l'action desséchante du soleil : mais un hangar, si rustique que soit sa construction, coûte cher ; aussi le moyen le plus simple de conservation consiste à recouvrir ou à stratifier le tas de fumier au moyen de couches de terre argileuse séchée ou brûlée de 10 cent. d'épaisseur.

Pour conserver au fumier tous ses principes fertilisants on a proposé de l'additionner de plâtre ou de sulfate de fer ou de l'acidifier au moyen d'acide sulfurique. Mais, d'après MM. Müntz et Girard, pour que le plâtre et le sulfate de fer aient une action réelle, il faudrait les employer à haute dose.

Il ne faudrait pas moins de 700 kil. de sulfate de fer pour retenir l'ammoniaque du fumier produit pendant une année par une tête de gros bétail.

Quant à engager, comme on l'a fait bien imprudemment, le cultivateur algérien à traiter son fumier par l'acide sulfurique avant de l'épandre, c'est, ainsi que le fait remarquer M. Déhérain, de l'Institut, pousser à une dépense, non seulement *excessive*, mais en outre *inutile et funeste*. Le fumier ainsi traité ne serait plus qu'un mélange de paille, de sulfate de potasse et de sulfate d'ammoniaque de valeur beaucoup moindre que le fumier conservé par les procédés ordinaires.

Le mélange de superphosphate de chaux au fumier n'est pas plus efficace : cette opération coûteuse n'est autre chose que l'addition de *phosphate acide de chaux* et d'acide *phosphorique libre* en plus ou moins grande proportion qui, comme l'*acide sulfurique*, détruiraient tous les agents de fermentation et feraient de nos fumiers des matières inertes.

Dans un tas de fumier bien fait, renfermant 75 p. 100 d'eau, il n'y a pas trace de déperdition d'ammoniaque, ainsi que le fait observer M. Déhérain (*Annales agronomiques*, juin 1898).

Terminons sur ce point en rappelant l'observation judicieuse de Boussingault « On peut à première vue juger de l'industrie et du degré d'intelligence du cultivateur, par les soins qu'il donne à son tas de fumier. »

De l'emploi des engrais en Algérie.

Tous les agriculteurs, ainsi que nous l'avons vu dans les chapitres précédents, sont d'accord pour reconnaître qu'il est nécessaire, pour obtenir de la terre algérienne une bonne moyenne de rendement, de lui rendre tout ou partie des éléments que lui enlèvent les récoltes.

Ce principe de la restitution, base de l'agriculture progressive moderne, n'est en Algérie, il faut le reconnaître, appliqué que dans une mesure très restreinte.

Nos céréales dont les pailles sont en culture indigène en grande partie laissées sur place ne nous fournissent que des quantités de fumier très insuffisantes, à peine de quoi, même dans les fermes européennes, fumer très parcimonieusement la vingtième partie des terres cultivées. Nous ne produisons guère de fourrages artificiels, qui nous permettraient d'entretenir un bétail plus nombreux et de produire plus de fumier. Aussi constate-t-on, dans les grands centres de culture des céréales, une tendance à l'appauvrissement du sol et une décroissance continue des rendements.

De là, la nécessité d'insister sur tous les moyens qui permettent de restituer au sol ou de ménager les éléments nécessaires au développement des plantes.

Lorsqu'ils s'adressent aux agronomes et leur demandent conseil sur la manière de fumer leur champ, les cultivateurs le plus souvent réclament une *formule d'engrais*, la meilleure, comme s'il en existait une applicable dans tous les cas, à toutes les terres et à toutes les cultures.

Nous sommes les adversaires des formules toutes faites et nous voudrions faire partager notre conviction aux colons en leur indiquant comment le problème de la fumure doit être posé et résolu.

Pour atteindre ce but, nous développerons les quatre points suivants :

1° Principes généraux relatifs à l'emploi des engrais ;

2° Causes pouvant influencer l'action des engrais;

3° Classification des engrais. — Généralités sur l'emploi des principaux engrais ;

4° Technique de l'emploi des engrais.

I. — PRINCIPES GÉNÉRAUX RELATIFS A L'EMPLOI DES ENGRAIS.

Les nombreuses recherches qui ont été faites depuis quelques années sur la composition des diverses plantes cultivées ont permis de déterminer les exigences en principes fertilisants des différentes récoltes.

Toutes les plantes n'ont pas les mêmes exigences pour chacun d'entre eux ; certaines espèces ont besoin de plus de potasse, d'autres demandent de grandes quantités d'azote, etc... ; il faut donc, dans la mesure du possible, tenir compte de ces indications dans l'emploi des engrais et donner à chaque culture les engrais contenant en majeure partie le principe fertilisant qui domine dans la récolte. La nature des engrais doit donc varier suivant la *nature des cultures.*

Si le sol n'était qu'un simple support des racines, il serait facile d'établir pour chaque plante la formule d'engrais qui lui convient en se basant sur sa composition; mais il n'en est pas ainsi. Le sol lui-même contient des éléments utiles qui contribuent à l'alimentation des plantes. L'action des engrais est donc subordonnée dans une certaine mesure à la composition du sol et on ne saurait appliquer la même formule à toutes les terres sans s'exposer à de graves mécomptes. La nature des engrais doit donc aussi varier suivant la *nature des terrains.*

Dans l'état actuel de la science on admet que lorsqu'une terre donne à l'analyse effectuée par la méthode officielle 1 p. 100 d'azote, autant d'acide phosphorique et autant de potasse, il y a lieu de se borner à la restitution des éléments enlevés par les récoltes. C'est donc dans ce cas uniquement que la formule d'engrais déduite de la seule composition de la plante est applicable.

Il peut arriver que les dosages de l'azote, de l'acide phosphorique et de la potasse étant égaux, le sol présente, par rapport à ses éléments, une grande richesse ou une grande pauvreté. Dans le premier cas, tout en conservant la même formule, on réduira les doses ou même on supprimera l'engrais. Dans le second, au contraire, on augmentera la quantité d'engrais.

Le troisième cas qui peut se présenter — et c'est certainement le plus fréquent — est celui où la terre est pauvre en un ou deux éléments, alors que l'autre élément ou les deux autres sont en proportion convenable, ou même présentent un taux plus élevé.

Prenons un exemple pour mieux faire ressortir l'importance de ces faits et supposons une terre donnant à l'analyse les résultats suivants :

Azote....................................	1 p. 1000
Acide phosphorique..........................	1 p. 1000
Potasse....................................	4 p. 1000

Il est inutile dans ce cas de donner à la terre toute la quantité de potasse enlevée par la récolte, il faudra la réduire, voire même supprimer complètement cet élément. Dans un pareil sol, la fumure à conseiller sera une fumure phospho-azotée. Nous pourrions multiplier les exemples, mais celui-ci suffit pour montrer comment on doit se servir des formules d'engrais déduites de la composition des plantes et du sol.

Le problème de la fumure n'est pas complètement résolu par la connaissance de la constitution de la plante et par l'analyse chimique du sol, il reste encore à déterminer l'influence de la nature physique du sol et à rechercher sous quelle forme les éléments manquants doivent être introduits dans le sol pour produire leur maximum d'action. Ainsi, dans une terre qui manque d'acide phosphorique, devra-t-on employer du phosphate naturel, du superphosphate ou des scories?

Voilà un point qui ne peut être résolu d'une manière précise pour chaque nature de sol et pour chaque plante que par des essais préalables en petit.

Le mécanisme par lequel les plantes assimilent les engrais nous est connu dans ses traits essentiels et peut nous aider à éclairer le problème de la fumure.

La racine absorbe, dans la solution aqueuse qui l'entoure, les principes qui lui sont nécessaires conformément aux lois physiques d'osmose et de diffusion et proportionnellement à leur consommation par la plante. Des substances tout à fait indifférentes au point de vue nutritif peuvent pénétrer dans le végétal[1], mais dès que l'équilibre est établi entre la solution du sol et celle des racines, le courant de diffusion s'arrête pour ces substances.

Il n'est pas nécessaire que les principes nutritifs soient à l'état de dissolution dans le sol pour pouvoir pénétrer dans la racine, il suffit qu'ils soient en contact avec celle-ci. Tels sont les phosphates naturels.

Chaque poil absorbant de la racine, en se développant, s'applique étroitement sur les particules de phosphate, et le liquide acide qui imbibe la membrane du poil attaque, digère les molécules de phosphate en contact avec elle. Les molécules ainsi attaquées, rendues solubles, sont ensuite absorbées comme les matières solubles ordinaires.

La région des poils, la seule active au point de vue qui nous occupe, c'est-à-dire de l'absorption, se trouve un peu au-dessus de l'extrémité de la racine. Cette zone se déplace au fur et à mesure que la racine s'allonge, elle suit la *coiffe*, se renouvelant sans cesse par l'extrémité voisine de celle-ci et s'exfoliant par l'autre extrémité par suite de la subérification des cellules de l'écorce.

Les racines parcourent ainsi le sol dans toutes les directions, exploitant successivement les différentes couches.

D'après cela, il est clair que l'absorption des engrais insolubles (phosphates) par les racines doit être sous la dépendance de deux causes essentielles :

1° De la division mécanique de ces engrais qui détermine la grandeur des surfaces offertes à l'action des radicelles ;

2° De l'agrégation moléculaire, c'est-à-dire de la résistance propre de la particule phosphatée à la dissolution.

De plus, l'action des engrais est essentiellement variable avec la nature physique du sol ; elle dépend aussi de l'espèce de plante cultivée.

En résumé, l'action d'un engrais déterminé sur une plante donnée comporte autant de solutions qu'il y a de sols différents.

Il y a enfin un dernier facteur qui peut modifier la formule

1. C'est ainsi que les vignes plantées en terrains salés absorbent du sel et que leurs vins en contiennent en excès.

d'engrais : c'est la différence entre les gains et les pertes du sol en éléments fertilisants, par les causes naturelles.

Pour l'acide phosphorique et la potasse, le gain est à peu près nul et d'autre part les déperditions peuvent être négligées. Il n'en est pas ainsi pour l'azote dont le stock du sol peut être augmenté par l'azote apporté par les eaux météoriques sous forme d'ammoniaque, de nitrates et de nitrites. Nous avons trouvé cette quantité égale à 8 kilogr. par hectare pour le climat d'Alger et pour l'année 1890-1891. Ensuite il y a l'azote de l'ammoniaque de l'air qui peut être pris directement par les feuilles ou absorbé par le sol.

Nous avons enfin la fixation de l'azote libre de l'air par les micro-organismes.

Toutes ces causes de restitution sont assez faibles, sauf en ce qui concerne celles dues aux Légumineuses, et ne semblent pas devoir excéder sensiblement les pertes produites par l'enlèvement des nitrates par les eaux qui traversent le sol.

Les conditions nécessaires à la culture des Légumineuses sont donc différentes de celles des autres plantes et on doit surtout se préoccuper de leur donner de l'acide phosphorique et de la potasse.

II. — CAUSES POUVANT INFLUENCER L'ACTION DES ENGRAIS DANS LA COLONIE

En Algérie, la végétation des plantes cultivées se produit dans des conditions différentes de celles qui concourent à leur développement dans la métropole.

Dans la colonie, les céréales arrivent à maturité un bon mois avant l'époque de la récolte en France. D'un autre côté, les semailles se font plus tard, attendu qu'elles ne peuvent commencer qu'aux premières pluies qui arrivent généralement au commencement de novembre.

Il en résulte que la période de végétation est sensiblement plus courte en Algérie et que l'assimilation des principes nutritifs doit marcher plus vite pour obtenir un même produit.

Les plantes, en général, ont besoin de beaucoup d'acide phosphorique soluble pendant leur première période de croissance, mais en Algérie ce besoin devient encore plus impérieux. En effet, dès que les conditions d'humidité sont satisfaisantes, la croissance est rapide et le tallage des céréales se fait vite.

Il y a un moyen d'allonger un peu la période de végétation, c'est de préparer la terre par un labour de printemps, avant que l'été ne l'ait desséchée. De cette manière on peut procéder à la semaille avant l'arrivée des grandes pluies, et, dès que la terre est suffisamment humide, la levée peut s'effectuer.

Mais insistons encore, ainsi que nous l'avons déjà fait précédemment, sur le labourage vernal. Ce système présente d'autres avantages, notamment les suivants :

Au printemps, le travail est facile, le labour détruit les mauvaises herbes avant qu'elles aient pu arriver à graine, et, sous l'influence de l'aération du sol encore humide, la nitrification se poursuit activement aussi longtemps que l'humidité persiste.

On n'a pas à craindre, pendant l'été, l'entraînement des nitrates formés par les eaux; ils peuvent donc s'accumuler dans le sol et constituer une réserve qui sera utilisée par les céréales au début de la végétation.

Si, au sol ainsi préparé, on ajoute 3 à 400 kilog. de superphosphate par hectare au moment du labour de semailles, les céréales seront dans les meilleures conditions pour prospérer.

Les terres de l'Algérie à l'exception des sols légers, sableux, sont assez bien pourvues de potasse, et l'expérience montre chaque jour qu'elles sont peu sensibles aux engrais potassiques.

Dans les terres pauvres en azote organique et ne pouvant donner chaque année qu'une faible nitrification, la fumure pourrait être complétée en répandant 150 kilog. de nitrate de soude par hectare pendant l'hiver, en couverture.

En ce qui concerne les *Légumineuses* et particulièrement les *Vesces*, elles sont très sensibles à l'action du superphosphate et grâce à la propriété qu'ont ces plantes de capturer et d'utiliser l'azote atmosphérique, on peut, au moyen d'une fumure phosphatée, dans un sol maigre, sans le moindre apport d'azote, obtenir une abondante récolte.

Il en résulte que si nous voulons prélever le plus d'azote possible dans l'atmosphère et en acheter le moins possible chez le marchand d'engrais, nous devons faire beaucoup de fourrages en cultivant les plantes accumulatrices d'azote (Légumineuses) auxquelles nous donnerons de l'acide phosphorique à discrétion.

Partout où la production animale peut être développée on entretiendra un plus nombreux bétail pour produire du fumier qui apportera au sol l'azote nécessaire à la croissance des céréales. Là où le bétail n'est pas à sa place, on pourra enfouir les plantes sous forme d'engrais vert.

Le sol de l'Algérie a surtout besoin comme engrais de phosphate ; bien rares sont en effet les sols suffisamment pourvus d'acide phosphoriqne. La potasse est au contraire presque partout abondante. La plus grande partie des terres présente une richesse moyenne en azote.

Le tableau suivant, tiré du registre des analyses effectuées à la Station agronomique d'Alger et résumant 306 analyses de terre d'Algérie, fournit à ce sujet des indications intéressantes à consulter.

1° Azote.

Terres contenant	moins de 0,5 p. 1000 d'azote	....	26
—	de 0,5 à 1	—	94
—	de 1 à 1,5	—	140
—	de 1,5 à 2	—	36
—	plus de 2	—	10

2° Acide phosphorique.

Terres contenant	moins de 0,5 p. 1000 d'acide phosphorique	...	41
—	de 0,5 à 1	— ...	131
—	de 1 à 1,5	— ...	88
—	de 1,5 à 2	— ...	30
—	plus de 2	— ...	16

3° Potasse.

Terres contenant	moins de 1 p. 1000 de potasse	....	13
—	de 1 à 2	—	50
—	de 2 à 3	—	66
—	de 3 à 4	—	59
—	de 4 à 5	—	37
—	plus de 5	—	81

4° Chaux.

Terres contenant	moins de 50 p. 1000 de chaux	....	203
—	de 50 à 100	—	42
—	plus de 100	—	61

L'acide sulfurique est assez rare dans la plupart des sols, à l'exception des terrains situés dans le voisinage des gisements de gypse. Quant à la magnésie, les terres en contiennent peu.

Si nous examinons maintenant non plus les terres prises dans leur ensemble, mais par régions, nous arrivons aux conclusions suivantes :

Les terres légères du Sahel d'Alger sont pauvres et ont besoin d'engrais complet; les autres, qui ont un faciès plus ou moins argileux, sont en général assez bien pourvues de potasse, mais manquent souvent d'azote ou d'acide phosphorique.

Le sol des grandes plaines (Mitidja, plaine de Bône) est riche en potasse et présente une teneur moyenne en azote et en acide phosphorique. Les terres de la plaine du Chéliff sont moins bien pourvues d'éléments fertilisants.

Le plateau de Sidi-bel-Abbès est relativement pauvre en acide phosphorique.

Plus au sud, le sol des *Dayas* est très riche en potasse et suffisamment pourvu d'azote et d'acide phosphorique. Malgré cette fertilité, et à cause du manque d'eau, le rendement du blé ne dépasse pas 5 à 6 quintaux à l'hectare.

Les alluvions ont souvent une grande profondeur et conviennent à la plupart des cultures.

A composition égale, ces terres donnent des récoltes très variables suivant leur nature physique, leur relief, le régime des pluies, selon la longueur de la période sèche, etc...

Ces indications doivent être considérées comme des points de repère et nullement servir de base pour la fumure du sol, car si certaines régions présentent la même allure générale de composition, on n'en observe pas moins des différences considérables entre les différents points d'une même région.

En Algérie, comme dans tous les pays nouveaux, on a d'abord cultivé les terres sans les fumer, puis on s'est vite aperçu de la diminution des rendements et on a pensé à la restitution des éléments enlevés. L'emploi des engrais s'est peu à peu développé dans les régions à culture intensive, mais il est encore beaucoup trop restreint.

Le tableau suivant indique l'importation des engrais dans la colonie.

IMPORTATION DES ENGRAIS EN ALGÉRIE PENDANT LES CINQ DERNIÈRES ANNÉES

DÉSIGNATION DES ENGRAIS	1893	1894	1895	1896	1897
	kilog.	kilog.	kilog.	kilog.	kilog.
Guano	4.125	1997	75	2.000	25.289
Phosphates........	»	»	105.976	641.164	30.900
Superphosphates ...	832.629	230.117	270.075	744.582	1.856.573
Nitrate de soude...	95.138	51.252	29.049	177.243	90.050
— de potasse..	18.447	14.008	18.637	8.564	24.516
Sels de potasse....	30.647	14.367	24.340	47 871	85.927
Tourteaux.........	852.741	612.125	772.671	1.337.485	1.735 104
Noir animal	53.787	325.421	99.653	186.560	470.150
Engrais chimiques .	729.734	139.623	448.483	653.643	1.120.190
Engrais autres.....	163.471	94.753	134.591	128.433	70.937
Totaux............	2.780.719	1.483.663	1.903.550	3.927.245	5.509.636

L'examen de ce tableau nous montre que la mévente des vins de la récolte de 1893 a été cause d'une diminution considérable dans l'importation des engrais. Cette influence s'est fait sentir pendant 3 ans. Aujourd'hui, l'importation totale est d'environ 6.000 tonnes, dont près d'un tiers est fourni par les superphosphates. Viennent ensuite, par ordre d'importance, les tourteaux et les engrais chimiques. Sous la rubrique trop vague « *Engrais chimiques* » la douane désigne tantôt des sels de potassse, tantôt les superphosphates, du sang desséché ou des engrais composés, de sorte qu'il est assez difficile d'être fixé sur leur nature.

Remarquons aussi que l'importation ne donne pas la mesure de la consommation des engrais dans la colonie. A ces chiffres il faut ajouter les phosphates d'Algérie, dont la consommation s'est élevée à 8.000 tonnes en 1896, comme nous l'avons vu ailleurs : les guanos qu'on trouve dans les grottes ; les phosphates d'os et la viande produits dans les divers équarrissages ; le sang desséché et les débris d'abattoirs ; enfin les gadoues et les fumiers produits dans les villes et les fermes.

La consommation totale annuelle des engrais (le fumier de ferme excepté) dans la colonie peut être évaluée approximativement à 15.000 tonnes représentant une valeur de plus d'un million de francs.

L'usage des engrais tend donc à se répandre de plus en plus, mais la consommation est loin d'avoir atteint l'importance qu'elle devrait avoir.

Les agriculteurs doivent acheter les engrais là où ils trouvent les avantages les plus sérieux, c'est-à-dire là où le prix de l'unité de principe fertilisant est le plus bas, exiger des garanties et ne jamais négliger de faire procéder à une analyse de contrôle dans une station agronomique ou dans un laboratoire agricole.

EXPÉRIENCES CULTURALES FAITES AVEC LES ENGRAIS EN ALGÉRIE.

Afin de montrer tous les avantages que l'agriculture algérienne peut retirer de l'emploi judicieux des engrais nous allons passer brièvement en revue les expériences, malheureusement trop peu nombreuses, faites avec les engrais.

Depuis 1893, la Station agronomique d'Alger a fait à Kherba, avec le concours de feu Vagnon, une série d'expériences sur le blé, l'avoine et les fourrages.

La composition du sol qui a servi aux expériences faites avec les céréales est la suivante par kilog. de terre desséchée à 100 :

Azote	0.79
Acide phosphorique	0,39
Potasse	4,53
Chaux	7,21

C'est donc une terre riche en potasse, pauvre en acide phosphorique et renfermant une quantité d'azote insuffisante. Dans ce sol, une fumure phospho-azotée était tout indiquée. Voici les résultats obtenus :

1° Dépenses relatives à la fumure par hectare.

300 kg. de superphosphate 16/18 à 10 fr	30 00
300 kg. de nitrate de soude à 25 fr	75 00
Total	105 00

2° Excédents de récolte dus à l'emploi des engrais par hectare.

950 kg. de grain à 17 fr. les 100 kg	161 50
2.500 kg. de paille à 2 fr. les 100 kg	50 00
Total	211 50

Le bénéfice net s'est élevé à 106 fr. 50 par hectare et le capital consacré à la fumure a rapporté 100 p. 100.

Dans cette évaluation, nous avons négligé de compter les frais de récolte en rapport avec l'augmentation de production, mais nous avons aussi omis d'évaluer le reliquat de la fumure qui n'a pas été totalement utilisée par la récolte.

Avec les fourrages des résultats du même ordre ont été obtenus sur une terre de la plaine du Chéliff, dont la composition était la suivante :

Azote	1,15	p. 1000
Acide phosphorique	0,59	—
Potasse	2,45	—
Chaux	136,96	—
Magnésie	0,56	—
Acide sulfurique	0,51	—

C'est donc une terre bien pourvue en potasse, pauvre en acide phosphorique et renfermant une quantité à peu près suffisante d'azote.

Une fumure composée de 500 kilog. de superphosphate et de 400 kilog. de nitrate de soude, appliquée à un mélange de vesce (10) et d'avoine (2,5) a donné les résultats suivants :

1° Excédent de récolte.

39 quintaux 5 de fourrage sec à 6 fr. le quintal	237 00

2° Engrais.

500 kg. de superphosphate à 10 fr	50 00
400 kg. de nitrate de soude à 25 fr	100 00
Total	150 00

Soit un bénéfice net de 87 fr. par hectare.

Ici, il faut ouvrir une parenthèse pour montrer qu'en employant un engrais complet on augmente encore le rendement, mais que cette élévation de récolte peut ne pas être avantageuse.

Ainsi, en ajoutant à la fumure précédente 300 kilog. de chlorure de potassium, l'excédent a été porté à 47 quintaux 5, représentant une valeur de 285 fr., soit une plus-value de 48 fr. Mais cet accroissement avait coûté 72 fr. (300 kg. à 24 fr. les 100 kg.) d'où une perte de 24 fr.

Combien de cultivateurs qui emploient les engrais à l'aveuglette auraient besoin de méditer les résultats ci-dessus.

A Tenès, M. Dessoliers a également obtenu d'excellents résultats avec le blé. En employant 600 kilog. de cadavres de sauterelles et 400 kilog. de superphosphate à l'hectare, le bénéfice net a été de 114 fr. pour deux récoltes consécutives. 1.000 kilog. de cendres de varech additionnés de 200 kilog. de nitrate de soude ont procuré, dans les mêmes conditions, un bénéfice de 147 fr.

Le superphosphate a été compté à 12 fr., le nitrate à 25 fr., les cendres de varech à 4 fr. et les sauterelles (à l'état frais) à 3 fr. le quintal, le blé à 22 fr. et la paille à 2 fr. le quintal.

Il eût été préférable, la seconde année, de faire succéder une autre plante au blé. Il eût été aussi intéressant d'indiquer la composition du sol sur lequel les expériences ont été exécutées.

Avec la vigne, M. Dessoliers a obtenu des résultats négatifs.

Dans un de ses vignobles du département de Constantine, la Banque d'Algérie serait parvenue à doubler le rendement par l'emploi des engrais.

La formule est la suivante, par hectare :

Superphosphate de chaux..........	300 kg. à 18/20
Sang desséché.....................	300 kg. dosant 12° d'azote
Sulfate de potasse à 90°............	100 kg.

Le comice agricole de Sétif, qui s'est aussi occupé de cette intéressante question des engrais chimiques sur les céréales, a obtenu des résultats négatifs ou peu concluants.

Lorsque la terre est naturellement bien pourvue en principes fertilisants, il n'y a pas lieu d'employer des engrais.

A Rouïba, à l'École pratique d'agriculture, l'emploi d'engrais pendant plusieurs années n'a pas relevé d'une façon sensible les rendements.

La composition du sol est la suivante :

Azote........................	2,08 p. 1000
Acide phosphorique...........	2,60 p. 1000
Potasse......................	6,23 p. 1000
Chaux........................	24,63 p. 1000

C'est donc une terre riche pouvant largement suffire à l'alimentation des plantes et l'apport d'engrais y est inutile, au moins pendant un certain temps.

III. — CLASSIFICATION DES ENGRAIS. GÉNÉRALITÉS SUR L'EMPLOI DES PRINCIPAUX ENGRAIS

Les divers engrais peuvent être classés dans les trois catégories suivantes :

1° *Engrais azotés.*

Cette catégorie renferme le nitrate de soude, le sulfate d'ammoniaque, le sang desséché, la viande desséchée, le guano, les tourteaux, etc...

2° *Engrais phosphatés.*

Cette catégorie comprend les phosphates naturels, le phosphate d'os, les superphosphates, certains guanos, les scories, etc...

3° *Engrais potassiques.*

Ce groupe comprend le sulfate de potasse, le chlorure de potassium, les cendres, etc...

Nous examinerons successivement ces divers engrais au double point de vue de leur composition et de leur application, mais auparavant nous dirons un mot du fumier de ferme qui est un engrais complet et fait par conséquent partie des trois catégories précédentes.

FUMIER DE FERME

Le fumier de ferme est et restera toujours la base de la fumure, seulement il est toujours insuffisant et, on a généralement avantage à compléter son action par l'adjonction d'engrais chimiques. Le fumier de ferme est loin d'avoir une composition constante ; sa richesse varie avec les conditions de la production et de la conservation du simple au triple.

Les chiffres suivants empruntés au registre d'analyses du Laboratoire de la Station agronomique d'Alger font ressortir ces différences :

	Azote.	*Acide phosphorique.*	*Potasse.*
Fumier n° 1[1]	7,80	5,50	5,10
— n° 2	5,21	3,72	7,13
— n° 3	6,26	2,80	7,38
— n° 4	7,10	3,97	4,75

Pour fixer les idées on peut prendre les chiffres suivants, qui s'écartent peu de la moyenne :

Azote	0,5 p. 100
Acide phosphorique	0,4 p. 100
Potasse	0,5 p. 100

A l'automne, le fumier fait est transporté sur les champs et enfoui immédiatement. La dose de fumier qu'on peut employer varie avec sa composition, la nature du sol et celle des plantes cultivées.

Dans les terres légères, calcaires, il faut employer le fumier par petites doses et répéter souvent les fumures. Dans les sols argileux, on peut employer de grandes quantités de fumier en une seule fois, parce que la nitrification est plus lente et qu'on a moins à craindre l'enlèvement des nitrates formés par les pluies.

On considère qu'une fumure annuelle de 10.000 kilogr. de fumier suffit dans la plupart des cas. La terre reçoit ainsi par hectare :

50 kil. d'azote
40 kil. d'acide phosphorique
50 kil. de potasse

1° *Engrais azotés.*

Nitrate de soude. Les nitrates du commerce contiennent généralement de 15 à 16 p. 100 d'azote. On doit conserver les sacs

1. Ces chiffres indiquent la composition à l'état normal, par kilogr.

dans un lieu sec et clos pour éviter que le sel devienne trop humide.

Le nitrate est souvent fraudé par l'addition de chlorure de sodium ou de sulfate de soude. Avant de l'employer, il faut briser les agglomérations de cristaux et mélanger avec des matières inertes ou d'autres engrais pulvérulents afin de répartir l'engrais sur le champ avec la plus grande uniformité possible.

Le superphosphate ne doit se mélanger au nitrate qu'au moment même de l'emploi.

Le nitrate de soude est absorbé en nature par les plantes et ne subit pas de transformation dans le sol. Mais comme il est très soluble et facilement entraîné par les eaux, il convient de l'appliquer avec mesure aux terres perméables et de le réserver de préférence aux terres fortes.

Cette grande solubilité du nitrate oblige également les cultivateurs de France à choisir une époque de l'année convenable pour l'employer, après les grandes pluies de l'hiver.

En Algérie, où les pluies sont moins abondantes au printemps, il faut employer le nitrate plus tôt, assez tôt pour que la quantité d'eau restant à tomber soit encore suffisante pour opérer la dissolution du sel et permettre sa diffusion dans toutes les parties du sol. Etant donné l'irrégularité du régime des pluies dans la colonie, l'époque la plus judicieuse pour l'emploi du nitrate de soude est variable chaque année.

Sulfate d'ammoniaque. Le sulfate d'ammoniaque du commerce contient ordinairement de 20 à 21 p. 100 d'azote.

Le sulfate d'ammoniaque renferme quelquefois des impuretés dangereuses; quand il est souillé de sulfocyanure d'ammonium, il doit être exclu de l'emploi agricole.

Parfois on introduit dans le sulfate d'ammoniaque des sels ayant avec lui une certaine analogie d'aspect : par exemple le sulfate de soude ou le sel marin. Toutes ces fraudes doivent engager les agriculteurs à ne jamais négliger de faire analyser ce produit.

Le sulfate d'ammoniaque étant un sel soluble, se dissout facilement dans les liquides du sol, mais, à l'inverse de ce qui se passe pour le nitrate de soude, il n'est pas entraîné par les eaux, grâce au calcaire et à l'action de l'argile et de l'humus du sol.

L'action du sulfate d'ammoniaque est généralement moins rapide et plus soutenue que celle du nitrate de soude, et les pertes d'azote par les eaux sont moins à craindre.

Sang desséché et viande. Le sang desséché se présente tantôt sous la forme de petits grains noirs ou grisâtres, d'apparence cornée, à cassure brillante, tantôt sous la forme de poudre fine de couleur rouge brique foncé.

Le sang desséché contient en moyenne 10 à 13 p. 100 d'azote, mais il est souvent mélangé de matières inertes qui en diminuent la richesse (poussière de charbon, tourbe, etc...) Une autre fraude consiste à l'enrichir avec des sels ammoniacaux dont l'azote a une valeur plus faible.

La viande desséchée renferme en moyenne 9 à 11 p. 100 d'azote et une quantité d'acide phosphorique variable avec la quantité des débris d'os qui s'y trouvent mélangés.

Ces engrais s'altèrent facilement et laissent dégager de l'ammoniaque, aussi faut-il les conserver dans un lieu très sec.

Les sauterelles et les criquets à l'état frais ou desséchés constituent aussi d'excellents engrais.

Voici leur composition, d'après les analyses faites à la Station agronomique :

		Azote p. 100.
Sauterelles	à l'état frais	4,07
	— sec	11,30
Criquets	à l'état frais	4,24
	— sec	12,40

Pour être utilisé par les plantes, l'azote de ces engrais a besoin de prendre la forme nitrique ; leur effet est moins rapide, mais plus durable que celui des nitrates ou des sels ammoniacaux. Ils peuvent être employés là où les sels minéraux présentent les inconvénients que nous avons déjà signalés. Ils peuvent, sans danger, être incorporés au sol à l'automne.

Guanos. Les guanos du Pérou qui alimentent presque exclusivement les marchés européens ont une composition très variable, suivant leur provenance. Ils contiennent de 3 à 9 p. 100 d'azote et de 1 à 4 p. 100 de potasse.

Les guanos sont des engrais très actifs et qui agissent avec rapidité sur la végétation. A ce point de vue, on peut les rapprocher du nitrate de soude et du sulfate d'ammoniaque. Sur certains points du littoral algérien et dans la partie montagneuse du Tell, on trouve des grottes de formation calcaire qui renferment des dépôts de guanos produits par les déjections des chauves-souris et les cadavres de ces animaux. La composition de ces guanos varie beaucoup avec l'état plus ou moins avancé des déjections, avec les matières terreuses qui y sont mélangées et suivant qu'ils ont plus ou moins subi l'action des eaux. Ce sont d'excellents engrais que les colons feront bien d'utiliser quand ils sont à proximité d'un de ces gisements.

Tourteaux. Les tourteaux de graines oléagineuses renferment en moyenne 4 à 5 p. 100 d'azote et 1 à 2 p. 100 d'acide phosphorique et de potasse. Ils sont le plus souvent employés comme nourriture et sur les 1.735 tonnes importées en Algérie en 1897 une bonne partie était destinée à l'alimentation. Il n'y a que ceux qui ne sont pas facilement acceptés par les animaux ou qui leur sont nuisibles qui sont utilisés comme engrais.

Les tourteaux doivent surtout leur efficacité à l'azote qu'ils renferment et qui se transforme facilement en ammoniaque et en nitrate. C'est dans les terres légères que l'emploi des tourteaux est le plus avantageux.

Les tourteaux conviennent bien à la vigne et aux cultures arbustives en général.

Les tourteaux sont vendus en pains, sauf les tourteaux de repasse qui sont en poudre fine.

2° *Engrais phosphatés.*

Phosphates naturels. Les phosphates naturels sont loin d'avoir la même origine : les uns sont cristallins comme les apatites, d'autres sont amorphes comme les nodules, etc.

Pour l'agriculture algérienne, les phosphates d'Algérie seuls, et particulièrement les phosphates du Suessonien, sont intéressants.

L'action des phosphates naturels sur la végétation est, en général, faible. Cette action est d'ailleurs variable, comme celle des autres engrais : 1° avec la nature du sol ; 2° avec l'espèce de plante. C'est dans les terres tourbeuses ou dans les terres acides provenant du défrichement de bruyères qu'ils sont le plus efficaces. Dans tous les autres sols leur action est peu sensible.

En ce qui concerne les phosphates d'Algérie, des expériences faites dans les terres légères ont montré que leur assimilation était très lente.

Parmi les plantes cultivées, celles qui profitent le mieux des phosphates naturels sont les Légumineuses et les plantes sarclées (betteraves, choux, pommes de terre).

D'après M. Dugast, les phosphates naturels ne doivent pas être employés directement, sans autre préparation qu'une simple mouture, mais être préalablement transformés en superphosphates, sauf pour les sols indiqués plus haut.

Cependant, dans les terres très pauvres en acide phosphorique, il peut y avoir avantage à diviser la fumure : on donne du superphosphate pour permettre aux jeunes plantes de se développer fortement au début, et des phosphates naturels pour augmenter la réserve du sol et fournir les petites quantités d'acide phosphorique qui sont nécessaires aux plantes pendant le reste de la végétation.

Cette manière d'opérer donne de bons résultats.

Phosphates d'os. Les os produits à la ferme et provenant du ménage ou des animaux morts, après avoir été grossièrement concassés, peuvent être placés dans un bac contenant, par 100 kilogr. d'os, 32 kilogr. d'acide sulfurique et 16 litres d'eau. Après 8 jours de contact, on mélange le magma avec du fumier ou un engrais pulvérulent.

Superphosphates. Dans les divers phosphates que nous venons de passer en revue, l'acide phosphorique se trouve à l'état de phosphate tribasique de chaux, insoluble dans l'eau et très faiblement soluble dans les liquides qui baignent la membrane des poils des radicelles des plantes.

Cette considération a conduit les chimistes à chercher les moyens de solubiliser les phosphates.

Cette solubilisation se fait à l'aide de l'acide sulfurique et le produit obtenu porte le nom de *superphosphate*.

La supériorité des superphosphates découle de nombreuses expériences. Voici les résultats obtenus à la Station agronomique d'Alger avec les phosphates d'Algérie sur une terre rouge contenant :

Azote	0,69	par kilog. de terre desséchée à 100°
Acide phosphorique	0,45	—
Potasse	1,34	—
Chaux	38,88	—
Acide sulfurique	traces	—

C'est donc une terre pauvre en azote et en acide phosphorique

1re Série. — *Ble.*

	Nombre des tiges.	*Paille.* gr.	*Grains.* gr.	*Balles.* gr.	*Poids total.* gr.
Phosphate de Tébessa	28	131	56	24	211
Superphosphate	41	184	74	31	289
Scories	38	172	69	31	272

2e Série. — *Vesce.*

	Poids en vert. gr.	*Poids à l'état de fourrage sec.* gr.
Phosphate de Tébessa	371	90
Superphosphate	1210	231
Scories	638	151

Si l'on considère que la dose d'engrais phosphaté incorporée au sol a été considérablement exagérée (4.000 kilog. à l'hectare) à dessein dans ces expériences, il ne nous paraît pas douteux que, dans la pratique courante, l'action des phosphates naturels soit à peu près nulle dans les terrains analogues.

Les superphosphates se comportent différemment suivant la nature des plantes. Ainsi, dans les expériences, les accroissements de récolte observés en faveur du superphosphate sont au maximum avec les Légumineuses, et, parmi les céréales, l'orge s'est montrée plus sensible que le blé à l'action de cet engrais.

C'est surtout au moment du tallage que l'action du superphosphate se manifeste brusquement aux yeux. Tandis que les plantes alimentées avec du phosphate naturel tallent peu et lentement, les plantes fumées avec le superphosphate prennent une teinte vert foncé et donnent un grand nombre de ramifications.

Les superphosphates peuvent être employés dans toutes les

terres, à l'exception des terres de landes, de défrichements, de tourbes où la matière organique prédomine et les rend aptes à utiliser les phosphates naturels.

Scories. La valeur fertilisante des scories de déphosphoration est très voisine de celle des superphosphates et beaucoup supérieure à celle des phosphates naturels.

Les scories sont finement moulues. La proportion qui passe au tamis n° 100 est comprise entre 75 et 80 p. 100.

Les scories sont quelquefois fraudées avec des phosphates minéraux, aussi les agriculteurs feront bien de consulter à ce sujet les directeurs de stations agronomiques.

Les scories conviennent à toutes les terres, mais elles sont surtout efficaces dans les sols siliceux et argileux, pauvres en calcaire.

D'après M. Grandeau, les scories conviennent particulièrement aux arbres fruitiers et à la vigne. Employées en couverture sur les prairies, elles donnent d'excellents résultats.

Les scories sont généralement incorporées au sol à l'automne, mais on peut, sans aucune espèce d'inconvénient, les employer à toutes les époques de l'année.

3° *Engrais potassiques.*

Sulfate de potasse. Le sulfate de potasse se présente en cristaux plus ou moins colorés suivant leur pureté, durs, inaltérables à l'air, d'une saveur à la fois salée et amère.

Le sulfate de potasse pur contient 54,07 p. 100 de potasse, mais les produits commerciaux ont une composition très variable suivant leur origine. Ils renferment souvent 90 à 95 p. 100 de sulfate pur, correspondant à 48-51 p. 100 de potasse.

Ils sont quelquefois fraudés avec du sulfate de soude ou du chlorure de sodium, voire même avec du chlorure de potassium (la potasse à l'état de chlorure étant d'un prix moins élevé).

Chlorure de potassium. Le chlorure de potassium présente une certaine causticité, aussi ne doit-on pas l'employer en couverture sur les jeunes plantes, ou le mettre en contact avec les semences.

Pour obtenir une répartition régulière dans le sol, les sels de potasse doivent être broyés et mélangés avec des matières inertes (terre sèche, etc...) ou avec d'autres engrais Quand ces sels renferment du carbonate de potasse, il faut éviter de les mélanger avec un engrais contenant de l'azote ammoniacal ou de l'azote organique facilement décomposable.

Cendres. La teneur en potasse des cendres est très variable suivant les végétaux et aussi suivant le sol où ceux-ci ont végété. Outre la potasse, les cendres contiennent des quantités assez notables d'acide phosphorique et de chaux. Dans les cendres, la potasse se trouve en majeure partie à l'état de carbonate. Il est indispensable de recourir à l'analyse chimique pour être fixé sur la valeur de ce produit.

Les cendres lessivées ou *charrées* ont perdu la totalité de leur potasse et ne contiennent plus que du phosphate et du carbonate de chaux. Ce sont des engrais phosphatés.

Les cendres sont d'excellents engrais potassiques et on doit attribuer à la potasse qu'elles contiennent le taux le plus élevé des engrais commerciaux.

Engrais verts.

Dans les exploitations qui comportent la production du bétail, il est plus avantageux de faire consommer les fourrages par les animaux que de les enfouir directement dans le sol. Mais dans les fermes où on se livre d'une manière presque exclusive à la culture de la vigne, où le bétail est réduit aux animaux de travail et où, par conséquent, les fumiers font défaut, il peut être avantageux, dans certains cas seulement, de se livrer à la culture des Légumineuses (lupins, vesces, pois, etc.), pour les utiliser comme *engrais verts.* On évite ainsi la perte des nitrates qui se produit pendant l'hiver dans les terres nues et on bénéficie d'une certaine quantité d'azote atmosphérique.

L'enfouissement doit avoir lieu assez tôt pour que la désorganisation de cette masse végétale et la nitrification des matières azotées puissent s'effectuer pendant le cours de la végétation de la plante.

Amendements.

La chaux joue un rôle des plus importants dans le sol, tant au point de vue chimique qu'au point physique. Dans les terres qui manquent de calcaire, il faut toujours se préoccuper de l'apport de la chaux.

C'est ainsi que la Banque d'Algérie, dans sa ferme de Maison-Carrée, à sol argileux, est parvenue à élever considérablement le rendement de ses vignes et à augmenter la qualité du vin.

C'est dans les terres fortes ou tourbeuses que l'action de la chaux est la plus manifeste.

Il est impossible de fixer d'une manière précise les quantités de chaux à employer ; elles varient énormément avec la nature du sol. On emploie d'ordinaire de 1.000 à 2.000 kilog. à l'hectare. La durée d'action du chaulage est d'autant plus longue que les quantités de chaux introduites sont plus considérables. La durée est généralement calculée sur le pied de 800 kilog. à 1.000 kilog. par an.

Il ne faut pas oublier que la chaux n'agit qu'en présence des autres principes fertilisants ; elle les exploite pour les mettre à la disposition des plantes.

Lorsque le chaulage s'applique à une terre très riche, les fumures ne sont point nécessaires au début, mais, dès que la fertilité tend à s'abaisser au-dessous d'un certain niveau, il faut restituer les principes enlevés au sol. Dans les terres de fertilité moyenne, il faut faire marcher simultanément les fumures et les chaulages afin de maintenir les terres dans un bon état de production.

Plâtre.

L'expérience a démontré que le plâtre agit efficacement sur les Légumineuses et les Crucifères.

L'usage du plâtre, pour la vigne, s'est beaucoup répandu ces dernières années. Il y a eu une période d'engouement qui a été de courte durée.

En réalité, l'emploi du plâtre pour les plantes que nous venons de citer et dans les terres qui manquent d'acide sulfurique est souvent avantageux, mais à la condition de faire agir simultanément le plâtre et les engrais.

Le plâtre s'emploie cru ou cuit. Pour la vigne, on répand le plâtre en automne, avec les autres engrais, et on l'enfouit par un labour.

Pour les Légumineuses, l'époque la plus propice est l'hiver. On le répand alors en couverture au moment où les jeunes feuilles commencent à pousser.

Le plâtre étant rapidement enlevé par les eaux qui traversent le sol, la durée du plâtrage n'excède guère deux ans. Aussi est-il nécessaire de renouveler le plâtrage la troisième année.

Comme pour les autres engrais, les quantités de plâtre à employer ne peuvent pas être fixées. On considère qu'un plâtrage moyen varie entre 300 et 500 kilog. suivant la nature du sol.

IV. — TECHNIQUE DE L'EMPLOI DES ENGRAIS.

1° *Céréales.*

Comme nous l'avons déjà vu, dans l'emploi des engrais c'est la composition chimique du sol qui sert de guide au cultivateur bien plus que la nature des plantes cultivées. Cependant il est toujours utile d'être fixé sur les exigences des récoltes. C'est pourquoi nous donnerons successivement la teneur moyenne des principales plantes cultivées dans la colonie.

		Azote.	*Acide phosphorique.*	*Potasse.*
Blé....	grain.......[1]	2,08 0/0	0,82 0/0	0,55 0/0
	paille......	0,48	0,25	0,49
Orge..	grain.......	1,52	0,72	0,48
	paille.......	0,48	0,19	0.93
Avoine	grain.......	1,92	0,55	0,42
	paille......	0,40	0,28	0,97
Maïs..	grain.......	1,60	0,55	0,33
	rafle........	0,23	0,02	0,24
	paille.......	0,48	0,38	1,66
Béchna	grain......	1,68	0,60	0,40
	paille.......	0,36	0,40	1,50

1. La plupart de ces chiffres ont été puisés dans l'excellent traité de MM. Müntz et Girard « *Les Engrais* » et les autres proviennent de déterminations faites à la Station agronomique d'Alger.

Tous ces chiffres sont rapportés à 100 de matière normale, c'est-à-dire dans l'état où nous la trouvons usuellement.

On voit que l'azote et l'acide phosphorique sont principalement concentrés dans la graine et que les pailles, au contraire, contiennent ordinairement plus de potasse.

Pour le blé, avec une production de 15 quintaux de grains à l'hectare, la récolte enlève les quantités de matières fertilisantes suivantes (en négligeant les balles) :

	Grain	*Paille*	*Total*
	Kilog.	Kilog.	Kilog.
Azote..............	31,20	16,56	47,76
Acide phosphorique.	12,30	8.62	20,92
Potasse............	8.25	16,90	25,15

Nous avons dit que le cultivateur devait rejeter *à priori* les formules d'engrais et établir lui-même la formule qui convient pour son sol et pour chaque nature de plante. Mais si l'on se place au point de vue pratique, il est utile, pour chaque groupe de plantes, de préciser en une formule les données générales que nous avons sur le besoin d'engrais de ces plantes.

C'est pourquoi nous donnerons pour chaque catégorie une formule générale destinée seulement à fixer les idées, laissant à chaque agriculteur le soin de la modifier suivant la composition de son sol.

Pour les céréales, nous conseillons la formule suivante :

300 kg. de superphosphate ou de scories
10.000 kg. de fumier de ferme.

Cette fumure doit être appliquée au moment de la semaille. Si on manque de fumier, on le remplacera par 300 kilog. de sulfate d'ammoniaque. Pour les fumures d'automne il est préférable d'employer le sulfate d'ammoniaque, dont l'action est moins brusque et plus soutenue que celle du nitrate de soude.

Si le sol est pauvre en acide phosphorique, on ajoutera au superphosphate 500 kilog. de phosphate naturel.

Dans les terres pauvres en azote, si la végétation des céréales paraît insuffisante, on répandra en couverture, un peu avant le tallage, 150 ou 200 kilog. de nitrate de soude.

Dans les terres pauvres en potasse, surtout avec le maïs ou le béchna, il faudra compléter la fumure en ajoutant 150 ou 200 kilog. de chlorure de potassium.

D'une manière générale, le blé, le maïs et le béchna sont des plantes plus exigeantes que les autres céréales. Les rendements peuvent être augmentés considérablement par des fumures appropriées. Il en est de même d'ailleurs pour les rendements de l'orge et de l'avoine.

2° *Légumineuses.*

Toutes ces plantes sont en général exigeantes en matières fertilisantes et présentent, quant au terrain, un caractère commun ; elles sont plus ou moins calcicoles. Elles sont, comme la plupart des plantes cultivées, employées souvent comme fourrage. Dans ce cas, les plantes n'assimilent pas le maximum des substances qu'elles sont susceptibles d'acquérir et sont par conséquent moins épuisantes. Voici la composition centésimale moyenne des principales Légumineuses cultivées

		Azote.	*Acide phosphorique.*	*Potasse.*
Haricots.	graines	4,15	0,94	1,40
	paille	1,04	0,38	1,07
Pois	graines	3,58	0,88	0,98
	paille	1,04	0,38	1,07
Féveroles	graines	4,06	1,16	1,20
	paille	1,63	0,41	2,00
Gesses[1]		2,37	0,64	2,30
Vesces[1]		2,27	0,62	2,00
Luzerne[1]		2,00	0,51	1,52
Sainfoin[1]		1,80	0,47	1,79

Nous voyons que les graines contiennent de grandes quantités d'azote. Par contre, la potasse est, en général, plus abondante dans les pailles. Les foins sont également riches en azote et en potasse. Les besoins des Légumineuses sont donc beaucoup plus considérables que ceux des céréales.

Quoique les Légumineuses aient de grandes exigences en azote, elles sont peu sensibles à l'application des engrais azotés.

1. A l'état de foin.

Les expériences du professeur Hellriegel ont prouvé d'une manière incontestable que les Légumineuses ont à leur disposition l'azote atmosphérique et peuvent se l'assimiler. Dans les conditions normales, elles n'ont pas besoin d'engrais azoté. Elles prélèvent l'azote de l'air et l'apportent au sol sous forme de racines tiges et feuilles, et à l'écurie sous forme de fourrage; loin d'appauvrir le sol en azote, elles l'enrichissent. C'est pourquoi on les désigne sous le nom de plantes accumulatrices d'azote.

La récolte étant fonction de celui des éléments fertilisants qu'on trouve en moindre quantité dans le sol, il est utile de donner à ces plantes une bonne fumure phospho-potassique.

Les Légumineuses contiennent en outre des quantités relativement importantes de soufre; aussi l'application des sulfates est-elle des plus favorables.

Voici un type de formule qu'on peut adopter :

500 kilog. de superphosphate ou de scories
300 kilog. de sulfate de potasse.

On peut remplacer le sulfate de potasse par une dose égale de chlorure de potassium et, dans ce cas, on complètera la fumure par un apport de 500 kilog. de plâtre.

Dans les terres riches en potasse, on pourra réduire de moitié la quantité de l'engrais potassique.

En général, les terres qui conviennent aux Légumineuses, plus ou moins riches en chaux, sont pauvres en potasse. Lorsqu'on fume le sol avec des engrais potassiques, il faut veiller à ce qu'il contienne une certaine quantité de carbonate de chaux. Par double décomposition, les sels de potasse sont transformés en carbonate de potasse qui est retenu par le pouvoir absorbant du sol. Il en est de même pour les sels ammoniacaux.

3° *Plantes tubercules.*

La pomme de terre et le topinambour sont les seules plantes de cette catégorie qui nous intéressent. Ces plantes présentent la composition moyenne suivante :

		Azote.	*Acide phosphorique.*	*Potasse.*
Pommes de terre	Tubercules	0,32	0,18	0,56
	Fanes	0,50	0,10	0,30
Topinambours	Tubercules	0,32	0,14	0,85
	Fanes sèches	0,43	0,07	0,41

L'azote et surtout la potasse existent en abondance dans les tubercules. La potasse est l'élément que ces plantes enlèvent en plus grande proportion au sol, aussi les terres d'origine granitique leur conviennent-elles particulièrement.

Si la potasse est l'élément essentiel du tubercule, l'azote est nécessaire au développement des tiges et des feuilles, organes qui ont pour fonction de produire la fécule ou l'inuline qui ira s'accumuler dans les tubercules.

Le savant agronome, feu Aimé Girard, dont les expériences décisives ont fait faire de si grands progrès à la culture de la pomme de terre dans la Métropole, recommande la formule suivante :

Fumier de ferme	30.000 kg.
Superphosphate	300-600 kg.
Sulfate de potasse	250-300 kg.
Nitrate de soude	200-300 kg.

Ces engrais sont enfouis par le labour qui précède la plantation, sauf le nitrate de soude qui est semé à la volée, quelques jours après la levée.

Avec cette fumure, Girard obtint des rendements de 30.000 kilogr. de pommes de terre riches en fécule.

Aux fumiers d'étable ou d'écurie, les cultivateurs voisins des grands centres peuvent substituer les gadoues de ville. On peut également remplacer le superphosphate par les scories.

4° *Tabac.*

Le tabac est une culture importante pour notre colonie. Malheureusement les études manquent sur ce sujet.

La teneur en azote des feuilles sèches est en moyenne de 5 p. 100 et, d'après M. Schlœsing, 100 kilogr. de feuilles de tabac exportent, en moyenne :

Acide phosphorique	0 kg. 45
Potasse	1 kg. 81

D'après ces chiffres, avec une récolte de 1.500 kilogr. de feuilles à l'hectare, on a un appauvrissement annuel de :

Azote	75 kg. 00
Acide phosphorique	6 kg. 70
Potasse	27 kg. 20

Nous manquons de renseignements sur la composition des tiges et des bourgeons qu'on enlève pendant le cours de la végétation et sur leur proportion, de sorte que la quantité des principes fertilisants puisés dans le sol par le tabac est, en réalité, bien plus considérable que celle que nous venons d'indiquer.

Les exigences du tabac sont élevées, surtout en azote et en potasse. L'une des qualités recherchées dans le tabac est la combustibilité. Or, il résulte des recherches de M. Schlœsing que la combustibilité du tabac est en relation directe avec la présence du carbonate de potasse dans les cendres ; d'autre part, ce sont les sels de potasse à acides organiques qui, pendant la combustion, donnent naissance au carbonate de potasse.

Les sols sans potasse donnent des tabacs incombustibles et les engrais potassiques ont pour effet immédiat d'augmenter la combustibilité.

Le chlorure de potassium qui est absorbé en nature par la plante, n'augmente pas la combustibilité et doit être rejeté de la fumure. Le sulfate de potasse, au contraire, subit une décomposition dans le sol et est absorbé sous forme de carbonate de potasse qui se combine avec les acides organiques de la plante et contribue ainsi à augmenter la combustibilité.

Le tabac venu sous l'influence du sulfate de potasse est plus riche en potasse et ne contient pas plus d'acide sulfurique que les autres, tandis que le tabac qui a végété avec le chlorure contient beaucoup plus de chlore.

Mais si les planteurs doivent viser à la qualité, ils doivent aussi chercher à augmenter le rendement. Les engrais azotés poussent au développement de la plante, mais, au delà d'une certaine dose, ils élèvent le taux de nicotine et donnent un goût fort.

Voici la fumure que nous proposons :

10.000 kg. de fumier de ferme bien décomposé.
300 kg. de sulfate de potasse.
400 kg. de superphosphate.

Le tabac se trouve bien d'une arrière-fumure au fumier de ferme et acquiert plus de finesse. Dans ce cas, on peut compléter la fumure au superphosphate et au sulfate de potasse par 300 kilogr. de sang desséché ou de tourteaux.

5° *Prairies.*

Des plantes très diverses constituent l'herbe de prairie : les plus importantes sont les Graminées et les Légumineuses. Aussi la composition du foin varie dans des proportions considérables suivant les espèces qui dominent. (Voir *Prairies*, p. 77-85).

En Algérie, la flore des prairies est souvent défectueuse.

Voici la composition moyenne des herbes de prairie :

		Azote.	*Acide phosphorique.*	*Potasse.*
Herbes de prairie	en vert.......	0,44	0,15	0,60
	en foin.......	1,31	0,35	1,60

Nous voyons que c'est la potasse qui est enlevée en majeure partie. Avec une production de 6.000 kil. de foin à l'hectare, l'enlèvement des principes nutritifs est le suivant :

Azote....................................	78 kg. 6
Acide phosphorique.........................	21 kg. 0
Potasse....................................	96 kg. 0

La prairie est donc épuisante. Si la production de l'herbe peut se continuer pendant de longues années sur les mêmes surfaces de terrain, sans qu'il y ait diminution de rendement, alors même qu'on ne restitue pas les principes enlevés, il ne faut pas croire, cependant, que la prairie soit insensible aux engrais. Au contraire, peu de cultures profitent aussi bien d'une fumure judicieusement appliquée. En Bretagne, par l'emploi des phosphates naturels ou des scories, on est parvenu à tripler et quadrupler le rendement brut en même temps qu'on améliorait la qualité du foin dans une large mesure.

Les herbes de prairie, grâce au développement considérable de leur système radiculaire qui constitue un véritable feutrage à l'intérieur du sol, sont particulièrement aptes à profiter des matériaux apportés par les eaux d'irrigation.

Il y a un double avantage à avoir une proportion élevée de Légumineuses dans l'herbe de prairie : d'abord parce qu'elles sont plus riches en principes nutritifs, ensuite parce qu'elles enrichissent en azote le sol de la prairie.

Voici une formule qu'on peut adopter :

500 kg. de scories ou de phosphate naturel finement moulu.
300 kg. de kaïnite.

Dans les prairies hautes, sèches, on remplacera le phosphate par du superphosphate. Dans les prairies bien irriguées, on supprimera complètement la potasse, l'apport de cet élément par les eaux étant suffisant pour compenser ce qui est enlevé.

La kaïnite est un minerai potassique renfermant du sulfate de potasse, du sulfate de magnésie, des chlorures de magnésium et de sodium, etc. Il se trouve en grande quantité sur le marché où il vient concurrencer les sels de potasse que nous avons déjà étudiés.

6° *Plantes à parfums.*

Les principales plantes cultivées de cette catégorie sont la Cassie (*Acacia de Farnèse*) et le Géranium rosat.

Nous ne possédons que des renseignements incomplets sur les exigences de ces plantes.

Voici la composition d'un échantillon moyen d'une coupe de Géranium rosat que nous devons à l'obligeance de M. Gros, conseiller général et maire de Boufarik.

Composition du Géranium rosat :

	A l'état normal.	*A l'état sec.*
Matière sèche	21,38	»
Azote	0,36	1,63
Acide phosphorique	0,125	8,587
Potasse	0,333	1,558
Chaux	0,761	3,560

Le Géranium a surtout besoin d'azote et de potasse. Comme il ne faut pas seulement viser à l'accroissement brut des récoltes, mais surtout à l'augmentation des principes utiles des plantes, et que l'acide phosphorique paraît avoir une heureuse influence sur la formation des essences, nous conseillons de compléter la fumure par un apport d'acide phosphorique.

Voici une fumure qu'on peut employer :

30.000 kilogr. de fumier au moment de la plantation.

Les années suivantes :

Sang desséché ou tourteaux	300 kg.
Superphosphate ou scories	400 kg.
Sulfate de potasse	150 kg.

Dans les terres riches, on peut diminuer ces doses d'un tiers.

7° *Vignes.*

Voici la composition de la substance sèche des différents organes de la vigne, au moment de la vendange :

	Azote.	*Acide phosphorique.*	*Potasse.*
Feuilles	2,12	0,32	0,92
Sarments	0,45	0,20	0,67
Raisins	0,63	0,27	1,20
Substance sèche p. 100 de matière normale	36,8	42,8	15,5

En Algérie, nous avons trouvé que l'épuisement moyen, par hectare et par an, pour une récolte d'environ 100 hectolitres, pouvait être évalué à :

Azote	45 kg.
Acide phosphorique	15 kg.
Potasse	45 kg.

L'azote et la potasse sont absorbés dans des proportions sensiblement égales, mais si on tient compte de ce que la potasse existe généralement en assez grande abondance dans les terres, c'est l'azote qui apparaît comme le principe dominant de la fumure.

Quoique la vigne absorbe peu d'acide phosphorique, nous conseillons toujours de ne jamais le supprimer de la fumure, parce que l'acide phosphorique paraît être un élément important de la qualité des vins. Au moment de la récolte, les feuilles contiennent les 3/5 de l'azote. L'azote sert donc surtout à la formation des feuilles, organes chargés d'élaborer le sucre qui viendra s'accumuler dans les grains.

Les raisins renferment environ les 2/3 de la potasse et la moitié de l'acide phosphorique. L'acide phosphorique et surtout la potasse nous apparaissent donc comme les éléments essentiels nécessaires au développement des raisins. Il est digne de remarque que les chiffres trouvés comme quantité de matières fertilisantes enlevées au sol diffèrent fort peu de ceux qui représentent la composition de 10.000 kilogr. de fumier de ferme.

Voici une formule d'engrais qui est souvent employée :

10.000 kg. de fumier de ferme.
500 kg. de superphosphate ou de scories.
300 kg. de sulfate de potasse.

On pourra toujours remplacer le sulfate de potasse par une quantité équivalente de chlorure de potassium, mais on complètera alors la fumure par l'addition de 500 kilogr. de plâtre.

Si on n'a pas de fumier de ferme à sa disposition, on le remplacera par 500 kilogr. de sang desséché ou de viande desséchée, ou encore par 1.000 kilogr. de tourteau.

Le fumier s'applique pour une période de trois ou quatre ans, à la dose de 30 ou 40.000 kilogr. et les engrais complémentaires, tous les ans, en diminuant un peu la dose au début de la période et en l'augmentant au contraire à la fin.

8° *Olivier, Caroubier et Mûrier.*

En Algérie, la culture de l'Olivier à une grande importance. Un hectare renferme en moyenne 150 arbres, donnant chacun 30 litres d'huile du poids de 600 gr. Chaque olivier produit en outre 9 kil. de feuilles et 5 kil. de bois.

La composition centésimale de ces diverses parties est la suivante.

	Azote.	*Acide phosphorique.*	*Potasse.*
Fruits	0,27	0,13	0,36
Feuilles	0,50	0,29	0,74
Branches	0,40	0,19	0,35

La production annuelle des fruits, des feuilles et des branches enlève donc au sol, par hectare, les quantités suivantes de matières fertilisantes :

Azote	17,00
Acide phosphorique	8,00
Potasse	22,50

L'Olivier n'est donc pas une plante très exigeante. Il en est de même du Caroubier dont les gousses renferment, en moyenne, 0,87 p. 100 d'azote. Aussi ces arbres peuvent-ils prospérer pendant de longues années dans les sols profonds, là où les racines peuvent se développer à leur aise et aller chercher les petites quantités d'éléments fertilisants nécessaires à la croissance annuelle et à la production des feuilles et des fruits.

Le Mûrier, grâce à la production abondante de ses feuilles, est bien plus exigeant.

L'engrais est réparti dans des petites fosses circulaires creusés à la moitié du rayon de la circonférence correspondant au périmètre de l'extrémité des branches.

Voici un type de formule :

Tourteaux ou sang desséché	2 kg.	par pied ou 40 kg. de fumier.
Scories	3 à 4 kg.	
Chlorure de potassium	1 kg.	

Quand la plantation est serrée, on peut répandre les engrais sur toute la surface et les enterrer par un labour.

9° *Orangers, Mandariniers, Citronniers.*

Les terres d'alluvions perméables conviennent à la culture de ces arbres. On plante à 6 ou 8 mètres. Comme pour le Dattier, l'irrigation est indispensable.

Nous ne possédons que des renseignements imparfaits sur les exigences des orangers, mandariniers, etc... en principes fertilisants. Nous ne savons pas quelles sont en moyenne les quantités de bois, de feuilles et de fruits produites, et nous ignorons la composition de la plupart de ces divers organes.

Quoi qu'il en soit, la pratique nous enseigne que ces arbres sont sensibles aux engrais.

On fume au pied des arbres ou sur toute la surface.

La formule suivante a donné de bons résultats :

Fumier de ferme	10.000 kg.
Scories	200 kg.
Sulfate de potasse	200 kg.

On a remarqué que les sels de potasse donnent des fruits moins acides. Le fumier s'emploie tous les 3 ans à la dose de 30.000 kilogr.

10° *Bananiers.*

Les Bananiers sont des plantes très exigeantes. Ils enlèvent des quantités considérables d'azote et de potasse. Le limbe des feuilles et le rachis du régime sont riches en azote, tandis que la potasse est abondante dans les nervures et le stipe et surtout dans le rachis du régime.

La culture du Bananier tend à se propager dans les situations qui lui conviennent parce que la consommation de son fruit prend de plus en plus de l'importance.

Pour la fumure du Bananier, voici comment on peut procéder :

A la plantation, 40.000 kilogr. de fumier de ferme.

Ensuite, chaque année, on appliquera les engrais suivants :

Superphosphate ou scories	1.000 kg.
Sang desséché ou tourteaux	1.000 kg.
Sulfate de potasse	800 kg.

On pourra remplacer avec avantage une partie du sang desséché par du fumier si on en a à sa disposition. On pourra également remplacer une partie du sulfate de potasse par du chlorure de potassium.

Dans l'Inde on emploie les tourteaux et les engrais de poissons.

Conclusions.

Si, dans cette étude sommaire de l'emploi des engrais en Algérie, nous avons cité quelques chiffres et donné quelques formules d'engrais [1], c'est uniquement pour apprendre aux agriculteurs à

1. Les formules d'engrais données dans ce chapitre, et applicables quand cela est possible dans diverses régions, n'excluent pas toujours celles que nous avons conseillées dans d'autres cas.

s'orienter dans l'application des règles scientifiques de la fumure. Les faits agricoles sont tellement nombreux dans le temps et dans l'espace, qu'il n'est possible à chacun de nous de n'en connaître qu'une infime partie. On aura beau meubler sa mémoire de résultats plus ou moins bien constatés, il faudra un bien grand hasard pour que ceux que l'on a appris soient applicables aux cas particuliers que l'on aura à étudier, et toute cette érudition péniblement acquise restera inutile. Ce qu'il faut chercher, c'est à bien se pénétrer des lois générales exposées ci-dessus, car l'occasion d'en tirer parti se présentera à chaque instant. L'agriculteur qui aura toujours ces règles pour guide sera autrement armé pour la lutte agricole que celui qui se contente de copier ce qui s'est fait dans tel ou tel cas particulier plus ou moins semblable au sien.

Assolements et fumures.

Un champ ne porte pas toujours la même récolte : si on y cultivait toujours la même plante, celle-ci ne tarderait pas à épuiser le sol auquel elle enlèverait le principe (azote, potasse ou acide phosphorique) qui constitue la dominante de cette plante. La terre se refuserait bientôt à rien produire. De là la nécessité de varier, d'alterner les cultures à exigences diverses, parfois même de laisser le sol en jachère : ce qui permet, en outre, de détruire les plantes adventives et de faire obstacle à la trop grande multiplication des parasites, végétaux ou animaux.

L'ordre dans lequel se succèdent les diverses cultures et la jachère, ordre qui doit être établi de manière à satisfaire autant que possible aux exigences différentes des plantes, s'appelle *rotation*.

Si la rotation se compose de deux termes par exemple : 1re année *jachère*, 2e année *céréales*, on divise la surface des terres cultivées en deux parties égales, en deux *soles* qui, la 1re année sont la première en jachère, la seconde en céréales et la 2e année sont la première en céréales et la seconde en jachère et ainsi de suite. L'assolement est dit *biennal*.

C'est l'assolement biennal qui est en usage dans l'Afrique du

Nord, dans le Midi de la France et en général dans tout le bassin méditerranéen. La jachère morte est suivie d'une culture de céréales, exceptionnellement de deux, dans les terres qui ont pu recevoir une fumure.

Cet assolement s'impose par la nécessité de produire la plus grande masse possible de matières alimentaires pour l'entretien de l'homme et des animaux, et par l'impossibilité où l'on se trouve d'observer le principe de la restitution. Dans les fermes européennes, c'est à peine si la quantité de fumier produit suffit à fumer parcimonieusement 1/20e des terres de cultures.

Pendant l'année de jachère l'azote est restitué au sol en partie par l'air et par les *Légumineuses* qui se développent spontanément et forment en partie les fourrages de chaumes. Mais les deux autres éléments importants, la potasse et l'acide phosphorique, ne sont l'objet d'aucune restitution, de sorte que cet assolement finit, avec le temps, par être épuisant.

Dans certaines régions grandes productrices de blé, à Sidi-Bel-Abbès et à Sétif, la terre est travaillée pendant l'année de jachère : elle reçoit plusieurs labours dits de printemps grâce auxquels elle s'enrichit de principes azotées et est purgée des mauvaises herbes qui infesteraient la céréale. C'est l'assolement *biennal avec jachère travaillée.*

Dans ces régions on estime que la culture des céréales sur jachère labourée produit autant et même plus que deux années de culture sur trois, sans compter l'économie de grains.

Quelquefois sur une faible partie du domaine, si on dispose de fumier, on cultive en tête d'assolement et sur fumure une plante sarclée ou nettoyante telle que betteraves, fèves, vesces, tabac, pommes de terre et que l'on fait suivre de deux récoltes de céréales. Quelquefois même la fumure est appliquée à l'automne en couverture sur la jachère morte qui produit un fourrage plus abondant et que l'on fait suivre, comme dans le cas précédent, de deux cultures successives de céréales.

*
* *

La plus grande partie de l'Algérie soumise à la culture arabe qui s'étend annuellement sur environ deux millions et demi d'hectares ensemencés en céréales et situés dans les régions climatériques les moins favorables, ne semble pas pouvoir subir d'ici longtemps une modification de son assolement biennal. Au temps où la tribu avait plus d'indépendance, ce système si simple et non sans logique donnait le maximum des résultats possibles en raison de l'état météorique de l'année. La jachère, prairie naturelle plus ou moins bien composée, était le lieu de parcours des bestiaux. Le pâturage réduisait les plantes adventices, et les déjections des animaux apportaient au sol une certaine dose d'engrais organiques. L'année suivante, cette terre était convertie en cultures de céréales, les chaumes pâturés après la moisson, puis le champ était incinéré à l'automne. L'assolement biennal, céréales et jachère, assurait à la fois la nourriture de l'indigène et de son bétail.

Mais les Européens ne peuvent pas se contenter du système biennal, qui, sans restitution, ainsi que nous le voyons déjà dans beaucoup de cas, ne paraîtrait pas devoir maintenir longtemps des rendements moyens ; car les seules réserves du sol mises à la disposition des plantes par les labours profonds ne sont que temporaires. Aussi, de tout temps, les agronomes et même les gouvernements de l'Algérie se sont-ils préoccupés de l'insuffisance des éléments de restitution au sol, ayant pour conséquence l'abaissement notable de la moyenne des récoltes coïncidant avec un fléchissement de cours à prévoir dans un avenir plus ou moins éloigné.

Mais la production abondante et économique du fumier de ferme notamment reste un grand problème pour notre agriculture, en raison de l'écart considérable qui existe entre l'effectif du bétail et l'étendue des espaces en cultures. Actuellement la valeur d'une tonne de fumier de ferme enfouie en terre est difficile à estimer en argent.

Ce prix de revient qui repose sur tant d'inconnues dans le Nord de l'Afrique est, on le sait, l'objet des recherches de la Chambre d'agriculture de Tunis. D'autre part, les engrais chimiques seuls paraissent insuffisants : il faut à nos terres desséchées et brûlées une fumure organique qui concourt au revêtement humique de leur surface. Or, rendus sur le champ, les engrais minéraux sont chers en raison de leur action incomplète et de leurs résultats souvent incertains pour des causes diverses.

On ne peut prévoir à bref délai pour l'Algérie, en supposant que le climat s'y prête, une évolution agricole semblable à celle qui s'est produite en France au commencement du siècle et qui s'accentue actuellement en Angleterre. La prédominance de la prairie s'accomplit sous ces latitudes septentrionales grâce à des conditions météoriques très favorables au revêtement herbacé du sol. On ne saurait les retrouver sous notre climat et il serait dangereux de continuer à croire, avec une certaine école, à la découverte d'herbes à grand rendement se développant au milieu de nos sécheresses, sans eau et sans engrais organiques.

Les végétaux de culture temporaire qui, vivant de rien, produiraient abondamment une alimentation verte ou de réserve et de la litière, principales bases de l'entretien du bétail sont, il faut bien l'affirmer, tout à fait inconnus dans l'agriculture du monde entier comme en géographie botanique. S'ils étaient, les régions désertiques n'existeraient pas.

Donc, pendant longtemps encore, même sur les surfaces très restreintes occupées par l'Européen, l'agriculture de l'Afrique du Nord ne paraît devoir reposer que sur l'ancien assolement biennal, mais perfectionné dans certains cas par le labourage de printemps de la jachère et par la rotation des céréales, blé, orge et avoine.

L'heureuse modification de cet état de choses au milieu de difficultés climatériques évidentes est subordonnée aux moyens économiques de restitution au sol, soit par des fumiers de ferme ou des engrais chimiques, soit par la sidération ou enfouissement d'une culture en vert, de *Légumineuses* principalement ; dès lors des cultures variées pourraient s'y succéder.

Mais là gît le plus grave problème à résoudre pour l'agriculture algérienne ; l'assolement sans fumure et la continuation de ce système ne sont pas de nature à relever la courbe descendante des faibles moyennes des rendements obtenus sur des terres épuisées et souvent soumises à l'inclémence du climat.

La production suffisante des fumiers organiques implique bétail et prairie : or l'obtention d'une nourriture fourragère verte, abondante, sans fumure préalable et dans des hivers secs, ne peut être que réduite et parfois à peu près nulle. Dans cette situation, l'entretien de gros troupeaux constitue pour l'agriculteur une opération aléatoire que ne peut supporter la moyenne exploitation et alors, en dehors de la zone marine, le fumier obtenu par la stabulation devient une matière fertilisante par trop coûteuse.

Les engrais chimiques remplacent imparfaitement le fumier de ferme et la sidération, opération dispendieuse et inefficace quand il ne pleut pas, font que toutes ces circonstances réunies constituent une réelle difficulté au principe de la restitution économique au sol.

Aussi, sur l'application du système cultural intensif ou extensif, les opinions restent-elles toujours divisées, surtout en présence de la grande étendue de territoire soumis à un régime pluviométrique insuffisant. D'ailleurs, on ne saurait généraliser : la zone marine seule peut employer le premier de ces systèmes qui ne serait que très exceptionnellement mis en pratique dans les Hauts Plateaux où la culture extensive et pastorale paraît s'imposer presque exclusivement.

Cette première méthode subordonnerait la culture à l'élevage et la surface ensemencée dépendrait de la quantité de fumier produite; cependant on remarque que certaines régions les plus céréalifères qui se livrent maintenant à cette monoculture paraissent admettre comme un véritable principe d'économie rurale propre à leur zone, que deux hectares *non fumés* coûtent moins cher à mettre en valeur et donnent un produit *net* plus élevé qu'un seul hectare soumis à une copieuse fumure. Nous avons vu (p. 185) dans le système cultural de Bel-Abbès que le travail du sol remplace dans une certaine mesure et pour un certain temps la fumure organique fort rare dans cette région. Des exemples analogues ont été fournis pour la plaine haute de Sétif.

Des agriculteurs ont avancé que dans beaucoup d'exploitations, dans un pays accidenté comme le nôtre, si le fumier de ferme doit être transporté à quelque distance du lieu de sa production, l'excédent de la récolte rendu souvent problématique par le manque d'eau pluviale ne paie pas les frais de fabrication du fumier, sa conservation, son transport et son épandage sur le champ.

Des agronomes prétendent même que dans un pays comme l'Algérie où la culture se meut au milieu de conditions climatériques spéciales, la jachère qui interrompt la sole cultivée est une lacune nécessaire pour le repos de la terre tout en contribuant à éliminer les herbes adventices et à enrayer, avec l'incinération, l'action du parasitisme animal et végétal d'autant plus dangereuse que la succession de cultures de même nature lui crée un milieu favorable d'extension.

Le repos de la terre et la rotation raisonnée des cultures sur une même parcelle, l'assolement avec jachère en un mot paraît être encore, avec la perfection des labours, la voie progressive à suivre pour arriver péniblement et patiemment à l'époque de la restitution possible.

*
* *

Les anciens agriculteurs de la colonie ont abordé à plusieurs reprises et sans conclusions satisfaisantes, comme on le verra par la suite, cette grave question des assolements. Des praticiens distingués, comme Gimbert, Reverchon et Liautaud, ont essayé, après tant d'autres, d'établir les règles de l'assolement et de la rotation en ce pays[1], mais ils n'ont pas démontré la possibilité de constituer économiquement par la fumure une bonne tête d'assolement, ni indiqué comment se procurer les premières quantités d'engrais, souvent si difficiles à produire dans des successions d'années sèches. On constate déjà, chez des agriculteurs de cette époque, la même idée chimérique caressée par des agriculteurs de nos jours, « *trouver des plantes fourragères susceptibles de s'accommoder aux vicissitudes de notre climat* ».

Cependant, passant en revue toutes les plantes fourragères préconisées, nos anciens n'hésitaient pas à énumérer leurs défauts. Ils reconnaissaient justement que dans les terrains secs la Luzerne vient difficilement ; le Trèfle réussit rarement, sa levée est irrégulière et les froids de l'hiver lui sont défavorables ; le Trèfle incarnat exige des terres riches qu'il épuise rapidement ; le rendement du Sainfoin est éventuel car sa récolte est nulle au moins un an sur trois, etc.

Cependant à cette époque trois plantes paraissaient devoir retenir leur attention : la suite n'a pas légitimé ces espérances. En

1. *Société d'agriculture d'Alger*, 1863.

effet, on reconnaissait bientôt que le *Sulla*, encore préconisé dans ces derniers temps, avait une végétation capricieuse et incertaine : la *Lupuline*, plante de fauchage difficile, avait un rendement trop restreint, et, enfin, la Vesce était exigeante sur la nature du terrain et se plaisait peu en dehors de la zone marine.

Les agronomes de ce temps, ceux d'Alger comme ceux d'Oran, avaient proposé un assolement qui, comme on pourra l'apprécier plus loin, ne convenait pas à l'agriculture proprement dite : il aurait pu s'appliquer à la petite culture, à une sorte de jardinage dans des propriétés sises non loin des centres, sous le climat marin et avec le secours de l'irrigation partielle des terres.

Voici quelle était la méthode d'assolement alterne proposée pour une propriété de 25 hectares composés de terrains secs et légers [1].

	hectares.
Bâtiments, cours, jardin, verger	1
Vignes	3
Culture sarclée sur fumure, tabac, coton et notamment 1 1/2 hectare de sorgho	3 1/2
Culture sarclée, fèves, maïs, pommes de terre, patates, haricots et lin	3 1/2
Vesces avec avoine et fumure de 230 kilogr. de guano épandu en janvier pendant la pluie	3 1/2
Céréales	3 1/2
Prairies artificielles formées au moyen de l'épandage des résidus de la meule à fourrage	3 1/2

Cet assolement soulève des critiques sérieuses, de principe même. Le Coton, le Maïs, la Patate, etc., ne peuvent prospérer sans eau surtout dans les terres sèches du Sahel. En outre, cette petite culture, sorte de jardinage possible seulement autour des grands centres, exige, par ses sarclages et ses binages successifs, une nombreuse main-d'œuvre et, en outre une fumure difficile à produire en terrain sec, même dans la zone marine.

*
* *

Un autre assolement alterne quadriennal avait été pratiqué par un propriétaire de Saint-Ferdinand, sur une propriété de 38 hectares composés de terrains secs-argileux (Sahel).

1. Reverchon, *Procès-verbaux* de la Chambre consultative, Alger, 1861.

	hectares.
1re sole. Culture sarclée sur fumure, tabac, pommes de terre, lentilles, maïs, coton	8
2me sole. Céréales, avoines	6 1/2
3me sole. Plantes fourragères, vesces avec avoine, orge en vert	6 1/2
4me sole. Céréales, froment	11
Hors assolement, prairies naturelles, pacages	6

Les mêmes critiques sont à produire pour cet assolement en terrain sec où figurent le Maïs et le Coton. Pour prévoir une juste observation, l'auteur assurait que sur ces *38 hectares*, avec la rotation indiquée, il pouvait entretenir *50 têtes de gros bétail* produisant 200 fortes voitures de fumier??

*
* *

Voici un autre modèle d'assolement alterne de neuf ans, avec prairies, pour une propriété de 100 hectares.

1re année. Sur une prairie de 44 hectares et rompue	*Avoines.*
2me année. Récolte de blé	*Blé.*
3me année. Tabac ou coton ou maïs ou fèves, etc., culture sarclée	*Tabac, etc.*
4me année. Récolte de lin	*Lin.*
5me année. Récolte de blé	*Blé.*
6, 7, 8 et 9me années. Prairies	*Prairies.*

Une propriété de 100 hectares aurait donc chaque année l'étendue suivante en cultures :

	hect.	cent.
Céréales. 2 1/2 blé, 1/3 avoine	33	35
Cultures sarclées, Tabac, Maïs, etc	11	11
Lin	11	11
Prairies	44	45

Cet assolement est théoriquement assez logique. L'étendue consacrée aux prairies représentait environ 1.200 quintaux de foin, en dehors du pacage, plus la paille de 33 hectares de céréales, permettait de nourrir un nombreux bétail et par conséquent de produire beaucoup de fumier, mais ce mode d'exploitation exigeait un gros capital. Cet assolement, qui ne peut s'appliquer qu'à la région marine, n'a pas été suivi.

*
* *

M. Arlès-Dufour, agriculteur distingué de la partie ouest de la Mitidja, un des plus ardents propagandistes du principe de la restitution, a constamment combattu cette agriculture *vampire* qui exploite le sol sans méthode en lui prenant toujours sans jamais rien lui rendre. Ce praticien éclairé avait voulu doter ses terres, qui peuvent être classées dans les meilleures qualités, de l'assolement quinquennal.

Sur une forte fumure de 80.000 kilog. de fumier de ferme à l'hectare son assolement était ainsi combiné.

1re année. Fourrages, fèves ou vesces suivies d'un Maïs fourrager (zone irrigable).
2me année. Blé dur.
3me année. Fourrage (jachère pâturée et fauchée).
4me année. Blé tendre ou lin.
5me année. Orge ou avoine.

Pour des causes diverses plus ou moins explicables, les céréales soumises à cet assolement furent sujettes à la verse et il fallut le modifier pour reprendre l'assolement triennal, avec fumure moins abondante répartie en tête de chaque rotation : la jachère de la troisième année pouvant être remplacée en partie par une culture de Maïs à l'irrigation [1].

Dans ces exploitations à agriculture intensive, les cultures hors de l'assolement ont souvent un rôle prépondérant : vignes, orangeries, luzernière, etc.

Deux considérations importantes résultent de cet exemple : le développement à donner à la partie bétail pour pouvoir fournir annuellement 20.000 à 25.000 kilog. de fumier par hectare, ensuite la pénurie de plantes sarclées ou industrielles à rendement rémunérateur dont dispose le cultivateur dans ces régions et dans ces terres les plus favorisées. Ces considérations sont encore d'un ordre plus préoccupant si l'assolement s'applique à des terres sèches et en dehors de la zone marine.

1. Lecq, *Algérie agricole*, 1881.

*
* *

Un assolement triennal des plus simples est plutôt appliqué dans la zone marine ou dans la région montagneuse soumises à quelques irrigations d'hiver. Il est inapplicable dans les Hauts Plateaux.

1re année. Récolte de céréales.
2me année. Fourrage naturel.
3me année. Fourrage naturel venu sur labour de printemps. Ce fourrage est plus fin que celui de l'année précédente. Labour d'été pour préparer la céréale.

Quelques années de ce système d'exploitation qui donne au début une place prépondérante au bétail permet d'assurer une production de fumier utile au relèvement de la moyenne des rendements en fourrages ou en grains, mais la mise en pratique de cet assolement exige un certain capital de premier établissement pour l'achat du troupeau.

*
* *

L'agriculture tunisienne qui se trouve aux prises avec des difficultés analogues à celles rencontrées par les agriculteurs algériens, sous un même climat, et peut-être dans des conditions moins avantageuses, a cherché aussi, dans ces derniers temps, une partie de la solution du problème agricole dans la méthode des assolements.

Partant du principe admis dans toutes les théories assolantes, un agronome de la Régence, M. Délécraz [1], a cherché à déterminer un système d'alternance pouvant, à son avis, le mieux s'appliquer au Nord de l'Afrique. Il résume ainsi ses données :

1° Faire reposer le sol par une succession de cultures raisonnées et lui restituer sa fertilité.
2° Eloigner le retour des plantes épuisantes.
3° Cultiver les plantes qui combattent les mauvaises herbes.
4° Entretenir le sol dans un état de fertilité par des fumures qui produisent de bonnes récoltes.

1. *Théorie et pratique des assolements en Tunisie*, Tunis 1898.

Cet agronome propose plusieurs assolements suivant la nature et l'étendue du domaine.

	1° 1re *demi-sole.*	2me *demi-sole.*
1re année.	Pommes de terre avec forte fumure	Panais.
2me —	Froment........................	Orge, sans engrais.
3me —	Sainfoin........................	Vesce fumée.
4me —	Avoine..........................	Froment.

2° Un assolement quinquennal, qui donne une plus grande place aux cultures fourragères, comprend les successions suivantes :

1re année. Fèverolles après fumure.
2me — Blé d'automne.
3me — Prairie temporaire, sainfoin ou trèfle incarnat.
4me — — — — —
5me — Blé d'automne.

3° Un autre assolement de cultures très variées applicable aux grandes exploitations, pouvant être établi sur 9 années.

1re année. Pommes de terre ou autres racines et tubercules fumés.
2me — Froment.
3me — Sainfoin ou vesces ou trèfle incarnat ou moutarde blanche.
4me — Avoine.
5me — Racines ou pommes de terre fumées.
6me — Orge ou lin.
7me — Sainfoin ou vesce.
8me — Chou-raves ou carottes, panais.
9me — Avoine, orge ou lin.

Toutes nos critiques générales s'appliquent à ces divers assolements ; cependant ce dernier sera difficilement accepté par la masse des agriculteurs, en ce sens que la part faite aux céréales est faible et qu'en résumé la vente du grain est une ressource annuelle certaine.

Les têtes d'assolement, cultures sarclées sur fumures, ont toujours présenté de grosses difficultés d'ordre primordial : le manque d'engrais, la rareté et la cherté de la main-d'œuvre, surtout en dehors des centres, puis l'absence d'une plante sarclée à grand rendement, etc.

Dans les méthodes d'assolement indiquées par divers auteurs, figurent toujours en première ligne, Betteraves, Pommes de terre, Maïs, Tabac, etc... Quelles sont donc les causes qui font que ces cultures, si communes dans toute l'agriculture de l'Europe, n'aient pas trouvé, dans la pratique algérienne, la place que paraissait leur assigner la théorie ?

Outre le manque de fumure préalable, de main-d'œuvre et de fond de roulement important il convient de spécifier que ces cultures, qui ne prospèrent pas dans toutes les zones, ne sauraient occuper non plus de grands espaces dans la répartition des soles, car elles sont, dans un grand nombre de cas, de rendement douteux.

La *Betterave*, à récolte incertaine ou nulle en dehors du climat marin, ne donne, dans ce dernier milieu, des résultats que par quelques irrigations : nous avons vu (p. 213) que sa culture rationnelle, dans d'excellentes conditions, imposait une dépense de 500 fr. environ par hectare.

La *Pomme de terre*, dans les mêmes conditions, n'a pas un rendement suffisant pour alimenter économiquement le bétail. Les variétés à grande production en France, *Richter's Imperator Czarine*, *Géante bleue*, ne dépassent guère 15 pour 1 en Algérie dans les meilleures cultures : de plus, elles sont sujettes à des maladies exigeant des sulfatages, etc. L'industrie de la féculerie n'existe pas en ce pays.

Le *Maïs*, véritable culture estivale, ne peut donner, sans fumure et sans eau, qu'une faible production herbacée ou en grain. On ne peut en attendre, certaines années, une récolte quelconque, quand le *Sorgho*, beaucoup plus résistant, est sans végétation à cause de la sécheresse de la saison. En effet, si les pluies manquent absolument l'été, il y a des printemps où les chutes pluviales sont également très raréfiées ; ainsi, en 1897, avril, mai, juin réunis n'ont reçu, sur le littoral, que 14 mm. 65. Fumures et labours auraient été impuissants à conjurer la nullité de la récolte devant l'intempérie.

Les *Fèves* peuvent être considérées comme culture de jardinage.

Le *Tabac* est ordinairement compris parmi les plantes hors d'assolement : il exige des conditions particulières et localisées, et, d'autre part, serait-il prudent, au point de vue de l'écoulement du produit, de doubler les surfaces actuellement cultivées ? Comme pour la Betterave, un capital d'entrée en culture est absolument indispensable.

Les plantes textiles, on le sait, *Chanvre* et *Lin*, à faible rendement par les années sèches ou nul sans irrigation, ne sont pas à conseiller même comme alternance à cause de leur végétation épuisante : l'industrie ne leur reconnaît d'ailleurs pas une grande valeur et la même observation est à retenir pour tous les végétaux oléagineux, tinctoriaux, etc., qui ne trouvent aucune place dans nos exploitations.

Quant aux plantes *améliorantes* ou fourragères, on n'a pas trouvé dans la diversité des espèces essayées, spontanées ou exotiques, la moindre indication pratique : *Lupin*, *Galega*, etc., et le fameux *Sulla* tant préconisé par périodes, n'ont donné que des résultats coûteux — quand ils ont poussé — sur des terres bien labourées et fumées, encore quand la pluie a arrosé celles-ci en temps opportun[1].

Nous avons vu, aux indications particulières, les nombreux aléas des cultures fourragères en dehors des zones irriguées si restreintes, et par cela même les difficultés qui enserrent le cultivateur pour entretenir facilement son bétail et produire économiquement du fumier, notamment dans les années de sécheresse. Cependant, à diverses époques, et principalement de nos jours, quelques agriculteurs ont émis cette opinion, non absolument confirmée par l'expérience du passé, qu'il ne fallait pas aller chercher si loin des plantes fourragères spéciales, car nos céréales coupées en vert, constituaient encore la prairie la meilleure et la plus précoce. Suivant ces auteurs, les céréales poussent quand la température n'est pas inférieure à + 10°, par conséquent leur végétation doit être constamment active et fournir pendant tout l'hiver des coupes régulières qui permettent aisément l'entretien du bétail.

Cette opinion est discutable même pour les plaines du climat marin où les fauches de céréales vertes ne commencent qu'en janvier.

Dans les années à hiver sec ou à pluie réduite et mal répartie, la levée des céréales est irrégulière, le tallage est nul, la plante est mal constituée, peu développée, et quand elle n'est pas favorisée par quelques ondées vernales le chaume n'est guère plus long que l'épi.

1. Chambre d'agriculture de Tunis, 1898.

Quelquefois, par l'absence des pluies de printemps, les céréales manquent presque totalement et des disettes régionales en sont la conséquence. Dans ces conditions qui se renouvellent périodiquement, on ne saurait l'oublier, les ressources des coupes en vert sont aléatoires et certains les soucis et les pertes du cultivateur qui, en ces temps de pénurie fourragère, possèderait un troupeau de gros bétail.

D'autre part, dans les années ordinaires, en dehors du climat marin relativement restreint, les vastes régions à altitudes plus ou moins accusées ont un hiver marqué dont la moyenne est loin d'atteindre + 10°. Toute la large bande de la ligne des faîtes, de Soukharras à Tlemcen, est soumise pendant plusieurs mois à des abaissements nocturnes *au-dessous* de zéro : dans les Hauts Plateaux ils sont encore plus exagérés, indépendamment de la neige qui, à plusieurs reprises, recouvre le sol d'une couche assez épaisse.

Les phénomènes thermiques et géothermiques que nous avons signalés au chapitre *Météorologie*, pages 34 et 36, démontrent que des refroidissements *sous-zéro* de la couche inférieure de l'air, voisine du sol, se renouvellent fréquemment et font que la courte végétation herbacée des céréales se trouve, dans les phases nocturnes de certaines périodes, dans un milieu de température basse, marquant pendant plusieurs heures, souvent toute la nuit, quelques degrés de froid. Les insolations trop intenses du jour dans une atmosphère souvent aride par des vents desséchants ne sont pas non plus des causes accélératrices de la végétation ni même de son bon entretien, et ce n'est réellement que quand, soustraite à ces froids nocturnes, la véritable moyenne dépasse + 10° que l'élongation des céréales se produit *avec l'aide de la pluie*. Or, toutes les plaines de la région marine ne présentent même pas une moyenne hivernale voisine de + 10° : Orléansville, dans la plaine du Chéliff, ne l'atteint pas dans les mois de décembre, janvier et février, et ses minimas nocturnes de novembre à avril varient, comme *moyenne*, de + 2°, 4 à + 7°,5 avec des extrêmes pouvant atteindre — 9°.

Cette dissertation météorologique est utile pour expliquer non seulement la faible végétation herbacée des céréales pendant certains hivers, mais l'état de souffrance qu'elles présentent dans nombre de cas : dessiccation des extrémités des feuilles, dessèchement de celles de la base de la plante, teinte terne de l'ensemble, etc.

Si ces actions météoriques ont tant d'influence sur des *céréales* qui vivent jusque dans les régions septentrionales du globe et y supportent les plus grands froids, *on peut, par analogie, estimer* les difficultés d'existence que rencontreraient l'hiver, dans de *tels milieux, des plantes fourragères* de végétation estivale, originaires de pays tempérés et surtout les exotiques de provenance *tropicale.*

Nous insistons à dessein sur ces données climatologiques pour démontrer la difficulté d'obtenir normalement une végétation herbacée pendant une partie de l'hiver dans la plus grande étendue du territoire algérien.

Les céréales à couper en vert, ainsi que toutes prairies temporaires, comme tête d'assolement fumée en terre non irriguée, sont donc restreintes à quelques rares plaines basses du climat marin où elles ne paraissent pas appréciées dans les terres à loyer cher et où elles ne peuvent jouer le rôle de cultures améliorantes réservé aux Légumineuses.

On sait que, même là, les résultats du fourrage vert, céréales et vesces, sont fort discutés à cause de leur rendement incertain. Dans la région montagneuse le rendement de ces céréales vertes est souvent aléatoire, mais il est nul dans les Hauts Plateaux, c'est-à-dire dans la plus grande partie du territoire de la colonie où se fait l'élevage.

Dans les régions d'agriculture *intensive* où la pluie dépasse 600 millimètres, y a-t-il toujours une *convenance économique* à exploiter *la céréale verte?* Cela dépend des conditions locales et du plan de l'exploitation. Cependant dans les années où la pluviométrie est passable, si la coupe en vert n'a pas été abondante, ce qui paraît se produire trois fois sur cinq, la récolte des grains manquant forcément, la terre reste improductive jusqu'au moment des semailles puisque les cultures vernales ou estivales font défaut dans le plus grand nombre des cas. Dans cet assolement l'hectare de culture intensive, à loyer élevé, comporterait donc une culture d'herbes vertes sur fumure, orge par exemple, puis un blé sur labour d'été, combinaison rationnelle *s'il pleut*, mais opération en perte dans certaines années.

*
* *

En résumé, l'assolement suivi par l'indigène est l'assolement *biennal avec jachère morte* pratiqué par l'ancienne Grèce et les anciens Romains et encore en usage dont tout le bassin méditerranéen. Cet assolement est basé sur cette observation séculaire que la jachère permet la reconstitution naturelle de certains des principes nutritifs nécessaires à la production d'une récolte de céréales, observation dont la science agronomique a démontré la justesse. C'est l'assolement qui, tout en réduisant les avances au sol au minimum, donne le plus grand produit net possible et assure à la fois l'alimentation de l'homme et du bétail qui trouve dans la jachère une abondante production de fourrage. C'est l'assolement qui s'impose partout, où en raison de l'irrégularité du régime pluvial et de la pauvreté du sol, la récolte n'étant jamais assurée, il est sage de réduire au minimum les avances de travail et d'argent à faire à la terre.

Là où au contraire les pluies, sans être abondantes, sont néanmoins suffisantes pour donner des récoltes régulières et où en même temps le loyer de la terre est faible, l'agriculture européenne, tout en restant fidèle à l'assolement biennal, a substitué à la jachère morte la jachère labourée, grâce à laquelle la terre s'enrichit d'une plus grande quantité de matières fertilisantes, ainsi que l'ont démontré les expériences de M. Dehérain.

Ainsi, en relevant le rendement des céréales, on produit une plus grande quantité de matières alimentaires pour l'homme ; mais cet accroissement de récolte en grains n'est obtenu qu'au détriment de la production fourragère. Cette pratique est celle de la région de Sidi-Bel-Abbès, caractérisée par son exportation de grains et sa population animale très réduite.

Remarquons que la reconstitution des principes fertilisants du sol par la jachère ne peut être que partielle et que par suite l'assolement biennal finit par épuiser à la longue. Les labours profonds, en mettant en circulation les réserves du sous-sol, ne font que retarder cette échéance fatale.

En agriculture progressive l'objectif du colon européen est, dans certains cas, de supprimer la jachère; mais alors il faut restituer artificiellement au sol la fertilité qui se serait reconstituée naturellement en partie par la jachère. De là la nécessité soit d'y apporter des matières fertilisantes prises au dehors, qu'elles soient achetées ou produites par du bétail entretenu sur la ferme, soit d'intercaler dans les cultures des plantes améliorantes, c'est-à-dire restituant au sol, comme les Légumineuses, plus de principes utiles qu'elles ne lui en empruntent.

L'achat de matières fertilisantes n'est pratique que dans les régions privilégiées pour les cultures à bénéfice toujours assuré et suffisant pour couvrir le surcroît de dépenses. Une solution d'une application plus générale, semble-t-il, consisterait dans l'exploitation des plantes améliorantes, des Légumineuses telles que les fèves, les pois, les sainfoins, les vesces, etc. ; mais jusque maintenant, pour des causes diverses, elles n'ont pu prendre place dans un assolement régulier. Ces cultures du reste ne se suffisent pas entièrement à elles-mêmes au point de vue des éléments fertilisants, encore moins l'avoine qui a été conseillée, mais qui a besoin d'être fumée et qui ne peut rendre en fertilité que ce qui lui a été prêté. Reste la ressource du bétail, producteur du fumier : de ce côté encore l'agriculture européenne se heurte à des difficultés sérieuses. A cause de la concurrence de l'indigène qui élève et engraisse à meilleur marché, les opérations sur le bétail sont aléatoires et il semble très onéreux d'entretenir des animaux uniquement pour produire du fumier. Aussi voyons-nous l'agriculture européenne enserrée dans le cercle étroit de l'assolement biennal, dont elle ne peut sortir que dans certaines régions tout particulièrement privilégiées et favorables à des cultures plus largement rémunératrices. Par la force même des choses l'assolement biennal avec jachère morte ou travaillée est et restera celui pratiqué sur la presque totalité du territoire algérien.

*
* *

Il serait injuste, et ce serait oublier de parti pris l'histoire de l'agriculture algérienne, de nier les efforts faits depuis la conquête par tous nos praticiens pour rompre le cycle qui enserre la culture progressive en ce pays et la réduit, dans la plus grande partie du territoire, à peu près à cet assolement biennal en usage de toute antiquité chez les indigènes.

Jamais les agronomes algériens, pas plus que les simples cultivateurs, n'ont contesté l'utilité absolue de la fumure du sol : ils ont renié cette stupide légende de la fertilité inépuisable de la terre africaine, eux qui étaient aux prises avec les disettes périodiques et les inclémences réitérées du climat. Mais ils se sont trouvés, comme ils le sont encore actuellement, en présence de la difficulté de résoudre le problème de la production facile et économique du fumier qui permettrait d'améliorer rapidement les modes d'exploitation du sol.

Ces considérations générales ne s'appliquent évidemment pas à quelques grands milieux culturaux plus ou moins irrigués, ni au jardinage de la zone proche de la mer où le voisinage des grandes villes, de ports d'embarquement et d'agglomérations industrielles procure plus facilement à l'exploitant des matières fertilisantes de toutes sortes. Cependant, nous demanderons aux centres agricoles les plus importants de la Mitidja, par exemple, si leurs récoltes ne souffrent pas quelquefois de l'insuffisance de la fumure et si toujours même avec des printemps pluvieux (1898) la quantité de grains a été en rapport avec les promesses de la végétation ?

Les terres encore assez rares soumises à l'irrigation *estivale* et *régulière* peuvent, sous le climat marin, se prêter aux assolements les plus variés et fournir ainsi une succession ininterrompue de récoltes. Cependant, dans ces cas, la densité relative de la population sur ces points restreints donne bientôt à ce mode d'exploitation le caractère des huertas ou de cultures jardinières et arboricoles (Relizane, Perrégaux, Saint-Denis-du-Sig, etc.)

Sans tenir compte des systèmes purement théoriques ou spéculatifs, le cultivateur devra donc rechercher, s'inspirant des conditions ambiantes, si son mode d'exploitation économique doit dépendre de la fumure ou de la jachère, du régime pastoral ou du travail du sol, et il ne devra pas oublier, en ce pays, que le choix des cultures d'un assolement n'est, à tous les points de vue, qu'une *convenance de milieu*.

Cette importante question de l'assolage des terres n'a pas fait grand progrès en Algérie, car, depuis plus de 20 ans, la culture de la vigne a absorbé exclusivement toutes les forces vives, bien que ne pouvant s'étendre que sur une surface relativement restreinte et représentant à peine le quart du territoire algérien. Cependant, en prévision de l'atténuation des succès de cette monoculture soit par le phylloxéra, soit par la mévente ou pour toute autre raison, beaucoup d'esprits clairvoyants émettent l'avis que pour diversifier la production agricole il serait sage et prudent de songer tout au moins à défendre le sol contre toute cause permanente d'épuisement.

Si, dans l'état de notre agronomie et dans notre situation économique, cette dissertation ne peut donner la solution du problème de la restitution, elle signale au moins, sans ambage, les principales difficultés que rencontre le cultivateur rien que pour conserver au sol ses éléments de fertilité.

Rôle de la Station agronomique.

Services qu'elle est appelée à rendre aux agriculteurs.

Les Stations agronomiques constituent un *trait d'union* entre la science et la pratique agricole. Ce sont, avant tout, des établissements scientifiques destinés à éclairer les praticiens, à les guider dans la fabrication du vin, de l'huile, etc., dans le choix des engrais et des semences, à les soustraire aux entreprises variées des fraudeurs, à signaler à leur attention les méthodes culturales nouvelles dans le champ si vaste de l'agriculture.

Envisagées à ces divers points de vue, les Stations agronomiques apparaissent comme des institutions indispensables à un pays pour favoriser le développement de son agriculture.

Ceci posé, voyons le fonctionnement de la *Station agronomique et œnologique* d'Alger, en passant en revue les principaux points qui intéressent les agriculteurs.

TERRES

L'extrême diversité des terres démontre surabondamment que l'emploi des engrais ne saurait être réglé d'après une formule unique et générale. Les données fournies par les cultures expérimentales et les résultats obtenus par la pratique prouvent, d'une manière péremptoire, qu'il ne suffit pas de fumer intensivement; il faut fumer rationnellement. Cette condition est indispensable pour que l'argent consacré à l'achat d'engrais complémentaires soit non seulement remboursé par une augmentation de récolte, mais produise en outre un bénéfice net.

L'étude du stock des matières fertilisantes de la terre présente donc une importance pratique de premier ordre, car quand l'analyse a montré qu'un élément fertilisant est abondant, il est inutile de l'ajouter par des fumures; quand au contraire elle a trouvé qu'il est en faible proportion, son addition au sol donnera des résultats avantageux. On évitera ainsi les mécomptes qui peuvent résulter de l'emploi d'engrais complets là où il suffisait de rendre à la terre seulement l'un ou l'autre des éléments manquants. C'est ainsi que la caractéristique de la fumure rationnelle est de ne donner au sol que ce qui lui fait défaut.

Prenons, pour mieux faire ressortir les avantages de cette méthode, un exemple concret, celui d'une terre manquant d'acide phosphorique et de potasse, mais riche en azote. Il est clair que si nous lui donnons un engrais complet, formule X... ou Y..., nous obtiendrons une augmentation de récolte. Mais, dans ce sol suffisamment pourvu d'azote, l'élévation du rendement sera due uniquement à l'apport d'acide phosphorique et de potasse et nullement à l'azote.

L'addition de ce dernier élément ne produira que des effets nuls; nous pouvons donc le supprimer et obtenir le même résultat brut. Or, que coûte la fumure, dans ce dernier cas ? Le même prix que l'engrais complet moins l'azote.

Supposons qu'on ait employé 45 kil. d'azote à l'hectare (cela représente environ 300 kil. de nitrate de soude) à 1 fr. 60, ce qui est une fumure modérée, nous aurons pu réaliser, par la connaissance de la composition du sol, une économie de 72 fr. sur cette surface. Cet exemple démontre, mieux que toutes les dissertations, que la formule d'engrais doit être déduite de l'analyse du sol.

Le point de départ, lorsque l'on veut fumer sa terre, c'est donc l'analyse du sol. C'est ainsi qu'en se bornant à ajouter au sol ce qu'il ne renferme pas déjà en proportion suffisante, il est possible d'obtenir, en même temps qu'une élévation très marquée de rendements, une forte atténuation des dépenses d'engrais.

L'ancienne théorie qui poussait à la restitution totale des éléments minéraux, d'après la quantité enlevée au sol par la plante est inexacte. La restitution doit être intégrale seulement dans le cas où la provision existant dans le sol est telle que, tout en étant suffisante, elle se présente avec des proportions correspondant aux besoins divers d'engrais de la plante. Dans tous les autres cas, il est plus économique de ne procéder qu'à une restitution partielle.

Le problème de la fumure n'est pas cependant complètement résolu par l'analyse chimique, il reste à déterminer l'influence de la nature physique du sol qui peut, dans certains cas, mettre en défaut le diagnostic basé sur les seuls résultats de l'analyse.

Lorsque l'analyse a montré qu'il manque à la terre un ou plusieurs éléments fertilisants, il y a lieu de rechercher en outre sous quelle forme ces matières devront être introduites dans le sol pour produire leur maximum d'action. Ainsi, dans une terre qui manque d'acide phosphorique, devra-t-on employer le superphosphate, du noir animal, du phosphate fossile, de la poudre d'os ou des scories. D'après l'examen physique du sol, on peut bien donner des indications utiles, mais nos observations ne sont pas assez nombreuses pour recommander d'une manière certaine l'emploi de tel engrais phosphaté plutôt que de tel autre.

Après avoir fait exécuter l'analyse de sa terre qui lui indique la voie à suivre, l'agriculteur devra instituer des essais en se fondant sur les données tirées de l'analyse du sol, puis il suivra la végétation des plantes. Si la végétation a été satisfaisante, si l'aspect de la récolte, à la floraison d'abord, à la maturité ensuite ne laisse point à désirer, si enfin la récolte est en augmentation, il n'y a plus qu'à employer la même formule l'année suivante. Si au contraire le résultat est mauvais ou insuffsant, il faudra faire analyser la plante pour se rendre compte de ce qu'elle a absorbé et, par comparaison avec la composition type du même végétal, reconnaître ce qui lui a manqué.

Les essais de grande culture étant le plus souvent voués à un insuccès certain, parce qu'on n'est pas maître de toutes les circonstances qui peuvent avoir une influence sur le résultat final, et, qu'en cas de réussite, on n'est pas toujours sûr que les différences d'effets observés sont bien dues aux engrais essayés, il a été organisé, dans le champ d'expériences de la Station agronomique, une série d'essais dans le but de déterminer le degré d'assimilabilité des divers engrais dans les différents sols de la Colonie.

Grâce aux rapprochements entre les résultats de l'analyse de la terre et les résultats obtenus avec les engrais dans le champ d'expériences et en tenant compte des conditions locales qui peuvent affecter ces derniers, on parviendra à préciser l'action des divers engrais dans les sols de composition chimique et de constitution physique déterminées.

C'est par l'emploi de ces deux méthodes qu'on peut arriver à fixer, pour chaque nature de sol et pour chaque plante, la formule d'engrais la plus convenable pour obtenir le maximum de produits avec le minimum de dépenses.

ENGRAIS

Les agriculteurs comprennent de plus en plus les avantages qu'ils peuvent retirer de l'usage des engrais complémentaires et leur emploi tend à se généraliser.

L'organisation de la Station agronomique et la loi du 4 février 1888 offrent toutes facilités aux agriculteurs pour se soustraire à la fraude et acheter aux meilleures conditions des engrais de composition donnée. Ceux qui sont dupes des fraudeurs ne doivent s'en prendre qu'à eux-mêmes.

Il est regrettable de constater que beaucoup d'agriculteurs ont peine à se servir de l'arme que le législateur a mise entre leurs mains et négligent encore de faire vérifier la garantie du vendeur, encourageant ainsi eux-mêmes les fraudeurs, en achetant des engrais les yeux fermés.

A citer le cas d'un engrais vendu 150 fr. les 100 kil. et dont la valeur intrinsèque, calculée d'après sa teneur en éléments fertilisants, était seulement de 20 fr.

Des cendres de maïs, vendues 30 fr. les 100 kil. en valaient environ 5, puisqu'elles contenaient 1.73 °/₀ d'acide phosphorique phorique et 8.12 °/₀ de potasse.

L'année dernière, un engrais composé valant 4 fr. le quintal était vendu 12 fr. les 100. kil.

Le plus souvent, les volés sont satisfaits et sont tout disposés à se faire rançonner l'année suivante. Ce n'est qu'à force d'insistance qu'on parviendra à leur ouvrir les yeux.

Leur coupable négligence explique l'impudence de certains fournisseurs, elle neutralise en partie les efforts des Pouvoirs publics pour donner au commerce des engrais, un caractère à la fois plus rationnel et plus loyal.

D'autres poussent la naïveté jusqu'à s'en rapporter au vendeur pour prélever l'échantillon et le faire analyser. Il ne suffit pas, en effet, d'avoir en poche une garantie pour avoir un bon engrais, car la marchandise n'est pas toujours conforme à cette garantie ; *l'analyse de contrôle* peut seule donner à l'acheteur la certitude qu'il n'a pas été trompé.

Du reste, tout engrais tire sa valeur du poids ou des principes fertilisants qu'il renferme, et la fixation de son prix doit toujours avoir pour base sa teneur centésimale en chacun des éléments utiles.

La vente doit donc être faite sur un minimum de teneur et le prix établi sur l'unité de principe fertilisant. Les ventes à prix ferme doivent être complètement abandonnées. *Le prix du quintal d'un engrais quelconque se trouve ainsi déterminé par le produit du prix de l'unité* (*prix convenu d'avance par les parties*), *et par sa teneur* (*teneur qui est indiquée par l'analyse*). Il importe en outre de remarquer que certains négociants peu scrupuleux essaient par tous les moyens de tourner les dispositions de la loi et de se mettre à l'abri des pénalités qu'elle édicte. C'est ainsi que l'on a pu voir certain commissionnaire chercher à établir dans l'esprit des agriculteurs qui ne possèdent aucune notion sur les divers éléments constitutifs des engrais et sur leur valeur véritable, une confusion systématique entre l'acide phosphorique et le phosphate de chaux. Un engrais contenant seulement 15 % d'acide phosphorique (soit 32,75 % de phosphate de chaux), avait été vendu par lui comme ayant une teneur de 47,50 % de phosphate. L'acheteur ayant eu la bonne idée de faire analyser le produit, adressa ensuite une réclamation au vendeur qui lui répondit qu'il avait son compte, même un peu plus, puisque

15 + 32,75 = 47,75. Il comptait deux fois l'acide phosphorique ! Si l'agriculteur en question n'était pas venu se renseigner à la Station, il aurait été dupe du subterfuge.

Mais qu'un agriculteur néglige de faire contrôler son engrais, ou bien, l'analyse faite, s'en rapporte au vendeur pour l'interprétation des résultats et le tour est joué. Si les Stations agronomiques protègent les agriculteurs contre les commerçants malhonnêtes, elles prêtent aussi assistance aux fabricants honnêtes en les débarrassant de la concurrence déloyale des fraudeurs,

Les Stations agronomiques auxquelles on a confié les intérêts de l'agriculture font tous leurs efforts pour faire disparaître la fraude, mais elles ne sont pas toujours suffisamment secondées par les agriculteurs, trop disposés, soit par ignorance ou indifférence, à jouer le rôle de *victimes résignées* à l'égard des fraudeurs.

VINS

Si les viticulteurs veulent suivre régulièrement la vinification, ils ont tout intérêt à se renseigner sur la composition des raisins mis en œuvre et sur la constitution des vins obtenus. C'est par une étude sérieuse et continue des vins algériens que les viticulteurs pourront mettre une fin aux campagnes déloyales et périodiques dont ils sont l'objet.

On a vu les accusations se renouveler : mannite, acide borique, alun, acide salycilique, chlorure de sodium, teneur élevée en acides volatils, etc.

Il n'est pas moins vrai que, tant que nous n'aurons pas de preuves certaines et indiscutables à opposer aux détracteurs des vins d'Algérie, c'est-à-dire des résultats analytiques, les protestations platoniques des Sociétés agricoles resteront à peu près sans effet.

Nous voudrions aussi voir les viticulteurs qui ont des vins mal réussis ou défectueux, par suite d'une fermentation anormale et incomplète, chercher à s'éclairer en adressant aux Stations des échantillons de leurs produits. L'examen de ces vins, joint aux renseignements qu'ils pourraient fournir sur les circonstances qui ont accompagné la fermentation, permettrait, dans la plupart des cas, de dégager les causes des accidents ou des maladies, et d'indiquer les moyens de les éviter à l'avenir.

Dans les ventes au degré, l'usage de prendre comme base du marché l'analyse exécutée à la Station, tend à se répandre de plus en plus et empêche les difficultés entre vendeur et acheteur.

Le développement des raisins, la maturité, la vinification, etc., s'opèrent ici dans des conditions bien différentes de celles de la métropole, c'est pourquoi des essais de vinification sont poursuivis dans une *cave expérimentale* dans le but d'arriver à établir une technique œnologique destinée à servir de guide aux colons.

MATIÈRES DIVERSES

Indépendamment des engrais de toute nature, des vins, des terres, l'agriculteur utilise une foule de matières diverses dont il a intérêt à connaître la composition.

Nous allons passer rapidement en revue les principales.

Eaux. Les eaux de la colonie sont en général chargées d'éléments minéraux, et les agriculteurs feront bien de se renseigner sur leur pureté avant de les utiliser.

Tartres et lies. La production de lies sèches dans la colonie peut être évaluée à 4.000 tonnes et celle du tartre brut à 1.000 tonnes. Ces deux produits représentent donc une valeur de plus de deux millions de francs.

Les lies sèches et les tartres ont une valeur proportionnelle à la quantité d'acide tartrique qu'ils renferment.

La richesse en acide tartrique des lies et des tartres étant très variable, les viticulteurs ont tout intérêt à recourir à l'analyse chimique pour être fixés sur leur valeur.

Substances employées pour combattre les maladies de la vigne. Les matières employées pour combattre les diverses maladies de la vigne sont l'objet de fraudes nombreuses et variées. A signaler particulièrement des soufres vendus comme contenant une certaine proportion de sulfate de cuivre et qui renfermaient simplement des résidus de bouillie bordelaise. D'un autre côté, les viticulteurs continuent à payer à un prix exorbitant des produits possédant des vertus imaginaires quand il est si facile de se renseigner sur leur valeur.

Nous conseillons aux viticulteurs de refuser impitoyablement d'acheter n'importe quel produit, si le vendeur ne veut pas en indiquer la composition et garantir une teneur minima en éléments utiles.

Ces éléments sont les suivants :

Dans l'acide sulfurique, le degré Baumé et la quantité d'acide sulfurique pur ;

Dans les soufres, la pureté, la finesse et le degré d'acidité ;

Dans les minerais soufrés employés contre les altises, la proportion de soufre ;

Dans le sulfate de fer, la quantité de sulfate ferreux ;

Dans le sulfate de cuivre, la quantité de sulfate de cuivre pur ;

Dans la chaux, la quantité de chaux pure ;

Dans le carbonate de soude, la proportion de carbonate anhydre ;

Dans les *insecticides* ou les *anticryptogamiques*, la composition complète. Refuser toute drogue ou produit de composition secrète.

Tous les produits ci-dessus exigent un contrôle aussi rigoureux que celui des matières fertilisantes, et on se demande comment les viticulteurs, qui font tous leurs efforts pour obtenir la réduction des frais de transport et bien vendre leurs vins, restent indifférents pour les achats de ces diverses matières, éprouvant ainsi non seulement une grosse perte d'argent, mais s'exposant en plus à manquer les traitements et à perdre une partie de la récolte. Il y a là une indifférence qu'il faut s'efforcer de faire disparaître.

Pour bien montrer l'insouciance des viticulteurs à ce sujet, voici un exemple frappant : 2 bouillies présentaient la composition suivante :

Bouillie n° 1	62 %	de sulfate de cuivre.
— n° 2	24	—

Ces deux bouillies étaient vendues le même prix, 55 fr. le quintal. La première valait cependant deux fois et demie la seconde.

Nous n'avons pas les éléments nécessaires pour chiffrer d'une manière exacte la perte subie de ce chef par les colons, mais, étant donnée la quantité de ces matières employées dans la colonie, on est fondé à penser que le préjudice doit être énorme.

Instructions pour la prise des échantillons de terre

1° CONSIDÉRATIONS GÉNÉRALES

Comme pour toutes les analyses du ressort des applications de la chimie à l'agriculture, l'un des points les plus importants, consiste dans la prise de l'échantillon. L'échantillonnage d'une terre réclame un soin tout particulier. Quelque perfection qu'on apporte dans l'exécution de l'analyse, le travail qu'on a produit ne mène à rien si l'échantillcn traité ne représente pas fidèlement le sol d'où il provient.

Pour connaître la quantité d'azote, d'acide phosphorique, de potasse, etc., qui sont à la disposition des récoltes, il faut déterminer exactement celles qui se trouvent dans toute l'épaisseur de terre où puisent les racines. Or, il résulte des recherches expérimentales entreprises ces dernières années que les racines des plantes sont loin d'avoir un champ d'action aussi limité qu'on le supposait, qu'elles utilisent non seulement les principes minéraux contenus dans les couches remuées par les instruments de culture, mais qu'elles pénètrent dans le sous-sol et trouvent là des substances fertilisantes dont la plante tire profit.

Il importe donc de ne pas se borner à l'étude de la couche arable et de connaître aussi la composition du sous-sol.

2° PRISE DES ÉCHANTILLONS.

Il y a deux cas à considérer : 1° Cas d'un sol homogène ; 2° cas d'un sol variable dans son aspect et dans sa composition.

1° Cas. *Sol homogène.* On commence par déterminer quatre ou cinq points par hectare où devront être prélevés les échantillons.

L'inspection de la forme et la configuration extérieure du champ indiquent suffisamment ces emplacements. Ces points une fois déterminés, on nettoie la surface du sol à l'aide d'une pelle, de manière à éloigner du lieu où l'on prévèlera la terre l'herbe et les détritus qui la couvrent accidentellement, tels que feuilles sèches, corps étrangers, etc. La place étant bien propre, sur une surface de 1 mètre de côté, on pratique à la bêche un trou à parois aussi verticales que possible, en rejetant au dehors la terre qu'on extrait de cette petite fosse. Ce trou doit avoir environ 30 cent. de côté ; quant à sa profondeur, elle varie avec celle des labours en usage dans le pays : la couche de terre arable est, en effet, celle qui constitue le sol proprement dit et ne doit pas être mélangée, dans l'échantillonnage, avec la terre du sous-sol. Lorsque la fosse est complètement nettoyée, on enlève tout autour des tranches qui seront également épaisses sur toute leur profondeur et en quantité suffisante ponr obtenir 3 à 4 kil. de terre. Au sortir de la fosse, la terre est déposée sur une brouette bien propre.

On répète ce prélèvement sur tous les points précédemment déterminés. On réunit ensuite, sur une bâche, tous les échantillons de terre. On les mélange aussi intimement que possible avec la bêche et l'on prélève sur la masse un échantillon moyen, du poids de 2 à 3 kil. environ.

Durant le mélange des divers échantillons sur la bâche, il faut écarter les pierres et les cailloux qui dépassent le volume d'une noix, en notant approximativement leur poids relativement à un poids donné de terre, leur grosseur et leur nature géologique. L'échantillon est renfermé immédiatement dans un flacon ou dans un sac qu'on ferme et qu'on étiquette soigneusement.

On procède ensuite, exactement de la même manière et avec les mêmes précautions, à la prise des échantillons du sous-sol, en utilisant les petites fosses faites en vue du prélèvement du sol. La nature, l'aspect et la disposition des couches indiquent à quelle profondeur il faut prélever le sous-sol ; en général, une profondeur de 1 mètre ne doit pas être dépassée.

En résumé, pour déterminer la composition chimique d'une terre, il est nécesssaire de recueillir deux échantillons : un pour le sol et un pour le sous-sol.

2e Cas. *Sol non homogène.* Pour qu'un échantillon moyen soit fidèle, il faut que les diverses prises qui le composent proviennent d'un terrain sensiblement homogène. Si la nature du terrain est variable d'un point à un autre, on le divise en parcelles à peu près homogènes et pour chacune des parcelles on prélèvera des échantillons spéciaux.

Contrôle des semences et des fourrages.

Les cultivateurs ont tout autant d'intérêt à faire contrôler les semences qu'ils achètent que les engrais. Les semences laissent souvent à désirer sous le rapport de la pureté et de la faculté germinative, et nous leur conseillons de ne jamais négliger de les faire examiner à ce double point de vue.

Quant aux fourrages (graines, tourteaux, etc...), destinés à l'alimentation des animaux, la valeur dépend de leur teneur en principes nutritifs. Les agriculteurs doivent donc se préoccuper de leur richesse en matières azotées, en matières grasses, en sucre, en amidon et en cellulose.

Instructions pour le prélèvement des échantillons d'engrais.

Il n'est pas inutile de rappeler ici comment les agriculteurs doivent procéder à la prise des échantillons d'engrais, afin de se soustraire à la fraude et éviter les ennuis d'un procès.

1° Prendre l'échantillon en présence du vendeur ou de son représentant, au moment de la livraison.

Si le vendeur refuse d'assister ou de se faire représenter à la prise d'échantillon, le maire de la localité, son adjoint ou le commissaire de police doit y procéder à la requête et en présence de l'acheteur.

2° Les échantillons doivent être pris en trois exemplaires, chacun d'eux est enfermé dans un vase, immédiatement bouché et cacheté. Chaque prise d'échantillon est constatée par un procès-verbal qui relate :

a) La date et le lieu de l'opération, avec les noms et qualités des personnes qui y ont procédé ;

b) La copie des marques et étiquettes apposées sur les enveloppes des engrais. La marque imprimée sur les cachets et la couleur de la cire ;

c) Le nombre des colis dans lesquels ont été prélevés les échantillons ainsi que le nombre total des colis composant le lot échantillonné.

3° Des trois exemplaires de chaque échantillon d'engrais, l'un est remis ou envoyé au vendeur, l'autre est transmis au Directeur de la Station agronomique pour servir à l'analyse, et le troisième est conservé en dépôt au greffe du Tribunal, pour servir, s'il y a lieu, à une seconde analyse de contrôle. (Décret du 10 mai 1889 portant règlement d'administration publique pour l'application de la loi concernant la répression des fraudes dans le commerce des engrais).

En prenant ces simples précautions, l'agriculteur peut toujours, grâce à la loi du 4 février 1888, exercer utilement une revendication envers le vendeur, et déposer une plainte auprès du Procureur de la République, s'il a été trompé.

Tarif des analyses.

Afin de mettre à la portée de tout le monde les services de la Station d'Alger, le tarif a pu, grâce au concours financier du département et de l'État, être fixé à un prix inférieur au prix de revient. Il varie de 1 fr. 50 à 2 fr. 50 par élément dosé, suivant la nature du dosage.

L'échantillon à analyser doit être adressé franco de port au Directeur de la Station agronomique, 7, rue de la Charte, à Alger.

Les considérations qui précèdent montrent bien tout le parti que les agriculteurs intelligents peuvent tirer d'un établissement qui est appelé à rendre des services de plus en plus considérables dans la Colonie. En outre des points spécialement visés dans ce court exposé, ils pourront aussi se renseigner sur les maladies des plantes, les insectes nuisibles et les moyens de les combattre. Ils pourront également se procurer les renseignements d'ordre agricole et les données techniques dont ils auraient besoin.

CHAPITRE VII

GÉNIE RURAL, IRRIGATIONS ET INSTALLATIONS AGRIÇOLES

Hydrologie.

Ce qui caractérise les cours d'eau de l'Afrique du Nord c'est l'irrégularité de leur débit : presque complètement à sec, sauf après les pluies abondantes, ils n'ont l'aspect de véritables fleuves qu'à leur embouchure où, sur une longueur de quelques kilomètres à peine, ils pourraient porter de légères embarcations, pour quelques-uns du moins. Tous ces fleuves prennent leurs sources à des altitudes élevées, en des points relativement peu éloignés de la mer : aussi, grâce à cette grande différence de niveau, présentent-ils un caractère torrentueux, se déplaçant avec une grande facilité quand ils arrivent en plaine, et se creusant un lit d'une largeur hors de toute proportion avec leur débit, même en temps de crue [1]. En hiver, les eaux pluviales tombant sur des sols en pente, souvent dénudés et mal protégés par la végétation contre les érosions, charrient dans les plaines et jusque dans la mer, des masses énormes d'alluvions. En été, quelques-unes de ces rivières, qui paraissent complètement à sec, laissent couler au fond de leur lit, sous une couche épaisse de sable et de gravier, des quantités considérables d'eau dont le niveau est parfois relevé par un seuil naturel de rochers formant barrage et donnant en amont naissance à une mare. Ces eaux profondes des rivières sont faciles à capter ; mais jusqu'ici elles n'ont pas été utilisées dans la mesure qui conviendrait pour les irrigations d'été.

1. Le Chéliff qui est le cours d'eau le plus important de l'Algérie et qui se déroule sur une longueur de 550 kilom. en drainant un bassin de près de 3 millions d'hectares, présente à son origine des pentes dépassant 3 mètres par kilom. : ces pentes s'adoucissent ensuite progressivement pour descendre à 0 m. 80 dans la plaine d'Orléansville et à 0 m. 40 dans la plaine dite « du Chéliff » et vers l'embouchure (*Notice sur l'aménagement du Chéliff*, Leygue, Oran, 1898).

En partant de l'Ouest, le premier fleuve que l'on rencontre est la Tafna qui reçoit l'Isser et son affluent le Safsaf. Les eaux de ces deux rivières, dérivées par des barrages, arrosent quelques milliers d'hectares autour de Tlemcen et de Lamoricière.

A l'Est d'Oran, le Sig et l'Habra se réunissent sous le nom de la Macta dans les basses plaines situées au fond du golfe d'Arzew. Dans sa partie supérieure, le bassin du Sig est arrosé par la Mekerra, qui fertilise la région de Sidi-Bel-Abbès dont la zone irrigable comprend 3 à 4.000 hectares. C'est vers le point où le Sig débouche de la région montagneuse dans la vallée qu'il a été barré aux Cheurfas et à Saint-Denis du Sig; dans cette dernière localité, les Turcs avaient établi un barrage de dérivation sur l'emplacemement des travaux du même genre élevés par les Romains.

C'est au confluent de l'oued-Fergoug et de l'oued-el-Hamman, affluents de l'Habra, qu'a été construit le barrage réservoir de Perrégaux. En amont de ce barrage, les eaux du bassin de l'oued-el-Hamman sont en partie dérivées par barrages et utilisées pour l'irrigation.

Le plus grand fleuve de l'Algérie est le Chéliff qui se développe sur une longueur de 550 kilomètres. Il prend sa source dans le Djebel-Amour, sur la limite sud des Hauts Plateaux, dont il débouche par le défilé de Boghar; après avoir reçu la Mina, il se jette dans la mer au Nord de Mostaganem.

Les eaux de la Mina, dont le débit varie de 0 mc 6 à 1.000 mc pendant les grandes crues (15 décembre 1881), sont utilisées en partie dans la région haute de la vallée au moyen de nombreux barrages de dérivation dont certains ont été établis au temps des Turcs d'une manière très primitive, mais répondant néanmoins au but proposé. En amont de Relizane, un barrage déservoir, sur la même rivière, permet la distribution de l'eau sur une surface de 8.000 hectares environ.

Les autres affluents du Chéliff sont : la Djidiouïa, l'oued-Riou, le Sly, l'oued-Fodda, etc., sur lesquels des prises d'eau ont été établies.

Le Chéliff lui-même est barré, dans les gorges à 22 kilom. en amont d'Orléansville, par un ouvrage de 85 mètres de longueur, en vue de l'irrigation des terres fécondes de la vallée, mais trop souvent improductives à cause de l'insuffisances des chutes pluviales.

Le débit du Chéliff en été, c'est-à-dire du mois de mai au mois d'octobre, varie de 3 à 5 mètres à la seconde : par suite, les irrigations d'été ne sont-elles possibles que sur des étendues relativement restreintes, eu égard à la superficie de la vallée. Mais en hiver, le débit est beaucoup plus considérable : il oscille, de novembre à février, de 15 à 50 ou 60 mètres cubes. Dans ces conditions, il serait possible de donner une grande extension aux irrigations d'hiver jusqu'à ce jour trop négligées : elles rendraient les plus grands services pour la culture des céréales et des fourrages, et, bien plus encore que les irrigations d'été qui ne sont applicables qu'à quelques cultures spéciales occupant à peine 2 % du territoire cultivé, elles favoriseraient le développement agricole de cette région, en lui assurant plus de régularité dans la production.

Les rivières de la plaine de la Mitidja, le Mazafran dont le principal affluent est la Chiffa, l'Harrach, le Hamiz, sont à citer, moins en raison de l'importance de leur cours que de la renommée qu'elles doivent à leur proximité d'Alger, et de l'importance, au point de vue agricole, de la plaine qu'elles traversent. Les eaux de ces rivières sont en partie aménagées par des travaux d'art, parmi lesquels il faut citer les barrages réservoirs de Marengo, sur l'oued-Meurad et du Foudouck sur le Hamiz. Le premier de ces ouvrages est en terre.

A l'Est d'Alger, la mer reçoit l'oued-Isser, qui a sa source dans les montagnes, au Sud-Est de Médéah, et l'oued-Sebaou dont les eaux descendent des cimes neigeuses en hiver du Djudjura qui, par son versant sud, déverse ses eaux dans l'oued-Sahel, la rivière du golfe de Bougie. Celle-ci, avant de passer à Akbou par la brèche qui sépare le Djudjura du Babor, reçoit le Bou-Sellam qui draine le plateau du Sétif.

Plus à l'Est, trois rivières se disputent le nom d'Oued-el-Kébir (le grand fleuve) et n'ont pourtant qu'une importance secondaire. La première se jette à la mer entre le cap de Djijelli et le massif de Collo, après avoir reçu ses hauts affluents, le Rhummel et le Bou-Merzoug ; la seconde naît aux environs de Guelma et se déverse dans la mer au sud du cap de Fer, à l'Ouest de Bône. La troisième part des montagnes de Khroumirie pour aboutir dans le golfe de Bône. Entre le premier et le second Oued-el-Kébir, le

Safsaf se jette à la mer près de Philippeville et, entre le second et le troisième, la Seybouse arrose la plaine de Bône, après avoir reçu une partie des eaux des plateaux d'Aïn-Beïda, tandis que l'autre partie de ces eaux se déverse dans la Medjerda, le principal fleuve de la Tunisie.

Dans la région est de l'Algérie, qui est celle des pluies plus abondantes et plus régulières, les travaux d'aménagement des eaux ont une moins grande importance. Néanmoins, en Kabylie et dans toutes les régions montagneuses, les indigènes utilisent pour l'irrigation les eaux des oueds, au moyen de barrages de dérivation construits à peu de frais, facilement emportés par les crues, mais aussi facilement restaurés. Des projets de barrages réservoirs ont été étudiés pour l'utilisation des eaux du Safsaf, de la Seybouse, de l'Oued-Atménia, etc. ; ces eaux serviraient surtout pour les irrigations d'été, car celles d'hiver y présentent moins d'avantages que dans l'Ouest de l'Algérie.

Dans les Hauts Plateaux, la plus grande partie des terres forment des bassins fermés qui jettent leurs eaux pluviales dans des dépressions plus ou moins étendues, à sec pendant la saison sèche. Celles-ci, quand elles ont une certaine extension, reçoivent le nom de *chott* : sont-elles recouvertes d'une végétation herbacée ou arborescente qui s'est développée à la faveur d'une plus grande réserve d'humidité emmagasinée dans le sous-sol, ce sont des *dayas*. Ne sont-elles que de simples mares où les troupeaux peuvent s'abreuver : on les appelle des *rdirs*.

Les chaînes de montagnes qui bordent le sud des Hauts Plateaux déversent leurs eaux dans les steppes ou dans le Sahara : tous ces oueds assurent une fertilité relative mais assez normale à ces régions pauvres en pluies. Ces cours d'eau ont permis la création et l'entretien des oasis telliennes.

L'oued-Kantara, qui devient l'oued Biskra à partir de sa jonction avec l'oued-Akdi, arrose l'oasis de Biskra, et beaucoup d'oueds descendant du massif montagneux de l'Aurès, fertilisent les palmeraies des Zibans, assez dépourvues de pluie : en effet, la moyenne annuelle n'y est que de 170 mill., mais dans certaines années, les précipitations aqueuses manquent presque totalement.

La région de M'Sila est irriguée en partie par l'oued-Ksob et par quelques autres cours d'eau sur lesquels les Romains avaient établi des ouvrages hydrauliques très importants. Sans ces aménagements, cette plaine du Hodna, brûlante l'été, froide l'hiver, presque toujours sans pluie, serait un véritable désert.

L'oued-Mzi, barré à Laghouat, distribue, par de nombreux canaux, les arrosements nécessaires à l'entretien des palmiers et des cultures diverses. Sans ces travaux, cette haute région (748 m.) qui n'a en moyenne que 187 mill. d'eau, neige comprise, mais qui dans certaines années en reçoit beaucoup moins, serait vouée à la stérilité.

Dans l'Ouest, dans les Hauts Plateaux oranais (1.000 à 1.400 m.), l'eau superficielle est très rare. Les gens des Ksour et des oasis arrosent avec des eaux de puits ou de sources.

On voit, par ces indications générales, que l'étude hydrologique des versants sahariens n'est pas moins dénuée d'intérêt que celle des pentes septentrionales : l'utilisation de ces eaux de surface serait de nature à modifier avantageusement l'état cultural de ces pays où se meuvent d'assez nombreuses populations indigènes.

Dans les régions désertiques, les eaux qui ne sont pas absorbées par l'évaporation considérable de ces milieux forment, on le pense du moins, ces fleuves à cours souterrains. Cependant, on n'est pas fixé sur l'origine de leur courant, elle serait au Sud, d'après M. Rolland, et au Nord, suivant M. Lippmann. Ce sont ces eaux qui, ramenées à la surface par des puits artésiens d'une profondeur de 50 à 100 mètres, donnent naissance à des oasis où domine la culture du Palmier. La vallée de l'Oued-Rhir, qui a une longueur de 100 kilom. sur une largeur de 4 à 14, a été fécondée ainsi depuis des siècles grâce au dur travail des puisatiers indigènes (*rtass*) et récemment par les travaux de sondage exécutés par l'administration. Actuellement le débit total des puits de l'Oued-Rhir estimé à 240 mètres cubes à la minute, est 5 fois plus considérable qu'en 1854, lors de la première occupation de cette région. Grâce aux eaux ramenées au niveau du sol, depuis trente ans la population a doublé et la richesse a quintuplé. Cependant ces résultats satisfaisants paraissent limités à cette partie basse de notre Sahara algérien de l'Est qui a une hydrologie souterraine toute particulière.

MM. Rolland, Jus, Foureau, etc., ont publié des études sur les eaux et les sondages de cette partie est du Sahara algérien. Il ne faut pas oublier qu'en 1852, M. Dubocq, ingénieur des mines, avait déjà fait paraître son excellent mémoire sur la *Constitution géologique des Zibans et de l'Oued-Rhir*, au point de vue des eaux artésiennes de cette portion du Sahara : il indiquait que d'autres nouveaux forages pourraient permettre de nouvelles créations d'oasis.

Aménagement des eaux. Irrigations, nature des eaux.

Le régime des pluies est, en Algérie, intermittent. A une saison plus ou moins pluvieuse succède une période sèche qui d'ordinaire commence en mai pour finir en octobre, et pendant laquelle ne survient la moindre chute de pluie profitable aux cultures.

De là la nécessité d'aménager les eaux d'hiver pour subvenir par l'irrigation aux besoins des plantes.

L'Algérie n'a pas l'avantage de posséder des montagnes à neiges perpétuelles où l'eau s'accumule en hiver, constituant de véritables réservoirs pour les besoins des cultures en été. Dans l'Italie du Nord, en Lombardie, l'étiage a lieu en hiver, tandis qu'en été, grâce à la fonte de neige, l'eau coule à pleins bords et permet d'arroser la riche vallée du Pô.

A défaut de rivières perennes, on a été amené, en Algérie comme en Espagne, à construire des barrages réservoirs dans lesquels les eaux d'hiver sont recueillies en vue des irrigations d'été et, dans d'autres cas, à établir de simples dérivations pour les arrosages d'hiver.

Actuellement, les avis sont partagés sur la valeur utilitaire de deux systèmes de barrages réservoirs ou de dérivation : ces derniers paraissent avoir les préférences de l'administration sous la pression de l'opinion publique.

Il ne faut pas oublier que les barrages-réservoirs ont été construits dans le but principal d'assurer, la population agricole devenant plus dense, des récoltes estivales et plus rémunératrices, snrtout dans les contrées où les pluies sont insuffisantes, comme dans la province d'Oran notamment.

On pensait, à l'époque de leur construction, que l'agriculture algérienne pourrait être dotée de quelques plantes spéciales à grands rendements, pouvant être facilement obtenues et alimenter principalement certaines industries ; l'eau artificiellement distribuée devait être le complément indispensable des autres termes naturels du climat, qualité de sol et chaleur, qu'il convenait d'utiliser.

Les succès éphémères de la culture du coton venaient de démontrer la nécessité absolue des arrosements d'été ; d'autre part, les causes de la famine de 1866-1867 laissaient croire que des réserves d'eau empêcheraient le retour d'une telle calamité en permettant une culture plus intensive et moins directement soumise aux périodes de pénurie pluviale.

Mais les cultures estivales ont eu, ainsi que nous l'avons déjà indiqué, des insuccès divers et les principales, celles sur lesquelles on croyait devoir le plus compter, n'ont pas rencontré en Algérie, dans les milieux les mieux choisis, les conditions climatériques et économiques pouvant assurer leur végétation et leur rendement rémunérateur : c'est ainsi que le *Cotonnier*, la *Ramie*, la *Canne à sucre*, le *Sorgho sucré*, la *Sésame*, etc., ont dû être successivement abandonnés.

L'irrigation estivale n'a donc pu modifier la nature des cultures déjà implantées dans le pays et si même ces dernières n'ont pas pris une rapide extension c'est que, grevées des frais coûteux qu'entraîne l'arrosement, elles avaient en plus à subir la concurrence des produits similaires provenant des régions tempérées du bassin méditerranéen : telle est la situation des orangeries.

Sans s'exclure, deux systèmes d'irrigation sont en présence : l'arrosement d'hiver par simple dérivation des oueds ou des rivières et celui d'été par le captage et la réserve des eaux.

Les barrages-réservoirs construits à grands frais n'ont pas toujours donné les résultats que l'on en attendait. Des ruptures se sont produites et pour certains de ces ouvrages l'envasement en a diminué la capacité utile. Souvent le prix de revient des eaux captées a été supérieur à celui que pouvait payer l'agriculteur pour des cultures pauvres comme celle du blé et de l'orge.

A vrai dire, sauf le taux élevé de la redevance pour l'usage, le barrage-réservoir est tout aussi bien disposé, peut-être mieux que celui de dérivation pour l'arrosement d'hiver : il permet même en tout temps une meilleure régularisation du débit nécessaire à l'arrosement du périmètre soumis à son action, tout en faisant une réserve d'eau qui prolonge plus ou moins les moyens d'arrosement dans la saison chaude.

L'agriculteur devra donc tenir compte de ces considérations quand il s'établira dans une zone irriguée au moyen de barrages-réservoirs ou par simple dérivation des cours d'eau.

Les barrages de dérivation n'ont pas les mêmes inconvénients que ceux présentés par les réservoirs : ils peuvent le plus souvent être construits à peu de frais et si, parfois, ils sont emportés par une crue, on peut les rétablir facilement.

Dans les terrains en montagne, on peut faire très économiquement des barrages-déversoirs sur les petits cours d'eau, en se servant des matériaux qui se trouvent sur place. Dans les oueds qui paraissent à sec, sous un lit de gravier et de sable, coule souvent, même en été, un filet d'eau que l'on peut capter et dériver. Pour cela on déblaie le lit de la rivière jusqu'au roc, ou jusqu'au terrain imperméable, puis on élève au moyen de blocs et de pierres une muraille que l'on couronne par un tronc d'arbre placé au niveau du lit de la rivière, ou peu au-dessus. Derrière cette muraille on apporte une certaine quantité de terre argileuse que l'on pilonne et que l'on recouvre de grosses pierres. Cette digue rudimentaire suffit pour arrêter l'eau, en relever le niveau et permettre son captage. Souvent même cette digue pourra être faite au moyen de deux rangées de piquets et de branchages entre lesquelles on entassera des pierres et de l'argile.

Cependant l'application de ce système très simple dans certaines gorges rocheuses n'est plus praticable dans les oueds qui coulent au milieu de vastes cônes de déjection.

Des barrages de dérivation ont été créés par le service des Ponts et Chaussées sur un grand nombre de points. Mais ces travaux ont eu surtout en vue le captage des eaux d'étiage destinées aux irrigations d'été. Or, celles-ci sont à la fois limitées par les faibles quantités d'eau qui coulent dans les rivières pendant l'été et par la nature même des cultures possibles en cette saison. Les irrigations d'hiver pourraient, à notre avis, rendre de plus grands services, car elles permettraient de féconder de plus grandes surfaces, les eaux qui coulent en hiver dans les cours d'eau étant bien plus considérables qu'en été. C'est ainsi que le

Chéliff, qui va jusqu'à débiter 1.450 mètres cubes en hiver, ne donne plus que 1.500 litres à l'étiage[1]. Ces irrigations d'hiver, utilisant une partie de ces eaux, permettraient, en incorporant au sol la quantité d'eau nécessaire pour assurer la venue des céréales, de suppléer à l'insuffisance des chutes pluviales. La généralisation de la pratique des irrigations d'hiver nécessiterait l'augmentation de la section des canaux d'amenée.

A notre avis le problème de l'aménagement des eaux en Algérie doit donc être envisagé, non seulement, comme on l'a fait jusqu'à présent, au point de vue d'irrigations d'été, par l'utilisation des eaux d'étiage, mais plutôt au point de vue des irrigations d'hiver, d'une application plus générale, dans les régions où la fréquence des pluies est inférieure à 400 millimètres.

La dérivation des oueds était couramment pratiquée par les Romains, les Arabes et les Turcs et l'on trouve encore quelques-uns de ces ouvrages utilisés de nos jours après avoir subi des réfections successives.

L'agriculteur dont la terre est comprise dans la zone des irrigations hivernales devra connaître le régime hydrologique du cours d'eau dont il est usager. En effet, s'il est dans les fonds inférieurs, il aura à estimer la quantité d'eau qu'il pourra recevoir quand les terres situées en aval auront été desservies et aussi pour la même cause, quand commence et finit son usage, suivant le régime pluviométrique de l'année.

Le propriétaire des fonds supérieurs, à l'origine du bassin et n'ayant pas à compter sur les affluents, devra faire les mêmes observations.

*
* *

Indépendamment de ces divers modes de captage il est possible, dans certains cas, d'assurer à peu de frais l'aménagement des eaux de pluie.

Dans les ravins par lesquels les eaux pluviales descendent à la mer sous forme de torrents, on peut établir, de distance en

1. Variations de débit à la seconde.

Chéliff	de	1.5	à 1.450	mètres cubes
Mina	—	0.6	à 1.000	—
Macta	—	0.2	à 800	—
Seybouse	—	0.150	à 1.000	—

distance, des barrages ou cavaliers construits en pierres sèches ou même simplement au moyen de mottes de palmier nain, de souches quelconques. L'eau vient accumuler en avant des branchages, du sable, des pierres, du terreau et le fond du ravin se trouve ainsi petit à petit colmaté, relevé et en partie nivelé.

Ces barrages peuvent aussi être faits au moyen de piquets de saule, de rhizomes de bambous, de roseaux, etc., plantés au travers du lit du ravin. A l'automne, on accumule en amont des herbes sèches contre lesquelles les eaux apportent des détritus de végétaux de toutes sortes et de la terre. L'année suivante on augmente la largeur du barrage en plantant de chaque côté de nouveaux piquets ou de nouvelles souches de roseaux.

En exécutant ces travaux sur toute la longueur du ravin, de 50 en 50 mètres, ou a plus ou moins grande distance selon la déclivité du terrain, et progressivement en commençant par le bas du ravin pour remonter jusqu'à son origine, on arrive à combler en partie la dépression en la garnissant de terre végétale susceptible d'être cultivée.

Ces travaux peuvent toujours être entrepris avec succès quand la pente générale du ravin ne dépasse pas 1 centimètre par mètre. Grâce à ce système, les eaux de pluie perdent leur caractère torrentueux et dégradant, et les terres, retenues par les barrages successifs, constituent un revêtement spongieux qui absorbe les pluies au fur et à mesure de leur chute. Il n'y a plus ruissellement à la surface, mais ces eaux retenues par les terres donnent en aval naissance à des sources à débit plus ou moins constant et utilisable. Ainsi on arrive non seulement à gagner des terrains fertiles, mais, en outre, ceux-ci forment un véritable filtre-réservoir grâce auquel on peut disposer d'une certaine quantité d'eau pendant la saison estivale. Mais le propriétaire qui procède à ces travaux d'aménagement dans les ravins ne devra jamais perdre de vue qu'il a à compter avec des eaux torrentielles. En effet, dans ces régions montagneuses, on constate des orages donnant en quelques heures de 50 à 100 mill. de pluie ; alors, dans les vallées, les oueds, ordinairement à sec, sont soudainement envahis par une tranche d'eau de plusieurs mètres qui annonce son arrivée par un bruit formidable. Il convient donc que les aménagements qui auront été faits ne soient pas une cause de déplacement de la masse en nombreux petits torrents, ravinant et envasant les cultures. L'utilisation de ces crues subites exige, de la part de l'agriculteur, non seulement sa présence, mais des décisions rapides pour conduire sagement et avec profit ces eaux sauvages et fugaces.

Enfin il est une pratique à recommander pour utiliser au mieux les eaux pluviales dans les terrains en pente, en faciliter l'absorption par le sol et réduire au minimum le ruissellement. Elle consiste à retenir les eaux de pluie par des trous ou des fossés creusés sur les terrains que l'on veut saturer d'eau.

Dans leurs vignobles en terrain déclive, certains vignerons font creuser à l'automne des cuvettes en rejetant sur le bord en aval la terre de déblaiement, de manière à augmenter la capacité de celles-ci. Ces cuvettes occupent le centre du rectangle formé par quatre souches voisines. A chaque pluie, elles sont remplies par l'eau que la terre n'absorbe pas immédiatement et elles permettent au sous-sol de l'emmagasiner. Ces mêmes trous servent pour enterrer les matières fertilisantes appliquées à la vigne.

On peut obtenir le même résultat en traçant à la charrue, de distance en distance, un sillon d'égal niveau dont la terre est ramenée en aval, et dans lequel on peut passer une fouilleuse qui rompt le sous-sol en le laissant en place,

On peut encore, et ceci est applicable dans tous les terrains de culture, creuser au travers de la pente des fossés à peu près parallèles entre eux et parfaitement de niveau : on donne à ces fossés horizontaux une profondeur en rapport avec leur espacement de 0 m. 40 à 1 mètre : le déblai est rejeté sur le bord d'aval pour augmenter la capacité des fossés horizontaux que l'on espace de 20 à 50 mètres. Les rochers, les arbres, les chemins ne gênent pas l'établissement de ces fossés horizontaux que l'on interrompt d'un côté de l'obstacle pour les continuer au delà.

Quand arrivent les pluies, celles-ci, par suite de leur violence, tendent à glisser sur les terrains en pente sans pénétrer dans le sol et iraient rejoindre les ravins et les oueds où elles s'écouleraient sans profit pour les cultures.

Les fossés horizontaux arrêtent les eaux de pluie et recueillent toute l'eau qui ruisselle sur la bande de terrain située au-dessus.

Cette eau s'infiltre dans le sol, et, de plus, les matières organiques, feuilles, herbes, branchages, qui naguère étaient entraînés par les eaux, s'accumulent dans les fossés et y forment un terreau ayant une valeur fertilisante. Ainsi de plus grandes quantités d'eau sont absorbées par le sous-sol qui s'en trouve saturé comme une éponge. Cette eau, surtout si la surface du sol est tenue bien ameublie par des binages, constitue une réserve suffisante pour les besoins de la plante pendant la saison sèche.

M. Chatellain, agriculteur à Jemmapes, estime à une somme de 40 francs une fois dépensée, les frais d'établissement de fossés de niveau, permettant de retenir au minimum 600 à 800 mètres cubes d'eau par hectare et par an. Il propose de généraliser cette pratique pour la régénération des forêts et la régularisation du débit des cours d'eau, surtout dans le bassin de réception des grands barrages, toujours exposés à une rupture lors des grandes crues [1].

Dans les terrains en pente, les Kabyles creusent des rigoles en forme de V qui recueillent l'eau de pluie qui tombe en amont et l'amènent au pied des arbres, oliviers, figuiers, dont le pourtour est soigneusement pioché pour faciliter l'absorption de l'eau.

Dans les Hauts Plateaux il existe des dépressions naturelles dont le fond est constitué par des dépôts limoneux imperméables et qui sont connus sous le nom de *rdirs*. Ces rdirs sont de véritables citernes ouvertes à l'air libre, où l'eau tombée en hiver se conserve pendant une partie de l'été et où viennent se réunir les eaux que donnent les rares orages d'été. Ces réservoirs servent à l'alimentation des troupeaux de moutons, mais comme ils sont très clairsemés, on a proposé d'en créer d'artificiels afin de rendre accessibles aux troupeaux certains parcours qui manquent d'eau et qui sont nécessairement délaissés au moins pendant la période estivale.

Feu M. Pomel, Directeur de la Carte géologique de l'Algérie, et M. Pouyanne, Inspecteur général des mines, ont étudié les conditions dans lesquelles peuvent être établis ces réservoirs artificiels. D'après leurs études, l'évaporation journalière étant de 8 millim. environ, les 4 mois que dure la saison estivale feraient dispa-

1. *Fossés horizontaux*, par Chatellain. Philippeville, imprimerie Aumeran et Parodi.

raître une tranche d'eau de 1 m. 44. C'est là une juste considération dont il faut tenir compte pour l'établissement des rdirs.

De nombreuses objections et des plus graves ont été faites à la création des rdirs artificiels établis dans les mêmes conditions que les rdirs naturels. Les moutons, pour s'abreuver à ces points d'eau, sont obligés d'y entrer et, par suite, souillent les eaux de leurs déjections et y sèment des germes de maladies infectieuses diverses. Les eaux de ces rdirs deviennent de véritables bouillons de culture pour tous les germes de maladies et sont des centres de contagion.

Aussi a-t-on proposé de conserver l'eau à l'abri de l'air et de toute contamination en comblant le rdir artificiel de sable. Par cet aménagement, l'eau se conserverait sans évaporation sensible et pourrait être recueillie dans des puits creusés *ad hoc*. Seulement dans ce cas, le volume d'eau dont on dispose n'est plus que le tiers à peu près du volume creusé.

Pour éviter les inconvénients ci-dessus, on a été amené à faire de véritables citernes en béton et maçonnerie, couvertes et hermétiquement closes, d'où l'eau est tirée au fur et à mesure des besoins. Ce n'est plus, à proprement parler, le rdir, et l'aménagement de l'eau dans de telles conditions, dans des régions où les travaux d'art coûtent très cher, ne peut plus être considéré comme une solution économique du problème que lorsque la nature du sol, où doit être installée la citerne, permet de construire celle-ci dans des conditions de bon marché toutes particulières.

Il n'entre pas dans le cadre de ce manuel de décrire les divers systèmes d'irrigation ni les travaux de captage des eaux et d'aménagement du sol : nous renvoyons, pour cette question, le lecteur aux traités spéciaux [1].

1. Voir *Les irrigations de Ronna*, Paris, Firmin Didot, 3 vol. — *Le barrage réservoir du Hamiz*, par Hanric. Imprimerie Torrent et Miaux, Alger. — *Études sur l'aménagement et l'utilisation des eaux en Algérie. Publication du Gouvernement général de l'Algérie*, 1890. Imprimerie Giralt, Mustapha. — Voir aussi *Nadaud de Buffon* et *Joubert de Passa*. — *Hydrologie agricole*, de Vialar, *Algérie agricole*, 1898. — *L'aménagement de l'eau et l'installation rurale dans l'Afrique ancienne*, par du Coudray la Blanchère (1895). — *Notice sur l'aménagement du Chéliff oranais*, par L. Leygue, imprimerie Heintz. Oran, 1898.

Nous donnerons principalement quelques indications sur le volume d'eau nécessaire pour l'irrigation.

Ce volume diffère selon le système d'irrigation employé.

Lorsque l'on arrose par *déversement*, on amène l'eau par des rigoles qui débordent sur le terrain; il faut alors plus d'eau que quand on arrose par simple *infiltration* au moyen de rigoles à ciel ouvert.

Irrigations d'hiver. L'arrosage par déversement est celui qui est pratiqué pour les irrigations d'hiver; celles-ci ont pour but d'emmagasiner dans le sous-sol la plus grande quantité d'eau possible en vue des besoins de la plante pendant la saison chaude ou de parfaire à l'insuffisance des pluies. Si l'on admet qu'une terre doit recevoir *au moins* 400 millimètres d'eau pour permettre à une récolte de céréales d'arriver à un complet développement, il sera facile de calculer le déficit et l'on pourra y parer par des irrigations d'hiver.

Les eaux d'hiver et toutes celles provenant des orages sont également dérivées pour arroser les oliviers, les caroubiers, les vignes, etc., dans des régions où la tranche d'eau pluviale est insuffisante pour assurer au sol des réserves d'humidité et où l'irrigation régulière n'est pas possible.

Irrigations d'été. Les quantités d'eau employées à l'hectare pour les irrigations d'été sont extrêmement variables suivant la nature du sol et surtout du sous-sol, le genre et l'état plus ou moins avancé de la culture et les dispositions prises pour arroser en plein, par submersion ou par infiltration, en billons, en planches, en cuvettes, etc.; en outre, l'arrosement exige d'autant plus d'eau que le volume disponible n'est pas proportionnel à la surface à irriguer dans un temps donné.

Le cultivateur devra déterminer par quelques sondages l'épaisseur de la couche végétale et la composition du sous-sol, afin d'en connaître le degré de perméabilité ou d'imperméabilité.

L'emplacement des drainages souterrains devra être exactement connu afin de prendre toutes dispositions pour éviter la perte d'eau considérable résultant du passage d'une rigole d'irrigation sur ces travaux. Dans leur voisinage il faudra surveiller l'épandage de l'eau, car ces drains pourraient en absorber inutilement une grande quantité.

Pour une terre franche, où l'argile est en assez forte proportion, la quantité d'eau nécessaire à l'arrosement d'un hectare de cultures différentes peut s'établir par les chiffres suivants :

Culture maraîchère. L'irrigation par infiltration, par planches ou par billons, exige environ 500 mètres cubes à l'hectare pour les premiers arrosages : 350 à 400 mètres cubes pour les suivants.

L'eau provient ordinairement des norias avec réserve dans des bassins d'une contenance de 30 à 50 mètres cubes. L'arrosage doit être bien conduit et le courant et la tranche d'eau modérés afin d'éviter l'envasement et l'ébranlement des jeunes plantes légumières.

Luzerne. La pénétration profonde des racines de cette Légumineuse fait absorber à l'hectare 700 et 1.000 mètres cubes par irrigation, mais beaucoup moins dans les premiers temps de la création de la *Luzernière.* L'irrigation par submersion emploie une grande quantité d'eau ; par planches, elle en use beaucoup moins, mais elle exige de nombreuses rigoles qui rendent difficiles le fonctionnement des faucheuses mécaniques, les transports par chariots, etc... (Voir *Luzerne.*)

Céréales. L'arrosage d'hiver fait par déversement avant labour emploie de 800 à 1.000 mètres cubes. L'arrosage des céréales en herbe demande 500 à 600 mètres cubes. Sauf dans les régions steppiennes et désertiques, les céréales ne reçoivent que deux ou trois irrigations : la dernière au moment de la formation de l'épi.

Orangeries et *Olivettes.* On compte environ 400 à 500 mètres cubes d'eau pour ces arbres arrosés en cuvette. Les orangeries plantées dans des terres très perméables comme celles de Blida exigent une irrigation par semaine et seulement deux irrigations par mois dans les terres fortes et argileuses.

Vignes. L'irrigation de la vigne, dans les années peu pluvieuses et surtout dans les contrées sèches, est une pratique trop négligée. En arrosant par larges rigoles tracées à la charrue entre les rangées de ceps, le sol absorbera environ 400 mètres cubes à la première irrigation, un peu moins aux suivantes. Si l'on arrose en plein, il faudra plus de 500 mètres cubes et chaque arrosage devra être suivi d'un binage.

Pour les jeunes vignes, arrosement par simple infiltration en rigoles tracées à la charrue à 0 m. 40 environ de la ligne de ceps : 350 mètres cubes environ.

Dattiers. Il faut compter pour chaque Palmier 24 arrosages par an dont 17 pour la saison d'été, à raison de 3 mètres cubes à chaque arrosage. Il faut aussi prévoir les pertes d'eau par évaporation et surtout par infiltration dans les canaux d'amenée établis dans des terres très perméables. Pour parer à ce dernier inconvénient, les propriétaires français de certaines oasis se disposent à construire en terre cuite leurs principaux canaux de répartition : la fabrication sur place de ces chéneaux a été tentée dernièrement avec succès dans les exploitations de la Société du Sud algérien.

*
* *

Dans certains cas, principalement dans les zones sèches, quand les pluies sont tardives, ou quand leur chute est insuffisante, préalablement à toute pratique culturale, on irrigue en plein, c'est-à-dire par submersion afin de détremper le sol profondément. Cette opération exige environ 1.000 mètres cubes à l'hectare. On laboure quand la surface est bien ressuyée ; le sous-sol a emmagasiné ainsi une grande quantité d'eau favorable à la première phase de la végétation subséquente.

En dehors des travaux d'amenée de l'eau par les principaux canaux de distribution, l'irrigation d'un domaine exige des dispositions et des dépenses dont on ne se rend pas toujours assez compte. Il est rare en effet qu'un terrain présente une surface assez unie pour permettre à l'eau de s'épandre en nappe uniforme, depuis la tête de l'arrosement jusqu'au périmètre final. Ce résultat ne peut être atteint que par le *nivellement*.

En admettant les principales pentes du terrain connues, les surfaces saillantes ou déprimées doivent disparaître sous l'effet de certains travaux. Pour les grands surfaces, les instruments attelés sont indispensables, car la première opération à entreprendre est le bon ameublissement de la croûte superficielle et de la tranche de terre des parties en exhaussement. La charrue, la herse, le rouleau, puis après l'emploi de la *pelle à cheval* sont les auxiliaires les plus économiques. Pour les surfaces étendues, la *pelle à cheval* rend les plus grands services quand elle est bien maniée, desservie par deux bons chevaux et conduite par un habile ouvrier qui sait sans tâtonnement se conformer aux profils préalablement établis de distance en distance.

Plusieurs agriculteurs des environs d'Oran ont, il y a une vingtaine d'années, employé avec succès cet excellent outil.

La dépense occasionnée par le nivellement d'un hectare à l'aide des instruments précités est estimée ainsi par M. de Vialar :

Un labour et un hersage	35 fr.
Un second labour	20 »
10 journées de pelle (2 hommes, 3 bêtes)	100 »
Un labour à la charrue mahonnaise	30 »
Un hersage en tous sens	10 »
Epierrage, brisement de mottes, etc	10 »
Tracé des rigoles d'arrosage et des rigoles d'écoulement	30 »
Total	235 fr.

Dans les vallées du Rhône, de l'Isère et de la Haute-Garonne, ces travaux ne se font pas à moins de 300 francs.

Pour les petites surfaces, les jardins maraîchers par exemple, le travail de nivellement se fait à la pelle plate, à la brouette et au couffin, après un défoncement préalable à la charrue fouilleuse ou à la pioche. Les Espagnols et les Mahonnais excellent dans ce genre de travail.

Pour arroser dans des conditions normales un hectare bien nivelé qui absorbe 400 mètres cubes d'eau, il faut une *main d'eau* par 12 heures, soit un débit de 10 litres environ à la seconde. Avec deux *mains d'eau* on arrosera l'hectare en six heures.

*
* *

Les principales dispositions à prendre pour la bonne conduite de l'eau sur un terrain consistent dans l'observation des pentes à donner aux différents canaux d'amenée qui doivent desservir des rigoles secondaires, des planches, des sillons entre les billons, etc.....

Les canaux d'amenée doivent avoir de 1/2 millimètre à 2 millimètres de pente par mètre, soit de 5 à 20 centimètres par 100 mètres, mais la pente généralement observée est de 1 millimètre par mètre, soit 10 centimètres par 100 mètres, car elle donne un courant assez rapide sans faire d'érosions.

La pente doit être d'autant plus forte que le débit du canal est moins abondant.

Pour l'irrigation par submersion complète, comme on la pratique dans les vallées de la Kabylie et dans certaines localités des plaines d'Oran, notamment pour des arrosements d'hiver, la pente du terrain irrigué peut avoir de 1 millimètre à 5 centimètres par mètre, c'est-à-dire varier dans de très larges limites.

Quand on irrigue par planches en terrain déclive, il faut que la hauteur de l'un des bourrelets soit supérieure à la différence de niveau qui existe entre les deux bords de la planche : ces planches doivent être d'autant moins larges que la pente est plus forte. Les dimensions des planches doivent être aussi proportionnées au volume d'eau disponible à la seconde et au degré de perméabilité du sol.

Pour l'irrigation par infiltration l'inclinaison du terrain peut avoir 45° : on fait alors des rigoles horizontales, avec reprises d'eau. La distance de ces rigoles entre elles dépend en plaine de la perméabilité du sol et en montagne de son relief. Dans ce dernier cas, les eaux se réunissant naturellement dans les creux, il faut donc que les rigoles soient assez rapprochées pour reprendre ces eaux avant qu'elles ne coulent en torrent sur les parties déclives et pour pouvoir les conduire en nappes uniformes.

L'irrigation des cultures maraîchères et horticoles est en quelque sorte méticuleuse : les courants doivent être peu rapides et les tranches d'eau assez faibles. Cependant il y a des exceptions pour les cultures d'artichauts qui exigent de larges arrosements, mais l'irrigation des pommes de terre, des petits pois et des haricots, ordinairement en petits billons, demande plus de modération dans l'épandage de l'eau, même quand ces plantes sont cultivées sur de grandes étendues.

*
* *

En dehors des dispositions générales exigées pour l'irrigation d'un domaine ou même d'une culture, la pratique des arrosements est un véritable art : inhabilement conduite, elle peut devenir nuisible aux cultures, au sol, à la région même en la rendant insalubre.

L'irrigueur, un simple ouvrier, doit cependant connaître les combinaisons souvent complexes d'amenée des eaux, la pente de chaque parcelle et leur nature absorbante. Les jambes nues dans l'eau, la pioche plate à la main, l'irrigueur doit savoir diriger le courant, le modérer suivant la faiblesse et la nature de plantes, ouvrir ou fermer rapidement les rigoles, surveiller en même temps les ruptures qui peuvent se produire dans les canaux principaux, etc.

L'irrigueur doit connaître également la nature des eaux qu'il emploie, surtout celles des barrages de dérivation. Si elles sont trop sales et limoneuses à la suite d'orages, il évitera d'arroser les petites plantes. On sait que ces limons, parfois argileux, rapidement desséchés par le soleil, forment une croûte de terre cuite qui emprisonne la jeune végétation, lui est préjudiciable et quelquefois la fait périr. Il ne faut pas confondre ces revêtements argileux avec le *colmatage* fertilisant.

On a intérêt à conserver par un salaire raisonnable un bon arroseur.

Pour les petites irrigations, de la culture maraîchère notamment, les Mahonnais ont beaucoup d'aptitudes, mais pour celles de la grande culture, les Mayorquins et les Valenciens sont plus experts. Dans les plaines de la province d'Oran, la conduite de l'eau est confiée aux Espagnols, et dans l'Est de l'Algérie, les Italiens savent arroser les jardins et les vergers.

Les Kabyles utilisent les eaux des montagnes pour les conduire au pied des Figuiers et des Oliviers : dans les plaines, ils arrosent par submersion à l'aide de dérivations par des ouvrages primitifs d'une durée temporaire.

Les Arabes des steppes irriguent bien leurs céréales et les Sahariens des oasis ont eu, de toute antiquité, des cultures jardinières minutieusement arrosées.

Les ouvriers français ne paraissent pas aptes à ce genre de travail ; ils résistent d'ailleurs moins bien que les races indigènes et méridionales à ces milieux forcément malariques.

*
* *

Les terres arrosées sont facilement envahies par les mauvaises herbes. Les végétaux annuels périssent par des façons répétées quel que soit leur mode rapide de multiplication, mais il y a à craindre l'implantation des espèces vivaces, à caractère palustre, comme les roseaux, les sorghos sauvages, les laîches, etc. Parmi ces plantes particulièrement redoutables par le grand développement de leurs organes souterrains, profondément enfoncés, il faut citer le *Sorghum halepense*, le *Cyperus olivaris*, et l'*Arundo phragmites*.

Dès l'apparition de ces plantes, les plus grands efforts doivent être faits pour les détruire.

Machines élévatoires.

Noria. La noria à godets est certainement la machine élévatoire la plus utile pour la grande et la petite irrigation qui exige la montée de l'eau : pour les services agricoles elle est préférable aux pompes.

La noria, *Nà'oura*, inventée dès les temps les plus reculés, paraît avoir été avantageusement modifiée par les Arabes.

L'appareil à godets et à chaîne sans fin est bien construit par tous les fabricants algériens : ces habiles mécaniciens ont acquis une grande expérience pour la bonne adaptation des pièces ainsi que pour le montage de la noria qui rend ainsi le maximum d'effet utile.

Cet appareil élévatoire ne s'emploie pas seulement dans la culture maraîchère qui peut supporter les frais coûteux du puisage de l'eau jusqu'à une certaine profondeur[1]. Quand la nappe est abondante, située même à une douzaine de mètres de profondeur, le débit de la noria mue par la vapeur ou par des bêtes,

1. A Fort-de-l'Eau, des norias puisent l'eau jusqu'à une profondeur de 45 mètres.

suffit largement à l'irrigation des grandes cultures et à la submersion des vignes phylloxérées.

La noria est un excellent système élévatoire, préférable aux pompes à pistons et à chapelets, à cause de la simplicité de sa construction et de son fonctionnement qui en rend les réparations faciles par n'importe quel ouvrier agricole : son entretien est pour ainsi dire nul dans la période de chômage. Dans les parties désertiques il ne faudrait pas songer à employer un autre appareil.

Les eaux bourbeuses, les graviers divers, des corps quelconques, mais peu volumineux, ne sont pas de nature à entraver la marche de la noria, tandis que le moindre encrassement arrête net le fonctionnement et détériore les organes des pompes, occasionnant ainsi des réparations longues et coûteuses par des ouvriers spéciaux.

La vitesse de la marche de la noria se trouve naturellement réglée par le pas du cheval. Pour les moteurs animés ou inanimés le débit pour des profondeurs diverses est en pratique le suivant :

FONCTIONNEMENT	FORCE EMPLOYÉE	HAUTEUR D'ÉLÉVATION	DÉBIT	
			par minute en litres.	par heure en mètres cubes d'eau.
Au manège.	1 cheval	3m 40	600	36
	1 cheval	5m 00	384	23.04
	1 cheval	5m 15	383.3	23
	1 âne	5m 00	100	6
	2 chevaux	3m 60	1168.3	70.1
	2 mulets	32m 50	41.6	2.5
Au moteur à vapeur ou à pétrole.	1 cheval vapeur	5m 00	700	42
	1 cheval vapeur	10m 00	370	22.2

Il y a des norias à chaînes accouplées sur un même arbre de couche qui peuvent débiter le double ou le triple de la quantité d'eau indiquée ci-dessus.

*
* *

Pour calculer la force, en chevaux-vapeur, à employer en pratique pour une noria bien établie, qui élève par heure un volume Q exprimé en mètres cubes à une hauteur utile H, on emploie la formule suivante :

$$N = Q \frac{H + h}{216}$$

dans laquelle

N est le nombre de chevaux-vapeur cherché [1],
Q le volume d'eau élevé, par heure, en mètres cubes,
H la hauteur utile d'élévation (en mètres), c'est-à-dire la différence de niveau entre le plan d'eau du puisard et la rigole de déversement de la noria,
h la hauteur supplémentaire, qui varie de 0 m. 75 à 1 mètre, à laquelle on doit élever l'eau, c'est-à-dire la différence de niveau, en mètres, entre le point le plus élevé qu'atteignent les godets et le niveau de la rigole de déversement de la noria.

La noria utilise jusqu'à 0,80 de la force dépensée, et, d'après Hervé-Mangon, même grossièrement construite, elle donne un effet utile que n'atteignent pas beaucoup de machines hydrauliques *les plus perfectionnées.*

*
* *

Dans la zone des cultures maraîchères des environs d'Alger, notamment à Hussein-Dey, le prix de revient de l'eau de noria y atteint son maximum. M. de Vialar estime que l'irrigation grève chaque hectare de cette localité de la somme énorme de 858 fr. par an.

Ce chiffre est peu discutable si l'on considère que le fonctionnement régulier d'une noria ordinaire exige deux bêtes se reposant de deux heures en deux heures et soumises à la surveillance

1. Le cheval-vapeur est égal à 75 kilogrammètres par seconde; s'il s'agissait de chevaux vivants, il faudrait, dans la formule ci-dessus, remplacer le chiffre de 216 par 108.

d'un conducteur : il faut aussi tenir compte de la rente et de l'entretien du matériel. Une partie de ces frais est afférente à 250 journées d'arrosement et quelquefois à des heures de nuit, vers la fin de l'été, au moment de la diminution des sources.

Pour les norias à grand débit, le prix du mètre cube d'eau est moins coûteux et l'emploi des locomobiles ou des manèges à deux chevaux réduisent les frais généraux. Aux environs des villes, la force électrique est étudiée en ce moment pour l'élévation des eaux.

Pompe. Avec la pompe on élève l'eau, non pas jusqu'à la hauteur théorique de 10 m. 33, mais jusqu'à 8 ou 9 mètres suivant le degré de perfection de la pompe.

Les pompes à piston donnent un rendement de 60 à 70 0/0 d'effet utile : nous avons dit pourquoi on devait leur préférer les norias pour les usages agricoles.

Bélier hydraulique. Cet appareil employé pour élever les eaux peut donner un effet utile jusqu'à 0, 90 de la force dépensée, quand la hauteur d'élévation est peu considérable par rapport à la chute d'eau. Le bélier fonctionne dans les meilleures conditions quand la hauteur à laquelle l'eau doit être élevée ne dépasse pas dix fois la hauteur de chute.

Il permet d'utiliser des chutes d'eau n'ayant que 0 m. 50 au minimum.

Le rendement peut être évalué par la formule suivante[1] :

$$p\,h = 1{,}20\ P\left(H - 0{,}2\sqrt{H\,h}\right)$$

p poids d'eau élevé,
h hauteur d'élévation au-dessus du niveau d'amont,
P poids d'eau dépensée,
H hauteur de chute.

Tuyaux de conduite d'eau. Dans les conduites d'eau de forme cylindrique régulière, la vitesse moyenne du débit est donnée par la formule

$$V = 53{,}58\sqrt{\frac{D\,J}{4} - 0{,}025}$$

1. Tableau des rendements. *Les Irrigations*, Ronna, p. 644.

V vitesse moyenne de régime,
D diamètre intérieur de la conduite,
J pente par mètre ou différence du niveau de l'eau aux deux extrémités de la conduite divisée par la longueur totale de cette conduite.

Ayant V on a la dépense Q.

Q = la section du tuyau multipliée par la vitesse ou bien

$$Q = \frac{\pi D^2}{4} V$$

Jaugeage d'un canal à ciel ouvert ou d'un cours d'eau. On peut jauger un cours d'eau en déterminant la vitesse maxima à la surface. On jette à la surface de l'eau un flotteur et, à l'aide d'une montre à secondes, on compte le temps qu'il met à parcourir une certaine distance que l'on prend la plus grande possible.

Divisant l'espace par le temps on a la vitesse. On obtient ainsi la vitesse à la surface, laquelle, multipliée par 0,80, donne la vitesse moyenne. On détermine ensuite la section du cours d'eau par un simple profil. La vitesse moyenne multipliée par la section donne le débit.

*
* *

Puits artésiens. Les puits artésiens contribuent dans certaines régions à l'arrosement des cultures, dans les plaines basses et principalement dans la Mitidja ; cependant les sondages exécutés dans la plaine du Chéliff ont rarement donné des résultats.

L'eau n'est pas toujours jaillissante, mais simplement ascendante et, dans ce dernier cas, elle est amenée à la surface à l'aide de machines. Beaucoup de norias doivent à ces forages l'abondance de leur eau.

La région montagneuse, celle des Hauts Plateaux, les steppes et toutes les altitudes désertiques ne paraissent pas posséder des nappes assez peu profondes pour être utilisées. Le régime hydraulique du bas désert de l'Est, dans la vallée de l'Oued-Rhir notamment, permet, nous l'avons déjà dit, l'ascendance d'un grand volume d'eau à chaque forage, mais certains indices démontrent déjà qu'il y aurait peut-être un danger à multiplier ces sondages, qui diminueraient le jaillissement et le débit des anciens puits.

M. Ville, inspecteur général des mines, a publié de nombreux mémoires sur les eaux artésiennes, leur situation, leur profondeur, leur débit, etc. Le service des mines possède également des renseignements précieux sur cette question.

L'administration met à la disposition des intéressés, dans des conditions déterminées et avantageuses, un matériel de sondage. On trouve aussi dans certains centres des puisatiers experts munis d'un bon outillage.

Les *puits instantanés* ne sont praticables que quand les nappes sont peu profondes et que le forage dû à l'emploi d'un instrument spécial n'a pas à traverser des couches rocheuses. Très préconisé, il y a environ 25 ans, mais rarement appliqué, ce système est incapable de rendre le moindre service à l'agriculture et à la colonisation.

*
* *

Nature des eaux. Les eaux du versant méditerranéen sont, dans la majorité des cas, de bonne nature pour les besoins des hommes, des animaux et pour l'irrigation des terres, même sur le littoral, au voisinage immédiat de la mer.

Les grandes villes, Alger, Miliana, Médéa, Constantine, Tlemcen, etc., sont alimentées par de très belles sources dont les eaux sont potables et limpides.

Dans les plaines du Chéliff, de l'Habra, des environs d'Oran, dans la partie nord de celle de la Seybouse, etc., on trouve à peu de profondeur des nappes aquifères fortement saumâtres. La plus ou moins grande proportion de sels divers dans les lacs du littoral, de La Calle, de Fetzara, et surtout de la grande Sebka d'Oran rend leurs eaux peu convenables pour l'irrigation de certaines cultures. On remarque d'ailleurs que sur leurs rives la végétation est pauvre et souvent absente.

En Kabylie, les sources vives situées à une grande altitude ne sont pas rares et dans le courant de quelques-unes on trouve des truites.

Dès que l'on quitte la ligne des faîtes du versant tellien pour s'avancer vers le Sud, dans la région des Hauts Plateaux, puis du désert, les eaux potables deviennent de plus en plus rares. Mais dans les steppes et dans le Sahara si les eaux sélénito-magnésiennes ne sont pas entièrement nuisibles à certaines cultures des oasis, elles ne conviennent pas à la santé de l'homme et de quelques animaux domestiques.

Dans ces régions les chotts, plus ou moins étendus, ont un excès de salure qui les rend impropres aux besoins de l'homme et de la culture du sol.

Cependant il y a des parties du Sahara algérien où l'on trouve des eaux passables et quelquefois très bonnes.

Malheureusement, le Sud de notre Tell et une large bande désertique qui y est attenante renferment de mauvaises eaux, magnésiennes, chlorurées sodiques ou calciques, ou sulfatées sodiques, etc...

*
* *

On appelle *eaux sélénito-magnésiennes* celles qui contiennent par litre : de 0 gr. 15 à 0 gr. 25 de sulfate de chaux, — et de 0 gr. 5 à 0 gr. 10 de sels magnésiens. Dans le plus grand nombre des cas ces quantités de sels sont bien plus accusées puisqu'il n'est pas rare de voir certaines eaux renfermer environ 1 gr. 400 de sulfate de chaux et la même quantité de sulfate de magnésie.

Les eaux *sélénito-magnésiennes* ont une saveur douceâtre et amère, cuisant mal la viande et les légumes et leur laissant un goût particulier : elles rendent les infusions de thé et de café détestables, et sont de mauvaise conservation.

Ces eaux ont une action nocive sur l'organisme de l'Européen : elles lui donnent au début la diarrhée, à la longue la dyspepsie, en un mot elles altèrent par la suite les voies d'absorption et de secrétion et provoquent un état général de débilité qui ne permet plus à l'homme de supporter les rigueurs du climat.

On pense bien à tort que le filtrage peut modifier avantageusement la nature minérale de ces eaux : il y a là une erreur absolue. Pour les rendre potables il n'y a que des procédés chimiques dont le plus utilisable, à l'heure actuelle, quoique contesté, est celui préconisé par le Dr Bernou, ancien pharmacien militaire en Algérie : nous le résumons ainsi :

Procédé pour rendre potables les eaux sélénito-magnésiennes.

— 1re *opération.* — Traiter l'eau par un lait de chaux, en ayant soin d'agiter de temps à autre ; la magnésie, quelle que soit la forme sous laquelle elle se trouve, est précipitée au bout de 2 ou 3 heures et remplacée par de la chaux.

2e *opération.* — Ajouter à l'eau ainsi modifiée et filtrée, si c'est possible, une certaine quantité de carbonate de baryte pur, agiter très souvent, au moyen d'un moteur à pétrole, par exemple, si on opère en grand, et laisser déposer. Toute la chaux qui se trouve à l'état de sulfate est précipitée après environ 24 heures. Il ne reste plus qu'à filtrer à travers un bon appareil, tel que celui imaginé par le Dr Bernou, qui permet en même temps de réaliser une stérilisation relative.

Pour déterminer les proportions de réactifs à employer, on dose par la méthode hydrotimétrique :

1° L'acide carbonique et les sels de magnésie dans l'eau primitive.

2° L'acide sulfurique dans l'eau ayant déjà subi le traitement par la chaux.

Le nombre de degrés obtenu dans le premier dosage, multiplié par 5,7 donne la quantité de chaux nécessaire pour débarrasser de la magnésie un mètre cube d'eau. Celui qu'on obtient dans le second multiplié par 20,1925 fournit la quantité maxima de carbonate de baryte précipité pur qu'il faudra ajouter à un mètre cube d'eau déjà traitée par la chaux.

Ces coefficients pouvant varier légèrement suivant la composition de chaque eau, il faudra s'assurer, avant de livrer l'eau corrigée à la consommation, qu'elle ne se trouble pas par une solution de bichromate de potasse et se trouble au contraire par une solution acidulée d'azotate de baryte.

Pour plus de détails voir la thèse : « *De l'action nuisible des eaux sélénito-magnésiennes du Nord africain et de leur purification*, par le Dr E. Bernou[1]. »

*
* *

Les eaux calcaires, c'est-à-dire celles qui contiennent une certaine quantité de *sulfate* et de *carbonate* de chaux, sont, par

1. Coulbault et Milon, imprimeurs-éditeurs à Châteaubriant (Loire-Inférieure), 1897.

BARRAGES RÉSERVOIRS PRINCIPAUX DE L'ALGÉRIE

DIGUES ET RÉSERVOIRS	DATE de L'ACHÈVEMENT	DIGUE DE RETENUE long. de la crête	DIGUE DE RETENUE haut.	COÛT DU TRAVAIL	CONTENANCE EN EAU	COÛT du mètre cube d'eau en réservoir	OBSERVATIONS
		mètres.	mètres.	francs.	mètres.	francs.	
Le Hamiz (Alger).	1884	158,86	38	3.000.000	13.000.000	0,23	Ce barrage a été commencé en 1867. Il a dû être consolidé.
Oued-Meurad (près Marengo, Alger).	1852-1867	80	27	400.000	892.000	0,45	Digue en terre.
L'Habra (Oran).	1872	455	35,60	4.000.000	30.000.000	0,13	Dans la nuit du 14 au 15 décembre le barrage fut emporté sur une longueur de 136 mèt. et une hauteur de 18 mètres. La réparation coûta 1.367.324 francs.
Les Cheurfas, près le Sig (Oran).	1884	155	30	1.160.000	16.000.000	0,07	Digue rompue le 8 fév. 1885.
Le Sig (Oran).	1858 et 1881	97	26,50	596.000	3.500.000	0,17	— détruite —
Le Tlélat (Oran).	1870	100	21	200.000	550.000	0,36	Envasé.
La Djidiouïa (Oran).	1876	60	17	450.000	2.000.000	0,22	
				9.806.000	65.942.000		

leur usage prolongé, nuisibles à la santé des gens et des animaux; elles cuisent mal les légumes; elles rendent difficile le lavage du linge, enfin elles sont une cause de détérioration des chaudières et des tuyautages.

Suivant le dosage des sels calcaires contenus dans l'eau de boisson, on peut combattre leurs effets par l'addition de quelques centigrammes de *bicarbonate de soude* par litre (environ 50 centigr.) et par la même dose de *carbonate de soude* pour l'abreuvage des animaux [1].

Les eaux calcaires qui alimentent les chaudières sont également modifiées par l'addition de quelques centigrammes de *carbonate de soude* par litre.

Le carbonate de soude est une matière d'un prix peu élevé. (15 fr. les 100 kilog. dans un port d'Algérie).

*
* *

Les taxes par hectare arrosé payées par les usagers, qu'il s'agisse d'eau d'irrigation obtenue par barrage de dérivation ou par barrage réservoir, sont extrêmement variables. Pour les terres de grande culture du département d'Oran, elles varient de 4 fr. 50 à 10 fr. Les fermes cultivées en jardin aux abords des centres habités supportent des taxes beaucoup plus élevées. Dans la plaine de la Mitidja, elles varient de 25 à 53 fr. Dans la zone du Hamiz, le prix du litre d'eau à la seconde a été fixé à 25 francs jusqu'en 1902. Néanmoins la recette brute annuelle oscille seulement entre 4.000 et 6.000 francs, alors que la dépense d'entretien des canaux s'élève à 12.000 francs. A Blida, le coût moyen de l'eau provenant de l'Oued-el-Kebir est de 50 francs par hectare. A la Chiffa, les usagers du syndicat bénéficient du prix exceptionnellement bas de 6 francs par litre à la seconde. A Tabia, près de Tlemcen, à Constantine, pour les canaux du Rhummel inférieur, les taxes dépassent 62 francs A Arzew, pour le barrage de l'Oued-Magoun, elles atteignent 130 francs.

L'ensemble du territoire arrosable, non comprises les zones arrosables par les eaux du Hamiz (6.000 hect. environ) et les canaux du Chéliff (10.000 hect. environ) comprend 133.893 hect. répartis ainsi qu'il suit dans les 3 départements :

Oran	78.925.
Alger	33.214.
Constantine	21.754.
	133.893.

Pour les barrages réservoirs le dévasement est une opération indispensable. On estime en effet qu'une rivière donnant en temps de crue 1.000 mètres cubes par seconde peut amener dans le réservoir un volume de vase égal aux 3/100 du débit, soit 30 mètres cubes, ce qui représente en 24 heures un dépôt de plus de 256.000 mètres cubes. Le réservoir de Saint-Denis du Sig avant sa ruine renfermait, en 1879, 700.000 mètres cubes de vase pour une capacité de 3 millions et demi de mètres cubes. Le réservoir de l'Habra s'envase chaque année d'un million de mètres cubes.

En Espagne l'envasement est moitié moins rapide. (Voir Ronna, *Les Irrigations* et *Études sur l'aménagement et l'utilisation des eaux en Algérie*, Alger, 1890.)

Matériel agricole.

CHARRUES.

La charrue se compose en principe d'un *coutre*, sorte de couteau qui découpe la terre suivant un plan vertical, d'un *soc* qui détache la terre en dessous dans un plan horizontal et d'un *versoir* qui retourne sous un certain angle la tranche de terre découpée par les deux pièces précédentes.

Ces trois pièces sont portées par un bâti appelé *age* ou *flèche* sur lequel est attelée la force motrice. Les *mancherons* permettent de diriger la charrue dans sa marche et le *régulateur* de régler la largeur et la profondeur du labour.

Réduit à ces pièces, l'appareil de labour prend le nom d'*araire*. Les araires sont à age court ou à age long : les premiers sont les araires proprement dits ; les seconds, les araires à age long, ont leur extrémité antérieure soutenue par le joug ou le harnais : ce qui leur donne plus de stabilité. C'est dans cette dernière catégorie de charrues que rentrent la charrue indigène et la charrue mahonnaise dans lesquelles les pièces travaillantes sont réduites à une seule : le soc.

L'araire exige de la part du laboureur une certaine dépense d'énergie musculaire et de l'adresse. Dans les terrains caillouteux, irréguliers, hérissés de touffes de palmiers nains et de jujubiers, il est préférable à la charrue proprement dite qui, en outre des pièces précédemment décrites, comporte soit un support

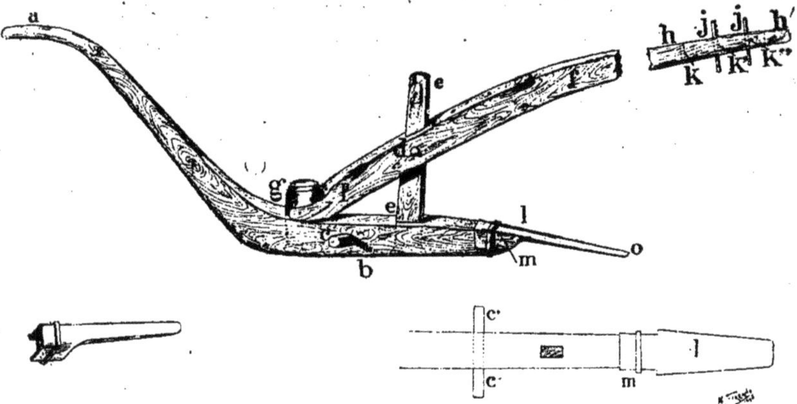

Fig. 1. — Charrue arabe.

a, Mancheron. — b, Porte soc. — c. Cheville droite servant de versoirs. — d, Cheville servant à fixer la pièce e sur l'age. — e, Pièce reliant l'age au porte soc. — f, Age coupé. — g, Champignon assurant l'adhérence du porte soc et de l'age. — jj, Cheville servant à retenir la courroie qui fixe le joug à l'age ; en avançant ou en reculant ces chevilles dans les trous k, k'k" on donne plus ou moins d'entrée à la charrue. — h h', Extrémité de l'age. Lorsque l'attelage est composé de bœufs, l'age est plus long, plus élevé et le joug passe sur le cou des bœufs ; avec les chevaux, l'age est plus court, et le joug passe sous le ventre des chevaux. — m, anneau fixant le soc sur la pièce b.

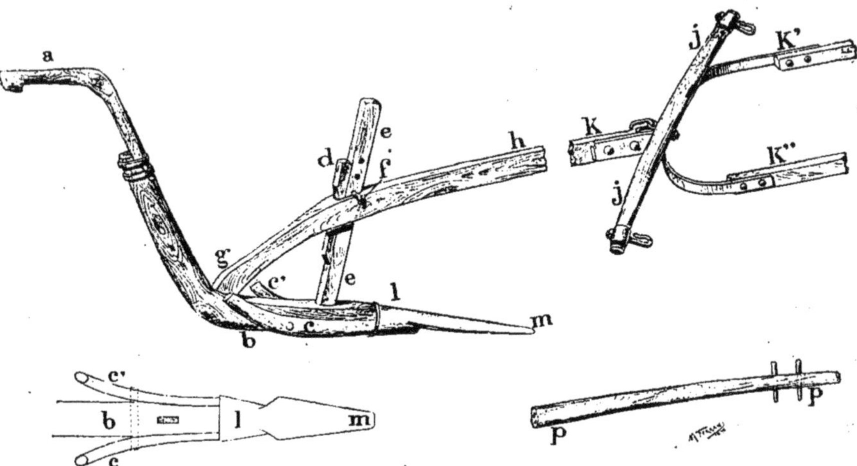

Fig. 2. — Charrue mahonnaise.

a, Mancheron. — b, Porte-soc. — c c', Ailes en bois servant de versoir. — d, Coin servant à fixer la pièce e e. — e e, Pièce reliant le porte-soc à l'age. — f, Cheville permettant, tout en fixant l'age au porte-soc, de faire varier la profondeur du labour. — g h, Age coupé. — k k' k", Extrémité de l'age lorsqu'on veut atteler un cheval. — l, Soc en fer. — p p', Extrémité de l'age si l'on attelle des bœufs.

réglable dans le plan vertical tel que sabot ou roulette soit un essieu porté sur deux roues et sur lequel repose l'age de l'araire. La charrue une fois réglée a plus de stabilité que l'araire : de là le nom qu'on lui donne de charrue fixe.

Passons en revue les pièces principales de la charrue. Le coutre chargé de couper la terre dans un plan vertical est formé d'un couteau à tranchant rectiligne qui doit faire, avec la verticale, un angle de 30°, la pointe du coutre étant dirigée en avant vers le régulateur. Grâce à cette disposition, le coutre scie les racines qu'il rencontre et déplace, en les faisant remonter à la surface, les pierres contre lesquelles il butte. Pour empêcher autant que possible la charrue de bourrer on donne à la partie du coutre hors de terre une direction verticale. Souvent même, au point de jonction du coutre et de l'age, on donne à ce dernier une forme en col de cygne.

On doit pouvoir changer à volonté la position du coutre dans le plan horizontal, pour donner ou ôter de la tendance à prendre de la raie.

« Lorsque le coutre a une forte tendance à prendre de la raie, dit M. Ringelmann [1], il nécessite plus de traction ; mais par sa position il comprime la bande de terre et la pousse du côté où elle doit être renversée ; c'est une exagération qu'il faut éviter. Il faut que le côté du coutre qui regarde le guéret soit presque parallèle à la direction du mouvement de la charrue. »

L'expérience indique que la pointe du coutre doit être à 0 m. 01 en avant de la pointe du soc et au-dessus de cette pointe à une hauteur de 3 à 5 centimètres ; enfin, du côté de la terre non labourée, elle doit dépasser de 1/2 à 1 centimètre le bord latéral du soc afin de diminuer le frottement des *étançons*, pièces qui, avec le sep, fixent le versoir et le soc.

Le coutre peut être supprimé quand on laboure superficiellement ou en terrains légers et pierreux : il n'en est pas de même du soc qui est l'âme de la charrue.

Le soc est une lame triangulaire qui tranche horizontalement le sol comme le coutre le tranche verticalement. Le tranchant du soc est presque toujours rectiligne ; seuls le tranchant du soc

1. *Les Machines Agricoles*, Ringelmann, librairie Hachette, Paris.

et sa pointe doivent porter sur le sol afin de diminuer le frottement de la charrue sur le fond de la raie. On donne d'ordinaire à la pointe du soc deux inclinaisons de 1 centimètre à 1 cent. 1/2, l'une tendant à la faire piquer en terre pour lui donner de l'embêchage, l'autre déviant la pointe à gauche contre le guéret pour lui donner du rivotage ou tendance à prendre de la raie.

La largeur du soc doit être égale à peu près à la bande de terre à détacher ; sinon cette bande, au lieu d'être coupée régulièrement par dessous, est arrachée, ce qui augmente l'effort de traction. Dans certaines charrues la pointe du soc est mobile et peut être avancée au fur et à mesure de l'usure.

Les socs peuvent être en fonte, en fer ou en acier. La fonte trempée est préférable pour les sols siliceux. Les socs en fonte durcie sur la face supérieure et sur une épaisseur de 3 à 4 millimètres s'aiguisent d'eux-mêmes par le travail.

Le versoir est la partie de la charrue qui renverse la bande de terre détachée par le coutre et le soc.

Pour les terres légères qui s'affaissent sur elles-mêmes et se désagrègent facilement, telles que les terres graveleuses, sablonneuses, le versoir doit être très court. Dans les terres plus consistantes on donne plus de longueur au versoir.

Pour bien retourner le sol, la largeur du labour doit être d'une fois et demie la profondeur.

Pour régler la profondeur et la largeur du labour, on se sert du régulateur qui permet de faire varier dans le sens horizontal et dans le sens vertical le point d'attache des traits. Le porte-t-on du côté du guéret, on diminue la largeur du labour ; on augmente au contraire cette largeur en portant le point d'attache du côté du labour. — Hausse-t-on le point d'attache ou, ce qui revient au même, allonge-t-on les traits, on augmente la profondeur du labour. Un résultat inverse est obtenu en baissant le point d'attache des traits ou en raccourcissant ceux-ci.

Remarquons toutefois que, pour une charrue donnée, on ne peut, si on veut la faire travailler dans les meilleures conditions, faire varier la profondeur et la largeur du labour que dans une mesure restreinte.

Nous en tenant à ces principes généraux, nous renvoyons, pour la description des divers types de charrues ou d'outils, aux traités spéciaux. Nous ne ferons que signaler les principaux types des instruments ou appareils employés en Algérie.

L'araire est plus maniable dans les terrains difficiles où les obstacles sont nombreux ; mais il exige une attention soutenue de la part du laboureur qui doit, au moyen des mancherons, diriger l'instrument qui est très instable.

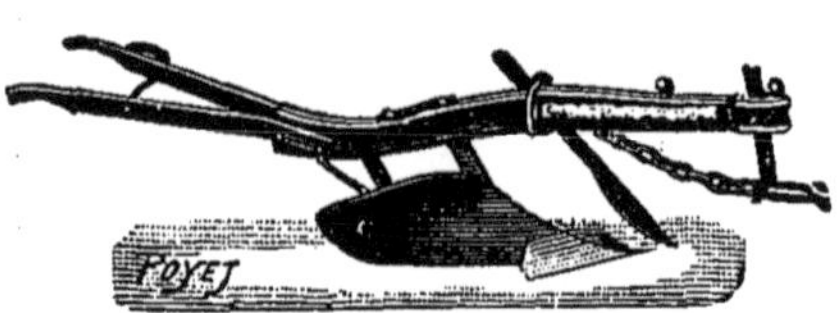

Fig. 3. — Charrue sans avant-train ou araire.

Dans les charrues à supports, une fois que l'instrument est réglé, le labour conserve sa largeur et sa profondeur sans que le laboureur ait à intervenir, sauf de temps en temps, pour corriger de légères déviations.

Les deux types de charrues employés dans la Mitidja sont l'un de construction française, l'autre de construction algérienne et connu sous le nom de charrue de Beni-Mered (fig. 4).

Enfin on emploie beaucoup, surtout dans la province de Constantine, la charrue représentée par la figure 5. C'est une charrue dite Brabant double à âge tournant qui permet de faire les labours à plat. Avec cette charrue, le laboureur arrivé au bout de la raie n'a qu'à faire basculer sa charrue pour pouvoir tracer une autre raie tout à côté de la précédente. On perd ainsi moins de temps aux tournées.

Fig. 4. — Charrue à avant-train. Type Mitidja.

Dans la partie des Hauts Plateaux où on se livre à la culture des céréales et particulièrement dans la région de Sidi-Bel-Abbès, pour enterrer la semence des céréales on se sert de charrues à plusieurs socs, Ces charrues se composent de 2, 3 ou 4 corps de charrue (coutre, soc, et versoir) fixés sur un même bâti et faisant d'un coup 2, 3 ou 4 raies. Ces charrues sont très employées pour les labours légers qu'elles permettent d'effectuer beaucoup plus rapidement et à moindres frais.

Pour le travail des vignes on se sert de charrues dites *vigneronnes*. Dans ces appareils, l'age, au lieu d'être placé au-dessus de la muraille, est disposé dans l'axe même du labour à faire et tombe au milieu du versoir.

Depuis quelques années, s'est répandu, dans le département

Fig. 5. — Charrue double, dite Brabant.
Constantine, Sétif.

d'Alger, l'usage d'une charrue vigneronne en fonte, dite charrue Oliver. Les socs, d'une fabrication spéciale, s'aiguisent d'eux-mêmes par le travail; ils durent davantage dans les terrains siliceux.

Défoncements à la charrue. Parfois, pour les travaux de défoncement, au lieu d'atteler directement les animaux sur la charrue, on agit sur celle-ci par l'intermédiaire d'un câble s'enroulant sur un treuil. Ce système qui est avantageux présente cependant un inconvénient; c'est que le travail est extrêmement lent et de plus intermittent, le déroulement du câble doit en effet succéder à son enroulement et la charrue doit être ramenée au point de départ sans effectuer aucun travail.

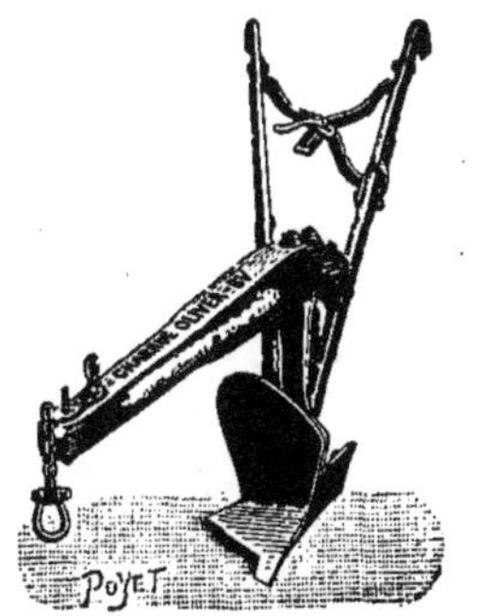

Fig. 6.
Charrue *Oliver*
Alger.

Le défoncement au treuil doit être fait au cours de l'été pour permettre d'utiliser les animaux lorsque les autres travaux des champs sont terminés. Pour faciliter le travail il est bon au printemps de donner à la terre à défoncer un labour superficiel qui l'empêche de se dessécher profondément et rend le défoncement moins difficile. Avec la charrue à treuil on ne défonce guère plus de 8 à 10 ares par jour à une profondeur de 0 m. 50.

C'est le labourage à vapeur à deux machines qui est le plus souvent pratiqué en Algérie. Une charrue à bascule à deux socs est actionnée par deux locomobiles routières qui impriment à cette charrue un mouvement de va-et-vient. Chacune de ces machines est de la force de 16 chevaux et pèse 16 à 20 tonnes, ce qui est à considérer pour le passage de ponts.

Cet appareil peut défoncer par jour à 0 m. 50 de profondeur de 75 ares à 1 hectare 1/2, suivant la nature du terrain. Son alimentation exige par hectare 6-10 mètres cubes d'eau et 700 à 1200 kilog. de charbon.

Pour défoncer dans de bounes conditions il faut que la pente du terrain ne dépasse pas 10 mètres par 300 mètres, longueur maximum des raies, et que ce terrain ne présente ni cuvettes, ni surfaces bombées qui masquent la vue.

Le défoncement doit de préférence être fait en été pour détruire le chiendent; il est nécessaire au préalable d'arracher à la pioche les lentisques, jujubiers et palmiers nains.

Scarificateurs, extirpateurs, cultivateurs. On désigne, sous le nom de scarificateurs, d'extiparteurs et de cultivateurs, divers instruments destinés à compléter le travail de la charrue ou même à le remplacer pour les façons légères. Ces instruments ne font que remuer et ameublir le sol.

Fig. 7. — Cultivateur canadien.

Ils présentent des modèles variés dont la description ne peut trouver sa place ici. Nous croyons cependant devoir signaler le *Cultivateur canadien* dont les parties travaillantes sont formées de tiges courbes et flexibles, dont on peut régler à volonté l'entrure et qui cèdent sans se briser quand elles viennent à rencontrer un obstacle.

Dans la région de Sétif, le cultivateur du type ci-dessus se répand de plus en plus ; il est employé surtout pour déchaumer ou pour enterrer les semences. Il faut trois chevaux pour l'actionner.

Le cultivateur, comme l'extirpateur et le scarificateur peut aussi être employé à l'ameublissement superficiel du sol ou *binage*, que l'on obtient plus spécialement par la houe ou bineuse. Dans les pays à étés secs, comme l'Algérie et la Tunisie les binages ont une importance toute particulière ; car, outre qu'ils détruisent les mauvaises herbes et aérent le sol en ameublissant la surface du terrain, ils l'empêchent de se crevasser, de perdre par évaporation l'eau emmagasinée dans le sous-sol pour les besoins de la plante : ce qui fait dire avec juste raison *qu'un binage vaut un arrosage*[1]. Aussi ne saurait-on assez recommander au cultivateur algérien la pratique du binage, toutes les fois que le genre de culture la rend possible.

Fig. 8. — Houe américaine.

Depuis quelques années on emploie pour le binage des vignes des houes de provenance américaine, très solides quoique d'apparence légère, et faisant un excellent travail même dans les terres que leur nature argileuse rend difficiles à ameublir. Les parties travaillantes peuvent être remplacées quand elles sont usées ; on peut leur en substituer d'autres d'une forme différente selon le travail que l'on veut obtenir. Avec un même outil on peut, en changeant les socs, chausser, déchausser, biner ; des socs triangulaires en forme de raclettes permettent de couper les mauvaises herbes entre deux terres et rendent de grands services particulièrement pour la destruction des liserons et chiendents.

Ces houes sont à expansion, c'est-à-dire que les deux côtés peuvent s'écarter plus ou moins de manière à faire varier la largeur travaillée, un levier permet de faire varier la profondeur du labour. La houe peut être employée dans toutes les cultures faites en lignes, telles que tabacs, pommes de terre, etc.

1. Dans une terre binée, le sous-sol contient à 0m 30 de profondeur, à la fin de l'été, moitié plus d'eau que dans un champ non biné.

HERSE.

La herse est un instrument formé de dents que l'on traîne sur le sol pour briser les mottes ou pour enterrer ou recouvrir les semences.

Le hersage se fait surtout bien quand les mottes viennent d'être trempées par une pluie légère. Passée dans les céréales encore en herbe et par temps couvert, la herse y produit l'effet d'un binage léger ; quand le semis est trop serré, elle permet de

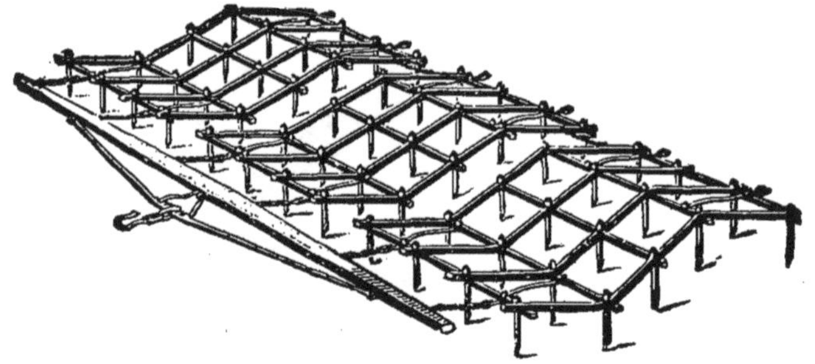

Fig. 9. — Herses à 4 limons (*Howard*).

l'éclaircir. Les dents, qui peuvent avoir une section circulaire, elliptique, en trapèze, sont le plus souvent en fer carré, à pointe acérée ; elles doivent être disposées de manière à tracer des sillons différents et à égale distance ; de plus, il faut que la distance entre deux dents consécutives soit la plus grande possible pour éviter le bourrage.

Dans les terres à surface inégale il faut de préférence employer les herses à éléments indépendants qui épousent mieux les irrégularités du sol et par suite font un meilleur travail. Les éléments sont réunis à l'avant par une barre d'attelage et maintenus à un écartement constant par des petites chaînes placées à l'arrière.

ROULEAU

Le rouleau permet de briser les mottes que la herse n'a pas pu émietter. Le rouleau le plus énergique est le rouleau Crosskill formé d'une série de disques en fonte, de diamètres inégaux et de faible épaisseur, et portant à leur périphérie des saillies qui viennent agir sur les mottes quand l'instrument est traîné sur le sol. Les mottes sont coupées en croix et s'éclatent facilement sous le poids des disques. Ceux-ci enfilés sur un même arbre sont alternativement à grand et petit diamètre et l'œil de chaque disque est assez grand pour que celui-ci puisse jouer sur l'essieu et pour que grands et petits disques puissent pendant la marche porter sur le sol.

En marche les disques de diamètres inégaux ayant à la circonférence une vitesse variable, les mottes prises entre deux disques sont pulvérisées et le rouleau ne peut s'engorger.

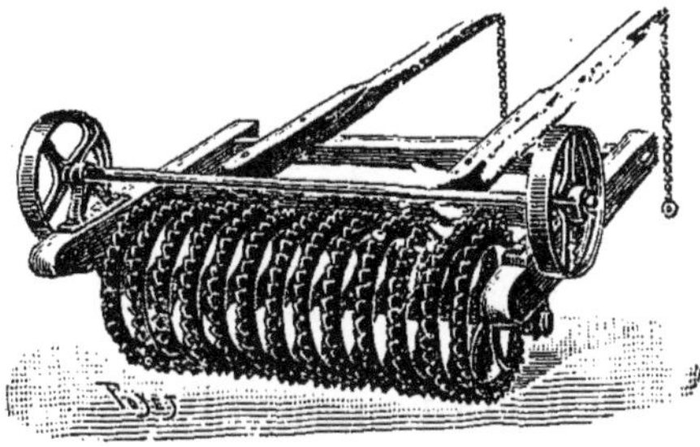

Fig. 10. — Rouleau *Crosskill*.

Pour le travail des vignes le bâti est disposé de manière à prendre moins de place pour une même largeur utile.

SEMOIR

Le semis en lignes, comme nous l'avons vu au chapitre des céréales, est préférable au semis à la volée. Dans la région de Sétif, un semoir à rayons acheté à frais communs est mis à la disposition des agriculteurs syndiqués. Il faut reconnaître toutefois que son emploi n'est possible que dans les terrains bien réparés. Là où le semis en lignes n'est pas praticable, on sème à la volée. Dans ce cas, le semoir portatif à la volée du type *La Trouvaille* est à recommander. Ce semoir permet au premier venu de semer aussi régulièrement, même mieux, que le semeur le plus habile.

(Bulletin Ministère Agr., année 1893, p. 140).

FAUCHEUSE

Les faucheuses sont employées pour couper les fourrages et particulièrement les luzernes.

On peut avec une faucheuse couper 4 hectares de luzerne par

jour, tandis qu'il faut trois journées de main-d'œuvre pour faucher à bras un hectare du même fourrage. Outre qu'elle permet un travail rapide fait en temps opportun, l'emploi de la faucheuse met le cultivateur à l'abri des coalitions des ouvriers faucheurs s'entendant parfois pour faire élever les salaires outre mesure.

Il existe un grand nombre d'excellents modèles de faucheuses : Harrison M. Grégor, Wood, M. Cormick, etc., fonctionnant dans d'excellentes conditions. Dès 1893 on a obtenu une diminution de la traction et de l'usure, tant dans les faucheuses que dans les moissonneuses, par l'application à ces machines des coussinets à galets et billes, employés pour les bicylettes (système Deering).

MOISSONNEUSES

La moissonneuse sert à faire les récoltes des céréales.

En Algérie, grâce au climat sec, on se sert exclusivement des moissonneuses-lieuses dont il existe plusieurs types différents et fonctionnant dans les meilleures conditions.

Le prix de revient du travail de ces instruments peut s'évaluer ainsi qu'il suit pour une moissonneuse-lieuse coupant 4 hectares par jour :

1 homme et 1 aide	4 fr. 50
Ficelle, 3 kilog. par hectare	15 »
Deux attelages de 3 chevaux ou 4 bœufs et 1 cheval indigène ou 2 bœufs précédés de 2 chevaux	9 »
	28.50

dont le quart est de 7 francs environ pour un hectare, prix auquel il faut ajouter l'intérêt et l'amortissement du capital représenté par la machine. La durée moyenne d'une moissonneuse peut, pour les instruments bien soignés et bien conduits, être d'une dizaine d'années.

RATEAU A CHEVAL

Le râteau à cheval employé pour le ramassage du fourrage est formé de dents en acier recourbées en demi-cercle et indépendantes les unes des autres, de manière à suivre toutes les inégalités du terrain.

En rasant le sol ces dents retiennent le fourrage et l'entraînent ; lorsque le vide qui existe en avant des dents est rempli de fourrage, on relève les dents et on abandonne le tas ainsi formé : les dents retombant et reprenant leur première position, le ramassage se continue, et ainsi de suite.

Le relevage des dents se fait au moyen d'un levier que le conducteur, assis sur son siège, actionne de la main ou du pied. Dans certains modèles, le relevage se fait par un mouvement automatique dont la durée est réglée à volonté.

Fig. 11. — Râteau à cheval.

Le râteau à cheval est aussi employé pour ramasser les épis laissés sur les champs moissonnés. Il faut éviter son emploi dans les luzernières envahies par la cuscute, pour ne pas propager le mal.

PRESSES A FOURRAGES

Pour transporter le fourrage, surtout par chemin de fer, il y a avantage à réduire son volume par la compression. En effet, le mètre cube de fourrage, simplement bottelé, pèse 80 kil. tandis que celui du même fourrage, comprimé à la machine à bras, a un poids de 130 kil. D'après M. Ringelmann, le prix de la compression équivaut au prix du bottelage, et on paye le même prix de transport pour un wagon qui contient 2 tonnes 4 de foin en bottes ou 3 tonnes 9 de foin pressé.

Une presse à fourrages à bras d'un prix de 500 fr., desservie par deux hommes, peut manipuler 2.400 kil. de foin par jour. Le prix de revient de la compression est de 2 francs par tonne (presse Viau, à Avignon). — Voir le *Bulletin de la Société nationale d'agriculture* (séance de mai 1897) et *Journal d'agriculture pratique*, n° du 15 juin 1897.

BATTEUSES

Les batteuses employées en Algérie sont en général des machines à grand travail possédées par des entrepreneurs qui font les battages à forfait.

Certaines machines, en même temps qu'elles battent les

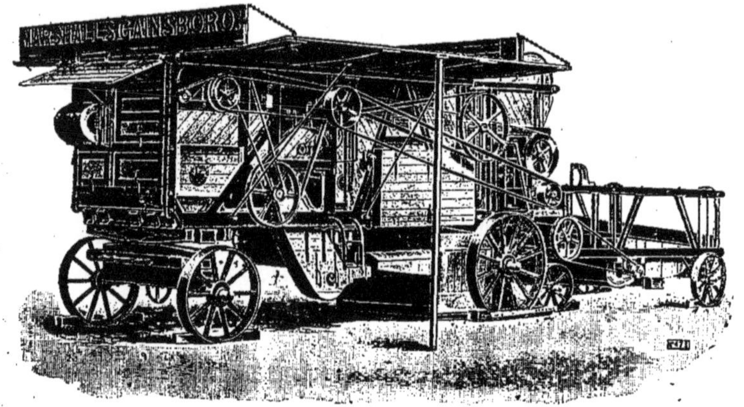

Fig. 12. — Batteuse-broyeuse *Marshall* perfectionnée, avec sasseur-ventilateur de paille broyée.

gerbes, broyent la paille et la rendent ainsi plus propre à la consommation des animaux, ce qui est avantageux surtout quand il s'agit de paille de blés durs.

Voici le coût approximatif de la journée d'un appareil de battage faisant 150 à 200 quintaux de grains par jour,

16 manœuvres indigènes à 3 fr.	48	»
1 chauffeur	5	»
1 mécanicien	10	»
2 engreneurs à 4 fr.	8	»
350 kil. de charbon à 3 fr. 50 le quintal	12	25
Huile, chiffons, etc	2	»
Total	85	25

En outre, il faut le personnel nécessaire pour mettre en meule la paille battue. Dans les prix ci-dessus ne sont pas comptés les frais d'entretien et d'amortissement de l'appareil.

Nous croyons devoir signaler comme pouvant rendre des services en Algérie les *loco-batteuses*, batteuses *en long* ou *en bout*, portant sur le même bâti le moteur à vapeur et l'appareil à battre. Ces loco-batteuses sont montées sur deux roues, font un travail considérable (80 à 500 hectolitres par jour suivant force), mais exigent beaucoup de main-d'œuvre. Le grain n'est pas vanné (Loco-batteuses de Lotz, Nantes).

TARARES ET TRIEURS

Lorsque le grain a été battu par dépiquage, il est nécessaire de le nettoyer avant de le livrer au commerce. On emploie pour cela le tarare composé essentiellement d'un ventilateur qui projette un violent courant d'air sur le grain qui tombe au travers d'une série de grilles : ces grilles retiennent les impuretés que le courant d'air n'a pas entraînées.

Fig. 13. — Tarare.

Pour faire un travail plus complet et séparer le blé des autres graines étrangères telles que avoine, orge, etc., on se sert du trieur à alvéoles dont l'usage est surtout utile en vue de la production et de la préparation de graines de semences que l'on peut, au moyen de cet appareil, obtenir purs et sans mélange en éliminant en outre les petits grains. Ces trieurs rendent suivant leurs dimensions 2 à 6 hectolitres de grain à l'heure. C'est un appareil à acheter en commun pour le mettre à la disposition des syndiqués cultivateurs de blé (trieurs Marot, Clert, Pernollet, etc.).

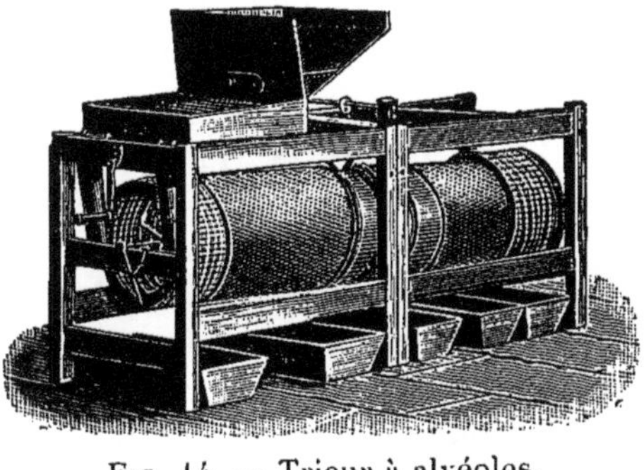

Fig. 14. — Trieur à alvéoles.

Remarquons toutefois que la meilleure semence n'est pas constituée par les graines les plus grosses, mais par celles qui en outre offrent le plus de densité. Une méthode générale de sélection consiste à séparer les graines légères en plongeant la semence dans des liquides dont on fait varier la densité. Dans l'eau pure, les mauvaises graines d'avoine, de tabac, de diverses semences potagères, etc., surnagent : pour toutes les semences, ainsi que le fait remarquer de Gasparin, c'est un signe infaillible qu'elles sont impropres à la végétation. Pour les graines plus lourdes qui iraient toutes au fond de l'eau (blé, maïs, etc.), on augmente la densité de l'eau en y faisant dissoudre des quantités variables d'un sel, par exemple du nitrate de soude. Ainsi on sépare les graines les plus denses[1].

Appareils de vendange.

Le *fouloir* est formé de deux cylindres en fonte à cannelures hélicoïdales, roulant l'un sur l'autre et auxquels un dispositif spécial permet de se rapprocher plus ou moins et de s'écarter pour laisser passer les pierres accidentellement mêlées au raisin. Au-dessus de ces deux cylindres est disposée une trémie dans laquelle on jette la vendange : les grappes sont entraînées entre les deux cylindres et écrasées.

Fig. 15. — Fouloir-égrappoir.

Le *fouloir égrappoir* n'est autre chose que l'instrument ci-dessus auquel on adapte un cylindre en tôle perforée dans lequel se meut un arbre horizontal muni dans sa longueur de tiges en fer à palettes disposées en hélice. Cet arbre à palettes en tournant projette contre la tôle les grains de raisin qui passent au travers tandis que les rafles sont entraînées au dehors par le mouvement de l'hélice.

1. Pratique usuelle recommandée par les agronomes du XVIIe et du XVIIIe siècle.

PRESSOIRS

Les pressoirs se composent d'une *maie* sur laquelle on place le marc à presser, d'une *cage* à claire-voie qui retient le marc et l'empêche de s'étaler sous l'action de la pression, d'un *mécanisme de pression* différent suivant les types de pressoir et enfin de *bois de charge* interposés entre le mécanisme de pression et le marc.

En Algérie et dans tous les pays chauds les maies en bois ont le grand inconvénient de se disjoindre et de ne pas rester étanches. Il faut donc leur préférer les maies en tôle.

On peut facilement calculer la dimension que doit avoir un pressoir pour contenir le marc d'une cuve de dimensions déterminées.

On admet que le marc égoutté occupe avant le pressurage environ le tiers du volume ou du poids Q de la vendange initiale. D'après M. Ferrouillat, dans les pressoirs à vis le gâteau de marc atteignant une hauteur de 1 m. 25 a 1 m. 50 au-dessus de la maie, on en déduit facilement la surface de maie nécessaire pour loger ce marc.

$$S = 0{,}26 \text{ à } 0{,}22\ Q$$

Lorsque le raisin est égrappé, on peut, d'après M. Coste-Floret, loger sur le même pressoir le marc produit par une quantité double de vendange ordinaire.

Fig. 16. — Pressoir maie tôle sur pieds.

Dans certaines exploitations d'Algérie, on emploie le pressoir hydraulique qui présente cet avantage qu'un seul homme suffit pour faire la pressée tandis qu'il en faut plusieurs pour les pressoirs à levier.

Dans certains grands domaines on emploie aussi des pressoirs continus surtout pour la fabrication des vins blancs ; ceux-ci exigent un moteur mécanique.

Dans la plupart des pressoirs continus, la pression est exercée au moyen d'une vis d'Archimède qui entraîne dans un cylindre en

FIG. 17. — Pressoir continu *Mabille*.

tôle de cuivre percé de trous le marc à pressurer (Pressoirs Morineau, Mabille, Débonno, etc.) La pression est plus ou moins énergique suivant qu'au moyen d'un levier à contrepoids ou d'un obturateur à vis on met plus ou moins obstacle à la sortie facile du marc pressé.

MOTEURS A PÉTROLE

Dans les exploitations agricoles, pour l'élévation de l'eau et le travail des caves, on tend de plus en plus à faire usage du moteur à pétrole qui, sans être dangereux puisqu'il n'utilise que du *pétrole lampant*, a cet avantage de marcher seul, une fois réglé, et de ne pas exiger la présence continue d'un conducteur.

C'est le moteur le mieux approprié au fonctionnement des appareils à élever l'eau et particulièrement des norias.

A titre d'indication, nous croyons devoir donner, par ordre de mérite, le classement des types les plus connus, d'après les essais faits à la station d'essais de machines de Paris et les expériences du Concours international de Meaux en 1894.

1	Moteur de Merlin de Vierzon (Cher);		
2	»	Grob de Leipzig (Allemagne).	
3	»	Capitaine »	id.
4	»	Niel de Paris.	

C'est surtout le moteur Capitaine qui s'est répandu dans la région d'Alger et surtout dans l'Est de la Mitidja.

Entr'autres avantages, le moteur Merlin est un de ceux qui consomment le moins de pétrole.

(Voir les résultats du Concours de Meaux et le *Bulletin du Ministère de l'agriculture*, année 1896, p. 682).

TRAITEMENT DES VIGNES

Pour le traitement des vignes contre l'anthracnose on emploie de préférence des pulvérisateurs à récipient en verre qui présentent l'avantage de ne pas être attaqués par l'acide sulfurique.

Ces appareils sont aussi excellents pour l'application des solutions cupriques en vue du traitement préventif contre le mildew. Toutefois pour cet usage on tend à leur préférer les appareils dans lesquels la pression est donnée au moyen d'une pompe indépendante.

Dans les grandes exploitations on emploie parfois des pulvérisateurs à bât qui permettent de traiter rapidement de grandes étendues de vignes. Ces pulvérisateurs ne fonctionnent bien que quand les sarments sont peu développés : aussi pensons-nous qu'il est plus avantageux de n'employer que des appareils à dos d'homme qui font de meilleur travail et dont il suffit d'augmenter le nombre dans les moments de presse.

Pour l'application du soufre on peut réaliser une notable économie de matière en l'appliquant mieux, par l'usage des soufreuses à dos d'homme. Leur emploi se recommande surtout pour les der-

Fig. 18.
Pulvérisateur en *Verre*.

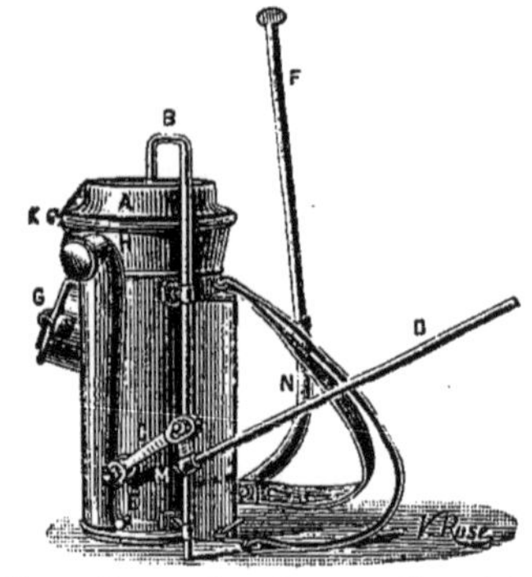

Fig. 19. — Soufreuse *Torpille*.

niers soufrages pour lesquels il faut économiser le soufre si on veut éviter les accidents de grillage et les inconvénients de la mise en cuve de grappes chargées de soufre.

RÉFRIGÉRANTS

Les réfrigérants employés par les viticulteurs sont les mêmes que ceux en usage depuis longtemps dans les brasseries : ceux-ci sont des instruments bien étudiés et rendant le maximum d'effet utile. Les prétendus perfectionnements qu'on y a apportés en vue de les mieux approprier à l'usage des vignerons n'ont pas toujours été très heureux.

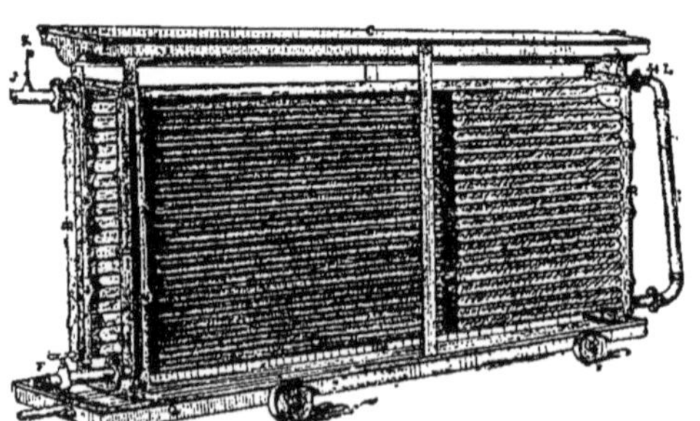

Fig. 20. — Réfrigérant.

Les réfrigérants sont de deux sortes : dans les uns le moût circule à l'intérieur des tubes et l'eau à l'extérieur. Parfois on enveloppe les tubes extérieurement de toile pour mieux répartir l'eau ; ce qui est plus nuisible qu'utile. Cette égale répartition de l'eau doit être obtenue en mettant l'appareil bien d'aplomb.

Dans un autre type de réfrigérants l'eau circule à l'intérieur,

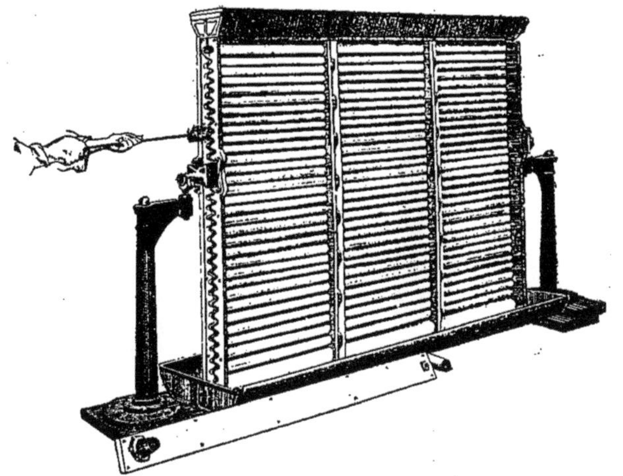

Fig. 21. — Réfrigérant capillaire.

le moût à l'extérieur. En faisant circuler le moût à l'extérieur on n'a pas à craindre l'encrassage des tubes par le tartre qui se dépose sous l'action du refroidissement. Pour éviter toute déperdition d'alcool, le réfrigérant est recouvert d'une bâche en tôle facile à enlever.

THERMOMÈTRES POUR CUVES

Pour suivre les variations de température des moûts en fermentation, on se sert d'un thermomètre spécial fixé au bout d'un bâton et protégé par un manchon métallique qui permet de masquer ou de démasquer à volonté le thermomètre.

Cet instrument est un thermométrographe à maxima marqués par un index d'acier que l'on peut faire monter ou descendre dans le tube thermométrique au moyen d'un aimant.

Pour prendre la température d'une cuvée on amène, au moyen de l'aimant, l'index au contact du mercure ; on tourne le fourreau dans la position de la fig. et on enfonce le thermomètre dans la cuve. Au bout de quelques minutes on le retire et on lit sur le point de l'échelle correspondant à la partie inférieure de l'index la température maxima atteinte par le moût en fermentation. Le mercure peut baisser pendant qu'on retire le thermomètre et que l'on fait la lecture, le bas de l'index indiquera toujours la température maxima de la cuvée.

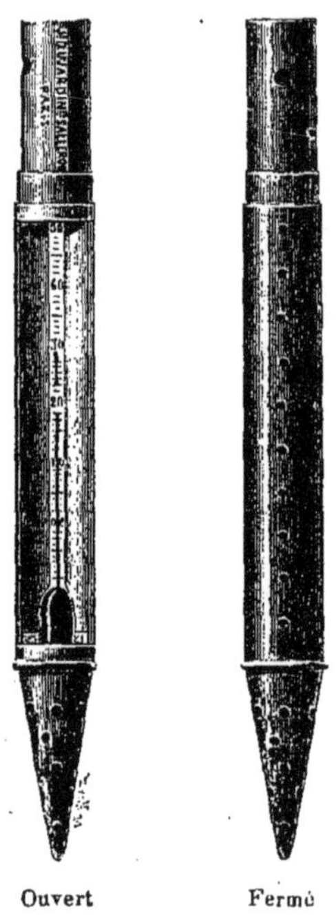

Fig. 22.
Thermomètre pour cuves.

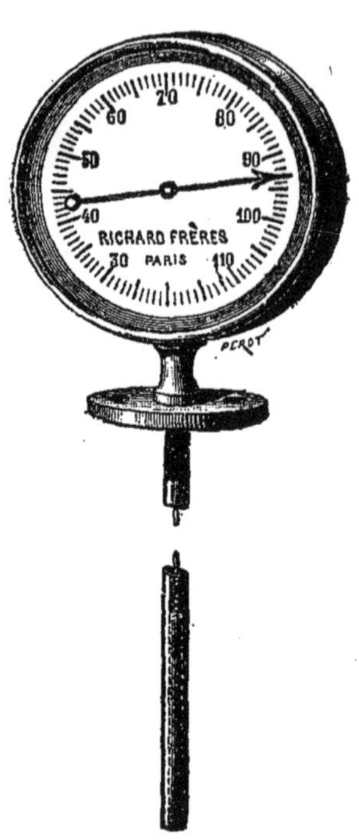

Fig. 23.
Thermomètre à cadran.

Depuis quelques années se répand dans diverses caves l'usage d'un thermomètre à cadran qui porte un tube en cuivre de 1 m. 50 de longueur au bout duquel se trouve le récepteur de température qui n'est autre chose qu'une ampoule métallique contenant un liquide dilatable et en communication par un conduit de faible diamètre avec un tube manométrique de Bourdon. Le liquide, en se dilatant, se rend dans le tube manométrique et le fait mouvoir. Le mouvement du tube est marqué par une aiguille qui indique la température.

En plongeant l'extrémité du tube dans la cuvée en fermentation on peut lire sur le cadran à chaque instant la température du moût et en suivre les variations. L'instrument est facilement rendu enregistreur ; il peut aussi être muni d'une sonnerie électrique annonçant, au moyen d'un agencement spécial, qu'un maximum déterminé de température est atteint.

Constructions rurales

Les prix des matériaux, rendus sur place, nécessaires aux diverses constructions rurales, varient avec les distances et la viabilité de la région : ils diffèrent également suivant que le cultivateur peut ou non faire lui-même ses charrois de l'usine, de la carrière ou de la gare les plus proches de son domaine.

Cependant, pour donner une base d'appréciation, voici un aperçu des prix en usage sur le littoral.

Fouilles. Les fouilles pour fondation se paient à raison de 0 fr. 40 le mètre courant pour une profondeur de un mètre sur 0 m. 50 de largeur. En une journée un ouvrier peut fouiller 6 mètres courants dans un sol résistant, mais non pierreux.

Fondations. On donne aux fondations une profondeur telle qu'elles reposent sur le sol ferme : en général, un mètre, souvent même 50 cent. dans les terrains compacts et graveleux. Dans les terrains mouvants, descendre à 1 m. 50 de profondeur et remblayer la fouille sur une hauteur de 30 à 50 cent. au moyen de sable ordinaire : on emplit ensuite la fouille avec de la maçonnerie hydraulique ou mieux avec du béton de caillasse. La largeur des fondations est de 50 à 60 cent. pour un simple rez-de-chaussée et de 60 à 70 cent. pour rez-de-chaussée avec premier étage.

Épaisseur des murs en élévation. Le mur a de 45 à 50 cent. de largeur pour un rez-de-chaussée ; si celui-ci doit supporter un étage on augmente la largeur de 5 cent.

Béton. Composition : pour un mètre cube de gravier de rivière ou de pierre cassée on emploie un demi-mètre cube de mortier de chaux hydraulique comme il est dit ci-dessous, ou de mortier de chaux grasse et de terre rouge composé de 0. 45 de chaux pour 0. 90 de terre rouge. Un homme aidé d'un manœuvre peut faire en une journée 6 mètres cubes de béton, les mettre en place et pilonner.

Mortier de chaux hydraulique. On emploie 150 à 250 kil. de chaux hydraulique pour un mètre cube de sable. La chaux hydraulique vaut environ 25 fr. la tonne sur le littoral. La chaux grasse vaut environ 16 fr. le mètre cube. Si l'on emploie du sable de mer, il faut le laver à l'eau douce.

Matériaux. Les moellons employés pour la construction sont de nature très variable et présentent par conséquent des prix très différents, cependant la valeur moyenne des moellons de bonne qualité peut être ainsi fixée :

Valeurs respectives à pied d'œuvre :

Moellons plats	basaltiques.	6 fr. le mètre cube.
» bruts		5 50

Pierres jaunes ou blanches calcaires, 4 50 à 5 fr.

Briques. Briques ordinaires, dimensions :

11 cent. de largeur, 23 cent. de longueur, 5 cent. d'épaisseur.

Il entre 600 à 700 de ces briques dans un mètre cube de maçonnerie. La brique doit être bien cuite : par le choc elle donne un son clair.

Maçonneries. Un ouvrier maçon peut avec son manœuvre faire 2 mètres cubes de maçonnerie de moellons dans une journée. On emploie 2/3 de mètre cube de mortier pour 2 mètres cubes de maçonnerie. En mur de briques le travail d'un maçon est d'un mètre cube en une journée. A la tâche la façon d'un mètre cube de moellons se paie 4 fr., en briques 8 fr. A l'entreprise, le mètre cube de maçonnerie de briques, toutes fournitures comprises, se paie 26 à 50 fr. suivant la localité et la difficulté du travail. On compte un mètre cube de mortier pour 3 mètres cubes de maçonnerie de briques.

Enduits en mortier hydraulique. L'enduit appliqué en 3 couches, toutes fournitures comprises, vaut 1 fr. à 1 fr. 25 le mètre carré ; la façon seule coûte 0 fr. 25. Avec un ou deux manœuvres un ouvrier peut faire 25 mètres superficiels d'enduit.

Cloisons. Les cloisons en briques pleines ou en briques à trois trous ou en galandages, toutes fournitures comprises, avec enduit sur les deux faces, valent 3 fr. 50 à 4 fr. 50 le mètre superficiel.

La façon seule coûte 1 fr. à 1 fr. 25. Il entre 35 à 40 briques au mètre superficiel.

Plafonds. Sous solives en bois le mètre carré vaut, toutes fournitures comprises, 2 fr. 50 à 3 fr.

A façon les plafonds se paient 0 fr. 60 à 0,70 le mètre carré.

Murs de soutènement. Selon le poids des terres l'épaisseur est variable.

En général on donne comme épaisseur à la base un tiers de la hauteur.

Couvertures en tuiles. La couverture en tuiles plates du pays ou de Marseille posées sur chevrons en quart de madriers et liteaux de 0,027/0,035 et attachées avec fil de fer galvanisé vaut 3 fr. 50 à 4 fr. le mètre carré, les liteaux compris.

La pose seule vaut 0 fr. 50 à 0 fr. 70 le mètre carré. Il entre 14 tuiles au mètre superficiel. Prix 115 fr. environ le 1.000 sur le littoral.

Ciments et plâtres. Prix respectifs sur le littoral :

Ciment prompt de Grenoble. 7 fr. les 100 kil.
» lent de Portland. 8 »
Plâtre gris. 2 fr. 50 »

Blanchiment à la chaux. Prix à façon, 0 fr. 10 pour 2 couches au mètre carré, et 0 fr. 20 y compris échafaudage.

Voûtines. En briques et plâtre, y compris le remplissage des reins pour planchers ou plates-bandes, toutes fournitures comprises, le mètre superficiel, à 4 fr. 50.

A façon pour la voûtine seule, le mètre carré 0 fr. 60.
» » le remplissage des reins, le mètre carré 0 fr. 15.

Forme au mortier ordinaire de 50 cent. d'épaisseur, avec fournitures comprises, 0 fr. 70 à 1 fr.

Sans fournitures, 0 fr. 18.

Carrelages. Tomettes avec forme, le mètre carré, 5 fr.

Façon seule du carrelage, 1 fr. 80.

Pans carrés d'Aubagne posés au mortier hydraulique, le mètre carré, 3 fr. 50.

Façon seule, 1 fr. 70.

Dallages en ciment. Sur une couche de béton de 5 cent. d'épaisseur on applique une couche de ciment de 2 cent. d'épaisseur. Toutes fournitures comprises, ce dallage revient à 4 fr. 50 le mètre superficiel.

La façon seule coûte 0 fr. 80 au mètre carré.

Bois. Malgré les forêts disséminées sur un grand nombre de points de l'Algérie les bois indigènes ne sont pas employés : les madriers viennent du Nord de l'Europe ou de l'Autriche et sont refendus dans les usines de nos ports de débarquement.

Les Eucalyptus, sur lesquels on croyait pouvoir compter, n'ont pas donné partout des résultats satisfaisants, même comme bois de gros œuvre, et l'on a jugé prudent de les exclure de toutes constructions fixes et de durée.

Établissement de la ferme[1]. — Les bâtiments nécessaires au logement des hommes et des animaux et à la conservation du matériel doivent être placés et disposés de façon à rendre aussi commode que possible l'exploitation du domaine.

Quand cela est réalisable, la ferme doit être construite au centre géométrique des terres, de manière à pouvoir desservir les divers points du domaine sans perte de temps. Il faut de préférence choisir pour les bâtiments une éminence, ce qui permettra souvent de faire émerger les bâtiments de la couche de brouillard qui, le matin, dans certaines régions, s'étend sur toutes les terres basses : de plus on y gagnera au point de vue de la facilité de la surveillance du domaine et au point de vue de l'aération.

Les bâtiments d'habitation doivent être tenus autant que possible éloignés des marécages : si un tel voisinage ne peut être évité, il sera prudent de le masquer par un rideau d'arbres à croissance rapide.

Ils doivent être reliés à une route publique carrossable par un chemin bien établi, empierré et praticable pour les charrettes par tous les temps, même en hiver.

La facilité de l'alimentation en eau doit être prise en considération : aussi la ferme doit être placée sinon à côté, du moins à

1. Pour les principes généraux de construction, voir le Traité élémentaire de J.-A. Grandvoinet, Librairie de la Maison Rustique, 26, rue Jacob, Paris, et la *Construction des bâtiments ruraux* par Ringelmann, librairie Hachette, Paris.

proximité d'un puits, d'une source d'eau potable. Si en ce point l'emplacement n'était pas favorable à l'installation de la ferme, l'eau pourra être amenée à quelque distance de là au moyen de conduites souterraines en plomb, en fonte ou en fer étiré. Les conduites en poterie ne sont pas recommandables, car les mouvements de terrain et même le simple retrait des terres sous l'action de la sécheresse suffisent pour détruire l'étanchéité des joints.

A défaut d'eau potable il faudra recourir à l'établissement d'une citerne dont la capacité est facilement déterminée si l'on connaît, d'une part, la tranche d'eau qui tombe annuellement dans la région et, d'autre part, la superficie des toitures qui reçoivent la pluie.

Les murs des bâtiments doivent avoir de solides fondations reposant sur le sol ferme. Malgré cela, dans les terres argileuses ou marneuses, les murs se fendillent fréquemment, parce que ces terrains sont continuellement en mouvement et subissent un retrait sous l'action de la sécheresse. Aussi recommande-t-on de faire reposer les fondations sur un lit de sable de 30 centimètres d'épaisseur et comme c'est surtout aux angles des bâtiments que se produisent les crevasses, on donne en ces points aux fondations une section triangulaire (pans coupés) : en outre, il sera prudent de noyer dans la maçonnerie un tirant en fer encastrant tout le bâtiment d'habitation et placé au-dessus des fenêtres du rez-de-chaussée. Si on a le choix, établir autant que possible les fondations en terrain graveleux.

Les bâtiments doivent de préférence être disposés suivant un carré ou un rectangle, de façon à pouvoir disposer d'une cour close dans laquelle on pourra mettre les animaux et les produits de la ferme à l'abri du vol. La maison d'habitation doit occuper le côté nord du rectangle du côté de la brise de mer et de façon qu'aucun obstacle ne gêne l'accès de celle-ci ; sur les autres côtés, il est avantageux d'établir des rideaux d'arbres.

Les vents d'ouest et de nord-ouest étant souvent violents en hiver, les ouvertures des bâtiments de ce côté doivent être réduites au strict nécessaire : en outre, il ne faudrait pas, par crainte des chaleurs d'été, supprimer les ouvertures du côté du midi dont on appréciera l'utilité en hiver. Pour abriter le jardin contre les mauvais vents, il sera préférable de le placer à l'est des bâtiments d'exploitation ou de le protéger par un rideau d'arbres, de cyprès de préférence.

Le rez-de-chaussée doit toujours être élevé au-dessus du sol, d'une marche au moins.

Les écuries peuvent être de simples hangars ouverts d'un côté que l'on peut fermer au moyen de paillassons mobiles.

L'emplacement réservé aux meules doit être choisi de telle façon que les bâtiments de la ferme soient le moins possible sous le vent passant sur ces meules, en général au sud-est de la ferme, côté d'où le vent vient le moins souvent.

En cas d'incendie des meules, la ferme est ainsi moins exposée.

Les compagnies d'assurances exigent que les réserves de fourrages soient à une certaine distance de la ferme : ce qui est toutefois une gêne pour le service des étables et écuries.

On trouvera, au chapitre *Guide hygiénique et médical*, des indications générales sur la construction d'une maison d'habitation, et aux différents chapitres *zootechniques* : cheval, bœuf, mouton, porc, les renseignements particuliers concernant l'établissement des écuries, étables, bergeries, porcheries, etc.

Au chapitre *Viticulture*, on a un aperçu des principales dispositions qui doivent présider à la construction d'une cave ou d'un chai.

Frais d'établissement d'une famille de cultivateurs en Algérie et en Tunisie.

Divers auteurs, et notamment des praticiens émérites, tels que MM. Saurin, Trouillet et Servier ont cherché récemment, après bien d'autres, à déterminer le capital et la surface terrienne nécessaires à une famille de cultivateurs qui voudrait s'établir en Algérie ou en Tunisie.

Les opinions émises sur cette question difficile et complexe sont loin d'être concordantes : elles doivent en effet varier suivant les régions qui ont été envisagées ; néanmoins, malgré les divergences de vues, elles contiennent des éléments utiles à consulter et à discuter.

On remarquera que la principale dépense est afférente à l'achat de la propriété : tous les auteurs sont d'accord pour l'évaluer à 100 fr. l'hectare. Or, ce prix s'applique à des terres de colonisation, c'est-à-dire déjà éloignées des grands centres et quelque peu avancées dans l'intérieur du pays. A ce sujet, il n'est pas inutile de rappeler que, plus on s'écarte de la zone marine pour entrer forcément dans la région des pluies parfois insuffisantes et à récoltes moins normales, plus les frais d'installation sont élevés.

Le colon qui voudra se livrer plus spécialement à l'élevage, qui aura, en dehors de sa terre, des parcours assurés, pourra ne pas craindre cette dernière région, mais celui qui voudra faire de la culture progressive et s'assurer annuellement une moyenne satisfaisante de récoltes, agira sagement en consacrant son plus grand effort pécuniaire à l'acquisition d'une terre bien située.

Il va sans dire qu'en Algérie les concessions gratuites exonèrent le colon de cette dépense première, mais elles lui limitent le choix de la résidence, le forçant à s'implanter dans un milieu qui quelquefois ne convient pas à ses ressources, à ses aptitudes et à son plan de culture.

Quant à la contenance d'un domaine agricole, il est généralement admis qu'en dehors de la zone marine et dans des terres qui ne sont pas arrosées, une surface de 30 hectares, surtout si le sol est de qualité médiocre, ne permet pas à l'agriculteur de vivre avec les produits de son exploitation.

Les auteurs qui comprennent la vigne dans le plan cultural à l'usage de l'immigrant oublient que cette précieuse plante ne peut pas vivre dans la partie la plus étendue du territoire algérien d'où elle est exclue par le climat des altitudes de la région montagneuse, des vastes espaces des Hauts Plateaux, ainsi que des parties steppiennes et désertiques. Or, ce sont ces territoires, plutôt du domaine pastoral qu'agricole, qui resteraient libres pour la colonisation par le refoulement peut-être imprudent de l'élément indigène.

Dans tous les cas, dans ces régions assez mal desservies faute de chemins de fer et de routes, il est prudent de prévoir une majoration dans les frais de premier établissement.

Le nouveau colon aura donc, préalablement à toute décision, à connaître la topographie agricole du pays où il doit s'établir, se rappelant bien que les territoires de colonisation ne sont pas tous semblables à la Mitidja, à la Medjerda, aux plaines d'Oran, etc., qui sont contiguës à de grands centres ou à des ports, ou en relations faciles avec eux.

*
* *

D'après M. Saurin, un terrain de 30 hectares et un capital de 10.000 francs suffiraient pour l'établissement d'une famille de colon.

Voici les éléments de ce calcul :

Capital nécessaire pour une ferme de 30 hectares.

Achat du terrain	3.000 fr.
Construction d'une maison (deux pièces de 3 mètres sur 3 m. 40)	1.000
Hangar pour les bœufs et les taurillons, en bois et adossé à la maison	300
Quatre bœufs de labour	500
Quatre vaches et quinze taurillons de 40 fr.	900
Un cheval	150
Basse-cour	150
Instruments agricoles. { Charrette, Harnais, Herse, Charrue, Divers }	500
Semences	250
Paille	150
Dépenses pour la nourriture et l'entretien de la famille pendant un an	1.400
Imprévu et réserve	1.700
Total	10.000

Ce capital est insuffisant : on ne construit pas pour 1.000 fr. une maison d'habitation, en observant les principales règles d'hygiène dont on ne peut se départir dans l'Afrique du Nord. Un capital semblable conviendrait mieux pour un fermier que pour un nouveau colon.

*
* *

M. Trouillet, colon à Toungar, en Tunisie, estime qu'il faut 50 hectares de terrain, avec un capital de 15.000 fr. Il calcule de la façon qui suit :

	Hectares.
Terres à céréales soumises à l'assolement	32 »
Pâturage ordinaire	8 »
Pâturage près de la maison	1 50
Plantation de cactus (sans épine pour fourrage)	3 »
Ferme, chemins d'accès, jardin, plantation d'eucalyptus	1 50
Vignes	4 »
Total	50 »

Soit 50 hectares, qui, à raison de 100 francs l'hectare, nécessitent un capital d'achat de 5.000 francs.

Les autres frais que M. Trouillet énumère se répartissent ainsi :

Capital foncier.

Maison d'habitation, 50 mètres carrés, à 25 francs le mètre	1.250	3.200
Écurie et magasins, 100 mètres carrés, à 12 fr. 50	1.250	
Défrichement des deux soles : blé et avoine, 16 hectares à 25 fr. en moyenne	400	
Création d'un jardin potager	300	

Cheptel — Matériel extérieur.

Une charrue Dombasle à avant-train	120	515
Une herse	40	
Une voiture à échelle	280	
Une pioche à pic, deux pioches-haches, deux sapes, deux sapes légères, deux pelles, râteaux en fer, instruments de jardins, etc	54	
Manches	6	
Deux faux et accessoires	15	

Matériel intérieur.

Hache, serpe, plane, scies, tarières, rabot, tenailles	30	60
Deux marteaux, assortiment de clous, vis, etc.	25	
Clef anglaise	5	
Brouette et seau	20	300
Fourches en fer et en bois, râteaux	25	
Harnais complets et traits pour un cheval	90	
Quatre colliers de bœufs et traits	120	
Étrilles, cordeaux, graisse, etc	25	
Mesure à grain	5	
Sacs à grain	15	

Bêtes de trait.

Un cheval	200	
Quatre bœufs forts de labour	800	1.480
Quatre bœufs jeunes	480	

Bêtes de rentes.

Dix vaches à 100 francs	1.000	
Cinq génisses de 2 ans à 50 fr.	250	1.500
Cinq taurillons à 50 fr.	250	

Basse-cour.

Un porc, volaille		50

Capital de roulement.

Semences.

800 kilogrammes blé à 15 fr.	120	
1.600 » avoine à 12 fr.	192	452
200 » lin à 20 fr.	40	
Autres graines	100	

Fourrages.

500 kilogrammes orge à 11 fr	55	
10 quintaux foin à 5 fr.	50	165
Paille arabe	60	

Paye des ouvriers.

Deux ouvriers indigènes à 1 fr. 20 par jour pendant 10 mois : 2×300 j.×1 fr. 20	720	
Ouvriers et chevaux auxiliaires pendant la moisson	280	2.278
Nourriture de la famille et divers	1.000	
Imprévu	278	
Total		10.000

Dans ce devis, bien des prévisions sont inférieures aux véritables dépenses exigibles ; ainsi, par exemple, le coût de la plantation de quatre hectares de vignes n'est pas compris et bien des frais divers sont estimés trop faiblement.

*
* *

M. André Servier affirme que pour réussir avec certitude en Algérie comme en Tunisie, il faut qu'une famille de cultivateurs ait 90 hectares de terre et un capital de 25.765 fr. Suivant cet auteur, si l'on ne *possède pas ce capital, il vaut mieux s'abstenir.*

Voici le décompte de l'emploi de cette somme.

Capital d'établissement.

Achat du terrain, 90 hectares à 100 francs l'hectare....	9.000
Maison, puits, écurie	6.000
Travaux de la première année. Labours, hersage, semailles de 30 hectares, récolte, battage du produit de ces 30 hectares, 900 journées à 1 fr. 20..............	1.080

Semences.

10 hectares de blé : 10 × 100 = 1.000 kil. à 15 fr...............	150	1.080
15 hectares d'avoine : 15 × 150 = 2.250 kil. à 12 fr...............	270	
5 hectares d'orge : 5 × 120 = 600 kil. à 10 fr	60	
Fèves, lin, etc............................	100	
Jardin	500	

Bêtes de trait.

6 bœufs de labour à 125 fr..................	750	1.050
2 chevaux................................	300	

Instruments agricoles.

2 charrues...............................	120	1.010
Herse....................................	40	
Une charrette, harnais.......	350	
Outils divers............................	500	

Fourrages.

Paille, foin...............................	300	550
Foin.....................................	250	

Bêtes de rentes.

15 taurillons à 50 francs	750	
5 vaches à 90 fr	450	
100 moutons à 15 fr	1.500	2.785
Une truie	35	
Volaille	50	

Salaire des bergers et entretien de la famille.

Berger des taurillons et des vaches	60	218
Berger des moutons	150	
Nourriture et entretien de la famille pendant un an	1.500	3.000
Imprévu, réserve	1.500	
Total		25.765

Le bénéfice annuel sera le suivant :

Blé, 100 quintaux à 15 fr	1.500	
Avoine, 225 quintaux 1/2 à 12 fr	2.700	5.100
Orge, 60 quintaux à 10 fr	600	
Fèves, lin, etc	300	
15 taurillons à 125 fr	1.875	
5 veaux à 35 fr	175	
50 agneaux	500	2.950
30 agnelles à 10 fr	300	
4 porcelets à 25 fr	100	
Soit un bénéfice brut de		8.050

Si, de cette somme, on retranche les frais de culture, de nourriture, de pâturage, etc., il reste un bénéfice net de 2.940 fr., devis théorique fort séduisant étant donné le peu d'importance du capital engagé, mais qui ne répond toujours pas dans la pratique à la rente normale de la terre. On ne saurait en effet tabler sur des récoltes de céréales atteignant annuellement des moyennes aussi élevées dans la généralité des cas. Néanmoins, le devis de M. Servier est, sauf erreur de détail, un utile document à consulter ; c'est un bon programme où une large part est faite au bétail, par conséquent à la production du fumier.

(Dans tous ces devis le prix de la main-d'œuvre indigène est trop faiblement estimé : on a habitué l'arabe ou le kabyle à des salaires trop élevés, qui ne correspondent nullement à la somme de travail qu'il produit ni à la richesse des rendements).

*
* *

L'administration estime qu'il faut au colon, pour s'installer sur une terre concédée par l'État, au moins 5.200 francs.

Elle établit ainsi le décompte :

Maison provisoire	1.500
Bétail	500
Matériel	200
Semences	200
Travaux divers	1.300
Nourriture et imprévus (pendant 2 ans).	1.500

On trouvera le développement de ce modeste programme dans la notice « *Colonisation en Algérie* » publiée par le gouverneur général pour l'Exposition universelle de 1889.

Plan d'exploitation pour un petit concessionnaire.

Dans une intéressante discussion qui a eu lieu au sein du Comice agricole d'Alger en 1897, M. Couput a résumé ainsi dans un sens très pratique le plan d'exploitation d'un petit concessionnaire.

Un concessionnaire arrivé dans un village de nouvelle création prendra possession des 30 ou 40 hectares que l'État lui a donnés : il possède bien réellement les 5.000 fr. qu'il doit avoir et une famille comprenant plusieurs enfants.

Son voyage, son installation et la construction d'une maison bien modeste absorbant tout d'abord la moitié de ses ressources, comment va-t-il employer les 2.500 fr. qui lui restent, son temps et celui des siens pour mettre sa propriété en valeur?

Il convient de ne pas oublier qu'il lui est impossible de se servir la première année d'une charrue perfectionnée, il faut d'abord débroussailler le terrain, l'épierrer, et c'est là une dépense qu'il ne peut faire de suite.

Avec un capital aussi modeste il vaudrait mieux lui conseiller l'emploi de ses ressources aux simples dispositions suivantes :

Achat immédiat de 2 bœufs	300
Une charrue arabe	15
Un âne ou un mulet	40
Une voiture pour l'âne	100
Une vache	125
Un porcelet ou deux	30
50 à 60 brebis	900
6 quintaux de blé pour semence	120
10 » d'orge »	120
Total	1.750

Il aura encore à dépenser 200 fr. pour établir un enclos pour les brebis à côté de son habitation ; il prendra un khammès qui ensemencera à la charrue arabe environ 18 hect. en céréales et gardera la nuit le troupeau que l'un des enfants du colon fera paître le jour. C'est donc 500 à 550 francs qui lui resteront pour subvenir aux premiers besoins des siens, et attendre que les produits de ses brebis puissent être menés au marché.

Tous les bras de la famille seront dès lors occupés à faire d'abord un jardin qui assurera à la maisonnée une partie de sa nourriture ; à planter un demi-hectare ou un hectare de vigne, puis à commencer immédiatement le greffage des oliviers qui pourraient exister dans les broussailles, à défricher progressivement les meilleures parties de la propriété, etc.

Les revenus de la première année peuvent s'estimer approximativement ainsi :

La basse-cour	50
Le jardin (cultivé presque en totalité par la famille)	250
Les porcelets	100
Produits des 50 à 60 brebis	800
45 hectolitres de céréales, part du khammès déduite et paille gardée pour le troupeau	500
soit environ	1.700
d'où il faut défalquer pour perte d'animaux ou imprévus	150
Indemnité au khammès pour garde de nuit	50
Ensemble	200

Le bénéfice pour l'année serait donc de	1.500 fr.
somme à laquelle il y a lieu d'ajouter pour avoir le total de l'actif les 550 fr. qui restaient disponibles après la construction de la maison et l'achat du cheptel, soit, comme total de l'actif	2.050

Les dépenses pour l'entretien de la famille peuvent s'élever à 1.200
se décomposant comme il suit.

Produits de la ferme, basse-cour, jardins, porcelets, etc. estimés 400 fr., plus les dépenses diverses évaluées 800 fr.

Il restera donc au colon, pour commencer sa nouvelle année, un capital argent de 850 fr., plus un cheptel légèrement augmenté par le produit de sa vache et quelques agnelles qu'il a pu conserver, ainsi que des semences.

Après trois ou quatre ans de récoltes plus ou moins bonnes, le colon se trouvera, à très peu de chose près, comme argent, au point où il en était lorsqu'il a débuté, mais il aura par contre un cheptel valant au bas mot un tiers en plus, une propriété qui commencera à lui rapporter bien davantage et une dizaine d'hectares de terre au moins défrichés. Il pourra se passer de son khammès, cultiver lui-même ou par ses enfants avec une charrue de force moyenne ses terres qui lui donneront des récoltes plus abondantes ; la vigne sera en production et apportera son contingent au bien-être de la maison. Au bout d'une dizaine d'années, la mise en valeur de son domaine sera complète, il en retirera 3.000 à 3.500 fr. de revenu brut qui lui paieront bien largement son travail.

Il pourra songer alors à établir ses enfants, il n'aura pas fait fortune, mais il aura vécu libre en élevant les siens sur une terre exempte de charges.

Mais ce résultat, si rarement atteint par ceux qui viennent s'installer en Algérie, n'est possible qu'en réunissant trois conditions principales :

1° Etre dans les plaines ou les montagnes du climat marin;

2° Avoir un capital d'exploitation montant au minimum à 80 fr. par hectare pour celui qui peut en plus y consacrer son travail tout entier ;

3° Baser toutes les premières espérances sur l'élève du bétail, surtout du mouton qui utilise bien mieux que tout autre animal les ressources fourragères si restreintes dans une exploitation en création.

*
* *

Il est difficile de trouver en Algérie à 100 fr. l'hectare, des terres défrichées et situées dans la région à élément régulier, si elles sont dans de bonnes conditions d'exploitation, à proximité d'une route ou d'une voie ferrée. Si les terres ne sont pas défrichées, cette opération majorera souvent dans de très fortes proportions le prix d'achat.

Nous pensons en tous cas qu'un immigrant agriculteur, possesseur d'un capital de 5.000 à 25.000 fr. gagnera beaucoup plus d'argent avec moins de risques et de peines en louant ou en prenant en métayage tout d'abord une propriété déjà faite dont l'étendue, le mode d'exploitation seront en rapport avec ses ressources.

Ce qui restreint la valeur de la propriété en Algérie, c'est précisément ce manque absolu de fermiers travailleurs et solvables qui met le capitaliste, acquéreur de terres, dans l'obligation de louer aux indigènes ou d'exploiter lui-même.

Après avoir ainsi géré pendant quelques années une ferme déjà créée et où il n'aura pas eu trop d'écoles à faire, l'immigrant qui aura vu son pécule largement augmenté et qui sera au courant des usages des indigènes et de la culture algérienne pourra, en toute connaissance de cause, choisir la région qu'il voudra habiter, jeter son dévolu sur une propriété déjà exploitée ou sur des terres à sa convenance, fonder en un mot une exploitation répondant à ses ressources et à ses aptitudes.

La vie du colon, il convient de le rappeler, est, au début surtout, faite d'un labeur persévérant et non sans attrait. Son travail assidu et raisonné est le seul élément de son succès, aussi devra-t-il rejeter comme dangereuses ces légendes sur la fertilité exceptionnelle du sol, sur ces années d'abondance qui doivent faire sa fortune, sur ces cultures nouvelles, toujours promises et prospérant dans la sécheresse et l'aridité, etc. Le colon ne doit avoir qu'un but : suivre les saines traditions agricoles, améliorer sa terre et relever progressivement la moyenne de ses rendements par du travail et toujours du travail.

CHAPITRE VIII

HORTICULTURE GÉNÉRALE.

L'horticulture fournit à la grande culture des éléments et des ressources complémentaires : elle concourt, par des moyens particuliers, rapides et faciles, à la propagation de certaines plantes alimentaires et industrielles.

Son rôle, très important en Algérie, comprend encore, en dehors de la culture maraîchère, le traitement de nombreux végétaux qui ont un emploi économique, parfois d'une utilité incontestable, comme ceux destinés aux boisements, aux plantations des routes, à l'endiguement des cours d'eau, etc., etc...

Nous ne parlerons que fort peu, dans ce chapitre, de la question toute spéciale des jardins et des plantes d'ornement.

La zone marine, qui est la moins étendue, utilise quelques végétaux de nature intertropicale, mais la plus grande partie de l'Algérie, la région montagneuse et celle si vaste des Hauts Plateaux ne peuvent recevoir que des espèces des pays tempérés-froids, excluant même ceux de la limite nord de la région européenne de l'Olivier.

Les établissements horticoles de la zone marine fournissent également ces deux sortes de végétaux : les pépinières des autres zones limitent forcément leurs cultures aux espèces originaires des contrées froides.

L'horticulture de la zone essentiellement littorale comprend un grand nombre de végétaux intertropicaux très intéressants qui, soumis à des soins particuliers, constituent des produits d'exportation comme plantes d'ornement destinées aux serres et aux appartements en France. Malheureusement le développement rapide de l'horticulture en Belgique, en Angleterre et en Allemagne, puissamment aidé par de bonnes méthodes culturales, le bas prix du charbon de terre et de la main-d'œuvre et le bon marché des fers et des verres employés à la construction des serres, bâches, abris, etc,...ne permet pas à ces cultures spéciales de l'Algérie de lutter avantageusement contre cette concurrence étrangère. Cette horticulture algérienne a contre elle l'éloignement, la cherté des transports et des emballages, les ruptures de charge, etc., et aussi la concurrence de l'horticulture méridionale de la *Côte d'azur*, tout aussi bien placée au point de vue climatérique et beaucoup mieux comme centre de trafic facile et économique.

L'horticulture algérienne comprend aussi toutes ces plantes d'acclimatation, *Palmiers*, *Musacées*, *Bambous*, etc., qui ont imprimé à la côte un cachet tout particulier de végétation exotique.

La plus belle collection de ces végétaux en complet développement se trouve au Jardin d'Essai d'Alger.

Plantations.

Les végétaux de transplantation se divisent en deux groupes bien distincts : ceux à planter à *racines nues* et ceux à planter en *motte*.

L'incertitude de la pluviométrie incite à planter aux premières chutes d'automne : il y a souvent là un inconvénient réel, parce que les végétaux auront à subir longtemps les effets de la déplantation avant l'enracinement qui ne se manifeste que vers le printemps, quand la terre a acquis un certain degré de chaleur. On expose donc ainsi pendant des mois les végétaux à racines mutilées aux effets de la pourriture, de la sécheresse et de toutes les intempéries.

1° Pour les végétaux à *racines nues*, la meilleure époque de plantation est du 1er décembre à fin février : ne pas dépasser le 15 janvier pour les arbres fruitiers à noyaux.

La plantation de certains arbres fruitiers peut encore se faire jusqu'aux premiers jours de mars, surtout dans les parties élevées.

2° Pour les végétaux *en motte*, qui appartiennent ordinairement aux régions tempérées, tels que les Aurantiacées, Caroubiers, Faux-poivriers, Ficus, Anona, Goyaviers, Avocatiers, la dernière partie de l'hiver, c'est-à-dire de février à fin mars, est une époque convenable.

En plantant du 15 février à fin mars on éviterait ainsi aux arbres transplantés les dernières intempéries de l'hiver.

Cette même époque est à choisir pour les végétaux d'origine intertropicale que l'on peut planter indistinctement en mottes, ou à racines nues.

Les règles de la plantation imposent que le *collet* de l'arbre, c'est-à-dire le point d'où émergent les premières racines, ne soit pas enterré de plus de 6 à 8 cent. pour les plantes fortes, et beaucoup moins pour les petits sujets. Opérer autrement, c'est-à-dire enterrer profondément, en pensant soustraire les racines à l'action du soleil et de la sécheresse, c'est exposer l'arbre à un dépérissement certain.

Toute transplantation, quel que soit le temps, doit être suivie d'un arrosement.

Boisement.

Le boisement de nature absolument forestière destiné à retenir les terres, à peupler des espaces nus, des sols maigres, etc... doit être économiquement opéré.

Deux méthodes sont à employer suivant les circonstances : le semis sur place et l'éducation préalable du plant en pépinière.

1° Le semis est partout le mode le plus économique, sauf en Algérie où l'état météorologique, sécheresse, siroco et gelée engendre bien des insuccès : d'autre part, les insectes, les rongeurs et les oiseaux dévorent les graines ou les jeunes plants.

On ne peut d'ailleurs semer sur place que les Pins d'Halep, maritime, pignon, etc., les chênes, etc. Les espèces exotiques, Eucalyptus, Casuarina, Acacia de la Nouvelle-Hollande, etc., ne donnent aucun résultat comme semis direct.

2° Le mode le plus certain de boisement ou de formation de peuplement compact consiste dans la plantation de petits sujets déjà formés par une éducation en pépinière, soit de plants à racines nues, soit de plants élevés en petits pots.

Les plants à racines nues sont obtenus en pépinière par des moyens très simples et bien connus : ils doivent avoir deux ans d'âge avant la mise en demeure définitive. Les principales essences sont : Acacia-Robinier, Ailante, Melia, Frêne, Orme, Févier, etc. Il convient de faire remarquer que quelques arbres sont rebelles au climat algérien, dans toutes ses zones : *Hêtre*, *Charme*, *Bouleau*, *Mélèze*.

Les espèces qui exigent la plantation en petites mottes, l'Eucalyptus pris comme type (*Voir la note spéciale*), sont les Pins, les Cyprès, les Thuya, les Casuarina, les Eucalyptus, les Acacia de la Nouvelle-Hollande. Parmi ces derniers on ne peut retenir que les *Acacia leiophylla*, *pycnantha*, *genistæfolia*, *decurrens* et *melanoxylon* ; la plupart poussent plutôt en fortes broussailles et aiment les terres profondes.

Le semis de ces essences se fait d'abord en terrine ou en planche bien préparée ; le repiquage a lieu en pot de 8 à 10 cent. de diamètre et les soins continuent tant que le sujet n'a pas atteint environ 25 cent. de haut.

La meilleure époque de mise en place est le courant de février.

Le boisement est une opération coûteuse, il n'y a à conserver aucune illusion à ce sujet : le sol doit être défriché, les trous creusés, la plantation soignée, quelquefois arrosée, le désherbage fréquent et la garde bien assurée.

La plantation d'un hectare de jeunes essences forestières en petites mottes exige toujours une dépense d'environ 300 francs, comme frais de premier établissement. Cette dépense est un peu moins élevée pour les plants à racines nues, mais la réussite de ces derniers est plus aléatoire.

La plantation à un mètre, par triangles équilatéraux, comprend 11.550 poquets ou plants à l'hectare. Par carré, elle en comprend 10.000.

A 1m33 de distance, 6.529 plants par triangles équilatéraux et, par carré, 5.653 plants ;

A 2 mètres de distance, 2.888 plants par triangles équilatéraux et, par carré, 2.500 plants ;

A 3 mètres de distance, 1.283 plants par triangles équilatéraux et, par carré 1.111 plants ;

A 4 mètres de distance, 722 plants par triangles équilatéraux et, par carrés, 625 plants.

De plus grandes distances ne s'appliquent qu'aux arbres d'alignement.

Soins à donner aux végétaux transplantés.

La transplantation exige des soins spéciaux, suivant que les végétaux qui doivent subir cette opération ont été cultivés en pots ou se plantent en mottes ou à racines nues.

Végétaux élevés en pot. Lorsque les plantes cultivées en pots ou levées en mottes, ont fait un long voyage, il est essentiel, *aussitôt après leur arrivée*, de leur donner les soins que nécessite l'état de sécheresse presque inévitable de leurs racines, car, malgré les précautions qu'on a prises de mouiller les mottes au moment de l'emballage, les racines n'ont pas tardé à absorber complètement l'humidité ; la terre s'est desséchée, durcie, elle ne remplit plus ses fonctions nutritives. Il est donc urgent d'y remédier au plus vite et d'agir d'après la destination réservée aux plantes, selon qu'elles doivent être cultivées en pots ou en pleine terre.

S'il s'agit de rempoter des plantes qui viennent de passer dix ou quinze jours renfermées dans une caisse, on dépose les mottes, les unes après les autres, dans un petit bassin, un baquet, voire même un seau, rempli d'eau jusqu'à ce que le liquide ait *entièrement* pénétré dans la terre, au centre même du faisceau des racines. Lorsqu'on est certain que chaque motte est parfaitement imbibée, on la retire ; on la laisse bien égoutter, on la débarrasse de son enveloppe, et l'on procède au rempotage ou au rencaissage. Les racines ne seront recouvertes que d'environ un centimètre de terre au-dessus de leur premier verticille supérieur, c'est-à-dire que la terre arrivera à peine au-dessus du collet. Le rempotage étant terminé on arrose abondamment.

On comprendra la raison pour laquelle la motte doit être ainsi submergée avant que l'on procède au rempotage. Si l'on n'agissait pas ainsi, la terre desséchée et durcie qui enveloppe les racines des plantes expédiées se trouverait entourée de toutes parts par la terre neuve, fraîche et meuble, introduite dans la caisse ou dans le pot ; celle-ci ne manquerait pas d'absorber l'eau d'arrosage, tandis que l'autre, dont les pores sont tout à fait resserrés, en recevrait à peine quelques gouttes ; au bout d'une semaine, quelquefois plus tôt, la plante périrait fatalement, malgré les arrosages qu'on lui aurait prodigués chaque jour, mais dont les racines n'auraient pas profité. Il est facile de vérifier ce fait par la simple inspection de la motte.

Végétaux en motte. S'il s'agit de plantes levées en motte et qui doivent être replacées en pleine terre, les mêmes précautions sont à prendre avant la plantation ; mais comme, dans ce cas, la partie des racines qui dépassait la motte a été retranchée, celles qui restent ne trouvent plus momentanément de nourriture que dans cette motte même ; elles ne végètent donc qu'aux dépens de l'humidité qu'elle contient ; celle-ci s'épuise bientôt, et l'on voit alors la plante languir, dépérir insensiblement, et enfin la mort arriver, faute d'alimentation, car l'ancienne motte desséchée refuse l'eau bienfaisante dont elle est entourée. Pour obvier à cela, il est essentiel, pour forcer l'humidité à pénétrer au centre des racines, de former autour de la tige, après la plantation, une sorte de cuvette destinée à recevoir l'eau d'arrosage, qui pourra ainsi descendre bien perpendiculairement et passer à travers toutes les racines.

Quand on transplante des arbres très forts, *Orangers*, *Caroubiers*, *Oliviers*, *Ficus exotiques*, etc., une précaution utile consiste à entourer le tronc de paille ou de terre grasse pour le préserver de l'action directe du soleil et des vents desséchants.

Les mêmes précautions sont à prendre pour les plantes cultivées en pot et qu'on livre à la pleine terre.

Souvent, afin que les mottes ne se brisent pas pendant le transport, elles ont été empaquetées dans de la paille ; il est bon de laisser cette enveloppe jusqu'à ce que la plante ait été posée définitivement dans le trou qui lui est destiné ; on en délie alors les attaches, qui sont fixées autour du collet ; on écarte la paille, on la couche, et l'on jette la terre par dessus. De cette façon, la motte demeure intacte et la terre reste adhérente aux racines; la paille deviendra du fumier.

Une fois la plantation établie dans ces conditions favorables, en donnera un copieux arrosage, que l'on renouvellera au moins une fois par semaine, plus souvent par les temps de siroco et de hâle jusqu'à ce que de nouvelles racines aient pu pénétrer dans le sol environnant pour y trouver une nourriture abondante.

Quant aux plantes cultivées en pot, mais destinées à être livrées à la pleine terre, il faut, après leur avoir fait subir les opérations préliminaires du *trempage* et de l'*égouttage*, retrancher le chevelu des racines qui s'est formé entre la motte proprement dite et la paroi intérieure des pots. On les met ensuite en terre, en ménageant également une cuvette autour du tronc, et l'on renouvelle les arrosements chaque semaine, jusqu'à la reprise convenable des plantes. Toutes précautions contre l'insolation directe doivent être également prises.

Les prescriptions précédentes sont applicables à toutes les plantes à feuilles persistantes et aux palmiers.

Végétaux à racines nues. Pour les végétaux à feuilles caduques qui se plantent ordinairement à racines nues, il faut éviter autant que possible de laisser les racines longtemps exposées à l'air. Aussitôt après leur réception ou après leur arrachage, si quelque cause empêche de les planter immédiatement, ils doivent être mis en jauge. S'ils ont fait un long voyage et qu'à leur arrivée les tiges et les rameaux paraissent un peu ridés, on ouvre une tranchée profonde de 0 m 40 à 0 m 50, on y couche les plantes, et on les laisse recouvertes de terre pendant quelques jours. L'humidité du sol suffira pour les rétablir dans leur état normal.

*
* *

Le moment le plus convenable pour la plantation est un temps couvert et pluvieux ; mais il est des localités, dans le Sud par exemple, où il n'est pas souvent permis d'espérer des conditions aussi favorables de l'atmosphère ; dans ce cas, il faut, du moins, choisir les moments de la journée où les ardeurs du soleil ne sont plus à craindre, et entretenir l'humidité du sol par de fréquents arrosages, ou par des irrigations dans les grandes plantations, lorsqu'il est possible de mettre ce moyen en pratique. *Mais, règle générale, qui doit être absolument observée, ne jamais planter par les temps de hâle ou de siroco.*

Nos quelques aperçus pratiques sur la *Prévision du temps* (Pages 39-41) faciliteront la tâche du planteur.

Plantes pour bordure des canaux d'irrigation.

Parmi les arbres, il faut choisir pour les zones chaudes et tempérées :

Bambous arundinacea et autres non traçants.
Casuarina tenuissima.
Cyprès horizontal.
Eucalyptus leucoxylon.
» rostrata.

Pour les zones froides :

Cyprès chauve.
Érables.
Frênes.
Micocouliers.
Noyers noirs.
Osiers jaunes et rouges.
Peupliers, sauf les espèces à racines traçantes.
Saules.

En général, éviter toutes les *espèces traçantes* d'arbres, de Bambous et de Roseaux qui détériorent les canaux.

Plantes pour cours d'eau et protection des berges.

Toutes les essences aimant l'humidité.

Bambous traçants et non traçants.
Casuarina tenuissima.
Eucalyptus leucoxylon et rostrata.

Frênes.
Noyers noirs.
Ormes.
Osiers jaunes et rouges.
Peupliers blancs.
Roseaux de Provence et de Mauritanie.
Saules.

Pour défendre les berges contre les courants, en dehors des travaux d'art ou des fascinages, les Bambous traçants, *Bambusa Simoni* et *viridi-glaucescens*, sont principalement employés à cause de leurs racines courantes. L'*Acacia eburnea* est peut-être la meilleure plante de résistance aux courants à cause de la rapidité de pénétration de ses racines dans le sous-sol.

Plantes pour fixation des dunes.

Pour les dunes maritimes.

Le vent de la mer et la nature sèche ou humide et salée du sous-sol constituent une difficulté au développement des végétaux.

En première ligne, fascinages ou haies sèches.

Agave divers (au premier rang).
Atriplex halymus ou Guetaf.
Genèvrier de Phénicie.
Opuntia divers.
Phoenix canariensis. Palmier à gros stipe résistant aux vents de mer.
Roseaux de Provence et de Mauritanie, des sables.
Saccharum Ægyptiacum, espèce très traçante et touffue [1].
Tamarix articulata ou Takaout des Arabes.

Figuiers, Bell'umbra et Araucaria peuvent être plantés dans les dernières lignes.

Les *Myoporum*, *Melaleuca*, *Banksia*, *Acacia australiens*, etc., ne sont pas à recommander.

1. Les tiges et les feuilles de cette plante peuvent servir à faire des haies sèches, à couvrir des hangars, servir aux emballages, etc., c'est une espèce précieuse.

Pour les dunes du désert.

En première ligne, fascinage ou haies sèches.

Acacia eburnea.
Agave divers.
Aristida pungens (Drinn).
Opuntia divers.
Saccharum Ægyptiacun.
Tamarix articulata.

Le *Phœnix Canariensis* peut être également employé pour former une épaisse barrière à la limite des oasis, dans tous les endroits où ce gros Palmier pourrait être arrosé.

Plantes pour talus de routes ou de chemins de fer, berges, etc.

Les arbres ordinairement indiqués pour les terrains secs et appartenant en partie aux espèces traçantes sont à employer dans ces cas.

Acacia eburnea.
Ailante ou Vernis du Japon.
Mûrier à papier.
Robinier ou faux Acacia.

Pour les terrains frais ou pour les éboulis de bonne qualité.

Bambous traçants. B. mitis, simoni, viridi-glaucescens, etc.
Frêne.
Orme.
Populus nivea.

Les espèces herbacéees vivaces et de nature ornementale, sont :

Bromus Schraderi.
* Ficoïdes.
Lierres.
* Lippia repens.
* Pennisetum.
Pervenche.
* Stenotaphrum americanum.

Les astérisques indiquent les plantes qui craignent le froid.

Plantes pour haies et clôtures.

Les espèces suivantes conviennent à la zone marine et tempérée ; les deux premières sont principalement employées pour entourer les vignes.

Acacia cavenia, à épines petites, à végétation moindre que l'espèce suivante, mais plus facile à conduire.

Acacia eburnea, à longues épines blanches ; c'est le végétal le plus défensif et qui forme la haie la plus impénétrable.

Bigaradiers et Orangers francs font des haies très vertes, mais exigent de bons terrains ; les tailles bisannuelles des premiers peuvent être distillées.

Coulteria tinctoria, Légumineuse à épines, mais ne sortant pas de la zone chaude.

Parkinsonia aculeata, n'est pas à conseiller.

Les espèces suivantes conviennent aux zones froides l'hiver et aux altitudes.

Aubépine ou Buisson ardent.
Paliure épineux ou Argalou.
Févier ou Gleditschia triacanthos.
Maclura.
Robinier ou faux Acacia.

Ces trois dernières espèces qui sont arborescentes font de très mauvaises haies en vieillissant.

*
* *

Les haies ornementales sont, *pour les zones marines et tempérées.*

Bambous touffus et épineux.
Duranta, abondante floraison.
Grenadiers divers.
Lantana, haie très fleurie.

Laurus nobilis. Laurus camphora. Ficus à petites feuilles.	à feuilles persistantes et pouvant être taillés comme des *Buis* ou des *Fusains*.

Les Agave et les Opuntia font de mauvaises haies en vieillissant.

Pour les pays froids et les altitudes.

Bambous traçants de l'Himalaya.
Buis de Mahon.
Fusains verts et panachés.
Troënes du Japon et ovaliformes.

*
* *

Les plants pour haies doivent être plantés sur une seule ligne : 7 plants au mètre pour les espèces à feuilles caduques ou petites et 4 au mètre pour les espèces à feuilles larges et persistantes.

Grands arbres d'alignement pour routes, avenues, voies ferrées, etc.

L'astérisque indique les arbres craignant le froid, C les arbres à feuilles caduques, P ceux à feuilles persistantes.

C Ailante, Vernis du Japon.
* Bell'umbra.
P * Casuarina.
P Caroubier.
P * Dattiers d'Afrique et des Canaries.
C Érable à feuilles de frêne.
C » plane.
C » sycomore.
P * Eucalyptus colossea, leucoxylon, rostrata, etc., etc.
C Févier ou Gleditschïa.
P * Faux poivrier ou Schinus.
P * Ficus à grandes feuilles.
P * » à petites feuilles.
C Frêne.
P * Grevillea robusta.
C Melia ou Lilas des Indes.
C Micocoulier.
C Mûrier à papier.

C Mûrier blanc.
C Negundo, Érable.
C Noyer noir.
C Orme commun.
C Peupliers divers.
C Planera crenata.
C Platane.
C Robinier pseudo-acacia.
C Sophora japonica.
P Troëne.

Grands arbres pour avenues et allées de parcs et grands jardins, squares et places publiques.

L'astérisque indique les arbres craignant le froid. C les arbres à feuilles caduques, P ceux à feuilles persistantes.

P * Araucaria.
C * Arbre à suif (Croton).
P * Casuarina.
C Catalpa.
C Chicot du Canada.
C * Chorisia speciosa.
P * Citharexylon divers (caducs l'été en terres sèches).
C * Erythrina Caffra.
C * » coralloides.
C * » umbrosa.
P * Eucalyptus divers autres que le *globulus*.
P * Faux poivrier.
P * Ficus à grandes feuilles.
P * » à petites feuilles.
P * Grevillea robusta.
C * Jacaranda mimosæfolia.
C Kœlreuteria paniculata.
C Maclura épineux.
C Paulownia imperialis.
C Platane.
C * Sapindus ou Savonnier.
C Sophora Japonica.

C * Sterculia platanifolia.
C Tilleul argenté.
P Troëne.
C Tulipier de Virginie.

On peut faire de très belles allées ombragées avec le *Bambusa macroculmis*, des avenues très ornementales avec le *Phœnix dactylifera*, le *Ph. Canariensis* et surtout avec le *Cocos datil*, toutes espèces qui devraient orner les places publiques et les rues de nos villes et des centres importants de la zone marine.

En général, toutes les espèces à feuilles persistantes et les *Palmiers* se plantent en motte au printemps.

Végétaux à essence odoriférante.

Bigaradier. (Citrus Bigaradia.)
Cacis. (Acacia Cavenia.)
— de Farnèse. (Acacia farnesiana.)
Geranium rosat. (Pelargonium capitatum) ou fausse essence de rose.
Jasmin d'Espagne.
— officinal.
Rosiers de différentes variétés, notamment le Rosa moschata.
Tubéreuse. (Polyanthes tuberosa.)
— à fleurs doubles et simples.
Verveine odorante. (Lippia citriodora.)
Vetiver. (Andropogon muricatum.)
— Citronnelle. (Adropogon nardus.)

Sauf les Rosiers et les Tubéreuses, ces plantes ne peuvent sortir de la zone marine

Le Patchouli, *Pogostemon patchouli*, ne peut vivre qu'en serre.

Boufarik est un centre de distillation. Chéragas, Rovigo et quelques autres localités du Sahel ou de la Mitidja et dans l'Est, Philippeville se livrent principalement à la distillation du Géranium.

Dans quelques localités de la côte orientale de la Tunisie, on distille des roses, mais cette industrie y est peu développée et ne paraît pas donner de grands résultats.

Plantes aromatiques vivaces.

Absinthe officinale.	Artemisia absinthium.
Armoise citronnelle.	Artemisia Abrotanum.
vulgaire.	Artemisia vulgaris.
Fenouil	Anethum fœniculum.
Lavande	Lavandula spica.
Marjolaine	Origanum majorana.
Mélisse officinale	Melissa officinalis.
Menthes diverses	Mentha...
Mélisse	Melissa officinalis.
Millefeuille	Achillea millefolium.
Romarin	Rosmarinus officinalis.
Rue puante	Ruta graveolens.
Sauge officinale	Salvia officinalis.
Tanaisie	Tanacetum vulgare.
Thym	Thymus vulgaris.
Violette	Viola odorata.

Beaucoup de ces plantes peuvent être employées en bordures ; elles peuvent s'avancer dans les parties froides, mais non sèches.

Bambous industriels.

Les Bambous sont des *Graminées* dont certaines espèces sont pour ainsi dire *ligneuses*.

Ils forment deux groupes :

1° Les grosses espèces poussant en touffe, et ne vivant que sur le littoral et réclamant beaucoup de chaleur.

2° Les espèces plus petites, traçantes et supportant assez bien tous les climats de l'Algérie, même les plus froids jusqu'à la limite saharienne.

Dans la première section se trouve le type des gros Bambous : *Bambusa macroculmis* : c'est l'espèce qui forme la magnifique allée du Jardin d'Essai.

Les gros Bambous sont des plantes utilitaires, à végétation très rapide : leurs chaumes, durs et légers, servent à des usages nombreux, fort appréciables dans l'agriculture coloniale, constructions légères, hangars, séchoirs à tabac, magnaneries, barrières de parc, conduits provisoires, etc. Ces espèces qui aiment la chaleur se plantent au printemps.

La deuxième section comprend beaucoup d'espèces dont quelques-unes ont des chaumes de dimensions encore assez remarquables. Les voici, à peu près par ordre de taille. B. *mitis*, *violascens*, *viridi-glaucescens*, *aurea*, *Simoni*, etc. Ils ont tous des emplois dans la ferme ou dans l'industrie, treillages, clayonnages, chevrons, cannes et manches de toutes sortes, etc., etc. Ces espèces, de végétation printanière, doivent se planter dans la première partie de l'hiver.

Les Bambous trouvent leur emploi dans la fixation des talus, des berges, dans l'endiguement des cours d'eau, pour former des haies verdoyantes, etc.

La végétation de certaines espèces est réellement surprenante : à l'automne, le gros Bambou, asperge gigantesque, a des développements de 25 à 27 cent. par 24 heures. Au printemps, le B. *mitis* atteint jusqu'à 50 cent. et plus en 24 heures.

Les Chinois mangent les pousses tendres en guise d'asperges. Le feuillage vert ou sec est très recherché par les animaux.

Consulter : *Les Bambous en Algérie*, avec de nombreuses planches, A. et Ch. Rivière, Paris 1878.

Eucalyptus, Casuarina, Grevillea.

Eucalyptus. — Ce genre, qui comprend un grand nombre d'espèces et de variétés, appartient à la famille des *Myrtacées* : ce sont des arbrisseaux ou de très grands arbres qui font essentiellement partie de la flore australienne.

Leur plantation en Algérie a été tellement prônée qu'à un certain moment les Eucalyptus ont été l'objet d'un engouement excessif en raison des résultats économiques et rapides qu'on leur attribuait.

A cette époque, vers 1860, on pensait être en présence d'une plante toute nouvelle dont les essais étaient tentés pour la première fois, et aujourd'hui même est-il encore utile de faire savoir que les Eucalyptus, au point de vue utilitaire, sont connus depuis fort longtemps, car dans certaines parties tempérées de l'Angleterre on en cultivait en pleine terre depuis 30 ou 35 ans lorsque l'hiver de 1829 les a tous fait périr ; la plantation aurait donc eu lieu vers 1790-1795.

Déjà, à cette époque éloignée, on cherchait à déterminer l'utilisation de ces végétaux : en effet, plusieurs vieux manuels de culture apprennent que « ces arbres pourraient être cultivés en pleine terre dans le midi de notre France et parvenir à la haute stature qu'ils ont dans leur pays natal, par conséquent devenir utiles pour les constructions et les mâtures. »

De nombreuses espèces d'Eucalyptus ont été essayées en Algérie. Toutes paraissent se plaire de la zone littorale à la partie montagneuse ne dépassant pas 600 mètres : les Hauts Plateaux et les régions steppiennes et désertiques ne leur conviennent nullement, aussi le boisement du Sahara ou même de simples plantations de ces arbres dans ces lieux arides, ne peuvent être considérées, à l'heure actuelle, que comme des utopies.

Les principaux *Eucalyptus* plantés en Algérie sont les suivants :

Eucalyptus globulus. Cet arbre a été longtemps admis comme le type du genre et l'on a bien à tort conseillé exclusivement sa plantation jusqu'à ces derniers temps : cette espèce est actuellement délaissée.

Eucalyptus rostrata. Cet arbre est plus connu sous le nom de *resinifera* ou *red-gum* ; il a un plus bel aspect que le précédent, craint moins la sécheresse et réclame moins de soins. Il a remplacé presque partout l'*Eucalyptus globulus*. Sa végétation n'est pas aussi active, mais sa rusticité est telle qu'il se comporte bien dans presque tous les terrains.

Eucalyptus colossea. Grand arbre se rapprochant du précédent au point de vue de la rusticité, sans peut-être le valoir mais à feuillage beaucoup plus beau.

Eucalyptus leucoxylon. Grand arbre de bonne tenue, également très résistant et se comportant bien sur la ligne ferrée de Tunis en Algérie.

Plusieurs autres espèces ont été indiquées pour leur résistance au froid, mais ces données théoriques n'ont pas été sanctionnées par la pratique, car ses essences dites alpines n'ont pu supporter le climat très vif des Hauts Plateaux. (*Eucalyptus Gunnii*, *alpina*, *Resdonii*, *coccifera*, *urnigera*, etc...)

La multiplication des *Eucalyptus* ne peut se faire que par le moyen des semis ; l'époque la plus favorable est depuis le mois de septembre jusqu'à la fin d'octobre. Comme la graine est assez petite, elle ne produit qu'un plant grêle et délicat, aussi le meilleur mode pour réussir une culture en grand, est-il de semer d'abord en terrines, puis, lorsque le plant a atteint 8-10 cent., de le repiquer dans des pots-godets ayant 7-9 cent. de diamètre. Plus tard, quand le plant aura une hauteur de 25 cent., on procèdera à la plantation définitive ; le moment le plus favorable est compris entre février et la fin de mars.

En massif, même peu serré, l'Eucalyptus a une végétation lente et restreinte ; si le sol n'est pas d'excellente qualité et humide, beaucoup de mortalités se produisent ; de là les insuccès éprouvés par les planteurs qui attendaient impatiemment un revenu par les coupes précoces que certains auteurs avaient annoncées.

Le bois des divers Eucalyptus connus en Algérie laisse à désirer comme qualité : il se tord ou se fend. Pour remédier à ces inconvénients on a conseillé de laisser tremper les troncs pendant plusieurs semaines dans de l'eau douce et même dans la mer. Cette pratique n'a pas toujours été efficace.

On avait pensé à utiliser les Eucalyptus, en raison de leurs défauts, comme bois de gros œuvre ; cependant leur emploi, comme traverses de chemin de fer ou comme poteaux télégraphiques, a été rejeté.

Les plus belles plantations d'Eucalyptus sont celles de la Cie Algérienne à Aïn-Mokra, voisines de celles de la mine de Mokta, près le lac Fetzara ; remarquables aussi sont celles de la Cie Franco-Algérienne dans les plaines de l'Habra, les beaux rideaux de ces arbres sur la ligne tunisienne de Bône-Guelma, etc.

(Consulter : Naudin, *Manuel de l'acclimatateur*, les brochures de M. Trottier et les Annales de la Société d'acclimatation de France).

Casuarina ou *Filao*. L'espèce la plus recommandable parmi ces *Conifères* exotiques est connue sous le nom de *Casuarina tenuis-*

sima (leptoclada). Sa croissance est rapide et sa rusticité est grande dans tout le climat marin : les terres un peu salées et les eaux légèrement saumâtres ne nuisent pas à sa végétation, Même culture que pour l'*Eucalyptus* : planter en jeunes sujets.

Grevillea robusta. Ce bel arbre, de la famille des *Protéacées*, est à feuillage presque persistant. Sa croissance est assez rapide dans les terrains frais et son bois est de bonne qualité en Algérie. Il végète mal en dehors du climat marin.

Même culture que pour l'Eucalyptus, mais il peut se planter à l'état d'arbre formé et en motte.

Plantes d'appartement.

CHOIX ET SOINS A DONNER

Il convient de limiter aux espèces les plus rustiques, en même temps que très ornementales, le nombre des plantes destinées à embellir nos habitations et appartements, vestibules, vérandas, galeries, terrasses, etc.

Dans les Palmiers il faut indiquer :

Latanier de Bourbon à larges feuilles ;
Palmier nain avec ses variétés ;
Corypha australis, voisin du Latanier ;
Phœnix variés, à feuilles palmées. Choisir principalement les *Phœnix reclinata*, *leonensis* et *Canariensis*.
Cocos et *Kentia*, à feuilles allongées et élégantes.

Parmi les autres végétaux, il convient de signaler :

Aspidistra, *Cycas*, *Dracœna*, *Strelitzia augusta*, *Ficus elastica* ou Caoutchouc, *Oreopanax nymphæfolia*, plante rustique à grand feuillage, *Araucaria*, etc...

On ne saurait guère rechercher d'autres plantes en dehors de cette énumération, si l'on n'a pas les connaissances spéciales en horticulture permettant de leur donner les soins voulus en temps opportun.

Tout le secret de la conservation des plantes d'appartement réside dans quelques règles générales qu'il faut savoir observer :

1° — Les plantes exigent de la lumière.

2° — Un vase proportionné au sujet, mais plutôt petit que grand.

3° — Un arrosement quotidien et réglé suivant les temps secs ou humides, le degré de chauffage de l'appartement, etc.

4° — Éviter l'insolation ainsi que le froid des nuits pour des végétaux forcément étiolés par leur séjour dans les appartements, c'est-à-dire ne pas les exposer brusquement au soleil ni aux pluies froides, surtout dans les régions éloignées du littoral où les extrêmes sont plus marqués.

5° — Le lavage des feuilles est une bonne opération, tous les huit ou dix jours. Ne pas abuser du rempotage.

6° — Les plantes à fleurs réclament un arrosement copieux et journalier, tels sont les Cinéraires, Primevères, Giroflées, Chrysanthèmes, Reines-Marguerites, etc.

Les végétaux de haute taille les plus rustiques à cultiver en grands pots, vases ou caisses, sur les terrasses, au pied des escaliers, auprès des portes, comme garniture devant les établissements publics, cafés, cercles, etc., sont les suivants :

Phœnix Canariensis ;
Corypha australis ;
Chamærops excelsa, jusque dans les parties froides ;
Oreopanax nymphæfolia —
Ficus à petites et à grandes feuilles ;
Troënes, *Fusains*, *Pittosporum*, etc.

Pour éviter les rempotages fréquents, en même temps que pour entretenir une belle végétation verte et vigoureuse, on peut arroser les plantes une fois par semaine avec un engrais chimique efficace et sans odeur ainsi préparé : Dans un arrosoir, de la contenance de 5 ou 10 litres d'eau, ajouter, suivant l'un ou l'autre des cas, 1 ou 2 grammes de *superphosphate de chaux* et 1 ou 2 grammes de *nitrate de soude*, agiter pour dissoudre et mettre en suspension les matières.

Cultures maraîchères et légumières.

La production des plantes légumières n'a aucun caractère exotique, soit pour l'exportation soit pour la consommation sur place : elle se limite aux espèces connues et cultivées en France et en Europe.

La culture des légumes a deux buts :

1° L'exportation des légumes primeurs;

2° L'alimentation locale.

La culture des Légumes d'exportation est absolument confinée à la bande littorale et aux environs des ports d'embarquement : la région d'Alger est le centre le plus important de ces productions représentées principalement par les *Petits pois*, les *Haricots verts*, les *Artichauts* et les *Pommes de terre*.

La culture maraîchère a pris aux environs des villes une grande extension : elle est la principale base d'alimentation pour une partie des populations d'origine méridionale.

Ces cultures spéciales, absolument subordonnées à la facilité de l'arrosement en toutes saisons, sont ordinairement entreprises par diverses nationalités : les Espagnols aux environs d'Oran, les Mahonnais principalement à Alger, et les Maltais et les Italiens à Philippeville et Bône.

*
* *

La culture potagère est généralement négligée par le colon : ces productions de la terre qui devraient contribuer si utilement à l'alimentation saine et régulière de la ferme ne sont pas comprises le plus souvent dans l'exploitation culturale.

Cependant, si la production légumière n'offre pas de difficultés particulières en Algérie, cette culture est très variable suivant les climats : ainsi, en remontant vers les régions froides des montagnes et Hauts Plateaux, les principes culturaux à appliquer sont ceux du centre de la France, excluant toute opération hivernale, tandis qu'au contraire, la saison d'hiver est la plus favorable à toute cette culture sur la bande tempérée du littoral.

Le cultivateur doit donc subordonner toute sa pratique à deux méthodes, l'une s'appliquant à la zone littorale et l'autre à la zone continentale, cette dernière étant caractérisée par des froids et des neiges.

*
* *

Le jardin potager, en dehors des grandes cultures spéciales d'exportation, occupe ordinairement un espace restreint sur lequel se succède sans interruption une production très variée.

L'établissement d'un potager exige deux conditions principales : l'eau abondante en toute saison et un sol de bonne qualité et perméable, argilo-calcaire, silico-argileux ou même sablonneux, additionné d'engrais sous forme de terreaux et de matières azotées (nitrate de soude).

L'exposition ensoleillée ne convient qu'aux primeurs : le potager de la ferme est mieux placé au nord, dans un ravin frais.

Le secret de la culture maraîchère réside dans l'engrais, dans l'époque des semailles et dans la bonne disposition des abris contre les vents dominants.

L'énumération des principales cultures potagères, avec une indication générale sur chacune d'elles, est faite ci-dessous par ordre alphabétique.

*
* *

Ail commun. — *Allium sativum.* Cette *Liliacée* est cultivée annuellement pour ces bulbes appelées *gousses.*

Terre substantielle, peu compacte, fortement additionnée de terreau ; et non de fumier frais ; craint les sols humides.

Plantation des caïeux en octobre-novembre, espacés de 15 cent. et enterrés de 5 à 6 cent.

Récolte en mai quand les feuilles se dessèchent.

Laisser les bulbes sur le sol pendant quelques jours pour les sécher, puis les lier en chapelets pour être conservés en lieu sec.

L'Ail d'Espagne ou Rocambole, *Allium scorodoprasum*, est rouge, moins âcre et plus recherché.

L'*Ail* est attaqué par des Nématodes ou Anguillules et par un champignon : dans ce cas, ne pas replanter dans le même terrain.

Alkékenge pubescent ou coqueret. — *Physalis pubescens.* Cette *Solanée*, très rustique et vivace, formant des petits buissons, produit des fruits comme des petites cerises, jaunes ou rouges, douceâtres et légèrement acides.

Semis annuel en bonne terre en février-mars, directement sur place : on dépique et l'on éclaircit.

Il y a des espèces et des variétés à gros fruits.

Artichaut. — L'Artichaut se cultive en vue de l'exportation sur tout le littoral et particulièrement aux environs d'Alger, entre l'Harrach et le Hamiz, quelques plantations existent aussi dans les plaines basses.

L'Artichaut demande un sol meuble, riche et profond ; il est multiplié par œilletons plantés en pépinière au printemps et que l'on met en place vers la fin de juillet.

Le nombre de pieds est de 9.000 en terrains de plaine et de 8.000 en terrains de coteaux : on les dispose en carré.

La variété cultivée est principalement le *Violet hâtif.*

Les plantations d'artichauts durent trois ans : au mois de janvier qui suit la plantation, dans les terrains du littoral, on a presque une récolte normale.

Dans les cultures en plein rapport on commence à irriguer l'Artichaut vers le 15 juillet : à Fort-de-l'Eau, l'arrosage est renouvelé tous les 5 jours et exige 400 mètres cubes d'eau environ.

L'Artichaut demande des fumures abondantes : 40.000 ou 50.000 kilog. de fumier bien fait ou de compost par hectare : on épand ce fumier en juillet, on arrose et on donne le premier piochage pour enterrer le fumier. Ce piochage est suivi de deux binages.

On enlève les œilletons 2 à 3 fois au cours de la végétation, de façon à ne laisser qu'une seule tige par pied.

La cueillette de l'Artichaut commence sur le littoral vers le 1er octobre et se poursuit jusqu'au 15 avril.

Dans les plantations, au bout de quelque temps, on observe un certain nombre de plants tardifs appelés par les maraîchers

« têtes de maures » et qui, avec le temps, deviennent de plus en plus improductifs et nécessitent des travaux de remplacement,

Voici une évaluation des dépenses dans une culture à Fort-de-l'Eau :

Fumures..	480 fr.
Irrigation tous les 5 jours à raison de 400 mètres cubes par hectare élevés d'une profondeur de 30 mètres......	360
Un piochage..	70
1er binage..	45
2e »	35
	990

Soit une dépense annuelle de 1.000 fr. environ sans compter la rente du sol et les frais de plantation et de récolte.

La production moyenne est de 4 têtes par plant : la vente se fait à l'hectare. Dans ces dernières années, à Fort-de-l'Eau, l'hectare d'artichaut s'est vendu 1.700 fr. brut, produits livrés à Alger.

Asperge. — *Asparagus officinalis.* Cette *Liliacée* exige des terrains meubles, de bonne qualité, légers ou sablonneux, abondamment fumés : elle craint l'humidité hivernale.

L'asperge réussit dans tous les climats et jusque dans le Sahara.

Plantation en novembre et décembre, mais on peut planter jusqu'en mars. Terrain défoncé à 50 cent. de profondeur. Plantation en fossés écartés d'un mètre : la terre rejetée de chaque côté forme les *ados.* On plante les griffes entre, à un mètre l'une de l'autre.

Ne pas trop enterrer la griffe qui devra être rechaussée annuellement. Binages fréquents; l'arrosage à l'eau courante est bien supporté.

On plante des griffes d'un an à deux, obtenues par semis faits en janvier-février.

Les meilleures variétés sont : *Louis Lhérault hâtif d'Argenteuil,* et la *Violette de Hollande.*

Récolte abondante dès la 3e année.

Une aspergerie vit 7 ou 8 ans : on a intérêt à la renouveler.

Les nombreux essais faits aux environs d'Alger comme culture de primeurs d'exportation par des gens du métier, n'ont pas été satisfaisants.

Sur cette culture spéciale, consulter la brochure de Louis

Lhérault, cultivateur à Argenteuil, qui a également pratiqué en Algérie,

Aubergine. — *Solanum melongena.* Cette *Solanée* est devenue très commune en Algérie où elle est recherchée comme légume d'été, consommé ordinairement en friture.

Semis décembre-janvier sur légère couche, abritée. On repique quand les mauvais temps ne sont plus à craindre, fin mars. Écartement des pieds, à 50 cent. dans les bonnes terres bien fumées.

Dans les régions froides, semis de premier printemps, sur couches bien abritées.

Arrosements d'été très copieux. Récolte fin juin.

La variété *longue* est meilleure et plus productive que la *ronde*.

Bette ou Poirée ou Betterave. — *Beta vulgaris.* Cette *Chenopodée* se sème comme les Betteraves, tout l'hiver dans la région littorale. Semis en rayon : on éclaircit.

On mange les feuilles préparées comme celles des Épinards.

Betterave potagère. — Cette Betterave se sème en planche, en août-septembre, ou à partir de mars : on éclaircit ou l'on repique.

Bonne terre et fumure : arrosements en fin de saison, mai à juillet.

Il y a plusieurs variétés de précocité différente.

Cette Betterave se mange en salade assortie, coupée par tranches.

Cardon. — *Cynara cardunculus.* Cette *Composée* vivace, semblable à un artichaut, vient dans les sols riches, profonds et arrosés.

On la sème en planche en août-septembre : on repique dans de petits trous écartés de 50 à 60 cent. en tous sens.

On blanchit le cœur en ramenant autour de lui les feuilles enfermées dans un revêtement en paille : elles deviennent alors tendres et charnues.

Câprier. — *Capparis spinosa.* Cette *Capparidée* frutescente croît à l'état sauvage dans toute l'Algérie et se retrouve jusque dans les forêts des cercles de Djelfa, Laghouat, Bou-Saâda, etc... ; elle était autrefois très répandue autour d'Alger. Le *Câprier* est encore assez commun aux environs de Bougie où il est exploité par les indigènes : les *Câpriers* de cette région alimente même un petit commerce d'exportation.

C'est le bouton floral du *Câprier* qui, récolté avant son épanouissement, est conservé dans du vinaigre et vendu comme condiment sous le nom de *câpre*.

Multiplication par bouture, marcotte, éclats de pieds et graines.

Le *Câprier* se plaît dans les milieux secs et sains et les coteaux qui, bien que caillouteux à la surface, permettent aux racines de s'enfoncer. Le binage facilite sa végétation et la taille augmente sa production, car les fleurs ne se développent que sur les rameaux de l'année.

Cette plante est cultivée depuis des siècles dans tout le bassin méditerranéen, aussi doit-on rappeler que son exploitation n'est économique en Algérie que là où ce végétal croît spontanément et où la main-d'œuvre est à bon marché.

Carotte. — *Daucus carota.* Cette *Ombellifère* se sème toute l'année sur le littoral, en terre légère profonde, bien fumée. Semis à la volée ou mieux en rayon; on éclaircit et sarcle. Arrosements de printemps et d'été.

Le semis août et septembre donne des produits pour le courant de l'hiver.

Il y a beaucoup de variétés : *Carotte courte*, *Carotte rouge*, *demi-longue de Luc*, *Nantaise*, etc.

En dehors du littoral, ne pas faire de semis d'hiver.

Céleri. — *Apium graveolens.* Cette *Ombellifère* aime les terrains fertiles, frais et arrosés.

On sème en planche de janvier à mars.

Repiquage distancé de 15 cent., en rigoles écartées de 25 à 30 cent.

Pour blanchir le Céleri, ramener les feuilles autour du cœur et butter.

Les principales variétés sont : *Céleri précoce*, *rave*, *à couper*, etc., mais cette plante ne se comporte pas fort bien dans les cultures algériennes : elle laisse à désirer comme tendreté et goût.

Le Céleri est attaqué par une rouille.

Cerfeuil. — *Scandix cerefolium.* Cette *Ombellifère* aromatique et annuelle se sème toute l'année, sauf pendant les grandes chaleurs. Terrain frais, exposé au nord. Végétation rapide.

Le Cerfeuil bulbeux, *Chœrophyllum bulbosum*, ne donne qu'un résultat médiocre.

Chicorées. — *Cichorium.* Ces Composées potagères appartiennent à plusieurs espèces du genre.

Chicorée frisée. Semis successifs de juillet à septembre. Repiquage en planches.

Faire blanchir en relevant les feuilles. On peut avoir cette salade pendant tout l'hiver.

Scarole ou escarole, même culture.

Chicorée amère. Semis successifs et serrés. On fait également blanchir.

Les *Chicorées* exigent l'arrosement constant, sans quoi les feuilles sont dures, coriaces et par trop amères.

Chou. — *Brassica oleracea.* Cette *Crucifère* présente un grand nombre de formes :

1° Les choux pommés ou à têtes compactes et à feuilles lisses et à fleurs jaunes ;

2° Les choux de Milan à feuilles gaufrées, boursouflées et à fleurs blanches ;

3° Les choux verts à tige, sans pommes ;

4° Les choux-raves, à gros collets ;

5° Les choufleurs.

Tous les *Choux* sont, dans la zone marine, de culture hivernale ; ils exigent une très bonne terre, fraîche et arrosable.

Dans la région littorale, le semis de *Choux pommés* se fait courant d'août, en planches. On repique le plant à 4 et 5 feuilles, à demeure, avec écartement de 30 cent en tous sens.

Dans la région froide, le semis doit être de premier printemps.

Les principales variétés sont : *Choux d'York hâtif, de Milan frisé, Cœur de Bœuf, Milan des Vertus.* Les *Choux de Bruxelles* sont de qualité passable en Algérie.

Les *Choufleurs* se sèment en juillet et août : culture hivernale et récolte jusqu'en avril.

Sur le littoral on préfère le *Choufleur d'Alger*, variété un peu haute, mais de bonne végétation. Arrosements indispensables dans les hivers secs.

En règle générale, les semis trop tardifs engendrent des

choux sans tête ou à tête restreinte. Un semis de printemps ne donnerait que des feuilles.

Ciboule. — *Allium fistulosum.* Cette *Liliacée* est très rustique, mais se plaît dans les terrains légers. Elle est employée comme condiment ou assaisonnement.

Plantation annuelle par semis ou caïeux en septembre et octobre.

Ciboulette Civette. — *Allium schœnoprasum.* Cette *Liliacée* est plus ténue que la précédente. Ses feuilles très fines sont recherchées comme aromate. Même culture que la précédente : on la plante ordinairement en bordure dans le potager.

Concombre. — *Cucumis sativa.* Cette *Cucurbitacée* annuelle se cultive comme les melons. Terre très meuble, abondamment fumée et arrosements réguliers. Les variétés sont nombreuses. Il faut savoir choisir les bonnes graines. Semis en février sur place.

Le *Concombre à cornichons* se sème en février, à un mètre de distance : on cueille le fruit à des dimensions variables pour le confire.

Courge. — *Cucurbita maxima.* Cette *Cucurbitacée* est très polymorphe : ses principales formes comestibles sont : le Potiron, la Citrouille, le Giraumon, etc. Il y a des variétés espagnoles qui donnent des fruits pesant de 50 à 100 kilos : ces fruits se récoltent en plein été, sont alimentaires et se conservent jusque dans l'hiver.

La culture des melons et des concombres exige beaucoup d'eau et de fumier. Grands écartements : pincements des tiges quand les fruits commencent à grossir.

Semis de printemps.

Les *Courgettes* de printemps se sèment *abritées* en novembre, celles d'été se sèment en juin pour récolter en août et septembre.

Cresson de fontaine. — *Sisymbrium nasturtium.* La culture en grand de cette *Crucifère* n'est rémunératrice qu'aux environs des grands centres et dans des conditions spéciales, c'est-à-dire avec de l'eau de source coulant régulièrement.

Disposer le sol en planches de 15 mètres de long, de 1 mètre de large et de 15 cent. de profondeur. Planches bien fumées et labourées. Semis fin août, hersé et damé; arrosements à l'arrosoir pendant 3 semaines ; après, courant d'eau *constant* de 2 cent. d'épaisseur. Si le semis est trop dru, on dépique et l'on replace dans les vides ou dans de nouvelles planches.

La première récolte se fait au bout de 75 jours, la deuxième coupe, 50 jours après, etc., les coupes de printemps ont lieu tous les 20 jours. Les coupes du soir et de grand matin sont meilleures que celles de la journée.

L'eau doit toujours être courante, limpide et non stagnante et mousseuse.

Le désherbage doit être attentivement surveillé dans les planches comme dans les sentiers.

Les cressonnières en plein soleil donnent de meilleurs produits que celles cultivées à mi-ombre.

La récolte du Cresson se termine au printemps, avril-mai, époque où la plante monte rapidement en graines.

La graine se conserve peu de temps, deux ans au plus ; il faut la renouveler.

Crosne. — *Stachys affinis*. Cette petite *Labiée*, à souche vivace, est un nouveau légume : on mange ses rhizomes noueux et féculents.

Multiplication par graines ou tubercules au premier printemps en terrain léger mais riche.

En Algérie, la qualité de ce légume est médiocre.

Échalotte. — *Allium ascalonicum*. Même culture que l'ail, mais exige une terre légère additionnée de terreau.

Plantation par bulbes en février, en planches ; écartement des plants, 15 à 20 cent. en tous sens.

Craint l'humidité.

Épinard. — *Spinacia oleracea*. Cette *Chénopodée* annuelle se plaît dans les terrains frais, aux expositions les moins ensoleillées.

Semis en planche. On peut semer depuis octobre jusqu'à fin mai quand on a de l'eau.

La montée en graines est rapide au printemps.

Estragon. — *Artemisia dracunculus*. Cette *Composée* aromatique se multiplie par éclats de pied en février, elle craint les expositions ensoleillées et n'est pas de végétation vigoureuse.

Fève. — *Faba vulgaris* (Foûl des Arabes). La Fève des marais ou grosse Fève se cultive principalement pour l'alimentation en gousse verte, ou en graine sèche.

La Fève maraîchère doit se semer fin décembre en lignes distantes de 60 cent. et avec écartement de 20 cent. Binage et léger buttage quand les plants ont atteint environ 15 à 20 cent.

Ecimage à la faucille, dans les années pluvieuses, quand la plante s'emporte et peut verser.

Récolte en gousse verte ou en pleine maturité.

Cette plante ne se plaît point dans tous les terrains comme on le pense généralement. Ses produits ne sont rémunérateurs qu'en terre profonde, riche et fraîche. Les bonnes fumures sont bien acceptées.

On récolte environ 16 quintaux de graines à l'hectare : on arrive à 20 en culture maraîchère. (Voir *Fèverolle*, pages 217-218.)

La Fève maraîchère paraît plus attaquée par l'Anguillule que la Fèverolle. (Voir *Maladies*.)

Fraisier. — *Fragaria vesca* (*Rosacées-Fragariées*). La culture du Fraisier a pris un grand développement autour des principaux centres : elle convient à la région montagneuse moyenne, Constantine, Tlemcen, etc., elle est également prospère sur le littoral où l'on récolte des fruits hâtifs, à partir de mars : la fructification se prolonge quelquefois jusque vers la fin de juillet.

Ce fruit supporte mal la traversée et n'est pas encore compris dans les articles d'exportation.

Le Fraisier se plante en novembre-décembre, en terre très riche, abondamment fumée, sur les côtés de billons écartés de 60 cent., les plants à 25-30 cent. les uns des autres. La fructification a lieu au mois d'avril-mai et la pleine récolte se fait la deuxième année. La plantation bien entretenue dure 5 ans.

Enlèvement des stolons ou coulants. Arrosements constants d'été, sans quoi la plante dépérit.

Les Fraises dites *Ananas*, *Marguerite Lebreton*, *Dr Morère*, *Queen Victoria*, etc., sont grosses et donnent abondamment.

Les *Quatre saisons* sont fines et parfumées, mais le ramassage exige du temps.

Gombo. — *Hibiscus esculentus*. Grande plante légumière annuelle de la famille des *Malvacées*, originaire des Antilles. On en récolte les capsules jeunes et tendres qui sont mangées crues ou après avoir subi diverses préparations.

Autrefois cette plante a été cultivée dans certains jardins arabes aux environs des villes, mais ce légume a en partie disparu devant d'autres plus utilitaires et à plus grand rendement.

Semis de printemps, culture d'été, avec irrigation : écartement des plants, 60 cent. sur 40 cent.

Haricot. — *Phaseolus vulgaris.* Les variétés de cette *Légumineuse* sont très nombreuses. Elles se divisent en deux groupes : *Haricots à rames et nains.*

En Algérie ces légumes de primeurs ne comprennent guère que des races naines, cependant le Haricot *Beurre d'Alger*, sans parchemin, semble trouver une place dans l'exportation.

Les Haricots à récolter en *sec* ou à manger en *gousses vertes*, se sèment depuis mars jusqu'en juin, avec de l'arrosement.

La production de ce légume sec est insuffisante pour l'alimentation locale qui doit recourir largement à l'importation. Les Haricots exotiques, de *Lima*, du *Cap*, etc., ainsi que les *Dolics* ne sont pas généralement assez fructifères. Le *Dolic Lablab* est une sorte de haricot rustique, mais de qualité inférieure et craignant le froid. Culture peu à conseiller.

Haricots verts. — (Voir la note spéciale).

Laitue. — *Lactuca sativa.* Cette *Composée* annuelle a de nombreuses variétés représentées par deux types principaux :

Les *Laitues pommées*, en forme de choux pommés et les *Laitues romaines*, à feuilles allongées, serrées les unes contre les autres.

Semis successifs depuis l'automme pour récolter jusqu'au commencement de l'été.

Les Laitues exigent une terre substantielle et beaucoup d'eau : elles montent rapidement au printemps.

Lentille. — *Ervum lens* (Add-sse des Arabes). Cette petite *Légumineuse* très nutritive se plaît dans les terrains légers, secs et très perméables.

Semis en octobre et novembre. La maturité des graines est irrégulière. Faire la récolte en plusieurs fois, lier en botillons, et laisser sécher sur place.

Battre au fléau et conserver en lieu sec.

Rendement médiocre en Algérie : cette plante n'est cultivée que par quelques tribus kabyles.

Melon. — (Note spéciale.)

Navet. — *Brassica napus.* Cette *Crucifère* se sème avec de la graine de deux ans, en planche, à la volée, à l'automne et jusqu'en décembre : on éclaircit et on sarcle. Terre légère, profonde et riche. Arrosements si l'hiver est sec : la plante monte facilement à graine au printemps. Culture essentiellement hivernale.

Les grosses variétés doivent être semées en lignes écartées de 30 cent.

Oignon. — *Allium cepa.* Cette *Liliacée* à gros bulbe est très cultivée en Algérie, notamment dans la zone littorale : elle joue un rôle considérable dans l'alimentation des races méridionales.

Son milieu est la terre substantielle, fortement fumée en terreau. Semis en planches, à la volée ou en lignes en août. On repique aux premières pluies à 10 cent. de distance dans des sillons écartés de 60 cent. Binages fréquents. On récolte en mars-avril. On laisse les bulbes se ressuyer sur le champ ou à l'ombre, puis on les attache en guirlandes en lieu sec.

L'*Oignon blanc* est très hâtif : celui de Madère est très gros et très sucré.

Oseille. — *Rumex acetosa.* Cette *Polygonée*, recherchée pour ses feuilles, prospère dans les terres fraîches et arrosées et dans les expositions les moins ensoleillées.

On sème en planche à la volée à l'automne ou au premier printemps : on multiplie également par éclats repiqués à 12 cent. les uns des autres.

Cueillette renouvelée, en choisissant les feuilles. Renouveler la plantation tous les deux ou trois ans.

Pastèque. — *Citrullus vulgaris.* Cette *Cucurbitacée* à très gros fruits, à graines noires dans une chair rouge, contient beaucoup d'eau. Quoique fade, elle est très appréciée par les races méridionales. Même culture que celle du Melon et semis hâtif pour obtenir la maturité en plein été. Laisser croître en liberté avec beaucoup d'arrosements, bonne terre et exposition ensoleillée.

Patate. — Voir à la page 246 (Plantes alimentaires).

Piment. Poivron. — *Capsicum annuum.* Cette *Solanée* a de nombreuses variétés recherchées pour leurs fruits verts, rouges ou jaunes, ronds ou allongés, âcres ou doux.

On sème en septembre sur légère couche abritée la nuit : on repique en février-mars, à une distance variable suivant les variétés.

Dans les parties froides, semis de premier printemps sur couche très abritée.

Même culture que l'Aubergine, mais plus grand abri contre les vents.

On commence à récolter fin mai les Poivrons verts *italiens* qui sont les plus précoces.

On appelle ordinairement Poivrons les Piments doux, gros et à côtes, à manger en vert.

Poireau. — *Allium porrum.* Cette *Liliacée*, comme ses congénères, se plaît dans les terres très fertiles.

Semis à la volée ou en raies, en août et septembre-octobre, et en février-mars, afin de récolter pendant deux saisons.

On repique à 15 à 20 cent. dans des lignes écartées de 15 à 20 cent.

On butte le Poireau pour le faire blanchir : sans cette opération il est de qualité médiocre en Algérie.

Les principales variétés sont le *Long blanc* du Midi, *Poireau monstrueux de Carentan* etc,...

Pois. — Petits pois (Voir note spéciale).

Tomate ou Pomme d'Amour. — *Solanum lycopersicum.* Cette *Solanée* doit être plantée en très bonne terre, copieusement fumée, dans des parties bien abritées des vents et bien ensoleillées : elle doit être considérée comme une culture annuelle.

Semis en décembre, en planche, couverture de nuit. Repiquage en mars en sillons écartés de 60 cent., plants à 35 ou 40 cent. de distance.

Pinçages fréquents. Tuteurage. Sulfatage préventif contre le Phytophtora. Arrosements répétés. Cueillette fin juin et courant juillet et première partie d'août.

Dans les régions moins chaudes que le littoral, semis en février-mars, sur légère couche abritée, pour planter à demeure en mai.

La Tomate se cultive avec succès aux environs d'Oran, sur les coteaux, dans de petits carrés protégés par des haies de broussailles sèches : des maturités s'obtiennent souvent dans le courant de février. Ce fruit commence à devenir un article d'exportation, mais déjà bien concurrencé par les envois des Canaries.

Culture de la pomme de terre.

La culture de cette *Solanée* était inconnue en Algérie avant l'occupation française. Depuis, elle est pratiquée dans les régions de culture européenne, particulièrement par les Espagnols et surtout les Mahonnais. Les indigènes ne se livrent que tout à fait exceptionnellement à la culture de cette précieuse plante, qui, du reste, exige des soins peu en rapport avec leurs procédés culturaux.

La pomme de terre est cultivée en Algérie surtout en vue de l'exportation comme primeur. Dans ce cas, elle doit arriver sur les grands marchés de la métropole au commencement du printemps, durant le carême et surtout dans la semaine qui précède Pâques. Elle peut atteindre alors les prix de 25 et 40 francs le quintal. La culture de la pomme de terre primeur n'est possible que sur le littoral, dans les terres légères, chaudes et abondamment fumées.

Quand la vente sur les marchés de la métropole n'est plus suffisamment rémunératrice, la pomme de terre va à la consommation locale, mais elle est loin de suffire à ses exigences. Aussi importe-t-on annuellement des quantités considérables de ce tubercule, soit pour la consommation, soit pour servir de semences, car, en Algérie, le renouvellement des semences s'impose par suite de la difficulté qu'on a de conserver les tubercules en bon état jusqu'aux prochaines plantations.

Les variétés cultivées pour la production des primeurs sont la variété dite de Hollande et particulièrement la *Royale Kidney* et aussi la *Quarantaine*, mais moins. Elles répondent aux conditions qu'exige le commerce, ce sont des pommes de terre allongées, à peau jaune et à chair blanche.

Dans les terrains moins bons, moins frais on cultive la *Saucisse rouge*, mais c'est plutôt une pomme de terre d'arrière-saison destinée à la consommation locale. Elle est très productive et plus appréciée que l'*Early-Rose*. Cette dernière variété dans une terre légère, fumée et profonde, donne beaucoup, mais elle se montre peu résistante au Peronospora : ses tubercules sont de qualité secondaire.

La pomme de terre du type *Rigault* est d'excellente qualité mais donne peu.

La *Richter's Imperator* est une variété industrielle cultivée en Europe en vue de la fabrication de la fécule. En Algérie, elle demande 130 jours pour parcourir le cycle de sa végétation, elle ne vient bien qu'à l'irrigation. Il faut qu'elle soit bien mûre pour que ses fruits soient comestibles, mais c'est une bonne variété, à grand rendement et dont la semence est de conservation assez facile [1].

Époque de la plantation. La végétation dure sur le littoral en terrains légers 90 à 100 jours. On n'a cependant alors qu'une maturité relative dont on se contente. Il faudra donc planter environ trois mois avant la semaine de Pâques pour profiter des cours les plus élevés. On peut aussi planter au printemps vers le 15 avril. Dans ce cas il faut pouvoir arroser. Quant aux produits, ils ne trouvent d'écoulement que sur le marché local.

Choix du plant. Pour semences on emploie autant que possible des tubercules de grosseur moyenne. Ils pèsent en moyenne 40 grammes.

Espacement. On plante la pomme de terre à une distance de 30 cent. en tous sens. Les pommes de terre à grand développement foliacé sont plantées à 40/60.

Le terrain avant la plantation est disposé en billons. On plante sur les bords de l'ados : plus tard, quand la pomme de terre est arrivée à un certain développement, on creuse davantage la rigole pour butter et, s'il y a lieu, pour irriguer. La pomme de terre se trouve alors arrosée par infiltration.

Dans les plantations d'hiver il faut avoir soin de disposer les ados dans le sens de la plus grande pente du terrain pour faciliter l'écoulement des eaux pluviales.

Les cultures de printemps sont arrosées tous les 15-20 jours.

Rendement. Les pommes de terre primeurs donnent en moyenne 3 pour 1.

Les pommes de terre de printemps donnent de 10 à 12 pour 1, mais le prix est alors de 8 à 10 francs le quintal.

1. Ch. Rivière. Société nationale d'agriculture de France, 1896.

Traitement. Il est indispensable de traiter la pomme de terre en vue de sa protection contre le Peronospora, maladie qui entraîne la pourriture des feuilles, des tiges et des tubercules.

La formule à employer est la suivante :

2 kil. de sulfate de cuivre ;

1 kil. de mélasse ;

1 kil. de chaux vive ;

100 litres d'eau.

Le lait de chaux est versé dans le sulfate de cuivre dissous et la mélasse délayée est ajoutée au mélange.

Il faut donner 4 traitements dont le premier doit être fait quand les plants ont 10 à 15 cent.

Plus tard, quand la feuille est plus développée, on augmente la proportion de sulfate de cuivre que l'on porte à 3 p. 100.

Faire le traitement au moyen du pulvérisateur.

Sur les Hauts Plateaux, la culture de la pomme de terre primeur n'est pas possible. Les plantations de pomme de terre en vue de la consommation locale ne doivent être faites qu'après la saison des froids, car les tiges sont très sensibles à la gelée. Mais comme la période estivale succède presque immédiatement à la levée, il faut assurer le développement de la végétation par des irrigations au moins dans les années sèches.

Culture. La culture de la pomme de terre ne peut être faite que sur le littoral exclusivement. A Hussein-Dey, on plante la *Royale Kidney* ou la *Strazel*[1] en novembre et on emploie par hectare 10 quintaux de semence qui rendent, le 3 ou le 4 en moyenne : on plante 80.000 pieds à l'hectare. Les jeunes pousses, quand elles sortent de terre, sont arrosées à la bouillie bordelaise (1 kil. de sulfate de cuivre, 1 kil. de chaux, 1 kil. de mélasse pour un hectolitre d'eau).

Un quintal de semence coûte en moyenne 12 fr., la dépense de main-d'œuvre pour la culture de la pomme de terre est estimée à 38 fr. par quintal planté, prix d'achat non compris. Si on admet un rendement de 3 pour la semence et un prix de vente de 30 fr. c'est donc un bénéfice net de 40 fr. par quintal planté.

1. La *Strazel* est une exellente variété, introduite et diffusée par le Jardin d'Essai dans ces dernières années : elle tend à remplacer la *Royale Kidney*, car elle est plus hâtive avec un plus grand rendement.

Culture de la pomme de terre pour la consommation locale. Dans certaines régions de l'Algérie et particulièrement dans la province d'Oran, entre Perrégaux et Mascara, on cultive la pomme de terre pour la consommation indigène.

Au printemps à Dublineau (Oran) on plante l'*Early-rose* à raison de 8 quintaux par hectare. Les tubercules de semence sont coupés et plantés à une distance de 80 cent. entre les lignes et de 20 cent. sur la ligne. Cette culture est faite en vue de la production de la semence pour la plantation en août qui est la principale.

A la culture d'août on emploie 10 à 12 quintaux de tubercules qui sont plantés entiers et qui rendent en janvier 90 à 100 quintaux vendus à raison de 9 fr. le quintal sur wagon.

L'irrigation est indispensable ; on compte 4 irrigations pour la culture de printemps et 6 pour la culture du mois d'août.

La culture de la pomme de terre exige des terres abondamment fumées et bien préparées.

*
* *

Nous avons vu dans différents passages de ce livre que la production de la pomme de terre en Algérie était insuffisante pour la consommation locale que le faible rendement de ce tubercule destiné à l'industrie ou au bétail et ses exigences culturales ne permettaient pas son exploitation économique notamment pour ces derniers usages.

L'emploi de certaines variétés et l'usage de l'irrigation pourraient, par la suite, modifier l'état actuel.

Quant à la culture de la pomme de terre dans le Sahara, elle est loin d'être résolue. Jusqu'à ce jour les résultats y ont été nuls, mais l'emploi d'autres variétés et de méthodes de traitement pourrait peut-être permettre l'obtention de modestes rendements dans toutes les parties où le sol et les eaux n'ont pas un excès de salure.

Culture du haricot vert

Le haricot se cultive sur le littoral en vue de l'exportation des gousses ou légumes. La variété à préférer est le *Haricot noir de Belgique*, qu'il ne faut pas confondre avec le *Haricot noir d'Alger* ou le *Haricot noir du Brésil.* Ces deux derniers, cuits à l'état sec, teignent la sauce en noir, inconvénient que ne présente pas le *Haricot noir de Belgique.* On cultive aussi le *Mouche à l'œil*, dans certains cas un peu plus hâtif, mais moins productif.

Le *Haricot noir de Belgique* se montre plus vigoureux que les deux autres variétés noires qui donnent des légumes de forme moins cylindrique et plus tourmentée et par suite d'un prix inférieur de 15 à 20 centimes au kil. sur le marché d'exportation.

Les expéditions de haricots verts se font du 15 mars au 15 mai. On sème les haricots verts du 1er au 15 janvier et on les récolte en vert jusque dans le courant de mai : en sec à partir de cette époque. Il faut compter trois mois de végétation avant de commencer à récolter.

Le *Haricot noir de Belgique* à l'état sec n'a pas de valeur sur le marché ; il ne se consomme guère que dans la famille du cultivateur.

On peut aussi cultiver le haricot en vert à l'automne : on sème dans le courant de septembre de façon à pouvoir expédier les gousses en décembre et janvier. Cette culture d'automne exige l'irrigation.

Il faut au haricot un terrain bien fumé et meuble. On sème en lignes par poquets de 2 à 3 grains distants de 30 cent. sur la ligne et de 40-50 cent. entre les lignes. On sème sur billon de manière à pouvoir arroser.

Une culture de haricots bien réussie peut donner à l'hectare un bénéfice net de 1.200 fr. Quand les prix sont soutenus, quand la demande est active, le quintal se paie 150 fr. et même, dans des conditions exceptionnellement avantageuses, 250 fr. Bien entendu, il faut une marchandise de premier choix. Les gousses doivent être fines. Quand elles sont plus grosses, elles sont dépréciées de moitié.

Dans les années humides les cultures de haricot sont ravagées par un champignon parasitaire et par les pucerons dans les années trop chaudes et sèches. Dans ce dernier cas, on pourrait essayer l'aspersion au jus de tabac.

De plus, cette culture redoute les gelées et la grêle. Pour parer à ces accidents on a recours aux nuages artificiels et aux abris. Ceux-ci sont formés de petits paillassons fixés dans un morceau de roseau fendu enfoncé obliquement dans le sol de façon à protéger le jeune plant.

L'expédition des légumes se fait dans des paniers. Il faut éviter de les tasser en grandes masses de peur qu'ils ne s'échauffent et ne pourrissent. Quand l'expédition n'est plus possible, les légumes sont vendus sur les marchés locaux, où ils ne trouvent plus guère qu'un prix de 15 à 20 centimes le kilogramme.

Chez M. de Saint-Foix, à Hussein-Dey, on cultive le *Noir de Belgique* en octobre, 3 grains par trou. Au printemps, on sème le *Mouche à l'œil*. A cette époque, il faut pour les espèces à grand développement, 100 kil. de semence, et 100.000 poquets par hectare, et 5 grains par poquet.

Culture du Melon.

MELON. *Cucumis melo*. — Cette *Cucurbitacée* qui présente de nombreuses variétés appartient, en Algérie, à la grande et à la petite culture.

La grande culture a particulièrement pour but la production de fruits recherchés pour la consommation des classes populaires indigènes ou d'origine méridionale qui les apprécient à cause de la modicité des prix. Ces melons de variétés diverses arrivent en masse sur les marchés où ils séjournent en immenses tas.

Le melon est cultivé en terre sèche ou sur de grands espaces quand l'irrigation est possible : on trouve ces deux modes dans la Mitidja. Le voisinage de l'Espagne a entravé l'extension de cette culture dans les plaines arrosées d'Oran.

Dans certaines parties de l'Algérie, de la plaine de la Mitidja notamment, on plante les melons sans arrosage dans les terrains qui ont été quelque peu marécageux pendant l'hiver et qui, par conséquent, conservent assez longtemps une certaine fraîcheur. Dans ces conditions, si la fin du printemps n'est pas trop sèche, on obtient des récoltes, mais, dans ces terres généralement fortes, la qualité des produits laisse souvent à désirer.

Les principales variétés à choisir sont : *Melon brodé* et *demi-brodé* ; cette dernière est supérieure à la première. Puis viennent les nombreuses sous-variétés du *Melon* dit d'*Espagne* parmi lesquelles celles à chair *blanche* ou *verte* doivent être préférées.

Grande culture. Sur prairie ou céréales en vert, on laboure profondément et l'on ameublit fortement le sol par un hersage et un roulage bien faits : cet ameublissement de la surface est continué à la pioche par les premiers binages.

Le Melon étant sujet à de grandes variations, il faut bien choisir les graines à semer qui ne doivent pas provenir de culture ayant contenu d'autres *Cucurbitacées.*

Dans la zone marine, on sème dans la première quinzaine d'avril ; un peu plus tard dans les autres régions, quand les gelées printanières ne sont plus à craindre.

Semis en poquet, 7 à 8 graines, sur un emplacement bien fumé avec du terreau. La distance à observer entre chaque pied est de 1 m. 50 en quinconce : graines peu enterrées et à surveiller contre l'humidité.

A la levée on éclaircit, laissant 3 pieds par poquet : binages, arrosages modérés car les racines et les tiges ont une tendance à pourrir dans la zone marine : les fruits craignent également l'humidité qui est moins redoutable dans les Hauts Plateaux.

On pince à 3 ou 4 feuilles et l'on forme les bras ; suivant leur végétation ces bras sont également pincés car les fruits naissent le plus souvent sur les ramifications secondaires.

On ne supprime aucune fleur : les fleurs femelles se reconnaissent au renflement de leur base qui est l'ovaire.

Le pincement des tiges portant des fruits en formation s'impose et on retranche également toutes les pousses inutiles sans cependant trop dégarnir le pied du feuillage nécessaire à sa vie.

Suivant la végétation du bras on lui laisse un certain nombre de fruits, ordinairement trois : la quantité serait obtenue aux dépens de la grosseur et de la qualité. Arrêter l'arrosement avant la maturation des fruits et ne cueillir ces derniers qu'à la maturité complète.

Les frais et les recettes afférents à cette grande culture sont assez variables, suivant les localités, les cours et diverses autres circonstances : cependant ils peuvent être évalués approximativement ainsi dans la région d'Alger, prise comme type dans une année normale.

Dépenses.

Loyer du sol	60 fr.
Défoncement à la charrue, à 0,40 de profondeur	300 »
Hersage et roulage	15 »
Fumure	100 »
Semis et préparation des poquets	30 »
1er binage	50 »
2e »	35 »
Tailles, soins et insecticides	50 »
Frais de cueillette	60 »
Total des dépenses	700 fr.

Les recettes à l'hectare, quand les maladies n'ont pas sévi avec intensité, s'établissent ainsi :

15.000 à 20.000 melons à 8 fr. le cent rendu sur le marché = 1.200 fr. ou 1.600 fr.

Il faut comprendre en plus, comme bénéfice, l'excellente préparation du sol pour une culture subséquente, tabac, plante maraîchère ou autre.

Le bénéfice net à l'hectare serait de 500 fr. ou de 900 fr.

Les causes qui influent sur la vente dépendent de l'importance du centre d'approvisionnement, de son éloignement, de la hâtivité ou de la tardivité de la cueillette. Les melons primeurs sont très recherchés sur les marchés, mais il n'y a que certaines localités du littoral qui puissent les produire.

Culture maraîchère. Aux environs des grands centres, sur le littoral, la culture du melon est faite au point de vue de l'obtention des primeurs.

Le terrain est alors préparé à la pioche ou à la bêche et le semis se fait pour chaque pied au milieu d'un espace profondément défoncé et bien fumé avec du terreau très consommé.

L'irrigation est modérée et le terrain ne s'arrose pas en plein.

Pour avancer le développement du plant on a parfois recours au semis dans des petits pots et sous châssis, sur couche tiède, puis on livre à la pleine terre à la bonne époque. Cette culture abritée est encore plus à préconiser quand on s'éloigne du littoral, mais elle demande beaucoup de surveillance étant sujette au parisitisme que l'on doit combattre rapidement par les insecticides et les anticryptogamiques.

Les Melons d'*Espagne*, les *brodés* et les *demi-brodés*, les *Sucrins*, etc., réussissent ordinairement bien, cependant les véritables *Cantaloups* sont de culture plus difficile et souvent de qualité passable, sauf dans les Hauts Plateaux.

Les *Melons blancs d'hiver* et *Melons longs d'hiver* qui n'exigent pas toujours de l'arrosement se conservent souvent jusque dans la première quinzaine de janvier. On en trouve sur les marchés d'Alger, mais ils y sont plus rares qu'en Espagne ou dans la Provence.

Le climat sec des Hauts Plateaux n'est pas défavorable à la culture des melons : de l'arrosement et un simple abri sur les fruits en maturation suffisent pour combattre les mauvais effets de l'insolation et pour permettre l'obtention de bons produits.

Maladies. Les *melons* sont rapidement envahis par des maladies dont les principales sont le *Blanc* ou *Oïdium* que le soufre combat, et par divers pucerons sur lesquels les insecticides, jus de tabac, solution savonneuse et sodique, au pétrole, au sulfure de carbone, etc., ont beaucoup d'action à condition que l'application soit faite au début du mal, complète et répétée.

Culture des petits pois.

La variété cultivée pour la production des primeurs est le *Prince-Albert*, variété qui demande à être soutenue au moyen de rames.

Il existe des variétés dites Mahonnaises qui sont cultivées sans rames et dont quelques-unes ne sont pas sans valeur.

La période de végétation est de 4 mois environ sur le bord immédiat de la mer; sur les coteaux, le développement des pois est un peu plus lent.

Il y a deux saisons d'expédition, pour les *Petits pois* : la première de mi-décembre à mi-janvier. La seconde d'avril à mi-mai.

Pour arriver, pour la première saison, il faut planter dans le courant d'août et en septembre, en terrain arrosé, et pouvoir irriguer tous les 15 jours jusqu'à la saison des pluies.

Pour la deuxième période d'expédition, planter en décembre.

L'exportation des *Petits pois*, autrefois très considérable, tend à baisser par suite de la concurrence faite par les produits de la Provence qui arrivent sur les grands marchés presque en même temps que les nôtres.

Le prix de vente varie entre 50 et 75 centimes le kil. Les expéditions ont lieu par paniers de 25 kil. Les petits pois ne doivent pas être entassés par trop grandes masses de peur d'échauffement.

On cultive le *Petit pois* sur billons et en lignes. Les lignes sont distantes de 60 cent. pour les pois ramés, et de 40 pour les pois nains. Sur la ligne on espace les plants de 20 cent.

Le *Prince-Albert*, qui a une végétation vigoureuse demande un écartement de 30 à 40 cent. sur la ligne.

Les *Petits pois* résistent assez bien à la gelée, mais ils redoutent les grêles, trop fréquentes au printemps. Les vents leur causent préjudice, ainsi que les moineaux.

Quand la récolte des *Petits pois* est faite, les tiges sont séchées et données en nourriture aux animaux.

Ces plantes sont attaquées par les pucerons et par la rouille.

Considérations générales sur les primeurs d'exportation.

Pendant ces dernières années on a vivement incité les cultivateurs à développer la production maraîchère pour l'exportation, mais peut-être y a-t-il un danger à voir sortir cette culture des mains des spécialistes pour prendre une place plus ou moins marquée dans l'agriculture proprement dite. Certains indices ont déjà démontré les inconvénients d'encombrer les marchés avec des produits de conservation difficile.

Depuis dix ans, une baisse très sensible se constate sur les prix des primeurs d'exportation : la Pomme de terre a perdu environ

40 p. 100, les Haricots verts plus de 50 p. 100, les Petits Pois environ 40 p. 100 et la dépréciation est actuellement encore plus accentuée sur les Artichauts.

D'autre part, la première saison de vente — celle où les prix sont favorables — tend à se restreindre de jour en jour par les nombreux arrivages sur les grands marchés européens des produits similaires obtenus dans des contrées méditerranéennes bien favorisées par le climat.

Ainsi que nous l'avons déjà exposé, la culture rémunératrice des primeurs ne peut être faite que sur le bord *immédiat* de la mer, aux environs des ports d'embarquement bien desservis par des moyens de transport réguliers et *rapides* sur la métropole.

Il faut en outre pour ces cultures d'excellentes terres, des fumures et surtout des moyens d'arrosement en toutes saisons : il faut aussi qu'elles soient conduites par des spécialistes, des véritables maraîchers en un mot.

Ces conditions sont assez difficiles à réunir, et toutes les côtes du Nord de l'Afrique ne les offrent point ; aussi la Tunisie ne semble pas bien indiquée pour ce genre de production, car elle est sujette l'hiver à quelques écarts météoriques et l'eau d'irrigation y est rare.

Donc en dehors de la zone essentiellement littorale, avec ses conditions particulières d'arrosement et de relations économiques, il n'y a rien à tenter en culture maraîchère d'exportation, surtout dans les parties sahariennes voisine du Tell : ces dernières régions n'ont aucun avenir dans cet ordre d'entreprises culturales et l'on ne saurait y admettre comme un résultat acquis et définitif les tentatives de culture de l'*Asperge* et de la *Pomme de terre* précoces.

Le développement de la production des primeurs sur toutes les côtes du bassin méditerranéen menace de faire une concurrence sérieuse aux cultures algériennes, d'autant plus que dans ces localités privilégiées on y applique en plus des procédés et des perfectionnements culturaux qui sont de nature à favoriser l'obtention de produits plus précoces.

Ces moyens artificiels ne doivent pas être négligés en Algérie si le cultivateur veut conserver à ses primeurs une prépondérance marquée sur celles des autres contrées à climat similaire.

CHAPITRE IX

APICULTURE. — SÉRICICULTURE. — PISCICULTURE

Apiculture.

L'art d'élever les abeilles et de faciliter leurs productions est connu depuis un temps immémorial dans l'Afrique du Nord. Dans l'occupation successive de l'Algérie, nos soldats rencontrèrent des ruches un peu partout. L'arrondissement actuel de Tizi-Ouzou comptait à lui seul, d'après Letourneux et Hanoteau, jusqu'à 1.219 propriétaires de ruches, et 8.480 colonies. Le rendement moyen accusé s'élevait à 8 litres de miel par unité ; mais ce chiffre est certainement exagéré. En le réduisant de moitié, nous voyons que le revenu est encore très appréciable et prouve que les plantes mellifères sont abondantes. Ajoutons que ce résultat est obtenu avec une méthode d'exploitation primitive, presque toujours irrationnelle ; qu'en outre, l'indigène ne tente rien, ni semis, ni plantations, dans le but d'augmenter les sources du nectar, cependant on a constaté que certaines tribus pratiquaient la transhumance du rucher[1].

Les premiers colons n'apportèrent aucun perfectionnement dans l'élevage des abeilles. Ils employèrent le cylindre creux ou le parallélipipède des Arabes, et récoltèrent aussi défectueusement qu'eux. Par-ci par-là, cependant, quelques-uns firent usage de caisses plus grandes, et surtout plus maniables, sans pourtant abandonner la routine du fixisme. Ce n'est qu'à partir de 1871 que la ruche à cadres, c'est-à-dire le mobilisme, apparut sérieusement dans la colonie. Nous le devons en grande partie aux Alsaciens-Lorrains, immigrés lors de l'annexion.

1. Rucher ambulant (*Algérie agricole*, 1883).

Le public conserve, à l'égard de la mouche, des préjugés absurdes parce qu'il n'a aucune notion de son utilité.

« L'abeille, dit-on, est terrible par son aiguillon ; de plus, elle détériore nos fleurs et nos fruits. » Les piqûres ? Légende pour l'apiculteur consommé, sachant manœuvrer ; légende même pour le novice, par l'emploi du masque et de la fumée. Quant aux dégâts produits dans nos vergers, c'est là une de ces croyances ineptes qui reposent uniquement sur l'ignorance. Tout homme qui a étudié tant soit peu l'histoire naturelle est convaincu, d'abord, que l'abeille ne se nourrit pas de corolles, et que la constitution de ses mandibules ne lui permet pas d'entamer un fruit sain. Les principaux coupables sont les guêpes, à mâchoires en dents de scie, les fourmis, les moineaux, etc. ; notre insecte ne fait que ramasser ce qui sans lui serait perdu en tombant sur le sol. Donc, non seulement il ne nuit pas, mais nous allons voir qu'il est éminemment utile.

Chaque ruche bien menée peut fournir un minimum de 20 fr. de revenu, lorsque son installation n'exige pas plus de 10 à 15 fr. de capital. On n'a pas à craindre de longtemps qu'il y ait pléthore sur le marché de miel, car la population indigène, musulmane et israélite, préfère le nectar au sucre, et en consomme tellement que l'Algérie est obligée d'en demander à l'étranger, bon an mal an, pour plus de 600.000 fr.

Ce n'est pas tout : l'abeille est nécessaire.

Les expériences les plus concluantes ont démontré que les plantes ne grainaient pas, que les fruits ne nouaient pas, sans l'intervention des insectes. Le vent est parfois impuissant à transporter le pollen fécondant d'une fleur à l'autre : les insectes, et tout particulièrement les abeilles, servent de véhicule et assurent ainsi une fructification plus abondante.

HISTOIRE NATURELLE

Pour ne pas entraver le développement et le travail de l'abeille, tout débutant doit d'abord posséder les notions élémentaires de son histoire naturelle et de sa physiologie.

De mars à juillet une ruchée normale comprend trois sortes

d'individus distincts par leur forme et par leurs habitudes : ce sont la reine ou la mère, les ouvrières et les mâles ou faux bourdons.

La *reine*, qui est unique dans la colonie, est plus grosse que l'ouvrière et plus longue. Ses ailes paraissent plus courtes que celles des autres abeilles ; ses pattes sont teintées de jaune ; son dos a un reflet roussâtre ; son aiguillon, légèrement recourbé vers le bas, ne lui sert que contre ses rivales. C'est la seule femelle parfaitement constituée de la famille ; elle seule, par sa fécondité prodigieuse, est chargée du renouvellement et de la perpétuation de l'espèce. Elle ne s'accouple qu'une fois dans sa vie, au vol, hors de la ruche, et, si la copulation a été complète, réintègre le domicile, pour ne plus le quitter qu'au moment de l'essaimage. La ponte varie avec son âge et avec les saisons : 3.000 œufs par jour dans ses deux premières années et pendant les mois de miellée ; beaucoup moins lorsqu'elle vieillit, comme aussi lorsque les floraisons diminuent. Selon la nature des berceaux qu'elle rencontre sur son passage, la pondeuse dépose, à son gré, des germes qui donneront le jour à des mères, à des ouvrières, ou à des mâles. Les œufs de mâles n'ont pas reçu le contact des spermatozoïdes contenus dans la poche séminale. La faculté d'engendrer des êtres vivants mâles même sans fécondation est commune à l'abeille et à beaucoup d'autres insectes : c'est ce qu'on appelle la *Parthénogénèse*.

La reine peut atteindre jusqu'à 5 ans ; mais ses rejetons la laissent rarement mourir de sa belle mort. Ils l'exécutent et la remplacent dès que l'activité de ses ovaires ne répond plus aux besoins du moment ; l'apiculteur avisé prête souvent la main à ses élèves, dans cette exécution sommaire.

Le voyage de noce s'effectue à partir du 4e jour de naissance de la jeune vierge. Il se renouvellera jusqu'à copulation fertile. Si, pour une cause ou pour une autre, celle-ci n'a pas lieu dans les 5 semaines, la femelle restera *bourdonneuse*, c'est-à-dire ne procréera que des faux-bourdons. D'où fatalement la perte de la ruche.

Les ouvrières. Le plus petit sujet de l'agglomération, et le plus directement utile, est l'ouvrière. On lui a donné ce nom, parce qu'elle seule butine et s'occupe des travaux intérieurs de la famille. Sa vie, toute de labeur, se consume à soigner les larves au berceau, à secréter la cire, à construire le logis, à y maintenir la propreté, à veiller à la porte, pour éloigner les pillards, à agiter les ailes sur le guichet, pour renouveler l'air de la ruche, à voler enfin aux champs, pour rapporter les victuailles.

C'est une femelle atrophiée, et la preuve en est dans sa faculté de pondre. Qu'une ruchée perde sa reine à une époque où son remplacement n'est plus possible, une plus ou moins grande quantité de butineuses, sous l'influence d'une alimentation particulièrement nourrissante, sent son ventre grossir et laisse tom-

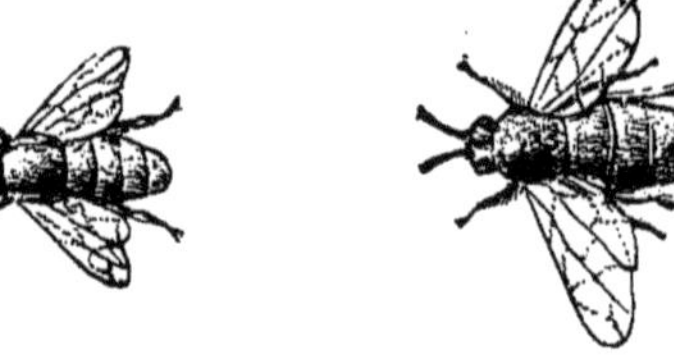

Fig. 1. — Reine. Fig. 2. — Ouvrière. Fig. 3. — Mâle.

ber des œufs dans les cellules. Mais ces fausses mères, n'ayant pas pu subir l'approche du mâle, n'émettent que des germes non fécondés, et qui ne produiront que des faux-bourdons. Ici encore comme avec des mères demeurées vierges, la colonie, devenue ce qu'on appelle *bourdonneuse*, est condamnée à disparaître.

L'ouvrière a un aiguillon, et s'en sert contre tous ceux qui l'irritent. Ses pattes sont au nombre de six ; la dernière paire est singulièrement conformée, en tant qu'elle offre des fossettes, dites *corbeilles*, où la butineuse accumule ces petites pelotes jaunes, rouges ou blanches que vous lui voyez charrier. De ses yeux, 3 placés en triangle au milieu du front, sont simples, et la guident dans l'obscurité de la ruche, 2 placés sur les côtés de la tête, sont à facettes, c'est-à-dire composés, ce qui explique sa puissance de vision.

La durée de sa vie est variable : 4 à 5 mois dans la durée du repos, 4 à 5 semaines seulement dans la saison du travail.

Une bonne colonie renferme de 40.000 à 60.000 ouvrières.

Les mâles sont plus gros que l'ouvrière, mais moins longs que la mère. Ils n'ont pas d'aiguillon. En volant ils produisent un bourdonnement plus ronflant que le bruit fait par leurs sœurs. Ils ont pour unique mission de féconder les reines vierges, et pour chaque épouse un seul mari est suffisant. L'acte de l'accouplement leur coûte la vie, parce que leur pénis se brise dans les organes génitaux de la femelle, lorsque, à la fin de l'acte, ils cherchent à se détacher.

L'amour n'existant qu'en période d'essaimage et de miellée, la nature ne les fait apparaître qu'en mars dans une ruche saine. Quand leur office n'est plus nécessaire et que la récolte devient parcimonieuse, les ouvrières les expulsent, ou les condamnent, en les confinant sur un rayon vide, à périr de faim.

Métamorphoses de l'abeille. L'œuf, agglutiné au fond d'une cellule, met trois jours à éclore. Il en sort un ver ou *larve*. Le premier jour, cet œuf a une position perpendiculaire au plancher de la loge ; le deuxième, il s'incline ; le troisième, il est couché à plat. Le quatrième jour, la larve née dessine dans le creux un petit croissant blanc ; les cinquième, sixième et septième, les extrémités s'allongent ; le huitième, le cercle est complet ; le neuvième, l'insecte en transformation se redresse et se file un cocon, puis on observe 2 à 4 jours de repos, pendant lesquels la larve se change en *nymphe*.

Nous verrons par la suite que ces notions sont indispensables à tout apiculteur qui veut élever des reines artificielles, ou sauver les ruches orphelines.

Après le dépôt de l'œuf, et avant le tissage du cocon, les abeilles versent dans l'alvéole les aliments propres à chaque genre. C'est une bouillie de miel liquide mélangé avec du pollen, en proportions à peu près égales pour les ouvrières et les mâles, mais différentes pour les mères. Dans la pâtée de celles-ci, l'analyse chimique a noté une quantité plus appréciable de pollen, c'est-à-dire de principes azotés.

La nymphe est enfermée dans son berceau par les ouvrières. Elles couvrent la cellule d'un opercule en cire et pollen, légèrement bombé, et de coloration jaune brunâtre. L'occlusion dure de sept à seize jours, suivant le sexe du sujet ; après quoi l'insecte sort de sa prison totalement transformé, et tel que nous l'admirons dans ses tourbillonnements extérieurs. Il perce lui-même le plafond de sa cage, accouche la tête en avant, et se donne à lécher et à lustrer aux spectatrices de l'éclosion. A peine nettoyé, il commence immédiatement son rôle dans l'économie familiale. Mais malheur à lui s'il est estropié ! Car les nourrices ne tolèrent pas d'avorton : elle le traînent hors du logis et le précipitent dans le vide.

Voici un tableau, publié pour les apiculteurs, qui permettra de saisir d'un coup d'œil toutes ces variations dans leur ordre.

TABLEAU DES MÉTAMORPHOSES

	REINE	OUVRIÈRE	MALE
	Jours	Jours	Jours
1. Durée d'incubation de l'œuf	3	3	3
2. Durée de nourrissement des larves (1re métamorphose)	5	5	6
3. Filage du cocon par les larves	1	2	3
4. Période de repos	2	3	4
5. Transformation des nymphes (2e métamorphose)	1	1	1
6. Durée de l'état des nymphes et 3e métamorphose	3	7	7
Total	15	21	24
1. L'éclosion de l'œuf a lieu et le ver apparaît le	4e	4e	4e
2. La cellule est fermée le	9e	9e	9e
3. L'abeille sort de la cellule à l'état d'insecte parfait le	16e	22e	25e
4. L'abeille sort de la ruche pour prendre le vol le	4e	14e	14e

Sens et mœurs des abeilles. L'abeille vit en communauté fermée, et n'accepte qu'à son corps défendant les vagabonds qui cherchent à violer son domicile. Pour les reconnaître, son odorat seul la guide. Chaque colonie a une senteur spéciale, inappréciable pour nous, mais très distincte pour ses membres, et gare à l'intrus qui se trompe de porte ! A moins toutefois qu'il ne vienne le jabot plein. Dans ce cas, quelque arôme étrange qu'il ait, on ouvre les rangs pour le laisser passer, parce que, au lieu de demander, il apporte. Que si la ruchée indûment visitée se trouve faible, et que les larrons soient en nombre, la garde peut succomber et la maison est pillée.

L'odorat mène encore les butineuses sur les fleurs et aux autres sources de miel.

Certaines odeurs leur sont agréables ; d'autres les excitent au plus haut degré. La fumée les chasse, les effluves alcooliques, les émanations provenant de la sueur, les mettent en rage.

Le sens *de la vue*, comme nous le savons déjà, est très développé. Pour s'en convaincre, on n'a qu'à observer avec quelle prestesse l'abeille vole d'une fleur sur une autre fleur de même aspect. C'est la même faculté qui permet à une colonie déplacée à moins de quatre kilomètres, de s'orienter presque instantanément, et de travailler régulièrement au bout d'un quart d'heure, même dans la ruche noire.

La mouche entend-elle ? Il n'y a pas de doute, puisque le bruit de ses battements d'aile lui sert de signe de ralliement ; puisque, encore, ce même bruit, rendu plus aigu par la crainte, chez l'une ou l'autre qui vous poursuit, attire rapidement une nuée de comparses armées en guerre et prêtes à vous tomber dessus. Cependant le charivari fait par les campagnards pour arrêter les essaims ne semble pas influencer les mouvements de ceux-ci.

Le toucher est très délicat. Il s'exerce au moyen de deux sortes de cornes placées sur la tête, et appelées *antennes.* Il est probable que c'est au moyen de ces appareils que l'abeille se conduit dans l'obscurité de la ruche. L'action de l'ébranlement atmosphérique se rattache aussi à la tactilité. C'est ainsi qu'un coup de tonnerre ou de fusil rassemble instantanément la bande des fuyards, et que le voisinage d'une ligne ferrée ou d'une route très fréquentée par les charrois jette la perturbation dans les ruches.

On n'est pas encore suffisamment fixé sur le sens *du goût.*

L'abeille algérienne, dit-on, est peu maniable. Le reproche est justifié, quand on ne s'occupe d'elle qu'à l'heure du dépouillement. Mais elle s'apprivoise aussi bien que ses congénères des pays étrangers. D'ailleurs, nous avons des moyens infaillibles, et des couvertures, pour nous garer. Elle n'use de son dard que pour se défendre, et la blessure qu'elle fait entraîne sa mort, car elle abandonne l'aiguillon dans la plaie. Son irritabilité est presque nulle au temps d'abondante miellée et pendant l'acte de l'essaimage ; elle augmente lorsque l'air est chargé d'électricité, lorsque les fleurs ne donnent plus, et lorsque vous voulez mettre à nu l'intérieur de son nid.

On l'accuse encore d'être pillarde. Loin d'être un grand défaut n'est-ce pas là une preuve de son activité? Du reste, nous le verrons plus tard, rien n'est plus facile que de prévenir le pillage, ou d'y mettre fin.

Couvain. Les différents états de l'abeille au berceau constituent le *couvain*. Celui-ci existe chez nous durant toute l'année ; mais il n'est réellement abondant qu'au printemps et en temps de forte récolte, c'est-à-dire, à l'époque de l'essaimage, et aussi de l'usure rapide des existences. Il importe donc à la prospérité d'une ruchée qu'il y ait une quantité prodigieuse de naissances, soit à l'effet de fonder de nouvelles colonies, soit afin de remplacer journellement le contingent des ouvrières mortes à la peine.

Un fait à noter est l'expansion régulière de la ponte. Ordinairement celle-ci commence au milieu de la ruche et au centre du rayon. De cet endroit, la mère passe sur le rayon suivant, d'où elle revient au point de départ; ici elle agrandit l'aire de son dépôt, puis se rend sur le rayon de l'autre côté, pour retourner encore au milieu. Ce va-et-vient, tantôt à droite, tantôt à gauche, se continue jusqu'à ce que tous les gâteaux aient été touchés, et comme elle ajoute chaque fois de nouveaux œufs aux noyaux primitifs dans les cadres qu'elle traverse, le couvain prend à un certain moment la forme de deux cônes juxtaposés par leur base. Peu à peu, cependant, la constitution des cadres mêmes oppose un obstacle au développement circulaire. Alors la reine élargit chaque surface de ponte par sections de cercle, et ne s'arrête que dans le voisinage des barrettes. Toutefois la bande supérieure du rayon est toujours réservée comme entrepôt de miel. Il est à remarquer encore que les ouvrières emmagasinent le pollen à proximité des larves auxquelles il doit servir de nourriture. Quand la reine rencontre dans ses pérégrinations successives des cellules vidées par suite de cette alimentation, elle n'oublie pas d'y piquer des œufs, car la plaque de couvain ne doit pas avoir de solution de continuité.

Souvent dans nos ruches cubiques, surtout lorsque l'essaim est faible, la ponte se présente sous l'aspect d'un seul cône, dont la base correspond à une paroi ; mais, dès que la bâtisse s'étend et que les éclosions ont enrichi la population, la mère déplace le centre, pour arriver petit à petit au mode type que nous venons d'étudier.

Bâtisse et ses usages. En vue de recevoir le couvain et les provisions, l'abeille construit des loges en cire. La cire n'est pas ce que l'on croyait autrefois, cette masse jaune ou rougeâtre que les butineuses rapportent collées à leurs pattes de derrière. C'est une secrétion de glandes situées sous les arceaux du ventre des abeilles. Lorsque celles-ci la veulent exsuder, les unes se suspendent en chapelets, dans un état de torpeur presque absolue, les autres circulent sur cette chaîne, et recueillent les lamelles émises, qu'elles transportent au chantier. Là, elles les mâchent, pour les employer ensuite à l'édification des gâteaux.

On admet généralement que ce soin est dévolu aux jeunes mouches ; on les dit pour cela *cirières* ; tandis que les plus âgées vont aux champs, et conservent le nom de *butineuses*, ou *pourvoyeuses.* Néanmoins, par les fortes récoltes, tout le monde butine à tour de rôle, et tout le monde construit la nuit. Jeunes et vieilles sortent pareillement, sans distinction, si l'on a donné à la ruchée des constructions achevées.

Cette exsudation de matériaux ne se fait pas sans dépenses. En effet, il a été reconnu que l'élaboration d'un kilog. de cire exigeait une absorption d'au moins 5 kilogs de miel.

L'ensemble de l'édifice d'une colonie se compose d'une série de gaufres, placées parallèlement et verticalement : ce sont les *rayons* ou *gâteaux.*

Les rayons se présentent sous deux aspects divers. Sur les faces d'une cloison médiane s'élèvent des cellules ou alvéoles à 6 pans, plus ou moins spacieuses et larges. Dans les cellules les plus petites sont élevées les ouvrières ; dans les plus grandes, les mâles. Le miel est logé indifféremment dans les unes et les autres.

Un décimètre carré de gâteau renferme 427 alvéoles de butineuses sur chaque face, ou seulement 265 alvéoles de faux-bourdons. Toutes ces loges sont horizontales, avec une faible inclinaison vers le haut, et partent de bases communes qui, semblables à des murs mitoyens, séparent les cavités de droite de celles de gauche. L'épaisseur d'un rayon d'ouvrières rempli de couvain operculé est de 24 millimètres ; le rayon de mâles, dans le même état, en mesure 34.

Entre les rayons les abeilles laissent un intervalle libre, assez large pour que deux ouvrières y puissent circuler dos à dos.

Là où le même gâteau porte les deux espèces d'alvéoles, les cirières raccordent les surfaces en intercalant des loges plus petites et moins régulières.

Outre ces constructions mathématiques, on aperçoit, au printemps, sur les bords et parfois aussi sur les plans des rayons, des proéminences singulières, ayant la forme d'un gland, et dirigées de haut en bas. En revoyant vos ruches en automne, vous constatez que de ces tubérosités bizarres il ne reste plus que le fond, assez semblable à la cupule même du gland, lorsque celui-ci est tombé. Ce sont les *alvéoles royaux*.

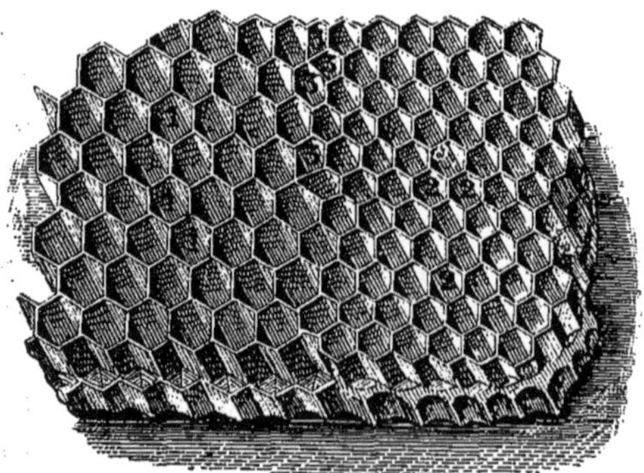

Fig. 4. — Cellules diverses.

Fig. 5. — Alvéoles royaux.

L'opercule de la mère est situé à la partie déclive de la cellule. S'il est franchement enlevé, on peut en inférer que la recluse a vu le jour selon les règles ; s'il est resté intact et que l'on constate sur un des côtés du gland une ouverture anormale, on peut être sûr aussi que la pauvrette a été massacrée par une de ses rivales, ou, ce qui est peut-être plus vrai, par les autres abeilles.

Les couvercles dont nos insectes ferment les cellules sont de deux sortes : blancs, plats, et en cire pure sur le miel ; jaunes-brunâtres, ainsi que nous l'avons vu plus haut, bombés, en cire et pollen, sur les larves. Le mélange de cire et de pollen donne à la lamelle de la porosité, et permet l'introduction de l'air nécessaire à la vie de l'insecte inclus.

Récolte des abeilles. Le *Miel* est une secrétion des végétaux, le plus ordinairement, que nos mouches puisent dans les nectaires des fleurs simples. Sa quantité sur chaque pied dépend du nombre de ces nectaires, et aussi de l'état atmosphérique, et de la nature du sol. L'altitude même a une influence marquée sur la récolte.

Les butineuses ramassent encore du miel sur la tige et les feuilles de certaines plantes. Ces excrétions anormales, appelées *rosées de miel*, sont parfois considérables dans les pays de l'est et du centre de l'Europe, mais restent à peine appréciables chez nous. Il en est de même des excréments sucrés de certains insectes du genre aphides. L'abeille se ravitaille aussi, quoique médiocrement, sur les fruits trop mûrs, surtout lorsqu'ils sont entamés par des insectes étrangers ou par les oiseaux.

La couleur et l'arôme du miel varient selon les fleurs. Au printemps, saison des arbres fruitiers et du sainfoin, il est presque blanc et d'un parfum délicieux ; en été, sa teinte brunit, et le goût s'accentue.

Le nectar pompé est d'abord accumulé dans le jabot, où il subit instantanément une modification physique. Les abeilles se hâtent de le porter chez elles, et le dégorgent dans la première cellule libre qu'elles rencontrent sur leur chemin. D'autres le reprennent et le véhiculent en haut des rayons, ou sur des rayons plus éloignés, cela dans le but de ne pas rétrécir outre mesure le foyer des pontes occupé par la mère.

Les alvéoles ne sont pas remplis le même jour : le miel déposé est trop aqueux pour se conserver. Avant de l'operculer, les butineuses lui laissent le temps de s'évaporer en partie dans la chaleur de l'habitation.

Tout bon miel renferme de 80 à 90 °/₀ de principes sucrés.

Le *pollen* est la poussière fécondante des fleurs. Il en existe de toutes les couleurs. On sait déjà qu'il entre dans l'alimentation des larves et des abeilles, comme élément azoté, ainsi que dans la confection des alvéoles royaux et des opercules.

Le printemps étant l'époque où la population élève le plus de couvain, il est naturel que le maximum du charriement de pollen coïncide avec cette saison.

La *propolis* est une substance résineuse, brunâtre, récoltée sur les bourgeons ou sur les rameaux de divers arbres, parmi lesquels nous citerons le peuplier, le lenstique et les pistachiers, le cyprès, et, en général, tous les conifères. Si elles emploient ce mastic à calfeutrer les fissures de la ruche, elles s'en servent également pour rétrécir la porte, en temps opportun, afin d'en empêcher l'accès aux pillards. Parfois même, lorsqu'un intrus a forcé la consigne, et se trouve trop volumineux pour qu'on puisse songer à l'expulser, elles le tuent par leurs aiguillons, ou l'étouffent, et l'enduisent de *propolis*, à seule fin que son cadavre ne répande pas dans la maisonnée une odeur de putréfaction.

Essaimage. Dans les premiers beaux mois, la reine active sa ponte ; les éclosions d'ouvrières dépassent le chiffre de la mortalité ; la place ne correspond plus aux naissances journalières ; en même temps, des œufs ont été déposés dans les cellules à forme de gland, et les mâles bourdonnent au soleil. Entre 9 heures du matin et 2 heures du soir, la ruchée s'agite, et il en sort tout à coup, par bataillons serrés, une partie des habitants, en route pour aller fonder une nouvelle colonie : c'est ce qu'on nomme l'*essaimage naturel*. L'ancienne mère accompagne toujours les fuyards, de gré ou de force. Si elle tombe par terre, les compagnes se groupent autour d'elle ; si elle se perd, elles rentrent dans la demeure primitive.

Au bout de 5 à 10 minutes de tourbillonnement dans l'espace, la bande se fixe à une branche ou autre objet saillant, sous forme de grappe plus ou moins volumineuse. Il est des essaims qui pèsent jusqu'à 3 et 4 kilogs.

La pelote reste alors tranquille, plusieurs heures parfois, mais qu'un rayon de soleil trop lumineux vienne à l'incommoder, voilà tout le monde en révolution, et prêt à prendre la clé des champs.

Les abeilles en partance se sont préalablement gorgées de miel.

Lorsque plusieurs essaims partent à la fois, il advient souvent qu'ils se groupent en un seul bloc. Dès la première nuit, les peuples qui ont ainsi fraternisé passent par les armes toutes les reines, sauf une, les pouvoirs ne devant pas être partagés.

On a remarqué encore que là où quelque groupe s'est posé, se posent souvent des groupes subséquents. Le premier a laissé à l'endroit une odeur qui attire les autres.

L'essaimage *primaire* a lieu en mars, avril et mai : tout ce qui vient après mai ne vaut pas la peine d'être ramassé, parce que l'Algérie ne fournit plus de pâture pour permettre aux nouveaux venus d'amasser leurs provisions d'hiver.

Quand l'essaim primaire tombe de bonne heure, et que les fleurs donnent abondamment ; quand surtout l'habitation qu'on lui octroie n'est pas assez spacieuse, il n'est pas rare qu'il se scinde à son tour dans la même saison. Le rejeton est désigné sous l'appellation de *réparon*.

Voici quelques signes qui aident à préjuger le moment du départ.

Les mâles se pavanent en grand nombre devant la ruche ; les ouvrières font, jour et nuit, la barbe au guichet de vol ; la colonie émet un bourdonnement plus aigu ; les butineuses zigzaguent comme affolées devant l'entrée ; le travail est momentanément ralenti, etc.

Une fois l'essaimage primaire terminé, tout n'est pas fini. A l'heure de l'exode, la ruche-mère ou *souche* est farcie de cellules royales, et chaque cellule renferme une vierge sur le point de naître. La première éclose cherche à détruire toutes ses rivales, mais les ouvrières ne le lui permettent pas toujours. Alors, au bout de 8 ou 9 jours, elle s'envole à son tour, suivie par une partie des sujets. C'est un *essaim secondaire*. Celui-ci s'élance n'importe à quelle heure, ordinairement entre 11 heures du matin et 3 heures du soir. La jeune reine n'étant pas fécondée, son vol est plus léger que celui des reines d'essaim primaire ; aussi la caravane et son guide montent-ils dans les airs et sont-ils plus lents à se fixer.

L'essaim secondaire annonce sa sortie de la façon suivante :

La jeune mère, prête à partir, fait entendre, le soir, un cri particulier, facile à saisir à proximité de la ruche, et qui correspond au son *tuth ! tuth !* A ce cri se mêlent des *kouahs*, *kouahs !* assez analogues au croassement lointain du corbeau. Le premier vient de la reine en liberté ; le second est l'appel désespéré des reines encore au berceau, mais mûres, qui ont peur d'être tuées, et que, d'ailleurs, les abeilles maintiennent dans leur loge. Si le temps est favorable, la sortie a lieu dès le lendemain ou le surlendemain. Puis le *tuth* disparu, une autre mère se hasarde au dehors du nid, et voilà le chef d'une troisième émigration. On aura de la sorte des essaims *tertiaires*, *quaternaires*, etc., sans nombre et sans fin, et dont les derniers, pas plus gros que le poing, renferment souvent autant de mères que d'ouvrières. La souche qui s'est livrée à cette débauche se trouve réduite à rien, et devient la proie des vers ; les rejetons eux-mêmes sont inaptes à se nourrir, et périssent de faim.

Comme dit ci-dessus, le mariage de plusieurs essaims primaires est possible ; il en est de même de celui de plusieurs essaims à reines vierges. Mais qu'un primaire, ayant nécessairement une mère fécondée, s'unisse fortuitement à un secondaire, tertiaire, etc., l'harmonie ne s'établit plus : une des reines est pelotonnée par les abeilles de l'autre famille, et tombe sur le sol. Parfois même, la lutte jette le désarroi dans toute la grappe, et la masse entière se disperse à tous les vents.

Dans nos régions algériennes, il arrive fréquemment que le premier essaim contient une reine non fécondée. Comme la souche qui le fournit a lancé des *tuths et des kouahs*, la veille ou l'avant-veille, on appelle cette nouvelle colonie *essaim primaire de chant*. Ici la vieille mère est morte de vétusté, ou bien les abeilles l'ont exécutée, parce qu'elle ne pondait plus assez, et l'ont remplacée par des *mères de sauveté*.

PRATIQUE

De toutes ces particularités théoriques découle une série d'applications qui nous permettent tantôt de venir en aide à nos industrieux insectes, tantôt de les guider dans leur économie naturelle, et d'en obtenir le plus grand rendement possible.

Outillage

Ruche et cadres. La première préoccupation de l'apiculteur sera de loger convenablement ses élèves. Une bonne ruche doit avoir certaines qualités primordiales : la capacité réglementaire, la facilité de maniement et le bon marché.

Capacité. La reine pond 3.000 œufs par jour ; l'œuf met 21 jours pour passer à l'état d'insecte parfait ; chaque décimètre carré de rayon compte, sur ses deux faces, 850 cellules d'ouvrières : il faudra donc, afin que la pondeuse ne soit pas gênée, de quoi abriter 3.000 $\times$ 21, c'est-à-dire 63.000 germes, soit environ 74 décimètres carrés de bâtisse. En outre, on conseille de ménager 26 décimètres carrés ou 22.000 cellules pour l'emmagasinement des provisions à proximité des larves, ce qui nous mène à 100 décimètres carrés. Mais on peut retrancher plus ou moins du chiffre des alvéoles à nourriture, cette dernière se dispensant au fur et à mesure de l'éclosion des œufs, et n'exigeant pas, en conséquence, une occupation totale des lieux pendant les 21 jours. Une quinzaine de décimètres carrés nous paraissent suffisants à cet effet. D'où nous pouvons nous contenter d'un minimum de 89 décimètres carrés de rayon.

Facilité de maniement. Le poids ne sera pas excessif ; le plancher et le plafond seront mobiles ; les cadres s'enlèveront et se placeront aisément et rapidement ; le cube se doublera, se triplera à volonté, en posant dessus ou dessous des caisses identiques.

Le bon marché de la ruche dépend de deux conditions : que les matières premières se trouvent dans le commerce pour ainsi dire à l'état de bois de rebut, et que chaque cultivateur, pour peu qu'il sache manier un marteau, une scie, et un rabot, puisse la construire de toutes pièces.

A force de tâtonnements multiples, nous sommes arrivé à l'emploi de la caisse à pétrole. Celle-ci, toujours de même forme et de même dimension, est un parallélipipède rectangle dont deux petits pans ont 26 cent. sur 35 ; deux moyens, 26 sur 52, et deux grands, 52 sur 35. Son contenu est de 39 litres 4 décilitres.

On commence par enlever les deux grands pans, et avec une partie des planchettes on double les pans moyens. Dans le bord inférieur de l'un des derniers on pratique une entaille de 30 cent. de large sur 7 millim. de haut, qui tiendra lieu de trou de vol ; contre les deux, en dedans et à 8 millimètres du bord supérieur, on cloue un tasseau tout du long, ayant une épaisseur de 8 millimètres. Cette espèce de boîte sans fond est posée à plat sur un assemblage de planchettes formant *tablier*, et la dépassant en avant de 10 cent. comme une plate-forme où les abeilles chargées s'abattront au retour des champs. On recouvre la caisse d'une toile à voile et de lamelles de bois transversales, ou de lamelles seulement. Dans une de ces lamelles on coupe un rond d'environ 8 cent. de diamètre, trou qui, en temps ordinaire, est fermé, mais qui reçoit éventuellement un *nourrisseur*.

Voilà la chambre à couvain toute finie. Les 2me ou 3me compartiments, spécialement réservés à la récolte, se fabriqueront de même.

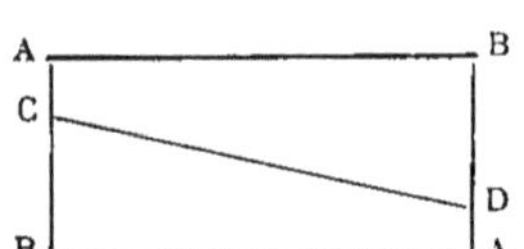

Le toit se confectionnera avec pareil matériel.

Un des petits pans est scié diagonalement, dans la direction C D, selon le schema ci-dessus. Sur les côtés A et B, on cloue double épaisseur de planches, et, sur la cage ainsi obtenue, on fixe des voliges simples : c'est le toit.

Celui-ci sera nu, ou bien recouvert de plaques en fer-blanc provenant de la démolition de bidons à essence. L'ensemble sera peint à l'huile.

Ruches et hausses seront garnies de cadres.

Le *cadre* est composé de quatre lattes larges de 25 millimètres, épaisses de 8. La supérieure, dite *porte-rayon*, est longue de 34 cent. 8 mm. ; les deux de côté, de 22 cent. 1/2 ; l'inférieure, de 32 ; le porte-rayon dépasse les montants de 7 millimètres de chaque côté. Ces proéminences constituent les *oreillettes* et reposent sur les tasseaux de la ruche. Les cadres ont, dans œuvre, 22 cent. sur 32 ; ils sont distants l'un de l'autre, d'axe en axe, de 37 millimètres, ce qui nous réserve l'espace voulu pour l'épaisseur des gâteaux, et pour la circulation des abeilles. Ils sont perpendiculaires à la face du trou de vol. Chaque compartiment en comporte 13, soit un total de 91 décim. carrés 1/2, plus qu'il ne faut pour l'extension régulière de la ponte. Le 7me cadre occupe juste le milieu de la caisse. Afin d'empêcher les porte-rayons de quitter l'écartement obligatoire (et, par conséquent, les abeilles de coller les bâtisses les unes aux autres, ou d'intercaler des gâteaux supplémentaires), on enfonce 13 clous sans tête, debout, dans chaque tasseau, en partant du centre. A 12 mm. 1/2 de ce point on place la première pointe ; puis on va à droite et à gauche, en maintenant toujours la distance de 37 millimètres. Aux deux extrémités, l'écart des derniers cadres d'avec la paroi est nécessairement moindre, car là les abeilles ne circulent plus que sur une seule couche, et non pas dos à dos comme entre deux rayons. Inutile d'ajouter que les porte-rayons seront appuyés contre ces clous toujours dans le même sens. Il est superflu d'avoir des appareils d'écartement sur les côtés ou dans le bas : si le cadre est bien fait d'équerre, il conservera partout ses distances. Ce n'est que dans les cas de transport des ruches qu'il est bon de mettre un ratier sur le tablier, pour empêcher les constructions de balancer par suite des cahots.

Voyons maintenant le prix de la ruche complète.

Caisses à pétrole pour les deux compartiments, 4	1 fr.
Caisse pour la confection des cadres, 1	0 25
Boîtes à essence pour couverture du toit 1 1/2	0 45
Clous	0 10
Peinture	0 50
Total	2 fr. 30

En achetant les cadres tout faits chez un fabricant de profession, cadres nécessairement mieux conditionnés que ceux qui sortiraient

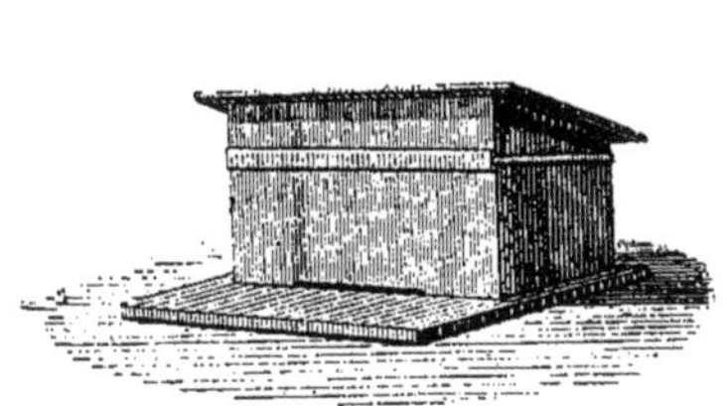

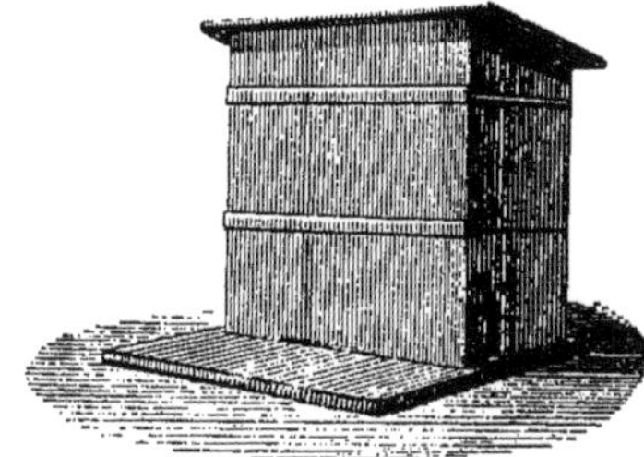

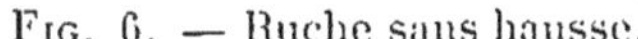

FIG. 6. — Ruche sans hausse.

FIG. 7. — Ruche avec une hausse.

de nos mains, le prix de revient sera légèrement majoré. Ils sont fournis franco à 10 centimes pièce, soit $26 \times 10 = 2$ fr. 60 ; mais alors il ne faudra plus que 4 caisses à pétrole, et 5 centimes de clous, ce qui nous laisse un total de 4 fr. 60.

Les cadres devront être amorcés, sinon les cirières travailleront sans régularité. On emploie à cet effet des bandes de vieux gâteaux, collées en dessous des porte-rayons, et pour ce, on trempe la tranche dans le mélange suivant : cire 2 parties, colophane 1, et poix de Bourgogne 1. On peut encore faire usage de lanières de cire gaufrées, et même garnir les châssis tout à fait. Les feuilles gaufrées marquées du numéro 1 dans le commerce sont seules à recommander dans nos climats chauds. Ci le procédé le plus simple de les attacher.

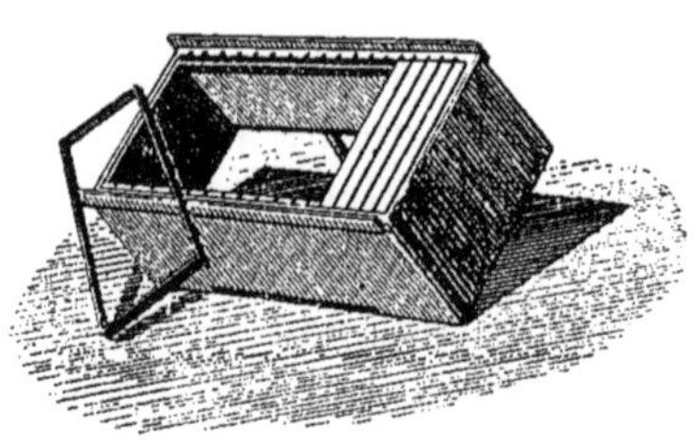

Fig. 8.
Vue intérieure d'un corps de ruche et cadre.

On commence par établir une planchette de la forme du cadre, ayant en longueur et en largeur 1 cent. de moins que celui-ci, et en épaisseur totale 12 millimètres. Sous les côtés on cloue deux lames de bois faisant saillie de 3 à 4 cent. à droite, à gauche et en bas. La cire gaufrée est taillée à la grandeur même de la planchette et couchée par-dessus. Préalablement on a tendu des fils de fer dans le cadre. Ces fils, au nombre de 3, vont de haut en bas, et sont placés l'un au milieu, les deux autres à environ 2 cent. 1/2 des montants. Ils sont étamés, très fins, et se vendent sur bobine à 0 fr. 55 les 250 gr. On les relie aux barrettes du cadre au moyen d'agrafes enfoncées avec un instrument spécial, appelé *fixe-agrafes de Paschou.*

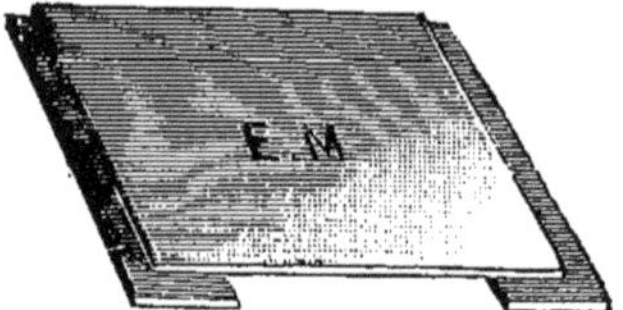

Fig. 9. — Planchette pour fixer les gaufres.

Ces agrafes se posent exactement sur l'axe du porte-rayons,

Fig. 10. — Agrafe.

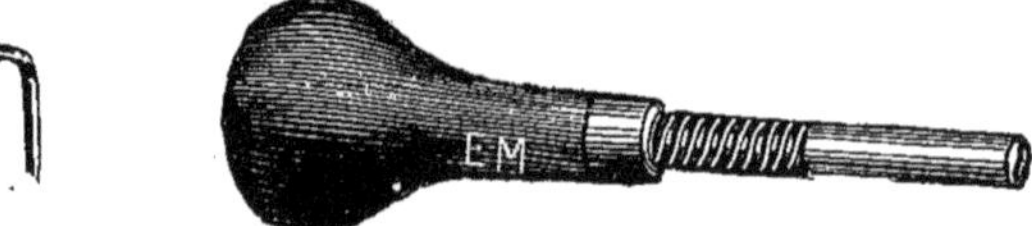

Fig. 11. — Fixe-agrafes.

en dessous, bien entendu, et sur le même axe, mais en dessus, de la latte inférieure. Attachez le fil de fer au moyen d'une boucle à la première agrafe du haut, par exemple, descendez et passez dans l'agrafe d'en bas, continuez sans couper, et traversez celle du milieu, remontez, etc., tendez autant que possible, et finissez en tordant la cordelette sur elle-même. Vous appliquerez alors le cadre sur la feuille gaufrée, et vous glisserez sur les fils avec l'*éperon Woiblet* que vous aurez modérément chauffé sur une lampe à alcool. Au contact de cet appareil, la cire fond et les recouvre en partie. Ne pas oublier que la coupe supérieure de la feuille doit être appuyée contre le porte-rayons. Enfin, dans

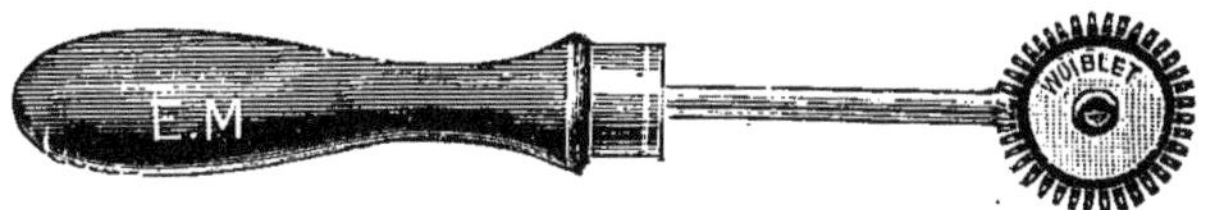

Fig. 12. — Éperon Woiblet.

l'angle que la gaufre forme de chaque côté avec la surface du porte-rayons, on verse un filet du mélange agglutinatif ci-dessus indiqué.

Le rucher. L'établissement d'un apier est soumis à des règles utiles et indispensables à la fois. Il est ou *fermé*, ou *en plein air*. Nous ne dirons rien du rucher fermé, d'abord parce qu'il est trop dispendieux, ensuite parce que les manœuvres avec notre orientation des cadres y sont trop pénibles.

Conservez vos mouches dans la proximité de votre habitation, autant que possible, afin de les mettre à l'abri des voleurs ; évitez toutefois de les parquer dans le voisinage du bétail, car les mauvaises odeurs, comme il est dit plus haut, les excitent ; tenez-les éloignées des routes trop fréquentées et des voies ferrées ; tâchez de les couvrir d'ombre, soit par des arbres, soit par des toitures ; qu'il y ait de l'eau tout près, car elles en ont besoin toute l'année, mais surtout au moment de l'élevage de couvain ; que les trous de vol ne soient pas exposés aux bourrasques, mais dirigés vers l'est principalement, et si autrement ne faire se peut, vers le nord, jamais vers le sud ni vers l'ouest ; que les boîtes, enfin, ne soient pas empilées, mais espacées l'une de l'autre au moins d'un mètre, de façon que reines en voyage de noces et butineuses se reconnaissent, et que vous ne soyez pas gênés dans les opérations. Les caisses seront surélevées de 30 à 40 cent. du sol, pour garantir les ruches contre l'humidité, et contre l'accès de certains animaux nuisibles, tels que crapauds. Les supports seront ou des piquets en bois ou des assises en pierre, sur lesquels les tabliers seront couchés bien horizontalement et d'aplomb ; le parterre sera sablé.

On établit les colonies sur un ou plusieurs rangs ; dans ce dernier cas, en quinconce, et non directement une ruche derrière l'autre, sinon la majeure partie des ouvrières, au retour, pénètrent dans les premières, où la garde les laisse passer, parce qu'elles arrivent avec des provisions ; sinon encore les jeunes vierges en quête de mari risquent, en se trompant de domicile, d'être massacrées.

Accessoires

Outre les outils que nous venons d'étudier, il est bon que l'apiculteur en possède quelques autres, dont nous réduirons le nombre à sa plus simple expression. Ce sont : le voile, l'enfumoir, la brosse, le couteau à désoperculer, et l'extracteur.

Le *voile* est ordinairement en tulle vert ou blanc. Chacun peut le fabriquer.

L'*enfumoir* consiste dans un foyer en fer-blanc, que l'on emplit de combustible, avec, par-dessus, un charbon incandescent, et qui, muni d'un soufflet en cuir, chasse la vapeur dans la direction qu'on veut. Le plus pratique est celui de Hill.

Nous avons comme matières fumigènes la bouse de vache sèche, et le fenouil en bâtonnets. La bouse de vache donne une

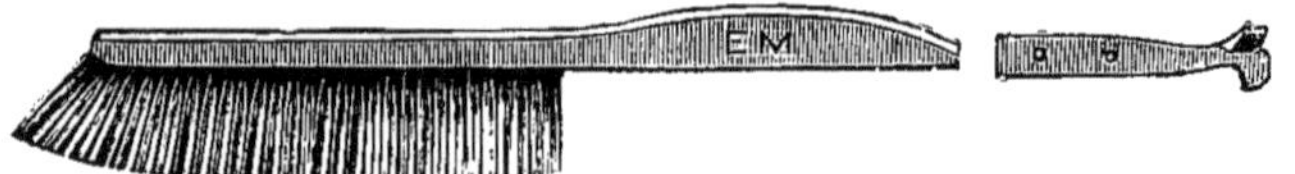

FIG. 13. — Brosse.

fumée très épaisse ; mais elle a le tort de communiquer au miel une odeur âcre, et lente à disparaître. Conclusion : servez-vous-en dans les visites et les réunions seulement, et employez le fenouil dans l'enlèvement des magasins.

La *brosse* rudimentaire est un paquet de plumes d'oie. La brosse du commerce, à poils souples, a pour elle d'être moins rude sur le dos des abeilles, de durer indéfiniment, et d'agir sur une plus grande surface.

Le *couteau* le plus répandu est celui de Bingham, à lame étroite.

Fig. 14. — Couteau à désoperculer.

Extracteur. Supérieur à tous les appareils destinés à couler le miel, il nous permet d'obtenir celui-ci pur et froid, et nous conserve la bâtisse dans toute son intégrité. Les cellules sont vidées par l'action de la force centrifuge, et l'opérateur remet les rayons dans les ruches, prêts à recevoir une nouvelle récolte. On épargne donc ainsi aux laborieux insectes l'édification de nouveaux greniers au moment de la miellée.

Fig. 15. — Extracteur.

Il existe des extracteurs de divers systèmes, tous bien perfectionnés aujourd'hui. Les plus usuels peuvent contenir 4 cadres.

Peuplement des ruches

Les boîtes sont peuplées de deux façons : par le transvasement des ruches arabes, ou par l'essaimage.

Transvasement. Voici la méthode de M. Régnier, un de nos meilleurs praticiens.

« Pour transvaser une ruche indigène, dit-il, il faut avoir un aide, ou posséder un soufflet automatique, car il importe que la fumée soit projetée contre les rayons tant que dure la manœuvre. Avant même de la déplacer, je l'enfume fortement. Puis je détache la portière de chaque extrémité, et je m'assure si, d'un côté ou de l'autre, il n'existe pas un certain vide. Lorsqu'il n'y en a pas, j'en crée un, sur une des faces, en détachant quelques gâteaux, et je remets la portière contiguë. Cela fait, je commence le travail à l'autre bout, et enlève un à un, au moyen d'un ciseau agissant comme levier, les porte-rayons du haut. Chaque morceau de fenouil détaché amène son gâteau. Les rayons sont déposés à côté de la ruche, aussi promptement que possible, pour éviter le pillage, après en avoir balayé les abeilles dans leur ancienne habitation, où elles vont se pelotonner dans le vide trouvé ou pratiqué tout à l'heure. Je les reprends ensuite et les fixe dans les cadres. Le tact est nécessaire ici, pour ne pas tuer trop d'ouvrières, ni surtout la mère. Ils doivent être brisés aussi peu que possible, et taillés d'équerre. Je les maintiens en place au moyen de fils à sac.

« Dès que deux ou trois cadres garnis sont posés dans la ruche qui doit servir de nouvelle demeure, je secoue le peloton d'abeilles de la boîte opérée devant le guichet. Elles iront rapidement dans l'intérieur, et couvriront le couvain. Toute la cire étant rentrée, je mets le plafond, porte la ruche sur l'apier, et laisse à la population le soin de se débarrasser des fils. En temps froid il faut se hâter, si l'on ne veut pas perdre une partie du couvain.

« Quelques jours après, je passe la révision, pour m'assurer de la présence de la reine, ce que je reconnais à l'existence d'œufs fraîchement pondus. Quand, au contraire, je trouve des ébauches d'alvéoles royaux, je suis sûr que ma ruche est orpheline. Alors je l'enfume vigoureusement et la réunis à une voisine. »

Quelques avis complémentaires :

On pose les fils et le cadre à remplir, à plat, sur une planche d'environ 40 cent. de large sur 30 de haut ; les fragments de gâteau seront débarrassés des parties mauvaises, et des cellules de mâles, tout en prenant garde de ménager le couvain d'ouvrières ; ce dernier sera mis en groupe et à la même hauteur ; après avoir noué, on relève la planche avec le cadre, afin d'empêcher les rayons de sortir du champ et de gauchir ; les rayons à miel, mais sans œufs ni larves, flanqueront de chaque côté les rayons à couvain ; il est utile de nourrir au moins un jour, en offrant 1/2 litre de sirop, et de rétrécir le guichet, en portant son entrée à 1 ou 2 cent. seulement.

Le peuplement par l'*essaimage* est infiniment plus facile.

Les essaims se suspendent haut ou bas, sur un arbre ou contre une broussaille, et parfois se groupent par terre, à l'ombre, sur la première motte venue. Pour les capter sur le sol, il suffit de les couvrir d'une ruche vide, en ayant soin de glisser une cale, pierre ou bois, sous un des côtés, afin de préserver les abeilles de l'asphyxie. Sur la broussaille, même méthode, à peu de chose près : coiffez la grappe d'une boîte, en soutenant celle-ci par des piquets, et enfumez doucement la masse, pour la pousser à monter. Sur les arbres, c'est une autre affaire. Ou vous pouvez arriver à la grappe, ou la pelote s'est accrochée à une telle altitude, qu'une échelle même ne vous permette pas de l'atteindre. Dans le premier cas, présentez à l'essaim, par dessous, une caisse quelconque renversée, et ébranlez d'un coup sec la branche qui le supporte : il y tombera comme un bloc. Vous déposerez ensuite doucement votre fardeau par terre, en ayant la précaution de retourner le récipient, et de l'appuyer encore sur une cale. Quatre-vingt-dix-neuf fois sur cent la reine sera dans le tas, et la jeune colonie battra le *rappel*, bruissement particulier produit par un grand nombre de butineuses qui, sur les parois et les bords de la caisse, agitent vivement les ailes. Au bout d'une demi-heure toute la masse sera collée contre le plafond, et vous n'aurez plus qu'à transporter votre capture au rucher, et de la secouer soit sur la ruche qui lui est destinée, soit sur une planche inclinée, partant du sol et aboutissant au guichet.

Si, d'aventure, les émigrants se dissocient à nouveau, et reprennent le vol, il est certain que vous n'avez pas eu la mère. Laissez alors la troupe opérer une nouvelle concentration et recommencez.

La cueillette d'un essaim pendu très haut, et la chose n'est pas rare quand il est secondaire, offre quelques difficultés, mais n'est pas impossible. Vous vous fabriquerez un excellent gobe-mouches, en garnissant d'un cercle le fond d'un sac, en cousant une coulisse dans le haut, munie d'une ficelle dont vous tenez le bout à la main, et en attachant tout l'appareil au bout d'une longue perche. Vous hisserez le sac ouvert jusque sous la grappe, et un aide frappera brusquement la branche : le jeton tombera dans la poche, que vous fermerez prestement en tirant sur la corde. Vous amènerez ainsi les prisonniers à vous, et, desserrant un peu la coulisse, vous les couvrirez de la ruche préparée à leur intention.

Souvent les abeilles se plaquent contre un mur, une grosse

branche, ou une fourche d'arbre. Balayez-les dans une caisse au moyen d'une plume, si elles sont à portée de main. Si non, vous réussirez encore à les prendre en leur présentant, au bout d'un bâton, un morceau de rayon à couvain de mâles, préalablement enlevé d'une ruche habitée.

Vous observerez aussi, de-ci de-là, que des essaims, après s'être balancés dans l'espace, et même s'être fixés, rentrent tout à coup dans leur ancien logis. Ce retour inopiné est dû soit à la perte de la reine, soit à une variation atmosphérique subite, telle que coup de vent, tonnerre, etc. Le mal n'est pas grand : lorsque la mère a réintégré le domicile en compagnie de ses acolytes, elle en repartira au premier rayon de soleil, ou le lendemain ; lorsqu'elle a péri ou s'est égarée, la souche regagne tout son monde, et donnera un vigoureux essaim secondaire huit ou neuf jours après, mais uniquement, bien entendu, dans les cas où les jetons sont retournés à leurs souches respectives.

Quand ils se ruent dans les ruchées voisines, ils provoquent un carnage effroyable, à moins que celles-ci ne soient des essaims de la journée. On prévient l'accident en enlevant vite la colonie sur le point d'être assaillie et en la remplaçant par une boîte vide, ou par la souche qui a fourni les agresseurs.

Les cris et le tam-tam n'ont aucune action sur les abeilles en partance. Le mieux est de les asperger d'eau en pluie, avec une seringue ou un balai, de leur jeter du sable, ou de tirer un coup de feu en l'air. L'eau en pluie leur fait croire à une averse ; le sable, à la grêle ; le coup de feu, au tonnerre.

Il est indispensable que la ruche qui va recevoir les émigrants soit exempte de toute mauvaise odeur ; il est utile même qu'elle soit imprégnée d'un arôme agréable aux abeilles. Frottez-en l'intérieur avec des feuilles de menthe ou de mélisse ; à défaut, servez-vous d'un citron mûr, coupé en deux, ou versez-y une cuillerée de miel dilué.

Nous avons vu que tous les cadres devaient être au moins amorcés. Afin d'obtenir des bâtisses plus rapidement achevées, nous conseillons de faire usage de feuilles gaufrées complètes dans l'intérieur de la nouvelle habitation. Cependant la moitié des cadres seulement sera totalement garnie, et on intercalera chaque fois un de ceux-ci entre deux cadres simplement amorcés.

Quelquefois plusieurs essaims se réunissent à leur sortie. Pour deux et même trois, recueillez toute la pelote, et n'essayez pas de diviser la masse. Les abeilles se chargeront elles-mêmes d'exécuter la ou les reines surnuméraires, et vous aurez une population monstre, qui rapportera le double de ce que produirait la somme des fractionnements. Pour un plus grand nombre, quatre et plus, ramassez tout le groupe dans un panier spacieux ; disposez par terre, sur des cales, et assez rapprochées les unes des autres, en triangle ou en carré, trois ou quatre ruches amorcées ; videz votre panier au milieu de cette enceinte, et attendez, après avoir légèrement enfumé. Bientôt la dislocation s'opérera spontanément : les fuyardes, accidentellement réunies, se partageront en corps de troupe indépendants, dont chacun choisira son gîte. Aidez-les au moyen d'une plume ou d'une brosse, afin que les détachements en marche soient à peu près de même valeur numérique. Ou bien chaque détachement accepte son logement, s'y installe et demeure en repos, ou bien le chef, c'est-à-dire la mère, lui manque, et la compagnie s'agite, bourdonne, sort, rentre, et cherche à se faufiler avec les autres. Mélangez à nouveau, dans ce cas, toute l'armée, même les contingents qui semblent satisfaits, et reprenez l'opération.

Sans doute, avec un peu d'expérience, on ne s'expose pas à cette dernière épreuve, car on sait découvrir les reines dans le grouillement : on les écarte, et l'on donne soi-même à chacune une partie proportionnelle de la concentration.

Cela pour des jetons de même numéro, c'est-à-dire tous primaires ou tous secondaires. Quand le mélange se fait entre les deux sortes, il n'est pas durable, et l'expectation seule est logique, à moins que vous ne puissiez ramasser rapidement la grappe dans une très grande ruche, que vous entoilerez, et que vous mettrez au séquestre pendant 24 ou 36 heures au fond d'une cave ou en tout autre lieu obscur. Pendant cet emprisonnement momentané, les reines surnuméraires seront tuées par les abeilles mêmes.

Secondaires, tertiaires et plus, les essaims sont la calamité d'un rucher. Chaque abeille qui part emporte dans son jabot pour deux ou trois jours de vivres ; en outre, la majeure partie des membres de la souche prenant la clef des champs, la ruche-mère sera presque infailliblement dévorée par la fausse teigne ; d'autre part, les jetons venus trop tard ou trop petits ne trouveront plus assez de provisions pour aller jusqu'au printemps suivant. Restreignez donc l'essaimage autant que possible. Vous y parviendrez plus ou moins par les moyens qui suivent :

1° Enlever la souche qui vient d'essaimer, la remiser à quelques mètres plus loin, et caser l'essaim à la place qu'elle occupait, Toutes les vieilles butineuses, après être allées aux fleurs. retourneront à leur ancien local : la souche en sera tellement dépeuplée, qu'elle mettra une sourdine à son humeur vagabonde. Couvrons-la encore d'un magasin ou *hausse*, pour lui donner de l'air et de l'espace [1].

2° Environ quinze à vingt jours avant l'époque de l'essaimage, attaquer une ruche forte, pour la déloger. Enlevez-là, et posez une ruche amorcée à sa place; sortez tous les cadres de la première, un à un, et sans même vous occuper de la reine, balayez les abeilles dans la boîte vide. Les cadres extraits, pleins de couvain, mais veufs de couveuses, seront mis en hausse sur une autre forte colonie : huit fois sur dix, cette dernière oubliera d'essaimer, et toujours, vu l'accroissement formidable d'ouvrières qui écloront sans cesse, récoltera dans des proportions qui frisent le surnaturel. D'un autre côté, les abeilles chassées ayant tout à construire, se garderont bien d'édifier des cellules de reines.

3° Mettre toutes les ruches en hausse.

4° Visiter les ruches un peu avant le temps d'essaimage, y détruire autant d'alvéoles royaux qu'on peut, et décapiter tous les mâles au berceau.

5° Croiser les races, et c'est peut-être là notre seul salut, les autres procédés étant loin d'être infaillibles.

L'essaimage artificiel, qu'on a prôné, ne paraît pas donner de meilleurs résultats. Indiquons-le néanmoins.

1. Pour reconnaître le lieu d'origine d'un essaim qu'on n'a pas vu sortir, on en fait tomber une vingtaine d'abeilles dans une tasse au fond de laquelle on a mis une pincée de farine, on recouvre prestement d'un morceau de papier, on prie un aide d'aller les lâcher à une vingtaine de pas du rucher, pendant qu'on se poste soi-même en observation devant les ruches soupçonnées : les mouches enfarinées oublient leurs compagnes de tout à l'heure, et s'en retournent au bercail. Il n'y a donc qu'à noter leur rentrée : c'est de là qu'elles sont parties.

« Suspendez dans une caisse disponible un rayon vide à cire d'ouvrière ; choisissez dans une ruche bien conditionnée un rayon de couvain sur lequel se trouvent passablement d'abeilles et *la mère* ; suspendez ce rayon derrière le premier de la caisse vide ; ajoutez-y un rayon de miel, puis trois ou quatre cadres amorcés de bâtisse. Fermez ensuite la caisse ainsi garnie, et mettez-la à la place de la ruche qui a été privée de sa mère. L'essaim artificiel est fait. Sa population ne tardera pas à être renforcée par toutes les butineuses de la ruche-mère. La ruche orpheline aura une place vacante sur l'apier, et elle sera abreuvée pendant trois jours. » (Zwilling)

Certains praticiens se contentent de partager les ruches en deux, sans s'occuper de la reine.

L'écueil de l'essaimage artificiel gît en ceci : l'orpheline ne manquera pas de se créer des mères de sauveté, et cela en si grande quantité [1] que, malgré tous les soins, il se produira des exodes secondaires, tertiaires, etc., qui la mèneront le plus fréquemment à sa perte.

Le débutant créera son rucher en achetant des essaims aux voisins, ou des ruches aux indigènes, prises sur des apiers distants de plus de 3 kilomètres.

Mise en hausse. Les magasins s'ajoutent aux ruches populeuses dès le début de la miellée. Lorsque celles-ci ont des constructions régulières et pas trop vieilles, les hausses se posent pardessus; dans le cas contraire, elles sont mises dessous : la colonie, descendant peu à peu, renouvellera ainsi sa bâtisse, et portera la récolte dans les cellules d'en haut.

En général, celui qui veut beaucoup de miel, munit les hausses de bâtisses achevées, ou de feuilles gaufrées complètes. Les abeilles n'ont de la sorte que peu ou rien à construire, et l'emmagasinement se fait d'autant plus vite. On les attire ainsi, d'ailleurs, plus rapidement dans les surtouts. Si par hasard elles tardent à y monter, on n'a qu'à détacher du rez-de-chaussée un ou deux rayons pleins de mouches et de couvain et les suspendre dans la hausse, au milieu des cadres vides. Il va sans dire, d'abord, que ces rayons pris dans le domaine de la reine ne renfermeront pas celle-ci ; qu'ils seront garnis de larves oper-

1. 200, même 500 et plus.

culées surtout, et non pas d'œufs à peine pondus ; enfin que les lacunes du nid à couvain seront comblées par les cadres finis ou pourvus de gaufres. Mais comme ces cadres détruiraient l'harmonie du couvain, et que la reine ne les franchirait que difficilement, si on les mettait à la place même des rayons soustraits, il est avantageux de serrer tout ce qu'on a laissé, et de reléguer la cire de remplacement aux extrémités.

Dès que la première hausse est aux quatre cinquièmes remplie, on la détache, ou mieux on en ajoute une seconde. Mais n'allez pas poser celle-ci directement au-dessus de l'autre : les abeilles mettraient un temps infini à s'y transporter. Il la faut intercaler entre la ruche où pond la reine et le grenier déjà occupé. En vertu du principe que nos mouches ne tolèrent pas de faille dans l'intérieur de leur économie, elles travailleront sans relâche à raccorder les deux compartiments.

Il est rare que la reine quitte son home pour aller pondre dans l'une ou l'autre hausse. Si pourtant la chose arrivait, bornez-vous à transporter tous les cadres de couvain dans le compartiment inférieur, et prélevez dans celui-ci autant de rayons à miel. Cette permutation ne se fera qu'à la récolte.

L'emploi d'une tôle perforée spéciale, ne laissant passage qu'aux ouvrières et non à la reine, n'est à recommander que lorsque l'on veut obtenir du miel en sections.

Les *sections* sont de petites boîtes en bois très léger, pouvant renfermer, selon leur taille, une ou plusieurs livres de miel de luxe operculé. On les range sur les ruches, en guise de hausses, en les isolant entre elles au moyen de séparateurs en fer-blanc.

Les sections belles, blanches, absolument régulières, et par conséquent propres à la vente, ne s'obtiennent que sur des essaims tombés de bonne heure, et que l'abondance de la miellée a mis en état de remplir hâtivement le compartiment du bas.

Nous n'avons pas besoin de prévenir que les planchettes de recouvrement du nid à couvain doivent être portées de celui-ci sur la hausse, quand on superpose cette dernière.

Récolte. La récolte s'opère à la fin de la miellée, au moment où les ruches commencent à détruire les faux-bourdons. En laissant le miel plus longtemps dans les boîtes, il se concentre tellement qu'on a de la peine à le faire jaillir de l'extracteur.

Un précepte absolu est que la chambre à couvain ne sera jamais attaquée. Il n'y a qu'une exception : le cas où un ou plusieurs rayons du bas sont mal bâtis ou n'offrent que des cellules de mâles. On les sort, et on les remplace immédiatement par des rayons droits et uniquement munis d'alvéoles d'ouvrières.

Les hausses sont retirées tout d'une pièce, ou les rayons un à un.

D'une pièce. Intercalez entre elles et les ruches un appareil particulier nommé *chasse-abeilles.* Au bout d'environ 24 heures, toutes les mouches du magasin auront filé vers le logis de la mère, et ne pourront pas remonter.

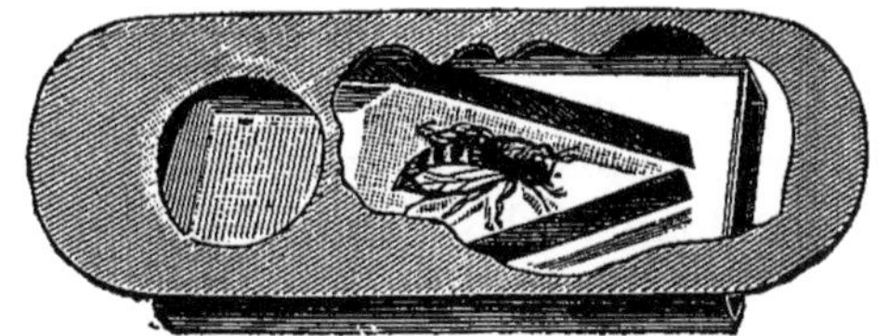

Fig. 16. — Chasse-abeilles.

Un à un. On enfume vigoureusement la ruche ; mais, à l'encontre de ce qu'on lit un peu partout, il importe de n'étourdir complètement que les abeilles de la hausse, et de ne diriger les jets de fumée que dans cette partie. Si l'on enfume par le guichet, le plus gros des abeilles, et même la reine, s'enfuiront au grenier, pour échapper à l'action directe de la vapeur. Une fois le bruissement obtenu, on soulève un coin de la toile ou la première planchette (selon que les rayons sont couverts de l'une ou de l'autre façon) ; on prélève le dernier cadre, après avoir passé l'enfumoir à un aide, qui continue à en diriger le jet dans la portion découverte ; on balaie les mouches dans le vide obtenu ou sur le guichet, en glissant le paquet de plumes ou la brosse de haut en bas : comme nos insectes se tiennent la tête tournée vers le ciel, tout frottement en sens contraire serait à rebrousse-poils, et les mettrait en fureur; on suspend le cadre nettoyé dans une caisse identique à la hausse et muni d'un couvercle fermant hermétiquement ; puis l'on passe au voisin.

Dès que trois ou quatre sont ainsi cueillis, fermez la hausse de ce côté, et attaquez le côté opposé : les mouches que vous chasserez dorénavant par la fumée et par le balai iront en partie se grouper dans l'espace primitivement dépouillé, et vous pourrez arriver au bout sans être grandement inquiété par elles. Enfin détachez le corps de la hausse, refermez la ruche, et faites porter la caisse pleine de miel dans une chambre bien close, et suspendre les cadres sur des tréteaux. Lorsque l'aide reviendra avec la boîte dégarnie, vous aurez déjà enfumé le numéro suivant.

Le travail se mènera lestement et surtout proprement : lestement, parce qu'une opération trop prolongée, à moins d'asphyxier aux trois quarts les abeilles, amène des piqûres aux mains ; proprement, parce que la moindre parcelle de miel, tombée sur la ruche ou dans les alentours, provoque le pillage.

Il existe un deuxième procédé pour se débarrasser rapidement des abeilles de la hausse : on enfume moins fort, on découvre rapidement tout le grenier, et l'on étend par-dessus une toile préalablement trempée dans l'eau phéniquée et à moitié sèche. Les abeilles fuient cette odeur et en moins d'un quart d'heure abandonnent les rayons. Cette migration est encore accélérée lorsqu'on souffle sur la toile. Il ne reste que de rares retardataires que l'on brosse.

Composition de l'eau phéniquée : glycérine 40 gr., acide phénique cristallisé 40 gr., mélangez et versez dans eau bouillante, 1 litre.

Nous n'avons pas parlé de la propolisation des cadres et des planchettes à la ruche. La propolis fond ou du moins devient malléable à une température de 25 à 30° ; elle ne peut donc pas offrir de résistance aux heures de la récolte, où le thermomètre ne descend jamais au-dessous de ces chiffres. On l'évite même tout à fait en enduisant les oreillettes des cadres et le dessous des planchettes d'une légère couche de paraffine en fusion.

Extraction du miel à la machine

Les gâteaux sont désoperculés au couteau. Afin de faciliter le travail, et d'aller plus vite, on se sert d'un chevalet garni d'une feuille de tôle ou de fer-blanc, et posé sur un bassin. On suspend le cadre à deux clous plantés dans les montants du chevalet, et l'on râcle les cellules d'un côté ; puis on retourne le rayon, pour en agir de même sur le verso. La feuille métallique a son bord inférieur relevé, sauf au milieu où elle finit en bec.

Les débris des opercules et le miel qu'emporte l'instrument glissent par ce bec, et tombent dans le bassin qui, vers le tiers de sa hauteur, est coupé par un tamis destiné à retenir les parcelles de cire.

Le couteau s'englue assez rapidement. Essuyez-le de temps en temps sur les bords du récipient, et trempez-le dans l'eau.

Fig. 17. — Chevalet.

Le bassin peut être un simple bidon à pétrole dont un des fonds a été détaché.

Les rayons désoperculés sont placés dans la cage de l'extracteur, et la manivelle est mise en branle. La vitesse de rotation dépendra de la solidité des bâtisses, et du plus ou moins de viscosité du miel. Tournez d'abord doucement, et ne pressez le mouvement que graduellement. Quand la face extérieure sera débarrassée, vous retournerez les cadres, et recommencerez pour l'autre face. Si la cire est tendre, ne désoperculez d'abord qu'un des côtés pour y faire le vide, puis rasez le côté opposé, et reprenez la manivelle.

Les rayons vieux supportent une vitesse de 350 tours à la minute. Il en est de même de ceux à feuilles gaufrées dans lesquelles sont noyés des fils de fer. Les autres, au contraire, ne résistent pas à plus de 150 tours.

Les cadres extraits sont rendus le soir aux ruches, pour y être léchés et nettoyés par les abeilles.

Conservation du miel. En rayon le miel se garde assez longtemps, pourvu qu'on le place dans un endroit sec et à l'abri des insectes.

Le miel liquide se conserve le mieux dans des vases en fer-blanc. Mais, avant de l'y loger, recevez-le dans des pots quelconques ou *maturateurs*, et laissez-le séjourner deux ou trois jours. Pendant ce temps, les parcelles de cire et autres impuretés qui ont été entraînées par le mouvement, gagnent la surface et y forment comme une croûte qu'il est facile d'enlever à la cuiller.

Traitement de la cire. Les débris d'opercules et de rayons vieux ou bossués sont fondus dans le céro-extracteur de Gerster, de Bourgeois et autres, ou dans le purificateur solaire. Ceux qui ne possèdent aucun de ces appareils useront du four ou de la marmite.

Les rayons réguliers sont à mettre en réserve, et à conserver précieusement pour la campagne prochaine. On les pend dans des hausses vides ; on empile celles-ci les unes au-dessus des autres, dans un local sec ; on pose sur celles de dessus les planchettes de recouvrement ; on mastique toutes les fentes et tous les joints, de façon que la pile constitue une boîte unique bien fermée, et l'on brûle en dessous une mèche de soufre. Tout cela pour éloigner les *galleries*.

On garantit encore la cire en déposant les rayons dans des fûts qui ont contenu du pétrole.

Travaux de l'année

Tous les travaux du rucher se borneraient à ce que nous venons de détailler, si l'intérieur d'une colonie était une chose immuable. Malheureusement les ruches sont soumises à de nombreuses vicissitudes, telles que l'orphelinage, la décrépitude de la mère, la famine, le pillage, les maladies, et l'attaque des ennemis.

Orphelinage. Une ruche devient orpheline lorsqu'elle perd sa mère en un temps où il n'est plus possible aux abeilles de la remplacer, c'est-à-dire à l'époque où il n'existe plus de mâles. On reconnaît cet état à l'absence de larves et d'œufs d'ouvrières dans les cellules. Les signes extérieurs sont le ralentissement marqué du travail et l'indifférence des abeilles pour la garde du trou de vol. Si les rayons présentent par-ci par-là du couvain de mâles dans des alvéoles de butineuses, couvain disséminé sans ordre, la ruchée est non seulement orpheline, mais elle possède encore des ouvrières pondeuses. Dans le premier cas, réunissez à une voisine ; dans le second, détruisez purement et simplement en versant toutes les abeilles sur la terre, à quelques mètres du rucher.

La réunion de deux ruches ne peut se faire qu'en leur donnant la même odeur. On glisse la veille au soir un morceau de naphtaline dans chacune d'elles ; le lendemain on superpose la boîte orpheline à celle qui la doit recevoir, ou bien on se contente de balayer dans cette dernière les mouches sans mère.

Les colonies orphelines et sans pondeuses, qui ont encore beaucoup d'ouvrières, sont aussi susceptibles d'être conservées, si l'on dispose de jeunes reines fécondées, qu'on leur octroie pour remplacer les reines mortes. L'introduction d'une mère fécondée se fait de deux manières :

1° Elle est emprisonnée dans une espèce de couvercle de pipe en treillis de fil de fer, et le couvercle est piqué sur un rayon de la ruche, au milieu des abeilles, dans un endroit où il y a un peu de miel. Vingt-quatre heures après ou quarante-huit au plus tard, la recluse a pris la senteur de sa nouvelle famille : vous pouvez la lâcher sans crainte d'accident.

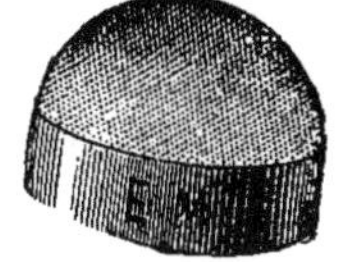

Fig. 18. Couvercle à reine.

2° Naphtalinisez la population orpheline et la ruchette qui doit fournir la reine ; enlevez alors à la première un rayon fortement chargé d'abeilles ; secouez celles-ci sur le guichet, et jetez la mère dans le grouillement. Les mouches balayées ne remarqueront pas, dans leur hâte de rentrer, la présence d'une étrangère, qui pénétrera avec elles, et ne sera plus molestée.

D'aucuns, au lieu de naphtaliniser, se bornent à saupoudrer abeilles et reine d'une poignée de farine, avant de les mélanger à l'entrée.

Décrépitude de la reine. Les colonies, qui n'ont que peu de couvain aux moments opportuns, renferment une mère usée. Parfois les abeilles la sacrifient elles-mêmes et la remplacent, mais parfois aussi elles négligent ce soin, ou bien l'heure des renouvellements féconds a passé. Ici, venez-leur en aide en tuant vous-même l'éclopée, lorsqu'il vole encore des faux-bourdons dans les airs : les ouvrières élèveront une ou plusieurs reines de sauveté, en élargissant des cellules ordinaires, et en y soignant d'une façon convenable des germes âgés de moins de quatre jours. Si, par hasard, vous possédez dans une autre ruche des alvéoles royaux operculés, coupez-les sans trop vous approcher de leurs parois, et, pratiquant un vide dans un rayon de votre ruchée rendue orpheline, greffez-y la cellule à mère, la pointe en bas. L'éclosion se fera au plus tard dans les six jours qui suivent, et vous gagnerez ainsi au moins sept jours sur la durée de l'incubation abandonnée aux mouches elles-mêmes.

Hors du temps des mâles, il ne vous reste qu'à introduire une mère fécondée ou à réunir.

Sur un rucher bien conduit l'apiculteur a toujours quelques mères à sa disposition. Il les obtient en conservant les petits essaims secondaires ou tertiaires sortis malgré lui. Il crée en outre, au printemps, un couple de nuclei. Le *nucleus* s'établit en introduisant dans une ruchette deux rayons chargés d'abeilles et de couvain, pris à une forte colonie. Naturellement la reine n'y sera pas, et il s'y trouvera, avec beaucoup d'alvéoles mûrs, une certaine quantité d'œufs. Les mouches de la ruchette élèveront aussitôt des mères de sauveté, que l'on utilisera soit pour les greffes des cellules royales, soit, après fécondation, pour le remplacement.

Le nucleus sera nourri dans les trois ou quatre premiers jours de sirop très liquide.

Famine. Une ruche qui, en automne, n'a ni des provisions suffisantes, ni les trois quarts des cadres bâtis, est à marier aux autres. Dans d'autres conditions, elle est à conserver par le nourrissement. La consommation hivernale oscille entre 8 et 10 kilos. Ce quantum sera parfait en arrière-saison, avec des cadres à miel operculé, que l'on suspendra tout près du groupe des abeilles, à la place d'autant de cadres vides. A défaut de miel, on offrira du sirop de sucre épais dans un nourrisseur renversé sur le trou du plafond. Le nourrisseur le plus économique est un pot de fleurs que l'on ferme avec un morceau de calicot tendu. Le nourrissement s'effectue le soir, sinon gare au pillage. En automne, pour ne pas troubler les mouches trop souvent et provoquer une recrudescence de ponte dangereuse, on donne du coup la plus grande quantité possible : les abeilles descendent en une nuit deux à trois litres de sirop dans les cellules.

Au printemps, il n'est pas rare de trouver les rayons vides. La conséquence en est que les ouvrières, n'ayant pas de quoi alimenter beaucoup de larves, mettent obstacle à la fécondité de la reine : elles garderont les alvéoles de toute approche, ou mangeront les œufs inconsidérément déposés. Nourrissez encore, mais moins rapidement que pour l'hivernage. En effet, alors, l'excitation ne peut être que favorable dans la ruche, car elle a pour suite la naissance d'une jeune armée de travailleuses qui sera prête à marcher juste aux jours de flore abondante.

Pillage. L'inégalité trop marquée entre les diverses populations, dont les unes se gardent d'autant plus mal qu'elles ont moins de sujets disponibles ; l'abandon de fragments de gâteaux emmiellées près des ruches, lors des manipulations ; le répandage sur le sol ou sur les caisses, de matières sucrées, lors du nourrissement ; l'oubli dans l'apier d'ustensiles englués ; enfin la récolte trop tardive, quand les nectaires sont totalement desséchés, provoquent presque infailliblement le pillage. On le reconnaît aux signes suivants :

« Lorsque, le matin ou le soir, il y a un grand va-et-vient dans une ruche, tandis que les autres sont tranquilles, on est sûr que la ruche pille ou est pillée. Pour s'assurer qu'une ruche est pillée, on n'a qu'à saisir par les ailes quelques abeilles qui en sortent, et à les presser sur l'ongle du pouce. Si elles rendent une grosse goutte de miel jaune, on a affaire à des voleuses. Les débutants qui ne savent pas faire cette petite opération n'ont qu'à séparer l'abdomen du corselet : s'ils trouvent que l'abdomen est rempli de miel, ils sont en présence du pillage. Pour découvrir la ruche qui pille, on n'a qu'à saupoudrer de farine ou de craie les abeilles qui sortent de la ruche pillée, puis à se mettre en observation devant les ruches que l'on soupçonne d'abriter les pillardes. Dès que les abeilles poudrées se présentent avec d'autres toutes gorgées de miel devant le guichet d'une ruche, et qu'elles y entrent sans gêne, on a découvert la ruche des voleuses. » (Zwilling).

La colonie attaquée se défend d'abord, et des cadavres nombreux jonchent le sol ; mais bientôt la garde faiblit, et la place est prise d'assaut. Résultat : une ruchée perdue.

Le traitement est préventif et curatif. Préventif : il gît tout entier dans la suppression des causes ; curatif : il diffère selon que volées et voleuses appartiennent au même rucher, ou que les pillardes viennent du dehors.

Quand brigands et victimes sont à vous, permutez-les ensemble, et tout rentrera dans l'ordre. Quand, au contraire, la victime seule est votre propriété, rétrécissez son entrée de façon qu'il n'y ait plus passage que pour deux abeilles de front, et aspergez le guichet d'eau de temps en temps. Ou le calme se rétablit, surtout à l'approche de la nuit, ou la danse reprend le lendemain. Séquestrez alors la ruche volée pendant un à deux jours, dans un lieu retiré, en la cachant sous un voile. Peut-être réussirez-vous encore en déposant un morceau de naphtaline dans la caisse pillée, tout en laissant le guichet rapetissé. Quoi qu'il en soit, rétrécissez le trou de vol des voisines, afin que la contagion ne se propage pas.

Les ruches pillées sérieusement, sans que vous ayez pu intervenir à temps, seront réunies à d'autres colonies.

Maladies. La pourriture du couvain ou *loque* est inconnue en Algérie, ainsi que la dysenterie.

Le *vertige*, aussi nommé Mal de Mai, existe, indubitablement dans les années très sèches, et dans les régions complantées d'eucalyptus. Les abeilles qui en sont affectées semblent frappées de paralysie des ailes : elles tombent sur le sol, ayant l'abdomen gonflé, courent et tournent sur elles-mêmes, jusqu'à épuisement et mort. Comme cette maladie provient du miel récolté, peut-être aussi du manque de pollen, et agit sur les butineuses au berceau et sur celles qui vont aux champs, on sauve souvent le tout en nourrissant, quelques soirées durant, avec du miel d'autre provenance ou du sirop de sucre, et en posant sous un arbre, à quelques mètres du rucher, des fragments de rayon ou des rayons entiers, dont les cellules ont été remplis de farine.

Le *pou des abeilles* n'est pas une maladie à proprement parler, mais il dénote dans la famille un état souffreteux général. C'est un insecte rouge, gros comme la tête d'une épingle, qui se cramponne, seul ou en compagnie, sur le corselet des ouvrières et de la reine. Lorsque vous surprenez ce parasite sur des mouches, tâchez de reconnaître leur ruche et réunissez-les sans hésitation à une autre, car elle est en voie de désorganisation, et sa mère a passé l'âge.

Ennemis. Ce sont : l'araignée, la fourmi, la guêpe, les cétoines, le sphinx atropos, les souris, les rats, les mulots, la fouine, les hérissons, les lézards, les tarentes, les crapauds, les oiseaux apivores, et principalement la fausse-teigne. Nous ne nous arrêterons qu'à la dernière, tout le monde sachant éloigner ou détruire les autres.

Un petit papillon de nuit, d'un blanc sale, cherche à pénétrer dans vos ruches, le soir, par toutes les fissures qu'elles présentent. Une population serrée ne le laissera pas entrer par le guichet. Il pond ses œufs n'importe où, mais de préférence dans les coins où les abeilles ne passent pas. Les larves, chenilles presque imperceptibles, gagnent les rayons vides, s'y nourrissent de cire, y creusent des galeries, en les tapissant d'une espèce de soie très résistante. Leur tunnel ne traverse ni le couvain, ni les cellules à miel ou à pollen. Dans une ruche envahie et laissée sans secours, les alvéoles sont attaqués au fur et à mesure qu'ils sont débarrassés des larves d'abeilles ou des vivres, et bientôt toute la bâtisse ressemble à un magma informe, englobé dans une sorte de toile grise, et grouillant de vers gros de 3 à 4 millim. et longs de 30. La reine voit son domaine diminuer de jour en jour, et, finalement, ne trouvant plus où mettre ses œufs, périt ou s'en va.

On est assuré de la présence de la fausse-teigne par ses excréments que l'on aperçoit, mélangés avec des parcelles de cire, sur le tablier ou sur le guichet. Les excréments ressemblent assez aux grains de la poudre de chasse.

La fausse-teigne n'arrivant pas à dominer dans une ruche puissante, cela vous indique de suite que, pour vous en préserver, vous n'avez qu'à entretenir sur votre apier de fortes populations. Une colonie bien atteinte est à supprimer.

Maintenant faut-il, dans le but de relever les familles faibles, prendre aux ruchées saines des rayons de couvain, et les passer aux nécessiteuses? Cette méthode n'est pas à conseiller, car vous appauvrissez d'un côté, sans être sûrs d'enrichir ailleurs suffisamment. Il vaut beaucoup mieux marier les faibles avec le reste.

Plantes mellifères

L'apiculteur doit assurer aux butineuses des floraisons aussi abondantes que possible et réparties en toutes saisons : cette dernière condition facile à obtenir dans la zone littorale ne l'est plus dans les autres régions.

On peut donc planter, suivant les climats, aux alentours des ruchers, les arborescents suivants :

Pommiers, poiriers, cognassiers, cerisiers, abricotiers, pêchers, pruniers, orangers, mandariniers, citronniers, amandiers et néfliers du Japon, etc. Le caroubier et les divers palmiers sont également excellents. Comme arbres d'ornement, le robinier, le frêne, le faux-poivrier, le troëne, le pistachier, le saule, le tilleul, l'eucalyptus. Ce dernier est le roi des mellifères, au moins l'E. *globulus*, car l'E. *rostrata* paraîtrait nuisible aux abeilles.

Beaucoup de plantes arbustives et herbacées sont à propager dans les jardins et dans les champs en vue de fournir du butin aux abeilles : romarin, sauges diverses, thym, menthe, réséda, lavande, mélisse, rosiers, chèvrefeuille, etc. Dans les carrés de culture, fèves, pois, lentilles, choufleurs, melons et autres Cucurbitacées, et dans les champs, trèfle d'Alexandrie, sainfoin, luzerne, mélilot, etc.

Les clôtures d'agave, d'opuntia, de diverses cacies épineuses, de lantana, etc., constituent de précieuses ressources.

Les Bananiers dans les zones chaudes produisent toute l'année beaucoup de fleurs très recherchées par les abeilles, mais on croit remarquer que le miel qui en provient est foncé.

Les miels des Labiées et des Légumineuses sont de bonne qualité.

On attribue à quelques plantes la production d'un miel toxique : les aconits seraient suspects.

Le peu de durée de la floraison en Algérie sera souvent un grand obstacle à la production économique du miel, même dans la zone marine qui est la plus favorable pour l'apiculture.

Sériciculture.

Le ver à soie (Magnan dans le Midi de la France) est le *Bombyx Mori*, le bombyx du mûrier qui présente plusieurs races. Les races polyvoltines, c'est-à-dire donnant plusieurs générations par an, sont délaissées dans les pays d'Occident où on leur préfère les races annuelles. En France les variétés les plus recherchées sont celles des Cévennes à cocons jaunes et de dimension moyenne. Dans ces variétés les vers subissent *4 mues* avant de filer leurs cocons.

La production de la soie en France est en moyenne de 600.000 kilogrammes de soie grège : l'industrie en emploie six fois plus : le supplément nécessaire est tiré des pays étrangers : Italie, pays du Levant et contrées d'Orient.

On appelle *graine de ver à soie* les œufs de ver à soie. On compte 1.200 à 1.500 de ceux-ci pour un gramme. La graine de ver à soie est vendue par *once* (25 grammes). Elle doit être conservée dans des sachets en tissu perméable à l'air. Il ne faut pas se servir de flacons en verre ou de boîtes métalliques hermétiquement closes.

L'éclosion des œufs de ver à soie n'a lieu qu'après l'hiver : on peut l'avancer ou la retarder en exposant au printemps la graine à une température plus ou moins élevée. Il faut s'arranger de manière à faire coïncider l'éclosion avec l'apparition des premières feuilles de mûrier. Pour cela on peut se servir de couveuses, étuves portatives dont on peut a volonté régler la température qu'on élève progressivement d'un degré par jour jusqu'à 27 à 28°.

La levée des vers, nouvellement éclos, se fait au moyen de feuilles de mûrier déposées sur le carton ou la toile à laquelle les œufs sont fixés. Les éclosions ont lieu surtout dans la matinée : elles sont terminées en quatre jours.

Au sortir de l'œuf la larve du ver à soie mesure 3 mm. environ de longueur et pèse 1/2 milligramme. Quand elle atteint sa plus grande dimension, elle a 8 à 9 centimètres de longueur et pèse 4 à 5 gr., c'est-à-dire 8 à 9.000 fois plus qu'au moment de l'éclosion.

Mais avant d'arriver à ce développement, la larve a subi plusieurs mues qui déterminent les âges du ver.

De la naissance au sortir de la 1re mue	1er âge	: durée	5-6	jours.
De la 1re mue à la 2e,	2e âge	—	4-5	—
De la 2e mue à la 3e,	3e âge	—	6-7	—
De la 3e mue à la 4e,	4e âge	—	7-8	—
De la 4e mue jusqu'à la montée	5e âge	—	11-12	—

Le 3e et le 4e âge sont la grande et la petite *frèze* : ce sont les périodes pendant lesquelles la larve mange le plus.

Le ver à soie présente douze anneaux dont les trois premiers sont munis de pattes à ongle pointu. Les deux anneaux suivants n'en portent pas. Les quatre suivants portent des pattes membraneuses qui servent à la locomotion de l'animal.

La peau de la larve est composée de deux couches : la plus profonde est l'hypoderme formé de cellules vivantes qui sécrètent la couche superficielle, et la cuticule formée de lames chitineuses très minces. C'est de cette cuticule que la larve se dépouille à chaque mue.

Sur les flancs de l'animal on remarque 18 petites taches noires : ce sont les stigmates, ouvertures qui correspondent à l'appareil respiratoire et par lesquelles l'air pénètre dans le corps de l'insecte.

Le corps de la larve n'a pas de température propre ; il a celle de l'air ambiant. C'est de 20 à 25° que les vers sont élevés. Au-dessus de 25° les fonctions s'accélèrent et la durée de la vie diminue. A 45° la vie larvaire est seulement de 14 jours. Si la température est maintenue à 18° et 16°, la période larvaire est de 40 à 50 jours : de 20 à 25° elle est de 30 à 35 jours.

Le ver a besoin d'air pour respirer : de plus il exhale de l'acide carbonique et de la vapeur d'eau : de là la nécessité d'aérer énergiquement les magnaneries.

Le ver se nourrit de la feuille du mûrier ; le mûrier blanc est à préférer, il donne une feuille plus abondante et plus délicate, il est plus hâtif.

A la fin du 5e âge, la larve ne mange plus guère, ses réservoirs soyeux se gonflent : la peau s'éclaircit et le ver « transluit comme un raisin mûrissant. » Le ver va procéder à la confection du cocon.

La soie est secrétée par des glandes analogues aux glandes salivaires.

Les vers à soie sont sujets à diverses maladies qui compromettent parfois le succès des éducations : les principales sont les suivantes :

La Muscardine. Apparemment le ver est sain : mais le corps est molasse et légèrement rosé. Dès qu'il est mort le corps durcit en prenant la forme des objets sur lequel il repose : à l'air sec le cadavre est de couleur brunâtre, mais dans un air humide il devient blanchâtre par suite de la formation sur le corps de moisissures blanchâtres. Si l'animal meurt dans le cocon à l'état de chrysalide, celle-ci durcit et sèche : cette maladie est due au développement d'un champignon qui vit aux dépens de l'animal : c'est le « *Botrytis bassiana* » qui donne naissance à des semences ou spores qui conservent leur faculté germinative pendant 3 ans au moins et qui propagent le mal.

Quand un local a été envahi par la muscardine, il faut, avant d'y faire une nouvelle éducation, le blanchir à la chaux et y brûler 3 à 4 kilogs de soufre avec 2 à 300 gr. de salpêtre pour 100 mètres cubes de capacité. On a soin de fermer le local hermétiquement pour laisser aux vapeurs sulfureuses le temps d'agir.

Si c'est au cours de l'élevage que la muscardine se développe, enlever les litières sans en secouer la poussière : puis chaque jour brûler par 100 mètres cubes de capacité 20 a 30 grammes de soufre avec 2 à 3 grammes de salpêtre.

La muscardine ne se transmet pas par hérédité, car un ver malade n'arrive jamais à l'état de papillon.

Pébrine. Les vers deviennent petits, se développent irrégulièrement. Taches noires sur la peau, semblables à des piqûres. Le mal est causé par le développement dans les tissus d'algues parasitaires ou *corpuscules*. C'est par le tube digestif que le parasite s'introduit. Le mal se propage par les déjections et les débris de cadavres qui souillent les feuilles qui sont ensuite absorbées par d'autres vers encore sains.

Les poussières corpusculeuses ne sont pas susceptibles de propager le mal d'une année à une autre, mais les papillons malades pondent des œufs qui donnent naissance à des vers eux-mêmes corpusculeux. *La maladie se transmet par hérédité.*

Le remède préventif à employer est de ne faire éclore que des graines saines, issues de parents qui ont été reconnus non corpusculeux. Pour cela on isole les couples de papillons : on les laisse pondre et, après la ponte, on recherche au microscope si les corps des papillons sacrifiés contiennent ou non des corpuscules, si on reconnaît qu'ils sont sains, les œufs sont bons, sinon ils sont jetés.

Il faut aussi nettoyer les locaux.

La *Flacherie* et la *Grasserie* sont aussi à redouter des éducateurs, mais elles sont moins dangereuses que les maladies précédentes.

Pour réduire les cas de flacherie, n'employer que des graines provenant d'une chambrée saine. Bien espacer les vers, leur donner de la feuille saine et propre. Désinfecter les locaux avant de commencer l'éducation.

L'élevage du ver à soie, pour être rémunérateur, doit être conduit de telle façon que l'on obtienne par once 50 kilogs de cocons : ce chiffre peut même être dépassé aisément. En dessous d'un rendement de 20 kilogs la sériciculture est en perte.

Pour réussir il faut avant tout n'employer que de bonnes graines ; de plus les vers doivent être gouvernés de telle façon que sur une même claie tous les vers soient de même taille.

Pendant les mues l'animal ne doit pas être troublé : dans l'intervalle des mues il faut lui servir une nourriture saine et régulière.

Les principes de l'élevage peuvent se résumer ainsi qu'il suit : à l'éclosion mettre sur des claies différentes les levées faites à des moments différents. Ne mettre ensemble que les vers qui éclosent presque simultanément : au moment de chaque mue réunir sur une même claie les vers qui terminent ensemble la mue. Maintenir à la même température les vers de même âge et leur distribuer la feuille d'une manière égale. Ne pas donner de la feuille quand on voit que les vers vont sortir de la mue, car les premiers sortis se mettraient à manger et leur développement serait en avance sur celui des vers plus lents à muer. On attend que la moitié des vers aient terminé la mue pour donner de la nourriture. Cette première moitié constitue une première levée : l'autre moitié formée des retardataires fournira une seconde levée.

Ne pas ménager la place aux vers.

Pour élever une once de graine de vers à soie il faut pouvoir disposer d'une surface de claies représentée par les chiffres suivants.

De l'éclosion à la 1re mue,	5	mètres carrés.
De la 1re mue à la 2e,	10	—
De la 2e mue à la 3e,	20	—
De la 3e mue à la 4e,	40	—
De la 4e mue à la montée,	45-60	—

Pour espacer les vers à l'éclosion on se sert de feuilles de mûrier. Celles-ci déposées au-dessus des œufs se garnissent de vers : on les répartit sur des claies et on distribue la nourriture : on procède de même au sortir des mues.

On peut aussi employer le papier à déliter. Ce sont des feuilles percées de trous ronds d'un diamètre proportionné à la grosseur des vers. On les étend sur les vers à déliter ou à espacer et on place au-dessus des feuilles de mûrier. Les vers passent au travers du papier par les trous et quand la feuille est suffisamment garnie on la transporte sur une autre claie : on peut obtenir le même résultat par l'usage de filets à maille proportionnée à la grosseur des vers à déliter.

Les magnaneries doivent être ventilées énergiquement, sauf le matin et le soir pour éviter les abaissements de température. Fermer les ouvertures du côté du vent quand le siroco vient à souffler. La distribution de la feuille doit se faire régulièrement : de l'éclosion à la 2e ou 3e mue, 6 à 8 repas par 24 heures, après la 3e mue, 4 repas naturellement plus copieux.

Pour élever une once de vers à soie il faut compter environ 1.000 kilog. de feuilles. Un mûrier adulte peut donner un quintal de feuille : par suite il en faut 10 pour élever une once de graines.

On cueille la feuille dans des sacs — ne pas la donner fraîche, mais quand elle est devenue mate. — On l'emmagasine dans des locaux frais, par couches peu épaisses, pour qu'elle ne s'échauffe pas. Éviter de servir de la feuille mouillée ou couverte de miellat.

Quand les vers sont sur le point de monter, on dispose sur les claies des rameaux de bruyère ou de broussailles sèches. 3 jours après la formation du cocon le ver s'est transformé en chrysalide.

Pour tuer la chrysalide il suffit d'exposer les cocons à une température de 75 à 80° en vase clos. 60° suffisent si l'action de la chaleur est prolongée. On peut aussi étouffer en enfermant les cocons dans un récipient clos avec des morceaux de camphre ou avec un peu de sulfure de carbone, mais il vaut mieux étouffer par l'air chaud. 10 minutes de séjour à une température de 70 à 80° suffisent. Quand les cocons sont récoltés on les débourre; 100 kilogs de cocons pesés au jour de la récolte se réduisent à 92 kgr. 590 gr. au bout de 10 jours.

Un cocon de grosseur moyenne pèse 2 gr. Il en faut donc 500 environ au kilogramme.

Le papillon se montre 18 à 20 jours après la formation du cocon.

Quand on veut faire de la graine il ne faut prendre que des papillons issus des chambrées qui ont bien réussi. De plus il faut vérifier si les papillons (père et mère) sont sains.

Pour cela on isole les couples, on sépare les pontes de chaque femelle et quand la ponte est terminée, les tissus des parents sont examinés au microscope ; s'ils sont reconnus sains la ponte est bonne et conservée ; sinon elle est jetée (grainage cellulaire).

Cet examen exige un microscope donnant un grossissement de 400 à 500 diamètres.

Pour terminer faisons observer que l'éducation du ver à soie du ricin, de l'ailante et du chêne etc., essayée à diverses reprises en Algérie, n'a donné aucun résultat pratique. Nous considérons l'expérience négative comme suffisamment concluante.

En résumé, malgré des tentatives réitérées et les nouveaux encouragements de l'État, la sériciculture ne paraît pas avoir un grand avenir en Algérie.

D'après la loi du 2 avril 1898, il est alloué, à partir de l'exercice de 1898 et jusqu'au 31 décembre 1908, aux éducateurs ou cultivateurs de vers à soie, une prime de 0 fr. 60 par kilogramme de cocons frais [1].

Pour bénéficier de cette prime, les éducateurs doivent avant la mise en incubation, au plus tard le 1er mai de chaque année, déclarer à la mairie de leur commune la quantité de graines de ver à soie qu'ils ont l'intention d'élever.

Le jour où il met ses vers à la bruyère, l'éducateur doit en faire la déclaration à la mairie en indiquant le nombre de claies ou tables mises ou à mettre successivement à la bruyère. Dans les 8 jours qui suivent celui de la mise à la bruyère, il est procédé, s'il y a lieu, par un expert désigné par le Préfet, à une inspection de la chambrée et à une évaluation de la quantité de cocons produits. A l'expiration de ce délai de 8 jours, pour chaque mise à la bruyère, l'éducateur aura le droit, que l'inspection ait eu lieu ou non, de procéder au décoconnage.

1. Voir *la loi du 2 avril 1898* portant prorogation de *la loi du 13 janvier 1892*, relative aux encouragements spéciaux à donner à la sériciculture et à la filature de la soie et *le décret du 28 mai 1898* portant règlement d'administration publique pour l'application et le contrôle de la loi précitée.

Aux jours, heures et lieux fixés par le maire il est procédé aux pesées de cocons. C'est le Préfet qui liquide le montant des primes à allouer à chaque éducateur.

Ouvrages à consulter : Leçons sur le ver à soie du mûrier, par E. Maillot, imprimerie Coulet, Montpellier ; *Conseils aux éducateurs de vers à soie*, par de Boullenois, librairie agricole, rue Jacob, Paris, et Bulletin de la Société nationale d'agriculture, janvier 1899 : *Influence de la chaleur sur les éducations du ver à soie : le Sporotrichum globuliferum et le ver à soie.*

Pisciculture.

ÉTAT ACTUEL DE LA PISCICULTURE D'EAUX DOUCES EN ALGÉRIE

Les espèces de poissons qui peuplent les eaux douces ou saumâtres de l'Algérie sont peu nombreuses.

Au point de vue alimentaire, les poissons d'eaux douces les plus intéressants sont le *Barbeau* dont il existe deux variétés : le *B. Callensis* et le *B. Setifensis*, l'Anguille et une Truite (*Salar macrostigma*) que l'on rencontre dans les eaux froides et limpides de la région de Collo.

Les autres poissons ne présentent aucun intérêt au point de vue alimentaire. Ainsi que le font remarquer MM. Letourneux et Playfair dans leur étude sur les poissons d'eaux douces ou saumâtres de l'Algérie, les *Chromis* dont le goût est analogue à celui de la Perche n'atteignent jamais une grande dimension et d'ailleurs sont relégués au fond du Sahara, d'où il est impossible de les faire venir sur nos marchés. Le *Gobius*, le *Cristiceps*, le *Cyprinodon*, le *Gasterosteus brachycentrus* et le *Tellia apoda* sont trop rares et trop petits pour figurer dans nos cuisines. Enfin le *Leuciscus Callensis*, quoique plus gros, est encore d'une taille médiocre : il n'habite que l'Est de l'Algérie et sa chair est fade.

L'Anguille est vendue sur les marchés ; quand elle provient d'eaux vives elle n'est pas sans qualité ; mais le Barbeau, surtout celui qui a vécu dans la vase, à cause de son goût détestable, n'a guère de valeur marchande ; quant à la Truite de Kabylie on ne la trouve que dans quelques rivières de la région de Collo, des Babors et de Bougie, à fond non vaseux, mais rocheux, et dont les eaux sont relativement fraîches grâce à l'altitude et au couvert des fortês. Mais ce Salmonide se trouve en petit nombre dans nos eaux, il serait nécessaire d'en protéger la multiplication par un règlement de police analogue à celui qui régit la pêche en France.

D'après les expériences faites en 1890 par le Conducteur des Ponts et Chaussées en résidence à Collo, la Truite de Kabylie, désignée aussi sous le nom de truite de l'Oued-Zhour (commune mixte d'Atia) peut vivre à l'altitude de 100 mètres et même bien au-dessous par une température de 21° qui s'abaisse même à 14° dans les parties les plus élevées des ruisseaux recherchés par ce poisson à l'époque du frai.

Certains poissons ont été introduits par voie d'acclimatement en Algérie. Le *Carrassius* ou cyprin, connu vulgairement sous le nom de poisson rouge et qui est originaire de Chine a été introduit, bien avant l'occupation française, dans certaines rivières de l'Ouest de l'Algérie.

Depuis, de nombreuses tentatives ont été faites pour peupler nos eaux douces de poissons ayant une valeur alimentaire.

Dès 1857, d'après des renseignements communiqués par feu Brocchi, professeur de pisciculture à l'Institut agronomique, la Société d'acclimatation avait offert une prime de 500 fr. pour les essais de pisciculture à faire en Algérie. En 1858, Cosson importa en Algérie 40 Carpillons, 30 Cyprins dorés et quelques centaines d'œufs de Truite fécondés. La perte à l'arrivée à Constantine fut très faible. Les poissons furent déposés dans l'étang du Djebel-Ouach, où ils semblèrent s'être multipliés. En 1859 il y avait dans l'étang une centaine de poissons de toutes dimensions.

Presque à la même époque, de Lannoy, ingénieur en chef des Ponts et Chaussées, déposa dans le même étang une certaine quantité de Tanches. En octobre 1869, on fit une pêche complète de l'étang et l'on put prendre 307 Carpes de 18 à 45 centimètres, 4 Tanches de 34 cent. ainsi que beaucoup de feuilles de carpes et de tanches. Les alevins furent mis dans le Rummel.

En 1861, d'après Brocchi, on essaya d'introduire la Carpe dans le Chéliff, à la hauteur de Boghar, dans l'Oued-Deurdeur et l'Oued-Boutan. En 1863, on fit une pêche qui donna 4.000 Carpes (*Note du général Liébert sur les essais de pisciculture tentés à*

Miliana, 1864). En 1867, le général Liébert fit jeter dans le Chéliff 1.065 Carpes. D'un autre côté MM. Pichon et Tourniol firent divers essais de pisciculture à Miliana.

D'autres essais furent faits, il y a une trentaine d'années, par MM. Ch. Rivière et Franclieu, particulièrement dans le Mazafran, où, paraît-il, actuellement on peut pêcher la Carpe.

Plus récemment le Gouvernement a encouragé par des subventions l'élevage de la Carpe dans des étangs artificiels du Sahel, et dans le département de Constantine, un administrateur, pisciculteur convaincu, M. Moisan, élève dans les cours d'eau de la commune du Guergour des alevins de Truites de Californie. (*Salmo iredeus*).

Sans se faire illusion sur l'importance que pourrait prendre la pisciculture en Algérie, pays pauvre en eaux vives et profondes, il serait intéressant de poursuivre ces tentatives qui, n'auraient-elles pour résultat que d'augmenter, dans certaines régions, même dans une faible mesure les ressources alimentaires, sont à encourager.

La Carpe et la Tanche pourraient être propagées dans le cours inférieur des rivières ainsi que dans les eaux des lacs et des étangs, sauf celles tenant en dissolution une trop grande quantité de sel marin ou de sels calcaires. Dans les eaux vives des montagnes on pourrait multiplier la Truite, particulièrement celle de Kabylie, dont l'acclimatement est certain.

Le peuplement des rivières au moyen de Cyprinides (Tanches et Carpes) ne présenterait pas de grandes difficultés, car ces poissons se transportent facilement à l'état vivant. Pour la Truite il est préférable d'employer des œufs fécondés ; mais le transport de ces œufs et leur mise à éclosion exigent un matériel spécial et des connaissances techniques et pratiques qui rendent le succès moins certain. Du reste les cours d'eau favorables à la Truite sont en nombre relativement restreints.

La Société nationale d'acclimatation de France encourage les essais de pisciculture et elle s'empresserait certainement de mettre à la disposition des éleveurs tous renseignements utiles et moyens de propagation. En résumé, cette question n'a pas un grand avenir en Algérie.

CHAPITRE X

PLANTES VÉNÉNEUSES, ANIMAUX SAUVAGES INSECTES, OISEAUX, ETC.

Plantes vénéneuses, nuisibles et suspectes.

Dans la broussaille et les champs poussent un grand nombre de plantes réellement dangereuses ou nuisibles et beaucoup d'autres inutiles ou suspectes qu'il convient de signaler.

Les cultures et les champs sont principalement envahis par des espèces à bulbes et à rhizomes, *Liliacées Amaryllidées*, *Iridées*, etc., sans utilité, délaissées par le bétail et infestant les terres de labour et de parcours : tels sont les Scilles, les Muscari, les Narcisses, les Glayeuls, les Iris, etc.....

Les vastes familles des *Crucifères* et des *Ombellifères* présentent également un trop grand nombre de plantes inutiles et quelquefois dangereuses.

Beaucoup de *Composées* sont sans valeur et toutes les *Légumineuses* si nombreuses ne sont pas toujours sans nocivité.

Les indications suivantes, très résumées, appelleront l'attention sur la nature et la toxicité des principaux végétaux redoutables pour les gens et les bêtes.

En général, il faut éviter l'ingestion des fruits et des prétendus légumes sauvages et savoir que la dessiccation ou la cuisson ne leur enlève pas toujours leurs principes vénéneux. La même observation est à faire pour les fourrages.

Adonis. — *Adonis æstivalis*, *microcarpa*, etc. Renonculacées. *Ben-Naman* des Arabes. Petites plantes à fleurs jaunes ou rouges, souvent trop abondantes. Avril.

Sans utilité pour les bestiaux et ayant des propriétés irritantes.

Ail. — *Allium.* Liliacées. *Tsoum-el-Rhaba.* Ce genre est nombreux. Il n'est pas dangereux, mais certaines espèces broutées par les vaches et les chèvres communiquent un mauvais goût au lait.

Ailante, Vernis du Japon. — *Ailantus glandulosa.* Térébenthacées. Grand arbre importé, apprécié par sa rusticité et son caractère traçant. Ses feuilles, qui ont une mauvaise odeur, passent pour vénéneuses pour certains animaux, la volaille notamment : végétal au moins suspect.

Alaterne-Nerprun. — *Rhamnus alaternus.* Rhamnées. *Melila gased* des Arabes, *Amlilès* des Kabyles. Arbre ou arbrisseau de la broussaille, à feuilles persistantes, coriaces et luisantes.

Fruits charnus d'abord noirs, puis rouges : ces baies sont purgatives et auraient la propriété de réduire la lactation.

Le *Rhamnus catharticus* ou Nerprun purgatif, à tige rameuse, à feuilles caduques, à grosses baies noires, est également dangereux.

Le *Rhamnus oleoides*, Chroura des Arabes, est un buisson épineux, à fruits jaunes suspects.

En résumé, signaler tous les Nerpruns à l'attention des enfants pour qu'ils ne mangent pas ces fruits.

Amandier. — *Amygdalus communis.* Rosacées. *Louz*, *Louza* des Arabes. *Taloust* des Kabyles. Arbre cultivé en Algérie depuis fort longtemps et paraissant spontané dans les montagnes sèches et rocailleuses : il se présente sous la forme à amandes amères.

Dans ce cas, les amandes sont dangereuses pour les enfants.

Ne pas utiliser ces fruits sauvages pour confitures, bonbons, eau distillée d'amandes amères, etc...

Anagyre, Bois puant. — *Anagyris fœtida.* Légumineuses. *Lezzaz*, *Karoul-el-Klab* des Arabes. *Aoufni* des Kabyles. Arbuste vert sombre des lieux montagneux, fleurs en grappes, jaunes, gousses plates, grandes, renfermant des haricots violets. Odeur fétide de toute la plante qui la fait rejeter de tous les animaux. Très vénéneuse dans toutes ses parties et à craindre à cause de la ressemblance du fruit avec le haricot, ce qui a occasionné des méprises funestes.

Ancolie. — *Aquilegia vulgaris.* Renonculacées. *Argilia* des

Arabes. Très jolie plante vivace à fleurs bleues ou panachées, haute de 60 cent. qui ne se trouve que dans les montagnes de la Kabylie centrale.

Très vénéneuse dans toutes ses parties, mais les graines sont encore plus toxiques.

Anémones. — *Anemone coronaria et palmata.* Renonculacées. *Chekaik-en-Nâman* des Arabes. Petites plantes à grandes fleurs violettes dans la première espèce, jaunes dans la seconde. Février-mars.

Propriétés irritantes, vésicantes, mais perdant leur âcreté par la dessiccation.

Aristoloche. — *Aristolochia longa, pistolochia, rotunda.* Aristolochiées. La racine est appelée *Bourrouchtoun* par les Arabes.

Plantes à tiges herbacées, à souches vivaces, fleurs jaunâtres ou rouge sombre.

La saveur âcre et amère de ces plantes la fait rejeter par les bestiaux : elles sont à détruire dans les prairies, ou aux environs des fermes.

Armoise blanche. — *Artemisia herba-alba.* Composées. *Chich* des Arabes. Petite plante sous-frutescente à tiges nombreuses, tomenteuses et blanchâtres dans toutes ses parties, à fleurs pâles.

Avec l'Halfa, elle caractérise de grandes étendues steppiennes et constitue en Algérie les plus vastes peuplements d'une même espèce.

Son odeur aromatique très prononcée n'éloigne pas les animaux qui broutent, sans inconvénient, à défaut d'autre nourriture, les jeunes pousses. Les chevaux cependant la supportent mal.

Entre les touffes du Chich, comme entre celles de l'Halfa, les animaux trouvent une foule de petites herbes qu'ils broutent : ce ne sont pas ces deux premières plantes qui forment le pâturage proprement dit.

Atractyle-Chamaleon blanc. — *Atractylis gummifera.* Composées. *El-Adad.* des Arabes. Chardon à glu à feuilles grandes en rosette, très épineuses ; fleurs grosses, purpurines ou violettes ; grosses racines renfermant un suc jaunâtre, poison narcotico-âcre très violent. Les capsules suintent une résine dite glu.

L'ingestion de ce chardon cause fréquemment de graves accidents au bétail : les feuilles vertes ou sèches ne sont même pas sans danger, mais la racine est absolument redoutable.

Aubergine. — *Solanum melongena.* Solanées. *Bedindjal* des Arabes. L'Aubergine est malfaisante pour l'homme et les animaux quand les fruits sont imparfaitement mûrs. On ne devra pas donner aux animaux des débris de ses cultures surtout ceux contenant encore des fruits verts à divers états de maturation.

Belladone. — *Atropa belladona.* Solanées. Plante à tiges fortes, dressées, rameuses, portant des feuilles molles, sombres ; fleurs penchées, assez grandes, à corolle d'un brun sale.

Le fruit est une baie globuleuse, verte, rouge, puis noirâtre, luisante, pulpeuse accompagnée d'un calice persistant.

La teinte sombre et l'odeur faible, mais nauséabonde indiquent un végétal suspect, d'ailleurs repoussé par tous les animaux.

La Belladone est en effet une plante toxique des plus redoutables et qui entraîne souvent chez les enfants, séduits par les baies, des accidents mortels.

Le principe actif de la Belladone est l'Atropine.

Bryone. — *Bryonia dioica.* Cucurbitacées. *Tar'a. Bouchchen* des Kabyles, Plante herbacée grimpante dont les tiges s'enroulent dans les haies et dans les broussailles. Feuilles palmatilobées cordiformes. Fleurs petites, verdâtres en grappe. Fruits bacciformes rouges.

Propriétés irritantes, purgatives et dangereuses. Plantes repoussées par les animaux.

Les fruits sont à craindre pour les enfants. La racine, semblable à une rave ou à un navet, peut occasionner des accidents chez l'homme.

La dessiccation de la plante n'atténue pas son action nocive.

Buis. — *Buxus sempervirens.* Euphorbiacées. Petit arbrisseau à tiges tortueuses, à bois jaunâtre, à feuilles très vertes, trois fois plus longues que larges et pointues ; il se rencontre dans les montagnes de la Kabylie centrale.

Les Buis nains des jardins ne sont que des variétés.

Toutes ces plantes sont très dangereuses pour l'homme et les animaux. La dessiccation et la cuisson n'atténuent pas leur action malfaisante.

La substitution des feuilles de Buis au Houblon est une sophistication nuisible à la santé.

Caucalide-Fausse carotte. — *Caucalis daucoides.* Ombellifères. Les Caucalides ne sont pas vénéneuses, mais leurs fruits, hérissés de petits aiguillons, causent des irritations buccales au bétail qui les trouve dans les fourrages.

Ces plantes envahissent les moissons.

Cerfeuil ou Anthrisque sauvage. — *Anthriscus sylvestris.* Ombellifères. Herbe vivace, à tiges droites et fistuleuses, feuilles glabres en dessus, velues en dessous, ombelles blanches longuement pédonculées.

Plante à odeur forte et à saveur âcre : elle paraît suspecte.

Champignons. — *Agaric*, *Bolet*, *Oronge*. *Fouka*, *Tarlarat* des Arabes. *Aquersal* des Kabyles. Les Arabes ne mangent pas les Champignons : ils les ramassent et les portent sur les marchés. En général, la plus grande prudence doit présider à l'ingestion des Champignons : toutes formes suspectes doivent être écartées. La détermination botanique indique *seule* leur comestibilité.

On possède peu de renseignements sur les Champignons en Algérie. Consulter *Julien*, Flore de Constantine, 1894.

Chélidoine-Rœmerie. — *Chelidonium hybridum*. *Rœmeria hybrida*. Papavéracées. *Abou-groun* des Arabes. Plante à rameaux grêles, fleurs d'un violet foncé. Mai.

Tiges à suc jaune. Mêmes propriétés que les pavots et les glauciennes. La dessiccation n'enlève pas les principes vénéneux des Chélidoines.

Chênes. — *Quercus*. Cupulifères. *Bellout* des Arabes, *Akerrout* des Kabyles. Les feuilles de chènes, surtout au printemps, sont *quelquefois* nuisibles au bétail : le *mal de brou* serait la conséquence de l'ingestion des jeunes feuilles.

Ciguë. — *Conium maculatum*. Ombellifères. Chez les Arabes, la plante s'appelle *Sikran*; la graine, *Harmel-el-Djezaïr* chez les Mozabites; la racine *Barboucha*.

La *Grande Ciguë* a une forte tige fistuleuse maculée de pourpre. Son odeur vireuse est repoussante. Les animaux n'y touchent pas à l'état vert.

Les jeunes indigènes mangent sans inconvénient sa racine fraîche.

Cette plante pousse dans les lieux humides, les fossés, etc... elle est *très vénéneuse* à l'état vert. Le principe actif est la *Cicutine*, alcaloïde volatil.

Clématite odorante. — *Clematis flammula.* Renonculacées. *Zenzou* des Arabes. *Azenzou*, *Touzzimt* des Kabyles. Plante sarmenteuse à fleurs blanches en panicules, en juin-août.

Propriétés irritantes à l'état vert. Les indigènes consomment les jeunes pousses en guise d'asperges : les feuilles desséchées sont inoffensives dans le fourrage.

Colchiques. — *Colchicum autumnale*, *Bertoloni.* Colchicacées. *Bibras*, *Sourendjan* des Arabes. Plantes bulbeuses, fleurs grandes violacées pour la première espèce, ou petites à anthères pourpres pour la seconde.

Les feuilles, dédaignées par les animaux, ont des propriétés irritantes qu'elles perdent en partie en séchant. Les bulbes et les graines contiennent des principes toxiques (Colchicine, non volatil).

Coloquinte. — *Citrullus* ou *Cucumis colocynthis.* Cucurbitacées. Plante annuelle, rampante, scabre, feuilles triangulaires, fleurs jaunes, fruits jaunes gros comme une orange, commune dans les régions sahariennes.

Le fruit même sec est dangereux pour l'homme : les préparations dont il est la base doivent être prudemment administrées en médecine indigène.

La viande des animaux empoisonnés par la Coloquinte est suspecte.

Coriaire, Redoul. — *Coriara myrtifolia.* Coriariées. *Arous-Rouiza* des Arabes. Arbuste des terres fraîches, commun en Kabylie, feuilles d'un beau vert, fleurs en grappe, petites et verdâtres, fruits rouge sombre rappelant ceux de la ronce.

Ces baies sont très vénéneuses et occasionnent des accidents assez nombreux chez les jeunes indigènes : les jeunes pousses sont dangereuses pour les chevreaux et les agneaux.

Le principe toxique est la *coriamyrtine.*

Cyclamen-Pain de pourceaux. — *Cyclamen africanum.* Primulacées. *Khobs-el-Quouroub* des Arabes, *Tazendart* des Kabyles. Petite plante à feuilles cordiformes et souvent maculées, fleurs roses naissant avant les feuilles.

Malgré l'âcreté du tubercule il est recherché par les porcs seulement.

Cynanque. — *Cynanchum acutum.* Asclépiadées. Plante herbacée lactescente, tige volubile, fleurs blanches odorantes. Juillet.

Plante vénéneuse refusée par les animaux.

Cytise. — *Cytisus.* Légumineuses. Le faux-ébénier. *Cytisus laburnum*, si dangereux, ne se rencontre pas en Algérie, mais la broussaille renferme plusieurs espèces de ce genre qui ne sont pas nuisibles. Tels sont les C. *sersilifolius*, *argenteus*, etc.

Le *Cytisus proliferus* ou Tagasaste des Canaries, qu'on a voulu introduire comme arbuste fourrager, est à classer parmi les végétaux suspects.

Dauphinelles, sorte de **Pied d'Alouette.** — *Delphinium orientale*, *pentagynum*, *Balansæ*, *peregrinum*, etc. Renonculacées. *Hemin*, *reguig* des Arabes. Plantes à tiges plus ou moins dressées à fleurs ordinairement bleues ou violacées.

Dans les fourrages et dans les pailles, ces plantes à principes âcres et astringents sont nuisibles.

Dentelaire. — *Plumbago europæa.* Plumbaginées. *Konabera* des Arabes. Plante sous-frutescente, dressée, fleurs violettes en épis. Été.

Refusée par tous les animaux à cause de ses principes âcres.

Digitale jaune. — *Digitalis lutea.* Scrophularinées. La Digitale pourpre est assez rarement cultivée dans les jardins : elle est fort dangereuse. Une espèce à fleurs jaunes se rencontre en Kabylie. Toutes les Digitales sont suspectes.

Dompte-venin. — *Vincetoxicum officinale.* Asclépiadées. Herbe vivace de de 0 m. 80 de haut, feuilles coriaces, fleurs blanchâtres très pédonculées, graines à aigrettes soyeuses, assez commune dans la Kabylie centrale principalement.

La plante répand une odeur désagréable et est amère dans toutes ses parties : les animaux n'y touchent point.

Douce-amère. — *Solanum dulcamara.* Solanées. *Jasmin-el-Khela* des Arabes. Plante sous-frutescente sarmenteuse à fleurs violettes.

Même observation que pour les *Morelles*, plante suspecte.

Eballion. — *Echallium momordica*, *elaterium.* Cucurbitacées. Les Arabes nomment les fruits *Faqqous-el-Hamir*, *Bit-el-Roul.*

Afgoushour'ioul des Kabyles. Plante herbacée vivace, à forte souche rampant sur le sol, fleurs jaune pâle, fruits oblongs, faisant explosion à leur maturité.

Les animaux ne touchent pas à cette plante verte : elle est nuisible dans le fourrage.

Ce concombre est très purgatif.

Euphraise. — *Euphrasia viscosa.* Scrophularinées. Petite plante herbacée droite, fleurs jaunes en épi.

Plutôt nuisible qu'utile dans les pâturages.

Euphorbes, Tithymales. — *Euphorbia helioscopia*, *pubescens*, *pterococca*, *exigua*, *peplus*, etc. Euphorbiacées. *Oum-el-Lebina*, *Lebaïni* des Arabes. Plantes herbacées et sous-frutescentes, contenant dans quelques-unes de leurs parties, les tiges notamment, un suc âcre et laiteux.

E. helioscopia. — *Halib-ed-Diba* des Arabes. **E. chamœsyce** *Bassad-el-Moulouk* des Arabes.

Le suc blanc et laiteux des Euphorbes est très irritant et toxique, aussi les pâturages où ces plantes se rencontrent sont considérés comme très nuisibles aux bestiaux. La dessiccation ne fait pas perdre entièrement à ces végétaux leurs propriétés vénéneuses.

Fenouil. — *Fœniculum vulgare.* Ombellifères. *Besbès* des Arabes. *Tanessaout Simsous* des Kabyles. Souche à tiges grosses, élevées, à inflorescences jaunes. Toute la plante a une odeur aromatique très forte qui éloigne les animaux : elle est recherchée en jeunes tiges par les indigènes et même comme condiment par les Européens.

Férules. Faux fenouil. — *Ferula sulcata*, *tingitana*, *communis.* Ombellifères. *Besbès Harami*, *Kelba* des Arabes. Fortes plantes, à racines pivotantes, à hampes souvent très hautes.

Ferula communis, très grandes feuilles très vertes divisées en lanières filiformes, grande inflorescence jaune.

On attribue à cette plante, sans aucune valeur alimentaire, l'origine d'une maladie peu connue qui sévit sur les bestiaux : le *férulisme*.

La consommation de sa racine, dans les époques de disette, provoquerait chez les indigènes une affection cutanée toute spéciale.

La férule serait à classer parmi les plantes dangereuses, d'après M. Brémond, vétérinaire à Oran.

Fumeterres. — *Fumaria numidica, officinalis, capreolata*, etc. Fumariacées. *Chahtredj, Siban* des Arabes. *Tigad guisr'i* des Kabyles. Petites plantes envahissant les cultures, à fleurs blanches, roses, pourpres, etc., recherchées par les Arabes comme amers et toniques et mangées par les moutons et les bœufs, non nuisibles comme on le croit généralement.

Fusain d'Europe. — *Evonymus europœus.* Celastrinées. Le Fusain est un arbuste à feuilles très vertes, finement dentées, à fruits capsulaires roses, poussant sur les montagnes.

Vénéneux dans toutes ses parties : les fruits sont à signaler aux enfants comme dangereux.

Classer également le Fusain des jardins, *Evonymus japonicus*, parmi les végétaux suspects.

Garou, Bois-Gentil. — *Daphne Gnidium.* Thymélées. *Lezzaz* des Arabes, *Alezzaz* des Kabyles. Arbuste rameux des broussailles et des lieux arides, fleurs blanches, fruits bacciformes globuleux et noirs.

Écorce connue par son action irritante. Fruits dangereux pour l'homme, recherchés par les oiseaux. Racines et écorces toxiques

La dessiccation n'enlève pas les propriétés vénéneuses de cet arbuste.

Genêt d'Espagne ou **Spartier.** — *Spartium junceum.* Légumineuses. *Bou-Therthag* des Arabes. *Athertage* des Kabyles.

Arbuste à rameaux jonciformes, à fleurs grandes, jaunes, très odorantes, poussant ordinairement dans les lieux élevés, fleurissant dans l'été.

Ses jeunes pousses, au printemps, seraient nuisibles aux animaux qui les broutent.

La *Spartéine*, alcaloïde contenu dans cette plante, est un principe très actif.

Gesses. Jarousses. — *Lathyrus cicera, sylvestris, latifolius, sativus*, etc. Légumineuses. *Garfala* des Arabes, *Adjilban* des Kabyles. Plantes à tiges faibles souvent grimpantes ou rampantes, à fleurs jaunes, rouges ou bleues, etc., très recherchées par les animaux.

Les indigènes mangent les graines de quelques espèces, mais

cet usage ne serait pas sans danger et provoquerait des accidents paralytiques désignés sous le nom de *Lathyrisme médullaire.*

La Jarousse, *Lathyrus cicera*, *Garfala* des Arabes, en fourrage, ou en grains, occasionne, chez l'homme et les animaux soumis à ce trop long régime, des accidents de même nature. En Italie, c'est le *mal* de *cicerchie* et en Kabylie *Neurd djilben.*

Globulaire. Séné provençal. — *Globularia alypum.* Globulariées. *Taselr'a* des Arabes. Petit arbrisseau très rameux, à fleurs bleuâtres en capitules, très commun sur les coteaux arides et pierreux.

Les feuilles amères, âcres et purgatives, sont dédaignées par les bestiaux.

Gouet d'Italie. — *Arum italicum.* Aroïdées. *Begouga* des Arabes, *Abkouk* des Kabyles, *Airna* des Marocains. Plante de la famille des Aroidées, à feuilles assez larges et sagittées, fleur à grande spathe blanche, baies rouges malfaisantes pour les enfants ; de végétation hivernale, poussant dans les lieux humides et ombragés, ordinairement dans de bonnes terres du littoral principalement.

Les Arabes en temps de disette recherchent son rhizome féculent, mais qui, à l'état frais, contient un principe âcre et corrosif : ces mauvaises qualités seraient atténuées par la dessiccation au soleil ou par le feu.

Les analyses ont révélé dans ce rhizome des quantités variables de fécule entre 20 °/₀ et 70 °/₀ suivant les auteurs.

Au moment de la famine de 1867 on avait proposé la confection d'un pain avec la farine obtenue de cette souche tubéreuse ; puis la culture de cette plante très vivace a été conseillée, mais ce gouet ne peut être compris parmi les rhizomes à développement rapide et par cela même économique, comme la pomme de terre par exemple. (*Algérie agricole*, 1890, Dr Bertherand).

Gouet, Pied de veau. — *Arum maculatum.* Aroidées. Petite plante herbacée vivace à feuilles luisantes et maculées, à odeur fétide : fleur en cornet. Baies rouges très dangereuses pour les enfants.

Les feuilles et les racines fraîches occasionnent des inflammations buccales très violentes.

Harmel ou **Harmal.** — *Peganum harmala.* Rutacées. *Harmel Sahari* des Arabes. Herbe vivace, rameuse, à tiges fortes, glabres, à feuilles multifides, à grandes fleurs blanches, poussant dans les lieux sablonneux et désertiques, très commune dans le Sud.

Odeur repoussante, saveur âcre, propriétés voisines de la Rue : les animaux ne touchent point a cette plante très employée dans la médecine arabe.

Hyèble ou Yèble. — *Sambucus ebulus.* Caprifoliacées. *Akhilouan*, *Arouari* des Kabyles. Petit sureau à tiges herbacées, exhalant dans toutes ses parties, sauf les fleurs, une odeur qui éloigne les animaux.

Baies noires à jus très coloré.

Plante dangereuse comme le Sureau ordinaire. A signaler aux enfants.

If. — *Taxus baccata.* Conifères. *Kiffouzzel*, *Teurch* des Kabyles. Petit arbre vert des montagnes dont les feuilles principalement, même sèches, ont des propriétés vénéneuses pour certains animaux.

Les baies rouges ont une odeur fétide : elles sont suspectes.

L'*If* est une plante dangereuse aux environs des habitations.

Inules. — *Inula graveolens*, *viscosa*, *montana.* Composées. *Thoubaga* des Arabes. *Therbala* des Kabyles (*Inula graveolens*). Plantes herbacées ou sous-frutescentes, à inflorescences jaunes, puantes et fétides dans toutes leurs parties et absolument repoussées par tous les animaux.

Ivraie enivrante. — *Lolium temulentum.* Graminées. *Cheilem Djelif* des Arabes. Plante annuelle à feuilles larges, recherchée par les animaux : on la distingue par ses glumelles adhérentes à la graine qui est de volume inférieur à celui de l'avoine et de l'orge.

Son grain, mêlé aux céréales dans les criblures, est dangereux pour l'homme et les animaux.

Jusquiames. — *Hyoscyamus niger et albus.* Solanées. Plantes herbacées, feuilles grandes et molles, fleurs jaunâtres ou jaunes avec cœur foncé.

Choukran, *Sikran* des Arabes (H. niger). *Bou-Rendjouf* des Arabes, *Tesker* des Kabyles (H. albus).

Ces plantes, très dangereuses dans toutes leurs parties par leurs propriétés toxiques, sont visqueuses et à odeur repoussante : les animaux les craignent, cependant elles seraient sans action sur les porcs.

La dessiccation ne détruit pas leurs principes toxiques.

Les semences ingérées par les enfants ont produit de terribles accidents : la racine ne doit pas être confondue avec celle des panais ou de la chicorée sauvage.

La Jusquiame, *El-Bethina* des Arabes, *Hyoscyamus faleslez*, plante saharienne, est un violent poison dont les infortunés compagnons de Flatters ont subi les tristes conséquences.

Laitues. — *Lactuca viminea, virosa, saligna*, etc. Composées. Plantes dressées, rameuses, lactescentes, à fleurs jaune pâle, aigrettes blanches. Elles exhalent une odeur désagréable et renferment un suc âcre et narcotique : dangereuses pour les bestiaux, qui n'y touchent ordinairement point à l'état frais et ne les apprécient pas en sec.

Laurier-cerise, laurier-amande. — *Prunus Lauro-cerasus.* Rosacées. Arbrisseau toujours vert, à feuilles luisantes, cultivé dans les jardins où il forme souvent des haies. Fleurs blanches en grappe : drupe noire et ovoïde.

Les feuilles sont particulièrement toxiques : les proscrire des crèmes et de l'aromatisation des liquides.

Vertes ou sèches, les feuilles sont des plus vénéneuses pour le bétail.

Laurier-rose. — *Nerium oleander.* Apocynées. *Defla* des Arabes, *Ililé* des Kabyles. Arbuste bien connu par ses grandes fleurs roses, très commun dans les lieux humides, les torrents, les oueds, etc.

Plante toxique par son bois, ses feuilles et ses fleurs. Les animaux n'y touchent pas. Ne pas utiliser ni boire l'eau stagnante où végètent les Lauriers-roses.

Deux substances dangereuses ont été extraites de cette plante.

Laurier-thym. Viorme. — *Viburnum tinus.*

Arbuste à feuilles persistantes, à inflorescences rosées puis blanches, fruits bacciformes, secs, bleuâtres.

Ces baies sont très purgatives et dangereuses pour les enfants.

Lentille bâtarde, Ers. — *Ervum ervillia.* Légumineuses. Petite plante annuelle subspontanée, à fleurs pendantes et blanchâtres, cultivée par les indigènes dans certaines régions. Elle résiste dans les terres maigres et aux plus grandes sécheresses. Ses graines sont très nutritives.

L'usage de cette plante, en vert, en sec ou en graines, doit être considéré comme dangereux à moins de le limiter.

Les *Ervum* sauvages sont de petites plantes grêles, à tiges grimpantes, donnant un fourrage très peu abondant et également suspect.

Lierre. — *Hedera helix*. Araliacées. *Kissous* des Arabes. *Ad'afal* des Kabyles. Plante grimpante à feuilles persistantes, fruits bacciformes d'abord verts, puis noirs, mûrissant en hiver.

Les fruits sont toxiques et doivent être signalés aux enfants, car leur ingestion entraîne la mort.

Lilas des Indes. — *Melia azedarach*. Meliacées. Bel arbre à feuilles luisantes et à fleurs lilas en panicules, arborescent recommandé autrefois à cause de sa rusticité.

Toutes ses parties sont dangereuses pour l'homme et les animaux, mais principalement les racines et les fruits : les porcs et les volailles qui en mangent les baies sans méfiance sont sujets à des empoisonnements. Quelques accidents sont également à redouter chez les enfants. Arbre à éloigner de la ferme.

Linaires. — *Linaria cymbalaria*, *elatine*, *spuria*, *virgata*, *lanigera*, etc. Scrophularinées. Plantes de formes diverses, rampantes ou dressées.

Bou-Tinzer des Kabyles (L. lanigera). *Laq-el-Gaalb* des Arabes (L. reflexa).

Les Linaires envahissent ordinairement les cultures : elles sont vireuses, nauséabondes et nuisibles aux animaux.

Lupin jaune. — *Lupinus luteus*. Légumineuses. *Tormos* des Arabes. *Ibiou*, *Guilef* des Kabyles. Ce Lupin est à tige droite, forte, à fleurs jaune pâle, très odorantes, assez commun sur le littoral dans les terres sèches. Il est classé dans les plantes dangereuses et est principalement l'origine d'une maladie des moutons connue sous le nom de *Lupinose*. La dessiccation n'atténue pas la violence de la toxicité, très accusée dans les graines.

On rencontre à l'état sauvage plusieurs espèces de Lupin. *Lupinus hispanicus* à fleurs violet pâle ; *L. hirsutus*, plante velue à fleurs bleues ; *L. angustifolius* à feuilles étroites et à fleurs d'un beau bleu.

Le *Lupinus albus* est cultivé, mais subspontané dans certaines localités.

En résumé, les Lupins, malgré leur richesse en matières azotées, sont des plantes suspectes pour le bétail.

Mandragores. — *Mandragora autumnalis et officinarum*. Solanées. *Iarouh*, *Toffah-el-Djen* des Arabes. Plantes acaules, à racine pivotante, feuilles en rosace sur le sol, grandes fleurs violacées, baies rougeâtres (M. autumnalis). Fleurs verdâtres, baies jaunes et grosses (M. officinarum).

Ces plantes, assez rares en Algérie, mais très communes dans certaines régions de la Tunisie, sont des plus dangereuses : elles contiennent un poison des plus actifs et les animaux les craignent instinctivement.

Elles ont occasionné de nombreux accidents chez nos soldats au moment de la conquête de la Tunisie. Détruire ces plantes partout où elles se trouvent.

Le principe toxique paraît être l'*Atropine*, connue dans la *Belladone*.

Mercuriale. Foirole. — *Mercurialis annua*. Euphorbiacées. *Halaboub* des Arabes. Herbe glabre de petite taille en France, souvent relativement assez grande dans les cultures algériennes, à tiges anguleuses et sans latex, ayant des pieds mâles et femelles.

Plante à odeur désagréable, non broutée à l'état vert, très dangereuse quand, provenant des sarclages des jardins, elle est donnée en abondance à l'étable.

L'*hématurie* est un symptôme de l'empoisonnement par cette herbe.

Millepertuis. — *Hypericum perfoliatum*. Hypéricinées. Plante vivace droite, à tiges très rameuses, panicule de grandes fleurs jaunes, à feuilles parsemées de nombreux points transparents.

La saveur amère et astringente de cette herbe la fait repousser par les animaux : la dessiccation ne la rend pas inoffensive.

Les nombreux *Hypericum* doivent être considérés comme suspects. Les Arabes emploient en médecine sous les nom de Taïeb-Râd l'*H. tomentosum* et de Bereusmoun l'*H. pubescens*.

Molènes et Celsies. — *Verbascum et Celsia*. Verbenacées. Le type de ces espèces nombreuses est le *Bouillon blanc* qui n'existe pas en Algérie : ce sont des plantes herbacées, robustes, à tiges très droites à fleurs ordinairement grandes et jaunes.

Ces plantes, trop nombreuses dans les champs, sont dures et coriaces : les animaux n'y touchent pas. Les graines sont suspectes, celles du Bouillon blanc sont toxiques.

Le *Verbascum sinuatum* est très commun dans les cultures : c'est le *Mouçalab-el-Andar* des Arabes et le *Tissreaou* des Kabyles.

Les Kabyles appellent *Birhoum* le *Verbascum Boerhaavii* remarquable par ses grandes fleurs jaunes à taches violettes et ses feuilles très tomenteuses.

Morelles. — *Solanum nigrum*, *villosum*, *miniatum*, etc. Solanées. Plantes herbacées, fleurs ordinairement blanches, baies noires ou rouges.

Bou-Mekenina des Arabes (S. nigrum). *Aneb-el-Dib* des Arabes (S. villosum).

Toutes ces Morelles ont une odeur désagréable qui éloigne les animaux : elles possèdent des propriétés plus ou moins vénéneuses dans toutes leurs parties.

Mourons. — *Anagallis arvensis*, *platyphylla*, *linifolia*, etc. Primulées. Petites plantes herbacées et rameuses, à fleurs blanches, bleues, rouges, etc., envahissant ordinairement les cultures.

La nocivité de ces plantes est reconnue et les animaux n'y touchent pas. Les Mourons sont à exclure des cultures par un bon sarclage.

Ces Mourons empoisonnent les oiseaux.

Moutarde. — *Sinapis arvensis*. Crucifères. *Achnaf*, *Khardel* des Arabes. *Taffa*, la graine. Grande plante annuelle dépassant quelquefois plus d'un mètre de hauteur, reconnaissable à ses fleurs jaune d'or : elle envahit les moissons, les pâturages et salit toutes les cultures.

Les animaux la broutent quand elle est jeune, mais en vieillissant elle leur devient nuisible.

Toutes les plantes sauvages de ce genre *Sinapis* sont inutiles comme alimentation et souvent nuisibles : leur trop grande diffusion dans les cultures est préjudiciable aux récoltes. Un *Sinapis dissecta*, plante dressée et rameuse, importée, s'est répandue dans les champs de céréales qu'elle envahit souvent entièrement. Sa tige dure ne convient point au bétail et ses grosses semences noires se mêlent aux grains des céréales.

Mufliers. Gueules de loup. — *Antirrhinum majus*, *orontium*, etc. Scrophularinées.

Plantes herbacées ou sous-frutescentes, souvent à grandes fleurs roses.

Elles sont âcres, envahissantes dans les pâturages et nuisibles aux animaux.

Nielle des blés. — *Agrostemma githago.* Caryophyllées. La Nielle des blés est fort rare en Algérie : on la constate quelquefois dans des champs ensemencés avec des graines venues de France.

Les fleurs d'un rouge violet, fortement pédonculées, font aisément reconnaître cette plante ordinairement de même hauteur que les céréales.

Les graines sont très toxiques et dangereuses mêlées à la farine.

Œnanthes. — *Œnanthe.* Genre de la famille des Ombellifères représenté par plusieurs plantes des lieux humides : tiges fistuleuses et cannelées.

Certaines espèces ont des racines tubéreuses et pivotantes analogues à celles de plusieurs plantes comestibles, navets, raves, etc. ; elles sont très dangereuses pour l'homme et pour les animaux.

L'*Œnanthe fistuleuse*, Persil des marais (Œnanthe fistulosa), est le *Kora-el-Liche* des Arabes ; les animaux s'en éloignent ordinairement.

En général les Œnanthes sont plus ou moins vénéneuses, repoussées par les animaux et constituent un mauvais élément dans les prairies : elles doivent y être détruites.

Orobanches et Phelippées. — *Djanoum-el-Dhanoum* des Arabes. *Rhadin* des Kabyles. Plantes parasitaires très nombreuses en Algérie, quelquefois assez grandes, nuisibles aux prairies, inutiles et même dangereuses pour le bétail.

Orties. — *Urtica urens*, *pilulifera*, *dioica*, *membranacea*, etc. Urticées. *Quaress*, *Harraig* des Arabes. *Azek'douf* des Kabyles. Plantes herbacées annuelles ou vivaces, à poils très souvent urticants.

A l'état vert elles sont irritantes pour les bestiaux, mais elles se fanent rapidement et perdent leur action urticante pour constituer un bon aliment.

Oseilles. Patiences. — *Rumex acetosella*, *patientia*, *tuberosus*, *tingitanus*, etc. Polygonées. *Hommeida*, *Asemmoum* des Arabes. Le genre *Rumex* est très nombreux. Les indigènes l'emploient comme légume.

En fructification, ces plantes paraissent dangereuses pour le mouton et le cheval. Valeur alimentaire nulle pour le bétail; en résumé, plantes suspectes, à détruire dans une prairie.

Panicauts. Chardons roland. — *Eryngium campestre*, *triquetrum*, *tricuspidatum*, etc. Ombellifères. *Quarsana*, *Bou-Nagar* des Arabes. *Ichcher Ouïazid* des Kabyles.

Ce genre, à forme de chardon, à feuilles coriaces et glaucescentes, à inflorescences diversement teintées, est représenté par plusieurs espèces plus ou moins épineuses, mais toutes inutiles au bétail qui ne peut les mâcher.

Elles envahissent les cultures.

Pavots. Coquelicots. — *Papaver rheas*, *somniferum*, *dubium*, etc. Papaveracées. *Abou-Noum*, *Bou-Naman*, noms sous lesquels les Arabes désignent la fleur du *Papaver rheas*. *Harir granala* des Kabyles.

Plantes annuelles à fleurs grandes, roses ou rouges, trop communes et envahissantes dans les moissons et les prairies artificielles. Nuisibles dans les fourrages par l'action narcotique des tiges et des capsules vertes ou sèches.

Pavot cornu. Glaucienne. — *Glaucium corniculatum et luteum.* Papavéracées. *Abou-Groun* des Arabes. Plantes à feuilles glauques, à fleurs violettes, fauves, jaunes, à siliques longues et arquées. Tiges et feuilles laissant couler un suc jaune, âcre et vénéneux. Plantes toxiques repoussées par les animaux.

Persicaire brûlante ou **Poivre d'eau.** — *Polygonum hydropiper*. Polygonées. *Nard-el-Berd* des Arabes. Tiges très noueuses, feuilles lancéolées, fleurs en épis filiformes inclinés au sommet.

Les feuilles contiennent un principe irritant et brûlant. La plante est considérée comme vénéneuse.

Le *P. serrulatum*, plus commun, à tiges rampantes, est également suspect.

Prèles. — *Equisetum ramosissimum*, *telmateya*. Equisétacées. Plantes vivaces des lieux humides, tiges aphylles, fistuleuses et striées, rameaux fructifères terminés par des épis écailleux.

Mauvaise nourriture pour les bestiaux ; les Prèles provoqueraient divers accidents, hématuries, coliques, etc.

Raifort. Ravenelle. — *Raphanus raphanistrum*. Crucifères. *Bou-Toum* des Arabes.

Plante plus ou moins droite à fleurs blanches, quelquefois violacées, infestant les terres de culture.

Aussi inutile et nuisible que la *Moutarde*.

Raisin d'Amérique. — *Phytolacca decandra*. Phytolaccées. Grande plante herbacée, puissante et rameuse, de teinte rougeâtre, grandes feuilles ovales, fleurs rosées en grandes grappes, baies noires. Elle est originaire de l'Amérique du Nord et est quelquefois répandue subspontanément aux environs des habitations.

Plante nuisible dans toutes ses parties : elle est également dangereuse par ses fruits employés à la coloration des boissons.

Le Bella Sombra ou *Ph. dioica*, grand arborescent commun en Algérie, ne semble pas avoir de propriétés toxiques d'après les expériences du Dr E. Bertherand.

Renoncules. — *Ranunculus sceleratus*, *macrophyllus*, *trilobus*, *muricatus*, etc. Renonculacées. *Keff-es-Seba*, *Kef-fed-djerana* des Arabes. Petites plantes des terrains ordinairement humides, à fleurs jaunes ; quelques-unes cependant se trouvent en terrains secs.

Toutes les Renoncules sont nuisibles aux animaux à cause de leurs propriétés plus ou moins âcres et irritantes : elles sont l'indice d'une prairie ou d'un pâturage de mauvaise nature.

Leur nocivité n'est pas reconnue à l'état sec, en mélange avec le foin.

Ricin commun. — *Ricinus communis*. Euphorbiacées. *Kheroua* et *Mesgoulha* (la graine) des Arabes, *Akhilouan* des Kabyles. Arbuste subspontané à grandes feuilles pelti-lobées, capsules à trois coques hérissées d'épines.

La graine ingérée occasionne fréquemment des accidents mortels chez les enfants et les adultes. Les moutons mangent les feuilles de Ricin sans paraître en être incommodés.

Le tourteau de Ricin est très dangereux pour la nourriture des bestiaux.

Rue. — *Ruta montana*. Rutacées. *Fidjela* des Arabes. Plante sous-frutescente, à feuilles glauques et à fleurs jaunes, exhalant une odeur forte et désagréable.

Les animaux s'en écartent : elle est dangereuse pour l'homme quand elle est mal administrée comme médicament.

Toutes les autres Rues ont des propriétés analogues.

Le *Ruta graveolens*, beaucoup plus actif, est cultivé dans les jardins.

Scille maritime. — *Scilla maritima*. Liliacées. *Faraoun* des Arabes, *Ikfil* des Kabyles. Grande Liliacée remarquable par sa hampe élevée et son très gros bulbe sortant presque de terre, dangereuse pour l'homme et les animaux à cause de la *scillitine* contenue dans son bulbe : les feuilles empoisonnent les jeunes animaux. On fait avec le bulbe une pâte toxique pour les rats et autres rongeurs.

La Scille blanche ou petite Scille, *Pancratium maritimum* des rivages, est également nocive.

En général les Liliacées sont suspectes, sans oublier les Glayeuls si communs dans les champs.

Scrofulaires. — *Scrophularia canina*, *auriculata*, *hispida*, etc. Scrophularinées. Plantes herbacées ou sous-frutescentes. Tiges carrées, feuilles opposées, fleurs pourpre foncé.

Gouzeia des Arabes. Rue des chiens (*S. canina*).

Les Scrofulaires sont dédaignées par les bestiaux : elles sont fétides et plus ou moins vénéneuses.

Sisymbre. — *Sisymbrium officinale*. Crucifères. *Harra*, *Horf* des Arabes. Plante bisannuelle à fleurs blanches ou jaunâtres : elle n'est pas vénéneuse, mais elle exhale dans toutes ses parties une forte odeur alliacée communiquée au lait des vaches qui broutent ces herbes.

Les *Sisymbrium* sont assez nombreux et ils ont tous une saveur âcre qui en éloigne les animaux.

Staphysaigre. — *Delphinium staphysagria*. Renonculacées. Les Arabes appellent la plante *Mioubradj*; les graines *Habb-er-ras*.

Plante forte à tiges velues, atteignant un mètre, fleurs grandes et bleues, feuilles palmées, poussant dans les lieux frais et un peu ombragés.

Les animaux la repoussent : quelques cas d'empoisonnement ont été constatés chez les indigènes qui l'emploient à l'extérieur comme anti-parasitaire.

Stramoine. Pomme épineuse. — *Datura stramonium*. Solanées *Chedjeret-el-Djennah* des Arabes.

Plante herbacée atteignant environ 1 m. 50, grandes fleurs blanches en entonnoir, capsule grosse et épineuse. En été, sur les décombres et lieux abandonnées.

Toutes les parties de la plante sont très vénéneuses : son odeur désagréable éloigne les animaux.

Les graines noires, un peu sucrées, sont dangereuses pour les enfants.

Les espèces *Datura fastuosa, arborea*, etc., des jardins sont également nocives.

Sureau. — *Sambucus nigra*. Caprifoliacées. *Rious* des Arabes, *Akhilouan* des Kabyles. Arbuste à ombelles blanches odorantes, à fruits globuleux et noirs.

Ces baies sont purgatives, nuisibles à certains volatiles, mais quelques passereaux, comme les Fauvettes, les recherchent et s'en nourrissent avec avidité.

Tabac. — *Nicotiana tabacum*. Solanées, *Doukhan* des Arabes. Le tabac est un poison violent : la dessiccation ne lui enlève pas son extrême toxicité.

Les lotions au jus de tabac, comme anti-parasitaire, sur les personnes et sur les animaux, doivent être appliquées avec beaucoup de prudence : il faut en éviter l'ingestion involontaire.

Les animaux, même la chèvre, craignent le tabac, cependant le bœuf, par une étrange anomalie, recherche les feuilles de tabac sèches qui l'empoisonnent rapidement.

Le *Nicotiana glauca*, arbuste qui s'est naturalisé dans certaines parties de l'Algérie, est suspect.

Tamier ou Taminier. — *Tamus communis*. *Kerma-Souda*, *Bou-Tania* des Arabes. *Tsminoum* des Kabyles. Plantes à tiges herbacées, volubiles, à grandes feuilles molles, cordiformes, à fruits à baies rouges, en grappe, grosse racine.

Les fruits, plus gros qu'une groseille, sont très vénéneux et sont à signaler aux enfants.

Les turions sont mangés par les Arabes.

Thapsie. — *Thapsia garganica*. Ombellifères. *Bou-Nefa* des Arabes. *Dryas* des Kabyles. *Touffalt* (Thapsia villosa). Plante formant une forte touffe à souche puissante. Feuilles grandes et découpées. Toutes les parties en sont irritantes et vésicantes à l'extérieur et toxiques à l'intérieur.

Les animaux repoussent cette plante dangereuse qui doit être extirpée des pâturages.

Thyms. — *Thymus ciliatus*, *algeriensis*, *lanceolatus*, *serpyllum*, etc. Labiées. *Zateur*, *Djertel* des Arabes. Petits sous-arbrisseaux odorants à fleurs petites et rosées.

Leur senteur aromatique et leurs propriétés excitantes occasionnent souvent aux animaux des inflammations intestinales par un usage trop fréquent, cependant les moutons et les chèvres ne subissent pas ces mêmes effets.

Tomate. — *Solanum lycopersicum*. Solanées. *Tomatum*, *Tomatioch* des Arabes. La Tomate ou Pomme d'Amour, mangée crue et incomplètement mûre, est dangereuse pour l'homme.

Comme pour l'Aubergine, n'en pas donner aux animaux les débris de cultures contenant des fruits verts.

Violettes. — *Viola odorata*, *tricolor*, *arborescens*, etc. Violariées. *Benlesfendj* des Arabes (V. tricolor).

Plantes communes dans les cultures et dans les broussailles des parties montagneuses ordinairement.

Les rhizomes et les graines de la violette odorante sont vénéneux. Toutes les espèces peuvent êtres suspectes, cependant Timbal-Lagrave a remarqué la corrélation qu'il y avait entre la suavité des fleurs et la vénénosité des racines.

*
* *

Comme indications générales sur les empoisonnements d'origine végétale consulter l'intéressant traité de Cornevin : *Des plantes vénéneuses*, 1887.

Plantes adventices.

La culture des champs, des vignes, des prairies et surtout celle des jardins a à lutter contre des plantes sauvages qui ont une trop active puissance de végétation. D'autre part, dans le plus grand nombre des cas, les terres sont naturellement sales, c'est-à-dire envahies par des couches de graines constamment renouvelées par des fructifications abondantes.

Les céréales sont envahies par des Graminées à grande extension :

Folle-avoine, Chiendent ordinaire et Chiendent pied de poule, etc.

Souvent la Folle-avoine s'empare d'un champ de céréales et on ne la distingue guère de ces dernières qu'au moment de l'épiaison. La fauchaison répétée avant la fructification permet seule, au bout de quelques années, de réduire cette plante véritablement nuisible dans la culture des céréales.

Ces champs renferment communément des Crucifères, moutardes, ravenelles, etc., notamment le *Sinapis dissecta*, plante étrangère très envahissante qui s'est malheureusement naturalisée.

On rencontre aussi des Fumeterres, des Bourraches, des Vipérines, des Cérinthes, des Euphorbes, le Réséda blanc, la Menthe, la Doucette, etc...

Les Chiendents et les Liserons sont seuls à craindre dans les vignes, mais, aux environs d'Alger, et déjà répandu dans la zone tempérée, un oxalis du Cap, *Oxalis cernua*, s'est naturalisé et constitue dans certains cas une végétation dominante.

La prairie artificielle résiste difficilement à l'envahissement des mauvaises herbes : la luzernière elle-même doit être défendue à l'aide de sarclages constants, surtout pendant sa période de repos. Dans ces prairies, les herbes adventices sont ordinairement de mauvaise nature.

Chiendents. — *Triticum repens* et *Cynodon dactylon*. Ces Graminées vivaces émettent des rhizomes souterrains dont chaque éclat reproduit la plante : se multiplient surtout dans les vignes sous l'action des labours d'hiver.

Dans les champs de culture on s'en débarrasse par des labours d'été. Dans les terrains envahis par le chiendent et destinés à la plantation de la vigne, il faut faire effectuer les défoncements en été de mai en septembre, c'est-à-dire en dehors de la saison pluvieuse.

Les vignes envahies par le chiendent peuvent être nettoyées par la pratique des labours superficiels d'été fréquemment répétés.

Les sarments des vignes doivent être relevés de façon à pouvoir y circuler en été avec les instruments attelés : se servir de préférence pour ces labours superficiels de houes à lames horizontales coupant l'herbe entre deux terres.

Les *Liserons* sont détruits par les mêmes procédés.

Les cultures maraîchères et des jardins ont à lutter, dans la zone tempérée, contre deux plantes redoutables.

Cyperus olivaris. Cette herbe peu haute, ne poussant que pendant l'été et disparaissant dès que vient l'hiver, forme un gazon très touffu : ses rhizomes composés de renflements, en sorte de chapelets, s'enfoncent profondément dans le sous-sol qui est sillonné en tous sens par un véritable réseau radiculaire.

Les binages répétés font disparaître cette *Cypéracée* de la surface du sol, mais elle reparaît spontanément dès que la culture est moins intensive. Cette plante est nuisible pour toutes les cultures arrosées : sa fructification est abondante et ses graines entraînées par les eaux d'irrigation vont germer au loin.

Pendant l'hiver seulement se développe, aux premières pluies, l'*Oxalis cernua*, très beau gazon dans les parties inutilisées, mais fort gênant dans les cultures, surtout au moment de la germination des semailles ; cette *Oxalidée* disparaît au printemps, mais ses rhizomes très vivaces ne sont pas altérés par la sécheresse.

Pendant la pleine végétation de cet Oxalis, des binages successifs contrarient son développement.

Dans les cultures arrosées ou dans les terrains frais souvent travaillés, les Amarantes, les Ravenelles, les Orties, les Liserons et surtout une Graminée, *Setaria sanguinea*, nécessitent des sarclages réitérés.

Une Composée très résistante, *Conyza ambigua*, salit les cultures pendant l'été.

Les chemins sont principalement infestés par l'*Hordeum murinum*, poussant en tapis serré.

*
* *

Quelques plantes, suivant la nature des saisons, ont une localisation plus ou moins étendue. Le Chardon bénit, *Kentrophyllum lanatum* pousse plus ou moins dru. Le Chardon-marie, *Carduus marianus* forme, dans les plaines alluvionnaires des peuplements très denses ayant environ 2 mètres de hauteur.

Souvent le *Chrysanthemum coronarium* occupe exclusivement un champ de très bonne terre.

Dans les Hauts Plateaux des gazons très fins composés de divers *Stipa* s'étendent en larges plaques.

*
* *

Les principales plantes adventices généralement reconnues dans les grandes cultures et dont la plupart sans aucune utilité, souvent même dangereuses pour le bétail, sont :

Réséda blanc	*Reseda alba.*
Géranium mou	*Geranium molle.*
Souci des champs	*Calendula arvensis.*
Chrysanthème.....	*Chrysanthemum segetum.*
Réveil matin	*Euphorbia helioscopia.*
Adonis d'été	*Adonis æstivalis.*
Ravenelle	*Raphanus raphanistrum.*
Alysson maritime	*Alyssum maritimum.*
Patience	*Rumex pulcher.*
Chiendent	*Triticum repens.*
Chiendent pied de poule	*Cynodon dactylon.*
Mauve	*Malva rotundifolia.*
Menthe	*Mentha rotundifolia.*
Maroute	*Anthemis coluta.*
Fumeterres	*Fumaria divers.*
Ortie	*Urtica membranacea.*

puis, suivant la culture européenne ou indigène, plus ou moins de plantes bulbeuses, de nombreuses *Liliacées* surtout.

*
* *

On ne peut considérer comme végétaux adventices tous ceux d'extraction difficile qui occupaient le sol avant le défrichement.

Le Palmier nain, l'Artichaut sauvage si commun dans l'Est, les Asphodèles, les Scilles maritimes, les Ronces, les Jujubiers et autres broussailles, quelles que soient leur forte implantation dans le sol et la profondeur et la ténacité de leur système radiculaire, ne sont plus de reproduction facile quand ils ont été bien extirpés et que le champ est soumis à une culture régulière : les plantes annuelles et bisannuelles sont plus à redouter.

Animaux sauvages.

Actuellement, les grands fauves ne sont plus à redouter dans la région colonisable. Le Lion semble avoir entièrement disparu ; la Panthère seule occupe encore certaines localités, et quelques félins restent dangereux pour le petit bétail égaré dans la campagne.

Quelques carnassiers de petite taille pouvant rôder aux alentours des fermes sont quelquefois à craindre pour les jeunes animaux domestiques et notamment pour les poulaillers : leurs dévastations sont ordinairement nocturnes.

Les reptiles et les oiseaux sont décrits plus loin.

La présente énumération comprend les principaux mammifères qui caractérisent la faune actuelle dont il faut éliminer définitivement le Tigre, l'Ours, le Loup, la Taupe et le Bœuf sauvage signalés par certains zoologistes, mais qui n'ont jamais été trouvés en Algérie.

Les arrêtés préfectoraux portant clôture de la chasse indiquent comme animaux nuisibles pouvant être détruits en tout temps et par tous les moyens, sauf l'incendie : les chacals, renards, belettes, mangoustes ou ratons, genettes, gazelles, chats sauvages, sangliers, lynx, hyènes, panthères et lions.

Les mêmes arrêtés autorisent à tuer en tout temps les lapins à l'aide du furet avec bourses et sans chien, sauf le chien espagnol dit Galao (race pure).

Addax. — *Addax nasomaculatus. Meha* des Arabes. Cette Antilope, dont les belles cornes de 0 m. 90 de longueur sont recherchées, habite principalement le Souf, le pays des Touaregs et paraît s'avancer vers l'intérieur de l'Afrique.

Bubale. — *Alcelaphus bubalis. Begra-el-Ouach* des Arabes. Cette Antilope ne se rencontre que dans le Sahara et dans ses parties montagneuses où elle vit en troupeaux nombreux : cependant elle s'avance vers les Hauts Plateaux de la province d'Oran.

Sa tête ressemble à celle d'une vache.

Cet animal est féroce, fort et dangereux.

Cerf. — *Cervus corsicanus. Dial* des Arabes. Ce ruminant est très rare en Algérie : il est principalement localisé dans les forêts des environs de Bône et de La Calle, cependant on le trouverait encore dans la région désertique à Gafsa et Tébessa.

La taille du Cerf d'Algérie varie considérablement d'après la nourriture plus ou moins abondante que lui fournit la localité qu'il habite : il en est de même pour son congénère d'Europe qui est beaucoup plus grand dans certaines forêts que dans d'autres. Aussi n'y aurait-il pas lieu de faire une espèce distincte du Cerf algérien ? Quelques-uns de ces derniers ont cependant la robe mouchetée comme celle du daim et du faon.

Les Cerfs se tiennent habituellement dans des ravins boisés impraticables et on ne les voit généralement que quand ils fuient devant les incendies.

Chacal. — *Canis aureus. Dib* des Arabes. Le Chacal, très commun dans le Tell, ne se rencontre plus à la lisière saharienne.

Ce carnivore, forme de chien, ressemble beaucoup à un petit Loup. Son museau est allongé et ses oreilles droites, sa queue est courte et touffue. On le rencontre par troupes nombreuses aux environs des centres ou suivant les caravanes pour se repaître des cadavres ou des charognes. Mais, à défaut de chair, il se nourrit de fruits et de légumes et est un grand ravageur des vignobles et des plantations de melons et de pastèques.

Il dévaste également les poulaillers, guette les jeunes agneaux et chevreaux et s'attaque même aux moutons parqués dans la broussaille.

Le chacal est timide et lâche : il n'attaque pas l'homme, mais cependant ne s'en éloigne pas trop tout en se tenant à une distance prudente.

Chat ganté ou **Chat botté.** — *Felis Lybica. K'oth-el-Khela Oucheg* des Arabes. *Amchich Boudrar* des Kabyles. Cette espèce est assez commune sur la lisière saharienne, mais on la trouve aussi sur différents points du Tell, notamment aux environs d'Alger.

Pelage gris fauve, tête rayée de noir, une raie noire sur le dos, plante des pieds noire, queue longue, grêle, cylindrique.

Animal très carnassier et grand ravageur de poulaillers.

Chat sauvage. — *Felis sylvestris.* Les zoologistes prétendent que cette espèce n'existe pas en Algérie, bien que Loche l'y ait reconnue.

Forme allongée : une raie très brune sur le dos, mais ne se

prolongeant pas jusqu'à la queue. Queue très touffue, courte, en massue.

Chat-tigre. Serval. — *Felis Serval.* Cet animal était autrefois très commun dans les trois provinces et on le rencontre encore trop fréquemment : il vit dans les parties boisées.

Sa taille est environ le double de celle du chat domestique, sa robe est nettement tachetée. Il justifie bien son nom de *Petite Panthère* que lui donne Schaw.

Chauves-souris. — *Cheiroptères. Bouchleida*, *Their-el-Lil*, *Outhouisth* des Arabes, *Ametchouriaï*, *Azour'nennaï* des Kabyles. Petits mammifères ailés, à mœurs nocturnes, ordinairement insectivores, habitant les grottes et les anfractuosités, les vieilles carrières, les troncs des vieux arbres, etc.

On en signale plusieurs espèces :

Le Grand fer à cheval.
L'Euryale.
Le Petit fer à cheval.
Le Trident.
L'Oreillard.
La Sérotine.
La Noctule.
La Vispistrelle.
La Pipistrelle.
Le Murin.
L'Echancré.
Le Minioptère, etc., etc.

Les chauves-souris détruisent beaucoup de moustiques et d'insectes crépusculaires nuisibles.

Civette ou **Genette.** — *Genetta vulgaris. Koth-el-Khela* des Arabes. *Chebirdou* des Kabyles. La Civette est très répandue en Algérie : on la trouve sur les Hauts Plateaux. Son pelage tacheté est recherché.

Ce carnivore a une odeur particulière : il ne peut s'apprivoiser.

Daim. — *Cervus dama. Debi* des Arabes. Le Daim est encore plus rare que le Cerf : on ne le trouverait que dans les environs de La Calle.

Fennec. — *Canis cerdo. Fenek* des Arabes. Ce charmant petit Renard est très répandu dans tout le Sahara où il est apprivoisé par les enfants de certaines tribus.

Les yeux sont vifs, les oreilles courtes, l'agilité extrême et les mouvements gracieux.

Gazelle. — *Gazella dorcas. Ghazala* des Arabes. La Gazelle est très commune en Algérie dans tous les Hauts Plateaux et dans le Sahara où elle vit en troupeaux : elle s'avance au Nord jusque dans la plaine du Chéliff.

Sa chair est recherchée.

Élevée en domesticité, la Gazelle n'est pas toujours sans danger par ses cornes. Ses membres sont très fragiles.

Gazelle de montagnes. — *Gazella Kevella. Edmi-el-Edmi* des Arabes. Espèce plus forte, plus trapue et moins commune que la Gazelle ordinaire, vivant à la limite des Hauts Plateaux et du Sahara et surtout dans le Djebel-Amour. Les cornes sont droites. Le pelage est brun et le poil est long et dur.

Gerboise. — *Dipus gerboa. Gerboa* des Arabes. La Gerboise habite principalement toute la région des Hauts Plateaux où elle est très commune et vit dans des terriers aux environs des habitations : c'est un joli petit animal fructivore, à poils doux, à longues moustaches, à queue terminée par une houppe blanche ou grise.

Les membres antérieurs sont courts et faibles, mais armés d'ongles propres à fouir.

Guépard. — *Cynailurus guttatus. Fehed* des Arabes. Le Guépard se rencontre dans les Hauts Plateaux, vers le Sahara : c'est une sorte de Panthère, à taille élancée, à mouvements légers et gracieux. Son pelage est garni de petites taches noires : il a aussi des taches blanches. Très dangereux pour le bétail. Cet animal s'apprivoise assez facilement.

Hérisson. — *Erinaceus algirus. Ganfoud* des Arabes. *Inisi* des Kabyles. Le Hérisson est commun dans les jardins et dans les broussailles. Une autre espèce se retrouve dans la zone désertique. On le rencontre sous les feuilles, dans les anfractuosités, sous des pierres, etc.

Le Hérisson n'est pas inutile : il chasse la nuit les reptiles, les limaces, les courtilières, les vers blancs, les rats et une foule de rongeurs, etc., et n'approche pas des habitations.

On connaît son armure de poils durs comme des épines acérées.

Hyène. — *Hyœna vulgaris. Dheba* des Arabes. Carnivore à aspect repoussant, à corps allongé, à cou gros, à tête forte, à puissante mâchoire, à pattes armées d'ongles épais, à arrière-train plus bas que l'avant. La Hyène est très commune en Algérie ; elle ne s'attaque pas à l'homme mais à tous les animaux sans défense, abandonnés ou blessés ; elle dévore les chiens des tribus ; la charogne l'attire. Ses incursions sont nocturnes : elle pousse des hurlements.

Cet animal est peu courageux, cependant il devient hardi dans les centres peu habités. On le trouve le jour dans les crevasses des rochers ou dans des excavations. Au printemps la femelle met bas 3 ou 4 petits.

Lapin. — *Lepus cuniculus. K'ounin* des Arabes. *Agounin* des Kabyles. Le Lapin sauvage de l'Algérie ne diffère pas de celui d'Europe : il est commun dans tout le Tell, mais ne se trouve pas dans le Sahara ni même dans le sud des Hauts Plateaux. Il est plus rare vers l'Est, vers la Tunisie. Dans tous les pâturages à plantes aromatiques, sa chair est noire et a un parfum spécial.

Dans certains cas il décortique quelques jeunes plantiers de vignes, et il commet des dégâts considérables dans les pépinières et surtout dans les reboisements.

Lérot. — *Eliomys Mumbyanus.* Ce petit Loir, à pelage brun et un peu ardoisé, est assez commun en Kabylie et dans quelques autres régions montagneuses.

Il vit dans les troncs des vieux arbres, dans les pierres ou les fissures des rochers.

Dégâts nocturnes dans les vergers.

Lièvre. — *Lepus mediterraneus. Arneb* des Arabes. Le Lièvre est très répandu dans toute l'Algérie, dans les neiges de la Kabylie comme dans les sables chauds du Sahara. Le Lièvre saharien est inférieur comme taille et il a une nuance isabelle très prononcée. Dans les Hauts Plateaux, dans les pâturages aromatiques sa chair est noire et parfumée.

Lion. — *Felis leo. Sbâ, S'aïd, Ased* des Arabes. *Izem, Aïrad, Sid-el-Houachch* des Kabyles. Le Lion est devenu très rare : on le soupçonne encore dans le Filfila et aux environs de Guelma. On ne le trouve plus à Bouïra ni dans l'Oued-Sahel. Cependant, en 1881-1882, on a encore tué dans la province de Constantine 4 lions et 6 lionnes. En 1880, on avait tué 16 lions et lionnes.

Actuellement l'homme et les bestiaux ne paraissent plus avoir rien à craindre de ce grand fauve qui a peut-être entièrement disparu de la région tellienne, car ses dégâts ni ses rugissements ne sont plus signalés.

Loutre. — *Lutra vulgaris. Kelb-el-Ma* des Arabes (chien d'eau) *Akjoun Bouaman* des Kabyles. On trouve la Loutre dans le Sebaou, dans l'Harrach, au lac Fetzara, aux environs de La Calle, dans les marais d'Oran, dans le Chéliff, etc., en général dans tous les endroits où il y a relativement beaucoup d'eau.

Cet animal est un grand destructeur de poissons et d'oiseaux aquatiques ; il ne quitte pas les rives, car il n'est pas constitué pour marcher sur la terre.

Sa fourrure à poils soyeux est recherchée.

Lynx ou **Caracal.** — *Felis caracal. Anag-el-Erdh, Boushoula* des Arabes. *Oursel* des Kabyles. Ce carnassier est assez commun dans les Hauts Plateaux : c'est un grand destructeur d'animaux. Il grimpe sur les arbres et se laisse tomber sur sa proie.

Il s'apprivoise aisément.

Mouflon à manchettes. — *Ovis tragelaphus. Aroui* des Arabes. Le Mouflon n'habite que dans les montagnes du Sahara et du Sud des Hauts Plateaux : il s'avancerait même dans le désert jusque chez les Touaregs.

Cet animal, armé de longues cornes recourbées, est très vigoureux. On le conserve aisément en captivité.

Mulot. — *Mus sylvaticus. Ar'erda-el-Lekhela* des Arabes. Le Mulot est une sorte de rat un peu plus gros qu'une souris, à pelage fauve jaunâtre et blanchâtre, à oreilles très grandes, à queue velue, à pieds blancs, à museau pointu avec des moustaches blanches.

Il vit en Algérie dans la broussaille et les champs, mange les jeunes pousses, les écorces des arbres, les céréales, dévore les touffes d'herbes : c'est un petit animal très destructeur et de méchante nature, nuisible aux jardins et aux plantations.

Sa fécondité est prodigieuse, mais il est fortement chassé par les oiseaux de proie, les serpents, les sangliers, les renards, les chats sauvages et par tous les carnassiers plus gros que lui.

Musaraigne. — *Sorex tetragonurus. Far-el-Khela* des Arabes. *Ar'erda el-Le-Khela* des Kabyles. On paraît contester sa présence en Algérie. Cependant Letourneux la signale en Kabylie, ainsi que Loche. Environs de Dellys, le Sebaou, etc.

La Musaraigne est un très petit animal insectivore. On prétend à tort que sa morsure est venimeuse.

Panthère. — *Felis pardus. Nemeur* des Arabes. *Ar'ilas* des Kabyles. Fauve redoutable autrefois très commun en Algérie : il est actuellement localisé dans les forêts de la grande et petite Kabylie, aux environs de Bougie, de Djidjelli, puis dans les cercles de Guelma, de Bône, de La Calle. Il ne se rencontre pas en Tunisie, sauf sur la frontière khroumirienne.

Sa taille dépasse celle des gros chiens. Sur les flancs il a des taches brunes agglomérées par 5 à 6, en rosaces. Ce carnassier gît dans les forêts et les broussailles et se nourrit de gazelles et de sangliers principalement ; il mange aussi les chacals.

La Panthère attaque les bestiaux et l'homme. En 1880, on en a tué 112. En 1881 on en a détruit 128.

Porc-épic. — *Hystrix cristata. Dheurban* des Arabes. *Aroui* des Kabyles. Cette espèce est très commune en Algérie. Autrefois, aux environs d'Alger on en rencontrait beaucoup et on recherchait les jeunes pour l'excellence de leur chair.

Ce rongeur fouille le sol pour manger les racines et les bulbes : il dévaste quelquefois les jardins dans la campagne, ravage les champs de pommes de terre et les semis de pins et de chênes dans les reboisements.

Être prudent dans la lutte contre cet animal très dangereux par les piquants dont il est armé.

Putois. — *Putorius africanus. Far-el-Kheil, Nems* des Arabes. *Thader'ar'als* des Kabyles. Ce petit carnassier, sorte de Belette, est très répandu en Algérie et assez commun en Kabylie : il est féroce et égorge les autres petits animaux sans y être poussé par la faim.

Dans certaines saisons il se rapproche des habitations et dévaste les poulaillers.

Rat. — *Mus rattus. Thobba* des Arabes. *Ar'erda* des Kabyles. Le Rat est très commun dans les villes, dans les environs et autour des fermes : il mange la jeune volaille, recherche tous les grains et fruits secs qu'il finit par atteindre en creusant des galeries qui détériorent les constructions.

On le trouve jusque dans les oasis sahariennes où il vit dans les Dattiers : il y est désigné sous le nom de *Rat des Palmiers*.

Le rat est gris ou noir : il y en a plusieurs variétés.

Ce rat est à queue longue.

Les Arabes mangent les rats.

Rat rayé. — *Mus Barbarus. Zeurdani* des Arabes. *Ar'erda-el-Lekhela* des Kabyles. Ce Rat, à bandes ou à raies longitudinales, est commun dans toutes les broussailles : il s'avance peu vers les habitations.

On le rencontre rarement vers le sud des Hauts Plateaux.

Raton ou **Mangouste de Numidie.** — *Herpestes ichneumon. Zerdi* et *Zirda* des Arabes. *Izirdi* des Kabyles. Le Raton paraît commun dans tous les endroits broussailleux, couverts et humides : il est souvent signalé aux environs d'Alger et dans la Kabylie.

Ce carnassier, gros comme un chat, est gris, à longue queue : il mange beaucoup de petits animaux et de reptiles, mais il dévaste les poulaillers. Il est d'autant plus à craindre qu'il est fort prudent et se laisse difficilement prendre.

Renard. — *Canis niloticus. Tsâleb* des Arabes. *Abarer* des Kabyles. Le Renard d'Algérie paraît avoir plusieurs espèces ou variétés : sa taille est moindre que celle de l'espèce européenne. On le trouve principalement dans les Hauts Plateaux où il commet des dégâts dans les poulaillers et même attaque de jeunes agneaux et chevreaux. Il dévaste les vignes et les jardins maraîchers. Ses ravages sont semblables à ceux du chacal, mais bien moins considérables.

Les chiens sloughi lui donnent la chasse et le forcent. Il vit dans des terriers ou dans des anfractuosités de rocher.

Sanglier. — *Sus scrofa. Hallouf-el-R'aba* des Arabes. *Ilef* des Kabyles. Ce pachyderme est très commun dans toute l'Algérie, mais ne semble pas pénétrer dans la région saharienne : on le trouve partout où il y a des bois et des broussailles traversés par des oueds et notamment dans les peuplements de chênes.

Les zoologistes ne considèrent pas le sanglier algérien comme une race particulière; cependant, dans certaines localités, il est plus petit et moins redoutable que celui d'Europe.

Le Sanglier est très recherché dans les centres de l'intérieur et a longtemps servi comme viande ordinaire. Les jeunes marcassins élevés en domesticité et nourris au grain constituent un excellent régal.

Les Arabes ne mangent pas sa chair.

Singe ou **Magot.** — *Pithecus sylvanus. Chadi; K'erd* des Arabes. *Ibki* ; *Iddou* des Kabyles. Ce quadrumane est très localisé en Algérie dans la partie montagneuse septentrionale. On ne le rencontre que dans les gorges de la Chiffa et de Palestro dans le département d'Alger et en Kabylie, département de Constantine, aux environs de Bougie et dans les gorges du Chabet-el-Akra.

Il vit sur les rochers, au milieu des broussailles et des bois, dans les environs des sources et des ruisseaux. Il mange les jeunes bourgeons, les graines, les racines et le cœur des plantes sauvages, quelquefois des insectes, des œufs et des jeunes oiseaux.

Il s'attaque en bande à un verger ou à une culture qu'il détruit rapidement. Il craint peu le voisinage de l'homme tout en restant en dehors de sa portée : il se défend à l'aide de ses terribles incisives.

Ce Simien, sans queue, à face continuellement grimaçante, est indomptable et d'un naturel méchant.

Souris. — *Mus musculus. Far* des Arabes. Cette espèce cosmopolite se trouve partout en Algérie, depuis le littoral jusque dans le Sahara, où elle devient plus fine et plus pâle.

Les ravages de la Souris sont à craindre dans tous les lieux de conservation des grains et graines.

Surmulot. — *Mus decumanus. Farel-Khela* des Arabes. *Ar'erda* des Kabyles. Espèce cosmopolite connue sous le nom de *Rat d'eau*, vivant dans les égouts, dans les mares et dans les oueds : elle est commune dans tout le Tell. Elle commet plus de dégâts que les autres espèces, s'attaque à toutes les productions agricoles, grains et fruits verts. Dans les greniers, les Surmulots infectent tout de leurs ordures, pénètrent dans les poulaillers et détruisent les couvées de volailles et les nichées de lapins ; ils luttent contre les chats et les chiens.

Leur morsure est cruelle et même dangereuse.

Le Surmulot marche en bandes : il envahit quelquefois toute une région, détruit les melons, laboure le sol de trous profonds, etc., il passe alors à l'état de calamité, puis disparaît.

Il y a quelques années la région de Boghari a été ravagée par ces animaux.

On peut atteindre le Surmulot dans ses galeries par le sulfure de carbone.

Les serpents.

Les Serpents ou Ophidiens forment un ordre de la classe des Reptiles.

Ce sont des animaux à corps cylindrique, allongé, sans membres, couverts d'écailles, dépourvus de paupières, munis d'une langue bifide, protractile et dont la bouche et le pharynx possèdent une faculté de dilatation parfois extraordinaire.

Leurs mâchoires sont garnies de nombreuses dents recourbées en arrière : elles agissent comme des hameçons pour saisir et retenir leur proie.

Mais, outre ces dents crochues, on observe chez beaucoup de serpents, à la mâchoire supérieure, d'autres dents beaucoup plus longues, parfois mobiles, dont la base est implantée dans une glande qui secrète un venin.

Ces dents sont perforées par un canal central ou bien sont creusées simplement, sur leur face antérieure, d'un sillon longitudinal : c'est par ce canal ou ce sillon que s'écoule dans la plaie le venin, qui constitue généralement un poison très actif.

D'après ce mode de dentition, les Serpents se distinguent naturellement en *venimeux* et en *non venimeux*.

Les Serpents venimeux peuvent avoir leurs dents à venin placées tout à fait en avant de la mâchoire supérieure : ce sont les plus dangereux.

Chez les Solénoglyphes, comprenant les Vipères, les Cérastes, l'Echis, ces dents sont mobiles, tubulaires, c'est-à-dire perforées par un canal intérieur ; il n'y en a qu'une de chaque côté mais qui s'accompagne fréquemment de deux ou trois autres destinées à remplacer celle qui fonctionne si elle vient à se rompre ou à se détacher par une cause quelconque.

Chez les Protéroglyphes, qui ne comprennent, dans la région que nous étudions, que le seul genre Naja, ces dents, cachées, au moment du repos, dans un repli de la gencive, ne sont pas tubulaires et sont creusées en avant d'une rainure ou sillon longitudinal.

Dans un autre groupe, les Opistoglyphes (*Cœlopeltis*, *Psam-*

mophis), les dents venimeuses simplement cannelées et jamais mobiles sont placées au fond de la mâchoire supérieure, derrière une série de dents crochues plus petites. La glande à venin est peu volumineuse et la position de ces dents au fond de la bouche fait qu'elles peuvent très difficilemeut blesser un animal libre. Car, bien que les Serpents de ce groupe puissent atteindre une grande taille, qu'ils soient très irascibles et qu'ils mordent avec acharnement, ils n'arrivent jamais à dilater assez leurs mâchoires pour faire usage de leurs dents du fond. Il est probable qu'ils ne s'en servent que pour anesthésier et rendre immobile la proie qu'ils ont commencé d'avaler et dont une partie est arrivée à portée de ces dents. Ils peuvent ainsi se livrer avec plus de tranquillité et de facilité au travail de la déglutition toujours si pénible chez ces animaux, et, en même temps, se trouvent abrégées les angoisses et les souffrances de leur capture devenue insensible.

Il n'y a donc pas lieu pour l'homme de considérer comme bien dangereux ces Serpents Opistoglyphes, qui peuvent même être maniés inpunément à condition d'agir avec adresse et précaution.

Mais il n'en est pas de même des Solénoglyphes et des Protéroglyphes dont la morsure détermine les accidents les plus graves et même souvent la mort.

Parmi eux, le Naja, l'Echis, les Cérastes ne vivent que dans la région désertique et par conséquent loin des cultures et des habitations. Si on excepte les voyageurs et les militaires exposés à bivouaquer dans les localités qu'ils habitent, ainsi que quelques rares bergers qui parcourent ces solitudes, il faut pour ainsi dire se mettre à leur recherche pour les rencontrer.

Au contraire, la Vipère ammodyte et l'Echidne mauritanique se trouvent en abondance dans certaines régions cultivées du littoral, du Tell et des Hauts Plateaux, et ce sont ces espèces qui occasionnent la plus grande partie des accidents que nous constatons chez les colons et les indigènes, ainsi que chez le bétail.

Souvent, en effet, des bœufs, des vaches ou des chèvres, en parfaite santé, pâturant dans la broussaille, périssent presque subitement, sans causes apparentes. Ces morts, qui restent inexpliquées, peuvent être imputées à la morsure sur la langue ou les lèvres d'un de ces reptiles : l'introduction du venin dans les vaisseaux sanguins entraîne rapidement un dénouement fatal, sans parler de l'asphyxie, conséquence immédiate de l'enflure résultant d'une blessure sur la langue.

Les Arabes emploient plusieurs remèdes plus ou moins empiriques : ils n'obtiennent pas souvent un bon résultat, sauf les cas fréquents où ils agissent sur des morsures de Couleuvres ou des piqûres de Scorpions qu'ils attribuent à une Vipère, à un Naja, ou bien à un Céraste, auxquels ils donnent collectivement la dénomination de *lefaa*.

Une cautérisation au fer rouge, profonde et immédiate, serait certainement efficace, mais on a rarement la facilité de l'appliquer à temps.

D'après des expériences récentes, le seul remède qui offre des chances sérieuses de guérison est une injection, à l'aide d'une seringue de Pravaz, à la place même de la blessure, et aussitôt que possible, d'une solution à 1 °/₀ de permanganate de potasse ou d'acide chromique [1].

Les diverses espèces de Serpents habitent toutes les parties de

1. Aussitôt que possible, presser la plaie, la laver avec une solution aqueuse à 1 °/₀ d'acide chromique ou de permanganate de potasse. A la place précise où ont pénétré les crochets, injecter avec la seringue de Pravaz, armée de la canule mousse, deux ou trois gouttes de la solution et, pour être plus sûr de ne pas se tromper, faire trois ou quatre autres injections autour du point blessé. Il est nécessaire que le liquide pénètre aussi loin que le venin et l'injection devra être faite plus ou moins profondément d'après la taille du serpent : c'est ainsi qu'elle devra être plus profonde pour une morsure de Naja que pour celle d'une petite vipère.

Si le traitement n'a pu être appliqué immédiatement et que l'enflure se soit déjà produite, il faut faire des injections sur plusieurs points de la tumeur et la presser doucement avec la main pour aider à la dispersion du liquide et faciliter son mélange avec le venin ; on peut même pratiquer quelques piqûres avec la pointe d'un canif ou d'un couteau. Généralement il s'écoule de ces blessures une assez grande quantité de sérosités jaunâtres dont il faut faciliter la sortie en appuyant légèrement avec la main. Toute la partie enflée sera lavée avec la solution et on y appliquera de la charpie imbibée de cette même solution et que l'on fixera avec un bandage. Si l'enflure continue à grossir, on recommence de nouvelles injections et de nouvelles piqûres. Ce traitement est à la fois antitoxique et antiseptique : il conserve leur vitalité aux tissus ; la peau garde sa couleur normale et ne noircit pas et la guérison est presque toujours assurée s'il est appliqué convenablement et pas trop tard après la morsure. On devra en même temps faire prendre au blessé, d'heure en heure, une potion stimulante à base de vin avec teinture de vanille et de cannelle.

la colonie : les rochers des bords de la mer, les cultures du Tell, les plaines d'alfa, les ruisseaux et les rivières, le désert, même dans ses régions les plus arides, mais chacune a un habitat spécial et limité que nous indiquerons à l'article la concernant.

On peut rencontrer les Serpents durant toute l'année, mais, même pour la Couleuvre vipérine qui ne s'éloigne guère de l'eau, ils n'apparaissent que par le beau temps fixe et après une série de jours brillants. Ce n'est que quand le soleil est définitivement revenu qu'ils se décident à sortir de leurs retraites. Ils diffèrent, sous ce rapport, des lézards qui, après plusieurs journées de pluie ou de vent, viennent se réchauffer au bord de leurs trous dès que le soleil reparaît, ne serait-ce que pour quelques heures.

Quant à l'utilité que nous pouvons retirer des Serpents, on peut dire qu'elle est à peu près nulle. Les venimeux doivent être détruits sans merci, et les Couleuvres ne nous rendent aucuns services : tout au plus mangent-elles quelques sauterelles et petits rongeurs. Elles sont plutôt nuisibles en dévorant une quantité de petits oiseaux qu'elles prennent au nid.

D'après la dentition et la position des dents venimeuses, on partage les Serpents de notre colonie en cinq familles conformément au tableau suivant :

A. Mâchoires supérieures garnies de dents à peu près toutes égales.
- Intermaxillaire dépourvu de dents............. **Péropodes**
- Intermaxillaire pourvu d'une ou de deux rangées de dents.............................. **Aglyphes**

A'. Mâchoires supérieures ayant de chaque côté une ou plusieurs dents venimeuses beaucoup plus longues que les autres.

α. Dents venimeuses placées tout à fait en avant de la mâchoire supérieure.
- Dents venimeuses, cannelées, c'est-à-dire munies à leur face antérieure d'un sillon longitudinal. **Protéroglyphes**
- Dents venimeuses, tubulaires, c'est-à-dire perforées longitudinalement dans leur intérieur par un conduit central...................... **Solénoglyphes**

a'. Dents venimeuses placées au fond de la mâchoire derrière une série de dents crochues, plus courtes.............................. **Opistoglyphes**

Pour faciliter la détermination des genres, on a établi le tableau suivant, dans lequel on s'est appliqué à n'employer que des caractères faciles à distinguer, sans qu'il soit besoin d'avoir recours au moindre travail de dissection.

Les différences les plus importantes étant tirées de la forme des écailles qui recouvrent la tête, de leur nombre, de leur pro-

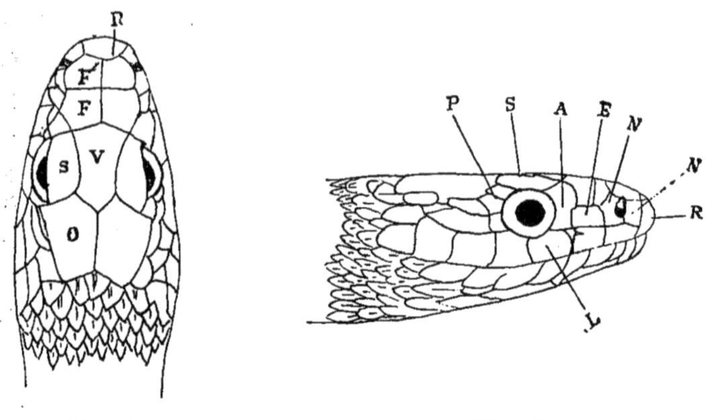

Fig. 1. Fig. 2.

A, *préoculaire*; E, *frénale ou loréale*; F. *préfrontale*; F', *internasale*; L, *suslabiale*; N, *nasale*; O, *pariétale*; P, *postoculaire*; R. *rostrale*; S, *susoculaire*; V, *frontale*.

portion et de leur position relative, on a donné pour chaque espèce une figure de la tête représentant la disposition des plaques écailleuses. Ces dessins ont tous été exécutés d'après nature, sur des exemplaires de ma collection, par mon ami Robert du Buysson, bien connu par ses travaux entomologiques et dont le concours a été des plus précieux.

Les *figures 1 et 2* montrent la tête de la *Couleuvre à collier*, *Tropidonotus natrix*, vue en dessus et de profil et donnent la désignation des plaques écailleuses qui la garnissent et qu'il est utile de connaître. L'œil est souvent, en outre, entouré en dessous d'une série concentrique de petites écailles qui le séparent des suslabiales et qui prennent le nom de *suboculaires*.

I. Tête couverte de petites écailles.

1. De longs crochets mobiles à la mâchoire supérieure.................................. 2

Points de crochets mobiles à la mâchoire supérieure .... Eryx

2. Écailles du dessous de la queue disposées sur deux rangées.................................... Vipera

Une seule rangée d'écailles sous la queue........ Echis

II. Tête couverte de grandes plaques symétriques.

1. Des dents cannelées en avant de la mâchoire supérieure, cou fortement dilatable........... Naja

Point de crochets cannelés en avant de la mâchoire supérieure ; cou pas ou très peu dilatable 2

2. Écailles suslabiales toutes séparées de l'œil par une ou deux séries de suboculaires........... Periops

Une ou deux écailles suslabiales touchant l'œil... 3

3. Tête profondément excavée sur le vertex..... 4

Tête plane non excavée........................ 5

4. Écailles du corps lisses ; queue très longue et très grêle ; écaille frontale étroite ; frénale très allongée et très étroite.................. Psammophis

Écailles plus ou moins distinctement sillonnées ; écaille frontale moins étroite ; frénales petites, quadratiformes .... Cœlopeltis

5. Écailles du corps fortement carénées......... Tropidonotus

Écailles lisses ou très faiblement carénées 6

6. Museau court, arrondi .... Coronella

Museau saillant, cunéiforme.................... Lytorynchus

Museau allongé, tronqué........................ Zamenis

Péropodes.

Genre Eryx *Daud.*

Une seule espèce, l'Eryx javelot, Eryx jaculus L. (*Fig. 3*).

C'est dans la famille des Péropodes que se rangent les plus grands et les plus forts des Serpents (Boa, Eunecte, Python). D'après les récits des Romains et des Carthaginois, de gros serpents analogues ont vécu autrefois dans le Nord de l'Afrique. Valère Maxime rapporte, d'après Tite-Live, la lutte que l'armée

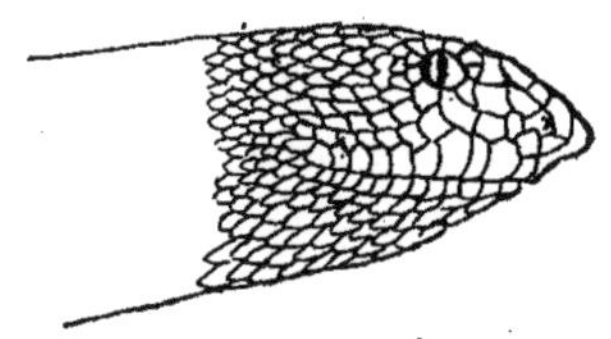

Fig. 3.

de Régulus soutint en Tunisie (254 av. J.-C.) sur les bords du fleuve Bagrada (aujourd'hui Medjerda) avec un reptile gigantesque. Aristote fait également mention des serpents de Lybie qui atteignent une longueur considérable. Il n'y a rien d'impossible à ce que le Python de Séba, répandu encore actuellement au Sénégal et en Abyssinie, ait vécu à cette époque dans l'Afrique septentrionale.

Toujours est-il qu'aujourd'hui, les Péropodes ne sont plus représentés dans notre colonie que par l'*Eryx jaculus*, dont les plus grands individus n'atteignent pas un mètre. Il est cylindrique, à cou indistinct, à queue courte, épaisse, à peine atténuée, à plaques disposées sur une seule rangée. Sa tête est recouverte de très petites écailles à peu près toutes semblables, sauf les suslabiables et la rostrale qui est longue et large ; sa pupille est verticale. Sa couleur est d'un jaune brunâtre, parfois brun verdâtre, marqué de taches brunes irrégulière. En dépit de sa forme massive et trapue, il se meut avec une rapidité extrême. Quoique l'écaillure de sa tête et sa pupille ressemblent à celles des Vipères, il est absolument inoffensif et aucunement venimeux.

On le trouve çà et là en Tunisie et en Algérie, dans le Tell, les Hauts Plateaux et la limite septentrionale du désert, mais il est peu commun. Il recherche les endroits sablonneux où il s'enterre à une légère profondeur. Il vit d'insectes et de petits sauriens.

Aglyphes.

Genre Coronella *Laur*.

Trois espèces de petite taille, inoffensives, qui vivent d'insectes, de mollusques, etc.

Coronella girondica Daud. fréquente dans le Midi de l'Europe, est très rare en Algérie où elle n'est signalée qu'aux environs de Tlemcen, par Boettger, à Mécheria, par M. Doumergue, et dans l'Aurès, près Batna, par le Dr Koenig.

Coronella amaliæ Boettg. est rare aussi et n'a été capturée qu'à Oran, à El-Aricha et aux environs de Bône (*Fig. 4 et 5*). Elle est très voisine de la précédente dont elle se distingue cependant aisément par son écaille rostrale beaucoup plus grande, pénétrant entre les internasales, et bien visible si on regarde la tête en dessus, tandis que chez *C. girondica*, la rostrale ne pénètre pas entre les internasales et est à peine visible en dessus. Toutes les deux ont, du reste, huit suslabiales, la quatrième et la cinquième attenant à l'œil, et deux postoculaires.

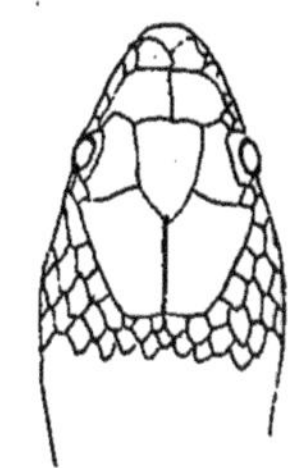

Fig. 4.

Une autre espèce, Coronella lœvis Lac. très répandue en France et dans l'Europe moyenne et méridionale, s'en rapproche également beaucoup. Sa rostrale est grande, bien visible en dessus et pénètre aussi entre les internasales, mais elle n'a que sept suslabiales. On ne l'a pas signalée d'une façon certaine en Algérie.

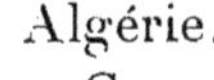

Fig. 5.

Coronella cucullata Dum et B. (Macroptodon Guich.) est très commune et répandue partout sous les pierres, les amas d'herbes, les broussailles. C'est un petit serpent de 0 m. 30 à 0 m. 50 de longueur dont l'écaillure de la tête et la coloration sont très variables. Il est probable qu'il y a plusieurs espèces confondues sous ce nom, et l'examen d'un grand nombre d'individus fera certainement trouver des différences spécifiques. De même, bien qu'offrant l'aspect général des Coronelles, il en diffère cependant par des caractères suffisants pour justifier l'adoption d'un autre genre, ce qu'a fait du reste Boulenger qui conserve le nom de *Macroptodon* donné par Guichenot à une variété de coloration de cette couleuvre. Ce genre alors serait caractérisé par une dentition différente, la pupille légèrement en ellipse verticale et surtout par la sixième écaille suslabiale touchant la pariétale, disposition très rare chez les serpents. Boulenger considère comme typiques les individus offrant une préoculaire, deux postoculaires et huit suslabiales, la quatrième et la cinquième attenant à l'œil, la sixième au pariétal. On donne (*fig. 6 et fig. 7*) le dessin de la tête d'un grand individu (0 m. 50) provenant de Bône, qui n'a qu'une seule postoculaire. La *fig. 8* représente la tête d'un petit individu de Tunisie : elle a bien deux postoculaires, mais il n'y a que sept

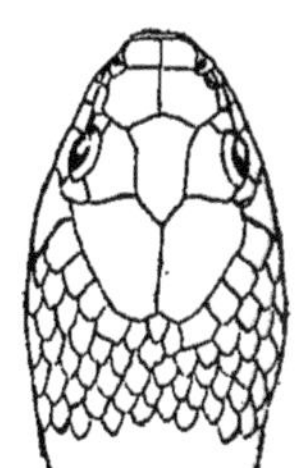

Fig. 6.

suslabiales ; la sixième n'est que très étroitement en contact avec la pariétale ; en revanche elle présente deux petites frénales. La coloration varie également : le dessus du corps est gris de plomb ou brun cendré parsemé de taches plus obscures, avec la tête et le cou entièrement d'un noir brillant ; mais bien souvent ce *capuchon* noir est plus ou moins réduit à de simples traits plus rembrunis que la couleur foncière et il en résulte des variétés

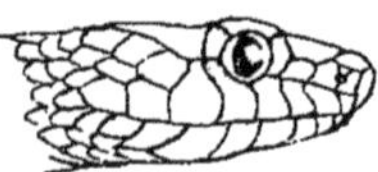

FIG. 7.

FIG. 8.

qui ont été élevées au rang d'espèces (*Macroptodon mauritanicus* Guich. *Lycognathus tœniatus* et *textilis* Dum. et B.), espèces que l'on ne peut maintenir, la coloration n'étant pas suffisante pour constituer des caractères spécifiques que l'on doit rechercher dans le système d'écaillure de la tête.

Genre TROPIDONOTUS *Kuhl.*

Deux espèces inoffensives qui vivent dans l'eau et les endroits frais et se nourrissent de petits poissons, de grenouilles, de crapauds.

La COULEUVRE A COLLIER, TROPIDONOTUS NATRIX L., si répandue dans presque toute la France, est rare en Algérie (*fig. 1 et 2*). On ne la rencontre qu'aux environs d'Alger, à La Chiffa, à Tifrit, à Gouraya et au Mont Edough près Bône. On la reconnaît facilement à son collier d'un blanc jaunâtre qui part des coins de la bouche et est interrompu plus ou moins longuement sur la nuque. Elle a sept suslabiales, la troisième et la quatrième attenant à l'œil, une préoculaire, trois postoculaires.

La COULEUVRE VIPÉRINE, TROPIDONOTUS VIPERINUS Latr., est bien le serpent le plus commun du Nord de l'Afrique (*Fig. 9 et 10*). Elle a des habitudes encore plus aquatiques que la précédente et on la rencontre en grand nombre partout où il y a de l'eau, depuis le littoral jusque dans les séguias des oasis. Les charmeurs, dans leurs exhibitions, présentent de grands exemplaires de cette couleuvre qui, lorsqu'elle est irritée ou effrayée, enfle son corps en l'aplatissant et élargit sa tête en arrière de façon à la rendre triangulaire et à lui donner l'apparence de celle de Vipera lebetina. Elle a aussi sept écailles suslabiales, mais seulement deux postoculaires. Elle présente plusieurs variétés de couleurs : tantôt entièrement grise avec des taches rembrunies et une bande noire en zigzag sur le dos, tantôt d'un roux cuivreux avec des taches ocellées ou deux bandes longitudinales blanchâtres sur le dos (var. *ocellatus*, *aurolineatus*, *chersoïdes*).

Fig. 9.

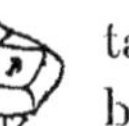

Fig. 10.

Genre Lytorynchus *Pel.*

Une seule espèce, Lytorynchus diadema D. et B. qui vit dans le désert et n'est pas très répandue (*Fig. 11 et 12*). C'est un serpent de petite taille (0 m. 40 à 0 m. 50) jaune blanchâtre en dessus avec des taches transversales brunes, une bande noire le

Fig. 11.

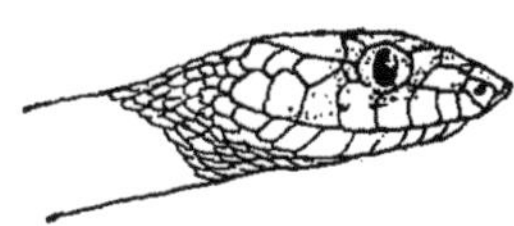

Fig. 12.

long de la nuque et une autre oblique joignant l'œil à l'angle postérieur de la bouche. Pupille en ellipse verticale ; sept ou huit suslabiales, la quatrième et la cinquième attenant à l'œil ; une et parfois deux préoculaires ; deux postoculaires. Le Sud tunisien, le Souf, le Mzab, le Sud oranais.

Genre Zamenis *Wagl.*

Une seule espèce, Zamenis algirus Jan., spéciale à la région désertique où elle n'est pas rare (*Fig. 13 et 14*) surtout en Tunisie. Neuf suslabiales, la cinquième attenant à l'œil, deux préoculaires, trois postoculaires. Brun verdâtre avec de petites raies transversales noirâtres et une série de taches d'un noir bleu sur les flancs; atteint 1 mètre de long.

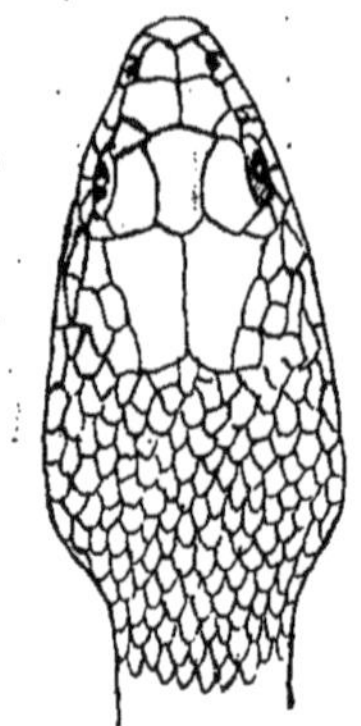

Fig. 13.

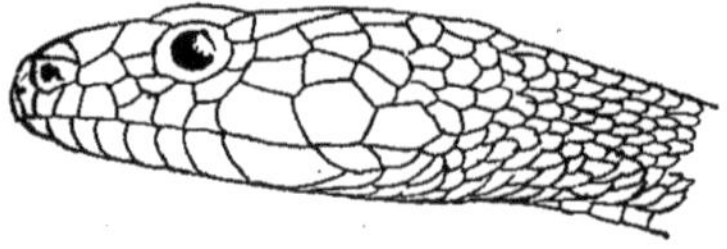

Fig. 14.

Genre Periops *Wagl.*

Deux espèces.

Le Periops hippocrepis D. et B., *Couleuvre rouge*, est un des serpents les plus communs en Algérie, où on le trouve fréquemment partout jusque dans le Nord du Sahara (*Fig. 15*). C'est aussi un des plus jolis; il offre plusieurs variétés de coloration, mais on le reconnaît toujours facilement à deux étroites bandes jaunâtres presque contiguës qui dessinent sur la nuque un fer à cheval; sur toute la longueur du corps, qui est brun ou jaune olivâtre, se trouve une série de taches rondes jaunâtres entre lesquelles existent d'autres taches irrégulières. Ce Serpent parvient à une grande taille (1 mètre à 1 m. 50) et est d'une extrême agilité. Si, dans sa fuite, on lui coupe la retraite et que l'on cherche à le saisir, il se défend et mord avec acharnement. Mais cette morsure est absolument sans suites dangereuses. On a pu voir, à Tunis, un charmeur se faire mordre la langue par un grand sujet de cette espèce: le sang coulait abondamment à la grande stupéfaction des spec-

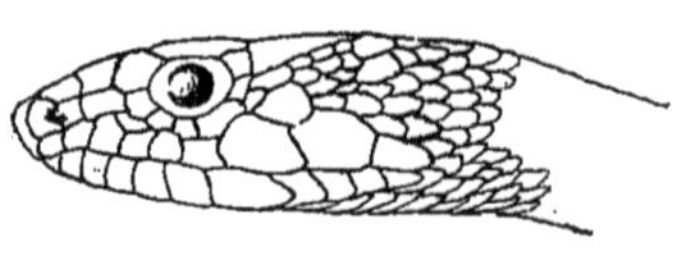

Fig. 15.

tateurs, mais il n'en était nullement incommodé. Chez cette espèce, il y a huit ou neuf écailles suslabiales ; mais aucune n'est attenante à l'œil, dont elles sont séparées par une rangée de petites écailles suboculaires qui se joignent aux pré et postoculaires.

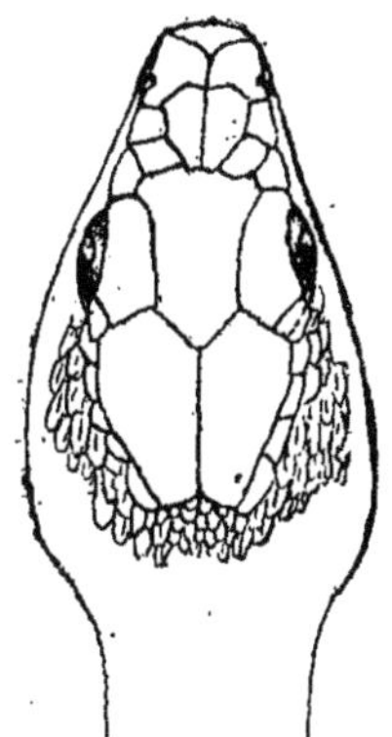

Le PERIOPS DIADEMA Schl d'un jaune brunâtre, avec trois rangées longitudinales de taches obscures, est spécial à la région désertique où

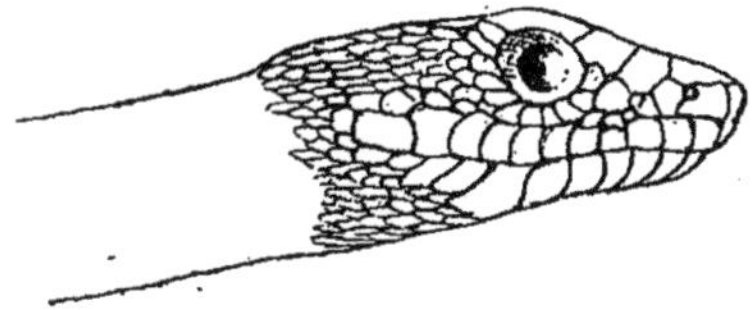

FIG. 16.

FIG. 17.

il n'est pas rare, surtout dans le voisinage des chotts (*Fig. 16 et 17*). Les écailles latérales de la tête sont chez cette espèce de bien moindres dimensions. On compte dix à douze suslabiales et l'œil est entouré d'un cercle formé d'un grand nombre de très petites écailles.

Opistoglyphes.

Genre PSAMMOPHIS *Boie*.

Une seule espèce, PSAMMOPHIS SIBILANS L., très abondant dans les dunes et toute la région saharienne, où il se réfugie dans des trous creusés dans le sable et sous les touffes de *Drinn* (*Fig. 18 et 19*). Il parvient à une longueur de 1 m. 50 et est remarquable par son corps très mince, sa queue grêle, très longue, effilée en pointe linéaire et son extrême vivacité. Neuf suslabiales, la cinquième et la sixième attenant à l'œil ; frénale allongée très étroite ; frontale étroite, presque parallèle.

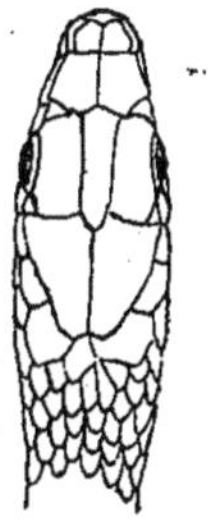

FIG. 18.

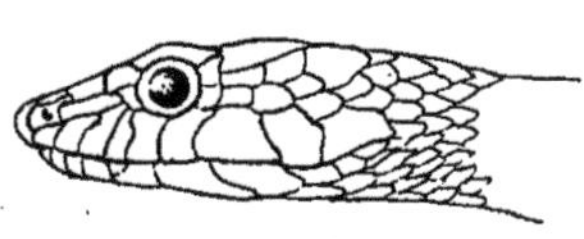

FIG. 19.

Genre Cœlopeltis *Wagl.*

Deux espèces.

Le Cœlopeltis lacertina Wagl., *Couleuvre de Montpellier*, peut atteindre une longueur de 2 mètres (*Fig. 20 et 21*). Sa coloration est très variable : en dessus d'un vert olivâtre uniforme (var. *Neumayeri* Fitz) ou orné de trois ou quatre rangées longitudinales de taches noires, parfois bordées d'un trait blanc à leur côté interne ; le dessous est d'un blanc jaunâtre, ou gris sale, ou marqueté de noir. Ce grand serpent est très commun, aussi bien dans la plaine que dans la montagne, mais on ne le trouve pas dans le désert. Il est excessivement irritable, se défend avec courage et fait de cruelles morsures.

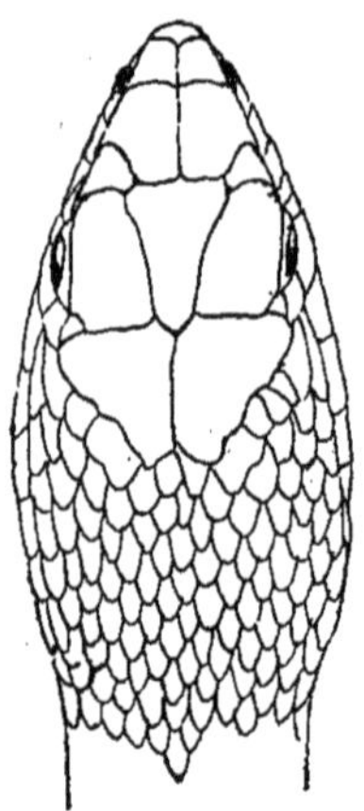

Fig. 20.

Fig. 21.

Le Cœlopeltis producta Gerv. est d'une taille beaucoup moindre (50 à 70 cent). (*Fig. 22 et 23*). C'est une espèce désertique, pas très rare, qui porte la livrée de son habitat : en dessus, jaune de sable avec des taches brunes irrégulières, parfois peu distinctes ; dessous blanc. Son museau est sensiblement saillant au dessus de la mâchoire inférieure. Elle a huit écailles suslabiales, la quatrième et la cinquième attenant à l'œil et une seule frénale. Ce serpent, quand il est effrayé, ou irrité, jouit, à l'instar du Naja, de la faculté de gonfler ses côtes cervicales sur quelques centimètres de longueur, à partir de la nuque. On le trouve presque toujours dans les mêmes localités que le *Psammophis sibilans* et dans son voisinage.

Fig. 22.

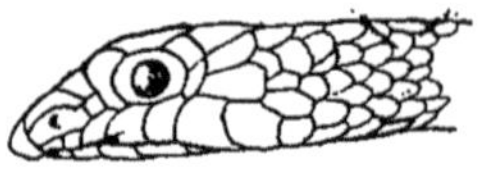

Fig. 23.

Protéroglyphes.

Genre NAJA *Laur.*

Une seule espèce, le NAJA HAYE L., *Cobra d'Afrique*, *Bouf-tira* des Arabes (*Fig. 24 et 25*). Cou fortement dilatable; dessus du corps uniformément d'un brun noirâtre, dessous moins foncé; taille atteignant deux mètres et plus.

Ce redoutable animal ne se trouve en Algérie qu'au Sud-Est de Biskra, dans le Zab Chergui, contrée basse, humide et chaude comprise entre les Chotts et les derniers contreforts de l'Aurès, Sidi-Salah, Zéribet-el-Oued, El Faïd, Aïn-Chegga. C'est là que vont le chercher les charmeurs de serpents. On le rencontre rarement en dehors de cette région; cependant un exemplaire, actuellement au musée de Troyes, a été pris tout près de Biskra, entre la rive gauche de l'Oued et l'oasis de Chetma. M. le Dr Martin en a signalé une capture dans la forêt de tamarins à Saada, et, d'après M. Lallemant, Letourneux en aurait vu dans le Hodna un individu dont il n'a pu s'emparer. Il est beaucoup plus commun en Tunisie où il habite toute la région semidésertique et désertique : Sfax, Gabès, Gafsa, Tozzeur et même, au dire des Arabes, les environs de Kairouan. Il est indiqué aussi dans l'intérieur du Maroc.

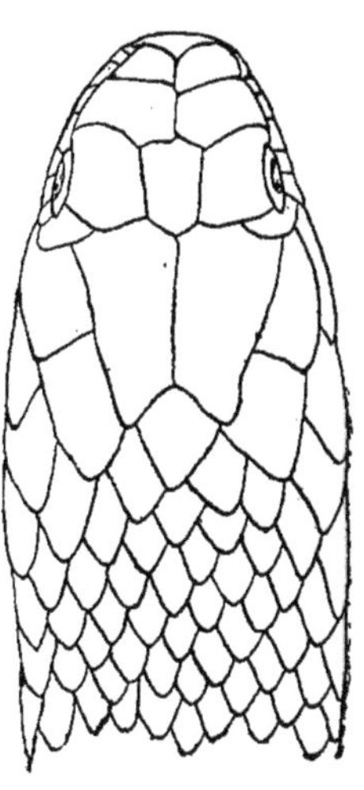

FIG. 24.

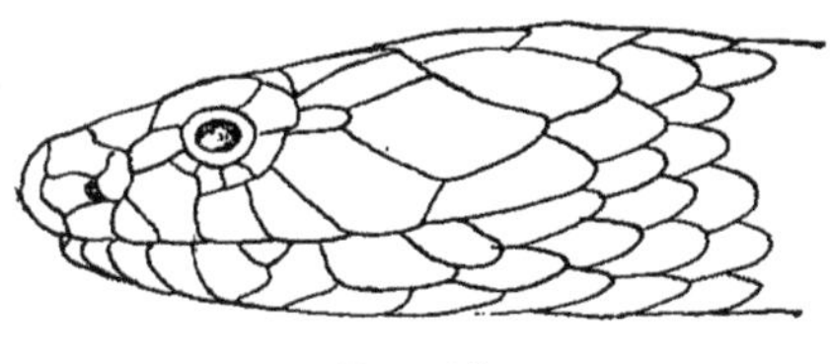

FIG. 25.

Le Naja, dont la blessure est rapidement mortelle, est un reptile des plus dangereux. Lorsqu'il est dérangé, il passe immédiatement à l'offensive : il se dresse sur la partie postérieure de son corps, gonfle son cou en sifflant violemment et poursuit son adversaire en lançant sur lui avec une vitesse extrême sa tête armée de ses terribles crochets. Des charmeurs indigènes dressent ces animaux et leur font exécuter divers mouvements cadencés au son d'une musique spéciale. Ils ont généralement arraché, au préalable, les crochets venimeux, mais, quoi qu'il en soit, le Naja suit avec sa tête les mouvements de la main du dompteur sans essayer de le mordre. Si celui-ci comprime avec les doigts un point déterminé de la nuque du Reptile, on voit ce dernier s'étendre, tomber dans une sorte de torpeur cataleptique et devenir, pendant quelques minutes, raide comme une baguette. C'est le procédé employé par les magiciens des anciens Pharaons pour la transformation de verges en serpents. Le Naja, dont l'image est sculptée sur un grand nombre des antiques monuments de l'Égypte, est un des serpents désignés sous le nom d'*Aspis* par les Grecs et les Romains.

Le Naja, qui habite le Nord de l'Afrique, constitue la variété *annulifera* Pet. caractérisée par une série d'écailles suboculaires qui séparent complètement l'œil des plaques suslabiales. Ces dernières sont au nombre de sept ; la sixième qui est la plus grande est en contact avec les postoculaires.

Solénoglyphes.

Genre Vipera *Laur.*

Deux espèces très venimeuses.

Vipera ammodytes Latr. a le museau atténué en une pointe molle, écailleuse, obtuse, retroussée et inclinée en arrière (*Fig. 26*). Sa coloration varie, généralement grise, parfois rougeâtre ; sur le dos, une ligne noire en zig-zag continue ou interrompue ; une raie noire derrière l'œil et sur les flancs une rangée de taches sombres plus ou moins rapprochées ; ventre blanc jaunâtre ponctué de brun. Cette espèce habite surtout le littoral boisé aux environs d'Alger et de Bône. Elle n'a pas encore été signalée en Tunisie, mais il est très probable qu'elle doit se trouver dans les forêts du Nord-Ouest de la Régence.

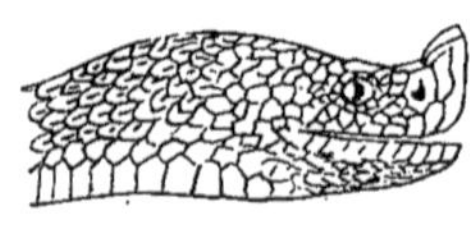

Fig. 26.

Vipera lebetina L. ou Echidna mauritanica D. et B. atteint de bien plus grandes dimensions : les sujets de 1 mètre à 1 m. 50 ne sont pas rares (*Fig. 27 et 28*). Sa tête est aplatie et élargie en arrière. Elle est d'un brun jaunâtre avec des séries de taches sombres arrondies et plus ou moins étendues. Sa tête, sauf les suslabiales et la rostrale, est couverte de petites écailles semblables à celles du corps. Cette Vipère, dont la morsure est très dangereuse, est répandue en Tunisie dans toute la partie montagneuse et

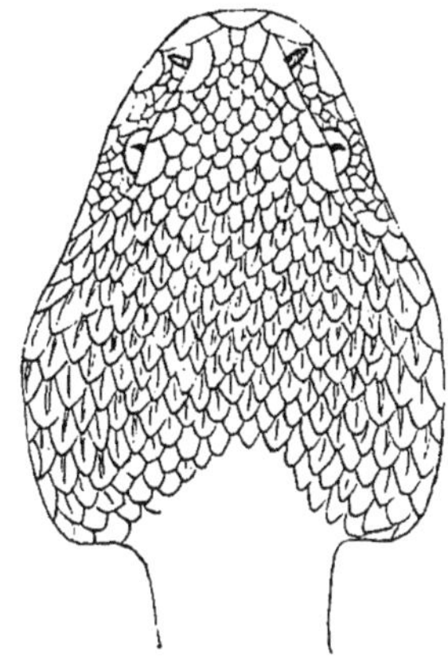

Fig. 27.

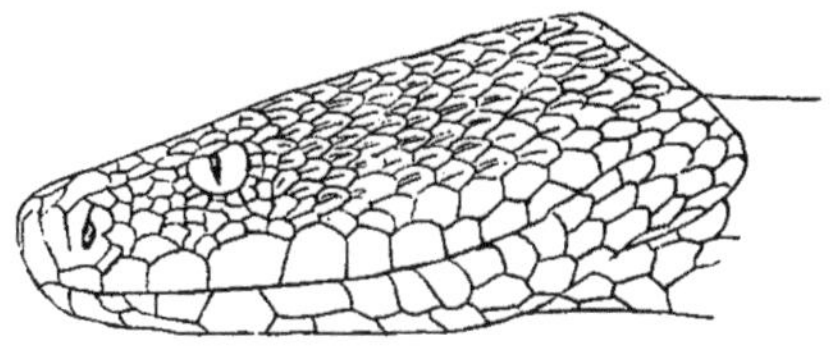

Fig. 28.

boisée depuis le littoral jusqu'au désert ; en Algérie, elle habite le littoral et les Hauts Plateaux de la province d'Oran, Arzew, Oran, Nemours, Saïda et le sud de la province d'Alger, Djelfa, Bou-Saada, Baniou. On doit la trouver aussi dans l'Est de la province de Constantine.

Genre Cerastes *Wagl.*

Deux espèces toutes deux très venimeuses et confinées dans le Sahara.

Le Céraste ou Vipère a cornes, Cerastes cornutus Forsk. est très commun sur le versant méridional des Hauts Plateaux et dans tout le désert, surtout dans les dunes (*Fig. 29*). Il a des habitudes nocturnes et passe le jour sous des pierres ou enfoncé dans le sable. Pendant les nuits d'été, surexcitées par la chaleur, ces Vipères sont d'une grande activité, et il n'est pas rare d'en rencontrer le matin dans les cours intérieures et même dans les

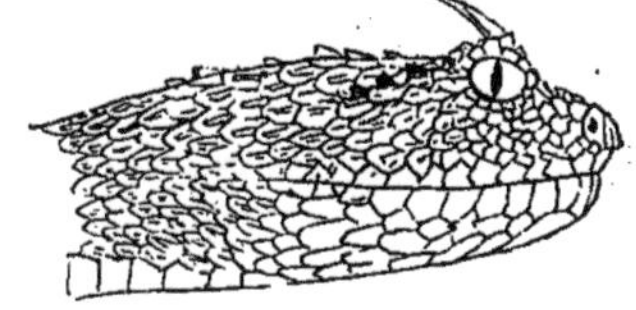

Fig. 29.

salles des bordjs où on les voit ramper le long des murs en cherchant une issue. Le militaire ou l'explorateur qui bivouaque dans les localités qu'elles habitent est certain d'en trouver sous ses couvertures ou sa tente quand il les replie, le matin, pour continuer son voyage. En plein jour, au contraire, leurs mouvements sont très lents : elles semblent gênées par la lumière, ne se remuent qu'avec difficulté, et leur seule préoccupation, quand elles sont découvertes, est de retrouver une retraite qui les abrite. Leur couleur est d'un jaune de sable avec des taches légèrement rembrunies ; les cornes qu'elles portent de chaque côté sur la tête sont formées par une écaille qui naît au-dessus de l'orbite de l'œil. Leur longueur ordinaire est de 60 à 70 cent. Dans tous les bazars juifs et arabes, on trouve des dépouilles de cette Vipère grossièrement rembourrées de sable ou de son, que l'on offre aux touristes comme objets de curiosité.

Le Céraste vipère, Vipère minute, Cerastes vipera L. (*Fig. 30*

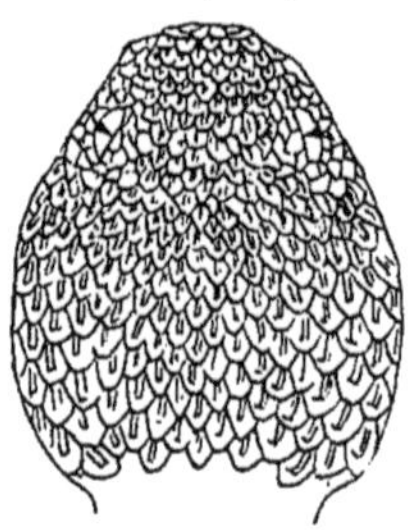

Fig. 30.

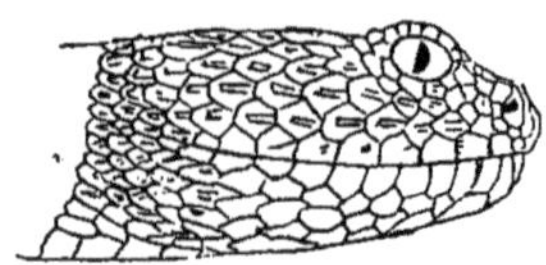

Fig. 31.

et 31) ressemble beaucoup à l'espèce précédente et les Sahariens le regardent comme sa femelle. Il en diffère par sa taille moindre, son corps encore plus trapu, l'absence de cornes au-dessus des yeux et un moins grand nombre de petites écailles entre les sus-labiales et l'œil. Il se trouve dans les mêmes localités et est tout aussi dangereux, mais il est bien moins commun.

Genre Echis *Merr.*

Une seule espèce, Echis carinata Schn. qui malgré sa faible taille (50 à 60 cent.) possède un venin très actif (*Fig. 32 et 33*).

D'un brun grisâtre ou rougeâtre pâle, avec une tache triangulaire blanchâtre sur la tête, un dessin noir, variable, sur les flancs et une série de taches noires ocellées. Douze suslabiales séparées de l'œil par deux rangées d'écailles ; tête couverte de petites écailles carénées et d'une large supraoculaire.

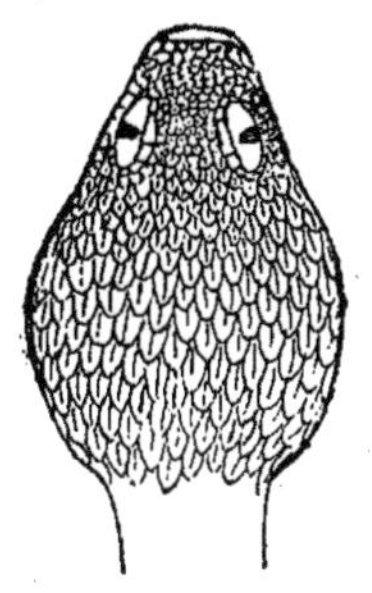

Fig. 32.

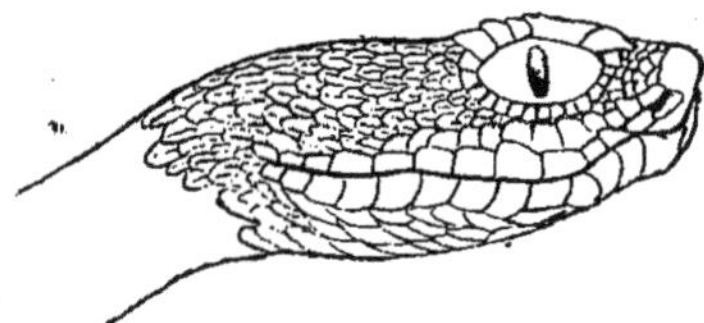

Fig. 33.

Cette vipère est encore une espèce désertique assez rare en Algérie et en Tunisie. Elle est facile à reconnaître aux écailles du dessous de sa queue qui ne forment qu'une seule rangée, caractère qu'elle ne partage qu'avec l'*Eryx jaculus*.

Il existe encore dans la colonie des représentants d'un groupe de Reptiles, les *Amphisbéniens*, que le vulgaire regarde comme des Serpents dangereux. Ce sont de petits animaux absolument inoffensifs qui sont ordinairement cachés sous la mousse, les pierres, les détritus végétaux. Ils n'ont point de membres et se meuvent en rampant, ce qui les fait ressembler extérieurement aux Serpents, mais leur bouche n'est pas dilatable et leur squelette est très différent. Ils forment le passage entre les deux ordres des Sauriens et des Ophidiens et sont bien exactement intermédiaires entre l'*Heteromeles mauritanicus*, Chalcidien, qui n'a plus que des pattes rudimentaires, dont les antérieures ne sont munies que de deux doigts atrophiés, et l'*Eryx* qui a conservé des traces d'un petit ergot de chaque côté de l'ouverture anale, dernier vestige des fémurs. Ils n'ont pas d'écailles : leur peau est nue, grise ou jaunâtre avec des taches noires figurant un damier. Il y en a deux espèces : le *Blanus cinereus* Vand. et le *Trogonophis Wiegmanni* Kaup assez communément répandues.

L'*Anguis fragilis* Dum. et B., Saurien sans membres, mais à corps garni d'écailles lisses, est beaucoup plus rare. Lallemant l'indique aux environs d'Alger et de Bône. On en a vu un exemplaire provenant d'Aumale et un autre de Kroumirie. Complètement inoffensif et peu agile, il vit sous les herbes dans les localités humides et se nourrit de vers, d'insectes et de petits mollusques terrestres [1].

Insectologie agricole et parasitisme.

LES PRINCIPAUX INSECTES NUISIBLES AUX VÉGÉTAUX EN ALGÉRIE

Écrire une entomologie agricole de l'Algérie nous semble prématuré, car, pour lui donner tout le développement qu'elle comporte, bien des études seraient encore nécessaires; d'autre part, en réunissant même toutes les observations disséminées çà et là, on se trouverait forcément obligé de mentionner quantité d'insectes nuisibles aux plantes cultivées en France, en Espagne, en Italie et dans tout le bassin de la Méditerranée; les pages succéderaient aux pages, et un gros volume en résulterait qui dépasserait les limites de cet ouvrage. Nous pensons qu'il est plus sage de réserver l'avenir et de ne signaler que les espèces les plus essentielles à connaître et surtout celles qui s'attaquent en particulier aux grandes cultures algériennes. L'attention appelée, chacun apportera à l'œuvre sa moisson d'observations et le moment viendra où l'on pourra faire une œuvre vraie et réellement utile.

*
* *

Insectes s'attaquant aux céréales et à toutes les cultures en général. — Les indigènes donnent le nom de *douda* à toutes les larves qui, vivant en terre à la façon de nos larves de hanneton ou vers blancs et se nourrissant de racines, ont avec elles une étroite ressemblance. Ces larves ne donnent pas naissance à

1. CONSULTER LES TRAVAUX DE M. ERNEST OLIVIER : *Biskra, souvenir d'un naturaliste* (Extrait de la Rev. sc. du Bourb. et du centre de la Fr., 1893, p. 1-21, 25-46 av. 1 pl. — Tir. à part). — *Herpétologie algérienne ou Catalogue raisonné des Reptiles et des Batraciens observés jusqu'à ce jour en Algérie* (Extr. des Mém. de la Soc. zool. de France, 1894, p. 98-131. Tir. à part). — *Les Serpents de la Tunisie* (Extr. Assoc. française pour l'av. des sc., 1896, p. 471-476. (Tir. à part). — *Matériaux pour la Faune de la Tunisie* (Extr. de la Rev. sc. du Bourb. et du Centre de la Fr., 1896, p. 117-133).

Ces ouvrages se trouvent à la librairie Challamel, 17, rue Jacob, à Paris.

des espèces du genre Melolonthe, mais à des *Coléoptères Lamellicornes* du même groupe, appartenant au genre *Rhizotrogus* ou à des genres voisins.

Les Rhizotrogues sont nombreux en Algérie : d'après M. Valéry-Mayet, on en compte soixante et quelques espèces dont beaucoup sont nuisibles aux cultures, mais principalement trois : *Rhizotrogus euphytus*, *inflatus* et *sinuatocollis*[1].

A l'état de larves ces *Melolonthides* font des ravages de toutes sortes : ils coupent les racines des plantes herbacées, les tiges tendres des végétaux ligneux, décortiquent même les boutures de vignes, etc. En 1872, ils ont détruit de jeunes plantations d'Eucalyptus dans les plaines de la province d'Oran. Dans certaines années, les céréales souffrent beaucoup de leurs atteintes : les champs présentent de larges plaques d'une végétation souffreteuse et jaunâtre qui finit par disparaître. Les prairies ne sont pas épargnées. Sous la forme d'insectes parfaits, les Rhizotrogues exercent rapidement de graves déprédations pendant la soirée et la nuit et disparaissent le jour dans des galeries creusées dans le sol; on les a vus, en quelques nuits, dévorer les jeunes feuilles et les bourgeons d'un vignoble.

Par la chasse nocturne on peut, à l'aide d'une lanterne, surprendre l'insecte parfait : on évite ainsi la ponte et par conséquent l'infection du champ par la multiplication si rapide de ces ravageurs.

Les hirondelles et les chauves-souris les poursuivent le soir et en capturent des quantités considérables.

Contre les vers blancs, après avoir bien reconnu les parcelles envahies, l'emploi du sulfure de carbone donne de bons résultats.

On avait tenté de détruire ces larves par le procédé préconisé par M. Le Moult, c'est-à-dire en déterminant chez elles une sorte de *muscardine* par la dissémination dans le sol qui les recèle de spores de *Botrytis tenella*. A cet effet, des larves couvertes de *Botrytis* avaient été placées dans le sol à 1 mètre environ les unes des autres, et dix observations auraient prouvé que les larves avaient complètement disparu du champ d'expérience. Cette tentative de contamination faite à Tlemcen sur une petite

1. Ch. Rivière, *Algérie agricole*, 1882. Valéry-Mayet, *Insectes nuisibles de la vigne.*

surface, mérite d'être renouvelée et surtout d'être faite en grande culture, car elle ne concorde pas avec les résultats aussi négatifs que peu pratiques constatés en France dans l'application des mêmes procédés de destruction.

Un *Hémiptère* qui vit sur d'autres plantes attaquait particulièrement les cultures de coton, dans les plaines d'Oran principalement. Il arrête le développement normal des gousses, salit le coton et lui donne une odeur spéciale et désagréable : c'est l'*Oxycarenus hyalepensis* (Brocchi). Cet insecte est de forme ovalaire, noir : tête et thorax fortement ponctués. Une pubescence blanche sur la tête, antennes assez longues terminées en massues. Pattes noires avec anneaux jaunes, ventre noir, parties supérieures rougeâtres.

La *maladie vermiculaire* envahit depuis quelques années différentes cultures et paraît devoir occasionner, dans les potagers notamment, de graves dégâts. Elle est due au développement d'un nématode. *Tylenchus devastatrix*, qui provoque la formation de taches noires sur certains organes, arrête la végétation et occasionnne la pourriture.

Les champs de fèves ont été particulièrement atteints.

Des savants naturalistes, MM. Maupas et Debray, qui ont fait une étude approfondie de ce parasite (*Algérie agricole*, 1896, planche) conseillent, comme moyen d'éviter la contagion, l'incinération des tiges et l'alternance des cultures, à l'exclusion de l'avoine, de la luzerne, de l'oignon, de la fève et du seigle. L'*orge* ne paraît pas favorable à son développement. Éviter aussi de porter au fumier les tiges des plantes malades, car cette fumure pourrait propager le mal.

Insectes s'attaquant exclusivement aux céréales. — Parmi les *Hyménoptères*, il est une Mouche à scie, c'est-à-dire une *Tenthrédine*, le *Cephus pygmœus* qui fait dans certaines années, comme en Europe d'ailleurs, de grands ravages en Algérie ; on le signalait partout en 1897 surtout dans la province d'Oran (Tiaret, Saïda, Tlemcen, etc.), où il détruisit, estime-t-on, *un huitième* de la récolte dans la plaine de Perrégaux [1]. L'insecte parfait voltige

1. Observations de M. Vermeil, professeur d'agriculture du départ. d'Oran.

dans les champs de blés lorsqu'ils sont épiés ; la femelle, à l'aide de sa tarière perfore un chaume à sa partie supérieure et y introduit un œuf, puis elle passe à d'autres jusqu'à ce qu'elle ait déposé les 12 ou 25 œufs que récèlent ses ovaires ; au bout de quelques jours la larve éclot et s'enfonce dans l'intérieur de la tige, dont elle dévore la paroi interne, en se dirigeant de haut en bas et traversant les cloisons nodales ; elle atteint, en agissant ainsi, assez rapidement toute sa taille ; elle se retire alors à la partie inférieure du chaume où elle se tisse une coque soyeuse pour passer l'hiver ; ce n'est qu'au printemps, une quinzaine de jours avant l'éclosion, qu'elle se transforme en nymphe. On conçoit que les tiges ainsi habitées ne donnent que des épis avortés, car il suffit de les toucher pour reconnaître qu'ils ne contiennent pas de grains. On comprend que la coutume arabe, qui consiste à laisser les chaumes en terre après la moisson, est particulièrement favorable au développement du *Cephus*, et qu'au contraire l'incinération des chaumes est, dans ce cas, à recommander.

*
* *

Il est un insecte de la famille des *Hémiptères* qui est aussi, en Algérie, un grand ennemi des céréales. En 1888, le Gouvernement général avait chargé M. Künckel d'Herculaïs d'étudier cet insecte et lui avait remis les documents et les échantillons qui lui avaient été adressés. Il commença son étude par une enquête, et à cet effet il fit adresser, le 25 septembre 1888, à M. l'Administrateur de la c^ne^ mixte de Boghari qui avait signalé la présence de cette *punaise* dans les tribus des Aziz et des Ouled-Hamed, une lettre dans laquelle il demandait des renseignements et mentionnait les expériences qu'il avait faites en 1866 sur la nature des déprédations causées aux céréales par certain *Hémiptère* du même groupe (Scutellérides) l'*Eurygaster hottentota*, Fabr., sur les Avoines aux environs de Paris ; il rappelait notamment que ces *Hémiptères* parqués sous des grillages recouvrant des semis d'avoine prêts à épier, s'étaient attaqués aux tiges, puis aux grains en formation, que ces grains n'en étaient pas moins parvenus à maturité, mais qu'ils étaient chétifs et mal formés. « J'ai semé, disait-il, ces grains : s'ils avaient conservé leur faculté germinative, leurs réserves alimentaires étaient considérablement appauvries et ils ne donnèrent naissance qu'à des plantes rabougries ».

M. Ch. Foltz, Administrateur de la commune de Boghari, dans la réponse officielle qu'il adressa (3 octobre 1888) s'exprimait ainsi :

D'après les indigènes, et en cela leurs dires sont d'accord avec les expériences de M. Künckel d'Herculaïs, les grains sucés par ces Punaises n'ont pas perdu toute faculté germinative, mais ils donnent naissance à des plantes tellement chétives que les cultivateurs se gardent bien d'utiliser ces grains pour les ensemencements. Les insectes ayant complètement disparu en juillet aussitôt après la maturité des blés, — ils étaient morts autour du champ de blé, au dire des indigènes, sans avoir effectué le dépôt de leurs œufs, — ce ne sera qu'au printemps prochain, si les insectes envahissent de nouveau certains points de ma commune, qu'il me sera possible de faire faire les observations demandées par M. Künckel d'Herculaïs. Quant à la destruction de l'insecte dont il s'agit au moyen d'insecticides reconnus comme inoffensifs à l'égard des végétaux, il me sera d'autant plus facile d'en faire l'essai que les propriétaires ne comptent plus sur leurs récoltes dès qu'elles sont envahies par ces punaises.

Les déprédations causées en Algérie par l'*Oum-el-Tebag* (la mère de la calamité) ont été signalées pour la première fois en 1875 par M. le commandant Brocard, alors capitaine chargé du service météorologique algérien, qui consacra quelques lignes à cet insecte, qui fut déterminé par M. Künckel. *Ælia Germari*, Küster.

Voici, d'après les renseignements qui ont été fournis par les officiers des affaires indigènes et les administrateurs, l'exposé des mœurs de cet insecte.

Les *Oum-el-Tebag* arrivent par nuées s'abattre sur les cultures de céréales, principalement sur les champs de blé, alors que les épis déjà formés ne sont pas arrivés à maturité ; ils grimpent le long des tiges et s'attaquent aux épis, ils percent en effet les grains pour en humer le contenu encore laiteux ; ces grains n'en mûrissent pas moins, mais ils sont chétifs, déformés ; car, privés de la majeure partie de leur contenu, ils n'ont pu se gonfler régulièrement. Ces grains seraient impropres à l'alimentation, non pas seulement parce qu'ils seraient appauvris de leurs éléments nutritifs, ou imprégnés d'une odeur nauséabonde, mais parce qu'ils détermineraient chez ceux qui les consomment d'assez grands troubles intestinaux. Seuls les insectes adultes ont été observés; leur évolution n'a pas été suivie; au dire des indigènes elle ne s'effectuerait que dans le Sahara, d'où partiraient les vols qui viennent s'abattre sur les cultures des Hauts Plateaux (Cercle de Djelfa, 1886, 87 et 88, C[ne] mixte de Boghari en 1888), et même du littoral (Cercle de Tenès : Ouled-Abdalah, M'Chaïa et Beni-Merzoug, en 1889).

Ignorant de la vie évolutive de ces insectes, il est assez difficile de recommander tel ou tel procédé de destruction, il est probable qu'il serait plus aisé d'atteindre les jeunes, qui sont aptères, que les adultes; il semble dans tous les cas difficile de conseiller aux indigènes de procéder au ramassage, comme on le fait pour les *altises* de la vigne, même dans des récipients au fond desquels on aurait mis une couche d'un centimètre d'essence de térébenthine, de pétrole ou de tout autre hydrocarbure, ainsi que le conseille le Dr Laboulbène; les vols s'abattant à l'improviste, il est plus que probable qu'on se trouverait la plupart du temps pris au dépourvu. Il est certain que l'étude complète des habitudes des Ælia permettra seule de trouver un moyen de destruction pratique. Par exemple, s'il était avéré que les *Oum-el-Tebag* quittent les champs de céréales pour aller se réfugier pendant la nuit en bandes dans les touffes d'*Halfa* et de *Chich*, ainsi que le mentionne le rapport du Commandant du Cercle de Djelfa, on aurait une indication qui permettrait l'emploi d'insecticide à base d'huile lourde, d'un prix très modique.

*
* *

Dans l'ordre des Lépidoptères, il est un insecte déprédateur récemment étudié par M. Künckel d'Herculaïs, qui cause de grands ravages dans les plantations de Maïs, et n'est pas moins nuisible à celles de Sorgho, nous voulons parler des *Sésamies* et en particulier de la *Sesamia nonagrioides*, Lefèvre. Nous emprunterons aux publications de ce naturaliste distingué les renseignements suivants[1].

1. Künckel d'Herculaïs. Ravages causés en Algérie par les chenilles de Sesamia nonagrioides Lefèvre, aux Maïs, Sorghos, à la Canne à sucre, etc., Observations biologiques. Moyens de destruction. Comptes rendus des

Une enquête poursuivie méthodiquement fit connaître que dans les environs d'Alger, à Hussein-Dey, et les régions de Guyotville, de Tipaza, de Marengo, de Boufarik, les plantations de Maïs étaient ravagées ; des renseignements recueillis, il résultait même que dans quelques localités (région de Marengo) on avait dû renoncer à la culture du Maïs, au moins pour en récolter les épis.

C'est par centaines que les chenilles de Sésamies se rencontraient dans les Maïs ; non contentes de vivre dans la moelle des tiges et de s'attaquer à l'épi floral mâle, elles s'en prenaient à l'épi femelle : lorsqu'il est jeune, si elles ne le détruisent pas entièrement, plus développé, elles dévoreront les grains en formation ; quand il est à maturité, elles rongent les grains tout formés. On peut s'expliquer l'importance des dégâts commis par ce fait que plusieurs chenilles vivent côte à côte dans chacune des portions de tiges séparées par les nœuds et que plusieurs d'entre elles s'associent pour attaquer les épis.

C'est à la fin de septembre et au commencement d'octobre que ces chenilles ont été trouvées, ayant acquis toute leur taille, les unes se sont transformées en chrysalides dans l'intérieur même des tiges, ou entre les enveloppes des épis ; les autres se sont préparées à hiverner. Les papillons sont sortis de leurs chrysalides dans le courant d'octobre, une quinzaine de jours après la métamorphose ; ils se sont accouplés immédiatement et ont pondu de suite. Contre toute attente, des chenilles, qui semblaient se préparer à passer l'hiver, ont continué à se transformer en chrysalides, et à la fin de décembre ainsi qu'au commencement de janvier, malgré le refroidissement nocturne, des papillons sont éclos le matin, voltigeant le soir activement ; de nouvelles éclosions se sont produites en février, sous le climat d'Alger et de ses environs. Chose plus imprévue, des Maïs semés dans la seconde

séances de l'Académie des sciences, T. C. XXIII, 1896 (n° 20, 16 nov. 1866), p. 842 à 845.

Nouvelles observations sur les Sésamies, Lépidoptères nuisibles aux Maïs, Sorghos, à la Canne à sucre et autres graminées. Les générations automno-hivernales de *Sesamia nonagrioides*, Lefèvre. Comptes rendus, Acad. des Sciences, t. CXXIV, 1897, n° 6 (15 février 1897), p. 373.

Voir aussi l'*Algérie agricole*, n° 196 ; 15 février 1897 et le tirage à part qui renferme des notes ne se trouvant pas dans les mémoires insérés dans les comptes rendus de l'Académie des sciences.

quinzaine d'octobre ont, sans retard, été envahis par les chenilles, non pas par des individus ayant acquis tout leur accroissement et sortis des tiges des grandes Graminées cultivées (Cannes à sucres et Saccharum ægyptiacum) dans le voisinage, qui les abritaient pendant la mauvaise saison, mais par de jeunes sujets à différents âges appartenant à une nouvelle génération ; on ne saurait conserver aucun doute, elles provenaient toutes des œufs déposés en octobre et éclos peu de jours après la ponte.

Les Maïs destinés à être consommés en vert pendant la saison hivernale ont dû être arrachés, car il n'en est pas un qui ne fut taraudé dans toutes ses parties ; mais dans les pieds mis en observation les chenilles se sont transformées en chrysalides au cours du mois de janvier 1897. D'après ces constatations biologiques, il est donc certain que la *Sesamia nonagrioides* a, sur le littoral algérien, des générations qui se succèdent sans interruption. Suivant les conditions climatériques, les essaimages de papillons se répétant et se reproduisant à des intervalles plus ou moins espacés, les pontes se multiplient dans le cours de l'année, sans qu'il soit possible de préciser les époques d'éclosion des œufs et de déterminer par conséquent la durée de l'évolution de chaque génération ; ce n'est donc pas seulement au printemps qui suit la ponte automnale que les générations s'enchevêtrent ; elles s'entre-croisent dès l'automne et en toute saison. Cette multiplication ininterrompue, même pendant la saison hivernale, est à l'appui de l'opinion émise par M. Künckel d'Herculaïs tendant à considérer cette *noctuelle* comme originaire des pays chauds, où elle trouve les conditions de milieu qui lui permettent de se reproduire normalement pendant toute l'année.

La multiplication des Sésamies est d'autant plus facile qu'elles ne s'attaquent pas seulement au Maïs, mais à d'autres graminées utiles : c'est ainsi qu'en Algérie elles s'attaquent aux Cannes à sucre et aux Sorghos.

Les premiers dégâts commis par ces insectes, alors indéterminés, ont été constatés par Hardy, puis précisés en 1875, par M. Ch. Rivière, au Jardin d'Essai du Hamma, près d'Alger, et à la même époque, par ce dernier observateur, dans les cultures entreprises dans la plaine de l'Habra (départ. d'Oran). M. Künckel a constaté en 1888 et 1889 que les Cannes à sucre (variété jaune, rubanée, violette et petite de l'Inde) à Hussein-Dey comme à Boufarik (Domaine de Sidi-Aïd, appartenant à M. Jacotin), où l'on avait tenté de développer la culture de ces graminées, étaient taraudées par ces sortes de larves : les tiges de l'année précédente étaient inertes, arrêtées dans leur développement ou portant les traces d'une désorganisation profonde : les drageons de l'année étaient eux-mêmes attaqués. Les Sésamies se développent encore dans le *Saccharum ægyptiacum*, cultivé çà et là comme plante ornementale ou comme abri, mais, chose plus grave, elles s'attaquent aux *Sorghos*, notamment à ceux que les indigènes cultivent sous le nom de *Bechna* et de *Dra*, dont les cultures sont d'une importance primordiale, leurs graines entrant pour une large part dans l'alimentation des populations kabyles.

Après enquête, il est avéré que dans beaucoup de localités de l'Algérie, les cultures de Sorgho peuvent être parfois assez fortement atteintes. Les chenilles des *Sesamia*, d'après les observations faites à Hussein-Dey et à Fort-de-l'Eau, se logeraient également dans les très jeunes tiges de Bambou, notamment dans celui qui porte le nom de *Bambusa arundinacea*, Retz (*Bambusa macroculmis*, A. Rivière).

L'introduction et l'expansion des Sésamies, dans le bassin de la Méditerranée, d'après les recherches de M. Künckel d'Herculaïs, sont certainement le résultat de l'extension culturale de la Canne à sucre ; en effet les Cannes qui avaient servi à constituer les plantations du domaine de l'Habra et qui furent ravagées en 1875 par les chenilles de Sésamies provenaient de Malaga, où, d'après les renseignements communiqués par M. Rivière, elles étaient également attaquées par les chenilles que nous savons maintenant être celles de ces Noctuelles. On avait donc, à plusieurs reprises, importé d'Espagne en Algérie, non seulement les Cannes à sucre, mais leurs ennemis. Il n'est point douteux que ces Lépidoptères, ainsi que nous l'avons laissé prévoir, ne soient originaires des régions chaudes du globe où la Canne à sucre a été originairement cultivée, et en particulier des territoires que baigne l'Océan Indien ; ces prévisions se sont trouvées vérifiées, car M. Bordage, Directeur du Musée de la Réunion, a constaté (1897-1898) la présence de ces insectes dans les plantations de Cannes de l'île.

Les Sésamies ayant été trouvées également en Tunisie, et,

comme nous l'avons vu, ayant été observées en Algérie et en Espagne, il est à remarquer que le bassin de la Méditerranée a reçu de proche en proche un ennemi qui, abandonnant sa plante de prédilection, s'est jeté, en Espagne comme en Algérie, sur les Maïs, originaires, eux, d'Amérique. Avec la dispersion des végétaux exotiques on a à redouter la dispersion d'ennemis s'attaquant non seulement aux plantes importées, mais à une foule d'autres.

Les constatations biologiques qui ont été faites par M. Künckel d'Herculaïs permettent, d'après lui, de recommander certaines précautions qui paraissent propres dans une certaine mesure à arrêter la multiplication des Sésamies. Les chenilles se logeant dans les tiges et la génération automnale y passant la mauvaise saison, on conçoit combien il importe de faire disparaître avant l'hiver les chaumes du Maïs, aussi bien que ceux du Sorgho, combien il est nécessaire même de sacrifier en pleine végétation les plantes par trop contaminées. Dans certains cas, pour ne pas perdre entièrement les Maïs avariés, avec épis en partie dévorés, on pourra les donner aux porcs ; mais il est préférable de procéder à l'incinération des tiges de Maïs et surtout de celles du Béchna laissées sur pied après la récolte des panicules, suivant la coutume indigène.

Insectes qui s'attaquent aux plantes maraîchères. Les Artichauts qui sont cultivés en Algérie en vue de l'approvisionnement des marchés de la Métropole sont souvent attaqués par une chenille qui ne se contente pas de se loger dans les tiges, mais aussi dans les capitules eux-mêmes qu'elle rend immangeables. Cette chenille donne naissance à un papillon du genre *Gortyna*, très probablement le *Gortyna flavago* ; mais il y a doute sur la validité du rapprochement spécifique.

Il faut enlever et détruire par le feu les Artichauts attaqués.

Les nombreuses espèces du genre *Altise* sont très nuisibles aux cultures légumières : pulvérisations et poudres insecticides.

Mais l'insecte qui occasionne les dégâts les plus sérieux à la culture maraîchère c'est la *Courtilière* (*Gryllotalpa vulgaris* Latr.).

Cet orthoptère dont la multiplication est rapide dévore les racines et coupe le collet des jeunes plantes : en une nuit ses ravages sont considérables. Les jardins maraîchers des environs d'Alger souffrent beaucoup de la présence de cet insecte, à ce point que les jardiniers sont forcés de protéger le collet des plantes repiquées, salades, choux, etc., en l'entourant d'une collerette formée d'un tronçon de roseau coupé longitudinalement ou d'un morceau de métal souple, fer blanc, zinc, plomb, etc.

Pour détruire les courtilières, divers moyens sont indiqués : ils sont tous insuffisants s'ils ne sont pas constamment pratiqués.

Racler la surface du sol pour découvrir les galeries : y verser de l'eau savonneuse, ou des huiles de pétrole, de cade, etc., battues dans de l'eau. L'insecte remonte à la surface pour mourir.

Accumuler du fumier frais dans de petites fosses où l'insecte vient se réfugier : grâce à ce piège, il est possible d'en détruire beaucoup.

On enterre aussi des pots à fleur avec un peu d'huile au fond : dans leurs courses nocturnes les ravageurs tombent dans ce piège.

Ménager les crapauds, grands destructeurs d'insectes.

Les tourteaux de ricin *sulfurés* enfouis dans le sol éloignent les *courtilières* : les chiffons imprégnés de pétrole et de sulfure de carbone agissent de même.

Insectes s'attaquant à la vigne. Parmi les *Coléoptères*, celui qui est essentiellement nuisible à la vigne, c'est l'Altise, l'*Altica ampelophaga*. Guérin-Méneville.

Altise de la Vigne.

Cette espèce vit exclusivement aux dépens de la vigne. A l'état parfait c'est un petit coléoptère d'un bleu ou vert métallique de 4 à 5 millimètres de longueur qui se nourrit des feuilles de la vigne, mais c'est surtout à l'état de larves que le parasite est redoutable. Pour la description des mœurs de l'altise nous renvoyons le lecteur aux publications spéciales. Voir Valéry Mayet : *Les Insectes de la vigne*, librairie Masson, Paris, 1890. H. Lecq : *L'Altise de la vigne*, Alger, 1884. Nous ne nous occuperons ici que des moyens de destruction.

La chasse de l'altise doit commencer *aussitôt après la vendange*, car ce sont les insectes parfaits hivernant dans les vignes ou sur le pourtour qui donnent naissance aux larves dont les dégâts sont si considérables au printemps, lorsque la végétation de la vigne est à son début. Pour ramasser les altises à l'automne on fait disparaître dans la vigne et autour tout ce qui peut servir de refuges d'hiver à l'insecte (touffes d'herbes sèches, broussailles, écorces soulevées, etc.), puis on dispose sur les bords de la vigne des abris artificiels qui forment pièges (poupées en dyss, en feuilles de palmier nain, paillassons de bouteilles, etc., fixés debout sur le sol au moyen d'un piquet). Aux premières pluies et quand le froid se fait sentir, on secoue sur un plat à altises les pièges pour en recueillir les insectes qui s'y sont réfugiés. Les pièges sont ensuite remis en place et visités aussi longtemps que des altises viennent s'y cacher.

Au printemps, la destruction de l'altise doit recommencer activement et être faite assez tôt pour *prévenir les pontes*. On se sert pour cela de l'entonnoir à altise fait en zinc ou formé d'un sac tendu par son bord sur un cercle de tonneau et portant une échancrure permettant d'envelopper le cep. L'entonnoir est muni d'un sac ou récipient dans lequel on recueille les altises tombées dans l'entonnoir.

Si cette destruction des insectes parfaits n'a pas été assez complète au débourrage de la vigne pour n'empêcher que partiellement la ponte de s'effectuer, il faut attendre la première éclosion des larves pour les détruire, car celles-ci ne tarderaient pas à dévorer les feuilles et les jeunes grappes et à causer des dommages considérables. C'est à ce moment que l'altise est le plus à redouter. Cette destruction doit se faire *aussitôt que les larves apparaissent* et quand elles sont encore toutes petites. Deux procédés de destruction peuvent être employés : ramassage des feuilles du bas de la souche portant les larves, ou mieux, saupoudrage abondant au moyen du soufre d'Apt par un beau temps. Quand on ramasse les feuilles il faut opérer de *très bonne heure*, alors que les chenilles n'occupent encore que les feuilles qui se sont développées les premières et n'ont pas encore envahi les grappes et les feuilles supérieures. De même quand on emploie le soufre d'Apt, il faut opérer aussitôt que les œufs sont éclos. On compte en moyenne quatre balles de soufre d'Apt par hectare pour le saupoudrage contre la larve de l'altise et les premiers soufrages contre l'oïdium : autant que possible l'envers des feuilles doit être saupoudré.

Les moyens de défense ci-dessus sont suffisants s'ils ont été employés à temps et le plus souvent les invasions ultérieures, s'il en survient, seront sans grande importance et en tout cas seront loin de causer les dommages que l'on constate lors de l'invasion de printemps, car alors les grappes sont formées et le feuillage est abondant.

Néanmoins certaines années on constate, comme en 1898, une forte invasion de larves en juillet, et si on n'y prend garde les feuilles de la vigne sont détruites en grande partie et le raisin ne mûrit pas ou mûrit mal. Dans ce cas, il faut, comme à l'invasion de printemps, recourir aux saupoudrages au moyen du soufre d'Apt.

Quant aux poudres et aux liquides insecticides dont la composition est le plus souvent tenue secrète, ils doivent être rejetés comme inefficaces ou trop chers. Ils ont du reste un défaut capital, quand ils produisent quelque effet, c'est de ne tuer que les insectes qui ont été *touchés* par la substance employée, et comme la plupart des altises, soit à l'état parfait, soit à l'état de larves, se trouvent cachées par les feuilles elles échappent au traitement.

Il est un procédé plus rationnel, que nous croyons devoir signaler, sans oser cependant le préconiser, en raison des dangers d'empoisonnement qu'il présente, surtout pour des ouvriers aussi peu soucieux des précautions les plus élémentaires que sont les indigènes. Il consiste dans l'emploi non pas d'insecticides n'agissant que par contact et ne tuant que les insectes touchés, mais de substances qui, déposées sur les feuilles, empoisonnent le parasite qui les mange.

Dans un rapport au Ministère de l'agriculture (Bulletin du Ministère de l'agriculture, année 1896, p. 342 et 346), M. Grosjean, Inspecteur général de l'agriculture, préconise pour la destruction des insectes l'emploi du *vert de Scheele* (Arsénite de cuivre) qui, depuis plusieurs années, est en usage aux États-Unis et en Angleterre pour la destruction des insectes phytophages.

Le traitement est combiné avec celui qui est universellement employé contre les affections cryptogamiques ; autrement dit, on mélange le vert de Scheele à la bouillie bordelaise (120 gr. de vert de Scheele en poudre très fine pour un hectolitre de bouillie à 2 % de sulfate de cuivre et 2 % de chaux vive).

L'application ne doit être faite que dans la *première période* de la végétation qui correspond à l'invasion de l'altise à l'état parfait dans les vignes à leur réveil : elle peut n'être faite que sur une partie du vignoble et particulièrement sur les bordures, et en tout cas, avant la formation des grappes aux pédoncules desquelles une certaine quantité de bouillie arsenicale pourrait rester adhérente.

Un viticulteur distingué de la région de Bougie, M. A. Chouillou, nous a déclaré avoir obtenu les meilleurs résultats de ce mode de traitement.

Destruction des altises par les champignons. En 1894, M. Debray, Professeur à l'Ecole des Sciences d'Alger, tenta, dans son vignoble de la Bouzaréah, d'infester artificiellement les altises par un champignon entomophyte, le *Sporotrichum globuliferum* essayé sans résultat pratique contre le *douda* des Arabes (Rhyzotrogue) par M. Trabut, qui s'est fait le propagandiste de cette dernière méthode de destruction de l'altise [1].

En cette circonstance, c'était reprendre purement et simplement les procédés impraticables de M. Le Moult.

En attendant que l'expérience démontre l'efficacité des moyens de défense basés sur la propagation des champignons parasites, moyens qui, il faut le reconnaître, se sont montrés insuffisants pour la lutte contre les sauterelles en Algérie, et contre le hanneton en France, les viticulteurs agiront prudemment en s'en tenant pour le moment aux procédés ordinaires de défense, moins savants sans doute mais plus efficaces. C'est pour avoir été trop exclusifs et avoir trop compté sur le champignon parasite que certains vignerons de la Mitidja ont été beaucoup plus éprouvés par l'altise en 1898 que leurs voisins partisans de l'entonnoir et du soufre d'Apt.

L'Altise de la vigne compte un parasite des plus intéressants sur lequel il convient d'appeler l'attention.

Au mois de juillet 1890, M. Ch. Langlois, expert-chimiste à Alger, nourrissant des larves de l'Altise de la vigne pour se

1. Voir dans la *Revue de Viticulture*, Destruction de l'altise de la vigne par le Dr Trabut, nº 222, année 1898, et Champignon des altises, nº 227, par F. Debray, même année.

livrer à des expériences sur l'action destructive de divers agents chimiques, constata dans le corps de ses pensionnaires l'existence de larves parasites : c'étaient de minuscules Hyménoptères. Dans une lettre adressée à M. le Gouverneur général de l'Algérie (6 août 1890) M. Ch. Langlois fit connaître ses premières observations, dans le but d'appeler l'attention des propriétaires sur ces insectes qui pourraient peut-être jouer un rôle utile dans la protection du vignoble algérien.

Les auteurs qui ont écrit des traités généraux sur les Insectes nuisibles et leurs ennemis, aussi bien que ceux qui se sont attachés à décrire plus particulièrement les mœurs des Altises de la vigne, Dunal (1835), Audouin (1842), Valéry Mayet (1890) ne font aucune mention d'un *Hyménoptère* parasite des Altises. D'après les observations faites jusqu'ici, on croyait que les Perilitus n'attaquaient que les Coléoptères adultes, les études de MM. J. Künckel d'Herculaïs et Ch. Langlois vinrent modifier les idées reçues en démontrant qu'ils pouvaient aussi bien s'en prendre aux larves qu'aux adultes des *Altica ampelophaga*, Guérin. Le parasite en question est le *Perilitus brevicollis*, Haliday.

Aux environs d'Alger, en juin 1890, à l'approche de la métamorphose, un grand nombre de larves de l'Altise de la vigne présentèrent des caractères particuliers. Incapables de se mouvoir ou tout au moins de resserrer leurs anneaux et de replier leurs pattes pour se préparer à subir leur transformation en nymphe, elles étaient somnolentes et restaient allongées sur le sol sans pouvoir s'enterrer comme leurs vaillantes compagnes. Les larves maladives furent cantonnées, examinées et bientôt s'échappèrent de leurs corps par l'extrémité anale, très rarement par d'autres endroits, de petits vers blanc jaunâtre, s'agitant vivement au milieu des débris de feuilles, mais ils ne tardèrent pas à filer de petits cocons blancs d'une régularité parfaite. Quant aux larves nourricières, elles se dépriment en gouttières, se ramassent sur elles-mêmes et meurent bientôt après, ayant l'aspect d'une dépouille flasque.

Si les larves des *Microgaster* vivent en compagnie dans le corps des chenilles, par contre les *Perilitus*, tout au moins les *Perilitus brevicollis* habitent isolément dans les larves d'Altises, mais, en 1890, il n'y avait pour ainsi dire pas une d'entre elles qui ne fût contaminée. On conçoit, d'après cela, quel est le concours précieux que ce parasite donnerait aux viticulteurs, s'ils tenaient à leur portée et en abondance les larves de l'*Altica ampelophaga* : les femelles peuvent, sans effort de recherches, déposer tous leurs œufs et mettre ainsi en sûreté leur nombreuse progéniture.

A chacun de s'assurer s'il possède dans ses vignes ce précieux auxiliaire ; mais il ne faudrait pas se laisser aller à la quiétude parfaite, et supposer que le parasitisme peut jouer un rôle tel qu'il dispense de toute intervention. S'il est indubitable qu'il a rendu des services signalés en 1890, il n'en a pas été de même en 1891 : par un caprice de la nature jusqu'à présent inexpliqué, les *Perilitus* avaient complètement disparu, à tel point qu'il a été impossible d'en trouver quelques exemplaires pour continuer les travaux entrepris par MM. Künckel et Langlois.

Une punaise d'un beau bleu métallique *Zicrona cœrulea* détruit une grande quantité d'altises soit à l'état parfait, soit à l'état de larve. Lorsque leur nombre s'accroît, surtout à la deuxième génération de l'altise, elle devient en certaines années un précieux auxiliaire du vigneron qui doit la ménager. Cette punaise hiverne dans les mêmes abris que l'altise. Elle a été signalée, il y a quelque vingt-cinq ans, par M. de Franclieu, à El-Biar.

*
* *

Un charançon du genre *Otiorhynchus* a été signalé à diverses reprises en Algérie, notamment en 1885[1], comme très préjudiciable à la vigne dont il coupe les bourgeons tout en s'attaquant aux feuilles ; il cause ses ravages pendant la nuit, ce qui rend difficile sa découverte, d'autant mieux qu'il s'abrite pendant le jour à une certaine profondeur dans la terre. D'après M. Künckel d'Herculaïs, cet insecte est l'*Otiorhyncus raucus*, de Marseul.

Bien que nous ne connaissions pas dans leur ensemble les mœurs de ce charançon, ce que nous savons des habitudes des insectes adultes laisse supposer qu'elles sont analogues à celle des espèces congénères.

M. de Vergnette-Lamothe a constaté que le sulfure de carbone est un poison efficace contre les larves d'*Otiorhynques* et même

1. Voir *Algérie agricole*, 1885. Rapport au Préfet d'Alger par M. Lecq.

contre les insectes parfaits enterrés. A l'exemple de M. André (*Les Parasites de la vigne*) et de M. Valéry Mayet (*Les Insectes de la vigne*), nous conseillerons en cas de besoin les injections de sulfure de carbone au pied des ceps : ces injections devront être pratiquées le matin de préférence avec le pal injecteur. L'expérience étant faite nous nous en tiendrons à ce procédé de destruction, ainsi s'exprime M. Valéry Mayet en terminant le chapitre consacré aux charançons coupe-bourgeons.

La vigne compte parmi les *Lépidoptères* un grand nombre d'ennemis, mais ce sont des ennemis qui ne s'attaquent pas directement à elle ; ce sont des Noctuelles dont les chenilles vivent en général de plantes basses, n'ayant pas de prédilection absolue pour celle-ci plutôt que pour celle-là et se jetant sur les vignes parce qu'on a supprimé par des façons répétées les végétaux dont elles font ordinairement leur nourriture. Voici la liste des *Agrotis* dont les chenilles sont signalées comme pouvant devenir ampélophages, *Agrotis* qui appartiennent tous au bassin de la Méditerranée : *Agrotis tritici*, Linné, et sa variété *aquilina* ; A. *obelisca*, Hubner ; *A. obesa*, Boisduval ; *A. crassa,* Hubner ; *A. segetum*, Schiffermiller ; *A. exclamationis*, Linné ; *A. pronuba*, Linné. A cette liste il faut joindre les *A. saucia*, Hubner ; et *comes*, Hubner. M. Künckel a observé des chenilles nuisibles sur la vigne aux environs d'Alger : les *A. comes*, *saucia* et surtout l'*A. pronuba*.

Il est encore une *Noctuelle* dont les ravages ont été signalés pour la première fois en Algérie par M. Bauguil, professeur départemental d'agriculture à Constantine, c'est la *Laphygma exigua* , Hubner (famille Afamides de Guénée) désignée également sous le nom de *Caradrina exigua*, Hubner.

Toutes les chenilles de ces Noctuelles ont des habitudes nocturnes : retirées pendant le jour sous les mottes de terre au pied des ceps ou dans leur voisinage, elles ne sortent que la nuit pour manger ; c'est donc dans les premières heures de la soirée qu'il faudra les recueillir si l'on veut opérer leur ramassage à l'aide du plat à altises en battant les feuilles ; ce qui ne se fera pas sans donner quelques peines, puisqu'il s'agit d'une chasse à la lanterne. D'après M. Künckel, étant donné que les chenilles de Noctuelles ne se jettent sur la vigne qu'à défaut d'autre nourriture, il y aurait intérêt et profit à ménager autour des vignobles ou dans les chemins d'accès des vignes, des espaces où on laisserait les plantes spontanées pousser librement, que la charrue respecterait ou qu'elle ne détruirait que lors de la dernière façon.

La vigne compte des ennemis parmi les *Hémiptères*; le plus répandu est la Cochenille de la vigne (*Dactylopius vitis*) très connue en France et dans presque tous les pays où l'on fait de la viticulture.

Elle se trouve quelquefois en assez grande quantité dans les grappes de raisins qu'elle souille de ses déjections blanchâtres et gluantes : souvent les organes verts de la vigne sont recouverts de fumagine. Pour détruire cet insecte il faut pendant l'hiver badigeonner les ceps au sulfate de fer comme si l'on voulait traiter la vigne contre l'anthracnose. On procède de même pour une autre cochenille, le *Pulvinaria vitis*.

Mais il est une autre Cochenille qui vit sur la vigne, et sur laquelle nous croyons intéressant d'appeler l'attention ; nous voulons parler de celle qui a été trouvée sur des racines et qui n'est autre que le *Rhizœcus falcifer*, Künckel.

Cette Cochenille qui, originairement, a été trouvée en 1878 par M. Künckel dans les serres du Muséum, d'abord sur les racines de certains Palmiers (Seaforthia, Ptychosperma), à l'engainement des feuilles de Phormium, puis en 1883 a été rencontrée à l'état libre sur les radicelles de certains ceps de vigne. Voici dans quelles circonstances : M. Frédéric Saliba, alors expert du service phylloxérique dans le département d'Alger, ayant été appelé en 1891 à déterminer, dans certains vignobles, les causes du dépérissement de ceps appartenant à la variété Petit-Bouschet, dépérissement qui rappelait celui causé par le Phylloxéra, constata la présence sur les racines « d'un petit articulé tout blanc » ressemblant fort à un petit cloporte... ne correspondant à aucun type d'ampélophage... mais dont les colonies, très nombreuses sur les radicelles, déterminaient l'affaiblissement des ceps. M. F. Saliba soumit cet ennemi des vignes à l'examen de M. Künckel qui reconnut son *Rhizœcus falcifer*. Cette détermination faite, les observateurs se transportèrent à Boufarik dans les vignes contaminées, et recueillirent sur les radicelles des ceps non seulement de Petit-Bouschet, mais de différents cépages tels que le Mourvèdre, l'Aramon, l'Alicante, l'Œillade en voie de dépérissement, des œufs de jeunes individus et de grosses femelles de *Rhizœcus*.

En 1891, comme en 1878 et 1888, il n'a été trouvé que des femelles ; les grosses femelles ont au moins 2 millimètres de longueur sur 154 millièmes de largeur, les œufs ellipsoïdes réguliers, mesurent environ, suivant leur grand axe, 319 millièmes et suivant leur petit axe 154 millièmes ; les jeunes à la naissance ont 385 millièmes de longueur et 132 de largeur. Les jeunes comme les adultes sont reconnaissables à une particularité qui leur a valu leur nom. Appartenant au groupe des *Dactylopites*, d'après l'ensemble de leurs caractères, ils se couvrent d'une matière cireuse blanche, qui s'allonge en filaments comme dans les *Dactylopius vitis*, mais ils se distinguent entre toutes les cochenilles de ce groupe par la présence sur le cinquième et dernier article des antennes de quatre poils en forme de faucilles, trois du côté externe et un du côté interne, d'où le nom de *falcifer* qui leur a été donné. Les *Rhyzœcus falcifer* se rencontrent sous deux formes, l'une hypogée aveugle se reproduisant par parthénogèse, l'autre aérienne, pourvue d'yeux bien développés ; à cette forme aérienne oculée des femelles doit correspondre une forme mâle aérienne possédant également des yeux, mais elle est inconnue.

Le Rhizœcus détermine sur les radicelles la production de renflements analogues à ceux produits par le *Phylloxéra*. Détail important à noter, le *Dactylopius vitis*, Viedelsky, s'il se rencontre pendant l'hiver sous les écorces de la souche, ne se trouve en aucune saison sur les radicelles, alors que le *Rhyzœcus falcifer*, Künckel, est un hôte souterrain qui suce la sève des racines profondes les plus délicates et élit également domicile sur les grosses racines au voisinage de la surface.

Le *Rhyzœcus*, vivant suivant les milieux sur les racines des plantes de genre différents, il est difficile de savoir quelle est la plante type sur laquelle il se développait primitivement ; est-il originaire du bassin de la Méditerranée, ou de l'Afrique ? Y a-t-il été importé, et là, trouvant des conditions favorables, a-t-il élu domicile sur la vigne ? Ce sont autant de questions que l'on peut se poser sans qu'il soit possible d'y répondre. L'étude des conditions d'existence de cette Cochenille est toute entière à faire ; l'observation de ses mœurs et de son développement réserve certainement des surprises ; ces études et observations devraient tenter les investigateurs.

Un petit acarien, le *Phytoptus vitis*, provoque sur les feuilles de la vigne des boursouflures ou galles dont les creux, qui correspondent à la page inférieure de la feuille, sont ponctués de poils blanchâtres que l'on confond parfois avec les efflorescences du mildew. Cet accident s'appelle l'Erineum ou érinose.

Les dommages causés par le *Phytoptus vitis* sont le plus souvent insignifiants : il suffit de soufrer pour arrêter le mal.

Anguillule. Un ver nématoïde envahit parfois la vigne sur les racines de laquelle il provoque la formation de renflements oblongs, charnus et de forme irrégulière, analogues à ceux que l'on trouve sur les racines phylloxérées. Ce ver détruit le chevelu des racines, et les souches atteintes ont l'aspect de celles qui sont infestées par le phylloxéra : souches poussant en têtes de choux, portant des rameaux rabougris et formant taches qui s'élargissent d'année en année à la façon de la tache d'huile sur le papier. Pour détruire l'*Anguillule* on a proposé l'emploi des injections souterraines de sulfure de carbone. La présence de ce parasite a été constatée sur divers points de l'Algérie et particulièrement dans plusieurs communes du Sahel d'Alger.

Insectes s'attaquant aux arbres des vergers. Les Oliviers comptent beaucoup d'ennemis, s'attaquant aux troncs, aux feuilles aussi bien qu'aux fruits.

Il est un Coléoptère, le *Scolyte* de l'Olivier (*Phlœotribus oleæ*) qui s'en prend aux branches, établissant particulièrement ses galeries dans les fourches des rameaux, galeries qu'il creuse entre l'écorce et l'aubier ; il affectionne les rejets qui se développent après le recépage ; non content d'épuiser la sève de l'arbre par lui-même, il détermine, à l'orifice des trous qu'il creuse, la production de gomme. L'apparition de cette gomme et la rupture des rameaux par le vent indiquent la présence de l'ennemi. Il est des plus nuisibles, d'autant mieux qu'il est impossible de s'en débarrasser ; on le connaît généralement sous le nom de *Néiroun*. Un autre Scolytide, l'*Hylésine* de l'Olivier (*Hylesinus oleiperda*) établit ses galeries dans les branches, surtout dans celle des Oliviers dépérissants. On peut atténuer ses ravages en ayant soin de supprimer au printemps toutes les branches portant des taches qui décèlent l'existence de l'insecte, en ayant soin aussi de les brûler immédiatement ; arrosage et fumure, en rendant la vigueur aux arbres, sont de bonnes précautions pour éloigner le ravageur.

Un autre Coléoptère du groupe des *Cantharidides*, qui est fort commun en Algérie, se jette souvent par essaim sur les Oliviers ; nous voulons parler du *Mylabris oleæ* qui, d'une coloration générale noire, a les élytres coupées de bandes rouge vif passant au jaune par la dessiccation. M. le professeur Vermeil a eu occasion d'observer, dans les environs de Relizane et de Saïda, ces insectes qui, au mois de mai, étaient si nombreux sur les Oliviers que ceux-ci avaient perdu plus de la moitié de leurs feuilles. Comme ces insectes ont une valeur marchande et peuvent être employés comme succédanés de la Cantharide, nous conseillerons de les recueillir la nuit ou tout au moins avant le lever du soleil en secouant les branches sur des draps : mis en sac et passés au four, ils seront propres à la vente.

Sur l'envers des feuilles, le long de la nervure principale, s'installe une cochenille (*Lecanium oleæ*) connue sous le nom vulgaire de *Pou* de l'Olivier ; elle constitue, grâce à la rapidité de sa multiplication, des colonies si nombreuses qu'elles ne tardent pas à sucer jusqu'à épuisement la sève des arbres les plus robustes.

Une cochenille, *Guerina serratulæ*, Fab., commune dans le midi de la France sur les écorces de grands arbres, *Caroubiers*, *Figuiers*, *Acacias*, etc., a été signalée dans ces dernières années par M. Bauguil, professeur d'agriculture à Constantine, sur des Oliviers où elle avait pris un grand développement, dans la plaine de la Seybouse notamment.

L'insecte qui cause peut-être le plus grand préjudice à l'Olivier, parce qu'il en diminue parfois très sensiblement le rendement, est ce petit moucheron (*Kéiroun*), dont la taille atteint à peine 4 millimètres et dont la larve se développe dans les olives. La femelle du *Dacus oleæ* pond un œuf dans chaque fruit, que la larve perfore de galeries tortueuses ; lorsqu'elle a atteint toute sa taille, elle se laisse choir sur le sol, où elle se cache pour subir sa métamorphose. Pour atténuer les dégâts considérables qu'elle cause, il semble qu'il n'y ait qu'un seul remède qui consiste à faire la part du feu pour sauver les récoltes de l'avenir : il consiste à faire la récolte des olives avant la maturité et à les broyer pour détruire le plus grand nombre possible de larves et arrêter ainsi la multiplication de l'insecte.

Une teigne (*Tinea oleœlla*) est doublement nuisible à l'Olivier ; les femelles au printemps déposent leurs œufs sur les fleurs ; la jeune chenille dévore d'abord les organes floraux, puis pénètre dans les olives en formation pour se nourrir de leur pulpe ; lorsqu'elle a atteint toute sa taille, elle se laisse tomber à terre pour y subir ses métamorphoses ; les papillons éclosent bientôt après et cette fois iront pondre sur les feuilles, alors c'est leur parenchyme qui leur servira d'aliment.

Les loupes de l'Olivier, souvent du volume d'un œuf de poule, sont des tumeurs ligneuses qui ne sont pas dues à l'action d'un insecte, elles sont provoquées par le *Bacillus oleæ*. Mais les petits mamelons verruqueux du bois du Caroubier sont l'indice des galeries creusées par la larve du *Cossus ligniperda*. Les émanations de benzine ou de sulfure de carbone dans les galeries tuent les larves : ce moyen efficace est malheureusement peu pratique.

* * *

Les Orangers et les Citronniers sont principalement la proie des Cochenilles.

Le *Pou* de l'Oranger ou *Lecanium hesperidum* choisit comme lieu d'élection les feuilles à la face inférieure desquelles il s'installe le long des nervures, ce qui ne l'empêche pas de se fixer sur les pétioles et les petites branches encore vertes ; mesurant de 2 à 4 millimètres, il est bien reconnaissable à sa forme aplatie, ovalaire, à son abdomen pourvu d'une fente à l'extrémité, à sa couleur jaunâtre, ou plus ou moins brune. La taille des rameaux est le seul remède pour diminuer dans les orangeries le nombre des ravageurs.

Une autre espèce, le *Dactylopius citri*, est bien plus redoutable que la précédente ; d'un brun clair rougeâtre, lorsqu'elle est débarrassée de la pulvérulence cireuse blanche qui la recouvre, elle est reconnaissable aux 17 appendices d'aspect cotonneux qu'elle porte sur les côtés. Elle s'installe aussi bien sur les branches, les feuilles, que sur les fruits qu'elle recouvre de sa sécrétion cotonneuse ; elle peut anéantir, certaines années, jusqu'aux trois quarts de la récolte.

Ces deux Cochenilles, en couvrant les feuilles de leurs déjections de nature sucrée, favorisent le développement d'une maladie cryptogamique, la Fumagine ou Morphée, qui a pour conséquence de couvrir les Orangers comme les Citronniers d'une sorte de poussière noire qui les fait paraître couverts de suie ; cette poussière n'est en réalité que l'agglomération d'un champignon, d'une *Mucédinée* noire, nommée *Fumago* ou *Morfea citri.* Ces parasites non contents d'épuiser les arbres en en suçant la sève, en déterminant le développement de la Fumagine qui recouvre les tissus des feuilles et anéantit leurs fonctions physiologiques, sont les plus grands ennemis des Orangers et des Citronniers. Si l'on peut soigner les arbres en les soumettant à des lavages ou à des pulvérisations d'un liquide composé d'huile lourde saponifiée dissoute dans une grande quantité d'eau, ou de pétrole (6 kil.,) de carbonate (5 kil.) émulsionnés dans 100 litres d'eau, ce qui exige un grand déploiement de main-d'œuvre et des traitements répétés, on est réduit la plupart du temps, lorsque la maladie s'est développée outre mesure, à rabattre les arbres, pour les forcer à produire des pousses nouvelles ; inutile de dire qu'il faut détruire avec soin par le feu toutes les branches supprimées et badigeonner les troncs d'insecticide ou de chaux.

Il arrive souvent que les Orangers, les Citronniers, les Jujubiers sont couverts, rameaux, feuilles et fruits, de petites taches noires ovalaires ; ces taches ne sont autres que des Cochenilles, du groupe des Diafides. Cette espèce a reçu le nom de *Parlatoria zizyphi*, Lucas. Par un caprice singulier de la mode, les oranges, notamment les mandarines, ainsi pointillées de noir, mais sans exagération, sont plus appréciées que les autres dans le commerce.

Les oranges, surtout celles qu'on laisse mûrir sur l'arbre, sont souvent la proie des larves de *Diptères* qui se développent dans la pulpe et qui hâtent la chute et la décomposition des fruits ; ces larves de Mouches (*Ceratitis hispanica*) causent souvent de grands dommages, que l'on ne peut guère atténuer qu'en récoltant toutes les oranges abandonnées sur le sol au pied des arbres et en les détruisant.

Insectes s'attaquant aux arbres forestiers. Parmi les insectes qui s'attaquent aux arbres des forêts de l'Algérie, il en est un susceptible de causer les plus grands dommages à l'arbre le plus précieux de l'Algérie, le Chêne-liège; c'est le *Liparis dispar*. Les chenilles de ce *Lépidoptère* sont quelquefois si nombreuses qu'elles dépouillent des forêts entières de toutes leurs frondaisons ; les arbres ainsi dépouillés ont leur végétation arrêtée, si bien que les couches corticales qui doivent normalement se produire chaque année ont leur développement arrêté ; la couche de liège est alors si mince, que l'exploitation doit subir un temps d'arrêt ; le démasclage doit être retardé d'une année, et tout le roulement de l'aménagement d'une forêt se trouve ainsi bouleversé. Rien de plus extraordinaire que l'aspect des Chênes-liège qui sont la proie des envahisseurs, troncs, branches maîtresses, branches secondaires, rameaux, ramilles sont couverts de ces pontes cotonneuses jaune brunâtre qui habillent l'arbre entier d'une sorte de revêtement de petites plaques de feutre. Le papillon est bien connu de toute l'Europe, car la chenille est polyphage et se trouve sur une foule d'arbres des forêts et des vergers ; le mâle et la femelle ont un aspect si différent qu'il étonne ; le mâle est très alerte, a les ailes d'un gris brunâtre, les antérieures traversées de bandes en zigzag étroites et noires, les inférieures uniformément blanchâtres ; les femelles lourdes et paresseuses ont les ailes d'un blanc sale, les antérieures à bandes noires en zigzag ; l'abdomen se termine par un bourrelet de poils que la femelle détache pour dissimuler ses œufs et constituer ces plaques ovigères caractéristiques dont nous avons parlé.

Le raclage de ces plaques ovigères opéré pendant l'hiver paraît être jusqu'à présent le procédé le plus sûr pour diminuer la multiplication des *Liparis* dans les forêts de Chênes-liège.

Les forêts de pins sont dévastées par périodes par une chenille processionnaire, *Bombyx pityocampa*, de Fabricius, qui dévore la nuit bourgeons et feuilles : en Algérie, elle attaque les pins d'Halep, maritime, des Canaries, à longues feuilles, etc... Elle construit sur leurs branches des nids ou sortes de grosses bourses formées d'une soie blanchâtre. Quand les chenilles quittent leurs nids, elles vont en file : quelquefois elles se ramassent en plaque. A ce moment on peut les anéantir par l'écrasement ou avec des insecticides puissants.

La destruction des nids est assez délicate, soit par l'échenillage, soit par le feu : ce dernier moyen est dangereux.

Les nids et les poussières qui s'en dégagent causent une inflammation assez vive à la face, aux yeux et aux mains : il faut la combattre par des lotions acidulées.

Un champignon entomophyte détruit parfois les chenilles (*Cordyceps militaris*).

Ce parasite, parfois très abondant, a été également observé au Jardin d'Essai d'Alger, il y a environ 25 ans dans des pins des Canaries[1].

Insectes qui attaquent les graines et les tubercules en magasin. — Les *Charançons* attaquent le blé dans les greniers, les pois, les fèves, les lentilles, etc...

Pour mettre ces graines à l'abri de ce parasite, il faut les pelleter fréquemment ou les conserver en silos.

Voici le procédé le plus simple pour détruire les *Charançons* : les grains atteints sont mis dans un fût que l'on remplit incomplètement : on y verse 250 grammes de sulfure de carbone pour 1.000 kilogr. de grains, on bouche et on roule le fût. On laisse en place pendant quelques heures, puis on retire le grain pour l'aérer.

Pendant ces manipulations, éviter l'approche du feu et de la cigarette du sulfure de carbone.

Une *Scolytide* désorganise les dattes conservées ainsi que d'autres fruits de Palmiers : c'est le *Coccotrypes dactyliperda* qui avait été trouvé par Lucas à La Calle dans les fruits du Palmier nain. Cet insecte s'introduit dans le fruit au moment de sa formation et s'installe dans le noyau où il subit toutes ses transformations. M. Rivière l'a observé en 1895 à Alger sur différents Palmiers : *Phœnix canariensis* et *Ph. cycadæfolia*.

Parmi les causes qui rendent difficile en Algérie la conserva-

1. Observations de MM. Maupas et Rivière.

tion de la pomme de terre d'une année à l'autre, il faut signaler une *Teigne* qui, dans certains cas, altère l'intérieur des tubercules en magasin et provoque une putréfaction rapide. Cet insecte est le *Bryotropha solanella* (*Lita*) observé en 1872 au Jardin d'Essai. Détruire ces tubercules en les enfouissant profondément.

*
* *

La culture maraîchère et l'horticulture souffrent particulièrement des attaques perpétuelles de certains insectes dont l'extension est souvent rapide, suivant la météorologie de l'année : les *fourmis*, mais notamment les nombreuses espèces des *pucerons*, sont des ennemis redoutables.

Les *fourmis* recherchent avec avidité le liquide sucré sécrété par les pucerons : aussi les voit-on sur les arbres et sur les plantes sur lesquels vivent ces parasites. Les fourmis sont capables de fonder des colonies de pucerons et de transporter ces insectes sur les arbres à leur portée.

On connaît les ravages causés par ces insectes aux jeunes semis.

Pour détruire les fourmis des jardins on arrose leurs nids d'eau bouillante, on protège les arbres en les entourant d'un collier de laine imbibé d'huile de cade ou de pétrole.

Une soucoupe d'eau sucrée additionnée d'arséniate de soude est un breuvage fatal pour les fourmis, mais ce liquide dangereux doit être recouvert d'un grillage, à cause des animaux domestiques. Ce procédé s'emploie plutôt pour les magasins, greniers et appartements.

On désigne généralement sous le nom de pucerons de nombreuses espèces qui appartiennent aux genres *Aphis*, *Coccus*, *Aspidiotus*, etc., etc. ; nous les avons indiquées en traitant certaines grandes cultures, mais le genre *Aphis* s'attaque plus spécialement à nos plantes horticoles, maraîchères et fruitières. Ainsi les cultures de haricots verts sont souvent envahies, au point d'en périr, par des pucerons et, dans certaines localités, le *puceron lanigère* rend impossible la multiplication du pommier.

Les pulvérisations insecticides, si elles sont répétées, détruisent assez facilement ces parasites.

Un des meilleurs liquides est l'eau additionnée de jus de tabac dont les doses varient avec la nature de l'insecte.

On peut aussi se servir du grésyl, du lysol, etc., et de tous les dérivés de même nature. L'insecticide Fichet, bien connu en horticulture, est une excellente préparation.

Les *Escargots* et les *Limaces* sont préjudiciables aux jeunes plantes et à la végétation nouvelle. On se protège contre ces mollusques en épandant par un temps sec de la poudre de chaux vive ou du sel. Cet épandage se fait sur la plante même, suivant sa nature, ou tout autour pour empêcher l'approche de ces mollusques qui souffrent réellement au contact de la chaux ou du sel.

Les Sauterelles.

HISTOIRE NATURELLE ET MOYENS DE DÉFENSE

L'Afrique du Nord est envahie, par périodes plus ou moins régulières, par deux espèces de sauterelles, le *Criquet pèlerin* et le *Stauronote marocain* qui, pendant plusieurs années successives, causent de grands dommages aux cultures et à la végétation spontanée.

Pendant longtemps on ne reconnaissait qu'une seule espèce de sauterelles, les criquets pèlerins qui envahissent l'Algérie en l'abordant par sa frontière saharienne. Mais, à côté de cette espèce *erratique* on en distingua une autre, celle-là autochtone, le *Stauronote marocain* qui, d'après M. Künckel d'Herculaïs, vit et se multiplie sur les Hauts Plateaux et dont les hordes serrées débordent certaines années dans la région tellienne.

Lorsque nos postes de l'Extrême-Sud annoncent, en novembre et décembre, la présence des sauterelles dans les régions reculées du Sahara, lorsque les caravanes apportent la nouvelle que des vols se montrent dans le Touat et le Gourara, il faut s'attendre là une invasion de *criquets pèlerins*. Pendant l'hiver, à moins qu la température ne soit absolument clémente, c'est-à-dire jusqu'au mois de mars, ces vols ne franchissent pas le grand Atlas, limite sud des Hauts Plateaux : mais bientôt ils s'engagent dans les défilés, traversent les cols pour envahir progressivement les

Hauts Plateaux et atteindre enfin, en avril-mai, le littoral. Telle est à grands traits la marche de ces *grands migrateurs* : les Criquets pèlerins.

Tout autres sont les agissements du *Stauronote marocain* : c'est en juin et surtout en juillet et août que leurs vols errent sur les Hauts Plateaux : ce n'est qu'accidentellement qu'ils remontent sur le versant méridional du grand Atlas, mais quelquefois, à des intervalles relativement rares heureusement, ils font une irruption momentanée sur le littoral. Les Stauronotes peuvent être considérés comme de *petits migrateurs*.

Naguère, ainsi qu'il est dit plus haut, on n'admettait en Algérie qu'une seule espèce de sauterelles, le *Djerad-el-Arbi*, le criquet pèlerin qui venait du Sahara, y faisait souche, mais ne tardait pas, dans les régions plus septentrionales, à dégénérer : au dire des indigènes, il perdait de sa taille et de sa fécondité. La grappe d'œufs déposée par chaque femelle contenait un plus petit nombre de germes, mais ces œufs pouvaient supporter les rigueurs de l'hiver. Ce *Djerad-el-Arbi* dégénéré avait reçu le nom de *Djerad-el-Adami*, de ce fait que les œufs, à la différence de ceux du *Djerad-el-Arbi*, mettaient neuf mois à éclore. De toute façon on admettait que les femelles du *Djerad-el-Arbi* et du *Djerad-el-Adami* n'effectuaient qu'une ponte et mouraient ensuite. Une étude plus approfondie de la question fit reconnaître la fausseté de ces théories par trop transformistes. On parvint à établir que le *Djerad-el-Arbi* ne dégénérait pas, ne perdait jamais sa fécondité et que ses œufs ne passaient jamais l'hiver avant d'éclore. On dut reconnaître en outre que le *Djerad-el-Adami* était une espèce différente : le *Stauronote marocain* dont les pontes peuvent sans s'altérer supporter les rigueurs de l'hiver des Hauts Plateaux et éclore au printemps.

Les *Criquets pèlerins*, comme les *Stauronotes marocains*, s'accouplent et effectuent, non pas une ponte, mais plusieurs. Les *Djerad-el-Arbi* ont normalement leurs pontes échelonnées du mois de mars au mois de juin du Sahara à la mer, déposant leurs œufs aussi bien dans le sable du désert, dans les lits des oueds et les terres légères des Hauts Plateaux, que dans les lits des rivières, les terres labourées, ou les dunes du littoral. Les *Djerad-el-Adami* affectionnent au contraire pour pondre les terrains secs et arides, les côtes rocheuses exposées généralement au levant et au midi.

Chaque femelle de criquet pèlerin confiait au sol, disait-on, une grappe unique ne contenant jamais plus de 90 œufs. Elle peut en réalité, tous les 12, 15 ou 18 jours, lui confier une série de grappes contenant de 50 à 80 œufs, en moyenne 70, c'est-à-dire normalement pondre 500 à 900 œufs et même davantage.

Chaque femelle de Stauronote, affirmait-on, déposait en terre une petite masse ovigère, contenant une trentaine d'œufs : elle en pond réellement toutes les semaines un certain nombre contenant chacune de 25 à 30 œufs : normalement elle produit 200 œufs.

Ainsi s'explique l'extraordinaire pullulation de ces parasites des végétaux.

Caractères des deux espèces. Le Criquet pèlerin, *Acridium peregrinum* Olivier, ou *Schistocerca peregrina* Olivier, est un orthoptère de grande taille, mesurant de 7 à 8 centimètres de longueur, les ailes repliées, et ayant 11 à 12 centimètres d'envergure, les ailes étendues : le mâle est plus petit que la femelle. Parvenu à l'âge où il est susceptible de se reproduire, il se fait remarquer par sa belle teinte jaune qui fait le fond de sa coloration ; chez le mâle cette teinte est d'un jaune citron très vif ; chez les femelles elle est moins vive et le dessous du thorax ainsi que l'abdomen prennent une teinte grisâtre ardoisée. Dans les deux sexes les ailes supérieures sont parsemées de bandes et de taches noires disposées plus ou moins régulièrement : les ailes supérieures sont jaunes, d'une coloration plus intense à la base qu'au bord. Particularité à noter : le prothorax porte à sa région sternale une pointe mousse caractéristique. Les mâles sont silencieux et ne peuvent produire aucune stridulation. La femelle a la faculté d'allonger son abdomen de 3 centimètres et de le transformer en un instrument rigide qui peut pénétrer dans le sol à la façon d'un plantoir. La pénétration du sol est facilitée par le jeu des pièces solides qui terminent l'abdomen et qui maintiennent les parcelles de terre au moment de la ponte. Le trou foré, la femelle secrète une matière qui agglutine les parcelles de terre le long de la paroi et pond en même temps qu'elle rétracte son abdomen : en fin de compte elle dépose au fond du trou de ponte qui a une profondeur de 6 à 8 centimètres une grappe d'œufs disposés en épi irrégulier de 3 à 3 cent. 1/2 de longueur ; elle achève de le remplir avec la matière agglutinante qui forme alors un bouchon blanc spumeux, d'une extrême légèreté. Les œufs, d'abord d'un beau jaune d'or, deviennent bientôt gris rosé : chaque épi en compte de 50 à 80 et même 85.

Le Stauronote marocain. Stauronotus marocanus Thunberg, est un orthoptère de taille moyenne mesurant 3 cent. 1/2 à 4 cent. de longueur, les ailes repliées et ayant 6 à 7 cent. d'envergure, les ailes étendues. Il est d'une teinte générale bistre relevée de jaune, la tête et le thorax sont ornés de bandes noires qui se détachent sur le fond jaune et constituent des dessins réguliers cruciformes (croix de Saint-André) : particularité caractéristique, les tibias des pattes postérieures sont d'une teinte rose carminée. La femelle ne diffère du mâle que par sa taille plus ou moins grande. Les ailes supérieures, d'un ton généralement bistre, sont parsemées de taches brunes disposées plus ou moins régulièrement. Le prothorax n'a pas de pointe sternale. A l'encontre des criquets pèlerins, les mâles sont fort bruyants et font entendre jour et nuit de vives stridulations. La femelle, usant du même procédé que la femelle du criquet pèlerin pour creuser son trou de ponte, en consolide les parois en agglutinant les parcelles de terre à l'aide d'une matière cffrant une certaine consistance ; elle dépose au fond de ce trou, qui ne mesure que 2 cent. 1/2 à 3 cent. de profondeur, une grappe d'œufs disposés en couches obliques régulières ayant 1 cent. 1/2 à 2 cent. de longueur : elle achève de remplir le trou de ponte avec une petite quantité de matière spumeuse et l'obture avec un couvercle merveilleusement adapté constitué comme la paroi. En résumé, le Stauronote construit une coque ovigère résistante. Les œufs d'abord blancs deviennent ensuite gris jaunâtres : chaque coque en contient de 25 à 30, quelquefois jusqu'à 35.

Les jeunes criquets pèlerins et les jeune criquets stauronotes sont bien différents à toutes les phases de leur existence.

Les criquets pèlerins en naissant sont blancs verdâtres, puis bruns, puis noirs avec des dessins roses, noirs avec des dessins jaunes et, enfin, au moment de la métamorphose, noirs avec des dessins roses et jaunes. Pendant leur accroissement ils ont subi après la mue initiale 4 autres mues toujours en se pendant par les pattes postérieures. Arrivés au terme de leur accroissement ils subissent une cinquième mue : ils sont alors d'une teinte générale rose nuancée par place de bleuâtre avec les ailes jaunâtres d'abord recroquevillées, puis étendues l'une contre l'autre. L'insecte parfait est alors constitué, il est du plus beau rose, aux ailes supérieures hyalines tachetées de noir ; au bout de quelques jours, cette teinte rose se fonce et passe au carmin, peu à peu la teinte s'assombrit et passe au rouge brique : la coloration générale devient terre de Sienne et enfin le pigment jaune apparaît peu à peu pour se substituer aux autres.

Le Stauronote marocain en naissant a une teinte générale bistrée sur laquelle se détachent des taches plus foncées qui brunissent peu à peu : peu à peu des taches noires et jaunes s'accusent ; après les premières mues il prend une teinte brique rougeâtre très chaude sur laquelle se détachent vers la tête et le thorax les maculations jaunes et noires cruciformes qu'on retrouve dans l'insecte ailé. Pour arriver à l'état adulte, il subit également 5 mues en se pendant par les pattes postérieures. Les changements de coloration des pigments à chaque phase de son existence sont manifestes comme chez les criquets pèlerins, mais moins tranchés.

Nous avons vu que les criquets pèlerins ne se montraient normalement sur le littoral qu'en avril-mai. En 1896, dans l'Oranie, ils apparurent cependant en hiver, indépendamment de l'invasion normale du printemps qui suivit ; on les vit s'accoupler et pondre en janvier et février. L'incubation fut de durée variable : en raison de la saison hivernale elle se prolongea jusqu'à 70 jours. Au printemps et en été elle est plus courte et selon les saisons dure 2, 3 et même 6 semaines. Ce n'est que 45 jours après l'éclosion que les criquets prennent leurs ailes.

Dans les temps les plus rapprochés de nous, les invasions de sauterelles en Algérie eurent lieu en 1813, 1814, 1815, 1844, 1845, 1846, 1864, 1865, 1866, 1874, 1877 et de 1888-1896 sur divers points de la colonie.

Moyens naturels de destruction. La nature intervient dans une certaine mesure pour arrêter la multiplication des acridiens. Si certains oiseaux comme les alouettes et les étourneaux jouent un rôle important comme indicateurs des lieux de ponte et comme destructeurs des œufs, les derniers même comme destructeurs, dans certains cas, des sauterelles ailées, leur intervention est inefficace lors des grandes invasions. Il existe en outre des insectes parasites qui interviennent également fort heureusement pour diminuer le nombre des envahisseurs ; mais il faut qu'ils aient le temps de multiplier pour pouvoir faire œuvre utile : ce n'est donc que quand la période d'invasion se prolonge que l'on s'aperçoit de leur intervention. De ces parasites les uns s'attaquent aux œufs, les autres aux acridiens adultes. Parmi les premiers on compte des diptères et des coléoptères à larves oophages.

Parmi les diptères, il faut citer certains Bombylides du genre *Anthrax* (*Anthrax fenestrata* Fallen), certaines Muscides du genre *Anthomyia* : *Anthomyia cana*, Macquart, dont les larves dévorent les œufs des Stauronotes marocains : ce sont encore des Muscides du genre Idia (*Idia lunata*, Fabricius, ou *fasciata*, Meigen) qui, capables de fouir le sol, vont déposer leurs œufs sur les œufs mêmes des criquets pèlerins : ces insectes parasites ont rendu des services signalés lors des invasions de 1892 et de 1893. Leurs larves, véritables asticots, ont fait disparaître les pontes de ces acridiens sur des milliers d'hectares dans les terres fortes et non dans les sables.

Parmi les coléoptères dont les larves habitent les coques ovigères du Stauronote marocain et sont assez nombreuses pour rendre quelque services, nous citerons dans le groupe des Clérides la *Trichodes amnios* Fabricius, et dans la famille des Canthraridides, le *Mylabris Schreibersi* Reiche. La grande famille des Muscides parmi les diptères fournit encore son contingent de destructeurs à larves acridophages : ce sont les *Sarcophaga* qui déciment les acridiens, notamment *Sarcophaga clathrata* Meigen, les Stauronotes marocains, et *Sarcophaga* (*agria*) *affinis* Fallen, les criquets pèlerins [1].

Les acridiens comptent parmi les champignons parasites un ennemi non moins redoutable qui s'attaque aussi bien aux œufs

1. Consulter à ce sujet les publications de M. Künckel d'Herculaïs, notamment les Comptes rendus des *Séances de l'Académie des sciences* (nov. 1890, avril, mai, juin 1894, ainsi que l'ouvrage intitulé : *Invasions des acridiens*, vulgo sauterelles en Algérie, t. 1, Alger, 1893, pl. 1, fig. 1 à 23 et pl. J, fig. 1 à 30.

qu'aux insectes adultes. Ce champignon, dont le mycélium pénètre les tissus, détermine sur les criquets pèlerins une maladie mortelle[1] et se développant sur les œufs entrave leur développement[2]. Ce champignon, le *Lachnidium acridium* Giard, a été, lors des invasions de 1891 et surtout de 1892 et de 1893, un précieux auxiliaire.

Séduit par des vues théoriques on avait pensé reproduire dans le laboratoire ce bienfaisant champignon, en recueillir les spores qui, disséminés à la volée sur les terrains de ponte ou sur les criquets naissants, les eussent rapidement contaminés. Mais ces tentatives restèrent infructueuses. Il faut reconnaître en effet qu'il faudra encore de longues et patientes recherches pour arriver à connaître les conditions biologiques qui président à la reproduction du *Lachnidium* et assurent son développement naturel sur les criquets pèlerins ou sur leurs œufs. Bien des points obscurs restent à élucider. Par exemple, sont-ce les criquets pèlerins femelles qui en effectuant leurs pontes contaminent les œufs, sont-ce es criquets pèlerins et les œufs eux-mêmes qui trouvent dans le sol les spores qui se développeront dans leurs tissus? Mais supposons par hypothèse qu'on ait réussi à se procurer des spores du cryptogame parasite et qu'on ait trouvé le moyen de les fixer sur le corps des jeunes acridiens, il ne faut pas oublier qu'ils muent au sortir de l'œuf et cinq fois encore à des intervalles de huit jours en moyenne, avant de se métamorphoser en insectes ailés et par là ils peuvent se débarrasser des spores répandues à la surface de leurs corps. A l'état naturel, hâtons-nous de le dire, il n'a été trouvé jusqu'ici aucun jeune acridien contaminé, La mortalité ne sévissait que sur les sauterelles adultes ayant satisfait déjà nombre de fois à la procréation.

Moyens artificiels de destruction. Ce qui précède suffit pour faire comprendre que si les oiseaux insectivores et les insectes oophages et acridophages rendent à l'occasion d'immenses services, on ne peut compter sur eux que comme auxiliaires[3]. Il

1. Künckel d'Herculaïs : *Les champignons parasites des acridiens*. Comptes rendus, Acad. des sciences, 22 juin 1891.

2. Id. *Notices sur ses titres et travaux scientifiques*, 1895, p. 189.

3. Les tentatives d'acclimatation faites plusieurs fois au Jardin d'Essai d'Alger avec les *Martins tristes* de la Réunion ont démontré que ces oiseaux ne pouvaient pas résister au climat algérien.

faut que l'homme intervienne pour protéger ses cultures de la mandibule de ces ravageurs. On a pratiqué le ramassage à la main des coques ovigères de Criquets pèlerins et de Stauronotes marocains que l'on déterre à la pioche. Quand cela est possible il est préférable de labourer superficiellement à 6 ou 8 centimètres de profondeur les lieux de ponte de manière à exposer au soleil les coques qui ne tardent pas à se sécher. Ce travail peut se faire au moyen du scarificateur, de la houe : une deuxième façon si possible est donnée en travers quelques jours après. Pour ce travail on choisit un temps sec et une journée ensoleillée.

Le labourage des pontes quand la terre s'émiette bien et leur exposition au soleil permettent de détruire la plus grande partie des coques ovigères ; un certain nombre cependant echappe, mais l'éclosion qui suit est considérablement réduite et sans importance. Ce travail est à recommander dans les vignes envahies : c'est du reste l'époque des façons culturales ordinaires.

Dans les régions non labourables la destruction des jeunes acridiens dès leur naissance s'impose pour les empêcher de se répandre dans les cultures.

Il est à recommander de relever les gisements d'œufs surtout de ceux du Stauronote marocain, et de les porter sur des cartes-croquis qui permettront d'organiser méthodiquement la défense et de faire les préparatifs utiles pour l'époque de l'éclosion.

Les jeunes criquets peuvent être détruits par le feu en les incinérant au moyen de plantes sèches de toute nature, d'Halfa, de broussailles, etc., que l'on brûle sur les lieux de ponte au moment de l'éclosion. Mais il ne faut pas oublier que les éclosions sont successives et qu'au bout de quelques jours on peut voir sortir des cendres même des bûchers des millions d'insectes. Il faut donc renouveler l'incinération à plusieurs reprises : ajoutons que souvent le combustible manque.

La destruction des jeunes criquets par écrasement est d'une application plus générale. Avant d'être réchauffés par le soleil, ou au déclin du jour, souvent aussi quand le temps est sombre, les jeunes criquets restent réunis en tas : on peut alors les détruire aisément au moyen de battes, de balais à tiges souples ou à l'aide de branches de lauriers-roses au moyen desquels on bat le sol. En pays indigènes on se sert de bandes de toiles appelées *Melhafas* qui d'un côté sont tenues relevées et de l'autre sont posées à plat sur le sol. Au moyen de branchages on pousse doucement les bandes de criquets sur la toile et quand celle-ci est noire d'insectes on la replie comme un sac et on écrase par piétinement les criquets emprisonnés. La toile est ensuite secouée et on recommence l'opération sur une autre bande de criquets.

Dans le jeune âge, surtout quelques jours après leur naissance, les criquets sont susceptibles d'être arrêtés ou tout au moins gênés dans leur marche par les moindres obstacles. Se déplaçant toujours par groupes serrés, pour se porter en avant, ils suivent de préférence les sentiers battus tracés par les passants ou les troupeaux, évitant les terrains hérissés de mottes ou seulement recouverts d'une végétation buissonnante ou même herbacée. Dans les terres labourées il suffit de tracer à la charrue un large sillon à fond bien net, d'aplanir le sol par le passage d'un rouleau ou par l'emploi d'une dame pour que les insectes suivent de préférence la route qui leur est tracée. On draine ainsi le flot des insectes envahisseurs et on les dirige à volonté.

Ces observations n'ont pas échappé aux cultivateurs qui, lors de l'éclosion des criquets, se hâtent de les faire sortir des cultures, des vignes particulièrement, en leur traçant des sentiers faciles que les jeunes criquets s'empressent de suivre. Au lieu de se borner à faire évacuer les cultures en jetant les bandes de criquets dans les terrains voisins, on peut disposer sur les chemins tracés méthodiquement des fosses-pièges, où les insectes en suivant ces sentiers viennent tomber et sont capturés (système Ortel). Ces pièges consistent simplement en fosses dont les bords sont garnis de zinc, qui empêche la sortie des insectes capturés

Lorsque les criquets sont arrivés à un plus grand développement, ils sont moins gênés dans leur marche par les aspérités du sol au-dessus desquelles ils peuvent plus aisément sauter : ils recherchent moins le sol battu et net, et alors il est moins aisé de les diriger. Mais on peut alors les arrêter au moyen de barrages de faible hauteur.

Le principe du barrage repose sur cette observation que les criquets ne peuvent grimper le long d'une surface lisse : dans l'application il s'agit d'opposer aux colonnes en marche des barrières à surfaces suffisamment lisses pour qu'elles soient infranchissables et susceptibles d'être établies à bon marché.

L'appareil dit *cypriote* consiste en une bande de toile grossière de 100 mètres de long, de 70 centimètres de hauteur dont la partie supérieure est garnie d'une bande de toile cirée de 10 centimètres de largeur. En avant de la colonne de criquets en marche, on dresse la bande de toile que l'on maintient verticale au moyen de piquets, la bande de toile cirée tournée du côté des criquets ; on réunit bout à bout un nombre plus ou moins considérable de ces toiles, suivant la largeur de la colonne que l'on veut arrêter[1]. Celle-ci, en cherchant à contourner l'obstacle, vient nécessairement tomber dans les fosses-pièges creusées de distance en distance le long de la toile. Lorsque les criquets ont rempli les fosses celles-ci sont recouvertes d'une épaisse couche de terre.

C'est cet appareil cypriote qui, avec quelques modifications de détail, a été adopté par l'administration.

Pour la défense des cultures les colons donnent la préférence aux barrages en zinc plus durables, d'un poids moindre que celui de l'appareil cypriote, ne nécessitant aucune surveillance, une fois posé. Le zinc désigné sous le n° 4 du commerce, de 0 mm 20 d'épaisseur est suffisant ; on le fixe au moyen de piquets en fer spéciaux ou même en le clouant sur des piquets en bois refendu. Le zinc présente sur la toile cet avantage qu'après usage il peut être revendu pour la refonte à un prix variable suivant les cours, mais toujours très élevé, eu égard au prix d'achat du zinc neuf (voir le *Bulletin de la Société d'Agriculture d'Alger*, n° 103, 34e année : *Les appareils cypriotes et les appareils en zinc*).

La pose de l'appareil en zinc est simple. On doit recommander d'incliner les bandes de zinc légèrement devant le front des criquets, afin de rendre impossible toute escalade. Il faut présenter aux criquets un plan incliné contrairement à leur marche. Les piquets qui fixent les bandes de zinc se placent derrière.

A défaut de bandes de zinc on peut encore employer des

1. Voir *Algérie agricole*, n° du 1er mars 1888, et les instructions pratiques pour l'emploi des appareils servant à la destruction des criquets (n° du 1er mai 1888).

planches légères telles que des voliges garnies sur le bord supérieur d'une mince bande de zinc.

On a aussi préconisé pour la destruction des criquets l'emploi des insecticides et particulièrement de l'huile lourde en émulsion dans l'eau. Ces insecticides peuvent dans certains cas rendre des services, mais leur emploi est toujours plus onéreux que la destruction par les moyens mécaniques; dans certains cas leur usage est même dangereux pour les végétaux, et dans les vignobles, l'emploi de certains insecticides mal appliqués a eu parfois une influence fâcheuse sur la qualité de la vendange.

La défense des cultures contre les sauterelles ailées est plus difficile. Notons cependant que celles-ci sont moins destructives que les criquets, qui, pour arriver à leur complet développement, doivent absorber des quantités de matières végétales. Les sauterelles ailées, bien que susceptibles de causer certains dommages aux cultures, ont surtout pour préoccupation de s'accoupler et de pondre.

Pour empêcher les sauterelles ailées de s'abattre, les maraîchers parcourent leurs cultures en frappant sur des bidons à pétrole ou en agitant des banderoles de couleur voyante. Les feux allumés de manière que la fumée passe au-dessus des champs que l'on veut protéger empêchent quelquefois les sauterelles de s'abattre, ou les font changer de direction (voir le Bulletin précité, *Foyers et nuages artificiels*).

Pour donner une idée très approximative de l'importance de la lutte entreprise contre ces invasions de sauterelles qui, de 1887 à 1893, se sont succédé en Algérie, on peut établir que cette défense seule a exigé une dépense de 25 millions de francs environ en argent, car dans ce chiffre ne sont pas comprises les réquisitions obligatoires, non salariées, qui mobilisaient des masses d'hommes représentant des millions de journées, de nombreux animaux, du matériel, etc.

A ces sacrifices exigés par cette lutte, il faut encore ajouter les dépenses et les efforts considérables faits sur le littoral par les particuliers, soit pour l'acquisition d'appareils et d'insecticides, soit pour le paiement de la main-d'œuvre employée pour sauvegarder certaines cultures et principalement les vignobles.

On ne pourrait dire dans quelle mesure de tels sacrifices ont contribué à atténuer les pertes subies par l'agriculture dans ces périodes d'invasion ; cependant les déprédations qui ont été la conséquence de la présence des sauterelles ont été quand même considérables.

Sans entrer dans de grands détails sur ce sujet, il convient de rappeler que les services compétents ont estimé les pertes causées à l'agriculture du fait des sauterelles dans la province de Constantine, à 8.230.000 francs en 1887 et à 25 millions en 1888.

En 1891, ces mêmes services évaluaient les dégâts de la province d'Alger à 2.350.000 francs.

Dans certaines années, le ramassage des coques ovigères sur les Hauts Plateaux constantinois forme des cubes fantastiques : 500.000 doubles décalitres, et les jeunes criquets ramassés se chiffrent par *quatre millions et demi* de doubles décalitres, sans que cette énorme destruction ait réduit bien sensiblement l'action des insectes ravageurs.

*
* *

Le principe et la praticabilité d'une lutte efficace contre les sauterelles ne paraissent pas avoir été déterminés jusqu'ici. Quelques esprits critiques ont même laissé entrevoir que les travaux de défense entrepris et les dépenses considérables qu'ils ont nécessitées ne l'ont souvent été que pour donner une vaine satisfaction à l'opinion publique, et que l'expérience si chèrement acquise pendant cette succession d'invasions plus ou moins intenses ne s'est pas traduite par la connaissance d'un système de lutte et de résistance bien nettement formulé.

Faut-il prendre l'offensive, c'est-à-dire aller détruire les sauterelles dans les Hauts Plateaux et dans le Sud afin de protéger le véritable Tell et le littoral particulièrement, ce qui exige des frais énormes, une grande mobilisation de travailleurs dont le ravitaillement est dispendieux, souvent impossible ; convient-il aussi de chercher à protéger ou à sauver des cultures qui n'en valent pas toujours la peine, pour n'arriver, en somme, qu'à atténuer bien faiblement les effets de l'invasion dans les territoires de colonisation ?

Faut-il au contraire, rester seulement sur la défensive en ne sauvegardant que les cultures riches du Tell, vignobles et cultures arborescentes principalement, et en sacrifiant tout le reste? On sait que dans le territoire de véritable colonisation la lutte peut y être possible et efficace tout en étant économiquement conduite.

En résumé, s'il est impossible de protéger l'Afrique du Nord contre les invasions de sauterelles dont le berceau et les centres de multiplication nous sont encore inconnus, on peut aisément défendre des cultures de surfaces déterminées et même, avec une certaine entente entre les intéressés, protéger les centres de colonisation. Ce n'est souvent qu'une question d'argent et surtout d'organisation de la défense.

Bien des fausses manœuvres, des gaspillages de temps, d'argent et de main-d'œuvre seraient évités, si on apportait plus de méthode dans la tactique suivie. Mais cette organisation est encore à étudier, la stratégie à suivre est à établir et, il faut le reconnaître, à chaque invasion ce sont toujours les mêmes tâtonnements, les mêmes incertitudes et la même inexpérience qui président aux travaux de défense. Cela tient en grande partie à ce que les invasions de sauterelles étant intermittentes et espacées, l'expérience est plus difficile à acquérir et qu'à chaque invasion ce sont des hommes nouveaux qui sont appelés à l'organisation et à la direction de la lutte.

Ornithologie algérienne.

L'ornithologie de la région tellienne n'a aucun caractère spécial. Comme pour les végétaux, les espèces de l'Europe méridionale dominent en Algérie, augmentées de quelques-unes propres à l'Orient. Les oiseaux migrateurs viennent principalement du Nord.

La faune ornithologique du désert, sauf l'Autruche, intéresse moins l'agriculteur : les oiseaux insectivores, en dehors des Alouettes et des Étourneaux, y sont relativement nombreux puisque M. Oustalet en compte 22 espèces, mais leur insuffisance est manifeste contre les invasions des sauterelles.

L'aviculture, au point de vue de l'alimentation et de l'industrie plumassière, n'a pas donné en Algérie, malgré de nombreuses tentatives, des résultats bien satisfaisants. M. Forest a proposé plusieurs fois l'éducation en demi-domesticité des Aigrettes et des Tourterelles, des Autruches et des Nandous, mais toutes les tentatives faites dans cet ordre d'idées se sont heurtées à des difficultés climatériques et économiques impossibles à surmonter.

La rareté des oiseaux en général et la disparition rapide de quelques-uns qui auraient pu être utilisés pour les modes, comme l'Autruche et le Grèbe, ne permettent pas à l'Algérie de prendre part au commerce d'exportation des articles nécessaires à l'industrie plumassière.

RAPACES.

Dans l'ordre des *Rapaces*, les Vautours sont les agents les plus actifs de la salubrité des campagnes par leur absorption des organismes en décomposition. Les Percnoptères rendent, en Algérie, les mêmes services que les Vautours.

Le Faucon Kobez, les Cresserelles, les Buses, sont des auxiliaires dans la destruction des criquets, des reptiles, des rongeurs, etc.

Par contre les divers Aigles, les grands Faucons, les Milans sont consommateurs voraces d'oiseaux utiles.

A part le Grand Duc, très rare en Algérie, les rapaces nocturnes (Strigidés) rendent également des services à l'agriculture en détruisant une grande quantité de petits animaux nuisibles, souris, mulots, campagnols, etc...

PASSEREAUX

Les Pics sont considérés à tort comme des oiseaux nuisibles aux futaies ; bien au contraire, ils purgent les arbres de tous les parasites animaux.

Les Coucous, oiseaux de passage, se nourrissent principalement d'insectes lanigères et surtout de ces chenilles velues rebutées par les autres oiseaux.

Les Huppes vulgaires, de passage au printemps, recherchent les bousiers dans la fiente des animaux.

Les Corbeaux absorbent avidement tous les débris organiques, recherchent les vers blancs après les labours, mais ne dédaignent pas en même temps les graines.

Le Guépier est nuisible aux ruches et le Martin-Pêcheur doit être redouté des pisciculteurs.

La Pie ordinaire, quoique insectivore, est un oiseau plutôt redoutable, car elle détruit les nids, les œufs et les petits.

La Pie grièche et le Geai bleu ont les mêmes défauts.

Les Passereaux granivores, Moineaux, Fringille, Linotte, Bruant, etc... sont de véritables fléaux pour les champs et les jardins. Dans certaines parties de l'Algérie, ils causent parfois de véritables ruines.

Les Alouettes paraissent être en Algérie plus insectivores que granivores.

Dans l'ordre des pigeons, le Ramier et la Tourterelle, assez communs dans certaines parties de l'Algérie, sont des destructeurs de limaces et de colimaçons.

GALLINACÉS

Le Ganga, à son passage bisannuel, est l'oiseau caractéristique de la steppe et du désert.

La Perdrix Gambra, de la région montagneuse, est très recherchée par les chasseurs.

La Caille commune, si friande des sauterelles, tend à diminuer sous l'effet d'une chasse incessante.

La grande Outarde et la Canepetière deviennent également fort rares dans le Sud algérien.

Les Glaréoles qui fréquentent les régions marécageuses sont avides de criquets et de sauterelles : ces oiseaux ont les mœurs des Sternes ou Hirondelles de mer.

Parmi les Charadroïdes, le Court-vite Isabelle (Soukeleul) est un des plus jolis specimens de mimétisme : c'est l'ami du chameau dont les fientes lui servent de régal favori ; en dehors de cela, il se nourrit de bousiers, de mollusques et d'insectes divers.

ÉCHASSIERS

Les Aigrettes, qui nichaient en colonies dans les roseaux des lacs Fetzara et Halloula, ont en partie disparu ou sont devenues bien rares.

Le Héron garde-bœufs, ce nettoyeur de la vermine des ruminants et grand destructeur de Taons, disparaît avec les marais.

Les Cigognes chassent les serpents et les rongeurs.

L'Ibis noir ou Falcinelle recherche dans ses déplacements les petits animaux des régions marécageuses.

Les Grèbes, autrefois si abondants au lac Fetzara, n'y sont guère plus signalés.

*
* *

Aigrette (La grande).[1] — *Ardea egretta.* Est de passage et fréquente les marais des embouchures des rivières de l'Afrique septentrionale.

Aigrette (La petite). — *Ardea garzetta.* Fréquente l'Oued-Sahel près de Bougie, l'embouchure du Sébaou, etc...

Un des plus beaux oiseaux des marais par sa blancheur éclatante.

Dans les pays où son existence n'est pas menacée, la petite Garzette fréquente avec le Garde-bœuf les régions parcourues par les ruminants ; elle se rend utile par ses habitudes destructives des tiques et autres vermines qui abondent sur les bœufs et les moutons.

Autour commun. — *Astur palumbarius. El-Baz, Their-el-Hor* des Arabes. *El-Baz* des Kabyles. Les Autours se reconnaissent à leur bec denté, recourbé dès sa naissance, à leurs ailes courtes et à leur queue longue et large. Ce sont de véritables rapaces qui se nourrissent exclusivement de chairs palpitantes ; les grandes espèces capturent les lièvres, les canards et toute sorte de gibier, les plus petites se rabattent sur de plus faibles proies.

Aigle fauve. — *Aquila fulva. Agueb* des Arabes. *Afalkou* des Kabyles. Le plus grand et le plus fort des rapaces ; il est d'un brun foncé passant souvent au fauve plus ou moins doré mais de couleur variable suivant l'âge. Se rencontre dans le Jurjura et les forêts de chênes.

Aigle ravisseur. — *Aquila nævioides. Agueb* des Arabes. *Afalkou* des Kabyles. Dans le Jurjura et vallée de l'Oued-Sahel. Sensiblement plus petit que l'espèce précédente, son plumage est analogue mais sans épaulettes.

Alouette des marais. — *Agrodroma campestris.* L'Agrodrome champêtre ou des champs, l'Alouette des marais, vulgairement *Rousseline*, est l'espèce indigène la plus grande de toute la famille des Anthidés. Hors le temps de ses migrations elle évite les forêts épaisses et recherche les versants des montagnes couverts d'une végétation rare et plongeant dans la mer, les sables où ne croissent que quelques daturas. Dans le Nord-Est de l'Afrique on la rencontre partout et, en hiver, elle émigre dans le Soudan.

Alouette des champs. — *Alauda arvensis. Koubâ* des Arabes. *Takoutat* des Kabyles. L'Alouette des champs fréquente surtout les grandes plaines et le bord des chemins.

Alouette huppée ou Cochevis. — *Galerita cristata. Koubâ* des Arabes, *Thakoubat* des Kabyles. Oiseau peu farouche qui se réjouit à la vue de l'homme et se met à chanter dès qu'il le voit approcher. On le rencontre souvent sur le bord des chemins, dans les champs, dans les prairies, sur le revers des fossés, au bord des eaux où il cherche sa nourriture dans le crottin de cheval surtout pendant l'hiver.

Alouette Pipi. — *Anthus pratensis.* Le Pipi des prés, vulgairement *Farlouse*, fréquente les prairies et le bord des eaux.

Bécasse. — *Scolopax rusticola. Ahmar-el-Hadjel, Bou-Mesella* des Arabes. *Ar'boub* des Kabyles. La Bécasse ordinaire est cosmopolite comme toutes ses congénères. Elle voyage en troupe et de nuit, elle fréquente de préférence les régions humides avec bois et broussailles. Son long bec lui permet de trouver facilement sous les feuilles les vers et les larves que son odorat lui fait découvrir.

Bécassine. — *Scolopax gallinago. Becassina* des Arabes. *Bou-*

Mekhiout des Kabyles. La Bécassine ordinaire, tout en ayant la plus grande analogie avec la Bécasse, a des habitudes très différentes et l'on peut dire que là où on trouve la Bécassine, on ne rencontre jamais la Bécasse et réciproquement. En effet, la Bécassine ne fréquente pas les bois, mais seulement les bords des étangs et des rivières, les marais et les prairies humides. Au moment des passages, elle s'arrête quelquefois en plaine, près des flaques d'eau. Elle se nourrit de toutes sortes d'insectes aquatiques et de mollusques.

Bécassine sourde. — *Scolopax gallinula. Becassina* des Arabes. *Bou-Mekhiout* des Kabyles. A son passage, se trouve isolément avec la Bécassine ordinaire dans les marais et au bord des ruisseaux au printemps.

Bécasseau ou **Cul blanc.** — *Totanus ochropus.* Les oiseaux de cette famille aiment à se tenir sur les sables qui bordent les mers ou sur les flaques d'eau qu'ils parcourent pour chercher leur pâture ; ils fréquentent aussi les bords des étangs et des rivières, entrent dans l'eau presque jusqu'au ventre ; sur les rivages, ils courent avec vitesse. Les vermisseaux sont leur pâture ordinaire ; en temps de sécheresse, ils se rabattent sur les insectes de terre et prennent des scarabées, des mouches, etc.

Bergeronnette grise. — *Motacilla alba. Emsisi* des Arabes. *Thabouzegraizt* des Kabyles. Commune dans les prairies et les champs labourés.

On a souvent confondu la Lavandière et la Bergeronnette, mais la première se tient ordinairement au bord des eaux et les Bergeronnettes fréquentent le milieu des prairies et suivent les troupeaux ; les unes et les autres voltigent souvent dans les champs autour du laboureur et accompagnent la charrue pour saisir les vermisseaux qui fourmillent sur la glèbe fraîchement renversée. Dans les autres saisons, les mouches que le bétail attire et tous les insectes qui peuplent les rives des eaux dormantes sont la pâture de ces oiseaux, véritables gobe-mouches.

Bergeronnette jaune. — *Motacilla sulphurea. Emsisi* des Arabes. *Thabouzegraizt* des Kabyles. Se trouve, avec la précédente, au bord des eaux.

Bergeronnette de printemps. — *Budytes flava. Emsisi* des Arabes. *Thabouzegraizt* des Kabyles. Commune dans les champs labourés, au bord des ruisseaux, ainsi que les variétés à tête noire et à tête cendrée.

Caille. — *Coturnix communis. Semmana* des Arabes. A le régime des Perdrix sans en avoir les habitudes.

Elle habite les plaines et les prairies, dépose à terre, dans un nid fait sans soin, de huit à quatorze œufs d'un jaune ocreux, brillants, marbrés ou pointillés de brun noir.

Caille d'Afrique. — *Turnix africana. Semmana* des Arabes. *Thiberdefelt* des Kabyles. Oiseau peu sociable, vit isolément et se nourrit d'insectes et de graines. Recherche avec avidité les fourmis et les larves. En Algérie, où il est connu sous le nom de *Caille bédouine*, il est cantonné sur certains points.

Calandrelle. — *Calandrella brachydactyla. Koubâ* des Arabes. *Thakoubât* des Kabyles. Cette espèce est riche en dénominations variées, c'est ce même oiseau que l'on a appelé tantôt *Alouette calandrelle*, tantôt *Alouette des sables*, d'autres fois *Calandrelle à doigts courts :* en somme, c'est une Calandre ordinaire, mais plus petite. Elle fréquente les bords des chemins, les champs, et les vallées.

Calandre. — *Melanocorypha calandra. Koubâ* des Arabes. *Thakoubât* des Kabyles. La Calandre ordinaire habite les champs, les chemins et les vallées ; elle court sur le sol, vole, se nourrit comme l'alouette des champs. Cependant elle paraît dépouiller les graines de leur enveloppe avant de les avaler.

Cet oiseau est parfois fort nuisible à l'agriculture.

Canard sauvage. — *Anas Boschas. Berak* des Arabes. *Abrik* des Kabyles. Ce canard est cosmopolite, il fréquente toutes les eaux, mais il préfère les eaux douces ; les marais et les plaines humides sont le lieu de ses ébats. Son régime est très varié ; insectes et larves de toutes sortes, poissons, frai, reptiles, herbes aquatiques, semences de roseau.

Charbonnière ou **grosse Mésange.** — *Parus major. Abou-Haddad* des Arabes et Kabyles. Communes dans les vergers, quoique recherchant avec empressement certaines graines et certains fruits, les Mésanges n'en sont pas moins des insectivores de premier ordre qui nettoient les arbres de toutes les vermines.

Chardonneret. — *Carduelis elegans. Meknin* des Arabes. *Thimerkemt* des Kabyles. Un des plus charmants chanteurs de nos contrées. Commun partout, le Chardonneret se nourrit de graines de toutes espèces, mais surtout de graines de chardon, d'où son nom.

Chouette hulotte. — *Syrnium aluco. Bou-Rourou* des Arabes. *Imiârouf*, *Tâab* des Kabyles. La Hulotte est assez répandue dans les forêts de chênes, dans les ravins, etc. Le mâle est très différent de la femelle par sa coloration ; il est gris brun, tandis que celle-ci est rousse.

La Hulotte se nourrit de phalènes, d'insectes divers, de reptiles et surtout de rongeurs. C'est un oiseau des plus utiles qu'il ne faut pas tuer.

Cigogne. — *Ciconia alba. Bellardj*, *Bou-Chek'chak* des Arabes. *Ibelliredj* des Kabyles.

Plaines et marais.

Niche sur les gourbis et les maisons.

Se nourrit de reptiles, rats, etc...

Colombe Bizet. — *Columba livia. Hamam* des Arabes. *Ithbir-el-Khela* des Kabyles. Habite les fissures et grottes des rochers du Jurjura, les falaises près de la mer, tandis que le Ramier et le Colombin (*Columba œnas*) habitent les forêts.

Colombe Ramier ou **Palombe.** — *Columba Palumbus. Zathouth* des Arabes. *Azithouth* des Kabyles. Les Ramiers, répandus dans les bois, se nourrissent de glands dont ils sont très friands. A défaut de ces aliments ils s'attaquent à diverses espèces de graines, aux pousses tendres de différentes plantes, se jettent en bandes nombreuses sur les terres nouvellement ensemencées, sur les moissons, et y causent des dégâts. Ils ont ceci de particulier avec un grand nombre de Gallinacés qu'ils vont pâturer à des heures réglées et chôment presque tout le reste du temps.

Corbeau ordinaire. — *Corvus corax. R'orab* des Arabes. *Aguerfiou* des Kabyles. Aucun oiseau, peut-être, ne mérite plus que le Corbeau l'épithète d'omnivore. On peut dire qu'il mange tout ce qui se peut manger. Il est hors de doute que le Corbeau, comme oiseau de proie, ne soit fort préjudiciable ; les services qu'il rend en détruisant quelques animaux nuisibles compensent-ils les dégâts qu'il cause ?

Question fort controversée.

Les Arabes ont ces oiseaux en grande vénération et les croient immortels.

Corlieu ou **petit Courlis.** — *Numenius phœopus. Korzit* des Arabes. Fréquente les mêmes lieux que le Grand Courlis ; il est plus commun, il a les mêmes habitudes ; sa taille est moindre.

Coucou. — *Cuculus canorus. Tekouk* des Arabes. *Tekouk* des Kabyles. Le plus important destructeur de chenilles : il fréquente les bois et les grandes broussailles.

Courlis (grand) ou **Courlis cendré.** — *Numenius arcuatus. Korzit* des Arabes. Cet oiseau émigre par petites bandes : il fréquente spécialement le bord des eaux douces et des prairies ; on le trouve aussi sur les grèves du littoral.

Court-vite Isabelle. — *Cursorius gallicus. Souk-el-heul* des Arabes. Oiseau typique du désert : on le trouve par couples isolés dans le voisinage des rdirs. Il vit d'insectes. On lui reconnaît une préférence marquée pour les bousiers qu'il recherche avec avidité dans la fiente des chameaux.

Effraie commune, Chouette effraie. — *Strix flammea. Their-el-Lil* des Arabes. *Imiârouf* des Kabyles. Oiseau cosmopolite, le plus connu de tous les rapaces et le moins apprécié à sa juste valeur, sauf pour la parure des chapeaux des élégantes.

Chasseur de nuit, silencieux, persévérant, infatigable, il rend des services incalculables, en détruisant les rongeurs, les reptiles, les gros insectes, etc. Il faut cependant avoir soin de fermer les poulaillers et les pigeonniers au moment des couvées.

Engoulevent. — *Caprimulgus Europæus. Ar'ioul Guidh* des Kabyles. Oiseau crépusculaire se nourrissant de phalènes et d'insectes nocturnes qu'il capture la nuit, au clair de lune, le matin au lever du jour. En chasse, il vole le bec largement ouvert et fait entendre un bruissement sourd produit par l'air qui s'y engouffre, d'où son nom.

Il habite les bois et les broussailles.

Engoulevent à col roux. — *Caprimulgus ruficollis. Ar'ioul Guidh* des Kabyles. A la plus grande analogie avec l'espèce précédente. Habite aussi les même lieux et en a les mœurs et les habitudes.

Épervier. — *Accipiter Nisus. Bou-Ameïra* des Arabes. *Abou-Amar* des Kabyles. Les éperviers proprement dits sont intrépides et courageux ; leur nourriture consiste presque exclusivement en petits mammifères et oiseaux ; ils attaquent jusqu'aux perdrix et aux pigeons.

Les oiseaux de ce genre nichent en général sur les arbres et pondent de cinq à six œufs. Ils sont assez communs dans certaines parties de l'Algérie.

Etourneau ou **Sansonnet**. — *Sturnus vulgaris. Zerzour* des Arabes. *Azerzour* des Kabyles. Commun. S'abat en immenses vols dans les vergers à l'époque de la maturité des olives. En hiver, il vit très sobrement, au besoin de quelques graines, mais il préfère de beaucoup les vers blancs et les insectes parasites des animaux. En été, il fait des dégâts dans les vergers : les cerisiers ont sa préférence : en automne, il ne néglige pas les raisins.

Donc en rendant de grands services, cet oiseau cause des dommages appréciables : il a autant de détracteurs que de défenseurs.

L'Étourneau unicolore, *Sturnus unicolor*, à plumage noir lustré et à reflets métalliques, est plus rare que le précédent.

Fauvette grise. — Babillarde grisette. *Sylvia cinerea. Asaflou* des Kabyles. Se rencontre dans toute l'Algérie.

Elle niche dans les taillis, les buissons, les broussailles ou entre des racines au bord des eaux, ou même dans une touffe d'herbe. Se nourrit de mouches, de vers et de fourmis.

Fauvette Orphée babillarde. — *Curruca Orphea. Asaflou* des Kabyles. Habite les haies, les vergers et les fourrés. Elle niche dans les haies et les buissons, sur des oliviers, construit négligemment un nid avec des brins d'herbe, des toiles d'araignée et de la laine ; pond quatre ou cinq œufs.

Fauvette à tête noire. — *Curruca atricapilla. Asaflou* des Kabyles. Comme la fauvette grise, se trouve dans les haies et les broussailles, mais elle occupe le premier rang, après le Rossignol, parmi les chanteurs ailés de nos contrées et est assez commune dans les jardins du littoral.

Fauvette des jardins. — *Curruca hortensis. Asaflou* des Kabyles. Elle habite presque toute l'Europe tempérée. On la trouve très communément en France et dans les parties septentrionales de l'Afrique. Elle a les mœurs et les habitudes des fauvettes précédentes et est commune dans les jardins du Sahel d'Alger.

Flamant rose. — *Phœnicopterus roseus. Chebrouch* des Arabes. Cet oiseau voyageur vit sur les bords de la mer et dans les marais salins : il est commun aux environs de Tunis.

Faucons. — *Falco. Ther-el-Horr* des Arabes. Il y a plusieurs espèces de Faucons en Algérie : ils sont tous carnassiers, mais chasseurs de proies vivantes.

Le Faucon Kobez, à pieds rouges, *Falco vespertinus*, est un grand destructeur de sauterelles.

Dans le Sud algérien les chefs de grande tente entretiennent encore des fauconneries.

Ganga cata. — *Pterocles alchata. Guetha* des Arabes. Se rencontre quelquefois en bandes avec son congénère le Ganga unibande dans la partie supérieure de la vallée de l'Oued-Sahel et sur les Hauts Plateaux. Son habitat est dans les régions brûlantes et dénudées de l'ancien continent, dans le Sahara algérien, où il vit en colonies groupées autour des sources dans un rayon de quelques lieues.

Gleréole pratincole. — *Glareola pratincola.* Oiseau assez commun en Algérie. Les Glaréoles sont des destructeurs d'acridiens incomparables : leur chasse devrait être absolument interdite.

Goëland brun. — *Larus fuscus. Djenquela* desArabes. Il est connu sous le nom de Goëland à pieds jaunes, de Mouette des harengs et a toutes les habitudes de ses congénères.

Il est assez commun sur le littoral de la Méditerranée.

Goëland d'Audouin. — *Larus Audouini. Djendela* des Arabes. On le trouve sur le littoral et les îles de la Méditerranée, où il joue le même rôle que le Goëland argenté sur les côtes de l'Océan Atlantique. Tous les Laridés sans exception font du poisson leur nourriture favorite, cependant beaucoup d'entre eux appartiennent au groupe des plus grands chasseurs d'insectes, et ce sont précisément ces espèces qui sont condamnées à ces déplacements réguliers, tandis que celles qui habitent les régions où la mer ne se congèle pas trouvent, même en hiver, largement leur pâture. Ainsi que les vautours ils mangent les corps morts, même en décomposition, d'où leur nom *Corbeaux de mer.*

Geai commun. — *Garrulus glandarius. Djârir, Derraz* des Arabes. *Ajâr'ir* des Kabyles. Le Geai contribue à la dispersion du chêne dont il régurgite les glands ; c'est aussi un destructeur de vipères.

Il est assez commun dans les forêts.

Grand Duc. — *Bubo maximus. Bou-Rourou* des Arabes.

Abou-Rourou des Kabyles. Il habite les grandes forêts du Jurjura : il se nourrit de reptiles et de petits mammifères ; ce n'est qu'exceptionnellement qu'il attaque les oiseaux. La ponte est de un à deux œufs, rarement davantage.

Grimpereau. — *Certhia familiaris.* Le Grimpereau familier est un petit oiseau gris toujours en mouvement comme un lézard sur les arbres, les bois pourris des grandes forêts de chênes et dans les bosquets de grands arbres. Il chasse activement les vers, les araignées, se nourrit de larves. Cet oiseau est très peu farouche et il est très facile de l'observer dans l'exercice de ses fonctions de nettoyeur des forêts.

Grue cendrée. — *Grus cinerea. R'arnouk'* des Arabes et Kabyles. Les Grues sont des oiseaux connus de la plus haute antiquité et remarquables par leur grande taille, leur port noble et gracieux, et par les longs voyages qu'ils entreprennent régulièrement chaque année. Les voyages des Grues ont toujours lieu aux mêmes époques et toujours du Nord au Midi et du Midi au Nord. Elles partent le soir et volent de nuit, tantôt à haute distance, tantôt assez près de terre, en poussant un cri de rappel que l'on entend de fort loin.

Leur vol et leur tactique en voyage sont le sujet de nombreux contes populaires. On croit que beaucoup d'oiseaux, mauvais voiliers, font leur migration annuelle sur le dos des Grues.

Grue demoiselle. — *Grus virgo.* Fréquente le désert où elle dévore au printemps beaucoup de Scarabées.

Guêpier vulgaire. — *Meriops apiaster.* Chasseur d'Afrique des Colons. *Iamoun* des Arabes. *Aïamoun* des Kabyles. Cet oiseau est très commun en été dans les vallées : il niche dans des trous profonds creusés dans les berges des rivières.

Gypaëte ou **Vautour barbu.** — *Gypaetus barbatus. Agueb* des Arabes. *Afalkou* des Kabyles. On trouve ce Vautour dans le Jurjura et, à l'inverse de ses congénères qui se nourrissent de charognes, il lui faut une proie vivante qu'il puisse poursuivre, attaquer et terrasser.

Héron cendré. — *Ardea cinerea. Bou-Ank* des Arabes. *Aïchouch* des Kabyles. Vit de poissons et d'animaux de marais.

Héron garde-bœufs. — *Bubulcus Ibis. Ther-el-Begueur* des Arabes. *Asaboua, Ther Amellal* des Kabyles. Se rencontre dans toutes les prairies et les vallées ; se nourrit comme ses congénères, préfère les tiques et taons si abondants sur les bestiaux.

Héron Verani. — Crabier chevelu. *Ardea ralloïdes.* Ce petit échassier, très commun dans toute l'Algérie, se trouve d'habitude en compagnie de garde-bœufs, dont il a les mœurs et le régime.

Hibou ou **Moyen Duc.** — *Otus vulgaris. Bou-Rourou* des Arabes. *Abou-Rourou* des Kabyles. Parties boisées de la Kabylie.

Le caractère distinctif des Hiboux et des Chouettes consiste dans les aigrettes et il arrive souvent que, parmi des espèces évidemment voisines, quelques-unes sont privées d'aigrettes, tandis que d'autres n'en ont que de petites ou en manquent tout à fait.

Les Hiboux ont des aigrettes, les Chouettes en sont privées.

Les Hiboux voyagent et émigrent par petites bandes. On se sert d'eux pour attirer les oiseaux à la pipée. Ils nichent dans des trous d'arbres, dans les fentes de rochers, souvent dans des nids abandonnés d'écureuils, de pigeons ramiers, de corneilles, de pies, parfois à terre ou dans les nids abandonnés de busards.

Hirondelle de mer. — *Sterna hirundo.* Pierre Garin. Oiseau très insectivore habitant les grèves et les embouchures des rivières.

Hirondelle de cheminée. — *Hirundo rustica. Kohtheifa* des Arabes. *Thifirellest* des Kabyles. Oiseau de passage, très insectivore ; détruit les moustiques, les phalènes, les rhizotrogues, etc.

Hirondelle de fenêtre. — *Chelidon urbica.* Hirondelle cul-blanc *Khotheifa* des Arabes. *Thifirellest* des Kabyles. Cette Hirondelle, plus commune que celle de cheminée, presque aussi sauvage que le Martinet, vit parfois en colonies considérables.

Hirondelle de rivage. — *Cotyle riparia. Khotheifa* des Arabes. *Thifirellest* des Kabyles. Oiseau de passage : commune en Kabylie.

Huppe. — *Upupa Epops. Houdhoud, Tebbib* des Arabes, *Tebbib* des Kabyles. La Huppe recherche les Scarabées, les Fourmis, les vers, les Libellules, les Abeilles sauvages, plusieurs espèces de chenilles, etc., etc.

Loriot. — *Oriolus Galbula. Tellia, El-Allaka* des Kabyles. Cet habitant des grands bois, des bords des rivières, suspend son nid aux peupliers blancs ; il est essentiellement fructivore, mais à défaut mange les insectes mous, chenilles, chrysalides et Araignées.

Linotte. — *Linota Carnnabina. Akelkoul Azouggar'* des Kabyles. La Linotte est très commune dans les champs : elle a les mœurs du Chardonneret.

Martinet noir. — *Cypselus apus. Akemmoud, Thifirelles Iroumien* des Kabyles. Aucun oiseau n'a les facultés du vol aussi développées que le Martinet ; les mouches, les papillons, les Scarabées, les Araignées, les moustiques forment sa proie habituelle : il faut le protéger aux environs des habitations.

Martinet (grand) à ventre blanc. — *Cypselus Melba.* Cet oiseau se trouve dans les gorges de l'Isser, dans le Jurjura, dans les parties montagneuses ; mêmes observations que pour le *Martinet noir.*

Martin-pêcheur. — *Alcedo hispida. Mekhiout-el-Mâ* des Arabes. *Ther Azigzaou* des Kabyles. Cet oiseau, l'effroi des pisciculteurs, habite près des rivières où il trouve sa nourriture ; il choisit, pour faire son nid, un trou de Rat d'eau ou d'Hirondelle de rivages à l'abri des inondations.

Marouette. — *Rallus Porzana.* Ce Râle habite les bords fangeux des étangs et des rivières et surtout les terrains couverts de grandes herbes de marais. Se nourrit d'insectes, de vers, de mollusques, etc.

Merle-Grive. — *Turdus musicus. Derdous* des Arabes. *Amergou* des Kabyles. A son départ de France, après les vendanges, fréquente les vergers de toute la Kabylie. Chanteur infatigable, recherche avec avidité les lombrics.

Merle draine. — *Turdus viscivorus. Derdous* des Arabes. *Amergou* des Kabyles. La Draine est la plus grande des espèces indigènes de la famille des Turdidés. Elle se nourrit de baies et d'insectes.

Merle vulgaire. — *Merula vulgaris. Djahmouma, Thouthoua* des Arabes. *Ajahmoum Azourketif* des Kabyles. Bel oiseau commun dans les broussailles, les vergers et les forêts qui, pendant l'hiver, lui fournissent des baies, des fruits, quelques insectes ; grand destructeur de limaces, il prélève aussi quelques dîmes sur les fruits bacciformes, les raisins principalement : le Merle est néanmoins un précieux auxiliaire à protéger.

Milan d'Egypte. — *Milvus Ægyptius. Saf* des Arabes. *Asiouan* des Kabyles. Cet oiseau vorace est un grand destructeur de sauterelles et de hannetons et en général de chair fraîche ou corrompue.

Milan royal. — *Milvus regalis. Siouana* des Arabes. *Asiouan* des Kabyles. Cet oiseau de proie est assez commun en Kabylie. Se nourrit de petits mammifères, de jeunes oiseaux pillés au nid, de lézards, de serpents, de grenouilles, de crapauds, de sauterelles, de vers de terre. Dans les fermes il ne craint pas d'enlever des poulets et des cannetons : il nuit aux chasses en détruisant des levrauts et des perdreaux. C'est donc un oiseau dont l'utilité égale à peine les méfaits.

Moineau franc. — *Passer domesticus. Zaouch* des Arabes. *Azaouch* des Kabyles. Le Moineau, trop commun partout, niche dans certaines vallées en si grand nombre, que les arbres ploient sous le poids de ses nids ; il est devenu parfois le fléau de l'Afrique du Nord dans les régions cultivées.

Le Comice agricole de Sétif a employé sans grand succès tous les moyens connus pour lutter contre ces ravageurs. La destruction des nids à l'époque où ils contiennent encore des œufs ou des jeunes oiseaux peut être considérée comme un des moyens les plus efficaces pour réduire le nombre de ces oiseaux.

Mouette tridactyle. — *Rissa tridactyla.* Cet oiseau se trouve sur les côtes et le littoral algérien souvent en bandes nombreuses qui vivent de poissons.

Mouette à tête noire. — *Larus melanocephalus.* Cette Mouette se tient sur les rivages, aux embouchures des rivières, dans les marais salants ; vit de poissons et de mollusques.

Mouette pygmée. — *Hydrocoleus minutus.* La plus petite et la plus élégante des Mouettes, qui, comme ses congénères, fréquente le littoral algérien.

Oie sauvage. — *Anser segetum. Ouzza* des Arabes. *Iouezzioun* des Kabyles. Cet oiseau est l'espèce souche de notre oie domestique.

Les grands froids qui la chassent du Nord l'amènent en hiver dans les prés, aux embouchures des rivières du littoral principalement.

Ortolan des roseaux. — *Schænicola arundinacea. Cynchra-*

mus schœniculus. Se plaît dans les lieux humides et niche dans les joncs et les herbes marécageuses : l'été il est dans les buissons à la recherche d'insectes.

Outarde ondulée. — *Otis houbara. Houbara* des Arabes. La grande Outarde se nourrit surtout de matières végétales ; les jeunes ne mangent que des insectes et périssent quand elles n'en trouvent pas.

La grande et la petite Outarde sont très rares maintenant dans les plaines ; elles habitent les Hauts Plateaux.

Outarde Canepetière ou Poule de Carthage. — *Tetrax campestris. Râada* des Arabes et des Kabyles. La Canepetière se rencontre dans les plaines du Sebaou, de l'Oued-Sahel, de la Mitidja, etc. Son régime est à la fois végétal et animal.

Poule d'eau. — *Gallinula chloropus. Dedjadj-el-Mâ* des Arabes. *Thaiazit Bouaman* des Kabyles. Cette Poule d'eau, comme les Râles, habite les roseaux des marais et lieux humides ; elle se nourrit de végétaux et de petits animaux de toutes sortes.

Macreuse. — *Fulica atra. Batt*, *Dedjadj-el-Mâ* des Arabes. Mêmes mœurs et caractères que la Poule d'eau ; oiseau tout noir avec bec blanc ; chair noire et coriace.

Percnoptère neophron. — *Neophron Percnopterus. Rakhma* des Arabes. *Isr'i* des Kabyles. Connu aussi sous le nom de *Charognard*, de *Petit Vautour*, d'*Alinnoche*, etc. en Egypte et au Levant, *Poule de Pharaon.*

Cet oiseau est commun partout où se trouvent des charognes ; il niche dans le Jurjura et dans toutes les parties élevées.

Perdrix de Barbarie ou **Gambra.** — *Caccabis petrosa. Hadjel* des Arabes. Cet oiseau remplace en Algérie la Perdrix rouge de l'Europe méridionale dont il a les mœurs et les habitudes ; il est commun partout et dans les collines couvertes de broussailles.

Il existe dans le Jurjura une variété de la grosseur de la Perdrix grecque ou Bartavelle.

Pie grièche d'Algérie. — *Lanius algeriensis. Bou-Seround* des Arabes. *Ahdjiou* des Kabyles. Cet oiseau vit presque exclusivement de proie vivante et principalement d'insectes de toutes sortes.

Pie grièche rousse. — *Lanius rufus. Bou-Ras* des Arabes. *Ahdjiou* des Kabyles. Cette petite espèce, remarquable par une calotte d'un rouge assez vif, se cantonne dans les taillis et est assez commune partout. Sa nourriture ainsi que celle de la *Pie grièche écorcheuse* (Lanius collurio) consiste en insectes variés, sauterelles, libellules, éphémères, forficules, etc., tandis que la *Pie grièche grise* (Lanius excubitor) est principalement carnassière et fait la chasse aux passereaux et aux petits mammifères.

Pinson aux joues grises. — *Fringilla spodiogena. Ben-el-Akhdar* des Arabes. *Amenferriou* des Kabyles. Cet oiseau remplace en Algérie notre Pinson européen : il se trouve dans les vergers des contreforts montagneux et est sédentaire.

Pluvier doré. — *Pluvialis apricarius. Dorreicha* des Arabes. Ce Pluvier fréquente habituellement le bord de la mer, les embouchures des rivières, les marais maritimes, les plaines et les prairies en hiver. Se nourrit de crustacés, de petits mollusques marins qu'il saisit dans les sables des grèves.

Pluvier Rebaudet ou **Gravelot à collier.** — *Charadrius hiaticula. Dorreicha* des Arabes. Cet oiseau est connu vulgairement sous le nom de *grand Pluvier à collier.* On le trouve dans les prairies et marais en hiver ; vit de vers, d'insectes, de jeunes mollusques et surtout de petits crustacés connus sous le nom de *puces de mer.*

Pluvier Guignard. — *Morinellus Sibiricus. Dorreicha* des Arabes. Ce pluvier recherche de préférence pendant l'été les plateaux secs et arides où habitent les Œdicnèmes et les Outardes ; il habite les prairies et les marais en hiver.

Râle d'eau. — *Rallus aquaticus.* Cet habitant des marais et des bords des rivières a des habitudes nocturnes et se nourrit de vers, d'escargots, de lymnées, etc.

Râle de genêts ou **Roi des Cailles.** — *Crex pratensis. El-Bey Semmana* des Arabes. *Ar'ioul-en-Thisoukkrin* des Kabyles. Cet oiseau a le régime et les mœurs du Râle d'eau, mais ses habitudes sont moins aquatiques. En été, il habite les marais, les lieux humides et couverts de broussailles.

On l'appelle aussi *Roi des Cailles* parce que souvent il accompagne ces dernières.

Roitelet huppé. — *Regulus cristatus. Cibous* des Kabyles. Charmante petite espèce qui fréquente les haies, les forêts, les jardins, les abords des villages. Les plus petits insectes sont la nourriture ordinaire de ce très petit oiseau : il s'accommode aussi de leurs larves et de toutes sortes de vermisseaux.

Roitelet à triple bandeau ou à moustaches. — *Regulus ignicapillus. Cibous* des Kabyles. Ce Roitelet habite les mêmes lieux que le précédent dont il a les mœurs et les habitudes.

Rossignol. — *Philomela luscinia. Belbel Om-el-Hacen* des Arabes, Turcs et Persans. *Akour* des Kabyles. Ce charmant chanteur se cache au plus épais des buissons, dans les chemins creux, sur le bord des torrents, dans les profondeurs des grandes forêts, dans les vergers : il se nourrit d'insectes et de petites larves quelquefois aussi de fruits.

Rouge-gorge. — *Rubecula familiaris. Aâzzi* des Kabyles. Cet oiseau est commun dans toutes les régions de l'Algérie. C'est un charmant oiseau très habile chanteur et exclusivement insectivore.

Rubiette. Rouge queue. — *Ruticilla tithys. Thâammant* des Kabyles. Cet oiseau de passage fait ses couvées en Europe; il recherche les broussailles et les forêts, vit d'insectes ailés, surtout de mouches qu'il prend au vol.

Scops ou **Petit Duc.** — *Scops Zorca. Bou-Rourou*, *Bouma* des Arabes. *Imiârouf* des Kabyles. Ce rapace nocturne, qui vit dans les bois et les rochers, est très commun dans les forêts de cèdres de Teniet-el-Haâd : c'est un oiseau des plus utiles par sa chasse aux petits rongeurs et aux insectes de toutes sortes dont il fait une grande consommation. Pendant la matinée et la soirée il chasse spécialement les hannetons pour la nourriture de ses petits.

Sarcelle commune. — *Querquedula Circia. Berak* des Arabes. *Abrik* des Kabyles. La Sarcelle à ses passages fréquente les cours d'eau surtout près du littoral.

Les Anatinés ont tous les mêmes instincts et les mêmes habitudes, la plupart nichent dans les marais, au milieu des joncs et des roseaux.

Verdier. — *Fringilla chloris. Ben-el-Akhdar* des Arabes. *Aberzigzaou* des Kabyles. Cet oiseau peu intéressant, chanteur très médiocre, est commun dans les vallées et les vergers des contreforts de la Kabylie.

Vautour fauve ou Griffon. — *Gyps fulvus*. *Nser* des Arabes. *Iguider* des Kabyles. Cet oiseau est le plus commun des Vautours dans le bassin de la Méditerranée. En Algérie, on le voit sur les grandes masses rocheuses du Jurjura et les falaises inaccessibles du littoral. Son régime est le même que celui de ses congénères.

Vanneau huppé. — *Vanellus cristatus*. *Bibith* des Arabes. *Ibibidh* des Kabyles. Cet oiseau vit en colonies dans les marais, les prairies et les champs labourés.

Tourterelle vulgaire. — *Turtur auritus*. *Imama* des Arabes. *Thamilla* des Kabyles. Cette Tourterelle est assez commune partout dans les champs et dans les couverts boisés.

Tourterelle des palmiers. — *Turtur senegalensis*. Exclusivement dans les oasis où elle est très commune en été.

BIBLIOGRAPHIE

Sur l'Ornithologie en général, consulter : Brehm, Thierleben Vogel, nouvelle édition 1872.

Loche. Exploration scientifique de l'Algérie.

Le commandant Loche avait formé une fort belle collection des oiseaux de l'Afrique du Nord qui était considérée comme la plus complète. La ville d'Alger laissa détruire cet intéressant musée d'histoire naturelle en 188...

Consulter aussi Forest. Des oiseaux dans la mode, les Aigrettes, etc. (Algérie agricole, Société d'Acclimatation, Revue scientifique. etc.).

Ferments et Bactéries.

Les fermentations remontent à la naissance même des êtres organisés car elles président à la destruction de tout ce qui a vécu en transformant en composés plus simples les produits organiques les plus complexes. Aussi de tout temps les phénomènes qui les accompagnent ont-ils été observés des hommes et interprétés par eux d'après des considérations en rapport avec leur degré de civilisation.

L'histoire nous montre les premiers peuples utilisant à leur usage domestique quelques-unes des fermentations les plus communes. Il suffit de rappeler : la mise en levain dans la panification, la fermentation du jus de raisin et l'acétification du vin qui en résulte. C'est au soulèvement gazeux qui se produit dans la masse en fermentation que le mot lui-même doit son origine. Mais l'étude de ces phénomènes, à peine ébauchée au moyen âge, ne fut sérieusement entreprise qu'à la fin du siècle dernier.

Lavoisier démontre que dans la fermentation le sucre se dédouble en alcool et acide carbonique. Liebig explique le rôle de la levure par sa théorie du mouvement communiqué. Gay-Lussac montre la nécessité de l'oxygène pour commencer la fermentation ; enfin, en 1836, Cagniard-Latour découvre que cette même levure, inerte pour Liebig, était un être organisé et que la destruction du sucre est en corrélation avec sa végétation et sa vie. C'était le premier pas dans la découverte de la vérité.

Mais cette interprétation était contraire aux idées régnantes de la génération spontanée. C'est à Pasteur que revient l'honneur de renverser cette théorie et de prouver que les fermentations étaient fonction d'êtres microscopiques qu'il appela ferments. Il ne s'en tint pas là ; généralisant sa démonstration il fit voir, comme l'avait prévu Boyle au XVIIe siècle, que les infiniment petits intervenaient dans la genèse d'un grand nombre de maladies.

En 1851, Rayer et Davaine observèrent de petits bâtonnets immobiles dans le sang des animaux morts du sang de rate, et Davaine, poursuivant seul ses travaux, établit que cette bactérie était bien la cause du charbon. C'était la première démonstration de la nature microbienne d'une maladie. Une nouvelle science était fondée et ne devait pas tarder, grâce aux travaux de Pasteur et de Koch, à conduire aux découvertes les plus importantes.

En effet Pasteur et ses élèves étudient successivement, outre le charbon, le choléra des poules, le rouget du porc et la rage, dont ils découvrent les vaccins. Pour cette dernière maladie ils en font même avec succès l'application à l'homme. Koch de son côté trouvait la spore charbonneuse, le bacille du choléra asiatique et celui de la tuberculose.

Tous les jours nous voyons de nouvelles découvertes découler des théories pasteuriennes et s'ajouter à la liste déjà longue des maladies microbiennes[1].

1. Les deux mots microbe et bactérie sont synonymes et employés indifféremment l'un pour l'autre.

C'est qu'en effet, immense est le champ à parcourir. Les ferments accompagnent partout la matière organisée et rien de ce qui a vécu ne leur échappe. L'eau elle-même, à peine sortie limpide du rocher, est envahie par les bacilles de l'air et du sol. La terre en est remplie et la poussière soulevée par le vent entraîne au loin les microbes et leurs spores.

Mais ces infiniment petits sont-ils tous dangereux pour nous? Non, loin de là. Beaucoup nous sont utiles, beaucoup indifférents et peu comparativement nuisibles. Ces derniers sont les microbes pathogènes ; les autres se divisent en deux classes : les microbes saprogènes qui dégagent une odeur désagréable en provoquant la putréfaction et les microbes chromogènes qui produisent en milieu artificiel des cultures colorées.

A cette classification peu scientifique on en a voulu substituer une autre en se basant sur leurs formes ; elle est également bien superficielle car rien de plus variable comme aspect que les infiniment petits ; aussi n'en parlons-nous que pour mémoire.

Ces formes se résument à trois :

Les microbes arrondis, d'où le nom de Coccus, ceux à forme allongée dénommés Bacilles, ceux à forme spiralée que l'on appelle Bacilles virgules ou Spirilles. L'étude des microbes est trop peu avancée pour qu'une classification scientifique puisse être établie dès aujourd'hui.

Si nous laissons de côté les microbes pathogènes, ceux qui nous intéressent le plus sont ceux dont nous pouvons tirer parti, car beaucoup jouent pour nous un rôle considérable : tels sont les bacilles de l'estomac et de l'intestin qui contribuent d'une façon si active à l'acte de la digestion ; ceux que l'industrie utilise dans la fabrication du pain, de la bière, du cidre, du vin, du vinaigre et du fromage.

Parmi ceux qui pullulent dans le sol nous devons signaler les bactéries qui provoquent la nitrification de l'azote organique et ceux qui fixent ce même corps en produisant sur la racine des Légumineuses ces nodosités remarquables qui permettent à ces plantes de se passer d'engrais azotés en empruntant à l'air atmosphérique l'azote qui leur est nécessaire pour constituer leurs tissus.

Mais un des plus importants de ces micro-organismes parce

qu'il est le plus anciennement et le mieux étudié, c'est le ferment de la bière et du vin. Le premier désigné sous le nom de *Saccharomyces cerevisiæ*, le second sous celui de *Saccharomyces ellipsoideus* . Il existe bien d'autres ferments appartenant à cette famille des *Saccharomyces*, mais d'une importance moindre, à part cependant le *Saccharomyces apiculatus*, petite levure aux cellules en forme de citron que les abeilles déposent à la surface des fruits.

Nous ne savons rien de précis sur l'origine des ferments. L'emploi de la levure de bière remonte à la plus haute antiquité, celle du vin apparaît sur les raisins au moment de leur maturité, puis elle disparaît complètement et ne revient que l'année suivante sur de nouvelles grappes. C'est à la surface du grain qu'on la rencontre enfermée dans des amas de cellules brunes remplies de spores prêtes à germer.

Semées dans un liquide sucré disposé en faibles couches dans un vase plat, ces cellules se ramollissent et l'on voit au microscope apparaître à leur surface de faibles bourgeons qui s'accroissent peu à peu, puis se détachent de la cellule qui leur a donné naissance. Ces nouvelles cellules bourgeonnent à leur tour en produisant le même phénomène ; en peu de temps, cette extraordinaire prolifération a produit une quantité considérable de ces cellules : la levure est née prête à transformer le sucre en alcool.

Elle peut donc se reproduire par sporulations et par scissiparité : ce sont les deux modes de multiplication des bactéries, mais les germes en forme de coccus se reproduisent généralement par scissiparité, les bacilles au contraire donnent naissance à des spores.

Une fois la levure rajeunie, immergeons-la dans du jus de raisin préalablement stérilisé et nous verrons se développer la fermentation alcoolique ordinaire.

La levure, principe essentiel de la fermentation, est donc constituée par un organisme vivant pouvant se multiplier en donnant naissance à des cellules en tout semblables aux cellules mères. C'est ce que Pasteur démontra dans une série d'expériences devenues classiques qui renversèrent la vieille théorie de la génération spontanée. C'est au sein de la matière morte que ces infiniment petits prenaient naissance d'après l'opinion reçue depuis l'antiquité jusqu'à Pasteur. Non, répondit ce dernier, si le jus de raisin fermente, si la viande se corrompt, c'est qu'il existe dans l'air une infinité de germes qui envahissent tout ce qui s'y trouve exposé.

En effet, si on fait passer avec un aspirateur un certain volume d'air dans un tube muni d'une petite bourre de coton poudre, on verra ce coton noircir peu à peu, et si on le dissout ensuite dans un mélange d'alcool et d'éther, on peut aisément recueillir au fond du liquide un amas de poussières organiques et minérales de toutes sortes au milieu duquel le microscope décèle la présence de spores de moisissures et d'œufs de microzoaires.

Si donc on soustrait un liquide au contact de l'air et que, par une température assez élevée, on tue tous les germes qu'il peut contenir, on doit en amener la stérilité complète. C'est ce que l'expérience de Pasteur a confirmé.

Prenons du jus de raisin, renfermons-le dans un tube étiré à la lampe, échauffons-le à + de 120° ; après refroidissement, il refusera d'entrer en fermentation. Dans ce liquide stérilisé introduisons une trace de levure, nous ne tarderons pas, à la température de + 20 + 30°, à voir se développer au milieu du liquide une active fermentation.

Après avoir ainsi démontré le rôle de la levure, Pasteur alla plus loin ; étudiant la fabrication du vin il fit voir la multiplicité des organismes vivants qui se développent dans ce liquide et engendrent ultérieurement toutes les maladies qui peuvent l'envahir.

C'est à ces ferments divers que sont dues l'acétification, la graisse, la pousse, l'amertume et bien d'autres maladies encore peu étudiées. Pour les détruire dans le vin, Pasteur institua le chauffage à 60° qui porte son nom, la Pasteurisation. Comme conséquence de ce travaux, on peut enfin établir les règles qui doivent présider à une bonne vinification et permettre d'en éliminer les germes des maladies.

On alla même plus loin et, s'inspirant des idées de Pasteur, des savants distingués, parmi lesquels on doit citer Rommier, purent isoler différentes variétés de *Saccharomyces ellipsoideus* particuliers aux grands crus. Ces ferments choisis provoquent dans les moûts de raisin une fermentation régulière et très active et communiquent aux vins qui en résultent un bouquet rappelant celui qui caractérise ces grand crus.

De ce rapide aperçu sur les bactéries et les levures on peut juger de la grandeur de la voie ouverte par Pasteur. Nous sommes bien loin encore de connaître toutes les conséquences de ces magnifiques découvertes : elles ont profité à l'univers tout entier créant un courant d'idées nouvelles pour le plus grand bien de l'humanité et la plus grande gloire de la France, la patrie de Pasteur.

*
* *

Dans la pratique agricole le rôle des ferments cultivés commence à se dessiner.

Nous avons vu, aux articles *Asphodèles* et *Scilles* l'heureuse influence de l'emploi des levures cultivées et pures dans la production de l'alcool bon goût[1].

Dans un grand nombre de cas, l'addition à la cuve de levures pures a provoqué des fermentations complètes et quelquefois a donné aux vins un bouquet particulier. Les vins blancs, les eaux-de-vie et les cidres paraissent subir tout spécialement l'influence des levures ajoutées.

Malgré les difficultés que rencontrent les fermentations naturelles dans certaines circonstances météorologiques et pour d'autres causes, cette méthode ne s'est pas généralisée en Algérie : parfois elle y a été mal pratiquée, souvent aussi les levures n'étaient pas pures.

L'emploi de cette méthode, qui est encore à étudier, mais qui peut déjà rendre des services, n'est cependant pas coûteux si l'on fait soi-même son *Pied de cuve*, c'est-à-dire si l'on ensemence préalablement une certaine quantité de moût que l'on dépose au fond de la cuve *avant* toute fermentation de la vendange.

Sur ces questions générales de fermentation, de ferments et de levures, consulter les travaux de Pasteur et Duclaux, et pour les diverses méthodes d'ensemencement de la vendange par les levures, ceux de M. Jacquemin, de Nancy.

1. G. Rivière et Baillache. C. R. Académie des sciences, novembre 1893.

Maladies parasitaires des végétaux cultivés.

Ce chapitre ne contient que des indications générales sur les maladies parasitaires observées sur les plantes cultivées.

En décrivant chaque culture nous avons signalé les principales altérations qui atteignent les végétaux et les font souffrir ou périr.

Le chapitre *Insectologie* renferme beaucoup de renseignements sur le rôle des insectes, mais nous croyons devoir nous étendre plus spécialement, dans ce présent résumé, sur le signalement des maladies cryptogamiques qui causent un dommage réel aux cultures.

CÉRÉALES.

Carie du blé. — *Tilletia caries.* Le blé carié présente à la moisson des grains remplis d'une poussière d'odeur fétide rappelant celle du poisson pourri : les bales qui les enveloppent sont intactes.

Les fumiers infestés de *carie* contaminent les champs où ils sont portés.

Traitement préventif : Dans une solution de sulfate de cuivre à 1 °/₀, on immerge le blé préalablement mis dans un panier qu'on laisse égoutter ensuite. Si on opère par *aspersion*, employer une solution à 2 °/₀ : le grain mis en tas est remué énergiquement à la pelle. (Voir *Céréales*, page 189.)

Quand les grains sont bien imprégnés on les saupoudre de chaux fusée en mélangeant bien la masse.

Charbon. — *Ustilago.* Différentes espèces de ce genre atteignent l'avoine, le blé, l'orge, le maïs et le sorgho. Pour combattre le charbon on recommande le sulfatage des semences comme pour la *carie du blé*, mais l'action des sels de cuivre est moins efficace pour le *charbon* que pour la *carie.*

Dans certaines années à printemps chaud et humide, le sorgho est fortement atteint par le charbon : les panicules touchées par ce parasite ne contiennent pas de graines. Il est prudent de ne pas semer du sorgho sur un champ et même à proximité d'un champ envahi l'année précédente par le charbon. Il faut détruire sur place les tiges infestées et se garder de les porter au fumier dans lequel les germes du mal se conservent longtemps.

Ergot. — *Claviceps purpurea.* L'*ergot* se trouve sur l'avoine et le seigle : les avoines *ergotées* sont dépréciées au point de vue commercial ; là où cette maladie sévit il faut faire pendant quelque temps d'autres cultures que celle des céréales.

On rencontre aussi l'*ergot* sur une grande Graminée, *Arundo festucoïdes* : on le recherche dans la province d'Oran.

Rouille. — La *rouille* qui se rapporte à plusieurs espèces de *Puccinia* attaque le blé, l'orge, l'avoine ; c'est par les temps chauds et lourds qui suivent les pluies que la maladie se développe rapidement.

La destruction des plantes telles que Epine-Vinette et Borraginées est insuffisante pour conjurer le mal.

Il en est de même du sulfatage des semences.

Le sulfatage des céréales en herbe semble être efficace, mais est peu pratique. Le mieux est de choisir de préférence pour la culture les variétés les plus résistantes. Les variétés indigènes sont moins attaquées que la plupart des variétés exotiques. Le blé dur est moins éprouvé que le blé tendre.

Insectes. Voir à *Insectologie*, les insectes qui attaquent les céréales : *Ælia*, *Sesamia*, *Anguillules*. La coupe prématurée des récoltes pour être consommées en vert, et la destruction de leurs débris par le feu sont seules à recommander.

ARBRES FRUITIERS

Fumagine. — Les feuilles de certains arbres tels que Orangers, Oliviers, Ficus, etc., la vigne elle-même sont souvent recouvertes d'une poussière noire, analogue à de la suie. Ce revêtement noir est tout à fait superficiel : il se montre principalement sur les parties vertes de la plante et le mal se développe à la faveur du liquide sucré que produisent les pucerons, cochenilles et autres hémiptères.

Les oliviers et les orangers portent à la fois insectes et fumagine : ils en souffrent beaucoup et deviennent languissants.

Les froids rigoureux tuent ces hémiptères et par suite font disparaître la fumagine : aussi aux altitudes élevées, en Kabylie par exemple, orangers et oliviers se montrent-ils moins éprouvés par ces parasites.

Un taille sévère des oliviers et orangers envahis est à recommander. Il faut aussi, quand c'est possible, recourir aux pulvérisations insecticides pour détruire les chermès, cochenilles et autres insectes du même groupe qui sont la cause du mal.

Amandier. — Les feuilles sont parfois criblées de taches orangées produites par un champignon (*Polystigma*) qui dépouille l'arbre prématurément. Il faut réunir en tas les feuilles et les brûler.

Insectes. — Des pucerons couvrent parfois les jeunes rameaux : pulvérisations insecticides ou asphyxie par la fumée.

Caroubier. — Les quelques taches remarquées sur les feuilles sont dues à un champignon : *Septoria carrubi.*

L'altération du tronc qui fait que peu d'arbres ne soient creux est encore mal déterminée.

Le Pou blanc, *Aspidiotus ceratoniæ* cause, dans certaines années, un préjudice sérieux à cet arbre : sous ses atteintes le jeune fruit est souvent atrophié.

Le gâte-bois, *Cossus ligniperda*, creuse des galeries dans le tronc et les branches : asphyxie ou écrasement dans les galeries. Une Phycide, *Myelois ceratoniæ*, vit dans les fruits. Pelletage des fruits secs. Ces maladies sont décrites pages 352-353.

Figuier. — Le figuier, comme l'oranger et l'olivier, peut être envahi par la *fumagine*. Dans ce cas il faut détruire par des pulvérisations l'insecte qui est cause du mal.

Il peut être aussi tué par le *Pourridié* : il faut alors arracher les pieds attaqués et détruire sur place par le feu tous les débris de racine ; sur l'emplacement de l'arbre arraché, étendre chaux vive ou sulfate de fer.

Le *Pourridié* se développe surtout dans les terres humides.

Olivier. — Les affections cryptogamiques qui sévissent sur cet arbre sont assez nombreuses.

Sur les feuilles, taches brunes ou jaunâtres, *Cycloconium*

oleaginum, et le noir ou Fumagine (Capnodium elæophilum). Le tronc de l'olivier est attaqué par un champignon qui le creuse et le détruit à la longue, *Polyporus fulvus*. Au début de la maladie entailler sur le vif et badigeonner la plaie avec une solution saturée de sulfate de fer additionnnée d'acide sulfurique (50 kil. sulfate de fer et 2 litres acide sulfurique dans 100 litres d'eau chaude). Les branches se couvrent parfois de tumeurs ligneuses, *Tumeurs bactériennes* (*Rogna*, en Italie), qui dépriment la végétation : elles sont dues à un bacille ; *B. oleæ*. Cette maladie est contagieuse.

Insectes. Beaucoup d'insectes vivent en parasites sur l'olivier : *Lecanium* oleæ, *Dacus*, *Phlœtrips*, *Tinea*, etc. Les moyens de destruction sont indiqués aux pages 365 et 366.

Oranger et autres Aurantiacées. — Les feuilles sont envahies par le noir de l'olivier (Capnodium) et par une espèce voisine, *Capnodium citri*, mais ce sont les insectes principalement qui nuisent à la végétation des *Aurantiacées* et à la beauté de leurs fruits : *Coccus*, *Chermes*, *Lecanium*, *Aspidiotus*, recouvrent feuilles, rameaux et fruits.

Les fruits portent de nombreuses traces du *Parlatoria zyziphi* ; les mandarines sont principalement atteintes par le *Ceratitis hispanica* qui, avec sa tarière, perce la peau du fruit pour y déposer un œuf : le fruit est taché et tombe. Enterrer profondément ces fruits.

Voir la description du parasitisme des *Aurantiacées* et les moyens de le combattre aux pages 378-380.

Pêcher. — La *Cloque* affecte principalement cet arbre.

Cette maladie, caractérisée par la déformation des feuilles qui sont contournées, boursouflées et recroquevillées, est due à un champignon l'*Exoascus deformans* qui se développe à l'intérieur de la feuille et recouvre sa page supérieure d'un tapis blanchâtre.

On conseille l'application au pulvérisateur sur les feuilles de la solution suivante :

150 gr. de sulfate de fer, 300 gr. de sulfate de cuivre et 100 litres d'eau.

Le Pêcher craint aussi le *Pourridié* ou *Blanc* des racines, le *Blanc* ou *Meunier*, etc.

Les Pucerons sont la cause du *noir* ou *Fumagine* : application d'insecticides.

Poirier. — La *Tavelure* est une affection qui altère les poires : ces dernières se recouvrent de taches noires et se crevassent ensuite : on trouve aussi des taches sur les feuilles et sur le jeune bois.

Il faut traiter les arbres malades par la bouillie bordelaise que l'on applique tout au début de la végétation.

Vers des pommes et poires. — On recommande la destruction des fruits tombés, et l'enlèvement des vieilles écorces du tronc suivi de sulfatage de la souche et des ramifications principales pour empêcher dans un verger la multiplication de ces parasites divers.

Vigne. — Les diverses maladies de la vigne sont décrites avec développement aux pages 422-431.

Les insectes ampélophages et leurs parasites, ainsi que les moyens de destruction, sont indiqués au chapitre *Insectologie*. L'*Altise* y est l'objet d'une étude spéciale, p. 832.

PLANTES MARAICHÈRES

Ail. — Le bulbe, altéré par les anguillules, se couvre de moisissures, sortes de filaments blancs (*Rhizoctonia alii*) : la pourriture est alors complète.

Artichaut. — Le *Meunier* est une efflorescence blanchâtre qui se forme sur les feuilles de cette plante : elle est analogue à celle produite par le mildiou de la vigne : c'est le *Peronospora gangliformis*.

On conseille de détruire par le feu les parties de la plante attaquées et d'éviter de jeter les débris au fumier pour empêcher l'infection des cultures. Le sulfatage est à recommander.

Les cultures d'artichauts sont aussi exposées à une autre maladie des feuilles qui se recouvrent de très nombreuses taches de forme irrégulièrement arrondie et d'un diamètre de 3 millimètres environ. Ces taches se développent en si grand nombre qu'elles forment des plaques recouvrant presque toute la feuille : ce parasite est le *Ramularia cynaræ*.

Les tiges des artichauts sont parfois ravagées intérieurement par une chenille, *Gortyna flavago*. Il faut anéantir par le feu tous les plants attaqués.

Cucurbitacées. — Les melons, citrouilles et autres *Cucurbitacées* sont souvent envahies par une poussière d'un blanc plus ou moins grisâtre. Cette maladie s'appelle le *blanc* et est analogue à l'*Oidium* de la vigne. Le soufre est le remède à appliquer pour la destruction de tous les *blancs* tels que ceux du melon, du rosier, du pêcher, du prunier.

Les pucerons et les coccinellides sont combattus par les insecticides liquides ou pulvérulents.

Fèves. — Les feuilles sont parfois envahies par une rouille. *Uromyces fabæ.* Les pieds peuvent être détruits par une Orobanche, *O. speciosa* : cette plante parasite fait disparaître, dans certains cas, des cultures de fèves et de pois. Ne pas laisser grainer ce parasite et faire alterner des cultures non favorables à son développement.

Un nématode, *Tylenchus devastatrix*, cause également de grands ravages. Cette affection se trouve décrite au chapitre *Insectologie*, page 824.

Fraisier. — Sur le fraisier on constate depuis quelque temps une maladie encore indéterminée qui se manifeste sur les feuilles et sur les fruits. Cette maladie entraîne la mort du pied. Les fruits n'arrivent pas à maturité et, au lieu de prendre leur teinte rouge, noircissent et pourrissent. Il conviendrait d'arracher les pieds attaqués, de les brûler et d'arroser la place avec une solution de sulfate de fer.

Vers blancs et mollusques sont à craindre et à détruire ou à éloigner par les divers moyens indiqués ailleurs.

Haricot. — Le haricot est attaqué par le *blanc* et aussi par une rouille, *Uromyces phaseoli*. Soufrage pour le premier cas.

Les haricots verts expédiés d'Algérie comme primeurs peuvent être à l'arrivée recouverts de moisissure. Cette moisissure se retrouve sur les pieds de haricot sur lesquels ce légume a été cueilli : les tiges sont recouvertes de filaments qui les enveloppent comme d'une couche d'ouate.

Les haricots étant déjà infestés lors de l'emballage, le mal se développe en cours de route.

Cette maladie est due au *Sclerotinia Libertiana* : elle a été signalée en 1882 par M. Rivière, et les sclérotes ont été trouvés dans l'intérieur de la moelle par MM. Maupas et Rivière (*Algérie agricole*, 1882).

On a constaté aussi sur les feuilles des taches noirâtres présentant des ponctuations analogues à de petits grains de poudre. Ce serait, d'après M. Delacroix, l'*Isariopsis griseola*, champignon parasite qui serait la cause du mal. Le soufrage pourrait être un remède.

Les pucerons fatiguent beaucoup les haricots verts : pulvérisation.

Un petit acarien cinabre vit sur les feuilles du haricot qu'il tapisse de soie : il arrête le développement de la plante.

Ce parasite est l'*Acarus cinnabarinus*, qui vit également sur d'autres plantes : il est bien difficile de le détruire dans la grande culture.

Oignon. — Un mildiou, *Peronospora Schleideni*, se montre sur les feuilles et prend un développement tel que la plante est recouverte d'un velouté grisâtre.

Les oignons meurent et pourrissent rapidement. On peut conseiller le sulfatage.

Une rouille, *Puccinia porri*, se remarque sur les parties vertes de l'oignon.

Pois. — Les petits pois ont parfois leurs feuilles atteintes par le *blanc*, ou *Erysiphe communis*.

On peut combattre le mal efficacement en soufrant les pois, dès l'apparition sur les feuilles des premières taches du parasite.

La rouille du pois, *Uromyces pisi*, est également à craindre.

Pommes de terre. — Les feuilles des pieds de pommes de terre présentent quelquefois des taches brunes qui grandissent et se multiplient surtout par les temps chauds et humides : ces taches envahissent aussi les tiges. Bientôt les pieds atteints semblent grillés.

Sur les bords des taches à la face inférieure on voit une moisissure blanchâtre, c'est le *Phytophthora infestans*.

Les tubercules eux-mêmes sont altérés par les champignons.

Pour prévenir le mal il faut tout d'abord se servir pour la plantation de tubercules sains. Il faut les choisir avec soin : s'il s'en glisse qui soient déjà infestés on peut tuer les germes en exposant les tubercules à planter à une température de 40° pendant 4 heures. On peut pour cela profiter d'une journée de siroco.

Quand la maladie apparaît sur les feuilles on la combat par le sulfatage à la bouillie bordelaise comme le *Peronospora de la vigne.*

La même maladie atteint les cultures de tomates : on les protège par le même mode de traitement qui, comme pour la pomme de terre, doit être préventif.

Le Dr Boisduval a déterminé une teigne qui attaque la pomme de terre dont elle ronge les yeux quelque temps après la récolte.

C'est la *Lita solanella.* (Voir *Algérie agricole*, année 1883, p. 781.)

PLANTES DE GRANDE CULTURE

Betterave. — Les principales maladies de cette plante-racine sont indiquées à la page 214.

Le *Peronospora Schachtii* vit sur les feuilles et l'*Œdomyces leproides* produit des tumeurs bosselées et irrégulières sur les racines.

Pour ne pas propager le mal il faut éviter de porter à l'étable et au tas de fumier les feuilles de betteraves malades afin d'empêcher l'infection des terres par la fumure. L'alternance des cultures s'impose aussi.

Coton. — Un insecte *Oxycarenus hyalepensis* nuit au développement des gousses cotonneuses. Brûler le plus possible de ces gousses. Voir *Insectologie*, p. 824.

Luzerne. — La luzerne est souvent détruite par places par une plante à tiges filiformes dépourvues de matières verte qui s'enroule autour des pousses sur laquelle elle vit en parasite. Ce mal, connu sous le nom de *Cuscute*, apparaît par taches circulaires qui vont s'élargissant par leurs bords à la façon d'une tache d'huile sur le papier : en ces points la luzerne est détruite.

La Cuscute, connue aussi sous le nom de *teigne*, vit aussi sur le Trèfle et d'autres plantes.

Pour l'éviter, il faut tout d'abord n'employer pour la création des luzernières que des graines décuscutées et garanties comme *exemptes de cuscute.* La séparation des graines de luzerne et des graines de Cuscute est possible, car ces dernières sont plus petites, du moins pour les espèces indigènes.

Quand la cuscute apparaît dans une luzernière, il faut la détruire avant que cette plante ne fleurisse et ne porte graines.

Pour cela on racle avec une pioche la tache sur toute sa surface et même au delà de ses bords en ramenant au centre les raclures que l'on brûle ou que l'on arrose d'une solution concentrée de sulfate de fer (20 kilogr. par hectolitre d'eau) ainsi que toute la surface de la tache.

Cette façon de procéder permet à la luzerne de repousser à la place même de la tache de cuscute.

Quand les feuilles de la luzerne sont dévorées par certains insectes, *Cantharide marginée*, *Colapse noir*, etc., et que leur multiplication devient trop grande, il faut faucher prématurément.

Rosier. — Le *blanc* du rosier se traite comme celui des Cucurbitacées (voir *Cucurbitacées*).

On a conseillé aussi l'aspersion des feuilles avec de l'eau salée (300 gr. de sel par hectolitre d'eau).

Mousses. — Les mousses des arbres sont détruites par le raclage et le brossage des troncs et des ramifications principales. On badigeonne ensuite un moyen d'une solution concentrée de sulfate de fer.

Anticryptogamiques et insecticides.

Les remèdes qui agissent efficacement contre les maladies cryptogamiques sont assez limités : la bouillie cuprique et la poudre de même nature, puis le soufre et la chaux en poudre constituent actuellement les seuls moyens de combattre les parasites végétaux.

On connaît l'action du soufre sur l'*Oidium* de la vigne, des sels de cuivre sur les *Peronospora* de la pomme de terre et de la vigne, et du sulfate de fer et de l'acide sulfurique sur différents autres cryptogames ; ces diverses préparations sont indiquées aux pages 422-431 ; mais elles ne s'appliquent pas exclusivement à la vigne.

Dans les maladies cryptogamiques le traitement *préventif* est le plus efficace.

Destruction des insectes.

Pour détruire les insectes les procédés sont plus nombreux :
Les insecticides liquides et pulvérulents ;
L'asphyxie ;
Les champignons entomophytes ;
Les insectes destructeurs d'autres parasites.

Insecticides. La plupart sont efficaces dans les expériences de laboratoire, mais dans la pratique, en plein air, beaucoup de ces compositions sont souvent inoffensives pour l'insecte. En outre, dans le plus grand nombre des cas, il est difficile, sinon impossible d'atteindre le parasite, notamment sur les grands arbres, puis le contact direct des insecticides est insuffisant pour vaincre la résistance de la coque de l'animal ou de son revêtement pileux, cotonneux, laineux, cireux, etc.

En plein air, si on opère avec des insecticides liquides, les pulvérisations doivent se faire le soir par un temps humide et non pluvieux : elles doivent être renouvelées *deux fois de suite à 48 heures d'intervalle.* Par contre, il faut épandre les poudres, par un temps moyen, ni trop sec, ni pluvieux.

La fabrication perfectionnée des pulvérisateurs permet maintenant une plus facile application des remèdes liquides.

La composition des insecticides est fort variable. Dans les poudres on trouve des bases de pyrèthre, de soufre, de chaux, des dérivés de la houille, etc. En général, on donne la préférence aux remèdes liquides.

Voici quelques formules pouvant permettre de composer soi-même et économiquement des insecticides liquides.

Insecticides pour pucerons, chermès, cochenilles, etc.

10 litres d'eau.
250 grammes de savon noir ou savon vert des Arabes.
1/2 litre de sulfure de carbone.
1/2 litre de jus de tabac à l'état sirupeux.

On dissout le savon dans de l'eau chaude, on ajoute le surplus de l'eau froide et on mélange le sulfure de carbone en agitant; on verse ensuite le jus de tabac.

*
* *

Contre ces mêmes insectes qui vivent sur les *Aurantiacées*, le professeur Berlèse, de Naples, préconise un insecticide appelé *Rubina* dont voici la formule :

Mélange de goudron de bois et de soude caustique à parties égales.

On emploie ce liquide à 2 °/₀ en pulvérisation.

La *Pittéléina* est une *émulsion d'huile lourde* à 1 °/₀ pour le traitement d'été et à 3 °/₀ pour celui d'hiver.

*
* *

L'insecticide au *Jus de tabac* est efficace et se prépare facilement : il convient plus spécialement pour le traitement des plantes. Demander aux manufactures de tabac du jus concentré.

Ce jus est étendu d'autant de litres d'eau qu'il marque de degrés à l'aéromètre de Beaumé.

Pour agir sur les insectes très résistants il faut supprimer un ou deux litres d'eau.

Insecticide Riley.

Parmi les insecticides que l'on peut fabriquer facilement soi-même, la composition Riley est encore la meilleure : elle est couramment employée en Amérique.

Pétrole	6 litres 500
Eau	4 litres
Savon noir ou autre	0 » 500

Faire bouillir le *savon* dans l'eau jusqu'à dissolution parfaite ;

Cette eau savonneuse sera versée bouillante dans le pétrole, mais en agissant *doucement* ;

On aura ainsi une substance ayant la consistance du beurre et qui, au frais, peut se conserver longtemps ;

Pour usage, on prend ce beurre, on le dilue dans *10* ou *15* fois son volume d'eau. Pour faciliter la dissolution, ajouter d'abord un peu d'eau chaude, puis ensuite l'eau à la température ordinaire et on agite vivement et fortement le mélange pendant cinq minutes.

Asphyxie. La difficulté d'établir un contact direct entre l'insecte et l'agent insecticide pulvérulent ou liquide, a engagé les Américains à préconiser un système d'asphyxie ou d'empoisonnement des insectes par le dégagement de gaz après avoir emprisonné l'arbre dans un récipient clos. Une grande tente en toile imperméable enveloppe entièrement le sujet à traiter qui se trouve soumis à l'action toxique du gaz acide cyanhydrique. Ces vapeurs sont faciles à obtenir par le traitement du cyanure de potassium par l'acide sulfurique : on prolonge leur action jusqu'à la constatation d'une légère altération des pousses les plus tendres.

L'acide sulfureux pourrait être également employé, mais avec prudence.

Pour les petits arbres cette opération est très pratique, notamment pour les mandariniers : les gros orangers et oliviers se prêtent moins facilement à ce traitement.

Champignons entomophytes. On a voulu appliquer à la pratique des expériences de laboratoire qui consistaient dans la propagation de certains champignons parasites[1] sur des insectes ennemis de nos cultures. Les résultats, il faut bien le reconnaître, ont été nuls sur les *Sauterelles*, les *Altises*, les *Vers blancs*, etc., et l'on ne peut que conseiller aux cultivateurs de ne pas trop compter sur ces méthodes encore inefficaces pour débarrasser leurs cultures des insectes ravageurs : c'est la sage conclusion qu'en ont retirée un peu tard ceux qui, en Europe, comme en Algérie, avaient voulu s'en rapporter exclusivement à l'emploi de ces procédés déjà surannés, peut-être dangereux, mais actuellement préconisés dans la colonie.

Insectes destructeurs d'autres parasites. On s'est aussi préoccupé de la recherche de certains insectes grands destructeurs de Pucerons, Cochenilles, Chermès, etc., et d'en favoriser la propagation. En Californie cette méthode est actuellement très

1. *Botrytis. Isaria, Sporotrichum.*

employée pour défendre les orangers, les citronniers et les oliviers contre leurs nombreux ennemis, les Hémiptères, principalement. On sait que depuis longtemps en Algérie on a recommandé d'aider à la propagation du *Zicrona cœrulea* et du *Perilitus brevicollis* contre l'altise, mais le ramassage à l'entonnoir offre encore plus de sécurité au viticulteur; d'autre part, il est toujours imprudent d'introduire de nouveaux parasites.

Observations générales. Les remèdes contre les altérations des végétaux, causées par les cryptogames ou par les insectes, n'auraient dans le plus grand nombre des cas qu'une action insuffisante s'ils n'étaient aidés par des pratiques culturales parmi lesquelles il faut citer l'aération par l'émondage et la taille raisonnée, l'entretien de la vitalité de la plante par le labourage, l'irrigation, la fumure, etc., puis l'alternance des cultures.

Le ramassage au pied des végétaux de tous les débris du parisitisme et des déchets d'une culture contaminée qui contiennent les germes de dissémination de tous ces éléments de destruction est une mesure qui s'impose, puis leur complète incinération est une opération indispensable.

Les petits oiseaux dits Becs-fins sont aussi de précieux auxiliaires pour débarrasser les cultures de tous les parasites animaux.

BIBLIOGRAPHIE.

Destruction des insectes nuisibles, par M. Debray, professeur à l'École des sciences d'Alger. Deyrolle, Paris, 1899. Consulter aussi MM. Künckel d'Herculaïs au Muséum à Paris et M. le Dr Marchal, à l'Institut agronomique, à Paris.

Les maladies des plantes agricoles, par M. Ed. Prillieux, professeur à l'Institut agronomique. Firmin-Didot, Paris, 1895.

Pour toutes les affections cryptogamiques, consulter MM. Prillieux et Dr Delacroix. Station de pathologie végétale à Paris.

CHAPITRE XI

GUIDE HYGIÉNIQUE ET MÉDICAL DU COLON ALGÉRIEN

On arrive à tout par le travail, la persévérance et surtout par la santé, le plus grand de tous les biens. Plus que tout autre le colon d'Algérie a un impérieux besoin de celle-ci, aussi doit-il, pour la conserver, connaître les ennemis qui peuvent y porter atteinte. On ne se propose pas, dans ces quelques pages, de lui apprendre la médecine, cela lui serait plus nuisible qu'utile, mais bien de lui indiquer quels sont les ennemis de sa santé et, en même temps, quelles sont les armes dont il peut se servir pour les combattre en attendant l'arrivée du médecin, seul compétent en semblable matière, mais souvent fort éloigné.

Nous savons tous que le martyrologue algérien a des pages bien remplies et que la maladie a terrassé plus de colons que le poignard ou la matraque des indigènes. Quoiqu'aujourd'hui les conditions d'existence soient infiniment meilleures et plus favorables aux installations coloniales, grâce aux efforts de l'administration et aux améliorations dictées par l'expérience acquise depuis la conquête, la lutte contre les causes de maladies ne doit pas moins toujours se continuer pour éviter les épidémies meurtrières susceptibles de réapparaître en certaines régions.

Passons en revue les causes de maladies.

I. L'Air. — L'air est nécessaire à la vie des hommes et des animaux, comme à celle de toutes les plantes, mais il faut qu'il conserve une composition normale exempte des altérations qui, alors, deviennent des causes de maladies. Nous allons les énumérer brièvement.

L'air peut être singulièrement modifié par l'action de la chaleur. Surchauffé, comme pendant les jours de siroco, il occasionne, les rayons solaires aidant, des insolations dangereuses, souvent mortelles. Le colon devra se garantir des effets de cette chaleur excessive en se couvrant la tête beaucoup plus qu'à l'ordinaire avec des coiffures isolantes.

Insolation. Celui qui est atteint d'une insolation grave sera mis au lit, bien couvert de laine. On lui fera boire, de cinq en cinq minutes, de l'eau miellée ou sucrée dans laquelle on aura fait dissoudre cinq granules d'émétique d'un centigramme chacun par litre ; un quart de verre chaque fois. A l'effet de l'émétique on joindra celui de sinapismes aux mollets et des applications de compresses d'eau très froide phéniquée sur la tête. Pendant ce temps on ira chercher le médecin. Ces accidents sont fréquents pendant le printemps et surtout l'été.

Refroidissement. L'air froid, même à quelques degrés au-dessus de zéro, est encore plus dangereux dans toute l'étendue de la colonie. Il occasionne de nombreuses maladies, parmi lesquelles les plus fréquentes sont : la bronchite, la fluxion de poitrine, la pleurésie, le rhumatisme, en hiver ; l'ophtalmie, la fièvre intermittente, en été ; les diverses maladies éruptives, au printemps.

Les premiers soins à donner aux malades atteints de maladies aiguës, en l'absence du médecin, consistent à les coucher chaudement, à leur administrer une tisane douce et chaude et à leur mettre une chemise de flanelle. Si on se trouve en face d'hommes forts, habituellement bien portants, on peut donner un gramme de poudre d'ipéca dans un verre de tisane chaude. S'abstenir de tout vomitif si le malade a une hernie.

Si c'est un enfant au-dessus de deux ans, on donne un granule d'émétique à un centigramme, dissous dans une cuillerée à café de tisane. On peut renouveler six heures après si la fièvre persiste.

Éviter, dans ces cas, les boissons froides ou glacées, ainsi que celles qui sont aromatiques, telles que tilleul, verveine, feuilles d'oranger, menthe, etc.

Pour les inflammations des yeux, on les lave fréquemment avec des eaux émollientes très chaudes, en évitant surtout l'usage de la décoction de pavot et l'eau froide.

Toutes ces maladies sont singulièrement graves et fréquentes lorsque l'air froid est chargé d'humidité par des brouillards plus ou moins épais. C'est pendant ces périodes que l'on observe les angines croupales et la diphtérie qui enlèvent tant d'enfants chaque année, aussi bien chez les Indigènes que chez les Européens. Pour diminuer le nombre des malades de cette terrible affection, on donnera un bon conseil aux parents en les engageant à soumettre leurs enfants à l'usage du soufre. Soit des pastilles soufrées, soit des granules de sulphydral de Charles Chanteaud, soit de la poudre de soufre lavé et purifié, soit enfin du sirop sulfo-phénique de Déclat. On a enrayé ainsi bien des épidémies qui menaçaient des populations.

Ce ne sont là cependant que des remèdes préventifs ; dans toutes ces maladies, le colon doit appeler le médecin dont la présence est indispensable.

On éviterait bien des maladies si on avait la précaution de se couvrir de laine pendant les journées de froid et de brouillard, et si on changeait de vêtements et de linge lorsque le corps est en sueur.

L'air chaud et humide n'est guère favorable à la santé. Sur tout le littoral algérien, on se trouve dans un air tiède auquel les vents qui viennent de la mer mêlent incessamment une certaine quantité d'humidité. C'est là que nous observons surtout le rhumatisme et cette anémie particulière à laquelle on a donné le nom de *Malaria*, espèce de fièvre de longue durée et difficile à guérir.

Lorsque la santé a reçu les atteintes de ce mal, il est indispensable de se couvrir de laine, d'habiter des endroits élevés, bien aérés et de changer d'altitude chaque année pendant les chaleurs énervantes de l'été. En dehors de ces précautions, la *Malaria* est incurable tant que le malade habite sur les bords de la mer.

On peut atténuer les effets pernicieux de l'air humide froid ou chaud en entretenant, dans les chambres à coucher, des vases contenant des morceaux de chaux vive, qui agissent en absorbant l'excès d'humidité contenue dans l'air, surtout pendant la nuit, précaution plus utile encore sur le bord de la mer.

II. Eaux. — La bonne qualité des eaux d'alimentation est une condition essentielle de la santé. Les colons n'y portent pas assez d'attention, quoique ce soit la boisson qui se prenne en plus grande abondance.

Les eaux de sources sont les meilleures même quand elles tiennent en dissolution quelques parcelles de sels qui les rendent un peu douces. Ce qui surtout importe, c'est qu'elles subissent le moins possible le contact de l'air avant leur consommation.

Dans les exploitations agricoles, l'eau est souvent charriée dans des tonneaux en bois et conservée pendant un ou plusieurs jours avant usage. Cette pratique est mauvaise, regrettable à tous les points de vue ; on ne pare à ses inconvénients qu'en entretenant les tonneaux dans un très grand état de propreté. Quelque peu abondant que soit le dépôt de vase qui se forme toujours, il est toujours nuisible en altérant, par la fermentation putride qui se développe, la qualité de l'eau, ce qui la rend impotable. Le mieux serait encore de décanter ces eaux dans de grandes jarres en terre vernissées intérieurement.

L'usage des filtres est si peu répandu dans la colonie que nous pouvons dire qu'il n'existe pas : c'est un mal. De tous les systèmes préconisés jusqu'ici le meilleur est toujours la fontaine à deux robinets en étain, en grès très dur et imperméable avec lame de grès poreux disposée obliquement dans l'intérieur. Cet appareil n'exige que très peu d'entretien : de temps en temps un brossage énergique des surfaces intérieures.

Les eaux qui contiennent en suspension des argiles, ou qui ont longtemps séjourné sur des vases où fermentent des matières végétales en décomposition, ne sont pas utilisables pour l'alimentation, à moins qu'elles ne soient bouillies et filtrées ensuite. Le colon, qui n'en a pas d'autre à sa disposition, ne doit pas négliger cette précaution.

Ces eaux malsaines occasionnent toujours des coliques, de la dysenterie, de la constipation si les eaux sont trop calcaires, de la fièvre intermittente. Leur usage prolongé est cause d'engorgements du foie et de la rate.

Nous devons aussi noter le danger, pour ceux qui ne filtrent pas leurs eaux, d'avaler des sangsues qui se fixent soit dans la bouche, dans l'arrière-gorge ou dans les fosses nasales. Nous ne mentionnons que pour mémoire le développement du ver solitaire si fréquent dans les villages algériens[1].

1. Le procédé de filtrage le plus rapide et le plus économique consiste à mettre au fond d'un entonnoir un tampon d'ouate ou coton hydrophile.

Il est facile de se débarrasser des sangsues lorsqu'elles ont un peu grossi. Il suffit, lorsqu'elles sont apparentes, de les toucher avec le crayon de nitrate d'argent, légèrement et avec précaution. Si on ne les aperçoit pas, on insuffle du sel de cuisine très fin et très sec dans le fond de la gorge ou dans les narines ; son contact direct force la sangsue à se détacher.

Les indigènes ont l'usage de goudronner toutes les eaux de boisson avec un goudron de pins qu'ils préparent eux-mêmes dans les forêts de cette essence. Ils doivent à cette pratique de résister à l'action nuisible de tant de mauvaises eaux dont ils font usage par paresse, malpropreté native, ou parce qu'ils n'en ont pas d'autres. Le goudron a pour effet de les préserver, dans une certaine mesure, des maladies du foie et de la rate, ce qui leur donne un teint jaune terreux. Le remède n'est efficace qu'à la condition cependant que les eaux ne sont pas tout à fait mauvaises. En certaines régions où les eaux sont saumâtres et laissent beaucoup à désirer sous le rapport de la qualité, les colons européens feraient sagement d'imiter les pratiques des peuples qui les ont devancés, et qui n'agissent ainsi que par suite d'une expérience plusieurs fois séculaire. Une cuillerée à café d'eau de goudron de Guyot par carafe ou litre d'eau serait suffisante.

Il existe beaucoup de stations d'eaux chaudes de température moyenne dans les trois départements algériens. Refroidies dans des bassins, certaines de ces eaux sont excellentes pour l'alimentation. Nous avons en outre les eaux chaudes de Remchi-Montagnac, d'Aïn-Tellout, des Ouled Sidi-Abdly, d'Aïn-Seghrouna, etc., les eaux très chaudes de Hammam-Bou-Hadjar, de la source La Reine près d'Oran ; de Rovigo, d'Hamman-Rhira, etc., dans le département d'Alger ; d'Hamman-Meskoutine, etc., dans celui de Constantine. Ces eaux ne sont pas utilisables pour l'alimentation ; les unes sont absolument pétrifiantes, les autres sont surchargées de sels magnésiens purgatifs.

Nous avons recommandé, dans les régions où il ne se rencontre pas d'eaux apparentes et où les eaux cachées sont à de trop grandes profondeurs, la création de citernes pour la réserve des eaux pluviales. En général, à défaut d'autre meilleure, l'eau de citerne est salubre à condition que le récipient soit entretenu dans un état de propreté irréprochable, et que l'on ait le soin de n'y laisser pénétrer que les eaux qui s'écoulent des toits préalablement bien nettoyés par une pluie abondante.

On ne s'étonnera pas si, dans les eaux de citerne les plus pures, on trouve une légère proportion de sel marin. Il est impossible qu'il en soit autrement sur le littoral où les vents mêlent aux eaux pluviales une poussière d'eau qu'ils enlèvent de la mer lorsqu'ils soufflent avec violence. C'est dans les régions exposées à l'Ouest et au Nord-Ouest que ces constatations ont toujours lieu. Ces particules salines ne nuisent en rien à la bonne qualité des eaux de citerne.

Quant aux eaux des rivières, canaux, torrents, les colons doivent bien se garder autant que possible d'en user pour l'alimentation, à cause des impuretés qu'elles contiennent et dont il est presque impossible de les débarrasser. On sait bien qu'en Algérie les rivières ne sont que des ruisseaux où s'abreuvent journellement, en été, tous les troupeaux de bœufs, de porcs, de chèvres, etc., etc., des habitants du voisinage, lesquels y déposent en même temps leurs déjections. Et tous les débris végétaux qui y pourrissent pendant toute la saison chaude ? Inutile d'insister sur ce sujet, ces faits sont connus de tous les colons.

Pour les mêmes raisons indiquées ci-dessus les eaux stagnantes des marais, mares ou marécages sont frappées d'une interdiction absolue. Non seulement ces eaux sont mauvaises pour l'alimentation, mais leurs émanations sont tellement délétères que le colon ne saurait construire son habitation dans leur voisinage sans s'exposer aux fièvres pernicieuses, à la *Malaria* et à bien d'autres maladies.

III. Le sol. — Il n'est pas indifférent pour le colon de construire sa maison d'habitation sur tel ou tel emplacement. Le choix est d'autant plus important que cette construction ne se déplace pas aussi capricieusement qu'un simple gourbi ou une tente arabe.

Le sol est argileux, argilo-marneux, sablonneux ou rocheux. Les deux derniers sont certainement ceux auxquels est due la préférence. Les premiers renferment souvent une trop grande proportion d'humidité qui prédispose les habitants à la fièvre, à l'anémie, au lymphatisme glandulaire. Ceux qui sont obligés d'habiter sur ou près de ces sols sont obligés de porter constamment des vêtements de laine, aussi bien en été qu'en hiver.

L'élévation au-dessus du niveau de la mer n'est pas, pour la salubrité d'un sol, chose indifférente ; il importe de toujours choisir ceux qui sont à une certaine élévation, de 200 à 500 mètres, ce sont les plus salubres. Mais il faut tenir compte de ce fait que certaines régions montagneuses doivent à leur orientation d'être hantées fréquemment par des brouillards diurnes et nocturnes ; le colon doit les fuir comme la peste. C'est ainsi que nous avons, en Algérie, des montagnes boisées, sites délicieux d'aspect et de fraîcheur, que des brouillards rendent absolument inhabitables presque en toutes saisons.

Les campagnards ont souvent la détestable habitude de se coucher sur le sol nu pour faire la sieste pendant les chaleurs de l'été. C'est fort dangereux, à cause des émanations telluriques qu'ils respirent et de l'humidité chaude dans laquelle ils dorment plongés. Les fièvres pernicieuses les plus graves, souvent mortelles, en sont la conséquence fréquente. Pourquoi n'imitent-ils pas les indigènes qui ont bien soin de se couvrir le corps d'épais vêtements de laine, et la tête d'un capuchon de laine ? Les riches Arabes se mettent sur des tapis d'Halfa ou de Palmier nain.

Quelque élevée que soit la température, le colon ne peut, sans risques pour sa santé, coucher dehors pendant la nuit, qui est toujours fraîche en Algérie en toutes saisons.

IV. Les habitations. — Le colon qui construit son habitation prépare lui-même ses malheurs s'il ne tient pas compte des quelques observations suivantes, fruit de l'expérience acquise en Algérie depuis la conquête.

La maison doit être construite sur un sol salubre à une altitude moyenne, ainsi que nous l'avons déjà indiqué. Autant que possible une cave en-dessous, qui assainira le rez-de-chaussée toujours humide lorsque le carrelage porte directement sur le sol. Cette disposition est bien plus nécessaire lorsque la maison n'a pas de premier étage ; dans ce cas une surélévation de 0,80 centimètres à 1 mètre au-dessus du sol extérieur est presque indispensable.

Les pièces intérieures seront suffisamment spacieuses et élevées de plafonds, suivant, d'ailleurs, l'usage auquel chacune est destinée ; plus elles seront vastes, mieux vaudra : l'air respirable s'y altèrera moins vite. Les chambres à coucher sont celles qui doivent disposer de plus d'air et des meilleures fermetures

Pour les portes et fenêtres le colon en mettra le moins possible, car il importe d'éviter les courants d'air toujours pernicieux. Il faut constater que ce conseil est rarement suivi; lorsqu'une maison est un peu grande, on y fait un corridor. Eh bien, le corridor c'est la mort, c'est la fièvre, l'ophtalmie, le rhumatisme, les névralgies, le rhume, etc., etc. Non pas parce que c'est un corridor, mais parce qu'étant ouvert à ses deux extrémités, il y circule constamment un air frais qui est recherché, sutout pendant les chaleurs, par tous les habitants de la maison, femmes et enfants. C'est cet air qui est ce qu'il y a de plus dangereux. Mieux vaut alors établir un plan de telle façon qu'il n'en existe pas. La maison mauresque ou kabyle serait préférable, sous bien des rapports, à nos maisons construites pour des climats froids ou tempérés. Il suffirait de quelques modifications en rapport avec nos manières de vivre.

La façade de la maison doit être orientée vers l'Est, avec une véranda courant sur toute sa longueur, formant avance de la largeur de 1 m. 50 environ. Les alentours doivent être carrelés et entretenus avec une excessive propreté; on éloignera les fumiers, immondices et débris de toutes sortes.

V. Alimentation. — Nous ne pouvons nous étendre longuement sur tout ce qui concerne l'alimentation du colon européen, cela nous entraînerait trop loin. D'ailleurs, le paysan est plus près de la bonne nature que le citadin. Tout est à sa disposition en toutes saisons : viandes fraîches, saines et variées, vin pur, souvent de très bonne eau, du lait, des œufs, des légumes et des fruits; que lui faut-il de plus? Il n'a rien à redouter des fraudeurs, des marchands peu scrupuleux qui vendent des marchandises avariées; il est lui-même le producteur de tout ce dont il a besoin pour l'alimentation. S'il est travailleur et surtout économe, il fera son pain lui-même et il sera préférable à celui du boulanger parce qu'il est plus nourrissant pour l'homme qui travaille aux champs.

Il s'en faut que les hygiénistes soient tous d'accord sur la meilleure nourriture pour l'homme; les uns défendent la viande, d'autres les légumes, d'autres, enfin, ne veulent pas entendre parler des fruits quels qu'ils soient. En attendant un accord, qui n'existera probablement jamais, le plus sage est encore de suivre les errements de nos devanciers et de s'alimenter au moyen de tout ce que la terre produit, usant de tout, n'abusant de rien. Nous ferons remarquer cependant qu'en Algérie il semble qu'il soit préférable d'accorder une prédominance aux légumes et aux fruits sur les viandes ; les hommes qui mangent trop de viande deviennent très rapidement obèses et sont sujets aux maladies goutteuses.

Les vins de la colonie sont très alcooliques ; leur consommation à l'état pur est une faute grave qui se paie plus tard lorsque l'âge s'avance. On doit les couper de plus de moitié d'eau, soit au repas, soit en dehors.

Les boissons alcooliques sous n'importe quelle forme : absinthe, apéritifs, vermouth, anisettes, etc., etc., ont tué plus de colons que les maladies qui relèvent du climat ou des accidents de travail. Il existe, dans chaque village algérien, beaucoup trop de débitants de boissons. On devrait bien le comprendre en haut lieu et se décider à prendre des mesures sévères pour enrayer le développement de l'alcoolisme. La santé du colon ne résiste à tous les assauts qui lui sont portés qu'à la condition de la plus grande sobriété. Les paysans, Arabes et Kabyles, donnent l'exemple : ils ne boivent que de l'eau très légèrement goudronnée et ils marchent comme des cerfs.

La facilité des communications permet à beaucoup de colons, peu éloignés des grandes villes, de se procurer de la glace naturelle ou artificielle. Alors on en voit beaucoup qui ne boivent plus que des boissons glacées avant, pendant et après les repas : toujours l'abus qui devient un grand dommage pour la santé. C'est à cet usage immodéré de la glace que beaucoup doivent l'anémie, la gastralgie et des maladies incurables du foie et de la rate. Quel remède apporter à cette détestable habitude ? Nous n'en connaissons pas.

L'usage du café mêlé à un peu de chicorée est plus supportable ici que sur le continent, encore est-il qu'il faut qu'il soit bon et pur, au lieu d'être ce breuvage noir sans nom qu'on sert dans beaucoup de cafés des villes.

Mais l'abus est mauvais, parce qu'il finit par engendrer la paresse de l'estomac. Il est pernicieux pour l'enfance, et cependant les mères n'hésitent pas à en faire prendre à leurs petits enfants en guise de soupe. Qu'arrive-t-il ? Lorsque ces bébés sont atteints de diarrhée, dysenterie, fièvre muqueuse ou de toute autre maladie intestinale, le médecin est impuissant à les guérir. L'estomac refuse tout remède ; aucun ne peut plus l'influencer.

Cette regrettable pratique est surtout répandue chez les Espagnols. Nous prévenons les colons du danger qu'elle comporte, c'est tout ce qu'il nous est possible de faire.

VI. Des enfants. — Nous croyons devoir ajouter à ce qui précède quelques notions dont la connaissance est utile pour les colons paysans qui n'ont pas le médecin à proximité de leurs exploitations agricoles.

Les enfants sont la fortune du paysan qui ne doit pas craindre d'en avoir beaucoup ; ils seront les plus sûrs soutiens de sa vieillesse, s'il sait les élever comme il convient, c'est-à-dire dans l'amour du travail, le respect de la famille et de la haute morale ; ces enfants ne hanteront guère les tribunaux.

En Algérie, la petite enfance, c'est-à-dire la période pendant laquelle le lait de la mère constitue la nourriture presque exclusive de l'enfant, est particulièrement pénible à passer ; dans certaines régions surtout, la mortalité des petits enfants est réellement effrayante. Dans toutes, on peut dire qu'une mère n'a quelque certitude de garder son enfant que lorsqu'il approche de cinq ans. Les raisons, qui, en dehors du climat, créent cette situation sont assez nombreuses.

C'est surtout pendant les périodes de dentition, marquées par de réelles souffrances, que les enfants sont assaillis par les maladies auxquelles leur état de faiblesse les empêche trop souvent de résister.

Il faut porter une très grande attention aux plaintes et cris de ces petits êtres, et ne jamais oublier d'en rechercher la cause pour la combattre. Faut-il que nous recommandions aux mères de s'assurer tout d'abord que toutes les pièces d'habillement, souvent trop nombreuses dans ce pays qui est chaud, ne portent aucune gêne et que des épingles ne piquent pas les tissus ? Et la vermine : puces, punaises, poux, qui infestent toute la colonie pendant presque toute l'année ? Il n'est pas insignifiant que l'on s'en occupe, nous avons vu des enfants pris de convulsions qui n'avaient pas d'autres causes. L'absence de fièvre, de chaleur à la peau, la régularité des fonctions sont autant de présomptions pour que les cris n'indiquent pas un état maladif.

Dans le cas contraire, c'est-à-dire si la fièvre est intense, si l'enfant a dépassé deux ans et en l'absence du médecin, on peut donner un granule d'émétique, à un centigramme dissous dans une cuillerée à café d'eau un peu tiède et sucrée. On renouvellerait six heures après s'il n'y avait pas d'amélioration. En mettant l'enfant dans son berceau et lui donnant de l'eau miellée chaude, il est possible d'attendre la visite du médecin.

Nous ne saurions trop insister sur la qualité du lait. En Algérie, on élève fort difficilement les enfants au biberon, principalement dans les régions où il n'existe pas de lait de vache. Encore est-il nécessaire de bien se rendre compte de la santé des vaches laitières, fort sujettes à la tuberculose. Le lait de chèvre passe pour être fiévreux.

A noter la criminelle habitude qu'ont les nourrices, et malheureusement aussi des mères de familles, de donner aux enfants qui pleurent, pendant la nuit, des décoctions de tête de pavot. Cet usage, si répandu parmi les femmes espagnoles, occasionne presque toujours la mort des enfants qui succombent à une inanition d'un caractère spécial contre laquelle la lutte du médecin est devenue absolument inutile. Ces faits ont été, et sont encore constatés tous les jours par les médecins de colonisation. C'est encore à cet usage que nous devons la gravité extrême, chez ces enfants, de ces fièvres muqueuses légères qui guériraient si rapidement et si facilement avec un régime émollient ordinaire.

Nombre de parents, même des Français, ont pour habitude de donner du vin aux enfants. Nous les avertissons que rien ne leur est plus contraire ; le vin et tous les alcooliques ne sont d'aucune utilité pour le développement des forces de l'enfance et même de la jeunesse : la croyance du contraire est une erreur des plus grossières. Les Algériens ont en face d'eux toute une race qui leur fournit la preuve vivante, et bien vivante, des bons résultats de la grande sobriété et l'abstinence des boissons fermentées à tout âge de la vie. On n'élève de beaux et solides enfants qu'avec de l'eau pour toute boisson.

Les Arabes et les Kabyles n'ont dû qu'à cette cause la conservation de leur race sur le sol africain.

VII. En attendant le médecin : soins urgents. — Il y a des cas de maladies et des accidents qui réclament des soins presque instantanés. En l'absence du médecin, souvent pour cause d'éloignement, les colons pourront se livrer aux pratiques suivantes :

Ophtalmie aiguë. Maladie terrible, subite et extrêmement douloureuse. 1° Laver les yeux abondamment et souvent avec de l'eau la plus chaude possible ; on y mêlera des fleurs de mauve ou de sureau, si c'est possible. 2° Employer le collyre suivant :

Eau distillée........................	30 grammes
Sulfate neutre d'atropine............	0,10 centigrammes

Cinq gouttes dans les yeux malades, de demi-heure en demi-heure. On s'arrêtera lorsque la douleur aura disparu et alors que la pupille sera très dilatée. On attendra ensuite le médecin sans crainte d'aggravation.

Ce collyre ne doit s'employer chez les enfants au-dessous de dix ans qu'avec les plus grandes précautions.

Chez les enfants en bas âge ce sont plutôt les paupières qui sont malades ; il vaut mieux administrer des soins de propreté et prévenir le médecin.

Nous croyons devoir prémunir les colons contre le détestable usage de l'eau de pavot pour calmer les douleurs des ophtalmies. C'est tout le contraire qui se produit et les malades en souffrent atrocement.

Maladies intestinales. Les coliques sont très fréquentes en Algérie ; les malades atteints n'attendent guère patiemment ; elles sont occasionnées le plus communément par trois causes principales : 1° maladies du foie ; 2° maladies des intestins avec la diarrhée cholériforme ; 3° la constipation opiniâtre.

1° Pour la colique hépatique, on fait coucher le malade, on lui donne à boire une cuillerée à bouche de très bonne huile d'olives ou une cuillerée à café de glycérine anglaise pure à 28°, puis un verre de tisane chaude miellée, orge ou bois de réglisse. Puis, frictions sur la région douloureuse, pendant cinq minutes, avec de l'huile de camomille camphrée. Couvrir enfin d'un cataplasme émollient, d'ouate ou de lainages épais.

2° Pour les tranchées occasionnées par la diarrhée ou la

dysenterie, donner au malade un cachet contenant un demi-gramme de thériaque de Venise[1] et un verre de tisane émolliente chaude; renouveler une demi-heure après si les douleurs ne cessent pas. On peut donner jusqu'à six cachets pour un adulte.

3° Pour la constipation ordinaire, une bouteille d'eau de Seldtz préparée avec un litre d'eau bien sucrée et fraîche, puis trente grammes de sulfate de magnésie, est le remède suffisant que le malade prendra par demi-verre de vingt en vingt minutes, puis un bol de bon bouillon de viande bien préparé et chaud.

Lorsque la constipation est opiniâtre, comme il arrive souvent chez ceux qui mangent beaucoup de figues de Barbarie, il faut avoir recours à l'émétique : 5 granules d'un centigramme chacun dans un litre d'eau sucrée à prendre par demi-verre chaque quart d'heure. Ce moyen est réellement héroïque.

Brûlures. — Accident des plus fréquents. Les colons doivent toujours avoir, dans leurs maisons, une bouteille d'un, et mieux, deux litres, contenant de l'eau de chaux préparée avec un morceau de chaux vive mise en contact avec l'eau qui remplit la bouteille. Pendant les premiers jours, on agite fortement la bouteille et on obtient ainsi une eau claire chargée de chaux et un lait de chaux en dépôt. On mêle cette eau avec partie égale d'huile ordinaire et on agite fortement; on obtient ainsi une crème blanche épaisse. Étendue sur de l'ouate hydrophile, c'est le meilleur remède contre les brûlures à tous les degrés.

Hémorrhagies. Voilà un accident qui n'attend guère et qui peut être rapidement mortel. Lorsqu'une hémorrhagie est occasionnée par une plaie, il ne faut pas hésiter à appliquer un tampon d'ouate phéniquée chargé de poudre de tannin, recouvrir d'une bande et appliquer une bande qui doit serrer suffisamment.

L'hémorrhagie nasale réclame un soin tout particulier : on pince, entre le pouce et l'index, toute l'extrémité cartilagineuse du nez jusqu'à l'extrémité inférieure de la charpente osseuse ; maintenir cette compression pendant une ou deux minutes, plus s'il le faut, puis tamponner l'intérieur des narines avec de l'ouate hydrophile imbibée de jus de citron ou de solution mimo-tannique de

1. On peut remplacer la thériaque par la poudre de diascordium facile à mettre en cachets de 0,25 centigrammes.

Brenta, d'Alger. Repos absolu, en décubitus dorsal ou latéral. Ne pas négliger d'appeler le médecin après les premiers secours. Il faut se méfier des hémorrhagies.

Panaris. Affection très douloureuse qui entraîne souvent la perte de tout ou partie des doigts. Le panaris est très fréquent chez les colons surtout au moment des récoltes. Le meilleur remède, en attendant le médecin, est encore d'user d'une pratique recommandée par le Dr Gaucher et qui donne les plus heureux résultats : Badigeonner le doigt malade avec un tampon d'ouate hydrophile trempée dans une solution d'iodol dans le collodion (1 gramme d'iodol, collodion, 10 grammes). L'usage d'une solution très concentrée de nitrate d'argent (5 grammes, eau distillée, 15 grammes), est le remède héroïque recommandé par le Dr Gaucher pour le panaris, mais il faut qu'il soit appliqué par le médecin lui-même.

Piqûres et morsures. Les serpents, vipères, scorpions, etc., ne sont que trop répandus dans la colonie. Il est certaines régions où il est toujours prudent de retourner une pierre des champs avant d'y porter la main ; presque toutes recouvrent des scorpions dont la piqûre est extrêmement douloureuse. Pour les serpents, il en est dont la blessure est mortelle ; certaines morsures occasionnent des accidents réellement redoutables : douleurs excessives, œdème dur des membres et du tronc, infiltrations ecchymotiques très étendues.

Le pansement doit être le plus immédiat possible : 1° Cautérisation du point lésé avec le crayon de nitrate d'argent (pierre infernale) ; 2° frictions sur tous les tissus environnants avec un tampon d'ouate hydrophile imbibée de solution de sublimé à 0,50 centigr. par 1.000 gr. d'eau ; 3° couvrir d'une ouate imbibée d'eau phéniquée ; 4° terminer par l'application d'une bande de linge de toile ou de coton maintenue par une bande un peu serrée.[1]

Dans la grande majorité des cas, ce pansement est suffisant. Les morsures de chiens donnant toujours des doutes, il faut toujours leur appliquer le même système de pansement.

Empoisonnement. Ce sont les champignons qui occasionnent les plus fréquents, on peut dire aussi les plus à craindre.

1. Voir aussi le traitement indiqué p. 806.

Quelle que soit la cause, la première indication consiste à administrer au malade un vomitif d'émétique (0,05 centigr.). Puis donner à boire abondamment une tisane tiède émolliente ou aromatique.

Il faut, pendant ce temps, se hâter d'appeler le médecin.

Fièvre palustre. Le paludisme est une maladie infectieuse qui sévit principalement sur les travailleurs de la terre. Cette affection n'est pas seulement localisée aux contrées basses et marécageuses, on la voit apparaître dès que l'on remue le sol et au moment des irrigations.

Le colon doit redouter cette maladie qui lui enlève force et courage et est souvent la cause de son insuccès.

La fièvre *intermittente*, *rémittente* et la fièvre *pernicieuse* sont les premières manifestations du paludisme.

Contre l'accès *pernicieux*, avoir en réserve plusieurs grammes de *sulfate de quinine* pour l'administrer à doses élevées.

L'insolation, le refroidissement, les boissons glacées, l'alcool en excès, les écarts de régime, etc., prédisposent au paludisme.

VIII. Pharmacie agricole. — Il est de première nécessité qu'une exploitation agricole soit munie d'une boîte de secours contenant les objets suivants dont nous avons fait mention dans ces quelques pages. Nous comprenons qu'un pauvre paysan n'ait pas la possibilité de se procurer, de conserver chez lui et même d'user de toutes ces ressources. C'est pourquoi nous estimons qu'il serait utile de confier ce soin au curé de campagne qui se trouve encore plus près du colon que le médecin. On pourrait, dit-on, mettre cette boîte dans les mairies, mais ceux qui conseilleront cela n'ont pas la pratique de la colonie.

ÉTAT DES PRODUITS ET OBJETS

COMPOSANT UNE BOITE DE SECOURS DANS UNE EXPLOITATION AGRICOLE

1. 1 boîte granules Charles Chanteaud, émétique à un centigr.
2. 2 boîtes granules Sulfhydral de Charles Chanteaud.
3. 2 boîtes de sinapismes Rigollot, en feuilles.
4. 250 gr. solutions par parties égales de glycérine et acide phénique (20 gr. par litre pour eau phéniquée).

5. 10 doses d'un gramme chacune de poudre d'ipéca.
6. Chaux vive, quelques morceaux.
7. 1 crayon de nitrate d'argent.
8. 500 gr. sel marin en poudre fine et sèche.
9. 2 flacons goudron Guyot.
10. 1 kilog. pyrèthre en poudre.
11. 1 kilog. miel fin bonne qualité.
12. 2 litres eau distillée.
13. 1 boîte granules de sulfate d'atropine à un demi milligr. chaque.
14. 1 litre glycérine anglaise pure.
15. 1 kilogr. bois de réglisse ratissé.
16. 500 gr. huile camomille camphrée.
17. 250 gr. ouate hydrophile.
18. 250 gr. ouate phéniquée.
19. 50 gr. thériaque fine de Venise.
20. 1 kilog. sulfate de magnésie.
22. 125 gr. tanin en poudre cristalline.
23. 1 cahier papier de sublimé de Balme.
24. Bandes assorties.
25. Pièces de toile.
26. Amadou.
27. 2 flacons solution usage externe de Mimo-tannique de Brenta, d'Alger.
28. Sulfate de quinine, 20 paquets d'un gramme chaque.

Il serait bon de s'adresser, pour la confection de cette boîte, à un droguiste en gros.

CHAPITRE XII

BÉTAIL ET ÉLEVAGE

Le Bœuf.

La race bovine de l'Algérie forme un groupe naturel dont l'aire géographique, s'étendant du versant océanien de l'Atlas à la Tripolitaine, occupe toute la région comprise entre la mer et la limite nord des Hauts Plateaux à laquelle il faut adjoindre la région de Sétif qui est considérée comme appartenant au Tell.

Pour les uns (M. Baron), c'est une entité ethnique ; pour les autres et particulièrement pour le savant zootechnicien M. Sanson, ce n'est qu'une variété de la *race ibérique* dont l'aire géographique comprend la Péninsule Ibérique et les anciens États barbaresques du Nord-Ouest de l'Afrique.

Quoi qu'il en soit, les divers représentants de l'espèce bovine en Algérie appartiennnent tous bien à la même espèce, au même type. Ils ont en commun un ensemble de caractères bien tranchés, se transmettant par hérédité avec une fidélité à l'abri de toute défaillance. Mais ce même type peut, suivant les conditions de milieu, d'habitat, de climat, d'alimentation, présenter des variations qui sont plutôt inhérentes au milieu que propres à l'individu. Ce sont ces différences qui constituent les *variétés* dont on peut distinguer un nombre plus ou moins considérable : parmi ces variétés ou sous-races, deux seulement doivent retenir plus particulièrement l'attention : celle dite de Guelma et celle du Maroc occidental.

Caractères de la race. Nous ne saurions mieux faire que de reproduire la description magistrale que Magne en a donnée.

« Si les bêtes de l'Algérie manquent de taille, elles sont d'une rare perfection de formes : corps petit, trapu, assez long, côtes rondes, garrot épais, poitrail large et bien sorti, abdomen peu développé, flanc court, épine dorso-lombaire large et bien soutenue, croupe bien musclée, fesses et cuisses charnues et descendant près des jarrets, tête moyenne, plutôt forte, cornes relevées, arquées ; peau épaisse, pelage généralement foncé, jambes et têtes noirâtres, côtes et dos de couleur fauve, grisâtre ou rouge. On voit assez souvent des animaux couleur pie ».

Nous ajouterons qu'on en rencontre également à robe bringée.

Membres d'aplomb à articulations larges, forts au-dessous du jarret et du genou, sabot à corne dure, noire.

Tels sont les Bovidés de l'Algérie les plus répandus.

La taille varie entre 1 m. 15 et 1 m. 20. Les vaches sont mauvaises laitières ; c'est à peine si elles donnent, dans les conditions souvent misérables où elles se trouvent placées, de quoi nourrir leur veau. Dans le département d'Oran, le type est moins régulier, mais un peu plus volumineux et de taille plus élevée, 1 m. 20 à 1 m. 25.

SOUS-RACE DE GUELMA

Entre Guelma et Jemmapes et dans toute la région à l'Est de cette ligne et en Kroumirie, se trouve un pays montagneux et élevé où pousse une herbe de qualité nutritive plus grande que dans les terres de plaines et de plateaux.

C'est le berceau de Bovidés dont les caractères zootechniques tranchent assez sur ceux de la race à laquelle ils appartiennent pour qu'on les considère comme formant une sous-race.

En Algérie, on la désigne sous le nom de *race de Guelma* ou de *Cheurfa*; à Marseille, on désigne ses représentants sous le nom de *bœufs de Bône* (port d'exportation).

Elle n'est pas rigoureusement cantonnée entre les deux points sus-indiqués. Elle s'étend au delà où elle se croise avec des animaux indigènes qui lui sont inférieurs.

Caractères. Tête relativement petite, carrée, chignon à poils légèrement ondulés, front un peu déprimé ; chanfrein large, mufle noir bordé d'une bande claire de 4 à 5 centimètres de largeur ; yeux pourvus de cils noirs et quelquefois longs ; chevilles osseuses implantées perpendiculairement et soutenant des cornes blanches à la base et noires à l'extrémité, légèrement contournées en avant et en haut; poitrine cylindrique; dos et reins relativement longs; queue claire terminée par un bouquet de poils noirs; croupe large, fesses bien musclées, membres bien d'aplomb et *fins* au-dessous du jarret et du genou; peau fine.

Les bœufs sont très bons pour le travail, durs à la fatigue et sobres. Les vaches donnent de 3 à 6 litres de lait par jour, celles qui vont jusqu'à 8 et 10 litres ne sont pas très rares, mais celles qui en donnent 12 le sont.

Les bœufs s'engraissent facilement : ceux de 8 à 10 et 12 ans, bien engraissés, donnent de 180 à 200 kilogr. de viande nette. La moyenne est de 160 à 180 kilogr. (M. Emery).

Les signes distinctifs du *Guelma* portent sur la finesse de la tête qui se rapproche de la brachycéphalie et sur la gracilité des extrémités. Le squelette est plus affiné, moins volumineux que chez les autres Bovidés du même groupe, condition recherchée pour la production de la viande.

Les vaches possèdent, en outre, un caractère typique qui leur est propre, une aptitude laitière relative.

Avec de pareilles qualités la sous-race de Guelma est appelée à jouer un rôle important dans les entreprises d'amélioration basées sur la sélection.

*
* *

Aptitudes. Si, à leur remarquable conformation, les Bovidés d'Algérie joignaient une taille plus élevée et un corps plus volumineux, ils tiendraient un rang très honorable parmi leurs congénères d'Europe qui se font remarquer par leur faculté à produire du travail et de la viande.

Tels qu'ils sont, ils possèdent à un haut degré ces aptitudes, mais celles-ci, ne pouvant s'accroître chez eux que proportionnellement à leur volume, se trouvent naturellement restreintes.

Jamais, si énergique qu'il soit, un bœuf algérien pesant 250 kilogr. sur pied ne pourra produire un effort de traction que fournirait un Salers de 600 kilogr.

Mais, ce que l'on peut affirmer, sans être taxé d'exagération ni de chauvinisme, c'est que, toute proportion gardée, l'avantage, en tant que bête de travail, resterait au bœuf algérien sur celui de Salers, *si l'endurance et la sobriété* entraient en ligne de compte dans l'appréciation de l'aptitude que nous envisageons chez les représentants de ces deux races.

Sobriété, rusticité, vigueur, agilité, telles sont les qualités primordiales des Bovidés algériens. Et ils ont besoin d'en être doués pour trouver leur nourriture dans le pays désolé qu'ils parcourent dans certaines saisons et pour traîner, le ventre plus ou moins vide, l'araire du laboureur indigène.

Mais quand, après ce jeûne prolongé, l'herbe printanière pousse, quel changement à vue se produit chez ces admirables bêtes ! Quelques semaines suffisent pour les mettre en état et quelques autres pour les amener à un degré d'engraissement convenable.

Le bétail algérien est fait pour les pâturages les plus arides. La loi d'adaptation au milieu reçoit ici sa démonstration la plus complète. Il ne faudrait pas le perdre de vue dans les opérations d'amélioration à entreprendre.

Celles-ci devront toujours être dominées par la préoccupation de ne pas rompre l'équilibre qui doit exister entre les ressources alimentaires dont on dispose et les exigences des sujets destinés à les consommer.

Ce que l'expérience a démontré, ce que connaissent les colons algériens, c'est la facilité avec laquelle le gros bétail algérien élabore les aliments les plus médiocres et son aptitude marquée à produire proportionnellement beaucoup de viande de bonne qualité.

Le cultivateur aura toujours en lui sous la main un élément précieux pour utiliser avantageusement ses ressources fourragères obtenues par les moyens de culture les plus élémentaires.

Il fera sagement de s'en contenter jusqu'au jour où il aura réalisé des progrès culturaux qui lui permettront d'améliorer parallèlement le bétail de son exploitation. L'amélioration du bétail d'une région est intimement liée au progrès de son agriculture : l'un ne va pas sans l'autre.

En somme, les aptitudes au travail et à la production de la viande sont très marquées chez les animaux d'espèce bovine. Seule l'aptitude laitière fait défaut et encore est-elle susceptible d'un certain développement chez les représentants de la variété de Guelma.

Choix du bœuf de travail, entretien, engraissement. Dans le choix d'un bœuf de travail il faut rechercher la taille, l'ampleur des formes et l'âge adulte. Un bœuf indigène n'est complètement *fait* qu'à six ans, car s'il y a d'ordinaire corrélation dans les races bovines entre la précocité et la tendance à l'engraissement, ce rapport semble ne pas exister chez les Bovidés algériens.

Les alternatives de disette et d'abondance, de disette surtout, qu'ils subissent, entravent leur développement. Ce n'est guère qu'à l'âge de 6 ans que celui-ci est complet chez les animaux soumis au régime d'une alimentation irrégulière et trop souvent insuffisante.

Il est cependant très probable que la précocité serait bientôt récupérée si les animaux, dès leur jeune âge, recevaient une nourriture régulière et abondante.

C'est après un séjour plus ou moins prolongé dans une exploitation agricole où il est employé au labour, qu'un bœuf adulte de 5 à 6 ans atteint son maximum de développement et devient le laboureur hors pair que l'on connaît.

Si l'on n'exige pas de lui un excès de travail et qu'on lui donne sans trop de parcimonie des fourrages même médiocres, non seulement il s'entretient en bon état mais encore il engraisse. Et si on le met à l'engrais en lui donnant du fourrage à volonté et une faible ration de grain, on l'amène facilement à donner 180 kilogr. de viande nette.

Ces bœufs de *colons*, progressivement amenés et sans à-coup à un degré d'engraissement convenable, sont en général consommés sur place pendant l'hiver et vendus pour cette destination à un prix très avantageux.

En somme, le régime alimentaire auquel sont soumises les bêtes de travail est des moins variés. Il consiste, dans la plupart des cas, en fourrage et en paille qui suffisent à les maintenir en état. Le marc de raisin non distillé, ou même ayant subi cette opération, peut être avantageusement utilisé, mélangé aux résidus de paille obtenus par le battage à la machine.

Dans beaucoup d'exploitations les marcs sont ainsi utilisés et les bœufs en sont très friands.

Le Maïs ensilé, fauché en vert, fournirait un excellent aliment pour les bœufs de travail. Nous avons vu des bœufs kabyles en très bon état travaillant huit heures par jour, nourris exclusivement avec du Maïs ensilé. Or le Maïs vient bien dans les terres légères et fraîches, excepté dans les années de sécheresse. Sa culture et son ensilage doivent être répandus. Une ressource alimentaire à la portée de tous c'est aussi la culture de céréales récoltées en vert. (Région marine, seulement.)

Au point où la colonie en est arrivée aujourd'hui, l'expérience acquise aidant, il est peu probable que si des années calamiteuses comme 1881, par exemple, arrivaient, elles prissent les cultivateurs au dépourvu et les missent dans l'obligation de vendre leur bétail à vil prix pour ne pas le voir mourir de faim.

Ceux qui ont assisté au lamentable spectacle que présentait, en 1881, le pays dépourvu de toute trace de végétation et semé de cadavres d'animaux, attachent un certain prix aux réserves alimentaires. Combien eût-on payé, dans certaines exploitations, une meule de vieille paille, même un peu avariée ?

En rappelant ce triste souvenir nous n'avons en vue que d'engager les colons à avoir toujours en réserve, pour le bétail, de la nourriture pour deux ou trois ans dans les régions sèches.

Cependant si, d'aventure, à la suite de circonstances analogues, quelques-uns se trouvaient embarrassés, nous les engageons à se souvenir que les sarments de vignes hachés constituent un aliment dont la valeur nutritive n'est pas à dédaigner.

Dans le département d'Oran, certains vignerons, qui n'ont pas de terrain à affecter à la culture des céréales, remplacent avantageusement la paille par des sarments hachés à la machine. Un propriétaire distingué de Lourmel entretient ses chevaux et ses bœufs de travail avec cet aliment auquel il ajoute, pour les chevaux, une petite ration d'avoine, et pour les bœufs, quelques jointées de fourrage.

Une autre plante alimentaire qui emmagasine de l'eau et des albuminoïdes et du sucre, le Cactus inerme, peut fournir un appoint utile à l'alimentation du bétail en cas de disette.

En 1881, dans une grande exploitation des environs d'Oran qui comptait 150 têtes de gros bétail de race croisée arabe-française, des feuilles de Cactus coupées en morceaux, additionnées de quelques pincées de sel marin et distribuées à la dose de 6 à 7 kilog. par jour et par tête, sauvèrent le troupeau de la famine. Pas un seul cas de mortalité ne survint chez ces animaux qui reçurent exclusivement cette nourriture pendant plus de 60 jours.

Engraissement des bœufs. Nous venons de voir que les bœufs de labour convenablement nourris s'engraissent progressivement tout en travaillant. Arrivés à un certain degré d'engraissement, variable du reste, suivant les circonstances, ils vont à leur destination dernière, la boucherie.

Engraissement au pâturage. En Algérie, dans la grande majorité des cas, les Bovidés sont engraissés au pâturage au printemps. L'herbe est leur aliment de prédilection et ils l'élaborent et se l'assimilent avec une facilité remarquable. Quand les herbages sont abondants ils transforment rapidement le bétail.

En trois mois, quelquefois moins, des animaux d'une maigreur approchant de la misère physiologique, atteignent l'état d'embonpoint qui leur assure le débouché.

Achetés vers la fin de l'été ou pendant l'automne ils s'entretiennent tant bien que mal, d'abord dans les chaumes dont la primeur a été souvent réservée aux moutons, puis dans les terrains accidentés laissés en friche ou lacustres.

Ce régime, qui est parfois un jeûne relatif, met en relief leurs hautes qualités de sobriété et d'endurance. Ce sont surtout les jeunes taureaux de 2 ans à 2 ans 1/2, castrés vers la fin de l'automne, qui résolvent le difficile problème de se nourrir dans certains parcours où le palmier nain, le lentisque, des chardons et quelques graminées séchées sur pied sont toute la flore. Ils s'en contentent cependant jusqu'à la poussée de l'herbe.

Achetés pour 50 à 70 francs, à raison de 0 fr. 40 ou 0 fr. 50 le kilogr. sur pied, ils font au printemps (avril, mai, juin), des petits bœufs de 90 à 100 kilogr. et sont vendus à Marseille de 1 fr. 10 à 1 fr. 20 le kilogr. net.

Ces jeunes bœufs d'herbe sont produits surtout dans le département de Constantine. Ils sont très recherchés à Marseille où ils sont connus sous le nom d'Agemis et font prime sur les produits similaires d'Alger et surtout d'Oran.

Ce mode d'engraissement est de beaucoup le plus répandu et s'applique aussi à des bœufs adultes, qui sont tous d'origine marocaine, en Oranie. Les résultats qu'il donne sont en général avantageux. Pour le rendre plus productif et plus sûr il faudrait (ce que réalisent déjà plusieurs agriculteurs européens) abriter les animaux pendant les jours rigoureux de l'hiver et leur donner un faible supplément de nourriture.

Le choix des sujets a aussi son importance. Il faut rechercher les taurassins de belle venue, vigoureux, et écarter ceux rabougris, *ayant souffert dans leur jeune âge*, presque toujours parce qu'ils sont nés hors saison.

Quant aux adultes, il est essentiel qu'ils aient l'appareil dentaire en bon état pour qu'ils puissent tirer parti des maigres pâturages d'hiver. Cette condition est essentielle ; on ne saurait la négliger.

Engraissement à l'étable. Il ne saurait être question, ici, des bœufs de labour, nourris dans les exploitations agricoles, qui atteignent, tout en travaillant, un état d'embonpoint voisin de l'engraissement. Ceux-là, il suffit de les laisser au repos quelques semaines avant la vente, en leur donnant de 10 à 12 kilogr. de bon fourrage et, si on le peut, une faible ration de grain (maïs, orge ou avoine), ou de tourteau.

Nous avons en vue spécialement les opérations d'engrais pratiquées sur une certaine échelle, à l'étable, sur des bœufs achetés pour cette destination Elles ne sont pas très usuelles et nécessitent des frais d'installation, une main-d'œuvre particulière et des réserves alimentaires variées.

Autant que possible, il faut que les sujets mis à l'engrais ne soient pas trop débilités et n'aient pas eu trop à souffrir antérieurement du manque de nourriture : on doit les rechercher *en demi-chair*. En cet état, le tube digestif fonctionne bien et les aliments sont utilement élaborés. L'atonie de cet appareil est appréciable chez les sujets très maigres qui rendent intacte une partie de la ration de grain qui leur est donnée.

S'il y avait avantage ou nécessité à utiliser des animaux très maigres, il faudrait, avant de leur donner la *ration*, les soumettre à une sorte de régime transitoire destiné à relever un peu les forces de l'organisme épuisé. Il faut, en un mot, par une gymnastique fonctionnelle graduée du système digestif, l'amener à remplir intégralement son rôle d'assimilateur.

C'est pour ce genre d'engraissement à l'étable que l'on devrait faire appel au maïs ensilé et à la luzerne quand on dispose de terres irrigables. La betterave serait aussi très utilement employée surtout au début de l'opération.

Dans la plupart des cas, on supplée à ces denrées par du fourrage, le meilleur dont on dispose, soit naturel, soit artificiel. Ce dernier est fourni par l'avoine coupée en vert quelque temps avant la maturité. Quand il est bien récolté, fauché à point, il constitue un aliment de premier choix.

La ration supplémentaire peut être fournie par la caroube, donnée concassée à la dose journalière de 6 kilogr. ; par le maïs, l'orge et l'avoine donnés à raison de 3 kilogr. par jour.

Le maïs, qui est la denrée la plus employée, doit se donner concassé et échaudé à l'eau bouillante quelques heures (5,6) avant le repas. C'est un moyen de le rendre plus assimilable et d'une distribution plus facile et plus économique. On l'additionne de quelques pincées de sel marin.

L'orge et l'avoine pourraient, le cas échéant, être aussi concassées ou aplaties.

Les tourteaux pourraient être utilisés avec avantage si leur prix de revient était moins élevé. Mais, tant qu'on peut se procurer de l'orge à la récolte à raison de 9 à 10 francs le quintal, ou le maïs à 12 ou 13 francs, il n'y a pas lieu de recourir à des denrées exotiques.

La base du régime de l'engrais à l'étable consiste en fourrages de bonne qualité.

L'expérience apprend que pour engraisser un bœuf de 150 kilogr. net en demi-chair et l'amener au poids de 200 kilogr., il faut lui faire consommer 8 quintaux de bon fourrage et 350 kilogr. de grains pendant la durée de l'opération qui est de 70 à 80 jours. En évaluant à 4 fr. les 100 kilogr. la première de ces denrées et à 13 fr. les 100 kilogr. la deuxième, on aura dépensé 70 fr. au minimum, non compris l'intérêt du capital employé à l'opération, le loyer du local et les frais de main-d'œuvre.

Sans entrer plus avant dans ces calculs, d'ailleurs approximatifs, il est facile de concevoir que les *bœufs d'herbe* sont loin de nécessiter de pareils frais pour atteindre un degré d'engraissement presque aussi avancé que les précédents.

Le gardiennage est facile et peu coûteux et les pâturages sont cotés par les herbagers à raison de 10 fr. par tête et par mois. La durée de l'engraissement étant de 2 mois 1/2 environ, il est facile de se rendre compte du prix de revient.

Aussi, tandis que les bœufs d'herbe trouvent à Marseille un débouché avantageux quand ils sont vendus au prix de 120 fr. le quintal net et même à moins, ceux d'étable, à ce prix-là, entraînent une perte sensible.

Il faut donc à ces derniers un débouché spécial : la proximité d'un centre important. Il faut, en outre, qu'ils soient livrables à la boucherie à une saison déterminée : l'hiver, de décembre à mars, alors que la viande grasse est recherchée à cause de sa rareté. Il n'est pas rare de voir à cette saison la bonne viande atteindre le prix de 1 fr. 35 à 1 fr. 40 le kil. A ce prix-là l'engrais à l'étable devient rémunérateur.

Pour s'y livrer on devra choisir les sujets pouvant, par leur taille et leur volume, produire le plus de viande possible, de 160 à 180 kil. net au minimum.

Dans les environs d'Oran, des entreprises de ce genre se font sur une assez vaste échelle. Elles portent sur des bœufs marocains dont quelques-uns atteignent le poids de 250 kilogr. net.

Ce mode d'engraissement n'est ni à conseiller ni à condamner. Il est subordonné à des circonstances qui peuvent le rendre onéreux ou lucratif. Il appartient aux propriétaires, qui sont bons juges quand leur intérêt est en jeu, d'apprécier s'ils doivent l'adopter ou le rejeter.

Élevage.

A. Chez l'indigène. « Que celui qui t'a créé te nourisse, » telle est, dans toute sa simplicité, la formule de l'Arabe en matière d'élevage. Il s'y conforme scrupuleusement, il faut le reconnaître. Chez lui, les animaux vivent en toute promiscuité et si la nature n'y mettait bon ordre, les accouplements se feraient en toute saison et les produits naîtraient à des époques où le manque de nourriture laisserait taries les mamelles des mères.

Néanmoins les mises bas hors saison ont lieu dans la proportion de 15 à 20 p. 100.

Les produits ainsi nés sont ceux que l'on aperçoit chétifs et malingres, rôdant l'été autour de la zeriba, lesquels donnent ces taurassins rabougris, détestables bêtes d'engrais, rebutées sur les marchés.

Cependant, guidées par leur instinct, les mères ne prennent en général le mâle qu'en avril, mai, juin, et les naissances ont lieu de décembre à mars.

Une fois né, le jeune veau se développe plus ou moins, suivant qu'on lui laisse avec plus ou moins de parcimonie le lait de la mère, car une bonne partie de celui-ci est prélevé pour les besoins de la famille sans compter les traites supplémentaires faites aux champs par les bergers.

Si les années qui président à la naissance et qui la suivent sont abondantes et fertiles, les jeunes veaux se développent, et à l'âge de 15 à 30 mois, ils sont vendus le plus souvent à des colons qui les engraissent au pâturage après les avoir fait castrer et les expédient en France directement ou par un intermédiaire.

B. Chez les Européens. Les Européens en Algérie se livrent peu à l'élevage des Bovidés. Ils ont adopté le système si répandu en économie générale, de la division du travail. Ils achètent à l'indigène qui élève pour revendre après engraissement.

La question se pose dans les termes suivants :

Y a-t-il avantage à faire consommer ses herbages et ses fourrages par des animaux tout élevés, prêts à les assimiler, que l'on trouve à profusion, à sa portée, à un prix souvent inférieur à 0 fr. 50 le kilogr. sur pied, ou à faire naître et élever ces animaux en vue de cette consommation ?

En Oranie, où l'on a un bœuf marocain de 300 kil. sur pied pour 120 fr. en moyenne, la réponse ne saurait être douteuse. Ailleurs il en est à peu près de même, à part quelques exceptions.

Ce n'est que lorsque les irrigations permettront d'améliorer les cultures fourragères que l'on aura peut-être avantage à élever pour l'engrais. Mais alors une autre question se posera : celle de savoir si le bœuf indigène, même amélioré, sera un producteur de viande suffisant et bien adapté à la situation économique résultant des améliorations réalisées.

En ces matières, il n'y a du reste rien d'absolu, et il peut se trouver des cultivateurs qui aient avantage à faire de l'élevage. Ils devront s'inspirer, le cas échéant, des données qui seront exposées au chapitre consacré *aux améliorations.*

Il est évident que la race indigène gagnerait à être élevée par l'élément européen. Ce changement de main serait le prélude des améliorations dont elle est susceptible. Il s'imposera, du reste, le jour prochain où, par suite de l'état stationnaire de la production indigène, l'équilibre sera rompu entre celle-ci et l'abondance des ressources fourragères résultant de l'extension de la colonisation et du perfectionnement lent, mais graduel, des procédés culturaux.

Production du lait et du veau de lait. A l'heure actuelle nous ne pensons pas que les vaches indigènes apportent un appoint quelconque à l'industrie laitière qui se pratique en grand dans les environs des centres populeux.

Les nourrisseurs ont recours aux vaches laitières d'Europe qu'ils renouvellent même souvent.

Celles-ci sont soumises à un régime alimentaire intensif qui les transforme en véritable machine à produire du lait. Mais, dans certaines exploitations se trouvant dans la zone du débouché facile du lait et du *veau de lait*, on pourrait obtenir ces produits avec profit avec des vaches indigènes de choix prises, par exemple, dans la variété de Guelma que l'on amènerait sans trop de difficulté à faire donner 6 à 7 litres de lait par jour.

A tout considérer, l'élevage du veau de lait est à conseiller parce qu'il est en Algérie une marchandise recherchée.

Dans les laiteries industrielles il est considéré comme un impedimentum parce qu'il détourne de sa destination une partie du lait qu'elles ont en vue de produire. Sans le contrôle sanitaire exercé dans les abattoirs publics on livrerait le veau à la boucherie presque aussitôt après sa naissance.

Une vache indigène qui produirait la quantité de lait que nous venons d'indiquer, en étant entretenue au pâturage pendant une partie de la journée et en recevant à l'étable une ration quotidienne de 6 kilogr. de bon fourrage pourrait facilement, en 60 jours, produire un veau de 65 kilogr. valant 1 fr. 10 le kilogr., soit 71 fr. 50.

Elle n'aurait pas consommé plus de 4 quintaux de fourrage qu'on peut évaluer à 20 fr. N'y a-t-il pas là la source d'un joli bénéfice si l'on considère que le capital qui le fournit n'atteint pas la valeur de 100 francs ?

Toutefois, pour le réaliser, trois facteurs sont indispensables : 1° une mère suffisamment laitière ; 2° du fourrage de bonne qualité ; 3° le débouché.

Pour arriver, en deux mois, au poids de 65 kilogr. le veau de lait arabe a besoin de consommer 6 litres 1/2 de lait par jour, en tout 400 litres. Si l'on évaluait le prix de ce lait à 0 fr. 15 le litre, le veau en aurait consommé pour 60 fr.

L'on serait tenté de se demander s'il n'y aurait pas avantage à le vendre directement. Assurément non. Le veau vient tout seul, sans troubler l'ordre économique de la ferme, tandis que la vente du lait entraînerait des complications onéreuses parmi lesquelles la recherche du débouché ne serait pas la moindre [1].

Vers la fin du premier mois de la naissance du veau, qui devra être livré à la boucherie à l'âge de 60 jours, on peut le suralimenter en lui donnant soit du son de blé tendre de bonne qualité, soit de la farine de maïs ou d'orge. Ce régime a pour avantage de suppléer, dans une certaine mesure, à l'insuffisance de lait, de dilater le tube digestif et de favoriser ainsi sa fonction. Il ne porte pas atteinte à la qualité de la viande ou, du moins, ne lui fait pas perdre sa couleur blanche qui la fait rechercher.

*
* *

Améliorations. Nous avons vu dans quelles défectueuses conditions se pratiquait l'élevage chez les Arabes qui monopolisent presque, à l'heure actuelle, la production des Bovidés indigènes.

En l'état, quelles sont les mesures propres à modifier la race, à l'améliorer, tant au point de vue de la structure pour la boucherie qu'à celui de l'aptitude à la production du lait ?

Ces mesures, que nous allons sommairement passer en revue doivent porter : 1° sur la nourriture ; 2° sur l'habitation ; 3° sur les procédés zootechniques : sélection ou croisement.

1. La production du veau de lait n'est à recommander que là où la vente du lait en nature n'est pas possible faute de débouchés. Aux environs des grands centres, le lait ne se vend jamais moins de 0 fr. 25 le litre en gros ; il est trop cher pour en nourrir des veaux.

Leur emploi, hâtons-nous de le dire, incombe aux cultivateurs européens qui auraient intérêt à faire de l'amélioration.

Nourriture. Ce n'est guère que dans les localités où la culture est assez avancée, chez les colons disposant de terres irrigables, qu'on peut songer à résoudre heureusement le problème de l'accroissement de la taille et du poids qui fait défaut chez la race indigène.

Comment, sous notre climat, obtenir des fourrages-racines si on ne dispose pas d'eau. Et cependant, sans larges provisions, on ne peut songer à modifier l'espèce indigène avec succès.

Quand on le pourra, l'utilisation des betteraves, du maïs ensilé, de la luzerne, donnera de bons résultats. Mais une ressource alimentaire précieuse, accessible à tous, s'offre à l'éleveur : c'est la culture des céréales, de l'avoine surtout, récoltées en vert, emmeulées ou ensilées. La valeur relativement minime des terres, surtout dans les régions du Tell avoisinant les Hauts Plateaux, peut permettre cette opération. Enfin l'éleveur trouvera dans le Cactus inerme un élément utile et économique qu'il fera bien de faire entrer dans la ration journalière des animaux dont il poursuit l'amélioration.

Habitations. Ce qu'il faut, en Algérie, au bétail c'est un abri rustique pour le préserver des intempéries des saisons. Un simple hangar lui suffit. Cet entretien en demi-strabulation est indispensable pour obtenir chez les Bovidés africains les modifications que l'on recherche. L'utilité d'une semblable mesure, en somme peu coûteuse, est si manifeste que nous n'y insisterons pas.

Sélection ou croisement. La sélection est un moyen sûr, mais lent pour améliorer le bœuf indigène. C'est une méthode simple dont le principal avantage est de ne rien brusquer.

On doit mener la sélection de front avec des améliorations culturales, car la base de toute entreprise portant sur le perfectionnement du bétail, quelle que soit la méthode zootechnique employée, c'est l'alimentation.

C'est là une donnée positive que l'éleveur ne devra jamais perdre de vue.

Le choix des sujets devra porter surtout sur l'ampleur des formes et l'élévation de la taille qui ne peuvent être ici que relatives.

La variété de Guelma pourrait être mise à contribution en raison de sa bonne conformation et de son aptitude laitière. La vache, en assurant à son veau pendant la période de l'allaitement, une nourriture abondante, jouerait un rôle prépondérant dans l'entreprise poursuivie.

Il est hors de doute qu'un produit ainsi obtenu, abrité à l'occasion et bien nourri, serait forcément de bonne venue.

En traitant bien les mères et les produits, vers la 4e génération, on aurait des bœufs de travail de 1 m. 30 à 1 m. 35 pouvant donner, gras, 200 et même 250 kilogr. de viande nette.

Ce serait suffisant pendant une longue période de temps, car le manque d'eau d'irrigation en Algérie ne permet pas d'espérer l'extension d'un système cultural qui nécessiterait pour la consommation de ses produits, obtenus en abondance, l'intervention d'animaux issus des races les plus perfectionnées.

Nous approuvons, en général, la sélection dans les bonnes races; mais, en ce qui a trait à nos Bovidés, nous admettons qu'on puisse, dans certains cas, avoir recours au croisement.

En résumé, l'amélioration du bétail par la sélection ne peut s'obtenir en Algérie, en dehors du choix des reproducteurs, qu'à l'aide d'une nourriture abondante et d'un abri.

Croisement. Les plus pressés pour modifier leur bétail ne devront jamais perdre de vue que l'amélioration d'une race ne peut être obtenue en une seule génération. C'est une œuvre qui demande de la patience, de la persévérance, des capitaux et des connaissances spéciales.

Ceux qui ont pensé qu'il suffirait d'introduire quelques taureaux volumineux au milieu d'un troupeau de vaches indigènes, pour relever la taille, n'ont pas tardé à être désillusionnés; les produits ont été décousus, peu résistants et, à la 2e ou 3e génération, ils retournaient au type indigène primitif sous l'action de la puissance atavique de ce type renforcée par l'influence du milieu.

Dans le choix pour l'Algérie d'une race croisante, il faudra se souvenir que les bestiaux passent toujours avec avantage d'un sol granitique sur un sol calcaire. *C'est peut-être là, à notre avis une des plus précieuses indications zootechniques* (Bojoly).

Nous n'irons donc pas chercher notre type améliorateur parmi les races perfectionnées de nos riches vallées de la Normandie et du Charollais, où, depuis sa naissance, il vit dans les plantureux herbages dus à l'humidité du climat; amené en Algérie, il ne tarderait pas à dépérir et, dans tous les cas, les produits ne trouveraient pas auprès des mères une nourriture suffisante pour assurer leur développement normal.

Nous le prendrons de préférence parmi les races robustes et sobres de nos plateaux granitiques, en Bretagne, sur le plateau central, en Savoie, dans les Vosges, sur le versant lorrain.

Mais le mâle n'est pas tout dans la production. Sa puissance héréditaire, quoi qu'on en ait dit, n'est pas supérieure à celle de la femelle. Aussi, dans le croisement, y aurait-il lieu de porter son attention sur le choix des reproductrices.

En introduisant quelques vaches croisées à leur tour avec des taureaux indigènes sélectionnés, on finirait par obtenir une amélioration qui, peu à peu, gagnerait du terrain.

Toutefois, la plus grande prudence doit présider aux entreprises de croisement et dans les exploitations agricoles où cette méthode ne s'impose pas, nous conseillerons toujours l'emploi de la sélection.

Dans les tribus, une seule mesure s'impose : une sélection forcée par la castration, ordonnée par mesure administrative, des mâles, en ne gardant qu'un certain nombre d'étalons choisis et proportionnés au nombre des femelles : 1 pour 40 ou 50.

Aux procédés de castration actuellement en usage, bistournage, mutilage, feu, nous préférerions voir adopté celui préconisé par un vétérinaire aussi distingué que modeste : M. Bojoly, de Bedeau, qui nous a fourni, au sujet des améliorations, une note documentée.

*
* *

Nous avons vu que la sélection devait en général être le moyen à préférer pour améliorer le bétail bovin de l'Algérie : cependant, dans certaines régions, là où une agriculture progressive a modifié avantageusement le milieu, on peut tenter avec succès le croisement de l'espèce indigène avec des types ayant des aptitudes plus développées pour la production du lait, de la viande et du travail.

A ces points de vue une des régions de l'Algérie les plus intéressantes est celle des Hauts Plateaux qui s'étend de l'Ouest à l'Est entre Constantine et Bordj-bou-Arréridj et limitée au Nord par une ligne passant par Bordj-bou-Arréridj, Sétif, Châteaudun, Oued-Athménia et au Sud par la ligne M'sila-Batna.

L'espèce bovine, sur les Hauts Plateaux de Constantine et de Sétif, est aujourd'hui représentée par des types variés, les plus dissemblables, provenant de croisements nombreux entre les races indigènes dites de Guelma et de montagne et des races importées d'Europe. Et cette infusion de sang étranger est devenue si générale qu'il semble bien difficile de pouvoir affirmer aujourd'hui, à première vue, que tel taureau, telle vache, présentés même par des indigènes comme appartenant à la race de Guelma, par exemple, est indemne de tout croisement.

Dans la région des Hauts Plateaux de Constantine on s'est plus particulièrement attaché aux croisements avec le taureau breton et le gascon ; quelques éleveurs ont produit le métis Schwitz-arabe ; d'autres ont eu recours à l'Ayr et au Durham ; d'une façon générale, ces croisements peu judicieux, pratiqués depuis trente ans, ont été peu suivis ; seuls quelques propriétaires mieux avisés, plus persévérants et n'employant que l'Ayr et le Breton ont obtenu des croisements satisfaisants au point de vue de la laiterie.

Dans les centres agricoles de l'Oued-Athménia et de Châteaudun, à une époque déjà bien éloignée, des croisements de la race indigène avec des Schwitz, des Gascons, des Salers, avaient été entrepris ; ils ont été assez rapidement abandonnés ; il semble d'ailleurs qu'ils ne pouvaient produire de résultats durables et bien satisfaisants, étant données les conditions économiques défavorables dans lesquelles ils avaient été faits.

Actuellement la reproduction de l'espèce dans toutes ces régions a lieu par voie de métissage unissant, entre eux, au hasard de l'existence sur des terres de parcours, les races les plus variées, les plus opposées au point de vue de leurs aptitudes zootechniques, lait, viande ou travail.

Dans l'arrondissement de Sétif, mais surtout dans la commune de ce nom, dans celles d'Aïn-Abessa, d'Aïn-Roua, de Bouhira, de Saint-Arnaud, et bien que la plupart des travaux agricoles s'y fassent au moyen de chevaux et de mulets, les colons se sont efforcés depuis longtemps de substituer par le croisement une autre espèce bovine à celle du pays. Et ils y sont arrivés en employant presque partout, dès le début, le taureau Schwitz importé d'abord par la Cie génevoise, puis plus tard et encore aujourd'hui par les propriétaires eux-mêmes ; ils ont créé, en procédant ainsi, un métis précieux par ses qualités laitières, son poids, son rendement à la boucherie, son aptitude au travail.

Ces métis, en raison des pâturages et des fourrages d'excellente qualité mis à leur disposition, de l'altitude à laquelle ils sont placés, se sont acclimatés et vivent absolument dans les mêmes conditions que les races indigènes pures qui tendent d'ailleurs à disparaître de plus en plus.

Le taureau Schwitz n'est pas le seul améliorateur qui ait été utilisé dans la région de Sétif : certains villages ayant été peuplés en majorité par des colons originaires du Puy-de-Dôme et du Cantal, ceux-ci ont importé des Salers. Les métis produits par le croisement de la race indigène avec cet améliorateur s'étant montrés inférieurs aux Schwitz-indigènes, les tentatives d'amélioration par le Salers ont été abandonnées.

Il y a dix ans environ, des essais de croisement de la race indigène avec des Durham importés du département d'Alger eurent lieu aux environs de Sétif ; ces essais ne furent pas continués, les métis obtenus se montrant plus exigeants et moins résistants que les métis Schwitz-arabes.

Depuis quatre ans environ on poursuit dans la région de Sétif, concurremment avec la production des métis Schwitz-indigènes, celle de métis obtenus par le croisement de la race dite de Guelma par le taureau de race tarentaise : les résultats obtenus jusqu'à ce jour paraissent satisfaisants au point de vue non seulement du lait, mais aussi du travail et de la boucherie ; pour certains producteurs la résistance des métis ainsi obtenus serait au moins égale à celle des métis Schwitz-indigènes.

A propos de ces essais de croisement tentés dans la région de Sétif, il convient de faire connaître que, dès le début, les colons y ont employé comme mères des vaches de Guelma appartenant à la grande variété et choisies avec le plus grand soin. Des types de cette race sélectionnée sur place et renouvelée fréquemment existent encore dans certaines étables et sont absolument remarquables en raison de leur bonne conformation générale, de leurs aptitudes à la lactation et au travail.

L'industrie du lait et de ses dérivés est très florissante dans les régions de Constantine et surtout de Sétif.

Le prix du litre de lait varie au détail en toutes saisons à Constantine entre 0 fr. 40 et 0 fr. 50 ; à Sétif il est toujours de 0 fr. 40.

Dans cette dernière région, il est commun de rencontrer dans les étables françaises des métisses Schwitz-Guelma et Tarentais-Guelma donnant une moyenne de 9 litres par jour d'un lait crêmeux d'excellente qualité.

La viande de ces mêmes métis est savoureuse, de bonne qualité et réputée à juste titre. Leur poids brut moyen varie entre 450 et 550 kilogr. à l'âge de 3 et 4 ans; nous en avons vu dépassant 600 kilogr.

La production du veau de lait se fait dans des conditions rémunératrices; le poids brut moyen de ces veaux de lait atteint 80 kilogr. à l'âge de deux mois; nous en avons pesé dépassant 100 kilogr.

Les bœufs et les veaux de lait métis de la région de Sétif depuis 4 ou 5 ans sont vendus en grand nombre à Alger pour la boucherie.

Le prix des bonnes vaches laitières, en année normale, varie entre 350 et 450 francs, suivant l'âge et l'origine.

*
* *

Commerce. Nous avons vu précédemment quels sont les débouchés offerts à la production du bœuf. Nous exportons surtout des bœufs de printemps, d'herbe dont le seul marché de vente est Marseille.

Les frais entraînés par le transport et la vente s'élèvent par tête, tout compté, à 25 fr. (Frêt 10 fr., commission 10 fr., frais divers 5 fr.)

En 1897, il est parti d'Algérie pour Marseille 31.265 bœufs et 27.406 en 1896.

Le Bœuf marocain

Cette sous-race joue un rôle économique important en Oranie. On la trouve couramment sur les marchés de Marnia et d'Aïn-Témouchent où elle est très recherchée par tous les colons de l'Ouest auxquels elle rend de grands services pour la mise en valeur du sol.

Très rustique, doué d'une puissance d'assimilation égale à celle des variétés algériennes, cet animal s'est révélé un travailleur hors ligne, remarquable producteur de viande admirablement adapté aux ressources de l'exploitation la plus modeste.

Le prix moyen d'un bœuf du Maroc pesant 150 kilog. net est, sur le marché de Marnia, de 120 fr.

Le marché le plus important est Rabat, sur la côte ouest du Maroc ; il est alimenté en *avril*, *mai* et *juin* par les bœufs gras des Zemmours et des Zaïrs. En *juillet*, *août* et *septembre* les bœufs de Doukkala et de Chaouïa sont envoyés sur les forts marchés de Mazagran et des environs. Les achats effectués sur ces points prennent deux directions : Tanger et *Marnia* (Algérie).

Ces animaux entrent en franchise sur le territoire algérien, mais leur droit de sortie, à Tanger, est de 35 à 45 fr. : expédiés sur un port français, ils y sont, de plus, frappés d'un droit de douane de 10 fr. par 100 kilog. poids vivant.

On peut estimer à plus de 40.000 le nombre des bêtes bovines importées du Maroc en Algérie dans l'année 1898.

Avant l'arrêté du 21 octobre 1896, le Maroc envoyait annuellement à Marseille de 15.000 à 20.000 têtes.

*
* *

Par son origine ethnique, le bœuf marocain fait partie du même groupe que celui qui peuple les régions telliennes de l'Afrique du Nord de la Tripolitaine à l'Océan ; il n'y a aucune différence dans les caractères *spécifiques* entre cette bête massive et le petit bœuf kabyle. Les caractères zootechniques seuls, dus principalement à l'influence du milieu, en font une sous-race que l'agriculteur algérien aurait pu améliorer.

Caractères. — Craniologie dolicocéphalique très accentuée dans le bœuf adulte, signe de castration dans le jeune âge. Taille de 1 m. 30 à 1 m. 40; cornes dirigées en dehors, relevées, régulièrement arquées, conformation favorable à leur adaptation au joug; garrot bien sorti, épais; ligne du dos souvent régulière; reins larges; croupe un peu étroite à tranche saillante, bien musclée; membres antérieurs épais, à aplomb régulier, poitrine profonde un peu aplatie, etc. Pelage varié allant du noir jais au blanc mat en passant par toutes les nuances du bai qui est la couleur dominante.

Le poids brut à 4 ans, des bœufs de *choix*, est de 340 kilogr.

M. Brémond, vétérinaire, chef du service sanitaire à Oran, a bien voulu nous communiquer des photographies d'animaux qu'il avait examinés et qui représentaient deux bêtes superbes. Un bœuf de Doukkala, 5 ans, taille 1 m. 40 pesant 432 kilogr., poids brut. Un bœuf de Rabat, 6 ans, taille 1 m. 32, poids brut 356 kilogr.

Le pays d'origine de ces Bovidés n'est pas notre frontière limitrophe, mais bien la côte océanienne du Maroc, sur une bande de 80 à 100 kilomètres de profondeur : ce sont les tribus des Zemmours, des Zaïrs au Nord, de Doukkala et de Chaouïa au Sud qui les produisent principalement.

On remarque deux variétés : Le bœuf de Rabat qui se distingue par la finesse relative de sa peau et la régularité de ses lignes : il s'engraisse au printemps à l'herbe.

Le bœuf de Doukkala et de Chaouïa est plus massif, plus grossier et ses lignes sont moins correctes que celles de son congénère de Rabat, mais c'est parmi les sujets de cette variété que l'on constate les poids les plus élevés.

Ce bœuf s'engraisse l'été dans les chaumes : l'élevage se fait en grand et c'est par troupeaux nombreux que ces bœufs sont conduits sur les marchés de la côte : Mazagran et Rabat.

L'élevage est l'objet de quelques soins chez les Marocains : le *chiendent* qui envahit littéralement certaines parties de ces régions est une précieuse ressource fourragère pour le bétail.

Pour bien connaître la question du bétail marocain, il faut consulter l'intéressante étude de M. Brémond. (*Algérie agricole*, 1899).

Industrie laitière.

La production du lait aux environs des grands centres de population a une importance considérable : aussi croyons-nous devoir donner quelques indications sur le régime et l'alimentation des vaches laitières.

Pour faire produire le plus de lait, il faut nourrir la vache au maximum, donner des aliments aqueux, tièdes en hiver, assurer une alimentation régulière, sans changement brusque dans la nature des aliments.

Voici le régime des vaches laitières d'importation française dans les laiteries des environs d'Alger.

Au repas du matin, à 3 heures, 3 kilogr. 200 de tourteau délayé dans l'eau ou 2 kilogr. 500 de farine de fèverolles ou de maïs.

15 kilog. de fourrage sec, luzerne ou bon foin de montagne ; on fait boire.

Au repas du soir, à 3 heures, mêmes rations.

Pendant la saison de l'herbe, on remplace le fourrage par 40 kilogr. de vert (herbe de vigne) à chaque repas. Les vachers préfèrent l'herbe de vigne à la luzerne qui, coupée avant maturité, n'est pas assez nourrissante.

Soumises au régime exclusif de la luzerne verte, les vaches dépérissent, tandis que le fourrage vert des vignes les entretient en parfait état, les engraisse même et favorise la lactation.

Les nourrisseurs reconnaissent aussi que les bêtes entretenues dans un parfait état de propreté, bien étrillées et brossées, ont un meilleur appétit, se portent mieux et donnent plus de lait.

En été, on ajoute au tourteau du son pour rafraîchir, car le tourteau sans fourrage vert échaufferait.

Les repas devront être bien réglés aux mêmes heures et donnés toutes les 12 heures — 3 heures du matin et 3 heures de l'après-midi. — De l'air, de la tranquillité, une demi-obscurité influent favorablement sur la lactation.

Au moment de la traite du matin et du soir, il faut donner le tourteau bien fondu dans l'eau et assez clair ; après, donner moitié du fourrage sec, faire boire et donner l'autre moitié; un point essentiel est de laisser en repos le plus de temps possible les vaches laitières après les soins donnés lestement, mais complètement, car une bête tracassée perd sensiblement.

Il est très mauvais de traire les vaches n'importe quand ou à tout propos.

Une précaution indispensable est de visiter minutieusement les pieds et les sabots des vaches, car les crevasses les font souffrir et le lait diminue.

Quant aux écuries, il faut les blanchir à la chaux tous les mois ainsi que les mangeoires et les rateliers ; le local doit avoir au moins 4 mètres d'élévation, être très aéré, surtout l'été ; tenir les bêtes chaudement l'hiver, éviter surtout les courants d'air.

L'hiver il est préférable de donner pour boisson de l'eau presque tiède avec un peu de son mélangé.

Ne jamais changer brusquement le régime auquel les vaches sont assujetties depuis un certain laps de temps, mais le faire graduellement.

Le type de vaches à préférer est la Schwitz, la plus laitière, mais la plus chère ; il existe un droit de 0 fr. 10 par kilogr. à la sortie de Suisse.

Faute de Schwitz on a recours aux vaches dites suisses de la région de Montbéliard, bêtes que l'on achète à raison de 650 à 750 francs par tête.

La Tarentaise se montre très rustique, mais la durée de la lactation abondante est moins longue que pour les types précédents.

La production moyenne des vaches chez les nourrisseurs est estimée à 15 litres de lait par jour. Les bêtes sont en moyenne renouvelées tous les deux ans ; elles sont alors vendues, bien que grasses, avec 50 p. 100 de perte.

*
* *

En Algérie, l'industrie laitière n'est guère praticable que dans certaines conditions que nous allons chercher à préciser.

Les moyens rapides de communication et la grande facilité avec laquelle s'expédient des pays de grande production du Nord par colis postaux les fromages et le beurre frais ou salé, empêchent complètement le développement de cette branche de l'industrie laitière. Le mal n'est certainement pas bien grand, car il serait très difficile de lutter ici, comme prix et comme qualité, avec ces pays. La température élevée que nous subissons au moment où la production du lait atteint son maximum est un grand obstacle à la fabrication des fromages affinés de bonne qualité. Il ne reste donc que la production du lait frais pour la vente en nature et la fabrication de différents fromages frais qui en est le complément naturel puisqu'il permet d'utiliser avantageusement les excédents. Voyons dans quelles conditions cette production reste praticable.

La vente du lait en nature exige d'être en relation journalière avec le consommateur; il ne faut entreprendre cette spéculation qu'à proximité des centres de consommation. On se placera donc dans un rayon de quinze kilomètres au plus du centre à approvisionner, car autrement les frais nécessités par le transport et les intermédiaires qu'il serait alors indispensable d'employer absorberaient très vite une grande partie des bénéfices.

Il faudra également s'assurer pour la saison chaude une fourniture régulière de fourrages verts ou de betteraves; celles-ci cependant, vendues sur place à raison de 2 fr. 25 le quintal aux nourrisseurs, sont d'un prix trop élevé pour être d'un usage courant.

Le lait se vend de trente à cinquante centimes le litre, suivant les localités, la saison et la concurrence; ce prix est suffisamment rémunérateur, car en choisissant bien les vaches et en remplaçant celles dont la production diminue, on peut compter sur une moyenne de huit litres par tête avec les meilleures laitières indigènes; mais il faut pour cela les nourrir abondamment.

Dans les laiteries des villes on estime que pour faire face aux frais généraux il faut que chaque vache donne une moyenne de 12 litres de lait par jour toute l'année. Le renouvellement des bêtes laitières importées de France et les aléas du voyage constituent la plus grosse charge pour les laitiers.

Il arrive parfois que les bêtes nourries dans certains pâturages donnent au printemps un lait ayant un goût d'ail tellement prononcé que sa valeur marchande devient absolument nulle.

Ce goût provient de l'absorption en grandes quantités de

plantes d'ail au moment de la floraison; la destruction de ces plantes n'étant pas très facile, il vaut mieux remédier à cet inconvénient en traitant le lait; on obtient ce résultat en faisant passer dans la masse du liquide un courant d'air à l'aide d'un simple soufflet ordinaire; on continue l'opération pendant un temps variable suivant l'intensité du goût.

La fabrication des fromages frais dits fromages à la crème, double crème et façon Gervais dits petits suisses, peut être pratiquée partout en Algérie et dans d'aussi bonnes conditions qu'en France : il suffit pour cela d'un peu de soin et de beaucoup de propreté, car les ferments se développent ici avec une très grande rapidité.

Voici comment on procède pour ces différents fromages :

Fromage à la crème. Aussitôt le lait trait et avant qu'il n'ait eu le temps de se refroidir, on l'additionne d'une certaine quantité de présure; la quantité de présure à ajouter dépend de la température et de la rapidité avec laquelle on veut obtenir la prise Pour que le fromage soit fin et onctueux, il est indispensable que le lait caille très lentement; il doit rester au moins vingt-quatre heures en présure, car sans cela la crème se sépare du caséum et la masse obtenue après égouttage est élastique et sans saveur. Le caillé obtenu, on le verse dans un linge fin qu'on suspend ou qu'on place dans un récipient percé de nombreux petits trous où il s'égoutte. Le petit lait qui s'écoule est recueilli et donné aux porcs. De six à douze heures après, la masse est suffisamment égouttée pour être passée au travers d'un tamis en crin et mélangée avec du blanc d'œuf pour lui donner plus de légèreté. Cette opération faite, on met dans un moule pour donner une certaine forme et quinze minutes après le fromage peut être renversé sur un plat, recouvert d'un peu de crème et consommé.

Fromages double crème. Les fromages double crème se fabriquent exactement de la même façon, avec cette seule différence qu'on additionne le lait fraîchement trait et avant la mise en présure d'une quantité de crème fraîche égale à celle que donnerait le lait employé.

Fromages façon Gervais ou petits suisses. Lorsque la production du lait devient beaucoup plus considérable que la vente, il peut y avoir, suivant la clientèle à laquelle on s'adresse, avantage à faire les petits suisses qui se fabriquent comme les fromages précédents, mais en ajoutant une très grande quantité de crème. Le prix de revient de ces petits fromages est tel qu'il est rarement avantageux de les fabriquer.

La qualité de ces différents fromages dépend beaucoup de la qualité de la crème employée. La crème est acide ou douce. Elle est acide lorsqu'elle est obtenue par simple différence de densité en laissant le lait séjourner un temps plus ou moins long dans les terrines exposées à l'air libre dans le local servant de laiterie ; c'est le procédé le plus habituellement employé, quoiqu'il soit défectueux.

La crème douce peut être obtenue de deux manières ; la première, la plus rapide, consiste à passer le lait aussitôt trait à l'écrémeuse centrifuge ; quoiqu'il se fabrique aujourd'hui des petites écrémeuses mues à la main, cet appareil est encore trop coûteux pour la quantité relativement faible à traiter dans les fermes algériennes ; de plus, ce lait se trouvant ainsi écrémé complètement ne peut plus être utilisé tel quel pour la nourriture des veaux ; il faut, si on le destine à cet usage, l'additionner préalablement de farine de fèves ou autre légumineuse, ce qui est toujours une complication. La seconde manière pour obtenir la crème douce, la plus simple, la plus pratique et la plus économique est certainement celle imaginée il y a quelques années par M. Dieterlé, propriétaire en Normandie.

Voici en quoi elle consiste : le lait fraîchement trait est versé dans un récipient en verre contenant une dizaine de litres environ et muni à sa partie inférieure d'un petit orifice et à sa partie supérieure d'une large ouverture permettant un nettoyage facile : l'orifice inférieur est fermé par un petit bouchon en caoutchouc et l'ouverture supérieure par une calotte également en caoutchouc. Le tout est immédiatement descendu dans le puits. L'eau de nos puits se trouvant à une température de 15 à 20 degrés, le lait est placé dans de bonnes conditions pour assurer sa conservation et la séparation de la crème. Après vingt-quatre heures, le lait ne contient plus guère que 2 grammes de crème par litre et la crème se trouve réunie à la partie supérieure. Il ne reste plus qu'à séparer complètement les deux liquides : en suspendant le flacon débouché au-dessus d'un récipient, le lait s'écoule en premier et lorsque la crème va couler on la reçoit dans un second récipient.

Pour ce procédé le lait ainsi obtenu contient encore assez de matières grasses pour être digéré par les jeunes animaux après avoir été légèrement tiédi.

Le Mouton

Importance de l'élevage du mouton. L'Algérie, avec son climat particulier et les vastes steppes qui forment la plus grande partie de son territoire, convient essentiellement à l'élevage du mouton ; aussi les troupeaux forment-ils l'un des plus importants facteurs de sa richesse. Leur valeur dépasse, dans les bonnes années, 150 millions de francs pour le mouton, 40 millions de francs pour la chèvre avec une production annuelle pour les deux de 120 millions y compris une exportation donnant lieu à un mouvement commercial et de travail de près de 40. Ce capital considérable est presque exclusivement fourni par l'élément indigène qui l'a peu à peu amassé, revenu considérable encore, parce qu'il est retiré pour moitié au moins de plaines dénudées dont le mouton seul permet la mise en valeur.

La France, qui achète à l'étranger et surtout à l'Allemagne une partie des moutons qu'elle consomme, est, pour l'Algérie, un marché admirablement situé ; elle a du reste intérêt à favoriser dans sa colonie une production qui ne vient pas concurrencer aussi directement, comme on l'a reproché à nos vins, l'agriculture métropolitaine.

Aussi comprend-on sans peine que tous ceux qui ont à cœur la prospérité de l'Algérie se soient très vivement occupés de l'industrie pastorale algérienne.

Mais les cultures industrielles ont absorbé depuis vingt ans la majeure partie des capitaux et tous les efforts de la colonisation européenne. L'élevage est resté jusqu'à ces dernières années presque tout entier dans les mains des indigènes, aussi notre production est-elle insuffisante comme qualité et comme quantité.

Certaines races algériennes seraient pourtant appréciées sur le marché français ; tels sont, par exemple, les moutons à queue fine de Sétif, du Hodna, de Bou-Saâda, de la région bogharienne, de Chellala, d'Aflou et d'une grande partie de la plaine du Chéliff. Mais ces animaux sont obligés de faire de longs parcours à pied pour se rendre au port d'embarquement. Ils sont ensuite entassés sur des bâtiments fort mal aménagés et n'arrivent que très fatigués dans le Midi de la France. Les uns sont immédiatement abattus, un certain nombre sont achetés par des emboucheurs. D'autres enfin sont expédiés sur Lyon et Paris où ils arrivent dans un état facile à concevoir. Une meilleure organisation des moyens de transport augmenterait déjà considérablement la valeur des envois de la colonie ; mais, quelle que soit l'importance de cette question, il en est d'autres bien plus sérieuses qui doivent attirer notre attention si nous voulons nous assurer le marché français. Il faut, pour arriver à ce but, que les expéditeurs se montrent beaucoup plus sévères dans le choix des animaux destinés à l'exportation, et que l'élevage algérien augmente sensiblement le nombre et la valeur de ses produits.

Des races. L'étude de nos différentes races ovines, des régions où elles dominent, des conditions dans lesquelles elles vivent, nous permettra d'indiquer les moyens à employer pour en amener soit l'amélioration, soit le remplacement par d'autres plus productives.

On peut, de prime abord, quoique appartenant à la même espèce, diviser en trois groupes principaux les ovins de la colonie.

Les moutons *berbères*, *barbarins* et *arabes*.

La *race berbère* occupe à l'heure actuelle une grande partie des massifs montagneux de la Séfia, de Sedrata, de Soukahras; on la trouve dans l'Aurès, à Collo, à Djidjelli, dans la grande Kabylie, le Dahra, le massif de l'Ouarsenis, dans la partie montagneuse de la région de Tiaret, dans les communes du Télagh, d'Aïn-Fezza, de Sebdou et dans une partie des cercles de Lalla-Marnia et d'El-Aricha.

La taille de ces moutons varie un peu avec la richesse des pâturages ; mais ils sont généralement petits, mal conformés, leur viande est coriace, ils n'ont ni gigot, ni côtelette ; leur laine courte, demi-longue ou longue, selon la région, est toujours dure, rèche, à mèche ouverte et la toison est très légère.

Cette race est condamnée à disparaître ; les troupeaux qui en sont issus deviennent tous les jours moins nombreux et cèdent la place aux moutons que les Kabyles vont acheter en pays arabe. Nous n'avons donc à nous en occuper que pour aider les indigènes à la remplacer le plus promptement possible par des animaux de plus grand produit.

La *race barbarine* est caractérisée par sa large queue. Cette race est, heureusement pour l'élevage algérien, beaucoup moins répandue que la précédente; elle se trouve cantonnée le long de la frontière tunisienne et dans l'Est de la province de Constantine.

Petite de taille, elle dépasse rarement 16 kilog. de viande, y compris la queue qui n'est qu'une boule de suif de 1 kilog. et demi à 3 kilog., ce qui ramène à 12 ou 14 kilog. le poids moyen des quatre quartiers. Ces moutons ont une viande de qualité médiocre, et la côte en est aussi peu garnie que chez la chèvre. La laine est assez bonne, mais c'est une race qu'il faut évidemment faire disparaître aussi des troupeaux de la colonie.

La race arabe, de beaucoup la plus nombreuse, comprend différentes sous-races à queue fine, à tête blanche ou à tête noire ou brune, qui habitent les Hauts Plateaux et la presque totalité des plaines de l'Algérie. La laine en est généralement courte, tassée, plus ou moins fine et presque toujours entremêlée de jarre ; certains sujets, mais ils sont rares, se rapprochent même du mérinos. La viande en est bonne lorsque la castration a été faite de bonne heure, et le poids moyen d'un mouton adulte et en bon état est de 18 à 20 kilog. de viande nette.

La race à tête blanche domine surtout à Chellala, dans les régions de Boghari, de Bou-Saâda, de Sétif et dans le Hodna.

C'est la plus belle de toutes nos races algériennes; c'est probablement aux Romains qu'il faut en attribuer l'importation. Elle a de très grandes similitudes avec la race mérine, mais avec une race mérine abâtardie et dégénérée.

La race à tête brune ou noire a probablement dû être amenée par les Arabes lorsqu'ils ont conquis l'Afrique du Nord; c'est du reste celle qui domine encore dans la plupart des pays à grande transhumance; elle habite surtout la partie sud des Hauts Plateaux.

Assez homogènes dans la région bogharienne, dans le Hodna, à Sétif, dans les régions du Sud, les troupeaux comprennent dans les autres contrées des métis d'autant plus nombreux qu'ils sont plus près de la limite des parcours où dominent les races différentes ; qu'ils sont surtout davantage en contact avec les barbarins ou les représentants de la race berbère.

Les laines.

Si l'on étudie les moutons algériens exclusivement au point de vue de la laine, on voit se confirmer nettement les données que nous avons énoncées au sujet des différentes races qui peuplent l'Algérie et on arrive même, d'après M. Couput, à en déduire des indications fort intéressantes sur les diverses origines de notre cheptel ovin.

Les laines algériennes peuvent se classer à première vue en deux groupes distincts dont les types primordiaux, plus ou moins nombreux et parfaitement reconnaissables, dans certaines régions, se sont, sur d'autres points de la colonie, fondus, mélangés par une multitude de croisements et ont donné naissance à une grande variété de laines de toutes longueurs et de toutes natures. Le premier de ces groupes domine en Algérie et se trouve presque exclusivement en pays arabe. Le second n'existe, à de rares exceptions près, qu'en pays kabyle où on le rencontre généralement seul. Aussi, semble-t-il possible de réunir, sous le nom générique de *laines arabes*, toutes les laines du premier groupe, en réservant pour le second la dénomination de *laines berbères*. Le mouton barbarin rentre dans la catégorie des laines arabes.

Si cette classification n'est pas d'une exactitude absolument rigoureuse, au moins permettra-t-elle de bien spécifier, d'un mot, les diverses qualités de ces laines et les parties de la colonie où chacune d'elles domine.

Voici les principaux caractères de ces deux groupes lainiers :

Les laines arabes sont généralement courtes, souvent demi-longues, rarement longues.

C'est surtout au point de vue de la longueur, bien plus encore qu'au point de vue de la finesse, que le climat et le régime semblent avoir eu une influence sérieuse. Toujours courtes sur les Hauts Plateaux : Bou-Saâda, Djelfa, Boghar, Boghari, Aflou, ces laines deviennent plus longues quand les moutons qui les portent, tout en appartenant au même type, habitent des pays riches et où la transhumance n'est pas aussi indispensable. Le centre et l'Ouest de la province de Constantine, une partie du centre de la province d'Alger et de l'Est de la province d'Oran en sont un exemple.

Ces laines sont en zig-zag, frisées ou ondulées, quelquefois vrillées ; elles varient dans de très fortes proportions, comme finesse, comme élasticité, comme souplesse.

Il paraît évident, par la comparaison des laines de Djelfa et de Boghari, par exemple, avec celles de la région de Téniet-el-Haâd ou celles rencontrées dans telles parties de la province de Constantine ou de la province d'Oran, que l'on se trouve en présence de races différentes. Dans quelques régions, la finesse, le tassé de certaines toisons sont tels que l'on est fortement tenté de trouver là des restes de race mérine, tandis que sur d'autres points, au contraire, toutes les laines de ce groupe sont intermédiaires pour arriver à être presque grossières dans d'autres parties de l'Algérie. Mais, que la toison soit ouverte ou fermée, que le brin soit frisé, en zig-zag ou ondulé, que la mèche soit vrillée, à bout pointu ou carré, cette mèche est toujours formée et c'est bien de la laine plus ou moins exempte de poils et d'un plus ou moins grand degré de finesse que l'on a sous les yeux.

Les laines kabyles, au contraire, ont un aspect absolument différent. Le brin en est dur, grossier, droit et raide, leur élasticité est nulle, la mèche est à peine formée et dans la partie la plus rapprochée de la peau seulement, de sorte que les animaux qui en sont couverts semblent revêtus d'une toison de poils de chèvre.

Elles sont généralement longues, atteignent jusqu'à vingt ou vingt-cinq centimètres ; quelquefois demi-longues, rarement courtes, et c'est surtout dans le régime et dans le climat qu'il faut chercher les causes qui en modifient la longueur ; mais, quel que soit leur lieu de production, elles sont toujours grossières et gardent, sans exception, cet aspect dur et rèche qui les fait ressembler à du crin.

Aussi, quelles que soient les idées que l'on professe à cet égard, que l'on admette plusieurs races en pays arabe, ou que l'on ne veuille n'y voir qu'un seul type plus ou moins profondément modifié par des croisements avec le mouton kabyle et par l'influence du climat ou du régime, la race kabyle nous apparaît-elle comme une race bien distincte des races arabes et qui n'a rien de commun avec elles.

Ces races sont-elles toutes autochtones ou ont-elles été introduites en Algérie à des époques différentes et plus ou moins éloignées l'une de l'autre ? L'examen attentif de la carte lainière de l'Algérie, rapproché de quelques-uns des faits historiques qui ont précédé notre installation dans ce pays, servira à éclairer ces différents points qui peuvent avoir une influence considérable sur les moyens à adopter pour l'amélioration des moutons algériens.

La plus grande objection qui ait été lancée contre l'amélioration des races ovines du pays par le croisement repose sur ce fait, admis en principe par un certain nombre de personnes qui n'ont fait de cette question qu'une étude toute superficielle, que la race arabe seule possède les aptitudes nécessaires pour supporter la vie nomade. Et quand on s'oppose à l'introduction d'un mouton améliorateur, sur les Hauts Plateaux, du mérinos par exemple, c'est que l'on craint, dit-on, de diminuer par ces croisements la résistance à la fatigue des moutons du pays. On oublie, sciemment peut-être, que les mérinos d'Espagne, que les moutons mérinos de la Crau sont aussi soumis à de longs voyages et qu'en Espagne, surtout, ces voyages ressemblent fort à ceux que font les moutons arabes sur les Hauts Plateaux dont le climat, le régime des eaux et les ressources alimentaires ont de grandes analogies avec les parties de l'Espagne où se pratique la transhumance ; on oublie enfin que le nom *mérinos* vient d'un mot qui veut dire *transhumant*.

Mais que deviendrait cette objection si les races arabes actuelles n'étaient elles-mêmes que des races importées ; si l'on peut établir avec de fortes présomptions de vérité que la race berbère, que l'on ne trouve plus actuellement que dans les massifs montagneux où la transhumance est à peu près inconnue, devait couvrir seule, à une époque plus reculée, tous les pâturages de l'Algérie. C'est pourtant là ce qui semble établi d'une façon évidente par la répartition des laines arabes et berbères dans notre colonie.

L'examen géographique de la localisation des laines démontre que le relief du pays est indiqué d'une façon presque absolue et avec une fidélité vraiment remarquable par la qualité des laines provenant de la région étudiée. Sur les montagnes d'un accès difficile, aussi bien sur le littoral que dans la région tellienne et même jusque sur les contreforts sahariens, dominent les laines du deuxième groupe décrit plus haut.

Ainsi, en partant de l'Est de la province de Constantine et en se dirigeant vers l'Ouest, les laines berbères se rencontrent dans les communes de la Sefia et de Sedrata où se sont établies, d'après Carette, des tribus de nationalité berbère, dans les montagnes de l'Aurès, dans tout le massif kabyle, de Collo, de Djidjelli, du Kerrata et de Bougie. Dans la province d'Alger, c'est, à l'Est, dans la grande Kabylie tout entière, à l'Ouest, dans cette région qui, au Nord du Chéliff, comprend les communes de Gouraya, de Ténès, d'Aïn-Merane, puis au Sud d'Orléansville, dans le massif de l'Ouarsenis et la partie montagneuse de Tiaret que dominent les laines de ce type. Dans la province d'Oran, elles se retrouvent dans la prolongation du massif de Tiaret jusque dans la commune de Cacherou, et plus à l'Ouest, tout à fait à l'extrémité du département, au Sud de Tlemcen, dans les communes du Telagh, d'Aïn-Fezza, de Sebdou et dans une partie du cercle de Lalla-Marnia et de l'annexe d'El-Aricha.

Les laines fines, au contraire, ou qui s'en rapprochent assez pour déceler des traces évidentes de croisement avec les races arabes, se rencontrent généralement dans toutes les grandes vallées, sur tous les Hauts Plateaux, partout où le relief du terrain n'a pas opposé aux envahisseurs un obstacle insurmontable. Il en existe encore, mais d'une façon toute exceptionnelle, sur certains points où la langue parlée est le kabyle, mais c'est alors dans des régions parfaitement circonscrites aux alentours de quelques grands centres comme Bougie, par exemple, pour n'en citer qu'un.

Aussi, peut-on dire avec une grande présomption de vérité que les laines longues et grossières ont précédé, en Algérie, les laines courtes et fines. La race autochtone a dû, devant les invasions étrangères, suivre ses pasteurs sur les points du pays où ceux-ci trouvaient dans l'ossature accidentée du sol un refuge assuré;

et si nous ne rencontrons chez ces anciennes populations que des animaux à toisons grossières et de peu de valeur, c'est que les moutons à laine fine devaient être inconnus des premiers habitants au moment où ils furent obligés de quitter les plaines pour se réfugier dans les montagnes. S'il en eût été autrement, ces derniers ne se seraient évidemment pas contentés d'emmener des animaux de race inférieure seulement.

D'un autre côté, pour remplacer les troupeaux qui fuyaient devant leurs armées ou pour améliorer ces moutons dont ils trouvaient la toison trop grossière, les conquérants européens ou asiatiques importèrent des bêtes de races plus riches. L'histoire l'enseigne et les agronomes romains rapportent que l'on vendait des béliers jusqu'à 6.000 francs de notre monnaie (Columelle).

C'est à ces races ovines perfectionnées par les Romains et qui continuèrent à être soignées par les Maures, dont nous connaissons le haut degré de civilisation, qu'il faut probablement faire remonter l'origine des moutons mérinos, car nous savons que les Maures qui occupèrent la Numidie à plusieurs reprises, avant ou pendant leurs guerres avec l'Espagne, tirèrent de l'Algérie les animaux de cette race pour les introduire dans leur nouvelle conquête.

Quoi qu'il en soit, quelle que soit leur origine, les moutons importés ont, peu à peu, remplacé la race berbère, partout où les nouveaux propriétaires de l'Algérie ont pu s'implanter définitivement. Dans toutes les vallées, sur tous les Hauts Plateaux, autour de toutes les grandes villes, l'ancienne race, de beaucoup inférieure aux animaux étrangers, a dû laisser la place à ceux-ci; et si, même en pays kabyle, le mouton berbère a résisté à l'envahissement, c'est à une situation géographique, politique et économique toute particulière qu'il faut en faire remonter la cause.

L'influence du sol et celle du climat ne sont donc pas les seuls facteurs de la différence qui existe entre les laines berbères et les laines arabes. Sans nier l'action du milieu sur les animaux, les ressources alimentaires ont une influence bien plus considérable sur la quantité de viande que peut fournir un animal, sur le poids de la laine et de la longueur du brin que sur la nature intime de ce brin, sur son degré de finesse et sur son élasticité.

Il était d'autant plus important de bien indiquer les différentes origines des races algériennes que cette diversité d'origine peut nous fournir de précieuses indications et nous guider dans les opérations à entreprendre pour l'amélioration des moutons algériens. Que devient en effet, si la plupart de ces races sont d'importations étrangères, cette théorie déjà fortement ébranlée par la pratique journalière de nos meilleurs éleveurs, qui consiste à dire, sans le prouver, que seules les races originaires de l'Afrique du Nord possèdent une résistance suffisante pour supporter les dures conditions de la vie nomade. Nous ne rencontrerons plus, en effet, la race autochtone qu'en pays kabyle, dans des régions élevées où le mouton ne transhume pas, où le climat se rapproche de nos climats européens, ce qui nous permettrait alors de remplacer sans difficulté cette race, aussi mauvaise productrice de laine que de viande, par des animaux de races perfectionnées. Ce serait là une opération d'autant plus facile que les Kabyles, beaucoup plus travailleurs et beaucoup plus industrieux que les Arabes, entourent leurs bestiaux de soins que ceux-ci n'ont jamais su ou voulu donner à leurs troupeaux.

Dans tous les pays, au contraire, où se trouvent des laines fines plus ou moins abâtardies par des croisements avec la race berbère, ou par des mélanges avec les troupeaux importés par les Arabes, il faudrait, par une sélection attentive, par la castration forcée de tous les béliers défectueux, s'efforcer de ramener ces troupeaux au type qu'ils avaient à l'époque romaine, type qui a dû être le type mérinos.

L'amélioration de nos races ovines, aussi bien pour la laine que pour la viande, se poserait donc de la façon suivante : employer la sélection partout où la chose est possible; là où cette opération ne pourrait donner des résultats rapides, procéder sans aucune crainte par le croisement, remplacer hardiment nos races inférieures par des races supérieures et d'un plus grand rendement en laine, ce qui est partout faisable, et à plus grand rendement en viande dans les localités riches. C'est là le seul moyen d'arriver vite et bien.

LE TROUPEAU

L'étude attentive des diverses zones que nous avons constamment décrites, notamment pages 26-31, dans le cours de cet ouvrage, nous fournira de précieuses indications sur le choix des races et sur les points où devront porter d'abord nos efforts; ceux où la nature du climat, du sol, des eaux, la constitution de la propriété nous assurent la réussite de bêtes à haut rendement; ceux, au contraire, où nous aurons à commencer l'amélioration des troupeaux par l'emploi des races locales déjà parfaitement acclimatées et habituées aux dures conditions de la vie nomade.

En dehors du mouton, l'utilisation de la plus grande partie des Hauts Plateaux paraît impossible[1].

Le mouton seul permet de tirer parti de ces vastes espaces parce que, seul, il pourvoit à presque tous les besoins de l'homme. La toison épaisse qui lui permet de subir sans trop de souffrances les alternatives si brusques de froid et de chaud, servira, après avoir été filée, à abriter ses pasteurs ; elle deviendra la tente, le burnous qui les défendront contre les rigueurs de la température. Le lait des brebis, la viande des moutons, serviront de base à la nourriture de l'indigène ; les produits du troupeau, laine et bétail, fourniront des objets d'échange ; ils permettront d'acheter les denrées qui manquent, les quelques ustensiles nécessaires aux nomades ; ils serviront enfin à payer les impôts dus à la commune ou à l'État.

Espèce marcheuse par excellence, pouvant trouver sa nourriture tout en paissant dans ces champs qui ont au premier abord l'air absolument dénudé, le mouton suit son maître dans toutes ses pérégrinations. Il remonte avec lui dans le Tell à l'époque des marchés pour y laisser sa toison et la partie du troupeau destinée à la vente, puis redescend plus tard vers les contrées sahariennes pour y chercher des pâturages favorables, à l'époque où ses terrains de parcours habituels lui offrent trop peu de ressources pour que la vie y soit possible.

A tous ces avantages le mouton joint encore cette immense qualité qu'il peut faire au besoin jusqu'à deux ou trois jours de marche sans s'abreuver. Aussi lui seul amène-t-il la vie sur ces millions d'hectares ; lui seul permet-il leur mise en valeur. C'est par lui et par son amélioration que pourront augmenter la population et la richesse de ces vastes contrées, à condition toutefois que des

1. Voir l'ouvrage si intéressant publié par le Gouvernement Général sous le titre : *le Pays du Mouton*.

mesures mal comprises n'entravent pas les habitudes de transhumance imposées par les lois naturelles.

L'élevage du mouton est une question très complexe dans un pays à régions culturales aussi tranchées et il est impossible, qu'il s'agisse de l'augmentation de l'effectif ou du choix de la race, d'appliquer indistinctement les mêmes procédés dans la zone à pâturages incertains ou dans la zone à productions fourragères.

Dans cette dernière, des pluies à peu près régulières et une végétation printanière luxuriante permettent à une population sédentaire de faire des approvisionnements pour assurer l'alimentation des animaux pendant la saison sèche, même au plus fort de l'été; puis les eaux sont en quantité suffisante pour assurer l'abreuvement régulier des troupeaux.

Dans l'autre, de vastes steppes, à végétation spéciale, sans arbres, où bêtes et gens sont forcés d'aller au gré des saisons des plaines du Sahara jusqu'aux contreforts boisés du Tell, pour eux terre promise, où ils venaient autrefois estiver sans entraves, mais où la constitution de la propriété individuelle et la mise en défens des forêts leur interdisent aujourd'hui le libre parcours, réduisant ainsi les moyens d'action de l'élevage indigène.

Il y a un fait acquis : notre cheptel a très sensiblement diminué depuis quelques années. La sécheresse ne paraît pas être la seule cause de cette situation déficitaire, pas plus que l'exportation des brebis pleines.

Il faudrait plutôt rechercher la part qui incombe à la constitution de la propriété européenne dans le Sud du Tell et à la mise en défens des forêts. Cependant il semble impossible de renoncer à constituer cette propriété individuelle dans la région tellienne sans arrêter l'essor de la colonisation et, d'autre part, la protection des forêts s'impose. Il convient donc d'étudier les mesures à prendre pour permettre aux transhumants de vivre et d'augmenter leur production annuelle malgré la pénétration de la colonisation dans ces régions. Cependant, la participation de l'Européen à l'élevage du mouton dans le Sud du Tell paraît être indiquée pour le bétail d'exportation, sans pour cela justifier la création de villages moutonniers qui auraient de graves inconvénients.

*
* *

Les causes qui ont amené la diminution du cheptel ovin sont saisissables.

De 1887 à 1893, l'exportation moyenne annuelle a été pour les moutons de 923.729 têtes avec un effectif moyen de 9.477.302.

De 1893 à 1897, pour un effectif moyen de 8.131.255, ces mêmes exportations ont été en moyenne et par an de 1.038.760.

Faut-il attribuer à l'augmentation de nos expéditions la diminution de notre cheptel? Faut-il en rendre responsable l'exportation des brebis pleines et interdire leur embarquement? Pour beaucoup cette mesure paraîtrait fâcheuse et de nature à aggraver la situation de nos éleveurs.

Une exportation exagérée peut être causée par une année de disette et de froid ordinairement suivie par une mortalité élevée ; mais cette exportation n'est pas elle-même la cause de cette diminution, car les animaux exportés seraient simplement morts de faim si on en avait empêché le départ.

Pour remédier à cet état de choses, établir la vaine pâture dans le Tell au profit des nomades du Sud est absolument impossible : les crimes, les vols et les luttes à main armée deviendraient journaliers.

Cependant quelques mesures bien comprises faciliteraient la transhumance. La multiplication des points d'eau permettrait l'accès de plus grands pâturages ; quant à la reconstitution tant prônée de ces pâturages, ce n'est qu'une utopie peu discutable.

Pour la création d'abreuvoirs, les Chambres votent annuellement un crédit de 80.000 francs, somme assez faible comparée aux travaux à exécuter et eu égard à la situation particulière imposée aux nomades par la marche en avant d'une colonisation plus ou moins logique. Pour ces mêmes travaux, les communes n'hésitent pas à employer les ressources dont elles disposent : on agrandit ainsi la surface du parcours.

Il est enfin une autre mesure à prendre pour éviter des mortalités parfois considérables parmi les troupeaux arabes, c'est l'ouverture réglementée des forêts suivant l'état météorologique du moment.

S'il y a intérêt à interdire l'entrée des forêts aux chèvres et aux chameaux, on devrait se montrer moins sévère pour le mouton. Alors que cet animal broute seulement l'herbe ou les tiges rez-de-terre, la chèvre grimpe sur l'arbre, le chameau peut atteindre à 3 mètres de haut et il mange ou brise tout, écorces, bourgeons, branches. Que les forêts soient sérieusement aménagées, que les troupeaux de moutons seuls puissent entrer dans les bois, qu'on leur interdise les taillis nouvellement recépés, en leur laissant la jouissance des points où ils ne peuvent nuire, et ils seront plutôt une cause d'amélioration que de destruction.

Faut-il parler des abris légers que les indigènes pourraient élever pour protéger leurs troupeaux contre les intempéries de l'atmosphère ? Est-il utile de développer les meilleures méthodes à leur recommander pour la création de ressources fourragères qui leur permettraient de lutter dans les moments critiques et de donner à leurs animaux la nourriture qui leur fait parfois complètement défaut ?

Évidemment, il y a là toute une série de perfectionnements, signalés depuis 50 ans, que le Gouvernement ne saurait trop encourager. Mais c'est seulement dans les parties telliennes de l'Algérie, là où l'indigène n'est pas absolument nomade, que l'on peut espérer obtenir un résultat. Comment décider l'Arabe de grande tente à faire un abri sur des pâturages où il ne doit rester que quelque temps ; comment obtenir de lui qu'il fasse des provisions pour l'alimentation de ses troupeaux, lui qui n'a jamais su que suivre avec eux le cycle des saisons, et monter au Nord ou retourner dans le Sud, selon que l'été ou l'hiver fait pousser l'herbe sur l'une ou l'autre limite de ses parcours habituels et surtout lui enlève ou lui donne l'eau dont il ne peut se passer.

Mais n'envisager la question moutonnière qu'au point de vue des tribus nomades et des pâturages du Sud, ce n'est voir que l'un des côtés de cette question en Algérie.

De ce que les pays à transhumance ne peuvent faire que du mouton, il ne s'ensuit pas que cet élevage ne s'impose pas en dehors de ces pays de parcours. Bien au contraire, l'État doit se préoccuper aussi des éleveurs du Tell dont les troupeaux commencent à représenter les *deux cinquièmes* de l'ensemble du troupeau algérien. Les colons n'ont pas toujours été éleveurs ; ils se sont longtemps contentés d'acheter aux indigènes des animaux qu'ils revendaient après engrais. Ces opérations se pratiquent encore, surtout dans le département d'Oran, grâce à l'élevage marocain ; c'est ainsi que l'on prépare tous les moutons gras qui sont expédiés au commencement du printemps, avant que les troupeaux ne remontent du Sud.

Mais comme les exportateurs font aujourd'hui leurs achats directement jusque sur les marchés les plus éloignés, les agriculteurs ne peuvent plus servir d'intermédiaires entre eux et les indigènes et ils ont intérêt, dans bien des cas, à imiter les Arabes du Tell et à faire eux aussi l'élevage.

Ils engraissent bien un certain nombre de moutons qu'ils vendent au commencement de la saison, mais ils ont une tendance tous les jours plus grande à produire eux-mêmes des animaux plus précoces qui, fournissant à quatorze mois, 3 ou 4 kilog. de viande de plus que les moutons indigènes à deux ans et demi, leur laissent de très beaux bénéfices.

Les agriculteurs telliens sont du reste fatalement amenés à faire du mouton à cause de l'appauvrissement de leurs terres qui exigent tous les jours des engrais plus abondants que seuls les ovins peuvent produire économiquement dès que l'on quitte les plaines les plus riches, les mieux arrosées et convenant bien à l'élevage du bœuf. Il est vrai que pour beaucoup de personnes cette partie de l'Algérie tellienne forme une quantité absolument négligeable quand on parle du mouton : on pense à tort que les Arabes du Sud seuls possèdent de nombreux troupeaux.

C'est là une erreur contre laquelle on ne saurait trop s'élever.

Dans son livre, publié en 1889, *Les laines et l'industrie lainière de l'Algérie*, M. Couput a donné, commune par commune, le relevé des richesses moutonnières de la colonie. Or, d'après les statistiques officielles, sur 10.998.413 têtes recensées à la fin de 1889, il y en avait :

En territoire militaire.............	5.069.610
— civil..................	5.928.803

Si l'on défalque du chiffre obtenu pour le territoire civil, les animaux des communes où se pratique la grande transhumance, soit le tiers environ, on arrive encore à un total de plus de quatre millions de têtes pour les pays à transhumance restreinte ou nulle; c'est-à-dire pour les pays où l'on reconnaît généralement qu'il y a intérêt à employer le croisement comme procédé d'amélioration.

Enfin c'est surtout dans la région tellienne que la production ovine peut très rapidement prendre un développement considérable parce que là ni l'eau ni la nourriture ne font défaut.

L'État a donc un intérêt majeur à encourager l'élevage dans cette partie de l'Algérie qui nourrit presque la moitié de nos troupeaux et plus de *trois millions* d'habitants.

Mais quels sont les besoins de cette partie de l'Algérie au point de vue de l'élevage et dans quelles mesures l'État peut-il y donner satisfaction ?

Les habitants du Tell comme les habitants du Sud demandent l'aménagement immédiat des sources qui existent et dont bon nombre se perdent actuellement sans profit; que l'on augmente le nombre des fontaines et des abreuvoirs où leurs animaux trouveront une boisson pure et saine. Ils demandent de plus que l'on mette à leur disposition des animaux de race améliorée et aussi précoce que le permet la richesse de leurs terres, ainsi que l'ont d'ailleurs fait les gouvernements étrangers.

Nous arrivons ainsi au choix de la race la meilleure pour chaque région de l'Algérie, et aux moyens à employer pour mettre à même les éleveurs d'avoir les reproducteurs qui leur sont nécessaires.

*
* *

On sait que nos races dites algériennes sont d'origines différentes; que le mouton berbère, que les diverses races arabes, que le mouton barbarin, n'ont entre eux aucun point de ressemblance; qu'il existe dans certaines régions des traces évidentes de sang mérinos, que si ces races diverses existent enfin à l'état pur sur quelques points de l'Algérie, elles sont d'ordinaire confondues, mélangées, plus ou moins métissées entre elles, de sorte que nous voyons vivre côte à côte, dans le même troupeau, des animaux de nature et de valeur bien différentes.

Élimination par la castration des mâles de races inférieures. — Il y a donc une première amélioration facile à obtenir et qui aurait des résultats très heureux pour l'ensemble de notre cheptel. Il suffirait de ne conserver dans chaque région, comme reproducteurs, que les béliers appartenant à la meilleure des races qui y vivent.

La castration obligatoire chez les indigènes, ou du moins fortement *conseillée*, donnerait, à ce point de vue, des résultats rapides et durables. Ce procédé a réussi au général Margueritte, dans toute la région de Djelfa, et c'est à lui que nous devons l'homogénéité et la supériorité des troupeaux de cette contrée. On ne fait pas, en employant ce procédé, *de la sélection*, comme le pensent nombre de personnes qui le préconisent; on ne s'efforce pas d'améliorer une race par elle-même, opération toujours longue, très délicate, et qui demande autant d'habileté que de suite dans les idées, on poursuit purement et simplement, par *le croisement continu, au moyen de la meilleure des races locales, la suppression de toutes les races de moindre valeur.*

C'est là une mesure qui devrait être *recommandée* instamment à tous les indigènes, mesure peu coûteuse pour l'État et qui augmenterait très largement la valeur de nos produits.

Ce procédé doit être employé avant tout autre dans les régions à transhumance : il ne diminue en aucune façon la résistance des animaux destinés à cette vie si dure et il les prépare à recevoir avec bien plus d'aptitude un sang plus pur si on le juge nécessaire plus tard.

Mais si ces mesures si simples conviennent pour les troupeaux du Sud, elles sont insuffisantes dans la région tellienne, dans cette partie de l'Algérie où l'élevage peut se faire d'une façon rationnelle et d'autant plus lucrative que les conditions climatologiques et culturales permettent d'y entretenir des animaux beaucoup plus précoces et d'un rendement bien supérieur à celui des troupeaux qui y vivent actuellement.

Tout le monde est d'accord à cet égard, et les avis ne diffèrent que sur les procédés à employer pour constituer la meilleure race.

Les uns préconisent la sélection, parce que seule elle permettrait, dit-on, de conserver une race robuste et acclimatée.

Les autres, et parmi eux figurent des hommes d'une haute autorité, tels que MM. Bernis, Sanson, Tisserand, Viger, Berteaux, Bonzom, Bourde, Debonno, Bauguil, etc., préconisent, au contraire, le croisement.

Nous verrons, en étudiant la conduite des troupeaux, que la sélection ne répondrait pas entièrement aux espérances que l'on fonde sur ce procédé exclusif et qu'elle nous ferait perdre en tous cas un temps précieux qu'il y a tout intérêt à mieux employer. Du reste, certains éleveurs qui ont pratiqué ce procédé pendant de longues années sont bien arrivés à avoir des troupeaux plus homogènes par l'élimination de tous les animaux de types inférieurs qui déparaient leurs troupeaux. Les animaux mieux soignés chez eux finissaient aussi par être légèrement supérieurs à ceux qui vivaient dans la même région. Mais les qualités qu'ils croyaient avoir fixées n'étaient absolument qu'une amélioration individuelle et non transmissible chez les descendants dès qu'ils n'étaient plus soumis au même régime.

Le croisement, si l'on choisit bien la race amélioratrice, donne au contraire des résultats remarquables et immédiats. Il permet d'obtenir d'emblée, et à 14 ou 15 mois, un animal de 4 à 5 kilog. plus lourd qu'un arabe pur de 24 mois. Mais il faut, pour cela, bien choisir la race amélioratrice.

On a proposé de recourir à des sujets de races anglaises pour améliorer notre cheptel : malgré de nombreuses importations aucune de ces races n'a fait souche en Algérie. Elles peuvent, dans des conditions spéciales et dans certaines parties du climat marin, donner de bons résultats lorsqu'elles sont employées à produire exclusivement des agneaux pour la boucherie, mais là se borne leur rôle. Ces races sont originaires de contrées humides, et, par une propriété physiologique assez curieuse, leur graisse vient en grande partie se mettre entre cuir et chair; de là une espèce de matelas graisseux qui, utile dans le pays natal, est absolument nuisible dans les climats chauds à cause de la gêne considérable qu'il apporte à la transpiration. La température du corps, ne se trouvant plus abaissée par la perte de chaleur occasionnée par cette fonction de la peau, s'élève assez pour que l'animal, s'il est exposé à une chaleur intense, finisse par succomber à une véritable asphyxie. Ainsi, délicatesse plus grande, laine inférieure, impossibilité de supporter une chaleur sèche élevée, tels sont les motifs qui empêchent presque partout, en Algérie, l'élevage pratique des moutons anglais.

Il en est tout autrement de la *race mérinos*, et les Anglais, malgré la valeur de leurs races métropolitaines, ont choisi des *mérinos* pour former leurs troupeaux de l'Australie et du Cap. En effet, cette race s'est pliée facilement aux dures conditions de la vie pastorale de ces pays en conservant sa rusticité et la qualité de sa laine et de sa viande. Il en a été de même en Russie.

Le croisement mérinos, qui a donné de si remarquables résultats en Australie et dans l'Amérique du Sud, réussit d'autant mieux en Algérie que certaines races de ce pays ont avec le mérinos une grande affinité et que quelques auteurs les ont simplement considérées comme des mérinos dégénérés, de sorte que lorsqu'il s'agit de ces races, on ne ferait pas du *croisement* en leur infusant un sang mérinos pur et amélioré, mais simplement de la *sélection*. Il est enfin un fait attesté par de très nombreuses expériences et constaté tous les jours, c'est que si les béliers mérinos importés ont parfois du mal à s'acclimater, surtout lorsqu'ils appartiennent à des *souches* délicates[1], par contre leurs produits croisés sont toujours en meilleur état que les arabes purs qui vivent dans les mêmes troupeaux, leur faculté plus grande d'assimilation leur permettant de tirer un meilleur parti du pâturage.

La viande du croisé est enfin supérieure : la côtelette et le gigot sont beaucoup plus développés que chez le mouton arabe. Quant à la toison, elle gagne bien près de 50 °/₀, les poils jarreux disparaissent du premier coup si l'on opère sur des brebis arabes de bonne race, et à la deuxième génération avec la brebis berbère. La laine est à brin ondulé, quelquefois même en zig-zag, un peu moins fine et moins chargée en suint que chez le mérinos pur, mais sensiblement plus longue. Plus de deux cents éleveurs algériens, dont quelques-uns ont commencé leurs essais depuis près de dix ans, confirment ces données.

Parmi de nombreux exemples pris aussi bien chez les colons et les indigènes du Tell ou de la Tunisie, deux observations sont à signaler.

1. Il ne faut pas confondre le *sujet* avec la *race*.

1° A Bouïnan, chez M. Javal, agriculteur distingué de la Mitidja, la moyenne du poids des brebis indigènes nées et élevées dans sa bergerie était, à partir de deux ans et demi, de 38 kilog. environ.

Après un premier croisement avec le mérinos Crau-Rambouillet de Moudjebeur, les brebis de 15 à 18 mois pesaient après la tonte 42 kilog. 250.

Les béliers du même âge, tondus aussi, 49 kilog. 600.

Des agneaux nés de ces brebis arabes pesant 38 kilogr. et d'un mérinos sans cornes, de la Champagne, atteignaient, entre 6 et 7 mois, 31 kilog. en moyenne.

Pendant la sécheresse et la disette de l'année 1893, les *croisés*, soumis au même régime que les *indigènes*, supportèrent plus facilement que les premiers cette dure période.

2° Chez Mme Martin, à Bou-Kalfa, des pesées comparatives faites par M. Fleury, vétérinaire sanitaire de Tizi-Ouzou, ont donné les résultats suivants :

Dans un premier essai, les agneaux arabes-mérinos ont augmenté de 170 grammes par jour.

Les arabes purs, de 80 grammes seulement.

Dans une autre expérience :

Les agneaux croisés pesaient à 8 mois 42 kilog.

Les arabes purs et de race choisie, 31 kilog.

Les agnelles croisées, 37 kilog. 500.

Les agnelles arabes, 27 kilog.

Les documents officiels publiés par le Gouvernement tunisien établissent les heureux résultats obtenus d'emblée par le croisement du mérinos avec les moutons à grosses queues et à queues fines du pays, mais il convient de donner à titre de simple indication les résultats variables dus à l'initiative privée.

Compte du troupeau de la Société générale des Huileries du Sahel tunisien fourni par M. Robert, Directeur de la Société.

Ce troupeau est exploité en participation avec un indigène; il est constitué avec des animaux barbarins à grosse queue.

Suivant les idées personnelles de M. Robert qui avait observé l'élevage du mouton dans la Crau, le croisement fut fait avec des sujets mérinos de cette région.

L'essai a complètement réussi, la grosse queue a disparu et la race a été considérablement améliorée.

La mortalité du troupeau a été insignifiante, 3 °/₀ environ.

Chaque année on vend les agneaux à grosse queue et les brebis stériles et l'on ne conserve que les agneaux et les agnelles de race améliorée.

En 1891

Recettes.

Situation au 30 septembre 1891 :

5 béliers de la Crau, à 80 fr.	400 »	3.480 »
5 béliers barbarins à grosse queue, à 25 fr.	125 »	
153 brebis barbarines à grosse queue, à 15 fr.	2.295 »	
66 agnelles barbarines à grosse queue, à 10 fr.	660 »	
229 têtes		
Vente d'agneaux, 30 à 9 fr.74		292 20
Vente de laine, 158 kilos à 2 fr.34		369 60
Total général des recettes		4.141 80

Dépenses.

Constitution et achat du troupeau :

5 béliers de la Crau, à 80 fr.	400 »	2.807 75
5 béliers barbarins, à grosse queue, à 25 fr.	125 »	
153 brebis, à grosse queue à 14 fr. 92	2.282 75	
163 têtes		
Payé au berger pour la garde du troupeau	53.40	74 40
Achat du tabac pour le traitement de la gale	15 »	
Payé pour droit d'abreuvoir	6 »	
Total général des dépenses		2.882 15

Balance.

Total général des recettes	4.141 80
Total général des dépenses	2.882 15
Reste...	1.259 65

Soit un excédent de 1.259 fr. 65 qui, comparé au capital engagé, qui était de 2.807 fr. 75, fait ressortir un bénéfice de 45 °/₀ par an, non compris les frais de pacage et la mortalité (5 °/₀).

En 1892.

Recettes.

SITUATION ET VALEUR AU 30 SEPTEMBRE 1892 :

5 béliers de la Crau, à 80 fr.......	400 »	
5 béliers barbarins, à 25 fr.........	125 »	
9 agneaux barbarins, pour la reproduction, à 15 fr.................	135 »	
3 agneaux à queues fines, pour la reproduction, à 20 fr............	60 »	4.245 »
4 agnelles à queues fines, à 15 fr..	60 »	
117 agnelles barbarines, à 10 fr......	1.170 »	
163 brebis barbarines, à 15 fr........	2.295 »	
306 têtes		
Vente d'agneaux, 40 à 14 fr.23...............		569 10
Vente de laine, 200 kilog., à 2 fr. 40...........		480 »
Total général des recettes		5.294 10

Dépenses.

SITUATION ET VALEUR AU 30 SEPTEMBRE 1891 :

5 béliers de la Crau, à 80 fr...........	400 »	
5 béliers barbarins, à 25 fr.............	125 »	3.480 »
153 brebis barbarines, à 15 fr............	2.295 »	
66 agnelles, à 10 fr.....................	660 »	
229 têtes		
Payé au berger pour la garde du troupeau..	55 80	
Achat du tabac pour le traitement de la gale.	18 60	87 »
Payé pour droit d'abreuvoir..	12 60	
Total général des dépenses		3.567 »

Balance.

Total général des recettes...........	5.294 10
Total général des dépenses..........	3.567 »
Reste....	1.727 10

Soit un excédent de 1.727.10 qui, comparé au capital engagé qui était de 3.480 fr., fait ressortir un bénéfice de 40 °/₀ par an, non compris les frais de pacage et la mortalité (5 °/₀).

Compte du troupeau de la ferme de M'rira pendant l'année 1892, fourni par M. Prouvost, propriétaire.

Ce troupeau est composé de mérinos de la Crau et de barbarins à queues fines.

Dépenses.

Animaux constituant le troupeau au 31 décembre 1891 :

6 béliers mérinos, à 35 fr....	210 »	4.054 »
100 béliers mérinos, à 28 fr.....	2.800 »	
87 agneaux, à 12 fr...........	1.044 »	
133 têtes		

Animaux achetés au cours de l'année 1892 :

400 brebis mérinos, à 28 fr.....	11.200 »	14.050 »
158 brebis algériennes, à 19 fr..	1.850 »	
550 têtes		
Gages des bergers...............	1.800 »	2.531 15
Loyers des bâtiments de la bergerie	550 »	
Entretien et nettoyage de la bergerie............................	118 25	
Frais de tonte....................	30 »	
Médicaments......................	32 90	
Total général des dépenses.......		20.635 15

Recettes.

Vente de 112 agneaux...........................	1.624 »
Vente de 10 brebis algériennes..................	208 60
Vente de laine..................................	397 80
	2.230 40

Animaux constituant le troupeau au 31 décembre 1892 :

42 béliers mérinos, à 35 fr............	1.470	22.211 »
489 brebis mérinos, à 28 fr.............	13.692	
131 brebis algériennes, à 19 fr	2.489	
141 agneaux, à 12 fr....................	1.692	
239 agnelles, à 12 fr....................	2.868	
1.042 têtes		
Total général de l'actif.........		24.441 40

Balance :

Total général de l'actif...........	24.441 40
Total général des dépenses.........	20.635 15
Reste en bénéfice..	3.806 25, frais de pacage non compris.

Ces résultats sont satisfaisants : ils permettent de reconnaître que, de toutes les races ovines améliorées, le *mérinos* paraît d'abord indiqué dans tous les croisements qui auront pour but de supprimer les races berbères et barbarines. Par la suite, le mouton arabe aura lui-même à céder le place au métis-mérinos dans presque toutes les régions à populations sédentaires qui auront à produire pour la consommation européenne et pour l'exportation.

Importation des reproducteurs améliorés : difficulté de leur acclimatation et nécessité de les produire en Algérie.

L'importation coûte non seulement fort cher, mais elle donne souvent de mauvais résultats. En effet, les sujets importés trouvent, en même temps qu'un climat différent, un régime autre et ils meurent là où un animal de même race, né dans le pays et mieux entraîné, aurait donné d'excellents produits.

D'autre part, il est impossible de demander aux éleveurs de s'adonner aux opérations de longue haleine, aussi coûteuses que difficiles à bien mener, que nécessite la création ou la conduite d'un troupeau de reproducteurs.

La propriété est trop divisée en Algérie, l'élevage beaucoup trop dans les mains des indigènes et la tâche trop grande pour que l'amélioration du troupeau ne reste pas confiée à l'État. Toutes les nations du reste ont toujours considéré que dans toutes leurs colonies cette œuvre incombe à l'État, tant que l'élevage n'a pas atteint un degré de perfectionnement suffisant et un développement assez grand pour pouvoir se passer de son aide.

Même en France, malgré les remarquables troupeaux dont l'amélioration est poursuivie de père en fils par des éleveurs comme les Gilbert, les Delamare, les Japiot, les Baillot, les Malingié, malgré les écoles d'agriculture qui, comme Grignon, produisent des reproducteurs sans s'occuper de leur prix de revient, l'État a conservé un établissement national d'élevage pour le mouton, la bergerie de Rambouillet. Aussi ne peut-on s'expliquer que dans un pays comme l'Algérie où la question moutonnière est aussi capitale, elle ne soit pas encore résolue dans ses moyens d'amélioration et d'exploitation.

On ne saurait se retrancher, comme prétexte, derrière une mesure d'économie budgétaire quand on voit que le service des bergeries en Algérie ne représente pas en dépense annuelle le prix payé pour un bélier dans un concours australien[1].

Le rôle de l'État est tout indiqué : il doit fournir à l'élevage algérien les reproducteurs améliorateurs. Cette opinion a d'ailleurs toujours prévalu au Ministère de l'Agriculture et a été fortement soutenue par son très distingué directeur, M. Tisserand, qui est considéré à juste titre en Europe comme le moutonnier le plus compétent.

CONDUITE DU TROUPEAU

Dans cette partie pratique il convient d'exposer les diverses méthodes d'exploitation ovine employées par les européens et les indigènes suivant les régions qu'ils occupent : il est utile aussi de relater ce que l'expérience enseigne sur la sélection, le métissage, le croisement et en général sur les divers modes d'élevage et d'amélioration facilement applicables au troupeau ovin.

Que faut-il entendre par ces différents mots : *sélection*, *croisement* et *métissage*, en quoi consistent ces opérations et quels sont les avantages et les inconvénients de chacune d'entre elles ?

La *sélection* a servi exclusivement aux éleveurs anglais pour perfectionner ces magnifiques races de bœufs et de moutons connus sous les noms de Durham, de New-Leicester, New-Kent, etc., etc. Mais ce qu'il ne faut pas oublier c'est que, lorsque les Colling, les Backvell ont commencé leurs opérations les races sur lesquelles ils voulaient agir avaient déjà une réelle valeur. En serait-il de même en Algérie ?

La sélection consiste à choisir exclusivement, dans la race que l'on veut améliorer, les sujets reproducteurs, à développer chez eux par la gymnastique fonctionnelle, c'est-à-dire par la nourriture, les soins et un entraînement particulier, les qualités que l'on veut fixer dans leur descendance ; puis à augmenter dans

1. Les reproducteurs primés à Melbourne ont été vendus 18.500 fr. en 1874 ; 37.500 fr. en 1880; et 83.000 fr. en 1884.

les produits les qualités des parents par l'appareillement, c'est-à-dire l'accouplement judicieux des reproducteurs mâles et femelles.

C'est là une opération qui est trop souvent considérée comme fort simple, mais qui, en réalité, est très complexe.

Combien est grande l'erreur de ceux qui croient qu'en opposant les qualités d'un reproducteur aux défauts d'un autre, on fait sûrement disparaître ceux-ci ; qui pensent qu'il suffit de donner à une femelle à croupe développée et à devant étriqué, un bélier possédant un large poitrail pour avoir un produit parfait ! Rien n'est plus aléatoire. Nous ne savons absolument pas quelle est la partie de lui-même qu'un reproducteur transmet à ses descendants : il leur donne ses défauts aussi bien que ses qualités. *Seuls les caractères inhérents à la race sont d'habitude transmis avec certitude.*

C'est là ce qui rend si difficiles, si aléatoires les opérations zootechniques qui, comme la sélection, sont fondées sur la variation de la race.

L'une des premières et des plus grandes difficultés à vaincre est due précisément à la fixité de la race qui se manifeste au moment où l'on s'y attend le moins par des retours en arrière qui viennent détruire les espérances les mieux fondées.

Les zootechniciens ont donné le nom d'atavisme à cette loi naturelle qui fait qu'un reproducteur peut transmettre à ses descendants des défauts et des qualités qu'il n'avait pas lui-même, mais qu'il avait reçus comme en dépôt et à l'état latent de ses grands-parents ; tandis qu'ils appellent hérédité la faculté qu'a chaque géniteur de transmettre à ses produits, en même temps que le cachet de la race dû à l'atavisme, les défauts et les qualités qui lui sont propres.

L'éleveur ne peut compter pour améliorer une race par la sélection, que sur la variation, qu'il parvient parfois à fixer par des accouplements consanguins, et sur la gymnastique fonctionnelle, c'est-à-dire sur l'ensemble des procédés hygiéniques qui lui permettent par le développement de certains organes, de certains muscles, de diminuer le volume relatif de ceux qui lui sont inutiles.

Il résulte de ces données que pour obtenir des résultats rapides par la sélection, il faut agir sur une race possédant déjà des qualités réelles.

Il ne faut pas perdre de vue, non plus, que les procédés de sélection employés tendent à diminuer la rusticité de la race, et qu'il faut enfin une grande habileté pour mener à bien ce genre d'amélioration.

Le *croisement* et le *métissage* permettent d'employer des moyens tous différents.

Dans ces deux opérations on met en présence d'une race inférieure à améliorer, des sujets d'une race supérieure dans lesquels sont condensés, par une longue série d'efforts et d'années, les qualités que l'on veut infuser à la race locale. On utilise ainsi le temps et les efforts dépensés par de plus habiles.

Mais, tandis que le croisement a pour but de remplacer complètement la race inférieure par la race amélioratrice, ce qui a lieu généralement après la quatrième génération, le métissage tend à créer une race qui tienne des deux souches d'où elle est dérivée.

Les résultats obtenus dans l'un ou l'autre cas sont d'autant plus certains, d'autant plus rapides que la race amélioratrice est plus ancienne, mieux fixée, que l'atavisme et l'hérédité se multipliant l'un par l'autre, possèdent tous deux une énergie plus grande. Dans le métissage, on s'en tient généralement à une seule infusion du sang améliorateur ; les produits croisés sont ensuite accouplés entre eux et on se contente d'évincer les sujets retournant au type primitif. Cette opération offre peu de certitude et l'on est obligé de recourir de temps à autre à des reproducteurs purs.

Le *croisement* permet de remplacer sans grands frais une race locale par une meilleure.

On arrive à ce résultat facile en donnant des mâles de race pure aux femelles obtenues par le croisement, au lieu d'accoupler entre eux comme dans le métissage les produits croisés, mâles et femelles.

On continue à employer les mâles purs jusqu'à complète absorption de la race locale par la race importée, fait qui a lieu d'habitude après la quatrième génération.

Il suffit pour réussir sûrement que la race importée puisse vivre et prospérer avec les conditions culturales et climatologiques du pays où on veut l'implanter, et que l'on ait à sa disposition des béliers de race pure.

L'amélioration des races algériennes peut donc se résumer ainsi :

1° Dans les pays à transhumance, améliorer les troupeaux indigènes en employant les procédés indiqués plus haut qui permettront de conserver toute la rusticité nécessaire à leur genre de vie, tout en augmentant sensiblement leur valeur comme producteurs de viande et de laine;

2° Dans la partie tellienne, remplacer sans hésitation les moutons indigènes par des animaux de plus haute valeur et dont la précocité ne nuise pas à la rusticité ;

3° Mettre un nombre suffisant de ces reproducteurs à la disposition des éleveurs.

Faut-il demander aux races anglaises ou aux mérinos les moyens d'amélioration du troupeau ?

Nous avons vu, par de nombreux exemples, l'action efficace du mérinos et de son produit croisé sur l'amélioration du troupeau dans des cas déterminés.

Certaines autres races pourraient peut-être offrir, dans des conditions économiques et culturales particulières, des avantages réels ; cependant jusqu'à ce jour celles qui ont été importées à grands frais n'ont pu, en dehors du mérinos, faire souche en Algérie[1].

ÉLEVAGE CHEZ LES INDIGÈNES

Pays à transhumance

On a vu, par la description des pays de parcours, combien les approvisionnements y sont difficiles sinon impossibles à constituer, que les abris fixes sont inutiles, que les abris mobiles,

1. Dans sa ferme modèle d'Arbal, près d'Oran, un agriculteur de haute valeur, Du Pré de Saint-Maur, avait, dès 1858, essayé les races anglaises, puis celle de Charmoise. Il les a remplacées avec succès par le mérinos qui lui a donné de très beaux résultats (*Société nationale d'acclimatation de France.*)

quelque légers qu'ils soient, seront toujours impossibles à transporter et résisteront bien difficilement aux vents violents et aux tempêtes de neige qui sévissent dans ces régions.

Cette vie nomade du troupeau a sa raison d'être dans ces milieux et c'est précisément le manque d'abri qui permet d'éviter les maladies épidémiques, parce qu'à la moindre alerte, et sans aucune peine, on peut transférer le campement sur un point éloigné des pâturages contaminés.

L'Européen pourrait-il mieux faire et mieux utiliser les ressources qu'offrent ces régions ? Peut-être : par l'association avec l'indigène, mais dans un cadre limité.

Il y a du reste déjà un certain nombre d'Européens qui donnent à cheptel à des indigènes qui les mènent dans le Sud des troupeaux dont le bénéfice se partage au retour dans la région tellienne. Ces opérations se pratiquent sans amener aucune amélioration dans la conduite des troupeaux par les indigènes.

Pour retirer de cette association tous les bénéfices qu'elle peut donner et modifier très avantageusement les conditions dans lesquelles vivent actuellement les troupeaux transhumants, il faudrait que l'Européen fût propriétaire de grandes étendues de terres situées dans la partie *tellienne* et à la lisière des pays à transhumance. Là, par une culture rationnelle, il mettrait en réserve une grande quantité de nourriture pendant que ses troupeaux iraient, sous la conduite de ses associés indigènes, passer l'hiver et le printemps dans la région saharienne ou dans la steppe. Les troupeaux reviendraient estiver sur ses terres et profiteraient pendant la saison sèche des approvisionnements faits par lui.

A la saison des pluies, tous les animaux de réserve, toutes les mères que l'on aurait *fait saillir par des reproducteurs de choix* retourneraient dans le Sud : on ne conserverait sur le domaine que les bêtes destinées à la vente et qui seraient, après engrais, cédées pendant l'hiver à la consommation locale ou expédiées en France dès la fin de l'hiver alors que les animaux gras font prime et obtiennent de beaux prix.

Mais ce genre d'affaires exige une connaissance approfondie des mœurs et de la langue des indigènes.

En outre, il faut être décidé à passer de longues semaines

sous la tente pour se rendre compte de l'état de ses troupeaux. On ne peut enfin avoir de bons résultats que si l'on a bien choisi son associé indigène auquel, sans hésitation, on accordera une belle part. C'est là le seul moyen de traiter avec un homme de grande tente, avec un chef influent qui seul, empêchera les vols, qui seul fera tolérer la présence du troupeau d'un étranger au milieu des troupeaux de la tribu, qui seul enfin pourra trouver les bergers nécessaires et répondre de leur honnêteté relative en les choisissant parmi les vieux serviteurs de sa famille.

Pays à transhumance restreinte ou nulle

Dans les régions du Tell, les éleveurs se trouvent dans des conditions absolument différentes. Il est possible d'y faire des provisions de paille, de grains, de fourrage, et les troupeaux vivent sur la ferme ou du moins s'en éloignent fort peu.

Aussi des abris sont-ils indispensables pendant l'hiver. Pendant les grandes chaleurs des parcs ombragés suffisent.

Les animaux trouvent leur vie dans les champs, mais pourtant quand le pâturage diminue, un complément de nourriture à la bergerie devient nécessaire.

Selon la situation de la ferme et de ses ressources on déterminera s'il y a avantage à faire *l'agneau de lait*, *l'élevage* ou *l'engraissement*.

Nous allons passer rapidement en revue ces trois ordres d'opérations.

Agneau de lait. Ce produit donne ordinairement des bénéfices élevés dans les fermes situées aux environs des grands centres ou voisines des voies ferrées.

Pour retirer un large bénéfice de cette opération il faut pouvoir vendre les agneaux quand ils manquent sur les marchés. Cette précocité est obtenue par une nourriture abondante qui augmente la lactation des mères. Des réserves fourragères et quelques cultures sarclées assurent ce résultat.

La vente des agneaux a lieu en plusieurs fois, avec des intervalles de 20 à 25 jours, Dès que les premiers agneaux sont vendus on fait teter leurs mères par les agneaux qui suivent : ceux-ci utilisent ainsi le lait des deux mères au moment où ils sont le plus avides de nourriture. De 20 à 40 jours ils atteignent un poids de beaucoup plus élevé. Les mères se fatiguent moins et peuvent alors donner deux portées dans l'année avec un bénéfice brut de 25 à 30 francs.

Pour faire l'agneau de lait beaucoup de colons se contentent d'acheter aux indigènes, à la fin de l'été, des brebis pleines : le bénéfice se trouve alors moindre, d'abord parce qu'il est impossible de choisir le moment de l'agnelage, puis à cause de la différence du poids constaté entre les agneaux *arabes* et les *croisés*, ces derniers pesant toujours beaucoup plus.

Point n'est besoin pour cette opération d'avoir de grands parcours pour la nourriture des animaux. A cette époque on utilise les feuilles des vignes, les marcs des raisins, les chaumes, etc., et quand la nourriture manque, les agneaux sont déjà vendus et les mères en bon état d'engraissement peuvent être menées sur le marché.

*
* *

L'élevage et l'engraissement sont plus ordinairement pratiqués. Ce dernier mode s'applique mieux aux conditions économiques du pays et pendant longtemps il a donné des bénéfices assez élevés.

On achetait aux indigènes sur les marchés du Tell les animaux produits en excès ou que ne pouvaient plus nourrir les pâturages desséchés. Ces moutons, achetés à vil prix et amenés dans des régions meilleures, étaient, quelques mois après, revendus aux exportateurs avec de gros bénéfices.

Ces opérations se continuent bien encore, surtout dans le département d'Oran et avec le bétail marocain, mais elles donnent, dans les autres départements, des bénéfices tous les jours moins assurés. Les exportateurs vont, en effet, acheter jusque dans l'extrême Sud, dès le commencement du printemps, les animaux que les indigènes destinent à la vente et ils prolongent leurs achats pendant tout l'été sur les marchés telliens : ils accaparent non seulement les bêtes grasses, mais aussi les sujets destinés à être engraissés en France. Les éleveurs qui sont en concurrence avec les trafiquants sont obligés de payer beaucoup plus cher et quand le prix fléchit au printemps suivant, leurs bénéfices sont restreints, parfois même absolument nuls.

Les exportations durent maintenant jusqu'aux derniers beaux jours : on ne peut plus acheter à cette époque, car les troupeaux ont déjà regagné le Sud ou sont en route pour s'y rendre lorsque les expéditeurs cessent leurs achats.

Devant cette situation économique toute nouvelle les Européens sont forcés de s'adonner tous les jours davantage à l'élevage proprement dit : ils y trouvent de nombreux avantages.

D'abord on n'introduit pas dans ses troupeaux des animaux inconnus qui contaminent l'ensemble par des maladies épidémiques ou parasitaires qui causent parfois des pertes très sensibles.

La mortalité dépasse très rarement 5 % du troupeau surveillé d'où l'on exclut tout sujet douteux.

D'un autre côté, quel que soit le prix de vente des animaux produits sur la ferme, on réalise tous les ans un bénéfice plus ou moins élevé selon les prix pratiqués au moment de la vente, mais, en tous cas, c'est toujours un bénéfice net.

Une brebis donne, si l'on dispose d'un peu de vert ou d'ensilage pendant l'été, au moins un agneau et demi par an : certaines bêtes donnent même de 3 à 4 agneaux en deux portées. Ces agneaux, s'ils sont issus des croisés, arabes-mérinos, fournissent de 20 à 22 kilog. de viande nette à 12 mois, à 14 mois tout au plus, ce qui porte leur prix de vente à 20 ou 22 francs, opération lucrative puisque les frais sont au maximum de 7 à 8 fr. par mère et de 4 à 5 fr. par élève.

Aussi voit-on certains colons possédant seulement une trentaine d'hectares dont moitié est, tous les ans, emblavée, déclarer que le bénéfice réalisé sur un troupeau de 50 à 60 brebis est supérieur à celui donné par tous les autres produits réunis de la propriété.

Malheureusement, pour étendre ces opérations d'élevage et d'engraissement et pour les conduire jusqu'au terme bénéficiaire, l'argent et le crédit font défaut dans le plus grand nombre des cas : le colon a des dettes exigibles et le troupeau en est la garantie.

Une autre grosse difficulté à surmonter réside dans l'éloignement du village des champs de pâture et dans le nombre exagéré des petites parcelles possédées par le colon : de là une difficulté de surveillance et des contestations pour le pâturage.

Cependant, il est généralement reconnu, qu'à part quelques cultures industrielles s'étendant sur des zones limitées, l'élevage du mouton donne en Algérie les bénéfices les plus élevés et les plus sûrs sans exiger beaucoup d'entretien. En effet, les troupeaux des colons soumis au même régime que ceux des indigènes doivent trouver leur nourriture dans les champs exclusivement, et il faut que les intempéries soient de bien longue durée pour qu'il soit permis aux animaux de s'approcher d'une meule de paille ou de fourrage pour en brouter les côtés seulement.

Les troupeaux européens sont trop abandonnés à la garde des bergers indigènes : ces derniers boivent le lait des mères, donnent des soins insuffisants, et exploitent mal le pâturage.

LE MOUTON DANS LA RÉGION DE SÉTIF

C'est dans la région des Hauts Plateaux de Constantine et de Sétif, si favorables à l'élevage du cheval, que les plus grands efforts ont été faits pour l'amélioration des troupeaux, ainsi que M. Bauguil, le distingué professeur d'agriculture, l'a souvent démontré.

L'aire de la production du mouton s'étend beaucoup moins au Nord que celle du cheval dans les Hauts Plateaux de Constantine et de Sétif et se prolonge au contraire beaucoup plus au Sud, au-delà de M'sila, de N'gaous et de Biskra.

Le mouton de ces régions est presque toujours à queue fine, rarement à queue demi-fine, tantôt à face brune, le plus souvent à face blanche ; tantôt à corps ramassé cylindrique, près de terre, comme dans les variétés appartenant aux centres de production tels que Bordj-bou-Arréridj, Sétif, Saint-Arnaud, Abd'en-Nour, les plaines d'Aïn-M'sila, d'Aïn-el-Ksar ; d'autres fois au contraire un peu hauts sur jambes, à tête un peu forte, allongée, comme dans les plaines de M'sila, de N'gaous, dans tout le Hodna, en un mot. Plus au Nord de Sétif, dans tout le massif montagneux qui sépare les Hauts Plateaux du littoral, le mouton devient petit; sa laine très jarreuse et sa production comme son élevage avec la race actuelle n'y constituent que des opérations peu avantageuses.

La laine des moutons des Hauts Plateaux est d'autant plus fine que ces ovins sont produits et élevés dans la région centrale, limitée au Sud par les chaînes de montagnes Maadid, Bou-Thaleb, Djebel-Faural, Belezmia, Djebel-Messaouda et les premiers contreforts des Aurès.

Dans les régions de Bordj-bou-Arreridj, de Sétif plus particulièrement, de Saint-Arnaud, de Châteaudun, il n'est pas rare de rencontrer de nombreux moutons dont l'ensemble de la conformation, la finesse, le tassé de la laine, rappellent ceux du mérinos. Il convient d'ajouter, d'après M. Ryf, que les troupeaux de cette région ont subi plus que partout ailleurs l'influence du sang mérinos et qu'il devient alors difficile de retrouver la race autochtone. Une grande partie des moutons des Hauts Plateaux constantinois et sétifiens, qu'ils appartiennent aux Européens ou aux indigènes, sont soumis à la transhumance ; pendant l'hiver ils quittent les Hauts Plateaux neigeux du Nord et descendent dans le Hodna jusqu'à l'extrême limite de ses pâturages ; au mois de mai ils commencent à remonter en longues caravanes ; en avril et alors que les hivers ont été pluvieux et par suite les pâturages précoces et abondants, arrivent les moutons de Biskra, de N'gaous et de M'sila qui ont pu s'engraisser de bonne heure et que l'on expédie en France sous la dénomination de moutons de primeur.

La production du mouton sur les Hauts Plateaux de Constantine et de Sétif, est, en grande partie, entre les mains des indigènes. Néanmoins, dans les régions de Bordj-bou-Arreridj, de Sétif, de Saint-Arnaud, de Châteaudun et au Sud de Batna, quelques Français commencent à produire le mouton en employant les méthodes zootechniques, soit de sélection, soit de croisement.

Dans la production par les Européens, le grand écueil à éviter au point de vue pratique est le détournement du lait des brebis par les bergers et les femmes des khammès à leur plus grand bénéfice, mais au grand détriment des agneaux ; de là, une surveillance étroite et constante à exercer.

Y a-t-il intérêt pour le colon, dans l'industrie du mouton, à faire plutôt de la production que de l'élevage? Il semblait jusqu'à ces temps derniers que, d'une façon générale, sur les Hauts Plateaux constantinois et sétifiens, la production devait être laissée entre les mains des indigènes et l'élevage être plus particulièrement l'œuvre économique de l'Européen, mais la nécessité d'avoir des troupeaux de choix force maintenant le colon à pratiquer un élevage raisonné.

La sélection, en tant que méthode zootechnique d'amélioration du mouton, est peu employée par les producteurs sur les Hauts Plateaux, notamment dans la région de Sétif qui est un centre d'agriculture progressive ; ils ont eu recours, dans ce but, depuis une vingtaine d'années environ, au mouton mérinos, en s'adressant d'abord au Rambouillet, à celui de la Crau, et à celui qui leur est fourni par la Bergerie nationale de Moudjebeur ; ils estiment que les aptitudes zootechniques de ces dernières races se rapprochent le plus de celles de leur mouton des Hauts Plateaux et conviennent par suite le mieux aux conditions économiques de climat, de milieu, de ressources alimentaires dans lesquelles ils se trouvent placés. Tel est l'avis exprimé par M. Ryf et par MM. les vétérinaires Bauguil, Bonzom, Martinet et par M. Couput, le distingué chef du service des Bergeries en Algérie.

Convient-il de pousser ce croisement jusqu'à la troisième génération, dans le but de substituer la race croisante à la race croisée, ou bien est-il préférable de s'arrêter à la première génération, se contentant d'obtenir des métis au premier degré.

Le plus grand nombre des producteurs européens, dans la région de Sétif, se bornent et doivent se borner à ce mode pratique de *croisement industriel*, qui est le seul réellement rémunérateur, dans les conditions économiques actuelles du pays ; ils obtiennent ainsi des métis-mérinos au premier degré, plus précoces, plus pesants, à laine plus fine, plus abondante et à viande tout aussi bonne.

Le prix du mouton sur les Hauts Plateaux varie suivant les années ; alors que celles-ci ont été pluvieuses, que les pâturages sont abondants, que les récoltes en céréales se présentent bien, le prix de la brebis s'élève souvent à 22 fr., celui du mouton en état à 18 et 20 fr. ; dans les années pauvres au contraire, ce prix peut tomber à 8 fr. ; le cours du mouton, pendant le printemps, l'été et une partie de l'automne dépend encore de l'offre faite pour l'exportation.

L'achat du mouton constitue sur les Hauts Plateaux de Constantine et de Sétif une opération courante de la part des producteurs européens et indigènes ; elle demande cependant une certaine habitude et surtout une grande attention par les temps d'épizootie claveleuse et surtout alors que les troupeaux, dans une région déterminée, quelquefois très étendue, sont atteints de la bronchite vermineuse, maladie presque toujours mortelle. Mieux vaut, dans les deux cas, et surtout dans le deuxième s'abstenir d'acheter, et c'est justement à cause de ces difficultés et de ces aléas dans l'achat et dans la vente que nombre de colons préfèrent actuellement pratiquer l'élevage sans se borner à faire comme autrefois l'engraissement seul.

SOINS A DONNER AUX TROUPEAUX

Alimentation. — La première préoccupation de l'éleveur doit être d'assurer à ses troupeaux une alimentation régulière et suffisante. Or, comme le mouton doit trouver la plus grande partie de sa nourriture aux champs, il faudra avant tout éviter de trop charger les pâturages. 100 brebis bien entretenues donnent un bénéfice bien plus élevé que 150 bêtes.

Dans presque toute la région tellienne lorsque les bêtes doivent s'entretenir dans les champs, une propriété cultivée (comme cela a lieu chez les indigènes) en céréales avec repos de la moitié de la surface peut nourrir en moyenne par hectare une brebis et son agneau ou antenais. Le nombre de ces animaux peut sans inconvénient être doublé si l'on réserve pour assurer l'alimentation régulière du troupeau et par tête d'adulte 100 à 150 kilog. de fourrage ou l'équivalent. Lorsque le fourrage est difficile à trouver dans la région, et son prix trop élevé, on le remplace très facilement en assurant à chaque tête 150 kilog. de paille et 50 kilog. d'orge, ou encore 100 kilog. d'herbe grossière ensilée, ou 50 kilog. de paille et 50 kilog. d'orge. La paille hachée, mélangée à deux fois son poids de feuilles de figuiers de barbarie sans épines, coupées en lanières de 1 centimètre d'épaisseur, est une excellente nourriture, surtout en été. La valeur nutritive de ce mélange égale à peu près la moitié de celle du foin à poids égal. Il faut mettre ensemble la paille et les feuilles coupées 24 heures à l'avance. Les bovins sont encore plus avides de cette nourriture que les ovins.

Pâturage. — Éviter absolument aux moutons le pâturage sur des terrains bas et marécageux et ne leur laisser quitter la bergerie l'hiver que lorsque la rosée est complètement ressuyée surtout dans les terres humides. L'été, les faire sortir de bonne heure et les mettre à l'abri de la chaleur du milieu du jour, soit à la bergerie ou à l'ombre des arbres, soit encore en les mettant sur un coteau bien aéré. Éviter surtout par le fort soleil les plaines basses et encaissées.

Un bon berger empêche ses bêtes de parcourir trop rapidement le champ livré au pâturage. Il les habitue pour cela à marcher en ligne pour que les forts n'empêchent pas les plus faibles de manger, à s'arrêter sur un signe ; un bon chien serait un aide précieux, mais il est impossible d'obtenir des Arabes l'emploi de cet auxiliaire si intelligent et si utile.

Les moutons ne seront pas menés, pour commencer la journée, sur les points de la propriété où se trouvent les pâturages les plus abondants. Il faut les mettre d'abord dans les parties les plus pauvres ou qui ont été plusieurs fois pacagées.

Les bêtes qui ont faim broutent tout et mangent les herbes grossières qu'elles dédaigneraient un peu plus tard. Dans la journée on les conduit sur les parcours où l'herbe est plus abondante et elles y restent juste le temps nécessaire pour qu'elles se remplissent bien.

Les chaumes jouent un grand rôle pour la nourriture du troupeau, ils offrent d'importantes ressources, mais il faut savoir les utiliser sous peine d'avoir des accidents graves causés par la météorisation ou des indigestions de grains.

Après la récolte, et pendant qu'il y a encore sur le sol d'assez nombreux épis, on fait boire les troupeaux avant de les mener sur les chaumes, qu'ils doivent simplement parcourir les premières fois. Très avides de grains et pouvant les ramasser jusque dans la poussière, les moutons ne laissent échapper aucun épi et comme ceux-ci sont souvent nombreux, surtout par le moissonnage à la main et par un temps sec, il en résulte pour les sujets des accidents souvent mortels.

Il faut donc faire simplement passer, pendant les premiers jours, les moutons dans les champs moissonnés, puis, à mesure que les grains diminuent, on augmente progressivement le temps pendant lequel les troupeaux restent sur ces chaumes. Outre les grains laissés, ces champs contiennent encore une assez grande quantité d'herbes vertes ou en graines.

C'est là encore une nourriture à ménager et d'une réelle valeur. Quand cette dernière aura été broutée, on pourra mener dès le matin les troupeaux dans ces chaumes alors attendris par l'humidité de la nuit et les y laisser de longues heures.

On ne doit jamais livrer d'un seul coup à un troupeau tous les champs disponibles. Il faut absolument, si l'on veut bien profiter de la nourriture qu'ils contiennent, les livrer par parcelles et successivement à la dent du mouton.

Une dernière observation à ce sujet. Quand on possède des bœufs en même temps que les moutons, les bœufs doivent être mis les premiers dans les parcours, les moutons pourront vivre après eux, tandis que là, où les moutons sont passés, le bœuf ne trouvera rien à ramasser.

L'ignorance et la nonchalance des bergers font souvent perdre des ressources très sérieuses et qui suffiraient parfois à compléter très heureusement les parcours ordinaires. Tel est, par exemple, le pâturage d'un champ nouvellement labouré. Lorsque le sol est un peu sec, les moutons ne tassent pas la terre, mais ils mangent par contre quantité de bulbes et de racines, dont quelques-unes, comme celles du chiendent, ont une haute valeur nutritive. Il en est de même de tous les produits de la taille des arbres. On fait, lorsque la chose est possible, manger sur place toutes les feuilles, toutes les brindilles ou bien on apporte les branches à côté de la bergerie et elles sont broutées par les moutons, le matin, au moment de leur sortie. Certaines essences, le frêne, le mûrier, l'orme, l'olivier, etc., sont très recherchées par les moutons : il en est de même des grignons d'olives.

Après avoir traité les grignons à l'eau bouillante pour en extraire les huiles de deuxième qualité, il y a grand avantage, au lieu de les vendre aux usines qui les traitent par le sulfure de carbone, à en faire tous les jours une distribution aux moutons. Ceux-ci mangent quelques amandes, des peaux, des débris de pulpes qui leur sont une excellente nourriture. Le surplus fait une très bonne litière qui ne feutre pas trop les toisons et tient les animaux bien au sec. Si l'on fabrique des huiles de ressence, les tourteaux doivent se donner en très petite quantité aux adultes, seulement à raison de 100 à 150 grammes par jour. Ils valent alors une quantité au moins égale de grains : quant aux grignons blancs, ils sont employé comme litière.

Dans l'un et l'autre cas, les animaux de toute race sont très sainement couchés, le fumier produit est très bon et la quantité s'en trouve très sérieusement augmentée.

Les feuilles de vignes et les marcs de raisin sont aussi une ressource précieuse et malheureusement trop souvent perdue.

Dans les pays humides les tiges et les feuilles de saule et de frêne données en petite quantité constituent l'un des meilleurs remèdes contre la cachexie.

En dehors des ressources alimentaires trouvées dans les champs, il faut, pour avoir des animaux en bon état d'entretien, prévoir la nourriture supplémentaire à donner dans la bergerie.

*
* *

Ration journalière. Moment de la donner. — La ration de foin doit être de 1.500 à 1.800 grammes par tête et par jour, dans les journées bien rares où le troupeau ne peut absolument pas sortir de la bergerie, ce qui peut se présenter une dizaine de fois dans l'année et ce qui donne un total de 15 à 18 kilog. seulement de fourrage par tête.

Le surplus de la provision fourragère, 105 à 110 kilog., doit être donné le matin, l'hiver, avant d'envoyer les bêtes aux champs et par rations de 125 à 150 grammes, lorsque la nourriture est abondante dans les champs. Il s'agit là simplement de lester l'animal par un peu de sec avant de le faire sortir. Si l'herbe est peu abondante ou pas assez nourrissante, on augmente cette ration d'une façon inversement proportionnelle aux ressources offertes par le pâturage, et l'on peut alors la donner en deux fois avant la sortie et après la rentrée du troupeau. Pendant le printemps et une partie de l'été, les animaux trouvent aux champs une nourriture plus que suffisante, mais lorsque le soleil a brûlé les chaumes il faut donner, en l'augmentant progressivement, une ration supplémentaire, autant que possible une matière aqueuse : herbe verte, ensilage, feuilles de figuier de Barbarie. Pourtant, bien ménagée, la quantité de 150 kilog. de foin ou son équivalent, indiquée plus haut, sera toujours suffisante pour l'année tout entière. Le mérinos assimile beaucoup mieux que le mouton arabe ; il profite plus que lui de la nourriture qu'on lui donne.

Paille et grains à la place du fourrage. — Lorsque le fourrage fait défaut dans la région, et qu'on le remplace par de la paille et du grain, on donne la paille sans grain lorsqu'il s'agit simplement de garnir l'estomac de la bête avant de l'envoyer dans des pâturages dont l'herbe est encore aqueuse.

Quand la ration de paille doit être complétée par le grain, il faut donner le matin, avant la sortie, la moitié de la paille environ et en distribuer le surplus avec toute la ration de grain le soir à la rentrée des troupeaux. Ce grain doit, autant que possible, être donné concassé aux animaux sains et aux adultes, en farine et sous forme de buvée aux jeunes et aux malades.

Abreuvement du troupeau. — Ne jamais faire boire les moutons après qu'ils ont mangé du grain ou lorsqu'ils viennent de faire une course rapide et qu'ils sont essoufflés; ne les mener à l'abreuvoir qu'après qu'ils ont mangé un peu de paille, de fourrage ou d'herbe. Quand les moutons ne mangent que du vert, ils boivent très peu, mais il est bon de les mener quand même et une fois par jour à l'abreuvoir. Assurer au troupeau, et toute l'année, de l'eau fraîche et choisie. Ne pas s'inquiéter de la soude ou de la magnésie qui chargent si souvent les eaux en Algérie, les eaux sodiques et magnésiennes conviennent très bien aux moutons quand ces deux sels ne sont pas en excès.

Conduite du troupeau.

Quelque régulière que soit l'alimentation, elle ne suffit pas, à elle seule, à assurer la conservation et l'augmentation d'un troupeau. Il est indispensable d'aider aux bons effets de la nourriture par un ensemble de pratiques dont voici les plus importantes.

Bergerie. — Le froid sec est rarement assez fort en Algérie pour nuire au mouton qui a besoin au contraire d'une bergerie bien aérée; aussi, le meilleur abri pour lui consiste-t-il en un hangar clos sur trois faces : la sablière qui se trouve sur la face ouverte ne doit pas être à plus de 1 m. 75 ou 2 mètres au-dessus du sol, empêchant ainsi la pluie ou le soleil de pénétrer trop avant.

Monte. — L'agnelle peut prendre le mâle à l'âge de 7 ou 8 mois, mais il ne faut jamais la laisser saillir avant 15 mois. Un bélier peu couvrir 50 brebis, en 2 mois, en monte libre. La monte à la main est très difficile à obtenir dans de bonnes conditions en Algérie avec le personnel dont on peut disposer.

Lorsque le nombre des brebis est peu élevé, il n'y a qu'à laisser le bélier dans son troupeau. On le retire seulement pendant 2 ou 3 heures dans le milieu de la journée pour lui donner une ration supplémentaire s'il a à servir 30 à 50 bêtes. Si le troupeau contient plus de 50 bêtes, et moins de 100, on laisse les deux béliers ensemble dans le troupeau s'ils sont peu ardents. Dans le cas contraire on les laisse reposer vingt-quatre heures sur quarante-huit en les mettant à tour de rôle, à part ou dans le troupeau.

Entre 100 et 150 bêtes on laisse un bélier sur trois au repos et on change tous les jours et à tour de rôle un des béliers qui sont avec les brebis.

Entre 150 et 200 brebis, deux des quatre béliers nécessaires au troupeau vont avec lui, pendant que les deux autres se reposent, et on les change tous les jours. Il y a avantage, lorsqu'ils ne se battent pas trop, à avoir deux béliers à la fois dans un même troupeau. Un reproducteur, laissé seul avec des femelles, poursuit parfois pendant toute la journée une brebis préférée qu'il fatigue inutilement, sans s'occuper des autres brebis qui sollicitent son attention. Lorsqu'ils sont deux, la chose est plus rare ; mais à trois les batailles deviennent beaucoup plus fréquentes et plus dangereuses. Pendant que deux adversaires se font face, on voit fréquemment foncer sur l'un d'entre eux le troisième bélier qui renverse, d'un coup de tête dans le côté, l'animal sur lequel il s'est précipité.

Mise au mâle. — Il ne faut pas former des troupeaux dépassant le chiffre de 200 brebis. Pour des raisons développées plus loin, la meilleure époque pour la mise au mâle varie d'avril à juillet.

Gestation. — Les brebis qui portent cinq mois, et font quelquefois deux petits à la fois, peuvent, si on les nourrit bien, et si on les laisse en contact avec le mâle, faire deux portées par an. C'est là un abus dont se ressentent fortement les produits Il vaut mieux ne pas dépasser une portée tous les huit mois et encore à condition d'avoir l'été un peu d'herbe verte ou d'ensilage.

En proposant de faire couvrir les brebis à la fin du printemps, il est bien plus avantageux, lorsque l'on peut bien nourrir les mères, de faire naître les agneaux d'octobre à décembre : ils passent ainsi, sans souffrir, grâce au lait de leurs mères, les mois d'hiver ; ils trouvent une herbe abondante au moment du sevrage et sont souvent plus beaux à la fin du printemps que des agneaux plus âgés de 5 à 6 mois et qui ont été sevrés pendant l'été.

Allaitement. — Il faut, dans tous les cas, à quelque époque qu'ils arrivent, leur laisser tout le lait de leurs mères et avoir le soin, si l'on a perdu agneaux ou brebis, de faire têter les mères sans agneaux par les agneaux sans mère. Si la brebis ne veut pas adopter un nouvel agneau, il suffit de l'y contraindre deux ou trois fois par jour et d'en approcher l'agneau. Celui-ci prend bien vite l'habitude de cet allaitement forcé, suit le berger dans son troupeau et tête indifféremment toutes les mères qu'on lui présente. Faire de même pour les agneaux dont la mère n'a pas assez de lait.

Castration. — C'est du huitième au trentième jour que l'on doit castrer les mâles inutiles pour la reproduction. Cette opération, qu'il vaut mieux faire par l'ablation des testicules, se pratique par un beau temps.

Mettre les opérés à l'abri des mouches pour éviter l'envahissement de la plaie par les vers. Il est bon aussi de couper dans les premiers jours de leur naissance la queue des agneaux; cette opération, qui est très simple, peut se faire avec un bon couteau ou même un sécateur. Couper entre deux vertèbres et assez long pour que l'anus, chez le mâle, la vulve, chez la femelle, restent couverts ; c'est là une précaution indispensable ici à cause des mouches et des vers qui se multiplient à profusion sur la moindre plaie et jusque dans la vulve. En cas d'hémorragie, cautériser la plaie au fer rouge.

Pour castrer des animaux plus âgés on a le choix entre le *martelage*, le *bistournage* et *l'ablation des testicules*.

Les deux premiers procédés amènent simplement l'atrophie des testicules dans un temps plus ou moins long.

Les indigènes emploient surtout le martelage et le bistournage. On a reproché avec raison à ces deux opérations de ne produire l'émasculation complète de l'animal qu'après de longues souffrances et une période qui dure quelquefois plusieurs mois.

Elles ont par contre l'avantage de ne pas occasionner de plaies et de soustraire ainsi les animaux opérés aux attaques des mouches et des vers qui sont souvent si difficiles à éviter en Algérie.

Le *martelage* consiste à meurtrir les cordons testiculaires entre deux bâtonnets ronds et solides que l'on frappe avec un corps dur.

Dans le *bistournage* l'atrophie des testicules est obtenue par la torsion du cordon et le renversement du testicule que l'on maintient dans la région inguinale en attachant fortement le scrotum au-dessous des testicules que l'on fait remonter aussi haut que possible.

La *castration* par ablation se pratique tout aussi aisément.

On incise le scrotum et l'on en extrait les testicules : on tourne ceux-ci l'un après l'autre en maintenant fortement de la main gauche le cordon dont on amène ainsi la rupture. L'hémorragie forcée qui se produit si l'on coupe simplement le cordon sans le ligaturer est ainsi évitée : l'essentiel est de ne pas tirer sur la partie du cordon qui tient aux reins.

On emploie encore pour castrer les moutons *le fouettage*. C'est-à-dire que l'on attache fortement avec une ficelle solide « corde à fouet » le scrotum au-dessus des testicules que l'on a fait descendre aussi bas que possible ; on supprime le tout, un centimètre au-dessous du lien, quelques jours après la ligature.

On remplace très avantageusement la ficelle par un caoutchouc dont la pression est plus régulière et plus forte.

M. Martinet, vétérinaire sanitaire à Sétif, est l'inventeur d'un genre d'agrafe qui permet de fixer très rapidement et très solidement ce caoutchouc.

La castration donne des résultats absolument complets et bien plus rapides que le martelage ou le bistournage.

Sevrage. — Il est bon de séparer de leur mère les mâles qui ne sont pas castrés dès l'âge de 3 ou 4 mois, autrement ils fatiguent celle-ci et surtout se fatiguent eux-mêmes en essayant de la saillir.

Les femelles peuvent sans inconvénient, lorsque leur mère n'en souffre pas, rester un mois de plus avec elle.

Séparer pour le même motif et dès le sevrage les mâles des femelles.

Ration supplémentaire pendant l'allaitement. — C'est pendant la période de l'allaitement que les brebis doivent consommer la majeure partie des aliments mis en réserve pour elles. Il est même avantageux de leur donner en sus de leur nourriture ordinaire, et si le pâturage est par trop maigre, une ration de grain qui peut varier de 150 à 250 grammes.

Cette ration de grain qui n'a plus sa raison d'être pour les mères après le sevrage et en temps ordinaire, est bien utilisée si on la distribue aux agneaux eux-mêmes. Il faut dans ce cas commencer par 70 à 75 grammes et augmenter progressivement et assez rapidement jusqu'à 150 ou 250 grammes, cela surtout dans les régions où le fourrage manque et où l'on doit recourir à la paille et aux grains comme nourriture supplémentaire.

Tonte. — Le mouton doit être tondu tous les ans au commencement du printemps. Comme il est très difficile de confier une tondeuse à un Arabe, l'emploi des forces est à conseiller. Il faut couper la laine assez près de la peau, éviter de laisser des traces et surtout de blesser la bête que l'on tond ; il est bon de mettre toujours un peu de goudron à la disposition du tondeur, qui en recouvre toutes les blessures ; cela empêche les mouches d'y pondre leurs vers. La toison doit toujours être attachée et les débris de laine placés à l'intérieur après avoir été débarrassés du fumier. On se trouvera bien de faire tondre en septembre les béliers destinés à la reproduction, les antenais et les jeunes agneaux venus trop tard pour être dépouillés de leur laine au printemps, surtout lorsque les pâturages sont très chargés de graines qui pénètrent dans la laine et feutrent les toisons : les barbes de quelques graines viennent se fixer jusque dans la peau, font souffrir les bêtes et empêchent leur développement.

Recommander vivement de faire jeûner les moutons pendant sept ou huit heures au moins avant de les tondre. On évitera ainsi bien des accidents dus à la brutalité des tondeurs.

Il est prudent après la tonte de ne pas laisser les bêtes aller au soleil pendant le moment de la forte chaleur, et cela durant huit ou dix jours. Un coup de soleil sur les reins amène une congestion et souvent la paralysie et la mort; il faut aussi les soustraire à un froid vif et à un vent violent.

Un berger ne peut guère garder plus de 200 brebis; encore faut-il, pendant l'agnelage et jusqu'au sevrage, lui donner un aide et quelquefois deux. Aussi y a-t-il avantage à faire faire la tonte par des tondeurs spéciaux; le berger ne pourrait se livrer à cette opération sans négliger son troupeau ou bien il resterait trop longtemps pour la terminer.

CONCLUSIONS.

Après soixante-dix ans d'occupation, malgré les rendements si lucratifs et bien connus que donnerait l'exploitation raisonnée du mouton, l'élevage est encore presque entièrement entre les mains des indigènes.

L'Algérie n'a pas suivi l'élan si accentué dans le monde entier pour l'augmentation et l'amélioration de la race ovine, quoique la Russie, l'Amérique du Sud, l'Australie, le Cap, etc., aient été tributaires de nos meilleures méthodes de reproduction.

L'État a fait quelques efforts, depuis une dizaine d'années seulement, pour répandre dans la colonie des béliers améliorateurs qui auraient donné certainement dans diverses régions un résultat heureux si la méthode avait été pratiquée avec plus de foi et de persévérance.

La question ovine a d'ailleurs passé au dernier plan, malgré son importance, pour différentes causes dont la première réside dans la situation financière du colon. Or l'élevage, l'engraissement, le commerce du mouton en un mot exige un capital bien liquide, mobile, qu'il faut pouvoir consacrer à des opérations successives de même nature. Mais les exigences de l'hypothèque, les besoins de l'exploitation, les grosses dépenses occasionnées pour le vignoble, puis la série des mauvaises années, ont forcé souvent le colon à vendre bien à regret des troupeaux déjà améliorés dont la recette ne pouvait plus être affectée à la reconstitution du cheptel. Voilà pourquoi tous les ans la plus grande partie des pâturages telliens restent inutilisés et pourquoi l'effectif ovin est stationnaire, peut-être en décroissance.

La situation est la même pour l'Arabe que pour l'Européen. Le crédit est restreint, car le prêteur craint de voir ses fonds servir à désintéresser des créanciers anciens.

D'un autre côté, avec le morcellement de la propriété dans le Tell, bien des colons manquent d'espace et ne peuvent avoir un troupeau assez nombreux pour payer le salaire du berger et donner un bénéfice au prêteur et au propriétaire du sol. Mais alors plusieurs habitants d'un même village pourraient, en se syndiquant, parer à cette difficulté par la formation d'un troupeau commun qui, n'appartenant plus en propre à personne, deviendrait par cela même insaisissable et resterait la garantie du capital prêté pour l'acheter.

M. Couput pense que, bien mené et combiné avec une assurance sur le bétail, ce genre d'affaires pourrait, tout en offrant aux capitaux engagés une très grande sécurité, assurer d'aussi beaux bénéfices aux prêteurs qu'aux colons. Il y a déjà eu quelques tentatives de ce genre.

Mais, quel que soit le procédé employé, il ne faut pas oublier que la division de la propriété empêche maintenant les grandes agglomérations du Sud de s'avancer dans la partie tellienne et que dans la situation économique de l'Algérie la question ovine devient avant tout une question financière.

Les mesures qui paraissent les plus propres à donner une vive impulsion à l'élevage algérien se résument ainsi :

Pour les troupeaux à grande transhumance les efforts doivent se borner :

A augmenter les points d'eau dans les régions de parcours.

A faire disparaître par la castration obligatoire tous les mâles trop défectueux.

A ouvrir largement les forêts défensables qui restent la seule ressource de ces troupeaux pendant l'été et pendant les années de sécheresse.

Les ovins qui vivent dans les régions à transhumance restreinte ou à populations sédentaires se trouvent dans des conditions bien différentes et très propices à l'augmentation en quantité et en qualité des troupeaux. Dans ce dernier cas, pour atteindre ce but, il faut transformer par un croisement améliorateur, aidé d'une sélection rigoureuse, les troupeaux berbères, arabes ou barbarins qui s'y trouvent.

Encourager les indigènes à créer des réserves alimentaires et des abris pour leurs animaux.

Procurer enfin aux agriculteurs européens ou indigènes des capitaux qui leur permettront de donner une impulsion vigoureuse à leur élevage, non pas à la spéculation, mais à la production, pour ramener l'effectif ovin à une quantité et à une qualité qui semblent être en décroissance.

Ensuite ne pas proscrire, comme une valeur négligeable, la production de la laine suivant la thèse soutenue pendant ces dernières années par l'administration elle-même malgré les revendications de beaucoup d'agronomes et d'industriels.

La Chèvre

Le nombre des animaux de cette race varie de 3 à 5 millions de têtes et représente une valeur de 30 à 50 millions de francs.

D'humeur essentiellement capricieuse et vagabonde, aimant par-dessus tout à brouter les jeunes tiges et l'écorce des arbrisseaux, la chèvre a soulevé contre elle une véritable croisade de tous les amis de la forêt. Certaines personnes n'ont même pas hésité à demander l'application de mesures destinées à en amener la disparition complète.

Il est évident qu'il faut absolument renoncer à faire suivre par quelques chèvres un troupeau de bœufs ou de moutons, lorsque ces animaux doivent pâturer sur une propriété où il y a de jeunes arbres et de la vigne. Nul animal ne trompe plus rapidement la surveillance de son gardien, et il suffit de quelques minutes d'inattention de la part du berger pour amener la destruction de sujets qui ont demandé souvent de longs et coûteux efforts. Il est prudent, quand on ne possède que deux ou trois chèvres, de les faire brouter, attachées au piquet.

Un troupeau de chèvres fait encore un mal considérable dans un jeune taillis, mais il devient plutôt utile dans une forêt de haute futaie en détruisant le sous-bois, cause si fréquente des incendies. Enfin il ne faut pas oublier que sans cet animal certaines contrées où le mouton et le bœuf ne peuvent vivre deviendraient absolument désertes.

Seule la chèvre permet de retirer un produit, relativement très élevé, de mauvaises broussailles complètement inutilisables sans elle ; elle donne plus de lait que la brebis, une viande que les indigènes apprécient beaucoup, un poil qui sert à fabriquer des cordes, certains tissus ; sa peau sert au transport de l'eau, de l'huile, elle est très estimée par la tannerie et il s'en exporte tous les ans une assez grande quantité.

Il y a en Algérie plusieurs races de chèvres dont les aptitudes bien tranchées et bien différentes ne donnent de réels produits que dans des conditions d'adaptation déterminées.

Les chèvres indigènes peuvent se diviser en deux races ou sous-races ; l'une, la kabyle, possède des cornes et un long poil ; l'autre, que l'on trouve surtout chez les Arabes, n'a pas de cornes, elle donne plus de lait et atteint une taille plus élevée que la première.

Très rustiques, ces animaux sont fort appréciés des populations qui vivent dans les massifs de broussailles où ne peuvent prospérer ni le bœuf, ni le mouton, et où les cultures ne sont possibles que dans quelques rares clairières.

Les chèvres de races indigènes forment la presque totalité des troupeaux algériens.

Aux environs des villes, surtout dans les départements de Constantine et d'Alger, on trouve la chèvre maltaise blanche, à longs poils, qui vit à l'étable, ne va aux parcours que par mesure hygiénique et arrive, grâce à une abondante nourriture que leur donnent les chevriers presque tous Maltais, à fournir jusqu'à quatre litres de lait par jour.

Dans le département d'Oran c'est la chèvre espagnole qui approvisionne les villes. Très fière d'allure, plus rustique que la chèvre maltaise, mais moins bonne laitière, donnant beaucoup plus de lait que la chèvre arabe, la chèvre espagnole va au champ sans difficulté, mais elle a besoin, pour donner tout le lait qu'elle peut produire, d'un surcroît de nourriture à l'étable.

Il est enfin une dernière race qui, importée en Algérie depuis plus de trente ans, s'y est fort bien acclimatée : c'est la chèvre d'Angora.

Très inférieure à la maltaise ou à l'espagnole comme laitière, elle ne vaut guère mieux que la chèvre indigène à ce point de vue ; mais elle fournit une toison de grande valeur et elle prend bien la graisse. Les chevreaux sont souvent vendus comme agneaux de lait pour la boucherie; quant aux boucs, castrés de bonne heure, ils sont fort appréciés des indigènes. La toison enfin a une valeur égale à celle des meilleures brebis, et une peau en bon état et couverte de son poil vaut au moins 8 à 10 fr. Ces chèvres peuvent vivre sur des parcours trop pauvres pour la chèvre espagnole ou la maltaise.

A quelque race qu'elle appartienne, la chèvre a toujours assez de lait pour nourrir les portées, souvent doubles, qu'elle donne.

On laisse généralement les chevreaux aux champs avec leurs mères dont on les sépare la nuit pour pouvoir traire ces dernières le matin.

La chèvre donne en moyenne trois portées en deux ans.

Elle porte cinq mois.

Il lui faut un bon abri et beaucoup de propreté, surtout pour les maltaises et celles d'Angora, sinon un pou particulier et la gale font des ravages considérabes dans les troupeaux.

Certains bergers indigènes trouvent avantageux de mélanger quelques chèvres aux troupeaux de moutons.

La raison en est qu'ils profitent du lait des premières et que, beaucoup plus hardie, la chèvre passe partout et est suivie sans difficultés par la brebis, ce qui facilite la conduite du troupeau.

Mais ces avantages disparaissent devant des inconvénients très sérieux. La chèvre ne sait rester en place, elle marche plus vite que la brebis, celle-ci veut la suivre et se trouve dérangée dans ses habitudes, le pâturage est mal utilisé et en partie perdu. Du reste, le mouton produit davantage sur les parcours où il peut vivre et la chèvre doit être cantonnée dans les terrains maigres, couverts de broussailles où seule elle donne de sérieux produits.

Proscrire la chèvre du régime économique des Hauts Plateaux serait une mesure désastreuse pour l'entretien de l'indigène et pour les intérêts généraux.

Le Cheval

La population chevaline de l'Algérie est estimée à 210.000 têtes, dont un cinquième environ est possédé par les Européens : elle appartient presque exclusivement à la race désignée par Sanson sous le nom de race *africaine* dont l'aire géographique comprend l'Afrique du Nord (Égypte, Nubie et les anciens États barbaresques) et la partie occidentale de l'Asie (Arabie et Perse). A cette race se trouvent mélangés quelques types de la variété arabe de la race *asiatique* (Syriens) et que l'on retrouve dans tous les pays musulmans, de la Perse au Maroc.

La variété barbe ou berbère qui est considérée par Sanson comme autochtone, est aux chevaux syriens ce que le Kabyle est aux Arabes dans la population humaine.

La variété *barbe* appartient au type léger de cavalerie dont elle est, sinon un des plus beaux, du moins un des représentants les plus solides.

En voici les caractères :

Taille moyenne de 1 m. 50 : les naseaux du cheval barbe sont moins ouverts que dans la race asiatique ; ses lèvres sont minces ; sa bouche est petite, ses joues sont fortes ; son oreille est quelquefois un peu grande, mais toujours droite et mince ; son œil est grand ; sa physionomie, très calme au repos, s'anime bien vite pendant l'action ; la tête est un peu forte.

L'encolure est forte, le garrot est élevé et épais ; le dos et les reins sont courts, larges ; la croupe, souvent tranchante, comme celle du mulet, est peu musclée et courte, la queue touffue et la cuisse peu fournie ; les membres sont remarquablement forts, aux canons longs, n'ayant pas toujours des aplombs irréprochables, surtout les postérieurs, dont les jarrets sont souvent clos ; mais ce défaut est racheté par des qualités de fond, par une vigueur, une rusticité et une sobriété à toute épreuve [1].

1. Voir *Traité de zootechnie*, par A. Sanson. — Librairie agricole, rue Jacob, Paris.

La robe comprend toutes les combinaisons du noir, du blanc et du rouge qui se montrent uniformes sur certains individus, mais la robe grise domine.

Suivant les régions, certains types de la race barbe se distinguent par leur taille et sont plus étoffés ; mais ces différences tiennent uniquement aux influences du milieu et de l'habitat (climat, nourriture, etc.), et aux conditions de l'élevage (voir les *Chevaux du Sahara*, Général Daumas).

REPRODUCTION

L'observation a prouvé : 1° que les produits présentent le plus souvent les qualités et les défauts des géniteurs ; 2° que ces qualités ou ces défauts s'accusent d'autant plus sûrement qu'ils préexistent simultanément chez le père et chez la mère ; 3° que la transmission héréditaire de ces défauts ou qualités est d'autant plus certaine que les géniteurs les possèdent par hérédité depuis longtemps ; 4° que l'influence du père porte principalement sur les centres nerveux, sur la vigueur, le sang, le caractère, tandis que celle de la mère s'exerce spécialement sur le développement du corps. Mais ces faits comportent de nombreuses et fréquentes exceptions.

Partant de ces données, les producteurs devront s'attacher à apporter le plus grand soin dans le choix des géniteurs et exclure de la reproduction les sujets atteints de tares ou de vices de conformation.

Étant donnée la sélection qu'opère l'administration des remontes dans le choix des étalons, toute l'attention des éleveurs se limite au bon choix des mères. Malheureusement, ceux-ci ne se montrent pas toujours assez difficiles dans ce choix et ne sont pas assez sévères pour les imperfections de leurs produits, de là, les qualités médiocres. Or, un bon cheval ne coûte pas plus cher à nourrir qu'un mauvais et tandis que le premier acquiert une valeur commerciale qui compense, rémunère les sacrifices, le second n'offre et ne peut offrir que déficit à son éleveur.

Conception, gestation, parturition. — Les mâles de l'espèce sont aptes à la reproduction dès l'âge de 4 ans, les femelles à 3 ans. Le printemps est généralement l'époque des accouplements. La durée de la gestation est de onze mois.

La parturition s'opère le plus fréquemment sans intervention étrangère et aussitôt la mère fait la toilette du nouveau-né en le léchant.

Allaitement. Sevrage. — Peu après la naissance, le poulain se soulève sur ses membres peu assurés et cherche la mamelle. Les primipares font quelquefois certaine difficulté à se laisser téter, mais cette résistance exceptionnelle est généralement de très courte durée. Le sentiment maternel est très développé chez la jument et se maintient pendant les quatre ou cinq mois que dure la lactation.

Le sevrage s'opère insensiblement au fur et à mesure que le jeune sujet prend des forces ; il cherche dans l'herbe, dans le fourrage, dans le grain une alimentation plus substantielle et il est rare que dès le quatrième mois il ne s'éloigne déjà de la mère pour se sevrer complètement dès le sixième mois.

Dans le cours de la première année, le poulain réclame des soins assidus. Il faut le garantir contre les intempéries de toutes sortes et se montrer généreux en nourriture ; c'est la période décisive pour le développement futur. De deux à trois ans, il exige moins de soins ; à la rigueur, l'herbe des prés et quelques fourrages secs pourraient lui suffire. Le grain n'est pas un appoint absolument indispensable, mais, il n'en est pas moins un complément alimentaire fort important et qui aide puissamment au développement des forces et imprime au jeune organisme une vigueur qui se traduira par de meilleurs services, d'où ce dicton que l'on prête aux éleveurs anglais : Pour faire un bon cheval, il faut un bon étalon, une belle jument et un grand coffre à avoine.

Emasculation. — Cette opération se pratique généralement sur tous les chevaux destinés aux services domestiques : le trait ou la selle. Elle n'est pas abolument indispensable, les chevaux affectés aux gros transports en France et nos chevaux africains le prouvent. Cependant, il est reconnu que l'émasculation est bien souvent avantageuse en ce qu'elle permet : 1° de ne réserver pour la reproduction que des sujets de choix ; 2° de rendre le cheval plus docile, et plus appliqué à tous les genres de service.

Le cheval hongre n'accuse plus de volontés, il est soumis à

l'homme, il offre plus de sécurité à celui qui le dirige. L'émasculation doit être pratiquée avant que l'éveil des fonctions génésiques ne se manifeste, c'est-à-dire avant la deuxième année.

Dressage. — C'est vers l'âge de deux ans que le dressage doit avoir lieu tant pour la selle que pour le service du trait. Il faut procéder avec douceur, éviter tout ce qui pourrait effrayer ou irriter le jeune sujet, ne lui imposer qu'un poids minime, un travail léger de courte durée, exiger toujours moins que ses forces.

S'il s'agit de la selle, on le fera monter par un cavalier de peu de poids, avec recommandation expresse d'agir avec prudence sur la bouche, de ménager les moyens de coercition, d'éviter les allures rapides et les courses de longue durée.

Les distances parcourues à l'allure du trot ne doivent pas être longues; car, alors, le train se ralentit ou bien le poulain cherche à prendre le galop, ce qui est toujours préjudiciable à la vitesse et à l'élégance qu'il doit acquérir. Un poulain qui, à trois ans, arrive à se livrer franchement, sous l'homme, au trot pendant deux kilomètres, sans ralentir, saura faire plus tard vingt lieues dans un jour s'il continue à être nourri et mené avec intelligence.

S'il s'agit du trait, il faut dresser le jeune animal à la herse, à la charrue ou à une voiture très légère, le guidon à la main ; le modérer par des paroles et des caresses ou bien encore l'atteler de pair avec un cheval fait et comme moteur supplémentaire.

Dès la quatrième année, tout dressage doit être terminé et faire place à un travail actif.

Force motrice du cheval. — Le travail du cheval se compose de trois éléments : 1° l'effort variable suivant l'individu; 2° la vitesse; 3° la durée. Mais ces divers éléments sont susceptibles de grandes variations. C'est ainsi que l'effort qu'un cheval peut développer peut s'élever — dans un temps donné de courte durée — jusqu'à 350 kilog., alors que, dans un travail ordinaire, cet effort varie entre 40 et 125 kilog.

De même la vitesse peut atteindre 17 mètres à la seconde, alors que, dans un travail ordinaire, elle reste limitée entre 0 m. 40 et 5 mètres.

Il résulte des faits ci-dessus qu'en limitant la durée, on peut obtenir plus de force ou plus de vitesse; de même, par contre, en diminuant ces dernières, on peut augmenter l'effort.

Ces trois facteurs du travail se commandent les uns les autres, mais restent cependant subordonnés au degré d'aptitude du sujet.

En effet, on aurait beau réduire l'effort et la durée au minimum, qu'il serait impossible d'obtenir du lourd limonier la vitesse de 15 à 20 kilomètres à l'heure, que soutient sans fatigue un trotteur de race. De même que celui-ci se butterait et resterait sur place, si on lui imposait un poids de 1.000 kilog. que déplace journellement sans fatigue et durant 10 à 12 heures un limonier de charrette.

Donc, pour utiliser un cheval, il faut tenir compte tout d'abord de l'aptitude. Ce premier point acquis, il importe de proportionner les exigences au degré de puissance du sujet.

Un cheval travaillant à une vitesse de 6 kilomètres à l'heure, traînant un poids de 1.000 kilog. exigeant un effort de 70 kilog. peut travailler 10 heures par jour.

Un cheval faisant 12 kilomètres à l'heure ne pourra produire qu'un effort moitié moindre et travailler 4 à 5 heures.

Enfin un cheval à l'allure de 20 kilomètres à l'heure, ne peut travailler plus de 2 heures par jour et ne déplacer un poids supérieur à 200 kilog.

Ces données ne sauraient être générales. Elles sont subordonnées : 1° à l'état des routes ; 2° au degré d'inclinaison du terrain ; 3° au genre du véhicule ; 4° enfin, à la direction de la ligne de tirage.

Etat des routes. — On peut se faire une idée de l'influence qu'exerce sur la traction l'état des routes par le tableau ci-après dans lequel la résistance est représentée par les chiffres relatifs suivants :

Terrain naturel, non battu, argileux, mais sec...........	0,250
Terrain naturel, non battu, siliceux et crayeux..........	0,160
Terrain ferme, battu, très uni..........................	0,040
Chaussée ensablée ou cailloutée nouvellement............	0,125
Chaussée à empierrement à l'état d'entretien ordinaire....	0,080
Chaussée à empierrement parfaitement entretenue et roulante	0,033
Chaussée pavée à la manière ordinaire, voiture suspendue au pas	0:030
Chaussée pavée à la manière ordinaire, voiture suspendue au grand trot................................	0,070

Chaussée en carreaux de grès, bien entretenue, voiture suspendue au pas....................................	0,025
Chaussée en carreaux de grès, bien entretenue, voiture suspendue au grand trot.............................	0,060
Chemins de fer, à ornières plates, en fonte ou en dalles très dures..	0,010
Chemin de fer. à ornières saillantes en bon état..........	0,007
Chemin de fer en très bon état, les essieux des wagons complètement huilés.................................	0,005

Ainsi s'il faut une force de 80 kilog. pour traîner un poids donné, soit 1.000 kilog., sur une route ordinaire et seulement 33 kilog. sur une route bien entretenue ; il suffirait d'une force de 10 kilog. sur des dalles, et seulement 7 ou 5 sur un chemin de fer.

Degré d'inclinaison. — L'augmentation de force nécessitée par le tirage sur une route en pente se calcule en multipliant la charge par l'inclinaison de la route exprimée en fractions de mètres.

Ainsi, s'il faut 80 kilog. de force pour traîner 1.000 kilog. sur une route en empierrement à l'état ordinaire, il en faudrait 90 pour traîner la même charge, si cette route avait une pente de 10 millimètres par mètre, soit : $1000 \times 0,01 = 10$, en tout $80 + 10 = 90$.

Si la pente était de 60 millimètres par mètre, on aurait $1000 \times 0,06 = 60$ en tout $80 + 60 = 140$. Et ainsi de suite, jusqu'au point ou les routes ne sont plus praticables pour les voitures, point qui varie entre 140 et 150 millimètres par mètre.

Il résulte des données ci-dessus que le degré d'inclinaison de routes doit être pris en considération pour le chargement des voitures et véhicules de toute sorte. S'il en était toujours ainsi, on n'assisterait pas, d'un côté, à des efforts désespérés de pauvres bêtes que l'on surcharge; de l'autre, à des assauts de brutalité, scènes qui ne sont que trop fréquentes sur les voies publiques.

Genre de véhicule. — Le genre de véhicule influe beaucoup sur le tirage. Ainsi, dans la charrette à deux roues, l'élévation des roues favorise la puissance; il y a, en outre, une diminution de frottement sur le sol, ce qui est favorable à la traction. En terrain plat, ce genre de véhicule est donc le plus favorable, mais, dans les terrains en pente, ces avantages sont grandement diminués par la fatigue qu'entraînent les déplacements du centre de gravité.

Quelque bien équilibrée que puisse être la charge, elle porte plus ou moins sur le limonier, selon que le véhicule parcourt une pente ascendante ou descendante. En outre, dans les montées, les roues à grand diamètre donnent plus de tirage parce qu'elles favorisent la chute de la charge dans le sens de la déclivité. Dans les descentes encore, elles sont une cause de fatigue pour le limonier parce qu'elles favorisent la chasse en avant.

Dans le chariot, les déplacements du poids de la charge ne se font pas sentir, parce que ce dernier se répartit sur les quatre supports que représentent les quatre roues.

Mais, dans le chariot, les roues étant de moins grand diamètre que celles de la charrette, il en résulte que la résistance se trouve augmentée proportionnellement à la différence de diamètre. De plus, les quatre roues du chariot subissent un frottement double de celui de la charrette, condition contraire à la vitesse.

Enfin, il faut tenir compte aussi du mode de suspension. Il résulte d'expériences faites que si la résistance est la même au pas pour les véhicules suspendus et pour ceux non suspendus, elle est dans les allures rapides d'autant moindre que la voiture est mieux suspendue.

Direction de la ligne de tirage. — Pour être favorable à la puissance, la ligne de traction doit être oblique de bas en haut et d'arrière en avant. Il résulte de ce fait qu'un cheval sera d'autant plus puissant qu'il sera de plus haute taille. Nous ne parlons pas de l'abaissement de la résistance. Cet avantage ne peut être produit que par l'abaissement des roues et il est annulé, contrebalancé, par la diminution de leur diamètre. C'est pour obvier à ce dernier inconvénient que la carrosserie moderne a adopté les essieux coudés appliqués aux omnibus, tramways, etc.

NOURRITURE

La force vive dont nous venons de nous occuper est fournie à l'animal par les aliments. Il doit donc y avoir équilibre ou équivalence entre le travail et l'alimentation. A défaut, c'est ou la pléthore ou l'usure prématurée du sujet qui en est la conséquence.

C'est de cet équilibre entre la déperdition des forces et la réparation nutritive que l'on doit s'inspirer pour la fixation de la ration alimentaire.

Le cheval se nourrit exclusivement de végétaux. Ces derniers, à l'état de grains, tiges ou racines, doivent contenir les éléments fondamentaux de développemont et de reconstitution de l'organisme. D'abord, des principes azotés : albumine, fibrine, gluten ; puis des principes carbonés : fécule, amidon, sucre ; des corps gras ; du ligneux ; des acides organiques ; des sels.

Les aliments ont d'autant plus de valeur que leur composition est plus complexe. Sous ce rapport, l'aliment type est le foin des prairies naturelles.

En second lieu, il faut tenir compte de leur digestibilité, c'est-à-dire de la facilité avec laquelle ils cèdent les principes alibiles à l'action des forces absorbantes. Sous ce rapport, les grains occupent le premier rang.

Mais le point capital, celui qui mérite le plus de fixer l'attention du nourrisseur, c'est leur état de conservation.

Les principaux aliments employés pour l'entretien du cheval sont : l'avoine, l'orge, le son, le foin des prairies naturelles, les pailles.

Avoine. — De bonne qualité, elle constitue l'aliment essentiel du cheval et offre les caractères suivants : grains allongés, blancs ou gris, lisses, polis, s'échappant facilement des doigts à la pression, amande blanche ayant un petit goût de noisette, proportion de l'amande à l'enveloppe, 75 à 25.

La composition chimique, d'après Payen, est : Matières azotées, 14,29 ; amidon, 60,59 ; corps gras, 5,50 ; ligneux, 7,00 ; sels, 3,25 ; dextrine, 9,25.

L'avoine peut être mouillée, germée, moisie, cariée, ergotée. Ces diverses altérations se caractérisent d'une manière générale ainsi qu'il suit : grains mous ayant perdu leur aspect brillant, d'une saveur âcre et fade, d'une odeur désagréable.

Dans le cas de germination, le germe apparaît à une des extrémités du grain. Dans le cas de carie, les grains sont grisâtres, mollasses, s'écrasent sous la pression des doigts et donnent lieu au dégagement d'une poussière très fine. L'ergot, qui tire son nom de sa ressemblance avec l'ergot d'un coq, est noir d'une saveur vireuse amère.

Orge. — Les grains de l'orge sont plus ou moins renflés, à écorce jaunâtre, rude, côtelée, très adhérente à l'amande. Cette dernière doit toujours être blanche, farineuse et légèrement amère. La proportion par rapport à l'enveloppe est de 80 à 20.

La composition chimique établie par Payen donne : Matières azotées, 12,96 ; dextrine, 10,00 ; amidon, 66,43 ; matières grasses, 2,76 ; ligneux, 4,75 ; sels, 3,10.

L'orge est susceptible de diverses altérations comme l'avoine ; mais, de plus, elle est particulièrement affectée par le charançon.

Son. — Le son est le résidu de la mouture des grains de froment ; pour être nutritif, il doit contenir une certaine quantité de farine. Additionné d'eau, il est distribué aux chevaux sous forme de barbotage et agit plus par une action rafraîchissante que comme aliment nutritif.

De composition variable selon les procédés de mouture ou de blutage, le son pour être de bonne qualité doit être d'une couleur jaune farineuse, blanchir la main qui le touche, sans odeur et d'une saveur douce.

Foin. — Le foin est le produit des prairies naturelles fauché et desséché. De bonne qualité, il présente les caractères suivants : couleur d'un vert glauque, dit feuille morte, odeur aromatique assez agréable, saveur légèrement sucrée, tiges fines, souples, difficiles à casser, garnies de leurs feuilles et de leurs sommités fleuries.

Pailles. — Les pailles sont les chaumes desséchés des plantes herbacées cultivées pour leurs graines.

En Algérie, outre la paille de blé, on fait un fréquent usage de celles d'orge et d'avoine.

D'une manière générale nous pouvons dire qu'elles constituent un aliment inférieur au foin, mais qui, cependant, a une grande valeur nutritive, témoin ce vieux dicton : « cheval de paille, cheval de bataille » qui se traduit par cheval de résistance, de fatigue, de longue chevauchée.

De bonne qualité, les pailles ont une couleur jaune d'or, une saveur peu prononcée et légèrement sucrée, point d'odeur.

Des altérations identiques à celles des fourrages peuvent les atteindre et les rendre non seulement contraires à l'alimentation, mais nuisibles. Les pailles terrées, rouillées, cariées, charbonnées, moisies ou souillées d'excréments, ne doivent en aucun cas figurer dans les râteliers, et si force est de les utiliser, elles ne doivent être employées qu'à la confection des litières.

Aliments secondaires ou de substitution. — En dehors des aliments ci-dessus, il en est d'autres qui sont quelquefois employés, soit dans un but d'économie, soit pour cause majeure.

Nourrir le plus sainement, le plus largement et au plus bas prix possible, tel est le problème à résoudre et qui s'impose à tous, producteurs et éleveurs.

Principales substances pouvant être substituées aux aliments ordinaires. Pour équivaloir à 100 parties de foin de bonne qualité moyenne, il faudra :

43 kilogr. de grain ou graine de froment.
43 » » » de maïs.
48 » » » d'orge.
54 » » » d'avoine.
37 » » » de féverolles.
37 » » » de pois.
70 » » » de caroubes.
70 » » » de glands secs.
200 » de tubercules de pommes de terre.
300 » de racines de betteraves fourragères.
90 » de foin de trèfle.
90 » » de luzerne.
85 » » de sainfoin.
280 » de paille d'avoine.
300 » » d'orge.
425 » de fourrages verts d'orge.
425 » » d'avoine.
420 » » de trèfle.
325 » » de sainfoin.
450 » d'herbe verte des prés.
420 » » de luzerne.
420 » » de seigle.
420 » » de froment.
320 » » de maïs.
400 » » de vesce.
80 » de feuilles séchées à l'état vert (peuplier, frêne, acacia, mûrier, etc.).

Ces données ne sont et ne peuvent être qu'approximatives. Il ne faut pas croire que l'un quelconque des aliments ci-dessus puisse remplacer complètement le fourrage ou les grains sous la seule réserve de leur équivalence nutritive. Cela étant établi, il faut faire la part : 1° du volume que présente l'aliment ; 2° de la digestibilité de ses principes immédiats ; 3° de l'excitation digestive, de l'appétence que ces aliments éveillent chez les animaux appelés à les consommer.

Ration alimentaire. — La quantité de substances alimentaires doit varier selon l'âge des animaux, être proportionnée à leur développement corporel, au genre et à la durée des services que l'on exige d'eux. Pour les poulains, du sevrage à la deuxième année, les aliments verts sont ceux qui conviennent le mieux, parce qu'ils se broient et se digèrent facilement ; de 2 à 3 ans, la nourriture herbacée peut être suffisante, toutefois il est bon de la compléter par une addition de grains. Enfin, dès la mise en service, les grains doivent être la base de l'alimentation, l'élément prédominant. C'est avec le grain que l'on fait les bons chevaux, qu'on les entretient longtemps vigoureux et résistants.

Voici quelques exemples de rations alimentaires qui pourront servir de base à tous ceux qui mettent à contribution la force motrice des chevaux.

Aux messageries de l'Algérie, la ration ordinaire d'Alger aux relais de l'intérieur était ainsi fixée par M. Bonzom :

Orge ou avoine...........	5 kilog.
Son de blé tendre.........	1 kilog.
Caroubes.................	2 kilog.
Foin et paille mélangés....	5 kilog.

Pour les relais plus pénibles, soit en raison de la surcharge, soit en raison de l'état des routes ou de l'étendue du trajet à parcourir la ration était :

Orge.....................	7 kilog.
Son......................	2 kilog.
Foin et paille.............	5 kilog.

Pour les omnibus-tramways de Mustapha-Supérieur exigeant un travail moyen de six heures par jour, la ration était :

Orge.....................	6 kilog.
Son......................	1 k. 500 grammes.
Caroubes.................	1 kilog.
Foin et paille.............	6 kilog.

Le plus généralement pour les services ordinaires la distribution des repas s'effectue ainsi qu'il suit :

Matin, demi-ration paille et foin, abreuvoir, demi-ration orge ou avoine;
Midi, son fraisé, reste de foin et paille du matin ;
Soir, demi-ration paille et avoine, abreuvoir, demi-ration orge ou avoine.

Ces trois repas ont l'avantage de se prêter facilement à tous les services et d'être suffisamment rapprochés pour soutenir les forces de l'animal.

Le cheval au piquet. — Chez l'indigène, le cheval n'a jamais d'écurie, il vit constamment au grand air entravé dans les parcours avoisinant la tente ou fixé à un piquet. Dans ces conditions, l'animal est constamment exposé aux influences atmosphériques extérieures. Il subit l'air chaud et sec durant les fortes chaleurs ; il aspire l'air froid des nuits, il subit les averses, qui s'épanchent du ciel, les jours d'orage. C'est le meilleur régime pour rendre l'animal endurant. Mais il ne faut pas oublier que les écarts de température de la région des Hauts Plateaux et du Sahara sont souvent de plus de 40° entre le jour et la nuit, que ces écarts pourraient être funestes aux mères en état de gestation et aux jeunes sujets. L'indigène ne l'ignore pas et ne l'oublie. Aussi faut-il qu'il soit bien misérable ou en expédition pour ne pas garantir les chevaux par de chaudes couvertures dites *Djlal.*

Ces couvertures enveloppent le corps, poitrine et abdomen, ne laissant à découvert que la tête et les extrémités des membres.

HYGIÈNE GÉNÉRALE

Travail. — Quel que soit le genre de service auquel on soumet le cheval, il faut, autant que possible, s'inspirer des règles ci-après : Exiger peu d'efforts durant la première heure qui suit le repas, la digestion stomacale n'étant pas encore complète. S'il s'agit d'un animal à allures rapides, ménager la vitesse au départ et à l'arrivée. Au départ, pour laisser le corps s'entraîner ; à l'arrivée, pour, autant que cela se peut, ne pas rentrer le cheval en sueur et essoufflé.

S'il s'agit d'un travail prolongé de plusieurs heures, avoir soin de couper le trajet par de petits repos ou par le ralentissement de l'allure.

Sur des terrains en pente, exiger moins de vitesse. Dans les montées, nous avons vu de combien s'accroît le poids de la charge à traîner. Pour le cheval portant cavalier, la fatigue est plus grande encore, parce que chaque levée de membre s'augmente du poids du corps à déplacer. Dans les descentes, la fatigue n'est pas moindre, car l'animal a à résister à l'entraînement de la pesanteur qui agit non seulement sur son propre corps, mais encore sur toute la charge.

Alimentation. — L'avoine et l'orge ne doivent en aucun cas être données à l'arrivée à l'écurie, la paille et le son fraisé suffisent durant la première heure de repos. On peut ensuite faire boire et donner sans crainte, orge, avoine et fourrage.

Un cheval ne doit pas boire plus de huit à dix litres d'eau dans un repas et il faut, de plus, éviter de lui laisser prendre cette quantité en une seule fois. Autant que faire se peut, éviter les extrêmes de température, l'eau glacée est aussi contraire que l'eau chaude à une bonne digestion.

Séjour dans les écuries. — Le séjour des chevaux dans les écuries ne doit être que passager, strictement suffisant pour permettre la réparation des forces. Un séjour prolongé dans une écurie est aussi contraire à la santé du cheval qu'un excès de travail.

Les écuries ne doivent être ni sombres, ni trop éclairées, ni froides, ni chaudes. Sombres, elles affectent les organes de la vision et rendent les chevaux tristes, ombrageux, craintifs. Trop éclairées, elles tiennent les chevaux en éveil, attirent les mouches et sont une sérieuse cause de gêne. Froides, elles sont souvent cause de maladies, répercussions, pleurites, indigestions. Chaudes, elles affaiblissent les animaux par les transpirations qu'elles provoquent.

L'aération doit être constante et continue, mais insensible aux animaux et réglée sur l'état de la température extérieure.

Les fumiers ne doivent jamais séjourner dans les écuries. Les litières trop sèches conviennent pour la propreté, mais aussi favorisent le resserrement des sabots, l'encastellure ; il y a donc avantage à ce qu'elles soient très légèrement humides.

Pansage. — La peau est le siège de secrétions abondantes ; matières sébacées et sueurs. De plus elle est exposée à être salie par des corps étrangers : on la débarrasse de ces produits par le pansage. Il y a lieu d'apporter grand soin à cette opération qui favorise les fonctions de la peau.

Achat d'un cheval. — Pour bien acheter un cheval, il faut procéder à son examen avec méthode et précision. Étudier le sujet, tant au point de vue de sa conformation et de son caractère, que de son aptitude au genre de service auquel on le destine.

Le premier examen commence à l'écurie. De ce qu'est le cheval dans sa stalle, on peut déduire certaines appréciations exactes sur son état de santé et sur son caractère. Le cheval bien portant est généralement doué de bon appétit et, à ce titre, fourrage et paille n'encombrent pas son râtelier ; il a une attitude nette et ferme. Le cheval malade ou maladif délaisse fréquemment une partie de sa ration, il porte la tête basse, l'appuie même sur la mangeoire, sa station est déréglée et il n'est pas rare de le voir se coucher durant le jour.

Le caractère du cheval se dénote au repos par les signes ci-après : s'il est doux et facile, il semble indifférent au bruit qui se produit autour de lui, il se laisse approcher et brider sans crainte ; s'il est ombrageux, timoré ou vicieux, il relève vivement la tête, agite ou redresse les oreilles ; de plus, à l'appoche du visiteur, son regard s'anime et prend une expression peu rassurante, il semble se tenir sur la défensive. L'animal paresseux, mou, lymphatique, sommeille sans cesse, il a les oreilles tombantes et se fait tirer par la longe pour quitter sa stalle.

Le second examen doit avoir lieu au sortir de l'écurie, l'animal étant placé isolément et tenu en main en position fixe, immobile. Il faut se méfier du cheval qui ne reste jamais en repos. Ce déplacement incessant est souvent le fait du vendeur qui use de ce système pour masquer certains défauts ; s'il est particulier au cheval, il implique une nature très irritable ou un animal souffrant. Mais, qu'on le sache bien, ce n'est jamais un indice d'ardeur : le cheval de sang le plus impétueux sait se tenir calme au repos.

En premier lieu, il faut s'assurer de l'intégrité de la vision :

elle se décèle par l'ouverture normale des paupières, l'absence de taches ou d'ulcérations sur la cornée, la limpidité des milieux, la contraction de la pupille. On prend ensuite connaissance de l'âge ; il se dévoile chez le cheval par l'état de la dentition.

Chaque mâchoire, on le sait, est pourvue de six incisives. A deux ans et demi, les premières incisives de lait tombent et sont remplacées à trois ans. A quatre ans, les mitoyennes de remplacement font leur évolution. A cinq ans, l'arc dentaire se complète par la poussée des coins. A six ans, les coins commencent à s'user par leur bord antérieur et à sept ans seulement toute l'arcade incisive est au ras. A huit ans, les médianes s'arrondissent, puis les mitoyennes et les coins subissent la même modification dans le cours des deux années qui suivent. De plus, le cul de sac dentaire qui marque d'une tache noire la surface de frottement s'atténue de plus en plus. A onze ans, les médianes deviennent triangulaires, puis successivement la déformation s'accentue par le resserrement latéral et se continue régulièrement. De telle sorte qu'il est possible de déterminer l'âge d'une manière assez approximative à seize, dix-huit ans et jusqu'à la fin de l'existence.

L'âge connu, il faut se placer à trois ou quatre pas de distance et successivement devant, derrière, à droite, à gauche.

Devant, on jugera la tête, le poitrail, les aplombs des membres antérieurs, les tares dont ces derniers peuvent être entachés. On verra de plus si la face latérale interne du jarret est exempte de tares et notamment de celle dite *éparvin*.

En se plaçant de côté, on jugera la ligne de dessus, l'attache de la tête, l'encolure, le garrot, le dos, le rein, la croupe, la profondeur de la poitrine, le volume du ventre et l'état du flanc; se rapprochant, on comptera les mouvements respiratoires : chez le cheval en bonne santé ils doivent être lents, insensibles, réguliers, sans soubresaut ; s'éloignant de nouveau, on se rendra compte des aplombs et de l'intégrité des membres. On sait ce que doivent être ces bases de soutien et quelle est leur importance chez un animal à allures aussi rapides que le cheval.

Les boulets doivent être dans de bonnes proportions, et le

poids du corps également réparti entre les colonnes osseuses et les tendons.

Se plaçant en arrière, on embrassera d'un coup d'œil l'ensemble du corps et l'on appréciera la bonne conformation de l'arrière-train. La croupe doit être légèrement oblique, d'avant en arrière, de haut en bas, les hanches au même niveau bien écartées, le jarret doit être d'une intégrité, d'une netteté absolue, d'un degré d'ouverture bien accusé, mais limité par la parfaite rectitude d'aplomb des rayons inférieurs.

Si ce second examen est satisfaisant, il faut faire marcher le sujet, soit conduit en mains, soit monté : ce dernier mode est préférable. D'abord au pas, on reconnaîtra à cette allure la manière dont la bête se laisse conduire et aussi certaines boiteries peu accusées. Puis au trot, on jugera du brillant et de l'étendue des actions, du degré d'énergie. Un cheval qui reste froid aux allures rapides sera toujours un mauvais cheval.

Après ce dernier examen, si satisfaisant qu'il puisse être, il faut, toutes les fois qu'on le pourra, se prémunir contre toute tromperie par une dernière épreuve, celle d'un essai conforme au service auquel l'animal est destiné.

Malgré les connaissances les plus étendues, il est certains vices ou défauts qui peuvent rester cachés, être masqués ou ne pas être apparents au moment de l'achat ; la loi a pris soin d'en garantir l'acquéreur en fixant des délais de résiliation de vente qui varient de neuf à trente jours.

Les vices ou défauts qui jouissent d'une durée de garantie de trente jours sont : 1° *la fluxion périodique des yeux*, 2° *l'épilepsie*.

La fluxion périodique est une maladie des yeux qui se caractérise symptomatiquement par des accès périodiques, séparés par des intermittences, parcourant des phases successives qui laissent des traces de leur passage et finissent par déterminer la perte de la vision.

L'épilepsie ou *mal caduc* est une maladie nerveuse, chronique, à type intermittent se caractérisant par des accès durant lesquels il y a suspension de la sensibilité, de l'instinct, de l'intelligence, des convulsions générales ou partielles et diminution notable ou perte subite des mouvements volontaires.

Les maladies, vices ou défauts, qui jouissent d'une garantie de neuf jours sont : 1° *la morve*, 2° *le farcin*, 3° *les maladies anciennes de poitrine ou vieilles courbatures*, 4° *l'immobilité*, 5° *la pousse*, 6° *le cornage chronique*, 7° *le tic sans usure des dents*, 8° *les hernies inguinales intermittentes*, 9° *la boiterie intermittente pour cause de vieux mal.*

1° *La morve.* Elle s'accuse généralement par des symptômes généraux dénotant un mauvais état de santé, puis par une glande plus ou moins volumineuse adhérente à l'une des branches de la mâchoire inférieure et par des ulcérations sur la muqueuse nasale.

2° *Le farcin* se caractérise par des nodosités de volume variable sur divers points du corps, lesquelles sont suivies bientôt d'ulcérations. De ces nodosités partent des cordons plus ou moins indurés qui longent le trajet des vaisseaux veineux.

3° *Les maladies anciennes de poitrine ou vieilles courbatures* se caractérisent par un état général de maigreur, l'accélération de la respiration, l'irrégularité des mouvements respiratoires, le jetage nasal et particulièrement par une toux fréquente, profonde, petite et quinteuse.

4° *L'immobilité* est un état maladif qui est le résultat de lésions cérébrales antérieures et qui se caractérise par l'assoupissement, l'hébétement du malade, l'automatisme de certains mouvements : l'immobilité rend les animaux inutilisables ou même dangereux.

5° *La pousse* est un vice caractérisé par l'irrégularité des mouvements respiratoires; elle déprécie l'animal en ce qu'elle nuit à un bon service, mais surtout à un service rapide.

6° *Le cornage chronique* se caractérise par un bruit sonore, rauque, grave ou aigu qui se produit dans les voies respiratoires, dénote un obstacle sérieux de la respiration et ne tarde pas à se compliquer d'altération des poumons.

7° *Le tic sans usure des dents.* On donne ce nom à l'habitude qu'ont certains chevaux d'ingurgiter ou d'expulser des gaz par la bouche en faisant entendre un bruit particulier : il a l'inconvénient d'occasionner des indigestions.

8° *La hernie inguinale intermittente* consiste en la descente d'une anse intestinale dans le trajet inguinal et les bourses : il est aisé d'en comprendre la gravité.

9° *Les boiteries intermittentes pour cause de vieux mal.* Ces boiteries se produisent tantôt avant l'exercice, tantôt après, c'est-à-dire tantôt à froid, tantôt à chaud, sans cause appréciable visible et, point essentiel, ne sont pas continues.

*
* *

L'espèce chevaline dans toute la région des Hauts Plateaux est constituée par la race barbe et produite en presque totalité par les indigènes.

Dans ces dernières années, des reproducteurs de pur-sang anglais et anglo-arabe mis à la disposition des éleveurs, plus particulièrement dans les territoires de commandement, ont donné des produits anglo-barbes estimés par quelques-uns, au point de vue courses, mais qui ne paraissent pas devoir être utilisés avantageusement, soit par l'armée, soit par l'agriculture.

Dans la région de Sétif, et surtout dans la commune du même nom, des croisements entre des juments importées de race bretonne et l'étalon barbe, ont donné des produits d'une réelle valeur pour les travaux agricoles, pour le gros trait ou le trait léger ; ils sont robustes, résistants, s'acclimatent facilement.

Les essais tentés de métissage entre eux n'ont produit que de médiocres résultats : étant donnée la loi de reversion, il convient de suivre l'exemple du début, c'est-à-dire de n'employer que le croisement industriel, qui s'arrête dès la première génération et qui a seulement pour but d'obtenir des animaux plus forts, plus étoffés, plus aptes aux divers travaux agricoles.

Partant de cet exemple de croisement, ce serait une erreur de croire, comme le croient encore beaucoup, que le cheval indigène dans toute la région des Hauts Plateaux est impropre aux lourds travaux des champs, aux labours par exemple. Toutes les façons culturales, chez l'indigène surtout, se font au moyeu du cheval, de la jument, souvent du mulet, mais jamais, presque jamais au moyen du bœuf, surtout dans les terres légères, calcaires placées au Sud de Bordj-bou-Arréridj et de Sétif.

Dans l'Est de l'Algérie, les principaux centres de production et d'élevage du cheval barbe sont ceux de Ras-el-Oued entre

Bordj-bou-Arréridj et Sétif, des Rhiras à 30 kilomètres Sud de ce dernier point, des Eulmas près de Saint-Arnaud, des Abd'en-Nour dans la commune mixte de Chateaudun, d'Aïn-M'lila, d'Aïn-el-Ksar au Sud de Constantine. Les régions de M'sila, de Magra, de N'gaous, de Barika sont encore riches en chevaux barbes recherchés en raison de leur bonne conformation et de leur résistance. C'est sur tous ces points que le cheval est produit ; au delà, dans tous les territoires beaucoup plus au Sud, soit de M'sila, soit de Biskra, l'élevage du cheval barbe est plus rare, et il convient de rétablir les faits tels qu'ils sont en faisant connaître que les chevaux dits du désert, quand on les y rencontre, ont été produits toujours et élevés le plus souvent sur les Hauts Plateaux de Constantine et surtout de Sétif.

La production, comme l'élevage du cheval, va en décroissant chaque jour ; l'appauvrissement de la population indigène, par le fait de conditions économiques que nous n'avons pas à indiquer ici, est la cause principale de cette décroissance inquiétante à tous égards. Il y a dix ans à peine, on trouvait facilement, sur des marchés importants, comme celui de Sétif, par exemple, et au printemps, jusqu'à deux cents chevaux ou juments parmi lesquels un choix pouvait être aisément fait ; aujourd'hui on aurait de la peine à en rencontrer cinquante.

La valeur réelle de ces mêmes animaux a baissé dans des proportions désastreuses. Alors qu'il y a dix ou douze ans, la jument connue dans la région pour sa bonne origine, pour la beauté de ses produits, n'était vendue qu'à regret et atteignait facilement des prix de 1.500 fr. et de 2.000 fr., il n'en est pas aujourd'hui, si belle soit-elle, qui ne soit vendue à 800 fr.

La production du cheval a été d'ailleurs remplacée dans toute cette région, sur de nombreux points, par celle du mulet, aussi bien chez l'indigène que chez le colon ; le mulet est de vente toujours plus facile et son élevage moins aléatoire.

L'Ane et le Mulet

L'âne joue en Algérie un rôle économique important comme animal de bât. Il est décrit en ces termes par M. Claude :

« La taille de l'âne indigène varie de 0 m. 90 à 1 m. 25 : celui de taille plus élevée est l'exception ; il est recherché pour la production du mulet. Sa structure est délicate, mais sa conformation est excellente ; comparativement à celle du cheval, elle lui est supérieure ; proportionnellement à ses dimensions, l'âne est plus robuste, plus fort, plus résistant que le cheval.

De couleur gris fauve ou bien marron sur le dos, l'encolure et les membres, il est d'une teinte moins foncée à la tête et à la partie inférieure du corps.

La tête de l'âne est forte, bombée sur le front ; les oreilles sont très développées et velues. le chanfrein accentué, les orifices nasaux peu ouverts ; l'œil brun, quoique vif et mobile, est sans expression, comme celui de la gazelle, c'est ce qui donne à l'animal cet air de douceur et de bonté qui le rend si intéressant ; la crinière est courte, le toupet est presque nul ; la queue est dépourvue de crins dans sa partie supérieure et n'en présente que très peu dans sa partie inférieure ; l'encolure, le garrot, le dos et les reins appartiennent à la même ligne horizontale, les reins sont courts, la croupe peu accusée et les cuisses peu chargées de muscles. »

L'âne d'Algérie, dédaigneusement appelé bourriquot, est précieux pour tous les transports qui ne peuvent se faire par voitures, faute de routes carrossables. Le poids qu'il porte est d'un quintal environ : l'indigène l'emploie à transporter du grain, des fruits, de l'eau, du charbon de bois, etc. ; l'Européen s'en sert pour les travaux de construction, de terrassement.

L'Algérie compte environ 275.000 animaux d'espèce asine possédés, à part quelque 10.000, par les indigènes.

Concurremment avec l'âne, le mulet est employé comme bête de bât chez les indigènes et comme bête de trait chez les Européens, pour les labours et les charrois. Les Européens en possèdent 25 à 30.000 et les indigènes 120.000.

Variété algérienne. — La population mulassière algérienne est presque tout entière entre les mains kabyles. Elle appartient au type léger. Elle varie, comme taille, entre 1 m. 46 et 1 m. 52, rarement elle descend au-dessous : plus exceptionnellement encore elle se hausse au-dessus. Sa poitrine est serrée, le garrot saillant, le dos et les reins voûtés, tranchants, le pied petit et serré. L'allure du mulet est rapide ; il peut tenir la journée à porter 120 à 150 kilog., de même que l'on en voit fournir des courses de 60 à 80 et jusqu'à 100 kilomètres.

Le baudet utilisé comme étalon est chez l'indigène surtout de race du pays ; l'expérience a démontré d'ailleurs que, dans presque tous les cas, quelles que soient les conditions économiques dans lesquelles se trouvent placés les producteurs et éleveurs, le baudet indigène donne de meilleurs produits que les baudets espagnol, gascon ou poitevin. Les mulets provenant de l'accouplement de ces derniers avec les juments du pays sont, en effet, le plus souvent, hauts sur jambes, à poitrine étroite, à rein mal attaché, à caractère difficile ; leur résistance à la fatigue, aux privations est également moindre. Il conviendra donc, dans la pratique de la production du mulet sur les Hauts Plateaux, de ne prendre pour étalon que le baudet indigène. Les meilleurs d'entre eux se rencontrent dans les communes de Bordj-bou-Arréridj, des Rhiras, de Sétif, sur le marché important et hebdomadaire de cette ville, dans les douars des Béni-Mérouane et Bazer, près de Saint-Arnaud, dans les Abd'en-Nour près Châteaudun. Le prix de ces animaux à l'âge de 3 et 4 ans varie entre 350 et 500 fr. Il convient de s'entourer de tous les renseignements nécessaires pour l'achat de ces baudets étalons. Beaucoup parmi eux saillissent difficilement la jument ou s'y refusent même complètement ; d'autres peuvent être atteints de dourine, maladie souvent difficile à reconnaître chez eux, alors qu'elle est toujours mortelle pour les juments contaminées.

Le mulet produit et élevé dans la région des Hauts Plateaux de Constantine et de Sétif est fort, robuste, très résistant ; sa taille dépasse le plus souvent 1 m. 45 et atteint même 1 m. 55 ; dans la région de Sétif, par exemple, où il nous a été permis de voir des mules de 3 ans, hautes de 1 m. 58. Ce mulet rend de grands services aux colons comme aux indigènes pour tous les travaux agricoles, pour le charroi sur les routes ; il constitue, en outre, un excellent animal de bât pour le transport des récoltes et des marchandises dans toutes les régions montagneuses non pourvues de routes carrossables. Habitué à l'Européen ou élevé par lui, il est très docile, très maniable et devient un excellent animal de trait léger.

Il est regrettable qu'il ne soit pas utilisé davantage par les viticulteurs du littoral, achetant fort cher et bien à tort, à notre avis, pour leurs travaux culturaux, des mulets gascons ou espagnols qui ne le valent pas sous le double rapport de la sobriété, de la rusticité et l'aptitude à tous les travaux.

Le Porc.

Toutes les races de porc supportent bien le climat algérien jusqu'à la limite saharienne ; mais l'élevage de cet animal est proscrit chez les indigènes par la religion musulmane.

On peut ramener les races de porc à trois grands groupes :

1° Les races précoces ou de stabulation, faisant beaucoup de viande et de graisse, mais dans ce cas exigeant des soins particuliers : races asiatiques, anglaises, napolitaines, etc.

2° Les races moyennes supportant bien le pâturage et aussi la stabulation : races françaises, normandes, périgourdines, puis les Yorskire et Berkshire.

3° Les races tardives, à demi-sauvages, vivant au pâturage, en troupeau, dans les bois et dans les broussailles : races espagnoles et algériennes.

L'éleveur fixera son choix sur l'une de ces races suivant le milieu qu'il occupe et les besoins qu'il aura à satisfaire. Les races noires du pays sont très résistantes, mais sont moins fécondes et moins aptes à l'engraissement.

Les races améliorées, françaises et anglaises, sont très prolifiques, précoces, prennent bien la graisse en stabulation. Au pâturage, elles donnent des résultats moindres.

Stabulation. Le succès de l'élevage du porc pour l'engraissement repose absolument sur la propreté de l'animal et de la porcherie, en même temps que sur l'alimentation progressive et raisonnée.

1° La porcherie doit être lavée à grande eau. Le porc souffrant de la chaleur pendant l'été, un bassin de baignade, s'il n'est pas indispensable, est utile.

Le lavage de l'animal à la brosse deux fois par jour assure ses fonctions épidermiques qui facilitent l'engraissement.

2° Les aliments destinés au porc doivent être broyés, moulus, réduits en pâtée bien cuite et tiède. On y ajoute un peu de phosphate pour prévenir le ramollissement des os chez les jeunes et la paralysie des membres postérieurs chez les adultes.

L'alimentation sèche, paille, fourrage, issues de mouture, matières ligneuses, etc., ne conviennent point au porc qui mastique mal et digère fort vite.

Pour l'engraissement d'un porc dans une ferme de la Mitidja ou chez les Mahonnais des environs d'Alger, on compte 225 kilog. de farine et autant de son fin. La ration est composée de farine et de son par poids égaux et distribuée deux fois par jour, matin et soir. On estime que le porc, à l'âge de quinze mois, moment où on l'abat, pèse environ 140 kilog. et qu'il a coûté à peu près 80 francs de farine et de son en plus des débris herbacés et des résidus de l'exploitation.

3° On a avantage à obtenir l'engraissement rapide de l'animal. Dans ce cas, la méthode usuelle qui limite à deux repas la nourriture quotidienne est défectueuse. Au contraire, il convient de multiplier régulièrement le nombre des repas en augmentant progressivement la dose des aliments pour la réduire de même à la dernière période de l'engraissement.

Les grains concassés, orge, maïs, bechna, fève, caroube broyée, etc., le tout cuit et converti en pâtée, sont les bases de la nourriture du porc.

Dans la Mitidja, les Mahonnais achètent les porcelets au sevrage, c'est-à-dire à l'âge de 6 à 7 semaines : les plus beaux pèsent alors 12 kilog., mais la moyenne est de 7 et 8 kilog.

Le cours moyen du porcelet est de 1 franc le kilog.

Le mâle châtré est préféré à la femelle qui est elle-même châtrée. On achète le porcelet vers Noël. Parfois il est exclusivement nourri avec les pépins de raisin : il est attaché au champ et pâture dans l'herbe.

L'engraissement ne commence qu'à la Saint-Michel et se prolonge jusqu'en février.

Reproduction pour la vente. L'élevage du *nourrin* ou du porcelet destiné à la vente à l'âge de trois à cinq mois, est moins pratiqué en Algérie qu'en France ; cependant quelques éleveurs commencent à faire cette spécialité et livrent des animaux de choix. On sait que les races améliorées sont très prolifiques et leur reproduction facile.

Elevage en demi-domesticité. On pratique plus spécialement cet élevage dans la zone montagneuse où les parcours sont plus grands et où il y a des forêts et des broussailles. Pendant un an environ les porcs sont au pâturage, en troupeau, et, suivant les saisons, on les ramène à la ferme où ils reçoivent un supplément de nourriture. L'animal s'est seulement entretenu : alors on le vend ou on l'engraisse, mais ces races rustiques profitent moins à l'engraissement à la porcherie que les animaux améliorés.

Au pâturage, le porc vit d'insectes, de reptiles, de petits animaux, de graines, d'herbes et surtout de racines et de plantes bulbeuses qu'il extrait du sol. La terre de parcours est profondément fouillée et retournée et toute végétation disparaîtrait bientôt entièrement si le séjour du porc se prolongeait sur le même endroit.

Autrefois, cette sorte d'élevage était en usage dans la province d'Oran notamment, et y avait donné quelques résultats qui sont actuellement très amoindris. L'élevage en grand pour l'exportation en France, comme concurrence au porc américain, n'a pas toujours été une spéculation heureuse : en résumé, cet animal tient une très petite place dans l'exportation et l'Algérie reste même tributaire de l'étranger pour les graisses, saindoux, lard, etc.

La truie entre en chaleur à partir du quatrième ou du cinquième mois. Les périodes du rut reviennent tous les vingt-cinq jours environ, tant que la femelle n'est pas fécondée.

Conduire la femelle dans la loge du verrat, ne jamais faire l'inverse.

La durée de la gestation est de trois mois, trois semaines et trois jours. Malgré ce dicton populaire, il faut surveiller la truie dès le cent dixième jour.

Les premiers symptômes de la parturition sont : ventre ravalé, gonflement des mamelles, inquiétudes, grognements, etc. Pendant la mise bas assurer à l'animal la plus grande tranquillité.

Faciliter la parturition, enlever le délivre qui serait mangé par la mère et l'inciterait à dévorer les petits. Un breuvage tiède, additionné de sucre et de farine, même de vin, prévient cette éventualité et provoque l'affluence du lait aux mamelles.

Réduire les porcelets au nombre des mamelles; ne pas hésiter à sacrifier les excédents.

Au sixième jour de la naissance, donner au porcelet des boissons tièdes composées de farines délayées : on les continue pendant six semaines, terme du sevrage.

On châtre les mâles à 30 jours et les femelles à 45 jours.

Maladies. Charbon, fourbure, ladrerie, rouget ou fièvre typhoïde : (voir *Médecine vétérinaire*).

Pour prévenir les maladies épidémiques qui ont à plusieurs reprises décimé la race porcine, des conditions spéciales d'installation des porcheries ont été imposées par des municipalités (arrêté de la commune de Mustapha 25 janvier 1897).

Ces indications sont bonnes à suivre dans toutes les installations de porcherie.

1. Le sol de l'écurie sera pavé et les joints raccordés au mortier de chaux hydraulique afin d'éviter les infiltrations des eaux et purins.

2 Il sera donné au sol du local une pente suffisante pour permettre l'écoulement régulier et rapide des eaux et purins à l'égout.

3. Ces eaux et purins seront conduits à l'égout le plus voisin, à l'aide des conduites étanches.

4. Dans le cas où l'égoût public serait trop éloigné, l'évacuation des eaux et purins sera réglée de concert avec le service des travaux communaux.

5. Les toits à porcs auront 2 m. 40 de hauteur et les murs ne dépasseront pas 1 m. 40 pour permettre à l'air de circuler librement.

6. Le lavage de la porcherie devra être fait à grande eau au moins une fois par semaine et l'enlèvement des boues, immondices et purins aura lieu au moins tous les deux jours.

Le Buffle

Les Arabes avaient tenté l'introduction du buffle dans leur agriculture : quelques-uns de ces animaux paraissent même être demeurés à l'état sauvage dans des marais du Nord de la Tunisie.

Le buffle est localisé sur quelques points de l'Europe méridionale, et dans l'Italie du Sud il rend quelques services :

Mais en Algérie il n'a aucune place indiquée dans nos exploitations. Le climat sec de l'ensemble du pays n'est pas à la convenance de ces animaux qui recherchent, pendant la saison d'été notamment, les marécages et les bas-fonds à défaut d'eau courante. Or, nos marais n'ont qu'une faible tranche d'eau et sont limités à quelques points du littoral : ce ne sont donc pas des buffles qu'il conviendrait d'y mettre, mais c'est bien un énergique drainage qu'il faudrait pratiquer dans ces localités malsaines.

Les défauts du buffle sont assez connus pour empêcher son extension dans l'agriculture de l'Europe méridionale, milieu pourtant plus favorable à son existence que l'Algérie.

Le Zébu

A diverses époques, depuis la conquête, différentes introductions de zébus ont été faites en Algérie.

L'expérience la plus suivie paraît être celle faite avec les zébus du Soudan de l'Est, envoyés au Jardin d'Essai d'Alger, vers 1865, où ils se multiplièrent sans difficulté.

Dans les premiers jours de 1868, M. Rivière fit une tentative de croisement : une femelle fut fécondée par un magnifique taureau Sarlabot, race sans cornes. Le produit obtenu, une génisse, fut magnifique de formes : ossature moins désordonnée, bosse très atténuée, rudiments de cornes, robe blanche tachetée de noir, etc. Cet animal dressé pour la course, quoique peu docile, avait l'allure rapide et douce. Par la suite, croisé avec un géniteur de race mahonnaise, il donna un produit défectueux.

Le lait de la vache zébu, peu abondant, était d'excellente qualité.

Tous les zébus du Jardin d'Essai furent vendus en 1868, par l'État, à M. Mantout, propriétaire à la Rassauta, dans la Mitidja. Ils furent croisés avec la race bovine du pays et constituèrent des produits intéressants, remarquables par leur rusticité, ayant des aptitudes particulières pour la traction, sans se montrer rebelles à l'engraissement. Pendant plusieurs années cette expérience fut suivie par M. Mantout et, à l'heure actuelle, on retrouve encore dans la Mitidja la trace de ces croisements.

Cependant ces animaux exigent des conditions particulières de milieu : en effet, même en plein hiver, leur séjour dans les marais paraît être une condition utile à leur bon entretien; cependant les baignades prolongées semblent leur être moins indispensables qu'aux buffles.

La même expérimentation est reprise depuis quelques années par M. Rabon, propriétaire aux environs de Bône de terrains marécageux. Cet agriculteur croisa des bêtes du pays avec des zébus brahmiens, race indienne, moins grande que celle de l'Afrique. La rusticité de ces animaux, leur aptitude à l'engraissement, la finesse de leur squelette, etc., sont des qualités signalées par l'éleveur.

M. Sanson, le savant professeur de zootechnie, donne sur cette expérimentation un avis peu favorable. Il considère les produits obtenus comme inférieurs de tous points aux races du pays « ainsi que le sont d'ailleurs les purs zébus aux Bovidés taurins en général ». Puis ce savant ajoute : « L'idée d'améliorer ceux-ci par les premiers est une véritable excentricité, de même, du reste, que l'idée inverse. Les zébus sont appropriés naturellement aux pays qu'ils habitent, il n'y a qu'à les y laisser ».

Le Chameau.

On désigne sous ce nom deux espèces différentes ou simplement deux races suivant certains auteurs.

Le chameau à deux bosses (Camelus Bactrianus) de l'Asie occidentale, forte bête qui résiste aux pays froids et est employée pour porter de lourds fardeaux et quelquefois à la traction.

Le dromadaire ou chameau à une bosse, des pays chauds et secs, commun en Algérie, notamment dans les régions désertiques.

Le Méhari n'est qu'une race de ce dernier, mais dont la constitution particulière se prête aux courses longues et rapides. Certains sujets peuvent facilement parcourir 120 kilomètres par jour pendant une période.

Le chameau ordinaire est employé comme bête de transport dans toute l'Algérie; cependant son utilité devient moindre de jour en jour dans le Tell. Cet animal porte des fardeaux pesant 150 kilog. au maximum, mais il ne peut fournir un travail très régulier et a besoin de temps de repos. Sa sobriété et son endurance à la faim et à la soif sont grandes, cependant il ne saurait résister ni vivre longtemps en travaillant s'il n'était régulièrement nourri ou s'il ne retrouvait des périodes d'assouvissement.

Au repos, le chameau au pâturage vit d'herbes en partie délaissées par les autres animaux, chardons, artichauts, branches dures du guetaf, etc. : dans les forêts, il doit être considéré comme un animal destructeur.

Au travail, ou en caravane, une ration journalière de grain ou de noyaux de dattes plus ou moins concassés lui est nécessaire en dehors du pâturage.

L'élevage du chameau est exclusivement entre les mains des indigènes : beaucoup d'animaux sont de belle venue et se vendent jusqu'à 300 francs.

Le poil de cette bête est recherché et les indigènes en font des tissus, mais ce poil est de qualité moindre que celui du chameau d'Asie.

Cet animal est sujet à diverses maladies, la rage, la bronchite vermineuse, la gale; les mouches l'affolent au point de lui faire briser les membres, etc.

Dans l'agriculture tellienne, quoi qu'on en ait dit, le chameau n'a aucune place indiquée.

L'Autruche

L'élevage de l'autruche de Barbarie en domesticité est une question déjà ancienne, jamais résolue et qui a été reprise dans ces dernières années par M. J. Forest, auteur de nombreuses études sur ce sujet.

L'autruche de Barbarie est une magnifique race, à plumes très fournies et à duvet particulièrement soyeux : son plumage est supérieur à celui des oiseaux du Cap.

Ce grand échassier habitait autrefois la lisière saharienne et s'avançait même dans le Tell, au moment de la conquête. Des chasses célèbres l'ont fait disparaître du territoire algérien pendant que les Anglais, plus pratiques et plus prévoyants, s'occupaient des moyens de former des troupeaux de ces oiseaux avec les quelques animaux sauvages qu'ils avaient pu capturer dans les steppes de l'Afrique australe.

En peu d'années, les Anglais ont constitué au Cap un fermage d'autruches, qui, dans certaines périodes, a déversé sur la place de Londres pour vingt ou vingt-cinq millions de francs de plumes, déplaçant ainsi brusquement, à la fin de 1878, le marché de Paris qui avait toujours été le centre de ce commerce pour le monde entier. Depuis cette époque, la place de Paris est tributaire de celle de Londres.

L'autruche, en Algérie, est restée confinée au Jardin d'Essai : il y a une dizaine d'années cet établissement possédait un remarquable troupeau de sujets de choix et de sélection, au nombre d'environ cinquante couples. La plus grande partie n'ayant pu être utilisée en Algérie a été acquise par différentes nations. A l'heure actuelle, après quelques tentatives insignifiantes et infructueuses sur quelques points de la colonie, il ne reste plus que deux ou trois couples de la véritable race barbarine conservés au Jardin d'Essai.

L'autruche de Barbarie est monogame.

Le mâle est noir, à plumes blanches aux ailes et à la queue : son plumage est spécialement recherché.

La femelle est grise, seules les plumes des ailes sont blanches : elle pond environ trente œufs pendant sa saison de ponte. Les œufs sont couvés par le couple et souvent la plus grande tâche incombe au mâle. L'incubation dure quarante-cinq jours. Ordinairement, dans les bonnes couvées, on obtient douze autruchons vivants.

Les œufs sont bons à manger.

La chair de l'autruche est comestible : elle est peu développée, sauf aux cuisses.

Le voisinage de la mer n'est pas défavorable à la reproduction naturelle de l'autruche, mais convient moins à son plumage. Il faut à ces grands oiseaux, traités pour la plume, une atmosphère plus sèche et de grands parcours.

L'incubation artificielle n'a pas donné de résultats avec la race barbarine.

La constitution de troupeaux d'autruches dans le Sud, préconisée par quelques auteurs, paraît devoir rencontrer de sérieux obstacles parmi lesquels il faut signaler la difficulté de se procurer un grand nombre d'animaux et de les transporter en plein Sahara, ensuite, d'assurer leur nourriture avec la végétation désertique seule.

En effet, les autruches exigent une ration journalière de 300 à 400 grammes de grains, de 10 à 12 kilog. de matières vertes et de 5 litres d'eau.

La plume se vend maintenant au kilog.; suivant son classement, le prix est variable. On estime cependant qu'une autruche donne, au Cap, un produit brut de 150 francs.

La région absolument désertique présenterait de réelles difficultés d'élevage, mais les dayas du Sud de la province d'Alger paraissent plus favorables au parcours et par conséquent à l'entretien économique des troupeaux. Dans ce pays, l'élevage devrait se faire en demi-domesticité, c'est-à-dire être soumis à une sorte de transhumance sous la responsabilité des Djemmas, intéressées dans le produit des dépouilles.

Pour établir une autrucherie, il faut prévoir un capital d'environ cent mille francs.

(Voir Oudot. *Fermage des autruches en Algérie*, Challamel, Paris; les publications anglaises de MM. Mosenthal, Douglas, etc., et surtout celles de M. J. Forest dans l'*Algérie agricole*.)

La Basse-cour

L'élevage de la volaille, nécessaire dans toutes les fermes, indispensable dans les exploitations isolées, assure en grande partie la nourriture de leurs habitants. En dehors de ce rôle, la basse-cour ne paraît pas avoir pu constituer jusqu'à ce jour pour l'éleveur une opération rémunératrice, même aux environs des villes. Les Arabes ont le monopole du commerce des poules et des œufs principalement, qu'ils apportent quotidiennement sur les marchés.

Les belles volailles et les lapins viennent de la France par tous les courriers.

Le littoral, avec son climat chaud et humide, convient peu au bon entretien de la santé de la basse-cour : les maladies contagieuses y sont fréquentes et sont la cause de grandes mortalités.

La région montagneuse est plus favorable pour l'élevage de la volaille, les Hauts Plateaux aussi ; mais dans ces dernières régions, comme dans le Sahara, la nourriture y est souvent insuffisante.

Poule. La race *bédouine* est très rustique, bonne pondeuse et couveuse, s'engraissant assez facilement : elle a le défaut d'être trop petite, gloutonne et peu précoce.

Achetée jeune, séquestrée et bien nourrie, elle constitue cependant une volaille bien en chair.

La poule *espagnole*, de taille moyenne, est un bon type : elle résiste bien au climat, est pondeuse, couveuse, riche en viande et ses œufs sont gros.

Les races de *Crèvecœur*, de *Houdan* et de la *Flèche* sont délicates, demandent beaucoup de soins et ne vivent pas longtemps, surtout dans les parties basses, chaudes et humides.

Les grandes races cochinchinoises représentées par le *Brahma-Powtra* principalement, sont fortes, peu élégantes, s'engraissent mal, mais sont bonnes pondeuses : leur viande a peu de finesse et est de couleur foncée.

Supprimer ces coqs qui ont une influence défavorable sur les autres variétés de poules.

Le croisement de la *bédouine* et de l'*espagnole* donne un bon produit, rustique, et n'exigeant pas de soins particuliers.

Nourriture. Ordinairement la poule vit libre dans la ferme : elle fréquente les écuries, les fumiers et profite des débris de toutes sortes du potager, des battages, de la vendange, etc.

Nourrie avec du grain, son prix de revient est trop élevé ; cependant, pour avoir de belles volailles, il faut largement les nourrir avec du blé, du bechna, du maïs concassé, mais l'orge et l'avoine non broyées doivent être évitées. Les aliments herbacés, hachés, rares pendant une grande partie de l'année, contribuent au bon entretien de la volaille.

Pondeuses. La ponte régulière ne s'obtient qu'avec des jeunes bêtes au-dessous de quatre ans ; il n'y a pas intérêt à conserver plus longtemps les vieilles pondeuses. Dans la zone marine, la ponte est presque constante, cependant elle est plus accentuée au printemps avec un temps d'arrêt au moment des fortes chaleurs.

Couvées. Il y a deux couvées par an, au printemps et à l'automne. La couvée de mars-avril est préférable à celle de l'autre saison. Choisir des œufs frais n'ayant pas plus de vingt-cinq jours. Éviter aux couveuses l'humidité, les défendre contre la vermine et leur assurer la tranquillité, tels sont les principaux éléments de réussite.

Elevage des poussins. Soins assidus, local sain et sec, sans courant d'air, eau tiède, pâtée de farine, mie de pain, herbe hachée finement. Éviter l'humidité, l'insolation et lutter contre le parasitisme.

Poulailler. Le poulailler est nécessaire : il doit abriter les animaux en toutes saisons et assurer un refuge aux pondeuses.

L'aération y sera constante, sans favoriser l'entrée des petits carnassiers.

Sol carrelé pouvant être lavé.

Perchoirs en bois dur, souvent grattés et lavés.

Murs en crépis fins, blanchis de temps à autre à la chaux additionnée de sulfate de cuivre, badigeonnage avec du lysol, du crésyl, etc.

Petits abreuvoirs en poterie vernissée.

Par mesure de prudence deux poulaillers sont nécessaires : à la moindre observation de maladies contagieuses, il faut faire évacuer le poulailler infecté afin de pouvoir l'assainir de suite.

Pendant l'été les volailles recherchent l'ombre des arbres et des tonnelles.

MALADIES. Les maladies des poules et des volailles en général sont nombreuses et paraissent se manifester par période : elles sont de nature contagieuse, dans le plus grand nombre des cas.

Diphtérie. Maladie microbienne des premières voies. Tuer la bête, ou, si on a le temps, badigeonner le larynx avec du jus de citron, des solutions d'acide phénique ou borique à 5 °/₀ ; ouverture des abcès, régime réconfortant, pain trempé dans du vin, boulettes de viande, etc.

Diarrhée. Cette maladie sévit sur les jeunes poussins principalement : tout traitement est inutile.

Typhus. La marche rapide de cette affection ne permet pas d'intervenir efficacement par des soins spéciaux.

Tumeur du croupion. Cette maladie assez commune en Algérie se traite par la propreté et par des lotions phéniquées ou boriquées.

Pépie. Le revêtement blanchâtre de la langue n'est qu'un symptôme ; la mutilation de la langue n'est qu'une pratique barbare ; chercher la cause de la maladie inflammatoire, stomatite, bronchite, etc.

Parasitisme. Les poux, la gale, les vers intestinaux, etc., doivent d'abord être combattus par des moyens prophylactiques, l'assainissement et la désinfection.

Les traitements afférents à ces diverses affections sont : pour les poux et la gale, les pulvérisations phéniquées et sulfureuses, et pour les vers, la quassine et les purgations d'aloès.

Insolation. Le coup de soleil est redoutable : faciliter aux volailles le repos à l'ombre pendant l'été, mais ne pas leur permettre le séjour dans les écuries où leurs déjections et les débris de leur plumage sont nuisibles au fourrage et au bétail.

Observations générales. Les poules traduisent leurs premiers malaises par de la tristesse : elles recherchent la solitude, s'accroupissent et perdent l'appétit : le plumage est hérissé, la crète tombante, les yeux clos, puis apparaissent les signes caractéristiques de chaque affection.

Il est peu pratique de soigner chaque sujet et chaque cas, à moins de désirer la conservation d'une variété de choix.

La prophylaxie peut combattre dans une certaine mesure l'apparition ou le développement de ces affections. Les poulaillers doivent être souvent désinfectés par la chaux, l'acide sulfurique à 2 °/₀, le sulfate de cuivre et l'acide phénique à 5 °/₀, l'arrosage du sol au sulfate de fer à 3 °/₀, etc.

Dindon. La dinde noire semble être plus rustique : ce volatile craint le séjour dans les bas-fonds, par contre il vient bien sur les hauteurs, dans le Sahel d'Alger et notamment dans la région montagneuse.

Les bonnes couvées s'obtiennent dans le premier trimestre de l'année pour la zone marine.

L'herbe fraîche, finement hachée, est une cause de réussite du jeune dindonneau : dans un endroit sec, aéré, abrité contre l'humidité, les dindonneaux résistent mieux au *rouge* et à la diphtérie.

Le dindonneau aime à passer la nuit haut perché.

En général, les dindons se plaisent au champ en troupeau : ils se nourrissent d'insectes et ne sont pas trop destructeurs des cultures.

Oie. Ce volatile est facile à élever, mais il est peu répandu parce que la femelle est mauvaise couveuse. La couvée de printemps est la meilleure. L'oie va chercher sa nourriture au champ où elle peut être conduite en troupeau gardé et surveillé : elle s'engraisse facilement l'hiver, en lieu clos, avec de la criblure, du maïs concassé, du bechna, des pâtées, etc. Ce volatile est rustique, cependant la période des chaleurs le fatigue : il exige l'ombre et la fraîcheur, aussi ne doit-on pas le mener au champ au moment de la plus vive insolation.

Le plumage du duvet de l'oie n'est pas une opération lucrative, mais il s'impose plusieurs fois par an, surtout au printemps et avant l'été.

La jeune oie est sujette au rhumatisme.

Canard. Le canard domestique s'élève rapidement : il est glouton et l'eau lui est nécessaire.

La cane pond dans le premier semestre de l'année : elle est mauvaise couveuse et on la remplace par la poule. La couvée de printemps est la meilleure. L'incubation dure une trentaine de jours.

Pour obtenir l'engraissement des canetons dans le plus bref délai, l'engraissement à la pâtée est indispensable : leur vente est facile dans les grands centres.

Le *canard de Barbarie*, plus rustique, non barboteur, est de taille plus élevée et de nature tranquille, mais sa chair à goût musqué le fait moins rechercher.

Cette espèce couvre la *cane* domestique : beaucoup d'œufs sont inféconds. Le métis est bon.

Le rhumatisme et la paralysie sont des accidents fréquents chez les canards.

Pintade. Ce volatile, de nature un peu sauvage, est rustique.

Il aime à vivre en dehors de la basse-cour, pond ses œufs dans les buissons des environs où les éclosions sont décimées par les carnassiers.

La pintade s'engraisse bien avec du grain et alors sa chair est excellente.

Pigeons. L'élevage de cet oiseau ne donne pas de grands résultats. Établir le pigeonnier loin des écuries et le disposer de manière à défendre ses hôtes contre les carnassiers et les oiseaux de proie.

Incubations artificielles. — Cette méthode exige une sérieuse observation et beaucoup de pratique. En Algérie, elle n'a pas donné les résultats que l'on en espérait, malgré les efforts faits par M. Bigle, à Birmandreis, qui s'est livré à une étude approfondie de cette question.

Lapin. Toutes les tentatives pour créer de grands clapiers dont les produits seraient destinés à l'alimentation des grands centres n'ont pas été heureuses au point de vue pécuniaire, et l'importation en Algérie des lapins de la France, par chaque courrier, est devenue constante.

L'élevage du lapin est une spécialité : son succès réside principalement dans la construction du clapier qui se compose d'une cour pavée et de niches en maçonnerie, le tout disposé pour faciliter l'écoulement des urines et des déjections et permettre un lavage facile.

Si le clapier mobile était économique, il serait préférable.

Les sexes doivent être séparés. La case des femelles sera un peu plus grande que celle des mâles. Les lapereaux seront en liberté dans la cour, avec quelques abris cependant.

Le lapin craint l'humidité, la chaleur et l'insolation.

Il est très prolifique. Le mâle ne doit cohabiter que quelques instants avec la femelle au moment de l'accouplement.

La durée de la gestation est de trente jours. Les lapereaux sont allaités pendant six semaines, mais ils mangent avant ce laps de temps, puis on les sépare.

Le lapin mange des herbes, des fruits et surtout des débris du potager : il boit peu, mais il boit.

La zone marine convient à l'élevage du lapin, mais les autres régions à végétation pauvre pendant l'hiver et l'été présentent des difficultés pour la nourriture régulière de cet animal.

Les maladies contagieuses sont redoutables, rien n'en arrête les funestes effets.

La gale se guérit par les pulvérisations sulfureuses.

La maladie de foie inhérente au climat algérien est dangereuse : l'hydropisie paraît en être la conséquence.

Les affections du poumon sont fréquentes lorsque les cases ne sont pas assez à l'abri des abaissements de température, vers zéro et *au-dessous*, cas fréquents en Algérie pendant la nuit.

Les races sont très mêlées. mais le lapin *normand* et le *bélier* paraissent être recommandables.

Le lapin *russe* et l'*angora* sont plus délicats.

La peau de lapin n'a aucune valeur en Algérie.

Maladies non contagieuses des animaux domestiques.

I. SOLIPÈDES (CHEVAL-MULET-ANE).

Abcès. — Collection de pus dans le sein d'un tissu caractérisée par une tumeur chaude, douloureuse, d'abord dure puis molle et fluctuante au centre. Traiter au début avec cataplasmes émollients. Lorsque la fluctuation est bien établie, faire une ponction au bistouri, laisser écouler le pus, faire des injections crésylées 1/100 et introduire par l'ouverture une mèche d'ouate de tourbe qui absorbera le pus et empêchera les germes extérieurs de pénétrer dans l'abcès.

Anasarque. — Infiltration séreuse du tissu cellulaire sous-cutané qui se décèle par l'apparition d'engorgements œdémateux aux membres, sous le ventre, la poitrine et la tête. Frictionner les engorgements avec vinaigre chaud, eau phéniquée ou crésylée 1/100, eau sinapisée, topiques légèrement irritants. A l'intérieur, café, alcool, injections hypodermiques de pilocarpine.

Angine. — Inflammation du pharynx ou du larynx déterminée par le froid et des agents infectieux. L'angine infectieuse, début de l'influenza, règne à l'état endémique (voir influenza). Toux forte, sensibilité à la pression de la gorge, difficulté de déglutition ; dans la pharyngite les aliments sortent par le nez et sont mêlés au jetage. Traiter avec frictions sinapisées sous la gorge, une par jour pendant trois ou quatre jours et si le mal est grave et persiste, gargarismes à l'eau crésylée, sulfate de soude.

Arthrite. — Inflammation des articulations produite par contusion, plaies ou rhumatismes, caractérisée par de la tuméfaction, une grande douleur et s'il y a plaie, fistule d'où s'écoule la synovie mélangée ou non à du pus.

Sur la tuméfaction, vésicatoire.

Dans la fistule, injections antiseptiques et mèche d'ouate de tourbe.

Ascite. — Épanchement de sérosité dans la cavité abdominale occasionnée par des maladies de foie et du cœur : se traite par la ponction.

Atteinte. — Plaies ou contusions à la couronne, au pâturon, au boulet. Lavages avec solutions antiseptiques, pansement à l'ouate de tourbe. Si l'atteinte est au boulet et si le cheval se coupe, prévenir le mal aux membres postérieurs par une ferrure abductrice.

Pour les membres antérieurs placer dans le pâturon un bracelet en cuir semblable à un étroit collier de chien. Ce bracelet doit flotter entre le boulet et le pied ; il produit l'abduction.

Bleime. — Contusion des organes internes du sabot correspondant aux talons, suivie généralement de boiterie, chaleur du pied aux talons, douleur à la percussion ; traiter en amincissant la corne au siège de la bleime afin d'empêcher la compression du tissu sous-jacent meurtri ; recouvrir d'un pansement goudronné maintenu par une plaque de cuir. A défaut, mettre un fer à éponge mince et couverte ou un fer à planche.

Blessures du harnachement. — Plaies ou tumeurs produites par des harnais mal confectionnés, mal appliqués. Pour les tumeurs ; compresses astringentes ou onctions de pommades crésylées ; pour les kystes, application et friction de pommade crésylée ; pour les cors, frictions de pommade crésylée, excision du cor, vaseline boriquée, poudre d'amidon ; pour les plaies, vaseline boriquée, poudre d'amidon.

Boiterie. — Se reconnaît à l'irrégularité dans les allures, dans un bipède antérieur ou postérieur ; l'appui est plus prolongé sur le membre sain afin de soulager le membre où siège la boiterie. Pour les membres antérieurs la tête s'abaisse lorsque le membre sain fait son appui. Pour les membres postérieurs, la hanche s'abaisse du côté du membre sain, celui qui appuie le plus.

Exemples : Boiterie antérieur droit. Le membre antérieur gauche appuie davantage et plus longtemps. La tête s'abaisse au moment où le membre antérieur gauche fait son appui.

Boiterie antérieur gauche. Le membre antérieur droit appuie davantage, la tête s'abaisse lorsque le membre antérieur droit fait son appui.

Boiterie postérieur droit : abaissement de la hanche gauche.

Boiterie postérieur gauche : abaissement de la hanche droite.

Dans les cas de boiterie : regarder toujours les pieds ; explorer les autres régions ensuite.

Bronchite. — Inflammation de la muqueuse des bronches occasionnée par le froid ou des agents infectieux, donnant lieu à une toux quinteuse et à un jetage abondant : se traite avec fumigations de goudron, miel, kermès, essence de térébenthine.

Brûlure. — Altération des parties vivantes par la chaleur. Appliquer réfrigérants, émollients, eau boriquée, vaseline.

Capelet. — Tumeur de la pointe du jarret déterminée par contusion. Traiter avec pommade Weber composée de goudron, savon vert, poudre de tan. Une couche tous les jours jusqu'à soulèvement de l'épiderme.

Champignon. — Tumeur du cordon testiculaire après la castration. Au début, cautériser avec du bichlorure de mercure pulvérisé. Plus tard, faire l'opération.

Clou de rue. — Blessures de la face plantaire du pied par des clous ou corps aigus et tranchants répandus sur le sol. Très grave dans la zone moyenne du pied, moins grave dans la zone postérieure. Détermine une boiterie plus ou moins intense; l'appui se fait en pince; l'inflammation des tissus sous-cornés entraîne des décollements et des désordres d'autant plus graves que la corne comprime les tissus lésés et engorgés. Il faut donc retirer le clou immédiatement, amincir la corne jusqu'à mince pellicule, dégager la plaie, débrider la fistule faite par la pénétration du clou; puis laver entièrement tout le pied avec solution crésylée, recouvrir ensuite avec de l'ouate de tourbe imbibée d'eau crésylée. Maintenir le pansement ainsi fait avec un fer à plaque mobile en tôle.

Coliques. — Nom générique indiquant différents troubles de l'appareil digestif qui se manifestent généralement par de l'inappétence, de l'abattement, de l'inquiétude; l'animal trépigne, gratte le sol avec les pieds antérieurs, se couche, se roule, se livre à des mouvements désordonnés, la bouche est chaude, la langue sèche.

Dès le début, traiter en faisant une vigoureuse friction sous le ventre, recouvrir ensuite avec deux couvertures attachées l'une au bout de l'autre pour former une ceinture qui sera enroulée autour du corps, faire promener le cheval au pas, prendre tous les soins possibles pour l'empêcher de se coucher et de se rouler (c'est dans ces mouvements que les lésions internes se produisent, il faut les éviter à tout prix); si la langue est sèche, il faut faire des injections sous-cutanées de pilocarpine, une injection d'un centimètre cube toutes les cinq minutes jusqu'à ce que l'animal salive en abondance.

Si, après ce traitement, les coliques persistent, faire une friction sous le ventre et les reins avec de l'essence de térébenthine ou de la farine de moutarde délayée dans cinq ou six fois son volume d'eau. On continue les injections de pilocarpine, jusqu'à dix-neuf ou vingt piqûres. Si l'animal se campe et fait des efforts pour uriner, faire prendre un électuaire composé de sel de nitre, 10 grammes; oxymel scillitique, 20 grammes; miel et poudre de réglisse.

A défaut de pilocarpine faire prendre des breuvages avec infusion de camomille ou éther, 20 grammes, ou hydrate de chloral, 15 grammes. Diète pendant vingt-quatre heures et demi-ration le lendemain avec breuvage de décoction de graine de lin.

Collection des sinus. — Inflammation de la muqueuse des sinus ou cavités existant dans l'intérieur des os de la face donnant lieu par les naseaux à un jetage abondant, épais, caillebotté; se traite avec injections crésylées ou boriquées. La trépanation est souvent indispensable.

Conjonctivite. — Inflammation de la conjonctive ou muqueuse de la face interne des paupières, caractérisée par la tuméfaction des paupières, rougeur de la conjonctive, larmoiement. Se traite avec injections d'une solution boriquée, 30/1000, faire pénétrer l'injection sous les paupières et renouveler le plus souvent possible dans la journée.

Cornage. — Bruit de sifflement ou de ronflement occasionné le plus souvent par une paralysie d'une partie du pharynx. Rarement curable. Faire la trachéotomie lorsqu'il est ancien. Vice rédhibitoire.

Coryza. — Inflammation de la muqueuse nasale produisant un jetage assez abondant, blanchâtre, épais. Traiter par injections d'eau boriquée tiède et fumigations de goudron.

Crapaud. — Secrétion caséeuse produite sous les pieds des chevaux, la corne se ramollit, odeur fétide, production d'excroissances sanguinolentes. Peut se guérir par le pansement antiseptique suivant : laver tout le dessous du pied avec solution crésylée, badigeonner ensuite avec crésyl pur, recouvrir d'une forte couche de ouate de tourbe et maintenez le tout avec un fer à plaque mobile en tôle. Renouvelez le pansement le plus rarement possible.

Crapaudine. — Mal d'âne déterminé par un fendillement du bourrelet qui se crevasse et saigne ; amincir la corne au-dessous du mal pour éviter le pincement, frictionner avec crésyl pur, recouvrir d'ouate de tourbe et maintenir avec une bande.

Crevasses. — Gerçures du pli du pâturon, du genou, du jarret. Si elles sont légères, laver la région à l'eau boriquée, puis faire une onction avec vaseline blonde et saupoudrer ensuite avec poudre d'amidon. Si elles sont fortes, profondes, recouvrir après avoir pansé comme ci-dessus avec ouate de tourbe et une bande. Éviter l'action irritante des agents qui sont sur la litière ou le sol.

Dents. — Irrégularité des dents molaires qui forment des aspérités déterminant des plaies sur la face interne des joues et la langue et gênant la mastication. Régulariser les dents à l'aide de la gouge ou du rabot odontriteur.

Eaux aux jambes. — Écoulement séreux et fétide sur la peau de la partie inférieure des membres. Laver avec solution crésylée, entourer la partie malade avec de l'ouate de tourbe maintenue par des bandes.

Echauboulure. — Boutons disséminés sur la surface de la peau, ont peu de persistance. Faire prendre : sel de nitre, 10 grammes par jour, sulfate de soude, 250 à 300 grammes.

Ecart. — Boiterie de l'épaule, le membre est fortement déjeté en dehors. Faire de vigoureuses frictions irritantes ou mieux mettre un séton.

Efforts. — *Du boulet.* — Boiterie, chaleur, sensibilité, engorgement, appui du pied sur la pince, l'extension est très pénible ; faire des douches, appliquer un bandage astringent humide en entourant le boulet avec de l'ouate de tourbe imbibée d'eau crésylée ; maintenir avec un bandage légèrement compressif. Si ces moyens ne suffisent pas à cause de la gravité et de l'ancienneté du mal, appliquer une friction irritante ou vésicante ; en dernier ressort recourir au feu en pointes pénétrantes.

Du tendon. — Boiterie, engorgement, sensibilité, difficulté dans la flexion du membre. Faire des douches, appliquer des bandages astringents humides, frictions vésicantes, feu en pointes pénétrantes.

Encastelure. — Resserrement du sabot commençant par les talons ; la fourchette s'atrophie, les parties vives, comprimées par un sabot trop étroit, deviennent très sensibles ; la locomotion se fait avec difficulté ; la percussion des pieds sur le sol devenant douloureuse, il y a souvent boiterie persistante, la corne a perdu sa souplesse, elle est sèche, dure ; s'observe plus souvent chez les chevaux qui ne travaillent pas régulièrement et dont la stabulation se fait sur une litière ou un terrain sec.

1° Dégager les abords de la fourchette pour faciliter l'écartement de ses branches.

2° Enduire le dessous du pied d'une couche de goudron pour assouplir la corne, maintenir ce goudron avec de l'étoupe et une plaque de cuir.

3° Appliquer un fer qui ait bien la tournure du pied et dont les éponges soient minces et posées juste sur les talons, ni en dedans ni en dehors de ceux-ci.

Eparvin. — Tumeur osseuse placée en bas de la face interne du jarret ; détermine la boiterie. Traiter avec le feu en pointes pénétrantes ou frictions vésicantes.

Eponge. — Tumeur produite par un kyste du coude résultant de l'appui du sabot ou du fer pendant que le cheval est couché. Mettre une grosse tresse de paille entourant le dessous du genou pour que le pied se porte en dehors du coude pendant le décubitus. Au début, faire des frictions de pommade crésylée, empêcher le cheval de se coucher. Si le kyste persiste, faire la ponction et exciser la poche séreuse, puis boucher l'ouverture avec un pansement absorbant et antiseptique. Ouate de tourbe imbibée d'eau crésylée. Appliquer un fer à éponge tronquée.

Fluxion périodique. — Maladie des yeux se produisant par accès, tuméfaction des paupières, larmoiement, sensibilité des yeux, puis disparition de ces symptômes et apparition en bas du globe de l'œil du dépôt qui se dissipe graduellement pour revenir ensuite. Incurable. Vice rédhibitoire.

Formes. — Tumeurs dures, de nature osseuse à la couronne ou au pâturon, fait boiter ; traiter avec application vésicante, pommade de biiodure de mercure au quart, ou mieux feu en pointes pénétrantes.

Fourbure. — Congestion des tissus renfermés dans le sabot. Chaleur extrême des sabots, grande sensibilité, marche pénible, appui en talons. Saigner et faire prendre des bains d'eau froide aussi fréquents que possible. Administrer sulfate de soude 300 à 500 grammes jusqu'à purgation.

Fourchette échauffée. — Secrétion purulente dans la lacune de la fourchette. Sensibilité, quelquefois engorgement du pâturon et du boulet. Laver la fourchette avec solution crésylée, dégager les lacunes latérales, pansement au crésyl pur et à l'ouate de tourbe maintenu par un fer à plaque de tôle.

Gangrène. — Mortification, décomposition des tissus. Consécutive à une plaie, un traumatisme. Lavages antiseptiques, pansement au crésyl pur et à l'ouate de tourbe.

Garrot (mal de). — Inflammation des tissus de la région du garrot, formant une plaie, ou un abcès ou une fistule avec décollement. Onctions de pommade crésylée sur l'engorgement, débridement des fistules, lavages et injections d'eau crésylée, mèches d'ouate de tourbe faisant office de drains et favorisant l'écoulement du pus en dehors.

Hémorragies. — Écoulement du sang. Ligature ou occlusion avec une épingle lorsqu'il y a ouverture d'un vaisseau sanguin.

Dans les autres cas, pansement compressif avec l'ouate de tourbe qui par son pouvoir absorbant active la formation d'un caillot obturateur.

Hernie. — Sortie de l'intestin par une ouverture des parois abdominales. Faire rentrer la partie de l'intestin sorti de l'abdomen, appliquer un bandage contentif.

Herpès. — Maladie parasitaire cryptogamique de la peau. Dépilation par plaques généralement circulaires. Lavage à l'eau crésylée, onctions de pommade crésylée, désinfection des harnais et objets de pansage.

Hydrocèle. — Épanchement séreux des bourses suivi d'engorgement fluctuant. Ponction et injections antiseptiques.

Ictère. — Coloration jaune des muqueuses produite par le séjour des matières colorantes de la bile dans le sang. Repos, purgatifs au sulfate de soude, électuaire à l'essence de térébenthine. 15 grammes par jour.

Jarde. — Tumeur osseuse se formant à la partie inférieure de la face externe du jarret. Fait quelquefois boiter. Faire une friction de pommade de biiodure de mercure ou mieux appliquer le fer en pointes pénétrantes.

Javart. — Furoncle de la région inférieure des membres du cheval, qui peut atteindre la peau, le bourrelet ou des tissus plus profonds, donne lieu à une fistule plus ou moins profonde. Bains tièdes, cataplasmes, injections antiseptiques légèrement caustiques, crésyl pur, acide phénique. Opération.

Kyste. — Tumeur molle, fluctuante, formée d'une poche sanguine ou séreuse ; consécutive à une contusion, un coup de pied généralement. Application vésicante ou ponction avec excision de la membrane formant le kyste. Injections antiseptiques, mèche d'ouate de tourbe placée moitié dans l'intérieur, moitié dans l'extérieur.

Lampas ou **Lampar.** — Inflammation et congestion de la muqueuse buccale. Régime rafraîchissant, barbotages, laxatifs aux sels de soude et de magnésie. Si la congestion est trop active, saignée au palais.

Luxation. — Déboîtement des extrémités articulaires, déformation de la région, vive douleur de l'articulation. Réduire, appliquer un vésicatoire, immobilité.

Mélanose. — Tumeurs noires, fréquentes chez les vieux chevaux blancs. Incurable ; lorsque le suc mélanique s'écoule, laver la plaie avec une solution antiseptique.

Molettes. — Tumeurs molles de la région du boulet produites par une hydropisie des gaines articulaires ou tendineuses. Bandages compressifs, humides, astringents. Frictions vésicantes, feu en pointes pénétrantes.

Morsures. — Tumeurs ou plaies produites par le pincement de la peau entre les incisives d'un autre cheval. Onction de pommade crésylée.

Œdème. — Engorgement séreux, mou, pâteux, conservant l'empreinte des doigts. Aux membres, sous le ventre, sous la poitrine. Frictions de pommade crésylée, promenades.

Ophtalmie. — Inflammation de l'œil. Lotions fréquentes d'eau boriquée, très légère cautérisation au nitrate d'argent.

Paraplégie. — Paralysie de l'arrière-main, principalement sur les vieux chevaux. Frictions d'essence de térébenthine, alcoolé de sulfate de strychnine, 10 grammes en électuaire ou un centimètre cube en injection hypodermique.

Parotidite. — Inflammation de la glande parotide avec tuméfaction et quelquefois abcès. Frictions de pommade mercurielle ou crésylée, ponction des abcès et pansements crésylés et ouate de tourbe sur la plaie.

Plaies. — Blessures de la peau superficielles ou profondes, consécutives à un traumatisme accidentel ou opératoire ou à une altération. Il y a une solution de continuité ou perte de substance, il faut donc qu'il y ait rapprochement des bords ou cicatrisation. Recourir exclusivement à l'antisepsie, tenir la plaie propre, éviter que les poils y touchent en les coupant ras tout autour, laver avec des solutions antiseptiques (eau crésylée) et abriter du contact de l'air avec un agent qui absorbe le pus (ouate de tourbe). Ne recourir aux sutures que lorsqu'il y a des lambeaux.

Pour les *plaies d'été*, employer l'antisepsie avec pansement fixe qu'on renouvelle aussi rarement que possible.

Pneumonie. — Inflammation des poumons. Inappétence, courbature, fièvre, respiration accélérée, toux petite, douloureuse, quelquefois jetage couleur de rouille.

Sinapisme sous la poitrine, essence de térébenthine, 15 grammes, alcool ou alcoolé de quinquina, 20 grammes ; sulfate de soude. Gargarismes crésylés, poudre de digitale, 2 à 4 grammes ; iodure de potassium, 4 à 8 grammes.

Pousse. — Maladie chronique déterminée par de l'emphysème du poumon et caractérisée par de l'essoufflement et de l'irrégularité dans les mouvements respiratoires coïncidant avec un état général assez bon. Souvent il y a dilatation des naseaux et jetage blanc mousseux.

Traitement arsenical, acide arsénieux, 1 gramme par jour pendant 15 jours ; cessez 8 jours et recommencez. Marron d'Inde. Régime du vert. Ces traitements atténuent le mal, mais ne guérissent pas. (Vice rédhibitoire).

Prise de longe. — Blessure du pâturon faite par enchevêtrement avec la longe. Laver à l'eau boriquée, onction de vaseline boriquée et recouvrir d'un pansement à l'ouate de tourbe jusqu'à guérison.

Renversement. — Déplacement d'un organe dont la face externe devient interne et réciproquement.

Du rectum. Laver à l'eau froide, réduire et appliquer un bandage.

Rétention d'urine. — Séjour et accumulation de l'urine dans la vessie. L'animal se campe et fait des efforts pour uriner. Voir si le fourreau est propre, le nettoyer à l'eau de savon. Administrer un électuaire composé d'onguent scillitique, 10 grammes, sel de nitre, 10 grammes, miel, poudre de réglisse. Boissons mucilagineuses faites avec décoction de 500 grammes de graine de lin dans 5 à 6 litres d'eau.

Seime. — Fente du sabot dans sa longueur, plus ou moins longue, plus ou moins profonde, détermine la boiterie, occasionnée par dessiccation de la corne et resserrement du sabot. Dégager les abords de la fourchette pour faciliter ses mouvements d'expansion. Goudron, étoupe et plaque de cuir entre la face plantaire et le fer. Au début, barrer la seime avec raies pratiquées avec un fer tranchant rougi au feu. Si la seime est profonde, amincir ses bords pour empêcher le pincement des tissus profonds ; badigeonner avec du crésyl pur et recouvrir d'un pansement compressif.

Suros. — Tumeurs osseuses situées sur les canons, le plus souvent en dedans et aux antérieurs. Friction de pommade au biiodure de mercure ou feu en pointes pénétrantes.

Tétanos. — Maladie microbienne. Contracture des muscles, raideur extrême de certaines régions du corps, accélération de la respiration. Repos, calme, obscurité, alimentation au thé de foin, breuvages et lavements antiseptiques (eau crésylée), narcotiques, opium.

Verrue. — Petites excroissances cutanées. Exciser et cautériser avec l'acide azotique ou si elles sont trop fortes faire une ligature et les laisser tomber seules.

Vers. — Parasites de l'intestin, se voient à l'anus ou dans les excréments. Essence de térébenthine, 15 grammes par jour.

Vessigons. — Tumeurs molles du jarret, du genou et du grasset, formées par une dilatation avec épanchement des membranes synoviales. Frictions vésicantes ou mieux feu en raies.

II. RUMINANTS (BOEUFS, MOUTONS, ETC.).

Accouchement laborieux. — Se rendre compte si la position du fœtus est normale ; dans le cas contraire placer la tête et les membres antérieurs dans la position dans laquelle ils doivent se présenter et opérer ensuite une traction progressive.

Avortement. — Le prévenir par une hygiène bien entendue ; s'il s'effectue avec difficulté, faire comme pour l'accouchement laborieux. Isoler les femelles qui ont avorté des autres femelles en état de gestation. Désinfection.

Bronchite vermineuse. — Assez fréquente chez le mouton, causée par le strongle, ver qui vit dans les bronches. Toux quinteuse, accélération de la respiration, jetage, rejet par la bouche et le nez de paquets de vers. Le traitement le plus pratique consiste à renfermer les moutons dans un local bien calfeutré où l'on fait dégager des vapeurs anti-parasitaires en projetant sur une pelle chaude du goudron, de l'essence de térébenthine, acide phénique, crésyl, etc. Surveiller les abreuvoirs.

Cachexie aqueuse. — Fréquente chez les moutons, déterminée par la présence d'un ver, le distome dans le foie. Pâleur de la peau et des muqueuses qui deviennent ensuite légèrement jaunâtres, infiltration séreuse, faiblesse, chute de la laine, amaigrissement, les infiltrations en se localisant forment des tumeurs œdémateuses. Difficile à guérir, essayer de réconforter avec alimentation substantielle et tonique, faire prendre du sel marin. Vendre à la boucherie avant maigreur trop grande.

Catarrhe des cornes. — Inflammation douloureuse de la base des cornes chez le bœuf de travail, fièvre, suspension de la rumination, jetage verdâtre. Amputation de la corne pour laisser écouler le pus et injections avec solution crésylée.

Diarrhée. — Augmentation des secrétions intestinales. Breuvages avec alcoolé d'opium ou de laudanum.

Fourchet. — Inflammation du canal biflexe chez le mouton. Débridement, extraction des corps étrangers introduits entre les ongles, lotions antiseptiques légèrement astringentes, solution crésylée.

Mammite. — Inflammation des mamelles. Cataplasmes émollients, traire. Onctions de pommade crésylée, vaseline boriquée.

Météorisme. — Distension du ventre produite par l'accumulation de gaz dans l'intestin, l'estomac ou la panse.

Faire prendre ammoniaque, 50 à 100 grammes, dans 2 à 4 litres d'eau. Injections hypodermiques de pilocarpine, ponction du rumen à l'aide d'un trocart.

Métrite. — Inflammation de la matrice; écoulement muqueux puis purulent. Fréquentes injections de solution crésylée dans le vagin.

Renversement du vagin. — Réduire, injections crésylées, bandages.

Tournis. — S'observe particulièrement chez le mouton. Produit par la présence d'un ver, le cœnure cérébral dans la cavité crânienne. Abattre la bête dont la viande est bonne avant amaigrissement.

Administrer aux chiens des vermifuges, essence de térébenthine, kousséine, car le cœnure du mouton n'est que le ténia du chien.

III. CHIEN

Anémie pernicieuse des chiens de meute. — Maladie déterminée par des vers logés dans l'intestin. Faiblesse, maigreur, pâleur des muqueuses, jetage sanguinolent, saignement de nez. Administrer essence de térébenthine, kousséine, écorce de grenadier, graines de potiron. Purgatifs ; régime réconfortant.

Ascite. — Hydropisie ou épanchement de sérosité dans la cavité abdominale. Sel de nitre, eau de graine de lin, digitale, onguent scillitique, teinture de colchique, ponction de l'abdomen.

Catarrhe auriculaire. — Inflammation de la muqueuse de l'oreille. Injections boriquées. Vaseline. Poudre d'amidon.

Chancre auriculaire. — Plaie ulcéreuse de l'extrémité de l'oreille. Badigeonnage au crésyl pur. Vaseline.

Maladie des chiens. — Éruption purulente compliquée souvent d'une inflammation des organes respiratoires. Régime lacté, viande, café, huile de foie de morue. Alcool.

Maladies vermineuses. — Très fréquentes chez le chien. Prurit à l'anus et à différentes parties du corps qui se dépilent à la suite des démangeaisons. Appétit capricieux, yeux chassieux, maigreur. Administrer de l'écorce de grenadier, des graines de citrouille, de la kousséine, de l'essence de térébenthine. La viande doit entrer pour une grande part dans le régime.

Maladies parasitaires.

Dartres. — Herpès, teigne. Maladies déterminées par des champignons logés dans l'épiderme ; les poils se cassent, tombent, la peau se recouvre de croûtes, d'écailles, de squames. Tonte, lavage avec solutions crésylées, onctions de pommade crésylée. Nettoyer les effets de pansage, les harnais avec une solution antiseptique.

Gale. — Maladie parasitaire de la peau déterminée par des acariens, produisant du prurit, de la dépilation, de la maigreur.

Quatre variétés : 1° Gale sarcoptique, 2° symbiotique, 3° psoroptique, 4° démodécique.

Chez le cheval. La gale sarcoptique siège au garrot, aux épaules, à l'encolure et à la tête. La gale psoroptique gagne la crinière, le toupet, la base de la queue, la face interne des cuisses. La gale symbiotique occupe la partie inférieure des membres.

Commencer par bien savonner avec du savon noir, puis faire des lavages avec solutions crésylées ou mélange à parties égales d'huile et de pétrole, ou encore onctions de pommade crésylée. N'appliquer les corps gras que par surfaces localisées peu étendues ; commencer par la périphérie des régions atteintes et faire les autres frictions concentriques aux premières ; de cette façon, on emprisonne les parasites et on empêche leur émigration aux autres régions du corps non traitées et indemnes.

Gale du bœuf. Psoroptique et symbiotique. Traiter comme pour le cheval.

Gale du mouton. Psoroptique, siège au cou, au dos, aux épaules et à la queue. Tondre, faire prendre le bain Tessier ; pour les attaques partielles solutions crésylées qui produiront probablement de meilleurs effets que les pommades soufrées.

Pour la gale généralisée, donner le bain Tessier :

1 kilog. acide arsénieux.
10 kilog. sulfate de fer.
100 litres d'eau.

Plonger la bête dans le bain tiède et frictionner énergiquement le mouton en entier. Cette préparation a l'inconvénient de colorer la laine.

Quand la bête porte sa laine et qu'on ne peut la tondre à cause de la saison, remplacer le sulfate de fer par de l'alun.

Ne jamais oublier le corps astringent (sulfate de fer ou alun) sous peine d'empoisonner le troupeau.

Le bain américain est aussi recommandable (poudre Cowper).

Pour des attaques partielles, bon savonnage au savon arabe et lotions au jus de tabac ou au pétrole mélangé de moitié d'huile.

Désinfection des locaux au moyen du pulvérisateur à vigne.

*
* *

Les produits nicotineux de la Régie française ne tachent pas la laine, se dissolvent facilement, n'ont aucune odeur, aucune action sur la peau de l'animal, et ils ont un grand effet sur l'*acarus* de la gale.

Les brebis sont traitées soit au bain, soit à la main.

Pour le bain on force la brebis à passer dans le bassin Déro. L'opération a lieu en février quand la laine a été coupée.

On traite comme à la main, on étend avec une brosse.

Deux bains à dix jours d'intervalle.

Voir *Bulletin Ministère de l'Agriculture*, mai 1898, page 522.

Gale de la chèvre. Même traitement que pour le mouton.

Gale du chien. La galle folliculaire produite par le demodex est difficile à guérir parce que l'acare siège dans l'intérieur de la peau. Tonte, frictions localisées avec huile de cade; l'huile lourde de houille donne d'excellents résultats; mais il faut la manier avec prudence, ne traiter pas plus du cinquième du corps à la fois.

La *gale du porc* et celle *du chat*, produites par un sarcopte, sont transmissibles à l'homme. Traiter comme le cheval.

Gale des poules. Appelée aussi gale des pattes, produite par le *Sarcoptes nutans* qui vit sous les écailles épidermiques qui recouvrent la face antérieure des doigts et leur dessous. Ces écailles se soulèvent, il se forme des nodosités. Il y a du prurit. Existe quelquefois à la tête.

Isoler les bêtes saines des malades. Frictions de pommade crésylée d'abord, vaseline boriquée ensuite.

Gale déplumante des poules. Produite par le *Sarcoptes lævis*; débute par le croupion, puis gagne les parties environnantes : les cuisses, le dos, le ventre. Les plumes tombent, la peau se dénude. Cette gale sévit surtout au printemps et en été.

Traitement simple; lavages à eau crésylée, puis légères onctions à la vaseline.

Diphtérie des volailles. — Complication de la psorospermose cutanée qui siège à la tête et consiste en nodules plus ou moins nombreux qui se dépriment au centre, s'ulcèrent et exsudent un liquide purulent, fétide. En gagnant la cavité buccale, la psorospermose devient diphtérie ; le bec est fétide, baveux ; l'intérieur se couvre de plaques blanches. Maladie généralement mortelle.

Au début, essayer des badigeonnages à l'essence de térébenthine ou au pétrole.

Maladies contagieuses.

Choléra des poules. — Déterminé par l'action d'un microbe spécial. L'animal est triste, se met en boule ; crête violacée, écoulement muqueux par la bouche ; mort rapide. Pas de traitement. On peut conférer l'immunité contre la maladie par l'inoculation du virus-vaccin.

Lorsque la maladie apparaît, il y a tout intérêt à sacrifier la basse-cour et procéder à une désinfection complète.

Pneumo-entérite infectieuse du porc. — Maladie déterminée par l'action d'un microbe spécial. Très contagieuse. L'animal cherche la solitude, il s'enfouit sous la litière, il est mou, marche la tête basse, la queue pendante ; la peau est chaude, se recouvre de taches rosées d'abord, puis rouges et violet foncé. Quelquefois un exudat diphtéritique recouvre la langue et l'intérieur de la bouche. Si la pneumonie prédomine, la respiration est gênée, l'animal tousse, il jette par le nez. Si l'entérite prédomine, on constate une diarrhée jaunâtre, fétide, striée de sang. Il y a souvent du vertige. La durée de la maladie est de huit à dix jours.

Les traitements sont d'une efficacité trop restreinte pour être conseillés ; mieux vaut abattre les animaux dès que la maladie fait son apparition.

Peut-être aura-t-on bientôt un virus immunisateur.

La contagion est très difficile à éviter ; aussi l'abattage général est-il le seul moyen sûr de faire disparaître la maladie.

Rouget du porc. — Maladie déterminée par l'action d'un bacille spécial ; elle évolue avec une grande rapidité et est souvent foudroyante.

Symptômes. Torpeur, fièvre intense, perte totale de l'appétit, frissons, paupières tuméfiées, bave visqueuse, saignements de nez, vomissements, respiration difficile, bruyante; muqueuses violacées, diarrhée, toux rauque.

Peau chaude tachetée de rouge en certains points.

Ressemble beaucoup à la pneumo-entérite infectieuse. Ces deux maladies peuvent être distinguées de trois façons :

1° Sur l'animal vivant : le rouget tue en quelques heures; la pneumo-entérite infectieuse a une marche plus lente.

Le rouget n'atteint pas les porcelets; la pneumo-entérite atteint les jeunes porcs de préférence aux adultes.

2° Sur le cadavre : Dans le rouget l'intestin est congestionné par plaques et a des ulcérations superficielles; dans la pneumo-entérite la congestion est plus étendue et les ulcérations sont profondes.

3° Diagnostic expérimental. On prend un morceau de foie ou de rate, on râcle la surface de la coupe, le produit de ce râclage est dilué dans l'eau distillée; on inocule deux ou trois gouttes de cette dilution à la cuisse d'un lapin et d'un cochon d'Inde et dans les pectoraux d'un pigeon.

Dans les cas de rouget : le pigeon meurt au bout de trois à cinq jours, le lapin meurt du quatrième au huitième jour, le cochon d'Inde ne meurt pas.

Dans le cas de pneumo-entérite le lapin et le cochon d'Inde meurent du troisième au huitième jours; le pigeon ne meurt pas.

Traitement : Vacciner.

Fièvre charbonneuse. — Maladie produite par la bactéridie. On l'appelle encore charbon bactéridien. Assez rare sur les bovidés algériens. Son existence n'est plus contestée depuis les observations de Bauguil d'abord et de Martinet de Sétif ensuite. Fièvre intense, tremblements, stupéfactions, coliques, urine et excréments sanguinolents. Évolution rapide.

Prophylaxie : Vaccination.

Charbon symptômatique. — Maladie produite par la bactérie, c'est le charbon bactérien; très fréquente sur les bovidés algériens. Mêmes symptômes généraux que la précédente, mais en plus, apparition des tumeurs.

Prophylaxie : Vaccination. Une seule injection avec virus fort, suffit d'après M. Brémond, d'Oran, pour les animaux indigènes;

pour animaux croisés, on emploie successivement le vaccin n° 1 et le vaccin n° 2 plus fort.

Mesure prophylactique : enfouissement ou incinération des animaux morts du charbon.

Péripneumonie. — Maladie contagieuse des bovidés produite par l'action d'un virus. Fièvre, prostration, respiration plaintive, toux faible, douloureuse, jetage par les deux naseaux. Pas de traitement. Abattre les malades et les contaminés.

Prophylaxie : Immunisation préventive par inoculation du virus.

Coryza gangréneux des bovidés. — Maladie infectieuse spéciale aux bovidés. Fièvre, tristesse, tuméfaction des paupières, opacité du globe de l'œil. Un exsudat coule sur les joues ; dilatation des naseaux, tuméfaction des narines, infiltration, boursouflure et coloration brunâtre de la pituitaire, respiration courte, sifflante, *tête lourde*.

La guérison est l'exception. Sacrifier les malades pour la boucherie.

Fièvre aphteuse. — Maladie contagieuse des ruminants ; fièvre, sécheresse de la bouche, salivation, grincement de dents, préhension des aliments difficile, taches, puis vésicules et aphtes sur la muqueuse de la bouche, aux mamelles et aux pieds. Dans certains cas l'éruption a lieu sur les poumons ou l'intestin et détermine des troubles des fonctions respiratoires ou digestives. Cette forme est grave.

Traiter à l'aide d'une bonne hygiène et de lotions antiseptiques (solution crésylée).

Fièvre hémoglobinurique infectieuse. — Attaque le mouton, la chèvre, le bœuf, le cheval et le porc d'après M. Bojoly.

L'étiologie de cette maladie est encore à faire. Cette affection qui cause de grands dommages au gros bétail est ainsi définie par M. Bojoly :

Maladie générale infectieuse caractérisée par le présence dans le sang d'un élément parasitaire qui amène une dissolution de l'hémoglobine du sang et son passage dans l'urine.

Cette maladie est attribuée, d'après certains, à la férule, au thapsia ; elle paraît spéciale à certaines régions, certains pâturages, lieux bas, encaissés. Un déplacement suffit quelquefois à faire disparaître le mal.

Hors-pox. — Maladie éruptive contagieuse du cheval transmissible à la vache et à l'homme. Caractérisée par une éruption aux lèvres, dans les cavités nasales et sur la peau. Les pustules contiennent un virus, qui, inoculé à la vache, lui donne le cow-pox et à l'homme la vaccine qui l'immunise contre la variole. Cette maladie est très bénigne, guérit toute seule généralement. Prévenir la contamination des animaux indemnes en isolant les malades.

Cow-pox. — Maladie éruptive de la vache, caractérisée par des pustules aux mamelles. Le virus secrété par ces pustules donne le vaccin contre la variole de l'homme.

Maladie bénigne qui guérit rapidement. Empêcher la contagion en isolant les sujets atteints et en observant toutes les mesures de précaution à prendre pour éviter la transmission de la maladie d'un sujet atteint à un autre indemne.

Clavelée. — Maladie éruptive, spéciale au mouton, très contagieuse, peu grave sur le mouton algérien adulte, mais dangereuse pour les ovins de France.

Caractérisée par l'apparition de pustules à la tête, sur le corps aux régions dépourvues de poils. Souvent mortelle pour les agneaux nouveaux-nés. Pour éviter les dangers de l'importation en France des moutons algériens claveleux, on a préconisé la clavelisation préventive.

Appelé à donner son avis sur les résultats d'essais comparatifs portant sur divers claveaux, le Comité consultatif des épizooties, s'est arrêté aux conclusions suivantes conformes du reste à celles de la commission algérienne chargée par le Gouvernement des expériences.

I. La clavelisation est en général sans danger pour les moutons algériens adultes, bien nourris et soustraits aux intempéries; elle peut entraîner toutefois des accidents graves quand elle porte sur des brebis pleines, avancées en gestation. Les agneaux nés de mère en éruption claveleuse contractent une clavelée généralement confluante, toujours grave, souvent mortelle.

II. Les animaux clavelisés doivent être isolés au même titre que ceux atteints de clavelée naturelle. La durée de l'isolement après la clavelisation ne doit pas être inférieure à 50 jours ; il serait prudent de la porter à 2 mois entiers.

III. La réinoculation avec du claveau pur, c'est-à-dire non dilué, de tous les animaux qui, quinze jours après la première inoculation, ne présenteraient pas de pustules au niveau de la piqûre est à recommander.

IV. L'inoculation à la seringue paraît préférable à tout autre procédé, il n'y a pas lieu cependant de proscrire l'emploi de la lancette, qui, en des mains exercées, peut aussi donner de bons résultats.

V. Il y a lieu de conseiller la production en grand d'un claveau pur qui serait mis à la disposition de tous les vétérinaires chargés de pratiquer la clavelisation.

VI. L'inoculation à l'extrémité de l'oreille quoique un peu plus difficile que l'inoculation à la queue, semble engendrer moins d'accidents ; en outre, par ce procédé, la guérison est plus rapide.

VII. L'immunisation peut être obtenue sans risques graves avec les moyens dont on peut disposer à la condition de ne claveliser que les moutons d'exportation, à l'exclusion des brebis sur le point de mettre bas ou allaitant leurs agneaux.

Nous croyons devoir rappeler que malgré les travaux récents entrepris à l'Institut Pasteur d'Alger et malgré les espérances conçues, le *claveau* préconisé n'est ni supérieur ni inférieur au *claveau* classique des anciens et n'est pas un *vaccin*.

Pendant le cours de l'année 1898, M. Pourquier, Directeur de l'Institut vaccinal de Montpellier, auteur d'intéressantes études sur la question, aurait déterminé une méthode de *vaccination*

En Algérie, la *clavelisation* reste donc avec toutes les conséquences dangereuses prévues par la majorité des vétérinaires et des légistes de tous pays.

Gourme. — Maladie contagieuse spéciale aux solipèdes, déterminée par un microbe, le *Streptococcus equi*. Fièvre, tristesse, abattement, inappétence, toux, jetage, tuméfaction et abcès dans l'auge, éruption cutanée. En s'aggravant elle peut prendre les formes de pneumonie, pleurésie, etc. Prévenir la contagion en isolant les animaux atteints. Traiter comme l'angine ou la pneumonie selon la localisation du mal. Ponction et antisepsie des abcès.

Tuberculose. — Maladie contagieuse déterminée par le bacille de Koch, très fréquente sur les bovidés. Jetage, amaigrissement, poil piqué, affaiblissement graduel des sujets, toux faible, sèche, sifflante, quinteuse, engorgement des ganglions.

Maladie incurable. Le diagnostic peut être facilité par la tuberculination. Une inoculation de tuberculine pratiquée sur un bovidé tuberculeux détermine des troubles organiques qui ne laissent aucun doute sur l'existence de la maladie. Sur l'animal sain, au contraire, l'inoculation de tuberculine restera sans effet. Il faut tenir compte que les bovidés ont une certaine accoutumance à l'action de la tuberculine et alors qu'une première inoculation a été suivie d'une réaction qui révèle l'existence de la tuberculose, des inoculations ultérieures peuvent rester sans effet. Certains marchands de bestiaux peu scrupuleux mettent à profit cette accoutumance. Pour se mettre à l'abri de cette fraude, se servir de la tuberculine spéciale de Roux, de l'Institut Pasteur, de Paris. D'après Nocard, cette tuberculine spéciale produit une réaction sur des animaux qui ont été tuberculinés précédemment.

Livrer immédiatement à la boucherie les animaux atteints ; leur viande peut être consommée lorsque les lésions sont circonscrites.

Morve. — Maladie contagieuse incurable produite par un bacille spécifique. Jetage visqueux, verdâtre, adhérent au nez, unilatéral ou bilatéral. Glandes dures dans l'auge accolées à la branche de la mâchoire inférieure. Chancre sur la cloison nasale ou la muqueuse du nez. Ces trois symptômes peuvent exister ensemble et la morve est confirmée ou il peut n'en exister qu'un ou deux et l'animal est suspect. Dans ce cas il faut faire subir l'épreuve à la malléine.

Si la morve est confirmée, abattre immédiatement et considérer les animaux voisins comme contaminés ou tout au moins suspects. Pour ces derniers, séquestrer et isoler.

Farcin. — Même affection que la précédente et en plus lésions à la surface de la peau caractérisée par des ulcères reliés par des cordons lymphatiques. Mêmes mesures.

Dourine. — Maladie contagieuse spéciale au cheval, transmissible par le coït.

Chez le mâle les troubles n'apparaissent que quinze à vingt jours après le coït infectant. Engorgement du fourreau, des testicules, taches rouges, érosions, éruptions sur la surface du pénis. L'animal se campe pour uriner avec difficulté. Le bout du pénis devient volumineux et le coït est difficile. Les animaux maigrissent.

Chez la femelle, tuméfaction de la vulve, écoulement d'un mucus filant, gluant, jaunâtre; éruption sur la muqueuse.

Plus tard, chez les deux sexes, apparition de plaques sur la peau, épaississement de l'urine, difficulté dans la marche, puis paralysie; l'animal tombe et ne peut plus se relever. Guérit exceptionnellement. L'abatage des animaux atteints est prescrit par l'Administration.

Rage. — Maladie virulente, inoculable, produite par la présence dans le système nerveux d'un agent spécifique.

Inquiétude, agitation, regard étrange, recherche des endroits silencieux, obscurs; l'animal court sans motif, s'agite, puis se calme pour s'agiter de nouveau, dévore des aliments indigestes, des corps et des substances étrangers à l'alimentation. Difficulté dans la déglutition, la voix a un son rauque, l'animal se précipite sur son semblable, d'autres animaux ou des personnes pour les mordre. Puis paralysie et mort.

Incurable; abattre. Pour les animaux mordus recourir à la vaccination pastorienne.

Angine et pneumonie infectieuse du cheval. — Maladie infectieuse qui règne souvent à l'état endémique, déterminée par un microbe du genre Streptocoque. Débute par une toux, de l'angine légère sans autre manifestation. L'irritation des premières voies respiratoires s'étend rapidement à la muqueuse de la trachée et des bronches et la maladie se complique d'altérations organiques variées et très graves, pneumonie, pleurésie, anasarque, paralysie, etc.

Lorsqu'on sait que l'affection règne dans la localité ou la région, prendre ses mesures dès l'apparition des premiers symptômes; la toux, à l'exclusion de tout autre symptôme, suffit pour faire considérer un cheval atteint du mal. On doit alors faire cesser le travail, appliquer des sinapismes sous la gorge, administrer du sulfate de soude et faire des gargarismes d'eau crésylée.

Le repos et ce traitement suffisent pour enrayer le mal en quelques jours. Les complications se traitent selon leur localisation.

Pharmacie vétérinaire du colon algérien.

Acide arsénieux. — S'administre chez le cheval à la dose de 1 gramme dans du pain ou dans l'orge ou l'avoine.

Alcool. — Excellent dans les affections respiratoires à la dose de 20 à 25 grammes une ou deux fois par jour.

Alcoolé d'opium. — S'administre à la dose de 5 à 10 grammes chez le cheval dans un breuvage ou en électuaire.

Alcoolé de quinquina. — Tonique et antithermique à employer à la dose de 20 à 30 grammes, dans miel et poudre de réglisse.

Alcoolé de sulfate de strychnine. — Excellent tonique; s'administre à la dose de 5 à 10 grammes, dans du miel et de la poudre de réglisse.

En injection hypodermique à la dose d'une petite seringue de Pravaz, c'est-à-dire 1 gramme.

Amidon en poudre. — Excellent absorbant émollient pour recouvrir les plaies superficielles préalablement lavées et antiseptsiées à l'eau boriquée ou crésylée.

Café. — S'emploie en infusion comme tonique à la dose de 1 à 2 litres par jour.

Crésyl. — S'achète par bidons de 5 litres. Excellent antiseptique, facile à employer.

Pur sur les plaies à mauvais aspect.

En solution, à 20 grammes pour 1 litre d'eau pour les plaies ordinaires.

En solution, à 10 grammes par litre d'eau pour l'usage externe, en gargarisme ou lavement.

La *pommade crésylée* se prépare avec 250 grammes de saindoux dans lesquels on verse 20 grammes de crésyl pur, on mélange et on verse de l'eau tout doucement en continuant de mélanger jusqu'à ce qu'on obtienne une crème légèrement grisâtre tirant sur la couleur beige clair.

Compresses astringentes. — Entourer la région avec une couche d'ouate de tourbe maintenue avec une bande de toile ou de flanelle. Faites couler entre la peau et l'ouate de l'eau crésylée qui sera rapidement absorbée par l'ouate. Cette dernière restera imprégnée de la solution et la compresse agira d'une façon continue.

Eau boriquée. — Excellent antiseptique.

Se prépare en faisant bouillir 30 grammes d'acide borique dans un litre d'eau.

Essence de térébenthine. — En avoir une provision d'un ou deux litres.

Ne pas frictionner trop fort pour éviter les chutes de peau.

S'administre à l'intérieur à la dose de 15 à 20 grammes dans du miel et poudre de réglisse ou son. On mélange pour faire une pâte ou électuaire.

Graine de lin. — Excellent diurétique et adoucissant du tube digestif. On fait bouillir 500 grammes dans un seau d'eau. L'eau est donnée en boisson avec du son si l'animal ne la prend pas pure ; la graine bouillie avec l'orge ou l'avoine.

Iodure de potassium. — S'administre à la dose de 5 à 15 grammes pour le cheval, en solution, en électuaire ou dans la boisson.

Ouate de tourbe. — S'achète par paquets. Excellent agent de pansement aseptique, de beaucoup préférable à l'étoupe et à l'ouate de coton,

Oxymel scillitique. — Excellent diurétique ; s'administre à la dose de 10 à 20 grammes dans du miel et une petite quantité de poudre de réglisse ou de son. En mélangeant on fait un électuaire ou une pâte.

Pilocarpine. — Excellent pour les coliques. S'emploie en injections sous-cutanées.

Pour cela on se sert d'une solution de 1 gramme d'azotate de pilocarpine pour 40 grammes d'eau distillée. On injecte toutes les dix minutes le contenu d'une petite seringue de Pravaz (1 centimètre cube de la solution), sous la peau d'une des faces de l'encolure où ne portent pas les harnais. Pour cela, on arme la seringue, on enfonce l'aiguille de la seringue jusqu'à ce qu'elle pénètre sous la peau, on fixe la seringue après la canule et on fait pénétrer l'injection. On appuie avec la main pour que le liquide injecté ne fasse pas une saillie et pénètre bien dans le tissu sous-cutané. On continue les injections jusqu'à ce que l'animal salive avec abondance, puis, si les coliques persistent, on recommence les injections lorsque la salivation s'arrête.

Pommade Weber. — Excellent pour les capelets.

Se prépare avec goudron, savon vert et poudre de tan, parties égales de chaque. On fait une friction tous les jours jusqu'à soulèvement de l'épiderme.

Sinapismes. — Employer la poudre de moutarde Rigollot. Pour un sinapisme, délayer un tiers d'une boîte dans une quantité d'eau suffisante pour faire une pâte. Etendre cette pâte sur une toile large comme la largeur de la poitrine et longue comme la hauteur de la poitrine. Plaquer cette toile ainsi recouverte dessous et sur les côtés de la poitrine après avoir tondu, si les poils sont trop longs. Maintenir cette toile plaquée contre la poitrine à l'aide de l'appareil à sinapismes ou de sacs ou de couvertures maintenues serrées autour de la poitrine à l'aide de sangles ou de courroies ou de liens quelconques. Laisser le sinapisme sur l'animal pendant une demi-heure, puis retirer la toile et remettre les couvertures ou les sacs sans serrer.

Ne pas toucher à l'engorgement produit, le laisser disparaître tout seul sans laver ni enlever les plaques d'épiderme qui se formeraient. Empêcher l'animal de se gratter, de se coucher en l'attachant au râtelier.

L'*eau sinapisée* pour frictions se fait en délayant le contenu d'un couvercle de boîte de moutarde dans un litre d'eau.

Sulfate de soude. — Excellent purgatif, se donne à la dose de 300 à 400 grammes par jour. On fait dissoudre dans un demi-seau d'eau chaude et on donne en boisson ou en barbotage. Si l'animal refuse, faire dissoudre dans un litre d'eau et faire prendre à la bouteille en entourant le goulot avec du linge ou de l'étoupe.

Sel de nitre. — Excellent diurétique ; s'administre à la dose de 10 à 15 grammes dans l'orge ou l'avoine pendant cinq ou six jours.

Vaseline boriquée. — Pour la préparer, incorporer une solution concentrée d'acide borique à 40/1000 dans de la vaseline blonde et délayer jusqu'à consistance de crème. Acheter la vaseline blonde par boîtes de 500 grammes.

Vésicatoire. — Employer l'onguent vésicatoire mercuriel. Pour l'appliquer, tondre la région, la recouvrir d'une couche de l'épaisseur d'une pièce de 10 centimes, frictionner pendant 2 ou 3 minutes. Attacher l'animal pour l'empêcher de se gratter ; laisser agir pendant 9 à 10 jours; enduire les pourtours de la région avec de la vaseline. Laisser sécher et laisser tomber les croûtes toutes seules.

Solution phéniquée. — Se prépare avec de l'acide phénique liquide, 10 grammes pour un litre d'eau ; antiseptique astringent. Excellent en lotions sur les engorgements, mais ne vaut pas la solution crésylée comme antiseptique externe et interne.

CHAPITRE XIII

Législation rurale.

Abatage des vaches et brebis pleines. — Arrêté du gouverneur général du 8 janvier 1869, portant interdiction dans toute l'Algérie de l'abatage des vaches et brebis pleines.

Alfa. — Arrêté du gouverneur général du 14 décembre 1888, portant règlement pour l'exploitation et la vente de l'Alfa en Algérie.

Altises. — Décret du 18 février 1887, prescrivant les mesures à prendre pour arrêter ou prévenir les dommages causés aux vignobles de l'Algérie par l'altise.

Arrêté du préfet d'Alger, en date du 31 janvier 1895.

Appareils de sondage. — Circulaire du gouverneur général du 29 avril 1898 relative aux conditions dans lesquelles peuvent être prêtés aux particuliers ou aux communes les appareils de sondage acquis par l'administration.

Champs d'expériences et de démonstrations. — Circulaire ministérielle du 24 décembre 1885, sur la création des champs d'expériences agricoles et de démonstrations pratiques.

Courses de chevaux. — Décret du 11 novembre 1896 qui déclare applicables à l'Algérie les dispositions de la loi du 2 juin 1891 et du décret du 7 juillet 1891, réglementant l'autorisation et le fonctionnement des courses de chevaux en France.

Délégations financières. — Décret du 23 août 1898, portant institution des délégations financières algériennes.

École pratique d'agriculture de Rouïba. — Arrêté du ministre de l'agriculture du 12 août 1882 portant création d'une école pratique d'agriculture à Rouïba (Alger).

Enseignement agricole. — Décret du 3 octobre 1848 sur la création et l'organisation de l'enseignement professionnel de l'agriculture.

Loi du 30 juillet 1875, sur l'enseignement élémentaire pratique de l'agriculture.

Loi du 16 juin 1879, relative à l'enseignement départemental et communal de l'agriculture.

Fraudes sur les beurres. — Loi du 16 avril 1897, concernant la répression de la fraude dans le commerce du beurre et la fabrication de la margarine et de l'oléo-margarine.

Fraudes sur les engrais. — Loi du 4 février 1888, concernant la répression des fraudes dans le commerce des engrais.

Décret du 10 mai 1889, portant règlement d'administration pour l'application de la loi concernant la répression des fraudes dans le commerce des engrais.

Importation d'animaux reproducteurs. — Circulaire du gouverneur général du 31 mai 1898, relative aux prix de transport à rembourser aux importateurs en Algérie d'animaux reproducteurs des races ovines et bovines.

Incendies de forêts. — Loi du 17 juillet 1874, relative aux mesures à prendre en vue de prévenir les incendies dans les régions boisées de l'Algérie.

Incendies le long des voies ferrées. — Arrêté du ministre des travaux publics en date du 21 novembre 1892 sur les mesures à prendre pour prévenir les incendies le long des voies ferrées en Algérie.

Industrie pastorale. — Arrêté du gouverneur général du 6 juin 1896, qui institue une commission permanente chargée de dresser chaque année le programme des travaux à exécuter pour le développement de l'industrie pastorale en Algérie.

Insectes nuisibles à l'agriculture. — Loi du 24 décembre 1888, concernant la destruction des insectes, des cryptogames et autres végétaux nuisibles à l'agriculture.

Inspection de l'agriculture. — Arrêté ministériel du 3 décembre 1894, indiquant les conditions du concours ouvert pour la nomination d'un inspecteur de l'agriculture en Algérie.

Lin et chanvre. — Loi du 9 avril 1898, ayant pour but d'accorder des encouragements à la culture du lin et du chanvre.

Loi militaire en Algérie. — Le régime spécial dont jouissent les Algériens au point de vue du service militaire est réglé par l'art. 81, titre IV, de la loi du 15 juillet 1889.

Médaille d'honneur agricole. — Décret du 3 août 1892 relatif à l'obtention de la médaille d'honneur agricole en Algérie.

Phosphates de chaux. — Décret du 25 mars 1898, relatif à la recherche et à l'exploitation des gisements de phosphates de chaux en Algérie.

Arrêté du gouverneur général du 16 mars 1898 contenant règlement sur les autorisations de recherches de phosphates de chaux.

Phylloxéra. — Loi du 21 mars 1883, relative aux mesures à prendre contre l'invasion et la propagation du phylloxéra en Algérie.

Loi du 28 juillet 1886, ayant pour objet l'organisation en Algérie de syndicats de défense contre le phylloxéra.

Décret du 30 décembre 1893 qui abroge l'art. 2 du décret du 17 juin 1886 prohibant l'entrée en Algérie des fruits et légumes frais.

Décret du 10 mars 1894 qui autorise sous certaines conditions l'introduction en Algérie des plants d'arbres, arbustes et végétaux de toute nature autres que la vigne.

Loi de protection du 23 mars 1899.

Police sanitaire des animaux. — Décret du 12 novembre 1887 portant règlement d'administration publique pour l'exécution en Algérie de la loi du 21 juillet 1881 sur la police sanitaire des animaux.

Décret du 29 mars 1889 portant addition à la nomenclature des maladies réputées contagieuses et prévues au décret du 12 novembre 1888 sur la police sanitaire des animaux.

Arrêté ministériel du 28 juillet 1888, sur les maladies contagieuses.

Arrêté du gouverneur général du 28 avril 1898, relatif à la visite des moutons destinés à l'exportation et aux conditions de la clavelisation des ovins.

Arrêté du gouverneur général du 26 juillet 1898 relatif aux

opérations de désinfection dans le cas de maladies contagieuses des animaux.

Recensement des animaux. — Loi relative aux réquisitions militaires du 3 juillet 1877 applicable à l'Algérie.

Relations commerciales de l'Algérie avec les pays voisins. — (Maroc, Tunisie, extrême Sud) *et de la Tunisie avec la France*. Voir les lois du 17 juillet 1867 (art. 6), du 29 décembre 1884 (art. 10), du 11 janvier 1892 (art. 7). Les produits naturels ou fabriqués originaires de la Régence de Tunis, de l'empire du Maroc et du sud de l'Algérie sont admis en Algérie en franchise, mais seulement *lorsqu'ils sont importés par la frontière de terre*.

Aux termes de la loi du 19 juillet 1890 sont admis en franchise en France les produits d'origine et de provenance tunisiennes tels que céréales en grains, huiles d'olive, animaux domestiques. Les vins de raisins frais paient à leur entrée en France un droit de 0 fr. 60 par hectolitre.

Chaque année un décret fixe, d'après les statistiques officielles, les quantités qu'il est possible d'exporter de Tunisie en France.

Sériciculture. — Loi du 2 avril 1898, portant prorogation de la loi du 13 janvier 1892, relative aux encouragements spéciaux à donner à la sériciculture et à la filature de la soie, applicable à l'Algérie.

Service de l'agriculture. — Décret du 23 mars 1898, relatif au service de l'agriculture en Algérie (attributions du gouverneur).

Décret du 19 mars 1898, relatif au service des forêts en Algérie (attributions du gouverneur).

Décret du 30 décembre 1897, relatif au service de l'hydraulique agricole en Algérie (attributions du gouverneur).

Service vétérinaire. — Arrêté du gouverneur général du 21 septembre 1895, portant institution d'un concours annuel entre les agents du personnel vétérinaire sanitaire, pour récompenser les meilleurs travaux théoriques et pratiques se rapportant à l'industrie de l'élevage en Algérie.

Sociétés indigènes de prévoyance. — Loi du 14 avril 1893 ayant pour objet la reconnaissance comme établissement d'utilité publique des sociétés indigènes de prévoyance de secours et de prêts mutuels des communes de l'Algérie.

Arrêté du gouverneur général du 7 décembre 1894 portant

règlement sur l'organisation et le fonctionnement de ces sociétés de prévoyance.

Stud-Book. — Arrêté du gouverneur général du 8 mars 1886 relatif à l'établissement en Algérie du *Stud-Book* pour la race barbe.

Syndicats professionnels. — Loi du 21 mars 1884, relative à la création des syndicats professionnels.

Vins salés. — Circulaire du directeur général des douanes en date du 17 décembre 1897 relative à l'introduction en France des vins salés d'Algérie.

Viticulture. — Loi du 11 juillet 1891 ayant pour objet la répression, les fraudes commises dans la vente des vins et déclarant applicable à l'Algérie la loi du 14 août 1889 relative au même objet (loi Griffe.)

Régime fiscal de l'alcool en Algérie.

Un décret du 26 décembre 1884 a posé le principe que les produits algériens similaires à ceux frappés à l'entrée en Algérie de l'octroi de mer doivent être grevés des mêmes droits que ces derniers. En vertu de ce décret les producteurs d'alcool devaient payer le droit d'octroi de mer appliqué aux alcools importés; mais pour encourager la production locale, le droit perçu ne fut pendant quelque temps que de moitié.

En vertu du décret du 27 juin 1887, les bouilleurs de cru de l'Algérie durent payer un droit d'octroi de mer de 45 fr. par hectolitre d'alcool pur, *si cet alcool était consommé en Algérie*. En 1890, ce droit fut porté à 50 fr. Enfin la loi de finance du 26 janvier 1892 a établi, *au profit de l'État*, en outre du droit d'octroi de mer de 50 fr., un droit de 30 francs par hectolitre d'alcool pur sur les alcools consommés en Algérie, qu'ils soient importés ou fabriqués sur place. Ce droit a été porté à 75 fr. par la loi de finances du 28 décembre 1897 et à 100 fr. par celle du 13 avril 1898.

Remarquons que le droit d'État de 100 fr. et le droit d'octroi de mer de 50 fr. ne sont payés que par les alcools consommés en Algérie; les producteurs peuvent se soustraire au payement de ces droits, s'ils réclament la faculté d'entrepôt en vue de l'exportation.

Les alcools vendus à la consommation locale doivent payer les 150 fr. de droits au moment de l'enlèvement de la cave du producteur.

Distillateurs et bouilleurs. C'est le décret du 27 juin 1887 qui régit les distillateurs de profession et les bouilleurs (propriétaires distillant eux-mêmes le produit de leur récolte au moyen d'un alambic leur appartenant ou pris en location). Tout appareil distillatoire doit être déclaré au service des contributions diverses qui le poinçonne et détermine sa force productrice.

En temps de chômage l'appareil est placé sous scellés ou mis hors d'usage, par le dépôt d'une des pièces essentielles (généralement le col de cygne) à la recette de la circonscription ou dans tout autre local agréé par arrêté préfectoral.

Les bouilleurs distillant par leurs propres moyens et les distillateurs ambulants sont imposés d'après la quantité d'alcool présumée fabriquée : cette quantité est calculée par voie d'abonnement, à raison de la force productrice des appareils, de la durée du travail et de la nature des matières employées.

Un régime spécial a été édicté par le décret du 30 décembre 1897 en faveur des petits viticulteurs n'exploitant pas plus de 10 hectares de vigne. Par décret du 31 août 1898, ce régime a été étendu aux récoltants exploitant de 10 à 15 hectares de vigne. Ce dernier acte a élevé à 11 p. 100 le taux de la déduction de 10 p. 100 prévue à titre de déchet de fabrication par le décret du 27 juin 1887 et a porté à 30 litres d'alcool pur l'allocation annuelle pour consommation de famille qui était précédemment de 25 litres.

Supposons l'alcool fabriqué, soit par exemple 300 litres. D'une part, le bouilleur de cru, s'il réclame la faculté d'entrepôt n'a pas à payer les 150 fr. de droits qui ne sont exigibles que si l'alcool est consommé en Algérie; d'autre part, sur les 300 litres comptés d'après la règle précédente, il y a lieu de déduire 15 p. 100 comme déchet de fabrication ; il reste 255 litres sur lesquels le bouilleur de cru peut prélever en franchise de droits 30 litres pour la consommation familiale. Il ne reste donc que 225 litres qui seront pris en charge. Si à un recensement ultérieur on ne trouve plus dans l'entrepôt que 100 litres, le bouilleur de cru aura à payer les droits de 150 fr. sur les 125 litres manquants. Le surplus des 500 litres est repris en charge comme premier article à la campagne suivante.

Vinage, Sucrage, Mutage. La faculté de vinage en franchise accordée par le décret du 27 juin 1887 a été supprimée.

On peut cependant viner à quai en franchise avec des alcools admis à l'entrepôt des vins destinés à l'exportation. Toutefois, si ces vins sont à destination de la métropole, ils paient un droit calculé d'après la quantité d'alcool ajouté à raison de 156 fr. 25 par hectolitre d'alcool pur.

Pour les mistelles le décret du 16 août 1888 admet à l'entrepôt industriel les alcools destinés au mutage. Les mistelles sont expédiées en France sans payement de droits, mais sont prises en charge aux entrepôts des destinataires et suivies par la régie suivant l'emploi qui en est fait. S'il s'agit de fabrication de vins de liqueurs et de vermouth, l'alcool employé au dessus de 15° paie en France le double droit de consommation, soit 312 fr. 50 par hectolitre.

Par arrêté du Gouverneur général de l'Algérie en date du 18 août 1897, les fabricants de vins mutés destinés à l'exportation bénéficient, à titre de déchets de fabrication, sur les alcools admis en crédit des droits dans l'entrepôt prévu par le décret du 16 août 1894 et qui auront effectivement été employés au mutage, d'une déduction par campagne de fabrication qui s'élèvera au maximum :

A 3 p. 100 pour les alcools ayant servi à la fabrication des mistelles blanches ;

A 5 p. 100 pour les alcools ayant servi à la fabrication des mistelles rouges.

Les fabricants de vins mutés jouissent en outre, pour tous leurs alcools entreposés en vue du mutage, d'une déduction annuelle de 10 p. 100 à titre de déchet de magasin résultant d'évaporation, coulage, ouillage, etc., qui commencera à courir du jour où ces alcools auront été placés en entrepôt : elle sera calculée proportionnellement à la durée du séjour de ces produits en magasin.

A la fin de la campagne de fabrication, les fabricants qui en adressent la demande au directeur des contributions diverses, auront la faculté de conserver leurs vins mutés pendant une ou plusieurs années tout en restant soumis au régime d'exportation institué par le décret du 16 août 1894. La déduction annuelle de 10 % prévue ci-dessus pour les alcools de mutage s'applique également et dans les mêmes conditions aux alcools renfermés dans les vins mutés du jour où ces produits auront été fabriqués.

Quant au sucrage des vendanges, il n'est pas pratiqué en Algérie.

Le régime de l'alcool est sujet à de nombreuses variations que les intéressés devront suivre attentivement[1].

DOCUMENTS A CONSULTER SUR LE RÉGIME DE L'ALCOOL EN ALGÉRIE

Décret du 26 décembre 1884 (*Bulletin officiel du gouvernement général*, n° 954).

Décret du 27 juin 1887 (*Bulletin officiel du gouvernement général*, n° 1074).

Régime remplacé par celui des décrets du 30 décembre 1897 et 31 août 1898.

Arrêté du Gouverneur général des 20 août 1889 sur le sucrage.

Décret du 16 août 1894 sur les mistelles (*Bulletin officiel du gouvernement général*, n° 1391.)

Décret du 30 décembre 1897 (*Bulletin officiel du gouvernement général*, n° 1507).

Décret du 31 août 1898 (*Bulletin officiel du gouvernement général*, n° 1554).

Voir aussi : les circulaires du directeur des contributions diverses des 14 août 1896, 21 mars 1896, 3 octobre 1895, 27 octobre 1894 et la lettre du Gouverneur général en date du 3 septembre 1894 (5e bureau, n° 6660) et aussi l'arrêté du Gouverneur général de l'Algérie en date du 18 août 1897.

1. Cette instabilité du régime fiscal de l'alcool en Algérie est au point de vue économique des plus regrettables : elle entrave le commerce et paralyse la production. Aussi un régime plus stable, même imparfait, serait-il moins préjudiciable à l'Algérie que le régime actuel avec ses variations continuelles qui ne permettent pas au producteur et au commerçant de compter sur le lendemain.

Charges fiscales de l'agriculture.

Le régime impositaire de l'Algérie est tout différent de celui de la France, malgré la tendance à l'assimilation qui, chaque année, se manifeste lors de la discussion du budget.

Les impôts peuvent se diviser en deux groupes, les impôts *arabes* payés exclusivement par les indigènes et les impôts dits *européens* qui grèvent plus particulièrement les colons, mais auxquels cependant n'échappent pas les Arabes et les Kabyles.

Quelques indications sommaires sur les charges qui grèvent la production agricole doivent nécessairement rentrer dans le cadre d'un manuel d'agriculture algérienne.

IMPOTS ARABES

L'impôt achour est un impôt de quotité frappant les cultures. L'unité imposable est tantôt la charrue, c'est-à-dire l'instrument de labour, comme dans le département de Constantine, tantôt, comme dans les départements d'Alger et d'Oran, la superficie que peut labourer, pendant la saison des semailles, une charrue attelée d'une paire de bœufs, soit une moyenne de 10 hectares. Les surfaces labourées en plus ou en moins donnent lieu à une augmentation ou à une diminution proportionnelle de l'impôt.

Sous la domination turque et dans les premiers temps de l'occupation française, l'achour qui représente la dîme de la récolte était payé en nature. Mais, depuis, cet impôt est perçu en argent suivant un taux qui, en principe, est établi chaque année d'après les mercuriales, mais qui, en fait, est toujours le même. Le quintal de blé est estimé à 22 fr., celui d'orge à 11 fr.

Vers l'époque de la moisson, dans les départements d'Alger et d'Oran, les récoltes sont classées suivant leur apparence, et suivant leur rendement probable, paient par charrue, c'est-à-dire par superficie de 10 hectares, une redevance variable calculée d'après le tarif de conversion établi :

Pour une récolte très bonne la charrue paie		88 fr.
» bonne	»	66 fr.
» assez bonne	»	44 fr.
» médiocre	»	22 fr.
» nulle	»	0 fr.

Dans la province de Constantine, pour l'achour, les terres sont classées en un certain nombre de catégories payant par charrue (instrument de travail) une redevance variant de 25 fr. pour les meilleures terres à 3 fr. pour les moins productives ; mais plus des 8/10 des charrues paient la taxe de 25 fr.

En vertu de l'arrêté du 20 septembre 1886, à partir de l'année 1887, l'achour qui, jusque là, ne portait que sur les cultures de céréales, frappe toutes les autres cultures : vergers, vignes, tabacs, cultures diverses ; mais d'après le décret du 31 décembre 1895 ces cultures sont exemptes d'impôt si leur superficie est inférieure à un hectare.

L'impôt hockor n'est perçu que dans le département de Constantine où il se cumule avec l'impôt achour : il ne frappe que les terres *arch* ou de propriété collective et les *azel* (propriétés domaniales). C'est une redevance payée à titre de location. Suivant la nature des terres, l'hockor est de 20 fr. ou de 10 fr. par charrue, mais généralement de 20 fr.

Remarquons que dans la province de Constantine l'achour étant d'un taux moins élevé, la superposition de l'hockor rétablit en partie l'équilibre au point de vue des charges avec le reste du territoire algérien.

La lezma se présente sous deux formes. En Kabylie, c'est un impôt de capitation frappant tous les hommes capables de porter les armes et vise, outre le travail personnel, toutes les richesses mobilières et immobilières. Dans le Sud, la lezma est une taxe sur les palmiers.

D'après l'arrêté du 1er janvier 1887 modifié par celui du 30 décembre 1894, les contribuables kabyles sont divisés en sept classes :

La 1re comprend les indigents exempts de toute redevance.

La 2e, les individus ayant des *ressources médiocres,* qui sont astreints à un impôt fixe annuel de 5 fr.

La 3e, ceux ayant une *fortune moyenne* qui paient 10 fr.

La 4e, ceux ayant une *réelle aisance* qui sont imposés pour 15 fr.

La 5e, ceux qui sont considérés comme *très aisés* et qui paient 30 fr.

La 6e, les gens *riches* qui sont soumis à une redevance annuelle de 50 fr.

La 7e, les gens *très riches* astreints à un impôt fixe annuel de 100 fr.

Dans le département de Constantine la lezma est établie tantôt par feu, le tarif est alors de 22 fr. 50 ou de 20 fr. suivant les cas, tantôt par catégories et, dans ce cas, les tarifs varient de 5 fr. 10 à 44 fr. 90.

La taxe sur les palmiers varie entre 0 fr. 25 et 0 fr. 50 par arbre. Les plantations appartenant aux Européens sont exemptes de cette taxe.

Le zekkat est un impôt frappant les troupeaux des indigènes à l'exclusion de ceux possédés par les Européens. Il est perçu indistinctement dans les trois provinces d'après un tarif uniforme, 4 fr. pour un chameau, 3 fr. pour un bœuf, 0 fr. 25 pour une chèvre et 0 fr. 20 pour un mouton.

Rendement des impôts arabes.

	1896		1897	
Achour......	4.535.130	55	3.980.115	36
Hockor......	1.055.682	40	1.056.654	»
Lezma.......	2.193.357	22	2.195.171	15
Zekkat......	5.551.550	73	5.689.932	25
	13.335.720	90	12.921.872	76

En 1890, le principal des impôts arabes s'était élevé à 15.247.812 et en 1895, à 15.051.000.

A ce principal des impôts arabes s'ajoutent des centimes additionnels qui sont dans les communes de plein exercice au nombre de 4 perçus au profit du service de la propriété indigène. Dans les communes mixtes on perçoit, outre ces 4 centimes, 6 centimes dits généraux au profit de l'assistance hospitalière et 12 centimes au profit des communes.

Les impôts arabes en principal et centimes additionnels étaient de 18.569.000 en 1890, de 17.113.000 en 1892 et de 17.099.219 en 1895.

Répartition du principal des impôts arabes.

Un dixième de l'impôt arabe est alloué aux chefs indigènes collecteurs dans les communes mixtes et les territoires militaires : cette part du chef est de 1/3 dans certains douars de quelques communes indigènes du Sud. Ce prélèvement fait, la moitié du surplus revient à l'État, l'autre moitié aux départements.

Remarquons en terminant que l'indigène paie en outre la contribution foncière sur la propriété bâtie et l'impôt des patentes, s'il se livre à un commerce ou à une industrie imposable d'après la loi du 15 juillet 1888.

IMPOTS EUROPÉENS

Les impôts européens auxquels sont soumis les colons, mais auxquels les indigènes sont néanmoins astreints sont l'impôt foncier, les prestations, les taxes sur les transactions, les douanes, les contributions diverses (droits sur les alcools et tabacs, licences, etc.).

L'impôt foncier n'est établi que sur la propriété bâtie : il frappe également l'Européen et l'indigène.

C'est la loi du 23 décembre 1884 qui a établi cette contribution qui porte sur les maisons, usines et généralement sur toutes les propriétés bâties. Sous l'empire de cette loi, le principal de cette contribution fixé à 5 °/₀ du revenu net imposable n'était pas perçu : mais les départements et les communes pouvaient établir des centimes additionnels sur ce principal fictif.

A partir de l'année 1892, le principal de cet impôt foncier est perçu au profit de l'État à raison de 3 fr. 20 °/₀ du revenu net ; mais les centimes additionnels continuent à être perçus sur le principal fictif calculé d'après le taux établi en 1884. Ainsi 100 fr. de revenu net donnent à l'État 3 fr. 20 et sont grevés de centimes additionnels perçus sur la somme de 5 fr.

Les centimes additionnels dont l'importance est fixée par la loi annuelle de finances et par des lois spéciales varient comme nombre de département à département et de commune à commune.

Pour les indigènes, on considère comme imposable « toute habitation ayant le caractère d'un immeuble, c'est-à-dire fixée au sol par des fondations, close et couverte par des matériaux résistants, de telle sorte qu'elle puisse durer sans être renouvelée pendant une période de plus de 5 ans. »

Dans une exploitation agricole la maison d'habitation seule paie l'impôt foncier qui ne frappe pas les bâtiments d'exploitation, écuries, hangars, caves, etc.

Le montant de la contribution foncière en principal et centimes additionnels s'élève annuellement à environ trois millions et demi de francs.

Les prestations sont dues par tout individu européen ou indigène mâle et valide âgé de 18 à 55 ans et par les animaux de selle et de trait, chevaux, mulets, bœufs, ânes et pour les voitures attelées. Elles sont affectées à l'entretien des chemins vicinaux, à raison de trois journées. Une quatrième journée peut être imposée au profit des chemins ruraux classés [1].

Les prestations peuvent s'acquitter en nature. Les 2/3 des ressources produites par cette taxe servent à l'entretien des chemins de grande communication et d'intérêt commun gérés par la voirie départementale.

La patente est payée par tout individu européen ou indigène exerçant un commerce ou une industrie. Elle est perçue pour le compte de l'État avec abandon du dixième du produit au profit des communes. Le droit de patentes est augmenté de centimes additionnels perçus au profit des départements et des communes.

Chiens. Dans les communes de plein exercice seulement il est perçu au profit des communes une taxe variable sur les chiens de luxe et de garde variant entre 1 fr. au minimum et 10 fr. au maximum. Elle est payée aussi bien par les indigènes que par les Européens. Dans les communes mixtes, les Européens seuls sont taxés.

1. Un décret du 15 juin 1899 sur les *Taxes municipales en Algérie* exonère des prestations les bœufs de labour et ceux employés au dépiquage.

*
* *

Les ressources budgétaires des communes se composent du produit de l'octroi de mer, de la taxe sur les loyers, du 10e du produit des patentes, d'une partie du produit des prestations, de la taxe sur les chiens, du montant des centimes additionnels aux contributions foncières, aux impôts arabes et aux patentes, des droits de place, de marché, d'abattoir, etc.

Quant aux départements, ils disposent de la moitié de l'impôt arabe et des centimes additionnels aux contributions foncières et aux patentes.

La masse des charges fiscales qui grèvent l'Algérie au profit de l'État, des départements et des communes s'élève à environ 78 millions.

Pour les contributions directes proprement dites (impôt sur les propriétés bâties, patentes, impôts arabes, taxes municipales, telles que loyers, prestations, chiens), la part payée par les indigènes représente 75 °/o du total. Au contraire, les Européens sont frappés davantage par les impôts indirects (enregistrement, licences, octroi de mer, douanes, etc.); aussi admettons-nous, bien qu'il soit impossible de déterminer la part de chacun, que de l'ensemble des charges fiscales de l'Algérie, une moitié est supportée par les Européens, l'autre moitié par les indigènes[1].

Colonisation.

Dès les premiers jours de la conquête, la colonisation a été l'objet des constantes préoccupations de la France qui a consenti dans ce but des sacrifices pécuniaires considérables.

Cependant, au point de vue de la colonisation *française*, les résultats actuels ne paraissent pas répondre aux efforts faits et à toutes les espérances. Le peuplement par nos nationaux a été lent et, à notre époque, il se ralentit de plus en plus.

1. Voir le rapport de M. Bouvagnet, président de la Commission des charges fiscales. Imprimerie Gojosso, Alger, 1898.

L'absorption de l'entité française par les races étrangères, l'atténuation de son sang par les croisements et par l'influence du milieu naturel, moral et politique ont forcément donné naissance à une race néo-algérienne qui constitue déjà un état particulier pour le présent et une préoccupation pour l'avenir.

Mais ces questions étant d'ordre plus politique qu'économique et agricole, nous ne les aborderons pas.

L'Algérie est considérée comme une colonie de peuplement et d'exploitation.

Le peuplement rapide, même avec l'élément étranger, paraît se heurter à des difficultés qui surprennent l'opinion publique : on oublie généralement que l'Algérie ne possède pas les immenses étendues de terres arables de fertilité vierge de l'Ouest américain, et que pour faire de la place à la race européenne il y aurait peut-être danger à compresser une population indigène de 4 millions d'âmes, à accroissement continu et qui vit et produit dans certains milieux où le Français ne saurait prospérer ni même résister.

D'ailleurs les lois de colonisation souvent présentées au Parlement, mais jamais discutées, l'exiguïté des programmes de l'État et des ventes domaniales annuelles, l'obligation d'acheter des terres aux indigènes pour créer et agrandir des centres, etc., toutes ces considérations indiquent bien — ce qui reste inadmissible pour l'esprit public — que les étendues *colonisables* paraissent être maintenant fort restreintes en Algérie.

Pour s'en procurer, le refoulement dans le Sud des indigènes ne semble pas, à beaucoup de points de vue, une heureuse conception, d'autant plus que la place du Français n'est pas indiquée dans les pays de parcours et de transhumance d'ailleurs assez brusquement limités par les frontières désertiques.

Il n'y a plus d'exploitation possible pour l'indigène de ces régions, si l'on porte atteinte à la propriété collective et si les meilleures parcelles de terre et les rares points d'eau lui sont enlevés. Dans ces conditions les troupeaux, l'unique ressource de ces pays, éprouveraient les plus grandes difficultés pour passer la saison sèche ou les années pauvres en pluie et l'indigène serait ruiné.

Les difficultés culturales qui attendent l'Européen dans les pays dits arabes, dans les Hauts Plateaux notamment, ne sauraient être ignorées et il importe de démontrer combien il serait dangereux, à beaucoup de points de vue, de laisser croire qu'une colonisation européenne pourrait remplacer l'Arabe dans ce milieu spécial d'élevage et de transhumance et d'en tirer les mêmes ressources.

Nous avons démontré (p. 92) l'importance de la production indigène en céréales, en bétail, en produits divers, et nous avons insisté sur ce point que, si modique que soit l'effort individuel, il était tel cependant dans son ensemble qu'il méritait d'être pris en sérieuse considération.

On se demande même si l'exploitation de l'indigène — dans le bon sens du mot — n'aurait pas mérité, pour la faciliter, autant d'efforts que ceux faits pour favoriser une occupation étrangère pas plus digne d'intérêts, mais dont la situation vis-à-vis de nous paraît être plus inquiétante que celle des peuples soumis.

On ne peut nier les services rendus à ce pays par la population étrangère et par la fixation de bonnes races attachées au sol par des intérêts divers. Les Espagnols ont pris une part active au remarquable développement économique de la province d'Oran, les Mahonnais ont puissamment contribué à créer la culture maraîchère aux environs d'Alger et les Maltais et les Italiens ont fortement aidé la colonisation dans l'Est. Beaucoup d'étrangers sont devenus de très grands propriétaires de terres à céréales et de vignobles, sans parler de ceux qui ont un rang honorable dans le commerce et dans l'industrie.

Cependant dans la situation actuelle créée par des évènements peu prévus et dont l'histoire appréciera la portée et les origines, on ne saurait invoquer la nécessité absolue de demander, comme autrefois, le concours d'une main-d'œuvre cosmopolite pour suffire aux besoins de nos exploitations. Le développement de la race indigène et la part active que prennent les Kabyles à nos travaux agricoles dont ils sont devenus les auxiliaires indispensables, remplacent déjà très avantageusement les mercenaires qui venaient drainer notre argent.

Depuis la suppression des luttes de tribus à tribus, depuis la réduction de la mortalité par la vaccination, les populations kabyles s'accroissant de plus en plus, ces montagnards sont forcés d'émigrer périodiquement à l'époque de certains de nos travaux des champs. Il convient, après leur avoir imposé un apprentissage professionnel, de diriger et d'utiliser cette migration temporaire en donnant aux *nôtres* un travail assuré qui augmente la richesse publique et rende plus facile la rentrée de l'impôt.

La main-d'œuvre étrangère et sa fixation en ce pays ont donc de moins en moins raison d'être; bien au contraire cela pourrait constituer un danger qui n'avait pas échappé à la clairvoyance d'un chef de l'État. En effet, ce souverain, dans une lettre mémorable fort discutée et commentée qu'il adressait au Gouverneur général en 1864, constatait qu'il existait en Algérie un camp français, une colonie européenne et un royaume arabe.

Le temps a passé. L'élément indigène est resté inaltérable, mais les deux autres parties, dont l'une a progressé, ont une tendance trop manifeste à se confondre en une race latine nouvelle, sans attache et sans histoire.

En effet, les pouvoirs publics perdant de vue le peuplement essentiellement français par nos nationaux ont arrêté l'œuvre de la colonisation en n'accordant pas à ce service, à cette politique plutôt, les ressources nécessaires pour faire face à toutes ses exigences.

L'étude attentive du recensement de la population établie en Algérie au 1er janvier 1897 avait cependant démontré à quelques esprits clairvoyants cette situatien réellement inquiétante, que l'élément étranger était représenté par 211.580 habitants alors que les Français ne le dépassent que de 106.557 habitants, excédent dans lequel il fallait comprendre les naturalisés de date plus ou moins récente.

Ces deux éléments distincts, Français et étrangers, se trouvent en face de 3.764.076 indigènes chez lesquels la natalité est en progression constante, et de 65.785 Israëlites, Tunisiens et Marocains. Aussi, la population française *nationale* ne représente devant l'étranger implanté dans la colonie, sans parler des indigènes, qu'un contingent à peine supérieur et, il faut bien le dire, une infériorité manifeste dans de nombreux villages des trois départements et notamment dans celui d'Oran.

Pour remédier à cet état de choses, digne des plus graves préoccupations, on préconise toujours une colonisation en masse par l'élément métropolitain : elle intéresserait certainement l'agriculture, le seul moyen d'occupation du pays. Mais il est difficile de donner un avis pour la réalisation de ce projet théorique de l'avenir devant l'impossibilité d'expliquer dans le présent la marche lente, presque nulle du peuplement français et même européen. A l'heure actuelle, on ne trouve pas dans les documents officiels un programme de colonisation d'ensemble sur de grandes étendues et l'État ne connaît même pas — on ne s'en doute que trop — quelles sont les ressources domaniales dont il dispose. Elles doivent être fort restreintes et assez incertaines, nulles pour ainsi dire par rapport à l'immigration rêvée, et c'est peut-être avec raison que l'on attribue à cette pénurie de surfaces terriennes exploitables l'oubli volontaire dans lequel sont laissées depuis longtemps les lois de colonisation au Parlement[1]. (Projet de loi d'Haussonville au Sénat, 1883.)

*
* *

Au début, la colonisation a forcément suivi une marche géographique, par bandes parallèles à la mer : humains, animaux, parasitisme sont soumis aux mêmes lois orographiques.

Des points d'abordage de la côte, bientôt occupés, l'exploitation agricole s'est d'abord étendue sur tout le littoral, dans les plaines basses, puis a abordé la région montagneuse, s'arrêtant cependant à la ligne des faîtes. Cette ligne presque droite, dont les deux extrémités sont Soukahras et Tlemcen, parallèle à la mer, est malheureusement peu éloignée de cette dernière. Elle est la véritable limite de l'agriculture relativement intensive et quand la colonisation a voulu franchir cette frontière bien marquée par une climatologie spéciale, elle n'a pas toujours enregistré des succès, ainsi que le démontre la malheureuse situation de quelques villages des Hauts Plateaux,

Le massif kabyle n'a été conquis et occupé que tardivement. Le séquestre, à la suite de l'insurrection de 1871, a mis les

1. Voir le rapport de M. Labiche au Sénat. *Colonisation*, 1896.

meilleures terres, celles des plaines principalement, entre les mains des Européens. Le Kabyle, rendu plus malheureux, dépossédé et ruiné par la rançon, a été refoulé dans ses montagnes, mais, de race sédentaire, il s'est resserré dans ses altitudes sans vouloir émigrer dans le pays de parcours de l'Arabe nomade.

Le refoulement de l'Arabe et du Kabyle dans les régions sahariennes serait, nous l'avons déjà dit (p. 168), une grave erreur climatologique et politique, car ces races, pas plus que le Français, ne sont constituées pour vivre dans le désert.

* * *

Quoique pouvant être envisagée sous des aspects différents, la véritable colonisation appliquée à l'Algérie paraît présenter deux conclusions d'ensemble. Ou la France, s'inspirant des principes de la grande Révolution, sentiments plus égalitaires que politiques, ou peut-être subissant la force même des choses, a fait une trop large part à l'élément étranger, ou bien négligeant les forces vitales et économiques du peuple vaincu et imprévoyant son accroissement et ses ressources, la métropole a sacrifié ce dernier à l'élévation et aux aspirations forcées d'une nouvelle race issue d'origines diverses parmi lesquelles la nationalité française est enserrée et absorbée...

Quoi qu'il en soit des jugements et des appréciations, la France a fait en Algérie une œuvre remarquable que seule la stupide légende de la fertilité exceptionnelle du sol et de la clémence du climat a quelque peu atténuée devant l'opinion ; car, bien au contraire, on ne saurait trop le répéter, en plus de la résistance héroïque de l'indigène, la colonisation a eu à lutter contre une terre épuisée et les rigueurs de la climatologie et des fléaux. Néanmoins, dans ce dernier quart de siècle, des efforts que ne renierait pas l'initiative américaine se sont produits, absorbant des centaines de millions exclusivement consacrés à l'agriculture. Plus de 130.000 hectares de vignes ont été plantés et de grands domaines agricoles comprenant céréales, orangeries, élevage, etc., ont été créés dans toutes les zones du pays. On a même vu l'exploitation industrielle d'un produit naturel, l'halfa, pénétrer dans la steppe, y constuire des usines et des centres populeux y naître comme par enchantement. Si pour des causes diverses, où l'insurrection a joué un grand rôle, ce dernier cas a été un insuccès relatif, l'effort premier n'en a pas été moins considérable.

*
* *

Les divers aperçus contenus dans cet ouvrage ont une tendance peut-être justifiée à ne considérer que comme très problématique l'application de grands programmes de colonisation officielle.

Ne croyant plus au peuplement rapide par une immigration en masse des Français, nous nous bornerons à émettre l'avis qu'une sélection judicieuse s'impose dans le choix des immigrants agricoles. En dehors des cultivateurs possédant un petit capital, cas bien rare, on devrait appeler, entraîner même vers l'Algérie, par des encouragements, tous ces jeunes gens, élèves des fermes-écoles, des écoles pratiques d'agriculture et même de l'enseignement supérieur de l'agriculture.

Cette classe intelligente de jeunes cultivateurs a des aptitudes et des connaissances spéciales : elle a, suivant les degrés, des bras, des relations et des moyens d'action que souvent elle va porter à l'étranger quand, par le manque d'emplois agricoles, elle ne change pas de carrière. Depuis longtemps, le Comice agricole d'Alger a émis et pratiqué ce système de colonisation raisonné, dans des proportions modestes, il est vrai, mais on lui doit déjà la fixation en ce pays de beaucoup de jeunes gens des écoles d'agriculture et d'horticulture de la métropole.

Les propriétaires et les exploitants devraient choisir dans ce cadre des ouvriers agricoles, des contre-maîtres, des fermiers, des métayers, des agents de toutes sortes : ce serait constituer ainsi, pour la colonisation agricole, une bonne souche française, ayant la pratique et la connaissance des choses de la terre et qui fournirait un jour des concessionnaires ou des acquéreurs du sol.

C'est cette race de véritables praticiens, d'apprentis colons qui fait absolument défaut et qu'il ne faut pas confondre avec la main-d'œuvre cosmopolite et roulante; mais c'est aussi cette absence de fermiers et de métayers capables et travailleurs qui déprécie la valeur de la propriété, en empêche le morcellement et force le capitaliste à louer aux indigènes ou à exploiter lui-même avec inexpérience (voir page 670).

La grande œuvre méthodique et raisonnée qui reste à exécuter est justement la condensation de véritables familles d'agriculteurs sur la grande propriété que la culture intensive doit morceler. Cette mission appartient maintenant à l'initiative privée qui doit l'accomplir par le choix d'éléments agricoles véritablement français, dans les classes que nous avons indiquées. Dans ce cas, l'action du gouvernement devient nulle : seules les associations agricoles, ainsi que le Comice d'Alger en a donné l'exemple, peuvent aider une nombreuse implantation de vrais Français comme fermiers, métayers et acquéreurs de parcelles dans la grande propriété.

Le rôle de l'État devient difficile en matière de colonisation officielle. Les deux zones, marine et montagneuse, n'offrent plus d'étendues suffisantes pour l'attribution de terres fertiles et l'on sait que plus on s'éloigne de ces deux régions la qualité du sol et la climatologie sont moins favorables pour l'agriculture. Dans ces conditions, les concessions de 25 à 30 hectares sont insuffisantes car les cultures riches comme la vigne ne peuvent s'y développer[1]. Quant aux villages moutonniers projetés, outre que l'idée n'est pas pratique, les concessionnaires de 100 hectares seulement auraient à peine, dans ces pays pauvres en pluie, l'emplacement nécessaire pour conserver des troupeaux pendant quelques jours.

D'ailleurs le trafic du mouton ne pourrait attirer que quelques spécialistes disposant de capitaux pour tenter des opérations de compte à demi avec des indigènes, ainsi que nous l'avons indiqué page 982.

Il n'y a donc pas là un appoint appréciable pour la colonisation de ces régions, et il ne faut pas oublier que le mouton en Algérie ne représente pas des effectifs comparables à ceux de l'Australie et de l'Amérique du Sud dont les troupeaux atteignent

1. On sait que la culture de la vigne ne s'étend pas en profondeur, que sa limite maxima n'est pas à plus de 100 kilom. du rivage et qu'elle ne donne de véritables résultats que dans la région marine peu élevée.

chacun cent millions de sujets et dépassent même ce chiffre. Notre effectif est de plus en plus réduit : il oscille entre 7 millions à 8 millions et notre exportation annuelle varie entre un million et douze cent mille têtes. Or, la France ne demande à l'extérieur que 1.500.000 moutons : il ne faudrait donc pas dans la situation actuelle exagérer l'exportation qui alourdirait bientôt le marché. Un léger relèvement dans la dépaissance en France suffirait pour limiter nos envois ; c'est donc la qualité du sujet qu'il faut viser.

Le système de colonisation et d'attribution des terres doit donc varier avec les conditions géographiques et climatologiques que nous avons constamment rappelées dans cet ouvrage.

La viticulture, il ne conviendrait point de l'oublier dans cette question, a été la principale cause du développement du peuplement colonisateur. Le jour où par crise phylloxérique ou économique cette culture péricliterait, non seulement la colonisation libre subirait un arrêt, mais il y aurait des dépeuplements locaux, comme cela s'est produit à Phillippeville, où la population a diminué d'un tiers par suite du dépérissement des vignes phylloxérées.

*
* *

L'État facilite l'arrivée en Algérie des ouvriers et des concessionnaires. Pour les premiers, il suffit d'adresser au Gouvernement général une simple demande de passage indiquant les membres de la famille et attestant que le chef a un emploi assuré dès son débarquement.

Les attributions territoriales gratuites sont réglées par le décret du 30 septembre 1878 : les conditions à remplir sous peine de déchéance pour le colon consistent dans l'obligation de résider sur sa concession et d'y entretenir en permanence quelques membres de sa famille pendant cinq années.

Pour devenir concessionnaire gratuit, on doit adresser au Gouvernement général de l'Algérie ou au Ministère de l'Intérieur à Paris une demande qui est soumise à l'enquête.

Des ventes domaniales ont lieu annuellement : elles sont annoncées par la voie des journaux et l'on peut s'en procurer le programme dès le mois de janvier au Gouvernement général de l'Algérie et au Ministère de l'Intérieur à Paris [1].

Bibliographie agricole.

La présente bibliographie ne comprend que les principaux ouvrages agricoles que le praticien pourra consulter avec fruit : ouvrages d'agriculture générale et traités de cultures et de questions spéciales.

On remarquera que la bibliographie agricole de l'Algérie est bien pauvre en ouvrages qui méritent d'être cités ; cependant un grand nombre d'excellentes études, quoique de peu de développement, ont été publiées dans des recueils et des revues.

Dans le cours de ce manuel nous les avons souvent indiquées et, en général, elles ne figurent pas dans la présente énumération.

La bibliographie algérienne de Playfair, Londres, J. Murray, in-8°, 1898, facilitera les recherches, mais elle n'indique pas les principales études contenues dans les publications périodiques.

Angot. — Traité élémentaire de météorologie. Paris, 1899, in-8°, imprimerie Gauthier-Villars.

Aureggio (E.). — Les chevaux du Nord de l'Afrique. Alger, 1893, in-4°.

Aymard. — Les irrigations du midi de l'Espagne.

Baltet (Ch.). — L'art de greffer. Paris, librairie Masson.

— Traité de la culture fruitière. Paris, librairie Masson.

Baron. — Les méthodes de reproduction en zootechnie. Paris, 1888, librairie Firmin-Didot.

Barral (J.-A.) et Sagnier. — Dictionnaire d'agriculture, Paris, 1886, librairie Hachette.

Battandier et Trabut. — Flore de l'Algérie. Alger, 1888-1895, 2 volumes in-8°.

1. Sur la colonisation, consulter M. Paul Leroy-Beaulieu. *L'Algérie et la Tunisie*. Guillaumin, Paris, 1897, et sur la géographie coloniale les travaux de M. Bernard, professeur à l'École des lettres, et de M. Busson, professeur au Lycée, à Alger.

Les différentes éditions de *l'Algérie* de M. Wahl contiennent de précieuses indications.

Bert (J.). — Étude sur les plantations. Alger, 1886, imprimerie Fontana.

Boitel (A.). — Herbages et prairies naturelles. Paris, 1887, librairie Firmin-Didot.

Bonzom (E.). — Traité de zootechnie à l'usage du cultivateur algérien. Alger, 1876, in-8°.

Borgeaud et Barbier. — Guide pratique du vigneron algérien. Alger, 1886.

Cazalis (F.). — L'art de faire le vin. Paris, 1890, librairie Masson.

Charlemagne. — Chênes-liège. Notice sur les forêts domaniales de l'Algérie. Alger, 1894, in-4°.

Claude. — Espèces chevaline et asine en Algérie. 1889, imprimerie Giralt.

Comice agricole d'Alger. — Topographie agricole. État de l'agriculture algérienne. Alger, 1878, in-8°.

Cornevin (Ch.). — Des plantes vénéneuses. Paris, 1887, librairie Firmin-Didot.

— Les résidus industriels dans l'alimentation du bétail. Paris, 1892, librairie Firmin-Didot.

Cosson (E.). — Divers essais de flores de l'Algérie, de la Tunisie et du Maroc, toutes inachevées.

— Un commencement de flore du nord de l'Afrique, avec illustrations également inachevée.

Couput. — Les laines et l'industrie lainière de l'Algérie. Alger, 1889, imprimerie Giralt.

Ferrouillat (P.) et Charvet (M.). — Les celliers. Paris, 1896, imprimerie Masson.

Foex (G.). — Cours complet de viticulture. Montpellier, 1891, librairie Coulet.

Garola. — Les céréales. Paris, 1894, librairie Firmin-Didot.

Gasparin (de). — Cours d'agriculture. Paris, librairie agricole.

Gauvain. — Législation rurale. Paris, 1890, librairie Firmin-Didot.

Guy. — L'Algérie, agriculture, commerce. Alger, 1876, in-8°.

Hanoteau et Letourneux. — La Kabylie. Paris, 1893, librairie Challamel.

Joigneaux (P.). — Le livre de la ferme. Paris, librairie Masson.

Jaubert de Passa. — Voyage en Espagne. Recherches sur les arrosages. Paris, 1823.

Julien (A.). — Flore de la région de Constantine. Constantine 1894.

Kunckel d'Herculais (J.). — Les acridiens et leurs invasions en Algérie, 1887-1894. Alger, 1894, in-8°.

LAMBERT (J.). — Exploitation des forêts de chênes-liège et des bois d'oliviers en Algérie. Paris, 1860, in-8°.

LAMEY (A.). — Le chêne-liège, sa culture et son exploitation. Paris, 1893, librairie Berger-Levrault.

LANNESSAN (DE). — Plantes utiles des colonies françaises. Paris, 1886, imprimerie nationale.

LAVALARD. — Le cheval. Paris, 1894, librairie Firmin-Didot.

LEROUX. — La vigne et le vin. Blida, imprimerie Mauguin.

LEROY-BEAULIEU. — L'Algérie et la Tunisie. Paris, 1897, imprimerie Guillaumin et Cie.

LESCURE. — L'agriculture algérienne. Paris, 1892, librairie agricole.

LECQ (H.). — Les vins de l'Algérie. Alger, 1895, in-4°.

LEVEL. — Les forêts de cèdres : Notice sur les forêts de cèdres du département de Constantine. Alger, 1874, in-8°.

MARCASSIN (L.). — L'agriculture dans le Sahara de Constantine. Nancy, 1895, grand in-8°.

MASSOL (J.). — Prés, foins et bétail en Algérie. Blida, 1857, in-8°.

MEUNIER (W.). — Police sanitaire des animaux. Alger, imprimerie Giralt, 1898.

MICHOTTE. — Traité de la Ramie. Paris, 1891.

MILLOT (CH.). — Traité pratique d'agriculture algérienne. Paris, 1891, librairie Challamel.

MINISTÈRE DU COMMERCE, etc. — Enquête agricole (comte Le Hon), Algérie. Paris, 1869, in-4°.

MOLL. — Colonisation et agriculture de l'Algérie. Paris, 1845, librairie agricole.

MOLL et GAYOT. — Encyclopédie pratique de l'agriculture. Paris, 1875, librairie Firmin-Didot.

MÜNTZ et GIRARD. — Les engrais. Paris, 1880, librairie Firmin-Didot.

NADAUD DE BUFFON. — Traité des irrigations. Paris, 1843.

NAUDIN (CH.). — Manuel de l'acclimateur. Paris, 1887.

NICHOLLS (H.) A. et RAOUL (E.). — Petit traité d'agriculture tropicale. Paris, 1895, imprimerie Challamel.

NOCARD et LECLAINCHE. — Les maladies microbiennes des animaux, Paris, librairie Masson.

NOTER (DE) R. — Le jardinier légumier en Algérie. Philippeville, 1892, in-8°.

OUDOT (J.). — Le fermage des autruches en Algérie. Paris. 1880, in-8°.

PORTES (L.) et RUYSSEN. — Traité de la vigne et de ses produits. Paris, 1886, librairie Doin.

Ringelmann (M.). — Les machines agricoles. Paris, librairie Hachette.

— De la construction des bâtiments ruraux. Paris, librairie Hachette.

Risler (E.). — Physiologie de la culture du blé. Paris, 1886, librairie Hachette.

Rivière (Aug. et Ch.). — Les bambous, végétation, culture, multiplication en Europe et en Algérie. Paris 1879, grand in-8°.

Rivière (Ch.). — Horticulture générale, végétation, cultures spéciales, acclimation. Alger, 1889, imprimerie Giralt.

— La Ramie. Alger, 1888, in-8°.

Robiou de la Tréhonnais. — L'agriculture en Algérie. Rapport au Maréchal de Mac Mahon. Alger, 1867, in-8°.

Ronna (A.). — Les irrigations. Paris, 1888, librairie Firmin-Didot.

Roos (L.). — L'industrie vinicole méridionale. Montpellier, 1898, librairie Coulet.

Rouanet. — La vinification et la viniculture. Paris, librairie Challamel.

Sagot et Raoul. — Manuel pratique des cultures tropicales. Paris, 1893, imprimerie Challamel.

Saint-Phalle, comte (E.) de. — La viticulture et la vinification en Algérie. Etudes et observations théoriques et pratiques. Paris, 1887, in-8°.

Sanson (A.). Traité de zootechnie. Paris, 1879, librairie agricole.

Sauvaigo (E.). — Les cultures sur le littoral de la Méditerranée. Paris, 1894, librairie J.-B. Baillière.

Thevenet (A.). — Essai de climatologie algérienne. Alger, 1896, imprimerie Giralt.

Trabut (L.). — Étude sur l'Halfa (Stipa tenacissima). Alger, 1889, in-8°.

Tresca (A.). — Le matériel agricole moderne. Paris, 1893, imprimerie Firmin-Didot.

Trottier. — Boisement et colonisation : rôle de l'Eucalyptus en Algérie. Alger, 1876, in-8°.

Turlin, Accardo et Flamand. — Le pays du mouton. Alger, 1893, in-4°.

Valéry-Mayet. — Les insectes de la vigne. Paris, 1890, librairie Masson.

Vallée de Loncey. — Le cheval algérien. Paris, 1889, in-8°.

Vallier (J.). — Calendrier du cultivateur en Algérie. Alger, 1892, imprimerie Jourdan.

— Calendrier du cultivateur en Algérie, suivi du calendrier de l'apiculteur par A. Bœnsch. Alger, 1861, in-8°.

Viala (P.). — Les maladies de la vigne. Paris, 1893, librairie Masson.

Vialar (de). — Études sur les irrigations dans l'*Algérie agricole*, 1898-1899.

— Études sur l'hydrologie agricole en Algérie. Alger, 1899.

Vidalin (F.). — Pratique des irrigations. Paris, 1874, librairie agricole.

Viger. — Étude sur la question ovine en Algérie. Clermont-Ferrand, 1892, grand in-8°.

Vérot. — Le potager algérien. Alger. 1884, in-8°.

Journaux agricoles

Algérie agricole. — Publication faite sous les auspices du Comice agricole d'Alger, dirigée par Ch. Rivière. Alger, 1868-1899, grand in-4°.

Bulletin agricole de l'Algérie et de la Tunisie (bimensuel), publié par le Dr Trabut et R. Marès. Alger, 1895-1899, in-8°.

Bulletin de la Société d'agriculture d'Alger. — Alger, 1857-1899, in-8°.

Journal des colons. — Rédacteur en chef, Rouanet, hebdomadaire. Alger, 1899, in-4°.

Bulletins des sociétés d'agriculture de Constantine et d'Oran ; des comices de Bône, Bel-Abbès, etc.

***

Tableaux des établissements français dans l'Algérie.

Exploration scientifique de l'Algérie, 1840-1842.

CHAPITRE XIV

CALENDRIER AGRICOLE

Les indications générales des principaux travaux mensuels qui sont énoncés ici sont forcément très résumées et ne peuvent s'adapter avec précision aux différentes zones du climat algérien.

La plupart de ces renseignements se rapportent principalement au climat marin et aux faibles altitudes qui sont sous son influence.

Donc, suivant les régions, bien des travaux et des récoltes doivent être reculés de plus d'un mois et, dans beaucoup de cas, certaines indications ne trouvent plus leur application, suivant que les zones ne comportent plus la culture de l'olivier et de la vigne.

Dans ces derniers cas, la période hivernale, qui arrête toute végétation, modifie en tout les pratiques de l'horticulture et de la culture maraîchère : les époques des semis et des récoltes sont également changées.

Nous croyons devoir rappeler encore la démarcation bien tranchée qui existe entre la zone tempérée et la zone froide, toutes deux délimitées par la ligne des faîtes, c'est-à-dire par une ligne presque droite dont les deux points extrêmes sont Soukahras et Tlemcen.

Un résumé de l'état météorologique de chaque mois fait connaître, pour chaque zone, les principaux éléments météoriques, utiles ou défavorables à la culture. En dehors de la quantité de pluie les minima moyens expliqueront les insuccès de certaines cultures, mais il conviendra surtout de tenir compte des minima absolus que nous avons consignés pour chaque région dans notre chapitre *Météorologie*.

Janvier.

Le mois de janvier marque le milieu de la saison des pluies ; malgré quelques périodes ensoleillées plus spécialement amenées par les vents d'ouest, la terre fait ample provision d'eau au point que les champs sont parfois impraticables.

Le froid se fait sentir surtout pendant la nuit; dans les plaines du littoral, on constate assez souvent des gelées de plusieurs degrés au-dessous de zéro. La neige couvre les cimes des montagnes; la température est très vive et les froids persistants aux grandes altitudes et sur les Hauts Plateaux.

Les vents d'Ouest et du Nord-Ouest dominent; ils amènent la pluie parfois mêlée de grêle assez abondante pour nuire aux cultures maraîchères et aux arbres fruitiers à végétation précoce.

Les vents du Sud arrivent bien jusqu'au littoral, mais sensiblement refroidis par leur passage sur les Hauts Plateaux.

C'est la saison la plus rude pour le pays.

	Pluies moyennes	Températures moyennes mensuelles	Minimas moyennes mensuelles
Alger	110 m/m	12° 2	9° 5
Batna	50	3 6	1 4
Bel-Abbès	49	7 3	1 6
Biskra	17	10 3	5 7
Bône	114	10 4	6 6
Bougie	140	11 0	7 5
Constantine	93	6 0	2 2
Fort National	141	5 1	2 1
Géryville	23	3 3	2 2
Laghouat	21	6 6	0 8
Oran	77	10 5	7 4
Orléansville	44	7 7	2 4
Philippeville	115	10 3	6 1
Saïda	49	6 6	1 6
Sétif	41	3 9	0 3
Tlemcen	81	8 3	4 7

État général de la végétation. — Les céréales commencent à taller dans le Tell, surtout dans les plaines basses. Les prairies se caractérisent et fournissent un pâturage plus abondant que substantiel.

La végétation spontanée sur le littoral et dans le Tell est abondante et donne l'impression d'une saison printanière; seuls les arbres à feuilles caduques sont encore au repos.

On voit en fleurs : fèves, pois, bruyères, genêts, pâquerettes, cyclamen, iris, pieds-d'alouette, asclépias, giroflées, géranium, violettes, réséda, pervenches, belles de nuit, tulipes, jacinthes, narcisses, anémones, renoncules; sont aussi en fleurs : les citronniers, amandiers, néfliers du Japon, les rosiers et surtout les Bengales.

Sur les Hauts Plateaux toute la végétation est encore au repos.

Les sources d'hiver reparaissent; les puits se remplissent.

TRAVAUX AGRICOLES

Cultures. — On sarcle les blés, orges, avoines, pois, fèves. On prépare les terres pour les semailles de printemps : on laboure les champs destinés aux sorghos, tabacs, pommes de terre, en général aux cultures sarclées.

Semis. — On sème les blés durs en retard, les orges et avoines en ayant soin de forcer d'un quart la quantité semée.

On sème pois, vesces, maïs pour fourrage vert, trèfles, lins, graines de tabac, betteraves, navets hâtifs, carottes courtes.

TRAVAUX HORTICOLES

Arboriculture. Plantations. — On termine les plantations des arbres fruitiers à noyau et principalement des pêchers, amandiers, abricotiers, cerisiers ; on plante les arbres et arbustes d'alignement et d'ornement, les haies d'aubépines, paliures, acacia, bigaradiers, lantana, etc. On commence vers la fin du mois sur le littoral les plantations de tous les arbres en mottes qui sont ceux à feuilles persistantes, orangers, citronniers, mandariniers, caroubiers, néfliers ; on plante aussi les arbres verts et conifères, pins, casuarina, cyprès.

Semis. — On fait les semis des arbres forestiers, des conifères notamment ; on sème en pépinière les noyaux mis à stratifier dans le sable à l'automne.

Divers. — On fait les boutures de figuiers, cognassiers, peupliers, saules, osiers, oliviers, platanes.

On greffe les oliviers en fente.

On taille les arbres fruitiers des vergers. On arrache les arbres morts.

Récoltes. — On récolte les mandarines, quelques oranges, et des bananes et des goyaves dans la zone marine.

FLORICULTURE

Cultures. — On laboure profondément les massifs ; on fait les rempotages, les repiquages ; on bine et on sarcle.

Plantations. — On plante les bordures, rosiers, tubéreuses, canna, dahlia.

Semis. — On sème les plantes annuelles, amaranthes, balsamines, belles de nuit, coreopsis, chrysanthèmes, coquelicots, œillets de

Chine, dahlia simple, pavots, reines-marguerites, pétunia, pieds-d'alouette, soucis, thlaspi, zinnia.

Récoltes. — On récolte beaucoup de fleurs (voir plus haut), des héliotropes et des jacinthes, si l'hiver est doux.

CULTURE MARAICHÈRE

Semis. — On achève de semer les choux fourragers, choux frisés et de Milan, salades.

On sème tomates et aubergines sur couches, haricots verts et pois pour primeurs, betteraves potagères, concombres abrités, petits radis, carottes, laitues, céleri, navets, persil, cresson, pommes de terre.

On sème les tabacs à exposition chaude ou sur couche.

Plantations. — On plante griffes d'asperges, artichauts, fraisiers, topinambours.

On repique choux, choux-fleurs tardifs, salades, piments.

Divers. — On bine les asperges et on crée les nouvelles aspergeries.

On bouture les patates.

On coupe le cresson de fontaine et on l'arrose régulièrement.

Récoltes. — On récolte artichauts, petits pois, navets, carottes, betteraves, choux-fleurs, cardons, salsifis, épinards, oseille, salades, cerfeuil, radis, poireaux, oignons verts.

TRAVAUX VITICOLES

A la vigne. — On taille la vigne, on met en réserve les boutures ; on fait les premiers labours et on applique les engrais et amendements.

Dans certaines régions sèches de la province d'Oran, on irrigue les vignes.

On commence la plantation par boutures ou plants enracinés.

On brûle les abris des altises.

On badigeonne au sulfate de fer les souches atteintes d'anthracnose.

A la cave. — On procède au soutirage, s'il n'a pas été fait en décembre, et on continue attentivement les ouillages.

Dans les pays froids les caves resteront bien fermées pour que le vin ne puisse geler.

La mise en bouteilles des vins se fait bien en ce mois quand on y procède par un temps clair, sec et froid. On prépare les barriques pour les prochains soutirages et on colle les vins qui doivent être bientôt expédiés

TRAVAUX APICOLES

Il ne faut pas toucher aux bonnes ruches, mais celles qui n'ont pas suffisamment de vivres doivent être nourries. Maintenir les guichets propres ; acheter de nouvelles ruches et transporter les colonies.

LE BÉTAIL

Le vêlage commence ; l'agnelage se continue. Les bestiaux gras sont chers.

L'alimentation des bestiaux doit comprendre un peu de grain et de fourrage sec ou de la paille pour corriger les effets des pâturages trop aqueux.

La litière doit être abondante, car la stabulation est nécessaire à moins de journées sèches et ensoleillées.

Les vaches laitières et les juments poulinières réclament des soins attentifs.

Février.

Le mois de février présente ordinairement, au point de vue climatérique, des caractères assez semblables à ceux du mois précédent ; cependant il s'en distingue parfois par des périodes plus courtes de beaux temps, par moins de pluie totale et par une allure plus froide qu'expliquent l'humidité déjà accentuée du sol et le passage des vents sur les hauts sommets couverts de neige. Les vents d'Ouest et Nord-Ouest continuent à dominer, amenant parfois des bourrasques et des chutes de grêle toujours à craindre pour les cultures maraîchères et les arbres en fleurs, amandiers et abricotiers surtout.

Les nuits sont froides, les gelées blanches assez fréquentes ; les vallées sont souvent dans le brouillard.

La neige persiste sur les Hauts Plateaux et sa durée est de bon augure pour les sources et les puits.

Climat moyen des principales localités des différentes zones :

	Pluies moyennes	Températures moyennes mensuelles	Minimas moyennes mensuelles
Alger	93 m/m	12 ° 2	9 ° 4
Batna	33	4 6	1 4
Bel-Abbès	46	8 1	2 8
Bône	78	11 2	6 6
Biskra	17	11 8	5 7
Bougie	108	11 2	7 6
Constantine	61	6 9	2 2
Fort National	101	5 7	2 1
Géryville	29	4 6	2 2
Laghouat	21	8 1	0 8
Oran	67	11 0	8 1
Orléansville	46	8 7	3 5
Philippeville	82	10 5	6 1
Saïda	48	7 3	1 6
Sétif	42	4 6	0 3
Tlemcen	75	9 3	4 7

État général de la végétation. — La végétation des céréales et des prairies continue à se développer ; dans les terrains de parcours, la végétation crée des fourrages qu'il faut interdire aux animaux pour les en faire bénéficier plus tard.

Sur le littoral, presque tous les arbres à fruits sont en fleurs : abricotiers, amandiers, cerisiers, pommiers, pêchers, pruniers, etc.

Sont en fleurs : lauriers, fèves, aulx sauvages, narcisses, quelques arbres exotiques et des plantes herbacées.

TRAVAUX AGRICOLES

Cultures. — On sarcle les céréales et on les roule au Crosskill : on épand les engrais chimiques en couverture. On continue les labours destinés aux plantes sarclées et on enfouit les fumiers épandus et les herbes déjà poussées. On prépare les ensemencements de printemps.

Dans les prairies, on procède au nettoyage et principalement à la destruction des fourmillières.

Semis. — On sème la luzerne sur le littoral en terre sèche sur bon labour et à exposition fraîche. On sème les betteraves en ligne, les carottes fourragères en plein champ. On sème les lins pour filasse ; l'époque est un peu tardive pour les lins pour graines en terre sèche.

Plantations. — On plante les tabacs en terre sèche, les topinambours, les pommes de terre en terre légère pour récoltes d'été. On met les patates sur couches pour avoir du plant.

TRAVAUX HORTICOLES

Arboriculture. — *Semis.* — On sème les graines d'arbres : frêne, platane, robinier, micocoulier, etc., en un mot, toutes les espèces de pépinière. Stratifier les graines qui doivent subir cette préparation.

Plantations. — On plante encore quelques arbres à noyaux d'espèces tardives, puis les orangers, mandariniers, citronniers, on bouture les figuiers. On plante arbres et arbustes d'alignement et d'ornement de toutes espèces, à racines nues et en mottes.

Cultures et travaux divers. — On taille les oliviers, les arbres à pépins des vergers ; on élague les arbres en avenues et en massifs. On bine et on fume les vergers.

On greffe en fente tous les arbres à noyaux, pêchers, abricotiers, pruniers, etc.

On bouture saules, peupliers, osiers, sapindus et en général toutes les espèces ligneuses.

On transplante dans les pépinières les plants provenant des semis exécutés l'année précédente.

On taille les rosiers, la floraison d'hiver étant terminée.

On laboure les olivettes.

Récoltes. — On récolte les graines des arbres résineux, pins d'Alep et cyprès.

HORTICULTURE

Semis. — On sème amaranthes, ancolies, balisiers, balsamines, belles de nuit et de jour, capucines, célosies, chrysanthèmes, coleus, dahlia, doliques, gaillardes, giroflées (variété julienne), lins, mufliers, némophiles, œillets, pourpiers, pensées, pavots, pétunia, phlox, primevères, reines-marguerites, réséda, soucis, zinnia et toutes plantes annuelles qui, irriguées, fleurissent en été.

Plantations. — On plante tubéreuses, canna, et toutes les bordures. On fait le repiquage des semis précédents.

Cultures et divers. — On continue à sarcler et biner les parterres et à nettoyer les allées que l'herbe envahit.

Récoltes. — La récolte des fleurs, comme au mois précédent, est abondante.

CULTURES MARAICHÈRES

Semis. — On sème persil, oseille, pois nains et mange-tout, radis ; on sème aussi aubergines, tomates pour repiquer en avril en pleine terre et récolter en automne.

Plantations. — On plante : pommes de terre de consommation locale pour récolter en mai juin ; patates pour boutures qui seront repiquées en plein champ.

Cultures et divers. — On prépare le terrain pour la plantation de pommes de terre dans les parties hautes. On fume et travaille les asperges.

On sarcle les semis du mois précédent ; on butte les fèves et les légumes repiqués après une fumure en couverture.

On abrite les jeunes plants de tomates, aubergines, piments, contre la pluie au moyen de claies et de paillassons que l'on prépare soi-même les jours de mauvais temps.

On repique les choux pain de sucre et cœur-de-bœuf pour les récolter fin mars, avril et mai.

Récoltes. — On récolte petits pois, betteraves, choux cabus et verts, choux-fleurs, oseilles, épinards, radis, navets, carottes, quelques rares asperges, artichauts, cardes, salades, cerfeuil, persil, cresson alénois et de fontaine, quelques fraises ananas.

TRAVAUX VITICOLES

A la vigne. — On continue les fumures, terrage, labours et taille.

Vers la fin du mois on commence le greffage et on fait les provins.

On donne au sol les façons complémentaires pour les plantations nouvelles à faire. On prépare greffons et boutures.

On continue à faire les traitements contre l'anthracnose ; c'est la meilleure époque.

A la cave. — On fait encore les ouillages et les soutirages. Les vins soutirés en février et destinés à rester encore en cave sont placés sur chantier bonde de côté.

Éviter les changements de température à la cave.

TRAVAUX APICOLES

Les colonies nécessiteuses ont besoin d'être secourues. Celles qui sont orphelines sont réunies à d'autres.

On nettoie les tabliers et, dans les régions chaudes, on met les hausses dès la fin du mois.

On achète des ruches que l'on installe.

LE BÉTAIL

Les animaux doivent être écartés des prairies destinées à être fauchées.

Il naît encore des veaux et des agneaux.

La production du lait augmente.

Les poules pondent : il convient de les protéger contre l'humidité.

Les animaux gras se vendent encore bien.

On émascule les agneaux d'automne et on fait saillir les juments poulinières.

Mars.

Pendant ce mois les périodes pluviales sont plus courtes, mais elles sont quelquefois accompagnées de grêle et, sur les montagnes, de neige, surtout avec les vents du Sud-Ouest. Le soleil prend de la force, mais les abaissements de température sont encore à craindre le matin avant le lever du soleil.

Le régime des vents du mois précédent persiste avec tendance à tourner vers l'Est.

Climat moyen des principales localités des différentes zones.

	Pluies moyennes	Températures moyennes mensuelles	Minimas moyennes mensuelles
Alger	86 m/m	13° 6	9° 5
Batna	34	7 3	1 4
Bel-Abbès	58	10 8	4 9
Biskra	17	14 6	8 9
Bône	89	13 3	9 3
Bougie	139	12 9	8 8
Constantine	92	9 6	4 9
Fort-National	158	8 2	4 9
Géryville	61	7 2	1 2
Laghouat	17	11 0	4 5
Oran	61	13 0	9 7
Orléansville	58	11 7	5 6
Philippeville	95	12 2	7 3
Saïda	48	10 3	4 5
Sétif	59	7 8	3 2
Tlemcen	105	11 0	6 9

État général de la végétation. — Les céréales sont déjà hautes dans les plaines du littoral ; vers la fin du mois, les premiers épis se montrent dans les orges.

Dans les prairies les herbes sont hautes et fleurissent.

La végétation spontanée est en pleine floraison, notamment les *Crucifères*, les *Borraginées* et quelques *Composées* ; les pruniers sauvages, les aubépines, etc.

Les vergers et les jardins se couvrent de fleurs, ainsi que des variétés de rosiers et des plantes bulbeuses, le bougainville se pare de bractées colorées. Les lentilles fleurissent. Les mûriers bourgeonnent ; on commence à préparer l'éclosion des graines de vers à soie.

La vigne, les platanes, les figuiers, les ormes et la plus grande partie des plantes à feuilles caduques poussent leurs feuilles à la fin du mois.

Les prunes, cerises, abricots, amandes, sont généralement noués.

Les navets, sauf les turneps, montent en graines.

TRAVAUX AGRICOLES

Semis. — Au commencement du mois, on sème la luzerne, la betterave avec irrigation, la gesse dans les terrains frais et le ricin.

On sème du maïs et du sorgho quand les gelées ne sont plus à craindre. On sème encore de la luzerne en terres irrigables, à la fin du mois.

Récoltes. — A la fin du mois, première coupe des céréales en vert sur prairies sarclées et bien fumées ; coupe de l'orge en vert, etc.

Cultures diverses. — On herse et on sarcle les céréales.

On repique les tabacs.

On prépare les terres incultes de jachère pour les labourer après les pluies d'automne et les ensemencer.

TRAVAUX HORTICOLES

Arboriculture. — Dans la première quinzaine, on continue les travaux indiqués pour la fin du mois précédent.

Plantations. — On termine la plantation des bambous traçants, des arbres d'alignement et d'ornement et de tous arbustes. On plante citronniers, orangers, mandariniers. On met en place l'eucalyptus élevé en pot.

Semis. — On sème encore des graines d'arbres.

Cultures diverses. — On greffe en fente les arbres fruitiers. On continue le bouturage des espèces originaires des pays chauds : notamment ficus, sapindus, érythrine, bougainville, citharexylon et beaucoup d'arbustes.

On taille les arbres et les arbustes avant le départ de leur végétation.

Récoltes. — On récolte encore oranges, citrons et limons.

Floriculture. — *Cultures diverses.* — On greffe encore les rosiers. On continue dans la première quinzaine les travaux du mois précédent.

Plantations. — On plante dahlia, canna, bégonia tuberculeux, tubéreuses, végétaux grimpants, etc.

Semis. — On sème amaranthes, adonides, ancolies, asters, balisiers, belles de nuit et de jour, capucines, caracolles, chrysanthèmes, cineraires maritimes, coreopsis, coloquintes, courges, coleus, gaillardes, héliotropes, juliennes, mufliers, pentstemon, pavots, pensées, pieds-d'alouette, reines-marguerites, réséda, roses-trémières, soleils des jardins, etc., et toutes graines de plantes annuelles, quand on a de l'eau pour arroser jusqu'aux grandes chaleurs.

CULTURES MARAICHÈRES

Récoltes. — On récolte choux-fleurs, pommes de terre, carottes, navets, choux pommés, artichauts, cardons, épinards, fèves, petits pois verts et mange-tout, haricots verts; vers la fin du mois, asperges, petites courgettes, fraises, tomates, salades diverses, betteraves potagères. radis, salsifis, oignons tendres. Fin de la cueillette du cresson de fontaine qui se met à fleurir.

Plantations. — On repique piments, patates douces, aubergines, tomates, poivrons, salades diverses, cardons, oignons, choux-cabus. Il faut se hâter de planter les dernières pommes de terre.

Cultures diverses. — On continue le bouturage des artichauts; on rame haricots et pois tardifs; on arrose les haricots verts pour primeur. On racle et on bine. On herse la pomme de terre.

On sème encore des haricots pour recueillir en sec. On commence à semer aubergines, melons, pastèques, piments, concombres, cornichons, tomates, choux divers, carottes, laitues, chicorées, cerfeuil, céleri, persil, poireaux, pois nains, demi-nains et à rames, pourpier pour salade, épinards, courges, citrouilles, estragon, betteraves : on plante les topinambours.

TRAVAUX VITICOLES

A la vigne. — Terminer la taille et le sulfatage contre l'anthracnose.

Continuer les labours et le provignage; plantation dans la première quinzaine.

Bouturer les sarments en pépinières au commencement du mois.

Continuer la greffe dès les premiers jours du mois.

Vers la fin du mois, prendre les dispositions contre les gelées par les nuages artificiels ou autres procédés.

A la cave. — Continuer et terminer les soutirages ainsi que la mise en bouteilles qu'il ne faut pas retarder davantage.

Les soutirages de marcs se font sur mèche soufrée un peu plus forte qu'au mois précédent.

TRAVAUX APICOLES

Surveiller l'essaimage et loger les essaims ; faire la chasse aux guêpes, car tous les sujets rencontrés à cette époque sont des femelles prêtes à pondre.

Transvaser les ruches arabes.

Hausser les ruches dans les zones tempérées.

LE BÉTAIL

Le vert commence à abonder ; forcer la litière parce que les fumiers sont abondants.

Les juments commencent à pouliner : dix jours après les donner à l'étalon.

Sevrer les veaux, agneaux, porcelets.

Ponte des oies, canes et poules.

Avril.

Les chutes de pluie sont plus rares, mais cependant encore assez abondantes certaines années ; en général, elles ont le caractère d'orages donnant une tranche d'eau accusée.

Parfois aussi ce mois est presque privé de pluies et alors cette sécheresse a une influence fâcheuse sur l'état général de la culture. On peut dire qu'en Algérie c'est le mois d'avril qui assure la récolte.

D'autre part, la grêle accompagne souvent les orages, et la nuit les abaissements de température au-dessous de zéro sont d'autant plus funestes qu'ils coïncident avec la période active de la végétation et que pendant le jour le thermomètre atteint souvent + 20°. Les rosées et les brumes du matin sont fréquentes.

C'est encore le vent d'Ouest et de Nord-Ouest qui domine, avec quelques retournes de l'Est, qui, sur le littoral, brûlent les bourgeons.

Les sirocos quelquefois violents ne sont pas rares.

Climat moyen des principales localités des différentes zones.

	Pluies moyennes	Températures moyennes mensuelles	Minimas moyennes mensuelles
Alger	59 m/m	15° 3	12° 2
Batna	51	9 6	4 0
Bel-Abbès	44	11 9	6 3
Biskra	21	17 3	13 1
Bône	62	14 7	10 9
Bougie	74	14 6	10 4
Constantine	64	11 1	6 5
Fort-National	131	10 1	6 7
Géryville	42	10 0	3 9
Laghouat	20	13 6	7 3
Oran	42	15 1	12 0
Orléansville	54	13 2	7 1
Philippeville	64	14 6	10 3
Saïda	57	11 7	6 2
Sétif	51	9 9	5 1
Tlemcen	74	12 9	8 9

État général de la végétation. — Dans les céréales, les chaumes se forment, les orges commencent à épier ; les fourrages naturels sont dans la période la plus active de leur développement et, vers la fin du mois, leur floraison se terminant, on peut juger de la valeur de leur rendement.

Les abricotiers, poiriers, pêchers qui ont passé fleurs poussent vigoureusement ; sur les arbres à noyaux, les fruits sont formés. Les *aurantiacées* sont en fleurs ; la vigne commence à fleurir vers la fin du mois.

Les luzernes, en général, fleurissent et montent à graines : aussi navets, carottes, choux, choux-fleurs, salades, sauf les légumes semés tardivement.

Les champs sont remplis de fleurs de toutes sortes.

TRAVAUX AGRICOLES.

Cultures. — On herse les avoines avant qu'elles ne montent et on sarcle encore les céréales diverses, surtout en dehors du littoral. On repique le tabac ; on sarcle et on bine les plants mis en place le mois précédent. On prépare le sol des aires à battre. On repique les patates. On laboure pour jachère d'été les terres incultes destinées aux ensemencements d'automne.

Semis. — On sème le sorgho et le maïs.

Plantations. — On termine les plantations de tabac. On plante les topinambours.

Récoltes. — Les choux fourragers fournissent beaucoup de feuilles. On coupe en vert : seigle, pois, escourgeons ; on arrache bourraches, liserons, coquelicots pour donner aux porcs et au gros bétail.

TRAVAUX HORTICOLES.

Arboriculture. — On sarcle les pépinières, on supprime les bourgeons latéraux des mûriers. On commence les greffes des oliviers, on greffe les orangers et on les élague. On fait les rempotages et on bine les semis exécutés avant la fin de l'hiver. On arrose et abrite les semis. On pince les arbres fruitiers, pêchers, pommiers, poiriers pour leur donner la forme.

Plantations. — On termine les plantations d'arbres résineux. On plante les raquettes de figuier de barbarie. On transplante les bananiers.

Semis. — On termine les semis d'arbres résineux. On sème pépins de toutes les aurantiacées.

Récoltes. — On récolte les nèfles du Japon.

Floriculture. — *Semis.* — On sème amaranthes, balisiers, balsamines, belles de jour et de nuit, capucines, centaurées, chrysanthèmes, coreopsis, coleus, escholtzia, gaillardes, immortelles, ipomœa, juliennes, lobelia, lins variés, mufliers, œillets variés, pavots, pervenches de Madagascar, petunia, perilla, pieds-d'alouette, phlox, pois de senteur, soleils, soucis, verveines hybrides, zinnia, etc.

Plantations. — On plante : balisiers, dahlia, gloxinia, et en général toutes plantes et fleurs pouvant être arrosées.

Cultures. — On coupe le gazon des parterres.

Récoltes. — On récolte le geranium rosat et les fleurs de bigaradiers pour essence.

Les jardins sont remplis de fleurs de toutes sortes. La grande floraison des roses commence, et il convient de surveiller les ravages des insectes dits *Cétoines*.

CULTURES MARAICHÈRES.

Semis. — On sème aubergines, basilic, betteraves, salades, carottes, choux, choux-fleurs, concombres, épinards, laitues, melons, pastèques, navets, courges, etc.

Plantations. — On plante chayottes, pommes de terre, artichauts. On repique les plants potagers du semis du mois précédent.

Cultures. — Arroser le potager en raison de la chaleur, et ombrer les semis.

Récoltes. — Les fraises continuent à donner. On récolte des petits pois, haricots verts semés à l'abri, artichauts, asperges, radis, oseille, petites courges semées en février, choux et toutes salades.

TRAVAUX VITICOLES.

A la vigne. — On termine les façons du rechaussage. C'est la période pendant laquelle la chasse de l'altise doit être poursuivie avec la plus grande activité par le ramassage de l'insecte parfait.

On pratique les premiers soufrages contre l'oïdium à la fin du mois; avant la floraison on fait un premier sulfatage contre le mildew.

On ébourgeonne et on pince.

On plante les échalas.

On bine les plantations nouvelles.

A la cave. — Dans ce mois il faut se hâter de terminer les livraisons des vins, surtout dans les caves qui ne sont pas suffisamment aménagées pour la conservation des vins.

On termine également la mise en bouteilles du vin de commerce.

On surveille attentivement les vins en vue des maladies que peut amener le relèvement de la température.

TRAVAUX APICOLES.

L'essaimage continue : les essaims qu'on récolte en avril sont les meilleurs.

LE BÉTAIL.

L'état général du bétail, grâce à l'abondance de l'alimentation, est bon. On prépare les claies pour le parcage.

C'est le moment de la saillie des vaches, de la castration des agneaux et des porcelets. On tond les moutons dont l'exportation commence pour les animaux de réserve dits précoces.

On termine d'engraisser les porcs pour les tuer avant les chaleurs. On observe la reprise de la ponte chez les pintades : elle continue chez les poules, canes et autres volailles de basse-cour.

On cesse de faire travailler les bœufs réformés destinés à l'engrais. On fait éclore la graine de ver à soie : on prépare le local et les tablettes en vue de la montée prochaine.

Les poulinières dont les poulains ont quelques semaines peuvent reprendre leur travail, mais il faut les laisser reposer avant de les faire têter.

Mai.

Quelques chutes de pluie se produisent encore, mais elles deviennent rares et peu importantes. Les nuits sont encore un peu humides et les rosées abondantes. Le soleil commence à devenir ardent et la terre à s'échauffer.

Les vents d'Ouest et de Sud se font peu sentir : ce sont eux qui amènent généralement les précipitations de pluie. Le vent d'Est se montre quelquefois par séries de plusieurs jours, il est humide et chaud.

Partout la végétation est en pleine activité

Climat moyen des principales localités des différentes zones :

	Pluies moyennes	Températures moyennes mensuelles	Minimas moyennes mensuelles
Alger	35 m/m	18° 1	15° 0
Batna	41	13 9	7 6
Bel-Abbès	34	14 7	8 5
Biskra	18	22 1	16 7
Bône	28	18 3	14 8
Bougie	48	18 0	13 2
Constantine	45	15 4	10 4
Fort-National	75	13 3	9 5
Géryville	57	13 6	6 9
Laghouat	18	18 3	12 2
Oran	36	17 8	14 8
Orléansville	35	17 5	10 9
Philippeville	41	17 1	12 7
Saïda	47	15 1	9 3
Sétif	46	13 7	8 3
Tlemcen	56	16 2	12 1

État général de la végétation. — La flore est épanouie ; les orangers passent fleurs, les grenadiers, lilas, rosiers sont en pleine floraison, les bananiers se développent. Les cerises et les arbouses rougissent, les noisetiers, poiriers, pêchers, cognassiers grossissent sensiblement leurs fruits ; les oliviers sont en pleine sève, les agaves montrent leur hampe ; les jujubiers sont couverts de feuilles et les grévillea de grappes de fleurs oranges. La centaurée est abondante dans la campagne et la première récolte approche ; vers la fin du mois les avoines sont mûres et on peut moissonner les orges semées à l'automne. Les prairies sont à point pour la fauchaison.

Les olives commencent à se montrer.

TRAVAUX AGRICOLES

Cultures. — On butte les pommes de terre ; on sarcle et on bine les betteraves et les tabacs qu'on ébourgeonne et dont on arrache les feuilles terrières.

On butte le maïs et le sorgho.

On termine les labours des jachères.

Semis. — On sème du maïs pour fourrage. On peut en terre irriguée semer encore des sorghos bechna, haricots à œil noir, etc.

Plantations. — On fait les derniers repiquages de tabacs et les dernières plantations en terre irriguée.

Récoltes. — On commence la récolte des fourrages.

On commence la moisson des orges.

On récolte les lins et on fait le battage.

TRAVAUX HORTICOLES

Arboriculture. — *Cultures.* — On surveille les greffes faites les mois précédents pour l'établissement des sujets.

On greffe en écusson les orangers, citronniers, mandariniers et les figuiers à œil poussant.

On bine les pépinières et les semis de mars. On sarcle les semis d'avril. On pioche et on fume les orangers.

Semis. — On sème des mûres en pépinière pour avoir au printemps suivant des plants faits.

Plantations. — La plantation des arbres est suspendue jusqu'en automne; on peut cependant encore planter des arbres résineux ou à feuilles persistantes élevés en pots, ou arrachés en mottes bien faites.

Récoltes. — Les arbres fruitiers à noyaux commencent à fournir des fruits notamment guignes, bigarreaux. Quelques abricots sont mûrs. Les nèfles finissent et les mûres commencent.

Floriculture. — *Cultures.* — On prépare le terrain et on repique les plantes à fleurs estivales.

Semis. — Si l'on peut arroser, on sème en place à mi-ombre : amaranthes, balsamines, belles de jour et de nuit, capucines, verveines, lobelia, mufliers, nigelles, phlox, réséda, pourpiers, rose d'Inde, thlaspi, zinnia. On sème les graines des plantes bisannuelles.

Plantations. — On plante encore dahlia et canna.

Récoltes. — Les premières fleurs du printemps se dessèchent; les résédas s'épanouissent ainsi que rosiers, giroflées, œillets, dahlia, géranium, balsamines, pavots, immortelles, etc.

CULTURE MARAICHÈRE

Cultures. — On bine et on sarcle souvent. On bine fortement les aspergeries dont la récolte est terminée. L'irrigation doit fonctionner presque constamment.

Semis. — On sème betteraves, carottes, choux divers, salades diverses, navets, radis, poireaux, melons, tomates, piments, épinards, chicorées et on sème en petite quantité et souvent.

Plantations. — On repique plants de piments, tomates, aubergines, salades, choux.

Récoltes. — Le potager et les jardins sont garnis. On récolte radis, navets, salades, choux, épinards, oseilles, jeunes courges, artichauts, pommes de terre, carottes, fèves.

On commence à récolter ail, oignons, poireaux, chicorées ; on récolte beaucoup de haricots verts ; les petits pois finissent.

La récolte des asperges se termine.

On récolte fraises, ananas et autres.

TRAVAUX VITICOLES

A la vigne. — On se hâte de finir le piochage et les derniers labours, la végétation devenant très nourrie.

On soufre contre l'oïdium et on sulfate contre le mildew et les autres maladies cryptogamiques qu'il faut attentivement surveiller et surtout prévenir.

On continue de détruire les altises.

A la cave. — On fait un deuxième soutirage et on surveille les vins susceptibles de fermentation secondaire.

Les ouvertures de la cave à partir de cette époque doivent être tenues fermées le plus possible ; c'est le commencement de l'époque critique pour les vins qu'il faut garder.

TRAVAUX APICOLES

L'essaimage continue pendant la première quinzaine. A la fin du mois on fait la première récolte.

LE BÉTAIL

L'époque est favorable pour acheter quelques têtes de bétail qui pâtureront le regain des prairies fauchées et des chaumes et seront en état aux mois d'août et septembre.

La chaleur commence à fatiguer les animaux ; on les met à l'ombre aux heures chaudes.

On active la tonte des moutons ; on plume les oies et les canards.

L'alimentation en vert est très abondante.

Juin.

La période sèche commence. Les vents chauds de Sud et Sud-Est soufflent quelquefois par périodes qui peuvent se terminer par de légères ondées, mais il ne faut plus compter sur la pluie.

Les vents d'Est dominent.

Les sources d'hiver baissent et tarissent.

Climat moyen des principales localités des différentes zones :

	Pluies moyennes	Températures moyennes mensuelles	Minimas moyennes mensuelles
Alger	14 m/m	21° 1	17° 9
Batna	28	18 8	11 4
Bel-Abbès	12	19 5	12 2
Biskra	7	27 0	21 1
Bône	16	20 7	17 3
Bougie	30	20 7	16 1
Constantine	28	20 1	14 9
Fort-National	28	19 2	15 0
Géryville	17	19 3	12 1
Laghouat	8	23 7	16 7
Oran	7	20 8	17 7
Orléansville	14	22 0	14 7
Philippeville	17	20 8	16 4
Saïda	13	20 1	13 4
Sétif	27	19 3	13 7
Tlemcen	20	19 7	15 3

État général de la végétation. — Tous les végétaux partis à la sève de printemps sont en fleurs : lys, giroflées, œillets, géranium, belles de nuit, balsamines, sauges, soucis, pavots, renoncules, rosiers, cactiers, légumineuses de toutes sortes, palmiers, lataniers ; les fleurs à oignon ont séché. La végétation adventice ne tardera pas à disparaître. La centaurée est encore abondante.

Les orangers poussent vigoureusement à l'arrosage. Les olives nouent. Les arbres fruitiers donnent une seconde pousse. Le moment des premières récoltes approche.

Le maïs commence à mûrir.

TRAVAUX AGRICOLES

Cultures. — On butte les millets et sorghos ; on écime les tabacs et on arrache les bourgeons qui poussent à l'aisselle des feuilles.

On rentre les foins.

Semis. — On peut semer encore au commencement du mois, en montagne ou en terrain frais, quelques sorghos avec arrosage préalable pour cueillir en septembre.

Plantations. — On plante des haricots à l'arrosage pour récolter en octobre.

Récoltes. — On fauche les prairies de terres basses et humides. On moissonne les orges, les avoines et en dernier lieu les blés, les durs bien mûrs, les tendres avant complète maturité.

On récolte les lentilles, les pommes de terre plantées fin février. On coupe pour fourrage vert millets, sorghos, maïs, colza, patates. On coupe la luzerne et on donne un arrosage une fois par semaine pour maintenir la végétation.

TRAVAUX HORTICOLES

Arboriculture. — On vérifie les greffes des mois précédents et on abat les pousses des sauvageons. On sarcle et on bine les semis et les pépinières. On pince et on ébourgeonne pour dresser les arbres. On commence à arroser copieusement. On finit de tailler les mûriers dont les feuilles ont été conservées pour les vers à soie.

Récoltes. — On cueille figues-fleurs, amandes, poires, cerises, prunes, abricots, mûres, framboises, groseilles, citrons, bananes, et des pêches à la fin du mois.

Floriculture. — *Semis.* — On commence à semer les graines de fleurs de plantes d'automne et bisannuelles, quand on peut arroser.

Cultures. — On arrose abondamment et on soigne en raison de la période sèche qui commence. On prépare les planches à semis par un bon piochage et une addition de fumier bien consommé.

Récoltes. — On arrache les oignons à fleurs et on les sèche à l'ombre. On repique le soir les plants à fleurs. On cueille encore beaucoup de fleurs (voir état de la végétation.)

CULTURES MARAICHÈRES

Semis. — On sème choux, choux-fleurs, carottes, navets, poireaux, salades, radis.

Plantations. — On repique salades, piments, tomates, aubergines, choux. On plante encore à l'arrosage melons, pastèques, potirons.

Cultures. — On arrose et on bine les légumes. On coupe les tiges des asperges et on rabat les buttes pour niveler le sol.

Récoltes. — On arrache les pommes de terre plantées en février. Quelques légumes montent à graines. On récolte navets, carottes, salades, choux, radis, concombres, tomates, quelques melons.

Les pois sont à leur fin ; on a encore des haricots en vert et à écosser et des artichauts.

On récolte des fraises.

TRAVAUX VITICOLES

A la vigne. — On continue la lutte contre les altises et contre les maladies cryptogamiques.

On visite les greffes pour l'enlèvement des racines et des drageons.

On pratique l'ébourgeonnement afin d'éviter le détournement de la sève au profit des bois gourmands et inutiles.

On fait les provins herbacés.

A la cave. — La situation du vin en cave devient de plus en plus critique ; il faut soigner l'ouillage, surveiller les cercles des fûts, calfeutrer les ouvertures et se méfier des maladies que la température élevée favorise.

TRAVAUX APICOLES

On récolte le miel. On veille au pillage.

On procède à la révision des ruches par correction, mariage ou destruction des ruches orphelines, faibles ou bourdonneuses.

LE BÉTAIL

Il faut veiller à la qualité de l'eau que boivent les bestiaux et s'inquiéter de leur donner de l'eau fraîche, courante et abondante.

Les animaux peuvent rester au pacage si un peu d'ombre les y abrite.

On les met d'abord aux prairies et après, vers le soir, sur les chaumes, pour éviter l'inflammation si fréquente du feuillet.

Les animaux sont à bas prix ; c'est une bonne époque pour acheter si on a de l'eau et des prairies.

On termine la tonte des moutons et l'enlèvement du duvet des oies et canards.

On sèvre les poulains nés en mars et on peut faire travailler les juments.

On sèvre les agneaux de février et de mars.

On baigne les porcs matin et soir.

Juillet.

C'est le moment des fortes chaleurs et de la sécheresse intense de la terre et de l'air.

Les vents d'Est et de Sud dominent.

Le thermomètre reste très haut la nuit comme le jour.

Il faut commencer les travaux de bon matin et se reposer vers le milieu du jour.

Les précautions d'hygiène ne doivent pas être négligées relativement aux insolations, surtout à l'alimentation et aux fièvres paludéennes.

Climat moyen des principales localités des différentes zones :

	Pluies moyennes	Températures moyennes mensuelles	Minimas moyennes mensuelles
Alger	1 m/m	24° 1	20° 6
Batna	5	23 0	14 9
Bel-Abbès	5	23 3	15 5
Biskra	2	30 6	24 7
Bône	5	24 1	20 3
Bougie	12	24 2	19 8
Constantine	7	25 0	18 9
Fort-National	5	23 7	19 4
Géryville	6	24 0	16 2
Laghouat	4	26 6	18 8
Oran	1	23 4	20 1
Orléansville	1	26 7	18 8
Philippeville	2	24 2	19 6
Saïda	5	24 4	16 9
Sétif	7	23 8	17 1
Tlemcen	2	23 5	18 3

État général de la végétation. — Les moissons sont enlevées et les chaumes sont brûlés par les ardeurs du soleil ; seuls les Inules et les Chicorées sauvages résistent en terre argileuse. La végétation générale sommeille jusqu'aux premières pluies.

On voit en fleurs le myrte, le grenadier, les lauriers-roses, l'agave, la clématite, le plumbago, le jasmin, le géranium, les dahlia, la tubéreuse, la reine-marguerite, les immortelles.

Les olives sont nouées.

TRAVAUX AGRICOLES

Cultures. — On déchaume les terres par les labours préparatoires absolument indispensables.

On prépare les terres pour le colza et les navets à semer fin septembre. On arrose les maïs, tabacs, sorghos, pommes de terre d'été. Les prairies tous les dix jours. On sarcle et on bine les cultures industrielles.

Semis. — On met à germer les pommes de terre à planter le mois suivant.

Récoltes. — Vers le 15, les céréales sont récoltées partout et l'on termine les travaux de battage et de vannage.

On achève la récolte de pommes de terre qu'on emmagasine à l'abri de la lumière et de l'humidité.

On fait la première récolte du tabac au fur et à mesure de la maturité des feuilles et l'on s'occupe du séchage. On irrigue et on bine pour hâter la seconde coupe.

On fait la deuxième récolte de géranium rosat.

On coupe du fourrage vert de sorgho, maïs, de feuilles de patates. On arrache betteraves, carottes.

TRAVAUX HORTICOLES

Les travaux se réduisent à des binages, sarclages et arrosages. On ébourgeonne et on pince les arbres en pépinières pour les dresser et les établir. On soigne les arbres des orangeries.

On greffe les arbres en écusson à œil dormant.

Récoltes. — Les fruitiers à noyaux finissent de donner leurs fruits ; ceux à pépins commencent et continuent jusqu'en septembre.

Floriculture. — *Semis.* — On sème les graines à fleurs hivernales : primevères de Chine, pâquerettes, œillets, coreopsis, pensées, cinéraires.

Cultures. — On repique les jeunes plants à fleurs : on pince les chrysanthèmes.

On arrose et on soigne de façon particulière en raison de la sécheresse de l'air.

On greffe les rosiers à œil dormant. On prépare la terre pour les semis d'août.

Récolte. — On récolte des graines.

On a encore des roses, des œillets, des dahlia, des géranium, des jasmins, des glaïeuls.

CULTURES MARAICHÈRES

Semis. — On sème carottes, chicorées, choux, choux-fleurs, cresson, haricots, laitues, navets, persil, oseille, pois hâtifs, radis, roquette, pourpier.

Plantations. — On repique plants de choux, salades. Plantation des pommes de terre à l'arrosage.

Cultures. — Il faut surveiller l'arrosage des melons.

Récoltes. — On commence à récolter les graines de légumes de printemps. On récolte des cornichons, melons, pastèques, oignons, aulx, tomates, poivrons, aubergines.

On arrache poireaux, betteraves, salades, carottes. Les melons sont mûrs.

TRAVAUX VITICOLES

A la vigne. — On relève les sarments et on les attache pour préserver les raisins du contact du sol.

On fait les derniers soufrages, car le raisin tourne.

On garde contre le chacal, les merles et les maraudeurs. Quelques espèces de primeurs arrivent à maturité ; les premières expéditions ont lieu pour les marchés de Paris.

A la cave. — Conserver à la cave une température fraîche. Si l'on a encore des vins les ouiller soigneusement.

Commencer à préparer foudres et tonneaux pour les vendanges prochaines.

TRAVAUX APICOLES

On fait la deuxième récolte du miel en pays d'eucalyptus. On continue la révision et les corrections en veillant attentivement au pillage et à la fausse-teigne.

LE BÉTAIL

Abriter le plus possible les animaux ou les rentrer à l'étable aux heures de chaleur et d'insolation, et leur assurer de l'eau fraîche abondante.

L'herbe étant rare ou sèche, donner un supplément de ration à l'étable le soir à la rentrée.

Commencer l'engrais des porcs, les baigner. Baigner les chevaux et les panser avec plus de soin.

Arroser les fumiers dans les fosses et les recouvrir de litière, de branchages, ou d'une couche de terre argileuse.

Août.

Les chaleurs sont plus intenses et plus persistantes ; le siroco souffle souvent accentuant la dessiccation générale.

La végétation est comme endormie ; sauf dans les terres irriguées et abondamment fumées où la végétation suscitée par la chaleur devient luxuriante.

Les orages menacent parfois, mais crèvent rarement.

C'est le mois des incendies dans les chaumes et dans les bois ; il faut donc veiller pour que ces calamités ne se produisent pas.

Les précautions hygiéniques relatives aux insolations et à l'alimentation doivent redoubler.

C'est le mois de la chasse et le gibier est partout abondant.

Climat moyen des principales localités des différentes zones :

	Pluies moyennes	Températures moyennes mensuelles	Minimas moyennes mensuelles
Alger	7 m/m	24° 5	21° 1
Batna	18	21 8	14 0
Bel-Abbès	7	23 4	15 3
Biskra	3	29 9	23 5
Bône	19	24 7	20 9
Bougie	12	24 7	20 2
Constantine	13	24 5	18 4
Fort-National	7	24 1	19 9
Géryville	12	23 6	16 5
Laghouat	8	26 1	18 8
Oran	2	24 1	21 2
Orléansville	2	26 5	18 4
Philippeville	11	24 8	19 6
Saïda	5	24 2	17 3
Sétif	19	23 0	16 2
Tlemcen	3	23 7	18 6

État général de la végétation, — La sécheresse a tout envahi dans les champs, Beaucoup d'arbres fruitiers jaunissent leurs feuilles ou les perdent. L'irrigation seule entretient la végétation dans les jardins et dans les cultures industrielles.

Les myrtes ont passé fleurs et leurs petites baies noires sont bonnes à cueillir ; les jujubes et les olives sont encore vertes. Le maïs et le sorgho en terre forte restent verts et font un bon fourrage. Les ricins sont mûrs.

Quelques tubéreuses, les fraisiers, les mauves, les dahlia se remettent à fleurir.

Le fruit du palmier nain est mûr.

Les figues de Barbarie sont abondantes.

TRAVAUX AGRICOLES

Cultures. — La terre très sèche ne se travaille pas facilement, mais, si on le peut, les façons pratiquées à cette saison sont excellentes pour la destruction des mauvaises herbes et surtout du chiendent.

On prépare les terrains où seront repiqués les colzas.

On écime le maïs dès que la fructification est acquise.

On fait de la chaux, du charbon, on ramasse le bois.

Les puits et les norias sont très bas, on les nettoie.

On prépare les instruments de culture ; on les répare.

Plantations. — Dans les endroits abrités sur une terre bien ameublie par les cultures précédentes et abondamment pourvue de fumier frais, on plante des pommes de terre, des pois qui viendront en primeur à l'automne.

On plante les Cactus en boutures.

Récoltes. — On récolte les maïs faits à l'arrosage et on les dépique. On récolte les tabacs et on les sèche en manoques. On choisit les pieds à réserver pour graines.

On coupe la canne à sucre fourragère et le sorgho.

HORTICULTURE

Semis. — Si les semis antérieurement préparés n'avaient pas levé, il ne faudrait pas trop se hâter de retourner le carré.

Plantations. — La saison est propice pour la plantation des forts orangers, citronniers, palmiers, ficus à grandes et petites feuilles arrachés en terre sèche. On plante le Cactus.

On prépare les terres et les trous pour planter en automne et au courant de l'hiver.

Cultures. — On greffe en écusson et à œil dormant les orangers, mandariniers, citronniers et arbres fruitiers en sève, mûriers, amandiers, pêchers. On arrose et on pioche les arbres fruitiers du printemps.

On émonde les mûriers ; on nettoie les oliviers greffés des repousses sauvages qui partent de la tige et du tronc.

Récoltes. — On récolte pommes, pêches, brugnons, figues-fleurs, figues de Barbarie, bananes, citrons.

Floriculture. — *Semis.* — Dans les parterres ou plates-bandes on sème toute plante à floraison hivernale et vernale, pensées, gaillardes, coreopsis, phlox, calcéolaires, chrysanthèmes des jardins, giroflées, lobelia, mufliers, réséda, thlaspi.

Cultures. — On repique les jeunes plants semés dans les mois précédents. On pince les chrysanthèmes. On arrose et on soigne particulièrement en raison de la sécheresse générale.

On prépare pour le mois suivant les planches destinées au semis.

Plantations. — On bouture les coleus, gloxinia, fuschia, pélargonium à grandes fleurs, salvia, œillets.

Récoltes. — Les dahlia, les tubéreuses, les zinnia, les reines-marguerites, les jasmins sont toujours en fleurs. On récolte abondamment des graines de toutes sortes.

CULTURES MARAICHÈRES

On sème choux variés, choux-fleurs, oignons, poireaux, carottes, salades, radis, cresson, haricots à rames, petits pois nains, roquette, persil, oseille, etc.

On sème choux cavaliers pour fourrage.

Plantations. — On plante en terre sèche les premières pommes de terre pour primeur.

Récoltes. — On récolte melons, citrouilles, pastèques, potirons, concombres, aubergines, tomates, etc.

On récolte la graine de betterave, asperge, carotte.

On récolte les fraises des quatre saisons, les tétragones remplacent les épinards.

Cultures. — On pioche les places vides destinées à être ensemencées à l'automne. On arrose copieusement.

TRAVAUX VITICOLES

A la vigne. — Les raisins de primeur sont mûrs pour l'expédition, au commencement du mois. Le moment des vendanges approche. Elles commencent même dans la région marine pour les Petit-Bouschet et quelques cépages hâtifs.

Le siroco est très à redouter. On atténue ses effets si on a relevé les pampres, et si on les a attachés pour abriter le raisin.

On répare les chemins.

A la cave. — On prépare les cuves, les foudres, les tonneaux, les pressoirs, les pompes et tous les engins utiles.

Si on a encore des vins en cave, il est bon de les éloigner, des locaux où se feraient les fermentations.

TRAVAUX APICOLES

On continue la révision et on veille toujours au pillage et à la fausse-teigne.

On soulève les ruches sur de petites cales, si, par suite des chaleurs, elles font trop la barbe.

LE BÉTAIL

Les animaux souffrent des fortes chaleurs, ils ne doivent pas travailler aux heures d'insolation intense. On ne les laisse pas pâturer le matin s'il y a trop de rosée, le soir on les laisse le plus tard possible au pâturage.

C'est le moment d'acheter à bon marché les animaux venant des pays secs où la nourriture est devenue rare.

L'exportation est abondante et rémunératrice.

On peut mettre à l'engrais des cochons pour livrer en octobre.

On donne du vert aux laitières.

C'est le moment de la monte des chèvres.

Septembre.

Les chaleurs sont encore sensibles, mais elles touchent à leur fin et, dans la seconde quinzaine, les rosées deviennent abondantes, les nuits fraîchissent et quelquefois les pluies commencent.

Les vents d'Est dominent; l'Ouest souffle quelquefois, mais les sirocos sont encore à craindre : s'ils sont moins forts que dans les autres mois, ils sont de plus longue durée.

Climat moyen des principales localités des différentes zones :

	Pluies moyennes	Températures moyennes mensuelles	Minimas moyennes mensuelles
Alger	28 m/m	22° 7	19° 7
Batna	28	18 0	11 7
Bel-Abbès	13	19 0	12 5
Biskra	20	26 0	21 2
Bône	27	22 9	19 7
Bougie	43	22 4	18 9
Constantine	29	21 0	16 2
Fort-National	44	19 6	16 2
Géryville	30	18 1	11 9
Laghouat	19	21 6	15 6
Oran	16	21 7	19 3
Orléansville	19	22 4	15 8
Philippeville	35	22 5	18 1
Saïda	24	20 6	14 2
Sétif	29	18 6	13 5
Tlemcen	24	20 3	16 1

Dès que l'humidité revient, la végétation se réveille, c'est comme un renouveau de printemps.

Les scilles fleurissent dans les friches, les cyclamens dans les broussailles, les arbres prennent une nouvelle pousse de feuilles, les mûriers principalement; la plupart reverdissent et manifestent un mouvement de la sève.

Dans les jardins les fleurs deviennent nombreuses : jasmins, roses d'Inde, reines-marguerite, dahlia, asters, crocus, héliotropes, lilas, balsamines, volubilis, pervenches, asclépias, datura, pétunia, etc.

C'est le mois des vendanges ; mais c'est aussi le mois des préparatifs pour la nouvelle campagne agricole qui commence à la Saint-Michel. Les pluies vont arriver, il faut être prêt pour en profiter.

C'est l'époque du renouvellement des baux.

TRAVAUX AGRICOLES

Semis. — Il est rare que l'on puisse déjà semer les céréales. Cependant il faut retenir que plus les semailles sont hâtives, plus abondante est la récolte. En terres meubles, on pourra parfois semer pour fourrage vert, orges, avoines, pimprenelle, vesces, sarrazin, maïs, trèfles, moutardes, navettes, navets, raves.

Plantations. — On plante des pommes de terre et des pois en terre bien fumée.

Cultures. — Dès que les pluies ont suffisamment pénétré le sol, et sans s'inquiéter de l'époque, on met les charrues dans les terres; les labours sont faciles si l'on a fait des labours de printemps ou d'été. En attendant un deuxième labour, on donne un coup de herse.

On fume et on arrose les artichauts.

On fume les terres; on achève de réparer les chemins, on remet en état les bâtiments de ferme.

Récoltes. — Les betteraves donnent du vert, et les racines s'arrachent dès qu'il a plu.

On récolte en vert sorgho, canne à sucre, luzerne.

On récolte le sorgho en graines, le bechna.

On fait la seconde cueillette de tabac, on manoque la première et on s'occupe de la vente.

TRAVAUX HORTICOLES

Arboriculture. — *Semis.* — On fait des semis de conifères, pin d'Halep et pin pignon, cyprès.

On met à stratifier les noyaux destinés aux semis.

Plantations. — A la fin du mois on commence à faire des trous pour les plantations prochaines.

Cultures. — Après de bons arrosages, on peut greffer à œil dormant : abricotiers, cerisiers, pêchers et les orangers dont la première greffe n'a pas réussi. On arrose et on soigne les greffes du mois précédent.

On arrose les orangeries, et on se rend compte de l'état des arbres qui souffrent. On bine les pépinières. On élague peupliers, frênes.

Récoltes. — On fait des fagots et du charbon; on coupe la hampe de l'agave.

Les olives sont mûres pour mettre en saumure ou à saler.

Les citrons verts abondent, les oranges tournent seulement. Les jujubes sont mûres.

On récolte coings, pommes, poires, pêches tardives, figues, bananes, prunes, grenades, alkékanges.

Floriculture. — *Semis.* — On sème ou on repique les plantes : cinéraires, pensées, œillets, primevères, ainsi que toutes les plantes annuelles et vivaces.

Plantations. — On plante les oignons à fleurs, jacinthes, tulipes, narcisses, glaïeuls, ixia.

Cultures. — On plante les végétaux vivaces à fleurs, les violettes, les primevères.

On arrose régulièrement.

On se prépare au défoncement à la bêche pour les semis hâtifs, les plantations des bulbes.

On arrange les châssis pour les plantes qui craignent le froid ou l'humidité.

Récoltes. — On récolte des fleurs assez nombreuses, des jasmins, dahlia, reines-marguerite, roses bengale, roses thé, verveines, héliotropes, pervenches, citronnelles, balsamines, cyclamens, etc.

CULTURE MARAICHÈRE

Semis. — On sème betteraves, choux divers, cerfeuil, carottes, raves, chicorées, cresson, épinards, laitues, navets, oignons, pois nains, poireaux, radis, roquette, salades de toutes espèces.

Plantations. — On plante pommes de terre, haricots, petits pois, fèves pour primeurs.

On plante les fraisiers en place dès les premières pluies.

Cultures. — On bine et on fume les artichauts; on commence à les œilletonner.

On prépare le terrain pour les asperges.

On nettoie rigoles et fossés. On diminue les arrosages. On transporte les fumiers sur les terres.

Récoltes. — On récolte tous les légumes, sauf des petits pois : tomates, aubergines, patates, gombos, aulx, échalottes, courges, pastèques, haricots verts.

Les concombres et cornichons touchent à leur fin.

Les oignons sont à bon marché; les pommes de terre conservées se vendent bien.

On fait une seconde récolte de melons.

TRAVAUX VITICOLES

A la vigne. —Les vendanges battent leur plein et le viticulteur est tout entier aux soins de la vinification.

A la cave. — En dehors des opérations de la vinification, les soins des vins qui seraient restés en cave sont les mêmes que précédemment : ouillages constants et surveillance contre l'apparition des maladies.

TRAVAUX APICOLES

On surveille les ruches qui font la barbe; on veille au pillage et aux parasites.

Les fleurs ont été rares et les abeilles se rattrapent sur les fruits; elles n'auront pas manqué si on a eu la précaution de semer quelques lopins de terre de plantes à fleurs spéciales. L'activité dans les ruches va diminuer.

LE BÉTAIL

On fait les derniers achats pour compléter les attelages.

On reconstitue les troupeaux pour l'engrais d'hiver.

L'alimentation doit combiner le vert du pâturage et le sec de l'étable, les regains de toute sorte doivent être utilisés.

On commence l'engrais des porcs qui peuvent aussi être envoyés à la glandée ou au pâturage.

On châtre et on chaponne.

On prépare les abris pour l'hiver.

Octobre.

Octobre marque le commencement du cycle agricole et l'entrée de bail des fermiers.

Les pluies s'établissent, et de leur persistance dépend le sort des récoltes futures. Il faut surtout être prêt à travailler la terre dès qu'elle est en état et ne pas perdre un seul jour.

Le soleil est encore chaud, mais les nuits sont fraîches et les brouillards fréquents.

Les vents d'Ouest commencent à souffler, le soleil perd de sa force et les nuits plus longues sont aussi plus fraîches.

Climat moyen des principales localités des différentes zones :

	Pluies moyennes	Températures moyennes mensuelles	Minimas moyennes mensuelles
Alger	79 m/m	18° 8	16° 2
Batna	37	11 9	6 9
Bel-Abbès	28	13 8	8 4
Biskra	15	19 8	15 7
Bône	74	18 1	15 0
Bougie	128	18 0	14 7
Constantine	51	14 8	10 8
Fort-National	114	13 4	10 8
Géryville	39	11 4	6 3
Laghouat	20	15 2	10 0
Oran	41	17 6	15 3
Orléansville	45	16 1	10 7
Philippeville	85	17 7	14 0
Saïda	20	14 2	9 6
Sétif	36	12 0	8 2
Tlemcen	53	15 5	12 0

État général de la végétation. — L'herbe pointille dans les chaumes ; plantes et fleurs adventices apparaissent, iridées, colchiques, liliacées. Les luzernes repoussent avec force. Souvent les peupliers, lilas, poiriers, pruniers, amandiers, pêchers se couvrent de feuilles de peu de durée. Les mûriers multicaules redoublent de vigueur, les citronniers sont à fleurs et à fruits.

Les lentisques et les scilles viennent à graines.

La hampe des agaves est bonne à couper.

Les étourneaux apparaissent, les oiseaux reprennent leur ramage, quelques papillons se montrent.

On voit en fleurs les crocus, colchiques, cyclamen, géranium, asclépias, dahlias, tabacs, giroflées, rosiers de bengale, chèvrefeuilles, chrysanthèmes, aster, marguerites, aulx sauvages, capucines, volubilis, jasmins, acacia farnésiana, capucines. Les faux poivriers fleurissent.

TRAVAUX AGRICOLES

Semis. — On peut commencer à semer fèves, orges, vesces, avoines, puis les blés, s'il a plu suffisamment.

On sème avant tout les fourrages verts en terres chaudes et fumées, trèfles, betteraves, pois chiches.

Plantations. — On plante les choux d'automne.

Cultures. — On transporte les fumiers sur les terres. On fait les labours pour semailles s'il a plu suffisamment. On finit les battages des maïs, sorghos à balai et à sucre, bechna.

On bine les pommes de terre.

On laboure les champs destinés aux plantations de tabac.

Récoltes. — On termine la deuxième récolte du tabac.

ARBORICULTURE. — *Semis.* — On sème les Pins d'Halep et autres forestiers. On sème ou on stratifie les graines à enveloppe dure et ligneuse, et celles qui ne conserveraient pas jusqu'au printemps leur faculté germinative.

Plantations. — On prépare les terres pour les plantations d'hiver, surtout dans les fonds abrités des vents d'Ouest et de Nord-Est.

On peut planter les arbres verts et résineux, si on peut leur donner un bon arrosage.

Cultures. — On taille et on prépare les arbustes pour la vente d'hiver. On bine assidûment les pépinières et on entretient les fossés.

On élague les arbres de haute futaie.

On arrose encore les orangeries et on garde la récolte.

On fait les trous pour plantations d'arbres.

Récoltes. — On fait fagots et charbon. Les caroubiers sont en fleurs. Les olives mûrissent.

On cueille les derniers coings, les figues et les bananes, les jujubes. Les orangers et citronniers sont couverts de fruits. On récolte pommes, poires, grenades, plaquemines.

FLORICULTURE. — *Semis.* — On sème primevères des jardins, de Chine et du Japon, cinéraires, œillets variés, pensées, ainsi que les graines de plantes annuelles, bisannuelles et vivaces.

Plantations. — On plante les griffes de renoncules, les pattes d'anémones, ixia, sparaxis, tritoma, glaïeuls.

On repique les plantes annuelles semées précédemment.

Cultures. — On rabat, on taille les rosiers suivant qu'on veut en faire des buissons ou des tiges.

On fume les arbustes et les plantes herbacées.

On prépare le terrain pour les semis et les plantations.

Récoltes. — C'est le temps de la belle floraison des chrysanthèmes. La flore est assez complète et variée : sont en fleurs mimosa, jasmin, héliotrope, géranium, narcisse, roses, volubilis, balsamines, clématites, chèvrefeuille.

CULTURE MARAICHÈRE

Semis. — On sème tous les légumes d'hiver, tels que salades, choux, choux-fleurs, chicorée, petits pois, carottes, navets, radis, cresson, mâche, haricots nains, échalottes, épinards, raves.

Plantations. — On plante les oignons, les griffes d'asperges, artichauts.

Cultures. — On bine les pommes de terre, haricots verts, petits pois et fèves. On relève les tiges des tomates pour éviter la pourriture.

On laboure les anciennes plantations d'artichauts pour les replanter.

Récoltes. — Dans les jardins maraîchers aucun légume ne manque encore ; les asperges donnent une seconde récolte, mais peu abondante. Les melons vont finir.

TRAVAUX VITICOLES

A la vigne. — Les dernières vendanges s'achèvent.

Les treilles donnent en abondance surtout les raisins kabyles.

On peut mettre les moutons dans la vigne pour qu'ils mangent les feuilles. Après, dans les endroits qui ont été fortement attaqués de maladies cryptogamiques, on peut commencer un premier traitement préventif. Pose des abris artificiels pour l'altise.

A la cave. — On est tout à la vinification et aux soins des vins nouveaux.

C'est le moment de la vente.

TRAVAUX APICOLES

On commence le déplacement et le transport des ruches.

LE BÉTAIL

Le premier vert qui pousse est un peu purgatif, il est prudent de le mélanger avec de la paille.

C'est la fin du pacage et le commencement du régime d'hiver.

Les animaux de travail renchérissent et deviennent plus rares sur les marchés ; mais les animaux d'élevage sont encore à bas prix, et permettent de former le troupeau. La viande augmente de prix.

On commence l'engraissement des porcs en vue des salaisons de décembre.

Les truies donnent une second portée.

On châtre et on chaponne. On blanchit les poulaillers.

On a l'agnelage d'automne.

Novembre.

Le temps s'est rafraîchi, les pluies deviennent fréquentes et abondantes. L'été de la Saint-Martin permet de hâter les semailles.

Sur les montagnes, le froid commence à se faire sentir, et la neige apparaît.

Les vents d'Ouest et de Nord-Ouest prennent le dessus, amenant la pluie.

Il faut être en mesure de profiter des moindres belles journées pour faire les travaux, les semailles surtout.

Climat moyen des principales localités des différentes zones :

	Pluies moyennes	Températures moyennes mensuelles	Minimas moyennes mensuelles
Alger	110 m/m	15° 8	12° 7
Batna	32	7 1	2 5
Bel-Abbès	42	9 6	5 1
Biskra	10	14 0	10 1
Bône	103	14 6	11 8
Bougie	138	14 7	11 6
Constantine	58	10 0	6 5
Fort-National	126	9 4	7 1
Géryville	31	6 6	1 6
Laghouat	12	9 6	4 6
Oran	60	14 0	11 4
Orléansville	58	11 8	7 5
Philippeville	98	13 6	10 0
Saïda	36	9 9	5 5
Sétif	38	7 3	3 5
Tlemcen	63	11 8	8 7

État général de la végétation. — Les pruniers, acacias, saules, figuiers, abricotiers, jujubiers, mûriers, grenadiers, sureaux, ormes, frênes perdent leurs feuilles. Celles des peupliers, cerisiers, amandiers, pêchers, pommiers, vernis du Japon, platanes jaunissent.

Les néfliers du Japon fleurissent; les palmiers et lataniers ont leurs régimes de fruits bien formés.

Les violettes commencent; il y a beaucoup d'autres fleurs, roses du Bengale, acacia farnèse, des lilas, cyclamens, crocus, dahlia, iris, chrysanthèmes, géranium, soucis, romarin, violettes.

Les oranges jaunissent, les citronniers et les arbousiers sont couverts de fruits,

Les prairies et le bord des chemins reverdissent.

TRAVAUX AGRICOLES

Semis. — C'est le mois des semailles des céréales, surtout des blés, orges, avoines.

On sème aussi les luzernes, vesces, fèves, pois, fèveroles.

On sème sous châssis des tabacs pour les plantations de printemps.

On sème les lins pour graines, pavots blancs, tournesol.

Plantations. — On peut préparer les trous, mais il est encore un peu tôt pour planter.

Cultures. — On manoque et sèche les tabacs.

On défriche les prairies, sur lesquelles on sème avantageusement du blé ou de l'avoine.

Pendant les journées de pluie on emploie les ouvriers aux travaux intérieurs.

On aménage partout les sillons et les fossés d'écoulement.

On ameublit la terre par la herse et le rouleau.

Récoltes. — On continue la récolte de la pomme de terre d'été et celles faites à l'arrosage, de navets, de topinambours pour les animaux.

TRAVAUX HORTICOLES

Arboriculture. — *Semis.* — On sème les graines de cyprès, caroubiers, glands, abricotiers, pruniers, pêchers, thuya, ricins.

Plantations. — On peut planter boutures de peupliers, osiers, saules. On peut planter des orangers, sauf en terre humide.

Cultures. — On élague les arbres fruitiers.

On continue les trous pour les plantations d'arbres.

On taille les mûriers, on laboure et on fume les oliviers.

On prépare les terres pour les ensemencements ultérieurs.

Récoltes. — On récolte les arbouses, les citrons, les dattes, les graines de lentisques.

Les oranges grossissent, mais il vaut mieux attendre encore pour les cueillir.

On commence la récolte des olives.

Floriculture. — *Semis.* — On peut encore semer cinéraires, pensées, œillets, primevères. Il faut veiller aux atteintes des escargots.

Plantations. — On repique les plantes à floraison hivernale. On peut encore planter tous les oignons à fleurs, jacinthes, tulipes, glaïeuls, cyclamen, lys, tritoma, ixia, anémones, renoncules, amaryllis, canna.

Cultures. — Comme les arbres à feuilles caduques perdent leurs feuilles, il faut soigner les allées, arracher les mauvaises herbes, rentrer les plantes délicates, creuser les trous et fossés pour plantations. On fait des boutures de rosiers, jasmin, à ce moment et de divers arbustes.

Récoltes. — On a des violettes, des pensées, des roses, des ageratum. Les jardins ont reverdi. On récolte : narcisses, géraniums, giroflées, plumbago, datura, jasmin, pervenches, chrysanthèmes, héliotropes, sauges arborescentes, acacia-mimosa, volubilis, clématite.

CULTURES MARAICHÈRES

Semis. — On sème tous les légumes d'hiver, betteraves, salades, carottes, chicorées, choux, choux-fleurs, cerfeuil, cresson, épinards, fèves, laitues, mâche, oignons, navets, poireaux, radis, salsifis.

Les semis en billons sont préférables en cette saison.

Plantations. — On plante artichauts, ail, échalottes, pommes de terre. On met en place les plants de fraisiers, plants de semis et filets.

Récoltes. — On récolte pommes de terre, petits pois, tomates, céleri blanchi, toutes salades et tous légumes d'été, betteraves, divers choux, haricots, céleri.

Les jeunes artichauts apparaissent.

Les champignons des prés se montrent.

TRAVAUX VITICOLES

A la vigne. — On donne un premier labour aux vignes ; on répand les engrais, et on met en terre les sarments pour racinés.

On nettoie les appareils de soufrage et de pulvérisation. On graisse les cuirs et on les met à l'abri de l'humidité.

On fait les défoncements pour plantations ultérieures.

A la cave. — Les vins sont soutirés dès les premiers froids et soignés attentivement par des ouillages. On les surveille pour éviter les maladies.

On s'occupe de l'expédition et de la livraison des vins vendus.

TRAVAUX APICOLES

Repos du rucher.

Préparation et revue du matériel.

LE BÉTAIL

Les bêtes grasses et les bœufs de labour sont chers, il en est de même des moutons gras.

Les porcs commencent à se bien vendre, il faut en presser l'engrais.

On prépare les volailles à engraisser.

Tous les animaux doivent être abrités et nourris abondamment.

Décembre.

Le temps est complètement refroidi ; les pluies sont fréquentes et abondantes, la neige couvre les sommets et, dans les bas fonds, les gelées blanches sévissent.

Les vents de régime Ouest dominent.

Quelques journées ensoleillées doivent être mises à profit pour terminer les semailles en retard.

Les pluies de décembre sont les plus utiles, parce qu'elles permettent de travailler la terre qui, dès lors, emmagasine plus facilement les pluies ultérieures.

Climat moyen des principales localités des différentes zones :

	Pluies moyennes	Températures moyennes mensuelles	Minimas moyennes mensuelles
Alger	139 m/m	12° 2	9° 5
Batna	38	3 9	0 0
Bel-Abbès	56	6 6	2 0
Biskra	19	10 7	6 7
Bône	118	11 9	8 9
Bougie	160	11 2	8 1
Constantine	86	6 6	3 5
Fort-National	185	5 7	3 5
Géryville	37	3 6	1 3
Laghouat	14	6 5	1 4
Oran	73	10 9	7 9
Orléansville	63	8 2	3 8
Philippeville	117	11 3	7 5
Saïda	63	6 9	2 7
Sétif	52	4 2	0 8
Tlemcen	69	8 5	5 5

État général de la végétation. — L'herbe abonde, la végétation est générale sur le littoral, sauf pour les arbres d'origine européenne.

Les prairies de trèfle, sainfoin, luzerne donnent de bons pâturages.

Les néfliers, les frênes, les eucalyptus, etc., sont en fleurs. Les arbousiers sont en fleurs et à fruits.

Sont en fleurs ; géranium, chrysanthèmes, roses du Bengale redevenue parfumée. Puis les plantes bulbeuses, jacinthes, narcisses.

Les oranges et les mandarines sont mûres.

TRAVAUX AGRICOLES

Semis. — On se hâte de terminer les semailles de blé, d'avoine, pois, orge. Cette dernière peut encore attendre si le sol est trop humide.

On sème les lins pour graines, les tabacs en retard.

On sème encore des fourrages verts.

Plantations. — On sème les fèves et on les herse dès qu'elles sont montées.

On repique en champ choux, colzas et betteraves.

Cultures. — On sarcle les semis de tabac du mois précédent. On fume les pieds avec le fumier de ferme.

On prépare les terres pour les lins à filasse.

On défriche les vieilles prairies, landes et luzernières.

Récoltes. — On coupe en vert orge, avoine, colza, choux cavaliers, betteraves, navettes.

TRAVAUX HORTICOLES

Arboriculture. — *Semis.* — On arrête les semis que l'on remplace par le marcottage et le bouturage.

On met à stratifier dans le sable des noyaux d'abricots, pêches, amandes, noix, noisettes, cerises et on les arrose pour les mettre en pépinières à mesure de leur germination.

Plantations. — On plante toutes sortes d'arbres fruitiers, d'alignement et d'ornement, forestiers, arbustes et arbrisseaux arrachés de pleine terre ou élevés en pots, dans les terrains pas trop humides.

Cultures. — On exécute les labours dans les pépinières. A continuer la taille. On cultive les olivettes.

On prépare des abris en roseaux ou autres ; on visite les fossés d'écoulement. On taille les mûriers.

Récoltes. — Les oranges sont mûres. On récolte des goyaves, les dernières olives et on fait l'huile.

On fait la coupe du bois et le charbon.

On récolte les graines de robiniers, gleditschia, les cônes de pins.

Floriculture. — *Semis.* — On peut semer cinéraires, pensées, œillets, primevères.

Plantations. — On repique les plants de fleurs.

On peut encore planter tous oignons à fleurs, tulipes, jacinthes, amaryllis, glaïeuls et canna.

Cultures. — Les pluies donnent de l'activité aux mauvaises herbes, il faut redoubler sarclages et binages.

Les défoncements continuent.

Récoltes. — Il y a quelques fleurs dans les jardins, œillets, jacinthes, chrysanthèmes, narcisses, roses. Le néflier fleurit.

CULTURE MARAICHÈRE

Semis. — On sème aulx, échalottes, choux divers, choux-fleurs, carottes, navets, salades, radis, épinards, oseille, fèves, laitues, panais, persil, pois nains, salsifis, scorsonères, topinambours.

Plantations. — On repique tous plants potagers semés le mois précédent.

Cultures. — Pendant les jours de pluie on fait des claies, des paillassons. On prépare les rames, les tuteurs.

On nettoie les graines. On sarcle et on fume les aspergeries.

Récoltes. — On récolte des pommes de terre, artichauts, navets, petits pois, céleri blanc, cardons, toutes salades et tous légumes d'hiver. Quelques rares melons d'hiver.

TRAVAUX VITICOLES

A la vigne. — On s'occupe de la taille et des traitements d'hiver contre les maladies cryptogamiques. On déchausse et on emploie les engrais.

On commence les plantations.

A la cave. — On soutire les vins nouveaux, on les ouille avec soin.

On s'occupe de la distillation des marcs et des vins.

TRAVAUX APICOLES

Repos du rucher. Préparation et revue du matériel. Préserver les ruches du froid et de l'humidité.

LE BÉTAIL

Les œufs vont devenir rares.

Nourrir les bestiaux à l'étable et mélanger le sec au vert.

Recueillir avec soin les fumiers et donner de bonnes litières.

La parturition commence.

ADDENDA

Lézards, tarente, scorpions, etc.

L'Algérie est, dans une certaine région, un pays sec et chaud : aussi les lézards, qui sont de fervents amis du soleil, y abondent. On en compte 37 espèces répandues depuis le littoral jusque dans le désert[1]. Aucune n'est venimeuse et si les grands individus sont armés de dents fixes et aiguës et capables de mordre assez violemment, les blessures qu'ils produisent n'entraînent jamais de conséquences fâcheuses. Nous citerons parmi ceux que l'on rencontre le plus fréquemment : le Caméléon (*Chameleo vulgaris*, Cuv.), bien connu par ses allures étranges, ses yeux mobiles en tous sens et la faculté qu'il possède de changer de couleur ; c'est un insectivore précieux qui réclame notre protection ; l'Ourane (*Varanus arenarius*, Dum. et B.) qu'Hérodote appelait *Crocodile terrestre* et qui peut atteindre une longueur d'un mètre ; il vit sur le versant sud des Hauts Plateaux et dans le désert où il habite des terriers ou des fissures de rochers ; c'est un grand destructeur de criquets et de sauterelles ; on vend dans tous les bazars algériens sa dépouille grossièrement naturalisée. La Tarente (*Tarentola mauritanica*, L.) que l'on trouve communément partout, dans les maisons, les troncs d'arbres creux, les fissures de rochers : ses doigts largement dilatés forment des sortes de ventouses qui lui permettent de courir sur les murs verticaux et les plafonds. Le Lézard des palmiers (*Uromastix acanthinurus*, Dum et B.), herbivore, très répandu dans toutes les régions pierreuses du Sahara ; sa peau bourrée de son ou de sable constitue, comme celle de l'Ourane, un objet de curiosité et il s'en fait un grand commerce à Laghouat, Biskra, etc. Le Lézard vert (*Lacerta ocellata*, Dand.), d'un vert splendide avec

1. Voir *Herpétologie algérienne*, par Ernest Olivier, Paris, 1894, A. Challamel.

des taches bleues sur les flancs, commun sur le littoral et les Hauts Plateaux. Les Acanthodactyles, petits lézards gris, dont on compte plusieurs espèces et qui sont extrêmement répandus, surtout au sud des Hauts Plateaux et dans le Désert. Le Scinque officinal ou poisson de sable (*Scincus officinalis*, Laur.), confiné dans les dunes et le désert sablonneux, autrefois employé en médecine ; le Gongyle (*Gongylus oscellatus*, Dum. et B.), excessivement commun sous les pierres depuis le littoral jusqu'au Mzab et au Souf ; il pullule dans les trous des murs en terre des oasis, etc.

Tous les lézards font des insectes leur principale nourriture et doivent être respectés et protégés par les agriculteurs.

— Les Scorpions sont des Arachnides venimeux : ils piquent à l'aide d'un aiguillon acéré et recourbé qui termine leur queue et qui contient, à sa base, deux glandes secrétant le poison. Cette piqûre est très douloureuse et l'inflammation qui en résulte est en rapport avec la taille de l'animal, la quantité de venin qu'il a introduite dans la plaie et l'élévation de la température. Les Scorpions sont répandus dans toute l'Algérie, et on les trouve partout, sous les pierres, les bois, jusque dans l'intérieur des habitations. Il y en a plusieurs espèces dont les principales sont : *Buthus occitanus* Amor, *B. Australis* L., *B. æneas* Koch, *B. palmatus* Luc.

— Quant aux Araignées, elles inspirent généralement la crainte en raison surtout de leur aspect hideux et des allures farouches des grandes espèces. Les indigènes redoutent les deux espèces de Galéodes (*Galeodes barbarus* Luc. et *Olivieri* Sim.) quoiqu'elles ne possèdent aucun venin. La Malmignatte (*Latrodectus 13-guttatus* Rossi) considérée comme bien dangereuse en Corse, n'a pas cette réputation en Algérie où elle est cependant commune. Les Tarentules (*Lycosa Bedeli* Sim., *cunicularia* Sim., *radiata* Latr.) sont également répandues.

— Parmi les animaux venimeux, il faut encore signaler les Myriapodes ou mille-pattes qui ont des glandes à venin à la base de fortes mandibules recourbées et creusées d'un canal interne. Mais leur venin n'est dangereux que pour les lézards et autres petits animaux. Les Scolopendres dont quelques espèces parviennent à une grande taille (10 à 15 centimètres) produisent une morsure qui occasionne une inflammation douloureuse, mais localisée.

Dans les cas de piqûre ou de morsure, appliquer les médications indiquées aux pages 806 et 910.

*
* *

Caoutchouc (annexe à la page 109, *Agriculture exotique*). — La culture des plantes à *caoutchouc* dans nos colonies préoccupe vivement l'opinion publique. Nous n'avons pas à rechercher ici quel sera le prix du caoutchouc obtenu par une culture de longue durée et grevée de tous les frais d'exploitation y afférents, comparé à celui qui résulte de la simple extraction du latex provenant d'arbres séculaires entretenus par la nature.

Les végétaux qui produisent le caoutchouc sont, dans les arborescents : *Hevea*, *Hancornia*, *Castilloa*, *Ficus*, *Manihot*, etc... et dans les lianes, le genre *Landolphia* principalement. La plupart de ces espèces ne peuvent vivre dans n'importe quelle partie du climat algérien, encore moins dans le Sud, et celles qui y résistent n'ont aucun avenir économique.

Quelques *Ficus* végètent assez bien sur le littoral seulement, et certaines espèces ont pris au Jardin d'Essai d'Alger un grand développement, mais leur latex, quoique abondant, ne présente à la coagulation qu'une résine sèche, sans élasticité et absolument inutilisable, d'après les expériences faites à plusieurs reprises par le regretté savant, Aimé Girard, de l'Institut.

Ces *Ficus* sont : *Ficus macrophylla* (faux *Roxburghii*), *elastica*, *glumacea*, *nitida*, *et laevigata*.

Le *Ficus macrophylla*, de l'Australie orientale, est l'espèce qui donne à l'analyse la plus grande quantité d'un caoutchouc particulier et sans valeur : 37, 5 %.

Epilachna chrysomelina, coléoptère qui mange les jeunes ovaires des fleurs de melons : ne pas confondre avec E. Argus des Bryones.

Herbes de Guinée, *du Para*, voir *Paspalum et Panicum*.

Huiles de graines. — Pour compléter les *considérations générales sur l'olivier* (page 369), il faut ajouter que la concurrence des huiles de graines importées en Algérie devient de plus en plus grande : les apports ont dépassé 10 millions de kilog. en 1897.

Lithocolletis platani. Lépidoptère observé par M. Rivière et déterminé par le Dr Marchal comme ayant envahi les platanes des environs d'Alger, 1898-1899 et détruisant leurs feuilles.

Olives comestibles. — Pour confire on recherche principalement les variétés à gros fruits : Plant d'Aix, Turquoise, l'Espagnole et la grosse de Séville, etc.

Il y a aussi des variétés kabyles fort intéressantes : Téfahi, Bou-Icker, Azernick, etc. (voir page 367).

On prépare, pour la conserve, des olives *vertes* et *noires* : la couleur dépend de la maturité du fruit.

Les olives *vertes* sont les plus recherchées. Voici la préparation : pour 25 kilog. d'olives on emploie 1 kilog. de chaux, 1 kilog. de sel de soude et 4 kilog. de cendre de bois, le tout mélangé dans une certaine quantité d'eau. Les olives y macèrent pendant six heures environ. Après on les laisse tremper pendant quatre ou cinq jours dans un bain d'eau claire renouvelée quotidiennement. Ensuite on met en bocal dans de l'eau salée.

Palmier nain. — Comme annexe à ce paragraphe, page 294, il convient d'indiquer les progrès récents faits par la machinerie.

Les feuilles du palmier sont vendues sur bascule 1 fr. 40 le quintal, prix courant.

Après passage au cylindre peigneur, le déchet est de 20 à 30 %. Par séchage le crin peigné perd 15 % de son poids : il faut compter net un rendement de 50 % environ.

Panicum molle. — *Herbe du Para*, grande *Graminée* vivace exigeant de la chaleur et de l'humidité ; aucun résultat à en obtenir en Algérie.

Panicum altissima. — *Herbe de Guinée*, grande plante se rapprochant des Bambous : elle résiste à la sécheresse, mais craint les abaissements de température : aucune espèce exotique de ce genre n'offre de l'intérêt en ce pays.

Paspalum, grandes Graminées exotiques annuelles et vivaces qui, avec de l'humidité, résistent plus ou moins bien sur le littoral seulement, mais qui ne pénètrent pas dans l'intérieur du pays: elles sont sans valeur économique. *Paspalum stoloniferum*, *distichum*, *dilatatum*, etc,

Porc. — A la page 1.008, l'évaluation à 80 francs de la farine et du son pour amener un porc au poids de 140 kilogs est trop élevée; il faut ramener cette dépense entre 50 et 60 francs.

Pruniers japonais. — Variétés introduites par M. Gauthier, de Margueritte. Cet arboriculteur distingué reconnaît que les fruits sont de qualité passable. Ces arbres craignent le froid et n'ont pas, partant, une grande vigueur. On est forcé de les greffer sur *Franc* ou sur *Amandier*. Arbres fruitiers sans intérêt.

Punaises de la vigne. — Parmi les punaises qui attaquent accidentellement la vigne il faut citer: *Camptotelus minutus*, principalement signalé depuis longtemps dans la province d'Oran. *Nysius cymoides*, insecte assez commun sur plusieurs points de l'Algérie, plusieurs fois décrit depuis 1887, qui a attaqué des vignes en 1899. Comme ces insectes se réunissent ordinairement en agglomération sur quelques ceps, les y détruire par une aspersion violente d'eau savonneuse fortement additionnée de jus de tabac, de sulfure de carbone, ou de pétrole.

Raisins primeurs d'exportation (Annexe à ce paragraphe, page 391.)

On a beaucoup exagéré l'importance de cette culture aux environs d'Alger ; elle représente environ 150 hectares de chasselas, à l'Ouest et à l'Est d'Alger. Guyotville intervient pour la moitié environ.

Le rendement moyen à l'hectare a été quelque peu grossi. Le prix de vente de la récolte en bloc est en moyenne de 30 à 32 francs le quintal cueilli et livré brut et non trié.

Le rendement moyen à l'hectare est de 80 quintaux de raisin ; dans quelques localités il n'est que de 50 quintaux.

Le produit brut est d'environ 2.500 francs, sur lesquels il faut prélever 600 francs de frais de culture.

Dans certains cas les dépenses d'établissement sont très élevées.

On peut trouver sur le littoral algérien des régions tout aussi favorables que celles d'Alger pour la culture des primeurs ; mais l'avantage de cette dernière est d'être desservie par de nombreux courriers à marche rapide sur Marseille.

Résines. — L'exploitation des résines des Conifères, entravée par les difficultés d'accès dans les forêts, n'existe point en Algérie.

Le Pin d'Halep, répandu sur de grandes surfaces, est principalement exploitable : les indigènes le saignent pour leurs usages.

Le *Callitris quadrivalvis*, vulgairement dénommé *Thuya* produit également une résine particulière (sandaraque).

Vache bretonne. — La vache bretonne est remarquable par son endurance : elle se comporte bien sur le littoral et jusque sur la limite des Hauts Plateaux. Pour beaucoup, c'est un auxiliaire précieux dans une petite exploitation : c'est la vache du pauvre.

Pour d'autres, les soins et la nourriture qu'elle exige ne diffèrent guère de ceux donnés à un animal de grande taille. Cette opinion serait vraie pour les pays à pâturages riches.

La vache bretonne est plus laitière que l'espèce indigène.

Savonnier du Hamma. Nous avons conservé à cet arbre le nom de *Sapindus marginatus* sous lequel il est le plus généralement connu.

Cette espèce, observée et cultivée au Jardin d'Essai d'Alger, déterminée sur des *échantillons de culture*, paraît se rattacher au *Sapindus Mukorossi* de la Chine et du Japon. Cependant, vers 1880, Rhadlkofer en fit une variété S. *Mukorossi carinatus*, après étude de cette plante répandue en Sicile par le Jardin d'Essai d'Alger, grâce à l'intermédiaire de son correspondant feu Nisson, acclimateur distingué.

Stenotaphrum americanum (Buffalo-Grass). Graminée vivace et rampante à la surface du sol, rustique dans les parties tempérées de l'Algérie. Elle a été introduite au Jardin d'Essai en 1869, M. de Belleroche à El-Biar l'avait plantée sur des parties rocailleuses et sèches : elle n'a pas résisté au pâturage du mouton.

Avec un peu d'humidité cette plante fait de bonnes pelouses d'été toujours vertes.

ERRATA

Pages 29 *lire* météoro-tellurique *au lieu de* météro.
— 351 — œil dormant — poussant et *vice versa*.
— 379 — Ceratitis hispanica : il n'est pas prouvé que le C. citriperda ait été observé en Algérie.
— 365 — Phlœtribus *au lieu de* Phlœtrips.
— 429 — Dematophora — Dermatophora.
— 474 — les sucres destinés au sucrage *au lieu de* les vins, etc.
— 842 — Guerinia *au lieu de* Guerina.
— 870 — Glaréole — Gléréole.

TABLE ANALYTIQUE DES MATIÈRES

Les noms latins, arabes et kabyles qui n'offrent pas un intérêt particulier ne figurent pas dans la table analytique.

La nomenclature des vignes européennes, arabes et américaines se trouve aux chapitres spéciaux ainsi que les noms géographiques, géologiques, etc.

A

B

C

D

E

F

G

H

I

J

K

L

M

N

O

P

Q

R

S

T

U

V

W-Z

MACON, PROTAT FRÈRES, IMPRIMEURS

Augustin CHALLAMEL, éditeur, 17, rue Jacob, Paris
Librairie Maritime et Coloniale.

Guide de l'agriculteur en Algérie et en Tunisie, résumé des principes agricoles dans l'Afrique du Nord, par André Servier. Un volume in-18. . . . . 2 fr. 50

L'Agriculture dans le Sahara de Constantine, par Marcassin (Lucien), brochure in-4°. . . . . 2 fr. 50

La Vinification et la Viticulture en Algérie, traité théorique et pratique, par J. Rouanet. Un vol. gr. in-8°. . . . . 12 fr. »

Traité pratique sur la Vigne et le Vin en Algérie et en Tunisie, par Leroux (S.), ingénieur-agronome, viticulteur. 2 forts volumes in-4° ornés de 335 gravures. . . . . 40 fr. »

Manuel du vigneron en Algérie et en Tunisie en Corse et sous les climats similaires, par Gaillardon (B.), négociant en vins. Un vol. in-18, 2e édition. . . . . 2 fr. 50

La Tunisie agricole, par Ch. Riban, membre de la Chambre d'Agriculture de Tunisie. Un vol. in-8°, 2e édition. . . . . 3 fr. »

Élevage du mouton, Australie-Algérie, traduit de l'anglais et annoté par A. Ramin, préface par G. Bonvalot. Un volume in-16, cartonné souple. . . . . 1 fr. 75

Petit Traité d'Agriculture tropicale, par Nicholls (H.-A. Alford), traduit de l'anglais par E. Raoul, professeur du cours de cultures et productions tropicales à l'Ecole coloniale. Un vol. in-8° avec figures dans le texte, relié cuir souple. . . . . 9 fr. »

Culture du Caféier, semis, plantation, taille, cueillette, dépulpation, décorticage, expédition, commerce, espèces et races, par E. Raoul, professeur du cours de cultures tropicales à l'Ecole coloniale, avec la collaboration pour la partie commerciale de E. Darolles, sous-intendant militaire. Un vol. in-8° avec une phototypie. . . . . 7 fr. »

Traité pratique de la culture du Café dans la région centrale de Madagascar, par A. Rigaud, ancien sous-directeur de la Station agronomique du centre de Madagascar. Un vol. in-8°. . . 5 fr. »

Culture du Cacaoyer, étude faite à la Guadeloupe, par Paul Guérin, médecin principal du corps de santé des colonies. In-8°. . . . . . 3 fr. 50

Les Plantes à caoutchouc et à gutta dans les Colonies françaises, par H. Jumelle, in-8° avec nombreuses gravures. . . . . 7 fr. »

La Vanille, sa culture, sa préparation, par A. Delteil, in-8° avec 2 planches, 4e édit. . . . . 3 fr. 50

Culture de la Canne à sucre à la Guadeloupe, par Ph. Boname, ancien directeur de la Station agronomique de la Pointe-à-Pitre, avec notes additionnelles sur la fabrication du sucre et la culture de quelques plantes tropicales. In-8°, 2e édition. 7 fr. »

Guide du planteur de cannes, traité théorique et pratique de la culture de la canne à sucre, par Basset (N.). Un fort vol. in-8°. . . . . . 12 fr. »

Flore phanérogamique des Antilles françaises (Martinique-Guadeloupe), par le R. P. Duss, annoté par le Dr Heckel, directeur de l'Institut colonial de Marseille. Un vol. gr. in-8°. . . . . 20 fr. »

Les Plantes médicinales de la Guyane française. Catalogue raisonné et alphabétique, par le Dr Heckel, in-8°. . . . . 3 fr. 50

Les Plantes utiles des Colonies françaises, ouvrage publié sous la direction de M. J.-L. de Lanessan, 1 fort volume in-8°. . . . . . . 9 fr. »

MACON, PROTAT FRÈRES, IMPRIMEURS.

www.ingramcontent.com/pod-product-compliance
Ingram Content Group UK Ltd.
Pitfield, Milton Keynes, MK11 3LW, UK
UKHW021104220726
13924UKWH00005B/2235

9 782019 933203